Bliedtner

Optiktechnologie

Jens Bliedtner

Optiktechnologie

Grundlagen – Verfahren – Anwendungen – Beispiele

3., überarbeitete und erweiterte Auflage

HANSER

Der Autor:

Prof. Dr.-Ing. Jens Bliedtner, FB SciTec, Ernst-Abbe-Hochschule Jena

Bibliografische Information der Deutschen Nationalbibliothek:
Die Deutsche Nationalbibliothek verzeichnet diese Publikation in der Deutschen Nationalbibliografie; detaillierte bibliografische Daten sind im Internet über http://dnb.d-nb.de abrufbar.

Internet: www.hanser-fachbuch.de

Lektorat: Dipl.-Ing. Natalia Silakova-Herzberg
Herstellung: Frauke Schafft
Covergestaltung: Max Kostopoulos
Titelbild: © gettyimages.de/scyther5
Coverkonzept: Marc Müller-Bremer, www.rebranding.de, München
Satz: Eberl & Kœsel Studio GmbH, Altusried-Krugzel
Druck und Bindung: Hubert & Co. GmbH & Co. KG BuchPartner, Göttingen
Printed in Germany

Print-ISBN 978-3-446-45850-5
E-Book-ISBN 978-3-446-46055-3

Vorwort

Der Begriff **Technologie** (griechisch technologia) beschreibt im klassischen Sinne die Herstellungs- bzw. Verarbeitungslehre. Im deutschen Sprachraum wurde durch JOHANN BECKMANN im Jahre 1777 in seiner Schrift „Gedanken zur Begründung einer Technologie als Wissenschaft" der Grundstein für eine moderne Wissenschaftsdisziplin gelegt. Im heutigen Sprachgebrauch hat sich der Begriff Technologie, auch im Sinne des englischen Begriffes **technology**, inhaltlich wesentlich erweitert. Das Bedeutungsspektrum technology reicht von der Technik, der Anlage, dem Werkzeug, dem Computerprogramm bis hin zu Systemen und Verfahren einer oder mehrerer Fachdisziplinen, so auch zutreffend für die **Optiktechnologie**.

Ein faszinierender Aspekt der Optiktechnologie sind die Anforderungen und Genauigkeiten, die man im Bearbeitungsprozess erreichen muss bzw. kann. Bereits in der Vergangenheit konnten Römer und Wikinger Glasoberflächen mit Rauheiten kleiner als ein Mikrometer polieren, was vergleichsweise für kein anderes Handwerksverfahren möglich war. Im heutigen Herstellungsprozess lassen sich optische Materialien mithilfe hochspezialisierter Verfahren noch um Größenordnungen genauer fertigen. Dies setzt jedoch die Beherrschung eines sehr komplex gewordenen Entwicklungs- und Herstellungsprozesses und das Zusammenwirken verschiedener Fachdisziplinen voraus.

Vielfältige interessante Entwicklungen im letzten Jahrhundert haben die Optiktechnologie zu einer Querschnittstechnologie werden lassen, die heute sehr komplex wirkend mit einer Vielzahl von Fachdisziplinen, insbesondere der Elektronik, der Informationstechnik und der Messtechnik, verbunden ist. Die Optiktechnologie wird auch als eine sogenannte **Schlüsseltechnologie für das 21. Jahrhundert** angesehen, ihr wird ein enormes Wachstumspotenzial prognostiziert. Insbesondere am Standort Deutschland existiert eine ausgezeichnete wissenschaftliche Landschaft, deren Ideen und Leistungen in den kommenden Jahren in neue Produkte und Industrielösungen umgesetzt werden müssen. Dazu bedarf es gut ausgebildeter Fachkräfte, die diese Herausforderung annehmen und umsetzen können.

Das vorliegende Lehrbuch richtet sich insbesondere an Studierende der Ingenieurwissenschaften, aber auch an Diplomingenieure, Wirtschaftsingenieure und Physiker, die einen Einblick in die moderne Optiktechnologie erfahren möchten. Es werden neben den Grundlagen ausführlich wichtige Verfahren zur Herstellung von optischen Bauteilen und Systemen behandelt, Anwendungen exemplarisch vorgestellt und praktische Hinweise gegeben, die auf langjährigen eigenen Berufserfahrungen und dem recherchierten Wissen von vielen Fachexperten basieren. Die Technik lebt von den Ideen und der Vorstellungskraft, von Methoden und Verfahren. Aus diesem Grund wurden ausgewählte Bearbeitungsprozesse in bewegten Bildern als Begleitmaterial online zur Verfügung gestellt.

Vorwort zur dritten Auflage

Die optischen Technologien und deren Fertigungsmethoden haben sich in den letzten zehn Jahren rasant weiterentwickelt und zählen zu einer wichtigen Querschnittsdisziplin, die in nahezu allen industriellen und privaten Bereichen zum Einsatz kommt. Diese dynamische Entwicklung wurde insbesondere durch die EUV-Lithografie, das Bestreben hin zu komplexeren optischen Bauelementen und Systemen sowie den Anwendungen der Informations- und Kommunikationstechnik geprägt. Moderne Fertigungsprozesse zeichnen sich zunehmend durch die Bearbeitung von kleineren Losgrößen sowie gestiegenen Anforderungen an die Bauteilform (Asphären und Freiformen) sowie -qualität aus. Gleichzeitig werden Prozessabläufe stärker digitalisiert, sensorisch überwacht und automatisiert. Auf diese geänderten Anforderungen wird in der dritten Auflage direkt Bezug genommen.

Günter Gräfe (gestorben im Jahr 2018) konnte leider nicht mehr an der 3. Auflage mitarbeiten. Wir werden Günter Gräfe stets als einen hochgeschätzten Fachkollegen, großen Ratgeber, Weggefährten und Freund in Erinnerung behalten. Er hat als Haupttechnologe der Firma Carl Zeiss am Standort Jena viele Jahrzehnte die Optikfertigung geprägt und mitgestaltet. Seine Optikkompetenz und sein sehr großes Fachwissen konnte Günter Gräfe stets in der Praxis wirkungsvoll einsetzen. Dies führte zu vielen Technologieentwicklungen und Erfindungen sowie effizienten Fertigungsmethoden für anspruchsvolle optische Bauelemente.

Mit der dritten Auflage werden auch verstärkt die digitalen Möglichkeiten der Wissensvermittlung genutzt. Die durch den Verlag zur Verfügung gestellte Online-Plattform *plus.hanser-fachbuch.de* bietet die Möglichkeit zusätzliche Inhalte digital abrufen zu können. So werden Videos und die Lösungen zu den Übungsaufgaben digital zur Verfügung stehen. Zusätzlich ist geplant, dieses digitale Medium aktiv zu nutzen, um sehr schnell aktuelle Informationen, ergänzende Lehrinhalte, Fachartikel, zusätzliche Übungen oder auch kleinere Softwareprogramme und Videosequenzen zur Verfügung zu stellen.

Ein großes Dankeschön gilt allen Unterstützern der dritten Auflage der „Optiktechnologie". Zahlreiche Firmen und Institutionen sowie Kolleginnen und Kollegen der Arbeitsgruppe „Bliedtner" an der EAH Jena haben zum Gelingen des Buches beigetragen. Stellvertretend für alle Unterstützer sei an dieser Stelle ganz herzlich Herrn Sebastian Henkel, Herrn Samson Frank, Herrn Tobias Pelgen, Herrn Dr. Dirk Dobermann und Herrn Dr. Oliver Fähnle gedankt.

Ein ganz großer Dank gelten Frau Manuela Lohse von der Firma ml-Verlagswesen und Frau Dr. Andrea Barz von der Ernst-Abbe-Hochschule Jena für die Korrekturarbeiten und wertvollen Hinweise.

Die erfolgreiche Umsetzung eines Buchprojektes hängt im entscheidenden Maße von einer konstruktiven Zusammenarbeit mit dem Verlag ab. Ein besonderer Dank gebührt wiederum den Mitarbeiterinnen des Carl Hanser Verlages, insbesondere der Lektorin Frau Natalia Silakova-Herzberg für die sehr konstruktive und engagierte Zusammenarbeit.

Jena, im November 2021

Jens Bliedtner

Inhalt

Zusatzmaterial

Auf der Online-Plattform *plus.hanser-fachbuch.de* können weitere Inhalte digital abgerufen werden. Den Zugangscode finden Sie auf S. I des Buches.

So werden Videos und die Lösungen zu den Übungsaufgaben digital zur Verfügung stehen. Zusätzlich ist geplant, dieses digitale Medium aktiv zu nutzen, um sehr schnell aktuelle Informationen, ergänzende Lehrinhalte, Fachartikel, zusätzliche Übungen oder auch kleinere Softwareprogramme und Videosequenzen zur Verfügung zu stellen.

1 Die Entwicklung des Glases und der Optikfertigung

Bereits um 3000 v. Christi begann in Ägypten und in Mesopotamien die Kunst des Glasschmelzens, was entsprechende Funde beweisen. Vorwiegend kleinere Glasstücke und Perlen minderer Qualität dienten der Herstellung von Schmuckgegenständen. Interessant für diese Entwicklung war das Geheimnis der Ägypter, den wichtigen Rohstoff Soda zu gewinnen, das sie über 3000 Jahre bewahren konnten. Sie gewannen das Soda aus der Asche bestimmter Pflanzen. Um 1500 v. Christi entstand mit der Anwendung der Sandform- und -kerntechnik die Herstellung von Glasstücken, insbesondere auch von **Glashohlkörpern**.

Um 500 v. Christi wurde die **Glasmacherpfeife**, sehr wahrscheinlich in Phönizien, erfunden. Dies war eine sehr bedeutsame Erfindung für die Glasherstellung überhaupt. Mit ihr konnten dünnwandige Gläser hergestellt werden und sie stellte in der weiteren Entwicklung eine wesentliche Grundlage für die Fertigung von Glaserzeugnissen in einem breiteren Umfang dar. Über Nordägypten kam die Kunst des Glashandwerks nach Venedig und Mitteleuropa. Bekannt aus dieser Zeitepoche ist auch, dass die Römer farblose Fensterscheiben bereits 795 n. Christi und wenig später auch farbiges Fensterglas erzeugen konnten */Rast2006/*.

Die bewusste Nutzung des Werkstoffes Glas für optische Anwendungen erfolgte erst wesentlich später. Welche Funde für diese Entwicklung den Ausschlag gaben, bleibt umstritten. So konnten beispielsweise die Wikinger erstaunlich perfekte Linsen aus Bergkristall schleifen, die sie zum Ausbrennen von Wunden und zum Entfachen von Feuer verwendeten. Wenig später wurden zum Schleifen und Polieren der Linsen erste Schleifbänke, die mit dem Fuß angetrieben werden konnten, verwendet. Unumstritten ist jedoch, dass die Erfindung von Brillen einen wichtigen Schritt für die Entwicklung aller nachfolgenden optischen Instrumente, wie Fernrohre und Mikroskope, darstellt.

Die Brille entwickelte sich im 13. Jahrhundert aus dem Lesestein und dem Einglas */Beez1998/*. Unter **Lesesteinen** versteht man halbkugelige plankonvexe Linsen, meist hergestellt aus Beryll, Quarz oder Bergkristall, die mit der planen Seite auf das Schriftstück aufgesetzt werden (siehe Bild 1.1). Im Laufe der Zeit wurden die Lesegläser flacher und zur bequemeren Handhabung fasste man das Glas. Es entstand das sogenannte **Einglas**. Mit der Verbindung zweier Eingläser durch einen Niet wurde die erste **Nietbrille** entwickelt, die vermutlich ihren Ursprung in Venedig um 1285 hatte.

Bild 1.1
Nachbildung eines Lesesteines */Humb2006/*

Im 18. Jahrhundert wurde erstmals aus Steinsalz Soda hergestellt. Das so entstandene **Soda-Glas** konnte jetzt für allgemeine Gebrauchsgegenstände verwendet werden, was die Möglichkeiten der Glasherstellung deutlich erweiterte.

Wesentliche Meilensteine der Entwicklung optischer Geräte waren die Erfindung des **Mikroskops** und des **Fernrohres** (siehe Bild 1.2). Durch die Kombination von Linsen erreichte man eine Steigerung der normalen Sehfähigkeit. Auch der Zeitpunkt dieser Erfindungen ist nicht genau nachweisbar. Vermutlich hatten um 1590 Niederländer ein einfaches Mikroskop aus zwei zusammengesetzten Linsen gebaut. Den Durchbruch bei der Verwendung des nachfolgenden zusammengesetzten Mikroskops erreichte man jedoch erst mit der **Achromatisierung** der Mikroskopobjektive im Jahre 1830. Bis zum Beginn des 19. Jahrhunderts wurden diese optischen Bauelemente meist labormäßig von Physikern, Astronomen oder Biologen gefertigt. Die verwendete Fertigungsmethode bestand im „Pröbeln" und Probieren bei der entsprechenden Auswahl und dem Zusammensetzen der Mikroskopobjektive.

Bild 1.2
Beispiele aus dem Beginn des Baus optischer Instrumente: links) Mikroskop mit kippbarer Säule, 1705, rechts) Auszugsfernrohre aus dem 18. und 19. Jahrhundert */Beez1998/*

Nahezu parallel zu den Mikroskopen verlief die Entwicklung der **Fernrohre**, die aufgrund der Anwendung in der Seefahrt und Astronomie sehr schnell ihre Verbreitung fanden. Die ersten Linsenfernrohre, sogenannte **holländische** oder **galileische Fernrohre**, stammen aus dem 17. und 18. Jahrhundert und bestehen aus einer Sammellinse als Objektiv und einer Zerstreuungslinse als Okular */Beez1998/*.

Im anschließenden 19. Jahrhundert wurde das Linsenfernrohr entscheidend durch JOSEPH VON FRAUNHOFER geprägt bzw. weiterentwickelt. Gleichzeitig leitete er eine neue Epoche der Glasherstellung und -bearbeitung ein. Wesentliche Verdienste erlangte er durch die wissenschaftliche Berechnung der Gläser und seine Bemühungen den Herstellungsprozess von optischem Glas entscheidend zu verbessern. Die Entwicklung von Messverfahren zur Prüfung der Oberflächenqualitäten (Probeglas) oder die Bestimmung der Dispersion in Gläsern dokumentieren u. a. die wissenschaftlichen Arbeiten des Physikers. Es gelang ihm insbesondere, auch die Glasqualität hinsichtlich Schlieren und Blasen zu verbessern und durch gezielte Veränderungen des Rohstoffgemenges neue Glassorten zu erschmelzen. Darüber hinaus entwickelte FRAUNHOFER Maschinen zur Bearbeitung von Rohgläsern mit größerem Durchmesser und gab somit Impulse für die industrielle Fertigung von Gläsern, die bis zu dieser Zeit eher ein handwerklicher Prozess war. Mit seinen wissenschaftlichen Arbeiten konnte FRAUNHOFER wesentliche Grundlagen für die Entwicklung der **Optiktechnologie** schaffen.

ERNST ABBE gelang es im Jahr 1870 die Theorie für die mikroskopische Abbildung zu entwickeln. Insbesondere seine Arbeiten zur Beugungstheorie der mikroskopischen Abbildung stellten damit auch die Mikroskopherstellung auf eine wissenschaftliche Basis. Die von ABBE aufgestellte Gleichung zur Auflösungsgrenze d für die Lichtmikroskopie ergibt sich in ihrer bekanntesten Form zu:

$$d = \frac{\lambda}{2n \cdot \sin\alpha} \tag{1.1}$$

λ Wellenlänge, n Brechzahl, α halber Öffnungswinkel des Objektivs

Moderne mikroskopische Ansätze, oft als superauflösende Mikroskopie bezeichnet, erlauben heute jedoch auch Auflösungsvermögen z. T. deutlich unter dieser Grenze. Eine weitere wichtige Grundlage zur Charakterisierung der optisch dispersiven Eigenschaften von Gläsern stellt die nach ABBE benannte ABBEsche Zahl dar. Sie gibt Auskunft darüber, wie stark sich der Brechungsindex eines Glases in Abhängigkeit von der Wellenlänge ändert.

$$\nu_{\mathrm{d}} = \frac{n_{\mathrm{d}} - 1}{n_{\mathrm{F}} - n_{\mathrm{C}}} \tag{1.2}$$

ν_d ABBEsche Zahl für die d-Linie, $n_{d,F,C}$ Brechzahl für die d-, F- und C-Linie

Insbesondere für die Auslegung optischer Baugruppen, z. B. Linsensysteme, war und ist die Kenntnis der ABBEschen Zahl v wichtig.

Als ein Wegbereiter bzw. Gründer der optischen Industrie ist JOHANN HEINRICH AUGUST DUNCKER zu nennen. Er gründete 1801 die **Königlich privilegierte optische Industrie-Anstalt** in Rathenow und stellte als erster Brillengläser industriell her. Sein Verdienst ist u. a. auch die effizientere Bearbeitung von Brillengläsern auf einer patentierten Vierspindelschleifmaschine.

Ein weiterer Meilenstein in der Entwicklung der optischen Industrie wurde am Ende des 19. Jahrhunderts in Jena gelegt. Die Ursache für eine raschere Entwicklung der optischen Industrie lag in der Zusammenarbeit von CARL ZEISS, ERNST ABBE und OTTO SCHOTT begründet. Diese ideale Voraussetzung der Zusammenarbeit des Mechanikers, des Wissenschaftlers und des Glaschemikers führte zu neuen Impulsen für die Fertigung optischer Komponenten und Systeme. Die von ZEISS ständig vergrößerte optische Werkstätte hatte bald den handwerklichen Charakter der Glasbearbeitung gänzlich verloren.

Es ist unumstritten der Verdienst von ZEISS, ABBE und SCHOTT, dass fortan in den meisten feinmechanisch-optischen Betrieben der Welt, die Wissenschaft zur Grundlage der technischen Arbeit und der ständigen Weiterentwicklung von optischen Geräten wurde.

Im Jahre 1879 entwickelte Otto Schott mit dem **Lithiumglas** eine neue Glassorte, die sich durch eine bisher nicht erreichbar hohe Homogenität auszeichnete und es ermöglichte, spektrometrische Messungen durchzuführen. Es gelang ihm insbesondere, Gläser mit feingestuften optischen Konstanten herzustellen, die eine Entwicklung leistungsfähiger Mikroskope und Teleskope ermöglichte. Neben einer Vielzahl neuentwickelter Gläser ist die Erfindung des hitzebeständigen **Borosilicatglases** im Jahre 1887 durch den Jenaer Glaschemiker besonders zu erwähnen. Einen patentierten Glasschmelzofen von Otto Schott aus dem Jahr 1881 illustriert Bild 1.3.

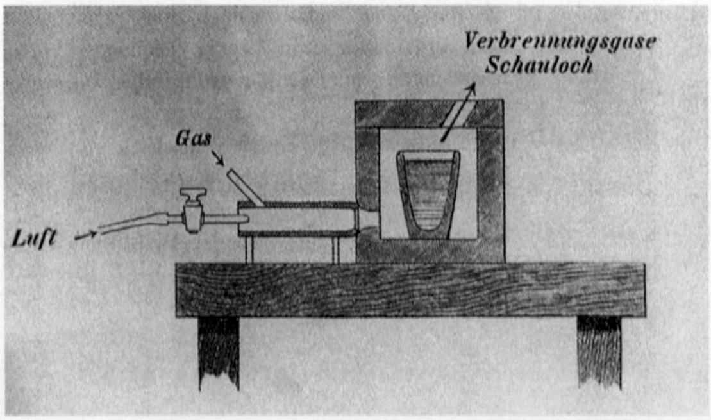

Bild 1.3
Glasschmelzofen von Otto Schott */Beez1998/*

Etwa zu Beginn des 20. Jahrhunderts setzte mit der maschinellen Glaserzeugung und der Glasbearbeitung sowie den wissenschaftlichen Untersuchungen zu den Struktur- und Eigenschaftsbeziehungen silicatischer Werkstoffe ein Aufschwung in der optischen Industrie ein, der bis zur Gegenwart reicht. Es gab eine Vielzahl von herausragenden Entwicklungen im Bereich der optischen Technologien, die ganz entscheidend die Optikfertigung prägten. Im Folgenden können nur wenige ausgewählte Entwicklungen kurz vorgestellt werden.

Bereits 1926 war man in der Lage, großflächige **asphärisch geformte Spiegel** herzustellen. Diese bis zu sechs Meter im Durchmesser reichenden optischen Bauelemente wurden mit speziell entwickelten mechanischen Aufbauten durch die Firma Carl Zeiss Jena in Kleinserien hergestellt. Bild 1.4 links veranschaulicht die kinematische Anordnung mit einer Drehbewegung des Spiegelhalbzeuges und dem asphärisch ausgelegten Werkzeugarm mit aufgespannten Diamantsegmenten. Um diese Bauelemente nach dem Schleifen und Polieren messtechnisch bewerten zu können, musste eine spezielle Prüfvorrichtung entwickelt werden (siehe Bild 1.4 rechts). Für den gesamten Fertigungsprozess eines solchen Spiegels waren ca. 35 technologische Prozessstufen und eine Bearbeitungszeit von rund 400 Stunden erforderlich.

Bild 1.4
Fertigung eines asphärischen Hohlspiegels */Zeis1926/*: links) vor der Schleifbearbeitung, rechts) Prüfvorrichtung

Die wissenschaftlichen Arbeiten von ALBERT EINSTEIN aus dem Jahre 1917 stellten eine Grundlage für den Bau des ersten Lasers im Jahr 1960 dar. Den US-amerikanischen Wissenschaftler THEODORE MAIMAN gelang es, den ersten funktionsfähigen **Rubinlaser** zu bauen. Seit dieser Erfindung hat sich die Lasertechnik zu einem wichtigen Sektor der optischen Technologien entwickelt. So führte die Lasertechnik zu einer weiteren Verbreitung der Optik in andere Fachdisziplinen, z. B. die Halbleitertechnik, Medizin, Biologie oder Kommunikationstechnik. 1971 konnte das erste Laserdisc-System als Prototyp gebaut werden.

Mit der Kombination von mehreren optischen Bauelementen und der Vergrößerung der Anzahl von Linsen und Prismen in einem optischen Gerät steigen auch die Strahlverluste durch Reflexionen an den Grenzflächen. Diese Erkenntnis trieb die Wissenschaftler zu Beginn des 20. Jahrhunderts zu Untersuchungen zur Reflexminderung an. Im Jahr 1935 ließ sich die Firma Zeiss den reflexmindernden **T-Belag** patentieren. Diese Entspiegelungsschicht der an Luft grenzenden Glasoberflächen steigerte die Lichtdurchlässigkeit der Ferngläser um 50 %. Die Entwicklung von **Schichtsystemen** mit teilweise sehr unterschiedlichen Funktionen entwickelte sich fortan sehr dynamisch. Beschichtungen im Hochvakuum und Sputtertechnologien wurden stetig optimiert und ermöglichen heute das hochgenaue Aufbringen von Mehrfachschichten und komplizierten Schichtsystemen. Durch die Integration von Effekten aus der Natur (z. B. Lotuseffekt oder Mottenaugenstrukturen) konnten zu Beginn des 21. Jahrhunderts Schichteigenschaften weiter verbessert werden. In Bild 1.5 ist eine Mottenaugenstruktur auf der Oberfläche einer Kunststoffoptik zur Reflexminderung messtechnisch erfasst. Die Phänomene der Natur waren und wurden somit auch Vorbild für viele optische Entwicklungen.

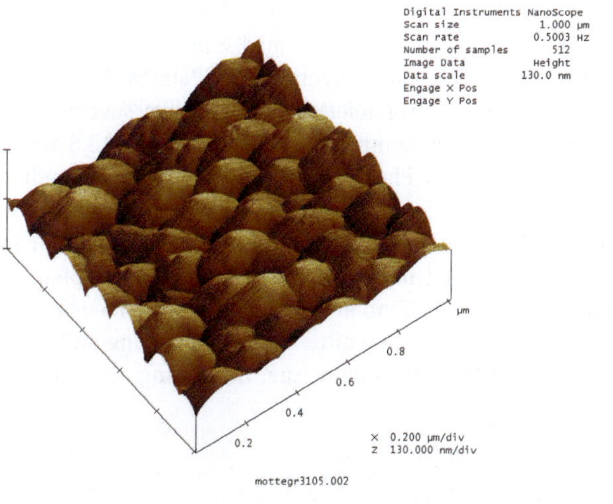

Bild 1.5
Mottenaugenstruktur auf der Oberfläche einer Kunststofflinse (AFM-Aufnahme; EAH Jena)

Ein wesentlicher Meilenstein in der Optikfertigung war die Entwicklung der LIGA-Technik (**Li**thografie, **G**alvanik und **A**bformung) mit optisch abbildenden Systemen, die optische **Lithografie**. Mit ihr konnten die erreichbaren minimalen Strukturgrößen wesentlich verbessert werden, was die Entwicklung von leistungsfähigen Computern erlaubte. Bei der optischen Lithografie wird die Struktur einer Fotomaske mittels Projektion in einen lichtempfindlichen Fotolack übertragen. Die erreichbare Auflösung wird im Wesentlichen durch die verwendete Wellenlänge bestimmt. Moderne Laserstrahlungsquellen im UV-Bereich erlaubten die Erzeugung von Strukturen im Bereich von 65 nm. Für diese hohen optischen Anforderungen an das optisch abbildende System entwickelte sich das Gebiet der Hochleistungsoptik, mit teilweise neuen Polier- und Schleiftechnologien für die Bearbeitung der optischen Komponenten und speziell entwickelten Montagetechnologien dieser Objektive.

Darüber hinaus war die Entwicklung von sehr homogenen Kristallwerkstoffen durch verbesserte Verfahrenstechnologien eine wichtige Voraussetzung, um Materialien mit hohen Transmissionsgraden und sehr homogenen Materialeigenschaften zu erzeugen. Die Anforderungen an die Formgenauigkeit und Oberflächenrauigkeit dieser optischen Bauelemente sind extrem hoch.

Bild 1.6
Hochleistungsobjektiv für einen Waferstepper */Zeis2004/*

Die Leistungsfähigkeit von Computerchips wird im wesentlichen Maße durch das Auflösungsvermögen seiner kleinsten Strukturen vorgegeben. Hierbei stößt der Einsatz von Excimer-Laserstrahlung zunehmend an Grenzen. Kleinste Strukturgrößen im Bereich von weniger als zehn Nanometern lassen sich nur noch mit Belichtungswellenlängen im extremen ultravioletten Bereich, dem sogenannten EUV, erreichen. Eine große Herausforderung ist, diese Strahlung mit einer Wellenlänge von 13,5 nm zu erzeugen. Ein durch Laserstrahlung erzeugtes leuchtendes Plasma, das diese extrem kurzwellige Strahlung liefert, ist aktuell die Lösung, um entsprechende Strahlleistungen bereitstellen zu können. Bei dem von der Firma Trumpf entwickelten Verfahren werden Zinntropfen von einem Generator in eine Vakuumkammer transportiert, wobei ein gepulster Hochleistungslaser mit den Zinntropfen ca. 50 000 Mal pro Sekunde wechselwirkt. Dadurch werden die Zinnatome ionisiert und erzeugen ein intensives Plasma. Ein hochpräziser Kollektorspiegel bündelt die emittierte EUV-Strahlung und führt diese über weitere optische Komponenten dem Lithografiesystem zur Belichtung des Wafers zu. */Trum2019/*

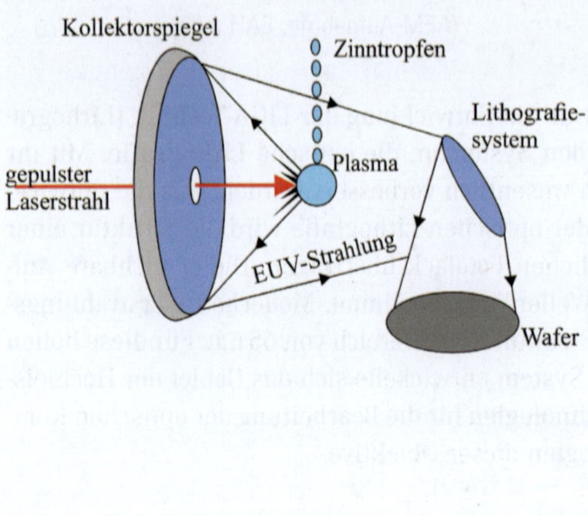

Bild 1.7
Vereinfachte Prinzipdarstellung des EUV-Lithografieverfahrens nach */Trum2019/*

Mit der Entwicklung der optischen Bauelemente für die **EUV-Lithografie** wurden noch höhere Anforderungen an die Präzision und Beschichtung der ausschließlich reflektiv arbeitenden Optiken notwendig.

Die **LIGA-Technik** ermöglichte des Weiteren auch die Erzeugung von Formwerkzeugen für Heißpräge- oder Spritzgussprozesse, als Voraussetzung zur Herstellung von Mikrostrukturen in Kunststoffoptiken. Das große Potenzial dieser Technik illustriert Bild 1.8 am Beispiel einer strukturierten optischen Glasfaser.

Bild 1.8
REM-Aufnahmen eines mittels Interferenzlithografie erzeugten Kreuzgitters mit einer Periode von 280 nm: links) Faserstirnfläche, rechts) Ausschnitt im Kernbereich */Jaue2007/*

Das Strukturieren von optischen Fasern ermöglicht die gezielte Beeinflussung von optischen Eigenschaften, die z. B. sensorische Anwendungen oder strahlteilende Funktionen ermöglichen.

Der generelle Trend zur Miniaturisierung von Bauteilen am Ende des 20. Jahrhunderts führte auch zur Entwicklung der **Mikrooptik** mit unterschiedlichen mikrooptischen Bauteilen. In der Regel sind es klassische Bauteile der Optik, deren geometrische Dimensionen jedoch nur wenige Größenordnungen über der verwendeten Wellenlänge des Lichtes liegen. In Bild 1.9 sind mikrooptische Komponenten aus dem Bereich der Kommunikationstechnik dargestellt.

Bild 1.9
Mikrobauelemente der Kommunikationstechnik

Zum Ende des 20. Jahrhunderts und zu Beginn des 21. Jahrhunderts entwickelte sich die Optikfertigung in einzelnen Bereichen auch immer stärker in Richtung der **Nanotechnologie**. Ein Beleg hierfür sind die Entwicklungsarbeiten auf dem Gebiet der photonischen Kristalle. In **photonischen Kristallen** kann aufgrund einer durch Mikro- und Nanostrukturierung erzeugbaren Bandstruktur Licht auf kleinstem Raum modifiziert und übertragen werden. Ein gezielter Einbau von Fehlstellen in eine periodische Brechungsindexstruktur ermöglicht die Realisierung von wellenlängenselektiven Wellenleitern, Strahlteilern und -kopplern, Wellenmulti- und -demultiplexern sowie schwellenlosen Lasern auf kleinstem Raum.

Mit der weiteren Optimierung von Strahlengängen und der Verbesserung von Abbildungsleistungen optischer Systeme fand immer stärker die Bearbeitung von **asphärischen Flächen** sowie **Freiformflächen** Einzug in die Optikfertigung. Insbesondere zum Ende des 20. Jahrhunderts konnte durch die Maschinen- und Technologieentwicklung ein wesentlicher Sprung zur kostenoptimierten Fertigung solcher anspruchsvollen optischen Oberflächen getan werden. Es wurden beispielweise die verschiedenen Verfahren der **Ultrapräzisionsbearbeitung** entwickelt sowie unterschiedliche Kinematiken von Schleif- und Poliermaschinen zur Bearbeitung asphärischer und freiformoptischer Oberflächen (siehe Bild 1.10) z. T. neu erforscht und in Technologien überführt.

Bild 1.10
Optische Bauelemente: links) asphärisches Bauelement */Opto2007/*, rechts) freiformoptisches Bauelement

Besonders das Systemdenken hat sich im Bereich der optischen Technologien verstärkt durchgesetzt. Es werden dabei insbesondere integrale Ansätze von Simulation, Konstruktion, Materialauswahl, Beschichtungen, Fertigung, Justage, Montage, Messtechnik und Prototypenentwicklung verstanden. Bild 1.11 illustriert eine Wertschöpfungskette, die Bereiche des Entwicklungs- und Fertigungsprozesses miteinander verknüpft und verzahnt.

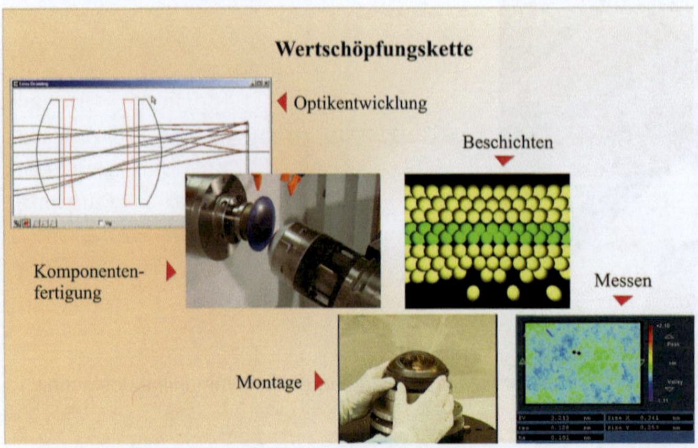

Bild 1.11
Wertschöpfungskette im Entwicklungs- und Fertigungsprozess eines optischen Systems

In der nachfolgenden Tabelle sind einige ausgewählte Meilensteine in der Entwicklung des Glases und der Optikfertigung zusammengestellt.

Tabelle 1.1 Ausgewählte Meilensteine der Entwicklung des Glases und der Optikfertigung

Jahr	Entwicklung	Ort, Erfinder/Firma
ca. 3000 v. Chr.	Gegenstände aus Glas	Ägypten, Mesopotamien
ca. 1500 v. Chr.	Anwendung von Sandformen für die Glasformung	Ägypten
ca. 500 v. Chr.	Glasmacherpfeife	Phönizien
795	Fensterscheiben	Rom
1285	Nietbrille	Venedig
1590	Einfaches Mikroskop	Niederlande
17. Jahrhundert	Galileisches Fernrohr	Niederlande
um 1800	Vierspindelschleifmaschine	Rathenow, H. A. Duncker
1872	Erste Fertigung gerechneter Mikroskopoptik	Jena, E. Abbe/C. Zeiss
1913	Kleinbildkamera	Wetzlar, O. Barnack
1923	Planetariumsprojektor	Jena, Firma Carl Zeiss Jena
1935	Reflexmindernde Vergütung (T-Belag)	Jena, A. Schmakula
1938	Asphärische Hohlspiegelfertigung mit 6 m Spiegeldurchmesser	Jena, Firma Carl Zeiss Jena
1959	Fertigung von Asphären für abbildende Systeme	Wetzlar, Firma Leica
1960	Rubinlaser	Los Angeles, T. Maiman
1966	Floatglasanlage für Flachglas	England, Firma Pilkington
1968	Erste Flüssigkristalldisplays (bei Raumtemperatur)	USA, G. Heilmeier
1971	Laser-Disc/Spritzgussprozesse	Niederlande, Firma Philips
1976	Industrielle Herstellung optischer Fasern	Norcross, Firma OFS
1990	CCP (Computer Controlled Polishing)	Jena, Firma Carl Zeiss Jena
2000	Individuelle Gleitsichtgläser	München, Firma Rodenstock; Oberkochen, Firma Carl Zeiss AG
2005	Displayglastechnologie – Alumosilicatglas (Gorilla)	New York, Firma Corning
2006	Industrielle Nutzung des Blankpressens für DOE	Mainz, Firma Schott AG
2019	EUV-Lithografie geht in die Serienproduktion	Veldhoven, Firma ASML; Oberkochen, Firma Carl Zeiss SMT; Ditzingen, Firma Trumpf

2 Grundlagen der Optik

2.1 Brechung, Reflexion und Totalreflexion

Stoffe, die sich in einem Ausbreitungsraum der Strahlung befinden, werden als **Medium** bezeichnet und beeinflussen die Ausbreitungseigenschaften der Strahlung. Dabei wird ein Medium mit höherer Brechzahl der Strahlung einen größeren Widerstand entgegensetzen als ein optisch dünneres Medium mit kleinerer Brechzahl. Als charakteristische Größe wird oftmals auch der Ausdruck **optische Dichte** des Mediums verwendet. Ein Maß für die optische Dichte stellt dabei die Brechzahl n dar. Fällt die Strahlung nun auf eine optische Grenzfläche, hier ist der Übergang von Medien unterschiedlicher Brechzahlen und damit auch verschiedener Ausbreitungsgeschwindigkeiten $c = c_0 / n$ gemeint, so wird ein Teil der Strahlung **reflektiert** und ein Teil gelangt in das andere Medium und wird dort **gebrochen**. Der reflektierte Strahl bleibt in der Einfallsebene, wobei der Reflexionswinkel ε_r genauso groß ist wie der Einfallswinkel ε.

Reflexionsgesetz

$$\varepsilon_r = \varepsilon \tag{2.1}$$

Die Einfallsebene, skizziert in Bild 2.1, wird durch den einfallenden Strahl und das Einfallslot definiert. Das Einfallslot stellt die Normale auf der Grenzfläche im Einfallspunkt dar.

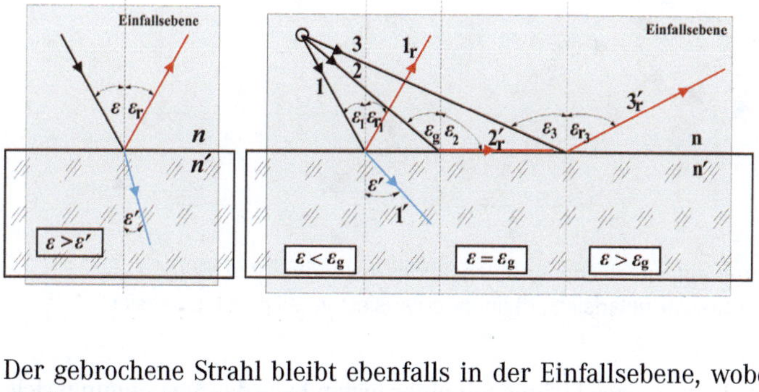

Bild 2.1 Schematische Darstellung des Brechungs- und Reflexionsgesetzes */Stau2000/*: links) Übergang: $n < n'$, rechts) Übergang: $n > n'$

Der gebrochene Strahl bleibt ebenfalls in der Einfallsebene, wobei der Sinus des Brechungswinkels direkt proportional zum Sinus des Einfallswinkels ist.

Brechungsgesetz von Snellius

$$n \cdot \sin\varepsilon = n' \cdot \sin\varepsilon' \tag{2.2}$$

Hinweis:
Beim Übergang vom optisch dünneren in ein optisch dichteres Medium wird der Strahl zum Lot hin gebrochen und vom optisch dichteren in das optisch dünnere Medium vom Lot weg.

Kommt ein Strahl von einem optisch dichteren Medium in ein dünneres, so wird er bis zu einem **Grenzwinkel** ε_g, vom Einfallslot weg gebrochen. Erreicht der Einfallswinkel den kritischen Wert ε_g, nimmt der Ausfallswinkel den Maximalwert 90° (ε_2) an, der Strahl verläuft streifend zur Grenzfläche.

Für größere Einfallswinkel ε_3 hat Formel 2.2 keine reelle Lösung, die einfallende Strahlung wird vollständig an der Grenzfläche reflektiert, und es tritt der Zustand der **Totalreflexion** ein.

Der Grenzwert der Totalreflexion berechnet sich aus $\varepsilon = 90°$, d. h. $\sin\varepsilon = 1$;

Totalreflexion

$$\sin\varepsilon_g = n / n' \tag{2.3}$$

Der Fall der Totalreflexion wird in optischen Bauelementen sehr häufig ausgenutzt. Ein wichtiges Beispiel dafür sind optische Lichtwellenleiter.

2.2 Polarisation, Interferenz und Beugung

Bei der Ausbreitung von elektromagnetischer Strahlung sind viele Schwingungsebenen des ***E*-Vektors** des transversalen Wellenfeldes möglich. Wenn bei der atomaren Emission der Lichtquellen alle Schwingungsebenen des Strahlungsfeldes auftreten, ist das Licht **unpolarisiert**. Der in der X-Y-Ebene schwingende elektrische Vektor E kann prinzipiell eine beliebige Lage und Amplitude haben. Wird eine Schwingungsebene jedoch bevorzugt, ist die Strahlung **polarisiert**. Dabei können verschiedene Polarisationszustände linear, zirkular oder elliptisch erzeugt werden (siehe Bild 2.2).

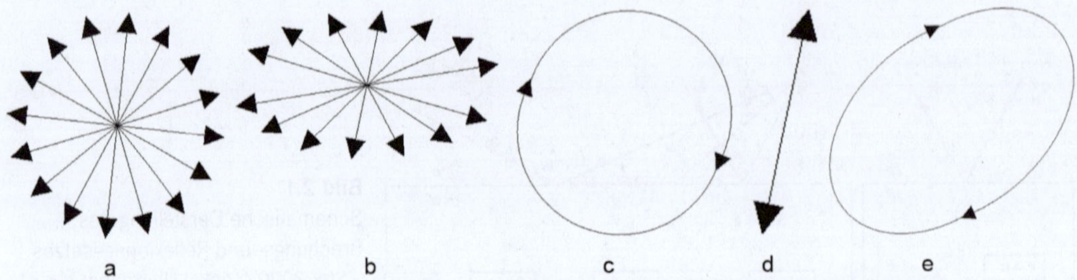

Bild 2.2 Schwingungsebenen und Ausbreitung verschiedener Polarisationszustände */Stau2000/*:
a) unpolarisiert, b) teilweise polarisiert, c) zirkular polarisiert, d) linear polarisiert, e) elliptisch polarisiert

Linear polarisiertes Licht ist eine Bezeichnung des Lichtes mit einer festen Lage der Schwingungsrichtung des elektrischen Feldvektors. Vereinbarungsgemäß wird die Schwingungsrichtung des Feldvektors als **Polarisationsrichtung** bezeichnet. Für die Erzeugung von linear polarisiertem Licht werden **Polarisatoren** verwendet. Diese optischen Bauelemente lassen von allen Schwingungsamplituden nur die Komponenten einer Richtung durch. Dabei wird allerdings das Strahlungsfeld insgesamt geschwächt. Oftmals werden auch durch reflektierende Schichtsysteme bestimmte Polarisationszustände dem Licht aufgeprägt. Mit der Hilfe von $\lambda/4$-Verzögerungsplatten kann linear polarisiertes Licht in zirkular oder elliptisch polarisiertes Licht gewandelt werden. Oftmals gelingt es jedoch nicht, das Licht vollständig in eine Vorzugsrichtung zu polarisieren, d. h. das Licht ist dann nur **teilweise polarisiert**.

Die Polarisation des Lichtes wird auch für die Spannungsoptik genutzt, um Spannungszustände in optischen Werkstoffen und Bauelementen zu analysieren. Transparente Materialien, die innere Spannungszustände aufweisen, wirken in der Regel doppelbrechend. Werden diese unter Spannung stehenden Proben bzw. Bauelemente zwischen zwei **gekreuzte Polarisatoren** gebracht und mit weißem Licht durchstrahlt, treten Interferenzfarben in Abhängigkeit des Spannungszustandes auf.

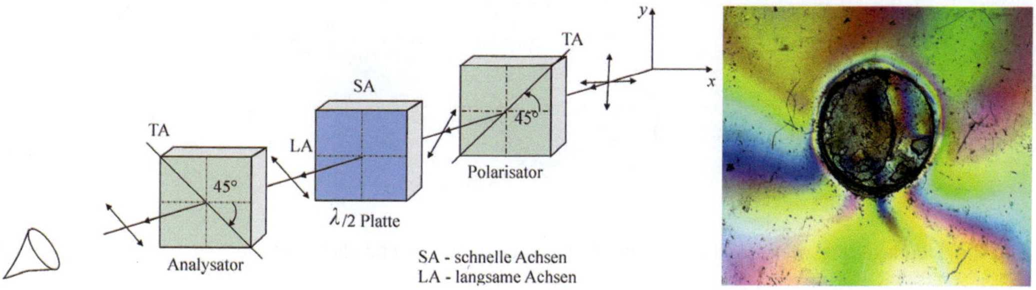

Bild 2.3 Ermittlung von Spannungszuständen: links) Lichtausbreitung durch gekreuzte Polarisatoren */Pedr2002/*, rechts) Spannungszustand eines „gestressten" Angusses beim Spritzgießen

Spannungsoptische Untersuchungen werden für Mikrostrukturen mithilfe von Polarisationsmikroskopen durchgeführt. Für größere Bauteile, z. B. Glasblöcke und -platten, werden sogenannte Spannungsprüfer oder -messer eingesetzt. Für die Charakterisierung der Spannungsdoppelbrechung wird der **optische Gangunterschied** ($\mathrm{nm \cdot cm^{-1}}$) bestimmt, der für die qualitative Bewertung optischer Materialien in den nachfolgenden Kapiteln eine wichtige Rolle spielt.

Die Interferenzphänomene lassen sich mit dem Wellenmodell des Lichtes beschreiben. Die Wirkungen bei der Überlagerung von zwei oder mehreren Wellenzügen wird als **Interferenz** bezeichnet. Beobachtet werden diese beispielsweise an dünnen Seifenhäuten oder Ölfilmen in Form von Interferenzfarben, die durch Verstärkung und Abschwächung bestimmter Wellenlängenintervalle des weißen Lichtes auftreten. Bei der Betrachtung entstehender Interferenzerscheinungen ist die Kenntnis der **Wegdifferenz** Δx bzw. des **Gangunterschiedes** Δ der beiden sich überlagernden Teilwellen von Interesse. Für die Überlagerung dieser Wellen, entsprechend dem Bild 2.4, sind zwei ebene Wellen gleicher **Wellenlänge** λ, die die **Kohärenzbedingung** erfüllen, eine Voraussetzung.

Die **Phasendifferenz** δ zwischen beiden Wellen lässt sich als **Gangunterschied** Δ darstellen.

Gangunterschied

$$\Delta = \frac{\lambda}{2\pi}\delta \tag{2.4}$$

Für die Intensität der überlagerten Wellen I_1 und I_2 ergibt sich der folgende formelle Zusammenhang.

Intensität der Zweistrahlinterferenz

$$I = I_1 + I_2 + 2\sqrt{I_1 I_2 \cos\delta} \tag{2.5}$$

Für die Interferenz kann man nun zwei Grenzfälle unterscheiden:

1. **Konstruktive Interferenz** (die interferierenden Teilwellen sind in Phase)
   Gangunterschied $\Delta = m\,\lambda$ mit $m = 0, \pm 1, \pm 2, \pm 3 \ldots$
2. **Destruktive Interferenz** (die interferierenden Teilwellen schwingen gegenphasig)
   Gangunterschied $\Delta = (2m + 1)\,\lambda / 2$ mit $m = 0, \pm 1, \pm 2, \pm 3 \ldots$

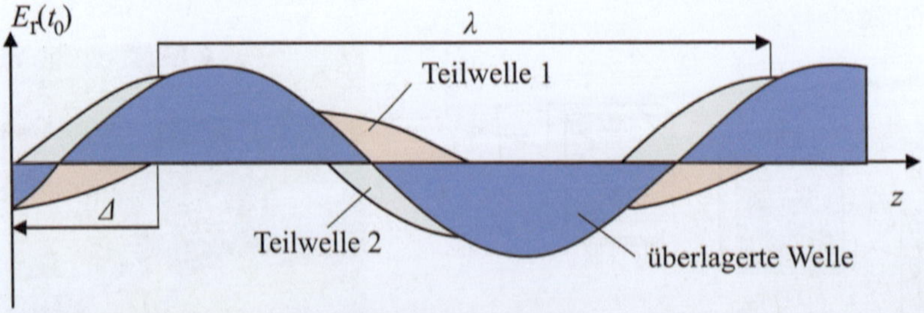

Bild 2.4 Überlagerung zweier Wellen gleicher Wellenlänge mit unterschiedlicher Phase

Die Anwendungen der unterschiedlichen Interferenzerscheinungen in der Optik sind sehr vielgestaltig. Auf zwei ausgewählte Anwendungen soll im Folgenden kurz eingegangen werden. Eine wichtige Anwendung der Interferenz ist die **Entspiegelung** (Reflexminderung) auf optischen Flächen. Der in Bild 2.5 illustrierte Fall der Zweistrahlinterferenz geht dabei von $n_1 = 1$ (Luft) aus. Des Weiteren wird vorausgesetzt, dass $n_s < n_2$ ist, so dass keine Phasensprünge auftreten können.

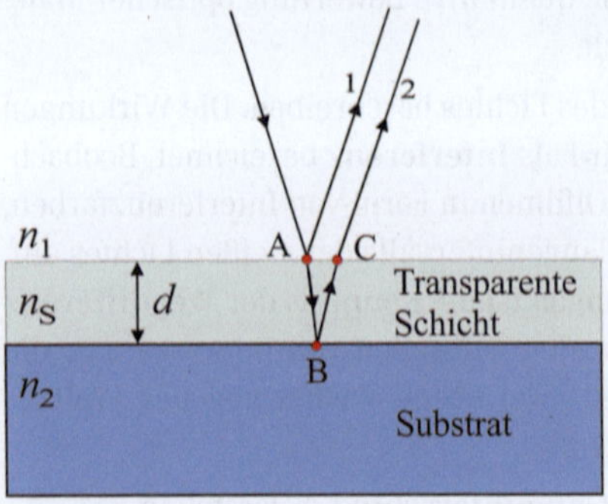

Bild 2.5
Zweistrahlinterferenz an einer dünnen Schicht

Damit die störende Reflexion durch die beschriebene destruktive Interferenz unterdrückt werden kann, müssen zwei Bedingungen erfüllt werden */Pedr2002/*.

1. Phasenbedingung

Die Teilwellen müssen gegenphasig verlaufen und den Gangunterschied von $\Delta = 2n_s d = \lambda / 2$ aufweisen. Die Dicke der Entspiegelungsschicht d muss dann mindestens $\lambda/4$ aufweisen.

2. Amplitudenbedingung

Die Teilwellen müssen für vollständige Auslöschung gleiche Amplituden besitzen.

Man spricht hier auch von sogenannten **λ/4-Schichten**. In der Praxis kommen neben den Entspiegelungsschichten auch **dielektrische Verspiegelungsschichten** (siehe Bild 2.6) zur Anwendung, die ein Vielfachschichtsystem mit abwechselnd hoher und niedriger Brechzahl verwenden (siehe Kapitel 8).

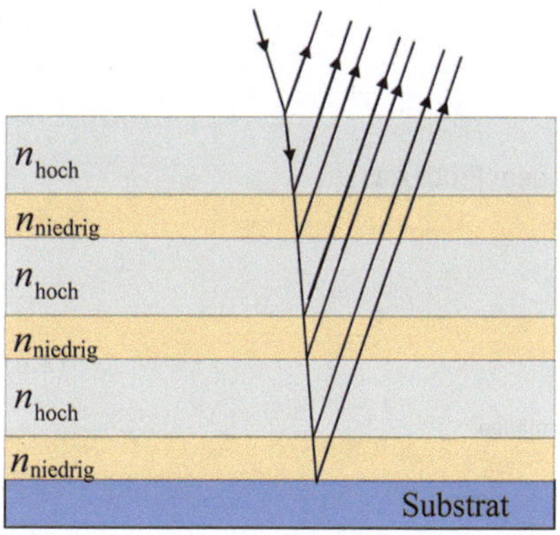

Bild 2.6
Dielektrischer Spiegel

Interferenzen gleicher Dicke, sogenannte **Fizeau-Streifen**, eignen sich zur Bestimmung kleiner Dickenvariationen. In der Optiktechnologie wird dieses Verfahren zur Messung von Formabweichungen **(Passe)** verwendet. Häufig erfolgt die Prüfung mit sogenannten **Probegläsern**. Es ist ein vergleichendes Messverfahren und unterliegt einer subjektiven Beurteilung. Man legt ein entsprechendes Referenzglas auf die zu prüfende Fläche und beobachtet das entstehende Interferenzmuster (**Newtonsche Ringe**). Die Anzahl und die Verformung der entstehenden Interferenzringe sind ein Maß für die Abweichung zwischen Probeglas und Prüffläche.

Der Abstand zweier Interferenzlinien beträgt dabei jeweils eine halbe Wellenlänge. Die erzielbare Genauigkeit bei der visuellen Prüfung liegt bei etwa 100 nm Formabweichung. Bei der Passeprüfung nach Bild 2.7 befindet sich zwischen zwei Gläsern eingeschlossen eine Luftschicht als dünner Keil. Durch die Kugelflächen bedingt sind die Zonen gleicher Schichtdicke kreisförmig, die Interferenzstreifen entstehen als Ringe. Bei Flächenabweichungen, die kleiner sind als ein Ring, wird durch Bildung eines Luftkeiles zwischen Probeglas und Prüfling die Abweichung durch Krümmung der Streifen ermittelt.

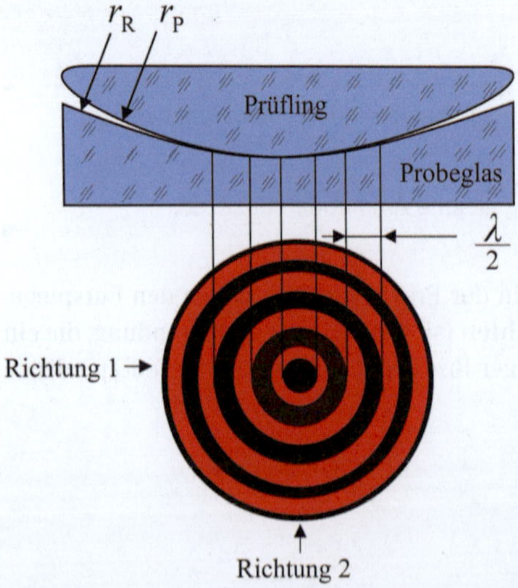

Bild 2.7
Passeprüfung mit dem Probeglas

Für die Radienabweichung gilt:

$$\Delta r = 4 r^2 n \lambda / d^2 \tag{2.6}$$

r Radius der optischen Fläche, *n* Anzahl der Ringe, *d* Durchmesser der Optik, *λ* Wellenlänge

Beispiel:

Es wird ein Durchmesser von $d = 25$ mm und $r = 100$ mm Radius bei einer Prüfwellenlänge von $\lambda = 530$ nm geprüft. Die Prüfung ergibt zwei Ringe.

In Formel 2.6 eingesetzt, ergibt sich ein Radienfehler von 0,0678 mm. Damit lassen sich mit diesem subjektiven Prüfverfahren relativ genau die Radienabweichungen ermitteln. Allerdings wird diese Prüfmethode für große Radien und kleine Durchmesser ungenau.

Durch den Einsatz von Lasern in Messsystemen werden heute jedoch immer stärker Interferometersysteme zur Prüfung von optischen Oberflächen eingesetzt. Ein wesentlicher Vorteil besteht in dem berührungslosen Messen. **Interferometer**, die in der optischen Industrie zum Prüfen von Werkstücken verwendet werden, sind meist nach FIZEAU gebaut. Bild 2.8 illustriert Aufbau und Strahlengang eines solchen Interferometers. Für die Messung von sphärischen Flächen lässt sich die Keilplatte durch ein Objektiv ersetzen. Messgenauigkeiten von $\lambda/50$ und besser lassen sich problemlos auswerten.

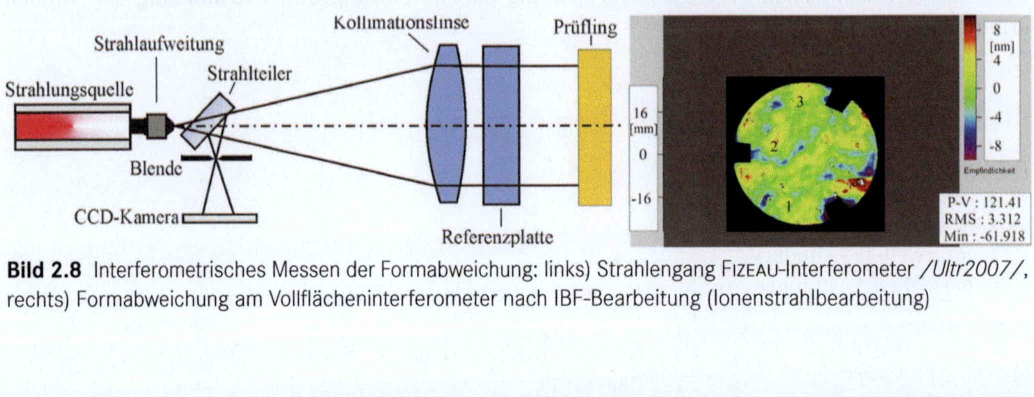

Bild 2.8 Interferometrisches Messen der Formabweichung: links) Strahlengang FIZEAU-Interferometer */Ultr2007/*, rechts) Formabweichung am Vollflächeninterferometer nach IBF-Bearbeitung (Ionenstrahlbearbeitung)

Im Unterschied zur Reflexion und Brechung von Licht wird mit der **Beugung** das Eintreten von Licht in sogenannte geometrische Schattenräume bezeichnet. Die Beugung von Licht basiert auf der Interferenz zahlreicher Elementarwellen. Sie kann mit dem **Huygensschen Prinzip** in Bild 2.9 erklärt werden.

Huygenssches Prinzip:

Jeder Punkt einer sich ausbreitenden Wellenfront kann als Ausgangspunkt von Elementarwellen (Kugelwellen) gleicher Frequenz, Wellenlänge und Polarisation betrachtet werden, welche sich selbst wieder mit Lichtgeschwindigkeit ausbreiten und deren Einhüllende die neu entstehende Wellenfront festlegt.

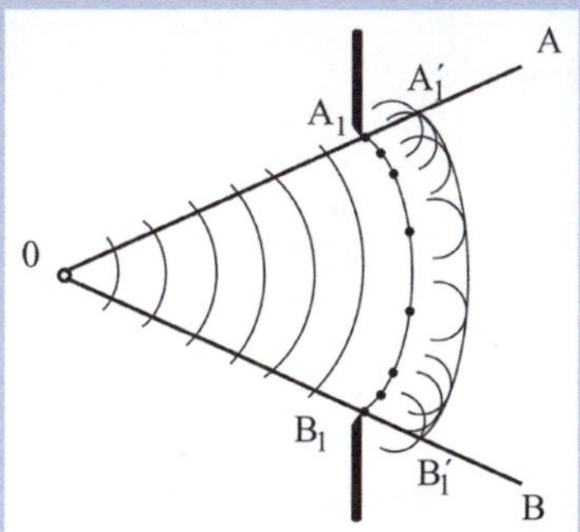

Bild 2.9
Huygenssches Bild einer Wellenfront am Hindernis Blendenöffnung

Fällt Licht durch eine Öffnung (hier Blende), gehen von jedem ihrer Punkte der Wellenfront Kugelwellen aus. Durch ihre Eigenschaft der Interferenz kommt es in bestimmten Richtungen zu Beugungsmaxima und -minima. Bei der **Fresnel-Beugung** (Nahfeldbeugung) werden die Krümmungen der Wellenfronten berücksichtigt. Werden die Abstände Lichtquelle – Beugungsobjekt und Objekt – Beobachtungsebene so groß, dass die einfallende und die gebeugte Wellenfront als eben angesehen werden können, so spricht man von **Fraunhofer-Beugung** (Fernfeldnäherung) */Pedr2002/*. Bild 2.10 stellt die Beugung am Spalt dar.

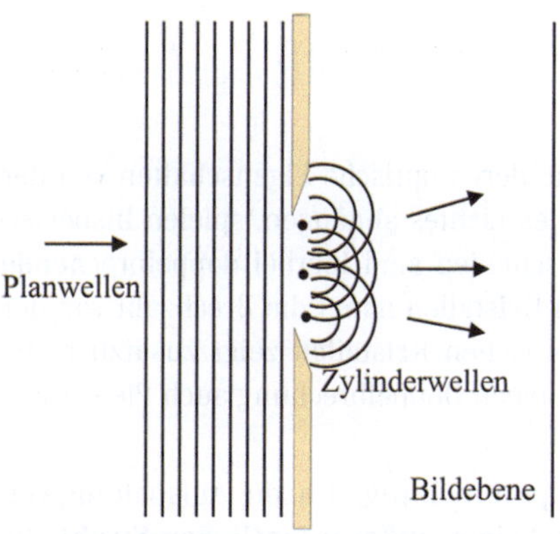

Bild 2.10
Beugung an einem Spalt

Aus der Herleitung der geometrischen Verhältnisse am Spalt und der Annahme, dass die erzeugten Elementarwellen Zylinderwellen darstellen, kann die Intensitätsverteilung am Spalt I_N vereinfacht nach Formel 2.7 bestimmt werden.

Beugung am Spalt

$$I_N = \frac{\sin^2\left[k \cdot \frac{b}{2} \cdot \sin\alpha\right]}{\left[k \cdot \frac{b}{2} \cdot \sin\alpha\right]} \tag{2.7}$$

b Spaltbreite, *α* Winkel der Lichtausbreitung, *k* ganzzahliges Vielfaches

In Bild 2.11 ist die resultierende Intensitätsverteilung am Spalt in der Näherung für kleine Winkel $\sin\alpha \sim \alpha$ aufgetragen.

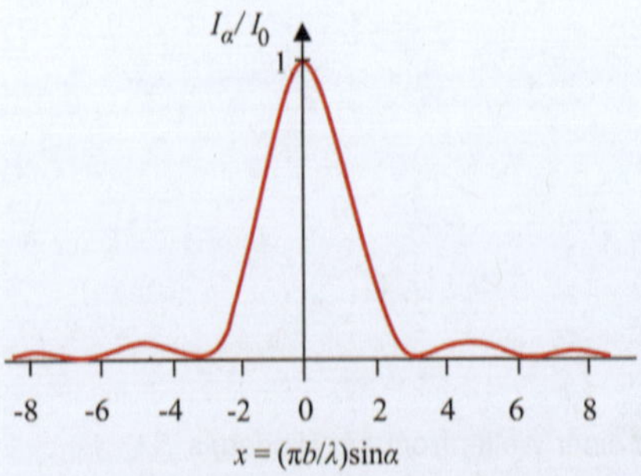

Bild 2.11
Intensitätsverteilung bei FRAUNHOFER-Beugung

Diese Auswirkung der Beugung lässt sich für nahezu alle optischen Bauelemente annehmen, da sie nur einen begrenzten Ausschnitt der einfallenden Wellenfront übertragen. Beugungseffekte treten auch an Hindernissen auf, wie beispielsweise durch Blasen und Schlieren in optischen Materialien verursacht, und führen zu einer Begrenzung des Auflösungsvermögens eines optischen Systems. Die Entwicklung von beugungsbegrenzten optischen Bauelementen ist eine zentrale Aufgabenstellung bei der Auslegung und Fertigung von optischen Systemen.

2.3 Doppelbrechung und Pleochroismus

Optisch **anisotrope kristalline Materialien**, d. h. Materialien, deren optische Eigenschaften von der Lage der Schwingungsebene und der Ausbreitungsrichtung des Lichtes abhängen, spielen insbesondere in der Polarisationsoptik eine wichtige Rolle. Zu unterscheiden sind hierbei doppelbrechende Kristalle und pleochroitische Kristalle. Bei doppelbrechenden Kristallen hängt die Brechzahl von der Polarisation und der Ausbreitungsrichtung ab, bei pleochroitischen Kristallen zeigt zusätzlich die Absorption ein anisotropes Verhalten. Einige Kristalle zeigen neben Doppelbrechung auch Pleochroismus (z. B. Turmalin).

Eine wichtige Folge der Anisotropie von Kristallen ist die **Doppelbrechung,** d. h. die Aufspaltung von auf den Kristall auftreffendem Licht in einen **ordentlichen** und einen **außerordentlichen Strahl**, die eine unterschiedliche Polarisation aufweisen und sich mit ungleicher Geschwindigkeit im Kristall ausbreiten (siehe Bild 2.12). Beide Teilwellen sind senkrecht zueinander linear polarisiert. Nur für bestimmte Richtungen, die sogenannten optischen Vorzugsrichtungen, die man auch als optische Achsen bezeichnet, entfällt diese Aufspaltung */Kühl1998/*.

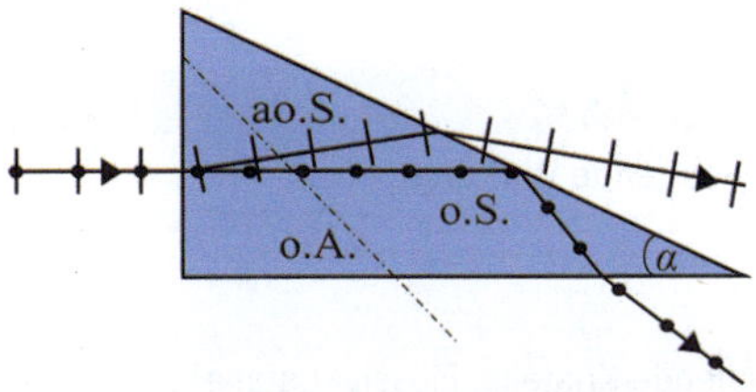

Bild 2.12
Prinzip der Doppelbrechung, Trennung senkrecht zueinander polarisierter Strahlen */Kühl1998/*

ao.S.: außerordentlicher Strahl,
o.S.: ordentlicher Strahl,
o. A.: optische Achse,
| Schwingungsebene parallel zur Bildebene,
• Schwingungsebene senkrecht zur Bildebene

Bei **einachsigen Kristallen** verhält sich der ordentliche Strahl entsprechend dem SNELLIUSschen Brechungsgesetz (Brechzahl n_o). Die außerordentliche Welle zeigt eine sich mit dem Einfallswinkel veränderliche Brechzahl (n_e). In Richtung der optischen Achse jedoch bewegen sich beide Teilwellen mit gleicher Geschwindigkeit entsprechend dem ordentlichen Brechungsindex n_o. Die Verhältnisse bei optisch **zweiachsigen Kristallen** sind sehr kompliziert. Es gibt keinen ordentlichen Strahl mehr. Vielmehr treten zwei außerordentliche Strahlen auf, für beide ist die Brechzahl richtungsabhängig.

Besonders ausgeprägt ist das doppelbrechende Verhalten in Kalkspatkristallen (Calcit, $CaCO_3$), welche als polarisationsoptische Bauelemente Verwendung finden. In der Polarisationsmikroskopie werden Plättchen aus Gips und Glimmer eingesetzt. Bauelemente mit geringer Doppelbrechung werden aus Kristallen von Quarz, Korund (Al_2O_3) oder Ammoniumdihydrogenphosphat (ADP, $(NH_4)H_2PO_4$) gefertigt.

Zu erwähnen ist weiterhin, dass durch äußere Einwirkungen eine in Kristallen vorhandene Doppelbrechung verändert werden kann. Andererseits können auch optisch isotrope Materialien unter dem Einfluss mechanischer Spannungen doppelbrechend werden (Spannungs-, Deformations-, Orientierungsdoppelbrechung). Auch das Anlegen äußerer elektrischer oder magnetischer Felder ruft Doppelbrechung hervor, wobei der KERR- bzw. der FARADAY-Effekt wirksam werden. Anwendung finden sie in elektrooptischen und nicht-linear optischen Bauelementen. Die jeweiligen Einflussgrößen führen zum Herabsetzen der im Kristall vorhandenen Kristallsymmetrie */Kühl1998/*.

Eine weitere, speziell auf Kristalle zutreffende optische Erscheinung ist der sogenannte **Pleochroismus**. Das bedeutet, dass Licht je nach Ausbreitungs- und Polarisationsrichtung unterschiedlich stark absorbiert wird. Da die Absorption zusätzlich noch von der Wellenlänge abhängt, zeigt sich der Pleochroismus in einer richtungsabhängigen Farbänderung des durchstrahlten Lichtes, die in extremen Fällen schon mit bloßem Auge feststellbar ist. Eine Sonderform des Pleochroismus mit genau zwei verschiedenen Färbungen ist der **Dichroismus**.

2.4 Abbildende optische Bauelemente

Die Einteilung optischer Bauelemente (BE) kann nach unterschiedlichen Kriterien vorgenommen werden. Gebräuchliche Unterscheidungskriterien sind in der Tabelle 2.1 zusammengefasst. Es lassen sich jedoch nicht alle optischen Bauelemente ausschließlich in eine Klasse einteilen. Die Einteilung ergibt sich i. d. R. durch die Eigenschaft des BE, das die Hauptfunktion in der optischen Anwendung bestimmt.

Tabelle 2.1 Einteilung der optischen Bauelemente

Einteilungskriterien/Bauelement/Medium		
refraktiv (brechende Wirkung)	**diffraktiv (beugende Wirkung)**	
Linsen, Prismen	Gitter	
isotrop	**anisotrop**	
Glas, Kunststoff	doppelbrechende Kristalle, Flüssigkristalle	
homogen	**inhomogen**	
Glas, Kunststoff	GRIN, KERR-Medium	
absorbierend	**transmittierend**	**reflektierend**
Empfänger	Fasern, Filter	Spiegel, Reflexionsgitter

2.4.1 Transmittierende optische Bauelemente

Im Vergleich zu Bauelementen mit Reflexionswirkung haben transmittierende optische Bauteile den Vorteil, dass sich die Strahlwege relativ kurz und i. d. R. einfacher aufbauen lassen. Nachteilig wirkt sich aber in vielen Fällen die **Volumenabsorption** dieser Bauelemente aus, die je nach verwendetem Material und Länge des Transmissionsweges zu Strahlungsverlusten führt.

Planplatten werden durch zwei ebene sowie parallele (angestrebt wird ein sehr kleiner Keilfehler) Flächen gebildet. Bei der Transmission eines Strahlenbündels im schrägen Einfall kommt es zu einer parallelen Versetzung des Bündels. Bild 2.13 illustriert diesen Zusammenhang und zeigt die geometrischen Verhältnisse des Strahlenversatzes.

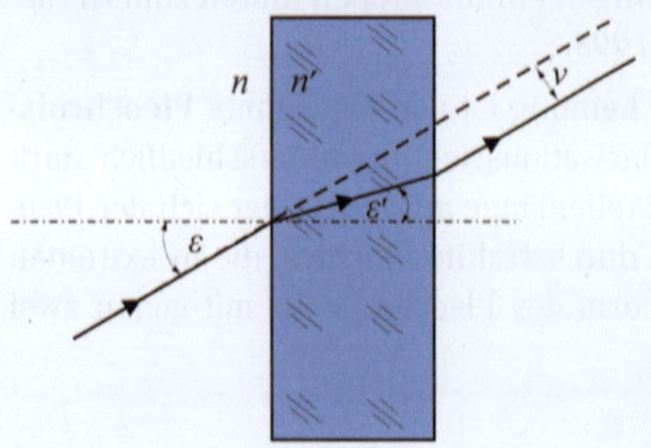

Bild 2.13
Strahlenversatz durch eine Planplatte

$$v = d \cdot \frac{\sin(\varepsilon - \varepsilon')}{\cos\varepsilon} \tag{2.8}$$

$$v = d \cdot \frac{(n-1)}{n} \cdot \tan\varepsilon \tag{2.9}$$

Der theoretische Strahlenversatz v wird in Formel 2.8 und Formel 2.9 nur durch die **Plattendicke** d, den **Einfallswinkel** ε und den **Brechungswinkel** ε' bestimmt. Typischerweise treten bei der Abbildung mit einer Planplatte Öffnungs- und Farbfehler (siehe auch Abschnitt 2.5) auf. Der Einfluss der Planplattendeformation hingegen lässt sich durch ein angemessenes Verhältnis von Plattendicke d/Strahldurchmesser D verhindern. Bei hohen Genauigkeiten wird ein Verhältnis von $d/D = 0{,}1$ bis 0,2 vorgeschlagen */Naum1992/*. Die Toleranzanforderungen im Fertigungsprozess sind zum einen an die Planität der Platten (üblich: $\lambda/10 - \lambda/20$) und die Parallelität (üblich in Winkelminuten: 1' - 5') zu stellen. Planplatten werden in sehr unterschiedlichen Anwendungen benötigt; z. B. als Filter, Strichplatten, Fenster oder auch als Trägermaterial für Teiler und Spiegelschichten.

Die wichtigsten optischen Bauelemente, neben den Spiegeln, sind Linsen und Linsensysteme. Die geometrischen Formen von **Linsen** sind sehr verschieden, und in ihrer Wirkung können sie in **lichtsammelnd** (Sammellinse oder Positivlinse) oder in **lichtzerstreuend** (Zerstreuungslinse oder Minuslinse) unterteilt werden. Einen Sonderfall nehmen sogenannte **neutrale Linsen** ein, bei denen ein parallel einfallendes Bündel weder konvergent noch divergent gewandelt wird. Linsen bestehen für die einzusetzende Wellenlänge aus transparentem Material und haben meist **sphärische** oder **asphärische Flächen** (1. Seite und/oder 2. Seite der Linse). Bei Planlinsen, z. B. Plankonvexlinsen, wird eine Linsenfläche als Planfläche ausgelegt (in diesem Fall ist der Radius gleich unendlich). In der zeichnerischen Darstellung des Strahlweges durch eine Linse ergeben sich charakteristische abbildende Größen (siehe Bild 2.14), die verbindliche Anforderungen an den Herstellungsprozess stellen. Die Abbildung erfolgt hier in vereinfachter Weise im **paraxialen Gebiet** (achsennaher Raum) und an einer **dünnen Linse**. Von einer dünnen Linse spricht man, wenn der Abstand der beiden Linsenflächen, die **Mittendicke**, klein ist gegenüber der **Brennweite** f. Die **Hauptpunkte** H, H' einer Linse sind die Schnittpunkte der optischen Achse mit den zu ihr senkrecht stehenden Hauptebenen, während der Schnittpunkt der optischen Achse mit der jeweiligen brechenden Fläche als **Scheitelpunkt** S bezeichnet wird.

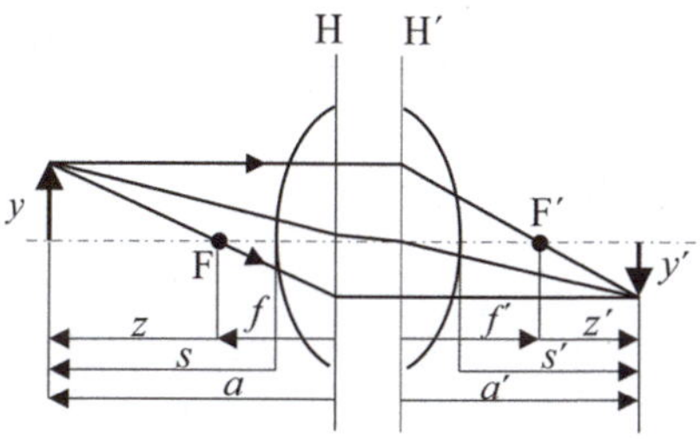

Bild 2.14
Darstellung der Größen für die Abbildung an einer dünnen Linse

a, a' Objekt- und Bildweite,
f, f' Objekt- und Bildbrennweite,
s, s' Objekt- und Bildschnittweite,
z, z' brennpunktbezogene Objekt- und Bildweite,
y, y' Objekt- und Bildgröße (-höhe)

Brennweiten

$$f \cdot n = f' \cdot n'$$

Abbildungsgleichung

$$\frac{1}{f'} = \frac{1}{a'} - \frac{1}{a}$$

Abbildungsmaßstab

$$\beta' = \frac{y'}{y} = \frac{a'}{a} = \frac{f'}{a+f'}$$

nach NEWTON

$$z \cdot z' = -f'^2$$

Linsen gleicher Brennweite und gleicher Glasart können jedoch sehr unterschiedliche Formen (Durchbiegung) der brechenden Flächen aufweisen. Diese bestimmen die Lage der Hauptpunkte und beeinflussen die Abbildungsfehler einer Linse wesentlich. Die Optimierung der Durchbiegung und damit Verringerung von Abbildungsfehlern ist eine zentrale Aufgabenstellung der Optikentwicklung.

Generell können sphärische und asphärische Flächen durch die Formel 2.10 beschrieben werden /*Pedr2002*/. Bild 2.15 illustriert eine Einteilung geometrischer Grundformen von Linsen anhand von Kegelschnittkurven mit unterschiedlichen konischen Konstanten *k* (Kegelschnittkonstanten) in der Scheiteldarstellung (auch für Spiegel in Reflexion zutreffend).

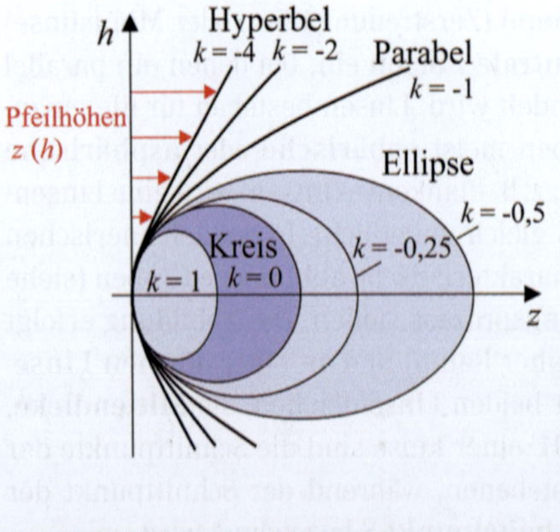

Bild 2.15
2D-Kegelschnittdarstellung mit unterschiedlichen konischen Konstanten *k* /*Loef2020*/

Die Pfeilhöhe *z* in Abhängigkeit$_{21}$ von *h* (Abstand von der Rotationsachse) berechnet sich wie folgt:

$$z(h) = \frac{c \cdot h^2}{(1+\sqrt{1-(k+1)c^2h^2}} + \sum_{i=2}^{m} a_{21} \cdot h^{21} \tag{2.10}$$

$c = \frac{1}{r}$ Krümmung an der Achse, a_{21} Asphären-Parameter, *r* Scheitelradius

k Kegelschnittkonstante	$k = 0$	Kreis/Kugel
	$k = -1$	Parabel/Paraboloid
	$k > 0$	abgeflachte Ellipse/Ellipsoid
	$-1 < k < 0$	Ellipse/Ellipsoid
	$k < -1$	Hyperbel/Hyperboloid

Lässt man die Kegelschnitte der Formel 2.10 um die Z-Achse rotieren, ergeben sich die in Bild 2.16 dargestellten Rotationsflächen.

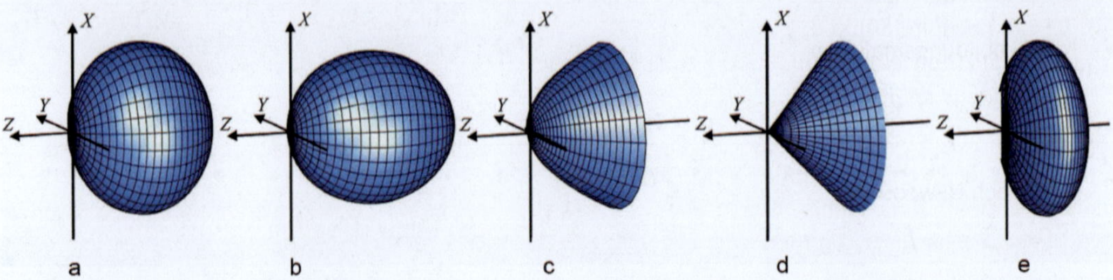

Bild 2.16 3D-Darstellung ausgewählter durch Drehung der Kegelschnittkurven erzeugter Rotationskörper /*Loef2020*/: a) Kugel, b) (langgestrecktes) Ellipsoid, c) Paraboloid, d) Hyperboloid, e) (abgeflachtes) Ellipsoid

Nachfolgend sind ausgewählte Linsenformen, die in der Optiktechnologie häufig zum Einsatz kommen, exemplarisch dargestellt.

Tabelle 2.2 Ausgewählte Linsenformen und typische Einsatzgebiete

Element	Darstellung	Radien	Einsatzgebiet
Bikonvexe Linse	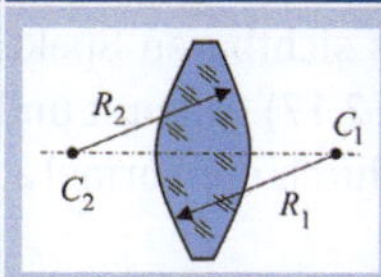	R_1 + R_2 –	▪ Objektive ▪ Teleskope ▪ Lupen ▪ Kollimator ▪ Fasereinkopplung
Plankonkave Linse	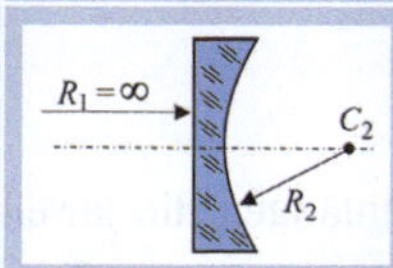	R_1 ∞ R_2 +	▪ Objektive ▪ Teleskope ▪ Achromat
Zylinderlinse	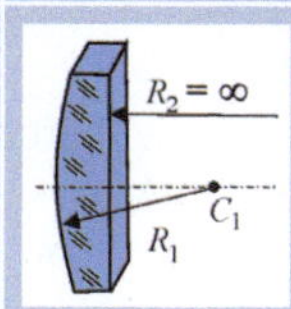	R_1 + R_2 ∞	▪ Strahlformung ▪ Brillenoptik ▪ Fernrohre ▪ Laseroptiken
Meniskuslinse	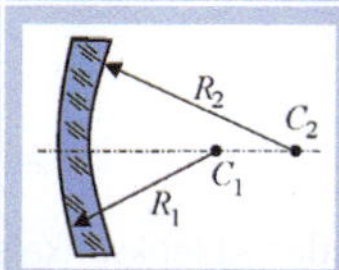	R_1 + R_2 +	▪ Fokussierlinsen für Laserstrahlung ▪ Korrektur von Abbildungsfehlern
Asphärische Linse	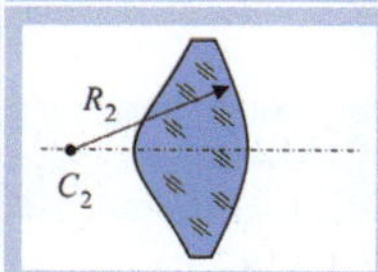	R_1 asph. R_2 –	▪ Beleuchtungsoptik ▪ Korrektur von Abbildungsfehlern ▪ Objektive

Zur Bestimmung der Asphärenparameter a_{21} in Formel 2.10 können in vereinfachter Form Punkte der asphärischen Fläche (Pfeilhöhentabelle in Form $z(h)$) ermittelt und zu einer approximierten Asphärenfunktion berechnet werden. Die Pfeilhöhen beschreiben den Abstand in Z-Richtung gemessen bis zur optisch wirksamen Fläche für verschiedene h-Werte des Durchmessers (siehe Bild 2.15). Bezugspunkt (0,0) ist der Scheitelpunkt des optischen Bauelementes. Neben den Asphärenparametern wird in Zeichnungsangaben oft eine Pfeilhöhentabelle angegeben. Dies dient auch zur Sicherheit um prinzipielle Fehler bei der Asphärenfertigung zu minimieren.

Bei der Nutzung von Optikdesignprogrammen stehen dem Anwender jedoch spezielle Optimierungsalgorithmen zur Verfügung, um die Asphärenparameter exakter ermitteln zu können. Im Design und in der Fertigung finden Asphärendarstellungen nach Forbes */Forb2020/* in Form der Formel 2.11 immer häufiger Anwendung */Aldi2020/*.

$$z = \frac{c \cdot h^2}{1 + \sqrt{1 - (1+k)h^2 \cdot c^2}} + u^4 \sum_{m=0}^{M} S_m \cdot Q_m^{con}(u^2) \tag{2.11}$$

$u = \frac{h}{r}$ normierte radiale Koordinate, $Q_m^{con}(u^2)$ orthogonalen (Jacobi-)Polynome, S_m zugehörigen Asphärenparameter

Ein **Prisma** in Bild 2.17 lenkt in reiner Transmission einen Strahl in Richtung der Prismenbasis hin ab. Die Größe des Ablenkungswinkels hängt in erster Linie von dem **Prismenwinkel** α, dem Einfallswinkel ε und der Brechzahl des Prismenmateriales n' ab. Fällt polychromatisches Licht ein, dann werden aufgrund der **Dispersion** die unterschiedlichen Wellenlängen verschieden stark abgelenkt. Beim Durchgang von weißem Licht erzeugt das Prisma ein Spektrum im VIS, wobei das kurzwelligere Licht stärker gebrochen wird als das langwellige. Historisch hatte man die Dispersion durch die Brechzahlen bei drei Wellenlängen in der Mitte und jeweils am Rand des sichtbaren Spektrums (VIS) charakterisiert. Diese Wellenlängen werden **Fraunhofer-Linien** (Bild 2.17) genannt und wurden aus dem solaren Spektrum übernommen. Der Ablenkwinkel δ lässt sich durch die Formel 2.12 vereinfacht berechnen */Pedr2002/*.

Ablenkwinkel

$$\delta = 2\arcsin\left(n \cdot \sin\frac{\alpha}{2}\right) - \alpha \tag{2.12}$$

In der Tabelle zu Bild 2.17 wurden für verschiedene Wellenlängen die jeweiligen Brechzahlen und Ablenkwinkel für ein Prisma aus BK7 mit $\alpha = 60°$ bestimmt.

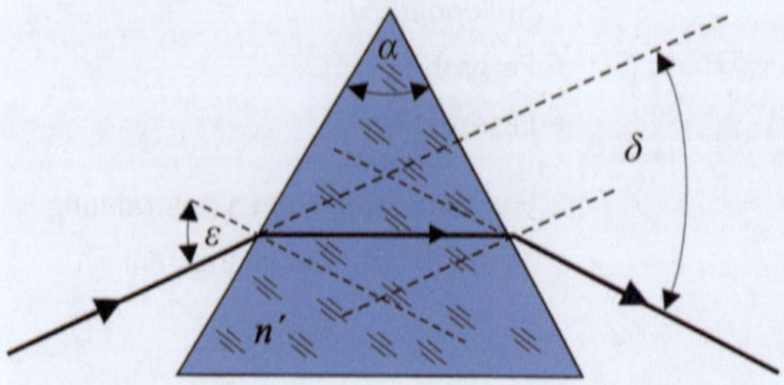

Bild 2.17
Darstellung des Ablenkwinkels am Prisma

λ (nm)	C-Linie Rot 656,3	D-Linie Gelb 589,3	E-Linie Grün 546,07	F-Linie Blau 486,1
n'	1,5143	1,5167	1,5187	1,5224
δ (°)	38,43	38,64	38,81	39,14

Die Anwendung des Prismas als **dispersives Element** wird für viele spektroskopische Aufgabenstellungen genutzt. Durch die Transmissionscharakteristik verschiedener Glasmaterialien können Prismen jedoch immer nur für bestimmte Wellenlängenbereiche eingesetzt werden. Für den UV-Bereich kommen Prismen aus Quarzglas und Calziumfluorid, im IR-Bereich aus Natriumchlorid oder Zinkselenid zum Einsatz.

Optische Fasern

Die Transmission von Licht kann auch in zylindrischen Wellenleitern über weite Strecken erfolgen, wenn es nach jedem Auftreffen auf die Wand des Wellenleiters nahezu verlustfrei reflektiert wird. Das Prinzip der Wellenleitung beruht auf **Totalreflexion**. Auf diese Art und Weise können Signale auf optischem Weg über sehr große Entfernungen mit geringer **Dämpfung** (Verlusten) übertragen werden. In Bild 2.18 ist der prinzipielle Aufbau einer optischen Faser dargestellt. Der **Kern** mit dem Brechungsindex n_1, in dem das Licht geführt wird, ist eingebettet in einen **Mantel** mit einem Brechungsindex $n_2 < n_1$. Werden Lichtstrahlen mit einem Winkel Θ, der größer ist als der **Akzeptanzwinkel** Θ_a in die

Faser eingekoppelt, so werden diese im Kern geführt. Strahlen mit einem kleineren Winkel verlieren bei jeder Reflexion Energie und werden nicht geführt. Der Akzeptanzwinkel ergibt sich aus der Beziehung

Akzeptanzwinkel

$$\theta_a = \arcsin\sqrt{n_1^2 - n_2^2} \tag{2.13}$$

Sehr häufig wird die **numerische Apertur** (NA) als signifikante Größe für die Einkoppelbedingung in eine Faser angegeben:

Numerische Apertur

$$NA = \sqrt{n_1^2 - n_2^2} \tag{2.14}$$

Die numerische Apertur bestimmt somit, unter welchem Winkel Θ_a Licht in die Faser eingekoppelt werden muss, so dass sich geführte Moden ausbilden.

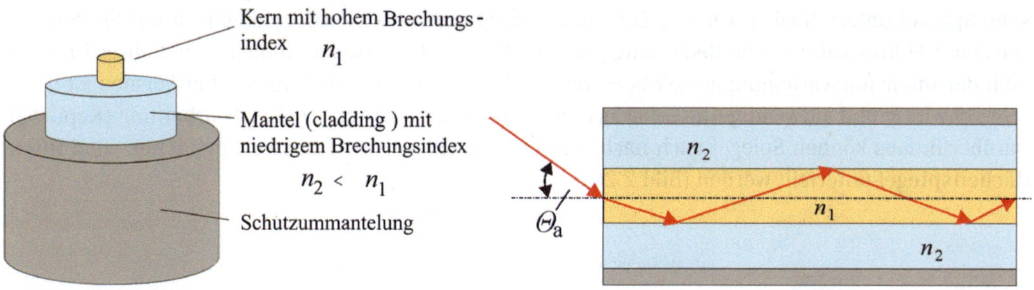

Bild 2.18 Prinzipieller Aufbau und Wirkungsweise einer optischen Faser: links) Faseraufbau, rechts) Strahlausbreitung durch Totalreflexion

Die Lichtleitung in Wellenleitern erfolgt prinzipiell durch sogenannte **Strahlungsmoden**. Ist der Faserkern klein genug, so dass nur eine Mode geführt werden kann, spricht man von einer **Monomode-Faser**, bei größeren Kerndurchmessern können mehrere Moden in einer **Multimode-Faser** geführt werden */Stau2000/*.

Optische Fasern werden des Weiteren in **Stufenindex-Fasern** und **Gradientenindex-Fasern** unterteilt. Erstere Faser hat einen stufenförmigen Brechzahlübergang zwischen Kern und Fasermantel. Bei der Gradientenindex-Faser hingegen nähert sich die Brechzahl des Kerns stetig der des Mantels an. Bild 2.19 illustriert diesen Zusammenhang.

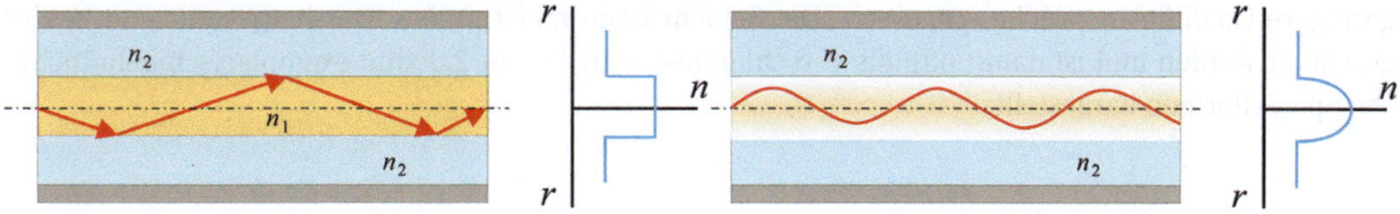

Bild 2.19 Prinzipielle Fasergeometrien: links) Stufenindex-Faser, rechts) Gradientenindex-Faser

2.4.2 Reflektierende optische Bauelemente

Reflektierende **optische BE** basieren auf der teilweisen oder vollständigen Reflexion von Licht an optischen Hindernissen bzw. Grenzflächen. Der auftreffende Lichtstrahl wird je nach Oberflächenbeschaffenheit der Grenzfläche diffus oder gerichtet reflektiert. Oftmals treten auch beide Reflexionsanteile an technischen Oberflächen gleichzeitig auf. Wenn die Rauigkeit der Oberfläche klein ist gegenüber der Wellenlänge des Lichtes, kommt es zu einer gerichteten Reflexion. Andernfalls treten an der Oberflächenstruktur Mehrfachreflexionen auf, die zu einem diffus reflektierenden Strahlenbündel führen.

Die Aufgabe von reflektierenden optischen Bauelementen ist die Strahlführung und -formung durch gerichtete Reflexion mit möglichst geringen Strahlverlusten. Für hochreflektierende BE muss dafür teilweise ein aufwendiges Schichtdesign entwickelt und aufgebracht werden, um die Verluste an der Grenzfläche sehr stark zu minimieren (siehe auch Kapitel 8).

Spiegel

Spiegel können hinsichtlich ihrer geometrischen Auslegung in **Planspiegel, sphärische** und **asphärische Spiegel** unterschieden werden. Zunehmend gewinnen auch Spiegelgeometrien mit Freiformflächen oder Mikrostrukturen an Bedeutung, die z. B. die Strahleigenschaften hinsichtlich ihrer Homogenität der Intensitätsverteilung gezielt beeinflussen können. Die Herstellung solcher Formen ist i. d. R. sehr schwierig und aufwendig und erfordert die Verfahren der Ultrapräzisionsbearbeitung (Kapitel 7). Darüber hinaus können Spiegel auch nach dem Ort der Spiegelschicht in **Vorderflächen**- und **Rückflächenspiegel** unterteilt werden (Bild 2.20).

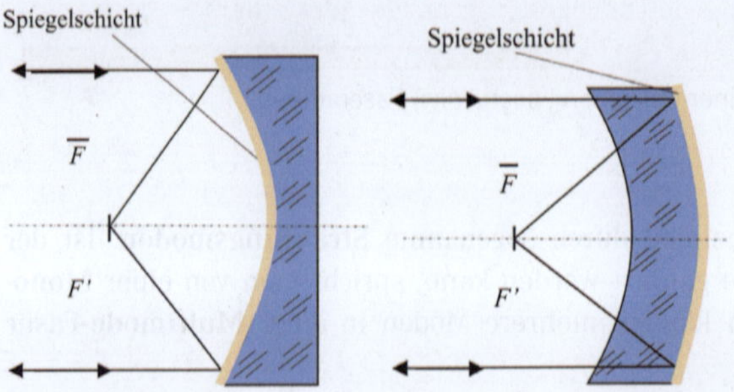

Bild 2.20
Prinzipielle Spiegelanordnung: links) Vorderflächenspiegel, rechts) Rückflächenspiegel

In den meisten Strahlengängen kommen jedoch Vorderflächenspiegel mit vergüteten Oberflächen durch Bedampfung oder Sputtern zum Einsatz. Für die Lasermaterialbearbeitung werden aufgrund ihrer hohen Wärmeleitfähigkeit auch massive Metallspiegel aus Molybdän oder Kupfer eingesetzt. Rückflächenspiegel werden dagegen für Beleuchtungsstrahlengänge oder zur Strahlablenkung für geringere Qualitätsansprüche eingesetzt. Die Schicht kann meist preiswerter hergestellt und besser geschützt werden und ist damit oftmals verschleißfester. In Tabelle 2.3 sind exemplarisch gebräuchliche Spiegelformen dargestellt.

Tabelle 2.3 Ausgewählte Spiegelformen nach */Kühl1998/*

Element	Darstellung	Element	Darstellung
Konkaver sphärischer Spiegel	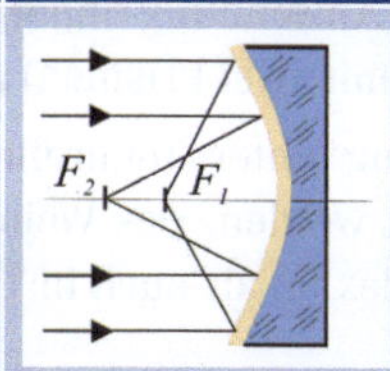	Ellipsoidspiegel	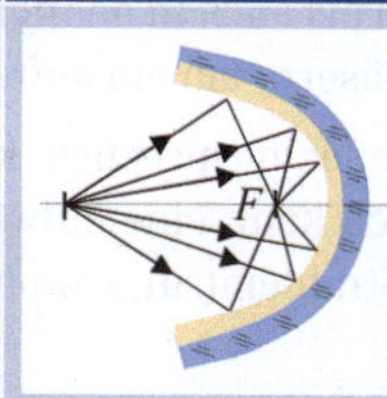
Parabolspiegel	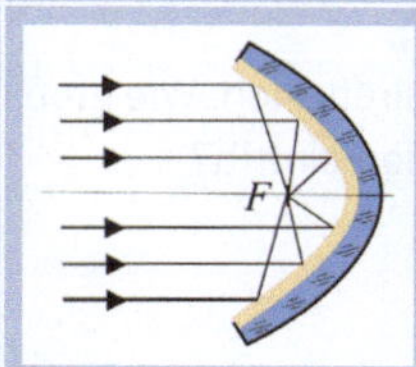	Hyperboloidspiegel	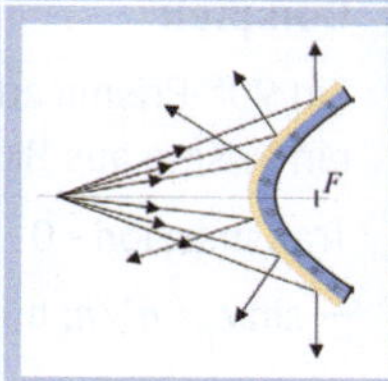

Reflexionsprismen

Prismatische optische Bauelemente werden in verschiedenen geometrischen Formen in optische Strahlengänge integriert. Mit ihnen können Richtungsänderungen und Parallelversetzungen des Strahles sowie die Drehung und Klappung der Bildlage vorgenommen werden. In Bild 2.21 sind einige gebräuchliche Prismentypen dargestellt. Ein wesentlicher Vorteil der Reflexionsprismen gegenüber den Spiegelsystemen sind die festen Winkelbeziehungen (justierunabhängig) und der geringe Platzbedarf im optischen System. Als nachteilig wirken sich jedoch die Strahlversetzung und Dispersion aus.

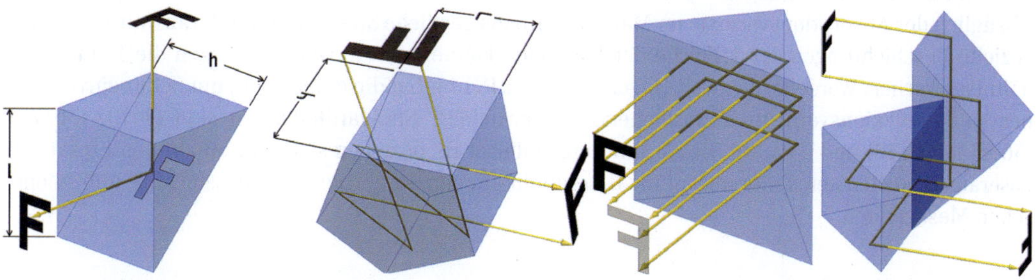

a b c d

Bild 2.21 Ausgewählte Reflexionsprismen: a) 90°-Prisma, b) Pentagonprisma, c) 90°-Prisma mit Hypotenuseneintritt, d) Porroprisma

Beim **90°-Prisma** in Bild 2.21a wird durch eine Spiegelung das Licht um 90° abgelenkt, so dass ein spiegelverkehrtes Bild entsteht. Bei dem **90°-Prisma mit Hypotenuseneintritt** (Bild 2.21c) erfolgt ein Seitentausch der Bildlage. Strahleintritts- und Austrittsseite sind identisch. Bei diesen sogenannten Dachkantprismen wird ein Dachflächenpaar exakt auf 90° gefertigt (Toleranz häufig < 3"). Im Strahlenverlauf erfolgt eine Invertierung des Bildes in nur eine Richtung. Durch die zweimalige Reflexion des Lichtstrahles ergeben sich seitenrichtige Bilder. Ein ebenfalls häufig eingesetztes Prisma ist das **Pentagonprisma** (Bild 2.21b). Es reflektiert das Licht über zwei Spiegelflächen, die **komplanar** angeordnet sind (stehen senkrecht zur gleichen Einfallsebene). Das Bild bleibt somit sowohl aufrecht und seitenrichtig. In der Praxis kommen sehr oft auch Prismensysteme zum Einsatz, die aus Einzelprismen verkittet oder mit definierten Luftabständen zueinander justiert werden. Das **Porroprisma** (Bild 2.21d) ist aus zwei 90°-Prismen aufgebaut, wobei an der Basisfläche des ersten Prismas der Lichteintritt erfolgt und das Licht an der Basisfläche des zweiten Prismas austritt. Das Bild wird sowohl in der vertikalen als auch in der horizontalen Richtung umgekehrt. Anwendung findet dieser Prismentyp u.a. in Ferngläsern, um ein aufrechtes und seitenrichtiges Bild (mit zwei Prismen) zu erzeugen.

Die Reflexionsprismen können auch in der Anwendung unter Totalreflexion eingesetzt werden. Dadurch kann eine aufwendige Beschichtung eingespart werden. Des Weiteren kann das Prisma, je nach Strahleintritt, sowohl nach dem Prinzip der Totalreflexion als auch in Transmission arbeiten.

Beispiel:

Ein 90°-Prisma arbeitet nach dem Prinzip der Totalreflexion. Wie groß muss der Winkel ε_g für ein Prisma aus BK7 in Luft sein, damit Totalreflexion eintritt?

Transmission = 0 → $\varepsilon_g' = 90°$

→ $\sin \varepsilon_g = n'/n$; mit $n' = 1$ und $n = 1{,}5168$

→ $\varepsilon_g = 41{,}25°$

2.4.3 Teildurchlässige optische Bauelemente

Teildurchlässige optische Bauelemente werden sehr häufig als **Strahlteiler** eingesetzt. Die Teilung eines Lichtstromes in zwei gleiche oder ungleiche Anteile ist für viele Anwendungen, z.B. Interferometrie oder Lasertechnik, erforderlich. Das einfachste Strahlteilungsprinzip wird an der in Bild 2.22 illustrierten **Planplatte** verwirklicht, wenn diese schräg im Strahlengang angeordnet wird. Je nach Glas und Brechzahlübergängen werden an den beiden Grenzflächen ca. 10 % der Strahlung reflektiert. Abzüglich der Absorptionsverluste im Material wird der restliche Strahlungsanteil transmittiert. Durch gezielte Beschichtungen der 1. Fläche der Planplatte können nun in weiten Grenzen die Teilungsverhältnisse variiert werden. Die zweite Fläche wird i.d.R. breitbandig entspiegelt, um Sekundärreflexionen und Reflexionsverluste weitestgehend zu vermeiden. Standardteilungen sind (T:R) = (30:70); (50:50); (60:40) und (70:30). Die Anwendungen dieser BE beziehen sich sehr oft auf den Einsatz als Laserauskoppelfenster, Teilerspiegel für Laserapplikationen, in der Referenzmesstechnik und in optischen Messgeräten.

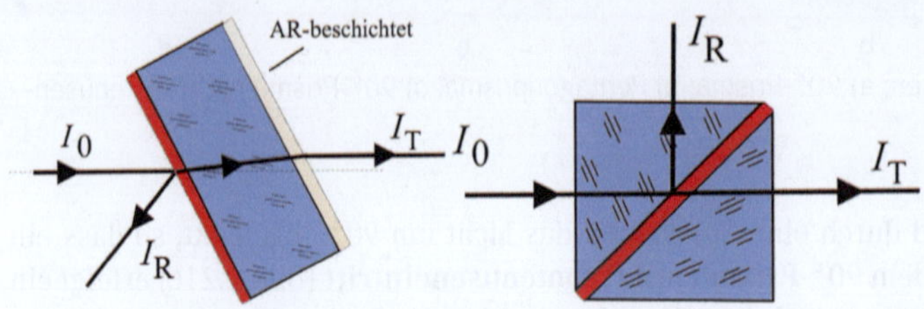

Bild 2.22
Teildurchlässige optische Bauelemente: links) beschichteter Strahlteiler, rechts) Teilerwürfel

Optische Teilerwürfel (siehe Bild 2.22 rechts) werden aus verkitteten 90°-Prismen für unterschiedliche Spektralbereiche hergestellt. Die Strahlteilung erfolgt durch eine teildurchlässige Metallschicht entsprechend ihrem Reflexions- und Transmissionsgrad. Die Anforderungen an die Oberflächengenauigkeiten liegen für Standardanforderungen bei $\lambda/10$ und für den Ablenkfehler für das durchtretende Lichtbündel bei 1'.

Strahlteilende BE lassen sich auch durch mikrostrukturierte Oberflächen herstellen. Angewendet werden sehr häufig die sogenannten **Fresnel-Optiken**. Diese mikrostrukturierten Oberflächen mit Wirk- und Störflanken ermöglichen den Aufbau von optischen BE mit extrem hohen Aperturen, großen optisch wirksamen Flächen bei vergleichbar geringerer Bautiefe und geringerem Gewicht (siehe auch Bild 2.28 und Kapitel 5). Die **Fresnel-Strahlteiler** weisen eine lineare Struktur von zwei Wirkflanken mit gegenüberliegenden Winkeln auf. Dadurch wird das Licht in zwei Strahlenbündel geteilt, wobei der Winkel zwischen den beiden Anteilen als Teilungswinkel bezeichnet wird */Jena2006-2/*.

2.4.4 Diffraktive optische Elemente

Das Grundprinzip von **diffraktiven optischen Elementen (DOE)** beruht auf der Beugung des einfallenden Lichtes, wobei es durch unterschiedliche Weglängen der Teilstrahlen zu einer Phasenmodulation kommt und Interferenzmuster entstehen. Durch das konstruktive und destruktive Interferieren der Teilstrahlen tritt Amplitudenmodulation auf.

Die optischen Gitter sind die wichtigsten Vertreter der DOE und in ihrem Aufbau durch örtlich periodische Strukturen (Mikrostrukturen) gekennzeichnet. Die meist parallel angeordneten Linien wirken auf die Amplitude oder die Phase des eingestrahlten Lichtes. Eine wichtige Gittergröße ist die **Gitterkonstante** g, die als Abstand benachbarter gleichartiger Strukturen bezeichnet wird. Der Reziprokwert $1/g$ ist die **Ortsfrequenz** des Gitters und wird in der Regel in Linienpaare (LP) pro mm angegeben. Typische Werte sind 100 LP mm^{-1} was einer Gitterkonstanten von $g = 10\,\mu\text{m}$ entspricht. Es werden Gitter unterschieden, die lichtdurchlässig sind (**Transmissionsgitter**) oder reflektiv wirken, die **Reflexionsgitter**. Ferner können benachbarte Strukturen auch unterschiedlich transparent oder reflektierend sein und somit die Wellenamplitude beeinflussen (**Amplitudengitter**) oder die Wellen unterschiedlich verzögern und eine Phasenverschiebung verursachen (**Phasengitter**). In der Praxis bringt man solche Mikrostrukturen auf ebene Grundkörper (Plangitter) oder auf Hohlflächen (Konkavgitter) auf, um beispielsweise die nachgeschaltete Fokussierlinse einzusparen */Pedr2002/*.

Bei dem Beugungsgitter überlagert sich eine Vielzahl von an den Gitterstrukturen gebeugten Wellen und erzeugt in bestimmte Richtungen Intensitätsmaxima. Diese Beugungsmaxima entstehen in solche Richtungen, für die der Wegunterschied zwischen den von zwei benachbarten Gitterstrukturen ausgehenden Wellen ein ganzzahliges Vielfaches m der Wellenlänge λ beträgt.

Gittergleichung

$$\sin\beta = \pm\left(\frac{m\lambda}{g} + \sin\varepsilon\right) \quad m = 0, \pm 1, \pm 2, \ldots \tag{2.15}$$

ε Eintrittswinkel, β Austrittswinkel

In Bild 2.23 sind verschiedene Gittertypen dargestellt.

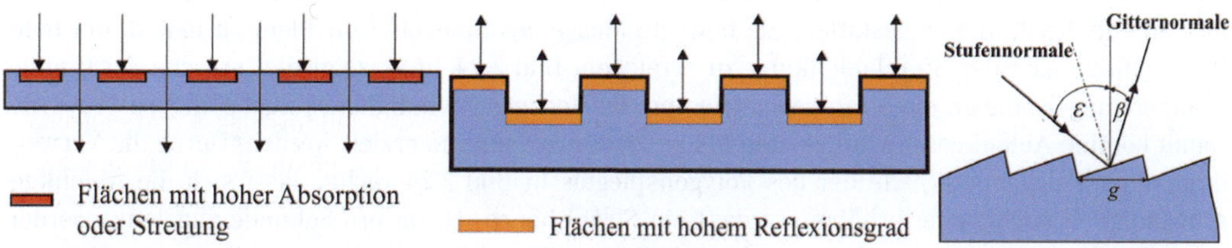

Bild 2.23 Schematische Darstellung der Wirkung von Beugungsgittern */Pedr2002/*: links) Transmissionsgitter (Amplitude), Mitte) Reflexionsgitter (Phase), rechts) Blazegitter (Phase)

Die einzelnen Beugungsordnungen (außer 0. Ordnung) enthalten bei der Einstrahlung von weißem Licht ein Spektrum. Die Verteilung der Energie auf die einzelnen Ordnungen hängt von der Form der periodischen Gitterstrukturen ab. Das in Bild 2.23 rechts illustrierte **Blazegitter** ist eine besondere Form der Reflexionsgitter. Bei diesem Typ wird die Gitterfurchung auf die gewünschte Blazewellenlänge (Blaze: maximale Intensität) so eingestellt, dass Reflexions- und Beugungsrichtung übereinstimmen. Damit wird eine bestimmte Ordnung bevorzugt (meist 1. Ordnung). Das Auflösungsvermögen von Gittern berechnet sich:

Auflösungsvermögen

$$\frac{\lambda}{\Delta\lambda} = m \cdot N \tag{2.16}$$

N-Anzahl der Gitterlinien

Diffraktive optische Elemente werden verstärkt in den verschiedensten Bereichen der digitalen Projektion, der Holografie, der Fototechnik, der Medizintechnik und der Lasertechnik eingesetzt. In der Lasertechnik nutzt man diese DOE beispielsweise zur gezielten Strahlformung oder aber auch zur Strahlteilung. Ein DOE kann Wirkungsgrade zwischen 80 % – 99 % und Transmissionsgrade von 95 % – 99 % erreichen.

Wesentliche Vorteile wie geringe Abmessung, gute Abbildungseigenschaften und Substitution mehrerer konventioneller BE erlauben den Aufbau von kompakten und einfach gehaltenen optischen Strahlengängen. Sie können sogar aufwendige asphärische Linsen ersetzen. Gleichzeitig ist das einfachere Gesamtsystem aber auch ein Nachteil, weil die DOE in der Herstellung kostenintensiver und in ihrer Anwendung i. d. R. nicht so universell einsetzbar sind wie konventionelle BE */Pedr2002/*.

2.4.5 Sonderformen optischer Bauelemente

Neben den bisher vorgestellten optischen Bauelementen gibt es eine Vielzahl weiterer Bauelemente, die von den beschriebenen Geometrien der optischen Grundformen abweichen. Diese modifizierten Sonderformen sind zumeist auf spezielle optische oder optisch-mechanische Zielparameter des Systems ausgelegt. Zu solchen Zielparametern optischer Systeme zählen beispielsweise:

- Erhöhung der Abbildungsleistung des optischen Systems,
- Reduzierung von ausgewählten Abbildungsfehlern,
- spezielle Intensitätsverteilung der Strahlung,
- Gewichtseinsparung der Baugruppe,
- kompakter optischer Strahlengang und Miniaturisierung des optischen Systems sowie
- Effizienz im Fertigungsprozess.

Für hochdynamische optische Anforderungen der Lasermaterialbearbeitung wurden spezielle Spiegelformen entwickelt, die es gestatten, die bewegte Masse des Spiegels sehr klein zu halten, um hohe Beschleunigungen der Strahlablenkung zu erreichen. Bild 2.24 links zeigt die typische Form eines Scannerspiegels, die an die Strahlgeometrie und die Hochgeschwindigkeitsaufgabe angepasst wurde. Damit können Ablenkgeschwindigkeiten bis zu 20 m pro Sekunde erzielt werden. Durch die Verwendung einer Polygonoptik, wie der des Polygonspiegels in Bild 2.24 rechts, lässt sich die Ablenkgeschwindigkeit noch weiter erhöhen, so dass ein Strahl bis ca. 100 m pro Sekunde abgelenkt werden kann. Die Spiegelsegmente weisen eine hohe Reflektivität und Winkeltoleranz (Teilungs- und Pyramidalfehler ca. 5 arcsec) auf. Die Prozessschritte zur Herstellung solcher optischen Komponenten werden in Kapitel 11 ausgeführt.

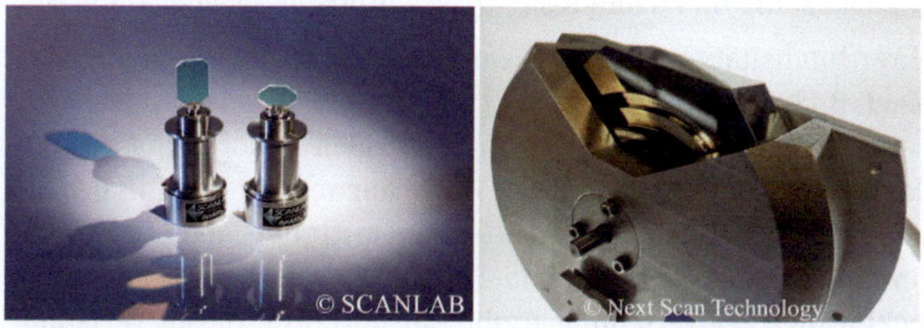

Bild 2.24
Optische Bauelemente für dynamische Strahlauslenkungen /Scan2020/: links) Galvanometer-Scanner mit Ablenkspiegeln, rechts) Polygonspiegel montiert auf die Scannerachse

Optische Bauelemente mit außeraxialer Apertur, auch **„Off-Axis"**-Bauelemente genannt, kommen für platzsparende Anordnungen und sehr kompakte Strahlaufbauten zum Einsatz. Darüber hinaus ermöglichen derartige Bauelementeanordnungen einen freien Zugang zum Brennpunkt, was für diagnostische oder auch Beobachtungssysteme (Teleskop) von Vorteil ist. Betrachtet man ein Teilstück des in Tabelle 2.3 abgebildeten Parabolspiegels, dann erhält man den Off-Axis-Parabolspiegel aus Bild 2.25. Solche Off-Axis-Parabolspiegel (OAP) können im Vergleich zu Transmissionsoptiken auch breitbandig, versehen mit den entsprechenden Beschichtungen, vom UV- bis IR-Bereich eingesetzt werden.

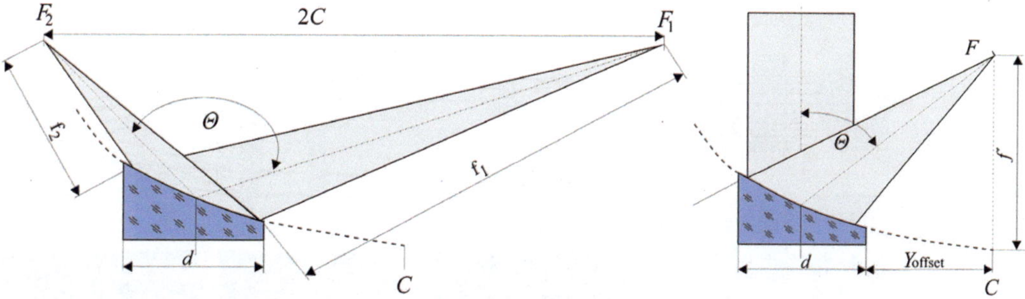

Bild 2.25 Off-Axis-Parabolspiegel (OPA) mit geometrischen und optischen Kenngrößen: links) Abbildungsgrößen, rechts) Abbildung eines Parallelstrahles nach */Edmu2020-1/*

Formel 2.17 stellt die allgemeine Formel für einen Ellipsoiden dar:

$$4C_2 = f_1^2 + f_2^2 - 2f_1 f_2 \cos\theta \tag{2.17}$$

Ein paralleles Strahlenbündel wird mit einem parabolischen Konkavspiegel aus Bild 2.25 rechts zu einem konvergenten Strahl mit einem Fokus F geformt. Die konische Konstante ist $k = -1$ (siehe Formel 2.10) und der Scheitelradius ergibt sich aus

$$r = 2f' \tag{2.18}$$

f' Brennweite (bezogen auf den Scheitelpunkt C)

Damit ergibt sich die Pfeilhöhengleichung des Paraboloidens zu

$$z = \frac{h^2}{2r} = \frac{h^2}{4f'} \tag{2.19}$$

Diese OPAs werden sehr oft durch Ultrapräzisionsbearbeitung mit geometrisch bestimmter Schneide gefertigt (siehe auch Abschnitt 7.7). Während bei On-Axis-Komponenten das Drehzentrum in der Mitte des Spiegels liegen muss, können aufgrund des Achsversatzes bei Off-Axis-Bauelementen mehrere Optiken, verteilt um den Betrag Y_{offset}, gleichzeitig und damit sehr wirtschaftlich hergestellt werden.

Optische Bauelemente, die Licht in ihrer Intensitätsverteilung gezielt verändern, werden häufig auch als Sonderformen designt und ausgelegt. Bild 2.26 links illustriert zwei optische Bauelemente, die zur Formung von Laserdiodenstrahlung eingesetzt werden. Es treten in den beiden Ausbreitungsrichtungen der Laserdiode (LD) unterschiedliche Strahleigenschaften auf. Typischerweise werden in der fast axis M^2-Werte (Strahlqualitätskennzahl) bis 1,2 erzielt, was nahezu einem Gauss-Mode entspricht. Anders jedoch in der slow axis, wo ein multimodiges Verhalten mit M^2-Werten von ca. 20 - 50 vorliegt, wodurch sich im Fernfeld eine rechteckförmige Feldverteilung ergibt. Zur Korrektur dieser Verteilung ist eine Strahlkollimation erforderlich, die i. d. R. zweistufig erfolgt. In einem ersten Kollimationsschritt wird die stark divergierende Ausbreitungsrichtung mit einer Fast-Axis-Kollimationslinse (FAC) geformt. Für diese Abbildung kommen Zylinderlinsenasphären zum Einsatz, die sehr hohe Numerische Aperturen bis NA = 0,85 aufweisen (siehe auch Kapitel 6). Nachfolgend wird ein Slow-Axis Kollimationsarray (SAC) im Strahlengang angeordnet. Einerseits wird durch diese Mikrolinsenarrayanordnung der nichtstrahlende Bereich des LD-Barrens ausgeblendet (man spricht von space-filling) und andererseits wird eine Verbesserung des Modenverhaltens angestrebt. Die Beugungsmaßzahl der slow axis kann allerdings mit diesem Kollimationsschritt nur um den Faktor 2 verbessert werden. Für höhere Anforderungen, z. B. Faserkopplungen, müssen weitere Kollimationsschritte erfolgen */Schr2003/*.

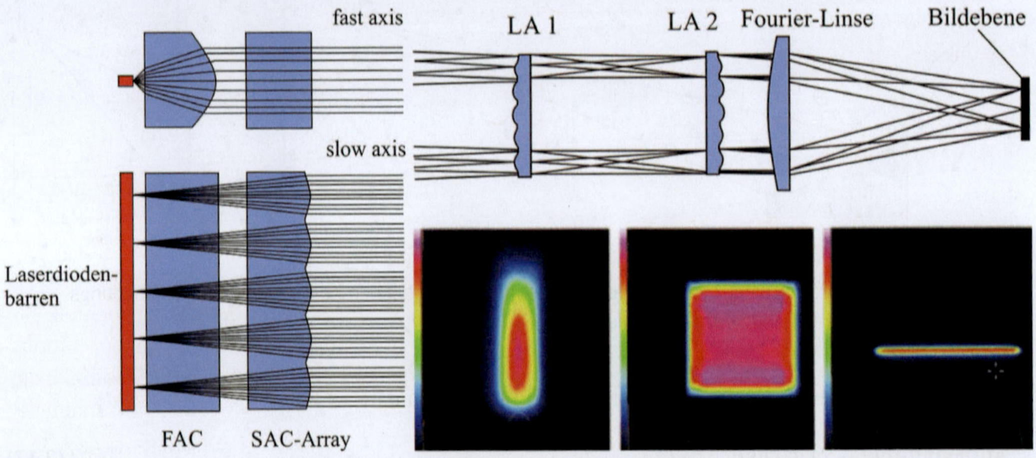

Bild 2.26 Strahlformungselemente: links) FAC- und SAC-Linse nach */Schr2003/*, rechts) Mikrolinsenarrayanordnung zur Strahlformung */Völk2006/*

Eine Reihe von Laserstrahlungsquellen emittieren multimodige Strahlung. Um diese Strahlung für Bearbeitungsverfahren anwenden zu können, bedarf es in vielen Fällen einer **Strahlhomogenisierung**. In der Praxis existieren mehrere Homogenisierungskonzepte, wobei man zwischen Optiken, die Teilbereiche eines kollimierten Strahles gezielt umsortieren, und Optiken, die eine Homogenisierung durch Vervielfachung der Bildpunkte einer Strahlungsquelle erzielen, unterscheidet */Völk2006/*. In heutigen Aufbauten werden sehr oft auch **Mikrolinsenarrays (MLA)**, als abbildende und nicht-abbildende Systeme, zur Strahlhomogenisierung angewendet. Bild 2.26 rechts veranschaulicht eine MLA-Anordnung eines abbildenden Homogenisierers. Diese Anordnung besteht aus zwei Mikrolinsenarrays und einer sogenannten sphärischen FOURIER-Linse, die eine zweidimensionale räumliche Fouriertransformation ausführt. Die Fokusebene dieser Linse ist gleichzeitig auch die Homogenisierungsebene.

Eine ebenfalls besondere Linsenform stellen sogenannte Axicon-Linsen oder -Spiegel dar. **Axicone** sind optische Bauelemente für die Strahlformung, die GAUSSförmige Strahlprofile in ringförmige Profile umwandeln. Bei dieser Art von ringförmiger Strahlverteilung spricht man auch von BESSEL-Strahlen, die eine sehr homogene und nahezu beugungsfreie Verteilung aufweisen. In der Anwendung lassen sich dadurch sehr hohe Schärfetiefen erzielen. Bild 2.27 veranschaulicht den Strahlenverlauf eines Axicon sowie ein gemessenes Strahlprofil */Zeng2006/*. Den Spezialfall des Axicons erhält man aus dem Hyperboloiden (siehe Bild 2.16 d). Das Axicon hat eine brechende oder reflektierende Kreiskegelfläche mit dem Öffnungswinkel β. Die Gleichung zur Bestimmung der Pfeilhöhe z ist durch

$$z = \frac{h}{\tan\frac{\beta}{2}} \tag{2.20}$$

gegeben. Eine ausreichend gute Näherung der Kegelfläche erhält man mit dem ersten Term der Formel 2.10. Für den Scheitelradius r setzt man einen kleinen Wert ein und wählt die konische Konstante zu */Aldi2020/*

$$k = -(1 + \tan^2(\frac{\beta}{2}) \tag{2.21}$$

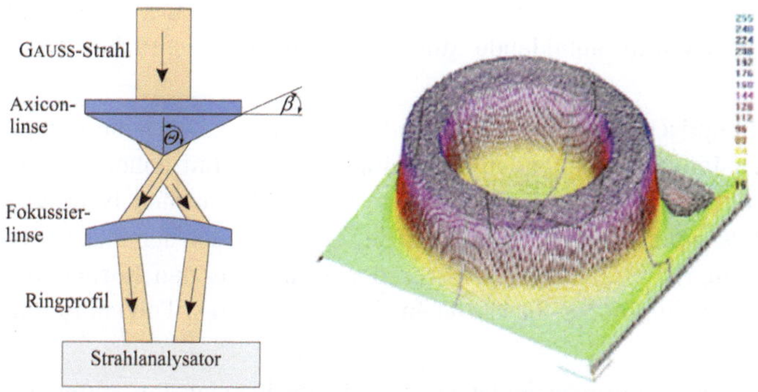

Bild 2.27
Darstellung eines Axicons als optisches Bauelement in Transmission: links) Strahlenverlauf, rechts) Darstellung eines BESSEL-Strahlprofiles */Zeng2006/*

Bei geringeren Ansprüchen an die Abbildungsqualität können Linsen mit großer Apertur relativ wirtschaftlich für hohe Stückzahlen (Volumenoptik) und mit sehr großer Einsparung an Gewicht und Baulänge als sogenannte Stufenlinsen, auch FRESNEL-Linsen genannt, realisiert werden.

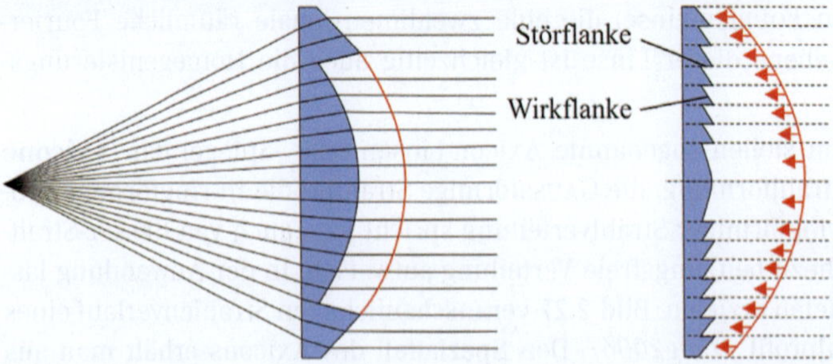

Bild 2.28
FRESNEL-Linsendesigns: links) mit einer Ringzone, rechts) mit einer hohen Anzahl an Zonen */Aldi2020/*

Bild 2.28 links stellt eine FRESNEL-Linse mit nur einer Ringzone (Wirkzone bzw. -flanke) dar. Sowohl die innere als auch die äußere Zone werden als asphärische Rotationsflächen gebildet, die eine homozentrische Abbildung des einfallenden Strahlenbündels gewährleisten. Die äußere Zone wird als Teilfläche einer zweiten Asphäre mit verändertem Scheitelabstand ausgelegt. Man unterscheidet zwischen Wirkflanken und Störflanken des FRESNEL-Designs. Als Störflanken werden die Übergangsbereiche zwischen den einzelnen optischen Zonen bezeichnet, die für einfache Abbildungsaufgaben (beispielsweise Beleuchtung) auf die Funktion der Linse keinen wesentlichen Einfluss haben sollten. Um diese Abbildungsverluste zu minimieren, ist man bemüht, den Winkel der Störflanke zur optischen Achse so klein wie möglich zu halten. Bei Verringerung der Breiten der Wirkzonen sowie steigender Anzahl der Zonen werden die einzelnen Zonen nicht mehr nur durch eine asphärische Formel beschrieben. Im optischen Design wird dann versucht, die Form einer jeden FRESNEL-Zone als Teil einer definierten Asphäre zu beschreiben (Bild 2.28 rechts). Trotz der genannten Vorteile sind FRESNEL-Linsen aufgrund der Brechung des Lichtes an den Störflanken für abbildende Aufgaben mit hohen Ansprüchen meist nicht mehr geeignet. */Aldi2020/*

Freiformoptische Flächen gewinnen für optische Systeme zunehmend an Bedeutung. Durch die Verfügbarkeit von mehrachsigen und achsensimultan arbeitenden Bearbeitungszentren mit hohen Positionier- und Wiederholgenauigkeiten können geometrisch komplizierte Oberflächenformen bearbeitet werden. Dies eröffnet für das optische Design mehr Freiheitsgrade in der Auslegung solcher anspruchsvollen Systeme. Freiformoptische Flächen sind zumeist keine rotationssymmetrischen Körper und werden durch spezielle mathematischen Funktionen beschrieben (NURBS, Splines, Polynome und Punktewolken).

Ein interessantes und sehr oft eingesetztes Freiformdesign ist das Gleitsichtbrillenglas. Das stufenlose Sehen (Fern- und Nahbereich) wird mit diesen Freiformlinsen durch die kontinuierliche Änderung der dioptrischen Wirkung über den Linsenbereich erreicht. Der dafür erforderliche Brechzahlverlauf wird durch unterschiedliche Flächengeometrien der Brillenlinse realisiert. Dabei werden die Krümmungsradien der Brillenlinse in vertikaler Richtung von oben nach unten immer kleiner gewählt (siehe Bild 2.29 links) */Look2010/*.

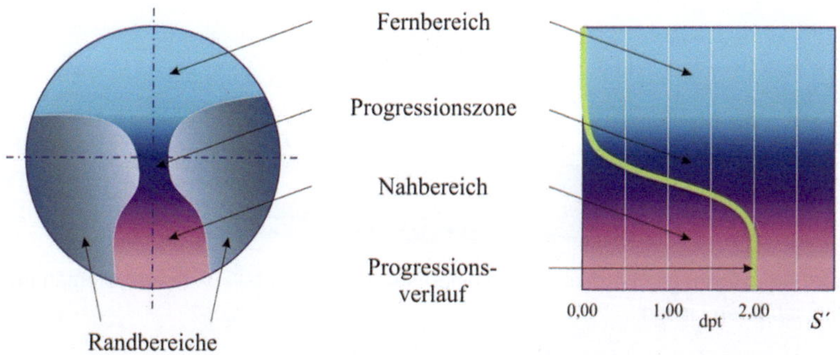

Bild 2.29 Gleitsichtbrillenglas */Look2010/*: links) Darstellung der verschiedenen Bereiche, rechts) Progressionsverlauf der Brechzahl in der Schnittdarstellung der vertikalen Symmetrielinie

Standardgleitsichtbrillenlinsen besitzen, wie in Bild 2.29 links dargestellt, drei Sehbereiche, den Fernbereich, die Progressionszone und den Nahbereich. Der Übergang zwischen den Bereichen ist fließend. Die nutzbaren Sehbereiche einer Gleitsichtbrillenlinse werden durch die im grauen Verlauf gekennzeichneten Randbereiche jedoch begrenzt. Diese Bereiche in der rechten und linken Peripherie der Brillenlinse können vom Brillenträger nicht genutzt werden, da sie Abweichungen von der geforderten dioptrischen Wirkung aufweisen, sogenannte astigmatische Abweichungen. Beim Blick durch diese Randbereiche nimmt der Brillenträger nur ein unscharfes und verzerrtes Bild war */Look2010/*. Moderne Gleitsichtgläserdesigns, die auch individuell angepasst werden, versuchen, diese Randbereiche so gut wie möglich zu minimieren.

Ein Linsensystem zur variablen Änderung der Fokuslage nach ALVAREZ veranschaulicht Bild 2.30 links. Das von ALVAREZ bereits im Jahr 1967 vorgeschlagene Prinzip enthält keine rotationssymmetrischen optischen Flächen. Das System besteht vielmehr aus zwei optischen Bauelementen mit kubischem Glasvolumen. Die gekrümmten Flächen haben eine geometrische Form, die durch die Gleichung

$$z = axy^2 + (\frac{a}{3})x^3 + bx \tag{2.22}$$

mit a und b als Konstanten

beschrieben wird. Beim Durchgang von Licht durch beide optische Bauelemente addieren sich deren optische Wirkungen und es resultiert eine quadratische Phasenänderung der Lichtwelle. Die beiden Linsenelemente neutralisieren sich bzw. werden zu einer „Nulllinse“ bei genauer Überdeckung und der Voraussetzung, dass die Oberflächenformabweichungen nach der Fertigung annähernd gleich sind. Werden die Linsen in X-Richtung gegenseitig verschoben, entstehen in Abhängigkeit von den Linsenpositionen unterschiedliche Systembrennweiten mit positiv oder negativ brechender Wirkung. Bei gegenseitiger Verschiebung in Y-Richtung resultieren variable Zylinderwirkungen, während sich bei schräger Verschiebung sphärozylindrische Kombinationen ergeben können. */spek2020/*, */Grew2013/*

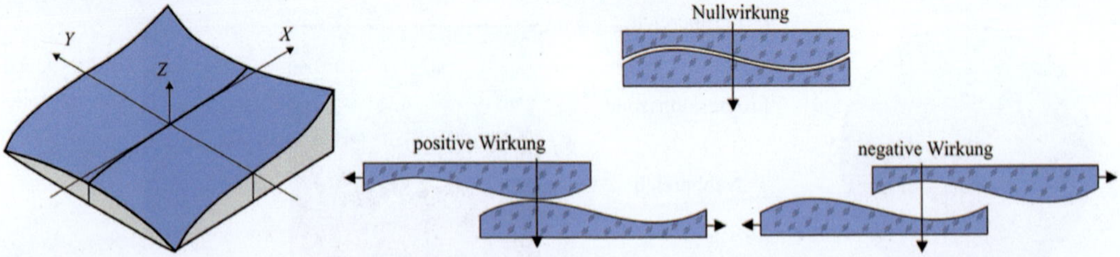

Bild 2.30 ALVAREZ-Linsenanordnung: links) geometrische Form einer Einzellinse, rechts) Fokussiersystemanordnung mit zwei zueinander verschiebbaren Linsen

Ein ebenfalls kubisches Glasvolumen besitzt das freiformoptische Bauelement aus Bild 2.31. Die Oberfläche wird durch die beiden Funktionen in *X*- und *Y*-Richtung mathematisch beschrieben.

$$z(x) = \frac{1}{1000} \cdot (2x - 25)^2 - 2{,}5 \tag{2.23}$$

$$z(y) = -\frac{1}{380} \cdot (2y - 5)^2 \tag{2.24}$$

Die Fertigung solcher optischen Bauelemente erfordert im Herstellungsprozess die Anwendung durchgängiger Prozessketten (siehe Kapitel 4 und 11). Anspruchsvoll ist ebenso die messtechnische Bewertung der Oberflächenformtoleranzen während und nach dem Fertigungsprozess. Die *Z*-Achse des Koordinatensystems repräsentiert die Referenzachse. Die Lage und Orientierung des Koordinatensystems werden einmalig festgelegt und dürfen nicht mehr verändert werden */DINISO10110/*.

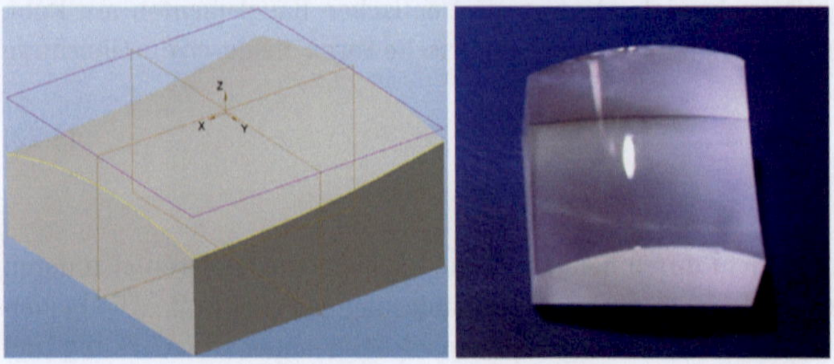

Bild 2.31
Freiformoptisches Bauelement: links) Volumenmodell im step-Format, rechts) gefertigtes Freiformelement nach der mathematischen Beschreibung aus Formel 2.23 und Formel 2.24

2.5 Abbildungsfehler

Optische Elemente werden, wenn möglich, mit sphärischen Flächen vorgesehen, da diese am einfachsten zu fertigen sind. Bildet man durch ein solches System einen unendlich weit entfernten Punkt mit einer Sammellinse ab, dann vereinen sich die Strahlen nicht in einem Bildpunkt (siehe Bild 2.32 links). Ausnahmen sphärischer Flächen, die eine punktförmige Abbildung ermöglichen, zeigen die folgenden Beispiele in Bild 2.32 Mitte und rechts.

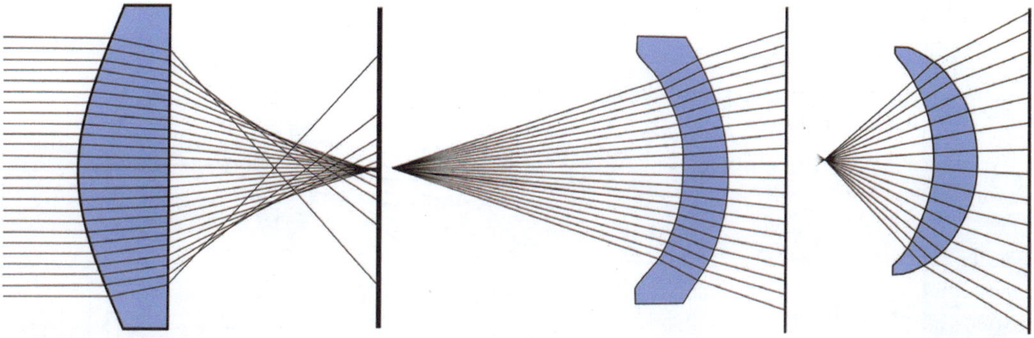

Bild 2.32 Strahlenabbildung mit sphärischen Flächen */Litf2001/*: links) plankonvex Linse, Mitte) biaplanatische Linse, rechts) konzentrisch-aplanatische Linse

Bei der Anwendung optischer Bauelemente tritt eine Reihe von **Abbildungsfehlern** auf, die einerseits physikalischen Ursprungs sind und andererseits konstruktions- und/oder fertigungsbedingten Charakter besitzen. Ein wesentliches Ziel der Optikentwicklung und -fertigung ist die Herstellung von optischen Systemen mit geringen Abbildungsfehlern. Dies erfordert zum einen die Kenntnis der möglichen Abbildungsfehler und andererseits deren Korrektur.

In der nachfolgenden Tabelle sind ausgewählte Fehlertypen zusammengestellt.

Tabelle 2.4 Einteilung ausgewählter Abbildungsfehler nach */Litf2001/*

Schärfefehler	**Sphärische Aberration (Öffnungsfehler)** Die achsfernen Strahlen werden stärker gebrochen als die achsnahen Strahlen	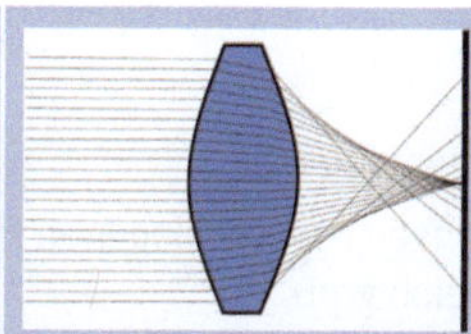 Sphärische Aberration einer Sammellinse
	Koma (Asymmetriefehler) Asymmetrie des Strahlenbündels in der Bildebene für schrägen Lichteinfall	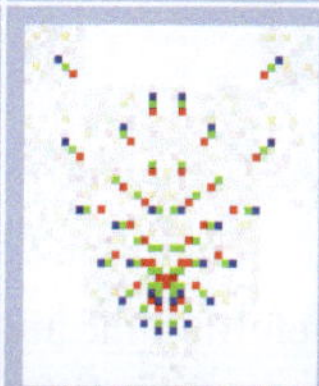 Spotdiagramm für Komafehler
	Astigmatismus (Zweischalenfehler) Abbildung eines Objektpunktes in unterschiedlichen Entfernungen für die sagittale und meridionale Bildlinie	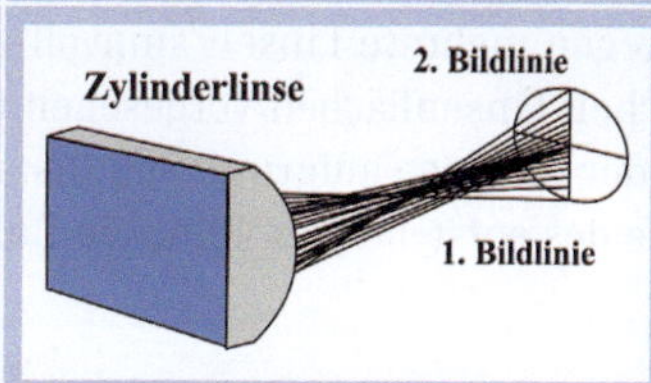 Astigmatismus einer torischen Linse

Tabelle 2.4 *Fortsetzung*

Lage-fehler	**Bildfeldwölbung** Gemittelte Wölbung des Bildfeldes aus Meridional- und Sagittalebene	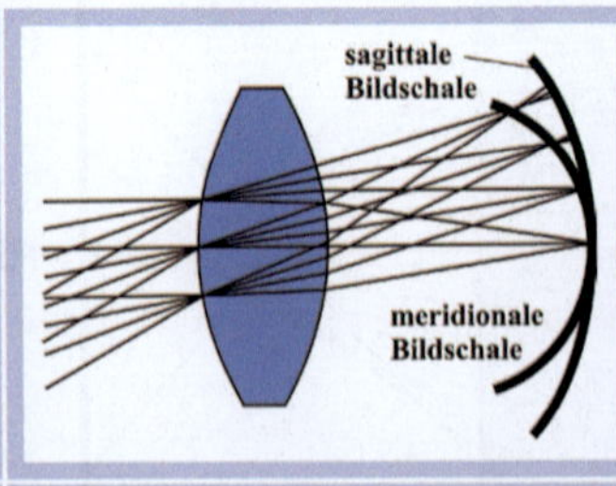
	Verzeichnung Abweichungen des Abbildungsmaßstabes über das betrachtete Bildfeld Unterscheidung in: ▪ kissenförmige und ▪ tonnenförmige Verzeichnung	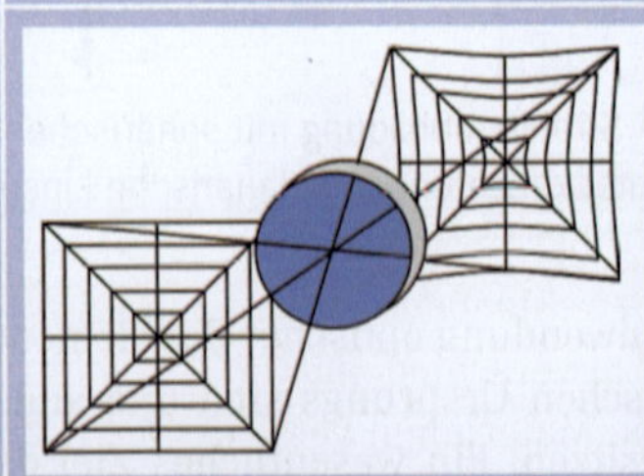 Kissenförmige Verzeichnung
Farb-fehler	**Farbquerfehler** Bilder verschiedener Farben sind in derselben Bildebene unterschiedlich groß (vereinfachte Darstellung)	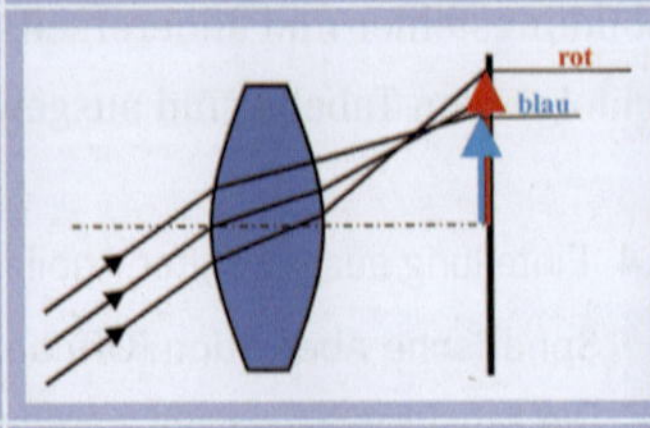
	Farblängsfehler Bilder liegen in verschiedenen Bildebenen, sind aber gleich groß	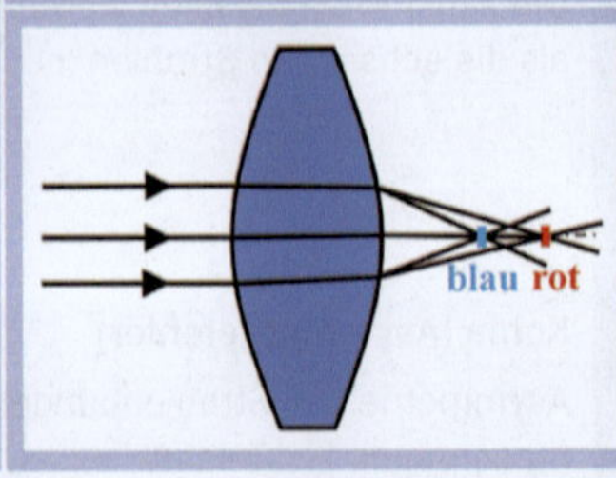

Betrachtet man die **Schärfefehler**, die auch bei monochromatischem Licht auftreten, nach der Art ihrer Entstehung, dann werden diese in Öffnungsfehler, Asymmetriefehler und Zweischalenfehler unterschieden. Eine sphärische Linse hat i.d.R. eine sehr schlechte Abbildungsqualität. In der Praxis werden deswegen mehrere Linsen sinnvoll zu mehrlinsigen Systemen kombiniert oder der Einsatz von asphärischen Linsenflächen vorgesehen (siehe Bild 2.33). Zusätzliche Aberrationsfehler können sich auch bei der Montage aufgrund von Justagefehlern ergeben. Durch die **Lagefehler** hingegen wird die Geometrie des entstehenden Bildes in Bezug auf Maßstabstreue und Ebenenlage beeinflusst.

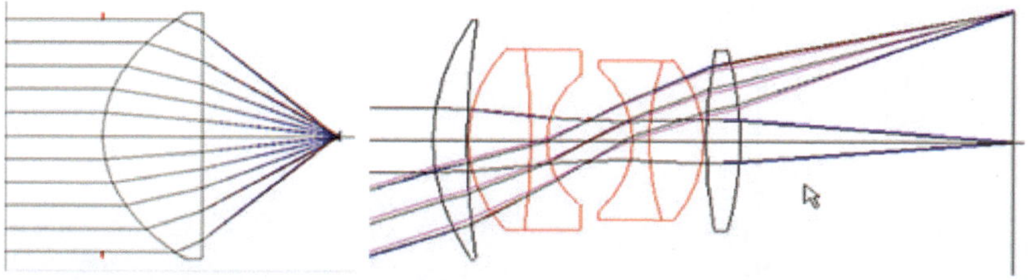

Bild 2.33 Bauelemente zur Verminderung der sphärischen Aberration */Lino2006/*: links) asphärische Linse, rechts) Kombination mehrerer Linsen

Aufgrund der Wellenlängenabhängigkeit der Brechzahl (Dispersion) der Glasmaterialien sind Größe und Lage der Bilder für verschiedene Wellenlängen unterschiedlich. Beim **Farbquerfehler** (chromatische Vergrößerungsdifferenz) sind die Bilder verschiedener Farben unterschiedlich groß, liegen aber in derselben Bildebene. Beim **Farblängsfehler** (chromatische Schnittweitendifferenz) hingegen liegen die Bilder in verschiedenen Bildebenen, sind aber gleich groß. Die Dispersion des Glases ist für unterschiedliche Materialien verschieden. Durch Kombination von Sammel- und Zerstreuungslinsen unterschiedlicher Materialen in Form von **Achromaten** (sammelnde Kronglaslinse und zerstreuende Flintglaslinse) können diese Unterschiede kompensiert werden (siehe Bild 2.34). Auf diese Weise wird zusätzlich auch die sphärische Aberration verringert.

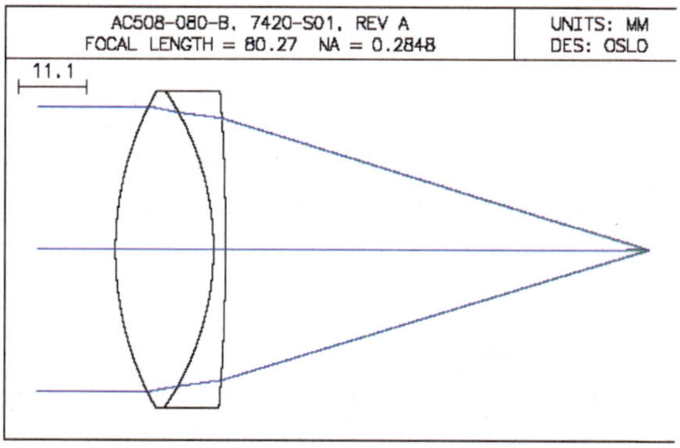

Bild 2.34
Korrektur von Farbfehlern durch Achromaten */Lamb2007/*

Die Beschreibung von Abbildungsfehlern ist ebenfalls über die Abweichung einer Ist-Wellenfront zu einer Referenzwellenfront möglich. Diese Form hat zunehmend an Bedeutung gewonnen und ist eine sehr gute Möglichkeit optische Systeme hinsichtlich ihrer Abbildungsleistung zu charakterisieren. Als Wellenfront bezeichnet man die Fläche mit denjenigen Punkten, die jeweils dieselbe optische Weglänge von einer Punktlichtquelle aus zurückgelegt haben (siehe auch Bild 2.9). Alle dazugehörigen Punkte befinden sich auf Höhe der Wellenfront in gleicher Schwingungsrichtung bzw. schwingen in gleicher Phase.

In Bild 2.35 sind zwei Wellenfronten abgebildet, die von einem gemeinsamen optischen System ausgehen, welches einen Objektpunkt O abbildet. W_1 stellt bei dieser optischen Abbildung eine Kugelwellenfront dar, die der Gaussschen (paraxialen) Näherung entspricht. Sie gibt ein ideales punktförmiges Bild O' (des Objektpunktes O) in der Bildebene wieder. Die sich aber tatsächlich ausbildende Wellenfront nach dem optischen System stellt die Wellenfront W_2 dar, die nicht mehr einer kugelförmigen, sondern einer asphärischen Funktion entspricht.

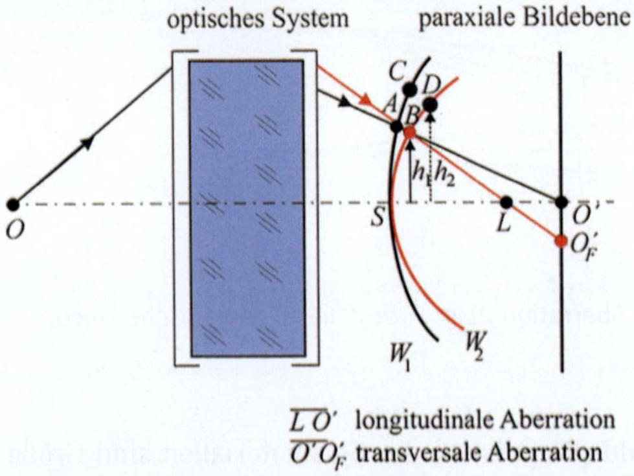

Bild 2.35
Strahl- und Wellenfrontaberrationen eines optischen Systems nach */Pedr2007/*

Die Strahlen, die senkrecht durch die Wellenfrontpunkte *A* und *B* laufen, haben unterschiedliche räumliche Lagen in der paraxialen Bildebene. Wenn nun die Abweichung der Wellenfront W_2 von der idealen Wellenfront W_1 (oder auch einer festgelegten Referenzwellenfront) bestimmt werden kann, so lassen sich die longitudinale und die transversale Aberration (siehe Bild 2.35) des optischen Systems berechnen. Die Abweichung der deformierten Wellenfront zur idealen Wellenfront ändert sich in Abhängigkeit des Abstandes *h* von der optischen Achse, dargestellt am Beispiel der Wellenfrontpunkte C und D mit den Abständen h_1 und h_2. */Pedr2007/*

Der Gangunterschied zwischen der idealen Wellenfront W_1 und der tatsächlich vorliegenden Wellenfront W_2 wird in der Einheit Mikrometer gemessen und als Wellenfrontfehler *W* bezeichnet.

Es ist ebenfalls möglich, die sich an einem optischen Bauelement ergebenden Wellenfrontaberrationen höherer Ordnung (Seidelsche Aberrationen) vollständig mathematisch zu beschreiben. Aus dieser mathematischen Beschreibung können die durch Beugung hervorgerufenen Punktverteilungsfunktionen (PSF) in beliebigen Ebenen oder auch die Modulationstransferfunktion (MTF) berechnet werden. Ausgewählte Wellenfrontaberrationen sind in Bild 2.36 veranschaulicht. */Aldi2020/*

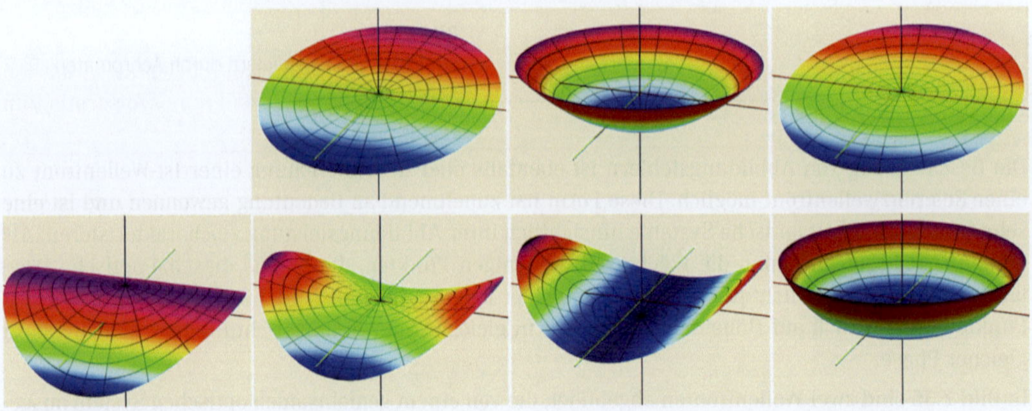

Bild 2.36 Verschiedene Wellenfrontaberrationen einer sphärischen Referenzwellenfront */Aldi2020/*

Die obere Bildreihe in Bild 2.36 stellt als Ausgang eine verkippte Wellenfront dar, die bei der sich ergebenden Verzeichnung zu einem verschobenen Bildpunkt in der Bildebene führt. Die dargestellte Defokussierung kann durch eine quadratische Wellenfrontaberration beschrieben werden und ist letztendlich jene Aberration, die z.B. bei der Beschreibung der Bildschalenkrümmung angewendet wird. Der Bildpunkt befindet sich vor bzw. hinter der GAUSSschen Bildebene (paraxiale Bildebene). In der unteren Bildreihe in Bild 2.36 ist der Verlauf einer astigmatischen Wellenfrontaberration mit zylindrischer Fläche dargestellt, die sich aus der astigmatischen Wellenfrontaberration am Ort des kleinsten Zerstreuungskreises mit Defokussierung ergibt. */Aldi2020/*

Eine quantitative Beschreibung der gemessenen Wellenfront erfolgt sehr oft mit **ZERNICKE-Polynomen**. ZERNIKE-Polynome werden in Polarkoordinaten angegeben und beschreiben durch ihre Koeffizienten den entsprechenden Anteil an der Wellenfront. Es handelt sich somit um ein vollständiges mathematisches Polynomsystem aus unabhängigen (orthogonalen) Funktionen zur Angabe des Wellenfrontfehlers. Durch diese Unterteilungsmöglichkeit wird das Erkennen klassischer Abbildungsfehler, wie z. B. Astigmatismus, in der Wellenfront erleichtert. Die ZERNIKE-Polynome werden i. d. R. nach der von der Standardisierungskommission der Optical Society of America vorgeschlagenen Norm durch zwei Indizes gekennzeichnet. Der tiefgestellte Index n beschreibt die radiale Ordnung des Polynoms. Der hochgestellte Index f beschreibt die meridionale Frequenz (die Anzahl der Schwingungsperioden des periodischen Wellenfrontfehlers bei einem Umlauf um die Linsenmitte). Die Variable r kennzeichnet den Abstand des betrachteten Punktes von der Mitte der Linse aus. Sie wird auf den Linsenradius r_p normiert und kann Werte zwischen 0 und 1 annehmen. Der Winkel θ ist der Winkelabstand des jeweilig betrachteten Ortes von der Horizontalen (der optischen Achse). Mit diesen Polarkoordinaten $P(r, \theta)$ kann man für alle Punkte des optischen Bauelementes die jeweiligen Einzelfehler bestimmen. Der Wellenfrontfehler W wird aus der Summe der Einzelfehler gebildet. */Wese2005/*

$$W(r,\Theta) = \sum_{n,f} c_n^f Z_n^f(r,\Theta) = c_0^\Theta\, Z_\Theta^0(r,\Theta) + c_1^{-1} Z_1^{-1}(r,\Theta) + c_1^1 Z_1^1(r,\Theta) + \ldots \tag{2.25}$$

c_n^f ZERNICKE-Koeffizienten, Z_n^f ZERNICKE-Polynome

Die ZERNICKE-Koeffizienten stellen Gewichtsfaktoren dar und geben an, mit welcher Stärke das jeweilige ZERNICKE-Polynom zum Gesamtfehler beiträgt. Ist eine bestimmte Konstante c_n^f gleich Null, so ist der dazugehörige Fehler Z_n^f im optischen Bauelement nicht relevant */Wese2005/*. In Tabelle 2.5 sind ausgewählte ZERNICKE-Polynome zusammengefasst.

Tabelle 2.5 Mathematische Schreibweise ausgewählter ZERNICKE-Polynome in Polarkoordinaten */Wese2005/*

Abbildungsfehler	ZERNICKE-Polynom
Fehlerfreie Abbildung	Z_0^0
Prismatischer Fehler mit Basis 0° oder 180°	$Z_1^{-1} = (r,\Theta) = 2r\sin\Theta$
Prismatischer Fehler mit Basis 90° oder 270°	$Z_1^1 = (r,\Theta) = 2r\cos\Theta$
Zylindrischer Fehler mit Achse 45° oder 135°	$Z_2^2 = (r,\Theta) = \sqrt{6r^2}\,\sin d2\Theta$
Zylindrischer Fehler mit Achse 0° oder 90°	$Z_2^0 = (r,\Theta) = \sqrt{3(2r^2-1)}$
Sphärischer Fehler (Defokus)	$Z_2^2 = (r,\Theta) = \sqrt{6r^2}\,\cos 2\Theta$
Koma	$Z_3^1 = (r,\Theta) = \sqrt{8(3r^3 - 2\mathrm{r})\cos\Theta}$

Tabelle 2.5 *Fortsetzung*

Abbildungsfehler	ZERNICKE-Polynom
Dreiachsiger Astigmatismus mit Achsen 60°, 180° und 300°	$Z_3^3 = (r,\Theta) = \sqrt{8r^3}\cos 3\Theta$
Sphärische Aberration	$Z_4^0 = (r,\Theta) = \sqrt{5(6r^4 - 6r^2 + 1)}$

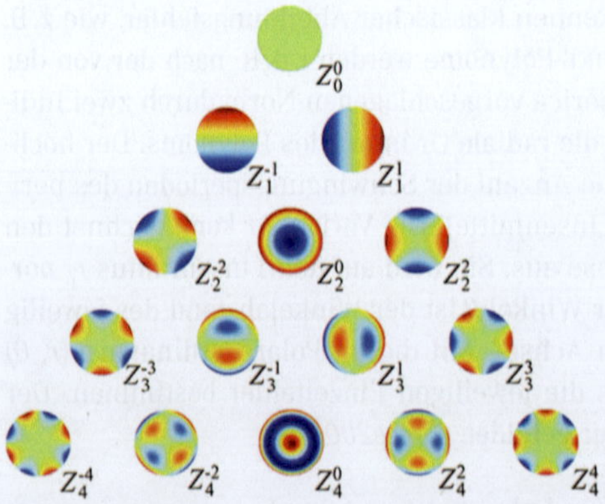

Bild 2.37
Darstellung der ZERNIKE-Polynome

Bild 2.37 veranschaulicht ausgewählte zweidimensionale Darstellungen von ZERNIKE-Polynomen. Die gezeigten Abbildungsfehler lassen sich in Form einer Pyramide sortiert anordnen. Der Komplexitätsgrad der Abbildungsfehler (Ordnungen) nimmt von oben nach unten zu. Die Farbcodierung entspricht folgendem Zusammenhang */Wese2005/*:

- grün: keine Wellenfrontfehler,
- rot: die Wellenfront läuft im Vergleich zu einer fehlerfreien Abbildung zu schnell,
- blau: die Wellenfront ist verzögert.

Die Verwendung und Interpretation der ZERNICKE-Polynome für die Bestimmung der Wellenfrontaberrationen wird in der DIN ISO 14999-4 näher ausgeführt.

2.6 Bewertung der Abbildungsleistung eines optischen Systems

Es gibt zahlreiche Möglichkeiten, die **Abbildungsleistung** eines optischen Systems darzustellen. Die wichtigsten Darstellungsformen sind:

- Spotdiagramm,
- Punktbildfunktion,
- Modulationsübertragungsfunktion,
- optische Weglängendifferenz,
- Quer- und Längsaberrationen,

- Farbquer- und Farblängsfehler,
- Bildfeldwölbung und Verzeichnung,
- Wellenfrontaberrationen.

Das Spotdiagramm wird mithilfe trigonometrischer Strahldurchrechnung durch die Sollkonfiguration des Systems bestimmt, wobei eine Schar gleichmäßig verteilter Strahlen vom Objektpunkt ausgesandt und deren Durchstoßpunkte in der Bildebene berechnet werden. Auf diese Weise wird die Lichtverteilung im Punktbild veranschaulicht. Beugungseffekte werden hierbei vernachlässigt. Bild 2.38 zeigt die Veränderung der Punktbilder bei Lageänderung der Bildebene.

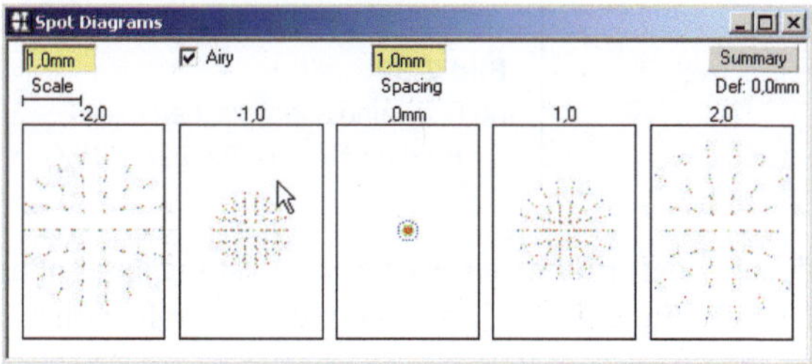

Bild 2.38
Spotdiagramm durch eine asphärische Sammellinse mit Variation der Bildebene */Lino2006/*

Eine wichtige Größe, auch zur experimentellen Bestimmung der Abbildungsleistung eines optischen Bauelementes, stellt die **Modulationsübertragungsfunktion (MTF)** dar. Sie beschreibt, mit welchem Kontrast Gitterstrukturen abgebildet werden. Die Auflösung des zu übertragenden Systems wird durch die Ortsfrequenz des Gitters beschrieben. Die Ortsfrequenz R ist der Kehrwert der Periodenlänge eines Gitters und wird in Linienpaaren pro mm ($\mathrm{LP\,mm^{-1}}$) gemessen, wobei ein Paar eine helle und eine dunkle Linie umfasst */Naum1992/*.

Die Modulation M, häufig auch als Kontrast bezeichnet, ist definiert als:

Modulation

$$M = \frac{L_{\max} - L_{\min}}{L_{\max} + L_{\min}} \tag{2.26}$$

Dabei ist L die **Leuchtdichte** (maximal bzw. minimal) die vom System übertragen wird. Der theoretische Maximalwert $M = 1$ wird nur für $L_{\min} = 0$ erreicht. Bei der optischen Abbildung eines Objektes durch ein Bauelement verschlechtert sich die Modulation. Die Modulation des Bildes M' ist somit immer kleiner M, aufgrund der Beugung, der Abbildungsfehler und des Streulichtes. Den **optischen Wirkungsgrad** des Systems kann man durch die Gleichung

Modulationsübertragungsfaktor

$$T = \frac{M'}{M} \tag{2.27}$$

bestimmen. Mit zunehmender Ortsfrequenz R nimmt die Modulation ab, das abbildende System weist einen Frequenzgang auf. Die **Modulationsübertragungsfunktion** gibt den Modulationsübertragungsfaktor als Funktion der Ortsfrequenz R an ($T = \mathrm{f}(R)$). Für $R = 0$ wird $T = 1$ */Naum2020/*.

In Bild 2.39 ist eine MTF für eine asphärische Linse dargestellt. Entwickelt wurde dieses Bauelement mit dem Optik-Designprogramm „Oslo“.

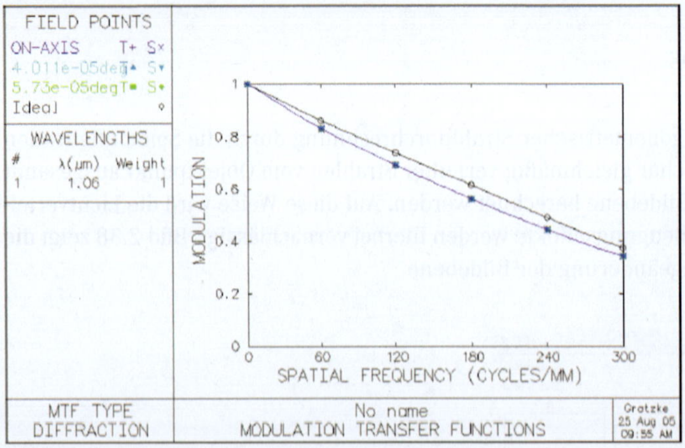

Bild 2.39
MTF für eine asphärische Linse
f = 80 mm; NA = 0,3 */Grat2005/*

MTF-Messungen werden in der Fertigung häufig zur Überprüfung der Abbildungsleistung eines optischen Bauelementes stichprobenartig oder als 100 %-Prüfung für hochwertige Optiken durchgeführt.

2.7 Kennzeichnung optischer Bauelemente

Die von den **Optikdesignern** und -konstrukteuren ermittelten und festgelegten Anforderungen an die optischen Bauelemente bzw. Systeme werden fertigungsgerecht dargestellt und haben somit verbindliche Toleranzangaben, die im folgenden Fertigungsprozess zu erfüllen sind. In Bild 2.40 sind eine optisch-mechanische Konstruktion eines Laserbearbeitungskopfes dargestellt sowie die abgeleitete Bauteilzeichnung für die asphärische Fokussierlinse. Die Kennzeichnung erfolgt generell nach der DIN ISO 10110.

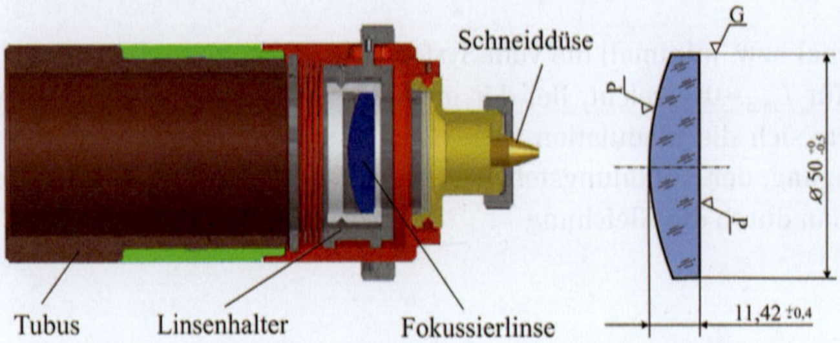

Bild 2.40
Darstellungsformen der Optikbaugruppe „Laserbearbeitungskopf" */Grat2005/*: links) Schnitt durch einen Laserbearbeitungskopf der optisch-mechanischen Konstruktion, rechts) Kennzeichnung der Fokussierlinse, Tabelle auf S. 45, Angaben nach DIN ISO 10110 für die Fokussierlinse rechts

Linke Fläche	Materialangaben	Rechte Fläche
R 40,5308 CX Ø$_e$ 50,0 Schutzfase 0,3 - 0,7 λ Antireflexionsschicht (Spezifikation Nr. 67413) 3/10(2) 3/10(2/–) λ = 1064 nm; RMSi < 0,2; Z(N = 4) (RMS < 0,4) 4/10′ 5/5 × 0,4 6/1 J·cm^{-2}; 1064 nm; 20 ns	Schott BK7 n (1064 nm) 1,506635 ± 0,01 ν – 0/10 1/5 × 0,4 2/1;1	R ∞ Ø$_e$ 50,0 Schutzfase 0,3 - 0,7 λ Antireflexionsschicht (Spezifikation Nr. 67413) 3/10(2) 4/10′ 5/5 × 0,4 6/1 J·cm^{-2}; 1064 nm; 20 ns

Nachfolgend werden anhand des Beispiels der asphärischen Fokussierlinse aus Bild 2.40 wichtige Festlegungen für die Kennzeichnung optischer Bauelemente näher erläutert.

2.7.1 Materialangaben

Die Materialangaben legen die Auswahl des Glastyps sowie die zulässigen Abweichungen der Materialeigenschaften fest. Oft werden auch in Ergänzung die Identifikationsnummer sowie die Brechzahl und Abbesche Zahl nach DIN ISO 7944 bzw. der Rohglasnorm DIN ISO 12123 angegeben. In der DIN ISO 10110-18 werden die dazugehörigen Normen für die Zeichnungsangabe zur Tolerierung der zulässigen Materialunvollkommenheiten ausgeführt. **Materialunvollkommenheiten** erfordern entsprechende zulässige Toleranzen, damit sie die geforderten Qualitätseigenschaften eines optischen Bauelementes nicht mindern. Dazu zählen die Materialeigenschaften Spannungsdoppelbrechung, Blasen und Einschlüsse sowie Homogenität der Brechzahl und Schlieren (siehe auch Kapitel 5).

In Tabelle 2.6 sind für das Beispiel aus Bild 2.40 die Toleranzen für die Materialunvollkommenheiten zusammengestellt. Die Kennzahlen können sowohl für das fertige Bauelement mit den Notationen „0/“, „1/“ und „2/“ oder für die Qualität des bei der Herstellung verwendeten Rohteils mit „00/“, „01/“ und „2/“ verwendet werden. Sind die Spezifikationen für die fertige Baugruppe vorzunehmen, kommen die Notationen „10/“, „11/“ und „12/“ zur Anwendung.

Tabelle 2.6 Kennzahlen der Materialangaben für das fertige Bauelement nach DIN 10110

Kennzahl	Beschreibung	Angabe	Beispiel (Bild 2.40)
0	Spannungsdoppelbrechung	0/A (A ist die maximal zulässige Spannungsdoppelbrechung in Nanometer pro Zentimeter optische Weglänge)	0/10 (max. zulässige Spannungsdoppelbrechung 10 nm·cm^{-1})
1	Zulässige Blasen und andere Einschlüsse	1/N x A (Anzahl der Fehler x Größe der Fehler; Stufenzahl)	1/5 x 0.4 (max. 5 zulässige Fehler mit der Stufenzahl 0,4)
2	Inhomogenitäten und Schlieren	2/A; B (A = Inhomogenitätenklasse; B = Schlierenklasse)	2/1; 1 (jeweils Klasse 1)

2.7.2 Formangaben und Oberflächenformtoleranzen

Entsprechende Formangaben des optischen Bauelementes erfolgen flächenbezogen. Die Angabe des Krümmungsradius *R* wird in Millimeter oder Inch und ggf. mit der geforderten Toleranz angegeben. Die Richtung der Krümmung ist wie folgt anzugeben:

- konvexe Oberfläche **CX,**
- konkave Oberfläche **CC,**
- plane Flächen **R ∞,**
- torische Flächen **Rcyl.**

Dicken-, Durchmesser- und Längenangaben werden als Nennmaß in Verbindung mit einer Toleranz angegeben. Der optisch wirksame Durchmesser $Ø_e$ sowie die Angabe der **Schutzfasen** ergänzen die Formangaben des Bauelementes. Schutzfasen dienen im Wesentlichen dem Beseitigen von scharfkantigen Übergängen an zwei angrenzenden Flächen. Für bestimmte optische Bauelemente, die beispielsweise eine definierte Einbaulage oder Aufnahmeflächen für die spätere Montage benötigen, können auch Maßfasen gefordert werden.

Tabelle 2.7 Kennzahlen für die Formangaben nach DIN ISO 10110-5 und DIN ISO 10110-6

Kennzahl	Beschreibung	Angabe	Beispiel (Bild 2.40)
3	Toleranz der Oberflächenform	3/A(B/C) (A = Pfeilhöhenfehler in Interferenzstreifen; B = Unregelmäßigkeiten in Interferenzstreifen; C = rotationssymmetrische Unregelmäßigkeiten in Interferenzstreifen)	3/10(2) (Die Toleranz des Pfeilhöhenfehlers kann maximal 10 Interferenzstreifen betragen, die Unregelmäßigkeit darf 2 Interferenzstreifen nicht überschreiten.)
3	Festlegung für eine asphärische Oberfläche mit Powerabweichung (Radienfehler), Unregelmäßigkeit und max. zulässigem rms-Wert	3/A(B/C) rmsx < D (A = max. Powerabweichung, B = max. Unregelmäßigkeit; C = erlaubte rotationsinvariante Unregelmäßigkeit, D = max. rms-Wert mit x = T, i oder a Typ der Oberflächenformabweichung, siehe Tabelle 2.8)	3/ 10 (2/−); λ = 1064 nm; rmsi < 0,2; Z(*N* = 4) (rms < 0,4) (Toleranz der Powerabweichung beträgt 10 Interferenzstreifen; Unregelmäßigkeit darf zwei Interferenzstreifen nicht überschreiten; rms-Toleranz von 0,2 µm für die Unregelmäßigkeit i; zusätzlich werden die rms-Abweichungen des Zernike-Polynom-Fits für die Reihe *N* = 4 definiert.
4	Zentrierfehler	4/σ (σ = Kippwinkel in Bogenminuten)	4/10' (maximal zulässiger Kippwinkel von 10')

Oberflächenformtoleranzen werden mit der Codenummer „3/" angegeben. In der Tabelle 2.7 sind zwei verschiedene Beispiele angeführt. Nach der DIN ISO 10110-5 werden die Toleranzangaben in Form von Oberflächenformabweichung, der Pfeilhöhenabweichung oder auch durch Angabe von Zernike-Koeffizienten gekennzeichnet. Als **Oberflächenformabweichung** wird eine Funktion gewählt, die den Abstand der Normalen zur Oberfläche zwischen einer nominalen optischen Oberflächenform und einer gemessenen Form darstellt. Sie ist als eine gemessene Wellenfrontdeformation f_{WD} oder $f_{WD,CY}$ nach DIN ISO 14999-4 definiert. Diese Norm liefert auch die Definitionen für die Deformationsfunktionen. Ein Auszug ist in Tabelle 2.7 zusammengestellt. Die **Pfeilhöhenabweichung** ΔZ wird mithilfe einer Funktion dargestellt, welche die Abstände entlang der Z-Achse zwischen einer nominalen optischen Oberflächenform und einer gemessenen Form beschreibt. Basierend auf interferometrischen Messungen werden die Messwerte in Richtung der Normalen zur Oberfläche erfasst und müssen für den Vergleich mit Abweichungen in Z-Richtung konvertiert werden, um sie mit ΔZ vergleichen zu können. Oberflächenformabweichung können ebenfalls durch **Zernike-Koeffizienten** der Form:

Z(n,m) (PV < O; rms < P):

- (n,m) ist ein Wert oder eine Reihe von Werten, der/die den Grad des Zernike-Polynoms widerspiegelt/n (siehe auch Tabelle 2.5),
- O ist der maximal zulässige Peak-to-valley-Wert der Oberflächenformabweichung,
- die Größe P ist der maximal zulässige rms-Wert der Oberflächenformabweichung

angegeben werden.

Die Toleranzen für Oberflächenformabweichungen werden durch die Festlegung der maximal zulässigen Werte für die Powerabweichung, für die Unregelmäßigkeit sowie die rotationsinvariante und/oder translationsinvariante Unregelmäßigkeit angegeben. Zusätzlich dürfen Toleranzangaben für rms-Werte der Oberflächenformabweichung (rms-Gesamtabweichung, rms-Unregelmäßigkeit und rms-rotations- und/oder translationsinvariante Wellenfrontunregelmäßigkeit) und Toleranzen der Anstiegsabweichung (maximale und rms-Werte) sowie der PV-Werte (peak-to-valley) festgelegt werden */DINISO10110-5/*.

Die Tabelle 2.8 beschreibt von oben nach unten die Vorgehensweise zur Interpretation und Beurteilung der gemessenen Wellenfrontanteile.

Regeln für die Angabe der zulässigen Deformation einer Wellenfront beim Durchgang durch ein optisches Element oder System oder bei der Reflexion an einem optischen Element bzw. System werden durch die DIN ISO 10110-14 festgelegt. Die Codenummer ist die „13/“. Die Angabe erfolgt in Analogie zur Beschreibung der Oberflächenformabweichung, durch

13/A (B/C); $\lambda = E$.

Tabelle 2.8 Gemessene Wellenfrontdeformationen und ihre Zerlegung in Varianten der Wellenfrontdeformationen nach DIN ISO 14999-4

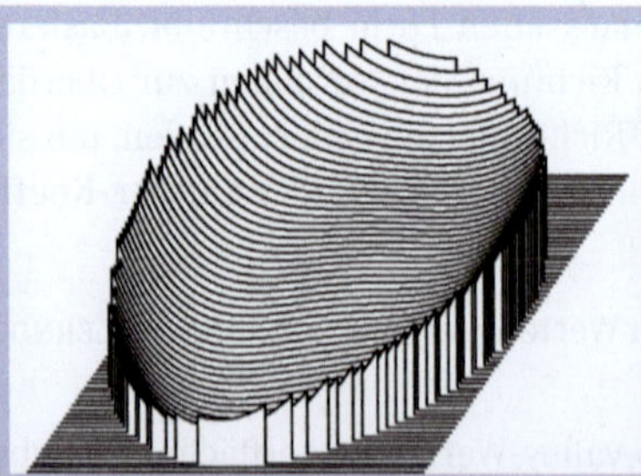 Gemessene Wellenfrontdeformation f_{MWD}		
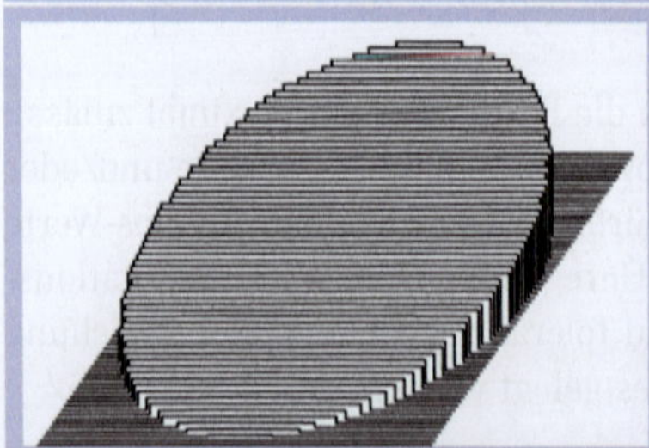 Kippung f_{TLT}	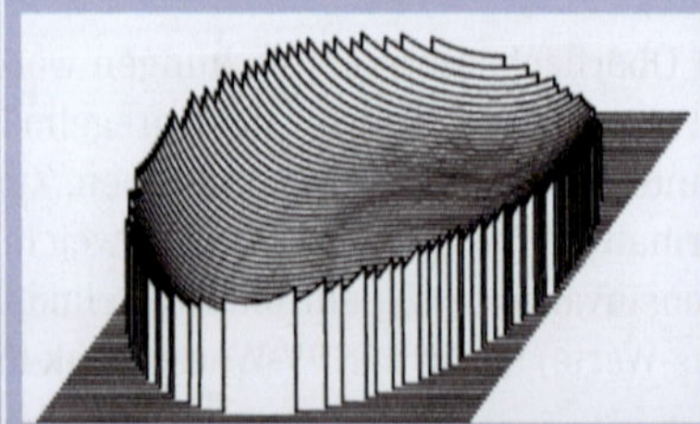 Wellenfrontdeformation f_{WD}, die den Wert rms-t bestimmt	rms-t
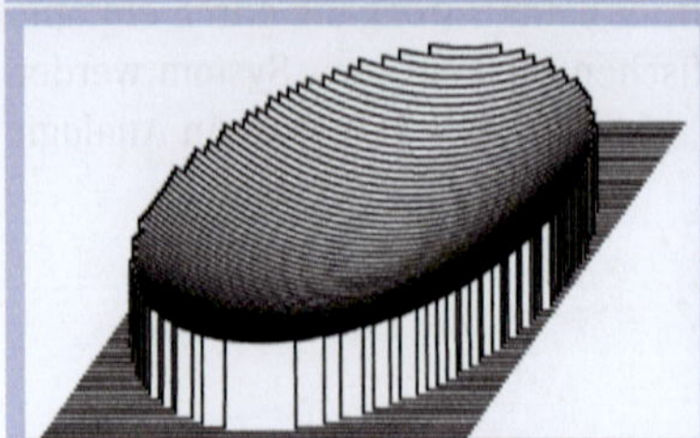 A: Bestangepasste Kugelfläche f_{WS}, die die Powerabweichung „*A*" bestimmt	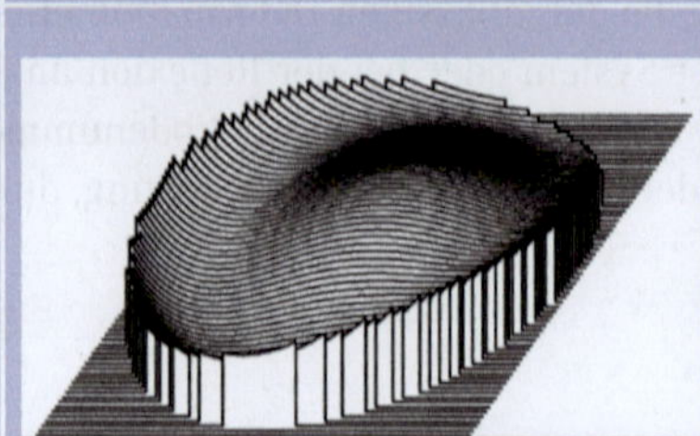 B: Unregelmäßigkeit der Wellenfront f_{WI}, die die Unregelmäßigkeit *B* und rms-i bestimmt	rms-i
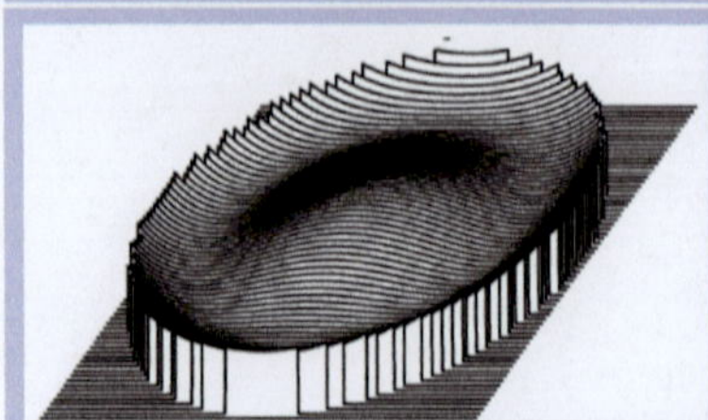 C: Rotationsinvariante bestangepasste Asphäre an die Wellenfront f_{WRI}, die die rotationsinvariante Unregelmäßigkeit *C* bestimmt	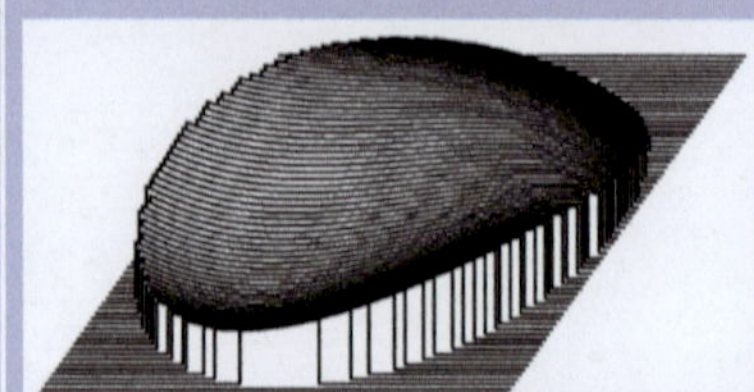 Verbleibende rotationsinvariante Wellenfrontabweichung f_{WRV}, die die rotationsinvariante Unregelmäßigkeit rms-a bestimmt	rms-a

Wellenfronten lassen sich interferometrisch nur in Bezug auf eine ebene Referenzwellenfront messen. Diese muss zunächst erzeugt und aufgenommen werden. Für die Messung der Wellenfronten ist es wichtig, die Grenzen im Sinne der Messbarkeit und des Fehlers genau zu bestimmen. Wichtig ist auch die Festlegung der Objektpunkt- und Bildpunktlage für die Messung der Wellenfrontdeformation (siehe Bild 2.41).

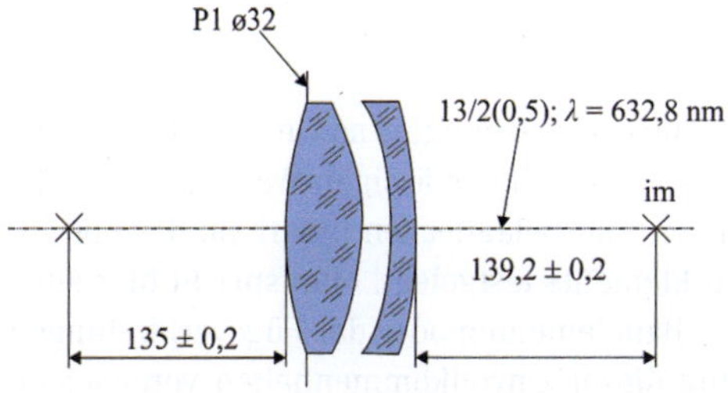

Bild 2.41
Beispiel für die Angabe der Bildlage nach DIN ISO 10110-14

Für weiterführende Interpretationen und Hinweise sei an dieser Stelle auf die Normen DIN ISO 10110-5, -14 und DIN ISO 14999-4 verwiesen.

Die Angabe von Zentriertoleranzen von optischen Bauelementen und Systemen zählt ebenfalls zu den Formtoleranzen, bei der in erster Linie Verkippungen, seitliche Versätze und axiale Rundlauffehler einzelner Flächen und Flächen zueinander spezifiziert sind. Wichtig ist u. a. die Festlegung, wie groß der Fehler des Kippwinkels zwischen optischer und mechanischer Achse sein darf (siehe auch Abschnitt 7.6).

Die Angabe der Zentriertoleranzen erfolgt mit der Codenummer „4/" sowie einem oder bis zu sechs Toleranzwert(en). Eine allgemeine Angabeform ist $4/\sigma(L)$ mit σ als maximal zulässigem Kippwinkel an der Bezugsachse und L als maximal zulässigem seitlichem Versatz.

Bild 2.42 stellt die Angabe einer Zentriertoleranz für eine asphärische Fläche dar. Der Bezug A ist der Primärbezug, wobei der Bezug B die Achse des kleinsten umschriebenen Außenzylinders senkrecht zur Ebene A beschreibt.

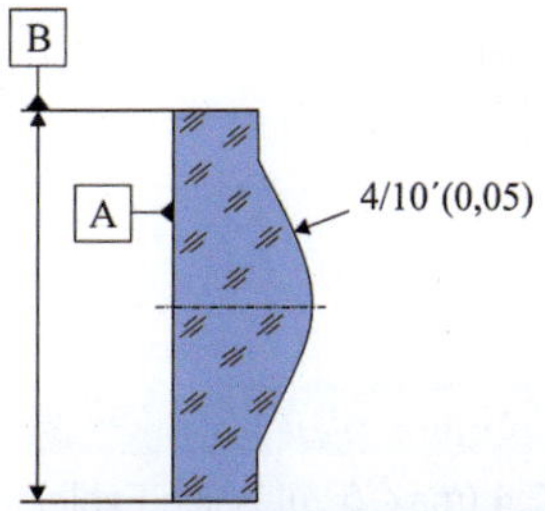

Asphäre mit geraden Koeffizienten	
R0	340
K	0,0
A4	1,0734265e-06
A6	-5,3356684e-11
A8	3,876932e-16

Bild 2.42 Zentriertoleranz für eine asphärische Fläche mit Tabelle der Asphärenparameter nach DIN ISO 10110-6

2.7.3 Oberflächenangaben

Die Oberflächenangaben beinhalten die Oberflächenfehler, die Oberflächengüte sowie die erforderliche Oberflächenbehandlung und Beschichtung optischer BE. Es werden die zulässigen Werte von Oberflächenfehlern, insbesondere Kratzern, Löchern, Markierungen und Belagflecken innerhalb des optisch wirksamen Durchmessers der Oberfläche eines optischen Elements festgelegt. Man spricht hier auch von **Unvollkommenheiten** der Oberflächen von optischen Bauelementen oder der Fügeverbindungen zwei oder mehrerer Elemente. Eine allgemeine Einteilung dieser Unvollkommenheiten veranschaulicht Bild 2.43. Zunehmend werden auch Risstiefenschädigungen, die unter der Oberfläche bis zu einer Tiefe von 100 µm reichen können, untersucht. Diese entstehen zumeist im Fertigungsprozess und sollten idealerweise nach dem Polierarbeitsschritt so klein sein, dass sie keinen Einfluss auf die Abbildungsleistung des Systems ausüben. Eine nähere Spezifizierung und Normung dieses Fehlertyps gibt es bisher aber noch nicht.

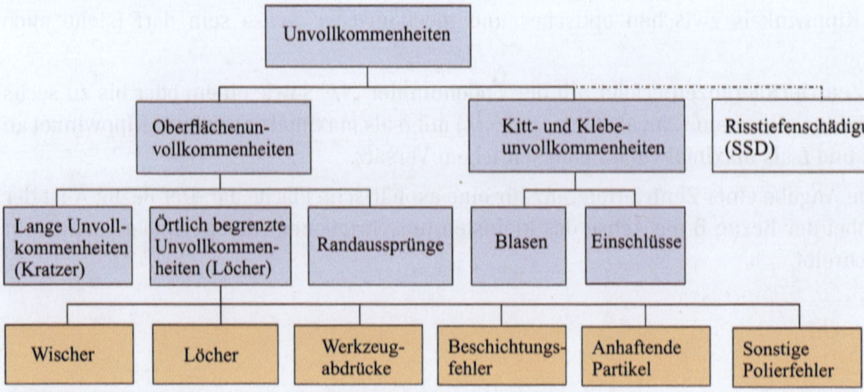

Bild 2.43 Einteilung von Unvollkommenheiten nach DIN ISO 10110-7

Tabelle 2.9 Kennzahl für die Oberflächenangabe nach DIN ISO 10110-7

Kennzahl	Beschreibung	Angabe	Beispiel (Bild 2.40)
5	Oberflächenunvollkommenheit	$5/N \times A$ (N = Anzahl der Oberflächenfehler; A = Größe der Oberflächenfehler in Stufenzahlen)	5/5 × 0,4 (max. 5 zulässige Fehler mit der Stufenzahl 0,4)
wenn zutreffend, werden die Begriffe „Kitt-“ oder „Ansprengfläche“ für optische Systeme angefügt			

Die Angabe der zulässigen Oberflächenunvollkommenheiten erfolgt mit der Codenummer „5/“ (Einzelbauelement) oder „15/“ für optische Baugruppen.

Die **Oberflächengüte** wird als globales statistisches Merkmal bezogen auf das Profil der optischen Oberfläche bezeichnet. Dabei wird vorausgesetzt, dass an jeder Stelle der Prüffläche Charakteristik und Größe der Struktur gleich sind, so dass die Messung an einem Teil der Oberfläche repräsentativ für die ganze Oberfläche ist (isotrope Oberfläche).

Grundsätzlich werden in der optischen Industrie matte und spiegelnde Oberflächen unterschieden. Dabei ist die spiegelnde Oberfläche eine optische Oberfläche, deren Höhendifferenz des Oberflächenprofils wesentlich kleiner ist als die Wellenlänge des sichtbaren Lichtes. Spiegelnde Oberflächen können mithilfe von Oberflächenkennwerten durch die Angabe der Dichte von Mikrodefekten oder durch ein Leistungsdichtespektrum beschrieben werden. Der **quadratische Mittelwert** R_q ist der repräsentativste Oberflächenkennwert; er entspricht der im englischen Sprachraum bevorzugten RMS-Rauheit und gibt die Standardabweichung der Profilordinaten an. Die Rauheitswerte können über die gesamte Fläche oder auch nur für einen bestimmten Ausschnitt ermittelt werden.

Quadratischer Mittenrauwert

$$R_q = \sqrt{\frac{1}{l_m}\int_0^{l_m} y^2(x)dx} \tag{2.28}$$

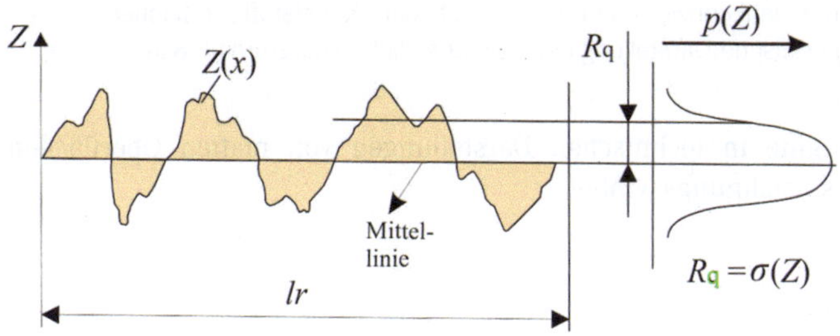

Bild 2.44
Darstellung der mathematischen Beschreibung des quadratischen Mittenrauwertes

Für den Vergleich von Oberflächen, die mit unterschiedlichen Fertigungsverfahren hergestellt worden sind, wird oftmals auch der **arithmetische Mittenrauwert** R_a angegeben. Für die Angabe der maximalen Abweichung in der Summe der fünf Einzelmessstrecken wird der maximale Profilhöhenwert R_z (peak to valley) angegeben. Er beschreibt sehr gut lokale Defekte wie Kratzer und Aussprünge. Alle Oberflächenkennwerte sind nach der DIN EN ISO 4287 anzuwenden.

Eine weitere Möglichkeit zur Beschreibung der Oberfläche ist die Verwendung des **Leistungsdichtespektrums (PSD)**. Das Leistungsdichtespektrum enthält das Spektrum der Raumfrequenzen und kann als ein- oder zweidimensionales PSD dargestellt werden. Die PSD-Funktion erlaubt die komplette Beschreibung der Oberflächengütecharakteristik und erweist sich als besonders geeignet für polierte Oberflächen bzw. für Anwendungen mit extremen Anforderungen. Formel 2.29 beschreibt den funktionalen Zusammenhang zwischen der spektralen Leistungsdichte und der Raumfrequenz. Zur detaillierten Darstellung sei an dieser Stelle auf die DIN ISO 10110-8 verwiesen.

PSD

$$\text{2D isotropic PSD} = \frac{P}{2\pi f\left(\Delta f\right)} \tag{2.29}$$

P Leistung unter einem Flächenanteil (in nm^2), f Frequenz, die einer bestimmten Flächengröße entspricht (in nm^{-1}), Δf Frequenzänderung (in nm^{-1})

Bild 2.45 stellt charakteristische Oberflächenzustände von spritzgegossenen optischen Oberflächen dar. Die sehr geringen Oberflächenrauheiten werden in diesem Beispiel mittels der Rasterkraftmikroskopie (AFM = atomic force microscopy) ermittelt. Der R_q-Wert ist aus einem gescannten Bereich von 50 µm × 50 µm an der Oberfläche einer Polycarbonatlinse berechnet.

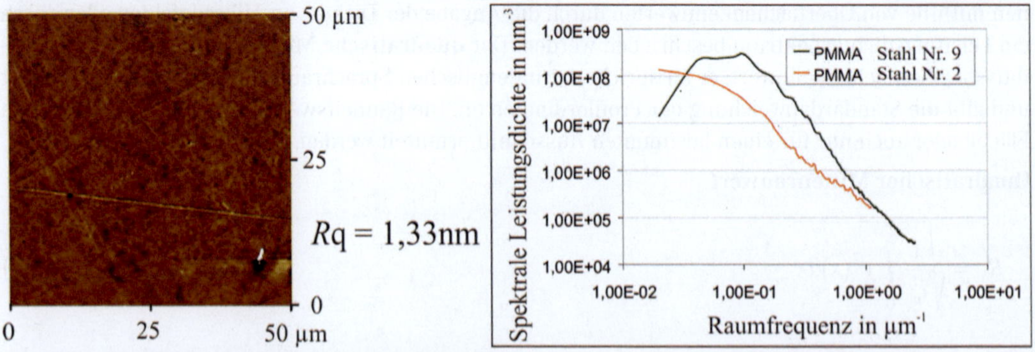

Bild 2.45 Darstellung ausgewählter Oberflächenkennwerte am Beispiel optischer Kunststoffoberflächen: links) AFM-Flächenscan (R_q-Wert), rechts) grafische Darstellung des Leistungsdichtespektrums (PSD)

Die Kennzeichnung der Oberflächengüte in technischen Darstellungen von matten Oberflächen (geschliffen, geläppt) erfolgt durch das Zeichnungssymbol

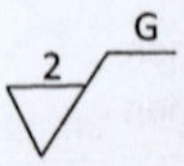

mit G = grinding (geschliffen);

währenddessen für polierte Oberflächen das Zeichensymbol

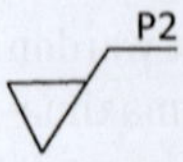

P = polished (poliert) verwendet wird und 2 den Poliergrad angibt.

Die Angabe des **Poliergrades** erfolgt in vier Bereichen und ist definierten Grenzen zugeordnet. Die Tabelle 2.10 gibt Auskunft über die Anzahl der Mikrodefekte pro 10 mm Abtastlänge für den jeweiligen Poliergrad.

Tabelle 2.10 Einteilung der Klassen des Poliergrades nach DIN ISO 10110

Poliergrad	Anzahl N von Mikrodefekten pro 10 mm Abtastlänge
P1	$80 < N < 400$
P2	$16 < N < 80$
P3	$3 < N < 16$
P4	$N < 3$

Den vorstehend beschriebenen Spezifikationen der Oberflächenunvollkommenheiten nach der DIN ISO liegt eine geometrische Messbarkeit zugrunde. Nach der amerikanischen MIL-PRF 13830B (MIL-PRF steht für United States Military Standards – Performance Specification) kommen jedoch Sichtbarkeits-Spezifikationsmethoden zur Anwendung. Hierbei werden Unvollkommenheiten im Wesentlichen nach ihrer Helligkeit bewertet und in Scratch/Dig angegeben. Es wird unterschieden zwischen lokalen Unvollkommenheiten (dig) und Kratzern (scratch). Der Sichtbarkeitsvergleich erfolgt mit einem Standard unter kontrollierter Beleuchtung.

Beide Methoden werden heute zur Spezifikation optischer Komponenten eingesetzt, wobei ein Umrechnen von der Messbarkeitsmethode zur Sichtbarkeitsmethode äußert schwierig bzw. nur unzureichend möglich ist. Weitere Ausführungen zu Angaben und Bewertungen von Unvollkommenheiten werden im Abschnitt 7.5 gegeben.

2.7.4 Beschichtungen und Zerstörschwellen

Die Angaben zur Oberflächenbehandlung und **Beschichtung** werden durch die Symbolik Ⓐ dargestellt. Diese Angaben können sehr unterschiedlich sein und charakterisieren die Schichtspezifikationen (z. B. lackiert schwarz 0,1 mm maximale Dicke; oder Vorderflächenverspiegelung Spezifikation Nr. 11916). Es wird generell in funktionale Schichten und Schutzschichten unterschieden (siehe auch Kapitel 8). Die Spezifikationen und Tolerierungen sind in der DIN ISO 9211-2 festgelegt.

Im Beispiel aus Bild 2.45 müssen beide Flächen der Fokussierlinse mit einer Antireflexionsschicht für die Wellenlänge 1064 nm (Einsatz für Nd:YAG-Laserstrahlung) versehen werden.

Des Weiteren werden für optische Bauelemente, die im Bereich der Laseroptik eingesetzt werden, die Zerstörschwellen in der technischen Zeichnung angegeben. Die Kennzahl für die Angabe der Zerstörschwelle ist 6. Die Angabe erfolgt in der Form:

$$6/H_{\text{th}};\lambda;\tau_{\text{eff}}$$

H_{th} Energiedichte (in J·cm^{-2}), λ Wellenlänge (in nm), τ_{eff} effektive Pulsdauer (in s)

In dem Beispiel der Fokussierlinse aus Bild 2.45 wird die Zerstörschwelle mit 6/1 J·cm^{-2}, 1064 nm, 20 ns angegeben. Das bedeutet, dass bei einer Laserwellenlänge von 1064 nm (Nd:YAG) und einer effektiven Pulsdauer von 20 ns die Zerstörschwelle oberhalb einer Energiedichte von 1 J·cm^{-2} liegt.

2.7.5 Allgemeine Beschreibung von Oberflächen und Komponenten

Zunehmend an Bedeutung gewinnen asphärische Flächen und Freiformflächen. In der DIN ISO 10110-12 werden grundlegende mathematische Beschreibungsformen und die technischen Darstellungsformen für Asphären beschrieben. Unterschieden werden die Asphärenformen nach der DIN ISO in zwei grundsätzliche Oberflächentypen. Zu den sogenannten verallgemeinerten Flächen zweiter Ordnung gehören konische Flächen, Ellipsoide, Hyperboloide und Paraboloide. Zu Flächen höherer Ordnung werden Polynome, torische Flächen und die Kombinationen von Flächentypen, z. B. durch Hinzufügen von Polynomen zu anderen Flächentypen gezählt.

Exemplarisch sind in Bild 2.46 die Zeichnungsangabe einer Linse mit rotationssymmetrischer asphärischer Oberfläche, darunter die **Asphärengleichung** sowie die zugehörigen Asphärenparameter dargestellt.

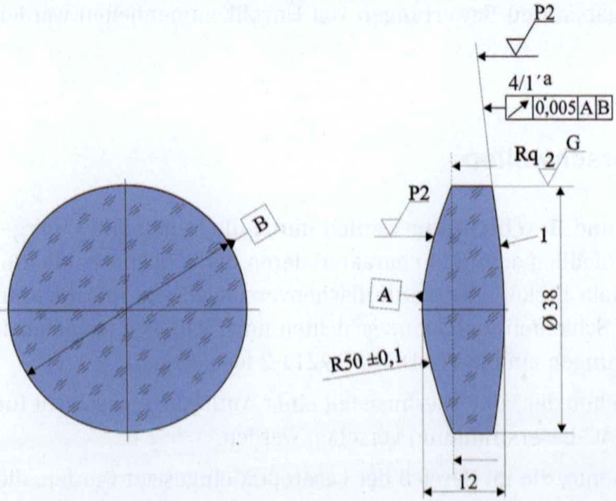

Bild 2.46
Beschreibung einer Präzisionsasphäre nach DIN ISO 10110-12

$$z = \frac{h^2}{R\left(1+\sqrt{1-k}\right)h^2/R^2} + \sum_{i=2}^{5}\left(A_{2i}h^{2i}\right)$$

$R = -56{,}031$

$\kappa = -3$

$A_4 = 0{,}432\ 64\ \text{E-05}$

$A_6 = 0{,}976\ 14\ \text{E-08}$

$A_8 = 0{,}108\ 52\ \text{E-11}$

$A_{10} = 0{,}122\ 84\ \text{E-13}$

Pfeilhöhentabelle	
h	*z*
0,0	0,000
5,0	- 0,219352
10,0	- 0,825330
15,0	- 1,600528
19,0	- 1,938077

Dabei gilt, dass asphärische Oberflächen in einem rechtsorientierten orthogonalen Koordinatensystem beschrieben werden, wobei die Z-Achse die optische Achse darstellt. Der Ursprung des Koordinatensystems liegt dabei im Scheitel der asphärischen Oberfläche. Bedeutung haben ebenfalls asphärische Bauelemente, die allgemein der einfachen Gleichung $z = f(x^2 + y^2)$ genügen.

In der Anwendung sind dies torische Oberflächen sowie verallgemeinerte Oberflächen zweiten Grades. In Kapitel 7 und 11 wird im Speziellen auf deren Herstellung näher eingegangen.

In der DIN ISO 10110-19 erfolgt eine allgemeine Beschreibung von Oberflächen und Komponenten, mit der sowohl stetige als auch unstetige Oberflächen (Freiformflächen) beschrieben werden können. Wichtige Bezugsgrößen werden in dieser Norm festgelegt. Die Referenzachse wird vom Optikdesigner für stetige und unstetige Flächen vorgegeben und muss nicht zwangsläufig von der Symmetrie einer Fläche abhängen, sondern vielmehr das Zentrum des optischen Weges für die Hauptwirkung darstellen.

Das zugehörige Koordinatensystem wird durch drei Achsen (X, Y, Z) orthogonal zueinander gebildet und folgt der „Rechte-Hand-Regel" (Rechtssystem). Der Koordinatenursprung sollte auf der Referenzachse sowie auf der allgemeinen (optisch wirksamen) Fläche liegen. Die Z-Achse des Koordinatensystems verkörpert die Referenzachse. Die Lage und Orientierung des Koordinatensystems werden einmalig festgelegt und dürfen im Laufe des Herstellungs- und Messprozesses nicht mehr verändert werden.

Allgemeine Flächen können nach der DIN ISO 101110-19 durch verschiedene mathematische Darstellungsformen beschrieben werden. Dabei wird zwischen diskreten (z. B. Punktewolken und Polygonnetze) und analytischen (z. B. Polynome und NURBS) Beschreibungsformen unterschieden. Hierbei sollte sichergestellt werden, dass die Darstellungsform innerhalb der freien Öffnung eine hinreichend genaue Beschreibung der allgemeinen Fläche ermöglicht.

Tabelle 2.11 Mathematische Beschreibungsmethoden für allgemeine Flächen nach DIN ISO 10110-19

Punktewolken	Die allgemeine Fläche kann bei sortierten Punktewolken mittels einzelner Punkte *{Pi}* dargestellt werden. Diese Punktbeschreibung erfolgt über (X,Y,Z)- oder *(R,ϕ,Z)*-Zahlentripel. Die Genauigkeit der Fläche wird durch die Anzahl der Punkte und das verwendete Raster bestimmt.	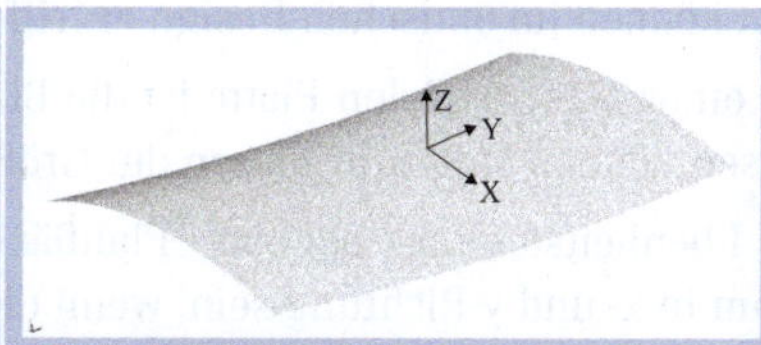 Darstellung der Fläche aus Bild 2.31
Polygonnetze	Die Werte werden als eine Menge von Punktetripeln *{(P1, P2, P3)i}* aufgefasst, das heißt, drei diskrete Werte werden jeweils zu einem Dreieck verbunden und erlauben so die Überführung der Werte in eine zweidimensionale Darstellung und Rückführung in eine Flächendarstellung. Die Genauigkeit ist wiederum durch die gewählte Anzahl der Punktetripel bzw. Dreiecke gegeben.	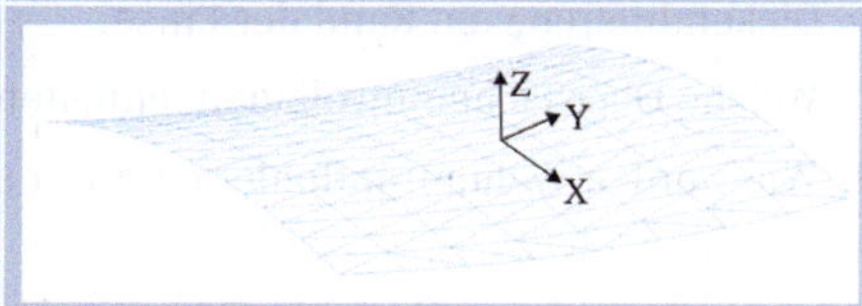 Darstellung der Fläche aus Bild 2.31
Analytisch definierte Oberflächen (Polynome)	Non-Uniform-Rational-Basis-Spline-Flächen (NURBS-Flächen) stellen eine Form der Flächenbeschreibung über ein Netz von gewichteten Kontrollpunkten, Grad der Basisfunktionen und deren Parametrisierung dar.	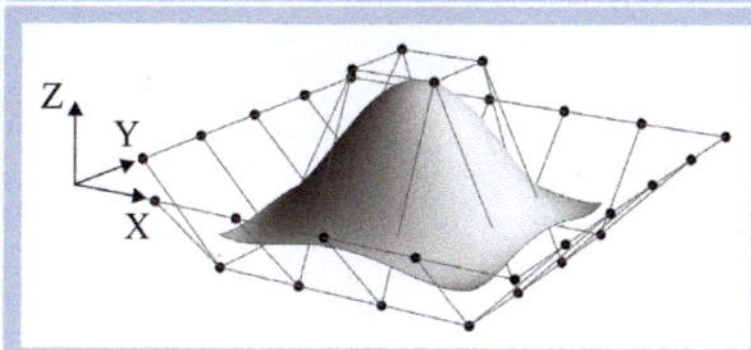

Zum Austausch der Flächeninformationen werden die Datenformate TXT, STL, STEP, IGES und XML vorgeschlagen. Bei der Kennzeichnung optischer Systeme ist anzuführen, welches Datenformat zugrunde gelegt wurde.

2.8 Übungsaufgaben

1. Berechnen Sie den Strahlversatz an drei hintereinander angeordneten planparallelen Platten, wenn der Einfallswinkel ε an der ersten Platte 25° beträgt. Die Brechzahlen sind mit $n_1 = 1{,}74$; $n_2 = 1{,}56$ und $n_3 = 1{,}65$ gegeben.
2. Berechnen Sie die Änderungen der Ablenkung δ für ein Prisma aus BK10 mit $\alpha = 60°$ für fünf ausgewählte Wellenlängen.
3. Nennen und beschreiben Sie drei typische Abbildungsfehler an Bikonvexlinsen. Welche Maßnahmen können im optischen Design ergriffen werden, um die Abbildungsfehler zu minimieren?
4. Bei einer planparallelen Platte ist die Blasentoleranz mit 5/5 × 0,50 angegeben. Wie viele kleinere Blasen können statt fünf Blasen der Größe 0,50 vorhanden sein?
5. Die Ebenheitstoleranz bei einer Planfläche ist mit 3/20 angegeben. Wie groß darf die Abweichung in nm in x- und y-Richtung sein, wenn die Prüfwellenlänge $\lambda = 633$ nm ist?
6. Eine Linse hat den Durchmesser von 20 mm. Die Zentriertoleranz beträgt 4/8". Wie groß ist die Dickendifferenz am Rand der Linse?
7. Welche Oberflächenunvollkommenheiten werden für optische Funktionsflächen angegeben?
8. Wie werden Wellenfrontfehler definiert und wie können diese dargestellt werden?

3 Optische Werkstoffe

Der Ausgangspunkt für alle verarbeitenden Verfahren in der Optiktechnologie ist die Herstellung von optischen Werkstoffen als Rohmaterial oder Halbzeug. Bereits in dieser ersten Prozessstufe werden wichtige optische und mechanische Eigenschaften, wie z. B. die Brechzahl, die spektralen Parameter oder die Härte eingestellt. Die heute zur Verfügung stehenden Werkstoffe sind in ihren physikalischen und chemischen Eigenschaften sehr vielgestaltig und ermöglichen den Einsatz von optischen Komponenten für Anwendungen, die auf dem Prinzip der Lichtbrechung oder -reflexion, der Beugung sowie der Interferenz beruhen. Die Zahl der verfügbaren optischen Werkstoffe hat sich in den letzten 100 Jahren vervielfacht, und die weitere Entwicklung von Gläsern mit angepassten Eigenschaften bleibt eine wichtige Aufgabenstellung im Bereich der optischen Technologien.

3.1 Einteilung der optischen Werkstoffe

Die Einteilung der optischen Werkstoffe kann sehr unterschiedlich erfolgen. Für die technologische Betrachtung lassen sich optische Werkstoffe vorteilhafterweise in anorganische Gläser, organische Gläser (Kunststoffgläser) und Kristalle unterteilen. Darüber hinaus werden auch spezielle keramische und glaskeramische Werkstoffe sowie transparente Flüssigkeiten für optische Anwendungen genutzt. In Bild 3.1 werden einige wichtige Vertreter der unterteilten Werkstoffgruppen gegenübergestellt.

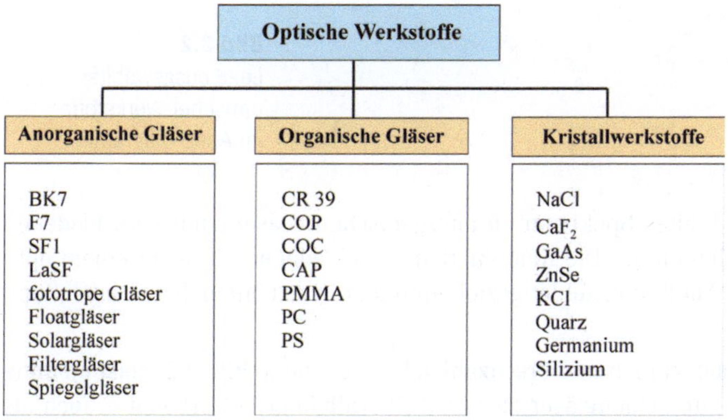

Bild 3.1
Einteilung der optischen Werkstoffe und ausgewählte Vertreter

BK 7 = Bor-Krone-Glas Typbezeichnung 7,
PMMA = Polymethylmethacrylat,
ZnSe = Zinkselenid

Während die **anorganischen Gläser** nach ihrer Lage im ***n-v*-Diagramm** klassifiziert und Glasgruppen zugeordnet werden, steht die Abkürzung der organischen Gläser und Kristallwerkstoffe für die Hauptkomponenten der chemischen Zusammensetzung.

Die anorganischen Gläser sind darüber hinaus in verschiedene **Glasarten** eingeteilt. Unter einer Glasart (auch Glasfamilie genannt) ist eine Gruppe optischer Gläser zu verstehen, deren Zusammensetzung bestimmte Hauptkomponenten in begrenzten Konzentrationsbereichen aufweist und deren Brechzahl und Dispersion relativ eng begrenzt sind und zwar in einem für die jeweilige Glasart charakteristischen Bereich. Die zu einer Glasart gehörenden Glastypen werden mit der Abkürzung der Glasart und einer laufenden Nummer entsprechend der zeitlichen Reihenfolge ihrer erstmaligen Herstellung bezeichnet. Jeder Glastyp stellt ein durch eine festgelegte Zusammensetzung und festgelegte optische Eigenschaft definiertes Glas dar. Seine optische Charakterisierung erfolgt durch die Hauptbrechzahl *n* und die **Abbesche Zahl** *v*. Aus den beiden Größen (*n* und *v*) ergibt sich die Lage der optischen Werkstoffe im **Abbe-Diagramm** (Bild 3.2). Diese können prinzipiell zwei Hauptglasarten, den Krongläsern „**K**" (mit Abbe-Zahlen $v > 50$) und den Flintgläsern „**F**" ($v < 50$), zugeordnet werden. Durch den Zusatz **S** (für „schwer") wird bei der Firma Schott angegeben, dass es sich um ein Glas mit hohem Brechungsindex handelt (z. B. SF6 mit $n_d = 1{,}80518$). Der Zusatz **L** (für „leicht") wird für Gläser mit einem niedrigen Brechungsindex angeführt (z. B. N-BaLF5 mit $n_d = 1{,}54739$). Sind chemische Komponenten für die optischen Eigenschaften besonders entscheidend, werden diese bei der Bezeichnung der Hauptglasart vorangestellt. In Bild 3.2 sind es beispielsweise Lanthan-Flintgläser LASF oder Barit-(Barium)-Krongläser BAK.

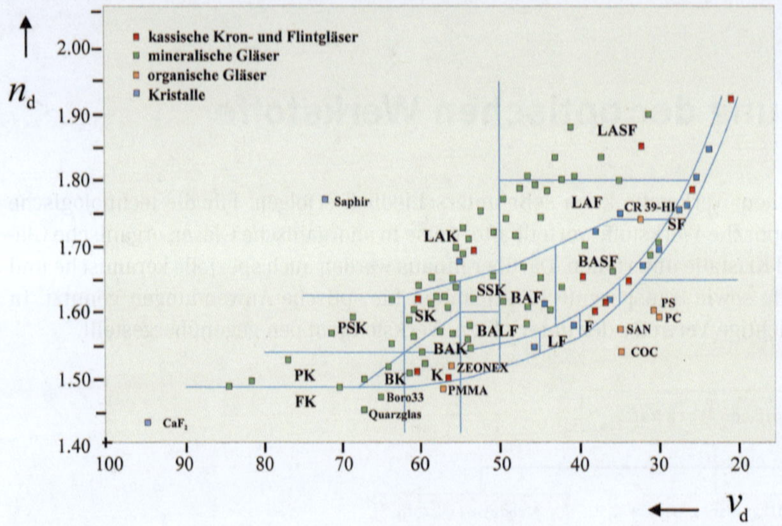

Bild 3.2
Lage ausgewählter optischer Werkstoffe im Abbe-Diagramm

Die Glashersteller bieten somit ein breites Spektrum an anorganischen Gläsern mit verschiedenen Brechungs- und Dispersionseigenschaften an. Die Kombination verschiedener Gläser in einem optischen System bietet die Möglichkeit, Abbildungsfehler gezielt minimieren zu können (siehe auch Kapitel 4).

Organische Gläser mit kleineren Abbe-Zahlen und Brechzahlen bis 1,6 sind in Bild 3.2 meist im unteren rechten Quadranten zu finden. Für Brillengläser ist PADC (Polyallyldiglycolcarbonat – auch als CR39 bekannt) ein sehr gebräuchliches Material, dessen Lage im Abbe-Diagramm der des PMMA ähnelt. In den letzten Jahren wurden auf dieser Basis sogenannte „High-Index"-Kunststoffmaterialien entwickelt, die auch höhere Brechzahlen bis 1,74 erlauben.

Kristallwerkstoffe liegen sehr häufig in den Randbereichen des ABBE-Diagramms und bieten somit für das optische Design erweiterte Möglichkeiten im Vergleich zu den anorganischen Gläsern. Ein interessanter und häufig eingesetzter Kristall ist das Calziumfluorid, das extrem breitbandig (vom UV- bis in den IR-Bereich) mit sehr hohen Reintransmissionsgraden eingesetzt werden kann. Zudem hat dieser optische Werkstoff eine sehr hohe ABBE-Zahl und somit eine sehr geringe Dispersion. Andererseits verfügen IR-Kristallwerkstoffe (in Bild 3.2 nicht eingezeichnet - d-Linie entspricht einer Wellenlänge von 587,6 nm) sehr oft über eine hohe Brechkraft (z. B. Zinkselenid $n = 2{,}49$ bei $\lambda = 1\,\mu m$ oder Germanium sogar $n = 4{,}1$ bei $\lambda = 2\,\mu m$). Zu den doppelbrechenden Kristallen gehören die in Bild 3.2 dargestellten Kristalle Calziumfluorid und Saphir.

3.2 Anorganische Gläser

3.2.1 Definition und Struktur

Der Werkstoff anorganisches Glas ist ein anorganisches Schmelzprodukt, das ohne Kristallisation abkühlt und einen erstarrten Zustand einnimmt. Der Übergang vom flüssigen in den festen Zustand ist umkehrbar. Die Struktur des anorganischen Glases ist im Unterschied zu kristallinen Festkörpern **amorph**, d. h. im Werkstoff ist keine weitreichende Fernordnung der Bausteine vorhanden. Lediglich von einer gewissen Nahordnung in kleinen Bereichen kann gesprochen werden. Dies veranschaulicht Bild 3.3 am Beispiel von SiO_2, einem Hauptbestandteil vieler Gläser.

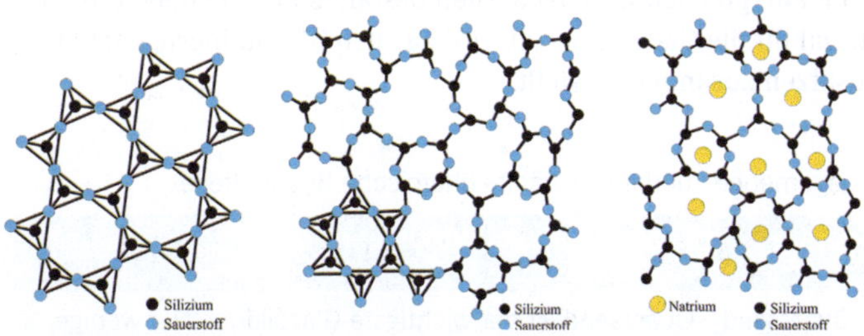

Bild 3.3
Ebene Darstellung eines SiO_2-Netzwerkes */Vogel1992/*: links) kristalliner Quarz, Mitte) Quarzglas, rechts) Natriumsilicatglas

Aus Bild 3.3 links ist ersichtlich, dass in kristallinem Quarz (z. B. Bergkristall) die SiO_4-Tetraeder regelmäßig angeordnet sind, während im Quarzglas eine ungeordnete Vernetzung der Tetraeder vorliegt (Mitte). Eine weitere Lockerung der Netzstruktur erhält man durch den Einbau von Atomen bzw. Ionen durch Verunreinigungen oder aber gezielte Änderung der Zusammensetzung des Glases (rechts). Weitere netzwerkbildende Oxide neben SiO_2 sind beispielsweise B_2O_3 und P_2O_5.

3.2.2 Herstellung anorganischer Gläser

Die Herstellung von anorganischen Gläsern erfolgt durch das Schmelzen verschiedener Ausgangsmaterialien. Durch Energiezufuhr wird die kristalline Struktur der Glasrohstoffe zerstört. Die Glasbildung, ein kinetisch kontrollierbarer Prozess, erfolgt durch relativ schnelle Abkühlung der Schmelze, so dass keine Kristallisation stattfinden kann. Der Zustand der Schmelze wird quasi eingefroren, man erhält eine sogenannte unterkühlte Schmelze. Die Erstarrung des Glases erfolgt nicht schlagartig bei einer bestimmten Temperatur, sondern innerhalb eines relativ weiten Temperaturbereiches, der als **Transformationsbereich** des Glases bezeichnet wird. In Bild 3.4 sind die Übergangsverhältnisse bei dem Erstarren der Schmelze eines amorphen und eines kristallinen Werkstoffsystems schematisch dargestellt. Der für ein amorphes System typische Transformationsbereich ist für die Gläser verschieden und für eine nachfolgende Warmbearbeitung von Bedeutung (siehe Kapitel 5). Der Schnittpunkt der beiden Tangenten (y_1 und y_2) der Kurvenanstiege ergibt den **Transformationspunkt** des Glases.

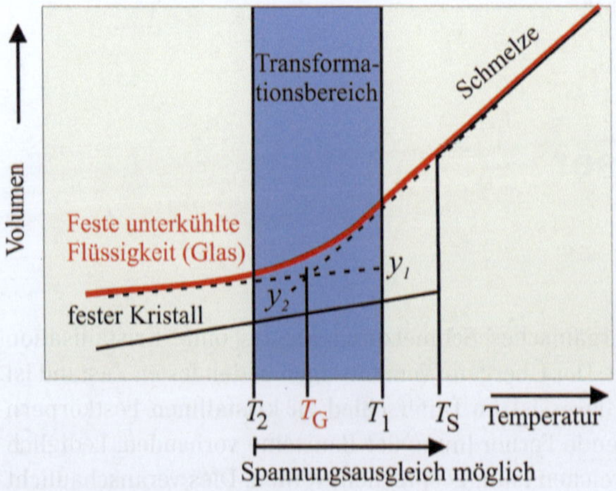

Bild 3.4
Zustandsbereiche von Gläsern und Kristallen in Abhängigkeit von der Temperatur nach /Renn2000/

T_G = Transformationspunkt,
T_S = Schmelzpunkt

Die anorganischen Gläser sind in ihrer Zusammensetzung zum Teil sehr unterschiedlich, werden aber generell durch vier Rohstoffgruppen mit entsprechenden chemischen Bestandteilen gebildet. Das sogenannte **Glasgemenge** (Ausgangsmaterial für die Glasschmelze) wird aus den Glasbildnern, dem Flussmittel, den Stabilisatoren und den Zusätzen zusammengestellt.

Tabelle 3.1 Zusammensetzung des Glasgemenges und ausgewählte chemische Bestandteile

Rohstoff-gruppe	Chemische Bestandteile	Funktionen und Wirkungen
Glasbildner (70 %)	▪ SiO_2 in Form von Quarzsand ▪ Bortrioxid (B_2O_3) ▪ Phosphorpentoxid (P_2O_5)	Quarzsand ist der wichtigste Glasbildner. Nur wenige Sande sind zur Glasherstellung geeignet, da Feinkörnigkeit und Reinheit größten Anforderungen genügen müssen. Aufgrund dieser hohen Ansprüche an das optische Glas ist eine chemische Reinigung des Sandes erforderlich.
Flussmittel (20 %)	▪ Soda (Na_2CO_3) ▪ Pottasche (K_2CO_3)	Flussmittel setzen die Schmelztemperatur von Quarzsand herab, wodurch die Glasherstellung technisch einfacher und wirtschaftlicher wird. Zum Glasgemenge werden zusätzlich Scherben aus recycelten Gläsern hinzugegeben. Diese wirken als Flussmittel und führen zum Herabsetzen der Schmelztemperatur.

Rohstoffgruppe	Chemische Bestandteile	Funktionen und Wirkungen
Stabilisatoren (9 %)	▪ Borsäure (Borosilicatglas) ▪ Kalk (CaO) ▪ Tonerde (Al_2O_3) ▪ Zinkoxid (ZnO) ▪ Magnesiumoxid (MgO)	Durch die Zugabe von Stabilisatoren erhält das Glas die erforderliche chemische Beständigkeit, mechanische Festigkeit und Härte.
Zusätze (< 1%)	▪ Bleioxid ▪ Bariumoxid ▪ Lithiumoxid ▪ Oxide seltener Erden	Diese Zusätze gestatten die genaue Anpassung des Glases an die gewünschten optischen Eigenschaften. Weitere Zusätze (insbesondere für Wirtschaftsgläser) sind Färbungs- und Trübungsmittel.

Die Glasschmelze ist ein vierstufiger Prozess, der folgende Prozessschritte umfasst:

1. **Gemengeaufbereitung**

   Die Gemengeaufbereitung ist entscheidend für die Qualität der Schmelze und des fertigen Glases. Sehr homogene Rohstoffmischungen sind erforderlich, um die Qualität von optischem Glas zu erzielen.

2. **Rauschmelze (Niederschmelze)**

   Das Aufschmelzen des Gemenges erfolgt bei 1200 - 1700 °C. Dabei laufen zahlreiche chemisch-physikalische Reaktionen ab. Gleichzeitig bilden sich große Gasmengen durch den Zerfall der Karbonate, Hydrate u. ä. Im Ergebnis entsteht ein inhomogenes, mit Schlieren versetztes Schmelzgut, die Rauschmelze.

3. **Läuterungsprozess**

   Durch Zugabe von Läuterungsmitteln wie As_2O_3 und Na_2SO_4 wird die Schmelze in der heißesten Zone homogenisiert. Dabei werden alle Bestandteile vollständig aufgelöst, gleichmäßig verteilt und alle Gasblasen entfernt. Optisches Glas wird in der Regel mit Rührwerken bearbeitet, um höchste Homogenität zu erzielen.

4. **Abstehen und Kühlen des Glasmaterials**

   In der Abstehphase werden letzte Gasblasen entfernt, während die Temperatur langsam auf 1200 - 900 °C absinkt. Danach erfolgt die **Weiterverarbeitung** des Glases durch verschiedene technologische Verfahren (Blasen, Pressen, Gießen, Ziehen, etc.). Das Abkühlen des Glases kann je nach Glasart und Verfahren auch Wochen bis Monate dauern.

Optisches Glas wird in spezielle Wannen und Formen gegossen. In Kühlöfen erfolgt dann eine Abkühlung nach bestimmten Kühlkurven. Diese Kühlkurven sind unterschiedlich für die verschiedenen Gläser. Da der Kühlprozess über die optischen Eigenschaften des Glases entscheidet, ist die Einhaltung der Kühlkurven enorm wichtig. Eine Feinkorrektur von Brechzahl und Dispersion bis in die 5. Dezimale ist hierdurch möglich und auch üblich. Die Kühlzeit bis zum Erreichen der Raumtemperatur beträgt je nach Glasart und Größe der Form zwei Wochen bis mehrere Monate. Für einen Teleskopspiegel (⌀ 2 m) beträgt sie beispielsweise vier Monate.

Die bei der Glasherstellung entstehenden Gase entweichen und führen zu einem beträchtlichen Masseverlust, wie nachfolgendes Beispiel zeigt */Voge1992/*.

Beispiel:

Für die Herstellung von 1000 kg BK7 benötigt man:	Aus diesem Gemenge entstehen folgende Oxide:
702 kg Quarzsand	702 kg SiO_2
338 kg Pottasche	190 kg $K_2O + CO_2$
179 kg Kalk	100 kg $CaO + CO_2$
14 kg Natron-Salpeter	5 kg $Na_2O + NO_2$
3 kg Arsenik	3 kg As_2O_3
1236 kg Gemenge	→ **1000 kg Glas**

Der Schmelzprozess kann sowohl kontinuierlich als auch diskontinuierlich erfolgen. Beim **kontinuierlichen** Prozess laufen die einzelnen Phasen des Schmelzprozesses parallel nebeneinander in einer Schmelzanlage ab, d. h. im Einschmelzteil der Anlage wird fortlaufend Gemenge eingeschmolzen, das dann zum Läutern in den Läuterungsteil und weiter in den Abstehteil der Anlage gelangt. Der Schmelzprozess erfolgt in großen Wannen. Der Vorteil dieses Verfahrens liegt in den hohen Schmelzleistungen und der maschinellen Glasverarbeitung. In zunehmendem Maße wird es heute auch zur Herstellung von Spezialgläsern wie z. B. für die optischen Gläser genutzt. Beim **diskontinuierlichen** Verfahren laufen die einzelnen Phasen nacheinander in ein und demselben Schmelzgefäß ab und wiederholen sich ständig. Die Schmelze erfolgt in Häfen. Bis in die zweite Hälfte des 19. Jahrhunderts wurde dieses Verfahren ausschließlich angewandt. Die diskontinuierliche Glasschmelze ist vorzugsweise für die Herstellung kleiner Mengen und von Spezialgläsern geeignet.

Die besonderen Anforderungen, die sich an die Herstellung von optischem Glas gegenüber Wirtschaftsgläsern stellen, sind nachfolgend tabellarisch zusammengefasst.

Tabelle 3.2 Herstellungscharakteristika von optischem Glas und Wirtschaftsglas

Wirtschaftsglas	Optisches Glas
▪ Prozess kontinuierlich ▪ Herstellung in Wannen (Ton, Schamotte) ▪ Großes Volumen (400 Tonnen/Tag) ▪ Einsatz der Wannen über einen langen Zeitraum für einen Glastyp ▪ Massenfertigung ▪ Sofortige Weiterverarbeitung des flüssigen Glases ▪ Kühlkurve einhalten, um Spannungen zu vermeiden	▪ Prozess kontinuierlich/diskontinuierlich ▪ Herstellung in kleinen Schmelzöfen bzw. Häfen ▪ Geringes Volumen (100 – 1000 kg) ▪ Hafen umrüstbar auf andere Glasart bzw. -typ ▪ Groß- und Kleinserienfertigung ▪ Abgießen bzw. Umfüllen des Glases in Tiegel (Platintiegel) ▪ Kühlkurve für optische Parameter entscheidend

3.2.3 Anorganische Glasarten für optische Anwendungen

Anorganische Gläser werden mit sehr unterschiedlichen optischen und thermisch-mechanischen Eigenschaften benötigt und eingesetzt. Sie lassen sich generell unterteilen in:

- blei- und arsenfreie N-Gläser,
- Gläser für das Präzisionsblankpressen (niedrigschmelzende Gläser, sogenannte Low-T_g-Gläser oder P-Gläser, siehe auch Kapitel 6),
- klassische Glastypen mit Bleioxid als eine wichtige Komponente für herausragende optische Eigenschaften,
- aktive und passive Lasergläser sowie
- Gläser für eine hohe Transmission („HT"- (high transmittance) oder „HT-ultra"-(ultra high transmittance)-Gläser). */Scho2021/*

Umweltverträgliche arsen- und bleifreie Gläser werden zusätzlich mit dem Buchstaben „N" (bei der Firma Schott beispielsweise N-BK7) oder „S" (bei der Firma Ohara mit S-BSL7) gekennzeichnet. Für das Präzisionsblankpressen setzt man vorzugsweise Gläser mit einem niedrigen Transformationspunkt ein. Somit werden die Formen für das Glasumformen weniger belastet als bei höher schmelzenden Gläsern und die Klebeneigung der Gläser ist geringer. Diese Glasarten werden mit einem „P" gekennzeichnet (z. B. P-SK60).

Die gesteigerten Anforderungen an optische Systeme erfordern z. T. Gläser mit extremen Anforderungen. So werden einerseits optische Gläser mit hohen Brechzahlen $n > 1{,}8$ (hochbrechende Gläser), mit niedriger Dispersion $\nu > 90$ (eXtrem Low Dispersion – XLD) oder mit extremer Homogenität für große Präzisionsoptiken (Homogenitätsklasse H5, siehe auch Kapitel 5) entwickelt und hergestellt. Hochbrechende Gläser mit einer niedrigen sphärischen Aberration erlauben die Herstellung von optischen Systemen mit kurzen Baulängen. Hingegen werden Gläser mit einer hohen ABBE-Zahl, aufgrund ihrer niedrig dispersiven Wirkung, zur Korrektur von sekundären Farbfehlern eingesetzt. Die Korrektur von Farbfehlern kann mit Gläsern, die eine anomale Teildispersion besitzen, das heißt, $\Delta P_{g,F}$ ist groß, erfolgen oder aber durch die Kombination von zwei unterschiedlichen Glasarten (Kron- und Flintglas) in der Form eines Achromaten.

Neben diesen Glasarten gibt es weitere anorganische Gläser, beispielsweise Quarzglas, IR (Infrarot)-Gläser oder Filtergläser. Eine besondere Glasart, die Glaskeramiken, besteht sowohl aus einer Glasphase (amorph) als auch aus einer oder mehreren kristallinen Phasen. Eine spezielle Gruppe bilden die sogenannten **ULE-Gläser**, wobei die Abkürzung für **U**ltra **L**ow **E**xpansion steht. Diese optischen Materialien verfügen über einen sehr kleinen thermischen Ausdehnungskoeffizienten. In einem Temperaturbereich zwischen 5 °C und 35 °C ist dieser kleiner als $3 \cdot 10^{-8}\,K^{-1}$. Der Werkstoff setzt sich aus 92,5 % Siliziumoxid und 7,5 % Titanoxid zusammen. Aufgrund der extremen thermisch-mechanischen Eigenschaften spricht man hier auch von einer „Nullausdehnung". ULE-Gläser werden bevorzugt in der Hochleistungsoptik eingesetzt. */Corn2021/*

Das **Kieselglas**, in seiner Anwendung meist Quarzglas genannt (engl. fused silica), besteht aus reinem SiO_2 (siehe auch Bild 3.3) und ist isotrop. Quarzglas hat abhängig vom Ausgangsmaterial und dem Herstellungsprozess unterschiedliche Konzentrationen von Verunreinigungen, die jedoch nur im ppm- bzw. für synthetisches Kieselglas sogar im ppb-Bereich liegen. Die hochreinen Quarzgläser kommen für optische Anwendungen zum Einsatz und verfügen mit einer Brechzahl von 1,460 und einer ABBE-Zahl von 67,70 über einen relativ niedrigen linearen thermischen Ausdehnungskoeffizienten von ca. $0{,}58 \cdot 10^{-6}\,K^{-1}$. Hierauf ist seine hohe Temperaturwechselbeständigkeit zurückzuführen. Weitere für die Anwendung interessante Eigenschaften des Quarzglases sind seine sehr gute chemische Beständigkeit, geringe elektrische Leitfähigkeit und der niedrige dielektrische Verlustfaktor. Quarzglas hat im Wellenlängenbereich von 190 nm – 2,5 µm einen sehr hohen Reintransmissionsgrad. Im Bereich von 2,5 – 3 µm hat es jedoch ein durch OH^--Gruppen verursachtes Absorptionsband. Verbesserte Infrarot-Transmission in diesem spektralen Bereich wird durch einen verringerten Hydroxyl-Gruppen-(*OH^--Gruppen*-)Gehalt erreicht. Der Normalwert liegt in etwa bei 100 ppm und bei verbesserter IR-Transmission unterhalb von 1 - 3 ppm. Aufgrund der vorstehend genannten Eigenschaften wird Quarzglas immer häufiger für präzisionsoptische Aufgabenstellungen eingesetzt (siehe auch Kapitel 5 und 7). */Scho1988/*

Für Displayanwendungen konnten spezielle Gläser entwickelt werden, die eine sehr hohe Widerstandsfähigkeit gegen mechanische Kräfte aufweisen. Diese **Alumosilicatgläser** werden durch ein Netzwerk gebildet, das in Bild 3.5 dargestellt ist. Das Netzwerk besteht aus Siliziumdioxid, Natrium-, Kalium- und Aluminiumoxid. Als Netzwerkbildner fungiert vorrangig Siliziumdioxid und in geringerem Maße auch Aluminiumoxid. Durch das Einbringen von Netzwerkwandlern, wie Alkali- und Erdalkalioxide, werden Si-O-Bindungen aufgebrochen. (siehe Bild 3.5). Die extrem hohen Festigkeitswerte erhält man jedoch erst in einem nachgelagerten Schritt. Durch einen Ionenaustauschprozess werden die Gläser chemisch verfestigt. In einer Kaliumsalzschmelze bei einer Temperatur von ca. 400 °C verlassen Natriumionen (Ionenradius von ca. 102 pm) das Glas und die größeren Kaliumionen (Ionenradius von 138 pm) können ihren Platz einnehmen. Durch den nunmehr größeren Ionenradius im Glasnetzwerk entsteht beim Abkühlen des Glases eine erhöhte Druckspannungszone an der Glasoberfläche, die zu einem deutlichen Festigkeitsanstieg führt (siehe auch Kapitel 9).

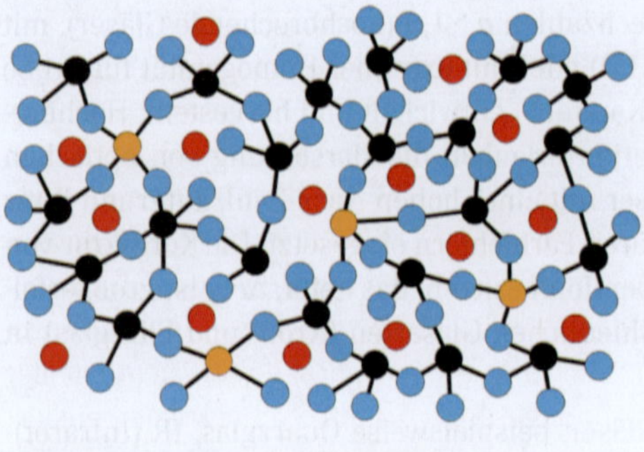

Bild 3.5
Ebene Darstellung des Netzwerkes eines Alumosilicatglases

Eine Sonderstellung nehmen die **glaskeramischen Werkstoffe** ein. Sie sind spezielle Werkstoffe, die aus Gläsern oder Glasschmelzen durch eine gesteuerte Kristallisation erzeugt werden. Bild 3.6 illustriert die Prozessstufen zur Herstellung dieser Sonderwerkstoffe.

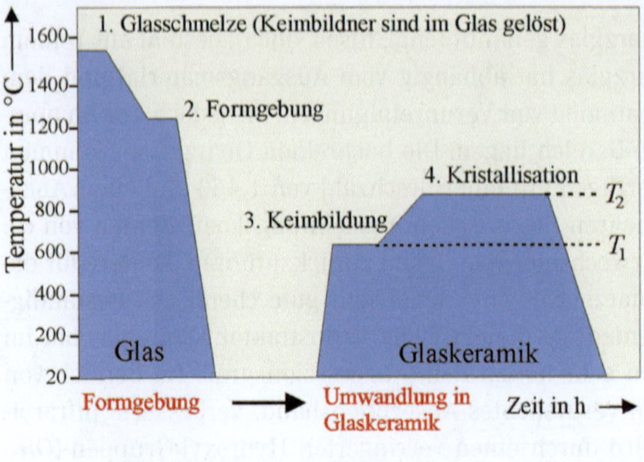

Bild 3.6 Schematische Darstellung der Entstehung einer Glaskeramik in Abhängigkeit von Zeit und Temperatur */Lohm2001/*

T_1 Keimbildungstemperatur,
T_2 Kristallisationstemperatur

Die Glaskeramiken können fast völlig kristallin, aber auch nur teilweise kristallin sein. Die Größe der Kristalle liegt in einem Bereich unterhalb der Wellenlänge des Lichtes (transparente Glaskeramik) bis zu einigen Mikrometern. Glaskeramiken haben andere, in der Regel bessere Eigenschaften als ihre Ausgangsgläser. In Abhängigkeit von Zusammensetzung, Keimbildner und Temperaturregime lassen sich spezifische Kennwerte erzielen. Eine für den optischen Bereich sehr häufig eingesetzte Glaskeramik ist das Material Zerodur. Diese Glaskeramik verfügt über eine wichtige Materialcharakteristik, nämlich einen extrem niedrigen Ausdehnungskoeffizienten ($\alpha = 0 \pm 0{,}15 \cdot 10^{-6}\,K^{-1}$). Typische Anwendungsgebiete veranschaulicht Bild 3.7.

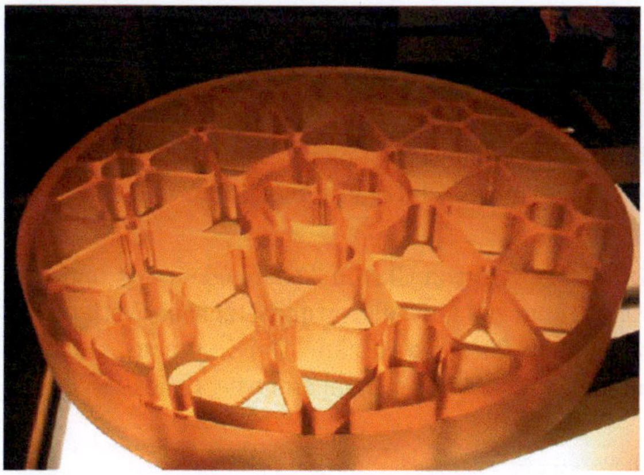

Bild 3.7
Modell eines Spiegelträgers mit Wabenstruktur /Sch2016/

Typische Anwendungsgebiete für Glaskeramiken */Scho2016/*

- Präzisionsoptik
- Spiegelsubstrat für große astronomische Teleskope und Röntgenteleskope
- Optische Elemente für Kometensonden
- Optische Resonatoren
- Gyroskopoptiken

3.2.4 Eigenschaften anorganischer Gläser

Jeder Werkstoff wird durch eine Vielzahl von Eigenschaften charakterisiert, die für seine Verwendung und Einsatzmöglichkeiten ausschlaggebend sind. Die Eigenschaften leiten sich im Wesentlichen von der chemischen Zusammensetzung und dem strukturellen Aufbau des Materials ab. Damit ergibt sich die Möglichkeit, durch Veränderung der Zusammensetzung oder Beeinflussung der Struktur (z. B. durch Wärmebehandlung) die Eigenschaften gezielt so zu verändern, dass ein Werkstoff mit möglichst günstigen Eigenschaften für den jeweiligen Verwendungszweck hergestellt werden kann. Für die Herstellung, die Be- und Verarbeitung sowie den Einsatz eines Werkstoffes sind folglich die Kenntnis der Zusammensetzung-Struktur-Eigenschaft-Beziehungen sowie deren Messmethoden unabdingbar. Nachfolgend werden ausgewählte Eigenschaften anorganischer Gläser exemplarisch dargestellt.

3.2.4.1 Mechanische Eigenschaften

Viskosität

Stoffe haben die Eigenschaft, einer Formveränderung, die durch innere Reibung ihrer Moleküle gegeneinander entsteht, einen Widerstand entgegenzusetzen. Diese Eigenschaft wird durch die Viskosität η beschrieben, die auch als Zähigkeit bzw. innere Reibung bezeichnet wird. Die **Viskosität** ist die Kraft, die nötig ist, um zwei parallele Flächen in einem bestimmten Abstand mit einer bestimmten Geschwindigkeit zu verschieben. Ihre Maßeinheit ist Pa · s ($1\ \text{Pa} \cdot \text{s} = 1\ \text{N} \cdot \text{s}^{-1} \cdot \text{s}^{-1} \cdot \text{m}^{-1}$). Bei Glastechnikern hat sich jedoch in Anlehnung an die früher gebräuchliche Maßeinheit Poise die Einheit dPa·s (deziPascalsekunde) durchgesetzt.

Die Viskosität ist eine Materialkonstante. Sie zeigt eine starke Abhängigkeit von der chemischen Zusammensetzung, der Temperatur und der Vorgeschichte des Werkstoffes. Der Viskosität kommt eine große Bedeutung zu, da Schmelz- und Verarbeitungsprozesse der Gläser an bestimmte Viskositätswerte gebunden sind. Auch strukturelle Wandlungen im Glas werden oftmals entscheidend von der Viskosität beeinflusst. Es ist möglich, die Viskosität über die Temperatur zu steuern und somit den jeweiligen Erfordernissen anzupassen.

Bild 3.8 veranschaulicht den prinzipiellen Viskositätsverlauf von Glas in Abhängigkeit der Temperatur, die sogenannte Viskositätskurve. Diese Kurve kennzeichnet den grundsätzlichen Verlauf des Fließverhaltens von Glas zwischen dem festen und dem flüssigen Zustand. Der Übergang zwischen diesen beiden Zuständen vollzieht sich innerhalb eines verbreiterten Temperaturbereiches.

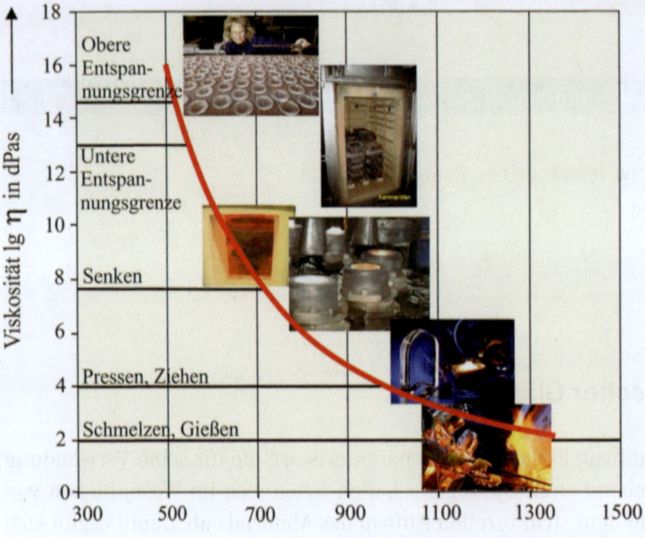

Bild 3.8
Angenäherte Viskositätskurve für BK7 in der Glasverarbeitung */Scho2006/*

Die **Viskosität-Temperatur-Kurve** in Bild 3.8 zeigt einen für Gläser charakteristischen Verlauf. In flüssiger Form hat Glas eine sehr niedrige Viskosität (10^1 dPa·s in der Schmelze), in fester Form hingegen ist sie sehr hoch (10^{19} dPa · s bei Raumtemperatur).

Auch bei hohen Temperaturen besitzt die Glasschmelze eine im Vergleich zu anderen Flüssigkeiten hohe Viskosität. Dies ist zurückzuführen auf eine noch vorhandene geringe Verknüpfung einzelner Strukturelemente. Beim Abkühlen bilden sich größere Struktureinheiten; der Grad der Vernetzung nimmt zu, bleibt aber ungeordnet. Bei kristallinen Materialien ändert sich die Viskosität im festen oder flüssigen Zustand nur wenig. Im Schmelz- oder Erstarrungspunkt hingegen zeigt sie einen starken Sprung, der auf eine plötzliche und ausgeprägte Änderung der Struktur zurückzuführen ist.

Die Viskosität ist die entscheidende Eigenschaft für die Herstellung, Ver- und Bearbeitung des Glases. In Bild 3.8 sind die verschiedenen technologischen Bearbeitungsstufen in den jeweiligen Viskositätsbereichen gekennzeichnet. Die Bedeutung der Viskosität für die Glasherstellung wird im Kapitel 5 näher ausgeführt.

Festigkeit

Unter Festigkeit versteht man die Widerstandsfähigkeit eines Stoffes gegenüber äußeren und inneren Kräften. Sie wird geprägt von seinem elastischen Verhalten. Die **Festigkeit** ist definiert als das Verhältnis von größtmöglicher Belastung zum belasteten Querschnitt des zu prüfenden Objektes. Wird ein Körper durch eine Kraft belastet, so werden im Material Spannungen erzeugt. Die Festigkeit des Materials muss größer sein als die ausgelösten Spannungen, da sonst das Material bricht. Während die Festigkeit eine Eigenschaft des Werkstoffes ist, werden Spannungen erst durch einwirkende Kräfte aufgebaut.

In Abhängigkeit von der Art der angreifenden Kraft unterscheidet man zwischen:

- Zugfestigkeit,
- Druckfestigkeit,
- Biegefestigkeit,
- Schlagfestigkeit,
- Torsionsfestigkeit.

Die **Zugfestigkeit** stellt eine der wichtigsten Eigenschaften des Glases dar. Sie bestimmt die Verwendbarkeitsgrenze des Glases bei den verschiedensten mechanischen Beanspruchungen, da Glas gegen Zugbeanspruchung wesentlich empfindlicher ist als gegen Druckbeanspruchung. In der geringen Zugfestigkeit liegt hauptsächlich die hohe Bruchgefahr des Glases begründet.

Die Zugfestigkeit σ_{ZB} kennzeichnet die Kraft F, die erforderlich ist, um beispielsweise einen Glasstab der Querschnittsfläche A zu trennen:

$$\sigma_{ZB} = \frac{F}{A} \tag{3.1}$$

Analoge Beziehungen gelten für die anderen Arten der Belastung.

Als **Druckfestigkeit** wird der Widerstand gegenüber der makroskopischen Trennung eines Körpers durch Überwindung der molekularen Bindungskräfte senkrecht zur Trennfläche bezeichnet. Elastizität und Zugbelastung von Gläsern sind sehr gering. Die Druckfestigkeit ist um mindestens **Faktor 10** höher als seine Zugfestigkeit.

Die Festigkeit wird von zahlreichen Faktoren beeinflusst. Zu diesen Faktoren zählen u. a.:

- Stärke der molekularen Bindungskräfte,
- Struktur und chemische Zusammensetzung des Materials,
- Inhomogenitäten und Defekte im Material,
- Oberflächenverunreinigungen/Verletzungen,
- geometrische Form und Abmessungen des Materials,

- Temperatur und Temperaturänderungen,
- Belastung und Belastungsgeschwindigkeit,
- umgebende Atmosphäre.

Aus der Stärke der molekularen Bindungskräfte ermittelte theoretische Werte für die Festigkeit werden von realen Gläsern bei Weitem nicht erreicht. Die Ursache hierfür liegt in Glasdefekten (Risse, Mikrorisse, Kerbstellen, Inhomogenitäten u. ä.) begründet. Diese führen durch ihre Kerbwirkung unter Belastung zu einem örtlichen Aufspalten der Bindungen.

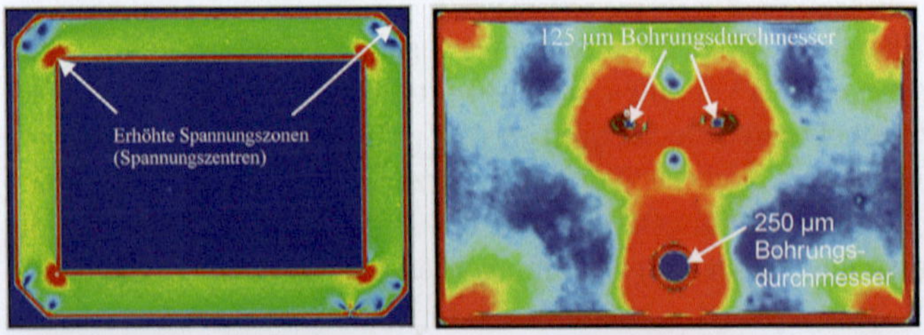

Bild 3.9 Spannungszustände an getrennten Glasbauteilen:
links) getrennter Glasrahmen (max. optischer Gangunterschied: 28 nm · cm⁻¹),
rechts) lasergebohrtes Glassubstrat (max. optischer Gangunterschied: 83,5 nm · cm⁻¹)

Bild 3.9 veranschaulicht den Aufbau von Spannungszuständen an Flachglas nach der trennenden Bearbeitung. Das Sichtbarmachen erfolgte über das Verfahren der **Spannungs-Doppelbrechung** (nähere Erläuterungen zum Gerät und der verwendeten Software werden in */Ilis2007/* gegeben). In Bild 3.9 links ist ein Glasrahmen mit der Dicke von 250 µm an der Innen- und Außenkontur getrennt worden. Deutliche Spannungszonen treten an den Ecken der Bauteilgeometrie auf. Werden hierbei die maximal zulässigen Spannungswerte überschritten, kann es zu Bauteilschädigungen in Form von Rissen oder Ausplatzungen kommen. Diese Spannungszustände können aber auch „eingefroren" bleiben und zu einem späteren Zeitpunkt, ausgelöst durch einen Impuls, zur Bauteilschädigung führen. Bild 3.9 rechts zeigt die **Spannungszonen** am Beispiel von lasergebohrten Strukturen. Die thermische Wechselwirkung an den drei Bohrlöchern des optoelektronischen Sensors führt zu ausgeprägten Zug- und Druckspannungszonen, die i. d. R. durch ein nachträgliches Entspannungskühlen (siehe auch Kapitel 6 und 9) beseitigt werden können.

Ein weiteres Beispiel für die Wirkung von Zug-/Druckspannungen zeigt Bild 3.10. Vom Zentrum der Spannung ausgehend werden Mikrorisse gebildet, sobald ein bestimmter Grenzwert überschritten ist. Stellenweise sind auch Materialausplatzungen zu beobachten.

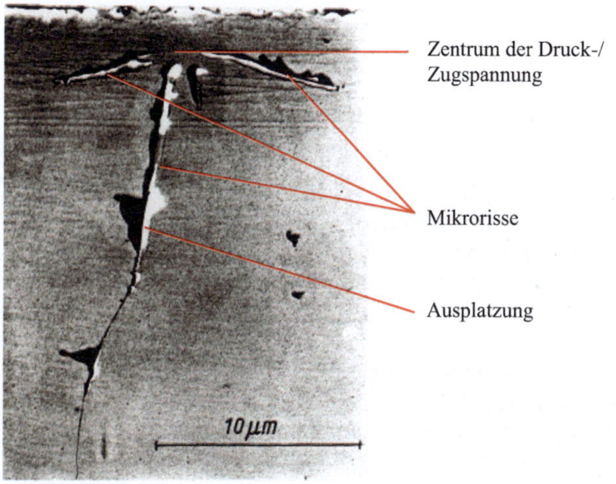

Bild 3.10
Bildung von Mikrorissen infolge Zug- und Druckspannungen; rasterelektronenmikroskopische Aufnahme */Wawr1977/*

Große und schnelle Temperaturwechsel haben einen Einfluss auf die Festigkeit des Glases. Bei starker Temperaturänderung kann das Glas zerpringen. Die Ursachen hierfür liegen zum einen im schlechten Wärmeleitvermögen, in der relativ starken Wärmedehnung und zum anderen in der schlechten Zugfestigkeit begründet. Dabei ist entscheidend, in welcher Richtung der Temperaturübergang erfolgt.

Beispiel:

Übergang heiß → kalt: Die äußeren Schichten kühlen schneller ab als die inneren. Infolgedessen werden an der äußeren Schicht starke Zugspannungen aufgebaut. Dieser Zustand ist 10-mal kritischer als umgekehrt. Deshalb muss die Temperaturkühlkurve bei der Glasherstellung sehr exakt eingehalten werden.

Übergang kalt → heiß: Die äußeren Schichten werden schneller erwärmt. Die heiße Glasoberfläche gerät unter Druck. Da Glas auf Druckspannungen weniger empfindlich reagiert als auf Zugspannungen, ist dieser Übergang unkritischer als umgekehrt.

Härte

Vereinfacht wird die **Härte** als Widerstand eines Körpers gegen das Eindringen eines anderen (härteren) Körpers bezeichnet. Sie wird bei Gläsern vom Zusammenwirken mehrerer Faktoren bestimmt. Zu den Einflussgrößen zählen:

- Festigkeit,
- elastisches und plastisches Verhalten,
- strukturelle Stabilität der Bindungen im Netzwerk,
- chemische Zusammensetzung,
- Vorhandensein von Inhomogenitäten,
- Wärmevergangenheit.

In Abhängigkeit von der Art des Messverfahrens erhält man unterschiedliche Angaben zur Härte. An Gläsern werden hauptsächlich die **Ritzhärte**, die **Schleifhärte** und die **Eindruckhärte** (auch als Mikrohärte bezeichnet) geprüft (Tabelle 3.3).

Tabelle 3.3 Härteverfahren und entsprechende Bestimmungsart

Ritzhärte	Das Ritzen mit einem unter definierter Kraft belasteten Diamantkegel und Ausmessen der Ritzspur.
Schleifhärte	Das Abtragen eines Glaskörpers durch Schleifen unter festgelegten Bedingungen; dient der Beurteilung der Bearbeitbarkeit bei der Herstellung von Prismen, Linsen u. ä.
Eindruckhärte	Ein definierter Prüfkörper wird unter definierter Belastung gegen die Glasoberfläche gedrückt und die Fläche A des Eindrucks mikroskopisch gemessen. Die Mikrohärte ergibt sich aus der Prüfkraft F und der Fläche A über $H_m = F / A$. In Abhängigkeit von der Form des Prüfkörpers wird die Mikrohärte nach Vickers, Brinell oder Knoop angegeben.

Für die Bearbeitbarkeit von Glasoberflächen mit diamantgebundenen Werkzeugen kommt der Ermittlung bzw. Kenntnis der Schleifhärte eine wesentliche Bedeutung zu. Die Schleifbarkeit wird nach DIN ISO 12844 ermittelt. Hierbei werden die Glasproben unter definierten Bedingungen 30 Sekunden geschliffen und durch anschließendes Wägen der bearbeiteten Proben der Volumenabtrag bestimmt. Entsprechend des abgetragenen Volumens kann der Glastyp einer Schleifbarkeitsklasse zugeordnet werden (siehe auch Abschnitt 7.2).

3.2.4.2 Optische Eigenschaften

Anorganische Gläser sind die am häufigsten eingesetzten Materialen für optische Bauelemente, da sie neben ausgezeichneten mechanischen, thermischen und chemischen Eigenschaften ein breites Spektrum von optischen Parametern bieten. Die optischen Eigenschaften beruhen auf der Wechselwirkung der atomaren Bausteine des Glases mit einfallender Strahlung. Die wesentlichsten optischen Parameter sind Lichtbrechung, Dispersion, Reflexion, Absorption und Lichtdurchlässigkeit.

Brechung, Dispersion

Die **Brechzahl** n eines Glases ist abhängig von seiner Struktur, Zusammensetzung, der optischen Dichte, der Wellenlänge des einfallenden Lichtes und der Temperatur. Im Allgemeinen nimmt die Brechzahl mit steigender Wellenlänge ab, mit steigender Temperatur hingegen zu. Bei optischen Gläsern ist es erforderlich, zur eindeutigen Kennzeichnung des Brechungsverhaltens die Dispersion anzugeben. Hierzu dient die Abbesche Zahl ν, welche die Wellenlängenabhängigkeit der Brechzahl beschreibt. Für praktische Zwecke bildet man Brechzahldifferenzen und erhält somit mittlere Dispersionen:

$$\nu_e = \frac{n_e - 1}{n_F - n_C} \text{ bzw. häufig auch } \nu_d = \frac{n_d - 1}{n_F - n_C} \tag{3.2}$$

Die Indizes beziehen sich hierbei auf die Wellenlängen spezieller Spektrallinien. Je größer die Abbesche Zahl, desto geringer ist die Dispersion. Die **Dispersion** des Glases wird von der chemischen Zusammensetzung und Vorgeschichte sowie von den Zustandsgrößen Druck und Temperatur bestimmt.

Eine relativ genaue Beschreibung der **Dispersionsfunktion** $n(\lambda)$ in einem begrenzten Spektralbereich (z. B. vom nahen UV bis zum nahen IR) ist durch folgende Dispersionsformel nach Sellmeier gegeben:

$$n^2(\lambda) - 1 = \frac{B_1 \cdot \lambda^2}{\lambda^2 - C_1} + \frac{B_2 \cdot \lambda^2}{\lambda^2 - C_2} + \frac{B_3 \cdot \lambda^2}{\lambda^2 - C_3} \tag{3.3}$$

Mit dieser Beziehung ist die **Brechzahlinterpolation** für beliebige Wellenlängen möglich. Die Konstanten B_1 bis B_3 sowie C_1 bis C_3 sind in Glaskatalogen angegeben. Jedes Glas ist eindeutig durch seine Lage im ABBE-Diagramm, dem *n*-*ν*-Diagramm, gekennzeichnet.

Die Brechzahlen in den Glaskatalogen sind aber nur Richtwerte und werden in bestimmten Toleranzbereichen geliefert. Es sind kleinere Änderungen der Brechzahlen infolge von Schwankungen der Glasschmelzen möglich. Diese werden insbesondere durch die Gemengezusammensetzung, die Reinheit der Ausgangswerkstoffe sowie die Temperatur-Zeit-Kurve (Kühlkurve) beeinflusst.

Reflexion, Absorption, Lichtdurchlässigkeit

Das auf ein Medium auftreffende Licht der **Intensität** I_0 wird geschwächt durch Reflexion an den Grenzflächen des Mediums (I_R), durch Streuprozesse an der Oberfläche (I_S) und durch Absorption im Medium (I_A). Die Intensität des transmittierten Lichtes I_T ergibt sich aus

$$I_T = I_0 - (I_R + I_A + I_S) \tag{3.4}$$

Das Verhältnis I_T/I_0 wird als Lichtdurchlässigkeit bzw. **Transmissionsgrad** τ bezeichnet. Es ist u.a. abhängig von der Dicke des durchlaufenen Mediums. Beim **Reintransmissionsgrad** τ_i wird nur der Absorptions- und Transmissionsprozess im Medium erfasst, der reflektierte Strahlungsanteil bleibt unberücksichtigt. Für die Beziehung zwischen Transmissions- und Reintransmissionsgrad gilt

$$\tau_i = r\tau \tag{3.5}$$

r Reflexionskoeffizient

Das Verhältnis I_R/I_0 bezeichnet das Reflexionsvermögen *R*, das Verhältnis I_A/I_0 das Absorptionsvermögen. Das Reflexionsvermögen (auch Reflexionsgrad) ist von der Brechzahl des Glases abhängig. Für senkrechten Lichteinfall ist es definiert als

$$R = \left(\frac{n-1}{n+1}\right)^2 \tag{3.6}$$

Das **Durchlässigkeitsvermögen** von Gläsern bezüglich einfallender Strahlung ist aufgrund deren Wechselwirkung mit den atomaren Bausteinen und Elektronen des Glasnetzwerkes und der damit verbundenen teilweisen Absorption der Strahlung unterschiedlich. Die Wechselwirkungsprozesse sind abhängig von der Art und Bindung der atomaren Bausteine und der Wellenlänge der einfallenden Strahlung. Man unterscheidet zwischen integraler Absorption (Absorption im gesamten Wellenlängenbereich, verbunden mit einer Intensitätsminderung der Strahlung) und einer selektiven (spektralen) Absorption bei bestimmten Wellenlängen.

Bei den meisten optischen und technischen Gläsern kommt es im Bereich des sichtbaren Lichtes zu keiner Wechselwirkung der Photonen mit den Netzwerkbausteinen, vorausgesetzt, es liegen keine zusätzlich absorbierenden Komponenten (Farbkationen, Kristalle usw.) vor.

Das Absorptionsverhalten im UV- und IR-Bereich ist in starkem Maße abhängig von

- der chemischen Zusammensetzung,
- der Struktur,
- Inhomogenitäten und Verunreinigungen.

Für viele Materialien beruht die Lichtundurchlässigkeit im UV-Bereich auf der Wechselwirkung der Strahlung mit den Elektronen und insbesondere mit den Sauerstoff-Ionen. Quarzglas ist bis auf 200 nm hinab für UV-Strahlung nahezu durchlässig, da die Sauerstoff-Ionen fester gebunden sind als in einem

Mehrkomponentenglas und deshalb noch nicht angeregt werden (siehe Bild 3.11). Bei Zugabe von Netzwerkwandlern verschiebt sich die Absorptionskante zu größeren Wellenlängen.

Für alle üblichen Gläser gilt eine gute Durchlässigkeit der IR-Strahlung (>780 nm). Sie nimmt erst bei Wellenlängen >2700 nm wieder ab. Oberhalb 5000 nm ist Glas völlig undurchlässig.

Die Durchlässigkeit im nahen IR-Bereich ist für die Schmelze und Formgebung des Glases von Bedeutung. Sie wird durch im Glas enthaltenes Wasser (<0,1 %) und insbesondere durch den Gehalt an Fe^{2+}-Ionen herabgesetzt. Die verringerte Durchlässigkeit für langwellige Strahlung ist verbunden mit starken Aufheizeffekten. Dies führte zur Entwicklung von wärmestrahlabsorbierenden und -reflektierenden Gläsern.

In Bild 3.11 ist exemplarisch die **spektrale Transmissionscharakteristik** für die Gläser BK7, BF33 und TSC3 (Quarzglas) dargestellt. Charakteristisch ist der steile Abfall des Transmissionsvermögens im UV-Bereich für die beiden Gläser BK7 und BF33. Hier spricht man von einer sogenannten UV-Kante, die für nahezu alle optischen Werkstoffe typisch ist.

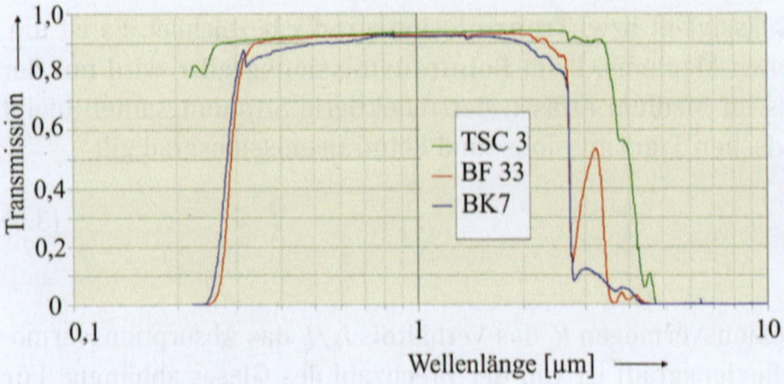

Bild 3.11
Transmissionscharakteristik ausgewählter Gläser */Scho2006/*

3.2.4.3 Chemische Eigenschaften

Die chemischen Eigenschaften der Gläser werden nach ihrer Beständigkeit gegenüber der Einwirkung von Wasser, Säuren, Laugen, Lösungen sowie den Bestandteilen der Atmosphäre (Gase, Dämpfe, Staub) gekennzeichnet. Die Widerstandsfähigkeit wird nach standardisierten Methoden geprüft und in entsprechende Klassen (Säure-, Laugen-, hydrolytische und Verwitterungsklasse) unterteilt. Eine Aufstellung dieser Klassen und die entsprechenden DIN-Vorschriften sind in der Tabelle 3.4 zusammengestellt.

Der Angriff flüssiger oder gasförmiger Substanzen auf die Glasoberfläche ist grundsätzlich über zwei verschiedene Prozesse möglich:

1. **Auslaugungsprozess:**

   Vorwiegend Kationen werden aus der Glasoberfläche über Ionenaustauschvorgänge herausgelöst das verbleibende SiO_2-Netzwerk bleibt unbeeinflusst und schützt in zunehmendem Maße das darunter liegende Glas vor weiterer Verarmung.

   Dieser Prozess tritt auf bei Säure- und Wassereinwirkung, bei Einwirkung saurer und neutraler Lösungen sowie feuchter Atmosphäre.

2. **Abtragungsprozess:**

   Die gesamte Glasmasse, vorwiegend jedoch das SiO_2-Gerüst, wird durch die angreifende Substanz gelöst und abgetragen. Eine Schutzschicht kann sich nicht ausbilden. Dieser Prozess tritt auf bei Einwirkung von alkalischen und Phosphatlösungen, aber auch bei konzentrierter Phosphorsäure und Flusssäure.

Generell können beide Prozesse auftreten, wobei bei kurzen Einwirkzeiten und niedrigen Temperaturen der Auslaugungsprozess überwiegt.

Die Verwitterung der Gläser beruht auf der längeren Einwirkung von Feuchtigkeit. Im Allgemeinen ist Glas gegen die Einwirkung der angreifenden Substanzen beständig (Ausnahme: Flusssäure!). Hieraus resultiert die große Anwendungsbreite der anorganischen Gläser.

Tabelle 3.4 Chemische Beständigkeit von Glas, Klasseneinteilung

Klasse	Bezeichnung	Masseverlust (mg · dm^{-2})	Basenabgabe Na_2O (µg · g^{-1})	Erster Beschlag nach h
	Säureklasse (DIN ISO 12116)			
1	säurebeständig	0 - 0,7		
2	schwach säurelöslich	0,7 - 1,5		
3	mäßig säurelöslich	1,5 - 15		
4	stark säurelöslich	> 15		
	Laugenklasse (DIN ISO 695)			
1	schwach laugelöslich	0 - 75		
2	mäßig laugelöslich	75 - 175		
3	stark laugelöslich	> 175		
	Hydrolytische Klasse (DIN ISO 719)			
1	völlig wasserbeständig		< 31	
2	resistent		31 - 62	
3	wenig resistent		62 - 264	
4	mäßig resistent		264 - 620	
5	mangelhaft		> 620	
	Verwitterungsklasse			
1	gute Beständigkeit			> 20
2	mittlere Beständigkeit			5 - 20
3	schlechte Beständigkeit			< 5

3.2.5 Auswahlparameter optischer Gläser

Die richtige Auswahl eines optischen Ausgangsmaterials ist die Grundvoraussetzung für den Fertigungsprozess, um die geforderten Spezifikationen des optischen Designs und letztlich die Einsatzanforderungen des optischen Bauelementes zu gewährleisten.

Wichtige Auswahlparameter sollen für das häufig verwendete Glas N-BK7HT mit der Code-Nummer 517642.251 der Firma Schott Mainz anhand des Auszuges des Datenblattes nachfolgend kurz diskutiert werden.

Tabelle 3.5 Auszug des Datenblattes N-BK7HT */Scho2021/*

n_d = 1,5168		ν_d =64,17		$n_F - n_C$ = 0,008054
n_e = 1,51872		ν_e =63,96		$n_{F'} - n_{C'}$ = 0,008110
Brechzahlen		**Reintransmissionsgrad**		
$n_{2325,4}$	1,48921	λ (nm)	τ_i (10 mm)	τ_i (25 mm)
$n_{1060,0}$	1,50669	2325	0,850	0,660
n_C	1,51432	1060	0,999	0,999
n_F	1,52238	580	0,999	0,998
$n_{334,1}$	1,54272	334	0,950	0,880
$n_{312,6}$	1,54862	310	0,570	0,240
Konstanten der Dispersionsformel		**Relative Teildispersionen**		
B_1	1,03961212	$P_{s,t}$	0,3098	
B_2	0,231792344	$P_{C,s}$	0,5612	
B_3	1,010469450	$P_{d,C}$	0,3076	
C_1	0,00600069867	$P_{e,d}$	0,2386	
		$P_{g,F}$	0,5349	
C_2	0,0200179144	$P_{i,h}$	0,7483	
C_3	103,5606530	$\Delta P_{C,t}$	0,0216	

Sonstige Eigenschaften			
$\alpha_{-30/+70°C}$ (10^{-6}/K)	7,1	K (10^{-6} mm²/N)	2,77
$\alpha_{+20/+300°C}$ (10^{-6}/K)	8,3	$HK_{0.1/2}$	610
T_G (°C)	557	HG	3
$T_{10^{1}}$ (°C)	557	CR	1
c_p (J/(g·K))	0,858	FR	0
λ (W/(m·K))	1,114	SR	1
ρ (g/cm³)	2,51	AR	2,3
E (10^3 N/mm²)	82	PR	2,3
μ	0,206		

Die Lage des Glases im ABBE-Diagramm zeigt Bild 3.2. Der Glascode bzw. die Glasnummer wird in Abhängigkeit vom Hersteller unterschiedlich angegeben. Bei der Firma Schott ist dies eine neunstellige Nummer, wobei die ersten drei Ziffern der gerundeten Nachkommastellen der Hauptbrechzahl n_d entsprechen. Die Nummern vier bis sechs verkörpern die gerundete ABBE-Zahl der Linie d und sieben bis neun stehen für die Dichte des Glases.

Dieses Glas mit dem Zusatz „HT" (High Transmittance) zählt zu den Gläsern, bei denen die Reintransmissionsangaben im sichtbaren Bereich garantierte Mindestwerte darstellen.

In der Kopfzeile des Datenblattes werden die Brechzahlen und ABBE-Zahlen für die d- und e-Linie angegeben. Die Differenz $n_F - n_C$ wird als Hauptdispersion bezeichnet. Ausgewählte Wellenlängen (bis zu 23) werden im Datenblatt aufgeführt und geben einen Überblick über die spektralen Einsatzmöglichkeiten des Glases. So wird z. B. die Brechzahl für die Wellenlänge 1060 nm explizit angeführt. Diese entspricht der Wellenlänge des Nd:YAG-Lasers. Für diese Wellenlänge wird ein hoher Reintransmissionswert von 0,999 erzielt. BK7 wird somit auch sehr oft für laseroptische Anwendungen eingesetzt.

Mit Hilfe der sechs Konstanten ($B_1 - C_3$) der Dispersionsformel kann nach Formel 3.3 jede beliebige Brechzahl für verschiedene Wellenlängen berechnet werden.

Ebenfalls werden Konstanten zur Berechnung der Temperaturabhängigkeit des Brechungsindexes angegeben (in Tabelle 3.5 nicht dargestellt). Damit kann der Verlauf dn/dT in einem Temperaturbereich zwischen −100 °C und 140 °C berechnet werden.

Der Reintransmissionsgrad wird in einem Wellenlängenbereich zwischen 250 nm und 2500 nm für zwei Standarddicken 10 und 25 mm aufgeführt. Bei diesen Werten (in Tabelle 3.5 nur Auswahlwerte) handelt es sich um Mittelwerte aus mehreren Glasschmelzen des Glastyps. Aus diesen Werten kann ebenfalls der spektrale Einsatzbereich des Glases abgeleitet werden.

Das Glas N-BK7HT weist eine hohe Transmission im NIR- sowie VIS-Bereich auf. In Richtung kürzerer Wellenlängen, hin zum UV-Bereich, haben Gläser meist einen starken Abfall des Reintransmissionsgrades, man spricht hier auch von einer „UV-Absorptionskante“. Bei dem vorgestellten Glas liegt diese Kante in etwa bei 330 nm.

Die relativen Teildispersionen P_{xy} und P'_{xy} werden nach Formel 3.7 bestimmt.

$$P_{xy} = \frac{n_x - n_y}{n_F - n_C} \text{ sowie } P'_{xy} = \frac{n_x - n_y}{n_{F'} - n_{C'}} \tag{3.7}$$

Für die Korrektur optischer Systeme ist die Kenntnis der Verläufe der Dispersionskurven in Abhängigkeit von der Wellenlänge wichtig. In der Darstellung der Funktion der Teildispersionen in Abhängigkeit von der Abbe-Zahl folgen die meisten Gläser einer „Normalgeraden“. Es gibt jedoch auch Glasarten, die sich weiter weg entfernt von der Normalgeraden befinden. Man spricht hierbei von anormaler Teildispersion. Solche Gläser sind für die Korrektur von chromatischen Aberrationen besonders interessant */Litf1997/*.

Die Abweichung der relativen Teildispersionen von der Normalgeraden wird durch den Term ΔP angegeben, der quantitativ das abweichende Verhalten der Dispersion von den „Normalgläsern“ beschreibt. Mit dem Wert $\Delta P_{C,t} = 0{,}0216$ liegt das Glas N-BK7HT relativ nah an der approximierten Normalgeraden.

Weitere wichtige Informationen für den Verarbeitungsprozess von Gläsern sind unter „Sonstige Eigenschaften“ wie folgt zusammengefasst:

- linearer thermischer Ausdehnungskoeffizient α für zwei Temperaturbereiche,
- Transformationstemperatur T_G,
- Temperatur des Glases bei einer Viskosität von 10^{13} d · Pa,
- Temperatur des Glases bei einer Viskosität von $10^{7,6}$ d · Pa,
- mittlere spezifische Wärmekapazität c_p,
- Wärmeleitfähigkeit λ,
- Dichte ρ,
- Elastizitätsmodul E,
- Poisson-Zahl μ,
- spannungsoptischer Koeffizient,
- Knoophärte HK,
- Schleifhärte/Schleifbarkeitsklasse (nach ISO 12844).

Darüber hinaus liefert das Glasdatenblatt weitere Aussagen über die Qualität des Glases:

- B: Blasengehalt, Klassen 0 – 5 (B 0: blasenfrei)
- CR: Klimaresistenz, Klassen 1 – 4 (CR 1: hohe Klimaresistenz)
- FR: Fleckenresistenz, Klassen 0 – 5 (FR 0: hoch)
- SR: Resistenz gegenüber sauren Lösungen, SR 1 (hoch) bis SR 4 (niedrig) abnehmende Resistenz, SR 51 bis SR 54 leichter angreifbare Gläser
- AR: Resistenz gegenüber einer alkalischen phosphathaltigen Lösung, Klassen 1 – 4 (AR 1: hoch).

3.2.6 Lieferformen anorganischer Gläser

Optische Gläser werden durch glasherstellende und glasverarbeitende Unternehmen in unterschiedlichen Ausführungsformen und Lieferqualitäten angeboten. Die Palette ist hierbei ausgesprochen groß und reicht von Vorzugsglastypen bis hin zu Spezialgläsern. Grundsätzlich ist in verschiedene Gruppen zu unterscheiden, die sich hinsichtlich des Anarbeitungszustandes bzw. des bereits veredelten Zustandes unterscheiden. Die Fertigung von Blockgläsern stellt für die weitere Bearbeitung von optischen Bauelementen in vielen Fällen eine wichtige Halbzeugform dar. Darüber hinaus gewinnen auch kontinuierlich hergestellte Profilformen, wie beispielsweise Barren- und Dreiecksprofile oder Rundstangen, an Bedeutung. Mit diesen Halbzeugen lassen sich sehr rationell die entsprechenden Bauelemente, wie planparallele Platten, Prismen oder Linsen fertigen. Bezüglich der Auswahl des optischen Materials sind die Art der Anwendung, die spezifischen Werkstoffparameter und die konkreten Einsatzbedingungen zu beachten. Auf die jeweiligen Herstellungs- bzw. Fertigungsverfahren wird in den nachfolgenden Kapiteln ausführlich eingegangen.

Tabelle 3.6 Lieferformen optischer Gläser */Scho2006/*

1. Rohglas	
▪ Barrenglas: naturblanke Mantelflächen, auf Länge geschnitten ▪ Profilstäbe: naturblanke Mantelflächen, auf Länge geschnitten	

2. Halbzeuge

- Plattenglas: geeignet zum Ausstechen von Linsen, vier Flächen geschliffen (matt), zwei gegenüberliegende Flächen zur optischen Prüfung auf Fehler, Blasen usw. anpoliert
- Flachglas: hergestellt durch Gießen, Walzen, Pressen oder Floaten
- Blockglas: zum Ausbohren von Zylindern, Aufsägen durch Diamantsägen oder Trennschleifen
- Zwei Flächen geschliffen und anpoliert, vier Flächen naturblank oder geschnitten
- Presslinge: durch Heißbearbeitung vorgeformte Halbfertigteile mit matten oder naturblanken Oberflächen
- Gobs: Glastropfen mit annähernd rundem Querschnitt und naturblanker Oberfläche

3. Rohlinge mit vor- bzw. angearbeiteten Flächen

- Vorgearbeitetes Glas: gewünschte Formen und Abmaße (Prismen, Plättchen, Rundscheiben usw.) werden zugerichtet
- Sonderformen: angearbeitete Produkte, durch Trennen bzw. Schleifen vorgefertigt

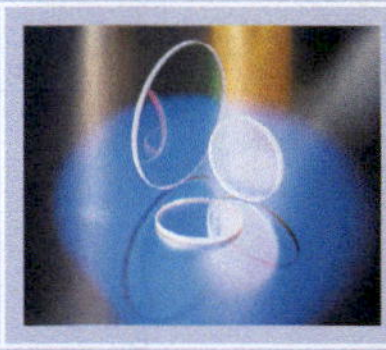

4. Fertiggearbeitete Bauteile, in der Regel mit endpolierten Flächen (unbeschichtet/beschichtet)

- Asphären
- Linsen
- Prismen
- Spiegel
- Filter

5. Baugruppen und Funktionsbauteile

- Linsensysteme
- Objektive
- Scannerspiegel
- Kollimatoren
- Spiegelträger
- Beleuchtungssysteme
- Monolithische Funktionsbauteile

3.3 Organische Gläser

Die Geschichte der organischen Gläser reicht weit in die Vergangenheit zurück. In den letzten 50 Jahren hat sich eine enorme Entwicklung in der Kunststoffindustrie vollzogen, die auch die Entwicklung optisch geeigneter Materialien entscheidend beeinflusste. So stehen gegenwärtig eine Vielzahl synthetischer Materialien zur Verfügung, die hinsichtlich ihrer Eigenschaften nicht nur mit den natürlichen Werkstoffen konkurrieren können, sondern auch durch gezielte Eingriffe in die Mikro- und Makrostruktur neue Eigenschaftskombinationen für optische Anwendungen ermöglichen.

3.3.1 Definition und Struktur

Kunststoffe sind hochpolymere Werkstoffe, die entweder vollsynthetisch oder durch meist chemische Modifizierung von Makromolekülen hergestellt werden. Die Makromoleküle entstehen durch verschiedene **Polyreaktionen**, welche auch die Struktur der Polymere bestimmen. Zu den Polyreaktionen zählen die Polymerisation, die Polykondensation und die Polyaddition (Tabelle 3.7).

Tabelle 3.7 Polyreaktionen ausgewählter organischer Gläser */FUBe2006/*

Erzeugung von Polystyrol (PS)	
Polymerisation	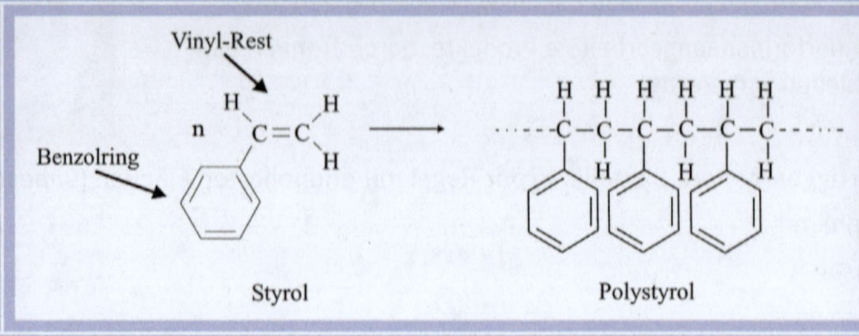
Erzeugung von Polymethylmethacrylat (PMMA)	
Polymerisation	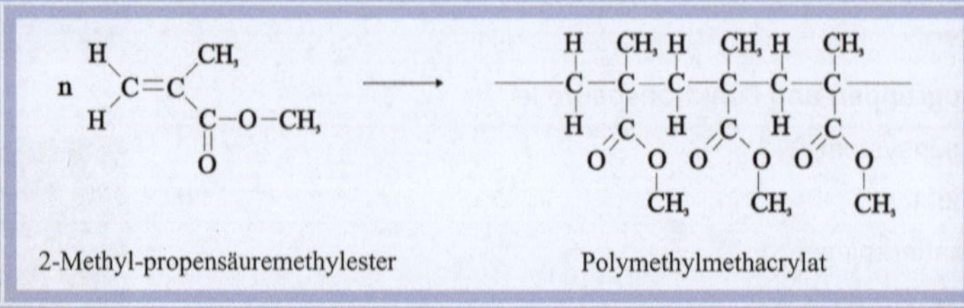
Erzeugung von Polycarbonat (PC)	
Polykondensation	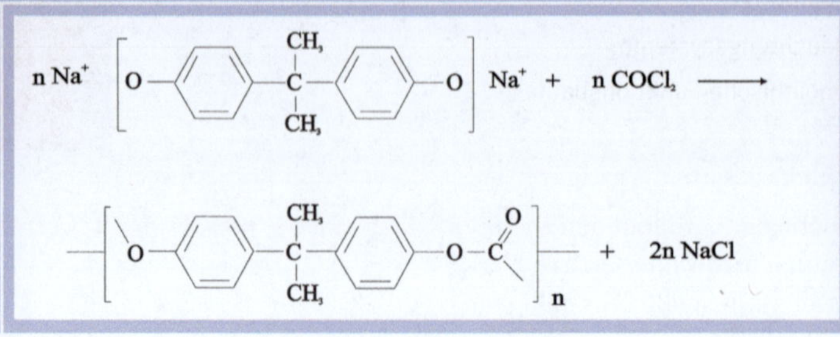

Hinsichtlich der Struktur der Makromoleküle unterscheidet man zwischen kettenförmig eindimensional aufgebauten Makromolekülen, den sogenannten Thermoplasten, und vernetzten dreidimensional aufgebauten Polymeren, den Duroplasten.

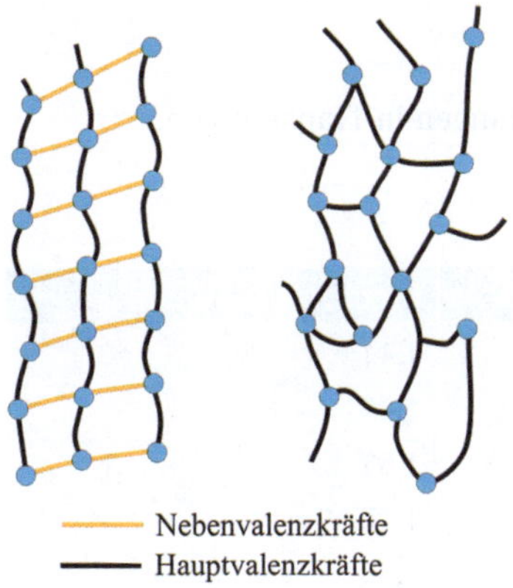

Bild 3.12
Struktur der Makromoleküle */Schw2002-1/*: links) Thermoplaststoffe, rechts) Duroplaststoffe

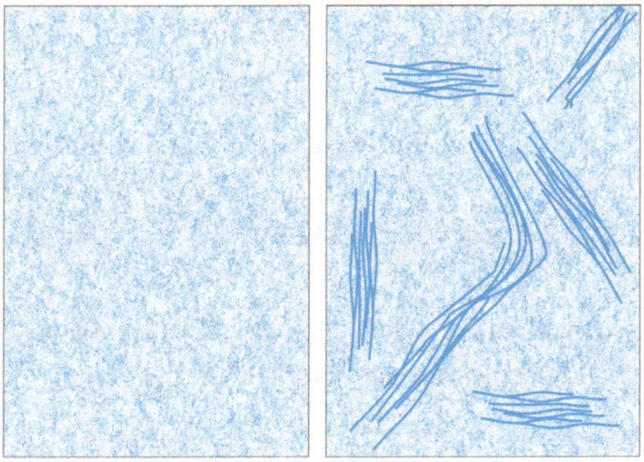

Bild 3.13
Struktur der Makromoleküle */Schw2002-1/*: links) amorph, rechts) teilkristallin

Die Grundeigenschaften der Materialien wie z. B. Dehnung, Festigkeit und Härte sind durch deren Aufbau erklärbar. Bei **Duroplasten** überwiegen die Hauptvalenzkräfte, d. h. die festen Bindungen zwischen den Atomen. Sie sind entsprechend hart und spröde. Diese Eigenschaften spielen auch eine wesentliche Rolle für die Verarbeitung des Kunststoffes (siehe Kapitel 5). Im Gegensatz zu den Duroplasten fehlt bei den Thermoplasten die Quervernetzung der einzelnen Molekülketten. Sie sind also nicht durch chemische Bindungen, sondern nur durch zwischenmolekulare Kräfte (Nebenvalenzkräfte), siehe Bild 3.12 links, miteinander verbunden.

Die langen, wenig verzweigten Molekülketten von **Thermoplasten** (Bild 3.12 rechts), die nicht vernetzt sind und sich gegeneinander verschieben können, können sowohl geordnet als auch ungeordnet vorliegen und somit kristalline bzw. teilkristalline oder amorphe Festkörper bilden, siehe Bild 3.13. Je kristalliner ein Stoff ist, desto härter und auch spröder ist er */Schw2002-1/*.

Die Palette der vorhandenen Kunststoffe ist ausgesprochen groß. Für optisch wirksame Flächen stehen nur wenige Materialien mit sehr hoher Transparenz zur Verfügung. Diese bringen jedoch eine Erweiterung des *n*-*v*-Spektrums im Vergleich zu den anorganischen Gläsern mit sich, wie die Tabelle 3.8 veranschaulicht.

Die nachfolgenden thermoplastischen Kunststoffe

- Polycarbonat (PC),
- Polystyrol (PS),
- Polymethylmethacrylat (PMMA) und
- Cycloolefincopolymer (COC)

sind wichtige Vertreter der organischen Gläser für optische Anwendungen in Transmission.

Tabelle 3.8 Auswahl von Kunststoffen für optische Anwendungen

Abkürzung	Name	Brechzahl (650 nm)
LSR	Liquid Silicone Rubber (Flüssigsilikon)	1,41
PMMA	Polymethylmethacrylat	1,49
PS	Polystyrol	1,59
PC	Polycarbonat	1,58
COP/COC	Cycloolefincopolymer	1,53
SAN	Styrol-Acrylnitril	1,56
SMMA	Styrol-Methyl-Methacrylat	1,56
PC-HT	Polycarbonat (hoch temperaturbeständig)	1,57
PMMI	Polymethacrylmethylimid	1,56
PA	Polyamid	1,51
PET-A	Thermoplastischer Polyester	1,62
PES	Polyethersulfon	1,65

Organische Gläser haben gegenüber anorganischen Gläsern und Kristallen entscheidende Vorteile, wobei je nach Anwendungsgebiet auch die Nachteile zu berücksichtigen sind (Tabelle 3.9).

Tabelle 3.9 Vor- und Nachteile von Kunststoffen gegenüber anorganischem Glas

Vorteile	Nachteile
▪ Geringes spezifisches Gewicht ▪ Gute Schlagzähigkeit ▪ Hohe Bruchfestigkeit ▪ Einfärbbarkeit (IR-Färbungen, Filterfarben) ▪ Beschichtbarkeit (zur Erhöhung der Kratzfestigkeit, Antireflexions- und hoch reflektierende Schichten) ▪ Kostengünstige Massenfertigung ▪ Zweikomponenten-Fertigung (Optik und Fassung in einem Prozess herstellbar)	▪ Relativ geringe Temperaturbeständigkeit ▪ Geringe Wärmeleitfähigkeit ▪ Wärmeausdehnung 10- bis 100-mal größer im Vergleich zu Glas ▪ Begrenzte chemische und mechanische Stabilität ▪ Einfluss von Herstellungs- und Lagerbedingungen ▪ Wasseraufnahme

3.3.2 Ausgewählte Eigenschaften

Polymere Werkstoffe zeigen ein recht **komplexes Verformungsverhalten**. Die Ursachen hierfür liegen in ihrem molekularen Aufbau begründet. Dieser hat zur Folge, dass eine örtliche Verlagerung der Moleküle nie isoliert erfolgen kann, sondern diese stets kooperative Bewegungen der Nachbaratome bis hin zur Verschiebung ganzer Molekülsegmente nach sich zieht. Dies führt zu einer Vielzahl unterschiedlicher und sich überlagernder mikroskopischer Reaktionen bei mechanischer Beanspruchung.

Je nach Molekülstruktur und Temperatur sind Kunststoffe hartelastisch, zäh oder spröde, weichelastisch (gummiartig) oder plastisch fließend. In diesen Zustandsformen gibt es bezüglich der mechanischen Eigenschaften erhebliche Unterschiede zwischen **amorphen** und **teilkristallinen Thermoplasten** sowie den stark vernetzten **Duroplasten** */Schw2002-1/*.

Die Übergänge von einer Zustandsform in eine andere erfolgen in bestimmten Temperaturbereichen:

- **Erweichungs- bzw. Einfriertemperaturbereich ET**

  Übergang hartelastisch (fest, spröde) ↔ weichelastisch (thermoelastisch)

  Die untere Grenze dieses Bereiches ist die Glastemperatur T_G, d. h. die Temperatur, bei der die Kettenbeweglichkeit einfriert (vgl. Transformationstemperatur).
- **Fließtemperatur FT (bei amorphen Thermoplasten) bzw. Kristallisationstemperatur KT (bei teilkristallinen Thermoplasten)**

  Übergang weichelastisch (thermoelastisch) ↔ plastisch (thermoplastisch)
- **Zersetzungstemperaturbereich ZT**

  Zerfall der Makromoleküle, Polymer löst sich auf */Schw2002-1/*.

Der **hartelastisch-spröde Zustand** tritt bei Duroplasten und amorphen Thermoplasten auf. Duroplaste bleiben bis zu ihrer Zersetzung in diesem Zustand. Der hartelastisch-zähe Zustand ist für teilkristalline Thermoplaste und Kunststoffe mit orientierter Struktur charakteristisch. Im weichelastischen Zustand ist eine erhebliche Formänderung möglich. Die verformten amorphen oder teilkristallinen Thermoplaste müssen jedoch unter mechanischer Belastung einfrieren, damit der gewünschte Zustand erhalten bleibt. Im plastischen Zustand zwischen Fließ- und Zerreißtemperatur sind Spritzgießen (Kapitel 5) und analoge Verfahren möglich. Die zähflüssige Masse gestattet eine nahezu beliebige Formgebung.

Bei den Duroplasten wird die Beweglichkeit der Segmente des Raumnetzmoleküls vom Grad der Vernetzung bestimmt. Duroplaste sind in der Regel stark vernetzt und zeigen deshalb nur eine geringe Änderung der Eigenschaften in Abhängigkeit von der Temperatur. Bei Temperaturen oberhalb 200 °C erfolgt die thermische Zersetzung, wobei die chemischen Bindungen auseinanderreißen und das Makromolekül zerstört wird. Beim Urformen (Pressen, Gießen, Spritzpressen und -gießen) werden die Makromoleküle miteinander vernetzt. Das Umformen von Duroplasten ist aufgrund der engmaschigen vernetzten Struktur nicht möglich.

Bei Witterungseinfluss werden im Kunststoff bereits bei Temperaturen unter 100 °C physikalisch-chemische Reaktionen ausgelöst, die den Molekül- und Netzwerkzustand verändern. Derartige Vorgänge äußern sich zunächst in Form von Glanz- und Farbänderungen, führen im weiteren Verlauf jedoch zu einer Verschlechterung der mechanischen und optischen Eigenschaften. Aufgrund der Zeitabhängigkeit der Reaktionen wird dieser Prozess als Alterung bezeichnet. Die wichtigsten Alterungsfaktoren sind:

- Einwirkung elektromagnetischer Strahlung (Licht-, UV-, γ-Strahlung),
- Oxidationswirkung von O_2 und O_3,
- Einfluss von H_2O, SO_2, NO_x u. a.

Durch Bestrahlung und Oxidation treten in Abhängigkeit von der Struktur des Kunststoffes, der Art der Bestrahlung und der Temperatur sowohl ein Abbau der Vernetzung als auch eine Zerlegung der Polymerketten bis hin zu den monomeren Bestandteilen auf. Die von speziellen Bindungselektronen absorbierte Strahlungsenergie führt zum Aufspalten schwächerer Kettenbindungen, wodurch nachfolgende Oxidationsreaktionen erleichtert werden. Dieser kombinierte Schädigungsmechanismus wird als Fotooxidation bezeichnet. Wasser wirkt sich zusätzlich beschleunigend auf die Fotooxidation aus. Die durch Sonnenlicht und Sauerstoff ausgelösten Reaktionen resultieren in einer nur mäßigen Witterungsbeständigkeit der meisten technischen Kunststoffe. Sie kann durch entsprechende Zugaben von Antioxidations- und Lichtschutzmitteln erhöht werden.

Das Verhalten der Kunststoffe gegenüber Chemikalien (Säuren, Laugen, organische Lösungsmittel) ist abhängig von der Struktur der Makromoleküle, der Kristallinität partiell kristalliner Materialien, der Temperatur, der Zeit sowie der Art der verwendeten Füllstoffe (insbesondere bei Duroplasten). Dabei treten zwei verschiedene Reaktionen auf: das Lösen und das Quellen */Schw2002-1/*.

Lösen Durch Einwirkung eines geeigneten Lösungsmittels bzw. -gemisches gehen Hochpolymere unter Verlust der äußeren Form in eine mehr oder weniger niedrigviskose zwei- oder mehrphasige Flüssigkeit über.

Quellen Unvollständiges Lösen durch Lösungsmittel bzw. -gemische, das mit Maßänderungen verbunden ist.

Auch hinsichtlich der optischen Eigenschaften bringen organische Gläser einige Vorteile mit sich. So bieten Kunststoffe beispielsweise die Möglichkeit, den durch anorganische Gläser abgedeckten Bereich im *n-ν*-Diagramm in Richtung niedriger Brechzahl bei relativ hoher Dispersion zu erweitern. Dieser Entwicklungstrend setzt sich fort, wobei gleichzeitig nach Möglichkeiten zur Verbesserung der Materialeigenschaften und dem Ausgleich der vorhandenen Nachteile im Vergleich zu Glas (geringe Wärmeleitfähigkeit, höhere Temperaturkoeffizienten bzgl. Wärmeausdehnung und Brechzahl, geringere Härte) gesucht wird. Absorptions- und Transmissionsverhalten sind materialabhängige Größen, die durch geeignete Zusätze gezielt eingestellt werden können. Kunststoffgläser lassen sich wie auch anorganische Gläser gut beschichten. Zu beachten ist hierbei aber das unterschiedliche Ausdehnungsverhalten der organischen Gläser hinsichtlich des üblichen anorganischen Beschichtungsmaterials. Außerdem ist man im Kunststoffbereich gezwungen, „kalt" zu beschichten (siehe auch Kapitel 8). Neben dem Aufbringen von Filter-, Sonnenschutz-, Antireflex- bzw. Spiegelschichten ist die Beschichtung zur Erhöhung der Oberflächenhärte und der Kratzfestigkeit bedeutsam. Bild 3.14 veranschaulicht beispielsweise die Wirkung einer Antireflexbeschichtung von PMMA.

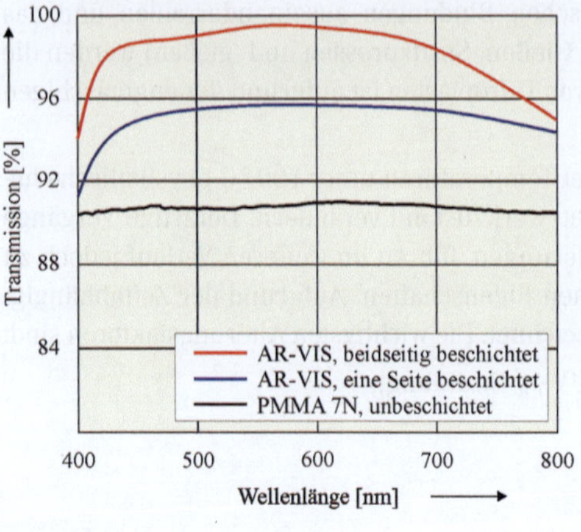

Bild 3.14
Transmissionskure PMMA ohne und mit Beschichtung

3.3.3 Anwendungsbereiche und Lieferformen

Mit der kontinuierlichen Verbesserung der Herstellungstechnologie und der erreichbaren Qualität der optischen Flächen erweitert sich auch ständig das Spektrum für den Einsatz von Kunststoffgläsern. Kunststoffoptiken finden u. a. Verwendung in den Bereichen:

- Optoelektronik,
- Medizintechnik,
- Foto-, Bildverarbeitung, Sicherheitstechnik,
- Licht- und Beleuchtungstechnik,
- Nachrichten- und Kommunikationstechnik,
- Verkehrstechnik, Automobilbau (Sensoren).

Tabelle 3.10 Lieferformen organischer Gläser

1. Halbzeuge	
▪ Blanks (Kontaktlinsen) ▪ Preformen ▪ Extrudiertes Platten- und Profilmaterial ▪ Gespritzte Formkörper ▪ Brillengläserrohlinge	
2. Fertig bearbeitete Bauteile (unbeschichtet/beschichtet)	
▪ Asphären ▪ Linsen ▪ Prismen ▪ Spiegel ▪ Gitter ▪ FRESNEL-Optiken	
3. Fertig bearbeitete oder montierte Baugruppen	
▪ Linsensysteme ▪ Objektive ▪ Gefasste Mikrolinsen ▪ Linsenarrays ▪ Retroreflektoren ▪ Spektralsensoren ▪ Head-up-Displays	

Für ausgesprochene Präzisionsoptiken werden heute nach wie vor anorganische Gläser bevorzugt. Der Entwicklungstrend neuer optischer Kunststoffmaterialien geht in Richtung höhere Brechzahlen bei gleichzeitig ausreichend hohen ABBE-Zahlen in Verbindung mit der Verbesserung der übrigen Materialeigenschaften.

3.4 Kristallwerkstoffe

Während im sichtbaren Spektralbereich eine große Anzahl hochtransparenter Gläser zur Verfügung steht, die entsprechend ihrer Dispersion $n(\lambda)$ ausgewählt werden können, ist die Situation im UV- und IR-Bereich eine völlig andere. Hier existieren nur wenige Gläser, die durch optische Kristalle ergänzt werden.

3.4.1 Aufbau und Struktur

Kristallwerkstoffe sind Festkörper, deren Bausteine (Atome, Ionen oder Moleküle) in guter Näherung dreidimensional periodisch angeordnet sind. Abweichungen von der strengen Periodizität ergeben sich durch die endliche Ausdehnung der Kristalle sowie durch Kristallbaufehler. In Bild 3.15 sind ausgewählte **Kristallgitterstrukturen** dargestellt.

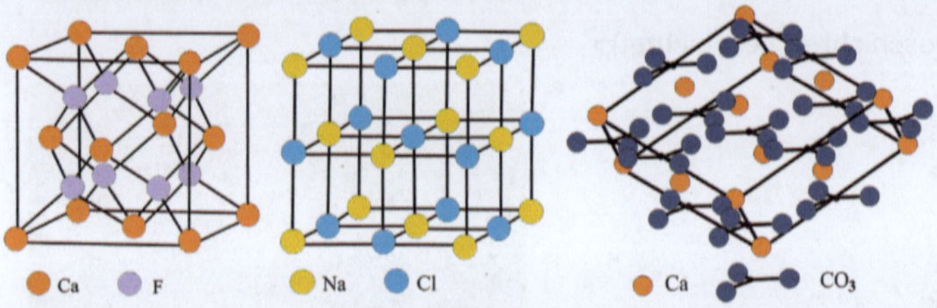

Bild 3.15
Kristallgitter verschiedener Materialien nach */Pfor1989/*: links) NaCl, Mitte) CaF_2, rechts) $CaCO_3$

Die Beschreibung der Kristalle erfolgt über **Elementarzellen** des Kristallgitters, die durch die Basisvektoren a_1, a_2 und a_3 mit den von ihnen eingeschlossenen Winkeln α, β und γ gebildet werden (Bild 3.16). Dem Kristallgitter liegt hierbei ein geeignetes Koordinatensystem zugrunde, welches die makroskopische Lage der Kristallflächen und Schnittkanten wiedergibt. Es gibt sehr viele Möglichkeiten zur Wahl einer Elementarzelle, wie Bild 3.17 am Beispiel eines zweidimensionalen Gitters widerspiegelt. In der Regel wählt man jedoch die Elementarzelle mit dem kleinsten Volumen bzw. den kürzesten Basisvektoren (rot markiert). Die Längen der Basisvektoren werden als Gitterkonstanten des Kristallgitters bezeichnet. Den Kristall erhält man durch fortlaufendes Aneinanderfügen der Elementarzelle in Richtung der Basisvektoren.

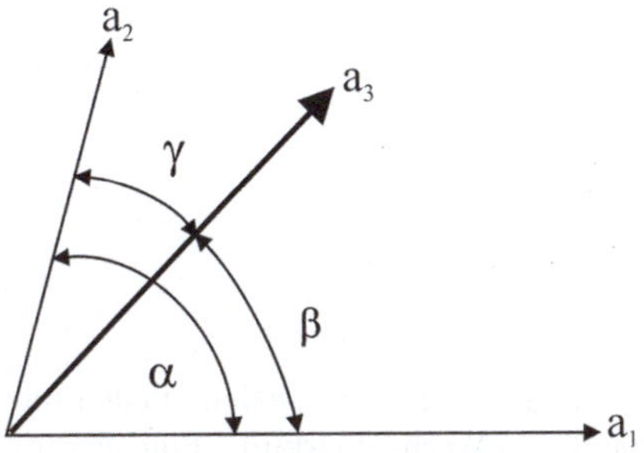

Bild 3.16
Basisvektoren und Winkel einer Elementarzelle

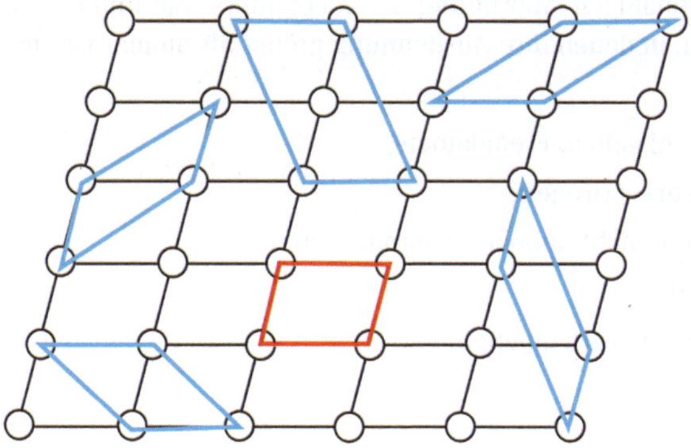

Bild 3.17
Verschiedene Elementarzellen in einem zweidimensionalen Gitter */Kleb1990/*

Kristalle kommen in vielfältigen Formen vor. Sie zeigen hinsichtlich ihrer Gestalt als auch ihres inneren Aufbaus charakteristische Symmetrieeigenschaften. Aufgrund ihrer regelmäßig angeordneten Flächen und Symmetrien lassen sich Kristalle in 32 Klassen (Punktgruppen) einteilen, die auf sieben Kristallsysteme zurückzuführen sind. Die Grundlage für diese Einteilung bildet die Elementarzellenform. Alle Kristalle mit gleicher Elementarzellengrundform gehören zum gleichen Kristallsystem.

Die den verschiedenen Kristallklassen zugehörigen Kristalle desselben Kristallsystems unterscheiden sich durch den Grad ihrer Symmetrie. Den höchsten Symmetriegrad weisen kubische Kristalle auf. Entsprechende Symmetrieoperationen sind:

- **Translation** um einen beliebigen Gitterpunkt (alle Gitter haben Translationssymmetrie),
- **Spiegelungen** an Ebenen, die durch zwei Translationsvektoren gebildet werden (nicht alle Gitter sind spiegelsymmetrisch),
- **Inversionen** bzgl. eines Gitterpunktes,
- **Rotation** mit einem Gittervektor als Drehachse (alle Gitter haben mindestens eine Rotationssymmetrie) */Kleb1990/*.

Geht man beim Aufbau des Kristalls anstelle von einzelnen Atomen von Molekülen oder Atomgruppen aus und bezieht die räumliche Anordnung in der Elementarzelle mit ein, dann erhält man 230 verschiedene Möglichkeiten der Anordnung.

In der Realität weichen alle Kristalle in mehr oder weniger starkem Maße von der Idealstruktur ab. Es gibt eine Vielzahl von Erscheinungen, welche die dreidimensionale periodische Ordnung des Gitters stören. Zu diesen Störungen zählen u.a.

- strukturelle Defekte,
- Elektronenstörstellen,

- Oberflächendefekte,
- thermische und andere Schwingungen der Gitterbausteine,
- Mischkristalle, Verteilungsinhomogenitäten,
- Agglomerate, Ausscheidungen,
- Mikrokristallite, Subkristallite,
- innere Spannungen.

Diese Vielzahl an Realstrukturerscheinungen, die teils allgemeine und teils nur spezielle Bedeutung haben, sind nicht isoliert zu betrachten, sondern treten miteinander in Wechselwirkung. Eine wesentliche Bedeutung kommt den **strukturellen Defekten** zu. Dazu gehören alle Abweichungen der Lage der Kristallbausteine von der vollständig regelmäßigen Anordnung des Idealgitters. Sie unterteilen sich entsprechend der Anzahl der Dimensionen, in denen ihre Ausdehnung größer als atomar ist, in:

- **nulldimensionale Defekte (Punktdefekte)**

  z. B. Atome auf falschen Gitterplätzen, Eigenfehlstellen, Fremdatome,
- **eindimensionale Defekte (Liniendefekte, Versetzungen)**

  Symmetrieverletzungen entlang einer Linie, die nicht unbedingt gerade sein muss,
- **zweidimensionale Defekte (Flächendefekte)**

  z. B. Korngrenzen, Zwillingsgrenzen, Phasengrenzen, Stapelfehler,
- **dreidimensionale Defekte (Volumendefekte)**

  z. B. Hohlräume, Ausscheidungen.

3.4.2 Ausgewählte Eigenschaften

Die physikalischen und chemischen Eigenschaften von Kristallwerkstoffen werden von ihrer chemischen Zusammensetzung und Struktur, also von der Art und Packungsdichte der Bausteine, sowie ihrer räumlichen Anordnung bestimmt. Hierbei spielen Störungen der Gitterstruktur und insbesondere strukturelle Defekte eine ganz entscheidende Rolle. Wichtig ist weiterhin die Tatsache, dass Kristalle homogene anisotrope Körper sind. Damit ist auch das physikalische Verhalten im Allgemeinen richtungsabhängig. Voraussetzung ist natürlich, dass den entsprechenden Eigenschaften eine Richtung zugeordnet werden kann. Ausnahmen bilden hierbei z. B. die Masse, die Dichte und die spezifische Wärme. **Anisotrope** Eigenschaften werden durch Tensoren beschrieben.

Die Härte ist eine sehr wichtige Eigenschaft der Kristalle. Sie beschreibt den Widerstand, den der Kristall mechanischen Eingriffen entgegensetzt. Hierbei wirken verschiedene anisotrope Eigenschaften wie Elastizität, Plastizität und Bruchfestigkeit zusammen. Wie bei den Gläsern und anderen Materialien unterscheidet man zwischen verschiedenen Arten der Härte (z. B. Ritz-, Schleif-, Eindruckhärte). Die Anisotropie der Härte hängt in starkem Maße von der Spaltbarkeit ab. Man versteht darunter die Eigenschaft vieler Kristallarten, bei mechanischen Einwirkungen wie Druck, Zug oder Schlag entlang bestimmter kristallografischer Gitterebenen spaltbar zu sein. Die dabei entstehenden Spaltflächen können über relativ große Bereiche atomar glatt sein. Die Spaltebenen entsprechen meist einfach indizierten, dicht mit Atomen besetzten Netzebenen des Kristallgitters, in denen der Abstand der Bausteine zueinander besonders gering ist. Im Allgemeinen haben die am dichtesten besetzten Gitterebenen den relativ größten Abstand voneinander. Die Kohäsionskräfte zwischen solchen Gitterebenen erreichen ein Minimum. Die Spaltung vollzieht sich somit als eine Trennung zwischen den Gitterebenen, zwischen denen die Bindungskräfte gering sind. Oft sind diese Gitterebenen auch morphologisch als Wachstumsflächen bedeutsam.

Auf Kristallflächen, die die Lage der Spaltfläche anschneiden, kommt die **Spaltbarkeit** durch sogenannte Spaltrisse zum Ausdruck. Diese Spaltrisse sind kristallografische Bezugsrichtungen ersten Ranges, insbesondere für das optische Verhalten. Der Zusammenhang zwischen Spaltbarkeit und Struktur kommt bei vielen Kristallarten deutlich zum Ausdruck.

Allgemein kann man feststellen, dass Kristalle eine höhere Dichte als die entsprechenden amorphen Materialien haben. Sie weisen eine höhere Härte auf und sind andererseits auch spröder. Aufgrund ihrer optischen Eigenschaften können ausgewählte Kristalle die in der Optik zum Einsatz kommenden Materialien hervorragend ergänzen (Bild 3.18).

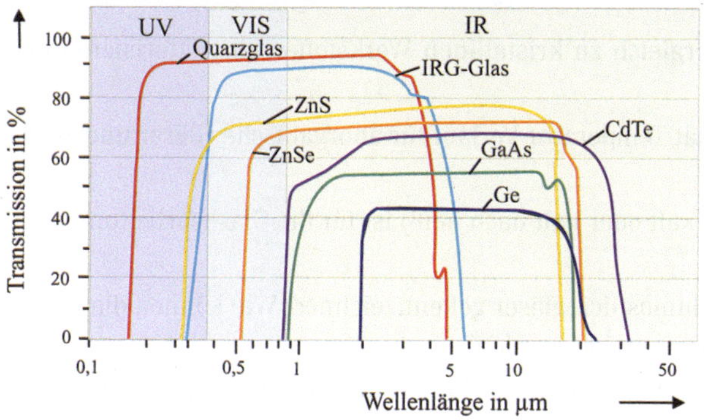

Bild 3.18
Transmissionsgrad in Abhängigkeit von der Wellenlänge für verschiedene Kristalle und Spezialgläser */Loef2020/*

Dies gilt insbesondere für den UV- und IR-Bereich. Diese Kristalle zeichnen sich durch einen hohen Transmissionsgrad $\tau(\lambda)$ aus. Für die meisten Anwendungen kommen nur optisch isotrope Materialien infrage. Anisotrope Kristalle dagegen werden vor allem in der Polarisationsoptik eingesetzt. **Optisch isotrope Kristalle** sind Kristalle, bei denen die Ausbreitungsgeschwindigkeit, die Absorption des Lichtes und andere optische Erscheinungen nicht von den Winkeln zwischen der Strahlrichtung und den kristallografischen Achsen abhängen. Dies trifft für kubische Kristalle zu. Zu beachten wäre jedoch, dass diese Kristalle zwar optisch isotrop sind, bezüglich anderer Eigenschaften, wie beispielsweise der Wachstumsgeschwindigkeit, der Beugung von Röntgenstrahlen und der Spaltbarkeit, aber anisotropes Verhalten zeigen.

Der Einsatz von Kristallmaterialien ermöglicht eine beträchtliche Erweiterung der Anwendungsbereiche, insbesondere:

- Erweiterung des spektralen Durchlässigkeitsbereiches optischer Medien im UV: durch LiF, CaF_2 und Quarz, im IR durch KBr, KRS-5, CsJ,
- spezielle Optiken und Fenster für das IR auch aus Ge, ZnSe,
- Mikroskop- und Kameraobjekte aus CaF_2-Linsen in Verbindung mit Glaslinsen ermöglichen eine sehr gute Farbkorrektur,
- polarisationsoptische Bauelemente aus stark doppelbrechendem Kalkspat (Calcit, $CaCO_3$), Gips und Glimmer sowie aus Materialien mit geringer Doppelbrechung wie Quarz (SiO_2), Korund (Al_2O_3), ADP,
- optische Filter,
- elektrooptische und nichtlineare optische Bauelemente,
- akustooptische Bauelemente */Naum1992/*, */Loef2020/*.

Kristalle finden in der Optik außerdem Verwendung als Laserkristalle, Szintillatoren, Leuchtstoffe, Detektoren sowie als Medium für die optische Datenspeicherung.

Zusammenfassend kann geschlussfolgert werden, dass die Auswahl des optischen Werkstoffes sehr sorgsam vorgenommen werden muss, um entsprechend der jeweiligen Eigenschaften und der Systemanforderungen eine wirtschaftliche Fertigung der optischen Bauelemente und Baugruppen zu ermöglichen.

3.5 Übungsaufgaben

1. Welche prinzipiellen Unterschiede im Vergleich zu kristallinen Werkstoffen charakterisieren den Werkstoff anorganisches Glas?
2. Skizzieren Sie den tendenziellen Viskosität-Temperatur-Verlauf für anorganische Gläser und zeichnen Sie wichtige Temperaturpunkte ein.
3. Welcher Temperaturübergang (heiß nach kalt oder kalt nach heiß) ist für die Glasbearbeitung kritischer? Begründen Sie Ihre Entscheidung.
4. Durch welche chemische Struktur sind Alumosilicatgläser gekennzeichnet? Wie können die besonderen Festigkeitseigenschaften dieser Gläser erzielt werden?
5. Welche Eigenschaften von Kunststoffen sind als Auswahlkriterien für optische Anwendungen von Bedeutung?
6. Nennen Sie Einsatzfälle, die sich nur durch optische Kristalle realisieren lassen.
7. Wählen Sie für die folgenden Beispiele einen geeigneten optischen Werkstoff aus:
   - Kontaktlinse, Strahlteiler (für 10,6 µm), Hochleistungsobjektiv (UV-Bereich),
   - Asphäre für KFZ-Scheinwerfer, Achromat, Lupe, Overhead-Projektionslinse.

Weitere Informationen und Übungsaufgaben zu Kapitel 3 sind auf plus.hanser-fachbuch.de hinterlegt.

4 Grundlagen des Fertigungsprozesses

Der Fertigungsprozess ist die Summe aller zur Fertigung eines Werkstückes erforderlichen technologischen Operationen, die sich als eine Folge von Arbeitsgängen und Stufen darstellen. Die enge Verknüpfung mit der Fertigungsplanung und der Fertigungssteuerung sowie die Optimierung dieser komplexen Wechselwirkungen entscheiden über die Produktivität bei der Herstellung eines optischen Produktes bzw. einer Baugruppe. Einige ausgewählte Begriffe und Prinzipien werden nachfolgend dargestellt. Für eine ausführlichere Betrachtungsweise dieser umfangreichen Prozesse muss an dieser Stelle auf die Literatur, z. B. */Jaco2002/*, */Dang2001/*, */Kühn2006/*, */Brac2018/* verwiesen werden.

4.1 Entwicklungs- und Herstellungsprozess

Von der Idee bis zum fertigen Bauteil durchläuft eine **Produktentwicklung** eine Vielzahl von **Entwicklungsstufen**, die sehr gut aufeinander abzustimmen sind. Die Produktentwicklung ist somit eine wichtige Vorstufe des Herstellungsprozesses, wobei eine immer stärkere Wechselwirkung zwischen den einzelnen Entwicklungsstufen erforderlich wird. Im Entwicklungsprozess werden optische Systeme prinzipiell so ausgelegt, dass die optische Abbildungsleistung optimiert und die Abbildungsfehler minimiert werden. In der Praxis gibt es vier Hauptgründe, die eine extrem scharfe Abbildung prinzipiell verhindern */Litf2001/*:

1. beugungsbedingte Abbildungsfehler,
2. konstruktionsbedingte Abbildungsfehler,
3. Materialfehler,
4. Fertigungs- und Montagefehler.

Generell können in einem Herstellungsprozess nur die Punkte 2, 3 und 4 beeinflusst werden. Die beugungsbedingten Abbildungsfehler sind jedoch naturgemäß gegeben und im Prozess durch den Hersteller nicht beeinflussbar.

4.1.1 Entwicklungsstufen

Die Prozesskette von der Idee bis zur Fertigung und Montage eines optischen Systems umfasst i. d. R. die in Bild 4.1 abgebildeten Schritte (grob gegliedert).

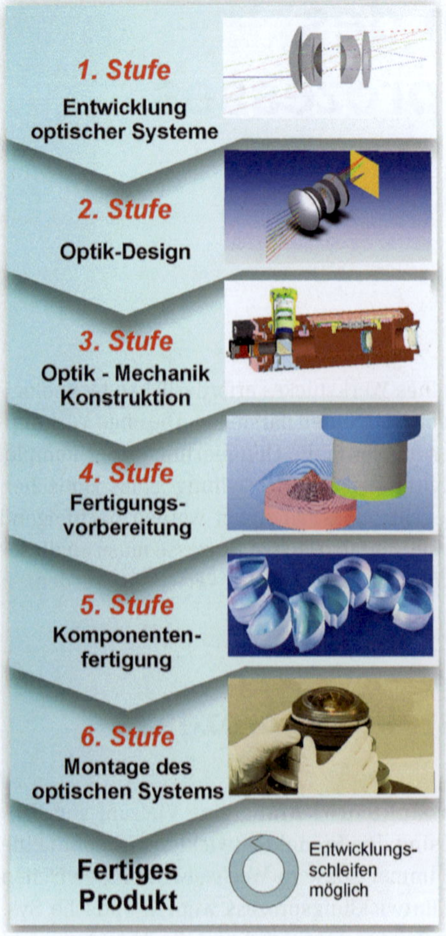

Bild 4.1
Entwicklungsstufen der Herstellung eines optischen Systems

Bei der Entwicklung optischer Systeme und der Fertigungsvorbereitung sind folgende interdisziplinäre Entwicklungsschritte ebenfalls zu berücksichtigen:

- Konstruktionsleistungen für die mechanische Auslegung des Systems,
- Toleranzanalyse,
- Verfügbarkeiten von Werkzeugen und Technologien,
- Preisgestaltungen und Kostenrechnungen,
- Materialauswahl,
- Festlegung geeigneter Prüfverfahren für die Qualitätssicherung.

In diesem Entwicklungsprozess sind zwischen den einzelnen Stufen entsprechende Entwicklungsschleifen möglich bzw. erforderlich. Eine sehr enge Zusammenarbeit zwischen den Optik-Designern (oft auch gebräuchlich „Optikrechnern"), Entwicklungs- und Fertigungsingenieuren kann die im Prozess möglichen Fehlereinflussfaktoren minimieren bzw. ausschließen. Moderne optische Systeme mit hohen Toleranzanforderungen verlangen somit immer stärker eine fertigungsgerechte Entwicklung und Konstruktion von Bauelementen und -gruppen.

4.1.2 Entwicklungsablauf

Entwicklungsphasen

Beim **Entwicklungsprozess** eines optischen Systems, das in Serie produziert werden soll, müssen verschiedene Phasen bis zur Fertigung durchlaufen werden. Die nachfolgende Tabelle stellt diese zeitlichen Phasen, am Beispiel einer LED-Lupe, deren Arbeitsgänge zur Fertigung in Kapitel 11 näher vorgestellt werden, zusammen.

Tabelle 4.1 Einteilung der Entwicklungsphasen

Entwicklungs-fortschritt	Phase	Beispiel (LED-Lupe, Kapitel 11)
1.	Definitionsphase	Ermittlung aller relevanten optischen und mechanischen Parameter
2.	Prototypenphase	Lösungsansatz für Linsen, Gehäuse, LED und Elektronik
3.	Entwurfsphase	Optisch-mechanische Konstruktion, Aufstellen der Toleranzforderungen, Entwicklungsmuster, Modelle
4.	Produktions-planungsphase	Planung der Kapazitäten für Personal und Maschinen, Fremdleistungsvergabe, z. B. Leiterplattenherstellung und Bestückung
5.	Ausarbeitungs-phase	Erstellen der Produktionsunterlagen, detaillierte Arbeitspläne, NC-Programme
6.	Beschaffungs-phase	Halbzeug- bzw. Rohteilbeschaffung, Beschaffung von Werkzeugen und Hilfsmitteln sowie Prüfmitteln
7.	Vorserienphase	Herstellung erster Produkte (Lupenmuster), Montage von Funktionsmustern, Test der Bauteilfunktionen
8.	Serienphase	Fertigung in Losen, Prozessanalysen, QS-Überwachung

Der zeitliche Ablauf des Entwicklungsprozesses bestimmt entscheidend den möglichen Markteintritt mit dem jeweiligen optischen Produkt. Der Erfolg eines Produktes bzw. der erreichbare Umsatz hängt wesentlich von der Optimierung dieser Phasen und von dem frühestmöglichen Zeitpunkt des Markteintrittes (**time to market**) ab. Ziel des Produktentwicklungsprozesses ist die Verkürzung dieser Zeitspanne von der Idee bis zum Markteintritt.

Innerhalb der einzelnen Phasen werden charakteristische Tätigkeiten durchgeführt, die i. d. R. produktunabhängig sind.

Die **Definitionsphase** umfasst die Formulierung der technischen und wirtschaftlichen Anforderungen, die Festlegung der Qualitätsmerkmale und die Überprüfung der Realisierbarkeit. Signifikante Verbindlichkeiten werden in einem Pflichtenheft erfasst und es erfolgt die Entscheidung über die Eigenentwicklung oder die Vergabe von Leistungen an Dritte.

In der **Prototypenphase** erfolgt die Gliederung der Gesamtfunktion in Teilfunktionen. In der Folge werden Lösungsansätze für die jeweiligen Teilfunktionen geschaffen. Insbesondere die Abklärung der Prüfbarkeit aller wichtigen Merkmale, die Auswahl des Lösungsweges und die Erstellung eines Qualitätssicherungskonzeptes sind Schwerpunkte in der Prototypenphase.

Daran schließt sich die **Entwurfsphase** mit den entsprechenden Vorplanungsarbeiten für die Fertigung sowie die Prüftechnik an. Voraussetzungen dafür sind die Erstellung planungsgerechter Konstruktionsdaten, eine Toleranzoptimierung sowie die VWJP (**V**orrichtungs-, **W**erkzeug-, **J**ustier- und **P**rüfmittelvorschrift). Die Konstruktion und Festlegung aller Kenngrößen des optischen Systems sind ebenfalls Arbeitsaufgaben während der Entwurfsphase. Moderne rechnergestützte Konstruktionsprozesse erlauben die Bereitstellung der erforderlichen CAD-Daten und können vielfach auch CAM- und CAQ-Daten erzeugen. Am Ende der Entwurfsphase werden eine Konstruktions-FMEA (**F**ehler-, **M**öglichkeits- und **E**influss-**A**nalyse) durchgeführt sowie Entwicklungsmuster bzw. Modelle erstellt. Auf der Grundlage der Dokumentation der Entwurfsphase folgt die **Produktionsplanungsphase**. Entsprechend der Festlegung der Eigen- und/oder Fremdfertigung erfolgt die Lieferantenauswahl und -beurteilung. In der Folge werden alle erforderlichen Kapazitäten für den Produktionsprozess geplant. Insbesondere betrifft dies die Produktionsmittel, die Prüfmittel, die Vorrichtungsmittel sowie die notwendigen Personalkapazitäten. Am Ende dieser Phase erfolgt die Prozess-FMEA. In der sich anschließenden **Ausarbeitungsphase** werden die Produktionsunterlagen erstellt bzw. vervollständigt. Es erfolgt die sogenannte Feinplanung des Produktionsprozesses, u. a. mit der Erstellung von detaillierten Arbeitsplänen, CNC-Programmen, Bedienungsanweisungen sowie den technologischen Richtlinien.

Im weiteren Entwicklungsprozess schließt sich die **Beschaffungsphase** an. Dies betrifft in erster Linie die Beschaffung von Produktionsmitteln, Prüfmitteln sowie Vorrichtungsmitteln. Von den Lieferanten werden Erstmuster eingeholt und der Prüfung unterzogen. Ferner werden Rohmaterialien, Halbzeuge und Werkzeuge beschafft und hinsichtlich der Eignung überprüft. Es erfolgt eine Optimierung der Prüftechnik sowie die Überprüfung deren Eignung. Damit sind die Voraussetzungen für die **Vorserienphase** erfüllt. Es wird die Vorserienproduktion gestartet, an die sich die Nullserienproduktion anschließt. Die Auswertung der Nullserie lässt erste Aussagen zur Prozessfähigkeit zu. Diese Analysen geben Aufschluss über die Reproduzierbarkeit des Fertigungsprozesses und erfordern ggf. das Einleiten von Korrekturmaßnahmen.

Risikoanalyse

Für alle Neuentwicklungen von Verfahren und Produkten (Serien- oder Massenproduktion) werden Risikoanalysen oder vergleichbare Methoden durchgeführt. Für jede Analyse wird durch die Qualitätsstelle unter Einbeziehung aller beteiligten Fachbereiche die Ausführung koordiniert. Die Arbeitsergebnisse werden unter der Maßgabe der Qualitätsnormen und -standards (z. B. DIN EN ISO 9001) zusammengestellt und dokumentiert.

Freigabeschritte

Nach jeder Entwicklungsphase erfolgen eine Prüfung und die **schriftliche Freigabe** für den nächsten Abschnitt bzw. Phase. Verantwortlich ist ein Projektteam, dessen Zusammenstellung zu Projektbeginn festgelegt wird. Der Projektleiter überwacht und koordiniert die Ausführung der Tätigkeiten innerhalb der einzelnen Phasen. Besondere Beachtung wird hierbei auf die Durchführung der Tätigkeiten gelegt, die durch andere Fachabteilungen oder Fremdfirmen für das Projektvorhaben auszuführen sind.

Dokumentation

Für jedes Entwicklungsprojekt werden eine sogenannte **Stammakte** (vielfach elektronisch) geführt sowie ein Zeit- und Ressourcenplan erstellt, in denen alle wesentlichen Vorgänge innerhalb eines Projektes dokumentiert werden. Für fachbereichsübergreifende Entwicklungsprojekte müssen Schnittstellen geschaffen werden, um ggf. Korrekturmaßnahmen durchgängig zu erfassen. Die Verantwortung trägt der Team- bzw. Entwicklungsleiter. Die Dokumentations- und Projektplankontrolle ist eine wesentliche Voraussetzung für die Nachkalkulation des Produktionsprozesses. Durch diese Form der nachträglichen Bewertung eines abgelaufenen Auftrages lassen sich Fehler analysieren. Die Anwendung eines **KVP** (**Kontinuierlicher Verbesserungsprozess**) ist ein geeignetes Instrument, um Aufträge und Prozesse zu optimieren und Wiederholungsfehler auszuschließen.

4.2 Fertigungsarten

Die Organisation der Fertigung erfolgt nach dem Wiederholungsgrad und bestimmt den Produktionsprozess wesentlich. Dieses Organisationsprinzip wird als **Fertigungsart** bezeichnet.

Die Fertigungsart wird durch die folgenden Größen bestimmt:

- Anzahl der Wiederholungen,
- Zeitaufwand pro Stück,
- Breite des Werkstücksortimentes,
- Fertigungstiefe,
- Schwierigkeitsgrad,
- Spezialisierungsgrad.

Anhand dieser Kriterien lassen sich die Fertigungsarten in drei spezifische Formen unterteilen (siehe Tabelle 4.2).

Tabelle 4.2 Einteilung der Fertigungsarten

Fertigungsart	Weitere Unterteilung	Kennzeichnung	Beispiel
Einzelfertigung	einmalige Einzelfertigung	Das Bauteil wird insgesamt einmal gebaut.	Prototyp eines Autoscheinwerfers
	wiederholte Einzelfertigung	In späteren Planungszeiträumen kann erneut eine Mengeneinheit gefertigt werden.	Planetariumsprojektor, Teleskop, Waferstepper
Serienfertigung	Kleinserien	10 - 100 Bauteile/Jahr*	Objektive, Zielfernrohre, Laserspiegel, Prismen
	Mittelserien	101 - 300 Bauteile/Jahr*	
	Großserien	300 - 2000 Bauteile/Jahr*	
Massenproduktion		Ein Bauteil wird ununterbrochen auf denselben Betriebsmitteln gefertigt.	Brillengläser, Kontaktlinsen, Autoscheinwerfer

* lediglich Richtwerte

Die Fertigungsart bestimmt stark die Aufwendungen pro Produkt bzw. seine Herstellungskosten. Die Aufwendungen für die Einzelteilfertigung sind sehr hoch. Insbesondere auch dann, wenn zusätzliche Vorrichtungen und Werkzeuge erforderlich werden. Für die Serienfertigung sind die Serienreife sowie eine gewisse Jahresstückzahl an optischen Bauelementen erforderlich. Die Unterscheidung in Klein-, Mittel- und Großserie ist üblich, wobei aber die Grenzen als fließend zu betrachten sind. Die Serienfertigung kommt in der Optikfertigung sehr häufig zur Anwendung. Generell zeigt sich der Trend, dass die Stückzahlen pro Serie oftmals kleiner werden bzw. Serien schneller wechseln. Ein wesentlicher Grund dafür liegt in den kürzeren Produktentwicklungszeiten und den schnelleren Produktwechseln.

Die Massenfertigung ist dort zu finden, wo sich ein Produkt in großen Stückzahlen ununterbrochen über einen längeren Zeitraum herstellen lässt. Im Bereich der Optikfertigung wird dann häufig auch von der sogenannten **Volumenoptik** gesprochen. Diese Fertigungsart erfordert eine nahezu gleichbleibende Produktion. Die Möglichkeit der Automatisierung solcher Prozesse ist sehr günstig. I. d. R. sind die Investitionskosten für die Werkzeugmaschinen und Arbeitsplätze für die Massenfertigung sehr hoch. Die Fertigung von Displays oder Geräten der digitalen Projektion entspricht beispielsweise dem Charakter einer Massenproduktion.

Ein wichtiges Merkmal der Fertigungsarten ist der Grad der Spezialisierung, der wie folgt definiert ist:

$$\text{Spezialisierungsgrad} = \frac{\text{erforderliche Arbeitsgänge}}{\text{bereitgestellte Arbeitsplätze}}$$

Für hohe Stückzahlen ist der Spezialisierungsgrad i.d.R. gering. Im kleinsten Beispiel wird pro Arbeitsplatz ein Arbeitsgang ausgeführt. Dies versucht man aber im Sinne des Personals zu vermeiden bzw. solche Prozesse zu automatisieren. In der Einzelfertigung ist der Spezialisierungsgrad am höchsten, was aber auch hochqualifiziertes Personal erfordert.

Fertigung in Losen

Sehr häufig wird die Fertigung nach einer Zusammenstellung der Bauteile in sinnvolle Lose organisiert. Eine ausgewählte Anzahl von Werkstücken (gleich oder auch ähnlich) wird zu einem **Los** zusammengefasst. Dieses Los wird im Produktionsprozess als einheitliches Ganzes betrachtet und geschlossen am Arbeitsplatz bzw. der Struktureinheit bearbeitet und nach Fertigstellung zum nächsten Arbeitsplatz geführt.

> Ein Los stellt eine sinnvoll gewählte Anzahl von gleichartigen Bauteilen dar, die geschlossen den Produktionsprozess durchlaufen. Die Vorbereitung (Rüstzeit) und nachgelagerte Abschlusszeit wird einmalig für das gesamte Los aufgewendet.

In der Fertigungsvorbereitung bzw. -planung muss eine wirtschaftliche Losgröße zusammengestellt werden, die von vielen Faktoren abhängig ist. Dazu existiert eine Reihe von Optimierungsvarianten, z. B. die statische und die dynamische. Im einfachsten Fall wird die Losgröße in Abhängigkeit der Rüstkosten und der Lagerkosten ermittelt. Die optimale Losgröße lässt sich dann aus

$$x = \sqrt{\frac{2 \cdot F \cdot m}{k}} \tag{4.1}$$

x Losgröße, F Rüstkosten, m konstante Produktionsmenge, k Lagerhaltungskosten

vereinfacht ermitteln */Tysi2000/*.

4.3 Fertigungsprinzipien

Die gewählte Organisationsform der Fertigung beeinflusst wesentlich die Wirtschaftlichkeit sowie die Flexibilität des Produktionsprozesses. Das Fertigungsprinzip bestimmt die räumliche Anordnung von Maschinen und Arbeitsplätzen und wirkt sich auf den Teiledurchlauf direkt aus.

> Das Fertigungsprinzip ist die Form der räumlichen Organisation eines Fertigungsprozesses. Der Spezialisierungs- bzw. Universalitätsgrad eines Fertigungsprozesses sind Kriterien für das Fertigungsprinzip.

Unterschieden werden die Fertigungsprinzipien in das **Verfahrensprinzip (Werkstattprinzip)** sowie das **Prozessprinzip (Erzeugnisprinzip)**. Werkzeugmaschinen und Arbeitsplätze, denen gleiche Fertigungsverfahren zugrunde liegen, werden zur Herstellung verschiedenster Bauteile räumlich zusammengefasst. Dies entspricht dem Verfahrensprinzip. Die wesentlichen Vorteile dieser Anordnungsvariante sind die außerordentlich hohe Flexibilität und der universale Charakter hinsichtlich der Werkstückform und den -abmessungen. Fehler und Störungen können relativ schnell kompensiert werden (kein Warteprinzip). Angewendet wird das Verfahrensprinzip hauptsächlich in der Klein- und Mittelserienfertigung und kommt in der Optikfertigung sehr häufig vor */Jaco2002/*.

Unterschiedliche Werkzeugmaschinen und Arbeitsplätze, die alle erforderlichen Fertigungsverfahren zur Komplettbearbeitung von gleichen oder ähnlichen Bauteilen abdecken, werden beim Prozessprinzip räumlich zusammengefasst. Eine Unterscheidung ist bei diesem Prinzip in zwei Varianten möglich (siehe auch Bild 4.2 Mitte und rechts).

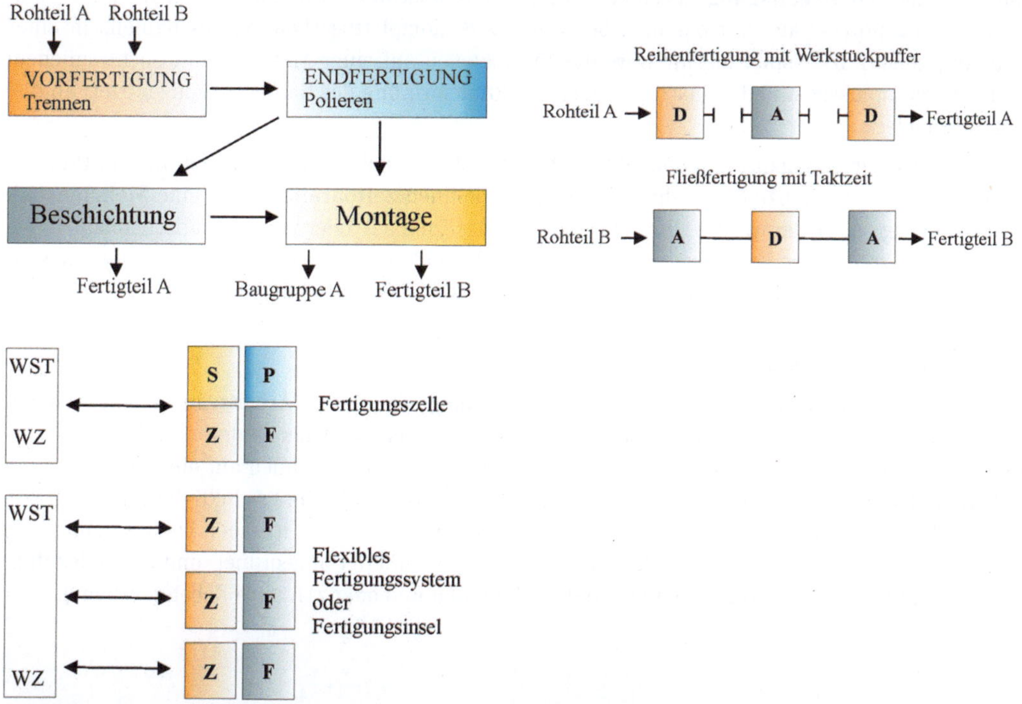

Bild 4.2 Räumliche Organisationsprinzipien nach */Jaco2002/*: links) Verfahrensprinzip, rechts) Prozessprinzip (Differenzierungsprinzip), unten) Prozessprinzip (Konzentrationsprinzip)

Variante A

Die Anordnung der Werkzeugmaschinen und Arbeitsplätze erfolgt in einer Reihenfolge, die einer technologisch optimalen Ablauffolge entspricht. Dazu gehören die Reihenfertigung, die gegenstandspezialisierten Fertigungsabschnitte sowie die Fließfertigung. Die beiden erstgenannten Prozessprinzipien arbeiten mit einer zeitlich ungebundenen Werkstückweitergabe. Daraus resultieren erforderliche Werkstückpuffer zwischen einzelnen Maschinen bzw. Arbeitsplätzen. Anwendung finden die Prinzipien in der Serienfertigung. Die Fließfertigung arbeitet hingegen mit einer zeitlich gebundenen Werkstückweitergabe. Sie ist eine typische Fertigungsform in der Massenfertigung und wird in der Form von **Takt- oder Transferstraßen** sowie **flexiblen Fließstraßen** angewendet */Jaco2002/*.

Variante B

Die erforderlichen Fertigungsverfahren, die zur Komplettbearbeitung des Bauteils erforderlich sind, werden in einer Werkzeugmaschine oder in einem flexiblen Fertigungssystem integriert. Im Sinne der Optiktechnologie sind unter Komplettbearbeitung aber auch der Prozess der kompletten Formgebung eines Bauteils oder der kompletten Montage einer Baugruppe zu verstehen. Anwendung findet dieses Prinzip in der Form von **FFS** (Flexible-Fertigungs-Systeme), **Fertigungszellen** und **Fertigungsinseln.**

Für die Beschreibung des Fertigungsprozesses werden ebenfalls zwei Fertigungsprinzipien unterschieden. Zum einen nach der Konzentration (**Konzentrationsprinzip**) und andererseits nach einer möglichen Differenzierung (**Differenzierungsprinzip**) */Jaco2002/*.

Konzentrationsprinzip

Der Fertigungsprozess ist bei diesem Prinzip in nur wenige Arbeitsgänge bzw. Arbeitsplätze aufgeteilt. Dabei setzt sich ein **Arbeitsgang** aus einer Reihe von **Arbeitsstufen** zusammen. Im Extremfall besteht der Fertigungsprozess aus nur einem Arbeitsgang, z.B. Komplettbearbeitung des Bauteils in einer Fertigungszelle. Ein Beispiel hierfür wäre das Spritzgießen auf einer Maschine mit nachträglichem Trennen des Angusses und der anschließenden Funktionsprüfung des Bauteiles, konzentriert an diesem Arbeitsplatz.

Durch das Konzentrationsprinzip entstehen sehr gute Möglichkeiten der Überdeckung von Prozesshaupt- und Prozessnebenzeiten. Mehrere Werkstücke können **zeitparallel** durch eine **Mehrmaschinenbedienung** bearbeitet werden. Dies erfordert Prozesse, die teil- oder vollautomatisch ablaufen, bei denen das Eingreifen des Bedieners nur in größeren Abständen erforderlich ist. Weitere Vorteile sind u.a. in den kurzen Durchlaufzeiten und dem geringen Platzbedarf zu sehen.

Differenzierungsprinzip

Bei diesem Prinzip wird der Fertigungsprozess in eine Vielzahl von Arbeitsgängen mit wenigen Arbeitsstufen unterteilt. Für diese **dezentralisierte** Arbeitsweise wird das Bauteil ständig zum nächsten Arbeitsplatz weitertransportiert. Das Prinzip bezieht sich hauptsächlich auf eine Fließfertigung und ermöglicht bei Großserien- und Massenfertigung eine größtmögliche Produktivität. In der Praxis erfolgt z.B. die Herstellung von Mikrolinsen in größeren Stückzahlen in einer Fließfertigung. Die Maschinen für Schleifen, Polieren und Zentrieren werden verkettet angeordnet, und die Teilezuführung erfolgt über Handhabungssysteme (Greifer, Manipulatoren oder z.T. auch Robotersysteme).

4.4 Einteilung der Fertigungsverfahren

Bei der vorhandenen Vielzahl von Fertigungsverfahren ist es sinnvoll, diese nach Kriterien zusammenzufassen und in einzelne Gruppen zu unterteilen. In der DIN 8580 sind die Verfahren systematisiert und werden nach Hauptgruppen (1. Stelle der Ordnungsnummer (ON)), Gruppen (2. Stelle der ON) und Untergruppen (3. Stelle der ON) unterteilt. Ordnungskriterien sind der **Zusammenhalt von Teilchen eines festen Körpers, die Form und die Stoffeigenschaften.**

Die Einteilung erfolgt in sechs Hauptgruppen, die in der Tabelle 4.3 zusammengefasst sind.

Tabelle 4.3 Einteilung der Fertigungsverfahren

Hauptgruppe *Zusammenhalt*	Gruppe (z. B.)	Untergruppe (z. B.)	Beispiel
Urformen *schaffen*	Gießen	Spritzgießen Vakuumgießen Druckgussgießen Feingießen	Linsen und Platten aus Kunststoff Gitter und Fresnel-Optiken Blanks für Brillengläser und Kontaktlinsen Gehäuseteile aus Aluminium und Magnesium
Umformen *beibehalten*	Pressen	Blankpressen Formpressen Spritzpressen	Asphärische Linsen Pressgläser als Halbzeuge Diffraktive optische Elemente Beleuchtungsoptiken Mikrooptische Bauteile
Trennen *vermindern*	Spanen mit geometrisch unbestimmter Schneide	Schleifen Läppen Polieren	Spiegel Linsen Prismen Teilerwürfel Polygone
Fügen *vermehren*	Kleben	UV-Kleben	Gefasste Linsen Achromate Prismen Mikrooptische Komponenten Optische Sensoren
Beschichten *vermehren*	Beschichten aus dem gas- oder dampfförmigen Zustand	Aufdampfen Sputtern Ionenplattieren	Spiegelschichten AR-Beschichtungen Teilerschichten Filter
Stoffeigenschaftsändern *Stoffteilchen umlagern, aussondern, einbringen*	Wärmebehandlung	Feinkühlen Verfestigen	Blockgläser Astrospiegel Umgeformte Linsen Sicherheitsverglasung Optische Sensoren

Entsprechend der Bearbeitungsaufgabe können sehr häufig verschiedene Fertigungsverfahren bzw. auch eine Kombination mehrerer Verfahren in Betracht kommen. Fertigungsverfahren und -systeme müssen stets so gewählt werden, dass das Bearbeitungsergebnis in ausreichender Qualität bei minimalen Kosten und unter Einhaltung bestimmter Randbedingungen erreicht werden kann. Oftmals hilft bei der Entscheidungsfindung auch der Variantenvergleich.

Die zukunftsorientierten Fertigungsverfahren haben neben den Forderungen nach höherer Produktivität auch verstärkt die Flexibilität, Qualität und Reproduzierbarkeit der Fertigung zu berücksichtigen */Frit2012/*. Verfahren lassen sich somit nicht mehr isoliert betrachten, sondern es wird ein Prozessdenken erforderlich. In der Praxis äußert sich dies immer stärker in Form von **durchgängigen**

Prozessketten: von der Produktentwicklung über die Komponentenfertigung bis zur Komponentenmontage. Dieses Denken und Arbeiten in durchgängigen Prozessketten betrifft auch die Reihenfolge und Abhängigkeit der einzelnen Fertigungsverfahren untereinander. Bild 4.3 verdeutlicht diesen Sachverhalt am Beispiel der Asphärenfertigung.

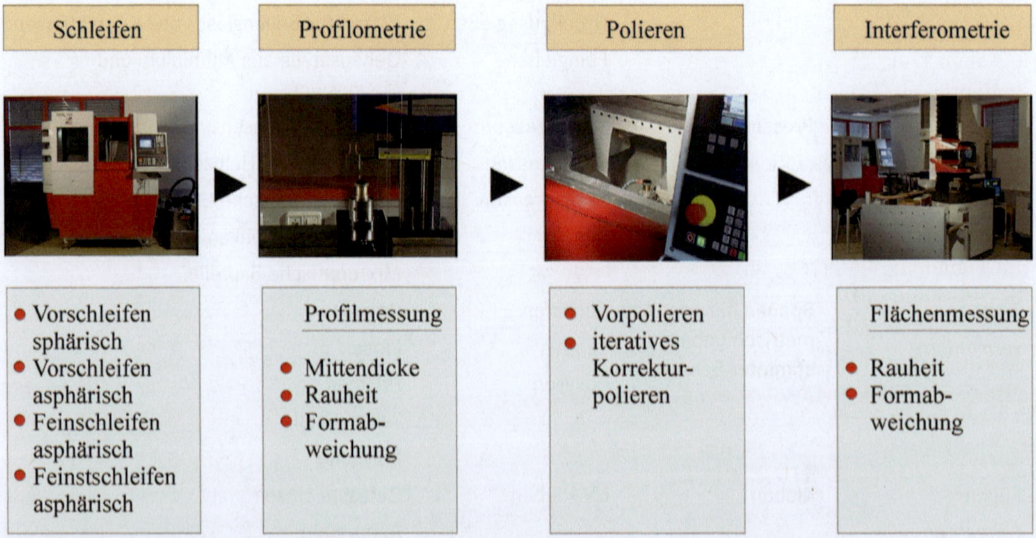

Bild 4.3 Durchgängige Prozesskette am Beispiel der Asphärenfertigung */Schn2006/*

Auch in der Abfolge **Reinigen → Beschichten → Justieren → Montieren → Prüfen** ist die Durchgängigkeit und Abstimmung der einzelnen Fertigungsstufen sehr wichtig. Solche Prozessketten sind in der Optikfertigung immer häufiger zu finden und zeigen den komplexen Charakter der Fertigung.

Die folgenden Kapitel sind nach der Einteilung der Hauptgruppen gegliedert und stellen wichtige Verfahren der Optikfertigung vor. Ausgewählte Verfahrenshauptgruppen sowie Verfahren werden in der erforderlichen Ausführlichkeit betrachtet.

4.5 Technologische Unterlagen

Zu den technologischen Unterlagen des Produktionsprozesses gehören alle Informationsträger, die für die Produktion des Bauteils oder der Baugruppe erforderlich sind. Die Unterlagen können z. T. firmenspezifisch oder auch verfahrens- und produktspezifisch sehr unterschiedlichen Charakter haben. Dazu gehören beispielsweise:

- Spezifikationsblätter für optische Systeme,
- die CAD-Konstruktion des Bauteils und die Konstruktionsdateien,
- Pflichtenheft,
- Materialdaten, Werkzeugdaten,
- Arbeitspläne, Prozessdaten (CNC-Programme etc.),

- Mess- und Prüfpläne,
- Materialflusspläne,
- Maschineneinrichtpläne etc.

Technologische Unterlagen beinhalten für alle Bereiche der Produktion die verbindlichen Spezifikationen der zu fertigenden Produkte. Unterschiedlichste Bereiche der Produktion müssen die Produktdaten und -informationen richtig zuordnen und anwenden können. Nicht zuletzt aus diesen Gründen und dem Ziel einer **Null-Fehlerproduktion** wird an technologische Unterlagen die Forderung nach Eindeutigkeit, Exaktheit, Verständlichkeit, Vollständigkeit, Terminisierung und Aktualität gestellt.

Die Aktualität bzw. Korrektur von Unterlagen ist besonders wichtig bei Fertigungsarten mit Wiederholcharakter. Diesbezüglich ist eine Nachbereitung des Prozessablaufes besonders nützlich. Hier werden Fehlergrößen, Kapazitätsengpässe, zu hohe Kosten etc. nachkalkuliert, um bei Folgeaufträgen den Prozess verbessern zu können und mögliche Fehler zu vermeiden.

Um Fehler im laufenden Prozess zu verhindern, werden die Produkte gekennzeichnet bzw. mit den entsprechenden technologischen Unterlagen von Arbeitsplatz zu Arbeitsplatz weitergereicht. Dies erfolgt traditionell mit einer Begleitkarte, die alle wichtigen Produktdaten enthält. Sehr oft wird heute aber auch eine elektronische Produktverfolgung durchgeführt. Das Bauteil erhält eine Identifikationsnummer per Transponder oder eine Codierung. An den einzelnen Arbeitsplätzen werden mit entsprechenden Lesegeräten die jeweilige Produktnummer ausgelesen und alle erforderlichen Daten (Prüfvorschriften, CNC-Programm usw.) für das Produkt aus einer Datenbank zur Verfügung gestellt. Somit sind eine eindeutige Produktzuordnung sowie eine sehr gute Produktverfolgung in allen Bereichen der Produktion möglich.

Auf plus.hanser-fachbuch.de finden Sie hierzu ein Video: „Die Herstellung von Gleitsichtgläsern“.

Mit zunehmendem Einsatz der Computertechnik nimmt auch die elektronische Bereitstellung und Verarbeitung wichtiger technologischer Daten weiter zu. Mithilfe moderner **CAD/CAM-Module** werden erforderliche Konstruktionsdaten sowie NC-Programme für die Werkzeugmaschinen erstellt. Gleichzeitig lassen sich auch Prüf- und Messpläne computerunterstützt erstellen. Bis hin zur elektronischen Bauteilverfolgung im Prozess und der Prozessüberwachung können elektronische Datenverarbeitungssysteme erfolgreich eingesetzt werden.

Die Erarbeitung und Bereitstellung der **technologischen Unterlagen** erfolgt in den einzelnen Entwicklungsstufen (siehe Bild 4.1) aufeinanderfolgend in den Stufen eins bis fünf. Die Entwicklung optischer Systeme erfordert in immer stärkerem Maße den Einsatz leistungsfähiger Computer und einer entsprechenden Software. Gegenwärtig kann eine Reihe von Softwaretools als reine Analyseprogramme, als Optimierungsprogramme oder auch Toleranzrechnungsprogramme für das Optik-Design eingesetzt werden. Ausgangspunkt für die Entwicklung eines optischen Systems ist deren Spezifikation mit der Festlegung aller wichtigen Randbedingungen. Um Fehler, die durch Kommunikation der verschiedenen Bereiche untereinander auftreten können, zu vermeiden, sind verbindliche Festlegungen zu beachten, d. h. es muss eine „einheitliche Sprache gesprochen“ werden. Diese Verbindlichkeiten sind in den DIN-Vorschriften spezifiziert. Wesentlich sind z. B. die Angaben, die eine optische Entwurfszeichnung enthalten muss:

1. Teilenummern (oder Positionsnummern der Stückliste),
2. Bezugsachse (siehe DIN ISO 10110 Teil 6),
3. Abstände mit Toleranzen,
4. Vergrößerung (Gesamt- und/oder Teilvergrößerung, wie zweckmäßig),
5. Objektabstand oder Bereich von Objektabständen,
6. Sehfeld,
7. numerische Apertur oder Blendenzahl,
8. Lage und Größe von Feldblenden,
9. Lage und Größe von Aperturblenden,
10. Größe der freien Öffnungen und geometrische Größe von Teilen,
11. Größe(n) und Lage(n) der Brennebene(n),
12. Spektralbereich,
13. Verstellbereiche für Vergrößerung und Fokussierung,
14. Anschlussmaße (Schnittstellendaten),
15. Zentriertoleranzen (siehe DIN ISO 10110 Teil 6),
16. spezielle Hinweise betreffend Montage und Prüfverfahren,
17. weitere Leistungsmerkmale.

Im Ergebnis dieser Prozessstufe (Optikentwicklung) liegen die gerechneten bzw. **optimierten Daten** des optischen Systems vor. Darüber hinaus gibt es wichtige Zusatzprogramme, wie beispielsweise Glasdatenbankprogramme oder Daten zu optischen Schichten, die in der Optikentwicklung erforderlich sind. Bild 4.4 illustriert exemplarisch eine Bildschirmdarstellung des Programms „WinLens“ und Bild 4.5 die des integrierten Datenbanksystems „Glass Manager“.

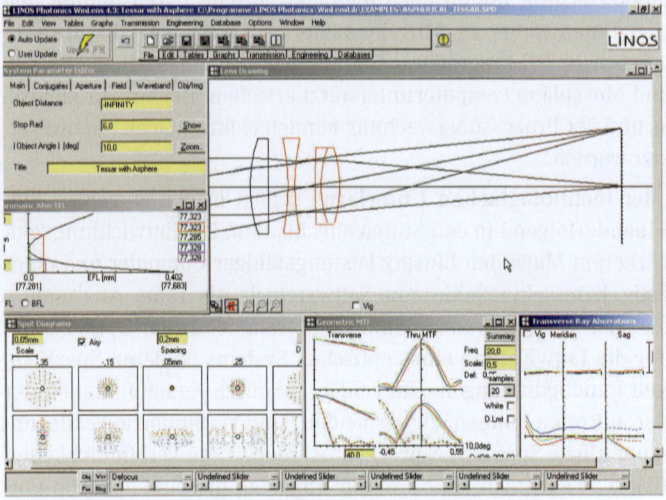

Bild 4.4
Parameter und Kenndaten des optischen Systems im Programm „WinLens“

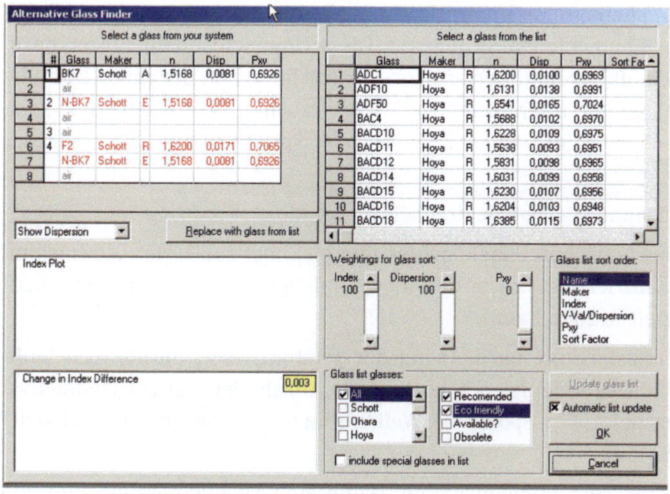

Bild 4.5
Darstellung des Tools „Glass Manager" im Programm „WinLens"

Optikdesignprogramme ermöglichen die Berechnung der optischen Systeme mithilfe einer geometrischen 3D-Strahldurchrechnung, das sogenannte **Raytracing**. Damit ist es für den Optikdesigner möglich, Abbildungsfehler bewerten zu können und die Abbildungsqualität des Gesamtsystems zu ermitteln. Mittels Optimierungsalgorithmen ist er zusätzlich in der Lage, die Parameter des Systems gezielt variieren zu können, um die Abbildungsleistung des optischen Systems erhöhen zu können. Entsprechende, häufig genutzte Optikdesignprogramme sind beispielsweise CODEV, ZEMAX, OSLO oder TracePro. Die prinzipielle Vorgehensweise im Optikdesign veranschaulicht Bild 4.6.

Für weiterführende Informationen sei an dieser Stelle auf */Heri2017/* und */Gros2012/* verwiesen.

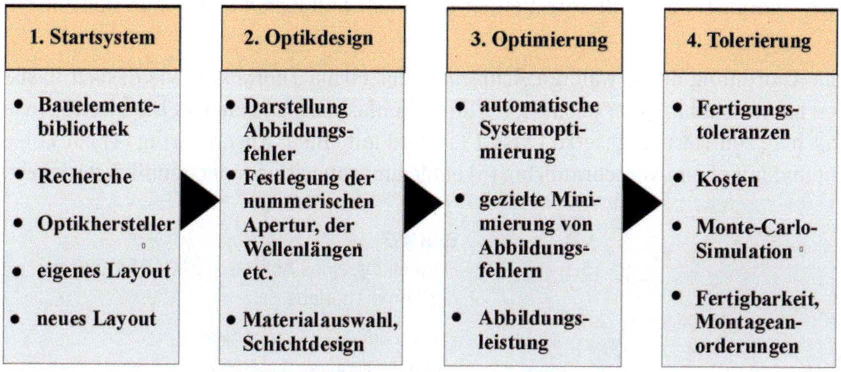

Bild 4.6 Phasen des Optikdesigns nach */Heri2017/*

Im Ergebnis des optischen Designs und der Optimierung nach Bild 4.6 liegt neben dem theoretischen Design auch eine Tolerierung des Systems vor, aus denen wichtige Fertigungstoleranzen der optischen und mechanischen Bauelemente abgeleitet werden können (siehe auch Kapitel 12). Gleichzeitig werden auch geeignete Prüfverfahren zur Qualitätsbewertung in Absprache mit dem Fertigungstechnologen bzw. dem Qualitätsmanagement vorgegeben.

Bei jeder Fertigung eines optischen Systems treten Unterschiede der Parameter p_j (Form, Mittendicke, Zentrierung, Brechzahl etc.) zum ideal berechneten System auf. Diese Unterschiede Δp_j führen dazu, dass die reale optische Leistung (auch als „as built performance" bezeichnet) von der theoretisch designten Abbildungsleistung abweicht. In der Toleranzanalyse wird versucht zu berücksichtigen, wie empfindlich ein optisches System auf Fertigungsfehler reagiert, man spricht hierbei auch von der **Sensitivität** des Systems. */Heri2017/*

Nach */Heri2017/* umfasst die Toleranzanalyse folgende drei Schwerpunkte:

1. Ermittlung der Toleranzwerte jedes optischen Bauelementes (die maximal zulässigen Abweichungen der Form, der Mittendicken, Zentrierung, Brech- und ABBE-Zahl, bei denen die geforderte optische Abbildungsleistung noch erzielt werden kann).
2. Simulation der optischen Abbildungsleistung nach Abzug der Toleranzwerte, um den „as-built-performance"-Zustand zu ermitteln. Das bedeutet, wie hoch ist die Anzahl der real gefertigten Systeme, die die Werte der Simulationszielgrößen Spotgröße, Wellenfront oder Winkel erreichen (basierend auf einer Monte-Carlo-Simulation).
3. Festlegung geeigneter Manipulatoren oder Kompensatoren. Damit sind Maßnahmen gemeint, die während der Montage oder im Betrieb die Abbildungsleistung gezielt verbessern können. Dazu zählen beispielsweise Abstandsringe, Justierschrauben, Drehelemente und Justierabstände.

Die Toleranzanalyse des Optikdesigns stellt ein wichtiges Zwischenergebnis und die Voraussetzung für alle weiteren Abläufe dar. Aus diesem Grund soll nachfolgend kurz auf die Methodik am Beispiel eines einfachen optischen Systems, dem Achromat, eingegangen werden.

Durch die Kombination einer konvexen und einer konkaven Linse aus Gläsern mit unterschiedlichen Brechzahlverläufen, siehe Bild 4.7, lässt sich eine Annäherung der Schnittweiten in Abhängigkeit von der Wellenlänge erreichen und somit die chromatische Aberration sehr gut korrigieren. Wenn beide Linsen geringe Mittendicken aufweisen und einen geringen Abstand voneinander haben, kann neben dem Farblängsfehler auch der Farbquerfehler (der von der Bildhöhe abhängt) minimiert werden. Aus diesem Grund werden Achromate sehr oft verkittet, so dass kein Luftabstand zwischen den Linsen vorliegt.

Bild 4.7 illustriert die Anordnung des gewählten Achromats der Firma Thorlabs sowie dessen Basisparameter. Die beiden Linsen sind in einer eloxierten Aluminiumfassung (3) gehaust. Die zweite Linse wird gegen einen Anschlag zentriert eingesetzt. Linse 1 (1) wird mit einem Abstandsring (4) zur Linse 2 (2) in Lage gebracht und mit einem Vorschraubring (5) beide Linsenpositionen letztendlich gesichert.

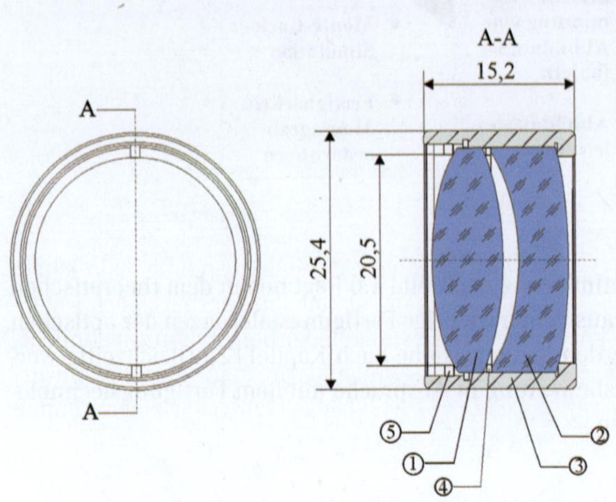

Bild 4.7
Darstellung eines Achromats ACA254-030-A der Firma Thorlabs

Linse 1: Bikonvex – N-SSK2
Linse 2: Bikonkav – N-SF57
Fassung: Aluminium/eloxiert
Abstandsring: Aluminium/eloxiert
Vorschraubring: Aluminium/eloxiert/Montageschlitze
Wellenlängenbereich: 300 – 700 nm
Fokuslänge: 30 mm ±1 % (λ = 587,6 nm)
Freie Apertur: > 20 mm
Arbeitsabstand: 21,3 mm
Numerische Apertur: 0,331
Irregularität pro Fläche: < λ/4 (633 nm)
Oberflächenunvollkommenheit: (Scratch-Digest) 20 – 10

Eine Reihe von Optikherstellern, z. B. Thorlabs, Edmund Optics und Aspericon, bieten Datensätze für Standardoptiken und Baugruppen an. Hierdurch können die Daten durch den Anwender sehr schnell in Optikdesign- und auch in CAD-Programmen eingelesen und so diese Standardbauelemente in eigene optische Systeme integriert werden. Bild 4.8 stellt die übernommenen Daten des Achromats als Linsenschnittdarstellung und Spotdiagramm im Designprogramm ZEMAX dar.

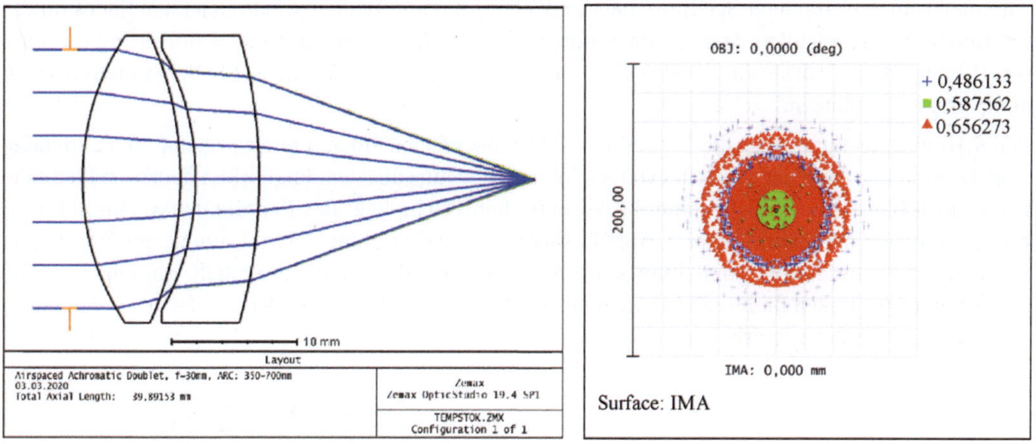

Bild 4.8 Darstellung des Achromats ACA254-030-A im Designprogramm ZEMAX: links) Linsenschnittdarstellung, rechts) Spotdiagramm

Die Linsenschnittdarstellung (Bild 4.8) veranschaulicht zunächst die Anordnung der beiden Linsen, die Durchbiegung der Linsenflächen sowie den Abstand der Linsen. Die Eintrittspupille (hier auch gleichzeitig Aperturblende) wurde so festgelegt, dass das Strahlenbündel auf die freie Apertur von 20 mm des Systems begrenzt wird. Zur Bewertung eines optischen Systems spielen Spotdiagramm, Punktbild- und Kontrastfunktionen eine wichtige Rolle. Exemplarisch ist rechts in Bild 4.8 das Spotdiagramm des Achromats für die drei gewählten Hauptwellenlängen dargestellt. Für den Fall des senkrechten Lichteinfalls ergibt sich eine rotationssymmetrische Spotverteilung.

Interessant ist ebenso die Betrachtung der chromatischen Aberrationen, um beurteilen zu können, wie gut der Achromat die Farbfehler korrigiert.

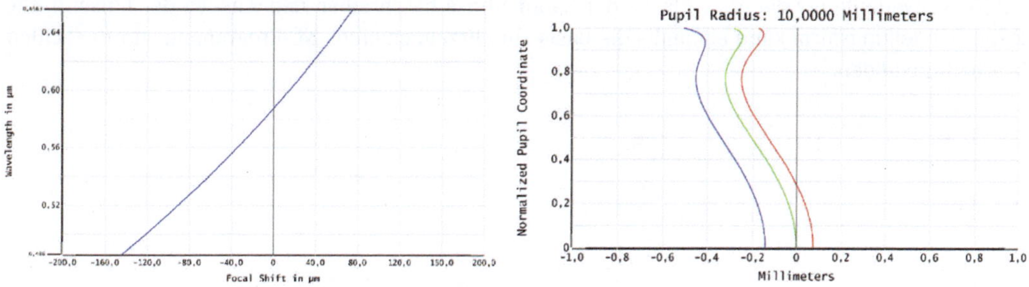

Bild 4.9 Darstellung der chromatischen Aberrationen des Achromats ACA254-030-A im Designprogramm ZEMAX: links) chromatischer Fokusshift, rechts) longitudinale Aberration

Während Bild 4.9 links den sich ergebenden Fokusshift in dem gewählten Wellenlängenbereich von 300 – 700 nm des Achromats veranschaulicht, illustriert das rechte Bild die longitudinale Aberration (Farblängsfehlers) des Systems. Die funktionale Abhängigkeit des Farblängsfehlers der drei Hauptwellenlängen erfolgt in Abhängigkeit vom Pupillenradius. Im Vergleich zu einer Einzellinse werden durch diese Achromatanordnung die Farbfehler deutlich verringert.

Eine weitere wichtige Funktion moderner Optikdesignprogramme ist die Toleranzrechnung. Optimiert wird dabei auf die Parameter Spotdurchmesser, Wellenfront und Winkel, wodurch letzten Endes für die Toleranzrechnung wichtige Anforderungen an Form, Oberflächenqualität und Zentrierung der optischen Bauelemente vorliegen, die direkt in die technologischen Unterlagen für den weiteren Fertigungsprozess einfließen.

Bild 4.10 gibt Auskunft über die Form der ersten Linsenfläche anhand einer sogenannten **„Surface-Sag“**-Darstellung. „Sag“ ist abgeleitet von Sagitta und bedeutet aus dem Englischen übersetzt Pfeilhöhe (siehe auch Bild 2.15). Im Scheitelpunkt der optischen Fläche liegt das Koordinatensystem mit X, Y, Z = 0. Vergrößert man den X- oder Y-Wert in Richtung Rand der Linsenfläche nimmt der Z-Wert (die Pfeilhöhe) zu. Aus dieser Darstellung kann auch eine Pfeilhöhentabelle erstellt werden. Die Sag-Schnittkurve des linken Bildes gibt somit auch an, wieviel Glas aus einem Block entfernt werden muss, um die optische Fläche zu erhalten.

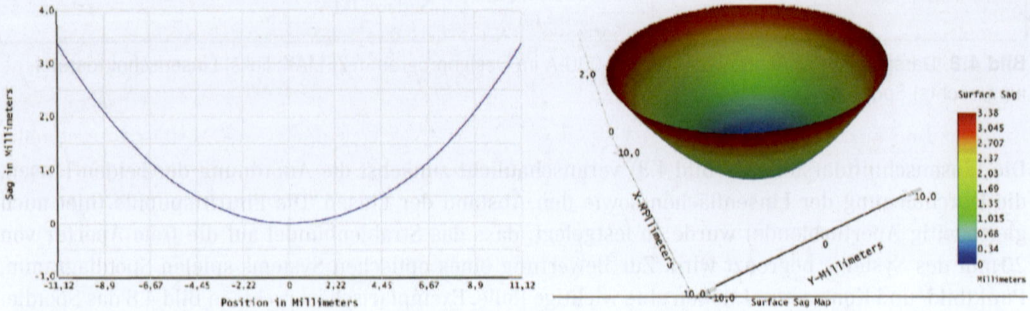

Bild 4.10 Surface-Sag-Fläche 1 (Sammellinse): links) zweidimensionale Schnittdarstellung, rechts) 3D-Darstellung der ersten Fläche

Eine zweite anschauliche Darstellung der Toleranzrechnung erhält man mit der **„Surface-Slope-Deviation“**-Funktion (Neigungsabweichung). Die in Bild 4.11 illustrierten zwei- und dreidimensionalen Kurvenverläufe für die erste Fläche der Sammellinse beschreiben den Anstieg der Linsenfläche. Diese Darstellungsform kann ebenfalls die Basis zum Erzeugen eines NC-Programmes für die Schleifbearbeitung bilden.

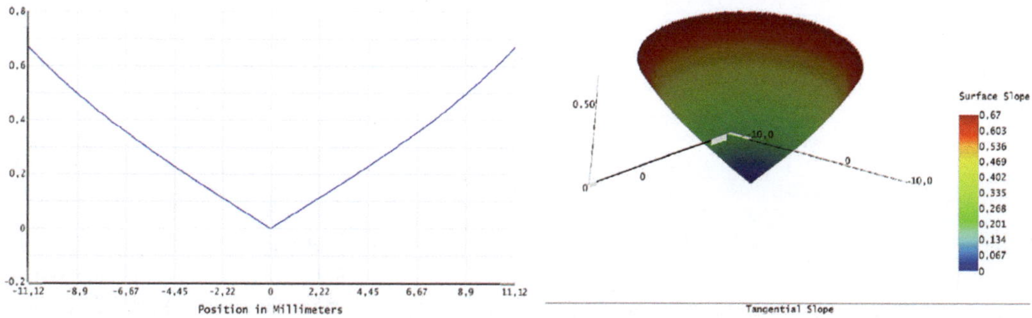

Bild 4.11 Surface-Slope-Deviation-Fläche 1 (Sammellinse): links) zweidimensionale Schnittdarstellung, rechts) 3D-Darstellung der ersten Fläche

Oft werden Anforderungen an die Oberflächengüte, die zulässige Formabweichung (PV-Wert) oder die Zentriertoleranzen von optischen Bauelementen aus Erfahrungswerten festgelegt. Mithilfe der Toleranzrechnung im Optikdesign lassen sich diese Anforderungsparameter aus mathematisch-statistischen Funktionen grundsätzlich ermitteln.

Bild 4.12 stellt signifikante Toleranzwerte der ersten optischen Fläche dar. Der erste Radius der optischen Fläche darf einer Formabweichung von sieben Ringen entsprechen. Bei der Bezugswellenlänge von 633 nm würde dies einer PV-Formabweichung von 4,431 µm entsprechen. Die Mittendickentoleranz ist mit 0,1 mm spezifiziert. Die Verkippung (TILT) bzw. Dezentrierung ist nur bis 0,1 zulässig. Ebenfalls werden die Materialparameter toleriert. Im Fall der Sammellinse entspricht dies einer spezifizierten Toleranz von 0,0005 für den Brechungsindex und 1 % für die ABBE-Zahl. In der Toleranzanalyse kann festgestellt werden, dass Mittendicke und Verkippung einen größeren Einfluss auf die Optimierung zeigen als die Formabweichung der ersten Linsenfläche. Mit diesem Optimierungsalgorithmus lassen sich somit auch Fertigungsgrenzen für die zu fertigenden Losgrößen sicherer vorhersagen und eine effizientere Fertigung bewerkstelligen.

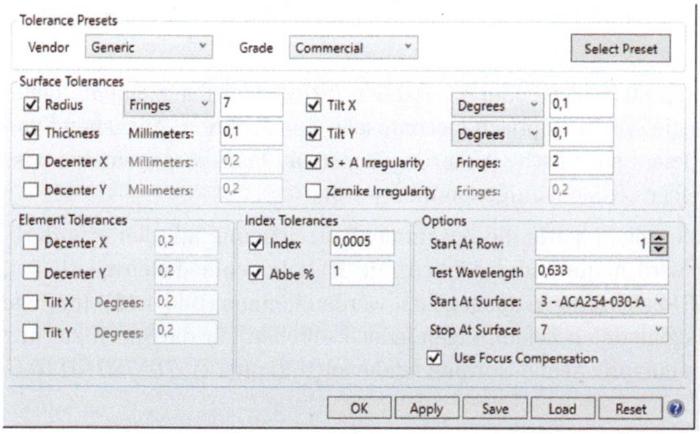

Bild 4.12 Darstellung signifikanter Toleranzwerte der ersten optischen Fläche

Weitere wichtige Informationen sind die Angaben zum Schichtdesign und die daraus resultierenden Restreflexionen. Im Beispiel des Achromats wurde eine Antireflexionsschicht gewählt, die für den Einsatzbereich von 300 - 700 nm sehr gute Werte generiert und lediglich minimale Restreflexionen erwarten lässt (siehe Bild 4.13).

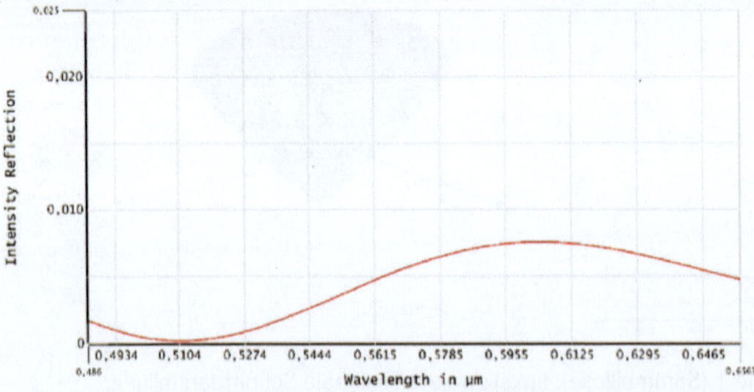

Bild 4.13
Reflektivitätskurve in Abhängigkeit von der Wellenlänge für N-SSK2 (Sammellinse)

Die Fertigung einer Achromatenbaugruppe wird in den Kapiteln 7 und 11 näher beschrieben.

Ein weiteres Beispiel für eine Toleranzanalyse (Fotoobjektiv) wird im Kapitel 12 ausgeführt.

Neben den optischen Datensätzen stellen die genannten Optikhersteller auch mechanische Konstruktionsdaten zur Verfügung. Bild 4.14 zeigt das Ergebnis der Übernahme einer step-Datei des Achromats in die Konstruktionssoftware „Creo" der Firma Parametric Technology GmbH.

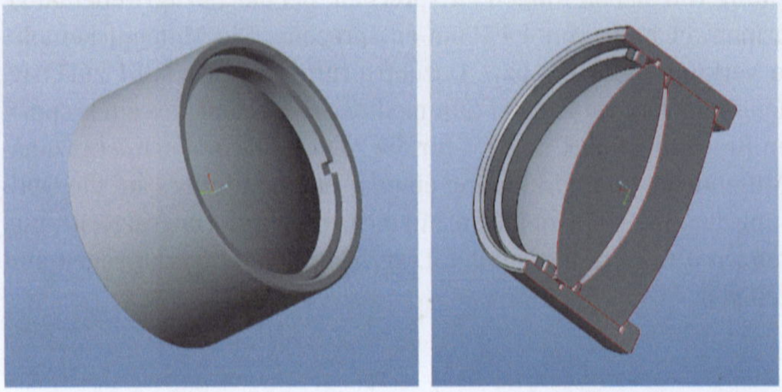

Bild 4.14
Darstellung des Achromats ACA254-030-A */Thor2021-1/* in der Konstruktionssoftware „Creo": links) 3D-Volumenmodell der Baugruppe, rechts) Schnittdarstellung

Diese Möglichkeit der Verwendung von step-, iges- oder sat-Dateien für Standardbauelemente bietet einen sehr guten und effizienten Einstieg für die optisch-mechanische Konstruktion. Ausgehend von diesen verfügbaren Daten können effizient spezifische Änderungskonstruktionen vorgenommen oder die Baugruppe in ein komplettes optisches System aufgenommen werden.

Im Ergebnis liegen die Einzelteilzeichnungen sowie die Zusammenbauzeichnung mit den erforderlichen Toleranzangaben vor. Im CAD wird heute hauptsächlich mit 3D-Volumenmodellen gearbeitet, wobei die Einzelteilzeichnungen in 2D-Zeichnungen ausgegeben werden können (Bild 4.15). Im Zuge der Virtualisierung werden diese ausgeplotteten Zeichnungen jedoch seltener. Für die Spezifizierung der optischen Bauelemente existieren entsprechende Normen (siehe auch Kapitel 2) */DINISO10110/*.

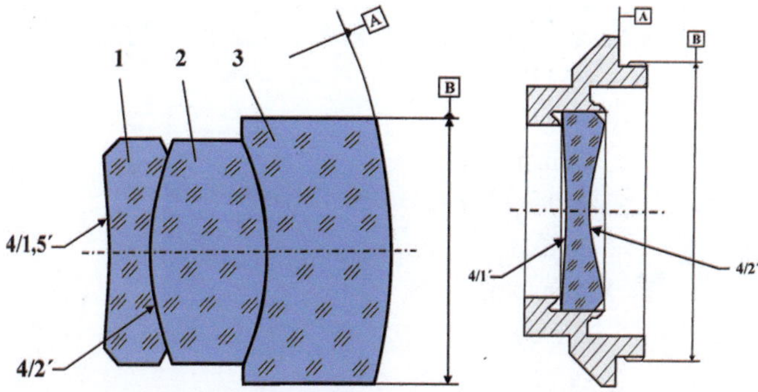

Bild 4.15 Beispiel für die Festlegung von Zentriertoleranzen nach DIN ISO 10110-6: links) Festlegung der Bezugsachse durch den Krümmungsmittelpunkt und den Scheitelpunkt der gleichen Flächen, rechts) Festlegung der Bezugsachse durch mechanische Elemente

Die 3D-Darstellung einer Baugruppe am Ende der optisch-mechanischen Konstruktion, ist in Bild 4.16 dargestellt. Stücklisten, Materialdaten etc. sind die Grundlagen der weiteren Entwicklungs- und Planungsarbeiten.

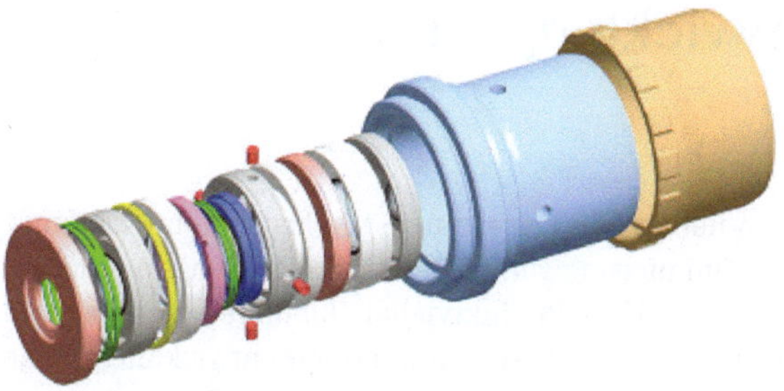

Bild 4.16
3D-Darstellung einer optischen Baugruppe

Wichtige technologische Unterlagen, die nach der Fertigstellung der Konstruktion erarbeitet werden, sind die Erstellung von Arbeitsplänen für die Fertigung der Komponenten. Für jeden Arbeitsplatz bzw. jede Werkzeugmaschine werden i. d. R. Arbeitspläne aufgestellt. Der Arbeitsplan enthält alle notwendigen technologischen Parameter und Angaben, die für die einzelnen Arbeitsgänge und pro Arbeitsplatz durchzuführen sind. In Bild 4.17 und der dazugehörigen Tabelle ist der Arbeitsgang Polieren für die Herstellung einer Meniskuslinse in vereinfachter Form angegeben.

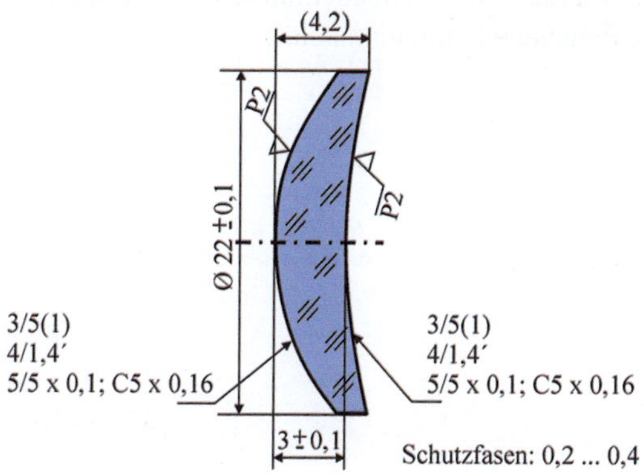

Bild 4.17 Arbeitsanweisung für das Polieren einer Meniskuslinse

Material	F2
R1	28,115 mm
R2	14,415 mm
Durchmesser	22 mm
Polierkörnung	D10
Poliermittel	Ceroxid
Poliermittelträger	Polyurethan
Poliermaschine	SPS 60

In der Fertigungsvorbereitung werden ebenfalls alle erforderlichen Prüfpläne und letztendlich auch der Montage- und Justierplan erstellt. Nach der Freigabe der technologischen Unterlagen erfolgt der Produktionsstart.

4.6 Simulationstechniken und Datengenerierung für den Produktentwicklungs- und Fertigungsprozess

Leistungsstarke **Simulationsprogramme** werden immer häufiger genutzt, um Produktentwicklungsprozesse zu beschleunigen und deren Effizienz (Minimierung von Fehlereinflussgrößen) zu erhöhen. Dies spielt unter den geänderten Marktbedingungen, größere Produktvielfalt, kleinere Losgrößen und individualisierte Produktion, eine wichtige Rolle, um neue Produkte mit kürzeren Entwicklungszeiten am Markt platzieren zu können („time to market"). Gleichzeitig kommen aber auch Simulationsprogramme, Virtualisierungs- und Monitoringmöglichkeiten verstärkt zum Einsatz, die Fertigungsprozesse robuster und fehlerunabhängiger gestalten lassen.

Aktuell wird hierbei meist sequenziell vorgegangen. Nach der Optiksimulation werden die Daten in ein CAD-Programm eingelesen und nach der optisch-mechanischen Konstruktion in ein FEM-Programm übertragen um z. B. thermo-mechanische Eigenschaften der Gesamtbaugruppe simulieren zu können. In der Fertigungsvorbereitung erfolgt abschließend die Technologiebearbeitung, die Bahnplanung und Simulation des Bearbeitungsablaufes auf der jeweiligen Fertigungsmaschine. Sehr oft sind auch Iterationsschleifen (zurückkehren zu einem vorgehenden Programm und erneute Simulation und Optimierung) erforderlich. Bild 4.18 veranschaulicht diese sequenzielle Simulationsfolge.

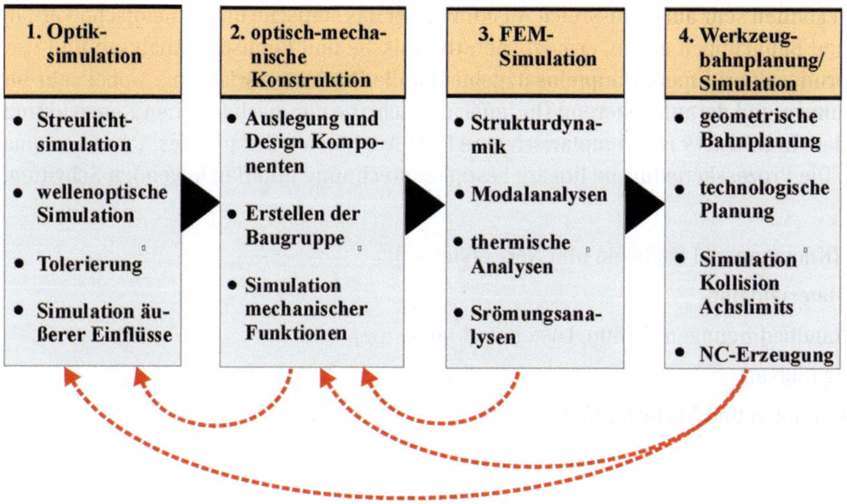

Bild 4.18 Sequenzieller Simulationsablauf in der Prozesskette */Heri2017/*

Mit der **Optiksimulation** hat der Anwender die Möglichkeit, Effekte zu berücksichtigen, die im Optikdesign vernachlässigt werden müssen. So weisen optische Oberflächen eine Mikrorauigkeit auf, die zu Streulicht in der Wechselwirkung mit elektromagnetischer Strahlung führt. Dies wird mit einer Streulichtsimulation erfasst und die Wirkung der Oberflächenrauigkeit auf einem Detektor dargestellt. Streulicht wird zusätzlich auch von Materialinhomogenitäten (Blasen, Schlieren), lokalen Defekten wie Kratzern und Kantenbeugung, unerwünschten Beugungsordnungen an DOE oder durch einfallendes Störlicht in den Strahlengang erzeugt. Im Optikdesign wird zumeist nur bis in die Bildebene des optischen Systems gerechnet. Mit modernen Simulationsprogrammen lassen sich weiterführende Betrachtungen und Analysen nach der Bildebene vornehmen. Ein weiterer wichtiger Betrachtungspunkt in der Optiksimulation ist die Einbeziehung äußerer Einflüsse auf das optische System. Insbesondere die zeitliche Veränderung dieser Einflüsse, z. B. Wärmelasten und mechanische Veränderungen, wird hierbei berücksichtigt. So können sich optische Komponenten in einer Laserstrahlanwendung erwärmen, was zu einer Deformation der optischen Funktionsflächen und zu einem Fokusshift führt. Des Weiteren wird Licht an jeder freien Öffnung oder Kante eines optischen Systems sowie an diffraktiv-optisch wirkenden Bauelementen gebeugt. Beugungseffekte tragen teilweise sehr stark zur Veränderung der Abbildungseigenschaften eines optischen Systems bei. Für die Berücksichtigung der Beugungseffekte muss bei der Betrachtung dieser eine wellenoptische Simulation durchgeführt werden. */Heri2017/*

Nach der 2. Stufe in Bild 4.18 erfolgt für anspruchsvolle Baugruppen sehr oft eine thermisch-mechanische **FEM-Simulation**. Die Finite-Elemente-Methode ist ein sogenanntes diskretes Verfahren, bei dem der Grundkörper in eine Vielzahl von einfachen Grundelementen, den Finiten Elementen, meist Dreiecke oder Parallellogramme, aufgeteilt wird. Es ergeben sich beim Übergang der Grundelemente Knoten. Die vom Anwender zu wählende Knotenanzahl ist ein wichtiger Parameter, der Auskunft über die Genauigkeit bzw. die Auflösung der durchzuführenden Simulation gibt. In der Praxis ist hierbei oft ein Kompromiss zwischen Knotenanzahl (prinzipiell: je höher die Knotenanzahl, desto größer die Auflösung) und erforderlicher Rechenzeit sowie Arbeitsspeicher zu finden. Bei dem verwendeten „Elementeansatz" kann das Verhalten hinsichtlich physikalischer Parameter an den Einzelelementen im Vergleich zum komplexen Gesamtsystem einfacher mit speziellen Funktionen und Lösungsmethoden nachvollzogen werden. Bei dem Übergang von einem Element zum benachbarten müssen bei der physikalischen und mathematischen Betrachtung Stetigkeitsbedingungen erfüllt werden.

FEM-Simulationen können sehr aufschlussreich Auskunft über das statische und dynamische Verhalten von Bauteilen und Baugruppen geben, ermöglichen thermische und fluidische Analysen und verfügen über Optimierungsalgorithmen. Haupteinsatzgebiet ist die Produktentwicklung, wobei sehr oft Festigkeitsberechnungen und darauf basierend Optimierungsschritte der mechanischen Konstruktion vorgenommen werden. In Bild 4.19 ist exemplarisch eine FEM-Analyse am Beispiel des Achromats aus Bild 4.8 dargestellt. Die Prozesskette für die lineare Festigkeitsrechnung unterlag folgenden Schritten:

1. Datenimport,
2. Diskretisierung (Knotenanzahl festlegen und Netz erstellen),
3. Zuweisung der Materialdaten,
4. Festlegung der Randbedingungen (Kräfte, Lasten und Momente),
5. Gleichungslösung (Solver),
6. Analyse der Spannungen und Verformungen.

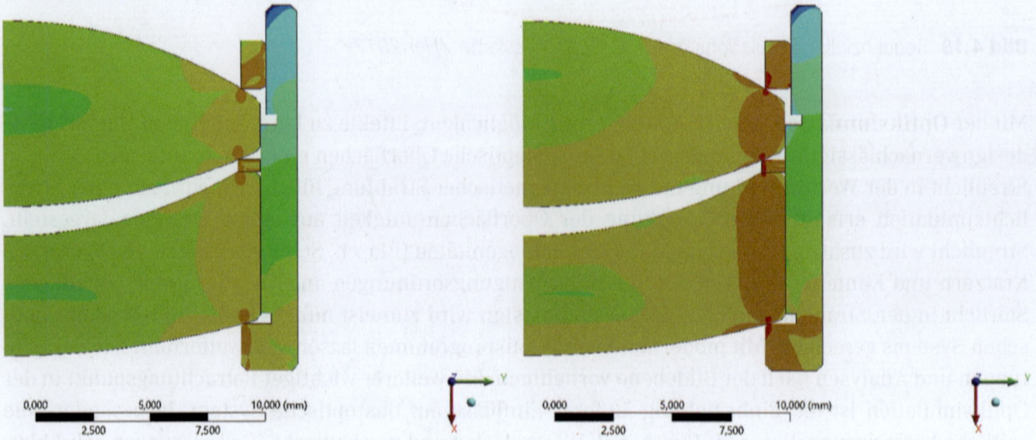

Bild 4.19 FEM-Simulation des Achromats im gefassten und gesicherten Zustand: links) kleines Anzugsmoment des Vorschraubringes, rechts) zu großes Anzugsmoment des Vorschraubringes

Für die beiden Darstellungen in Bild 4.19 wurden unterschiedliche Anzugsmomente des Vorschraubringes angesetzt. Das linke Bild veranschaulicht die Wirkung der angenommenen Kräfte auf die Lasten und die Lastverteilung der beiden Linsen und Fassungen. Dies führt im Ergebnis zu einer nur sehr geringen Belastung bzw. Verformung der Linsen und beschränkt sich im Wesentlichen auf den Randbereich. Im zweiten Fall wirkt die zu groß gewählte Kraft (was bei einer nicht sachgerechten Montage auftreten kann) zu Spannungszentren an der Auflagefläche der Linse 2, dem Abstandsring und dem Vorschraubring. Diese sind in der Anwendung des Achromats zu vermeiden. In der Folge kommt es zu leichten Deformationen der vier Linsenflächen, die durchaus eine Wirkung auf die optische Abbildung des Systems verursachen können.

Eine vielversprechende Simulationsmethodik ist die sogenannte **multiphysikalische Simulation**. Konventionelle Simulationslösungen beschränken sich oft auf ein oder zwei physikalische Größen und beschreiben die Wirkung dieser auf ein Materialsystem. Dabei wird beispielsweise die Temperatur als Einflussgröße auf Wärmeleitungsprozesse in einem Material oder aber die Wirkung von Kräften auf das Festigkeitsverhalten von Bauteilen analysiert. Um Prognosen jedoch präziser analysieren und treffen zu können, gibt es Bestrebungen, die Kopplung von mehreren physikalischen Umgebungen mit leistungsstarken Simulationsprogrammen vornehmen zu können. Auf diese Weise besteht die Möglichkeit, auch komplexere Wechselwirkungen, die auf ein zu entwickelndes Produkt im späteren Einsatz wirken, vorhersagen zu können. Ein Ziel aktueller Forschungsaufgaben ist die Kopplung von thermisch-mechanischen und optisch-physikalischen Domänen. Gelingt dies, kann ein ganzheitlicher Ansatz zur Produktoptimierung erfolgen, um optische Systeme hinsichtlich der physikalischen Größen Abbildungsleistung, Temperatur, Kraft, Leistung, Strahlung, Polarisation etc. optimieren zu können. */VIPO2020/*

Im Ergebnis wäre eine rein sequenzielle Betrachtungsweise wie in Bild 4.18 gezeigt nicht mehr zwingend erforderlich. Vielmehr können die verschiedenen Domänen und ihr komplexes Zusammenwirken ganzheitlich simuliert und optimiert werden. Dies führt zu einem komplexeren Verständnis der funktionalen Abhängigkeiten und zu einer Minimierung und ggf. Wegfall von aufwendigen Iterationsstufen. Das nachfolgende Beispiel beschreibt diesen Sachverhalt an einem kollimierenden optischen System.

Bild 4.20 links veranschaulicht zunächst die optische Simulation eines Kollimators zur Strahlformung von Diodenlaserstrahlung mit der Software „VirtualLab“ der Firma LightTrans International UG. Das dreilinsige System wurde hinsichtlich der Strahldivergenz φ und der Beugungsmaßzahl M^2 sowie der Wellenfrontdeformation optimiert. Die thermisch-mechanische Analyse des gehausten Kollimators erfolgt im rechten Bild mit der Simulationssoftware ANSYS.

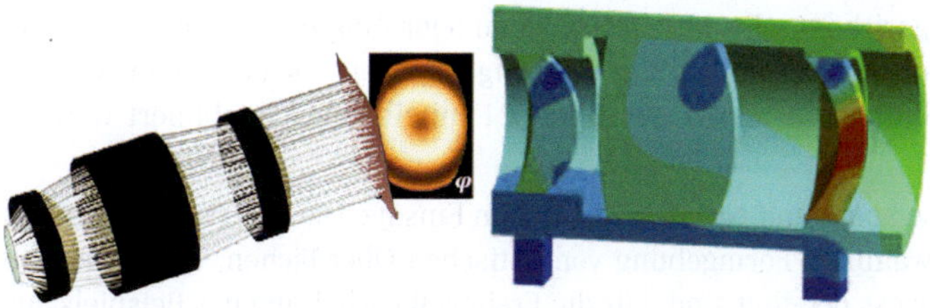

Bild 4.20
Simulationsergebnisse für einen Kollimator: links) optisches Simulationsmodell eines dreilinsigen Kollimators für Diodenlaserstrahlung, rechts) thermisch-mechanisches Simulationsmodell für die optische Baugruppe */Kuna21/*

Bild 4.21 zeigt das Prinzip der multiphysikalischen Simulation. Zunächst werden die Daten aus der optischen Simulation in die thermisch-mechanische Simulationssoftware eingelesen. In einem CAD-Programm werden die optischen Bauelemente in die konstruierten mechanischen Fassungselemente sowie den Tubus integriert. Im Anschluss kann die Diskretisierung der Bauteile vorgenommen und ein Netz der finiten Elemente erstellt werden. Auf dieser Basis erfolgt die thermisch-mechanische Analyse. Die Datenanalyse der berechneten Deformationen der Linsenflächen wird exportiert und zurück in die optische Analyse importiert. Der Einfluss der analysierten Flächendeformation und damit die Änderung der Wellenfront kann berechnet und korrigiert werden. Diese Iterationen zwischen optischer und thermisch-mechanischer Simulation können mehrfach für verschiedene Parametervariationen automatisiert ablaufen. Mit diesen Ergebnissen kann ein Metamodell für das Gesamtdesign des Kollimators mithilfe einer robusten Design-Optimierung (RDO) erstellt werden. Darauf basierend erfolgt schrittweise eine Optimierung des Gesamtsystems. */Kuna2021/*

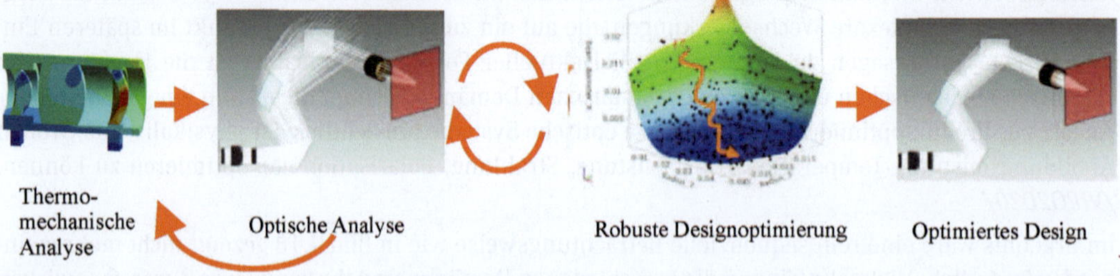

Bild 4.21 Automatisierte optisch-mechanisch-thermische Simulation zur Optimierung des optischen Gesamtsystems */Kuna2021/*

Die **Robuste Designoptimierung** basiert auf der Softwarelösung „optiSLang" der Firma Dynardo. Es werden automatisch die relevanten Eingangs- und Ausgangsparameter zu der optischen und thermisch-mechanischen Simulation identifiziert und die Prognosefähigkeit mithilfe des Coefficient of Prognosis **(CoP)** und des Metamodels of Optimal Prognosis **(MOP)** quantifiziert. Die Prognosefähigkeit ist eine wichtige Voraussetzung für eine effiziente Optimierung und minimiert somit auch die notwendigen Solver-Aufrufe. Dadurch wird es möglich, auch komplexe Optimierungsaufgaben mit vielen Variablen, streuenden Eingangsgrößen oder nicht-linearem Systemverhalten zu lösen. Mittels „Best-Practice-Management"-Methoden werden automatisch die geeigneten Optimierungsalgorithmen wie z.B. Gradientenverfahren, Genetische Algorithmen, Evolutionsstrategien oder Adaptive-Response-Surface-Methoden gewählt. Somit können alle Verfahren der Optimierung und der stochastischen Analyse auch für den multiphysikalischen Simulationsansatz aus Bild 4.21 miteinander kombiniert werden. */Kuna2021/*

Für viele optische Fertigungsprozesse kommen CNC-Maschinen zum Einsatz. Diese Maschinentechnik ermöglicht eine in weiten Grenzen wählbare Formgebung von optischen Oberflächen, wenn mehrere Achsen simultan an dem Zerspanprozess beteiligt sind. Für die Freiformbearbeitung des Beispiels aus Bild 2.31 sind somit mehrachsige simultane Bearbeitungsabläufe eine grundlegende Voraussetzung. Dies erfordert zumeist den Einsatz einer **CAD-CAM-Software**. Während im CAD das Konstruieren eines 3D-Volumenmodells erfolgt, werden die Bearbeitungsstrategie sowie das Generieren der erforderlichen Bahndaten in einer geeigneten CAM-Software vorgenommen. Bild 4.22 illustriert drei Simulationsebenen für das Erzeugen der erforderlichen NC-Daten für das Vorschleifen und das Ultrafeinstschleifen. In einem ersten Schritt wird das abzutragende Material als Differenzvolumen vom Glasblock zur Sollgeometrie (mit entsprechendem Aufmaß) berechnet. Das Ergebnis stellt die Voraussetzung für das Erstellen der darauffolgenden Bearbeitungsstrategie sowie die Bahngenerierung für das Vorschleifen dar. Werkzeugauswahl, Werkzeugparameter, Zeilenvorschübe und Schnittgeschwindigkeiten sind wichtige Auswahlparameter, um effiziente Abtragsprozesse für den Formgebungsprozess zu erzielen. Für das Ultrafeinstschleifen werden kunstharzgebundene Diamantwerkzeuge verwendet (siehe auch Kapitel 7). Kugelförmige Werkzeuggeometrien der Schleifwerkzeuge erzielen in der letzten Stufe der Feinbearbeitung einen guten Kompromiss zwischen Bahngenauigkeit und Oberflächengüte. Der sich ergebende **„foot print"** (Kontaktzone Werkzeug und Werkstück) erlaubt zudem eine gute Korrektur der Schleifstrukturen aus dem vorgelagerten Formgebungsprozess */Blie2018/*.

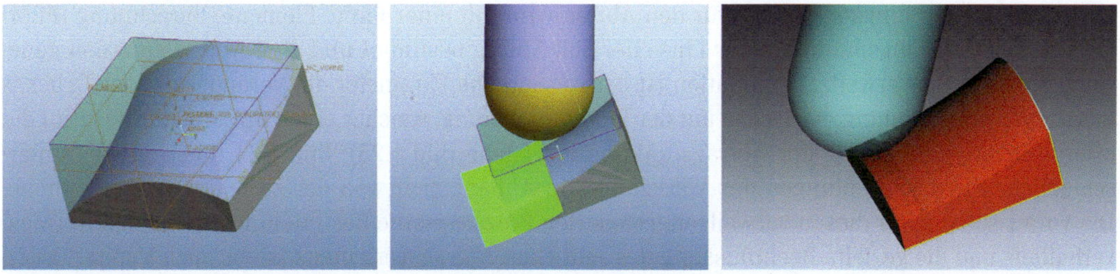

Bild 4.22 Datenaufbereitung und Bahnplanung der Schleifoperationen für eine Freiformfläche: links) Konstruktion des Freiformvolumenmodells und Differenzvolumenberechnung, Mitte) Bahnplanung für das Vorschleifen, rechts) Bahnplanung für das Feinstschleifen */Blie2018/*

Am Ende der Bahnplanung erfolgt eine **grafische Simulation** des Bearbeitungsprozesses. Hierbei können sehr schnell mögliche Werkzeugkollisionen oder Achslimits sowie Abweichungen von der programmierten Bahn oder der vorgesehenen Bearbeitungsstrategie und -folge erkannt werden. Nach einer erfolgreichen Simulation wird mithilfe eines Postprozessors (maschinenspezifisch) das für die Maschinensteuerung lesbare NC-Programm erzeugt.

Simulationstechniken werden auch direkt für Fertigungsverfahren eingesetzt, um die Prozessfähigkeit zu erhöhen und Nachbearbeitungs- bzw. Korrekturschritte zu minimieren. Die asphärische deterministische adaptive Polier-Technologie (**ADAPT**) ist beispielsweise eine innovative Methode der Firma Satisloh, um das Vor- und Korrekturpolieren von Asphären hinsichtlich Qualität und Verarbeitungsgeschwindigkeit zu verbessern. Diese Technologie wird zum Vor- und Korrekturpolieren von rotationssymmetrischen asphärischen Linsen eingesetzt und kommt ohne zu wiederholende Vorpolierschritte aus. Anwendung findet ein konvergentes Korrekturpolieren, wobei die Oberflächen-Korrekturfunktion berechnet wird. */Sati2020/*, */Stro2015/*

Der Abtrag wird aus folgenden Parametern berechnet:

- Linsengeometrie: lokale Krümmung,
- Werkzeuggeometrie: Durchmesser, Höhe und Radius,
- mechanische Eigenschaften des Werkzeuges: Elastizitätsmodul,
- Prozessparameter: Werkzeug-Drehzahl,
- Vorschub Abtragsbeiwert: Eindringtiefe.

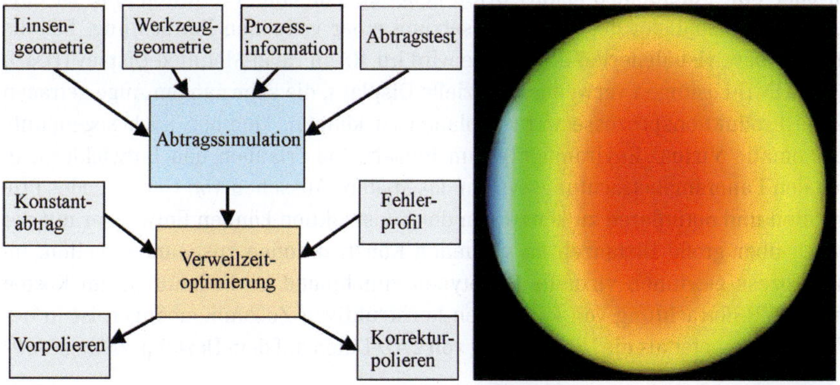

Bild 4.23 Berechnungskonzept und Einflussgrößen */Stro2015/*: links) Blockschaltbild des Simulationsablaufes, rechts) Beispiel einer berechneten Druckverteilung

Basierend auf den Eingangsgrößen für den Abtrag wird mit einer Finite-Elemente-Berechnung (FEM) für jeden Berechnungspunkt auf der Linse der Soll-Abtrag bestimmt und eine Abtragsfunktion generiert. Neben einer Verweilzeitsimulation ist der wesentliche Parameter die Veränderung des Druckes bzw. der Druckverteilung, basierend auf der FEM-Berechnung, welcher einen direkten Einfluss auf die erforderliche Veränderung der Abtragsfunktion hat (siehe Bild 4.23). Bild 4.24 illustriert die unterschiedlichen Druckverteilungen des Werkzeuges in Abhängigkeit von der zu polierenden Pfeilhöhe. Die Voraussetzung für diesen verweilzeitgesteuerten Prozess ist die Bestimmung des lokalen Abtragsverhaltens und die gezielte Beeinflussung des zeitlichen Abtragsverhaltens (siehe auch Kapitel 7).

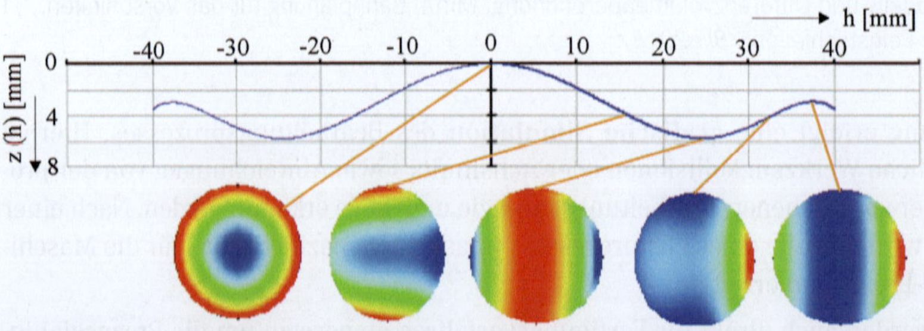

Bild 4.24 Beispiel FEM-Berechnung der unterschiedlichen Druckverteilung */Stro2015/*

■ 4.7 Virtualisierung und Monitoring des Fertigungsprozesses

Durch die Verfügbarkeit von leistungsstarken Prozessoren, Grafikkarten, Sensoren und Kamerasystemen, schnelleren Internetverbindungen sowie erweiterten Softwarelösungen haben sich neue Möglichkeiten für Anwendungen in den Bereichen **Virtual Reality (VR)** und **Augmented Reality (AR)** im industriellen Umfeld eröffnet. Während der Nutzer von VR-Techniken die reale Umwelt ausblendet und sich mit Hilfsmitteln komplett in eine virtuelle Umgebung begibt, nimmt der AR-Anwender die Umgebung wahr, bekommt aber zusätzliche digitale Informationen eingeblendet und kann auf diese Daten, Verlinkungen etc. direkt zugreifen. Zum Betrachten wird ein Smartphone, Tablet, Head-up-Display, Holographie-System oder eine Augmented-Reality-Brille benötigt. Für eine VR-Anwendung ist eine 3D-Animation bzw. eine 3D-Visualisierung die Voraussetzung einer virtuellen Betrachtung. Für die Nutzung dieser virtuellen bzw. visualisierten Ergebnisse wird i. d. R. ein Head-Mounted-Display (HMD) eingesetzt. Die meisten HMD-Lösungen verwenden spezielle Displays, die sehr nah am Auge getragen werden. Um komplette Produktionsprozesse virtuell planen zu können, kommen auch sogenannte 360°-CAVE (**C**ave **A**utomatic **V**irtual **E**nvironment) zum Einsatz. Sie erlauben den Entwicklern, in einem dreidimensionalen Panoramabetrachtungssystem das spätere Aussehen von Geräten oder Produktionslinien betrachten und optimieren zu können. In der Konstruktion können Entwickler mit der CAVE-Technologie auch über große Distanzen an virtuellen Konstruktionen zusammenarbeiten. Im Produktentwicklungsprozess gewinnen virtuelle Prototypen zunehmend an Bedeutung, um Kosten und Zeit zu sparen. Die VR-Betrachtung von komplexen konstruktiven Zusammenhängen ist in der Prototypenphase oftmals geeigneter als die Verwendung von CAD-Daten auf dem Desktop. */Mang2020/*

Ein weiterer Bereich, für den der Einsatz von VR-Technologien große Vorteile bietet, ist die Planung von Prozessen. Sie ermöglichen die realitätsgetreue Visualisierung von Fertigungsverfahren und Montageabläufen, wodurch Herstellungsprozesse optimiert und mögliche Ablauffehler vermieden werden können.

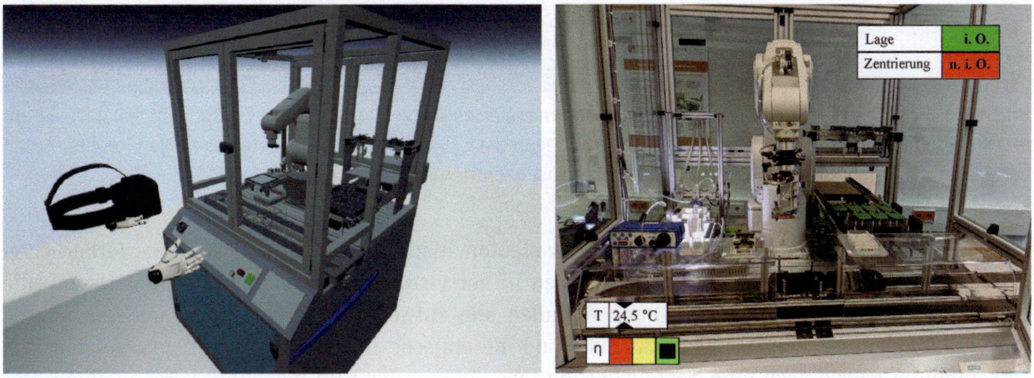

Bild 4.25 Virtualisierung von Prozessen: links) VR-Simulation einer Montagezelle, rechts) AR-Simulation des Montageprozesses

Moderne VR-Technologien sind bereits so weit entwickelt, dass der Nutzer in digitalen Räumen befindliche Gegenstände mithilfe von Gesten steuern und über einen mit Tracking-Sensoren bestückten Datenhandschuh erfühlen kann (siehe Bild 4.25 links). In der Logistik, insbesondere in Lagerverwaltungseinheiten, können Bestände oder aber moderne Elemente der Fertigungssteuerung (FIFO - First in first out, Kanban und Pullprinzip etc.) besser organisiert werden.

Exemplarisch für diese vielfältigen VR/AR-Lösungen soll nachfolgend der Einsatz am Beispiel eines automatisierten Montageprozesses für Linsen in Fassungselemente kurz dargestellt werden (Bild 4.25). Für den Prozessablauf wurden folgende Bearbeitungsschritte vorgesehen (siehe auch Bild 4.26):

1. Linsen und Fassungselemente in Paletten in Hochregallagern (HRL) einlagern.
2. Linsen- und Fassungspalette auf Warenträger der Roboterstation aus dem HRL automatisch zuführen.
3. Einlegen der Fassung in die Klebevorrichtung mit dem Roboter und Greifer.
4. Umfangsklebung der Linse - Roboter und Klebeapplikator.
5. Einlegen der Linse in die Klebevorrichtung und Fassung mit Roboter und Sauggreifer.
6. Kontrolle bzw. Ausrichten des Fügespaltes mit optischem Inspektionssystem (oInsp).
7. Aushärtung der Klebenaht mit UV-Strahlung.
8. Kontrolle der Linsenlage und Zentrierung zur Fassung (oInsp).
9. Transport des Wagenträgers mit geklebter Baugruppe in das Hochregallager (HRL).

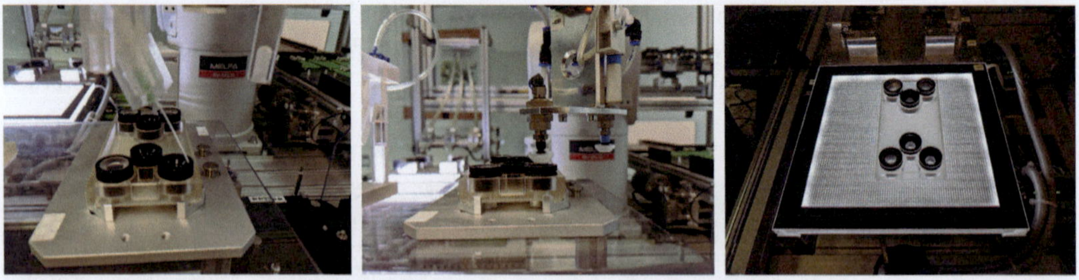

Bild 4.26 Robotergeführter Montageprozess – automatisiertes Kleben von Linsen in Fassungen: links) Dosieren des Klebstoffes in die Umfangsklebenaht, Mitte) Einlegen der Linsen in vorpositionierte Fassungen, rechts) Aushärten der Klebenaht und optische Inspektion der Linsenzentrierung

Bild 4.25 links zeigt die virtuelle Ansicht der vollautomatischen Montagestation. Alle erforderlichen Bewegungsabläufe und Hilfsoperationen wurden in der virtuellen Umgebung mit einer Datenbrille und -handschuhen vorgenommen. Damit entfallen alle aufwendigen Programmierprozesse für die Roboterbahnplanung, den Applikatorwechsel und die optische Inspektion. Nach dem erfolgten Prozesseinfahren wurde noch eine Nachjustierung (ebenfalls in der VR-Umgebung) vorgenommen. Der reale Montageprozess kann hingegen durch eine AR-Technik vorteilhaft kontrolliert werden. Digital werden dem realen Prozessmonitoring wichtige Parameter und Größen, die Rückschlüsse auf den Klebeprozess zulassen, zugeführt. Für diese Applikation wurden die Viskosität und Temperatur des Klebers ermittelt, die optischen Größen (Linsenlage und Dezentrierung) und das qualitative Ergebnis der Umfangsnaht bereitgestellt.

Die **Digitalisierung** von Produktionsprozessen, oft auch als „Industrie 4.0" bezeichnet, ist eine aktuelle und zukünftige Aufgabenstellung für die Optiktechnologie. Durch die Verfügbarkeiten des **Mobile** und **Cloud Computings** ergeben sich neue Möglichkeiten der digitalen Vernetzung. Dabei sind zentrale Fragen im Zusammenhang mit der Automatisierung von Produktionsprozessen und den Wertschöpfungsnetzwerken wichtige Aufgabenstellungen, z. B. die Durchgängigkeit von Informationsflüssen innerhalb **örtlich verteilter Produktionsplattformen**, die Potenziale der Interoperabilität verschiedener Fertigungstechnologien, die Integration von Anwendungen wie **MES** (Manufacturing Execution System – zur Betriebsdatenerfassung und Produktionssteuerung) und **ERP** (Enterprise-Resource-Planning – zur rechtzeitigen und bedarfsgerechten Planung, Steuerung und Verwaltung von Ressourcen wie Kapital, Personal, Betriebsmittel, Material und Informations- und Kommunikationstechnik im Sinne des Unternehmenszwecks).

Die Vernetzungsmöglichkeiten in einem Unternehmen können sehr unterschiedlich aussehen. In Bild 4.27 ist beispielhaft ein Lösungsansatz für die vertikale und horizontale Vernetzung in einem Unternehmen dargestellt.

Die **vertikale Prozessintegration** mit den Teilthemen **Vernetzung, Maschinenintegration, Condition Monitoring** und **Datengenerierung** über sensorische Netzwerke veranschaulicht die Vernetzung direkt auf Maschinen- und Produktionsebene. Das Vernetzen von Maschinen, das Automatisieren von Prozessabläufen sowie das digitale Steuern von Produktionsabläufen ermöglichen eine komplexere Betrachtungsweise und effizientere Abläufe. Die Aufnahme von Maschinen in digitale Netzwerke erfolgt sehr häufig über das Standardformat **„OPC UA"** (**O**pen **P**latform **C**ommunications **U**nited **A**rchitecture), dass mittlerweile als Datenaustauschstandard für die **industrielle Kommunikation** (Maschine-zu-Maschine- oder PC-zu-Maschine-Kommunikation) gilt. Dieser offene Schnittstellenstandard ist unabhängig vom Hersteller, der Anwendung sowie der Programmiersprache.

Die Einbindung von Maschinen, Anlagen und Gerätschaften in digitale Netzwerke und deren Steuerung und Kontrolle wird auch im Gesamtkontext als **CPS-System** (**C**yber **P**hysical **S**ystem) bezeichnet. Dieses Grundprinzip der Vernetzung basiert auf Sensoren, Aktoren und vernetzter Software.

Einen zweiten großen Schwerpunkt der vertikalen Vernetzung im Unternehmen stellt die **fabrikrelevante Digitalisierung** in den Bereichen **Produktionsplanung** und **Prozesssteuerung** dar. Die unternehmensweite **horizontale Prozessintegration** sowie **Vernetzungsmöglichkeiten** über Unternehmensgrenzen hinaus bilden einen wichtigen Entwicklungsschwerpunkt in der horizontalen Vernetzung von Unternehmen (siehe Bild 4.27). Hierzu werden aktuell Plattformkonzepte sowie künftige dezentrale Ansätze mittels offener Ökosysteme (Wertschöpfungsnetzwerke) entwickelt. Somit ist es möglich auch Produktionsabläufe und -kapazitäten an verschiedenen Standorten eines Unternehmens zu vernetzen. */OpTe2021/*

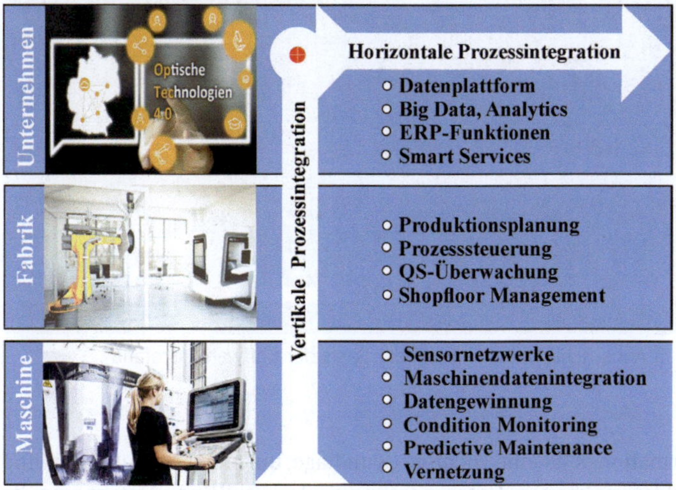

Bild 4.27
Lösungsansatz mit vertikaler und horizontaler Prozessintegration – Vernetzung nach */AXOO2019/*

Eine weitere wichtige Anwendung der Digitalisierung ist das **Condition Monitoring (CM)** (Zustandsüberwachung). Das Grundprinzip basiert auf einer regelmäßigen Echtzeiterfassung des Maschinenzustandes durch Messung und Auswertung physikalischer und prozessrelevanter Größen, z. B. Schwingungen, Temperaturen, Luftfeuchtigkeit, Geschwindigkeiten oder Drehzahlen. Ebenfalls werden darüber Maschinendaten und -verfügbarkeiten erfasst. Eine wesentliche Voraussetzung für das CM ist die Integration von entsprechenden Sensoren und die Verfügbarkeit von leistungsstarken Sensornetzwerken, um einen Echtzeitbetrieb zu realisieren. Damit lassen sich wichtige Informationen während des Bearbeitungsprozesses gewinnen, Ausfallzeiten reduzieren und Qualitätsmanagementüberwachungen dokumentieren. Eine zentrale Aufgabenstellung des CM ist jedoch die Anwendung des Data Mining (Datenabbau). Durch die Echtzeiterfassung von mehreren physikalischen und technischen Größen werden sehr große Datenmengen erfasst. Ein wesentliches Ziel ist, mithilfe von statistischen Methoden die Daten gezielt zu reduzieren, bei gleichzeitiger Beibehaltung der signifikanten Dateninformationen.

Bild 4.28 illustriert ein Beispiel der digitalisierten Zustandsüberwachung einer 5-Achs-Schleifmaschine. Wichtige Informationen der virtualisierten Darstellung sind:

- Betriebszustand,
- Drehzahl, Vorschub, Spindeldrehzahl,
- Maschinenstatusverlauf,

- Luftfeuchtigkeit und Temperatur,
- Programmzustand, CNC-Status,
- eingewechseltes Werkzeug und aktives Programm.

Diese Informationen sind nur eine kleine Auswahl möglicher Daten einer Zustandsüberwachung von Maschinen und Anlagen. Durch die Cloudanbindung der Echtzeitüberwachungen kann einerseits von unterschiedlichen Betrachtungsorten auf die Statusanzeige zugriffen und können anderseits die Daten in einer zentralen Datenbank abgespeichert werden. */VisP2021/*

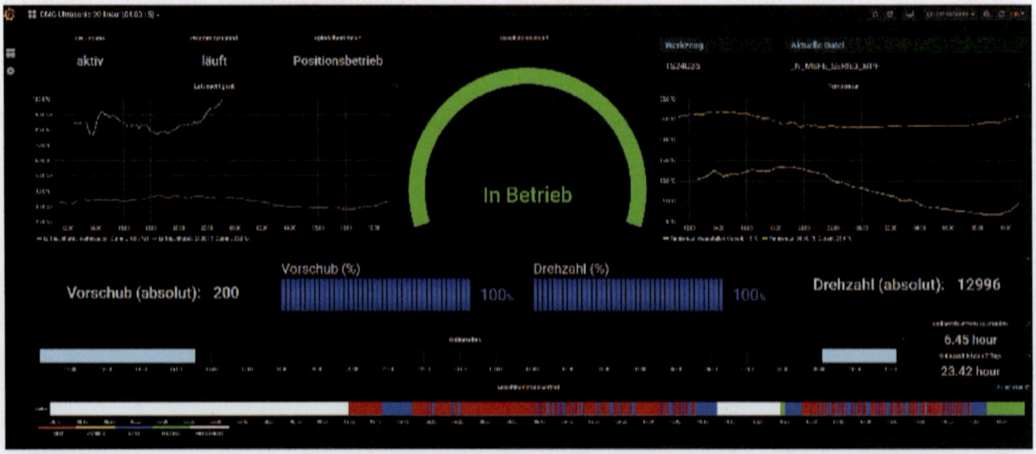

Bild 4.28 Zustandsüberwachung einer 5-Achs-Schleifmaschine auf der Basis der Software „Grafana" */VisP2021/*

Die Ermittlung dieser Zustandsinformationen ist eine wichtige Grundlage, um einen Digitalen Zwilling von Produkten und Maschinen abbilden zu können. Unter einem **Digitalen Zwilling** versteht man die virtuelle Abbildung eines zu erstellenden Produkts, in der möglichst eine Vielzahl von Parametern und Eigenschaften Berücksichtigung findet. Die Auswertung dieser Eigenschaften wird beispielsweise genutzt, um Prozesse und Abläufe noch während des Produktentstehungsprozesses zu verbessern. Es können in der Konstruktion und im Rahmen der Arbeitsvorbereitung zielgerichtete Optimierungen von Design- und Fertigungsprozessen unter Berücksichtigung von Eigenschaften der Produkte erfolgen. Damit lassen sich frühzeitig Fehler erkennen und zeitaufwendige, iterative Optimierungsschleifen deutlich minimieren oder sogar gänzlich vermeiden (siehe auch Bild 4.29). Eine wichtige Voraussetzung für die Darstellung eines Digitalen Zwillings ist dabei die Verfügbarkeit von wichtigen Parametern wie Material, Anforderungsgrößen, Bauteilbelastungen etc., zur Fertigung vorgesehene Ressourcen sowie echtzeitfähige Simulationsmodelle zur Berechnung der zu erwartenden Produktparameter und Produkteigenschaften. Es ist jedoch zu beachten, dass in der industriellen Praxis der Digitale Zwilling erst schrittweise umgesetzt werden muss. */Exap2021/*, */OpTe2021/*

Die perspektivische Erweiterung des Digitalen Zwillings reicht weit über den eigentlichen Produktentstehungsprozess hinaus. Vielmehr werden auch Informationen über den Produktlebenszyklus erfasst und in dem Digitalen Zwilling hinterlegt. Dadurch besteht die Möglichkeit, wichtige Informationen, beispielsweise zu der realen Produktlebenszeit, zu einem frühzeitigen Bauteilversagen oder aber zu Verschleißparameter zu erfassen und beim nächsten Produktentstehungsprozess vorteilhafterweise einfließen zu lassen */Döhr2019/*.

Bild 4.29 Beispiel der Systemvirtualisierung mithilfe eines Digitalen Zwillings nach */Döhr2019/*

4.8 Übungsaufgaben

1. Nennen und definieren Sie die Entwicklungsphasen eines optischen Systems.
   Erläutern Sie die einzelnen Phasen für den Entwicklungsprozess.
2. Für die Fertigung von Meniskuslinsen sind folgende Größen bekannt:
   - Monatsbedarf: 250 Stück,
   - Variable Kosten: 17,50 Euro/Stück,
   - Lagerhaltungskosten pro Jahr: 2 % der variablen Kosten,
   - Rüstkosten: 125 €.

   Stellen Sie eine sinnvolle Losgröße auf.
3. Welche Fertigungsverfahren (mindestens fünf) für die Herstellung von Linsen, lassen sich der Hauptgruppe der trennenden Verfahren zuordnen?
4. Welches Fertigungsprinzip würden Sie für die Herstellung von
   a) 250 000 Stück pro Jahr asphärische Linsen für Beleuchtungsaufgaben und
   b) 450 verschiedene prismatische Bauteile mit jeweils Losgrößen zwischen L = 1 und L = 15 wählen?
   Begründen Sie Ihre Entscheidung.
5. Skizzieren Sie den optischen Strahlengang an einem einfachen Linsenteleskop. Kennzeichnen Sie alle Bezugsgrößen, die für eine Entwurfszeichnung bzw. die spätere Fertigung erforderlich sind.
6. Erstellen Sie im Optical Designprogram „WinLens" einen Achromat und bewerten Sie die grafischen Darstellungen zu den einzelnen Systemeigenschaften. Vergleichen Sie dazu die Wirkung eines Apochromats.

Nutzen Sie dafür die vorbereitete Anleitung auf plus.hanser-fachbuch.de.

7. Welche wichtigen Erkenntnisse lassen sich durch die Virtualisierung des Produktionsprozesses gewinnen? Nennen Sie relevante Prozessparameter beim CNC-Schleifen, die möglichst in Echtzeit durch eine Monitoringlösung erfasst werden sollten, um Rückschlüsse auf den Schleifprozess ziehen zu können (siehe auch Kapitel 7, Bild 7.29). Priorisieren Sie die vorgeschlagenen Parameter nach deren Signifikanz (Bedeutung auf das Schleifergebnis).
8. Im Kapitel 11 wird der Aufbau und die Montage eines Flucht- und Autokollimationsfernrohrs (F-AKF) vorgestellt. Welche Systeminformationen würden Sie in einem digitalen Zwilling für das (F-AKF) hinterlegen, um aus dem Produktentstehungsprozess und der Anwendung des Systems Rückschlüsse auf zukünftige Produktfamilien ziehen zu können. (Zusätzliche Sensoren zur Datengewinnung können in das System integriert werden.)

Weitere Informationen und Übungsaufgaben zu Kapitel 4 sind auf plus.hanser-fachbuch.de hinterlegt.

5 Urformen von optischem Glas

Urformende Verfahren stehen am Anfang des **Wertschöpfungsprozesses** und sind die Voraussetzung für den Einsatz aller übrigen Fertigungsverfahren. Hierbei ist das Ziel, einem formlosen Stoff erstmals eine Gestalt zu geben. I. d. R. werden identische Verfahrensschritte genutzt, um den Prozess des Urformens durchzuführen. Beginnend mit der Rohstoffgewinnung schließt sich der Verfahrensschritt Aufbereitung der Rohstoffe an. Das Einfüllen in Formen oder die quasi endlose Formgebung des Ausgangsmateriales führt über einen Abkühlprozess zum Erreichen eines festen Aggregatzustandes des urgeformten Produktes. Es schließt sich eine letzte Prozessstufe, die Entnahme oder Konditionierung des Erzeugnisses, an.

Urformen ist das Fertigen eines festen Körpers aus einem formlosen Stoff durch Schaffen eines Stoffzusammenhaltes. Als formlose Stoffe werden Gase, Flüssigkeiten, Pulver, Fasern oder Granulate spezifiziert (DIN ISO 8580).

Die entstehenden Urformerzeugnisse können generell in zwei Gruppen unterteilt werden:

1. Die urgeformten Erzeugnisse sind Zwischenprodukte (**Halbzeuge**) und werden mit weiteren Fertigungsverfahren endbearbeitet, wobei sich Größe und Form ändern.
2. Die urgeformten Erzeugnisse sind **Endprodukte** bzw. **endformnahe Produkte**, wobei keine bzw. geringe weitere Arbeitsschritte zur Fertigstellung erforderlich sind.

Tendenziell werden kurze Prozesswege von den Ausgangszuständen zum Endprodukt angestrebt. Besondere Prozesseffizienz ist möglich, wenn Verfahrensschritte substituiert werden können. Somit bestehen hohe Qualitätsanforderungen an die urformenden Verfahren, um möglichst auf direktem Weg zum Endprodukt zu gelangen (z. B. Spritzgießen oder Blankpressen). Bei der Herstellung von Bauteilen mit großen Stückzahlen kommt es in erster Linie darauf an, Halbzeuge (Presslinge etc.) bei jedem Bearbeitungsschritt mit hoher Formtreue bei minimalem Aufmaß zu fertigen, um einerseits eine optimale Materialausnutzung zu gewährleisten und andererseits die Folgeprozesse effizient zu gestalten.

Im Ergebnis der Glasschmelze stehen seitens der Glashersteller verschiedene Lieferformen für eine weitere Verarbeitung zur Verfügung:

1. **Rohglas** (z. B. Blockglas, Barrenglas, Profilstäbe),
2. **Halbzeuge** (z. B. Plattenglas, Flachglas, Presslinge, Gobs),
3. **Rohlinge mit vor- bzw. angearbeiteten Flächen** (z. B. Linsen, Spiegel, Prismen).

Wirtschaftlich können dabei beispielsweise Halbzeuge auf Rundtaktautomaten direkt aus der Schmelze gepresst (z. B. Brillenglas- oder Fernglaslinsen) werden. In der Regel müssen optisch gepresste Gläser (insbesondere die optischen Funktionsflächen) aufgrund der nach dem Pressvorgang vorhandenen

Rauigkeiten und Formabweichungen noch weiter bearbeitet werden. Im Unterschied hierzu können mittels Spritzgießens optische Bauelemente mit einem hohen Fertigstellgrad direkt durch das Urformen hergestellt werden. Hohe Genauigkeiten können auch beim Gießen von Kunststoffen in Glasformen erzielt werden, da die Werkzeugoberflächen aus Glas mit sehr hohen Genauigkeiten hergestellt werden.

Eine weitere interessante Verfahrensgruppe sind die additiven Technologien, die ebenfalls der 1. Hauptgruppe „Urformen" zu zuordnen sind. Additiv heißt, es wird ein formloses Ausgangsmaterial schichtweise aufgetragen, um einen dreidimensionalen Formkörper aufzubauen. Diese Verfahrensgruppe zeichnet sich durch eine hohe Flexibilität bei der Herstellung von sehr komplexen Geometrien aus. Die Anwendung dieser Technologien ist insbesondere für die Herstellung von Prototypen und kleinen Stückzahlen, auch Losgröße 1, sehr interessant.

5.1 Urformende Verfahren für anorganische Gläser

5.1.1 Herstellung von Gobs und Presslingen

Gobs (engl. Glasposten/Tropfen) sind vorgeformte Glastropfen mit mindestens einer blanken Seite. Sie werden durch Abtropfen direkt aus der Glasschmelze hergestellt und reduzieren den Materialeinsatz in der Heißformgebung und in den anschließenden Bearbeitungsstufen auf ein Minimum. Aus Gründen des nachfolgenden Umformprozesses werden Gobs nur für Gläser mit niedrigem Erweichungspunkt gefertigt. Im kontinuierlichen Prozess wird die Glasschmelze direkt aus dem Auslauf über einen Stutzen gefördert. Durch die Schwerkraft des austretenden Schmelzvolumens bewegt sich die Glasmasse vertikal in Richtung einer planen Unterlage. Mit einem Scherensystem wird der flüssige Glasstrang getrennt. Man spricht von sogenannten freigetropften Gobs, die langsam erstarren und einen annähernden runden Querschnitt mit einer feuerblanken Oberfläche aufweisen. Durch die Ausflussmenge und den Takt des Scherensystems lassen sich die Masse bzw. das Volumen regulieren (Bild 5.1).

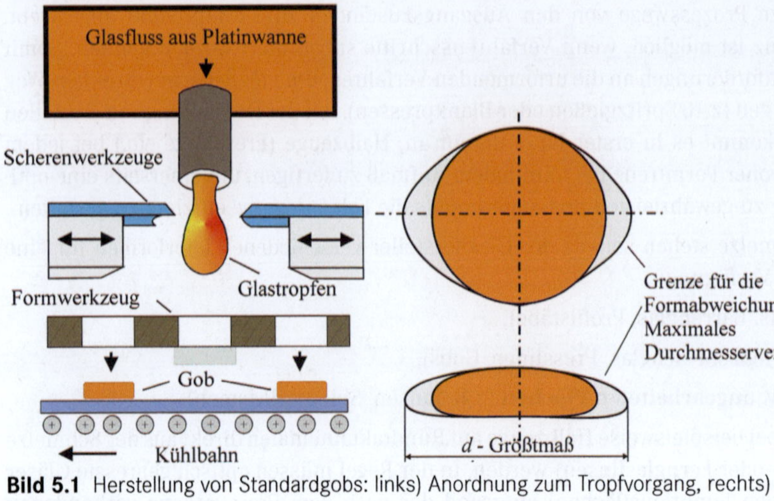

Bild 5.1 Herstellung von Standardgobs: links) Anordnung zum Tropfvorgang, rechts) Formabweichung der Standardgobs

Heute werden sogenannte „**Precision Gobs**" zur Herstellung von asphärischen Linsen in der Anwendung für Digitalkameras, Digitalprojektoren, mobilen Telefonen oder Autoscheinwerfern in der Massenfertigung hergestellt (Bild 5.2). Die Precision Gobs wiegen zwischen 0,3 und 20 g und werden in einem kontinuierlichen Prozess direkt aus der Schmelze gefertigt. Sie zeichnen sich durch eine hohe Gewichtskonstanz und Qualität der feuerpolierten Oberflächen aus, so dass vor dem abschließenden Blankpressprozess keine Bearbeitung mehr erfolgen muss. Durch die hohe Genauigkeit ist ein Zentrierprozess nach der Formgebung ebenfalls nicht mehr nötig. Damit ist dieser Prozess - Urformen von Gobs und anschließendes Blankpressen - auch die wirtschaftlichste Methode, Asphären herzustellen.

Bild 5.2
Precision Gobs; Halbzeuge für asphärische Blankpresslinge */Hart2004/*

Parameter	
Volumen:	250 mm³ - 5000 mm³
Brechzahltoleranz:	±0,0005
Toleranz Abbe-Zahl:	±0,8 %
Volumentoleranz:	0,5 % - 2 %
Durchmessertoleranz:	±0,2 %

5.1.2 Herstellung von Rohgläsern

5.1.2.1 Glasblöcke

Das Urformen bzw. der Guss von optischen Glasblöcken erfolgt i. d. R. im diskontinuierlichen Betrieb (siehe auch Abschnitt 3.2.2). Geschmolzen wird traditionell in sogenannten **Häfen** (Schmelzgefäß) und aktuell mit deren Weiterentwicklung der **Wannenschmelze**. Für optisches Glas werden in **Schmelztiegeln** (oft platinbeschichtete Tiegel) oder in sogenannten **Tageswannen** meist kleinere Glasmengen erschmolzen. Typische Schmelzleistungen dieser Wannen liegen bei ca. 2 - 10 t pro 24 Stunden. Tageswannen erlauben auch das kurzfristige Wechseln von Glasarten; der Fachmann spricht vom „**Umschmelzen**". Das eingelegte Glasgemenge wird geschmolzen und nach einem längeren Läuterungsprozess (Homogenisierung des erschmolzenen Materials) in Formen gegossen (Bild 5.3). Dem Läuterungsprozess kommt auch in der optischen Blockglasfertigung eine besondere Bedeutung zu, um Fehlerursachen wie Blasen, Schlieren und inhomogene Verteilungen der Bestandteile zu vermeiden. Für optische Gläser werden in dieser Phase auch Rührwerke eingesetzt und bei kleineren Glasmengen ein Unterdruck über der Glasbadoberfläche angelegt, um das Aufsteigen der Blasen zu fördern.

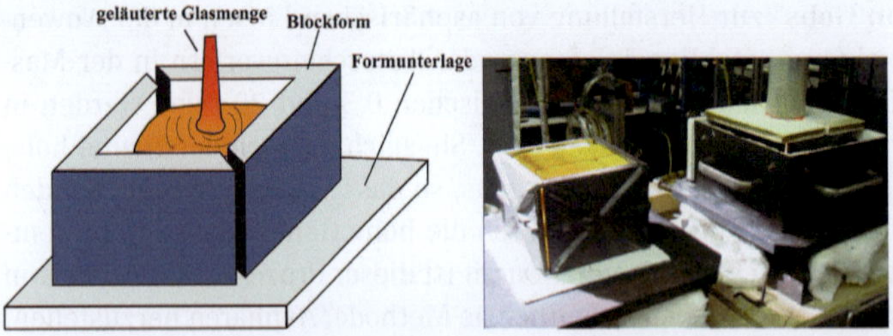

Bild 5.3
Ablauf und Anordnung zum Guss von optischen Glasblöcken: links) Glasform, rechts) Blockfertigung /*Hart2007*/

Ablaufschritte	
1	Gemengeaufbereitung
2	Rauschmelzen
3	Läutern
4	Abstehen
5	Gießen
6	Kühlen
7	Entformen
8	Prüfen

Nach dem Rauschmelz- und Läuterungsprozessschritt erfolgt das Abstehen bei niederen Arbeitstemperaturen, je nach Glas bei ca. 900 - 1200 °C. Die Beseitigung der letzten noch vorhandenen kleinen Bläschen sowie das „Beruhigen" des Glasmaterials führen zu einer weiteren Homogenisierung. Von besonderer Bedeutung für die Herstellung von optischem Glas ist das **temperatur-zeit-gesteuerte Abkühlen** der gegossenen Glasblöcke.

Dieser Vorgang bestimmt entscheidend die Qualität des Glases hinsichtlich mechanischer (Restspannungen) und optischer Parameter (Brechzahl). Die einzuhaltenden Kühlkurven sind abhängig von der Glasart und dem Glasvolumen. Bild 5.4 illustriert den letztgenannten Zusammenhang.

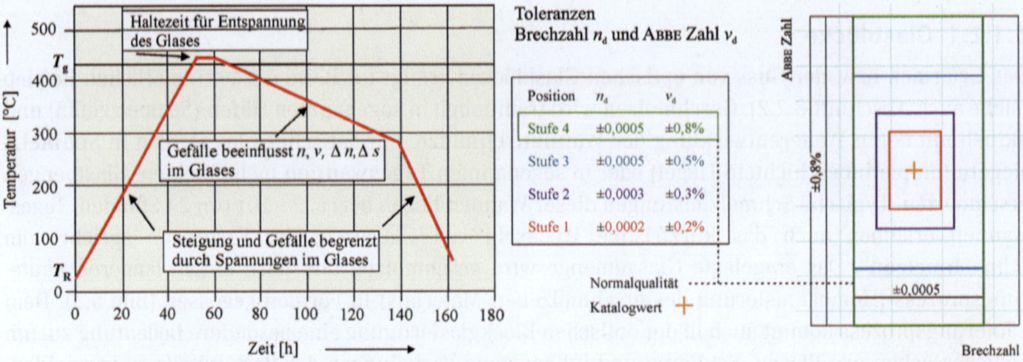

Bild 5.4 Feinkühlprozess für optische Gläser nach /*Hart2007*/: links) Temperatur-Zeitverlauf für ein Flintglas, rechts) Toleranzklassen für die Brechzahl und ABBE-Zahl

Die chemische Zusammensetzung der Schmelze legt die prinzipielle Lage des Glases im ABBE-Diagramm fest. Die Abkühlgerade bestimmt jedoch die endgültigen Werte für Brechzahl und ABBE-Zahl.

Durch die Wahl der Geraden kann auf die absolute Lage noch in gewissen Grenzen Einfluss genommen werden, wie Bild 5.4 rechts veranschaulicht.

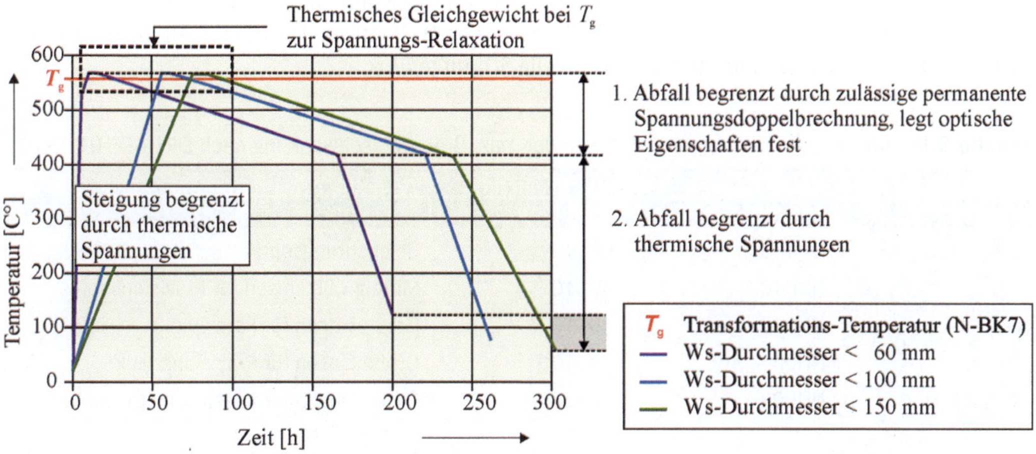

Bild 5.5 Temperatur-Zeit-Verlauf des Feinkühlens für unterschiedliche Bauteilgrößen nach */Hart2007/*

Die Steigung der Kühlgeraden in Bild 5.5 ist glasartspezifisch. Die Kühldauer ist von der Bauteilgröße und der erforderlichen Toleranzklasse der zulässigen Restspannungen bzw. dem maximal zulässigen Wert für den optischen Gangunterschied abhängig. Typische Kühlraten nach */Hart2007/* sind 4 - 7 K/h für Presslinge, 0,5 - 1,2 K/h für Glasblöcke und < 0,2 K/h für große Scheiben. Eine zu schnelle Abkühlung würde die **Homogenität** durch Dichteänderungen und Spannungsdoppelbrechung verschlechtern.

Die Prüfung der Glasblöcke nach dem Entformen erfolgt nach vielen Kriterien mit unterschiedlichen Prüf- bzw. Messmethoden. Ein wichtiges Kriterium zur Charakterisierung eines Glasblockes ist neben der Ermittlung von möglichen **Inhomogenitäten** (Schlieren und Blasen siehe Abschnitt 5.1.5) auch die Bewertung der Brechzahlhomogenität sowie der Restspannungen im Glas.

Für die Ermittlung von Brechzahlschwankungen werden interferometrische Messverfahren eingesetzt. Die dabei ermittelte Wellenfrontabweichung kann in eine Brechzahlschwankung umgerechnet werden */Jeda2004/*. Die Homogenitätsverteilung wird überwiegend durch das Gießformat vorgegeben. Diesbezüglich ist in Richtung der Randbereiche ein Ansteigen der Inhomogenitäten zu erwarten. Bild 5.6 zeigt einen Homogenitätsverlauf in der Falschfarbendarstellung für einen Glasblock aus BK7.

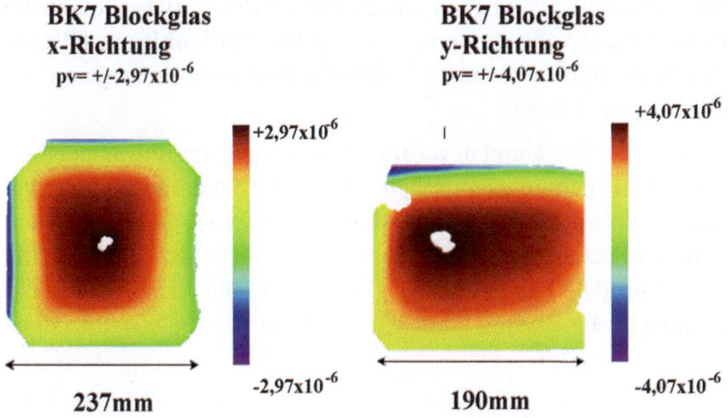

Bild 5.6 Brechzahlhomogenitätsverlauf - Verlauf der Brechzahl in einem Glasblock */Jeda2004/*

Das Maß für die **Homogenität** wird als Differenz zwischen dem maximalen und dem minimalen Wert der gemessenen Brechzahl festgelegt. Dargestellt werden Homogenität und Schlieren über den Rohglasquerschnitt als Wellenfrontverzögerung beim Lichtdurchgang, bezogen auf den zurückgelegten Glasweg. Dabei stellen die Homogenität mit > 1 mm die weiträumigere und die Schlieren mit 0,1 – 1 mm die kürzeren Ebenheitsabweichungen von der gemessenen Wellenfront dar. Die Einteilung der Klassen und typische Anwendungen hierfür sind in Tabelle 5.1 aufgeführt.

Tabelle 5.1 Einteilung der Homogenitätsklassen der max. Brechzahlschwankung nach DIN ISO 10110-18

Frühere Klassenangabe	Neue Klassenangabe	Max. Brechzahlschwankung	Typische Anwendungen
0	NH100	$100 \cdot 10^{-6}$	Beleuchtungsoptik
1	NH040	$40 \cdot 10^{-6}$	Mittelgroße Linsen für Präzisionsoptik
2	NH010	$10 \cdot 10^{-6}$	Große Linsen für Foto-Optik
3	NH004	$4 \cdot 10^{-6}$	Große Linsen für Präzisionsoptik
4	NH002	$2 \cdot 10^{-6}$	Große Linsen für interferometrische Messgeräte
5	NH001	$1 \cdot 10^{-6}$	Große Linsen für mikrolithografische Systeme

Die Homogenität wird zusammen mit der Schlierenunvollkommenheit (siehe auch Abschnitt 5.1.5) unter der Codenummer 2/*A* (fertiges Bauelement), 02/*A* (Rohteil) oder 12/*A* (fertige Baugruppe) angegeben. Der auf die Codenummer folgende Buchstabe *A* ist die Variable für die Qualitätsklasse. Neu ist ebenfalls die Möglichkeit, dass der Fokusterm zur Beschreibung der Homogenität, ergänzend in der Form 2/*A*-F Verwendung finden kann. Der Fokusterm F entspricht dem Zernicke-Polynom Term Z(2,0) (siehe auch Kapitel 2). Die Bezeichnung -F ist keine Variable und gibt an, dass der Fokusterm von der gemessenen Wellenfront der Homogenität abgezogen werden darf.

Die Festigkeit und die Bearbeitung von optischen Materialien werden stark durch die mechanischen Spannungen (auch als **Restspannungen** bezeichnet) beeinflusst, deren Größe ebenfalls sehr stark durch den Kühlprozess des Glases bestimmt wird. Die Überprüfung der Restspannungen sowie die Kontrolle von Spannungszuständen, die im weiteren Bearbeitungsprozess entstehen, sind unerlässlich und werden mit Methoden der Spannungsoptik (Polariskop oder Polarimeter) manuell oder automatisch durchgeführt. Mit polarisiertem Licht kann die Spannungsverteilung in transparenten Körpern untersucht werden, da mechanische Spannungen in Körpern eine Doppelbrechung bewirken. In Transmission entsteht in der Beobachtungsebene ein Bild von hellen und dunklen Streifen. Dabei stellen die **Isochromaten** Linien mit konstanter Hauptspannungsdifferenz dar und bei den **Isoklinen** fällt die Richtung einer Hauptspannung mit der Polarisationsrichtung des einfallenden Lichtes zusammen. Sie repräsentieren die **Spannungstrajektorien** des Körpers.

Die inneren mechanischen Spannungen im Glasvolumen verursachen eine Spannungsdoppelbrechung, deren Wirkung mit den beschriebenen spannungsoptischen Messverfahren dargestellt werden kann. Sie wird als die optische Weglängendifferenz (OPD – **O**ptical **P**ath **D**ifference) in nm zwischen zwei orthogonal zueinander ausgerichteten Polarisationszuständen eines Lichtstrahls, der das Material einen Zentimeter durchläuft, angegeben (DIN ISO 10110-18). Die Codenummer zur Angabe der Spannungsdoppelbrechung ist 0/*A*, wobei *A* die maximal zulässige OPD in $nm \cdot cm^{-1}$ angibt (siehe Tabelle).

Zulässige optische Weglängendifferenz (OPD)	Typische Anwendungen
2 nm · cm^{-1}	Polarisationselemente interferometrische Instrumente
5 nm · cm^{-1}	Präzisionsoptik Optik für Astronomie
10 nm · cm^{-1}	Fotooptik Mikroskopoptik
20 nm · cm^{-1}	Vergrößerungsgläser Sucheroptik
ohne Anforderung	Beleuchtungsoptik

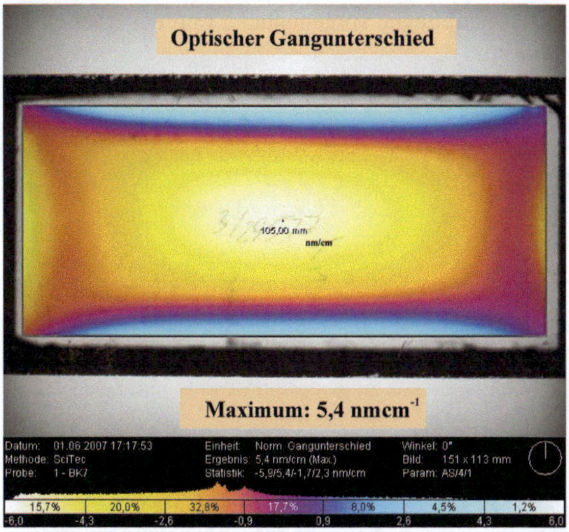

Bild 5.7
Beispiele für die Spannungsdoppelbrechung: Spannungsbild eines Glasblockes BK7, Tabelle zu den Toleranzen der Spannungsdoppelbrechung (DIN ISO 10110-18) darüber*/Ilis2007/*

Bild 5.7 illustriert den Spannungsverlauf in einem aufgetrennten Glasblock BK7. Das hier von der Firma Ilis, Erlangen, verwendete StrainMatic-Polarimetersystem ermöglicht die farbcodierte Darstellung von Spannungswerten im Volumen eines Glaskörpers. Die automatische Vermessung des Prüflings erlaubt u. a. die Angabe des optischen Gangunterschiedes und der Spannungszustände. Der in Bild 5.7 gemessene Glasblock BK7 besitzt einen maximalen optischen Gangunterschied von 5,4 nm · cm^{-1}. Dies entspricht einem Rohglas für die Präzisionsoptik.

5.1.2.2 Barrengläser und optische Glasstäbe

Für bestimmte Fertigungsaufgaben kann es hilfreich sein, Barrengläser oder optische Glasstäbe als Ausgangsmaterialien einzusetzen. **Barrengläser** werden in unterschiedlichen Längen, Breiten und Dicken gegossen bzw. gezogen. Sie besitzen sogenannte gussblanke Manteloberflächen sowie gebrochene oder geschnittene Stirnflächen infolge des Zuschnittes des Barrenstrangs und werden nach dem Formgebungsprozess grob- oder feingekühlt. Für den Einsatz zur weiteren Verarbeitung durch nachgelagerte Heißformgebungsschritte (Umformen, siehe auch Kapitel 6) reicht der grobgekühlte Zustand aus */Scho2020/*.

Nachfolgend sind die einzelnen Verfahrensschritte zur Herstellung eines Barrenglases zusammengefasst. Ausgehend von der Gemengeaufbereitung erfolgt die Rauschmelze des Gemenges. Im Anschluss an den Läuterungsprozess und definiertem Abstehen wird die homogenisierte Schmelze in eine Wanne gegossen. Nach dem Erstarren der Schmelze wird das Material zu Glasbruch weiterverarbeitet. Nach verschiedenen Verfahren der Qualitätskontrolle wird das Material erneut geschmolzen und die Schmelze homogenisiert. Dieser „Remelting" genannte Prozess ist erforderlich, um schlieren- und blasenarmes Glas mit einer hohen optischen Transparenz zu erzeugen (Bild 5.8). Mit bereits geschmolzenem Glas, in dem Fall als Glasbruch/Scherben, kann im Vergleich zu dem Schmelzprozess aus reinem Gemenge ein wesentlich homogeneres Schmelzergebnis erzielt werden. Die Formgebung des Barrenstranges, auch als „Endlosstrang" bezeichnet, geschieht mithilfe eines Ziehprozesses durch eine Düse. Unmittelbar im Anschluss durchläuft der Barrenstrang einen Tunnelofen. Durch diesen sehr langsamen zeitgesteuerten Abkühlvorgang wird der Strang zunächst grob gekühlt. Nach Zurichten auf Länge in handliche Glassegmente werden diese erneut einer Qualitätskontrolle unterzogen. Mit einem finalen Feinkühlprozess, indem die wichtigsten optischen Parameter feinabgestimmt sowie die exakte Brechzahlführung und das Minimieren von inneren Spannungen vorgenommen werden, erhalten die Barrengläser ihre endgültigen Glasparameter. */Ohar2021/*

Bild 5.8
Herstellung eines optischen Barrenglases: schlierenfreier und optisch hochtransparenter Glasbarren */Ohar2021/*

Herstellung eines optischen Barrenglases: Ablauf	
1	Gemengeaufbereitung
2	Rauschmelzen
3	Läutern
4	Abstehen
5	Erzeugen Glasbruch
6	Schmelzen
7	Homogenisieren
8	Strangformgebung
9	Grobkühlen
10	Zurichten
11	Feinkühlen

Glasstäbe kommen sehr häufig für optische Komponenten mit kleineren geometrischen Abmessungen zum Einsatz. Beispiele hierfür sind Stablinsen, asphärische Linsen, Scheiben und Linsen mit sehr kleinen Radien für hochaparturige Anwendungen. Bild 5.9 illustriert ein Beispiel für die Herstellung optischer Stäbe aus B260, die in einem kontinuierlichen Stabziehverfahren gefertigt werden. Dazu wird das Glas aus der Wanne durch die Rinne nach unten gezogen. Der Durchmesser des Stabes wird hauptsächlich durch die Ziehdüse und die Ziehgeschwindigkeit vorgegeben. Bei dieser vertikalen Verfahrensanordnung wird am „kalten Ende" der Stab auf die gewünschte Länge vom Endlosstrang mechanisch getrennt, meist durch ein Ritzen und Brechen (das Glas verfügt zu diesem Zeitpunkt nur über eine geringe Temperaturwechselbeständigkeit). Unmittelbar im Anschluss durchlaufen die getrennten Glasstäbe einen Kühlprozess. Die Mantelflächen der Glasstäbe sind durch eine Feuerpolitur gekennzeichnet und besitzen typische Längen bis zu 1000 mm. Für höhere Anforderungen werden Stabsegmente (typ. bis 150 mm Länge) auch nachbearbeitet, um Durchmessertoleranzen, Geradheitsabweichungen sowie Längentoleranzen gezielt verbessern zu können */Scho2020/*.

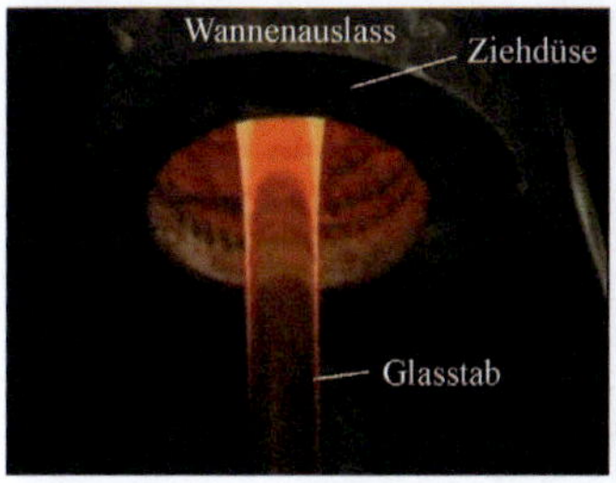

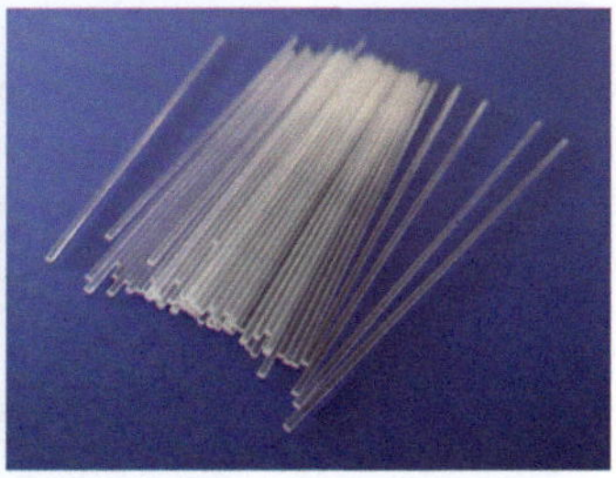

Bild 5.9
Herstellung von optischen Glasstäben: links) kontinuierliches Stabziehverfahren */Scho2020/*, rechts) Glasstäbe feuerpoliert

Neben den genannten Rohgläsern kommen auch **zugerichtete Gläser** zum Einsatz. Nach dem Zurichten haben diese in geometrische Standardgrößen getrennte Platten, Scheiben, Stäbe oder Prismen einzelne oder allseitig bearbeitete Flächen (siehe auch Abschnitt 7.1).

5.1.3 Herstellung von Flachglas

Neben den vielfältigen Anwendungen von Flachgläsern im Hauswirtschafts- und Baubereich stellt das Urformen von Flachgläsern auch für optische Einsatzfälle eine wichtige Voraussetzung dar. Die vielfältigen Anwendungen reichen von einfachen Spiegelgläsern über Farbfilter bis hin zu Spezialdisplaygläsern. Auch aufgrund des prognostizierten enormen Entwicklungspotenzials der Solartechnik wird sich der Flachglasanteil weiter erhöhen.

Flachglas wird im Wesentlichen durch drei Verfahren hergestellt:

- **Gussverfahren** (meist teiltransparentes Glas),
- **Ziehverfahren** (transparentes Glas),
- **Floatverfahren** (transparentes Glas).

5.1.3.1 Gussverfahren

Das geschmolzene Glas läuft über den **Auslaufstein** der Schmelzwanne auf den **Maschinenstein** und wird im weiteren Verlauf zwischen zwei gekühlten Formwalzen geführt. Der einstellbare Walzenabstand bestimmt die Dicke des späteren Flachglases. Ein vorgelagerter Schamotteschieber regelt die Menge des austretenden Glasflusses.

Tabelle 5.2 Verfahrensschritte des Gussverfahrens

Ablauf Gussverfahren	
1	Gemenge schmelzen
2	Glasschmelze wird über eine Rinne aus dem Wannenbecken zur Walzeinrichtung geführt
3	Transport über zwei hohle, wassergekühlte Walzen, Einstellen der Glasdicke
4	Kühlung des Glases im Tunnelofen
5	Trennen

Nach erfolgter Formgebung durch die Walzen wird das Glas über Transportrollen oder -walzen in den Kühlofen gefördert. Zunächst wird das Glas auf eine bestimmte Temperatur über der Transformationstemperatur im Kühlofen erwärmt und im Anschluss über eine Temperatur-Zeit-Kurve langsam abgekühlt. Somit lassen sich Spannungen im Glasinnern weitestgehend vermeiden bzw. auf ein gefordertes Minimum reduzieren.

Am **kalten Ende** wird dann der Glasstrang auf Fertig- und Normmaße getrennt. Mittels mechanischem oder thermischem (lasergestütztem) Ritzen (siehe auch Kapitel 6) und anschließendem Brechen können computergesteuert die Glasposten flexibel in unterschiedliche Formate getrennt werden. Bild 5.10 illustriert schematisch und fotografisch das Gussverfahren.

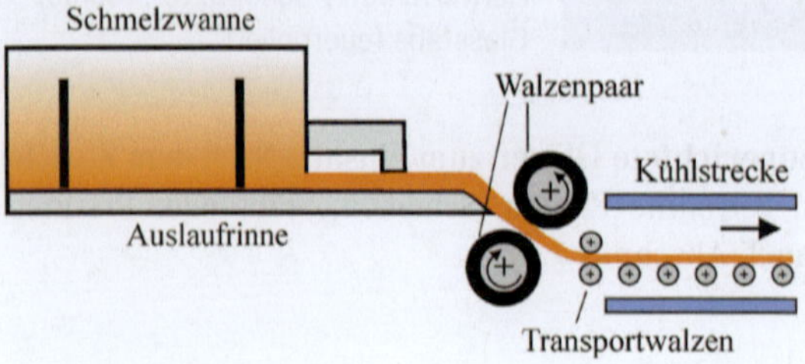

Bild 5.10 Prinzipdarstellung des Gussverfahrens */Scho2006/*: links) Prinzipbild, rechts) fotografische Darstellung

Gussgläser werden aufgrund ihrer Teiltransparenz (50 – 80 %) vorwiegend für Spezialanwendungen eingesetzt, z. B. für Strahlenschutzgläser in der Medizintechnik und der Forschung.

5.1.3.2 Ziehverfahren

Die Flachglasherstellung im **Ziehverfahren** gestaltet sich technisch wesentlich schwieriger als das zuvor beschriebene Gussverfahren. Die Verfahrensvarianten sind heute sehr vielgestaltig und bestimmen wesentlich die Qualität und die erreichbaren Glasparameter. Die bekanntesten Ziehverfahren sind:

1. **Fourcault-Verfahren**
   (vertikales Ziehen mit einer Ziehdüse)
2. **Libbey-Owens-Verfahren**
   (horizontales Ziehen mittels Fangvorrichtung)
3. **Pittsburgh-Verfahren**
   (vertikales Ziehen über einen Schamotteleitkörper)

Nach dem ersten erfolgreichen Ziehversuch des Belgiers Fourcault im Jahre 1905 mit einer auf dem flüssigen Glas schwimmenden etwa drei Meter langen Ziehdüse wurden Ziehverfahren stetig weiterentwickelt. Das Pittsburgh-Verfahren vereint die Vorteile von Fourcault und dem Libbey-Owens-Verfahren. Das Glasband wird dabei senkrecht nach oben gefördert. An der Aushebestelle der Glasschmelze wird ein Leitkörper aus Schamotte angebracht. Gekühlte Haltevorrichtungen übernehmen den Glasstrang. Mithilfe von Ziehwalzen wird das Glas durch einen ca. 12 Meter langen Kühlschacht transportiert und am „kalten Ende" zugeschnitten. Die Vorteile des Verfahrens liegen hauptsächlich in der hohen Ziehgeschwindigkeit, dem schnellen Wechsel auf andere Glasstärken und der erreichbaren Qualität.

Je nach vertikaler Ziehrichtung unterscheidet man das **Up-Draw-** und **Down-Draw-**Verfahren. Im Up-Draw-Anordnungsprinzip (Bild 5.11) wird das Glas aus der Wanne in einem Ziehschacht nach oben gezogen.

Im Down-Draw-Verfahren wird das Glas hingegen nach unten abgezogen. Nach diesem Verfahren kann das dünnste Flachglas bis zu einer minimalen Dicke von 25 µm, hergestellt werden (siehe Abschnitt 5.1.3.4). Der Zuschnitt am kalten Ende erfolgt bei diesen Glasstärken mit einem thermisch spannungsinduzierten Laserverfahren (siehe Kapitel 7). Hergestellt werden mit dieser Technologie u. a. die Display- und Mikroskopiegläser */Pfae1997/*.

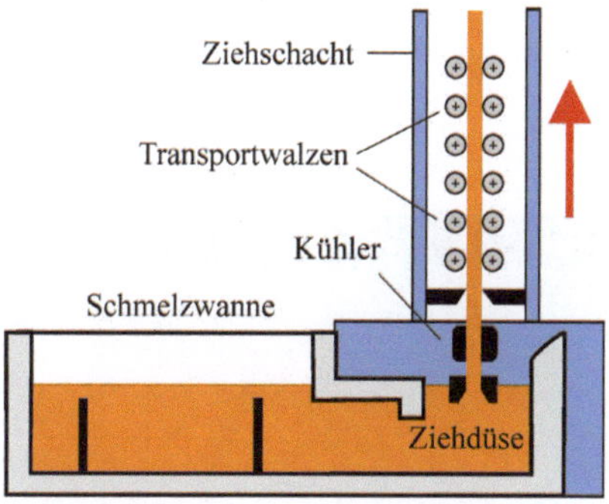

Bild 5.11
Schematische Darstellung des Flachglasziehens im Up-Draw-Verfahren

5.1.3.3 Floatverfahren

Im Jahre 1959 wurde von der Firma Pilkington das **Floatglasverfahren** zur Erzeugung von Flachgläsern entwickelt. Es ist auch heute noch konkurrenzloser Standard in der Produktion von hochwertigem Flachglas für den Bau- und Fahrzeugsektor sowie im optischen Bereich. Wesentliche Vorzüge dieses Verfahrensprinzips liegen in der deutlich besseren Produktqualität bezogen auf die optischen Parameter, insbesondere die erreichbare Ebenheit, die Verringerung von Einschlüssen und Glasfehlern sowie die Homogenität und Transmission. Zudem konnte die Produktionsgeschwindigkeit um das Fünf- bis Zehnfache gegenüber den Ziehverfahren erhöht werden. Das aus der Schmelzwanne kommende flüssige Glas fließt mit einer Temperatur von ca. 1500 °C in ein Interface, wo der Läuterungsprozess sowie eine Beruhigung des Glasvolumens erfolgen. Mit ca. 1100 °C wird das beruhigte und homogenisierte Material über einen regulierbaren, schmalen Kanal auf das Zinnbad geführt (in einem Becken gefüllt mit flüssigem Zinn, Schmelzpunkt 232 °C), auf dem sich die leichtere Glasschmelze zu einem Band mit zwei parallelen Grenzflächen ausbreitet. Unter der Einwirkung der Schwerkraft und der Oberflächenenergie bildet sich eine völlig ebene Grenzfläche **(Badseite des Glases, Bottom Side)** aus. Bei diesem Verfahren (Bild 5.12) sorgen sogenannte **Top-Roller** für eine variable Dicke des Glasbandes (siehe auch Bild 5.13). Die Atmosphäre in dem hermetisch abgeschlossenen Zinnbad besteht aus einem Stickstoff-Wasserstoff-Gemisch (88 – 94 % N_2 und 6 – 12 % H_2), so dass eine mögliche Oxidation des flüssigen Zinns durch Kontakt mit Sauerstoff verhindert wird. Die zweite Glasseite **(Top Side)**, der Atmosphäre zugewandt, wird durch eine Feuerpolitur geglättet. Nach dem Floatbad wird das **Glasband (Ribbon)** kontinuierlich mithilfe von **Lift-Out-Rollern** von der Zinnoberfläche abgezogen und zur Abkühlung in den Kühlkanal weitertransportiert, an dessen Auslauf die Glastemperatur nahe der Raumtemperatur abgesunken ist. Der Glasschnitt in Tafeln von 6 m Länge und 3,21 m Breite (Standardmaß) erfolgt durch computergesteuerte Trennmaschinen oder Laserstrahlanlagen. Die abgetrennten Seitenstreifen werden im Recycling dem Gemenge wieder zugeführt. */Pfae1997/*

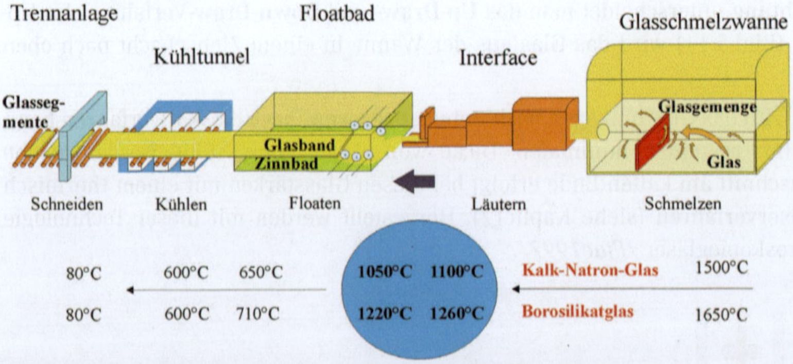

Bild 5.12 Schematische Darstellung des Floatverfahrens */Scho2006/*

Ablauf Floatverfahren	
1	Gemenge schmelzen
2	Glasschmelze wird in einem Interface homogenisiert
3	Transport auf ein Zinnbad
4	Unter Atmosphäre Formgebung (Feuerpolitur der Top Side)
5	Transport durch Kühltunnel
6	Trennen der Seitenbänder
7	Kontrolle auf Glasfehler
8	Trennen in vorgegebene Glasformate

Die Glasdicke kann präzise eingestellt werden durch:

- Ziehgeschwindigkeit,
- Anzahl, Geschwindigkeit und Winkel der Roller,
- Leistungsverteilung der Floatbadheizer.

Allerdings muss bei der Änderung der Glasdicke in kleineren Abstufungen vorgegangen werden (ein Sprung von 28 mm auf 0,4 mm und umgekehrt ist nicht möglich).

Das beidseitige Eingreifen von Rollern bzw. Fendern in den noch flüssigen Glasrand des Bandes ermöglicht die Produktion von Flachglas in variablen Dicken zwischen 0,4 und 28 mm. Bild 5.13 zeigt das Wirkprinzip des Top-Roller-Verfahrens.

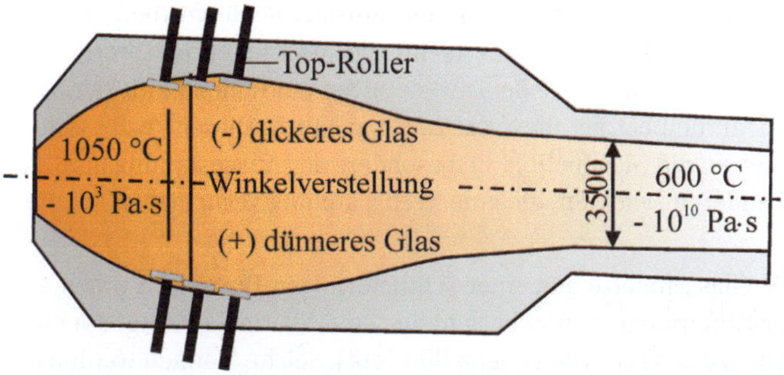

Bild 5.13
Variable Glasdickeneinstellung */Scha1990/*: Top-Roller-Anordnung

Gegenüberstellung typischer Methoden	
Top Rolling	**Fender-Verfahren**
Glasdicken 0,4 - 15 mm	Glasdicken 15 - 28 mm
Gezackte Räder	Carbon-Randleisten, die nicht benetzen
Negative Winkeleinstellung bis 1 mm	Vermeiden des Aufspreitens der Schmelze
Positive Winkeleinstellung bis 15 mm	Aufwendiges Verfahren

Insbesondere das chemisch hochresistente **Borosilicatglas** findet eine breite Verwendung. Es zeichnet sich darüber hinaus durch eine geringe thermische Ausdehnung und eine hohe Thermoschockbeständigkeit aus. Im optischen Bereich wird es vorzugsweise für Anwendungen der Beleuchtungstechnik als Filtermaterialien, für planparallele Platten, Displaygläser, Laserschutzgläser, fotovoltaische Anwendungen etc. eingesetzt. Eine Zusammenstellung ausgewählter physikalisch-chemischer Eigenschaften von Borosilicatglas im Vergleich zu Kalk-Natronglas gibt die Tabelle 5.3.

Tabelle 5.3 Physikalisch-chemische Eigenschaften ausgewählter Floatgläser */Scho2020/*

Parameter	Einheit	Borofloat 33	Borofloat 40	Kalk-Natron-Floatglas
Dichte	$g \cdot cm^{-3}$	2,22	2,35	2,5
Wärmedehnung $\alpha_{20/300}$	$10^{-6}K^{-1}$	3,3	4,0	9,0
E-Modul	GPa	63	69	72
Biegefestigkeit	MPa	25	120	30
Strahlungsdurchlässigkeit (0,36 - 5 µm)	(%)	84 - 90	84 - 90	75 - 90
Transformationstemperatur T_G	°C	530	585	545
Temperatur bei 10^{13} dPa · s	°C	560	609	530
Temperatur bei $10^{7,6}$ dPa · s	°C	815	845	720
Temperatur bei $10^{4,0}$ dPa · s	°C	1270	1260	1030

5.1.3.4 Dünnglas und Glasfolien

Zu **Dünngläsern** (teilweise auch als Dünnstgläser bezeichnet) und Glasfolien gehören Flachgläser, deren Dicke kleiner 500 µm beträgt. Diese Gläser werden vorwiegend in der Displaytechnik, Sensorik und Elektronik eingesetzt. Um solche Gläser mit Dicken kleiner 500 µm herstellen zu können, kommen das Down-Draw-Verfahren und das Overflow-Fusion-Verfahren zum Einsatz. Beide vertikal angeordnete Verfahren fördern das Flachglas aus der Schmelzwanne kommend nach unten und werden am kalten Ende meist in Formate zugerichtet oder für spezielle Anwendungen auf Rollen gewickelt. Letzteres ist trotz sehr kleiner Glasdicken, aktuell beträgt diese ca. 25 µm, möglich. Dieser Prozessschritt erfordert jedoch erhöhte Anforderungen an die Glasqualität, insbesondere der Ausgestaltung der Glasränder, die frei von Mikrorissen und anderen Defekten, die eine Kerbspannung verursachen könnten, sein müssen.

Beim **Down-Draw-Verfahren** tritt die Glasschmelze aus einer schlitzförmigen Düse nach unten aus. Diese Düse befindet sich am Ende der Läuterkammer und besteht aus einer Platinlegierung, um etwaige Kontaminationen mit der Glasschmelze zu vermeiden (siehe Bild 5.14). Solche Wannen werden mit typischen Tagesleistungen von 1 – 3 Tonnen kontinuierlich gefahren und auf eine Glasbandbreite bis zu 500 mm ausgelegt. Der austretende Glasstrang wird an der Ziehdüse in seiner Viskosität durch den gewählten Temperaturverlauf zunächst so eingestellt, dass sich eine Ziehzwiebel bildet. Das sich daraus ausbildende Glasband wird mit Ziehwalzen nach unten abgezogen. Ohne weitere Nachbehandlungsschritte entstehen feuerpolierte Glasoberflächen mit einer Rauigkeit im Bereich von wenigen Nanometern. Die Glasdicke wird hauptsächlich durch den Glasdurchsatz und die Ziehgeschwindigkeit bestimmt. Die Toleranz der Glasdicke wird während des Ziehprozesses gemessen und dient als Regelgröße für die Abzugsgeschwindigkeit. */Gloc2007/*

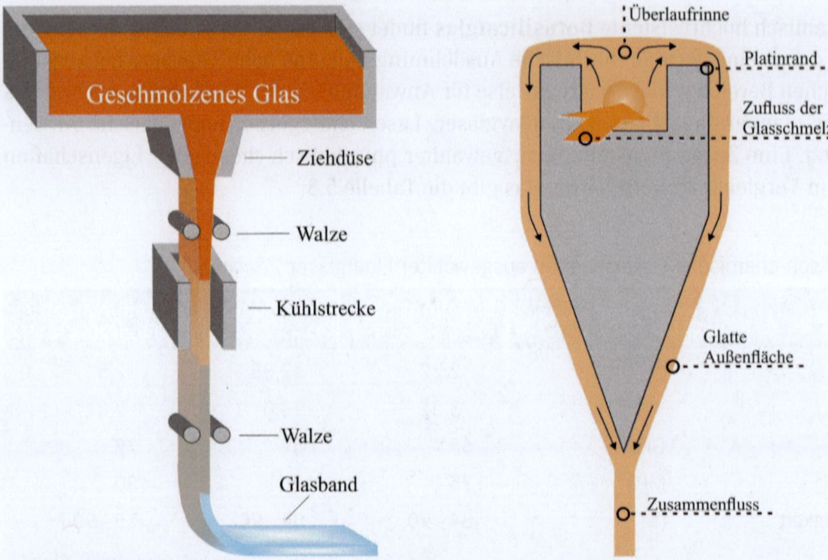

Bild 5.14 Verfahren zur Herstellung von Dünngläsern und Glasfolien: links) Down-Draw-Verfahren, rechts) Overflow-Fusion-Verfahren nach */Gloc2007/*

Das Unternehmen Corning hat in den 1960er-Jahren das **Overflow-Fusion-Verfahren** entwickelt, bei dem die Glasschmelze in eine Rinne, die sogenannte „Isopipe", gegossen wird. Die Rinne wird temperaturgesteuert erwärmt und geregelt, um die Viskosität der Schmelze zu steuern und einen gleichmäßigen Fluss zu gewährleisten. In dieser Platinrinne kommt das Glas an beiden Seiten zum Überlaufen. Es entstehen somit zwei sehr dünne Glasfilme, die sich am Ende der V-förmigen Rinnengeometrie zu einem Glasband vereinigen. Danach wird das Glas über Rollenpaare ebenfalls nach unten durch den Kühltunnel gezogen. Die Glasränder werden am kalten Ende abgetrennt und die festgelegten Glasformate zugerichtet. Die ebenfalls feuerpolierten Oberflächen des Ziehglases zeichnen sich durch eine sehr hohe Planität und Oberflächenqualität aus.

Das konfektionierte Glas wird im Anschluss meist noch verfestigt, um an den Oberflächen eine hohe Beständigkeit gegen äußere mechanische Kräfte zu erhalten. Bei diesen geringen Materialstärken kann jedoch nicht das thermische Verfahren zum **Verfestigen** angewendet werden. Hierfür werden chemische Prozesse vorgesehen, bei denen ein Ionenaustausch an der Glasoberfläche stattfindet (siehe auch Kapitel 9).

5.1.4 Herstellung von Quarzglas

Der Werkstoff **Quarzglas** besitzt für optische Anwendungen eine große Bedeutung. Quarzglas hat eine amorphe Struktur (keine kristalline Struktur wie Quarz), besteht aber im Unterschied zu anderen Gläsern nur aus reinem Silizium und Sauerstoff, dem Siliziumdioxid. Durch die hohe Reinheit, den geringen thermischen Ausdehnungskoeffizienten ($\alpha = 0{,}5 \cdot 10^{-6}\,\mathrm{K}^{-1}$) und die sehr guten Transmissionseigenschaften, auch im UV-Bereich, ist Quarzglas zu einem wichtigen Werkstoff der Optiktechnologie geworden. In der Faseroptik, in der Präzisionsoptik, aber auch in der Lasertechnik kommt dieser Werkstoff sehr oft zum Einsatz. Für die Anwendungen der Lasertechnik zeichnet er sich im Vergleich zu anderen anorganischen Gläsern durch eine sehr hohe Strahlungsfestigkeit aus.

Entsprechend der gewählten Ausgangsstoffe werden natürliche und synthetische Quarzgläser unterschieden. Für das **natürliche Quarzglas** wird hochreiner Quarz zu Pulver verarbeitet und gereinigt. Durch das elektrische Schmelzen oder Flammenschmelzen werden diese Ausgangspulver in einem Formgebungsschritt zu einem Strang, Rohr oder Block verarbeitet.

Synthetisches hochwertiges Quarzglas wird hingegen aus hochreinen Siliziumverbindungen über das CVD-Verfahren hergestellt. Dieses Verfahren beruht auf der Flammenhydrolyse geeigneter Siliziumdioxidvorstufen, i. d. R. wird Siliziumtetrachlorid eingesetzt */Hofm2009/*.

Hydrolyse

$$\mathrm{SiCl_4} + \mathrm{H_2} + \mathrm{O_2} \rightarrow \mathrm{SiO_2} + 2\mathrm{HCl} + \mathrm{Cl_2} \qquad (5.1)$$

Für den Herstellungsprozess werden drei Verfahren unterschieden:

- Flammenschmelzverfahren,
- elektrisches Schmelzen,
- CVD-Verfahren (**C**hemical **V**apour **D**eposition).

Ausgangsmaterial für das **Flammenschmelzen** sind fein gemahlener Quarzsand, Bergkristall oder synthetische Silica-Rohstoffe. Diese werden kontinuierlich der Flamme zugeführt und lassen einen runden Stab wachsen (Bild 5.15 rechts). Das Ausgangspulver wird in einem Sauerstoff-Wasserstoffbrenner zum Sublimieren gebracht. Durch den schichtweisen Aufbau erhält man eine relativ homogene Glasstruktur. Als Reaktionsprodukt der Knallgasflamme entsteht Wasserdampf, der in das Quarzglas integriert wird und somit einen relativ hohen Anteil von Hydroxylgruppen (OH-Anteil) bewirkt. */Hofm2009/*

Die größte Menge an Quarzglas wird durch **elektrisches Schmelzen** erzeugt. Der in einem Schmelztiegel erschmolzene Quarzsand verlässt über eine untere Öffnung den Tiegel und wird zu Stäben oder Profilen geformt. Allerdings entsteht bei diesem Prozess nur Quarzglas geringerer Güte, das eingeschränkt für optische Anwendungen zur Verfügung steht */Hera2007-1/*.

Für den elektrischen Schmelzprozess unterscheidet man drei Varianten. Quarzkristalle können mit einem **Lichtbogenverfahren** aufgeschmolzen werden und verbinden sich über eine Schmelze zu einem amorphen Grundkörper. Dieser weist jedoch einen großen Blasengehalt durch Lufteinschlüsse auf. Das Aussehen des Grundköpers ist aufgrund der Lufteinschlüsse nicht transparent und wird als **Quarzgut** bezeichnet. Für optische Anwendungen ist dieses Material nicht geeignet.

Beim **kontinuierlichen Schmelzen** in einem vertikalen Schmelzofen wird das Pulvermaterial stetig zugeführt (Bild 5.15 links). Der Hochtemperaturbehälter besteht aus refraktären Metallen, z.B. Wolfram oder Molybdän. Die hochviskose Schmelze wird dann kontinuierlich durch eine Düse am Boden des Behälters abgezogen, wobei die Düsenform die sich ausbildende Strangform bestimmt. Die Formgebungstemperatur liegt mit 1700 °C deutlich über denen der anderen anorganischen Gläser. */Hera2020-1/*, */Hofm2009/*

Ein drittes Schmelzverfahren ist das **Blockverfahren.** Ausgangpunkt ist die Einlage einer größeren Menge an Quarzpulver in eine hitzebeständige Vakuumkammer. In einem diskontinuierlichen Schmelzprozess werden einzelne größere Blöcke geschmolzen. Durch den Vakuumprozess lässt sich ein blasenarmes Quarzglas mit höherer Glasqualität schmelzen.

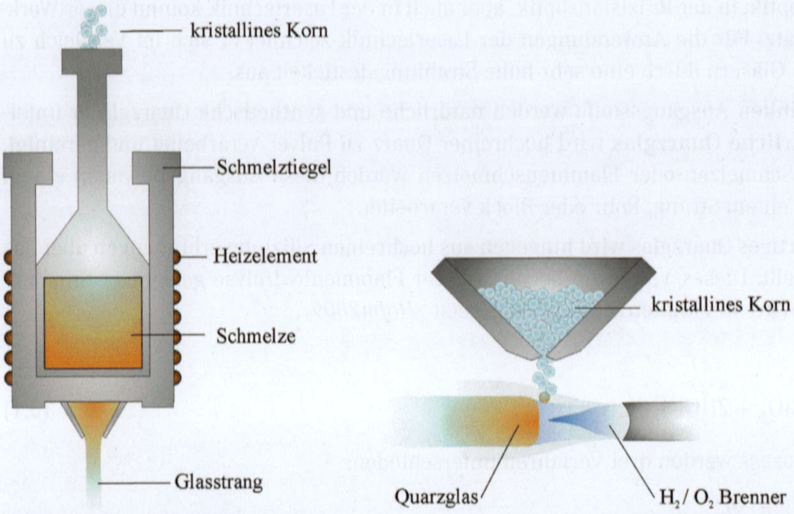

Bild 5.15 Herstellungsverfahren für Quarzglas */Hera2020-1/*, */Hofm2009/*: links) elektrisches Schmelzen, rechts) Flammenschmelzen

Bei der Hydrolyse eines Si-haltigen Trägergases nach Formel 5.1 entstehen aus der Gasphase SiO_2-Nanopartikel. Beim **CVD-Verfahren** kommen zwei Verfahrensvarianten zum Einsatz. Im **direkten Abscheideverfahren** sublimiert das Ausgangsmaterial ($SiCl_4$) durch einen Sauerstoff-Wasserstoffbrenner und kondensiert an der heißen Oberfläche eines Keimlings bzw. einer Keimplatte, die mit einer Drehvorrichtung verbunden ist. Diese wird in Rotation versetzt und über eine Zugvorrichtung aus der Wachstumszone sehr langsam herausgezogen, wodurch Schicht für Schicht ein Stabaufbau erfolgt (siehe Bild 5.16). Die Erwärmung auf die erforderliche Prozesstemperatur erfolgt in einer Wärmekammer (Muffel). Mit diesem Verfahren erreicht man typische Durchmesser von 100 – 140 mm und Ingotgewichte von rund 15 kg pro Tag. Die Verunreinigungen liegen bei etwa 900 – 1200 ppm. Häufig erfolgt die Verfahrensanwendung mit einem unterstützenden Plasma, welches wesentlich geringere Verunreinigungen von ca. 1 – 10 ppm ermöglicht. */Hera2007/*

Im zweiten sogenannten **Soot-Verfahren** werden bei niederen Temperaturen die SiO_2-Nanopulver zu einem Formkörper mit einer porösen Struktur verbunden. Nach entsprechenden Reinigungsgängen wird dieser Formkörper unter Vakuum und hoher Temperatur zu einem geschlossenen Formkörper gesintert bzw. verglast. Dadurch entstehen ebenfalls blasenfreie Quarzglasvolumina mit niedrigem OH-Gehalt.

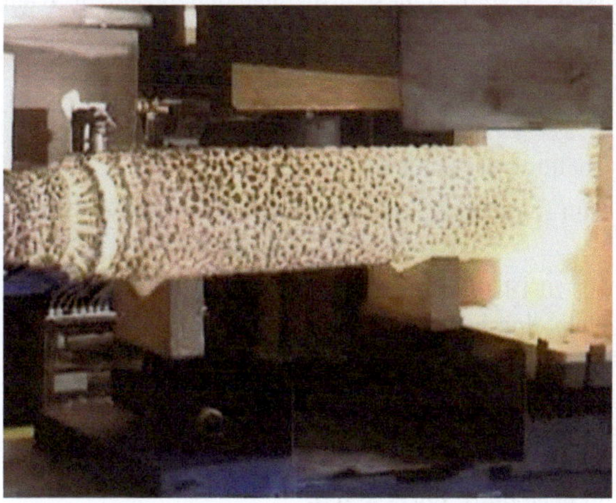

Bild 5.16
Quarzglasherstellung mittels CVD-Verfahren */Scho2006/*

Die Verfahren der Quarzglasherstellung sind unterschiedlich und erfordern viel Erfahrung sowie eine sichere Prozessbeherrschung. Die nach dem Prozess vorliegenden Formkörper werden aufgetrennt und Qualitätsklassen zugeordnet. Für optische Anwendungen spielen die optische Reinheit und die Konzentration von Hydroxylverbindungen (OH-Gehalt) eine wesentliche Rolle. Je nach Herstellungsverfahren werden unterschiedliche Qualitäten angeboten. An dieser Stelle sei auf */Hera2020-2/* verwiesen.

5.1.5 Ausgewählte Glasfehler/Materialunvollkommenheiten

Im Herstellungsprozess des Rohglases treten Abweichungen von den theoretisch erreichbaren Glasparametern auf, die durch den Glashersteller ermittelt und in einem **Glaszertifikat** mit Toleranzklassen ausgewiesen werden. Man spricht hier auch von einem Werkszeugnis mit repräsentativen Angaben zu den optischen Werten des entsprechenden Lieferloses (siehe auch */Scho2020/*, */Ohar2021/*).

Diese Angaben und Einstufungen müssen bei der Glasauswahl berücksichtigt werden und sind in der DIN ISO 10110-18 spezifiziert. Bereits in Bild 2.40 wurden für das Beispiel der Fokussierlinse typische Toleranzangaben exemplarisch dargestellt.

Glasfehler, auch als **Materialunvollkommenheiten** definiert, werden in die sechs folgenden Fehlerarten unterteilt:

1. Abweichungen von n_e und ν_e,
2. Brechzahlhomogenität,
3. Spannungsdoppelbrechung,
4. Blasen und Einschlüsse,

5. Schlieren,
6. sonstige Fehler,

wobei die genannte DIN diese in drei Klassen 0 bis 2 zusammenfasst. Die ersten drei Glasfehler wurden bereits im Abschnitt 5.1.2 vorgestellt. Nachfolgend werden die Fehlerarten 4 bis 6 ausgeführt.

Blasen, Einschlüsse, Schlieren oder Knoten können sehr unterschiedliche Entstehungsursachen haben. Bilden sich während der Rohglasherstellung **Blasen**, so können diese prinzipiell den folgenden Arten nach Jebsen-Marwedel zugeordnet werden */Stac2012/*:

1. Blasen aus einer unvollständigen Läuterung,
2. Reboil-Blasen,
3. Blasen aus der Verarbeitung bzw. Weiterverarbeitung der Schmelze.

Zu weiterführender Literatur sei an dieser Stelle auf */Stac2012/*, */Kräm1996/* und */Beer2007/* verwiesen.

Blasen und **Einschlüsse** werden nach DIN ISO 10110-18 zusammengefasst und mit der Codenummer „1"/ gekennzeichnet. Die vollständige Angabe erfolgt durch $1/N \times A$, mit

A die Stufenzahl der größten zulässigen Blase,

N die maximal zulässige Anzahl an größten zulässigen Blasen und

× das Multiplikationszeichen zur Trennung und Beziehung von N und A.

Für Blasen wird auch eine Akkumulationsregel zugelassen. Das heißt, eine höhere Anzahl von Blasen mit einer kleineren Stufenzahl ist zulässig, wobei die Summe ihrer Querschnittsfläche unter der maximalen Gesamtflächengrenze, die in der Spezifikation angegeben ist, bleiben muss. Eine entsprechende Akkumulationstabelle für die Einordnung nach Blasenstufen ist ebenfalls in der DIN ISO 10110-18 zu finden.

Bild 5.17 links illustriert exemplarisch für verschiedene Blasenzustände in Gläsern einen optischen Glaszylinder, der im Inneren nur wenige Blasen aufweist. Im Bild rechts ist ein Glaskörper mit einer starken Blasenhäufung, die auf einen unzureichenden Läuterungsprozess zurückzuführen ist, gezeigt */Hart2007/*.

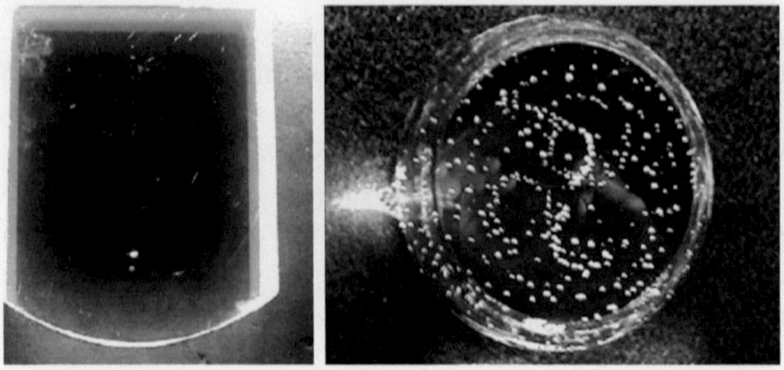

Bild 5.17
Blasengehalt in Gläsern */Hart2007/*: links) Zylinderglas mit niedrigem Blasengehalt, rechts) Glasstück mit sehr hohem Blasengehalt

Schlieren stellen meist fadenförmige und kleinräumige Bereiche im Glas dar, die im Vergleich zum Grundglas eine unterschiedliche Brechzahl aufweisen. Durch diese anisotrope Verteilung ergibt sich beim Lichtdurchgang eine Richtungsabhängigkeit. Bild 5.18 illustriert zwei extreme Schlierenstrukturen, die für optische Anwendungen nicht einsetzbar sind und durch Verarbeitungsfehler entstehen.

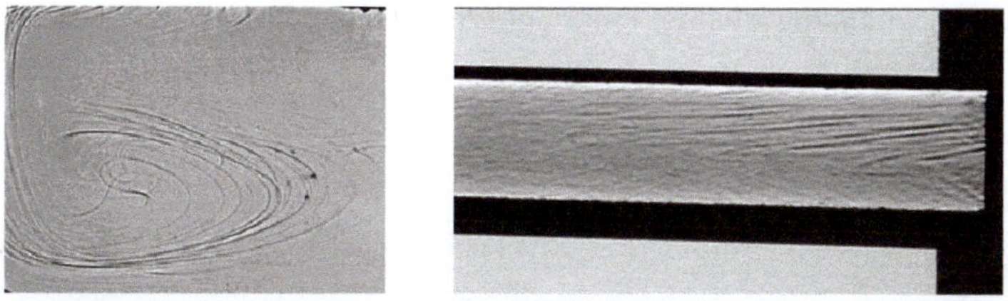

Bild 5.18 Mikroskopische Darstellung von Schlieren */Hart2007/*: links) Wirbelschlieren aufgrund von Gießfehlern, rechts) Schlierenbänder im Barrenglas

Zur Bestimmung von Schlieren sind zwei Methoden zulässig. Zum einen kann dies über die Bestimmung der Dichte und Einteilung von Dichteklassen geschehen. Eine zweite Möglichkeit ist die Angabe der Schlierentoleranzen in Bezug auf die Wellenfrontabweichung nach 50 mm Materialweg im Glas.

Tabelle 5.4 Einteilung der Schlierenklassen nach DIN ISO 10110-18

Schlierenklassen nach der Schattenmethode	Wellenfrontabweichung durch Schlieren	Toleranzgrenze durch Schlieren je 50 mm Weglänge	Schlierenspezifikation	Typische Anwendungen
D	SW60	≤ 60 nm	2/-;SW60	kleine Linsen in Digital- und Mobiltelefonkameras
C	SW30	≤ 30 nm	2/-;SW30	mittelgroße Linsen für Präzisionsoptik
B	SW15	≤ 15 nm	2/-;SW15	große Linsen für Foto-Optik
A	SW10	≤ 10 nm	2/-;SW10	große Linsen für Präzisionsoptik
A	SW10	≤ 10 nm	2/-;SW10×⊥ 2	große Prismen für Präzisionsoptik, gilt für zwei orthogonale Richtungen

Zur Bestimmung der **Schlierendichte** wird die Schattenmethode angewandt. Der Prüfling muss dazu zwei gegenüberliegende polierte Flächen aufweisen und wird mit Licht, das durch eine Blende begrenzt wird, durchstrahlt. Im Strahlengang befindet sich ebenfalls eine Vergleichsplatte mit definierten Schlierendichtebildern. In einem Abstand von ca. 3 m werden die Bilder des Prüflings und der Vergleichsplatte abgebildet und eine Zuordnung bzw. Einteilung vorgenommen. Die Auflösung der Methode beträgt in etwa 10 nm. /Hart2007/

Eine Standardqualität für optische Rohgläser liegt bei einer Wellenfrontdeformation $\Delta W < 30$ nm pro 50 mm Lichtweg. Dies entspricht der Schlierenklasse „C" der Tabelle 5.4.

Im Normalfall kann ein optischer Glasblock mit einer Breite von 250 mm der Schlierenklasse „C" zugeordnet werden, das entspricht einer Wellenfrontdeformation von ≤ 30 nm. Die Lichtwege sind aber im optischen BE wesentlich kleiner als die Prüfdicke des Blockes, wodurch sich für das BE eine Schlierenstärke von weniger als 30 nm ergibt. */Hart2007/*

Nach Untersuchungen von Hild verschlechtert sich die **Modulationsübertragungsfunktion** um ca. 10 % bei einer **Wellenfrontdeformation** von $\lambda/20$, was in etwa 25 nm (bezogen auf die grüne Wellenlänge) entspricht */Hild1990/*. Bei einer Wellenfrontdeformation von $\lambda/100$ (ca. 5 nm) haben Schlieren keinen wesentlichen Einfluss auf die Abbildungsqualität eines optische BE oder Systems (siehe auch Bild 5.19).

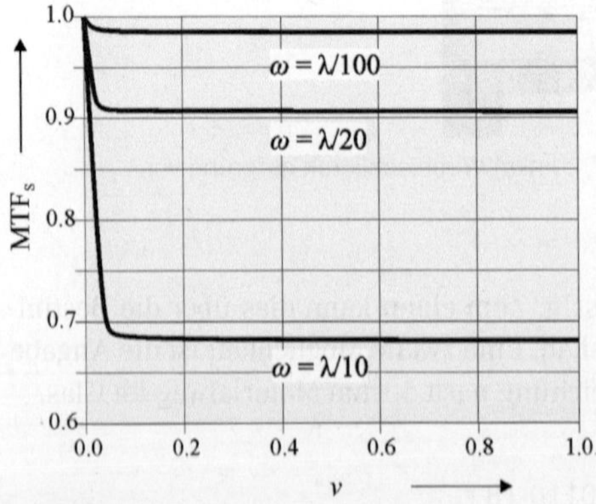

Bild 5.19
Darstellung der Modulationsübertragungsfunktionen in Abhängigkeit von unterschiedlich starken Wellenfrontdeformationen nach */Hild1990/*

Die vorstehend beschriebenen **Fehlerarten** zeigen eine sehr starke Auswirkung in Abhängigkeit vom Laufweg des Lichtes im Bauteil und somit auch in Abhängigkeit von der zu fertigenden Bauteilgröße. Aus diesem Grund sollte die Rohteilwahl für Linsen, Primen usw. auch auf der Grundlage der **Bauteilgröße** entschieden werden. In der DIN ISO 10110-18 werden am Beispiel für Linsen Vorschläge für die Unterteilung, anhand des Durchmessers D und der Dicke d, in drei Klassen vorgenommen:

1. große Bauteile $D > 50$ mm und $d > 10$ mm,
2. mittelgroße Bauteile $D > 10$ mm und $D < 50$ mm sowie $d > 5$ mm und $d < 10$ mm,
3. kleine Bauteile $D < 10$ mm und $d < 5$ mm.

Damit ergeben sich für die Auswahl der Rohgläser unterschiedliche Richtwerte. So ist beispielsweise für kleine dünne Linsen meist der Standard für grobgekühltes optisches Glas ausreichend. Aufgrund der geringen Dicke des Elementes entstehen keine signifikant erhöhten Werte für die Spannungsdoppelbrechung (DIN ISO 10110-18).

Neben den Fehlerarten 1 bis 5 können noch weitere Fehler während der Glasherstellung und der Verarbeitung auftreten, die als sonstige Fehler zusammengefasst werden. Exemplarisch sind in Tabelle 5.5 Glasfehler zusammengestellt, die u. a. verdeutlichen, dass sich aufgrund der Komplexität des Herstellungsprozesses von Rohglas die auftretenden Fehlerbilder auch sehr verschieden darstellen können. Aus diesem Grund werden für den Herstellungsprozess von optischem Glas besonders hohe Anforderungen an die Materialauswahl und -zusammenstellung sowie den Schmelz- und Verarbeitungsprozess gestellt.

Auf weitere interessante Glasfehler und deren Ursachen sei an dieser Stelle auf */Stac2012/* verwiesen.

Tabelle 5.5 Ausgewählte sonstige Glasfehler und deren Ursachen */Scho2006/*

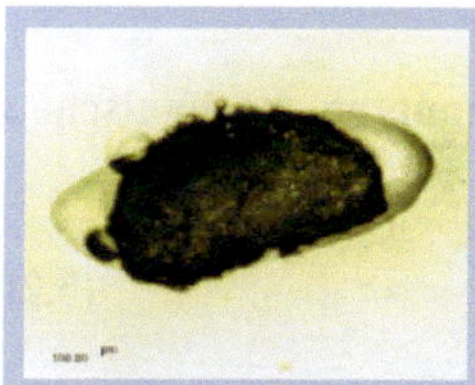		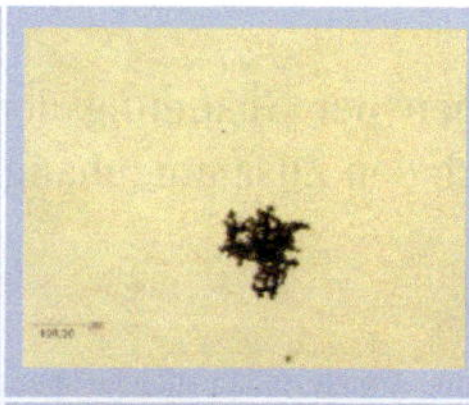	
Blase mit anorganischem Einschluss	Platin-Kristalle: auffällig heller Glanz	Molybdän: wegen Schwarzfärbung gut im Glas sichtbar, können als kompakter schwarzer oder bizarrer Einschluss auftreten	Steinchen: fester Einschluss im Glas
Ursache: *unvollständiges Aufschmelzen des Gemenges oder Abrieb von Werkzeugen im Verarbeitungsprozess*	*Ursache:* *partielles Auslösen von Kristallen im Platintiegel*	*Ursache:* *Verschleiß an den Heizelementen einer elektrisch beheizten Wanne*	*Ursache:* *Verschleiß an Feuerfestmaterialien, ungeschmolzenes Gemengeelement*

5.1.6 Angabe der Materialeigenschaften

Die vorstehend diskutierten Anforderungen an die Materialeigenschaften eines optischen BE legt der Optikdesigner fest. Die Auswahl des entsprechenden Rohmaterials nimmt der Technologe bzw. die Arbeitsvorbereitung vor (siehe auch Kapitel 4). In Bild 5.20 sind diese Angaben am Beispiel eines 90°-Prismas dargestellt. Die Angaben können direkt an das Bauteil angefügt werden. Ebenfalls zeigt die Abbildung die gemessenen Werte der Spannungsdoppelbrechung für das Blockglas und das 90°-Prisma (der komplette Fertigungsablauf wird im Kapitel 11 beschrieben).

Bild 5.20 Angabe der Materialeigenschaften am Beispiel eines 90°-Prismas: links) Angaben der Materialkennwerte 0 –2 direkt am Bauteil, Mitte) 90°-Prisma nach dem Schleifen und Polieren, rechts) spannungsoptische Darstellung des 90°-Prismas

Am Blockglassegment wurde mittels spannungsoptischer Methode ein maximaler optischer Gangunterschied von 7 nm·cm^{-1} ermittelt (Bild 5.20 rechts). Die höchsten Werte ergeben sich an den Rändern des Blocksegmentes. Obwohl dieser Wert leicht höher ist als für präzisionsoptische Bauelemente spezifiziert, reicht dieser Ausgangswert aus, um die Anforderung an das Prisma von „0/5" zu erfüllen.

Durch das Zurichten der prismatischen Form verringert sich erfahrungsgemäß der Wert für die Spannungsdoppelbrechung.

Der Zusammenhang zwischen der Spannungsdoppelbrechung Δs und des inneren mechanischen Spannungswertes kann durch den Zusammenhang

$$\Delta s = a\sigma K \tag{5.2}$$

a optische Weglänge, σ innere Spannung, K materialspezifische spannungsoptische Konstante

beschrieben werden, wobei K einen materialspezifischen Wert darstellt.

Des Weiteren sind am Beispiel einer Stablinse wichtige Glasparameter in Tabellenform dargestellt (Tabelle 5.6). Stablinsen werden sehr oft für Bildübertragungen in langen Optiksystemen, z. B. Endoskopen, eingesetzt. Werden Stablinsen in Strahlengängen von Endoskopen verwendet, so kann bei gleicher Anzahl von Umkehrsystemen der Übertragungsweg deutlich vergrößert werden. Darüber hinaus transportieren sie das Bild mit großer Apertur und damit hoher Helligkeit und hohem Kontrast */Loef2020/*. Stablinsen finden darüber hinaus auch Anwendung in faseroptischen Systemen.

Tabelle 5.6 Ort der Angabe für Rohmaterial am Beispiel einer Stablinse nach DIN ISO 10110

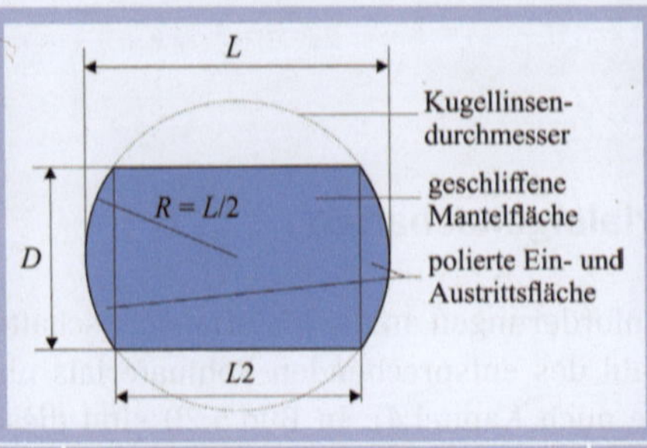

R 2,5 CX	Schott N-BK7	R 2,5 CX
$Ø_e$ 5	n_d 1,51680 ±0,0005	$Ø_e$ 5
Schutzfase -	v_d 64,17 ±0,5	Schutzfase -
λ AR Schicht	0/10	λ AR Schicht
(400 – 700) nm, p < 1 %	1/0	(400 – 700) nm, p < 1 %
3/3(0,5)	2/1;SW30	3/3(0,5)
4/1′		4/1′
5/5 x 0,16; L2 x 0,025; E0,5	00/20	5/5 x 0,16; L2 x 0,025; E0,5
P3	01/0	P3
	02/ ;SW60	

Für die Fertigung von Stablinsen werden unterschiedliche Technologien eingesetzt. Stablinsen mit kleinen Längen lassen sich im Präzisionsblankpressverfahren vorteilhaft in größeren Stückzahlen fertigen (siehe Kapitel 6). Ebenso können konvexe Stablinsen von einer Kugel, die beispielsweise als Präzisionsgob bereitgestellt wird, auf die Stabform geschliffen werden. Eine weitere Möglichkeit der Rohmaterialauswahl sind optische Glasstäbe (Tabelle 5.6), die als Ausgangsmaterial dienen. Zunächst wird die Mantelfläche mittels Feinschleifprozess auf den geforderten Durchmesser von 4 mm rundiert. Danach schließt sich die Bearbeitung der optisch wirksamen Flächen an. Der komplette Fertigungsablauf wird im Kapitel 11 beschrieben.

Beispiel zur Erklärung der Zeichnungsangaben (nur Materialklassen)

Die Angaben in Tabelle 5.6 spezifizieren das zu wählende Rohglas als auch das optische Bauelement in Analogie zur DIN ISO 10110. Die Materialangaben in der mittleren Spalte sehen ein N-BK7-Glas mit den Spezifikationen der Brechzahl und ABBE-Zahl bezogen auf die d-Linie vor. Die Toleranzen entsprechen der Stufe 3 (normale Lieferqualität für feingekühltes Glas). Die zulässige Spannungsdoppelbrechung „0/10" im fertigen Bauteil muss $\leq 10\,\text{nm}\cdot\text{cm}^{-1}$ betragen, die des Rohteils darf um Faktor 2 größer sein.

Aufgrund der Bauteilgröße der Stablinse sollte das Glas blasenfrei sein. Die Angabe erfolgt durch „1/0". Da der optische Glasstab nur eine relativ kleine Durchmesserreduzierung erfährt, muss auch das Ausgangsmaterial blasenfrei ausgewählt werden („01/0"). Bild 5.21 illustriert den gewählten Ausgangsstab sowie die Stablinse mit den Abmessungen aus der Zeichnungsangabe in Tabelle 5.6.

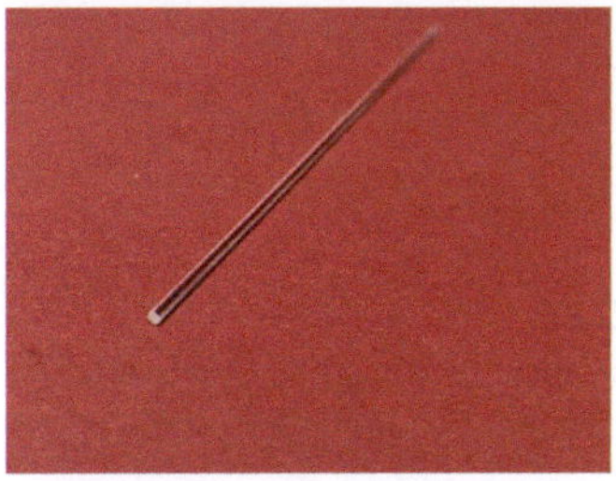

Bild 5.21
Stablinse: links) Ausgangsmaterial optischer Glasstab, rechts) Stablinse nach der Bearbeitung und einer AR-Beschichtung

Weitere Informationen zu Abschnitt 5.1 sind auf plus.hanser-fachbuch.de hinterlegt.

5.2 Urformende Verfahren für organische Gläser

Die nachfolgend ausgewählten urformenden Verfahren für organische Gläser stellen einen wichtigen Bereich der modernen optischen Bauteilfertigung dar. Sie ermöglichen in vielen Fällen das endformnahe Bearbeiten in relativ kurzen Prozessketten, insbesondere auch im **Low-Cost-Bereich** für die Einsatzfälle der sogenannten Volumenoptik (Massenfertigung). Bei der Herstellung von Bauteilen mit großen Stückzahlen kommt es in erster Linie darauf an, Halbzeuge und Endprodukte bei jedem Bearbeitungsschritt mit hoher Formtreue bei minimalem Aufmaß zu fertigen, um einerseits eine optimale Materialausnutzung zu gewährleisten und andererseits die Folgeprozesse effizient zu gestalten. Die urformenden Verfahren besitzen insbesondere auch für die Herstellung kompliziert geformter optischer Bauelemente (z. B. Asphären, FRESNEL-Strukturen, Elemente der integrierten Optik) ein sehr großes Potenzial. Da man den hohen Aufwand der Formerzeugung nur einmal für das Werkzeug betreiben muss, reduzieren sich Stückpreise mit zunehmender Losgröße beträchtlich.

5.2.1 Gießen

Für die Herstellung optischer Komponenten im Gussverfahren sind meist zwei oder mehrere Teilprozesse erforderlich:

- **Herstellung eines Werkzeuges bzw. Formeinsatzes oder einer Ätzmaske,**
- **Abformung des Bauteiles im gewünschten Material.**

Für den ersten Teilprozess haben sich fotolithografische Verfahren (Laser- oder Elektronenstrahllithografie) und spanende Verfahren, wie das Diamantdrehen und -fräsen (siehe auch Kapitel 7), etabliert. Als **Formmaterialien** haben sich neben den verschleißfesten Werkzeugstählen auch sprödharte Materialien, wie Quarzglas und Silizium, bewährt. Für die Prototypenfertigung oder auch Kleinserien können ebenso Silikonmaterialien vorteilhaft eingesetzt werden. Der **Abformprozess** ist mit unterschiedlichen Verfahren, z. B. UV-Reaktionsgießen, Vakuumgießen bzw. traditionelles Gießkopierverfahren, durchführbar. Die prinzipielle Verfahrensanordnung veranschaulicht Bild 5.22.

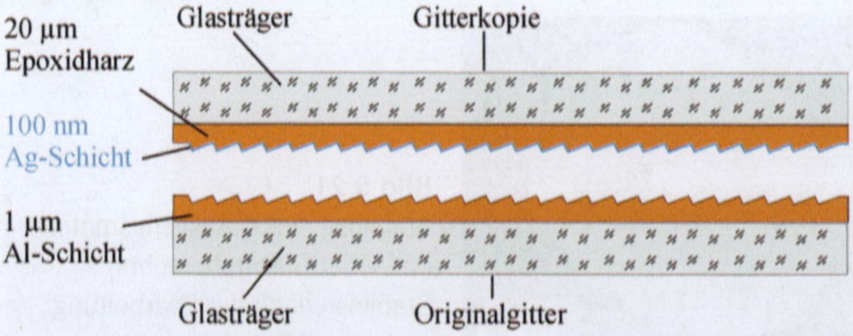

Bild 5.22
Verfahrensanordnung beim Gießverfahren optischer Komponenten */Kröl2000/*

Verfahrensschritte beim Gießverfahren	
1	Formherstellung (z. B. mechanische Bearbeitung)
2	Komponenten mischen/entfeuchten
3	Trennmittel aufbringen
4	Form füllen durch Gießen
5	Aushärten
6	Bauteil entformen
7	Bauteil endbearbeiten

Grundlage des konventionellen **Gießkopierverfahrens** ist die Herstellung eines Originals oder die Verwendung eines optischen Bauteils, dessen Flächenabweichung gering sein muss. Von diesem Original wird eine Negativform hergestellt. Moderne Gießverfahren beginnen auch oft mit der direkten Herstellung der Gießform.

Im Gegensatz zu dem in nachfolgenden Abschnitten beschriebenen Spritzgießen und Heißprägen, bei dem die Formfüllung druckunterstützt (Einspritzdruck oder Prägedruck) abläuft, erfolgt die Formfüllung beim Gießen allein durch die Schwerkraft bzw. in Mikrostrukturen teilweise durch Kapillarwirkung (Ausnahme: Rotationsgussverfahren). Die sich daraus ergebenden Anforderungen an die Viskosität werden durch thermoplastisches Schmelzen nicht erfüllt. Stattdessen finden Gießharze, meist Epoxid- oder Polyurethanharze, Anwendung. Hierbei wird die Formgenauigkeit maßgeblich durch die Schwindungseigenschaften der Materialien bestimmt. Die Entwicklung von UV-beständigen Harzen hat dem Gießverfahren für optische Anwendungen verschiedene Anwendungspotenziale ermöglicht.

Im augenoptischen Bereich werden beispielsweise Brillengläser und Kontaktlinsenblanks gegossen. Die Polymerisation erfolgt hierbei zwischen zwei optisch polierten Glasflächen. Teilweise werden die Brillengläser fertig gegossen bzw. die zweite Rezeptfläche durch Schleifen und Polieren fertigbearbeitet. Als optisches Material wird für Brillengläser sehr oft ein duroplastischer Werkstoff mit Handelsnamen CR39 (Columbia Resin) eingesetzt. Im Bereich der Spektralsensorik werden optische Gitter und spezielle diffraktive Strukturen durch Gießen abgeformt. Das Gießverfahren hat jedoch den entscheidenden Nachteil, dass die Verweilzeiten in der Form zum Aushärten relativ lang sein können (1 bis zu 2 Stunden). Somit benötigt man eine Vielzahl von Formen, um beispielweise eine Kleinserienfertigung zu ermöglichen. Moderne Verfahren nutzen spezielle Reaktionsmethoden zum schnellen Aushärten des Kunststoffes, wie am Beispiel des nachfolgenden Reaktionsgießverfahrens beschrieben wird.

5.2.1.1 Reaktionsgießen

Das Reaktionsgießen (**R**eaction **I**njection **M**olding RIM) ist eines der ersten Verfahren, das zur Abformung von Mikrostrukturen im Rahmen der LIGA-Technik angewendet wurde. Ausgangsmaterialien sind Monomere, die, mit Initiatoren für die Polymerisation vermischt, unter niedrigem Druck in eine Gießform eingespritzt werden. Die Aushärtung erfolgt temperaturunterstützt durch Polymerisation oder in neueren Entwicklungen durch UV-Bestrahlung in einem transparenten Werkzeug. Wesentliche Schwierigkeiten bei der Fertigung von **Mikrostrukturen** mittels RIM-Technik sind jedoch der verhältnismäßig große Polymerisationsschwund und die teilweise große Haftung zwischen Gießharz und den Mikroformen. Deshalb ist dieses Verfahren für die Produktion von Mikrobauteilen bisher nur eingeschränkt einsetzbar.

Das **lichtinduzierte Reaktionsgießverfahren** basiert auf dem Einsatz von lichtsensiblen Reaktionskunststoffen. Diese Materialien, z.B. auf der Basis von MMA/PMMA oder Styrol (ungesättigte Polyesterbasis), werden mit einem Fotoinitiator gemischt. Die zweiteilige Werkzeugform besteht aus dem eigentlichen Werkzeugformeinsatz und einer transparenten Borosilicat- oder Quarzglasplatte. Diese dient als Eintrittsplatte für das Licht einer UV-Strahlungsquelle, die das Aushärten der Formmasse initiiert. Typischerweise kommen Strahlungsintensitäten von ca. $1\,W{\cdot}cm^{-2}$ zum Einsatz */Kais2000/*. Bild 5.23 zeigt die prinzipielle Anordnung mit Auswerfer. Vakuumsystem sowie die Einfülleinheit mit Materialreservoir vervollständigen die Reaktionsgießanlage.

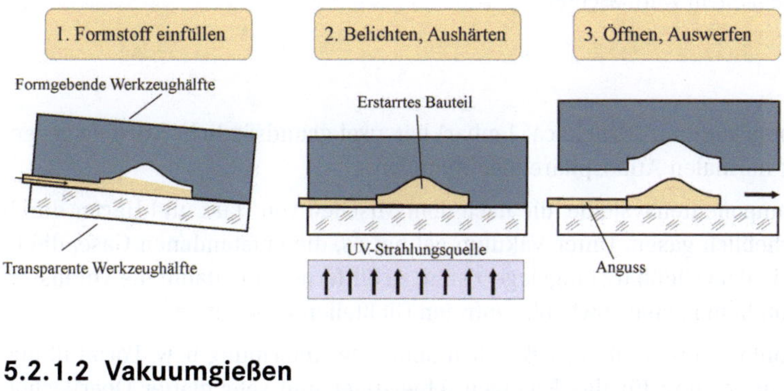

Bild 5.23
Verfahrensprinzip des UV-RIM nach */Kais2000/*

5.2.1.2 Vakuumgießen

Für das Erstellen von Funktionsmustern und Prototypen mikrostrukturierter Bauteile bzw. optischer Oberflächen bietet sich das aus dem konventionellen Bereich bekannte **Vakuumgießen** an. Ausgangspunkt ist hier ein Urmodell oder Master, das beispielsweise spanabhebend (Metall), durch Stereolithografie (Kunststoff) oder mithilfe von Ätztechniken in Silizium hergestellt werden kann. In einem ersten

Abformungsschritt wird mithilfe eines Modells eine Silikonform hergestellt. Nach einem zweiten Abformungsschritt, in dem unter Vakuum aufbereitete Gießharze verwendet werden, erfolgt die Entformung des Bauteils. Bild 5.24 zeigt schematisch den Aufbau einer Vakuumgießanlage für das Herstellen von optischen Komponenten.

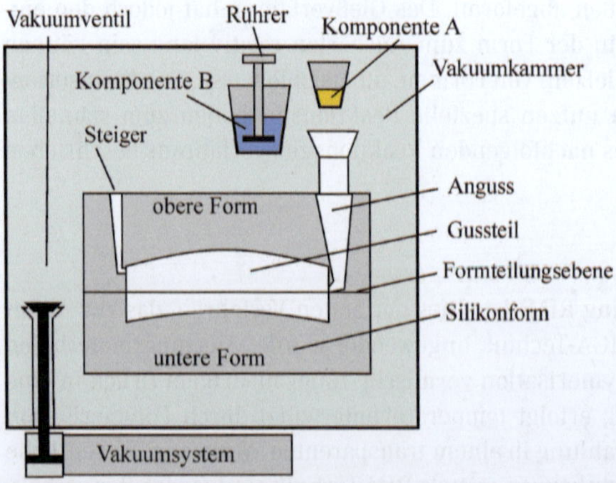

Bild 5.24
Schematische Darstellung des Vakuumgießverfahrens

Verfahrensschritte beim Vakuumgießverfahren	
1	Modellherstellung
2	Festlegung der gießtechnischen Spezifikationen (Formteilung, Anguss, Steiger etc.)
3	Herstellen der Silikonform
4	Harz und Härter konditionieren
5	Form, Harz und Härter evakuieren
6	Harz und Härter mischen
7	Gemisch in Form gießen
8	Kammer belüften
9	Nachvernetzen in separatem Wärmeschrank
10	Entformen des Bauteils

Das Vergießen von Harzen unter Vakuum (Druck: ca. 1 mbar) hat zwei grundsätzliche Vorteile gegenüber den Gießverfahren unter normalen Atmosphärenbedingungen:

1. Die Gießharze sind Zweikomponentensysteme, die nach dem Mischen von Harz und Härter durch die chemische Reaktion erheblich gasen. Unter Vakuum gelingt es, die entstandenen Gase, die in Form von Reaktionsblasen in dem Gießharz eingelagert sind, zu entfernen und damit die Voraussetzung für die Herstellung von homogenen sowie blasenfreien Gießteilen zu schaffen.
2. Die Evakuierung der Silikonform unterstützt maßgeblich eine gute Abformung bzw. Formfüllung. Dies ist eine wichtige Voraussetzung für das Erlangen fehlerfreier und sehr glatter Oberflächen sowie die Abformung sehr filigraner Strukturen und dünnwandiger Bauteile.

In Bild 5.25 sind eine Form sowie verschiedene Bauteile des Vakuumgusses dargestellt.

Bild 5.25 Ausgewählte Komponenten hergestellt im Vakuumguss: links) Silikonform und abgeformtes Gehäuseteil, Mitte) Linsen für Lupe mit Anguss und Steiger, rechts) Spannungsbild Linse (aus mittiger Darstellung)

Die Standzeit der **Silikonformen** hängt hauptsächlich von den Dimensionen der Mikrostrukturen ab. Sie liegt üblicherweise bei 10 - 25 Abgüssen, in kritischen Fällen auch darunter, was die Anwendbarkeit des Vakuumgießens auf die Herstellung von Prototypen und Kleinserien begrenzt. In vergangenen Jahren stellte die UV-Beständigkeit der gegossenen Bauelemente für den optischen Einsatz ein Problem dar. Heute verfügbare Harze (siehe Tabelle 5.7) besitzen entsprechende Langzeit-UV-Beständigkeiten mit hohen Transmissionswerten.

Tabelle 5.7 Ausgewählte Gießharze für optische Anwendungen */MCP2020/*

Eigenschaften	Gießharze			
	SG 95N	7500	8095	6091
Härte (Shore A/D)	83D	85D	75D	81D
E-Modul (MPa)	2200	2615	2460	2835
Zugfestigkeit (MPa)	65	70	64	58,9
Warmbeständigkeit (°C (HDT))	85	80 - 125	85 - 110	75
Dichte (kg·dm^{-3})	1,05	1,03	1,05	1,10
Topfzeit(s)	340	360	360	460
Aushärtezeit (min)	45 - 60	60 - 90	45	120
Schrumpf (%) nach Schichtdicke	0,3	0,2	0,3	0,7

Zur Herstellung leistungsfähiger Prototypen wurde eine Reihe hochwertiger **Gießharze** auf der Basis von Polyurethan entwickelt. Diese Kunststoffe sind Duroplaste, deren reaktionsfähige lineare und verzweigte Makromoleküle beim Aushärtevorgang vernetzen und dabei kovalente Bindungen ausbilden. Duroplaste sind wesentlich enger als Elastomere vernetzt, wodurch diese Kunststoffe sehr fest, spröde und nicht erneut schmelzbar sind sowie über eine hohe Oberflächenhärte verfügen. Duroplaste werden erst im Bereich der Zersetzungstemperatur weich, jedoch in wesentlich geringerem Maße als Thermoplaste. Oberhalb der Zersetzungstemperatur werden die Hauptvalenzbindungen chemisch irreversibel zerstört. Damit erfährt der verwendete Kunststoff eine bleibende Erweichung und wird unbrauchbar. Dies bedingt auch, dass diese Kunststoffe nach dem Aushärten weder plastisch verformbar sind noch erneut aufgeschmolzen werden können. Maßgeblichen Einfluss auf den Gießvorgang hat der Zustand der Gießharzkomponenten, speziell der vorhandene Luft- und Feuchtigkeitsanteil. Dieser Anteil beeinflusst die chemische Reaktion bzw. den Aushärtungsvorgang und bewirkt die Bildung von Blasen des

Reaktionsgases, wodurch wiederum die Herstellung fehlerfreier Bauteile erschwert wird. Aus diesem Grund ist es oftmals erforderlich, vor der Verarbeitung der Harze die Harzkomponenten in der Vakuumkammer zu entlüften und/oder durch ein Tempern im separaten Wärmeschrank den Harzkomponenten die Feuchtigkeit zu entziehen.

Bild 5.26 illustriert das Abgussergebnis am Beispiel eines Gitters. Die rasterkraftmikroskopischen Darstellungen verdeutlichen die Abformgenauigkeit des Verfahrens. Die **Abformungen** erlauben, Gitterstrukturen bis ca. 1000 Linien pro Millimeter zu erzeugen.

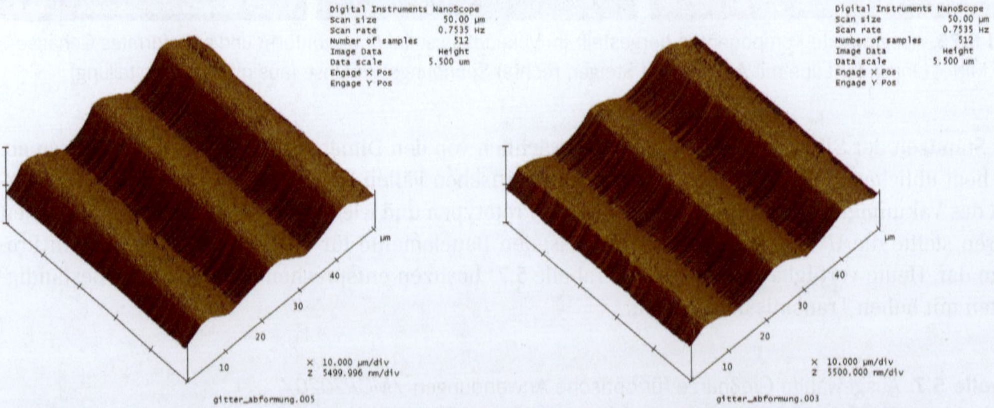

Bild 5.26 Vakuumgegossenes Gitter: links) Gitterstruktur Original, rechts) Gitterstruktur der Abformung

Die Gitterperiode des abgeformten Gitters wurde zu 18,8 µm bei einer Strukturhöhe von 3,5 µm bestimmt. Der Vergleich des ermittelten Rauigkeitswertes in Bild 5.27 verdeutlicht die hohen Abformgenauigkeiten des Verfahrens. Die Messung erfolgte an jeweils fünf verschiedenen Messpunkten des Gitteroriginals und des abgeformten Bauteils.

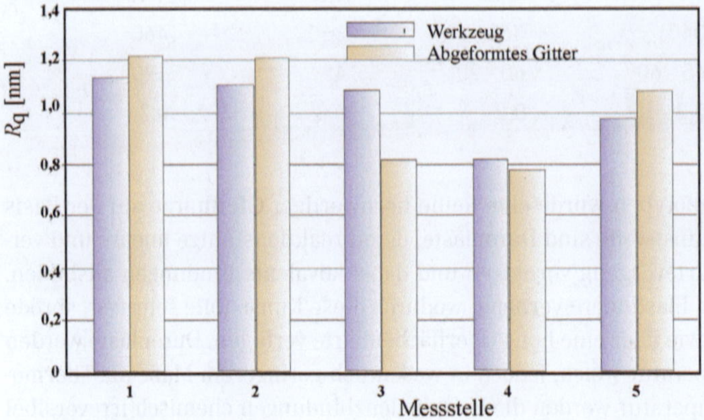

Bild 5.27 Vakuumgegossenes Gitter: Vergleich der Rauheiten

5.2.2 Spritzgießen

Auf plus.hanser-fachbuch.de finden Sie hierzu ein Video.

Beim Spritzgießen wird eine **Formmasse** durch Wärmezufuhr und unter Druck plastifiziert und durch eine Düse in den Hohlraum eines zuvor geschlossenen Werkzeuges gespritzt, in dem sie anschließend abkühlt und zum fertigen Formkörper erstarrt. Insbesondere thermoplastische Werkstoffe werden unter Einfluss einer werkstoffspezifischen Temperatur (Plastifizierungstemperatur) fließfähig und kehren nach dem Abkühlen in den festen Zustand zurück. Eine wichtige Voraussetzung für das Verfahren ist die thermische Stabilität der plastifizierten Formmassen, um für jeweils einen Füllzyklus (**Schuss**) den thermoplastischen Zustand aufrechtzuerhalten. Bild 5.28 stellt die Prinzipskizze des Spritzgießverfahrens dar.

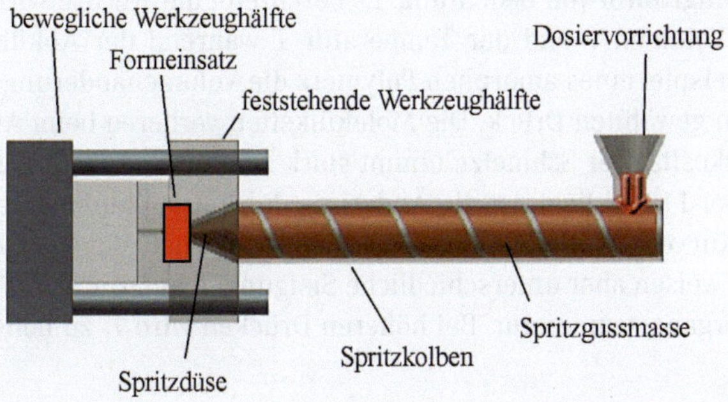

Bild 5.28 Prinzipielle Spritzgießanordnung mit Kolben

Der **Spritzgießzyklus** startet mit dem Schließen des Werkzeuges durch das Verschieben der beweglichen Werkzeughälfte. Beide Hälften werden mit einer Schließkraft beaufschlagt. Im Anschluss wird die Formmasse aus der Plastifiziereinheit über eine Düse in die Kavität mit hohem Druck eingespritzt. Bei fast vollständiger Füllung der Kavität beginnt die Nachdruckphase, um die Formmasse zu verdichten. Anschließend erfolgt eine Restkühlphase, während die Formmasse in der Kavität erstarrt. Restkühlzeit sowie Nachdruckzeit bestimmen die gesamte Kühlzeit, die so gewählt werden muss, dass das Bauteil formstabil entformt werden kann. Es wird versucht, diese Zykluszeit so kurz wie möglich zu gestalten, um die Bauteilkosten zu minimieren. Insgesamt sind folgende Zeitanteile neben den bereits erwähnten zu berücksichtigen:

- Einfüllzeit (Einspritzzeit) t_F
- Kühlzeit (Restkühlzeit, Nachdruckzeit) t_k
- Zeit für Öffnen und Schließen des Werkzeuges t_W
- Bedienzeit t_B
- Pausenzeit t_P

Für die Füllzeit t_F gilt */Schw2002-2/*:

$$\lg t_F = -0{,}5 + 1{,}6 \lg \cdot d \tag{5.3}$$

Für die Kühlzeit t_k gilt */Schw2002-2/*:

$$t_K = \frac{2{,}88 \cdot d^2}{\pi^2 \cdot a} \ln\left(\frac{4(T_{Pl} - T_W)}{\pi(T_E - T_W)}\right) \tag{5.4}$$

d vorwiegende Wanddicke des Spritzlings, a Temperaturleitzahl der Formmasse, T_{Pl} Plastifizierungstemperatur, T_W Werkzeugtemperatur, T_E Endformungstemperatur

Gegenüber konventionellen Spritzgießverfahren kann bei der Herstellung von optischen Bauelementen die Zykluszeit nicht beliebig minimiert werden. Durch eine zu schnelle Abkühlung können induzierte Orientierungserscheinungen (innere Spannungen) im Einspritzprozess eingefroren werden. Sie führen in der Anwendung zu Brechzahlschwankungen und teilweise zu unerwünschten Doppelbrechungen. Neben dem Einhalten der o. g. wichtigen Temperaturpunkte sowie der Abkühlzeiten ist für die Prozessführung auch das ***p-v-T*-Diagramm** von Bedeutung. Es beschreibt die Wechselwirkung zwischen Druck p, dem spezifischem Volumen v und der Temperatur T während der Abkühlung der Schmelze (Bild 5.29) und zeigt am Beispiel eines amorphen Polymers die Volumenänderung über den Abkühlvorgang in Abhängigkeit vom gewählten Druck. Die Molekülketten verlieren beim Abkühlvorgang ihre Beweglichkeit und die Viskosität der Schmelze nimmt stark zu. Bei der Glasübergangstemperatur T_G, die bei PMMA in etwa bei 110 °C liegt, ist die Änderung der Enthalphie und des spezifischen Volumens relativ gering. Die Kurvenverläufe (Isobaren) ober- und unterhalb der Glasübergangstemperatur verlaufen nahezu linear, weisen aber unterschiedliche Steigungen auf. Durch die Wahl des Druckes verschiebt sich die Glasübergangstemperatur. Bei höheren Drücken wird T_G zu höheren Werten hin verschoben. */Worg2003/*

In Bild 5.29 ist dieser Sachverhalt durch die beiden Temperaturpunkte T_{GU} (niedere Drücke) und T_{GO} (höhere Drücke) veranschaulicht. Die rot dargestellte Funktion ist der sich beispielhaft ergebende *p-v-T*-Verlauf für einen realen Prozesszyklus. Das Füllen der Form startet am Punkt (1). Setzt man einen isothermen Füllvorgang voraus, sind die Kavitäten am Punkt (2) volumetrisch gefüllt. Danach schließt sich die Kompressionsphase bis zum Punkt (3) an. Im Anschluss verläuft die Druckkurve nahezu isobar bis zum Punkt (4). Mit diesem sogenannten **Siegelpunkt** wird jener Zeitpunkt bezeichnet, bei dem der plastifizierte Kunststoff soweit abgekühlt ist, dass er am Anschnitt (Übergang zum Eintritt in die Werkzeugform) vollständig erstarrt ist. Beim Erreichen dieses Zustandes kann keine Masse nachgedrückt werden. Somit ist eine evtl. erforderliche zeitliche Verschiebung des Siegelpunktes nur über die Vergrößerung des Angussverteilerquerschnittes möglich. Dieser Sachverhalt ist insbesondere bei sehr großen und dickwandigen Bauteilen zu berücksichtigen (siehe Bild 5.34 rechts). Diese Maßnahme kann jedoch zu höheren inneren Spannungen führen, die man wiederum durch eine längere Kühlzeit kompensieren muss. */Bürk2001/*

Der weitere funktionale Verlauf (siehe Bild 5.29), von Punkt (4) bis Punkt (5), sollte möglichst isochor erfolgen. Nur wenn dies gelingt, lassen sich reproduzierbar hohe Maßhaltigkeiten der Spritzlinge erzielen. Eine weitere Volumendifferenz erfolgt beim Übergang vom Punkt (5) nach Punkt (6). Nach Johannaber und Michaeli */Joha2002/* bestimmt diese Phase die **Volumenschwindung V_S**, unbeeinflusst durch den vorherigen Funktionsverlauf. Sie kann durch die Formel 5.5 beschrieben werden. Bei der Entformungstemperatur (hier 50°C) und quasi drucklosem Zustand entspannt sich das Bauteil und erfährt eine geringe Volumenzunahme durch das viskoelastische Verhalten der Kunststoffe.

Volumenschwindung:

$$V_S = \frac{V_5 - V_6}{V_5} \tag{5.5}$$

Unter der Voraussetzung, dass die Schwindung in alle drei Raumrichtungen gleich ist, berechnet sich die Gesamtschwindung des Spritzlings, zur linearen Schwindung:

$$S_V = 3 \cdot 3V_S \tag{5.6}$$

Für die Berechnung der Schwindung eines Bauteils während des Urformprozesses werden *p-v-T*-Diagramme herangezogen. Relevante Größen können nach */Thie1978/* wie folgt angegeben werden.

Dichte:

$$\rho(p,T) = \frac{1}{v(p,T)} \tag{5.7}$$

Isobarer Volumenausdehnungskoeffizient:

$$\alpha = -\frac{1}{v}\left(\frac{\delta v}{\delta T}\right) \tag{5.8}$$

Isotherme Kompressibilität:

$$\chi = -\frac{1}{v}\left(\frac{\delta v}{\delta p}\right) \tag{5.9}$$

Für hohe Anforderungen an die optischen Bauelemente ist der Schwindungsvorhalt jedoch erst nach Ermittlung der optimalen Prozesseinstellungen und Messung der tatsächlichen Bauteilabmessungen nach der Abformung möglich.

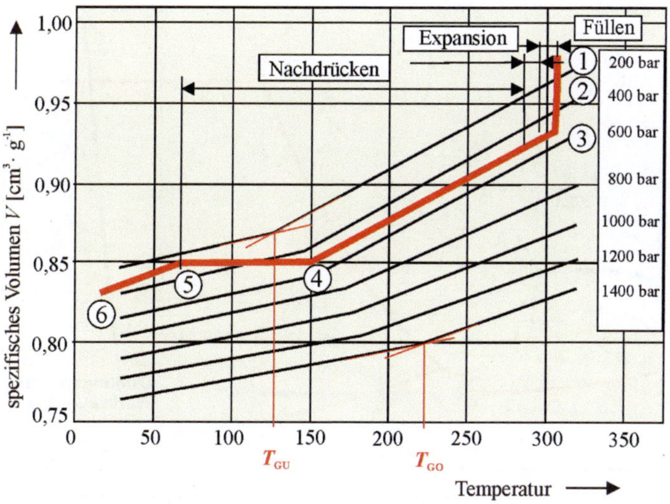

Bild 5.29
p-V-T-Diagramm für ein amorphes Polymer nach */Joha2002/*

Neben der Masse- und Werkzeugtemperatur sind der Einspritz- und Nachdruckvorgang entscheidend für die Maßhaltigkeit und das Qualitätsergebnis des Abformprozesses. Einen wichtigen Parameter stellt der zeitliche Druckverlauf im Werkzeug dar, so dass die Kenntnis dieser $p(t)$-Kurve eine sehr gute Möglichkeit bietet, den Spritzgusszyklus zu optimieren.

Für den Spritzgusszyklus wird das **Druck-Zeit-Diagramm** ermittelt und während des Prozesseinfahrens (kann im optischen Spritzguss auch mehrere Stunden bis Tage dauern) weiter optimiert. Dieser Druckverlauf ist materialspezifisch und geometrieabhängig. In Bild 5.30 ist ein solches Diagramm exemplarisch nach LÜCK dargestellt. Zusätzlich wurde die Schneckenvorlaufgeschwindigkeit mit aufgenommen */Lück2009/*.

Der **Formbildungsprozess** hängt sehr stark vom Druckverlauf in der formgebenden Kavität des Werkzeuges ab. Deshalb versucht man, mit entsprechender Sensorik Werkzeuginnendrücke zu bestimmen. Nach JOHANNABER und MICHAELI lassen sich die drei Phasen des Formbildungsvorganges, die Einspritzphase, die Kompressionsphase und die Nachdruckphase sehr gut durch einen angussnahen Werkzeuginnendruckverlauf darstellen */Joha2002/*.

In der **Einspritzphase** sind die Einflüsse der Reibungswiderstände in der Einspritzeinheit im p-t-Verlauf sichtbar. Zusätzlich wird der Druckverlauf bis zum maximalen Einspritzdruck von der Schmelzeviskosität sowie der Füllzeit beeinflusst. In der **Kompressionsphase** kommt es zu einem maximalen Druckanstieg.

Die Einspritzkraft wird unmittelbar vor dem Erreichen der volumetrischen Füllung der Kavität von dem hohen Einspritzdruck auf den niederen Nachdruck umgeschaltet. Die Wahl des richtigen Umschaltzeitpunktes hat ebenfalls Einfluss auf die Qualität des Spritzgussergebnisses. Die **Nachdruckphase** zeigt zunächst einen leicht fallenden Werkzeuginnendruck, der dann im zweiten Teil des Kurvenverlaufes wesentlich steiler bis zum drucklosen Entformungsvorgang abfällt. Durch einen hohen Nachdruck lassen sich Einfallstellen beim Übergang des Schmelzvolumens in den festen Übergang verringern */Joha2002/*.

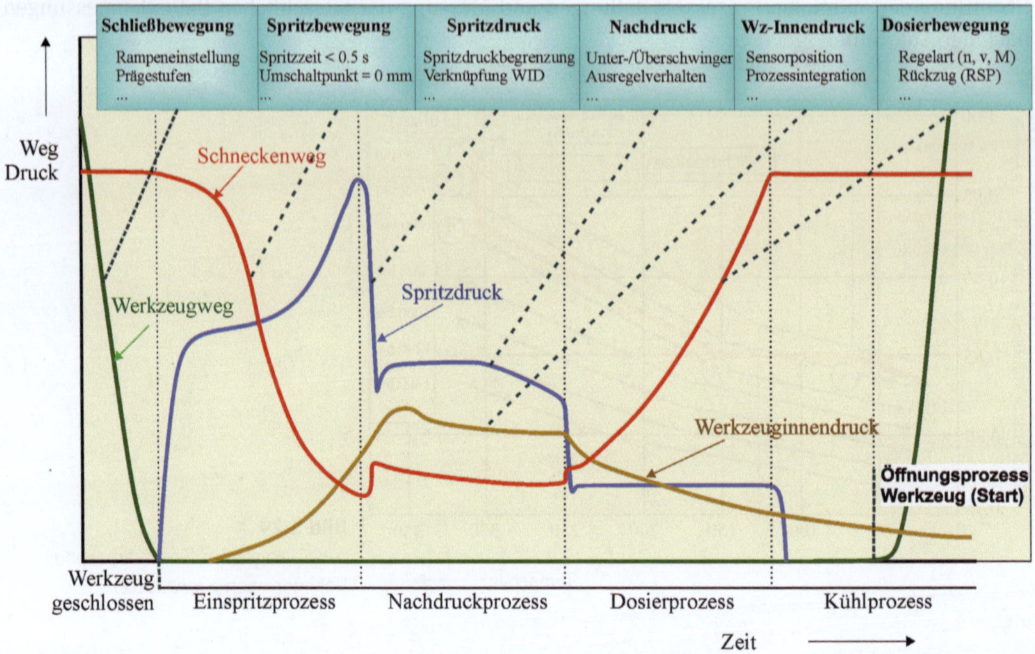

Bild 5.30 Weg-Druck-Zeit-Diagramm über einen Gesamtzyklus nach */Lück2009/*

Generell lässt sich schlussfolgern, dass eine höhere Abkühlgeschwindigkeit zu Spannungen im Bauteil führen kann. Ferner führt ein Temperaturgradient im Werkzeug zu einer Durchbiegung des Bauteils. Ein langsam geführter **Abkühlprozess** wirkt wie ein zusätzlicher Temperungsschritt im Bauteil und lässt innere Spannungen minimieren. Daraus folgt die Forderung nach einer temperaturgesteuerten Prozesskontrolle für die Herstellung von optischen Bauelementen. Durch die Form des Angusses sowie die Verteilerkanäle kann ebenfalls auf die Qualität, insbesondere auch den Spannungszustand Einfluss genommen werden. Typische Angussformen sind Stangen- und Kegelanguss, Tunnel- und Filmanguss oder Punkt- und Ringanguss. Teilweise wird auch angusslos im Heißkanalverfahren gearbeitet (Bild 5.40).

Die **Simulation** von Temperaturverläufen und -gradienten im Werkzeug ist in der Produktentwicklung und der Werkzeugkonstruktion ebenfalls eine wichtige Optimierungsfrage, um Spritzgussprozesse optimal auslegen und gestalten zu können. Entsprechende Softwarelösungen gestatten die vollständige Simulation des Füllvorgangs und eine Vorhersage des Fließverhaltens sowie der Formfüllung. Ebenfalls finden Wärmeübergangs- und Wärmeausgleichsvorgänge in der Modellsimulation Berücksichtigung. Mit den sogenannten **CFD-Programmen** (**C**omputional **F**luid **D**ynamics) können auf der Basis von FEM-Simulationen von der Einspritzphase über die Nachdruckphase bis hin zur Schwindung und Verzug des Bauteils Vorhersagen und Optimierungsschritte erfolgen. Mit den FEM-Berechnungen können wichtige Aussagen zum Abkühlverhalten, aber auch zur Temperaturverteilung und den Temperaturgradienten in der Schmelze bzw. in dem erstarrenden Bauteil getroffen werden. Durch die Berücksichtigung von materialspezifischen Daten lassen sich wichtige Prozessparameter wie Temperatur, Druck-, Scher- und Schubspannungsverteilungen in den drei Phasen eines Zyklus berechnen. Mithilfe dieser Daten kann eine Optimierung der Prozessparameter sowie des Angusses und des Anschnittes vorgenommen werden. */Worg2003/*

Der Werkzeugkonstrukteur hat somit eine gute Hilfestellung, um Fließverhalten, Formfüllung und sogenannte **Hotspots** zu erkennen und die Kühlung im Werkzeug ggf. gezielt anpassen zu können. So werden an möglichen Konturen, die wärmestaugefährdet sind oder angussfern die Temperaturen zu schnell sinken lassen, gezielt Kühlkanäle vorgesehen (siehe Bild 5.31 links). Durch die variotherme Werkzeugtemperierung kann somit eine gleichmäßigere Temperaturverteilung erfolgen. Eine weitere Optimierungsmaßnahme bietet die endkonturnahe Temperierung. Das gezielte Einbringen von Kühlstrukturen an temperaturkritischen Stellen nahe der Oberfläche der Kavität im Bereich des Wärmeüberganges zum Spritzling gestattet ebenfalls, Temperaturgradienten zur Vermeidung von Einfallstellen zu minimieren. */Baye2006/*

Bild 5.31 rechts zeigt die Simulation eines Werkzeuges zum Spritzgießen von dünnwandigen Bauteilen mit der Software „Moldflow“. Mit diesen Analysen können sehr effektiv Temperaturverteilungen und sich ausbildende Gradienten im Werkzeug bewertet werden.

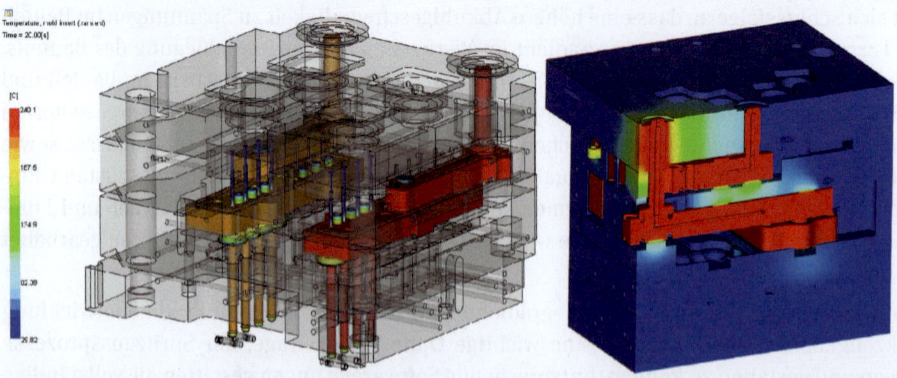

Bild 5.31 Simulation von Spritzgusswerkzeugen: links) Design eines Werkzeugs mit Kühlkanalstrukturen (© Moldflow), rechts) Moldflow-Simulation eines Spritzgusswerkzeuges und Temperaturfeldanalyse (© Moldflow)

Fließ- und Füllsimulationen sind ebenfalls wichtige Simulations- und Optimierungsschritte für den Spritzguss. Einerseits kann somit überprüft werden, ob mit dem gewählten Angusssystem mit Verteilerkanälen die Form gefüllt werden kann. Andererseits kann die erforderliche Füllzeit ermittelt und somit Prozesszeiten optimiert werden (Bild 5.32). Dies bestimmt letztendlich auch die Effizienz des Spritzgießprozesses.

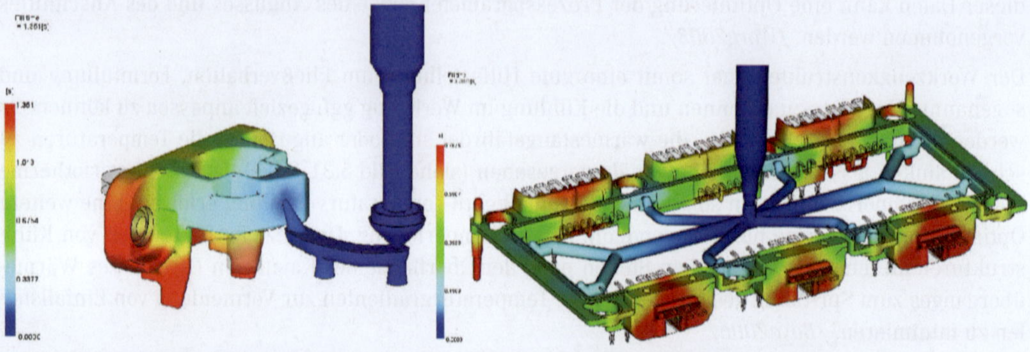

Bild 5.32 Fließ- und Füllsimulation: links) Anguss mit Einfachverteiler (© Moldflow), rechts) Anguss mit Mehrfachverteilerstruktur (© Moldflow)

Eine zusätzliche interessante Möglichkeit bietet die Simulation der zu erwartenden Transmissionscharakteristik des Bauteiles in Abhängigkeit des verwendeten Materials sowie des Werkzeugsystems und der Prozessparameter. Bild 5.33 veranschaulicht schematisch diese Analyse am Beispiel einer Brillenfassung mit Gläsern.

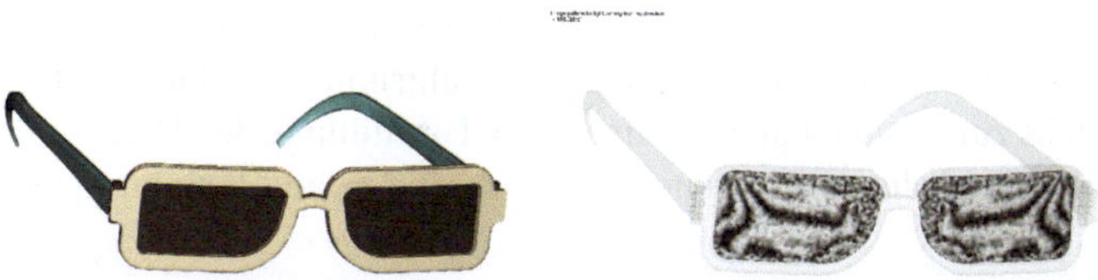

Bild 5.33 Simulation des Lichtdurchganges am Beispiel einer Brillenfassung mit Gläsern für den Spritzgussvorgang: links) konstruiertes Brillendesign (© Moldflow), rechts) grafische Darstellung des Simulationsergebnisses (© Moldflow)

Durch leistungsfähige Solver und Algorithmen der Multiskalenvernetzung bei der Modellierung von Spritzgussprozessen können ebenfalls die Anwendungen des **Mikrospritzgusses** und das Spritzgießen von Mikrostrukturen in Strukturbereichen kleiner 1 mm bis 10 µm simuliert werden. Durch Loaldi wurden für die Modellierung der Replikation von Mikrolinsen mit einer Fresnel-Struktur Algorithmen der Multiskalenvernetzung eingesetzt, die eine Vorhersage des Replikationsverhaltens der Strukturen mit einer Genauigkeit von 90 % ermöglichen. Diese Simulationen konnten unter Verwendung verallgemeinerter Navier-Stokes-Gleichungen sowie eines mehrskaligen Simulationsansatzes durchgeführt werden. Aktuelle Arbeiten zeigen das große Potenzial von Simulationswerkzeugen auch beim Einsatz von Mikro-Spritzgießprozessen. */Loal2020/*

Aus wirtschaftlichen Gründen wird versucht, die Formteilkosten gering zu halten und mehrere Kavitäten pro Werkzeug anzuordnen. Man spricht hier auch von der sogenannten **Fachzahl**, die die vorgesehene Anzahl der Kavitäten pro Werkzeug angibt. Mit steigender Fachzahl steigen jedoch auch die Werkzeugkosten sowie die Anforderungen an die Plastifizierungsleistung und die Schließkraft */Joha2002/*.

In Bild 5.34 links ist ein 4-Kavitäten-Linsenbauelement (Fachzahl 4) der Firma Jenoptik dargestellt. Neben den optischen Funktionsflächen ist gleichzeitig auch das Fassungs- und Halterungselement gespritzt worden. Somit sind die vier gefassten Linsen nach dem Abtrennen der Angüsse sofort in ein messtechnisches System montierbar. Bild 5.34 rechts zeigt ein Spritzgussbeispiel für vergrößernde Sehhilfen der Firma Eschenbach.

Vergrößernde Sehhilfen ist ein Begriff für optische und elektronische Hilfsmittel, die Menschen mit einer Sehbehinderung zur Erfüllung annähernd normaler Sehanforderungen befähigen sollen. Gleichzeitig werden solche Systeme aber auch unterstützend eingesetzt, wenn beispielsweise Sehaufgaben zu erfüllen sind, die an die Auflösungsgrenze des Sehorgans stoßen oder darunter liegen. Zu diesen optischen Instrumenten zählen Lesebrillen mit verstärktem Nahzusatz, Handlupen, Leuchtlupen sowie Fernrohrlupensysteme mit der Bauart nach Kepler oder Galilei. */Mudr2018/*

Im rechten Teil von Bild 5.34 ist ebenfalls ein 4-Kavitäten-Werkzeug genutzt worden, um größere Linsengeometrien für Segmenthellfeldlupen abzuformen.

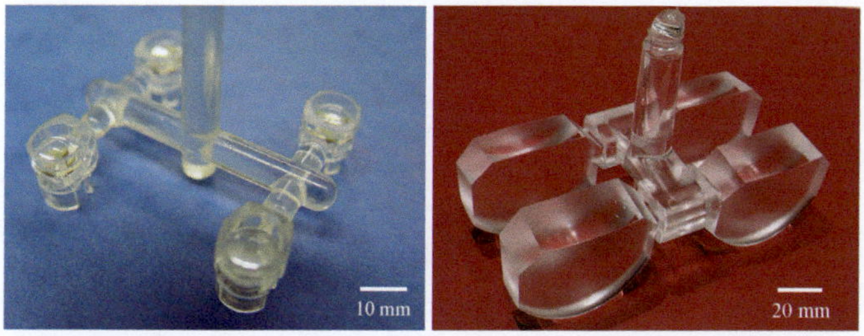

Bild 5.34
Spritzgegossene Bauelemente, Material PMMA: links) optische Baugruppe Linse mit Halterung (Hersteller: Fa. Jenoptik), rechts) vergrößernde Sehhilfen (Hersteller: Fa. Eschenbach)

Die Beispiele in Bild 5.34 zeigen, dass lange Anguss- und Verteilerkanäle gewählt wurden (links), um die inneren Spannungen im optischen Bauteil minimieren zu können. Aufgrund der relativ großen Bauteilabmessungen im Bild rechts muss zur kompletten und homogenen Formfüllung der Anguss mit einem großen Durchmesser vorgehalten und die Abkühlzeiten im Werkzeug relativ lang ausgelegt werden.

In Bild 5.35 (links) ist ebenfalls ein großvolumiges Bauteil, eine doppelasphärische Zylinderlinse mit einer Baulänge von 220 mm, dargestellt. Werden solche optischen Bauelemente in mittleren bis hohen Stückzahlen benötigt, lässt sich der Vorteil des Spritzgießens besonders gut darstellen. Die Fertigung der doppelasphärischen optischen Funktionsflächen wäre mit den Verfahren Schleifen und Polieren (siehe Kapitel 7) nur sehr aufwendig umzusetzen. Der fertigungstechnische Aufwand muss hierfür nur einmal zur Herstellung der Kavitäten betrieben werden. Bild 5.35 rechts veranschaulicht ein optisches Bauelement mit hoher Komplexität. Diese optische Beleuchtungseinheit für eine LED-Applikation besitzt neben den Halterungselementen auch eine Mikrostruktur, um die LED-Strahlung zu homogenisieren. Für diese lichttechnische Aufgabenstellung wurde eine FRESNEL-Struktur gewählt.

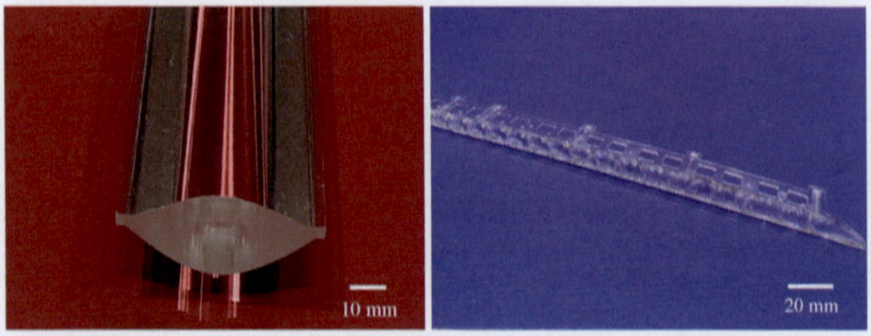

Bild 5.35
Beispiele für den optischen Spritzguss: links) Zylinderlinse mit doppelasphärischen optischen Funktionsflächen, rechts) LED-Beleuchtungseinsatz mit FRESNEL-Strukturen

Das Spritzgießverfahren kann sehr gut automatisiert werden, insbesondere auch aufgrund der hohen Stückzahlen bzw. Losgrößen. Mit entsprechenden Handlingseinrichtungen (Greifer, Manipulator oder Roboter) können Kunststoffteile vollautomatisch bearbeitet werden. Nahezu alle thermoplastischen Formmassen sind durch Spritzgießen prinzipiell verarbeitbar.

Spritzgussbauteile mit optischen Funktionsflächen stellen nicht nur hohe Anforderungen bezüglich der Qualität des Werkzeugeinsatzes, sondern auch an die Werkzeug- und Maschinentechnik (siehe Bild 5.36). An die Prozessführung müssen besonders hohe Ansprüche gestellt werden. Derartige Formeinsätze können durch die Verfahren der Mikrozerspanung, durch Lasermikrobearbeitung, Ätztechnologien und Polierverfahren endbearbeitet werden. So werden z. B. feinkörnige Werkzeugstähle mit Diamantpuder oder -paste poliert. Die Oberflächenendbearbeitung der Werkzeugeinsätze aus Nickel, Neusilber, Amcoloy und Aluminium erfolgt durch Ultrapräzisionsbearbeitung mit monokristallinen Diamanten (MKD). Durch Beschichten der Formeinsätze können Verschleiß und Belagbildung reduziert werden. Durch die geeignete Wahl der Werkzeugbeschichtung wird auch das Entformungsverhalten verbessert.

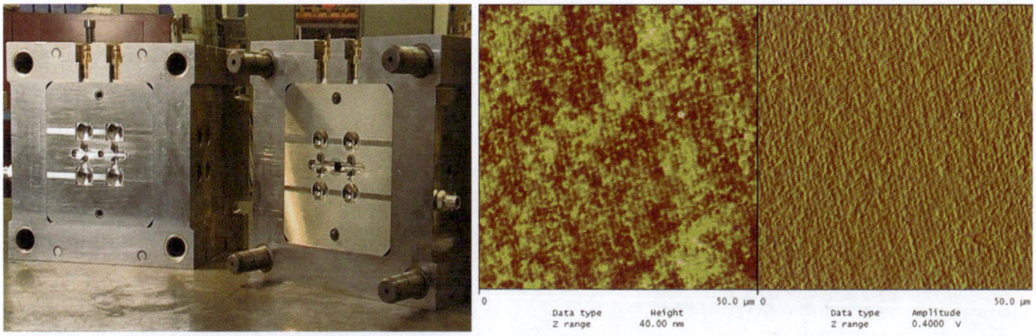

Bild 5.36 Werkzeug mit Formeinsätzen (4 Kavitäten für Linsen): links) Darstellung des Werkzeuges mit Formeinsätzen */Jena2006-1/*, rechts) rasterkraftmikroskopische Höhendarstellung (linke Bildhälfte) und Amplitudendarstellung (rechte Bildhälfte) der Werkzeugeinsatzoberfläche (Flächenbereiche 50 µm × 50 µm) */Hama2002/*

Vom Anwender werden hohe Anforderungen an die optischen Funktionsflächen hinsichtlich Formgenauigkeit und Rauigkeit gestellt. Diese Anforderungen ergeben sich aus der Mikrotopografie, welche für die optischen Eigenschaften entscheidend ist. Optische Funktionsflächen von Kunststoffteilen müssen funktionsbedingt sehr homogen sein. Für optische Anwendungen wird gefordert, dass der quadratische Mittenrauwert R_q (RMS) der optisch wirksamen Funktionsfläche ≤ 10 nm ist.

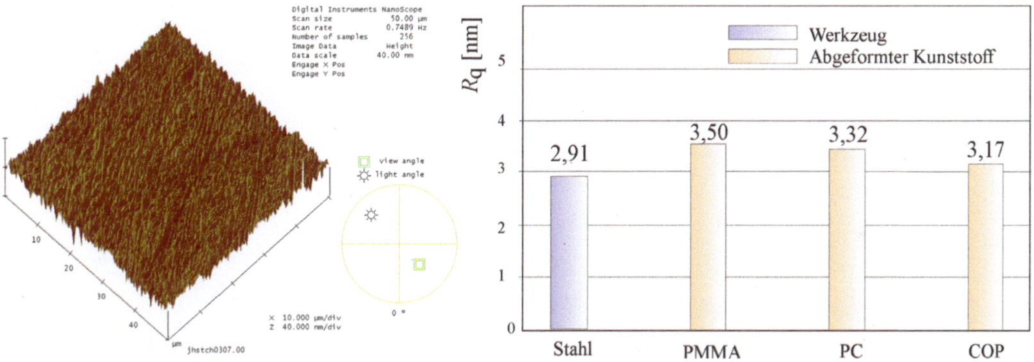

Bild 5.37 Darstellung erreichbarer Mikrotopografien optischer Funktionsflächen */Blie2005/*: links) 3D-Profil einer spritzgegossenen PMMA-Oberfläche, rechts) Vergleich verschiedener Oberflächenrauigkeiten (dargestellte Flächenbereiche 50 µm × 50 µm)

Mit dem heutigen Stand der Technik ist es möglich, diese Forderungen qualitätssicher einzuhalten. In Bild 5.37 ist eine spritzgegossene optische Funktionsfläche mit Angaben zur Mikrorauheit dargestellt. Der Vergleich in der rechten Darstellung zwischen den erreichbaren Rauigkeiten zeigt annähernd ähnliche Werte zwischen den abgeformten Kunststoffoberflächen und dem verwendeten Formeinsatz aus Stahl.

Das Spritzgussverfahren erlaubt die Herstellung von optischen Bauteilen in hohen Stückzahlen, kurzen Zykluszeiten und in wenigen Prozessschritten. Es gehört zu den endkonturnahen urformenden Verfahren. Eine evtl. nachgelagerte Endbearbeitung der spritzgegossenen Bauteile (Beschichten, Montage) ist nach dem Abtrennen des Angusses sofort möglich. Das Abtrennen erfolgt i. d. R. durch mechanische Trennverfahren oder aufgrund der guten Automatisierbarkeit, auch mit dem Laserstrahlverfahren. Bild 5.38 zeigt das Abtrennen des Angusses am Beispiel eines Displayglases aus PMMA.

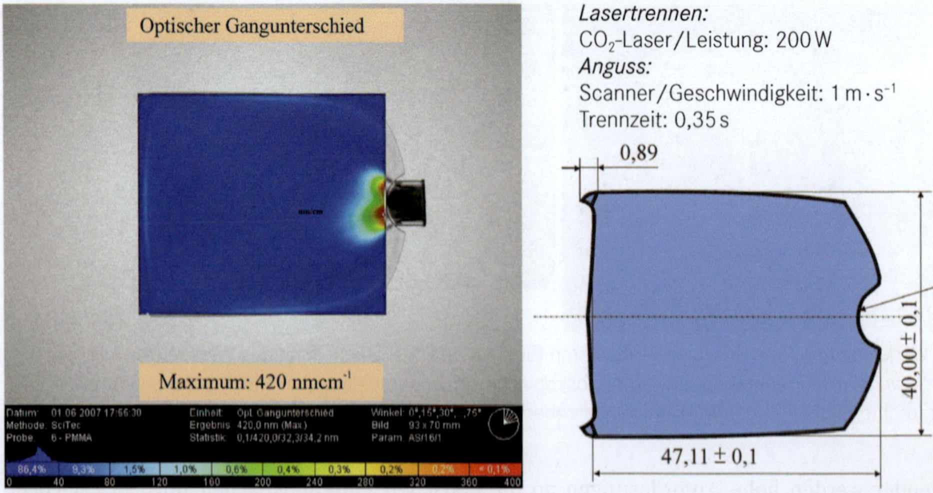

Bild 5.38 Lasertrennen von Angüssen am Beispiel eines Handydisplayglases: links) gespritztes Werkstück mit Anguss */Katt2007/*, rechts) Angusstrennen mittels Laserstrahlung

Wichtige Anforderungen und Maßnahmen an den Spritzgussprozess sind in Tabelle 5.8 zusammenfasst.

Tabelle 5.8 Anforderungen und Maßnahmen an den optischen Spritzguss nach */Luck2009/*

	Anforderungen	Maßnahmen
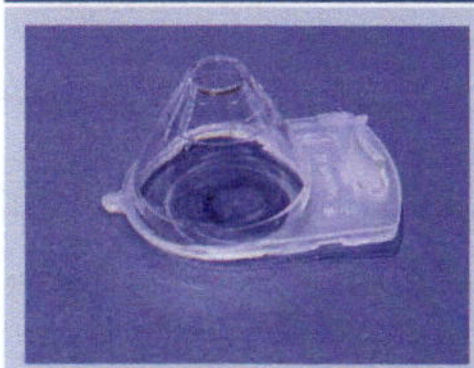 Kontaktglas für Augen-OP	▪ Minimierung von Spannungen Blasen und Einschlüssen	▪ Variotherme Temperierung ▪ Verlängerte Abkühlzyklen ▪ Schonendes und gleichmäßiges Aufschmelzen, hohe Granulatreinheit ▪ Kurze Verweilzeiten in der Plastifizierung ▪ Vor Prozessbeginn ausreichend mit zu verarbeitendem Material spülen
	▪ Formgenauigkeiten der optischen Flächen: ▪ Durchmesser 0 - 5 mm: 0,1 µm ▪ Durchmesser 10 - 20 mm: 3 - 5 µm	▪ Werkzeug- und Bauteilsimulation ▪ Schwundkompensation ▪ Längerer Nachdrückzyklus
Großformatige Sehhilfen	▪ Rauigkeit der optischen Flächen $R_q < 10\,\mu m$	▪ Diamantbearbeitete und/oder polierte Werkzeugeinsätze
	▪ Beschichtbarkeit	▪ Hohe Oberflächenreinheit ▪ Vermeidung von statischen Aufladungen ▪ Verhinderung von Wasseraufnahme
BE optische Maus	▪ Zentrierung optischer und mechanischer Achse	▪ Werkzeug und Formeinsätze ausreichend justieren
	▪ Wanddickenunterschiede	▪ Optimierung der Angussgestaltung
	▪ Realisierung von Mikrostrukturen	▪ Prägeweg erhöhen ▪ Homogene Schmelze, Lufteinschlüsse unbedingt vermeiden ▪ Granulat vollständig entfeuchten
	▪ Aspektverhältnisse bis 40 - 50	▪ Mittlere bis hohe Staudrücke
	▪ Mikrooptiken mit Schussgewichten < 0,5 g	▪ Kleinstmengen Spritzaggregat ▪ Kurze Verweilzeiten in der Pastifizierungszone
	▪ Dickwandige Bauelemente	▪ Groß dimensionierter Kanalverteiler für lange Nachdrückzeiten

Im optischen Spritzguss wird bevorzugt das Temperieren der Werkzeuge eingesetzt, hierbei erfolgt kontinuierlich die Aufnahme und Abgabe von Energie. Bewährt hat sich die variotherme bzw. dynamische Temperiertechnik. So wird in der Einspritzphase durch eine gezielte Temperaturerhöhung des Werkzeuges eine bessere und homogenere Abformung der optischen Funktionsflächen erreicht. In gewissen Grenzen kann der Abkühlprozess durch ein gezieltes Kühlen der Kavitäten beschleunigt werden. Somit lassen sich prinzipiell kürzere Zykluszeiten erreichen. Allerdings muss diese Kühlmaßnahme auf das mögliche Entstehen von erhöhten optischen Gangunterschieden geprüft werden.

5.2.2.1 Mikrospritzgießen

Bei dieser Verfahrenstechnologie steht das Wort „Mikro“ zum einen für die Dimensionen der abzuformenden Bauteile oder Strukturen, und zum anderen werden damit die hohen Anforderungen an die Maßhaltigkeit der abgeformten Bauteile im Mikrometer- bis sub-Mikrometerbereich umrissen. Das Kernziel der **Mikroabformung** durch Spritzgießen besteht darin, die hohe Kosteneffizienz des Verfahrens auf den Bereich der hochpräzisen Mikrostrukturen zu übertragen. Dabei wird gleichzeitig versucht, das breite Anwendungspotenzial von mikrooptischen Bauelementen umzusetzen. Optische Schalter und Stecker, optische Sensoren und Wellenleiterbauelemente für die Kommunikationstechnik, Herstellung von Mikrooptiken und diffraktive optische Bauelemente sind beispielsweise Entwicklungen der Mikroabformung bzw. des Mikrospritzgießens. Die Besonderheiten spritzgegossener Mikrobauteile gegenüber konventionellen Formteilen ergeben sich aus den geringen Formteilgewichten von wenigen Milligramm bis einigen Gramm, den kleinen Strukturabmessungen von einigen 10 nm bis ca. 1 mm, den teilweise hohen Aspekt- und damit Fließweg-Wanddickenverhältnissen von typisch 5 bis 50 sowie den hohen Genauigkeitsanforderungen. */Ehrf2002/*

Die Plastifizier- und Spritzeinheit wird für das **Mikrospritzgießen** meist zweiteilig aufgebaut (Bild 5.39 links). Solche Spritzgussmaschinen (Bild 5.39 rechts) arbeiten nach dem Prinzip der Schneckenvorplastifizierung mit externer Kolbeneinspritzung. In der ersten Stufe wird die Kunststoffmasse staudruckgeregelt plastifiziert. Die Plastifizierungsschnecke weist einen sehr kleinen Durchmesser im Bereich von 14 mm auf, angepasst an die Kleinstmengenverarbeitung. Somit kann ein gleichmäßiges thermisches und mechanisches Aufschmelzen des Granulates ermöglicht werden. In einer zweiten Stufe ist ein separates Kolben-Spritzaggregat angeordnet. Dieser Kolben fungiert gleichzeitig als Absperrkomponente für den Schmelzekanal zwischen Plastifizierungs- und Einspritzaggregat. Durch die Dimensionierung von Kolben und Kolbenvorraum kann sichergestellt werden, dass die Verweilzeit des plastifizierten Materials klein bleibt. Der Prozess wird mit einem oder mehreren Spritzdrucksensoren überwacht und dient als Regelelement für den Einspritzprozess. */Witt2020/*

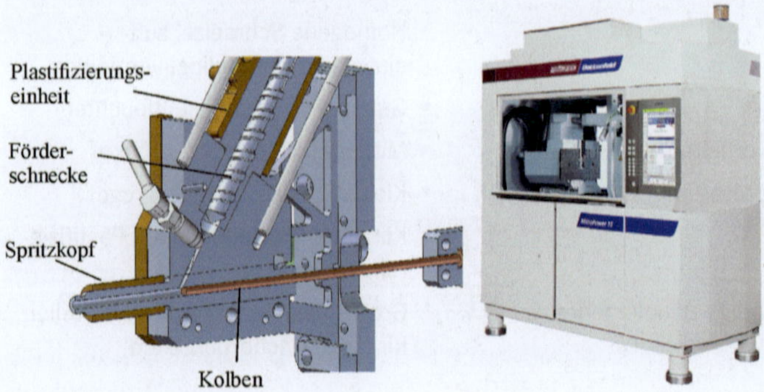

Bild 5.39
Spritzgießsystemtechnik für den Mikrospritzguss : links) Spritzgießeinheit für Mikrobauteile, rechts) Spritzgießmaschine (© WITTMANN BATTENFELD)

Die erforderlichen Kavitäten können sowohl im LIGA-Verfahren (siehe Abschnitt 5.3), durch die Mikrozerspanung mit Diamantwerkzeugen (siehe Abschnitt 7.4), dem Mikroerodieren und dem Laserstrahlabtragen hergestellt werden. Bei dem Abformprozess von Mikrobauteilen ist es wichtig, nur kleinste Mengen an Kunststoff zu plastifizieren, um eine zu hohe thermische Belastung der Kunststoffschmelze zu vermeiden. Diese Kleinstmengen an plastizifiziertem Volumen muss mit hoher Präzision in die Kavität gespritzt werden. Oft ist es notwendig, die Kavitäten nahe der Schmelzetemperatur der eingesetzten Kunststoffe zu heizen, um eine gute Formfüllung zu erreichen und die Mikrokavitäten vor Verschleiß zu schützen. Während des Abkühlprozesses wird die Kavität ebenfalls auf Entformungstemperatur gekühlt. Zum Einsatz kommen variotherme Temperierlösungen. Bei extremen Mikrogeometrien und Aspektverhältnissen wird teilweise auch mit Unterdruck bis zu 1 mbar gearbeitet. */Joha2002/*

Gegenwärtig werden bei der Fertigung mikrostrukturierter Bauteile über Spritzgießen drei Strategien verfolgt (siehe Bild 5.40) */Ehrf2002/*.

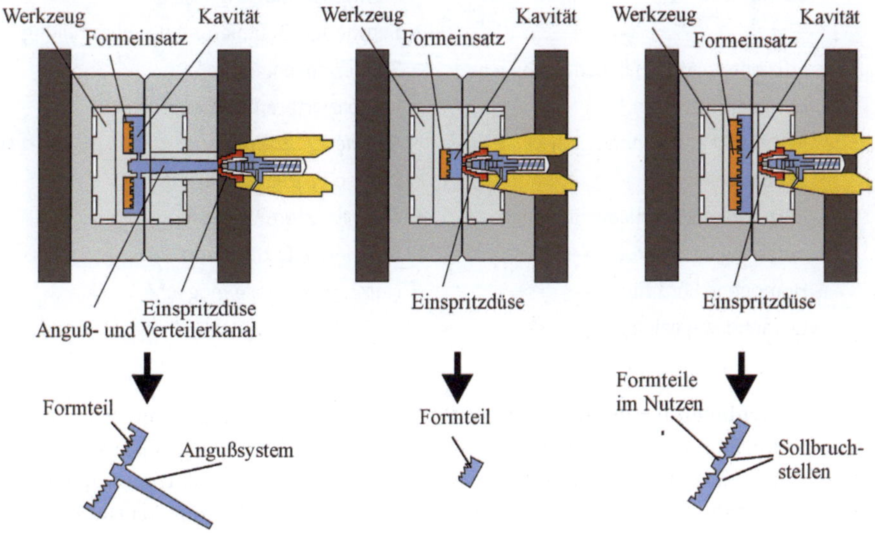

Bild 5.40 Fertigungsansätze beim Mikrospritzgießen nach */Ehrf2002/*: links) Formteil mit Angusssystem, Mitte) Heißkanaltechnik, rechts) Plastics Wafer Technology

Im ersten Verfahren (Bild 5.40 links) werden die Kavitäten über einen Verteilerkanal, dessen Volumen meist um ein Vielfaches größer ist als die eigentlichen Bauteile, gefüllt. Damit lassen sich auch sehr kleine Teile mit konventionellen Spritzgießmaschinen fertigen. Größter Nachteil ist der dabei erzeugte Abfall in Form des Angusssystems. Eine effizientere Ausnutzung des Materials lässt sich durch Heißkanalsysteme erzielen, bei denen die Schmelze unmittelbar am Formteil eingespritzt wird (Bild 5.40 Mitte). Die dabei notwendigen extrem geringen Materialmengen von wenigen mm^3 erfordern jedoch Sonderlösungen für Maschine und Werkzeug. Der dritte Weg, die sogenannte Plastics Wafer Technology (PWT), zielt auf die Fertigung einer Vielzahl gleicher Bauteile auf einem Substrat in Waferform ab. Diese Technologie (Bild 5.40 rechts) erlaubt die Verwendung konventioneller Maschinen und eignet sich insbesondere für die Produktion großer Stückzahlen.

Die Wahl des jeweiligen Fertigungsansatzes richtet sich nach dem Design der mikrostrukturierten Bauteile, der zu fertigenden Stückzahl sowie der vorhandenen Anlagentechnik. Die Tabelle 5.9 fasst Vor- und Nachteile dieser einzelnen Verfahrenstechnologien zusammen.

Tabelle 5.9 Verfahren des Mikrospritzgießens/Betrachtung der Vor- und Nachteile */Ehrf2002/*

Verfahren	Vorteile	Nachteile
Formteil mit Angusssystem	▪ Nutzung konventioneller Maschinen ▪ Einfachere Werkzeugtechnik ▪ Mehrfachkavitäten möglich ▪ 3D-Bauteile	▪ Schlechtere Materialnutzung ▪ Längere Zykluszeiten (Anguss) ▪ Nachbearbeitung Anguss ▪ Schwierige Magazinierung ▪ Schwierige Optimierung der Formfüllung
Heißkanaltechnik	▪ Effizientere Materialausnutzung ▪ Kurze Zykluszeiten ▪ Mehrfachkavitäten möglich ▪ 3D-Bauteile	▪ Sondermaschinen ▪ Kompliziertere Werkzeugtechnik ▪ Schwierige Entformung ▪ Präzise Prozesssteuerung
Plastics Wafer Technology (PWT)	▪ Effizientere Materialausnutzung ▪ Kurze Zykluszeiten ▪ Homogene Formfüllung ▪ Einfache Magazinierung	▪ Kompliziertere Werkzeugtechnik ▪ Schwierige Entformung ▪ Nur 2,5D-Bauteile möglich

Das Verfahren **Mikrospritzgießen** ist durch eine Reihe von wichtigen Kriterien gekennzeichnet. Insbesondere verlangen die Verfahrenstechnologien hohe Einspritzdrücke bei niedrigen Viskositäten der Formmassen, um die Kavitäten füllen zu können. Durch das geringe Schussgewicht muss die Werkzeugwand auf hoher Temperatur gehalten werden, um ein vorzeitiges Abkühlen der Formmasse zu verhindern. Darüber hinaus verlangen die kleinen Bauteildimensionen besondere Vorkehrungen für das Entformen (zusätzliches Heizsystem, Entformungsschrägen etc.).

Neben diesen Verfahren befinden sich weitere Entwicklungen in der Umsetzung bzw. Etablierung. Das **Mikromontagespritzgießen** oder Micro Insert Injection Molding, welches durch Einsatz von Einlegeteilen die umfangreiche Aufbau- und Verbindungstechnik vereinfacht, lässt eine deutliche Reduzierung der Gesamtfertigungskosten erwarten. Eine ähnliche Zielsetzung wird bereits mit dem Mikro-Zweikomponenten-Spritzgießen verfolgt, wobei diese Prozesstechnik zudem die Herstellung mehrkomponentiger und damit multifunktionaler Mikrokomponenten ermöglicht */Ehrf2002/*.

Die in Bild 5.41 gezeigten Mikrolinsenbaugruppen besitzen einen Durchmesser von 1 mm und haben zwei innenliegende konkave optische Funktionsflächen mit Durchmessern von 0,2 mm und 0,45 mm. Beide optische Flächen sind zueinander zentriert und erfordern keine nachträgliche Justage. Das Gewicht der Baugruppe beträgt lediglich 0,0004 g. In Bild 5.42 ist ein 2K-Mikrospritzgussteil gezeigt. Das Beherrschen der 2K-Technik im Mikrospritzguss erfordert sehr hohe Ansprüche an die Prozessführung.

Bild 5.41
Beispiel für den Mikrospritzguss (© JENOPTIK)

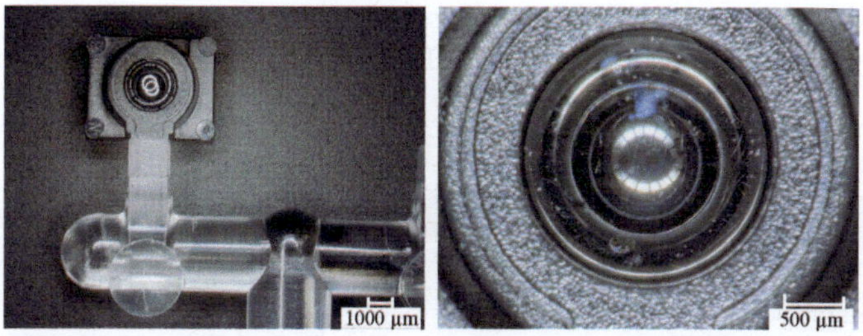

Bild 5.42
Mikrospritzgießen mit 2K-Technik: links) Mikrolinsendesign mit Fachzahl 8, rechts) mikroskopische Aufnahme einer Einzellinse (Hersteller: Fa. Jenoptik)

5.2.2.2 Mehrkomponentenspritzguss

Spritzgießprozesse können so ausgelegt werden, dass man verschiedene Formmassen sequenziell während des Spritzgießvorganges in einem Werkzeug zusammenführt. Dabei können die plastifizierten Formmassen gegeneinander oder ineinander geführt werden. Die realisierbaren Materialverbünde können unlösbar aber auch gegeneinander beweglich sein. Eingeführt sind die Verfahren der **2K-, 3K- und 4K-Verbundtechnik** (2-Komponenten-, ...) und erlauben die Kombination unterschiedlich gefärbter Kunststoffe oder aber die Kombination von Kunststoffen mit teilweise sehr unterschiedlichen Materialeigenschaften. Damit besteht insbesondere für die optischen Anwendungen die Möglichkeit, Bauteile wie Linsen, Prismen und Strahlteiler direkt in ein mechanisches Fassungselement oder aber in ein Gehäuseteil zu integrieren. Dadurch kann unter Umständen auch ein nachträglich erforderlicher Montageprozess entfallen. Bild 5.43 veranschaulicht das Verfahrensprinzip.

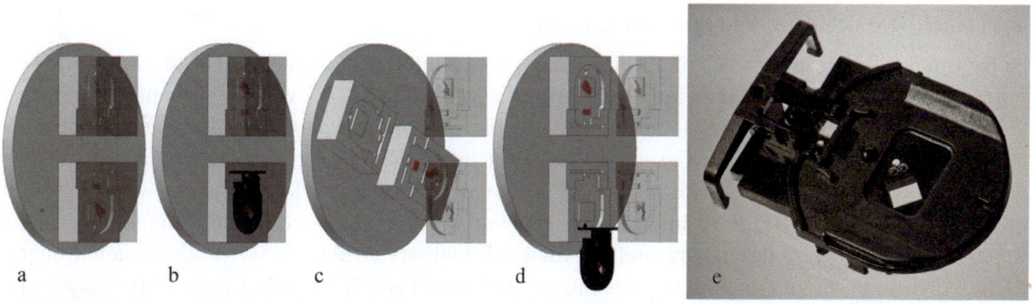

Bild 5.43 Prinzip des Mehrkomponentenspritzgießens */Jena2006-1/*

Verfahrensschritte des Mehrkomponentenspritzgießens	
a)	Geteiltes Werkzeug schließen
b)	Komponenten A und B simultan in beide Formnester spritzen
c)	Form mit gespritztem Teil der Komponente A um 180° drehen
d)	Werkzeug öffnen; Fertigteil auswerfen (Geteiltes Werkzeug schließen, Prozess erneut starten)

Die Anordnung der **Spritzgießeinheiten** kann sowohl horizontal als auch vertikal erfolgen. Die verwendeten Werkzeuge sind i. d. R. übliche Spritzgusswerkzeuge. Für das Einspritzen der Komponente A werden die Systeme der bereits beschriebenen Angusstechnik verwendet. Die Komponente B kann im zweiten Prozessschritt über Direktanspritzung, Aussparung oder Fließkanäle in die Kavität gelangen. Im Verfahren nach Bild 5.43 wird ein um 180° drehbares Werkzeug verwendet, um die Komponente B im zweiten Zyklusschritt gegen das Bauteil der Komponente A zu spritzen. Der Mehrkomponentenspritzguss bietet für die Fertigung optische Bauelemente viele Vorteile (siehe Tabelle 5.10).

Tabelle 5.10 Mehrkomponentenspritzguss

Vorteile des Verfahrens
▪ Komponenten fest oder beweglich zueinander ▪ Kombination von Materialien mit unterschiedlichen Eigenschaften ▪ Verringerung der Montagekosten ▪ Integration von Leiterbahnen in dreidimensionalen Bauteilen (MID) ▪ Mehrfarbentechnik möglich

5.2.3 Heißprägen

Auf plus.hanser-fachbuch.de finden Sie hierzu ein Video.

Beim Heißprägeverfahren wird ein strukturiertes Werkzeug zur **Replikation präziser Mikrostrukturen** in thermoplastische Polymere verwendet. Bevor der direkte Abformprozess im Speziellen diskutiert wird, soll zunächst der generelle Prozessablauf zum Heißprägen kurz vorgestellt werden. Dieser ist in einer Übersichtsgrafik in Bild 5.44 dargestellt.

Zu Beginn des Prozesses wird ein optisches Design vom Bauteil erstellt, das die gewünschten Strukturen verkörpert und hinsichtlich seiner Abbildungseigenschaft optimiert wurde. Abgeleitet davon wird die Werkzeugkonstruktion durchgeführt sowie alle planungstechnischen Anforderungen für die spätere Produktion ermittelt. In der Gesamtprozessbetrachtung schließt sich die Herstellung des **Prägewerkzeuges** an, das die Negativform des zu fertigenden Bauteils verkörpert. Prägewerkzeuge mit größeren Strukturen (> 100 µm) können in der Regel durch CNC-Fräs- und Drehtechniken (siehe auch Kapitel 7) oder durch Erodieren hergestellt werden. Für kleinere Strukturen werden hingegen lithografische Prozesse bevorzugt angewandt. Das Muster wird bei dieser Technik in Fotolack übertragen und kann dann galvanisch gefüllt werden. Das entstandene Metallwerkzeug (in der Regel aus Nickel) ist für das serienmäßige Abformen von Kunststoffstrukturen geeignet und sichert eine hohe Abformanzahl. Alternativ hierzu kann über Trocken- oder Nassätzverfahren die Lackstruktur auch direkt in Silizium übertragen werden. Die Siliziumstruktur wird nun direkt als Abformwerkzeug verwendet oder man erzeugt durch Aufgalvanisieren wiederum ein Nickelwerkzeug (DEMO-Technik.) Für höher auflösende Strukturen oder Strukturen mit besonders hohem Aspektverhältnis werden Techniken wie LIGA oder speziell die Laser-LIGA-Verfahren zur Herstellung des Abformwerkzeuges eingesetzt.

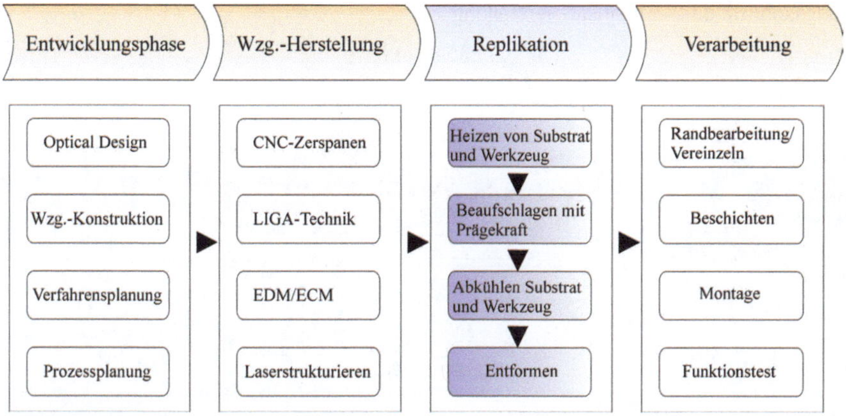

Bild 5.44 Prozessschema des Heißprägens

Die **Replikation** erfolgt auf speziellen Heißprägemaschinen in einem temperatur-zeit-gesteuerten Zyklus. Nach Erwärmen des Substratrohlings zwischen den beheizten Werkzeughälften wird durch Beaufschlagung des Systems mit der erforderlichen Prägekraft die Struktur des Negativwerkzeuges in das Bauteil übertragen. Nach einer materialspezifischen Abkühlphase werden die Werkzeughälften auseinandergefahren und das geprägte Bauteil entformt. Die Weiterverarbeitung geprägter Bauteile kann unterschiedlich erfolgen. Prinzipiell ist eine mechanische Trenn- oder Randbearbeitung erforderlich, bevor die Bauteile gereinigt und ggf. beschichtet werden. Häufig schließen sich Montageprozesse und ein Funktionstest an.

5.2.3.1 Werkzeugherstellung

Für die Replikation von Mikrostrukturen ist ein hochgenaues Formwerkzeug erforderlich. Dieses Formwerkzeug muss aus einem verschleißfesten Material mit hoher Wärmeleitfähigkeit bestehen. In wenigen Fällen kann dieses Formwerkzeug direkt in einem geeigneten Material hergestellt werden, z. B. durch UP-Zerspanung oder durch Mikroerodieren. Die galvanische Abformung ermöglicht einen alternativen Weg zur direkten Formeinsatzherstellung. Zuerst wird die gewünschte Struktur mit einer geeigneten Technologie oder einer Kombination verschiedener Technologien erstellt. In einem zweiten Schritt wird von dieser Originalstruktur das Formwerkzeug durch galvanische Abformung abgeleitet. Die galvanische Abformung und eine eventuelle mechanische Nachbearbeitung stellen somit das Bindeglied zwischen Strukturierungstechnik und Replikation dar. Zur Einbringung der Struktur in ein galvanisierungsfähiges Material findet verstärkt die LIGA-Technik Einsatz. Die LIGA-Technik ermöglicht die Herstellung von Mikrostrukturen mit Abmessungen bis ca. 0,2 µm, Strukturhöhen bis 3 mm, und Aspektverhältnissen bis 50 (für Detailstrukturen sogar bis 500) aus Kunststoff, Metall oder Keramik. Die LIGA-Verfahren werden insbesondere im Bereich der Mikrooptik angewandt, und zwar speziell dann, wenn Strukturen mit sehr hohen Aspektverhältnissen zu erzeugen sind. Tabelle 5.11 veranschaulicht die erforderlichen Prozessschritte.

Tabelle 5.11 Fertigungsschritte der Formeinsatzherstellung

1. Bestrahlen	2. Entwickeln
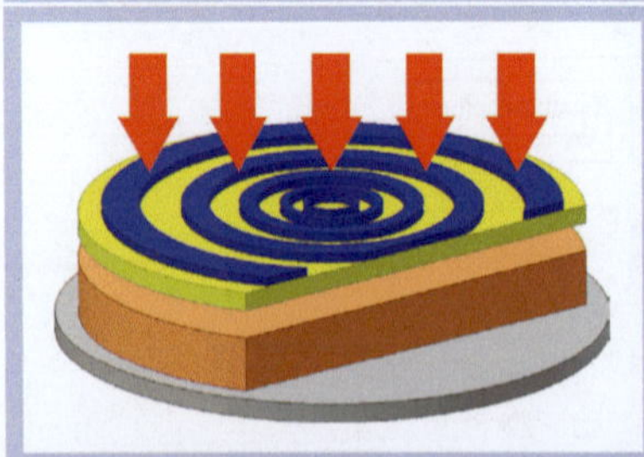	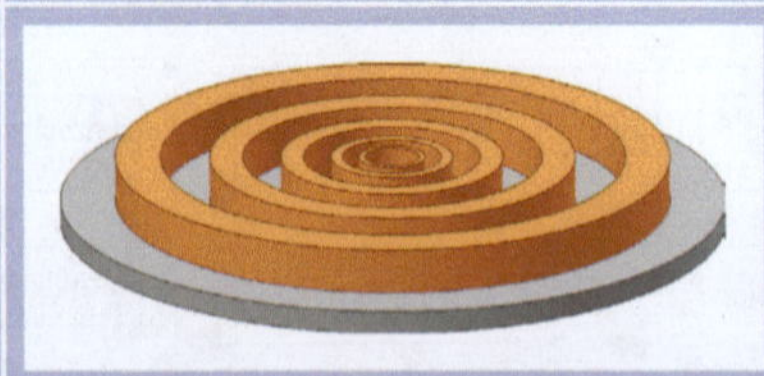
3. Galvanoformung	4. Formeinsatz
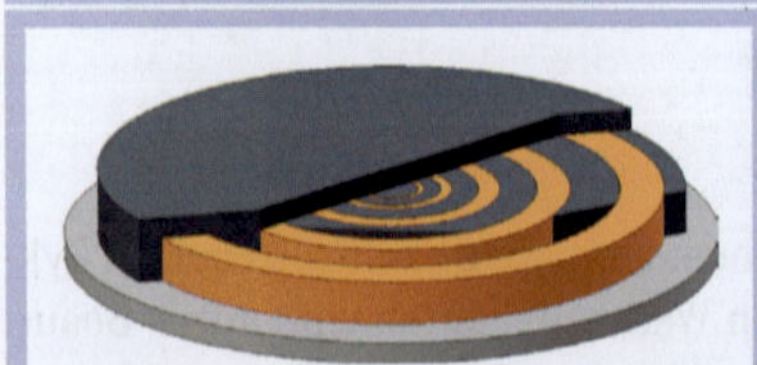	

Das Abbild einer Maske wird durch Schattenprojektion in ein strahlungsempfindliches Polymer (**Resist**) übertragen. Hierbei kann es sich um einen direkten Schreibprozess (durch Laserablation, Elektronen- oder Ionenstrahl), optische Lithografie oder Röntgenlithografie handeln. Aufgrund der ausgezeichneten Eignung zur Erzeugung von Tiefenstrukturen wird oftmals Synchrotronstrahlung verwendet (Röntgen-LIGA). Anschließend wird durch nasschemische Entwicklung das projizierte Muster der Maske als dreidimensionale Struktur freigelegt. Im folgenden Galvanikschritt werden die Zwischenräume der Resiststruktur mit Metall oder einer Metalllegierung gefüllt. Im Galvanikprozess wird das abzuformende Bauteil mit der Kathode elektrisch verbunden und in das Elektrolytbad gegeben. Durch Anlegen einer niedrigeren Gleichspannung kommt es zu einem Ladungsträgerfluss im Elektrolyten. Das abzuscheidende Metall, in diesem Falle Nickel, wird an der Anode gelöst, durch den Elektrolyten an die Kathode transportiert und dort abgeschieden. Die abgeschiedene Nickelmenge ist direkt proportional zu den angelegten Amperestunden. Damit lässt sich zuverlässig die Schichtdicke kontrollieren. Typische Stromdichten betragen einige 10 $mA \cdot cm^{-2}$. Nach Erreichen der gewünschten Dicke (100 µm bis einige Millimeter) wird das Bauteil aus dem Bad entnommen und die abgeschiedene Schicht von dem Bauteil getrennt. Im Gegensatz zum klassischen Galvanisieren muss die galvanisierte Schicht eine niedrige Haftung zum Bauteil haben, um ein mechanisches Ablösen zu ermöglichen. Somit entsteht ein mechanisch stabiler Formeinsatz, der als Werkzeug für den weiteren Abformprozess zur Verfügung steht.

Die Standzeiten von galvanisch hergestellten Formeinsätzen aus Nickel oder Nickellegierungen hängen von den Qualitätsanforderungen an die Formteile, der abrasiven Wirkung der verwendeten Kunststoffe und den Prozessparametern ab. Für flache Strukturen und optische Kunststoffe sind prinzipiell Standzeiten im Bereich einiger 100 000 Formteile realisierbar. */Ehrf2002/*, */Holl2001/*

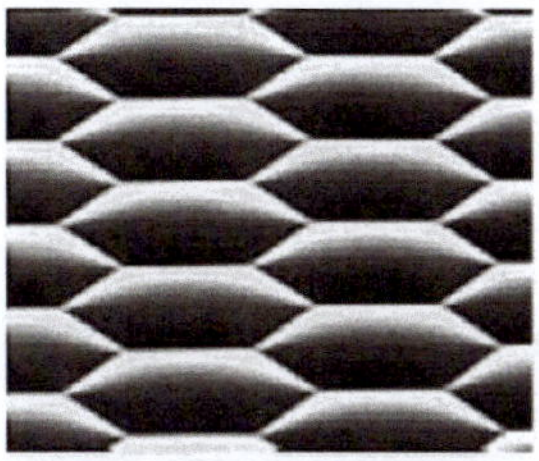

Bild 5.45
Refraktives Mikrolinsenarray in Fotoresist */Holl2001/*

5.2.3.2 Heißprägeprozess

Das Ausgangsmaterial beim Heißprägen von Mikrostrukturen sind i. d. R. Platten und Folien aus amorphen Thermoplasten. Darüber hinaus können auch Granulate oder Preformen (vorgefertigte Halbzeuge) als Ausgangsmaterialien verwendet werden. Diese werden in dem Prägewerkzeug bis zu einer Temperatur oberhalb der Erweichungstemperatur, typisch sind hier 50 - 100 K oberhalb der Glastransformationstemperatur T_G, erwärmt. In diesem Bereich besitzt das Material eine hohe Formänderungsfähigkeit (niedrige Viskosität). Die Strukturierung erfolgt in einem zweiten Schritt durch Einleiten der Prägekraft. Das mikrostrukturierte Werkzeug dringt in die Kunststoffoberfläche ein.

Tabelle 5.12 Ablauf des Heißprägens (mit Temperatur- und Druckführung)

1. Evakuieren und Erwärmen	2. Prägen	3. Abkühlen und Entformen
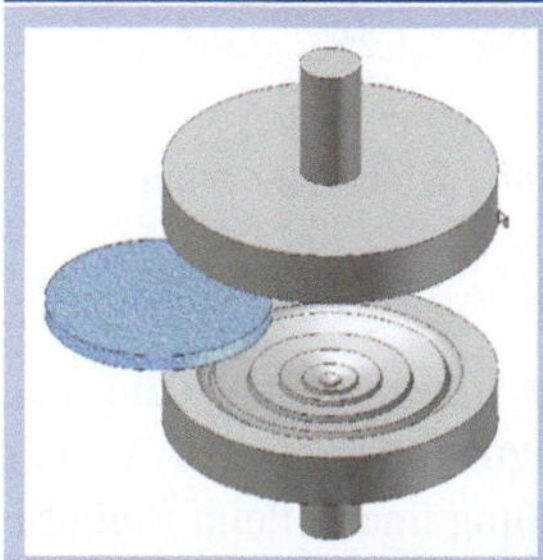	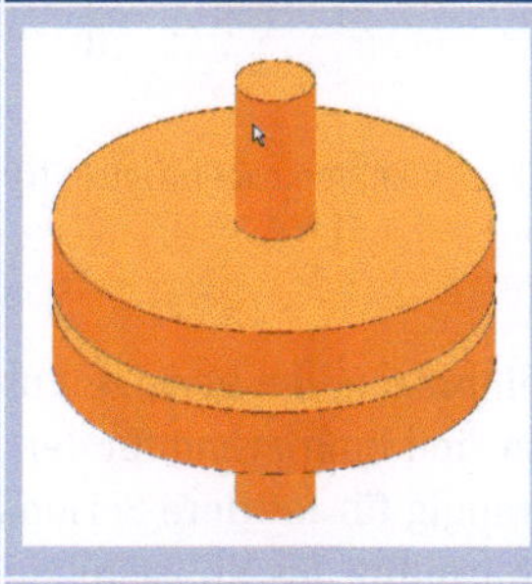	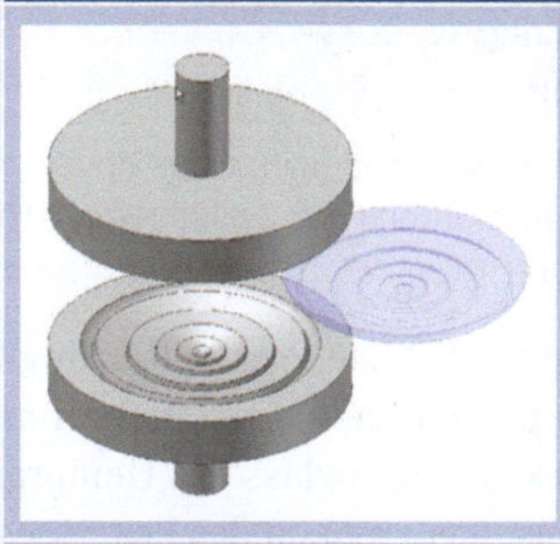
▪ Einlegen des Halbzeuges, ▪ Schließen des Werkzeuges, ▪ Vorheizen oberhalb der Glasübergangstemperatur T_G des Kunststoffes	▪ Eindrücken des beheizten Formeinsatzes in das Halbzeug, ▪ Steuerung der Kraft, des Druckes und der Zeitdauer	▪ Zeitgesteuertes Abkühlen unterhalb der Glasübergangstemperatur T_G, ▪ Entformen des geprägten Bauteiles

Nach Abkühlung des geprägten Bauteiles auf Temperaturen unterhalb der Glasübergangstemperatur und der damit verbundenen Verfestigung wird das Bauteil entformt (siehe Tabelle 5.12). Verglichen mit dem Spritzgießen stellt das Heißprägen eine einfachere Technologie für die Abformung von Mikrostrukturen dar. Im Ergebnis entstehen 2,5-dimensionale, flache und zum Teil sehr großflächige Bauteile. Besonders vorteilhaft sind die geringen Füll- bzw. Fließwege des Kunststoffes sowie die besonders homogene Füllung, die das Verfahren auch für Strukturen mit großen Aspektverhältnissen interessant machen. Für diese Einsatzfälle führt man das Heißprägen auch unter vakuumähnlichen Bedingungen (Druck wird auf wenige mbar reduziert) durch. Dadurch können Lufteinschlüsse vermieden und höhere Abformgenauigkeiten erzielt werden. Meist findet das Heißprägen aber bei Strukturen mit Aspektverhältnissen < 5 Anwendung.

Durch die bei der Strukturierung geringeren Geschwindigkeiten der Formmasse, im Vergleich zum Spritzgießen, werden die Molekülketten weniger beansprucht, was zu einer höheren Stabilität führt. Generell ist aber auch in Analogie zum Spritzgießverfahren auf kleine Abkühlraten zu achten, um innere Spannungen zu vermeiden. Die Temperierung der Werkzeuge ist beim Heißprägen etwas aufwendiger als beim Spritzgießen, da mit höheren Temperaturen gearbeitet werden muss, um Mikrostrukturen abformen zu können. Sehr oft wird eine **variotherme Prozessführung** angewendet. Variotherm bedeutet, dass die Werkzeugtemperatur ein definiertes Temperaturprofil erhält und nicht mehr konstant gehalten wird. Es wird in der Aufheizphase und während des Prägeprozesses eine höhere Temperatur der Werkzeugform angestrebt. Eine variotherme Temperierung ist immer dann von Interesse, wenn eine deutlich höhere Formtemperatur zur fehlerfreieren Abformung führt. In Bild 5.46 ist ein Temperatur-Zeit-Kraft-Verlauf beispielhaft dargestellt */Kalv2001/*.

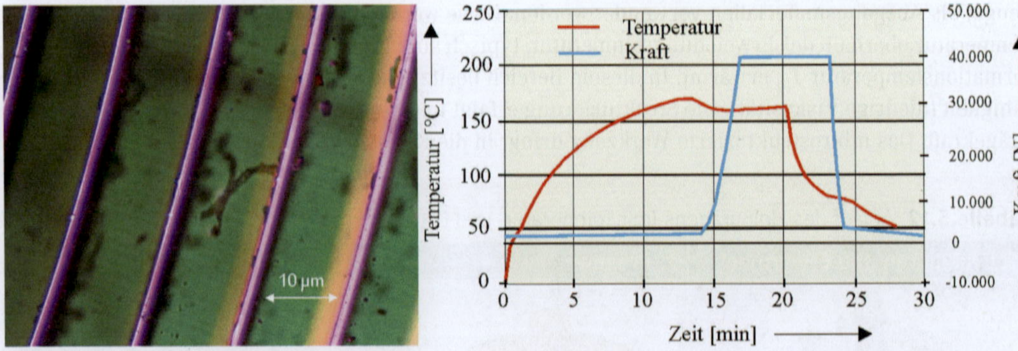

Bild 5.46 Heißprägen eines optischen Bauteiles: links) mikrogeprägte Struktur, rechts) Temperatur-Kraft-Zeit-Verlauf während des Zyklus */iffu2005/*

Die variotherme Prozessführung beim Heißprägen, der geringe Automatisierungsgrad sowie die typischen Zykluszeiten von mehreren Minuten sind limitierend für den Einsatz zur Fertigung ganz großer Stückzahlen, so dass das Heißprägen vorrangig für mittlere Serien Anwendung findet. Beim Heißprägen ist das Trennen des Prozesses der Erwärmung des Kunststoffausgangsmaterials vom eigentlichen Prägeprozess von Vorteil. Bild 5.47 illustriert einen entsprechenden Zweistufenprozess der Firma ORAFOL Fresnel Optics, Apolda. Das Werkzeug wird auf die Formgebungstemperatur aufgeheizt. Das Prägen des Bauteiles erfolgt bei konstanter Temperatur. Während der definierten Abkühlung auf die Entformungstemperatur startet die Bearbeitung einer zweiten vorbereiteten Form (gestrichelte Kurve). Auf diese Weise ist eine Halbierung der Prozesszeit möglich. Darüber hinaus können auch extrudierte Halbzeuge (spritzgegossen) als Ausgangsmaterial vorteilhaft eingesetzt werden.

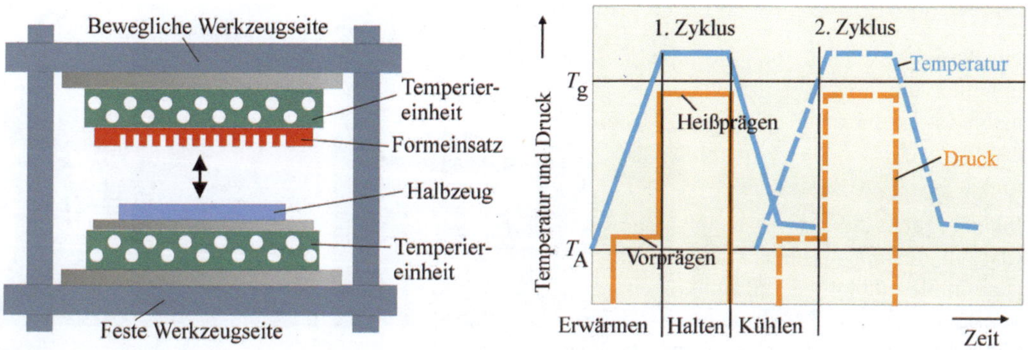

Bild 5.47 Prozessablauf des Heißprägens */Oraf2006/*: links) Anordnung zum Heißprägen, rechts) Zweistufenprozess

Heißprägemaschinen stehen in unterschiedlichen Konfigurationen und Ausführungen zur Verfügung. Die maximal einstellbaren Prägekräfte reichen von ca. 200 kN bis zu 1000 kN.

Ein Beispiel für die Anwendung des Heißprägens ist die Herstellung mikrostrukturierter optischer Elemente, deren strukturierte Oberflächen gerade oder gekrümmte Profile mit konstanter oder veränderlicher Rillenbreite haben, die im Mikrometer- bis Millimeter-Bereich liegen. Die Strukturen können dabei kreisförmig, linear oder unregelmäßig sein. Ein wichtiges Beispiel solcher Elemente sind **Fresnel-Linsen** (Bild 5.48) mit einer mikrostrukturierten und einer planen Oberfläche.

Die mikrostrukturierte Oberfläche besteht aus einer Serie von „Rillen“, deren Wirkflankenwinkel sich mit zunehmendem Abstand von der optischen Achse verändert. Die zwischen den Wirkflanken liegenden Störflanken beeinflussen die optische Leistung normalerweise nicht. (siehe auch */Loef2020/*)

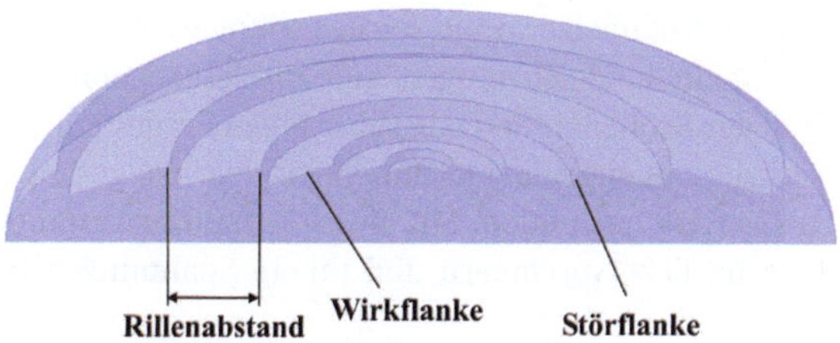

Bild 5.48
Diffraktive Mikrostrukturen – Fresnel-Optik

Der Anwendungsbereich für das Heißprägeverfahren ist relativ groß und vielgestaltig. Beispiele hierfür sind diffraktive optische Bauteile und Hologramme mit Strukturdimensionen im Bereich einiger 10 nm bis 100 nm. Des Weiteren reichen die Anwendungen auch von mikrostrukturierten großflächigen Platten für die Projektion und Beleuchtungstechnik bis hin zu Komponenten für Headup-Displays im Automobilbereich. In Bild 5.49 sind ausgewählte Beispiele für das Heißprägen dargestellt.

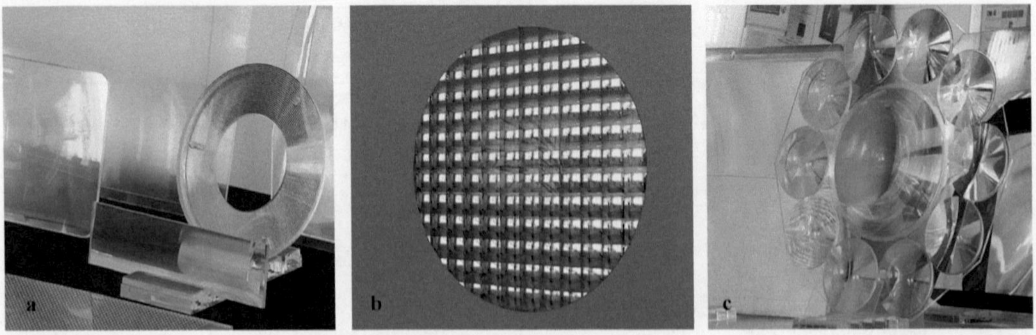

Bild 5.49 Applikationsbeispiele für FRESNEL-Strukturen */Jena2006/*

5.2.4 Spritzprägen

Die diskutierten Verfahren des Spritzgießens führen teilweise zu hohen Anisotropien der optischen Bauelemente. Um Verzug, innere Spannungen und Orientierungen gering zu halten, kann das Spritzprägen für optische Bauelemente mit höheren Anforderungen eine Alternative bieten. Das Spritzprägen stellt eine Verfahrenskombination aus dem Spritzgießen und dem Heißprägeverfahren dar, mit dem Ziel, die Vorteile beider Verfahren zu vereinen. Wenngleich das Spritzprägen nicht so häufig eingesetzt wird wie das Spritzgießen, besitzt es doch für die Herstellung von optischen Bauelementen aus Kunststoffen ein großes Potenzial. Dieses Verfahren wird für die Herstellung von Bauteilen mit besonderen Anforderungen, wie hohe Maßhaltigkeit, oder für hohe Ansprüche an die optischen Eigenschaften eingesetzt. Weitere Verfahrensvorteile sind die äußerst homogene Füllung der Strukturen, geringe Verzüge, hohe Präzisionsgenauigkeit und geringe innere Spannungen.

Beim Spritzprägen wird die thermoplastische Kunststoffschmelze in ein leicht geöffnetes Werkzeug mit niedrigem Druck eingebracht, in Kombination mit einem gleichzeitigen oder anschließenden Prägen. Das Prägen erfolgt über einen zusätzlichen Hub der Schließeinheit oder über einen Prägestempel. Durch den Zweistufenprozess verteilt sich der Werkzeuginnendruck gleichmäßiger über die gesamte Bauteilfläche. Bild 5.50 veranschaulicht diesen Sachverhalt nach LÜCK. Mit dieser Verfahrensvariante lassen sich ungleichmäßig verteilte Spritz- und Nachdrücke verringern und innere Spannungen in optischen Bauelementen herabsetzen.

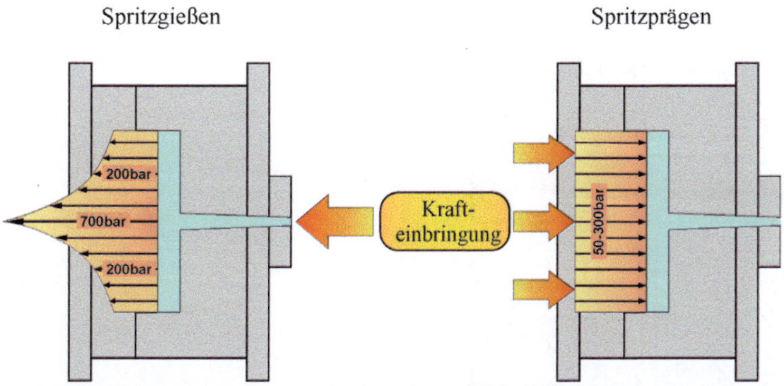

plastische Seele	Krafteinbringung	Schließen / Stempel
vorwiegend hydrodynamisch	theor. Verhalten	annähernd hydrostatisch
200 - 700 bar	Werkzeuginnendruck	50 - 300 bar

Bild 5.50 Vergleich der Druckverhältnisse beim Spritzgießen und Spritzprägen */Lück2009/*, */Sumi2020/*

Beim **Spritzprägen** wird auf einer Spritzgießmaschine, mit den entsprechenden Werkzeugfunktionen, die Formmasse in ein teilgeöffnetes Werkzeug, welches beispielsweise als Tauchkantenwerkzeug (siehe Bild 5.51) ausgebildet ist, eingespritzt. Die Kavität ist um den **Prägeweg** *s* größer ausgelegt. Da beim Einspritzen das Schussvolumen nicht ausreicht, um die Form zu füllen, sind der Fülldruck und die Orientierung der Moleküle daher erheblich geringer als beim Spritzgießen. Nach dem Einspritzen und einer geringen Verzögerungszeit wird das Werkzeug vollständig geschlossen, wobei der Anguss erstarrt sein soll bzw. mechanisch verschlossen werden muss (**Versiegelung**), um ein Zurückströmen der Kunststoffformmasse in den Düsenvorraum zu vermeiden. Die Ausformung der mikrostrukturierten Bauteile geschieht durch das Zusammenfahren der beweglichen Teile des Werkzeuges, vergleichbar mit der Druckbeaufschlagung beim Heißprägen.

Die Varianten des Prägens beim Spritzprägeprozess können je nach Bauteilgröße und Maschinenauslegung unterschiedlich gestaltet sein */Giss2002/*.

Vorteilhafterweise wird versucht, über eine angepasste Druckregelung die Druckverteilung im Bauteil möglichst konstant zu halten, um den Aufbau von inneren Spannungen zu vermeiden. Neben dem großflächigen Spritzprägen mit Tauchkantenwerkzeugen werden auch andere Verfahren und Werkzeuge eingesetzt. Beispielsweise nutzen das partielle Prägen mit Prägestempeln oder das passive Prägen Werkzeuge mit Prägerahmen oder Prägezwischenstempel */Jaro2019/*, */Sumi2020/*.

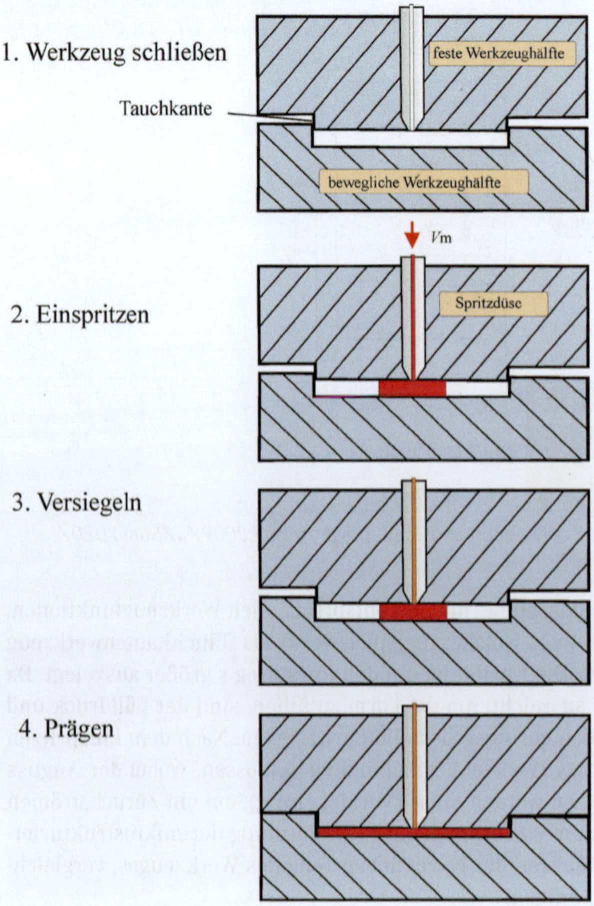

Bild 5.51
Ablauf des Spritzprägens */Giss2002/*

Die Vorteile des Spritzprägens machen dieses Verfahren besonders für die Fertigung optischer Bauteile mit hohen Qualitätsansprüchen sowie bei der Erzeugung einer Vielzahl von Mikrostrukturen auf einem gemeinsamen Substrat interessant. Mit diesem verfahrenstechnisch aufwendigeren Verfahren ist es möglich, dünnwandige Bauteile mit minimalen Wandstärken von ca. 0,1 mm wirtschaftlich zu fertigen.

Mikrostrukturierte optische Komponenten aus Kunststoff weisen eine Reihe von Vorteilen gegenüber herkömmlichen optischen Bauteilen auf. Dazu zählen insbesondere:

- bessere Ausnutzung von Energie und Licht,
- optische Gestaltungsmöglichkeiten in weiten Bereichen,
- Minimierung von Abbildungsfehlern durch die Verwendung von asphärischen und nichtstetigen Flächen,
- die Herstellung von optischen Komponenten mit hohen Aperturen und großen optisch wirksamen Flächen,
- die Verringerung von Gewicht und Bautiefe des optischen Systems.

Die beschriebenen Verfahren zum Urformen von optischen Bauelementen haben verfahrensbedingt verschiedene Einsatzvorteile und decken insgesamt ein breites Spektrum an möglichen Anwendungen ab. Die Tabelle 5.13 fasst abschließend das Anwendungspotenzial der einzelnen Verfahren zusammen.

Tabelle 5.13 Gegenüberstellung der urformenden Verfahren zur Herstellung von Kunststoffoptiken

Merkmal/ Verfahren	Gießen	Spritzgießen	Heißprägen	Spritzprägen
Material	▪ Epoxidharze ▪ Polyesterharze ▪ Silikone	▪ Thermoplaste ▪ Duroplaste ▪ Elastomere	▪ Thermoplaste	▪ Thermoplaste
Stückzahlen/ Anwendungs-bereiche	▪ Funktionsmuster ▪ Kleinere Stück-zahlen ▪ 3D-Bauteile	▪ Mittlere bis große Stückzahlen ▪ 3D-Bauteile ▪ Mikrostrukturierte Anwendungen	▪ Kleinserien ▪ 2,5D-Bauteile ▪ Flache, groß-flächige Bauele-mente	▪ Mittlere bis große Stückzahlen ▪ 2,5D-Bauteile ▪ Mikrostrukturierte Anwendungen
Beispiel	▪ Gehäuse ▪ Optische Funk-tionsmuster (Linsen, Gitter) ▪ Kontaktlinsen ▪ Halbzeuge für Brillenlinsen	▪ Reflektive und transmittive Optiken ▪ Asphären ▪ Optikkomponen-ten mit Fassungen ▪ Prismatische opti-sche Elemente	▪ Diffraktive opti-sche Elemente ▪ Mikrostrukturierte optische Bau-elemente ▪ Optische Wellen-leiter ▪ Schutzgläser	▪ Diffraktive opti-sche Elemente ▪ Mikrostrukturierte optische Bauele-mente ▪ Mikrolinsen ▪ Mikrolinsenarrays

5.2.5 Übungsaufgaben

1. Welchen Einfluss hat das Vakuum auf das Ergebnis des Gießprozesses?
2. Skizzieren Sie den Temperatur-Zeit-Verlauf für das Spritzgießen (tendenziell).
3. Welche Maßnahmen können bei der Auslegung der Werkzeuggestaltung und des Spritzgießprozesses zu einer Minimierung von Spannungen im optischen Bauteil führen?
4. Eine bikonvexe Linse ist im Spritzgießverfahren herzustellen. Die Mittendicke soll 10 mm betragen. Das verwendete Material ist PMMA mit folgenden Materialkennwerten: $\lambda = 0{,}19\,\mathrm{W \cdot m^{-1} K^{-1}}$, $\rho = 1{,}19\,\mathrm{g \cdot cm^{-3}}$, $c = 1{,}47\,\mathrm{kJ \cdot kg^{-1} \cdot K^{-1}}$, $T_{Pl} = 250\,°\mathrm{C}$, $T_W = 60\,°\mathrm{C}$. Das Bauteil kann bei 90 °C entformt werden. Berechnen Sie die mittlere Kühlzeit.
5. Welche Anforderungen sind an den Mikrospritzgussprozess zu stellen? Diskutieren Sie diese an einem optischen Bauteil mit einem Schussgewicht von 0,004 g.
6. Welche Bauteilgeometrien sind besonders vorteilhaft mit dem Heißprägeverfahren herzustellen? Begründen Sie Ihre getroffene Auswahl.
7. Erläutern Sie den LIGA-Prozess zur Herstellung von Werkzeugen für den Heißprägeprozess. Welche Prozessgrößen limitieren die erzielbaren Strukturgrößen?
8. Welche Vorteile des Spritzprägens rechtfertigen den Einsatz für die Abformung von optischen Bauelementen?

9. FRESNELlinsen zählen zu den diffraktiv wirkenden optischen Bauelementen. Erläutern Sie die Wirkungsweise dieser optischen Bauelemente im Strahlengang. Welche Vorteile ergeben sich zu den brechenden optischen Bauelementen?

5.3 Urformende Verfahren für Kristallwerkstoffe

Eine wichtige Forderung an Kristalle, die als optisches Medium Verwendung finden, ist die optische Homogenität. Das heißt, die Kristalle sollen u. a. frei von Strukturdefekten, Schlieren und Inhomogenitäten sein (siehe auch Abschnitt 3.4). Damit Verunreinigungen der Materialien nicht zu zusätzlichen Absorptionsbanden führen, werden sehr hohe Anforderungen an die Reinheit der Kristalle gestellt. Deshalb werden optische Kristalle heute fast ausschließlich synthetisch aus hochreinen Ausgangsmaterialien über spezielle **Züchtungsverfahren** hergestellt. Im Unterschied zu Gläsern, die kontinuierlich geschmolzen werden, werden Kristalle als Einzelstücke in Form von Einkristallen gezogen. Ihre Herstellung ist entsprechend langwierig und kostenintensiv. Um Gitterfehler zu vermeiden und eine hohe Homogenität zu erhalten, erfolgt der Aufbau der Kristallebenen schichtweise in einem langsamen Wachstumsprozess. Hohe Produktionskosten sind deswegen erforderlich.

Die folgenden Voraussetzungen bestimmen u. a. das Ergebnis bei der Züchtung von Kristallen:

- hochreine Ausgangsstoffe,
- genaues Auswählen des Ausgangsmaterials,
- Prozessführung bei hoher Temperaturkonstanz, d. h. hochgenaues Temperaturregime,
- exaktes Einhalten aller Verfahrensbedingungen.

Die Züchtung von Kristallen kann auf sehr unterschiedlichen Wegen erfolgen. Bild 5.52 gibt eine Übersicht wichtiger Verfahren.

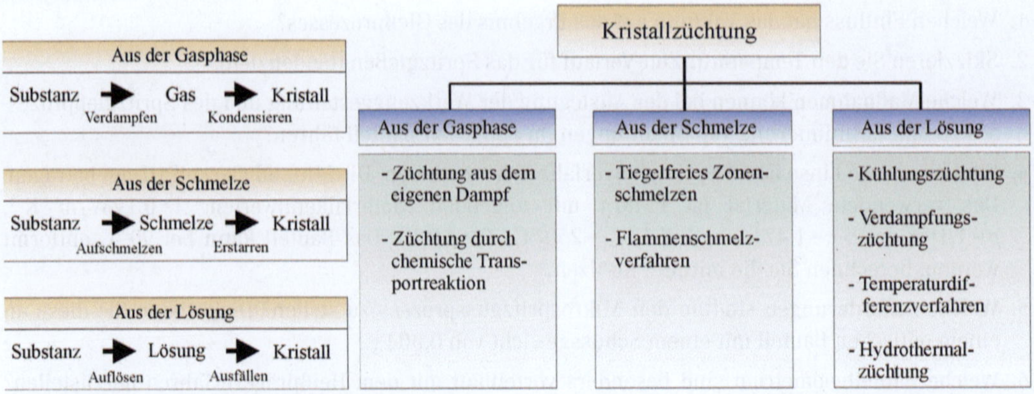

Bild 5.52 Einteilung der Kristallzüchtungsverfahren

Die wesentliche Voraussetzung für die Züchtung von Einkristallen mit optischer Qualität ist die hohe Reinheit der Schmelze. Eine Spurenverunreinigung im Bereich von ppm bis ppb (1 : 1 000 000 000) kann den Wachstumsprozess beeinflussen und bedingt das gewünschte Eigenschaften der Kristalle nicht erreicht werden können. Ebenso wichtig sind die Kontrolle und die Stabilität des Züchtungsprozesses z. T. über Wochen und Monate. Die Einhaltung der engen Temperaturbereiche (ca. 0,1 K) sowie die gesteuerte Gas- und Vakuumumgebung sind dabei ebenso Voraussetzung wie die präzise raum- und zeitgesteuerte Ziehrate über den gesamten Kristallwachstumsprozess.

Nachfolgend können nur ausgewählte Kristalle und ihre Herstellverfahren vorgestellt werden. Es werden die Kristalle (Quarz, Zinkselenid, Saphir und Silizium) die in ihrer Anwendung die größte Verbreitung haben, behandelt.

5.3.1 Züchtung aus der Gasphase

Die Ausgangssubstanz wird in einem evakuierten Quarzgefäß durch einen Temperaturgradienten bewegt. Dabei verdampft die Substanz im Auflösungsraum des Gefäßes und kristallisiert am Impfkristall, dem Abscheidungsraum, aus. Mit diesem Verfahren können sehr saubere und nahezu fehlerfreie Kristallstrukturen hergestellt werden. Dies kann in einem offenen oder geschlossenen System erfolgen. Für offene Systeme wird häufig der Begriff **CVD** (Chemical Vapour Deposition) oder auch **Züchtung aus dem eigenen Dampf** verwendet.

Die Züchtung erfolgt in folgenden Schritten:

1. Einstellen einer Temperatur $T_1 \rightarrow$ das Ausgangsmaterial verdampft,
2. Bewegung des verdampften Materials in Richtung Impfkristall,
3. Einstellen des Temperaturgradienten T_2 ($T_2 < T_1$),
4. Ablagerung des Materials am Impfkristall,
5. schichtweiser Aufbau des Einkristalls.

Für geschlossene Systeme hingegen wird der Begriff **CTR** (**C**hemical **T**ransport **R**eaction) oder auch **Züchtung durch chemische Transportreaktion** verwendet. Dieses Verfahren läuft ähnlich ab wie die Züchtung aus dem eigenen Dampf, jedoch mit einem zusätzlichen Transportmittel, z. B. einem Gasstrom. Die Ausgangssubstanz reagiert mit dem Transportmittel bei einer entsprechend zu wählenden höheren Temperatur T_2. Dies bedeutet ein geändertes Temperaturregime im Vergleich zur Züchtung aus eigenem Dampf. Bild 5.53 illustriert den beschriebenen Vorgang. Wichtige Kristallarten, die mit diesem Verfahren hergestellt werden können, sind ZnS (Zinksulfid) und ZnSe (Zinkselenid).

$$Zn + H_2S \rightarrow ZnS + H_2 \quad (5.10)$$

$$Zn + H_2Se \rightarrow ZnSe + H_2 \quad (5.11)$$

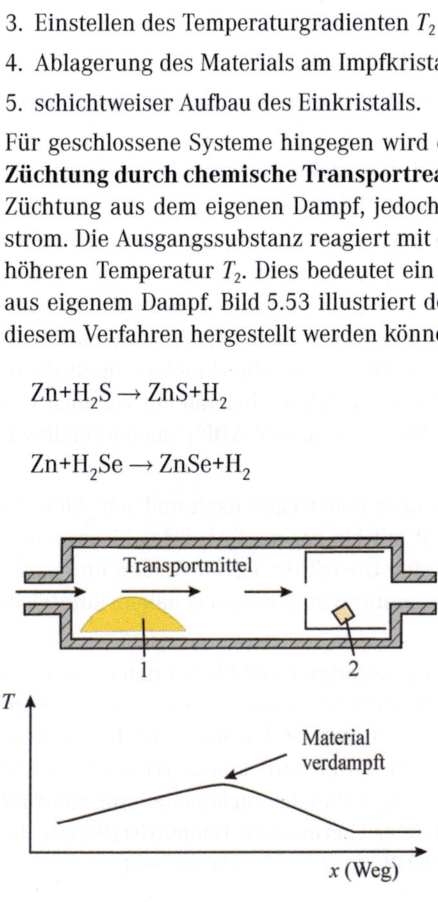

Bild 5.53
Züchtung durch chemische Transportreaktion nach */Grün1985/*
1 Ausgangsmaterial
2 Wachsender Kristall
Gasdurchfluss in Pfeilrichtung

Hauptkristallarten: ZnSe (Zinkselenid) und ZnS (Zinksulfid)

Charakteristika bei der Transportreaktion/ZnSe	
lineare Wachstumsgeschwindigkeit	2 - 5 mm pro Tag
Zuchtzeit	30 - 40 Tage
erreichbarer Durchmesser	30 mm
erreichbare Länge	25 mm
Gewicht je Kristall	1 - 2 kg

5.3.2 Kristallzüchtung aus der Lösung

Hierzu zählen alle Verfahren, bei denen die zu züchtende Substanz in einer weiteren Substanz gelöst wird. Es handelt sich hierbei um einen Phasenübergang in einem Mehrstoffsystem. Die Lösung wird durch geeignete Wahl von Temperatur und Druck im Kristallisationsprozess übersättigt. Der Züchtungsprozess erfolgt in mehreren Schritten:

1. Die zu züchtende Substanz muss mit einer anderen in Lösung gehen.
2. Die Lösung wird durch Temperatur- oder Druckerhöhung übersättigt.
3. Temperatur oder Druck werden vermindert oder Lösungsmittel wird entzogen → Stoff kann auskristallisieren.

Durch Einbringen von **Keimen** bzw. **Impfkristallen** wird der Kristallisationsprozess gestartet. Die Kristallisationsgeschwindigkeit v_k beträgt für viele Verfahren ca. 0,5 mm · h^{-1}.

Die **Kühlungszüchtung** wird angewandt bei Kristallarten hoher Löslichkeit in warmen Lösungsmitteln und bei großen Temperaturkoeffizienten der Löslichkeit. Bei einem bereits kleinen Temperaturabfall erhält man somit eine hohe Kristallisation. Das eigentliche Zuchtgefäß mit der gesättigten Lösung befindet sich in einem Gefäß mit Wasser, dessen Temperatur über Thermostaten genau gesteuert wird. Die Lösung wird mittels Rührwerk ständig gemischt. Ein in die Lösung eingebrachter Impfkristall wächst bei einem Temperaturabfall von 1 °C pro Tag innerhalb von vier Wochen auf ein Volumen von etwa 300 cm^3. Hauptkristallarten, die auf diese Weise gezüchtet werden, sind **ADP** (Ammoniumdihydrogenphosphat) und **KDP** (Kaliumdihydrogenphosphat).

Die **Verdampfungszüchtung** findet Anwendung bei Substanzen hoher Löslichkeit und sehr kleinem Temperaturkoeffizienten. Das Absenken der Temperatur ruft nur ein geringes Auskristallisieren hervor. Durch Entzug von kondensiertem Lösungsmittel wird eine Übersättigung der Lösung und damit ein Kristallwachstum am Impfkristall bewirkt. Die Zuchttemperatur wird konstant gehalten. Eine wichtige Kristallart dieser Züchtungsvariante ist das $\mathbf{Li_2SO_4}$.

Beim **Temperaturdifferenzverfahren** erfolgt die Herstellung gesättigter und übersättigter Lösungen in separaten Gefäßen. Die übersättigte Lösung wird in das Zuchtgefäß gepumpt, in dem eine Abkühlung auf eine Temperatur unterhalb der Sättigungstemperatur stattfindet. Die nach Abgabe der Kristallsubstanz nunmehr untersättigte Lösung fließt in das separate Gefäß zurück, wodurch der Kreislauf geschlossen wird. Der Zuchtprozess läuft nun kontinuierlich ab, wobei die Zuchttemperatur konstant bleibt. Die Temperaturregelung erfolgt in allen drei Gefäßen über Thermostate. Hauptkristallarten, die auf diese Weise gezüchtet werden, sind ebenfalls **ADP** und **KDP** */Grün1985/*, */Bohm1988/*.

In den frühen Jahren der Glasbearbeitung wurden Bergkristalle direkt genutzt und zu Linsen verarbeitet. Diese Art der Rohstoffnutzung ist jedoch nicht effektiv bzw. es sind Bergkristalle in entsprechender Größe nur begrenzt vorhanden. Um möglichst auch kleinere Bergkristalle und Quarzstückchen verarbeiten zu können, wurde das **Hydrothermalverfahren** für die Quarzsynthese entwickelt. Bei diesem Verfahren geht die Substanz in einem bestimmten Temperatur-Druck-Bereich in Lösung. Die Züchtung erfolgt in einem gas- und druckdichten Autoklaven. Im unteren Drittel des Autoklavens befindet sich die Nährsubstanz in Form kleiner Quarzstücke. Im oberen Drittel werden die Quarzimpfkristalle befestigt. Als Lösungsmittel wird Wasser mit einem Zusatz von Na_2CO_3 und NaOH verwendet. Bei einer Temperatur von ca. 400 °C und einem Druck von etwa 120 MPa im unteren Autoklavenraum entsteht eine mit Quarz gesättigte Lösung, die nach oben strömt. Durch den dabei stattfindenden Temperaturabfall wird die Lösung übersättigt und löst das Kristallwachstum an den Impfkristallen aus. Dabei wird die Lösung entsättigt und sinkt wieder in den unteren Teil des Autoklavens (Bild 5.54).

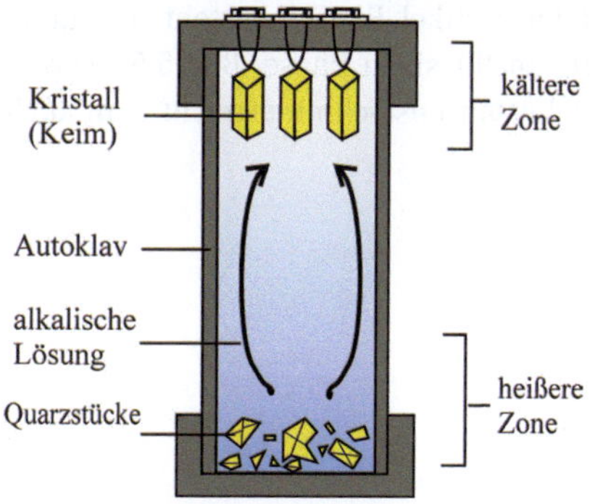

Bild 5.54
Prinzipdarstellung des Hydrothermalverfahrens

Charakteristika bei der Quarzkristallherstellung	
lineare Wachstumsgeschwindigkeit	3 - 10 mm pro Tag
Zuchtzeit	einige Wochen bis 6 Monate
erreichbarer Durchmesser	40 - 50 mm
erreichbare Länge	100 - 300 mm
Gewicht je Einzelquarz	0,5 - 2 kg

Parameter für synthetischen Quarz	
Kristallstruktur	trigonal
Zusammensetzung	SiO_2
Dichte	2,65 $g \cdot cm^{-3}$
Schmelzpunkt	1713 °C
Härte (Knoop)	740 (500 g Prüflast)
E-Modul	$\parallel$ C: 97, $\perp$C: 76,5 GPa
Brechzahl	n_o = 1,5442; n_e = 1,5533
Transmissionsbereich	140 - 3200 nm

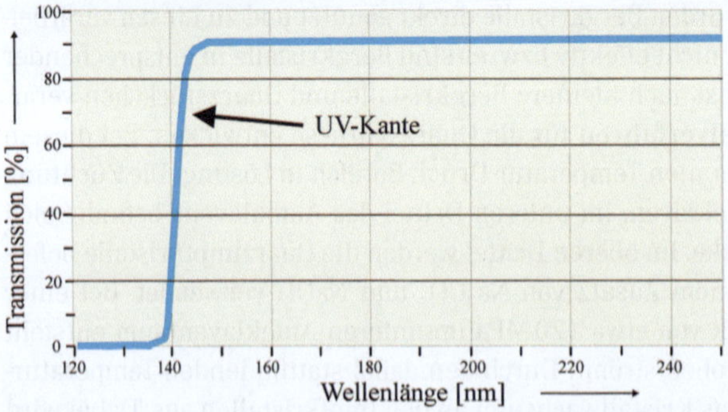

Bild 5.55 Parameter für synthetischen Quarz: Transmission

Beim **Sol-Gel-Verfahren** kann der Kristallisationsvorgang bei Raumtemperatur und durch chemische Reaktionen erfolgen. Ein **Sol** ist eine stabile Suspension kolloidaler Partikel. Ein **Gel** besteht aus einem dreidimensionalen festen Netzwerk und einer darin eingebetteten flüssigen Phase. Bild 5.56 veranschaulicht die prinzipielle Verfahrensgrundlage. Mit moderner Verfahrenstechnik erreicht man auch mit dieser Methode die optischen Qualitätsanforderungen.

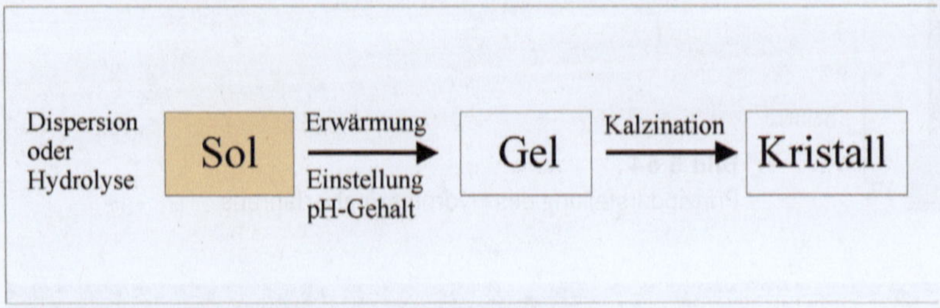

Bild 5.56 Sol-Gel-Methode nach Smart und Moore

Folgende Verfahrensschritte bestimmen den Sol-Gel-Prozess:

1. Erzeugen von SiO_2-Kugeln (Durchmesser: 0,1 – 10 μm) in Alkohol,
2. 2-stufiger Trocknungsprozess,
3. Schmelzen/Versintern der Substanz,
4. temperatur-zeit-gesteuerte Abkühlung auf Raumtemperatur.

Ein Vorteil dieser Verfahrensmethode besteht u.a. in der Möglichkeit einer Dotierung der Substanz, z.B. mit 8 – 10 % Germanium.

5.3.3 Züchtung aus der Schmelze

Bei der Züchtung aus der Schmelze werden die Kristalle vorzugsweise in Tiegeln in einem Ofen über ihren Schmelzpunkt hinaus erhitzt und auf einer Temperatur oberhalb des Schmelzpunktes gehalten. Es wird von oben ein **Kristallkeim** (Impfkristall) eingebracht, der bei einer definierten Abkühlung ein orientiertes Kristallwachstum bewirkt. Durch die Verwendung von Tiegeln besteht jedoch die Gefahr der Verunreinigung des Kristallmaterials. Deswegen kommt der Auswahl und Verwendung eines inerten Tiegelmaterials eine besondere Bedeutung zu. Verfahrensvarianten lassen auch das freihängende

Wachsen am Kristallkeim zu, ohne direkten Kontakt mit der Tiegelwand. Die wesentlichen Voraussetzungen, die eine Substanz für die Züchtung aus der Schmelze erfüllen muss, sind:

- kongruentes (bzw. annäherndes) Schmelzen,
- kein destruktiver Phasenübergang während des Abkühlprozesses,
- kein übermäßig hoher Dampfdruck (Zersetzungsdruck) beim Schmelzen */Bohm1988/*.

Die Kristallherstellung kann nach verschiedenen Verfahren erfolgen. Die wichtigsten sind das **Nacken-Kyropoulos-Verfahren** sowie das **Czochralski-Verfahren**.

Ziehverfahren nach Nacken-Kyropoulos

In die geschmolzene Substanz wird ein **gekühlter Impfkristall** gebracht. Durch Absenkung der Ofentemperatur erfolgt das Auswachsen des Impflings zum Einkristall bei gleichzeitigem Herausheben aus der Schmelze (1 bis 5 mm pro Stunde). Der Kristall wächst entgegengesetzt der Ziehrichtung so lange, bis die Schmelze aufgebraucht ist. Die Temperatur im Ofen ist homogen und liegt oberhalb des Schmelzpunktes. Ein wesentlicher Unterschied zum nachfolgend beschriebenen Czochralski-Verfahren ist das tiefe Eintauchen des wachsenden Kristalls in die Schmelze. Typische Variationsmöglichkeiten des Verfahrens sind:

- rotierender Impfling,
- Züchtung unter Schutzgas,
- Züchtung im Vakuum.

Das beschriebene Verfahren wird hauptsächlich zur Züchtung von Halogenidkristallen, insbesondere von Alkalihalogeniden, genutzt.

> Hauptkristallarten: LiF und NaCl

Während der relativ einfach herzustellende und preiswerte Kristall Natriumchlorid aufgrund seiner Struktur relativ empfindlich auf atmosphärische Einflüsse reagiert, weist das Lithiumfluorid stabile Oberflächen auf. Es verfügt über eine hohe Transmission in den UV-Bereich hinein und ebenso im IR-Spektrum bis zu einer Wellenlänge von 5 µm. Der Hauptvorteil des Lithiumfluorides liegt jedoch in der hohen Dispersion gegenüber den meisten Kristallarten (4-bis 8-mal so groß wie NaCl und etwa die doppelte Dispersion im Vergleich zu CaF_2), die für spektografische Anwendungen interessant ist.

Bei diesem Verfahren wird das Salz (Lithiumfluorid) in einem Platintiegel erschmolzen, wobei der an einem wassergekühlten Platinrohr befestigte Kristallkeim in die Schmelze eingetaucht wird. In der Folge wächst dieser als eine kugelige Kalotte in die Schmelze. Der Prozess wird durch zwei Temperaturen, die des Kühlers (ca. 20 °C) und die der Schmelze (ca. 950 °C; $T_S = 845$ °C) bestimmt. Für das homogene Kristallwachstum ist eine Temperaturkonstanz von ca. 0,1 °C erforderlich */Bohm1988/*.

Ziehverfahren nach Czochralski

Die Anordnung des Czochralski-Verfahrens illustriert Bild 5.57. Die Substanz wird in einem geeigneten **Tiegel** eingeschmolzen und eine Temperatur wenig höher als ihr Schmelzpunkt eingestellt. Der Keimling wird von oben in die Schmelze gebracht, angeschmolzen und danach die Schmelze leicht abgekühlt. Nach erfolgtem Breitenwachstum des Kristalls wird dieser langsam, kontinuierlich und bei gleichzeitiger Drehung aus der Schmelze herausgehoben (z. B. Rubinkristalle 5 bis 25 mm pro Stunde).

Dabei liegt die Wachstumsfront ungefähr in der Höhe der Schmelzoberfläche. Bei diesem Verfahren wird der Impfkristall nicht gekühlt. Auch dieses Verfahren kann unter Schutzgas bzw. im Vakuum durchgeführt werden. Die laufende Gewichtsmessung der Ausgangssubstanz und die Temperatursteuerung dienen der Regelung des Kristallwachstums.

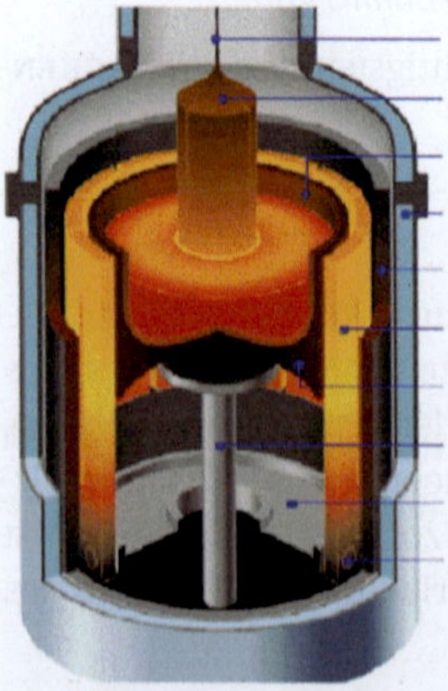

Bild 5.57 Ziehverfahren nach CZOCHRALSKI */Kück2002/, /SVMi2020/*

Verfahrensablauf

- Kristallwachstum beginnt am Impfkristall, der die Orientierung vorgibt
- Herausziehen des entstehenden Kristalls unter Drehen (2 – 250 mm/h)
- Bildung eines einkristallinen Stabes
- Dotierung des Si-Kristalls, d. h. der gezielte Einbau von Fremdatomen wie B, P, As, Sb, ist möglich

Hauptkristallarten: Korunde, Spinelle, Wolframate, Niobate, Silizium, Germanium

Verfahrensparameter z. B. für Silizium	
lineare Wachstumsgeschwindigkeit	10 – 20 mm pro Tag
Zuchtzeit	einige Tage bis Wochen
erreichbarer Durchmesser	> 300 mm
erreichbare Länge	> 2000 mm
Gewicht je Einzelkristall	0,5 – 20 kg

Das CZOCHRALSKI-Verfahren bzw. seine modifizierten Verfahrensentwicklungen erlauben die Einkristallzüchtung hochschmelzender Verbindungen. Hinsichtlich der gerätetechnischen Ausstattung als auch der angewandten Prozesssteuerung zählt es zu den am weitesten entwickelten Züchtungsverfahren. So werden 80 % des Siliziums für Halbleiter und Optikmaterialien nach diesem Verfahren hergestellt. Das Verfahren erlaubt darüber hinaus das Ziehen von sehr großen Einkristallen. Diese sogenannten **Ingots** können mit Durchmessern von > 300 mm und Längen > 2000 mm gezogen werden. Daraus entstehen die 12" Wafer. Tabelle 5.14 zeigt einen Überblick der Waferstandardgrößen sowie der geforderten Dickentoleranz nach dem Polierprozess. Mit dem Ziel einer wirtschaftlicheren Fertigung besteht jedoch die Forderung nach größeren Waferdurchmessern und kleiner werdender Dicke.

Tabelle 5.14 Typische technische Waferdurchmesser mit Toleranzen */silt2005/*

Durchmesser (inch)	2"	4"	6"	8''	12''
Dicke (µm)	275	525	675	725	775
Toleranz (µm)	20	20	20	25	25

Voraussetzung für den Kristallisationsprozess ist die Verwendung von extrem reinem Siliziumausgangsmaterial (99,9999999 %), das über mehrere Prozessstufen aus Quarz gewonnen wird. Zunächst wird das SiO_2 bei 1500 - 2000 °C zu unreinem Silizium reduziert. In einem folgenden Prozess wird das unreine Silizium in Salzsäure aufgelöst und es entsteht

$$\text{TCS}(\text{Trichlorsilan}) \quad \text{Si} + 3\,\text{HCl} \rightarrow \text{H}_2 + \text{SiHCl}_3 \tag{5.12}$$

Das entstandene TCS wird über eine fraktionierte Destillation bei ca. 31,8 °C weiter gereinigt, zu dem sogenannten **hyper pure TCS** mit einem Reinheitsgrad von < 1 ppb. In einem abschließenden Schritt erfolgen eine Mischung mit Wasserstoff und eine Ablagerung des reinen Siliziums in einer 1100 °C heißen Atmosphäre */Kück2002/*.

In Bild 5.58 ist der obere Teil eines Ingots dargestellt, der den Beginn des Wachstumsprozesses (beginnend an einem „seed" = Kristallkeim) veranschaulicht.

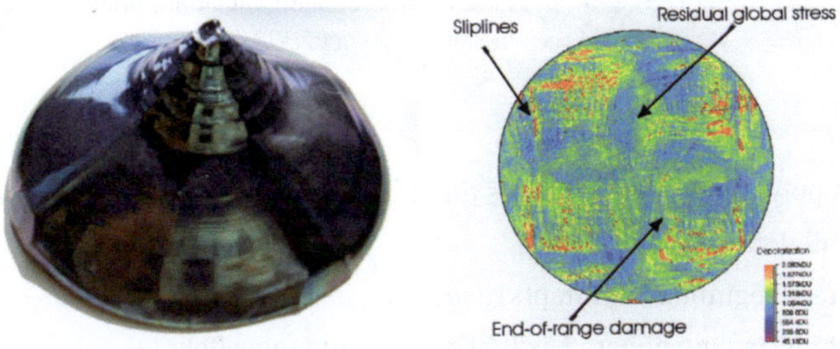

Bild 5.58
Teil eines Silizium-Ingots: links) fotografische Darstellung des Seed-Bereiches eines Ingots, rechts) Darstellung einer Siliziumstruktur mit SIRD

Fehlerfreie Einkristalle über das gesamte Kristallvolumen herzustellen ist nahezu ausgeschlossen, wenngleich in den letzten Jahren mithilfe moderner Prozessdiagnostik und -regelung die Fehlerursachen weiter eingeschränkt werden konnten. In der Praxis werden Ingots gezogen, die eine Realstruktur aufweisen und von dem „perfekten" Kristall abweichen. Deshalb sind für die weitere Verarbeitung der Ingots Untersuchungen und Charakterisierung der realen Struktur erforderlich. Abweichungen treten hauptsächlich in der Form von Fehlordnungserscheinungen auf, wie innere Spannungen, Elektronenstörstellen oder Fehlanordnungen einzelner Gitterplätze. Eine Methode zur Qualitätsbewertung von IR-Materialien und insbesondere von Siliziumwafern ist das SIRD-Messverfahren. Das Laser-Messsystem **SIRD (Scanning Infrared Depolarization)** ermöglicht eine schnelle und berührungsfreie Analyse von Siliziumwafern zur Stress-, Slipline- und Defektfindung. Bild 5.58 rechts illustriert eine Messaufnahme an einem Siliziumwafer sowie die Kennzeichnung der Defektgrößen.

Tiegelfreies Zonenschmelzen

Für die Züchtung von sehr reinen Einkristallen wird das tiegelfreie Zonenschmelzen (**Float-Zoning-Verfahren**) angewandt. Charakteristisch für dieses Verfahren ist, dass ein bereits vorhandener Kristallstab, freistehend und nur an den Enden gehalten, durch eine relativ schmale Schmelzzone gezogen wird. Der Schmelzprozess beginnt an einem Impfkristall und setzt sich langsam durch den gesamten

Stab fort. Die Einkristalle weisen aufgrund der örtlichen (zonenweisen) Erwärmung große Verspannungen auf. Mit diesem Verfahren besteht die Möglichkeit, polykristallines Silizium in **monokristallines Material** zu wandeln. Darüber hinaus findet das Zonenschmelzen auch Anwendung bei der Herstellung von Profilen und Rohren im Bereich der Quarzkristallverarbeitung.

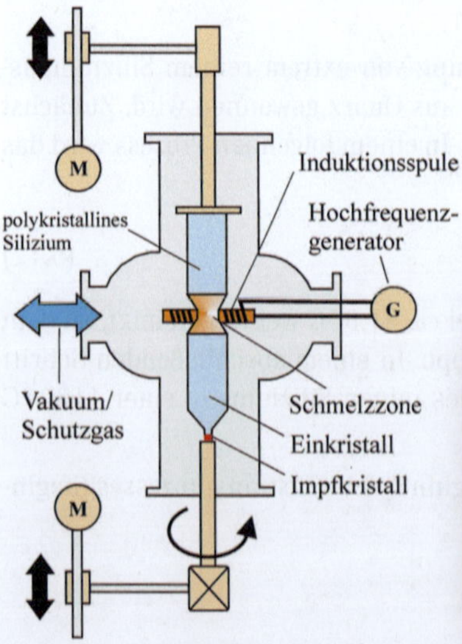

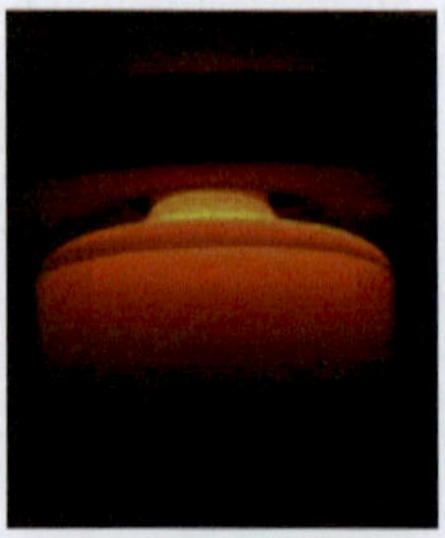

Bild 5.59
Einkristallherstellung im Float-Zoning-Verfahren */Kück2002/*

Verfahrensablauf:

- Vorlage und Rekristallisation eines polykristallinen Si-Stabes durch induktives Aufschmelzen,
- Orientierung wird durch Impfkristall definiert,
- Schmelzzone wandert durch den Stab, beginnend am Impfkristall,
- Verunreinigungen haben in der Schmelze eine höhere Löslichkeit → Reinigungseffekt.

Hauptkristallarten: Silizium, Germanium

Eine weitere Variante des Züchtens aus der Schmelze ist das Senkverfahren nach Bridgman-Stockberger, das sich durch relativ geringen technischen Aufwand auszeichnet. Die Kristallisation beginnt in einem Tiegelboden und wird kontinuierlich weitergeführt, indem der Tiegel aus dem Ofenbereich mit höherer Temperatur in den Bereich niederer Temperatur überführt wird. Das Grundprinzip dieses Verfahrens wird in modifizierter Form für die Züchtung des für optische Anwendungen bedeutsamen **Calziumfluorids** (Flussspat) angewandt. Es besitzt eine sehr hohe UV-Transparenz für kurze Wellenlängen und ist deswegen für lithografische Anwendungen von besonderem Interesse (siehe Bild 5.59). Auch für hochwertige Mikroskopobjektive (z.B. Apochromate) ist Calziumfluorid ein ideales Material aufgrund seiner niedrigen Lichtbrechung ($n_d = 1{,}43387$) und einer geringen Dispersion (Abbesche Zahl beträgt 95,2).

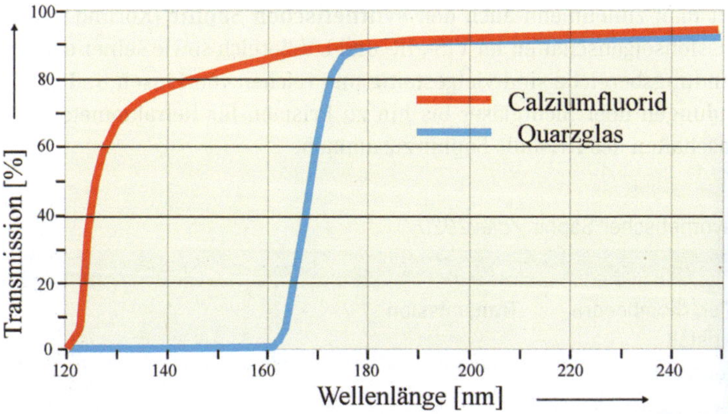

Bild 5.60 Calziumfluoridkristalle: links) Vergleich der Transmissionskurven nach */Hart2007/*, rechts) gespaltener Kristall

Flammenschmelzverfahren (VERNEUIL-Verfahren)

In einer Knallgas- oder Plasmaflamme wird die Oberfläche eines Kristallkeimlings etwas über den Schmelzpunkt erhitzt, wobei über eine Bohrung des Brenners kontinuierlich feines Kristallpulver (Korngröße etwa 20 µm) zugegeben wird. Die Parameter wie Flammentemperatur, Pulverzufuhr und Absenkgeschwindigkeit des Kristallkeimhalters müssen sehr konstant gehalten werden. Das aufgeschmolzene Pulver führt zum Wachstum des Keimlings zu einer einkristallinen „Birne", die langsam gesenkt wird (z. B. 10 mm je Stunde bei Laserkristallen, Längen zwischen 50 und 300 mm, Zuchtdauer 4 bis 25 Stunden).

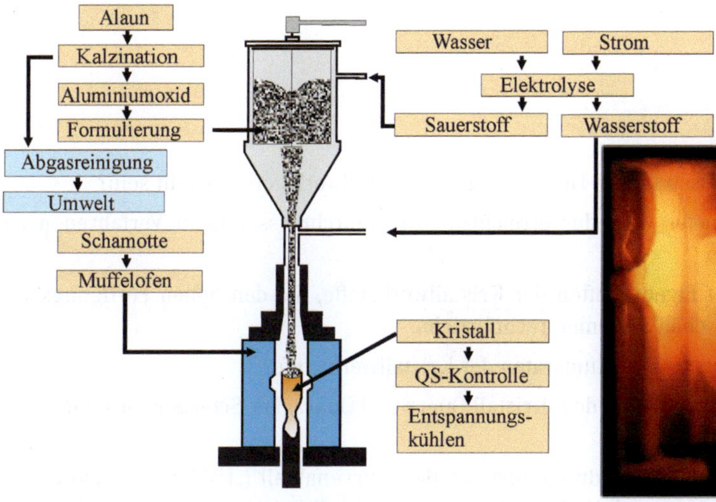

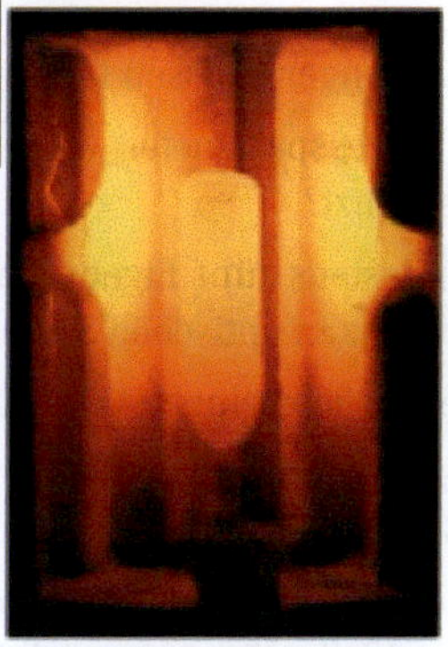

Bild 5.61 Prinzip VERNEUIL-Verfahren und abkühlende Birne (Kristall) */djev2020/*

> Hauptkristalle: Rubin, Saphir, Spinelle, Eisenoxid, Titanoxid

Für optische Anwendungen setzt man zunehmend auch den **synthetischen Saphir** (Korund Al_2O_3) ein, aufgrund der guten Transmissionseigenschaften im VIS-, IR- und UV-Bereich sowie seiner extrem hohen Kratzfestigkeit. Die Anwendungsbereiche sind vielgestaltig und reichen von Linsen und Sichtfenstern für sensorische Anwendungen über Sichtgläser bis hin zu Prismen für Refraktometer. Die Tabelle 5.15 fasst wichtige Eigenschaften des Kristalls Saphir zusammen.

Tabelle 5.15 Technische Daten synthetischer Saphir */djev2020/*

Synthetischer Saphir		
Kristallstruktur	Hexagonaler, rhomboedrischer Einkristall	**Transmission**
Zusammensetzung	Al_2O_3 (99,99 %)	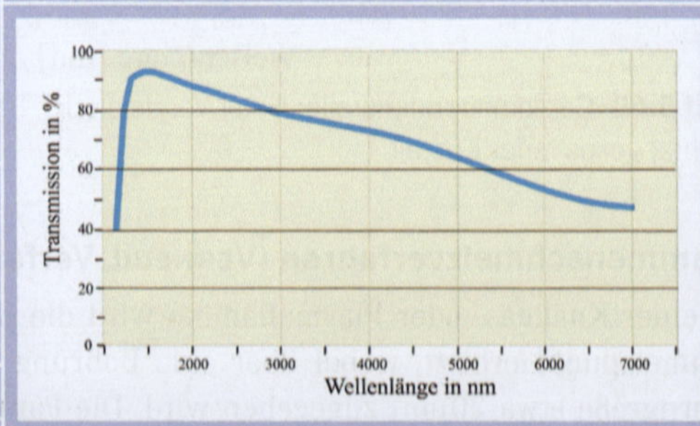
Dichte	3,98 – 3,99 $g \cdot cm^{-3}$	
Schmelzpunkt	2320 K	
Härte	Knoop 2200 Fläche //C-Achse Knoop 1800 Fläche (senkrecht) C-Achse	
E-Modul	$4{,}4 \cdot 10^{11}$ Pa bei 300 K	
Brechung	n_D = 1,76//C-Achse	
Chromat. Dispersion	$(n_F - n_C) = 0{,}011$	

Weitere Informationen zu Abschnitt 5.3 sind auf plus.hanser-fachbuch.de hinterlegt.

5.3.4 Übungsaufgaben

1. Welche Voraussetzungen müssen für die Herstellung von Kristallwerkstoffen erfüllt sein?
2. Durch welche Prozessparameter wird der erreichbare Ingotdurchmesser beim Verfahren nach Czochralski begrenzt?
3. Nennen Sie mindestens fünf Eigenschaften der Kristallwerkstoffe, die den hohen Fertigungsaufwand für den Einsatz in optischen Systemen rechtfertigen.
4. Woraus resultieren die geringen Wachstumsraten der Kristallwerkstoffe?
5. Beschreiben Sie Unterschiede zwischen dem Kristall Quarz und Quarzglas. Schlagen Sie dafür auch in geeigneten Glaskatalogen nach.
6. Die Transmission wird im UV-Bereich durch einen steilen Kurvenabfall („UV-Kante“) charakterisiert. In welchem Wellenlängenbereich beginnt dies für den Kristall Calziumfluorid? Welcher Kristallart (Aufbau und Struktur) ist Calziumfluorid zu zuordnen?

5.4 Urformen mittels additiver Verfahren

Additive Verfahren, auch als „3D-Druck“ bezeichnet, bieten aus fertigungstechnischer Sicht ein sehr großes Potenzial, da Bauteile sehr komplex, flexibel und individualisiert erzeugt werden können. Des Weiteren lassen sich Formelemente, z. B. Innenkonturen, Freiformgeometrien, und filigrane Strukturen mit hohen Aspektverhältnissen fertigen, die mit anderen Fertigungstechnologien teilweise nur sehr aufwendig bzw. gar nicht herstellbar sind. Additive Verfahren gehören zu den urformenden Verfahren, arbeiten ohne Werkzeuge und Formen und zählen zu den **endformnahen Urformtechnologien**. Bereits nach dem ersten urformenden Prozessschritt liegt ein Bauteil vor, wonach sich lediglich Nachbearbeitungsschritte (Strahlen, Stützen entfernen, Oberflächenglätten, Farbgebung etc.) anschließen müssen.

Additive Verfahren werden im **Produktentstehungsprozess** (PEP) in den unterschiedlichsten Phasen der Entwicklung eingesetzt, um sehr schnell Funktionen zu überprüfen und möglichst frühzeitig Fehler im Prozess zu erkennen. Sie sind ein wichtiges Instrument für die Minimierung von Produktentwicklungszeiten und einen schnelleren erfolgreichen Markteintritt des Produktes. Bild 5.62 illustriert einen exemplarischen PEP mit den Einsatzmöglichkeiten der additiven Technologien. Zu verschiedenen Phasen des Prozesses werden unterschiedliche funktionale Modelle und Prototypen benötigt (siehe auch Kapitel 4 und VDI 3405). Im Bereich der Metall- und Kunststoffverarbeitung werden additive Verfahren bereits für die Serienfertigung eingesetzt. Besonders wirtschaftlich können sie für die Fertigung von kleinen Stückzahlen und der Losgröße 1 eingesetzt werden.

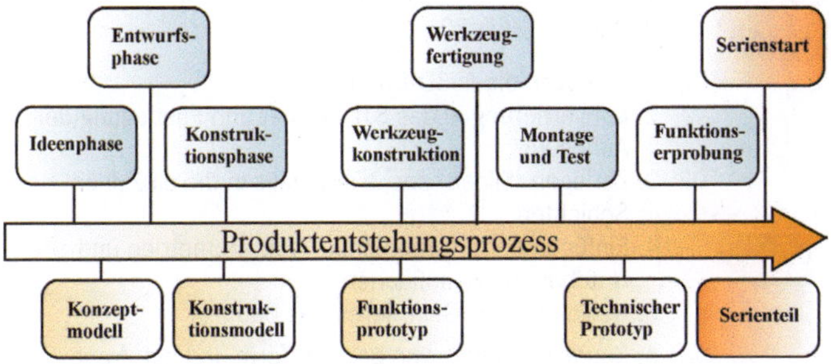

Bild 5.62 Einsatz von additiven Technologien im Produktentstehungsprozess */Blie2013/*

Gleichzeitig existieren aber auch gewisse Verfahrensnachteile, die den Einsatz von additiven Technologien für den optischen Anwendungsbereich bisher noch einschränken bzw. noch gar nicht möglich machen. Es sind zum einen die erreichbaren Oberflächenqualitäten sowie Form- und Lagetoleranzen der additiv hergestellten Bauelemente, die den hohen Anforderungen von präzisionsoptischen Bauelementen oftmals nicht genügen. Andererseits zählt dazu auch die Anisotropie von additiv gefertigten Bauelementen aufgrund ihres schichtweisen Aufbaus. Dies führt zu einer Minderung der erreichbaren Abbildungsqualität eines transparenten optischen BE */Blie2017/*.

Dennoch gibt es vielversprechende Anwendungen, die beispielsweise in der Beleuchtungsoptik, der Mikrooptik, der Sensorik, der Herstellung von Fassungen oder aber der Anfertigung von Modellen bereits zum Einsatz kommen. Auf den folgenden Seiten werden wichtige Verfahren und ausgewählte Prozessketten beschrieben, insbesondere auch mit dem Blick auf das Potenzial und die perspektivischen Möglichkeiten dieser innovativen Technologie.

5.4.1 Verfahrensgrundlagen

Additive Verfahren erzeugen mithilfe von digitalen Ausgangsdaten auf direktem Weg aus formlosen Ausgangsmaterialien ein physisches Bauteil. Die dafür erforderliche Datenaufbereitung und Prozessvorbereitung lassen sich durch die sechs grundlegenden Prozessschritte aus Bild 5.63 beschreiben.

Ausgangspunkt stellt ein digitales Modell (**Volumenmodell**) dar, dass in einem CAD-Programm oder durch einen Reverse Engineering Prozess (Datengewinnung und -rückführung von einem realen Objekt) erzeugt wurde. Im Anschluss ist die Konvertierung in eine **STL-Datei** (Surface Tesselation Language) erforderlich. Dieses Standardformat wird aktuell für das Wandeln der Geometriedaten aus dem CAD in ein für alle AM-Verfahren weiter bearbeitbares Format verwendet. In diesem Konvertierungsschritt werden alle Begrenzungsflächen des Volumenmodells durch Dreiecke approximiert und durch Normalvektoren beschrieben. Über die Anzahl der verwendeten Dreiecke kann gezielt die Modellauflösung angepasst werden. Ein weiterer erforderlicher Softwareschritt ist das **Slicen** der STL-basierten 3D-Geometrie. Hierunter wird das Zerlegen des Modells in die Schichtfolge und Schichtanzahl entsprechend der im Bauprozess umsetzbaren Schichtdicken verstanden. Danach erfolgt ein weiterer verfahrensspezifischer Schritt, der die Festlegung wichtiger Bauparameter in Abhängigkeit vom gewählten Verfahren beinhaltet. Hierbei müssen beispielsweise die Bauteillage im Bauraum sowie notwendige Stützgeometrien festgelegt werden. Parametereinstellungen und weitere Festlegungen, die den Bauprozess betreffen, werden durch den Bediener gewählt.

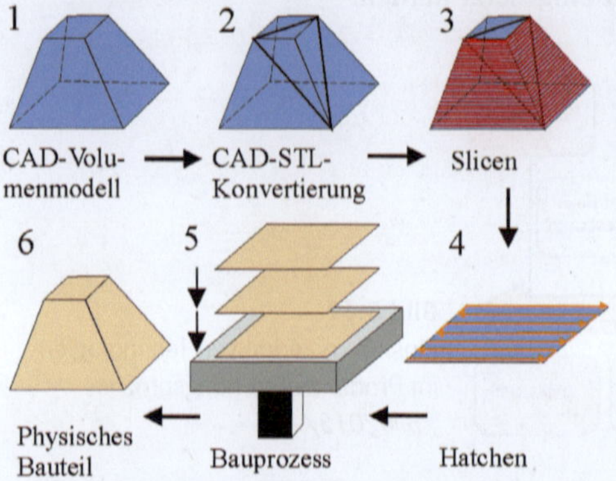

Bild 5.63
Prozesskette am Beispiel eines lasergestützten additiven Verfahrens */Blie2013/*

1. Erzeugen eines 3D-Datensatzes
2. Konvertierung in das STL-Format und Festlegung der Auflösung
3. Zerlegen (Slicen) des 3D-Modells in die einzelnen Schichten
4. Einfügen der erforderlichen Stützgeometrien und Hatchen der Scanflächen
5. Schichtweises Generieren des Bauteils
6. Bauteilentnahme von der Plattform und ggf. Nachbehandlung

Nach diesen wichtigen Vorbereitungsschritten erfolgt im Anschluss der schichtweise Bauprozess entsprechend der bereitgestellten Schichtinformationen. Nach jeder Schichterstellung wird die Bauplattform um den Betrag der Schichtdicke abgesenkt oder das Bauteil noch oben aus dem Bad sukzessive herausgezogen. Je nach Verfahrensprinzip können die Schichtdicken 10 Mikrometer bis mehrere Millimeter betragen.

Nach Bauprozessende werden die Bauteile von der Plattform getrennt, die Stützstruktur entfernt und die Prototypen gesäubert. Bestimmte Verfahren erfordern noch ein Nachvernetzen oder eine thermische Nachbehandlung. Häufig werden Bauteile mechanisch nachgearbeitet, in Folgeprozesse speziell präpariert oder eingefärbt bzw. oberflächenvergütet.

5.4.2 Verfahrenseinteilung mit Bezug zu Anwendungsbereichen der optischen Technologien

Die Verfahrenseinteilung erfolgt i.d.R. nach den einsetzbaren Materialien und dem Wirkprinzip. Es gibt aktuell sehr unterschiedliche Bezeichnungen für die einzelnen Verfahren, die teilweise unübersichtlich wirken. Mit der DIN EN ISO 17296-2 wurde eine Vereinheitlichung der Begrifflichkeiten festgelegt. In Bild 5.64 sind wichtige Verfahren nach Material und physikalischem Grundprinzip geordnet.

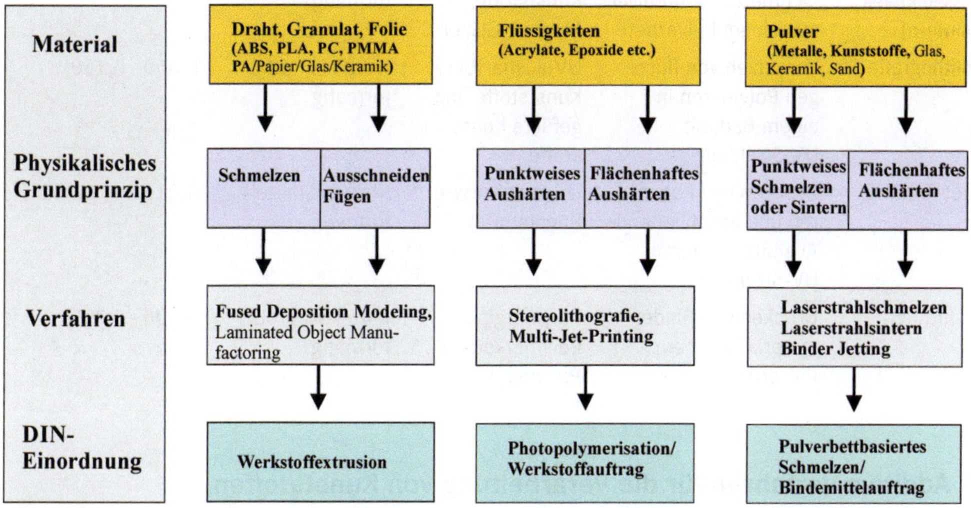

Bild 5.64 Einteilung der additiven Verfahren nach Materialien, dem physikalischem Wirkprinzip und DIN EN ISO 17296-2

Prinzipiell kann eine Unterscheidung auch nach laserbasierten und nichtlaserbasierten Verfahren erfolgen. Dies begründet sich in der Häufigkeit des Lasereinsatzes für viele additive Verfahrensanwendungen.

Die Tabelle 5.16 stellt fünf Verfahren gegenüber, die für potenzielle Anwendungen der Optiktechnologie zum Einsatz kommen. Aufgrund der dynamischen Entwicklung dieser Verfahren sind die angeführten Parameter lediglich Standardwerte und können für spezielle Verfahrenslösungen durchaus abweichen.

Tabelle 5.16 Verfahrensvergleich von additiven Technologien für potenzielle Anwendungsbereiche in der Optiktechnologie und Bezug auf */VDMA2017/*

Verfahren	Verfahrensprinzip	Einsetzbare Materialien	Typische Baugrößen	Typische Schichtdicken (mm)
Fused Deposition Modeling (FDM)	Filamente werden mit Heizsystem erwärmt (Extrusion)	Thermoplastische Kunststoffe und Komposite	Kleinformatig bis großformatig	0,125 und 0,330
Laserstrahlsintern (SLS – Selektives Lasersintern)	Lasersintern bzw. -schmelzen von Pulver aus einem Pulverbett	Thermoplastische Kunststoffe, Metalle, Gläser	Klein bis mittelformatig	0,100 – 0,200
Stereolithografie (SLA)	Vernetzen von flüssigen Polymeren in einem Bad mit UV-Strahlung	UV-aushärtbare Kunststoffe und gefüllte Kunststoffe	Klein bis mittelformatig	0,050 – 0,150
Multi-Jet-Printing (MJP)	Drucken von Polymeren und anschließende Aushärtung durch UV-Strahlung	UV-aushärtbare Kunststoffe	Klein bis mittelformatig	0,016 und 0,032
Binder-Jetting	Drucken von Bindermaterial in einem Pulverbett	Polymergips, Polymerkeramik, Polymerglas	Mittel bis großformatig	0,100 – 0,300

5.4.3 Additive Verfahren für die Verarbeitung von Kunststoffen

Zu den ersten Verfahrensanwendungen der additiven Technologien zählt die **Stereolithografie**. Sie gehört auch heute noch zu den Verfahren mit den höchsten erreichbaren Bauteilgenauigkeiten und Oberflächenqualitäten. Die Grundlage des Verfahrens basiert auf der Verwendung eines flüssigen Monomers als Ausgangswerkstoff. Durch die Wechselwirkung mit einer im UV-Bereich emittierenden Strahlung erfahren die niedrigvernetzenden Monomere die Verbindung zu Makromolekülen. Dies führt zu einem partiellen Aushärten des Kunststoffes in der laserbeeinflussten Zone. Bei diesem Polymerisationsvorgang wechselwirken die Photonen mit den Initiatoren und lösen ab einer kritischen Energieschwelle E_c den Startprozess aus. Dabei werden flüssige Harzelemente in den festen Zustand überführt. Dieser Übergangspunkt wird auch Gel-Punkt genannt. Für die durchschnittlich eingestrahlte Flächenenergie auf die Harzbadoberfläche (bei der Fokuslage $z_f = 0$) gilt nach */Gebh2013/*:

$$E_{\max} = \frac{P}{v_s \cdot h_s} \tag{5.13}$$

$E_{\max}$ maximale Energie auf der Oberfläche ($z_f = 0$), P mittlere Laserleistung, v_s Geschwindigkeit des Laserstrahles, h_s Spurabstand

Die prinzipielle Verfahrensanordnung zur partiellen Aushärtung des Monomers mit einem Laserstrahl illustriert Bild 5.65.

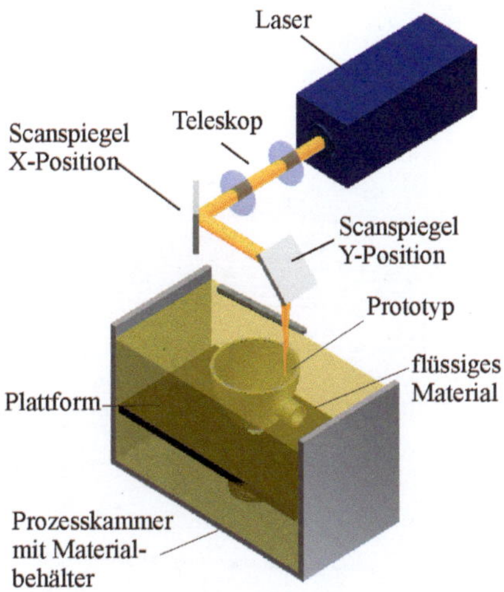

Bild 5.65
Prinzipanordnung des Stereolithografieverfahrens */Blie2013/*

Das flüssige Monomer wird in einem Tank bevorratet. In diesem befindet sich die Plattform, die in vertikaler Richtung nach jeder Schichtgenerierung um den Betrag der Schichtdicke mit dem entstehenden Bauteil abgesenkt wird. Der mithilfe eines Teleskops aufgeweitete Laserstrahl wird über einen schnellbewegten X-Y-Scanner auf die Badoberfläche gelenkt. Zur Homogenisierung des Monomers wird ein Wischer in regelmäßigen Abständen über den oberflächennahen Bereich des Bades geführt.

Grundlage der chemischen Reaktion ist die **Polymerisation** (siehe auch Abschnitt 3.2). Der Prozess der Polymerisation lässt sich in folgende Schritte unterteilen:

- Kettenstart oder Primärreaktion,
- Wachstumsreaktion,
- Kettenabbruch,
- Kettenübertragung.

Für die Anwendungen der Stereolithografie sind vorwiegend die **radikalische** und die **ionische Polymerisation** von Interesse. Das verwendete Ausgangsmaterial setzt sich aus drei Grundkomponenten zusammen:

- Photoinitiatoren (strahlungsempfindliche Moleküle),
- Monomere (Verbindungen mit polymerisationsfähigen Gruppen),
- Additive (Stabilisatoren, Pigmente und Zusatzwerkstoffe).

Eine wichtige Größe ist die **Einhärtetiefe**, die nach */Gebh2013/* wie folgt angegeben werden kann:

$$C_\mathrm{d} = z(E_\mathrm{c}) = l_\alpha \cdot \ln\left(\frac{E_0}{E_\mathrm{c}}\right) \tag{5.14}$$

C_d Einhärtetiefe, E_c Schwellenergie

Die Größe E_c wurde in */Jaco1996/* als die Energie eingeführt, bei der gerade noch genügend Initiatormoleküle gespalten werden, um die Polymerisation starten zu können. Nach Einsetzen der Formel 5.13 in die Formel 5.14 erhält man die gebräuchliche Formel zur Bestimmung der Einhärtetiefe:

$$C_d = l_\alpha \cdot \ln\left[\frac{P}{v \cdot h_s \cdot E_c}\right] \quad (5.15)$$

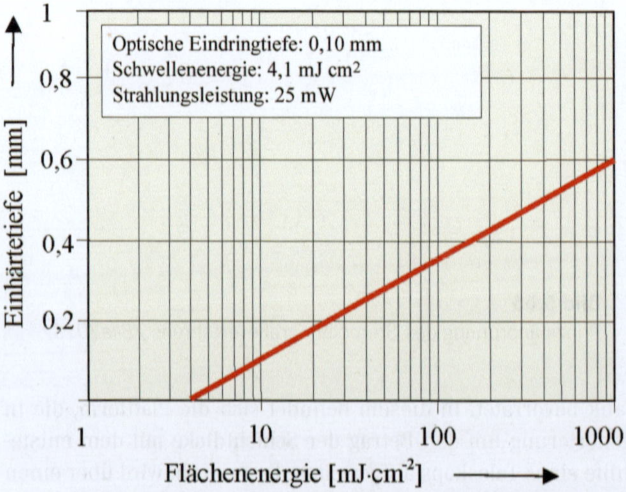

Bild 5.66 Abhängigkeit der Einhärtetiefe von der Energiedichte, ermittelte Arbeitskurve für ein Resin

In Abhängigkeit von der gewählten Energiedichte ergeben sich unterschiedliche Einhärtetiefen und Arbeitskurven, die für die einzelnen Resinwerkstoffe bestimmt werden. Bild 5.66 stellt dies für ein Resinbasismaterial exemplarisch dar. Diese Arbeitskurven sind hilfreich für die Optimierung und Auswahl der Laser- und Prozessparameter. Bei Kenntnis der Harzparameter E_c (Schwellenenergie) und l_α (optische Eindringtiefe) kann die Einhärtetiefe in Abhängigkeit von der gewählten Schichtzustellung durch die Wahl der Scangeschwindigkeit entsprechend angepasst werden. Für das in Bild 5.66 eingesetzte Material wurden beispielsweise die Größen $l_\alpha = 0{,}10$ mm, $E_c = 4{,}1$ mJ cm^2 und $P_L = 25$ mW (P_L – Laserleistung) ermittelt.

Neben dem laserbasierten Verfahren kommen auch Projektionsverfahren mit einem digitalen Projektor (DLP-Druckverfahren) zur Aushärtung des flüssigen Monomers zum Einsatz. Damit können für große Schichtinformationen hohe Bauraten erzielt werden. In Bild 5.67 ist das prinzipielle Verfahren dargestellt. Die Belichtung erfolgt hierbei von unten durch ein transparentes Fenster aus Quarzglas. Kernstück ist ein Projektor mit hoher Auflösung, der eine flächenhafte und homogene Ausleuchtung sicherstellt. Die emittierte Strahlung wird auf eine **DMD-Einheit** (Digital Micromirror Devise) gelenkt. Diese auf einem Halbleiterchip matrixförmig angeordneten Spiegel des Projektors können die Ablenkung der Strahlung sehr schnell ermöglichen und die partielle Aushärtung in der Wechselwirkungszone winkelgesteuert vornehmen. Durch die Vielzahl der Mikrospiegel wird eine flächenhafte Belichtung erzeugt. Letztlich entstehen somit in jeder Schicht quadratische Pixel, die kleine Blöcke darstellen, man spricht auch vom sogenannten Voxel. Die maximal belichtbaren Bauteilabmessungen werden jedoch durch die verfügbaren DLP-Projektionsflächen in Abhängigkeit von der Auflösung weitestgehend bestimmt */Blie2017/*.

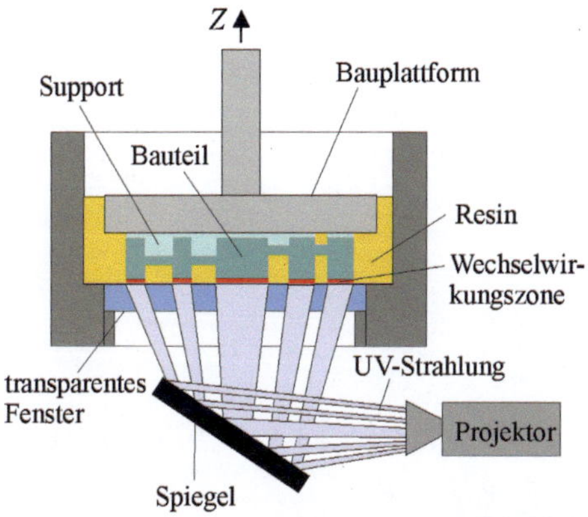

Bild 5.67
Funktionsprinzip des DLP-Druckverfahrens

Eine weitere interessante Technologie und Anordnung der Materialzuführung liegt dem **MJP (Muli-Jet-Printing)** der Firma Stratasys zugrunde. Eingesetzt wird ein Druckkopf, der aus einer Vielzahl von seriell und parallel angeordneten Druckdüsen besteht. Aus den einzelnen Düsen werden sehr kleine Materialmengen (5 Millionen Tropfen pro Sekunde mit ca. 9 Picolitern pro Düse) dosiert und auf der Bauplattform gezielt aufgetragen, siehe Bild 5.68. Eine komplette Schichtaushärtung erfolgt über eine oder auch zwei UV-Lampen unmittelbar nach dem Materialauftrag, noch in der Bewegung des Druckkopfes. Diese Technologie ermöglicht den Einsatz von mehreren Materialien während des Druckprozesses. So können verschiedene Materialien simultan oder auch nacheinander verarbeitet werden. Interessant ist die Möglichkeit der definierten Mischung von zwei Ausgangsmaterialien, um beispielsweise hart-weich-Übergänge gestalten zu können. Somit lassen sich prinzipiell auch Baugruppen mit optischen Elementen und Fassungsteilen in einem Prozess herstellen (ähnlich dem Zweikomponentenspritzguss). In Bild 5.69 ist ein Konstruktionsmodell eines Objektivs in Form eines Schnittmodells exemplarisch dargestellt. Sowohl die Fassungselemente als auch die teiltransparenten Linsen wurden in einem Bauprozess simultan hergestellt. Dieses Modell dient der Unterstützung des Entwicklungsprozesses, um die konstruktiven Ausarbeitungen überprüfen zu können.

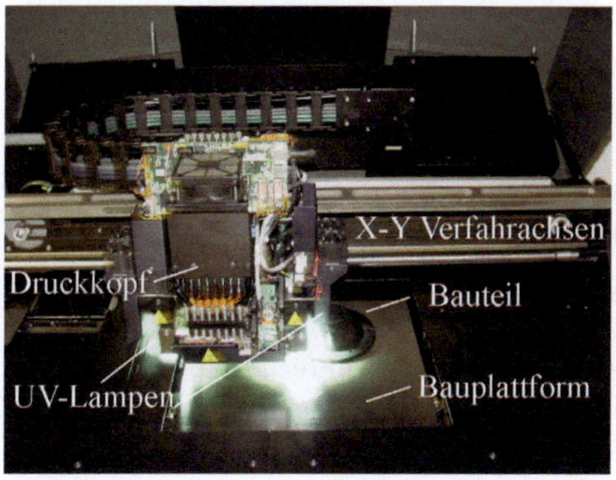

Bild 5.68
MJP-Verfahren, fotografische Darstellung des Bauprozesses

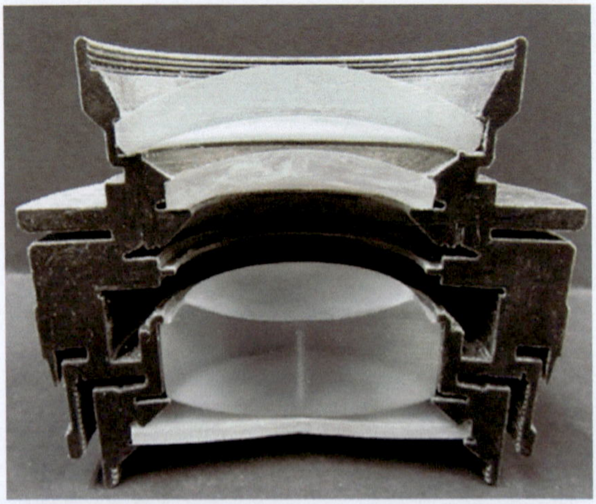

Bild 5.69
Additiv gefertigtes Schnittmodell eines Objektivs in Zweikomponententechnik

Neben der Herstellung von Modellen zur Unterstützung des PEP gilt das weitere Interesse den transmissionsoptischen Bauelementen, insbesondere ob und mit welchen Form- und Homogenitätstoleranzen sie additiv gefertigt werden können. Um dies zu demonstrieren, wurden ausgewählte Volumenmodelle erstellt und additiv gefertigt (siehe Bild 5.70).

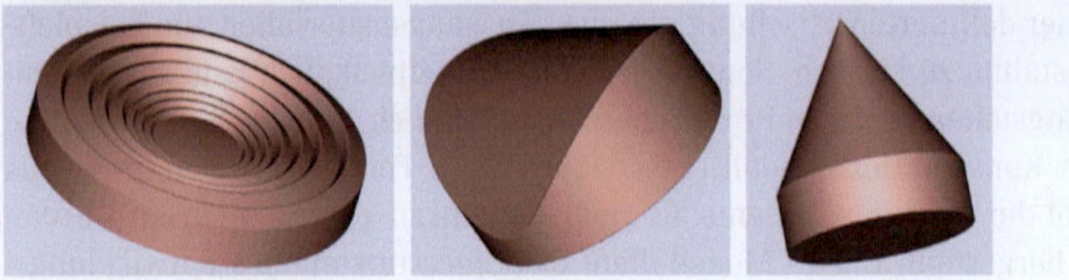

Bild 5.70 Volumenmodelle ausgewählter optischer Bauelemente */Blie2017/*: links) Fresnel-Zonenplatte, Mitte) asphärische Linse, rechts) Axicon

Die gezeigten optischen Bauelemente wurden aus der Datenbank des Optical Designs ZEMAX für den Bauprozess ausgewählt und bereitgestellt. Die ausgegebenen 3D-Daten lassen sich in STL-Daten wandeln und können für den Bauprozess eingesetzt werden. Ebenfalls ist die Übernahme der Daten in Standard CAD-Formate möglich, z. B. in eine STEP-Datei, um weitere Konstruktionsaufgaben (optisch-mechanische Konstruktion, FEM-Analysen etc.) durchführen zu können.

Für die Festlegung der **Baustrategie** sind die Bauteilgeometrie und -ausrichtung entscheidend. So können Linsen prinzipiell in waagerechter, senkrechter oder in 45°-Ausrichtung zur Arbeitsfläche aufgebaut werden. Für die Radiengenauigkeit der Linsenflächen ist die senkrechte Ausrichtung von Vorteil, die jedoch die Bauzeit signifikant erhöht. Bei einem waagerecht ausgerichteten Bau werden die Radien, bedingt durch die Schichtdicke, durch wenige Schichten dargestellt, wodurch der sogenannte Treppenstufeneffekt stärker zum Tragen kommt (Bild 5.71).

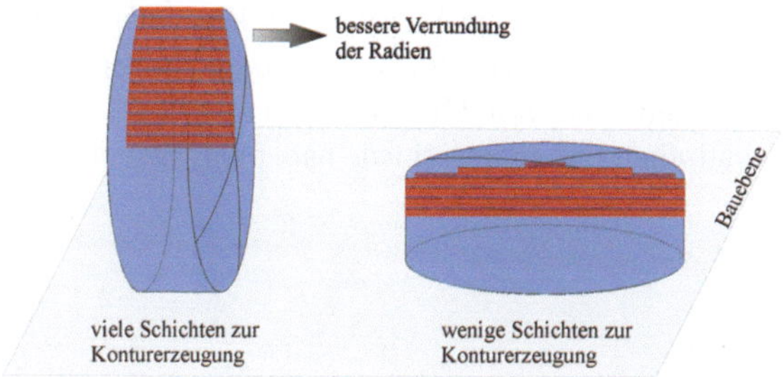

Bild 5.71
Beispiel Bikonvexlinse – Anordnung und Schichtausrichtung

Für die **stereolithografischen Verfahren** sind Ausgangsmaterialien verfügbar, die sich durch eine hohe Transparenz und erhöhte UV-Beständigkeit auszeichnen. In Tabelle 5.17 sind exemplarisch verschiedene Ausgangsmaterialien gegenübergestellt, die mit drei Verfahren verarbeitet wurden. Zum Vergleich wurde mit einer Bikonvexlinse ein einfaches optisches Bauteil ausgewählt, um signifikante optische Eigenschaften bestimmen zu können. Für alle Verfahrensvarianten und Materialkombinationen wurde die Einhaltung der Sollmaße nach dem Bauprozess überprüft. Auffallend ist die recht starke Streuung der erreichten Mittendicken und Sollradien in Abhängigkeit von den eingesetzten Maschinen und Materialien sowie von der Baustrategie. Die Ursachen hierfür sind darin zu sehen, dass die verfügbaren Materialien zum einen einer unterschiedlichen Schrumpfung unterliegen und zum anderen es durch die Z-Kompensation (um Überbrände zu vermeiden) beim Bau zu einer Konturverfälschung kommen kann. Sehr gute Ergebnisse konnten mit der RAPLAS450 und dem Werkstoff „EP-RR60 CL" bei einem Laserstrahldurchmesser von 100 µm und einer Schichtdicke von ebenfalls 100 µm erzielt werden. Das eingesetzte Material zeigt ein sehr geringes Schwindungsverhalten (ca. 0,15 %), womit, neben der Wahl der geeigneten Bearbeitungsparameter, hohe geometrische Konturtreuen erzielt werden können. Allerdings stellt sich bei diesem Verfahren und diesem Material ein relativ hoher optischer Gangunterschied heraus.

Tabelle 5.17 Untersuchte Verfahren und Materialien, gemessener optischer Gangunterschied */Blie2017/*

Verfahren	Anlagensystem	Material	Optischer Gangunterschied ($nm \cdot cm^{-1}$)	Bemerkung
SLA-Laser	SLA 250/4	RenShape SL5170 US	68,1	Bau waagerecht
	RAPLAS 450 (Model 1)	EP-RR 60 CL	80,0	Bau waagerecht
	Viper	Accura Si 60	45,3	Bau waagerecht
	RAPLAS 450 (Model 1)	Sondermaterial	66,0	Bau waagerecht
	RAPLAS 450 (Model 2)	EP-RR 60 CL	99,0	Bau waagerecht
	SLA350	Accura Clear Vue	46,1	Bau senkrecht
	SLA350	Accura Clear Vue	9,7	Bau waagerecht
MJM	Objet Eden 330	VeroClear	79,3	ohne Support
	Objet Eden 330	VeroClear	97,3	mit Support
DLP-Druck	Beamer Rapidshape HA 54	Sondermaterial	82,6	mit Support
	Beamer Rapidshape HA 54	Sondermaterial	54,4	getempert
Abtragen	**Schleifen/Polieren**	**BK7**	**1,7**	

In Bild 5.72 sind die Bilder der spannungsoptischen Auswertung im Vergleich zu dem Referenzglas dargestellt. Die additiv gefertigten Linsen weisen alle deutlich höhere OPD-Werte auf und lassen durch den inhomogenen Verlauf damit deutliche Abweichungen in der Abbildungsqualität erwarten. Auf das spannungsoptische Bild und die zu erwartenden optischen Gangunterschiede haben im Wesentlichen folgende Größen einen Einfluss:

- verwendetes Ausgangsmaterial,
- Baulage des Elementes,
- Prozessparameter,
- geometrische Abmessungen und Formkomplexität.

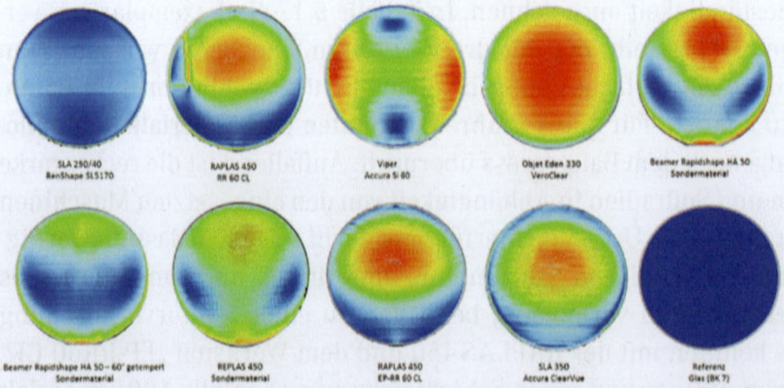

Bild 5.72
Darstellung der optischen Gangunterschiede der Bikonvexlinse bei verschiedenen Herstellungsverfahren und Materialien */Blie2017/*

Bild 5.73 zeigt die **Transmissionskurven** verschiedener Materialien aus Tabelle 5.17, normiert auf das BK7-Glas (Wert 1). In Abhängigkeit von den Ausgangsmaterialien und der gewählten Baustrategien werden auch hier unterschiedliche spektrale Transmissionseigenschaften erzielt. Maximale Transmissionswerte wurden mit ca. 97 % bezogen auf BK7 (vergleichbare Dicke) erlangt.

Es wurde ebenfalls untersucht, inwieweit sich die ausgewählten Materialien über einen bestimmten Zeitraum unter Einwirkung von Licht (besonders hinsichtlich UV-Anteil) verändern.

UV-aushärtende Materialien neigen dazu, ihre Transmissionseigenschaften über die Zeit zu ändern. Aus diesem Grund werden den Ausgangsmaterialien (Resine) Additive beigemischt, um eine hohe UV-Beständigkeit zu erhalten. Dennoch sollten die Langzeitstabilität und die damit einhergehende Änderung des Transmissionsverhaltens beachtet werden. In Bild 5.73 wird die Transmission unterschiedlicher Materialien in Abhängigkeit von der Lagerzeit dargestellt. Die getesteten Materialien weisen z. T. ein sehr unterschiedliches Transmissionsverhalten auf. Nach einem Zeitraum von 365 Tagen gibt es Proben, die ihr Transmissionsverhalten nur marginal ändern, und Proben, die Transmissionsverluste bis zu 25 % im Vergleich zu den nach dem Bauprozess gemessenen Transmissionswerten aufweisen.

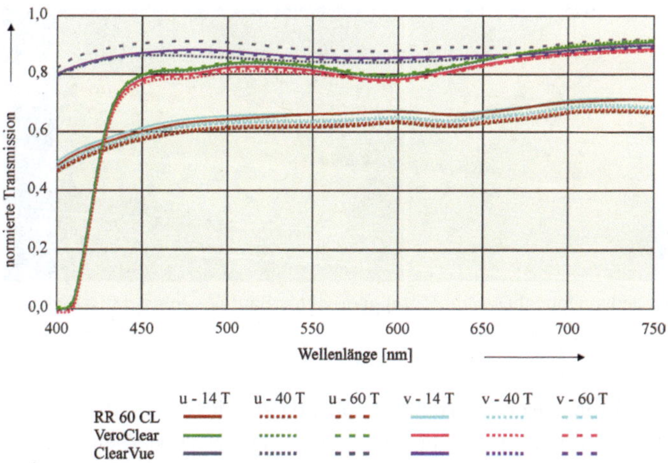

Bild 5.73
Spektrale Transmissionskurven ausgewählter Materialien /Blie2017/

Mit den vorgestellten Verfahren der **Photopolymerisation** lassen sich optische Bauelemente als Anschauungsobjekte und für einfache optische Anwendungen sehr flexibel und individuell herstellen. Für den Einsatz als Funktionsbauteile (abbildende Bauelemente) sind jedoch deutlich erhöhte Anforderungen zum einen an die Oberflächenqualität und zum anderen an einen homogenen Aufbau der Bauelemente zu stellen. Ein Teil der verfügbaren Materialien lässt sich durch Schleifen, Läppen und Polieren nachträglich sehr gut bearbeiten, um die Qualität der optischen Flächen zu verbessern. Dadurch lassen sich Oberflächenrauheitswerte von $R_q < 10\,\text{nm}$, ähnlich den Werten der Spritzgusstechnologie, erzielen. Die verwendeten Druckmaterialien wurden in einem nachgelagerten Polierarbeitsgang mit Folienwerkzeug und einer Aluminiumoxidsuspension endbearbeitet. Bild 5.74 illustriert eine Auswahl additiv gefertigter Bauelemente. Die prismatische Baugruppe (Bild rechts) wurde aus Gründen der besseren Polierbarkeit einzeln gefertigt und gekittet. Der additive Bauprozess lässt allerdings eine Fertigung der gesamten Baugruppe in einem Prozessschritt zu.

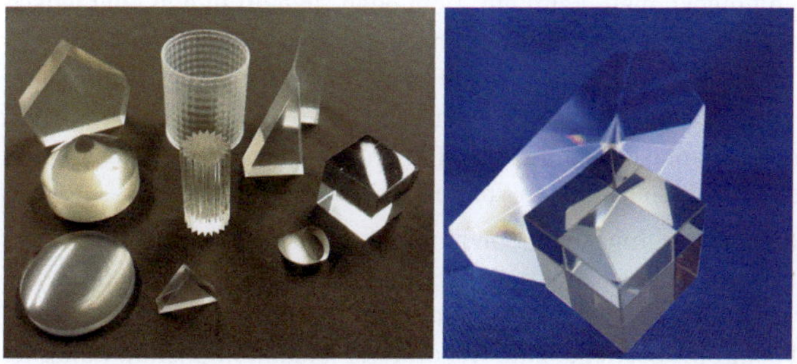

Bild 5.74
Additive gefertigte und durch Polieren finalisierte optische Bauelemente /Blie2017/

Eine weitere interessante Möglichkeit, flexible optische Folien additiv zu fertigen, illustriert Bild 5.75. **Optische Folien** werden als Diffusionsfolien zur homogenen Lichtverteilung von Strahlungsquellen eingesetzt. Sie sorgen für eine gleichmäßige Verteilung der abgegebenen Strahlung von LED-Quellen und Licht von flachen Beleuchtungssystemen (z. B. Backlight-Anordnungen für Displays). Die Herstellung erfolgt meist im für große Stückzahlen effizienten Rolle-zu-Rolle-Verfahren mit Prägewalzen. So stellt die additive Fertigung eine gute Möglichkeit dar, Prototypen und Kleinserien zu fertigen.

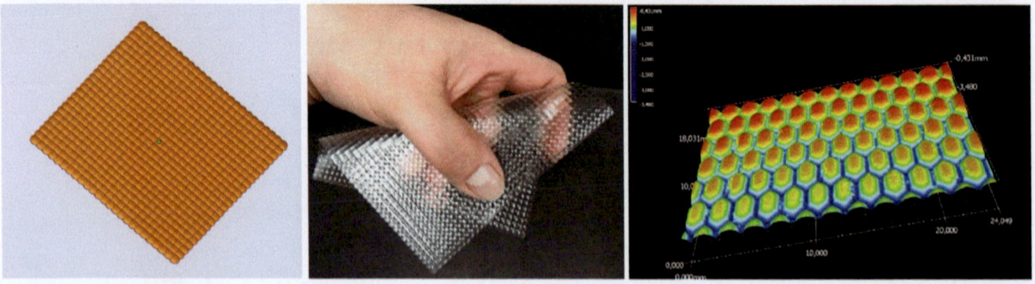

Bild 5.75 Darstellung einer Arraystruktur: links) Optical Design, Mitte) gedrucktes Bauteil, rechts) Messergebnis der Arraystruktur */Blie2017/*

Darüber hinaus wurden in den letzten Jahren spezielle Drucktechnologien entwickelt, um die Oberflächenqualität weiter zu steigern. Ein Ziel ist die Minimierung der erforderlichen Nachbearbeitungsprozesse, für das die Firma Luxecxel eine interessante Lösung vorstellte. Die entwickelte **Printoptical Technology** (PoT) fügt das flüssige Monomer in Form von einzelnen Tropfen dem Werkstück zu. Durch einen speziellen Selbstglättungseffekt an der Tropfenoberfläche entstehen somit sehr homogene Oberflächen. Mit dieser Technologie konnten additiv gefertigte Linsen die Prüfkriterien für Brillengläser bestehen.

Nutzt man für das Aushärten der flüssigen Monomere die **Zwei-Photonen-Polymerisation** (2PP), lassen sich sehr kleine Strukturen mit hoher Auflösung erzielen. Die Grundlage für diesen Prozess stellt die Zwei-Photonen-Absorption dar.

Besitzen Werkstoffe ein Absorptionsvermögen bei der verwendeten Laserwellenlänge, können sie die Laserstrahlung direkt (linear) absorbieren. Im Falle eines Absorptionsgrades von 1 wird folglich jedes Photon absorbiert, als Ein-Photonen-Absorption bezeichnet (Bild 5.76 links). Das Material hat für die verwendete UV-Wellenlänge ein sehr hohes Absorptionsvermögen. Anders verhält sich die Absorption bei einer Wellenlänge von 1064 nm. Bei dieser Wellenlänge besitzen die verwendeten flüssigen Monomere einen relativ hohen Transmissionsgrad. Wird bei dieser Wellenlänge ein Strahl mit hoher Intensität in das Wechselwirkungsvolumen eingekoppelt, kann ein Atom oder Molekül in den energetisch höheren Zustand durch zwei Photonen überführt werden (Zwei-Photonen-Absorption). Das heißt, dass nach Überschreiten einer gewissen Schwellintensität (Treshhold) das Wechselwirkungsvolumen die Strahlung absorbieren kann und im Falle der Polymerisation aushärtet (Bild 5.76 rechts). Häufig kommen für die Prozesse der 2PP Femtosekundenlaser zum Einsatz. Ein großer Vorteil der 2PP besteht in der scharf ortsaufgelösten Polymerisation mit sehr kleinen Volumina.

Die Ein-Photonen-Absorption (Bild 5.76 links) führt zur Polymerisation des Photoharzes über das gesamte belichtete Volumen, die in der Tiefe exponentiell nach dem Lambert-Beerschen Gesetz abklingt. Die Zwei-Photonen-Absorption tritt nur im viel kleineren Wechselwirkungsbereich auf (Bild 5.76 rechts). Die Absorption ist somit proportional zum Quadrat der lokalen Intensität. Daher ist die Intensität nur in diesem Volumen hoch genug, um die gleichzeitige Absorption von zwei Photonen zuzulassen, was zu einem Aushärten des Volumens führt. */Nano2020/*

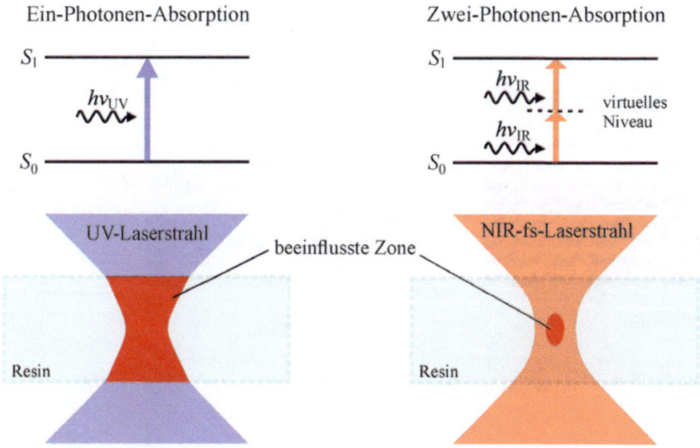

Bild 5.76
Prinzipdarstellung der Wechselwirkung: links) Ein-Photonen-Absorption, rechts) Zwei-Photonen-Absorption */Nano2020/*

Es bildet sich in Folge der 2PP ein annähernd ellipsoides Volumen aus, auch als Volumenpixel oder Voxel bezeichnet. Ein **Voxel** ist das kleinste Volumenelement, das bei einer gewählten Belichtungsdauer verfestigt werden kann. Die Abmessungen des Voxels hängen einerseits von den chemischen und optischen Eigenschaften des Monomers und zum anderen von dem verwendeten optischen System (NA, Fokusdurchmesser und Strahlqualität, Pulslänge) sowie den Parametern des additiven Prozesses, Laserleistung und Scangeschwindigkeit, ab.

Die Systeme, die mit dieser Technologie arbeiten, verwenden ein dynamisches Fokussiersystem, um die Grenzfläche zwischen dem Harz und dem Substrat genau zu lokalisieren und das gedruckte Objekt exakt zu positionieren. Für die Strahlablenkung kommt ein schnell bewegter Galvanoscanner zum Einsatz. Darüber hinaus bewegt ein Tischsystem mit Nanopositionierelementen in allen drei Dimensionen das Bad mit dem flüssigen Monomer, um letztlich die 3D-Mikrostrukturen aufzubauen. */Nano2020/*

Die Technologie wird für die additive Herstellung von dreidimensionalen mikroskaligen Strukturen verwendet. Bild 5.77 veranschaulicht ein Mikro-Linsen-Array. Die Durchmesser der Einzellinsen betragen ca. 80 µm.

Bild 5.77
Mikroskopische Aufnahme eines Mikro-Linsen-Arrays */Nano2020/* (© Nanoscribe)

Des Weiteren kann diese Technologie nicht nur zur Herstellung von Mikroteilen auf ebenen Substraten verwendet werden, sondern auch zum direkten 3D-Aufbau komplexer Strukturen, auf bereits vorhandenen Geometrien und Topografien, z. B. auf photonischen Chips, Mikrofluidikchips oder auf Glasfaserspitzen. Darüber hinaus können 3D-Mikrostrukturen als Urmodelle Verwendung finden und so nach dem additiven Prozessschritt für den elektrolytischen Prozessschritt genutzt werden, um ein Ni-Abformwerkzeug zu erzeugen, Bild 5.78 (siehe auch Abschnitt 5.2).

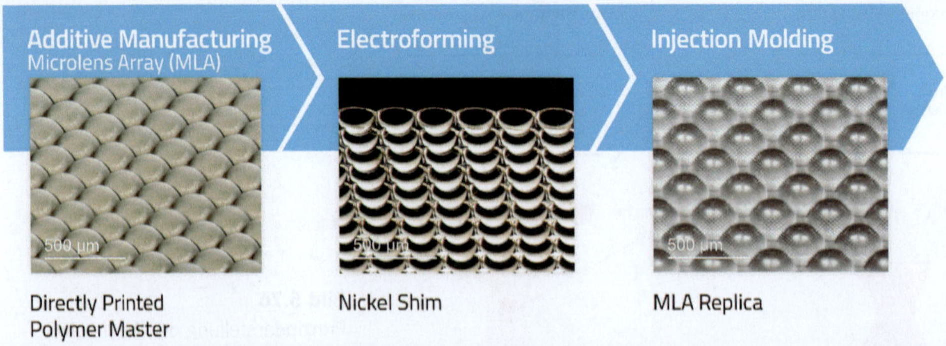

Bild 5.78 Beispiel einer additiven Prozesskette zur Herstellung von Mikro-Linsen-Arrays für Abformverfahren */Nano2020/* (© Nanoscribe)

Neben den vorgestellten Lösungen zur additiven Fertigung von transparenten Kunststoffen bieten die Standardverfahren auch die Möglichkeit, **Fassungen** für optische Bauelemente, Gehäuseteile oder aber auch Montage- oder Justiervorrichtungen zu fertigen. Zwar sind die erreichbaren Oberflächenqualitäten und Toleranzen nicht vergleichbar mit den zerspanenden Verfahren, dennoch werden zukünftig additive Verfahren ein größeres Einsatzpotenzial erreichen. Insbesondere dann, wenn sehr kleine Stückzahlen oder aber sehr komplexe und filigrane Bauteilstrukturen umzusetzen sind. In Bild 5.79 ist eine Linsenfassung für eine einfache bikonvexe Linse dargestellt. Bei diesem Fertigungsbeispiel, was dem Funktionsnachweis dient, ergeben sich jedoch noch keine direkten wirtschaftlichen Vorteile gegenüber den Standardverfahren Drehen und anschließendem Eloxieren.

Bild 5.79
Darstellung der additiven Fertigung einer Linsenfassung: links) Fassung nach dem Bauprozess, rechts) Fassung schwarz eingefärbt und UV-schutzlackiert

Für Bauteilgeometrien die komplexer hergestellt werden müssen, kann jedoch ein Zeitvorteil gegenüber dem Fräsverfahren erzielt werden. Dies veranschaulicht das Fassungsbeispiel einer ALVEREZ-Linse in Bild 5.80 (zur Fertigung der ALVEREZ-Linse siehe Kapitel 7).

Bild 5.80
Fassung für die Aufnahme einer ALVEREZ-Linse: links) Volumenmodell, rechts) additiv gefertigte Bauteile */Enge2020/*

Mit den additiven Verfahren lassen sich kompliziert geformte Fassungselemente wirtschaftlich herstellen. Jedoch muss berücksichtigt werden, dass die Bauteile hinsichtlich der erreichbaren Ebenheiten und Formtoleranzen gewisse Einschränkungen aufweisen. Dies ist im Wesentlichen auf das Schrumpfverhalten der Ausgangmaterialien und auf die quasi anisotropen Bauteileigenschaften zurückzuführen.

Wirtschaftliche Vorteile für kleine Losgrößen lassen sich ebenfalls für die Herstellung von Gehäusebauteile erzielen. Beispielhaft demonstriert das **Gehäuseteil** in Bild 5.81 die Kombination des additiven Fertigungsschrittes mit dem in Abschnitt 5.2 vorgestellten Vakuumguss. Ausgangspunkt ist ein mit der Stereolithografie gefertigtes Gehäuseteil (Bild 5.81 links). Die Geometrie und die geforderten Oberflächenqualitäten sowie Genauigkeitsanforderungen ($R_a = 3\,\mu m$; Toleranzen der Ausbrüche $+0{,}1$ mm) lassen sich mit diesem additiven Verfahren sehr gut erzielen. Gebaut wurde dieses Gehäuseteil mit einer Schichtauflösung von 50 µm. Nach einem Finishingprozessschritt (Stützstruktur entfernen, Nachvernetzen und partielles Schleifen) liegt ein Urmodell für den Folgeprozess, das Vakuumgießen, vor.

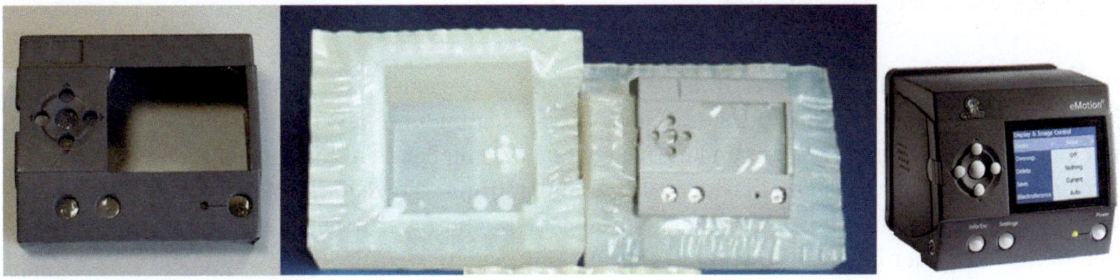

Bild 5.81 Darstellung von individuell gefertigten Gehäuseteilen: links) additiv gefertigtes Urmodell, Mitte) Silikonform für den Vakuumguss, rechts) lackiertes und montiertes Gehäuseteil */Gans2004/*

Mit der Wahl des Vakuumgusses als Folgeverfahren lassen sich die gewünschten Kunststoffmaterialien direkt abformen, die den geforderten mechanischen und thermischen Eigenschaften eines Kameragehäuses entsprechen. Darüber hinaus können mit der in Bild 5.81 Mitte dargestellten Silikonform bis zu ca. 30 Abformungen bewerkstelligt werden. Der anschließende Farbgebungsprozess und die realisierte Laserbeschriftung ergänzen diese dargestellte Prozesskette zur wirtschaftlichen Kleinserientauglichkeit am Beispiel einer Thermografiekamera (Bild 5.81 rechts) */Gans2004/*.

In den letzten Jahren haben sich sehr dynamisch die **Fused-Deposition-Modeling-Verfahren**, zur Verfahrensgruppe „Werkstoffextrusion“ gehörend, entwickelt (Bild 5.64) , die es erlauben, aus drahtförmigen Materialien (Filamente) oder direkt aus Granulaten das Ausgangsmaterial zu schmelzen und partiell zum schichtweisen Auftragen bereitzustellen. Diese Technologie ermöglicht die Herstellung komplexer dreidimensionaler Bauteile aus thermoplastischen Kunststoffen mit einem vergleichsweise einfachen Geräteaufbau.

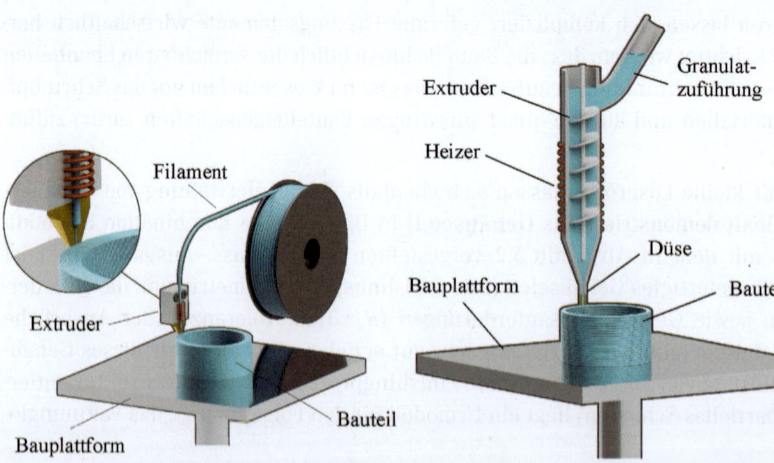

Bild 5.82 Prinzipdarstellung des FDM-Verfahrens: links) filamentbasiertes FDM-Verfahren, rechts) granulatbasiertes FDM-Verfahren

Das bereitgestellte Filament bzw. Granulat (Bild 5.82) wird gezielt durch eine beheizte Düse aufgeschmolzen und auf der Bauplattform abgelegt. Die Schichtbildung entsteht durch das Verschmelzen mit der darunterliegenden Schicht und die sich daran anschließende Abkühlung des Materialstranges. Typische Schichtdicken liegen zwischen 0,125 und 0,330 mm. Die vielfache Wiederholung dieser Prozessschritte ermöglicht die Fertigung komplexer Bauteile mit einer hohen Geometrievielfalt. Ein Verfahrensvorteil ist der Einsatz von serientypischen Materialien wie ABS, PC, PA und PMMA.

Interessant ist die Werkstoffextrusion auch für den **Mehrkomponentendruck**. Werden zwei oder mehrere Extruder in die Extrusionsanlage eingebunden, lassen sich Komponenten aus zwei verschiedenen Materialien in einem Baujob drucken.

Darüber hinaus besteht die Möglichkeit auch faserverstärkte Kunststoffe, beispielsweise CFK und GFK, zu verarbeiten. Für diesen Anwendungsfall können sowohl kurzfaserverstärkte Kunststoffe als auch Kunststofffilamente in Kombination mit einer Endlosfaser extrudiert werden. Bild 5.83 illustriert die Linsenfassung aus Bild 5.79 links, verarbeitet mit einem faserverstärkten Polyamidkunststoff. Der Kohlefaseranteil beträgt in etwa 20 Volumenprozent, was zu einer deutlichen Festigkeitssteigerung des Bauteils führt.

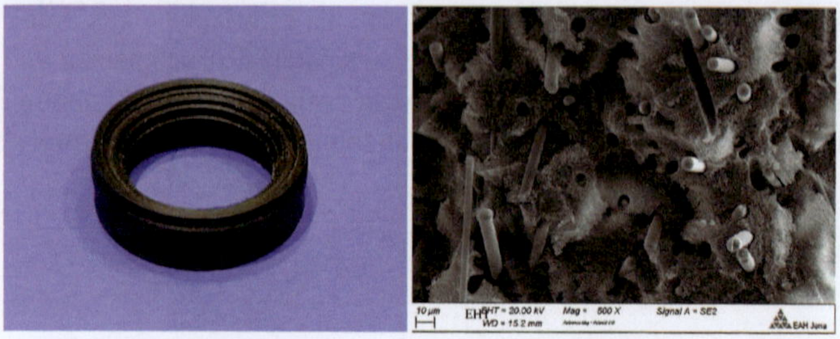

Bild 5.83 Additiv gefertigte faserverstärkte Linsenfassung: links) Bauteil nach dem additiven Prozessschritt, rechts) REM-Aufnahme der Linsenfassung zur Beurteilung der Faserverteilung

5.4.4 Additive Verfahren für die Verarbeitung von metallischen Werkstoffen

Die additive Herstellung von metallischen Formkörpern bietet die Möglichkeit, optische Bauelemente (Reflexionsoptiken) oder Fassungselemente und Justiereinheiten fertigen zu können. Das gezielte Einbringen von Innenkonturen bzw. -strukturen erweitert die Gestaltungsmöglichkeiten bei der konstruktiven Auslegung optischer Baugruppen. So lassen sich innenliegende Kühlkanäle vorsehen oder auch gezielt das Gewicht von Spiegelelementen reduzieren und Leichtbaukonzepte umsetzen.

Für diese Aufgabenstellungen bietet sich besonders die Verfahrensgruppe des pulverbettbasierten Schmelzens an (siehe Bild 5.64). Das **selektive Laserstrahlschmelzen**, auch als **Laserstrahlsintern** bezeichnet, basiert auf dem lokalen Fügen von pulverförmigen Ausgangsmaterialien mittels Laserstrahlung. Im Unterschied zu konventionellen Technologien ist der Sintervorgang eng auf die Wechselwirkungszone begrenzt, wobei die Prozessparameter Druck und Zeit bei diesem additiven Urformverfahren eine untergeordnete Rolle spielen. Durch das lokale Aufschmelzen von schichtweise bereitgestellten Kornpartikeln kommt es zu einer partiellen, d. h. eng begrenzten Verbindung zwischen den benachbarten Teilchen in der Wechselwirkungszone. Zur Anwendung kommt ein dynamisches Scansystem, welches die durch die Software bereitgestellten Schichtinformationen durch einen schnellbewegten Laserstrahl auf das Pulverbett direkt überträgt. Die Laserwechselwirkung ist für das Schmelzen auf eine Schicht begrenzt, die typischerweise Dicken zwischen 20 und 100 µm besitzt. Im Anschluss senkt sich die Plattform um die entsprechende Schichtdicke ab. Ein **Pulvertransportsystem** (auch Beschichter oder Rakel genannt) fördert aus einem Vorratsbehälter neues Pulvermaterial in den Bauraum und die Folgeschicht wird belichtet. Der Prozess wiederholt sich entsprechend der erforderlichen Schichtanzahl. */Blie2013/*

Bild 5.84 veranschaulicht den prinzipiellen Aufbau einer **Lasersinteranlage**. Die verfügbaren Verfahrensvarianten unterscheiden sich im Wesentlichen durch das verwendete Ausgangspulver. So können Kunststoffpulver, ein- und mehrkomponentige Metallpulver, aber auch Pulver aus Siliziumoxid stoffschlüssig verbunden werden. Große Bedeutung haben metallische Pulver in den letzten Jahren für die Herstellung von Werkzeugen und Endprodukten erlangt.

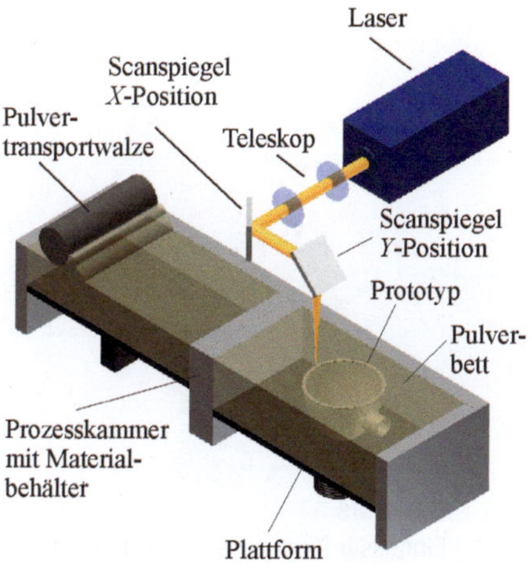

Bild 5.84
Schematische Darstellung einer Lasersinteranlage */Blie2013/*

In Abhängigkeit vom verwendeten Ausgangsmaterial wird ein CO_2-Laser für Kunststoff- und Glaspulver oder ein Festkörperlaser für Metallpulver eingesetzt. Zusätzlich stellen strahlformende Komponenten (Teleskop und die Fokussieroptik) die erforderlichen Strahlparameter des fokussierten Strahls bereit.

Die **Sinter- bzw. Schmelzenergie**, die zum Verbinden der Pulverteilchen notwendig ist, setzt sich aus zwei energetischen Anteilen zusammen. Einerseits wird die Laserstrahlung in der Pulverschicht absorbiert und andererseits wird zusätzlich durch eine Infrarotheizung oder elektrische Heizung das Pulverbett auf eine Grundtemperatur erwärmt. Aufgrund dieser **hybriden Energieeinbringung** kann der sonst für die Laserbearbeitung typisch steile Temperaturgradient verringert werden. Durch diese Maßnahme lassen sich Bauteilverzug sowie innere Spannungen im Bauteil minimieren. Entsprechend der Formel 5.16 wird der Energiebedarf, der zum Sintern bzw. Schmelzen erforderlich ist, aus den grundsätzlichen Anteilen E_{Las} und E_P gebildet. Bei diesem Prozess sind eine Reihe von Verlusten, z. B. Reflexionsverluste, Wärmestrahlung etc., zu berücksichtigen, die durch die Größe E_l zusammengefasst werden.

$$E_G = E_{Las} + E_P - E_l \tag{5.16}$$

E_G Gesamtenergiebedarf, E_{Las} Laserenergie, E_P Wärmeenergie Pulverbett, E_l Summe der energetischen Verluste

Metallische Sintertechnologien können diesen beschriebenen hybriden Prozess in der Regel nicht komplett nutzen. Begründet ist das in erster Linie durch die Schmelzcharakteristik metallischer Phasen, die im Vergleich zum Kunststoffsintern erheblich höhere Laserenergien bzw. -leistungen voraussetzen. Näherungsweise sind um den Faktor 10 höhere Laserausgangsleistungen erforderlich.

Der komplexe Prozess des Lasersinterns wird durch eine größere Anzahl von Parameter beeinflusst.

Folgende Einflussgrößen sind besonders signifikant:

- eingestrahlte Energie,
- Schichtdicke,
- Sintermaterial,
- Pulvercharakteristik.

Eine Übersicht der komplex wirkenden Einflussgrößen veranschaulicht Bild 5.85.

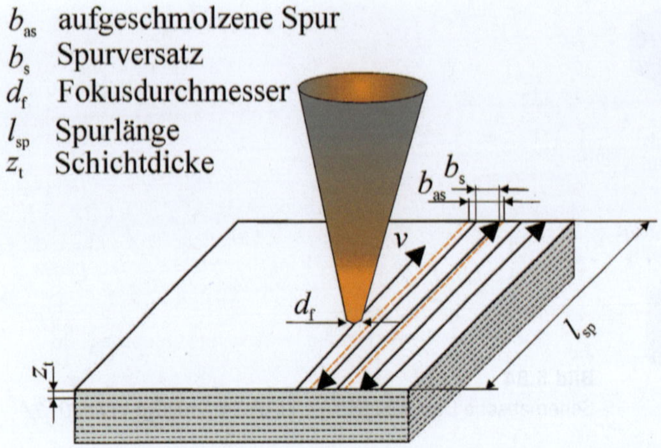

Bild 5.85
Einflussgrößen auf den Lasersinterprozess nach */Kell1999/*

Prozesseigenschaften
Laser: Wellenlänge, Leistung, Intensität, Betriebsart
Belichtung: Strahldurchmesser, Spurversatz, Geschwindigkeit, Scanvektorlänge
Umgebung: Vorheiztemperatur, Pulvertemperatur, Schutzgas
Maschinensteuerung: Schichtdicke, Beschichtung, Scanner
Materialeigenschaften
Thermische Eigenschaften
Optische Eigenschaften
Pulvereigenschaften

Die Einflussgrößen wirken im Prozess sehr komplex und erfordern für die unterschiedlichen Verfahrensanwendungen und Ausgangsmaterialien eine gezielte Optimierung. Insbesondere ist die Betrachtung der nachstehenden abgeleiteten Prozessparameter für eine erfolgreiche Prozessauslegung sehr wichtig:

- Energiedichte,
- Wechselwirkungszeit,
- Abkühlzeit.

Um den Schmelz- und Aufbauprozess zu beschleunigen, konnten in den letzten Jahren die applizierten Laserleistungen (auch durch Mehfachstrahlbearbeitung) gesteigert werden. Ebenso kommen z. T. mehrere Strahlungsquellen simultan zum Einsatz und es werden für bestimmte Metalle auch ultrakurzgepulste Strahlungsquellen eingesetzt.

Nach dem Bauprozess müssen Stützstrukturen entfernt und die Oberflächen durch Strahlen, Gleitschleifen oder zerspanende Verfahren endbearbeitet werden. Für die Optiktechnologie sind die Maßtoleranzen und Oberflächenqualitäten meist nicht ausreichend, so dass sich ein zusätzlicher subtraktiver Bearbeitungsschritt anschließen muss.

Solch eine Prozesskette veranschaulicht das nachfolgende Beispiel der Fertigung eines metallischen **Leichtbauspiegels** für Weltraumanwendungen nach Hilpert */Hilp2020/*.

Dieser Spiegel wurde aus einer hypereutektischen Aluminium-Silizium-Legierung durch das SLM-Verfahren in einem ersten Schritt additiv gefertigt. Die relativ hohen Sinterdichten der Bauteile weisen lediglich eine Restporosität von 0,1 % auf. Das Modell in Bild 5.86 links zeigt eine auf 45° ausgerichtete Bauraumanordnung mit den erforderlichen Stützstrukturen. Um innere Spannungen im Bauteil zu minimieren, erfolgt eine anschließende Wärmebehandlung für 6 Stunden bei einer Temperatur von 360 °C. Nach dem Trennen des Bauteils von der Plattform werden die Stützstrukturen entfernt und die Rückseite durch Fräsen bearbeitet. Ein sich anschließender Läpparbeitsgang erzeugt eine Ebenheit der Spiegelrückseite von $< 2\,\mu m$. Diese Ebenheit ist eine Voraussetzung, um den Spiegel im Vakuumspannfutter in einer Ultrapräzisionsdrehmaschine aufnehmen zu können. In mehreren Arbeitsschritten kann nun die Bearbeitung der optischen Funktionsfläche mit einem Diamantdrehverfahren erfolgen. In einem weiteren Prozessschritt wird die Spiegelvorderfläche mit einer Nickel-Phosphor-Schicht beschichtet. Das Spiegelsubstrat und die Beschichtung weisen angepasste thermische Ausdehnungskoeffizienten auf, so dass die Schichtspannungen nach dem Beschichtungsprozess klein genug für weitere Bearbeitungsfolgen sind */Hilp2020/*.

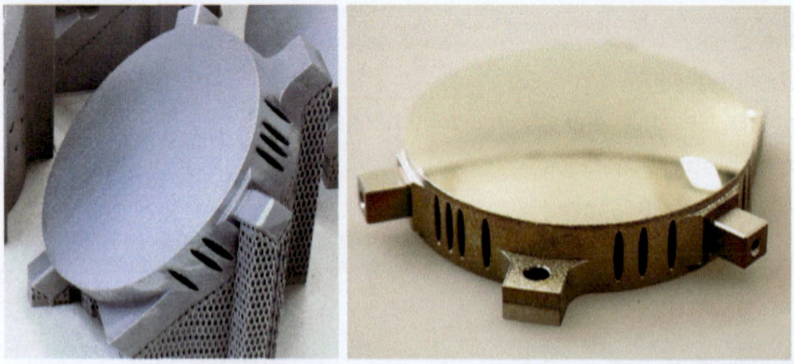

Bild 5.86
Leichtbauspiegel für Weltraumanwendungen */Hilp2020/*: links) Spiegelsubstrat nach dem additiven Prozessschritt, rechts) Spiegelsubstrat nach dem finalen Polierprozess

Danach erfolgt mittels erneutem Diamantdrehen die Bearbeitung der Nickel-Phosphor Schicht. In weiteren Prozessschritten schließen sich ein MRF- und ein chemisch-mechanischer Polierprozess (siehe Abschnitt 7.5) an, um die noch vorhandenen Oberflächenunvollkommenheiten weiter zu minimieren. Das Ergebnis stellen Bild 5.86 rechts und Bild 5.87 dar. Letztendlich wurden mit diesen finalen Prozessschritten eine Formabweichung von 7,3 nm und eine Mikrorauheit < 1 nm der optischen Funktionsfläche erreicht.

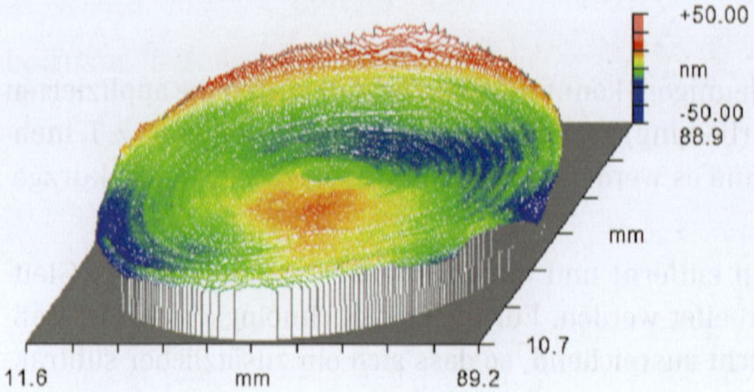

Bild 5.87
Darstellung der Formabweichung des Leichtbauspiegels aus Bild 5.86 nach dem finalen Polierprozess */Hilp2020/*

5.4.5 Additive Verfahren für die Verarbeitung von anorganischen Gläsern

Eine Modifikation der **FDM-Technologie** führte zur Möglichkeit der Herstellung komplexer Bauteilgeometrien aus Kalk-Natronglas. Dies wurde durch die Verwendung eines Schmelzofens und einer beheizbaren Prozesskammer (T > 1000 °C) realisiert. Der über der Prozesskammer angeordnete Schmelzofen kann zum direkten Schmelzen von Glasgemenge, aber auch zur Befüllung mittels einer vorhandenen Glasschmelze verwendet werden. Durch eine separat beheizte Düse wird die Glasschmelze mit einer Flussrate von $v = 5{,}7\ \mathrm{mm} \cdot \mathrm{s}^{-1}$ definiert auf die Bauplattform in die beheizte Prozesskammer geführt. Die Prozesskammer ermöglicht eine geregelte Abkühlung der additiv gefertigten Bauteile, wodurch ein Kühlen der Gläser möglich ist. Nach */Klei2015/* konnten erste homogene Bauteile mit einer Einzelschichthöhe von $h = 4{,}5$ mm gefertigt werden. Die Bauteile werden über eine Stützstruktur der ersten Schicht mit der Druckplattform verbunden. Auch Überhänge oder Innenkonturen werden ab einem bestimmten Neigungswinkel mit einer Stützstruktur versehen. Hierdurch ist jedoch eine Nachbearbeitung, z. B. Bodenpolitur und Glättung scharfer Kanten, erforderlich */Klei2015/*.

Das Verfahren eignet sich jedoch aktuell noch nicht, um optische Gläser zu extrudieren. Des Weiteren ist die Verfahrensauflösung begrenzt und kommt aktuell eher für die Fertigung von Gebrauchsgegenständen aus Glas infrage.

Basierend auf dem Prinzip des **pulverbettbasierten Schmelzens** wurde das Hochtemperatur-SLS-Verfahren (HT-SLS-Verfahren) entwickelt */Schw2018-1/, /Schw2019/*. Mittels des selektiven Lasersinterns ist es möglich, poröse Bauteile aus Quarzglaspulver herzustellen. Im Unterschied zu den Metallen und Kunststoffen sind für die Erzeugung homogener Glasstrukturen jedoch wesentlich höhere Prozesstemperaturen erforderlich. Bei dem Hochtemperatursinterprozess wird der additive Fertigungsprozessablauf in eine Prozesskammer integriert. Ziel ist hierbei, ein schichtweises Sintern des hochreinen Quarzglaspulvers bei höheren Temperaturen (maximale Prozesstemperatur bis 1000 °C) und einer Schutzgasatmosphäre durchführen zu können. Für den Ablauf des Verfahrens sind die Prozessschritte der Tabelle 5.18 erforderlich.

Tabelle 5.18 Prozessschritte des HT-SLS-Verfahrens für die Herstellung von Quarzglaskörpern */Schw2018-1/*

Ablauf	
1	Erwärmung der Prozesskammer und der Plattform
2	Definierte Verteilung des Pulvermaterials durch einen Rakel auf der Bauplattform
3	Selektives An- oder Aufschmelzen des Pulvers für die Erzeugung einer festen Materialschicht mittels scannender Laserstrahlung
4	Absenkung der Bauplattform um den Betrag der Schichtdicke und erneuter Auftrag des Pulvermaterials
5	Stetige Wiederholung des Prozesszyklus bis zur Fertigstellung des dreidimensionalen Bauteils; Pulvermaterial, welches nicht durch die Laserstrahlung thermisch aktiviert wird, verbleibt als Stütz- und Isolationsmaterial im Bauraum
7	Entnahme des Bauteils, Entfernung der Stützstruktur durch mechanisch trennende Verfahren, Entnahme des restlichen Pulvers aus dem Ofen, Recyceln
8	Ultraschallreinigung zur Beseitigung der nicht aktivierten Pulverpartikel innerhalb der entstandenen Poren
9	Untersuchung der gefertigten Bauteile hinsichtlich der erzeugten Dichte, Oberflächenstruktur und Biegefestigkeit
10	Verdichtung der porösen Struktur zu einem festen und transparenten Formkörper durch anschließenden Drucksinterprozess

Bei dem **HT-SLS-Verfahren** wird der Laserstrahl über ein IR-Einkoppelfenster in das Innere der Wärmekammer gelenkt und auf die Bauplattform mit $z_f = 0$ fokussiert. Die erforderliche hochdynamische Ablenkung des Laserstrahls wird durch die Galvanometerscannereinheit ermöglicht. Der Aufbau der Prozesskammer gewährleistet eine annähernd homogene Temperaturverteilung. Um den Pulvertransport vom Pulverreservoir zur Bauplattform zu ermöglichen, ist der Heizofen in zwei Hälften aufgeteilt, die separat beheizt werden. Die obere Ofenhälfte dient als Isolationsdeckel, in welchem das Einkoppelfenster für die Strahldurchführung integriert ist. In der unteren Ofenhälfte befinden sich die absenkbare Bauplattform und das Pulverreservoir.

Das verwendete Pulvermaterial ist typischerweise auf einen Partikelgrößenbereich zwischen 20 µm und 80 µm fraktioniert. In Bild 5.88 links sind zwei typische Kornformen dargestellt, die zeigen, dass sowohl eher kantige, blockige Kornformen als auch sphärische Partikelformen prozessiert werden können. Mit der in Bild 5.88 rechts dargestellten Pulverkornverteilung lässt sich ein ebener und homogener Schichtauftrag für Schichtendicken zwischen 60 µm und 150 µm realisieren. Verfahrensbedingt kommt es bei pulverbettbasierten Schmelzverfahren zu einer bestimmten Menge von thermisch nicht aktiviertem Pulver. Dieses Pulver wird zurückgewonnen und nach einer Aufbereitung dem HT-SLS-Prozess wieder zugeführt.

Bild 5.88 Charakterisierung des Ausgangspulvers */Schw2019/*: links) Darstellung der Kornform und -verteilung, rechts) Korngrößenverteilung einer gewählten Kornfraktion

Mit dem HT-SLS-Verfahren können dreidimensionale, poröse Grünkörper aus Quarzglaspulver hergestellt werden, die in diesem Zustand jedoch noch nicht transparent sind. Dies liegt an der noch niedrigen Grünkörperdichte und den damit verbundenen Lufteinschlüssen. Die Dichte der Bauteile kann durch die direkte Messung mittels des Infiltrationsverfahrens bestimmt werden. Die relativen Dichten in Bezug auf die Dichte von Quarzglas ($\rho = 2{,}201\ g \cdot cm^{-1}$) liegt zwischen $\rho = 42 - 65\,\%$. In Bild 5.89 ist eine REM-Aufnahme einer horizontalen Oberflächenstruktur dargestellt. Die Proben weisen eine poröse, teilweise dichte und partiell verglaste Oberflächenstruktur mit gitterförmig angeordneten Verglasungssträngen auf. An diesen haften noch einzelne, nicht verschmolzene Pulverpartikel. Sehr gut ist die Ausbildung von Sinterhälsen erkennbar, welche auf einen Festphasensinterprozess schließen lässt.

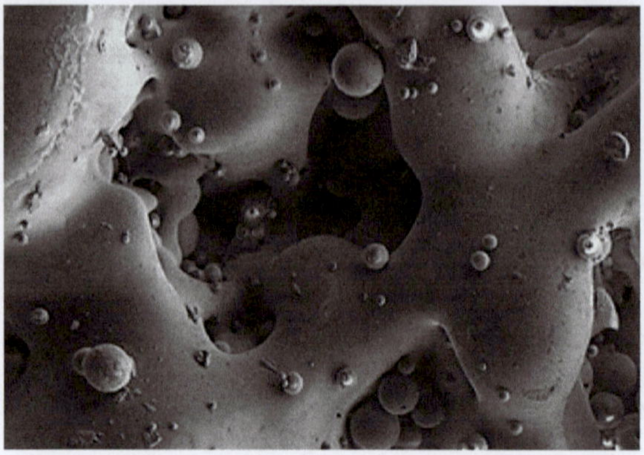

Bild 5.89
REM-Aufnahme einer horizontalen Oberflächenstruktur der Schichtdicke $s = 150\,\mu m$, Vergrößerung: 150-fach

In Bild 5.90 sind ausgewählte Sinterformkörper dargestellt. Mit dem Verfahren können sehr flexibel komplexe dreidimensionale Strukturen hergestellt werden. Auf Stützkonstruktionen bzw. -strukturen kann weitestgehend verzichtet werden, da das Pulverbett selbst die Kontur stützt. Dies ist insbesondere auch für Innenstrukturen interessant. Die mit dem HT-SLS-Verfahren erzielten Bauteildichten erreichen maximale Werte von 65 %. Für einige Anwendungen können diese Grünkörper bereits als Filtermaterialien eingesetzt werden. So werden die gezeigten Formkörper in Bild 5.90 rechts zum einen in Gassensoren (vorderer flacher Zylinder) und zum anderen als optischer Isolator in einem Hochleistungslaser (Formkörper rechts im Bild) eingesetzt.

Um einen transparenten Formkörper zu erzielen, ist ein nachgelagerter Drucksinterprozess erforderlich. Dieser Prozess gleicht einem isostatischen Formgebungsprozess und dient dem Verdichten der porösen Formkörper zu einem glasigen und transparenten Bauteil. Die Bauteile werden dazu in eine Druckkammer unter hohem Gasdruck und einer Schutzgasatmosphäre prozessiert. In dieser Abfolge konnte auch eine Hohlzylinder additiv gefertigt werden, dargestellt in Bild 5.90 links */Schw2018-1/*.

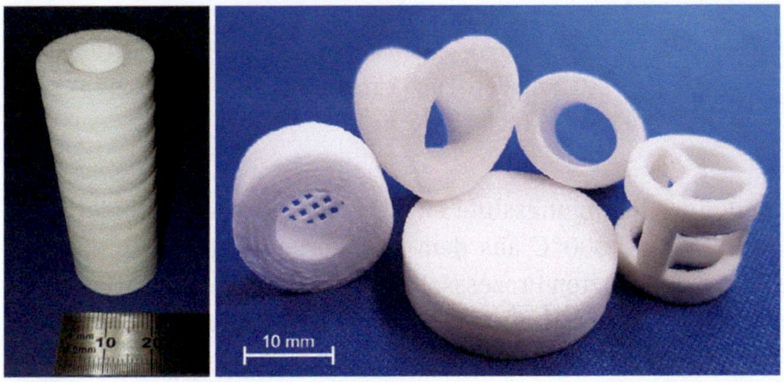

Bild 5.90
Mittels HT-SLS-Verfahren gefertigte Grünkörper: links) Hohlzylinder, rechts) Filterelement für Gassensor (Mitte) und optischer Isolator (rechts außen) */Schw2018-1/*

Silicatische Grünkörper können ebenfalls mit den Verfahren der **Photopolymerisation** hergestellt werden. Dem Ausgangsmaterial (Resin) werden gezielt SiO_2-Pulver zugemischt und damit die Viskosität erhöht. Um diese gemischten Glasresine jedoch in einer DLP-Anlage noch verarbeiten zu können, ist nur eine begrenzte Viskositätserhöhung möglich. Dies limitiert die Zumischbarkeit des Glaspulvers auf ca. 40 Volumenprozent. Das verwendete Glaspulver hat eine typische Kornverteilung von 20 bis 75 µm (Bild 5.91 links). Eine sphärische Kornform ist für den additiven Verbindungsschritt oftmals von Vorteil.

Bild 5.91
Glasresine für die DLP-Photopolymerisation: links) SiO_2-Pulver – sphärische Kornform, rechts) DLP-Anlage mit Glasresin */Schw201-18/*

Für diese hybriden Ausgangsmaterialen müssen Arbeitskurven wie in Abschnitt 5.4.3 beschrieben aufgenommen werden. Ziel ist die Bestimmung der materialspezifischen Einhärtetiefe in Abhängigkeit von der projizierten Energiedichte. Die Arbeitskurven für das Glasresin weichen deutlich von denen des Grundmaterials (Resin) ab (Bild 5.92). Die UV-Strahlung des DLP-Projektors wird an den Grenzflächen der Glaspartikel gestreut. Dadurch kommt es zu Mehrfachreflexionen an den Glaspartikeln, so dass die Strahlung im Vergleich zum Grundmaterial tiefer in das hybride Material eindringen kann.

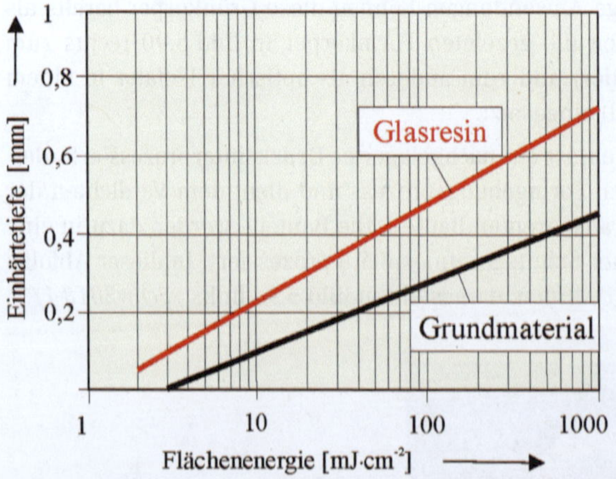

Bild 5.92
Abhängigkeit der Einhärtetiefe von der Energiedichte, ermittelte Arbeitskurven für das Grundmaterial und ein ausgewähltes Glasresin */Schw2018-1/*

Im Anschluss an den Druckprozess und einer Reinigungsstufe folgt das thermische Entbindern. Die Kunststoffmatrix wird bei Temperaturen von ca. 300°C aus dem Grünkörper entfernt, so dass ein formstabiler SiO_2-Braunkörper vorliegt. In einem letzten Prozessschritt wird dieser in einem Gasdruck-Sinterprozess zu einem kompakten Bauteil verglast. Hierfür werden in einem Sinterofen die Bauteile bei einer Temperatur von ca. 1750°C und einem maximalen Druck von 100 bar prozessiert. In Bild 5.93 wird das Ergebnis für drei optische Komponenten nach der additiven Prozessstufe gezeigt.

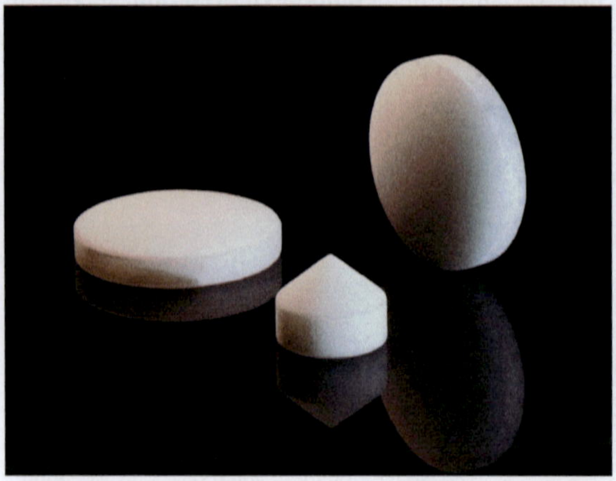

Bild 5.93
Axicon und asphärische Linsen nach der additiven Formgebung

5.4.6 Additive Verfahren für die Verarbeitung von keramischen Werkstoffen

Keramische Bauteile lassen sich mit unterschiedlichen additiven Verfahren herstellen. In Analogie zu den Gläsern (Abschnitt 5.4.5) können lichtempfindliche Harze (Resine) auch mit keramischen Pulvermaterialien angereichert und mit den Verfahren der Photopolymerisation dreidimensionale Formkörper (Grünkörper) aufgebaut werden. In einer sich anschließenden thermischen Behandlung wird aus dem Grünkörper ein keramisches Bauteil mit einer hohen Sinterdichte > 99 % hergestellt. In diesem zweigeteilten Prozess wird zunächst die Kunststoffkomponente in einem langsamen Aufheizprozess herausgebrannt. Im zweiten Schritt wird der vorliegende extrahierte Keramikkörper bei Temperaturen von ca. 1650 °C dicht gesintert. Für diese Verfahren der Photopolymerisation werden aktuell überwiegend oxidkeramische Werkstoffe, Aluminiumoxid, Zirkonoxid und Zirkonoxid-verstärktes Aluminiumoxid (ZTA) verarbeitet. Durch das Extrahieren der Kunststoffmatrix aus dem Grünkörper entsteht ein Materialschwund, der mit einem Schwindungsfaktor in der konstruktiven Auslegung des Bauteiles berücksichtigt werden muss.

Das in Abschnitt 5.4.3 beschriebene **FDM-Verfahren** bietet ebenfalls eine sehr gute Möglichkeit, keramisch gefüllte Kunststofffilamente oder -granulate zu verarbeiten. Hierfür ist ein spezielles Ausgangsmaterial (Feedstock) erforderlich, das in einer Kunststoffmatrix (oft PA oder PMMA) keramisches Pulver homogen verteilt aufnehmen kann. Weitere Additive sind der Feedstockrezeptur beigemischt, um beispielsweise die Härte und Sprödigkeit herabzusetzen. Diese Maßnahmen sind verfahrenstechnisch wichtig, um das spätere Filamentmaterial transportieren und verarbeiten zu können. Nach der Plastifizierung des Feedstocks im Doppelschneckenextruder wird das Kompositmaterial gemahlen und dient wiederum als Ausgangsmaterial für die Filamentherstellung. In Bild 5.94 links ist die Kopfplatte des Extruders mit den Austrittslöchern für das plastifizierte Feedstockmaterial dargestellt. Das Mahlgut im mittigen Bild zeigt die segmentierten zylinderförmigen Bruchstücke in einer verteilten Größe zwischen 3 mm und 8 mm. In einem weiteren Extrusionsschritt wird das Mahlgut plastifiziert, das zylinderförmige Strangmaterial (Filament) in einem Einschneckenextruder gezogen und auf eine Rolle gewickelt. */Kerb2020/*

Bild 5.94 Prozessstufen der Herstellung von keramischen Filamentmaterialien: links) Plastifizierung des Feedstockmaterials, Mitte) gemahlener Feedstock, rechts) Filamentextrusion */Kerb2020/*

Typische Filamentdurchmesser, die Standard-FDM-Drucker verarbeiten können, sind 1,75 mm und 2,85 mm. Eine wichtige Voraussetzung für die additive Fertigung von keramischen Bauteilen mit hohen Sinterdichten ist die homogene Verteilung der Keramikpartikel über den Filamentdurchmesser. Ebenfalls dürfen keine Lufteinschlüsse und Verunreinigungen im Filament eingelagert sein. Bild 5.95 illustriert REM-Aufnahmen eines SiC-Filamentes, das für die Beispiele aus Bild 5.96 und Bild 5.97 zum Einsatz kam. Die Bruchfläche in Bild 5.97 links illustriert den gesamten Filamentdurchmesser. Die sehr gleichmäßige Verteilung der SiC-Partikel veranschaulicht Bild 5.97 rechts in einer Vergrößerungsaufnahme.

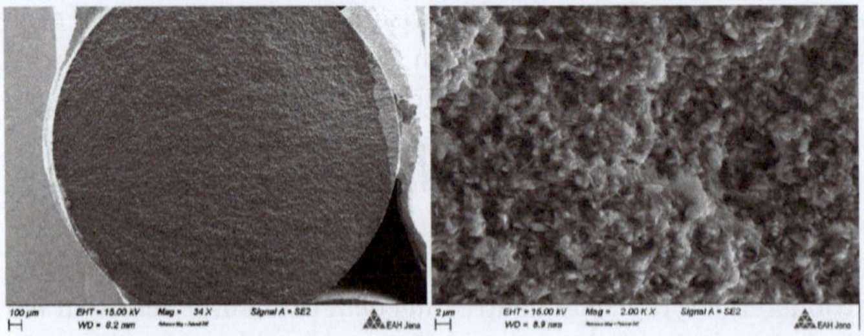

Bild 5.95
REM-Aufnahme SiC-Filament:
links) Stirnfläche eines Filamentes,
rechts) Ausschnittvergrößerung der Stirnfläche

Die Zusammensetzung der Filamente sowie die erzielbaren Filament- und Gründichten sind für vier verschiedene Materialien in Tabelle 5.16 zusammengestellt. Durch den notwendigen Organikgehalt (Binderanteil), der im späteren Verlauf wieder aus dem Grünkörper entbindert werden muss, kommt es zu einer nicht unerheblichen Schwindung des Keramikkörpers bezogen auf den additiv gefertigten Grünkörper.

Geht man von einer annähernd linearen Schwindung ΔS aus, so kann diese wie folgt bestimmt werden:

$$\Delta S = \frac{l_0 - l_S}{l_0} \tag{5.17}$$

l_0 – Abmessung des Grünkörpers nach dem Drucken, l_s – Abmessung des gesinterten Körpers

Tabelle 5.19 Filament- und Gründichte nach dem additiven Fertigungsschritt für ausgewählte Materialien */Kerb2020/*

	Theoretische Dichte in g/cm³	Organikgehalt in Masse-%	Organikgehalt in Volumen-%	Keramikanteil in Volumen-%	Filamentdichte in g/cm³	Gründichte 3D-Druck in %
Siliziumcarbid (SiC)	3,210	21,4	46,99	53,01	2,161	99
Siliziumnitrid (Si_3N_4)	3,278	20,6	46,36	53,64	2,200	97
Aluminiumoxid (Al_2O_3)	3,990	19,5	49,47	50,53	2,540	>99
Zirkonoxid (ZrO_2)	6,050	13,8	49,49	50,51	3,441	98,3

Der entsprechend zu berücksichtigende Skalierungsfaktor SF ergibt sich zu

$$SF = \frac{1}{1 - \Delta S} \tag{5.18}$$

Somit ergäbe sich für eine Bauteillänge mit einem Fertigmaß von 20 mm bei einer linearen Schwindung von 20 % eine Grünkörperlänge von 25 mm.

Der Entbinder- und Sinterprozess verläuft für die keramischen Materialien unterschiedlich. In Tabelle 5.20 sind Richtwerte für die notwendigen Temperaturen und Zyklusdauern gegenübergestellt.

Tabelle 5.20 Angaben für die thermische Entbinderung und Sinterung ausgewählter keramischer Materialien */Kerb2020/*

	SiC	Si_3N_4	Al_2O_3	ZrO_2
Entbinderung				
Atmosphäre	N_2	Luft	Luft	Luft
Temperatur (°C)	280	600	450	450
Zyklusdauer* (h)	2,5	12	12	12
Sinterung				
Atmosphäre	Ar	N_2	Luft	Luft
Temperatur (°C)	2185	1675	1540	1475
Zyklusdauer* (h)	9	8	10,5	10

* ohne Abkühlzeit

Als **Spiegelträgermaterial** wird in der Optiktechnologie neben den Standardmaterialien (Glas, Silizium, Metall) auch Siliziumcarbid verwendet. Es ist ein geeignetes Material, um sehr leichte und schnell bewegte Spiegel herstellen zu können. Dank seiner sehr geringen Wärmeausdehnung und der guten Polierbarkeit wird SiC oft für sehr große Spiegeldurchmesser, z.B. Weltraumteleskopspiegel, eingesetzt. Des Weiteren ermöglicht die hohe Steifigkeit, die man mit dem keramischen Werkstoff erzielen kann, die Herstellung gewichtsreduzierter Leichtbauspiegel. In Bild 5.96 und Bild 5.97 sind zwei Spiegel dargestellt, die aus SiC additiv gefertigt und gesintert wurden. In Bild 5.96 links ist das Volumenmodell mit der Gewichtsreduzierung und einer innenliegenden mäanderförmig angeordneten Kühlstruktur gezeigt. Die Kühlstruktur konnte vollständig aufgebaut werden (Mitte). Das fertige Bauteil (rechts) weist eine hohe Sinterdichte von 98,5 % in Bezug auf die theoretischen Dichte von SiC auf.

Eine weitere Spiegelkomponente wird in Bild 5.97 dargestellt. Die Freiformoptik aus Bild 2.39 wurde in diesem Beispiel als eine Reflexionsoptik ausgelegt. Die Innenstruktur des zu druckenden Bauteils kann sehr unterschiedlich gestaltet werden. In der Datenvorbereitung kann festgelegt werden, ob dieses Bauteil hohl, vollständig gefüllt oder aber mit einer Struktur versehen werden soll. Damit lassen sich gezielt Leichtbaukomponenten auslegen und fertigen.

Bild 5.96 Additiv gefertigter Spiegeldemonstrator aus SiC: links) Volumenmodell eines Wabenspiegels mit innenliegender Kühlstruktur, Mitte) additiv gefertigter Grünkörper (aufgetrennt, um Innenkontur darzustellen), rechts) gesinterter Wabenspiegel

Bild 5.97
Freiformoptik in Leichtbauweise – Grünkörper nach der additiven Fertigung

Weitere Informationen und Übungsaufgaben zu Abschnitt 5.4 sind auf plus.hanser-fachbuch.de hinterlegt.

6 Umformen von optischem Glas

Unter Umformen versteht man Verfahren, bei denen Halbfabrikate oder Werkstücke infolge äußerer Kräfte durch **plastisches Verändern** von einer Form in eine andere gebracht werden, ohne dabei den molekularen Zusammenhalt des Werkstückes zu zerstören. Das Volumen bleibt dabei erhalten. Im Allgemeinen ist zwischen Kalt- und Warmumformen zu unterscheiden.

> Umformen ist das plastische Ändern der Form eines festen Körpers unter Beibehaltung der Masse und des Stoffzusammenhaltes. Der Glasumformprozess erfordert ein Erwärmen des umzuformenden Bauteilvolumens auf eine materialspezifische Umformtemperatur.

Gläser lassen sich ohne Verlust der optischen Eigenschaften in einem bestimmten Viskositäts-Temperatur-Bereich (warm) umformen. In der Regel werden erstarrte Glasmassen in Form von Blöcken, Stangen, Zurichtlingen oder Gobs erneut erwärmt und in Formen gepresst. Im Ergebnis entsteht eine „Grobform" des späteren Bauteiles, so dass die Bearbeitungsstufen zur Endformherstellung und der dabei auftretende Glasverlust minimiert werden können. Entsprechende Halbzeuge können beim Glashersteller in einer von der Bauteilform, Größe und vom Glaspreis abhängigen wirtschaftlichen Losgröße bestellt werden.

Aufgrund der unterschiedlichen Beeinflussungsmöglichkeiten im Warmzustand des Glases (Druck-, Zug-, Biegung- und Torsionsbeanspruchung), lassen sich prinzipiell das **Senken, Biegen, Pressen und Walzen** verfahrenstechnisch anwenden. Das Verfahren Pressen hat für die Herstellung von Optikbauteilen die größte Bedeutung erlangt. Für diesen Umformprozess sind i. d. R. spezielle Umformwerkzeuge erforderlich. Diese Entwicklungsstufe der Werkzeugkonstruktion und -herstellung ist sehr eng mit dem eigentlichen Umformprozess verbunden. Die Werkzeugform entscheidet maßgeblich über die erreichbaren Umformgenauigkeiten sowie die optischen Eigenschaften des umzuformenden optischen Bauelementes. Darüber hinaus sind Materialeigenschaften und die Auslegung der Werkzeugkonstruktion eine wichtige Fragestellung für eine reproduzierbare Fertigung mit optischer Qualität sowie einer langen Lebensdauer der Formen.

Vielfach werden heute bereits optisch wirksame Flächen im Prozess des Blankpressens bzw. Präzisionsblankpressens fertig bearbeitet. Dafür werden Glas-Halbzeuge mit polierten Oberflächen, meist Rundstäbe, Kugeln oder Gobs, auf eine bestimmte Formgebungstemperatur aufgeheizt und in einer Pressform heiß umgeformt. Dieses Verfahren war lange Zeit für die Herstellung von Flächen mit optischen Eigenschaften aufgrund der Qualität der Presswerkzeuge und des Schrumpfungsprozesses der gepressten Bauteile nicht geeignet. Erstmals präsentierte Kodak 1982 eine neuentwickelte Disk-Kamera mit präzisen sphärischen und asphärischen Oberflächen, die im Pressverfahren endhergestellt wurden. Das Schleifen und Polieren von asphärischen Flächen ist relativ aufwendig und für eine

Massenfertigung nicht geeignet. Bei der Blankpresstechnologie hingegen wird die kostenintensive Formbearbeitung der asphärischen Flächen auf die wenigen Pressformen verlagert.

Die Entwicklungen des Blankpressverfahrens wird auch zukünftig ein großes Entwicklungspotenzial für optische Anwendungen ermöglichen. So kann das Blankpressverfahren auch für die Herstellung von diffraktiven optischen Elementen und Mikrostrukturen allgemein genutzt werden.

6.1 Grundlagen

Während metallische Werkstoffe ein sehr gutes Umformverhalten im kalten (Zimmertemperatur) und warmen Zustand aufweisen, lassen sich anorganische Gläser nur bei Erwärmung auf eine materialabhängige **Umformtemperatur** umformen. Diese Temperaturen sind abhängig von einem bestimmten Viskositätszustand, bei dem sich Gläser spannungsarm umformen lassen. Dieser Bereich liegt oberhalb des Einsinkpunktes (siehe Bild 6.1) und erfordert Temperaturen zwischen ca. 450 °C und 900 °C, je nach chemischer Glaszusammensetzung.

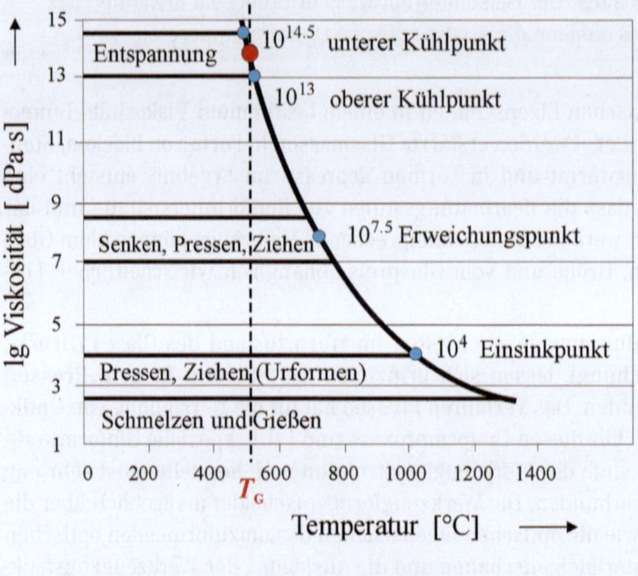

Bild 6.1 Viskosität-Temperatur-Verlauf mit ausgewählten Fixpunkten

Der genaue Verlauf der **Viskositätskurven** kann berechnet oder durch aufwendige Messungen für jedes Glas bestimmt werden. Für praktische Zwecke ist jedoch die Kenntnis nur einiger weniger Punkte auf dieser Kurve ausreichend. Hierzu wurden verschiedene Viskositätsfixpunkte festgelegt, bei denen für jedes Glas mit vertretbarem Aufwand die zugehörige Temperatur gemessen werden kann und auch die für die Glasschmelze und -verarbeitung wichtigen Bereiche erfasst werden. Die wichtigsten Fixpunkte nach */Spau1975/* sind:

- **unterer Kühlpunkt**: bezeichnet die Temperatur, bei der ein künstlich verspanntes Glas in 15 h bis auf 10 % des ursprünglichen Wertes entspannt ist.

- **oberer Kühlpunkt:** bezeichnet die Temperatur, bei der die gleiche Entspannung in bereits 15 Minuten erreicht ist.
- **Littleton-Punkt:** wird auch als Erweichungspunkt oder Softening Point bezeichnet, beschreibt die Temperatur, bei der sich Glas unter seinem eigenen Gewicht zu verformen beginnt. Definiert ist dieser Punkt durch die Verlängerung eines Glasfadens (Länge 235 mm und ⌀ 0,50 bis 0,75 mm) durch sein eigenes Gewicht um 1 mm in 1 min.
- **Einsinkpunkt:** ist der Temperaturpunkt, bei dem sich das Glas durch Blasen oder Drücken verarbeiten lässt und die Viskosität $\eta = 10^{4.0}$ dPa·s beträgt. Die Bestimmung erfolgt mittels Rotationsviskosimeter, wobei ein Platin-Rhodium-Stäbchen (Masse 0,2 g, ⌀ 0,5 mm) für die Einsinktiefe von 20 mm in die Glasschmelze eine Zeit von 2 Minuten benötigt.

Für die Verarbeitung der Gläser durch Pressen, Ziehen u. ä. ist der Viskositätsbereich zwischen $\eta = 10^{7,6}$ und 10^{13} dPa·s interessant, der Transformationsbereich liegt zwischen $\eta = 10^{13}$ und $10^{14,5}$ dPa·s. Die Viskosität im Transformationspunkt T_G beträgt für alle Gläser näherungsweise 10^{13} dPa·s.

Die **Viskosität-Temperatur-Kurven** der Gläser zeigen zwar einen grundsätzlich gleichen Verlauf, die Temperaturabhängigkeit im mittleren Teil der Kurve ist jedoch unterschiedlich in Abhängigkeit von der chemischen Zusammensetzung der Gläser. Der Austausch von Glaskomponenten bewirkt strukturelle Veränderungen, welche die Viskosität beeinflussen. Die Zusammenhänge hierbei sind recht kompliziert. Allgemein kann man sagen, dass Oxide, die eine Netzwerkbildung fördern (z. B. SiO_2, B_2O_3), viskositätserhöhend wirken. Oxide, die netzwerkwandelnd wirken (z. B. Na_2O, K_2O), verringern die Viskosität. Auch die Steilheit der Kurve ist abhängig von der chemischen Zusammensetzung, da bei einigen Glaskomponenten der Einfluss auf die Viskositätsänderung temperaturabhängig ist. Dies hat selbstverständlich einen Einfluss auf den für die Verarbeitung des Glases zur Verfügung stehenden Temperaturbereich. Die Materialabhängigkeit der Viskosität veranschaulicht Bild 6.2 für einige ausgewählte optische Gläser.

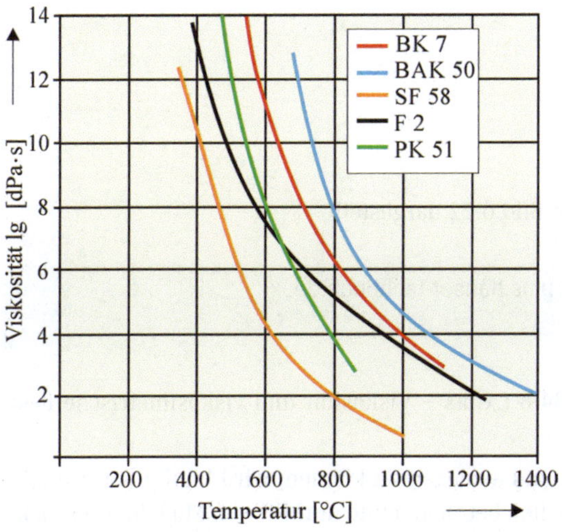

Bild 6.2
Viskositätskurven verschiedener optischer Gläser */Voge1992/*

Die Beschreibung der Beziehung zwischen der Temperatur und der Viskositätsänderung in Abhängigkeit von der Glaszusammensetzung geht zunächst auf den Boltzmann-Ansatz zurück. Allerdings gilt dieser nur für Flüssigkeiten mit kugelförmigen Teilchen und nicht gerichteten Bindungen */Voge1992/*.

$$\eta = k \cdot e^{\frac{E_\eta}{RT}} \tag{6.1}$$

η Viskosität, k Konstante, E_η Aktivierungsenergie der Viskosität, R Gaskonstante, T Temperatur

Für Gläser, die ein relativ breites Erweichungsgebiet (Transformationsbereich) haben und deren Kurvenverlauf in Bild 6.2 flach verläuft, ist E_η geringer als bei steiler verlaufenden Kurven. Man spricht in diesem Fall auch von „langen Gläsern“. Gläser mit einem schmalen Erweichungsgebiet werden als „kurze Gläser“ bezeichnet */Voge1992/*.

In der Praxis hat sich die Bestimmung des prinzipiellen η-T-Verlaufes mit den nachfolgenden Gleichungen bewährt, um die teilweise sehr aufwendigen experimentellen Untersuchungen hierfür zu umgehen. Für den Verlauf der Funktion oberhalb von T_G wird die VOGEL-FULCHER-TAMMANN-Gleichung (VF) verwendet:

$$\log \eta = A + \frac{B}{T - T_{VF}} \tag{6.2}$$

A, B temperaturabhängige Materialparameter, T_{VF} VOGEL-Temperatur, die ca. 50 °C unter T_G liegt.

Alternativ zur VF-Gleichung wird ebenfalls die WILLIAMS-LANDEL-FERRY-Gleichung (WLF) eingesetzt:

$$\log(\Delta_T) = \log \frac{\eta}{\eta_0} = \log \frac{\tau}{\tau_0} = -\frac{C_1(T - T_0)}{C_2 + (T - T_0)} \tag{6.3}$$

Δ_T Verschiebungsfaktor zur Temperatur T_0, τ Relaxationszeit der α-Relaxation (am Punkt T_G), C_1, C_2 Konstanten des Glases

Durch den Herstellungsprozess verursachte Spannungen klingen bis zum Erreichen der oberen Kühltemperatur in einem gewissen Maße ab, man spricht hier von einer Relaxation des Glases (siehe Bild 6.4).

Für die Berechnung des Kurvenverlaufes η-T unterhalb von T_G eignet sich die ARRHENIUS-Gleichung in der Form:

$$\log(\Delta_T) = \log \frac{\eta}{\eta_0} = \frac{E_\eta}{R}\left(\frac{1}{T} - \frac{1}{T_0}\right) \tag{6.4}$$

E_η Aktivierungsenregie für die Viskosität, R Gaskonstante

Beispiele zur Berechnung von η-T-Verläufen sind in Bild 6.22 dargestellt.

Weitere Beispielrechnungen finden sich auf plus.hanser-fachbuch.de.

Eine Berechnungsvorschrift ist in der DIN ISO 7884-8 („Glas – Viskosität und viskosimetrische Festpunkte“) enthalten.

Um den Umformprozess von Gläsern beschreiben und auslegen zu können, wird häufig der Aufheiz- und Abkühlvorgang mit dem glasspezifischen Verhalten betrachtet und mithilfe von Modellen beschrieben. Wichtige Parameter, wie Ausdehnungs- und Schrumpfverhalten, Wärmeübergangsverhalten zwischen Gläsern und der Werkzeugform sowie Klebeneigung werden modellhaft analysiert, um den komplexen Umformprozess beschreiben zu können. Mithilfe von Simulationen können Aufheiz- und Abkühlvorgänge, insbesondere auch das Relaxationsverhalten während des Erstarrungsprozesses analysiert werden. Für eine gesamtheitliche Betrachtung müssen hierfür jedoch unterschiedliche Modelle in verschiedenen Temperaturbereichen zum Ansatz kommen. Bild 6.3 veranschaulicht diesen

Sachverhalt am Beispiel eines *η-T*-Verlaufes nach */Yang2014/*. Zusätzlich kommt es zu einer Verschiebung des viskoelastischen Verhaltens einer Glasprobe, wenn unterschiedliche Temperatur-Zeitverläufe betrachtet werden.

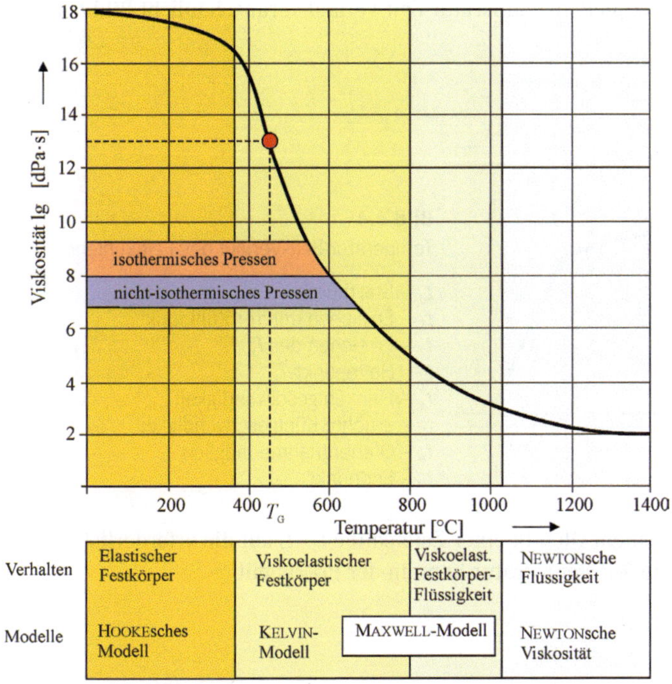

Bild 6.3 Darstellung von Relaxationsverhalten und Modellen anorganischer Gläser in verschiedenen Bereichen im *η-T*-Verlauf (Kurvenverlauf nur tendenziell) nach */Yang2014/*

Ein Ziel der Werkstoffforschung ist die Entwicklung von Gläsern mit guten Umformeigenschaften und hinreichenden Viskositäten bei niedrigen Temperaturen. Beim Umformen von Gläsern treten jedoch durch das erneute Erwärmen und Abkühlen des Glases bedingt, gewisse Änderungen in den optischen und mechanischen Eigenschaften auf. Einerseits kann dies zur Änderung der Brechzahl führen und anderseits zur Erhöhung von inneren Spannungen. Durch einen angepassten Temperatur-Zeitverlauf während des Abkühlens des umgeformten Glaskörpers oder durch einen nachgelagerten Kühlprozess kann der Brechzahlwert gezielt korrigiert werden.

Für die optischen Anwendungen von umgeformten Gläsern sind das Erreichen einer guten Homogenität sowie das Minimieren von inneren Spannungen unerlässlich. Während des Umformprozesses wirken die bereits genannten Kräfte auf das Glasvolumen und bewirken das Einfrieren von inneren Restspannungen, wenn das Bauteil abkühlt. In der Zeit bis zum Erreichen des unteren Kühlpunktes kann ein Glas relaxieren und Spannungen abbauen. Dieser Zeitraum muss jedoch sehr langsam durchfahren werden, um dem Glas genügend Zeit zum Abbau der inneren Spannungen zur Verfügung zu stellen. Als **Relaxationszeit** τ wird die Zeitspanne bezeichnet, in der ein bestimmter Spannungswert S_0 auf $S_0 \cdot e^{-1}$ abgeklungen ist.

$$\tau = \frac{\eta}{S_0 \cdot e^{-1}} \tag{6.5}$$

Die Relaxationszeit ist abhängig von der chemischen Glaszusammensetzung und der Bauteilgröße.

Durch den Umformprozess wird das Glasvolumen mit Umformkräften beaufschlagt, so dass ein Abbau von Spannungen für bestimmte Anwendungen und Toleranzklassen nicht ausreichend erfolgen kann. Aus diesem Grund ist ein sogenanntes **Feinkühlen** erforderlich, um die Restspannungen unter eine kritische Grenze zu reduzieren. Dabei wird das Bauteil ein zweites Mal definiert erwärmt und zeitgesteuert allmählich abgekühlt. Den prinzipiellen Temperatur-Zeit-Verlauf veranschaulicht Bild 6.4.

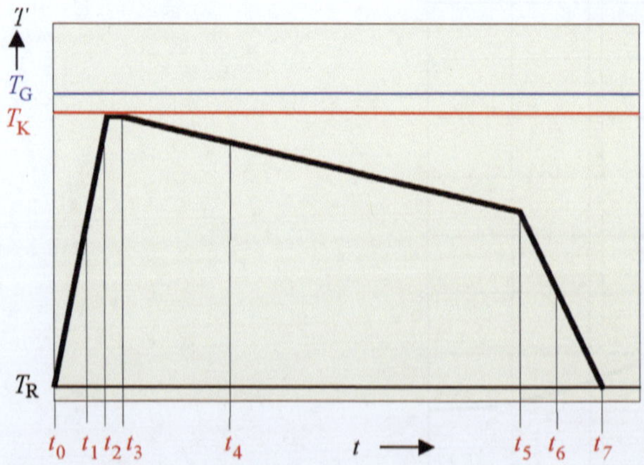

Bild 6.4
Temperatur-Zeit-Verlauf des Feinkühlens

t_0 – Startpunkt
t_1 – Erreichen unterer Kühlpunkt
t_2 – Erreichen der T_K
t_3 – Haltepunkt T_K
t_4 – Feinkühlgeschwindigkeit
t_5 – erhöhte Kühlgeschwindigkeit
t_6 – Ofenentnahme möglich
t_7 – Endpunkt

Die umgeformten Bauteile werden in einem Ofen in einer Zeitspanne $t_0 - t_2$ auf die erforderliche Kühltemperatur erwärmt. Eine angenäherte Kühltemperatur kann in der Praxis mit

$$T_k = T_G - 10°C \tag{6.6}$$

T_K Kühltemperatur

angenommen werden. Die **Kühltemperatur** wird bis zum Zeitpunkt t_3 konstant gehalten, damit sich das Bauteil homogen erwärmen kann. Die Zeitdauer $t_2 - t_3$ beträgt im Mittel 60 Minuten, ist aber vom Bauteilvolumen abhängig. Während des anschließenden Abkühlvorganges beginnt der eigentliche Prozess des Kühlens. Durch ein allmähliches Senken der Temperatur (um ca. $10 - 0{,}8\,K \cdot h^{-1}$) wird das Auftreten von inneren Spannungen weitestgehend unterdrückt. Oft ist die Kenntnis der maximalen Kühlgeschwindigkeit hilfreich, um einen effizienten und energiesparenden Prozess zu erreichen. Diese hängt ganz entscheidend von dem Werkstückvolumen, dem Glaswerkstoff sowie den zulässigen Restspannungen ab. Die maximale Kühlgeschwindigkeit lässt sich näherungsweise mit

$$v_K = \frac{\Delta n}{0{,}04 \cdot d^2 \cdot \varphi} \tag{6.7}$$

v_K Kühlgeschwindigkeit; d Werkstückdurchmesser, Δn zulässiger Wert für die Spannungsdoppelbrechung ($nm \cdot cm^{-1}$), φ Materialkonstante ~ $10^{-7}\,h \cdot K^{-1} \cdot mm^{-2}$

berechnen.

Die Ermittlung von **Restspannungen** im umgeformten Bauteil ist ein wichtiges Kriterium für die Qualitätssicherung im Prozess und wird überwiegend mit den Messmethoden der Spannungsdoppelbrechung durchgeführt (siehe auch Kapitel 5). In Bild 6.5 ist der Spannungsverlauf in einer gepressten Asphäre dargestellt.

Kühlprozesse können aber je nach Einsatzfall und durchgeführter Verfahrenstechnologie spezielle Anforderungen verlangen. Generell sind sie jedoch in Einfachkühlung und spannungsarme Langkühlung (Feinkühlung) zu unterscheiden. Die für beide Fälle zulässigen Restspannungen sind:

- $\Delta n < 100\ \text{nm} \cdot \text{cm}^{-1}$ für Einfachkühlung,
- $\Delta n < 10\ \text{nm} \cdot \text{cm}^{-1}$ für spannungsarme **Feinkühlung**.

Die langen Kühlzeiten, die hohen Umformkräfte und die erreichbaren Homogenitäten stellen die Grenzen für Präzisionsoptiken mit größeren Abmessungen dar.

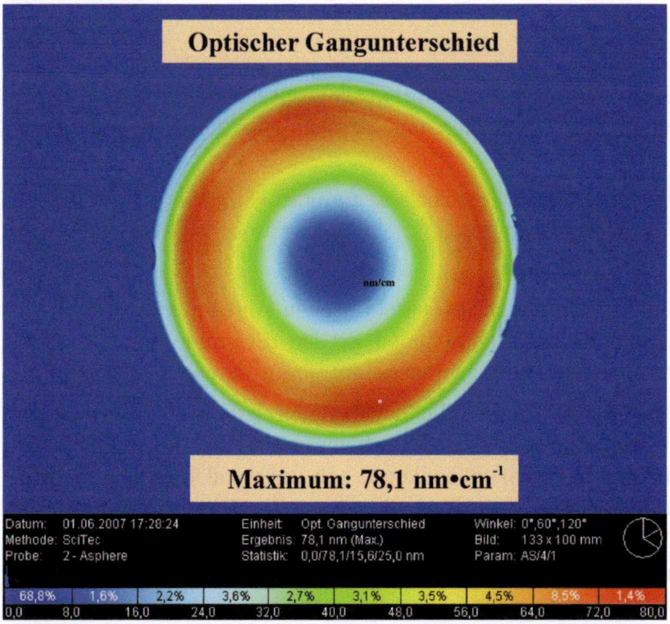

Bild 6.5
Spannungsdarstellung in einer gepressten Asphäre */Katt2007/*

Die Spannungsdoppelbrechung von $1\ \text{nm} \cdot \text{cm}^{-1}$ liegt vor, wenn in einem Glaskörper auf 1 cm Länge beim Durchgang von linear polarisiertem Licht mit einer Wellenlänge von 550 nm in zwei senkrecht aufeinander stehenden Richtungen ein Gangunterschied von 1 nm auftritt.

Beispiel: Festlegung der Kühlgeschwindigkeit

Die Restspannung in einem abbildenden System darf $50\ \text{nm} \cdot \text{cm}^{-1}$ nicht überschreiten. Der Werkstückdurchmesser der Linsen beträgt 25 mm. a) Wie ist die Kühlgeschwindigkeit festzulegen? b) Um welchen Wert ändert sich die Geschwindigkeit, wenn die Bauteile einen Durchmesser von 50 mm besitzen?

A) Setzt man die gegebenen Werte in Formel 6.7 ein, ergibt sich eine maximale Kühlgeschwindigkeit von $2\ \text{K} \cdot \text{h}^{-1}$.

B) Vergrößert sich der Durchmesser der Linsen auf 50 mm, verlangsamt sich die Kühlgeschwindigkeit auf $0{,}5\ \text{K} \cdot \text{h}^{-1}$ (Durchmesser geht quadratisch ein!).

Bei einer Kühltemperatur von 600 °C erstreckt sich der Kühlvorgang für A) auf 12 Tage und für B) auf 48 Tage. (Berücksichtigt wurde in diesem Beispiel nicht, dass zum Zeitpunkt t_5 (Bild 6.4) eine höhere Kühlgeschwindigkeit gewählt werden kann.)

Ausgewählte Praxisbeispiele sind auf plus.hanser-fachbuch.de bereitgestellt.

6.2 Pressen

Das Pressen von anorganischen Gläsern zählt zu den wichtigsten Umformverfahren in der Optiktechnologie und findet verstärkt Anwendung in der Großserien- und Massenproduktion.

Pressen ist das plastische Ändern der Form eines festen Körpers, unter Einwirkung von Wärme und Druck, in den von speziellen Werkzeugen verkörperten Negativformen.

Bei dem Verfahren füllt der Werkstoff den Hohlraum des geschlossenen Werkzeuges aus und wird verfestigt. Er kann dabei direkt aus der Schmelze entnommen werden (Urformen) oder im festen Zustand vorliegen und über einen erneuten Erwärmungsprozess umgeformt werden (Umformen).

Durch die Prozessentwicklung sowie die Herstellungsmöglichkeiten von geeigneten Pressformen können gegenwärtig Pressverfahren für optische Bauelemente (Scheinwerferlinsen, Integratorplatten, Halbkugeln, DOEs und teilweise auch Präzisionsoptiken) endkonturnah angewendet werden. Ein wichtiges Verfahren für die Herstellung optischer Bauelemente ist das **Blankpressverfahren**, das gebrauchsfertige Flächen in einem Prozessschritt erzeugen kann. In der Praxis wird oftmals zwischen dem konventionellen Blankpressen und dem Präzisionsblankpressen unterschieden. Wesentliche Unterschiede liegen in der Prozessführung und der erreichbaren Genauigkeit. Beim Präzisionsblankpressen werden vordefinierte Rohlinge unter Reinraum- bzw. reinraumähnlichen Bedingungen verarbeitet.

6.2.1 Gläser für das Pressen

Beim Pressvorgang liegt die Zähigkeit des Glases in einem Viskositätsbereich von ca. 10^7 bis 10^9 dPa·s. Für den Pressprozess lassen sich Gläser mit niedrigen Transformationsbereichen besonders vorteilhaft einsetzen. Durch die Verschiebung der η-T-Kurven hin zu niedrigeren Temperaturen lassen sich die Standzeiten der Werkzeugformen erhöhen und die Klebeneigung des Glases zu dem Formmaterial minimieren. Viele Werkzeugformmaterialien besitzen eine ausreichende thermische Stabilität bis 650 °C.

In den vergangenen Jahren wurden spezielle Glassorten für das Pressen hochgenauer Optiken entwickelt. Sie besitzen T_G-Bereiche zwischen 500 °C und 550 °C.

Diese sogenannten **Low-T_G-Gläser** weisen optische Lagen über das gesamte ABBE-Diagramm auf. In Bild 6.6 ist die Temperaturabhängigkeit der Viskosität für unterschiedliche Gläser dargestellt. In aktuellen Datenblättern werden speziell Gläser, die für das Blankpressen geeignet sind, mit einem *„P“* gekennzeichnet (**Precision Molding**) */Scho2020/*.

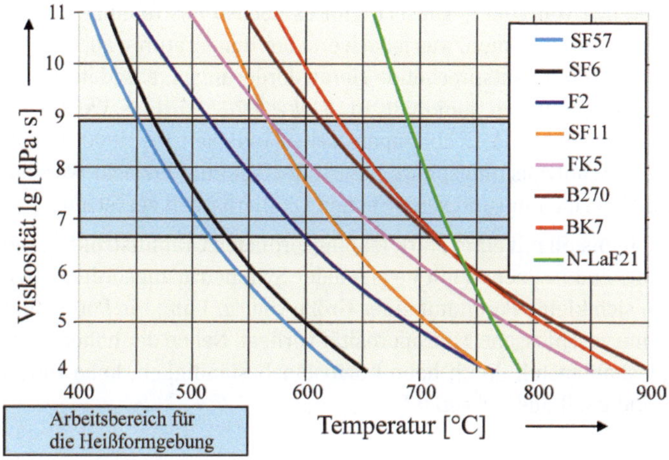

Bild 6.6 Viskosität-Temperatur-Kurven ausgewählter umformbarer Gläser */Mann2005/*

Die „P-Gläser" sind in der Regel grobgekühlte Gläser, deren Brech- und ABBE-Zahlen meist der Stufe 3/3 entsprechen und auf einer Referenzkühlrate von $2\,\mathrm{K}\cdot\mathrm{h}^{-1}$ basieren. Die Brechzahlen innerhalb der Lieferlose können jedoch von diesem Wert abweichen. Die verfahrensbedingte schnelle Abkühlrate während des Pressverfahrens führt zu einer Brechzahländerung, die zu einer Verschiebung hin zu kleineren Werten im Vergleich zum Datenblatt führt. Sie wird beschrieben mit:

$$\Delta n = n_N - n_M \tag{6.8}$$

n_N Referenzwert Glashersteller, n_M Brechzahlwert nach dem Pressen

Die Höhe der Brechzahländerung hängt von der Prozessführung, der Glasart und der Geometrie der optischen Bauelemente ab */Scho2020/*.

Dies ist ein weiterer Grund dafür, dass sich das Präzisionsblankpressen nicht für alle Anforderungen von optischen Präzisionsbauelementen eignet. Um die Brechzahlschwankungen möglichst klein halten zu können, sind besondere Anforderungen an den Präzisionsblank- sowie den Feinkühlprozess zu stellen.

Für Infrarot-Anwendungen kommen Chalkogenidgläser zum Einsatz. Als **Chalkogenidgläser** werden amorph erstarrte Schmelzen der Elemente Schwefel, Selen und Tellur einzeln oder in Kombination mit Elementen der IV., V. oder VII. Gruppe des Periodischen Systems der Elemente verstanden */Voge1992/*. Für optische Anwendungen werden sehr oft die Kombinationen in Form As_2S_3, $Ge_{33}As_{12}Se_{55}$, $Ge_{28}Sb_{12}Se_{60}$ oder $As_{40}Se_{60}$ genutzt */Scho2020/*. Diese IR-Gläser weisen eine hohe Transmission im Wellenlängenbereich von 0,7 µm - 11 µm auf. Aufgrund der physikalischen Eigenschaften des Werkstoffes, insbesondere eine niedrige Temperaturabhängigkeit des Brechungsindizes dn/dT und geringe Dispersion, können farbkorrigierende, thermisch unempfindliche optische Systeme für den genannten IR-Bereich bereitgestellt werden. Chalkogenidgläser verfügen über einen η-T-Verlauf, welcher ebenfalls bei niedrigeren Temperaturen die erforderlichen Viskositätswerte zum Pressen erreicht. Durch diese Umformtemperaturen unterhalb von 400 °C werden kostengünstige, monokristallin zerspanbare Werkstoffe für die Werkzeugformen nutzbar. In Kombination mit speziellen Verschleißschutzschichten für diese Werkzeugformen können Chalkogenidgläser durch Präzisionsblankpressen auch in größeren Stückzahlen gefertigt werden. Aufgrund der leichten Oxidierbarkeit der Chalkogene müssen diese jedoch in einer Inertgasumgebung verarbeitet werden und eignen sich deswegen nur für das Präzisionsblankpressen.

Trotz der vorstehend geschilderten Vorzüge von Low-T_G Gläsern gibt es ebenso Bestrebungen, auch Quarzgläser durch Präzisionsblankpressen umzuformen, was jedoch erst bei Temperaturen ab 1000 °C möglich ist. Das stellt an die Werkzeugauslegung entsprechende Herausforderungen, ein Material zu wählen, welches diesen hohen Umformtemperaturen standhält. In */Dukw2020/* wird als Werkzeugformeinsatz ein Glaskohlenstoff verwendet, der eine Hochtemperaturbeständigkeit bis 3000 °C aufweist. Jedoch kann dies nur unter einer Schutzgasatmosphäre oder unter Vakuum erreicht werden, denn an Luftsauerstoff würde sich das Material aufgrund seiner hohen Oxidierbarkeit zersetzen.

Glaskohlenstoff besteht aus reinem Kohlenstoff mit einer stark fehlangeordneten Graphitstruktur. Die Kohlenstoffatome mit einer sp2-Bindung sind in Ebenen mit hexagonaler Symmetrie angeordnet. Zwischen den Graphitkristalliten befinden sich kleine Poren mit einer Größe von ca. 1 nm. Die Poren sind jedoch nicht verbunden, so dass hier eine geschlossene Mikroporosität vorliegt. Neben der hohen Temperaturbeständigkeit zeichnet sich Glaskohlenstoff durch hohe Korrosionsbeständigkeit, hohe Härte, Festigkeit und Temperaturschockbeständigkeit aus. */chem2020/*

6.2.2 Werkzeugform – Herstellung und Anforderungen

Wie bereits erwähnt, werden an die Werkzeugformenherstellung besondere Anforderungen hinsichtlich der Oberflächenqualität und der Verschleißfestigkeit gestellt. Zunächst ist die Auswahl eines geeigneten Formmaterials ein wichtiges Grundkriterium. Das Formmaterial sollte die folgenden Eigenschaften nach */Fisc1999/* erfüllen:

- eine sehr homogene Werkstoffstruktur besitzen und insbesondere frei von Poren sein, um eine spiegelnde Fläche polieren zu können,
- über eine hohe Temperaturbeständigkeit verfügen, nicht oxidieren und die Oberflächenform beibehalten,
- sich chemisch neutral zu den Glaswerkstoffen verhalten und bei den Formgebungstemperaturen keine Haftungsneigung zum Glas besitzen,
- eine hohe Festigkeit aufweisen sowie widerstandsfähig und verschleißfest sein.

Beim traditionellen Glaspressen (Presszeiten ca. 5 s) können Linsenrohlinge üblicherweise in Stahlformen gepresst werden. Das Blankpressverfahren erfordert hingegen andere Werkzeugmaterialien, insbesondere auch aufgrund der wesentlich höheren Kontaktzeit zwischen Glas und dem Formwerkzeug. In stärkerem Maße werden Materialien wie Hochleistungskeramik oder Hartmetalle auf WC-Basis anforderungsbedingt eingesetzt */Kloc2002/*. Diese Anforderungen werden einerseits wegen der hohen Prozesstemperaturen, die im Bereich zwischen 500 °C und 700 °C liegen, gestellt und andererseits aufgrund der zu erfüllenden optischen Qualitätsanforderungen bezüglich Konturgenauigkeit und Oberflächengüte. Eine wesentliche Einflussgröße für die Durchführung reproduzierbarer Prozesse ist die Klebeneigung des Glases gegenüber dem Formenwerkstoff. Die Kenntnis der Klebetemperatur sowie das generelle Kontaktverhalten gegenüber Glasschmelzen muss bei der Auswahl eines geeigneten Formenwerkstoffes Berücksichtigung finden. Weitere wesentliche Voraussetzungen sind die Bearbeitbarkeit des Formenmaterials sowie die Abformbarkeit ohne die Übertragung von Eigenstrukturen. Als geeignete Materialien kommen einkristalline, amorphe oder polykristalline Materialien infrage. Die Korngröße sollte jedoch kleiner als 0,5 µm sein.

Die Werkzeugformen werden i. d. R. durch HSC-Fräsen oder Erodierbearbeitung hergestellt und meist durch einen finalen Polierprozess endgefertigt (Bild 6.7).

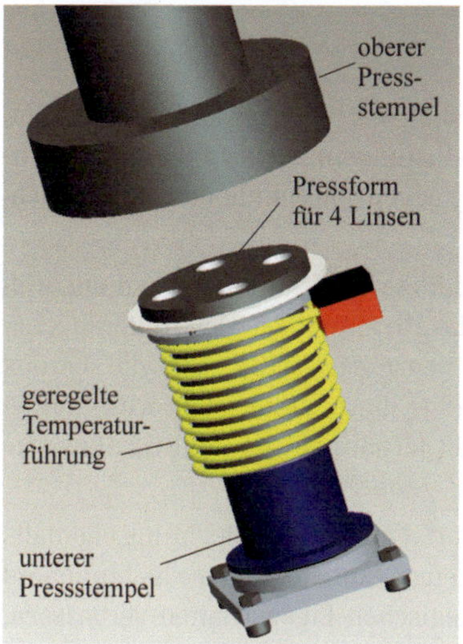

Bild 6.7
Formstempel zum Blankpressen für vier asphärische Linsen nach /Vogt2007/

Verfahren	Genauigkeiten	Rauigkeiten
HSC-Fräsen	< 1 µm	< 100 nm
UP-Bearbeitung	< 0,1 µm	< 10 nm
Erodieren	< 1 µm	< 100 nm
Polieren	< 0,1 µm	< 10 nm
Beschichten	-	< 10 nm

Bei hohen Anforderungen an die Oberflächentopografie werden auch Ultrapräzisonsbearbeitungsverfahren mit MKD-Werkzeugen verwendet (siehe auch Abschnitt 7.7). Die Anforderung an die Formgenauigkeit sind meist PV < 0,1 µm und an die Rauigkeit $R_q < 10$ nm (Bild 6.8).

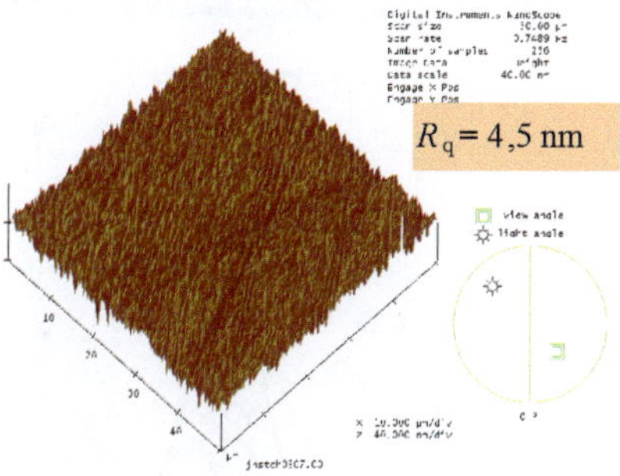

Bild 6.8
Darstellung der Oberflächentopografie eines ausgewählten Formwerkstoffes mittels AFM

Um die **Standzeiten der Werkzeuge** zu erhöhen und ein Verkleben während des Prozesses zu verhindern, werden Formen beschichtet. Für das Blankpressen werden karbidische und nitridische Schichtmaterialien, z.B. auf der Basis von TiC oder TiAIN erfolgreich eingesetzt. Durch das Aufbringen von Schichten lassen sich folgende Vorteile erzielen:

- Verschleißschutz,
- Oxidationsbeständigkeit – Barrierewirkung für Diffusion zwischen Werkzeug und Pressling,

- Härteerhöhung,
- Adhäsionsreduzierung.

Als Beschichtungsverfahren zum Aufbringen der Schutzschichten hat sich das physikalische Abscheiden aus der Gasphase (Magnetronsputter-Verfahren, speziell Hochleistungsimpulsmagnetronsputtern) bewährt (siehe auch Kapitel 8). Dieses Verfahren ermöglicht das Erzeugen von sehr homogenen Schichten auch auf komplexen Werkzeuggeometrien.

Häufig finden Edelmetallschichten aus Platin-Iridium, Iridium und Rhenium-Iridium Anwendung, welche eine geringe chemische Reaktivität zu den umzuformenden Gläsern aufweisen. Des Weiteren kommen kohlenstoffbasierte Beschichtungen (diamantähnliche Kohlenstoffe, (DLC)) und die bereits erwähnten nitridische Hartstoffschichten zum Einsatz. Die Einteilung dieser Materialien wird hierbei in einphasige binäre Schichtsysteme, wie CrN, AlN und TiN, und ternäre chrom- und titanbasierte Schichtsysteme, wie (Cr,Al)N, (Ti,Al)N, vorgenommen. */Bern2014/*, */Bobz2019/*

Der Wärmeausdehnungskoeffizient α muss bei Werkzeugformmaterial und der Beschichtung ebenfalls beachtet werden. Idealerweise ist α für das Gesamtsystem (Werkzeugformmaterial, Beschichtung und den umzuformenden Gläsern) identisch, wodurch sich die tribologischen Eigenschaften verbessern, insbesondere die Reibung minieren und die Genauigkeiten der Umformung erhöhen lassen. Solche idealen Systeme sind rein chemisch-physikalisch jedoch nicht herstellbar, so dass in der Werkzeug- und Beschichtungsauslegung immer ein Kompromiss gefunden werden muss.

Werkzeugkorrektur

Aufgrund der angesprochenen unterschiedlicher thermischer Ausdehnungskoeffizienten von Glas und Formwerkstoff kommt es nach dem Pressen zu Abweichungen von der Sollkontur (**Schrumpf**). Durch gezielte Werkzeugkorrekturen (Vorhalten des Schrumpfmaßes) können Formabweichungen z. T. stark minimiert werden. Ferner können aber auch durch ungleichmäßige Abkühlbedingungen Inhomogenitäten im Glasbauteil auftreten. Die Tabelle 6.1 verdeutlicht diese beiden Sachverhalte.

Tabelle 6.1 Konturabweichungen bei dem Pressverfahren */Mann2005/*

Thermische Ausdehnung	Ungleichmäßige Abkühlung
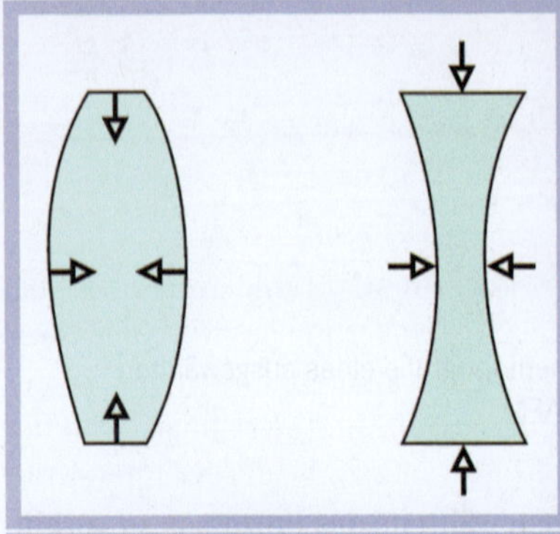	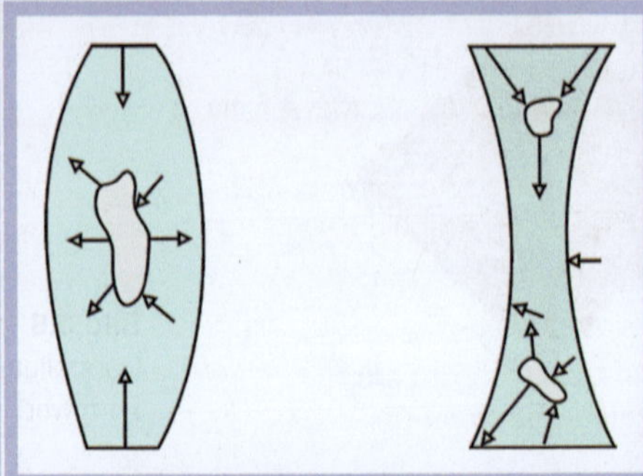
$R_{Linse} = y \cdot R_{Form}$	$R_{Linse} \neq R_{Form}$
▪ Vorhalten des Formwerkzeugkorrekturfaktors *y*	▪ Pressformaufbau
▪ Pressdrucksteuerung	▪ Temperatur- und Pressdrucksteuerung

Der skalare Schrumpfungsfaktor (y) ist im Wesentlichen von den Glas- und Prozessparametern, insbesondere von dem linearen Ausdehnungskoeffizienten und der gewählten Temperaturdifferenz, abhängig.

Um einen reproduzierbaren Umformprozess zu erzielen, müssen diese vorstehend genannten Mechanismen der Eigenschaftsänderungen und der Formabweichungen am Pressling ermittelt werden. Das „Trial-and-Error-Prinzip", welches sehr stark von praktischen Erfahrungen abhängt, ist jedoch keine kosteneffiziente Methode. Grund dafür sind die hohen Werkzeugkosten, die möglichst nur einmal geplant werden sollten. Zunehmend werden Computersimulationen eingesetzt, um komplexe Lösungen zu entwickeln. So werden beispielsweise Lösungen auf Basis der Finite-Elemente-Methode (FEM) verwendet, um die Mechanismen der Geometriegenauigkeit und der Restspannungen offenzulegen. Allgemein finden folgende Simulationsschwerpunkte Anwendung */Yang2014, /Sarh2015/:*

- thermoviskoelastisches Verhältnis von Stress, Dehnung, Dehnungsrate und Temperatur sowie nichtlineare Temperaturabhängigkeit der Materialeigenschaften,
- Simulation der Werkzeugauslegung, so dass der Pressling nach der Abkühlung den Sollmaßen bestmöglich angenähert ist, und Bestimmung des erforderlichen Kompensationsfaktors.

Auf weiterführende Literatur sei an dieser Stelle auf */Yang2014/* und */Sarh2015/* verwiesen.

6.2.3 Pressverfahren

Neben der Unterteilung der Pressverfahren in Blankpress- und Präzisionsblankpressverfahren wird ebenfalls zwischen nicht-isothermischen und isothermischen Pressverfahren unterschieden. Diese Unterscheidung wird aufgrund der Temperatur- und Prozessführung vorgenommen. Beim **nicht-isothermischen Blankpressen** wird das auf Erweichungstemperatur vorerwärmte Glas in einer vorgewärmten Werkzeugform umgeformt. Der Prozess wird in der Regel unter Atmosphärenbedingungen durchgeführt und weist kurze Zykluszeiten auf. Die erreichbaren Genauigkeiten und Homogenitäten sind aber geringer als beim **isothermischen Präzisionsblankpressverfahren**, das in einer geschlossenen Prozesskammer unter einer Schutzgasatmosphäre stattfindet. Das Glas wird in der Werkzeugform mit dem Glasrohling aufgeheizt und beide durchlaufen während des Umformzyklus den Temperatur-Druckprozess. Diese Prozessführung erfordert zwar längere Prozesszeiten, jedoch sind die Umformergebnisse im Vergleich zum nicht-isothermischen Verfahren qualitativ höher.

6.2.3.1 Nicht-isothermisches Blankpressen

Optische Bauelemente in sehr großen Stückzahlen lassen sich wirtschaftlich mit dem Blankpressverfahren herstellen. Eine nicht-isothermische Prozessführung bedeutet, dass das erwärmte Glas in einer vorgewärmten Form gepresst wird. Es besteht somit ein Temperaturgradient zwischen der Werkzeugform und dem Pressling. Dieser Prozess kann unter atmosphärischen Bedingungen in relativ kurzen Zykluszeiten durchgeführt werden.

Das Verfahren gliedert sich prinzipiell in drei bzw. vier Prozessstufen. Ausgangspunkt ist die Herstellung einer zweigeteilten Pressform, die u. a. hohe Ansprüche an Präzision, Oberflächenqualität und Verschleißfestigkeit erfüllen muss. Die verfügbaren Verfahren zur Präzisionsbearbeitung (z. B. Fräsen, Drehen oder Erodieren) werden in dieser Prozessstufe eingesetzt, um mehrachsengesteuert sphärische, asphärische oder Freiformflächen herzustellen. Die Herstellung der Formlinge für das Pressen erfolgt in einem getrennten Prozess, direkt aus der Schmelze. Verwendung finden Gobs (siehe auch Abschnitt 5.1), Stangen- bzw. Profilmaterialien oder spezielle Formlinge, wie Kugeln, polierte Scheiben oder Wafer. Ausschlaggebend für den eigentlichen Pressvorgang ist die Gestaltung der Kontaktzone zwischen dem Glasformling und dem formgebenden Werkzeug. Aufgrund der verfahrensspezifischen Gestaltung des Prozesses werden relativ lange Kontaktzeiten zwischen den beiden Körpern benötigt, die zu einem Anhaften bzw. Kleben des heißen Glases an der Formwandung führen können. Spezielle Maßnahmen zur Unterdrückung der Anhaftung können durch den Einsatz von Antihaftbeschichtungen oder durch den Einsatz von Hochleistungswerkstoffen erfolgen. Somit bestimmt die Formgestaltung und -herstellung ganz entscheidend die Qualität des Pressprozesses.

Das Einbringen der Formlinge in das geöffnete Werkzeug der Pressmaschine startet den eigentlichen Pressvorgang. Die gleichmäßige Erwärmung der Werkzeugform und des Formlings erfolgt materialspezifisch in dem Transformationsbereich des verwendeten Glases. Das Bewegen der Formstempel führt zu einer Druckeinleitung und gewünschten Verformung des Formlings. Das Absenken der Temperatur bis auf die Entnahmetemperatur erfolgt zeitgesteuert und beendet den Presszyklus. Die Entnahme des optischen Bauteiles sowie die eingangs beschriebene sorgfältige Kühlung des optischen Bauteiles beenden den Umformprozess des Blankpressens. Gob-basierte Blankpressverfahren erfordern meist keine spanenden Nachbearbeitungsschritte. Konventionelle Pressverfahren arbeiten hingegen mit Aufmaßen und erfordern einen finalen Schritt der spanenden Bearbeitung, z. B. Randbearbeitung durch Schleifen oder das Polieren der optischen Funktionsflächen.

In Tabelle 6.2 ist der Prozessablauf schematisch dargestellt.

Tabelle 6.2 Prozessablauf eines nicht-isothermischen Blankpressprozesses

1. Formherstellung	2. Halbzeugherstellung	3. Pressen	4. Kühlen
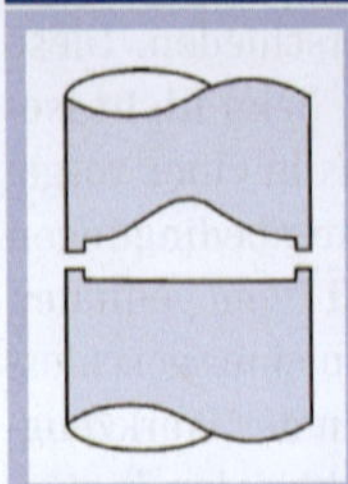	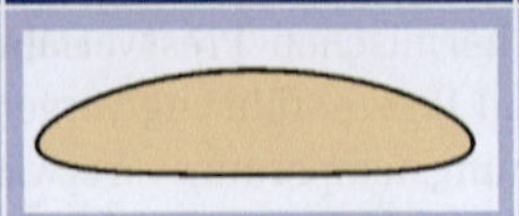	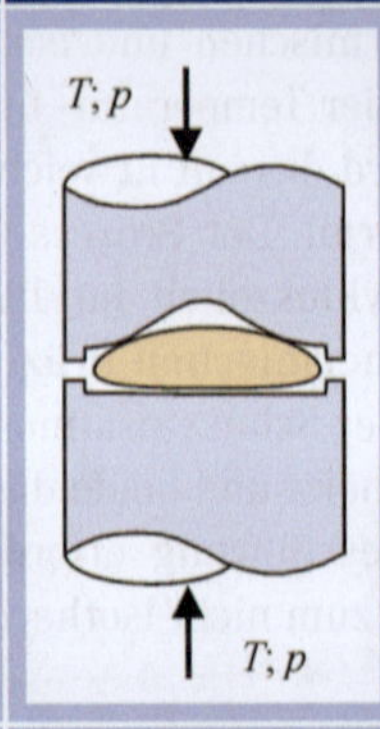	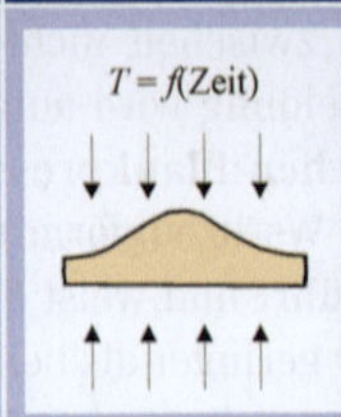
Herstellung der Formhälften durch Präzisionszerspanen oder Erodieren und anschließendes Beschichten	Herstellung der Halbzeuge aus der Schmelze, z. B. Gobs, Zylinder oder Formlinge	**Heißformgebung:** kontrolliertes Erwärmen, Pressdruck, Umformweg **Kühlen:** kontrolliertes Abkühlen, Werkzeug öffnen, Entnahme	Kühlung der optischen Bauelemente, Beseitigung von Spannungen, Beeinflussung der optischen Eigenschaften

Das in Tabelle 6.2 dargestellte Blankpressverfahren basiert auf der Wiedererwärmung von Glasrohlingen, meist in der Form von Gobs, Zylindern oder Kugeln. Dieser Prozessablauf lässt sich sehr gut automatisieren. Darüber hinaus kommen auch sogenannte **Stangenpressverfahren** zum Einsatz. Ausgangsmaterialien hierfür sind Glasstäbe oder -profile, die nach dem partiellen Erwärmen der Umformzone händisch in die Pressanlage eingelegt werden. Nach dem Pressvorgang wird der Pressling mit einer Schere vom Stab getrennt. Die Presslinge durchlaufen im Anschluss einen geregelten Kühlvorgang. Das Stangenpressverfahren erfordert jedoch einen gewissen manuellen Aufwand und eine Nachbearbeitung des Pressrandes. Die Reproduzierbarkeit dieses Verfahrens ist im Vergleich zu dem in Tabelle 6.2 gezeigten Gob-basierten Blankpressverfahren ebenfalls geringer.

Den Temperatur-Zeit-Verlauf eines Presszyklus für das nicht-isothermische Blankpressverfahren veranschaulicht Bild 6.9.

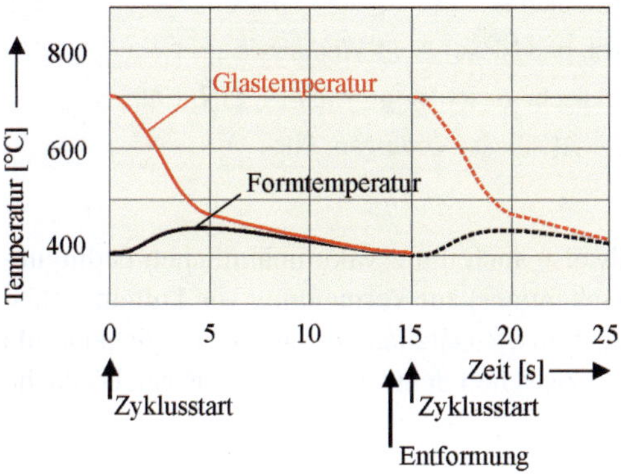

Bild 6.9
Prinzipieller *T*-*t*-Verlauf beim nicht-isothermischen Blankpressverfahren nach */Krei2014/*

Der Gob wird bis auf die Erweichungstemperatur im Viskositätsbereich von ca. $\eta = 10^7 - 10^8\,\mathrm{dPa \cdot s}$ (siehe auch Bild 6.3) in einer Prozesskammer erwärmt. Im Anschluss wird dieser in die vorgewärmte Form eingesetzt, in Bild 6.9 beträgt die Formtemperatur 400 °C. Im Anschluss erfolgt der Pressvorgang mit der erforderlichen voreingestellten Presskraft, um das erwärmte Glasvolumen umzuformen. Nach dem der Umformweg der zweigeteilten Werkzeugform bis zum vollständigen Schließen zurückgelegt ist, wird mit einer reduzierten Kraft ein Nachdrücken vorgenommen. Nach einer Presszeit von ca. 13 s in Bild 6.9 ist die Entformungstemperatur von 400 °C erreicht und der Pressling kann entnommen werden. Danach schließt sich unmittelbar der nächste Zyklus an. Durch die örtliche Trennung der Erwärmung von Werkzeugform und Glasrohlingen können relativ kurze Zykluszeiten erzielt werden */Krei2014/*.

Die Temperaturdifferenz ΔT, die sich durch die Wahl der Parameter zu

$$\Delta T = T_{\mathrm{Glas}} - T_{\mathrm{Form}} \tag{6.9}$$

ergibt, kann unterschiedlich gewählt werden. Verschiebt man ΔT in Richtung „0“, dann erhöht sich die Qualität der Presslinge, jedoch müssen dafür längere Zykluszeiten vorgesehen werden und die Anforderungen an die Werkzeugform steigen. In Abhängigkeit von dem gewählten Glas und der Bauteilgeometrie erfolgt eine Optimierung des Prozesses nach den Zielgrößen:

- Qualität des Presslings,
- Zykluszeit,
- Werkzeugverschleiß.

Ausgewählte Parameter und Ergebnisse des nicht-isothermischen Blankpressens sind in der Tabelle 6.3 zusammengestellt.

Tabelle 6.3 Ausgewählte Parameter und Ergebnisse des nicht-isothermischen Blankpressens */Krei2014/*

Parameter	Typische Werte und Materialien
▪ Maximale Presskraft	250 kN
▪ Presszeit	20 s
▪ Formgenauigkeit (p-V)	< 20 µm
▪ Umgebung	Atmosphäre
▪ Formwerkstoffe	Stahl- und Nickel-Basis-Werkstoffe
▪ Beschichtungen	Nitridische Beschichtungen: AlN, CrN, TiAlN
	Edelmetallbeschichtungen: PtIr

Das nicht-isothermische Blankpressverfahren wird teilweise auch unter vakuumähnlichen Bedingungen (mit Erzeugung eines Unterdruckes in einer Prozesskammer) zur Vermeidung von Lufteinschlüssen oder für das Abformen von Mikrostrukturen durchgeführt. Zusätzlich besteht die Möglichkeit, die Kammer mit Schutzgas zu fluten, um Kontaktreaktionen zwischen dem Glas- und der Formoberfläche zu verringern.

Bild 6.10
Blankpressen von asphärischen Scheinwerferlinsen (Fa. Docter Optics): links) Darstellung eines Gobs als Halbzeug, rechts) gepresste Asphäre

Wesentlicher Vorteil des Blankpressverfahrens ist die sehr effiziente Fertigung von kompliziert geformten Bauteilen (z. B. Asphären, Freiformoptiken etc.) in großen Stückzahlen (Bild 6.10). Entscheidendes Kriterium für die Herstellung dieser Bauteile ist der Oberflächenzustand der optisch wirksamen Flächen. Konventionelle Fertigungsverfahren (Kaltbearbeitung) von asphärischen Flächen sind relativ aufwendig und für eine Massenfertigung kaum geeignet. Als Polierverfahren zur Asphärenpolitur werden vorwiegend die Verfahren des zonalen Polierens mit Subaperturwerkzeugen und des Magneto-Rheologischen-Finishing (MRF) (siehe auch Abschnitt 7.5) eingesetzt. Bei der Blankpresstechnologie hingegen verfolgt man das Ziel, nach dem Pressvorgang optisch wirksame Flächen zu erhalten und die aufwendige Bearbeitung der asphärischen Flächen auf die wenigen Pressformen zu beschränken. Die Tabelle 6.4 demonstriert anhand des Vergleiches der aufgezeigten Prozessschritte die wesentlich kürzeren Durchlaufzeiten des Blankpressverfahrens.

Tabelle 6.4 Vergleich der Produktionsabläufe für die Herstellung einer optischen Linse (grob)

Trennende Bearbeitung				Blankpressen	
1	Glasschmelze	9	Reinigen	1	Glasschmelze
2	Guss (Block)	10	Schutzlackieren	2	Halbzeug (Gobs)
3	Feinkühlen	11	Polieren 2. Seite	3	Blankpressen
4	Block trennen	12	Entlacken/Reinigen	4	Feinkühlen
5	Schleifen 1. Seite	13	Zentrieren	5	Reinigen
6	Schleifen 2. Seite	14	Reinigen	6	Vergüten
7	Reinigen	15	Vergüten		
8	Polieren 1. Seite				

Das Blankpressverfahren bietet zudem die Möglichkeit, auch mehrere optische Bauelemente (in einer Mehrfachkavität) oder aber ein optisches Bauelement mit mehreren optischen Flächen in einem Presszyklus abzuformen. Bild 6.11 illustriert diesen Sachverhalt an zwei Beispielen für Linsenarrays. Beide Linsendesigns wären mit konventionellen spanenden Verfahren nur sehr aufwendig durch die Herstellung der Einzelkomponenten mit anschließendem Fügen dieser zu den entsprechenden Linsenarrays zu fertigen.

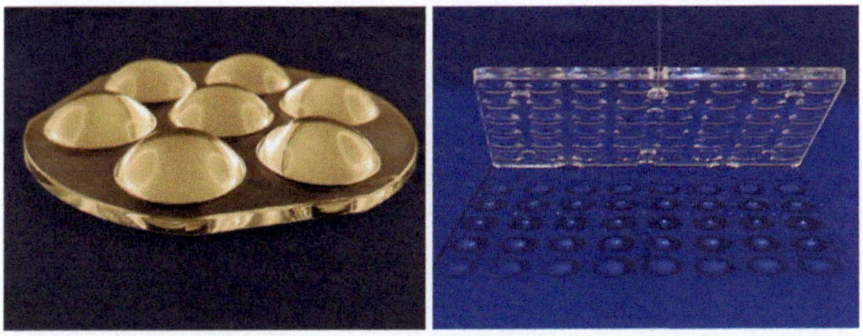

Bild 6.11
Beispiel für Linsenarrays (Fa. Docter Optics): links) 7-fach asphärische Linsenanordnung, rechts) Multilinsenarray (MLA)

6.2.3.2 Isothermisches Präzisionsblankpressen

Für das Pressen von optischen Bauelementen mit hohen Anforderungen für kleine und mittlere Serien kommt das **isothermische Präzisionsblankpressen** zum Einsatz, bei dem die Formgebung des Bauelementes in einem Prozessschritt erfolgt. Die Genauigkeit der Abformung ist so hoch, das eine nachträgliche Bearbeitung nicht erforderlich ist. Um dies zu erreichen, werden Präzisionsgobs verwendet, die in ihrer Masse und den geometrischen Abmessungen im Vergleich zu Standardgobs enger toleriert sind.

Im Unterschied zum nicht-isothermischen Blankpressverfahren haben sowohl der Glasrohling als auch die Werkzeugform die gleiche Temperatur. Das Aufheizen des Formlings erfolgt erst nach dem Einlegen in die untere Werkzeughälfte. Der gesamte Prozess findet in einer Kammer statt, die mit Inertgas, vorzugsweise Stickstoff, gespült wird. Das anschließende Aufheizen führt zu einer etwas höheren Umformtemperatur, um den Viskositätsbereich $\eta = 10^8 - 10^9$ dPa·s zu erreichen (siehe auch Bild 6.3). Der Erwärmungsvorgang von anorganischen Gläsern kann aufgrund des hohen Absorptionsvermögens von Infrarot-Strahlung sehr effizient mit IR-Hochleistungslampen vorgenommen werden. Nach dem Erreichen der erforderlichen Umformtemperatur und dem Ablauf einer Homogenisierungszeit erfolgt der Pressvorgang. Nach dem Zurücklegen des maximalen Stempelwegs der beweglichen Werkzeughälfte ist das Werkzeug vollständig geschlossen und der primäre Umformprozess des Formlings beendet.

Unter Aufrechterhaltung einer Kraftwirkung wird das Gesamtsystem mit Pressling und Werkzeug bis zu einer unteren Temperatur geregelt abgekühlt, bei der keine Relaxationsprozesse des Glaswerkstoffes mehr stattfinden. Danach folgt die Kühlung des Gesamtsystems mit einer höheren Kühlrate und ohne Kraftbeaufschlagung bis zur Entformungstemperatur des Presslings (siehe auch Bild 6.12).

In der Tabelle 6.5 sind die Prozessschritte des isothermischen Präzisionsblankpressens zusammengefasst.

Tabelle 6.5 Prozessschritte des isothermischen Präzisionsblankpressens

Ablauf	
1	Einlegen der Rohlinge in die untere Werkzeugform und Spülen der Prozesskammer mit Stickstoff
2	Simultanes Erwärmen von Rohling und Formwerkzeug auf Umformtemperatur mittels IR-Strahlung
3	Schließen des zweiteiligen Werkzeuges und Verpressen des Rohlings
4	Aufrechterhalten des Pressdruckes bis zum unteren Kühlpunkt T_U sowie Entgegenwirken des Schrumpfungsprozesses (20 s und länger)
5	Abkühlen der Form bis zur Entformungstemperatur (weiterhin unter Schutzgasatmosphäre)
6	Feinkühlung zum überwachten Einstellen des Brechwertes und Beseitigung der inneren Spannungen

Für den Prozessablauf nach Tabelle 6.5 ergibt sich der prinzipielle Temperatur-Kraft-Zeit-Verlauf, der in Bild 6.12 dargestellt ist. Die Zeitpunkte $t_1 - t_4$ stellen wichtige Größenänderungen von Temperatur und Presskraft dar, die in Abhängigkeit vom gewählten Glas sowie der Bauteilgröße und -form variieren können. Hierzu gehören auch die zu wählenden Maximalwerte für die Temperatur und die Presskraft. Die Gesamtdauer eines Zyklus ist wesentlich größer als beim nicht-isothermischen Prozess. Für den Homogenisierungszeitraum $t_1 - t_2$ sowie für die Pressdauer werden jeweils 1 – 5 Minuten Haltezeit bzw. Presszeit vorgehen. Die Nachdrückkraft im Zeitraum $t_3 - t_4$ wird in etwa um Faktor 10 zur maximalen Presskraft gesenkt. */Schu2014/*

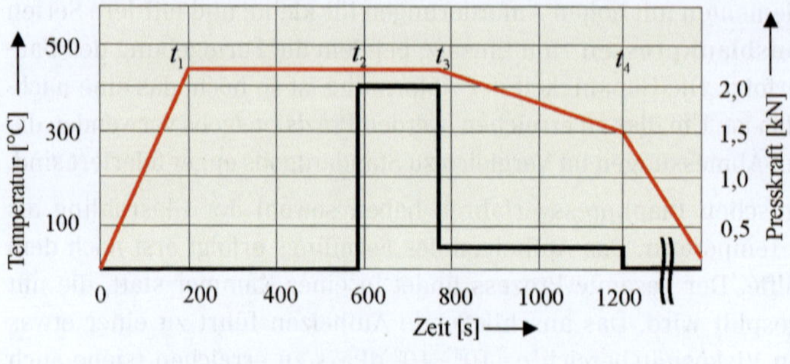

Bild 6.12
Temperatur-Kraft-Zeit-Verlauf beim isothermischen Präzisionsblankpressen nach */Schu2014/*

Typische Prozessparameter und erreichbare Ergebnisse sind in der Tabelle 6.6 zusammengestellt.

Tabelle 6.6 Ausgewählte Parameter und Ergebnisse des isothermischen Präzisionsblankpressens nach */Schu2014/*

Parameter	Typische Werte und Materialien
▪ Maximale Presskraft	25 kN
▪ Presszeit	1 – 5 min
▪ Formgenauigkeit (p-V)	< 1 µm
▪ Umgebung	Vakuum und Schutzgas
▪ Formwerkstoffe	Wolframcarbid und Keramik
▪ Beschichtungen	Edelmetallbeschichtungen: PtIr, ReIr

Aufgrund der hohen Stückzahlen für gepresste optische Bauteile lassen sich die Prozessvorgänge sehr gut automatisieren. Auch teilautomatisierte Pressen werden mit unterschiedlichen Presskräften und Abmessungen vielfach eingesetzt. Vorteilhaft lassen sich auch Anlagen mit mehreren Stationen betreiben, die eine räumliche und zeitliche Trennung zwischen Erwärm- und Presszyklus ermöglichen. Somit lassen sich die Prozesszeiten weiter minimieren.

Das **Potenzial des Umformens anorganischer Gläser** durch Pressen ist relativ groß und Gegenstand weiterer Entwicklungen. Schwerpunkte weiterführender Untersuchungen des Glasumformungsprozesses sind insbesondere:

- Aufheizkonzepte: getrennte Beheizung von Glas und Formwerkzeug,
- Ermittlung und Beseitigung von Randzoneneffekten („Presshaut"),
- mathematische Modellierung der Aufheiz- und Abkühlphase,
- Untersuchungen zur Standzeiterhöhung der Werkzeuge, beispielsweise durch keramische Beschichtungen.

In */Mann2005/* wurden umfangreiche Untersuchungen zum **Klebeverhalten von Glasschmelzen** durchgeführt, die insbesondere für das Heißprägeverfahren eine entscheidende Rolle spielen. Für ausgewählte Kalk-Natron-Silicat-Gläser begann für verschiedene Formwerkstoffe ein „Ankleben" bereits bei Formtemperaturen oberhalb 550 °C (Pressbedingungen: Glastemperatur ca. 1000 °C; Tropfengewicht ca. 2,5 g; Pressdruck 2 MPa, Pressdauer 5 s). Somit sind die Optimierung des Formenmaterials bzw. die Beschichtung der Form mit geeigneten Materialien eine wesentliche Voraussetzung für die reproduzierbare Prozessführung. Insbesondere die chemische Verträglichkeit von Glasschmelzen mit den Formenwerkstoffen und Schichtmaterialien sind von immenser Bedeutung und entscheiden, ob Pressfehler wie Defekte oder „Presshäute" vermeidbar sind.

6.2.4 Anwendungsgebiete

Optische Bauelemente, die durch Pressen hergestellt werden, sind für eine Vielzahl von Anwendungen einsetzbar. Typische Einsatzgebiete sind die Beleuchtungs- und die Objektivfertigung. Blankgepresste optische Komponenten finden u. a. Anwendung:

- in Autofokus-Sucherkameras zum Verringern der Baugröße der Objektive durch Reduzierung der Einzellinsen und zum Verbessern der Bildqualität,
- in Form asphärischer Linsen in optischen Systemen zur Reduzierung der Linsenzahl sowie für eine leichte und kompakte Bauform,

- bei der Herstellung von Mikrolinsen und Mikrolinsenarrays für sensorische Systeme,
- in mobilen Kamerasystemen, die den Einsatz asphärischer Linsen mit hohen Aperturanforderungen bedingen,
- als Objektive für Feldstecher und Zielfernrohre,
- als Koppelelemente zwischen Halbleiterlaser und optischer Faser,
- als Scheinwerfersystem in der Automobiltechnik.

Kernziel moderner Umformkonzepte ist die Entwicklung einer Abformtechnologie zur wirtschaftlichen Herstellung von komplex geformten Oberflächen in Glas sowie die Übertragung von Mikrostrukturen. Im Unterschied zum Blankpressen sind hier deutlich höhere Umformtemperaturen (bis 1000 °C) notwendig, um den erforderlichen Viskositätsbereich zu erreichen. Die Viskosität muss wesentlich geringer sein, damit ein ausgeprägtes Fließverhalten des erwärmten Glases die Mikrostrukturen der Werkzeugform vollständig füllen kann.

Bild 6.13 illustriert Beispiele für blankgepresste optische Bauelemente. Mit dem isothermischen Präzisionsblankpressen lassen sich optische Bauelemente bis zu einem Durchmesser von ca. 30 mm und einer Dicke von 10 mm qualitätsgerecht fertigen.

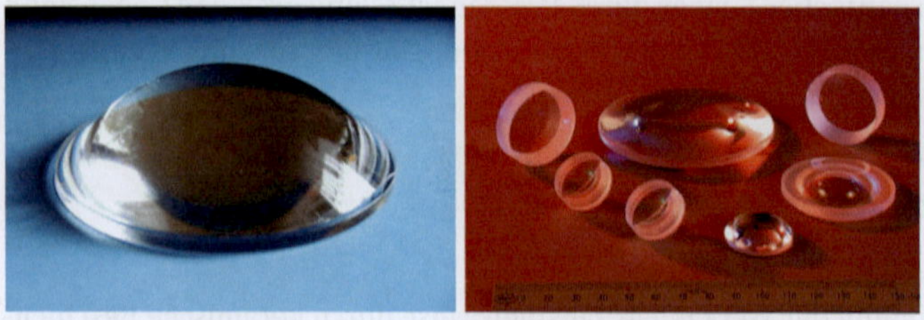

Bild 6.13 Blankgepresste optische Bauelemente */Scho2006/*: links) blankgepresste Asphäre, rechts) präzisionsblankgepresste Linsen

Größere Bauteilabmessungen erfordern einen erhöhten Prozessaufwand und führen zu stärkeren Inhomogenitäten der optischen Parameter. Eine Übersicht erreichbarer Ergebnisse für präzisionsblankgepresste Linsen veranschaulicht die Tabelle 6.7.

Tabelle 6.7 Typische Bauteilabmessungen und Toleranzen präzisionsblankgepresster Linsen (diese Angaben sind nur exemplarisch und können in Abhängigkeit von Bauteilgröße, -form und eingesetzten Gläsern abweichen)

Parameter	Wert (exemplarisch)
▪ Linsendurchmesser	5 - 30 mm
▪ Linsendicke	2 - 10 mm
▪ Radius konvex/konkav	20 - 250 mm
▪ Oberflächengüte R_q	< 5 nm
▪ Zentrierfehler	< 1'
▪ Durchmessertoleranz	20 - 30 µm
▪ Oberflächenformtoleranzen	3/3(1)
▪ Oberflächenunvollkommenheiten	5/3 x 0,16

Mit dem Präzisionsblankpressen ist es auch möglich, **diffraktive optische Elemente** in hohen Stückzahlen zu fertigen. In Konkurrenz zu Elementen aus Kunststoffen liegen die Vorteile von anorganischen DOE insbesondere in der hohen Beugungseffizienz (bis zu 95 %, aufgrund des Einsatzes von hochbrechenden Gläsern) sowie den mechanisch, thermisch und chemisch höheren Beständigkeiten. Es können DOE als geblazte Beugungsgitter, computergenerierte Hologramme und als FRESNEL-Zonenlinsen hergestellt werden. Bild 6.14 links illustriert eine DOE-Struktur in einem anorganischen Glas. Für die in Bild 6.14 rechts dargestellte Mikrooptik **Fast-Axis-Collimation-Linse** (FAC) können Toleranzen der Mittendicke kleiner 10 μm, Abweichungen der asphärischen Linse von der Werkzeugform kleiner 1 μm und Formabweichungen der Passe von ca. 3 Streifen erzielt werden */Scho2006/*.

Bild 6.14
Beispiele blankgepresster optischer Bauelemente */Scho2006/*:
links) diffraktive optische Elemente aus anorganischem Glas,
rechts) Fast-Axis-Collimation-Linsen (FAC) für Hochleistungsdiodenlaser

Weiterführende Inhalte zum Thema Mikrostrukturen werden auf plus.hanser-fachbuch.de ausgeführt.

Generell muss für jede Fertigungsaufgabe speziell geprüft werden, ob sich die Bauelemente durch die vorstehend beschriebenen Verfahren des Blankpressens wirtschaftlich fertigen lassen. Neben den Stückzahlen müssen ebenfalls die Anforderungen aus dem Optischen Design, wie z. B. geforderte Toleranzen berücksichtigt werden. Auch eine Verfahrenskombination von Umformen und spanender Nachbearbeitung kann durchaus eine Alternative für einen wirtschaftlichen Fertigungsprozess darstellen.

Ein Beispiel für die Kombination aus Pressen und anschließendem Spanen veranschaulicht Bild 6.15. **Displaygläser** werden sehr oft aus besonders widerstandsfähigen Gläsern, den Alumosilicatgläsern (siehe auch Kapitel 3), hergestellt. Die chemisch verfestigte Oberfläche der Gläser ist besonders verschleißbeständig gegen äußere Krafteinwirkungen. Neben den vielfältigen Anwendungen von flachen Displays gewinnen 3D-geformte Gläser zunehmend an Bedeutung. Für die Herstellung von 3D-Displaygläsern wurde das sogenannte **3D-Thermoforming** von der Fa. Samsung entwickelt. Bild 6.15 veranschaulicht die erforderlichen Prozessstufen dieses speziellen Hybridprozesses. Das nach dem Floatprozess in Glassegmente getrennte Alumosilicatglas wird zwischen zwei Werkzeugformen positioniert. Beide Formhälften und das Glassubstrat werden in einer Prozesskammer auf die erforderliche Umformtemperatur erwärmt. Die obere und/oder untere Formhälfte werden mechanisch verfahren und mit einer Presskraft zum Umformen des Glassubstrats beaufschlagt. Im Anschluss erfolgt eine definierte Abkühlphase, um das Displayglas spannungsarm zu kühlen. Für einen hohen Qualitätsanspruch erfordert der Prozess noch eine nachgelagerte spanende Bearbeitungsfolge, um die geforderten Toleranzen zu erzielen. Die hohen Festigkeitswerte erhalten die Gläser durch einen chemischen Verfestigungsschritt. Dabei kommt es durch Ionenaustausch an der Glasoberfläche zu einer gezielten Erhöhung der Festigkeit (siehe auch Kapitel 8). */Loef2020/*

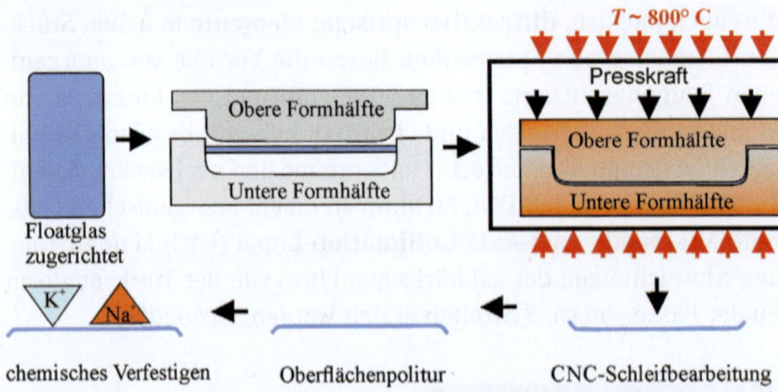

Bild 6.15 3D-Thermoforming-Verfahren der Firma Samsung */Sams2019/*

Zusammenfassend sind wichtige Vor- und Nachteile der beschriebenen umformenden Pressverfahren in der Tabelle 6.8 gegenübergestellt. Dieser Vergleich bezieht sich auf die Verfahren der spanenden Bearbeitung von optischen Komponenten des Kapitels 7.

Tabelle 6.8 Vor- und Nachteile des Umformens durch Blankpressverfahren (allgemein)

Vorteile	Nachteile
▪ Kostengünstige Herstellung optischer Komponenten als Großserien- bzw. Massenprodukt ▪ Kurze Durchlaufzeiten ▪ Kurze Lieferzeiten, wenn Werkzeug vorhanden ist ▪ Herstellung komplizierter Formen und Mikrostrukturen möglich ▪ Hohe Materialausnutzung ▪ Simultane Herstellung von mehreren Bauteilen (Mehrfachkavitäten) möglich ▪ Optische Bauelemente mit mehreren optischen Funktionsflächen (z. B. Multi-Linsen-Arrays)	▪ Optische Qualitätsanforderungen mit Einschränkungen ▪ Restspannungen im Pressling müssen mit Feinkühlprozess reduziert werden ▪ Beeinflussung der Brechzahl ▪ Werkzeugherstellung aufwendig ▪ Schrumpfung muss vorgehalten werden ▪ Begrenzte Bauteilgrößen herstellbar ▪ Eingeschränkte Materialauswahl

Beispielrechnungen zur Auswahl und zum wirtschaftlichen Einsatz von gepressten optischen Bauelementen sind auf plus.hanser-fachbuch.de hinterlegt.

6.3 Senken

Das Senkverfahren findet zum Umformen von dünnwandigem Glas Anwendung. Unter Zufuhr von Wärme sowie Ausnutzung von Zug- und Druckkräften wird das Glas in eine Form gesenkt. Die erforderliche Prozesstemperatur liegt kurzzeitig über dem **Einsinkpunkt**. Das Verfahren erfordert das Zurichten einer planparallelen Platte, die auf eine Negativform gelegt wird. In Analogie zum beschriebenen Pressverfahren ist das Aufbringen einer Beschichtung auf das Werkzeug von Vorteil, um ein späteres Ankleben der Glasteile zu verhindern. Form und Glasplatte werden in einer Wärmekammer gleichmäßig erwärmt. Beim Erreichen des Einsinkpunktes erweicht das Glas und senkt sich aufgrund des Eigengewichtes langsam in die Form.

6.3.1 Schwerkraftsenken

Im Gegensatz zu den in Abschnitt 6.2 beschriebenen Verfahren des Pressens ist für das **Senken** unter Schwerkraft keine zusätzliche Kraft für den Umformprozess erforderlich. Das Gewicht des Glasrohteils muss lediglich so hoch sein, dass es sich bei einer Erwärmung oberhalb des Erweichungspunktes aufgrund der Schwerkraftwirkung selbstständig absenkt und die Form des Senkwerkzeuges annimmt.

Entscheidend für das Umformergebnis ist die richtige Wahl des Temperaturpunktes für den Senkprozess im Viskositäts-Temperatur-Verlauf in Abhängigkeit von der gewählten Glasart. Dabei sind prinzipiell drei Fälle zu unterscheiden:

a) Viskosität zu hoch: unvollständiges Abformergebnis,

b) Viskosität im Optimum: vollständiges Abformen und leichtes Entformen,

c) Viskosität zu niedrig: vollständiges Abformen, jedoch Übertragung der Oberflächenstruktur des Formwerkzeuges, Anhaften/Kleben der Senklinge am Formwerkzeug.

Im Fall a) sind die molekularen Bindungskräfte noch zu stark, so dass sich der Glasrohling entweder gar nicht oder lediglich um einen bestimmten Betrag absenkt, jedoch noch größere Formabweichungen zur Sollgeometrie vorherrschen. Wird die Temperatur weiter erhöht und die Viskosität erniedrigt, erreicht man den Fall b). Der Glasrohling kann sich vollständig absenken und nimmt die Form des Senkwerkzeuges an. Ein Optimum ist erreicht, wenn die Ist-Soll-Abweichung ein Minimum annimmt und der Glaskörper sich noch leicht entformen lässt. Die Entformbarkeit hängt sehr stark von dem verwendeten Material des Senkwerkzeuges sowie seiner Oberflächenbeschaffenheit ab. Im Fall c) ist die Viskosität zu niedrig bzw. die Senktemperatur zu hoch gewählt. In diesem Fall kann es bereits zu einem Fließen des Glases kommen, so dass Wanddickenschwankungen auftreten. Eine Folge ist meistens auch das Verkleben der Glasoberfläche mit der Werkzeugform. In Bild 6.16 sind diese drei Fälle schematisch dargestellt. Zum besseren Verständnis ist der Effekt der Wanddickenschwankung im rechten Bild extremer dargestellt.

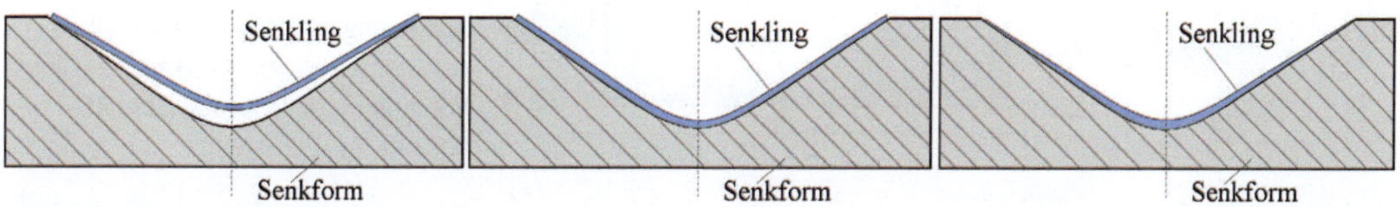

Bild 6.16 Darstellung des Erweichens und Senkens bei verschiedenen Umformtemperaturen: links) Viskosität zu hoch, Mitte) Viskosität optimal, rechts) Viskosität zu niedrig

Das **Senkverfahren** ist ein bereits seit sehr langer Zeit eingesetztes Verfahren für die Formgebung von optischen Bauelementen mit sehr großen Abmessungen und kleinen Wanddicken. In Bild 6.17 ist ein asphärischer Spiegel während der Schleifbearbeitung gezeigt. Dieser Glasrohling mit einem Durchmesser von 6 m wurde in einem Senkprozess hergestellt. Erstaunlicherweise war man bereits im Jahr 1924 bei der Firma Carl Zeiss Jena in der Lage, asphärische Formen in dieser Größenordnung durch Schleifen, Polieren und Beschichten in Kleinserien zu fertigen.

Siehe plus.hanser-fachbuch.de für weitere Informationen.

Bild 6.17
Abformergebnisse des Schwerkraftsenkens am Beispiel eines asphärischen Spiegelsubstrates (Durchmesser 6 m) */Zeis1968/*

Der Vorteil des Senkverfahrens liegt bei dieser Spiegelgeometrie auf der Hand. Müsste man zur Formgebung die asphärische Geometrie aus einem Block schleifen, würde dies einen immensen Zeitaufwand bedeuten. In dem vorliegenden Fall muss das gesenkte Halbzeug mit geringem Aufmaß lediglich von beiden Seiten durch Fein- und Feinstschleifen bearbeitet werden, um ein polierfähiges Bauteil zu erhalten.

Ein **Senkwerkzeug** für einen parabolischen Spiegel mit einem Durchmesser von 70 mm illustriert Bild 6.18. Als Formmaterial können Stähle und Ni-Basislegierungen verwendet werden. Um das Entformen zu erleichtern, werden häufig auch Beschichtungen eingesetzt, die eine sehr geringe Affinität zu den Gläsern zeigen.

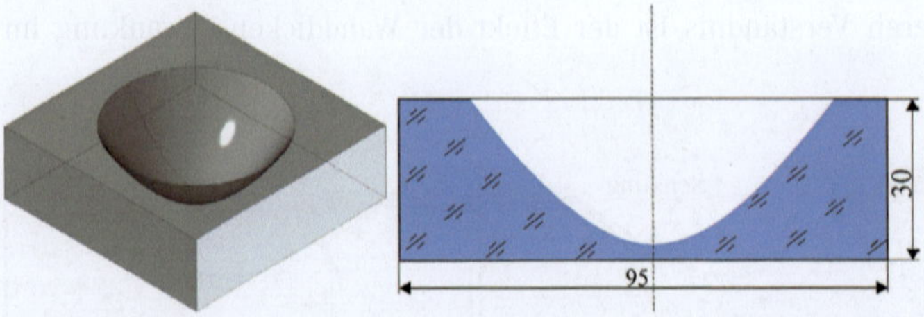

Bild 6.18
Auslegung und Konstruktion eines parabolischen Senkwerkzeuges: links) Volumenmodell, rechts) Schnittansicht

Ebenfalls lassen sich keramische Werkstoffe und Quarzglas als Formmaterial vorteilhaft einsetzen. Diese zeigen bei bestimmten Oberflächeneigenschaften eine sehr gute Entformbarkeit und weisen darüber hinaus sehr lange Werkzeugstandzeiten auf. Bild 6.19 zeigt das Senkwerkzeug aus Quarzglas sowie davon abgeformte Spiegelsubstrate. Die Werkzeugform im linken Bild wurde mit einem Schleifprozess (Vor-, Fein- und Feinstschleifen) erzeugt. Die im Bild rechts abgeformten Spiegelsubstrate werden im Anschluss randbearbeitet und beschichtet. Für die vorgesehene Anwendung der parabolischen Spiegel konnte die Randbearbeitung entfallen. Der Randbereich wurde stattdessen als Montageanschlag und -aufnahme verwendet. Als Spiegelmaterial wurde borosilicatisches Glas (BF33) der Fa. Schott mit Dicken von 1 mm und 2 mm eingesetzt.

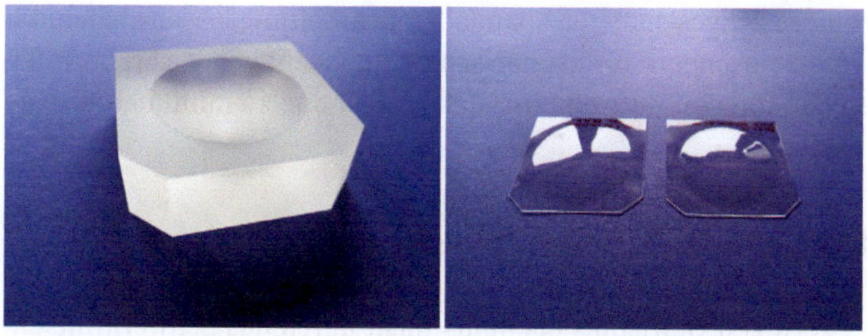

Bild 6.19
Schwerkraftsenken eines parabolischen Spiegels: links) Senkwerkzeug, rechts) abgeformte Spiegelsubstrate vor dem Beschichtungsprozess

6.3.2 Senken mit Vakuumunterstützung

Bei dünnen oder kleinen Glasplatten wird der Prozess oftmals auch durch das Anlegen eines Unterdruckes in der Form unterstützt. In diesem Fall ist die Schwerkraft F_g zu gering, um ein Absenken des Glasrohlings zu gewährleisten. Bild 6.20 illustriert den relativ einfachen Aufbau einer Senkanlage, bei dem Senkform und Bauteil gleichzeitig in einer Wärmekammer auf die Senktemperatur erwärmt werden. Nach Erreichen dieser Prozesstemperatur wird an der Senkform ein Unterdruck erzeugt. Größe und Form der Vakuumdurchführungen an der Senkform müssen sehr sorgfältig gewählt und ausgelegt werden, um Abdrücke an dem Senkling zu vermeiden. Hier haben sich teilweise auch poröse Formmaterialien bewährt */HT3D2019/*, */Dreh2019/*.

Zusätzlich kann die Senkform auch mit einer Rotationsbewegung um die Symmetrieachse versehen werden. Somit lassen sich durch die zusätzliche Kraftwirkung kürzere Prozesszeiten und reproduzierbare Senkergebnisse erzielen.

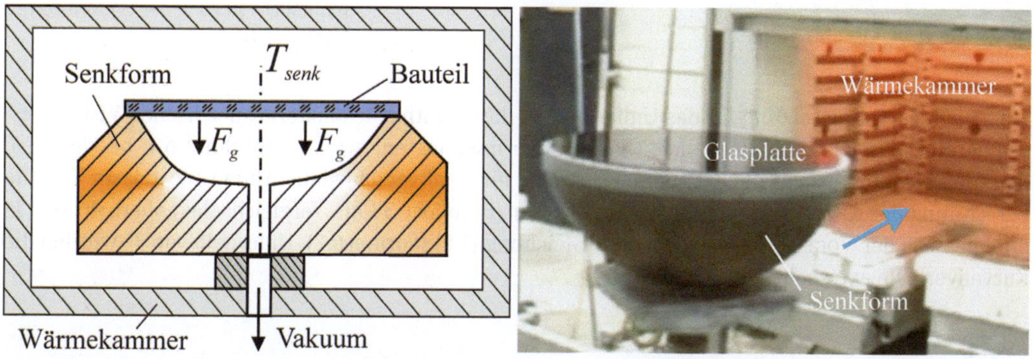

Bild 6.20 Darstellung einer Senkanlage: links) schematischer Aufbau, rechts) Wärmekammer mit einfahrender Form und Bauteil */Scho2006/*

Im Anschluss an den Senkprozess muss wiederum ein Kühlprozess vorgesehen werden. Je nach Bauteilgröße wird dieser in Kühlen und Feinkühlen geteilt oder bei größeren Bauteildurchmessern direkt in der Wärmekammer durchgeführt.

Die Anwendung des Senkens erfolgt i. d. R. für großflächige Bauteile mit geringen Wandungsstärken, mit typischen Verhältnissen von ca. 75 : 1. Der wesentliche Vorteil liegt hier in der effizienteren Bearbeitung im Vergleich zur spanenden Bearbeitung. Die erreichbaren Qualitäten erlauben auch die Herstellung von größeren Hohlspiegeln vorwiegend für Beleuchtungsanwendungen in der Verkehrs- und

Medizintechnik. In Kombination mit einer nachgeschalteten spanenden Bearbeitung lassen sich durch das Senken auch Halbzeuge herstellen. Insbesondere für asphärische Komponenten oder Freiformflächen stellt es ein mögliches Verfahren dar, um den Aufwand für die Formgebung zu minimieren.

6.3.3 Laserstrahlunterstütztes Senken

Dünngläser lassen sich aufgrund des geringen Gewichtes ebenfalls nicht durch das Schwerkraftsenken umformen. Neben den in Abschnitt 6.2.4 vorgestellten Thermoformingverfahren bietet das **laserstrahlunterstützte Senken** eine gute Möglichkeit, partielle Umformungen vornehmen zu können. Dieses Verfahren wird nachfolgend kurz am Beispiel von Displaygläsern diskutiert.

Displayanwendungen gewinnen zunehmend an Bedeutung, insbesondere in der Unterhaltungsindustrie (für Smartphones oder Tablets), aber auch in der Automobilindustrie existiert eine hohe Nachfrage nach sehr bruch- und kratzfesten Displaygläsern. Neben den gebräuchlichen 2D-Displaygeometrien werden dreidimensionale Displaydesigns stärker in zukünftigen Anwendungen zu finden sein. Für diese Einsatzfälle muss das gefloatete Alumosilicatglas getrennt und in einem zweiten Prozessschritt warm umgeformt werden. In dem Displaybeispiel (Bild 6.21) sind zwei Radien an den beiden langen Seiten der rechteckförmigen Rohlingsgeometrie umzuformen. Die Umformlänge beträgt in diesem Beispiel 100 mm.

Bild 6.21
Laserstrahlbasiertes Umformen von Displaygläsern: links) konstruktive Darstellung eines Displayglases, rechts) Darstellung der Umformzonen */LaUm2018/*

Eine wichtige Voraussetzung für das Umformen ist die Kenntnis des materialspezifischen Viskositäts-Temperatur-Bereiches, im dem sich Gläser umformen lassen, wie in Abschnitt 6.1 beschrieben. Bild 6.22 stellt ergänzend die ermittelten Bereiche für zwei verschiedene Alumosilicatgläser dar. Die Berechnung der Kurvenverläufe für die drei Gläser (Borofloat 33 als Vergleichsglas) oberhalb von T_G erfolgte nach der VOGEL-FULCHER-TAMMANN-Gleichung (VF) (Formel 6.2). Unterhalb von T_G wurden die Kurvenverläufe extrapoliert.

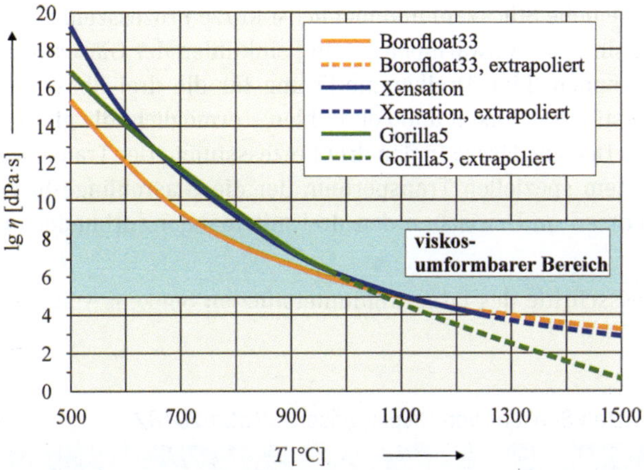

Bild 6.22 Viskositäts-Temperatur-Kurven für zwei ausgewählte Displaymaterialien /*HT3D2019*/

Den Aufbau der Anordnung zum laserstrahlunterstützten Senken veranschaulicht die schematische Darstellung in Bild 6.23.

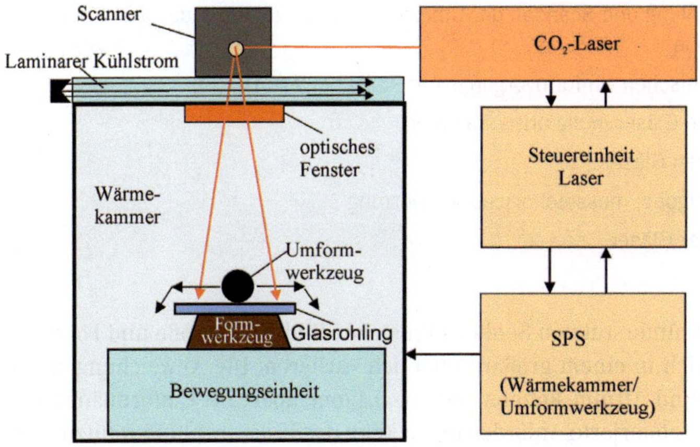

Bild 6.23
Anordnung zum laserunterstützten Senken von Dünngläsern
/*LaUm2018*/

Durch den örtlich sehr begrenzten Energieeintrag der Laserstrahlung entstehen sehr große Temperaturgradienten zwischen der Wechselwirkungszone und dem umgebenden Materialvolumen. Aus diesem Grund können nur sehr wenige Gläser (z. B. Quarzglas und Borosilicatglas 3.3) direkt ohne Vorwärmung umgeformt werden. Für die meisten Gläser, so auch die in Bild 6.22 gezeigten Alumosilicatgläser, ist ein Vorwärmen erforderlich. Dazu werden die Glassubstrate in einer Wärmekammer bis knapp unter die Umformtemperatur erwärmt. Der einkoppelte Laserstrahl wird mit einer schnellbewegten Scanneroptik lokal über die Umformzone bewegt und führt zu einer quasisimultanen Erwärmung der Umformzone auf die erforderliche Erweichungstemperatur. Aufgrund der geringen Substratdicken ($d \leq 0{,}5$) reicht die Schwerkraft nicht aus, um das Glas ohne zusätzliche Krafteinwirkung in die gewünschte Form zu bringen. Aus diesem Grund wird das Glas mit einer zusätzlichen Rolle an die Formschulter (Formwerkzeug) angepresst bzw. geformt. Im Anschluss wird das umgeformte Glas direkt spannungsarm gekühlt. Final werden die Displaygläser ebenfalls chemisch verfestigt, um die erforderlichen Materialeigenschaften zu erhalten /*LaUm2018*/.

Displayglasanwendungen erfordern meist eine hohe Stückzahl und möglichst kurze Prozesszeiten für deren Herstellung. Aus diesem Grund ist es sinnvoll, Aufwärmphase und Feinkühlen der Gläser vom eigentlichen Umformprozess räumlich zu trennen. Eine Dreikammerlösung für die drei Phasen – Erwärmen der Glasrohlinge, laserstrahlunterstütztes Senken und Feinkühlen – ermöglicht die gleichzeitige Bearbeitung einer größeren Anzahl an Displaygläsern in den drei Prozessstufen. Der Transport zwischen den drei Kammern erfolgt mit einem speziellen Transporteur, der die Glasrohlinge bzw. Senklinge mit einem Vakuumsystem aufnehmen und zwischen den drei miteinander verbundenen Kammern bewegen kann */LaUm2018/*.

In Tabelle 6.9 sind die erforderlichen Prozessschritte des laserstrahlunterstützten Senkens von Displaygläsern zusammengefasst.

Tabelle 6.9 Prozessschritte des laserunterstützten Senkens von Displaygläsern */LaUm2018/*

Ablauf	
1	Reinigung und Positionierung der Glasrohlinge; Start des Heizvorganges auf eine Temperatur von 600 °C in der ersten Kammer
2	Transport der Probe mittels „Vakuumtransporteur" in die mittlere Kammer und automatische Ablage der Probe auf der Quarzglasform
3	Einkopplung der Laserstrahlung und Scannen der Umformgeometrie (Linie); Quasisimultane Erwärmung der Umformzone
4	Optional: Start des mechanischen Umformvorgangs mit Rollenbewegung
5	Transport der umgeformten Gläser in die dritte Kammer
6	Feinkühlen der umgeformten Gläser
7	Probenentnahme und Reinigung; messtechnische Auswertung
8	Chemisches Verfestigen der Gläser

Ausgewählte Beispiele des laserstrahlunterstützten Senkens illustriert Bild 6.24. Größe und Form der umzuformenden Geometrie lassen sich in einem größeren Bereich variieren. Die Abweichungen von den dargestellten Sollradien 5 mm und 10 mm können auf ca. 0,1 mm über die Umformlänge von 100 mm begrenzt werden. Für sehr engtolerierte Anforderungen kann das laserstrahlunterstützte Senken ebenfalls eine Vorstufe für die weitere spanende Bearbeitung darstellen.

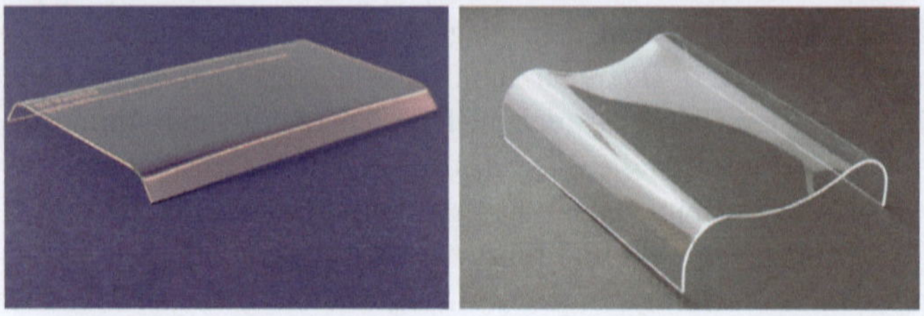

Bild 6.24
Beispiele des laserunterstützten Senkens von Displaygläsern */LaUm2018/*: links) Coverglasanwendung für Smartphone, rechts) Demonstrator für 3D-Covergläser

Durch die thermische Beeinflussung der Displaygläser während des Umformprozesses ist die Kontrolle der inneren Spannungen bzw. des optischen Gangunterschiedes ratsam. Erfolgt die Regelung der Abkühlung nicht über die programmierte Kühlkurve, verbleiben Restspannungen in den Glasproben, welche zu sofortigem oder nachfolgendem Bruch der Proben führen können. In Bild 6.25 ist exemplarisch eine umgeformte Geometrie, hier die Draufsicht des Displays mit einer umgeformten Seite, nach den zwei Zuständen - Senken und Feinkühlen - dargestellt. Wie im Bild rechts zu sehen ist, liegt der maximale optische Gangunterschied innerhalb der Probe lediglich bei 3,1 nm·cm^{-1}. Somit können die Proben als spannungsarm bezeichnet werden.

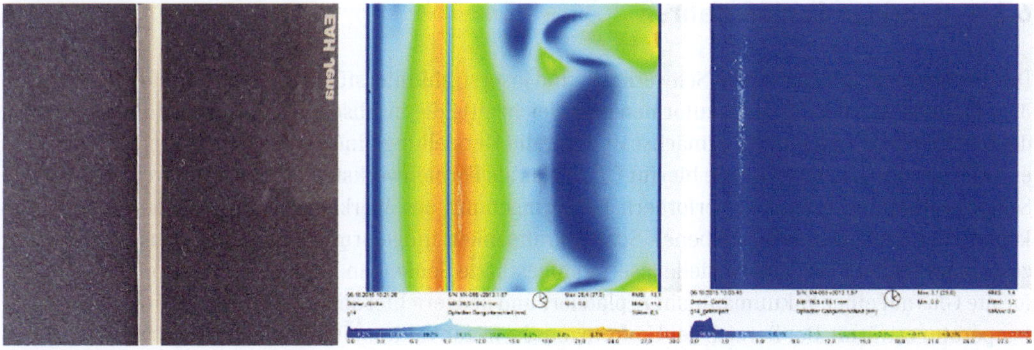

Bild 6.25 Vergrößerte Darstellung der umgeformten Zone: links) fotografische Darstellung, Mitte) spannungsoptische Darstellung nach dem Umformschritt (Maximum: 35,4 nm·cm^{-1}), rechts) spannungsoptische Darstellung nach dem Feinkühlen (Maximum: 3,1 nm·cm^{-1}) */LaUm2018/*

Durch das laserstrahlunterstütze Senken können zwei Verfahrensvorteile für den Umformprozess genutzt werden:

a) werkzeugloses Umformen und

b) flexibles Ändern der Umformgeometrie.

Für Umformgeometrien, die hohe Aspektverhältnisse der Strukturen oder aber auch Geometrien mit sehr steilen Übergängen erfordern, sind Senkwerkzeuge aufgrund der schwierigen Entformbarkeit nicht mehr einsetzbar. Hierfür kann das werkzeuglose laserstrahlunterstützte Senken eine gute Alternative darstellen, wobei die erreichbaren Umformtoleranzen oftmals geringer sind. Der Einsatz eines Laserstrahlscanners ermöglicht das quasisimultane Erwärmen einer Umformgeometrie mit einer sehr hohen Flexibilität. Das heißt, dass unterschiedliche Umformkonturen sehr schnell und flexibel geändert werden können und sich somit Umformprozesse auch für kleine Stückzahlen effizient einsetzen lassen. (Bild 6.26)

Bild 6.26
Laserstrahlunterstütztes Umformen von Displaygläsern mit haptischen Strukturen */HT3D2019/*

Die umformbare Größe der Strukturen ist jedoch durch das Scanfeld des Verfahrens eingeschränkt. Durch zusätzliche Achssysteme kann das Feld der Umformung jedoch gut skaliert und vergrößert werden.

6.3.4 Hybrides Senkverfahren

Die Verfahrenskombination von Schwerkraft- und laserstrahlunterstütztem Senken gestattet, auch größere Bauteile wirtschaftlich umzuformen und gleichzeitig die in Abschnitt 6.3.3 ausgeführten Vorteile des Lasereinsatzes zu nutzen. Zunächst ist dafür die Herstellung eines großflächigen Senkwerkzeuges erforderlich. In */HT3D19/* wurde hierfür Quarzglas als Formenwerkstoff eingesetzt. Durch eine 5-Achs-Schleifbearbeitung erfolgt die erforderliche Formgebung des Werkzeuges. Zugerichtete Glasplatten können dann mit dem beschriebenen Schwerkraftsenken umgeformt werden. In einem zweiten Prozessablauf schließt sich das partielle laserstrahlgestützte Senken an. Dazu wird das großflächig umgeformte Glas auf einer Vakuumaufnahme platziert und ausgerichtet sowie auf die erforderliche Umformtemperatur erwärmt. Der Bereich der Umformzone ist in der Vakuumaufnahme ausgespart. Idealerweise unterstützt der in diesem Bereich beaufschlagte Unterdruck den laserstrahlbasierten Umformprozess. Dieser erfolgt werkzeuglos. Die hier erzeugbaren Umformgeometrien (Kavitäten) können sehr flexibel variiert werden. Die nachfolgende Tabelle 6.10 veranschaulicht den gesamten Prozessablauf.

Tabelle 6.10 Prozessstufen des hybriden Senkverfahrens */Hass2021/*

Ablauf	
1	Glasrohling zurichten
2	Glasrohling auf Senkform positionieren und zusammen auf Umformtemperatur (1) homogen erwärmen
3	Schwerkraftsenken der ersten großformatigen Formgebung
4	Übergabe des Senklings auf Vakuumaufnahme, positionieren und haltern (ansaugen)
5	Regeln auf Umformtemperatur (2) und laserstrahlunterstütztes Senken der Kavitäten
6	Feinkühlen und entformen

Das hybride Senkverfahren kann ähnlich dem in Abschnitt 6.3.1 vorgestellten Senkverfahren sehr gut skaliert werden. Die Begrenzungen für erreichbare Großformate sind lediglich von der herstellbaren Senkform sowie der Größe der Wärmekammer abhängig. In Bild 6.27 sind zwei Displaybeispiele gezeigt, die auf der Basis des in Tabelle 6.10 genannten Prozessablaufes gefertigt wurden. Die Abmessungen der Displays entsprechen einer Breite und einer Länge von je 150 mm und weisen einen Umformradius von 232 mm auf.

Bild 6.27
Displayanwendungen hergestellt durch einen hybriden Senkprozess */Hass2021/*, */HT3D2019/*: links) Gesamtansicht des Displayglases, rechts) Auszugsvergrößerung eines laserunterstützen Umformbereiches

6.4 Ziehen

Auf plus.hanser-fachbuch.de finden Sie hierzu ein Video.

Große Bedeutung hat das Ziehverfahren für die Herstellung von optischen Fasern erlangt. Bei diesem Verfahren wird ein **Halbzeug (Preform)** hergestellt, das ein Vielfaches des Durchmessers des späteren Endproduktes besitzt. Durch eine erneute Erwärmung der Preform wird mittels Zugkraft der Durchmesser verjüngt und anschließend an der Atmosphäre abgekühlt (Bild 6.28).

Ziehen wird ebenfalls großtechnisch zum Herstellen von Glasrohren angewendet. Dabei wird direkt aus der Schmelze nach unten durch eine Ziehdüse das Glasrohr kontinuierlich gezogen und nach entsprechender Kühlstrecke auf Länge getrennt. Auf weiterführende Informationen sei an dieser Stelle auf */Pfae1997/*, */Scho2020/* verwiesen. Nachfolgend soll der Schwerpunkt auf die Herstellung von optischen Fasern gelegt werden.

Der Herstellungsprozess für optische Fasern erfolgt zweistufig (Bild 6.28).

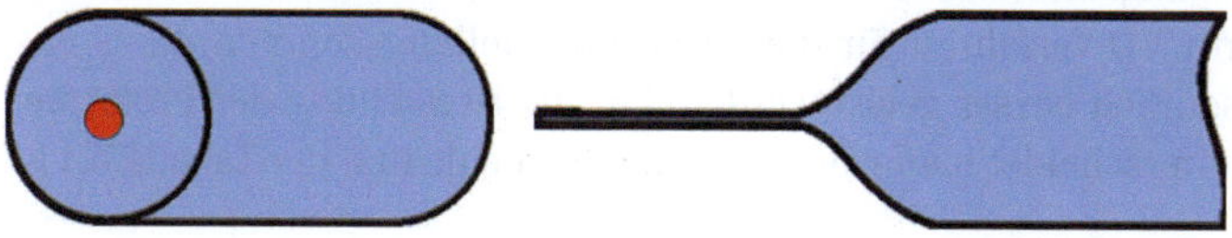

Bild 6.28
Prozessstufen der Faserherstellung

1. Herstellung einer stabförmigen Preform mit den geometrischen Verhältnissen der späteren Faser.
2. Aufschmelzen und „Ziehen" der Faser.

6.4.1 Preformherstellung

Die verwendeten Gläser müssen höchste Reinheit und eine ausgezeichnete Homogenität aufweisen. Rohstoffe sowie die Schmelzverfahren unterliegen besonderen Anforderungen und Bedingungen.

Ausgangspunkt für die Herstellung einer Preform ist ein hochreines Quarzglasrohr. Quarzglas hat den Vorteil, dass es einerseits mit hoher Reinheit herstellbar ist und andererseits einen sehr niedrigen Brechungsindex aufweist und sich somit sehr gut als Mantelglas eignet. Entsprechende Rohre lassen sich durch Ausbohren des Kerns bzw. Schleifen aus dem Quarzglas-Ingot oder durch ein umformendes Plasmaschmelzverfahren herstellen. Bild 6.29 illustriert den Prozess des letztgenannten Verfahrens mit allen erforderlichen Prozessstufen. Ausgangspunkt ist ein Quarzglaszylinder, der durch die Oxidation von Siliziumtetrachlorid ($SiCl_4$) entsteht. Dieser poröse Siliziumoxidkörper wird mit Chlor bzw. Fluor dotiert. In einem weiteren Prozessschritt erfolgt die Verglasung des Zylinders. Daran schließt sich die Prozessstufe „Mechanische Bearbeitung" an, um den Quarzglaszylinder für den Ziehprozess zu präparieren bzw. vorzubereiten. Für den **Ziehprozess** des Quarzglasrohres werden Rohrziehtürme genutzt, wobei dieser Prozessschritt i. d. R. werkzeugfrei erfolgt, um Kontaminationen sowie Verunreinigungen des Rohres zu vermeiden. Das Erwärmen des Quarzglaszylinders kann auf unterschiedlichem Weg erfolgen. Beim Plasmaschmelzverfahren wird z. B. ein bis zu 2,5 m langer Lichtbogen verwendet, der das Ausgangsmaterial gleichmäßig aufschmilzt und somit ein sehr homogenes Umformergebnis ermöglicht */Hera2021/*.

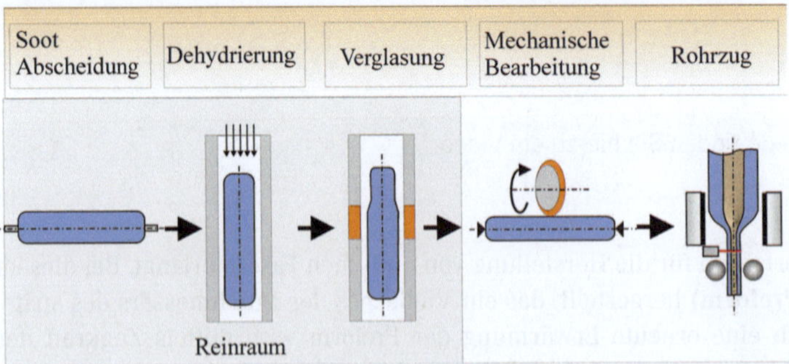

Bild 6.29 Schematische Darstellung der Prozessstufen für die Herstellung von Quarzrohren nach */Hera2021/*

Die einfachste Methode, eine Preform herzustellen, ist die Stabrohrmethode. Bei diesem Verfahren wird ein polierter Glasstab mit einem hochbrechenden Medium in ein Glasrohr mit wesentlich geringerer Brechzahl geschoben, wobei die Toleranz des Luftspaltes möglichst klein gehalten werden sollte und beide Teile sehr gründlich gereinigt werden müssen. Bei der Auswahl der Glasmaterialien werden darüber hinaus die linearen Ausdehnungskoeffizienten aufeinander abgestimmt, da beim anschließenden Ziehen ein großer Temperaturbereich durchlaufen wird. Bei dieser Verfahrenstechnologie führen jedoch die Verunreinigungen im Ausgangsmaterial zu Streu- und Dämpfungsverlusten in der gezogenen Faser. Mit der Entwicklung von CVD-Verfahren für die Preformherstellung konnten die Grenzschicht- und Reinheitsprobleme wesentlich besser gelöst werden. Für die Herstellung der Preformen nach dieser Verfahrenstechnologie unterscheidet man prinzipiell die Möglichkeiten der Tabelle 6.11.

Tabelle 6.11 Ausgewählte Verfahren der Preformherstellung mittels Gasphasenabscheidung

IVPO (Inside Vapour Phase Oxidation)	OVPO (Outside Vapour Phase Oxidation)
▪ MCVD (Modified Chemical Vapour Deposition)	▪ OVD (Outside Vapour Deposition)
▪ PCVD (Plasma Chemical Vapour Deposition)	▪ VAD (Vapour Axial Deposition)

Charakteristisch für den Prozess ist die Festlegung der Faserparameter und die Gestaltung der Preform, da bereits alle Fasereigenschaften in der Preformherstellung einfließen bzw. berücksichtigt werden müssen. So kann der Übergang der Brechzahl vom Glasfasermantel zum Kern stufenförmig sein (Stufenindexfaser), oder aber einen kontinuierlichen Brechzahlverlauf aufweisen (Gradientenindexfaser). Sehr dünne Faserkerne (wenige Mikrometer) erlauben den Aufbau von Monomode-Fasern (siehe auch Kapitel 2). Bild 6.30 zeigt die Anordnung zur Herstellung einer Preform im **MCVD-Verfahren.**

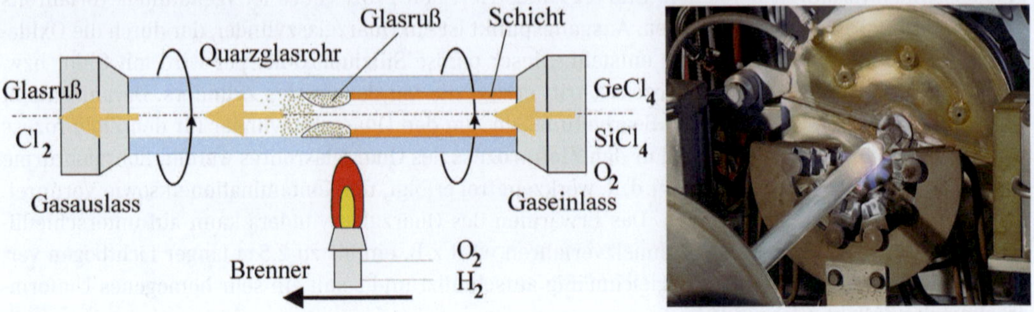

Bild 6.30 Preformherstellung im MCVD-Verfahren: links) schematische Anordnung, rechts) Prozessdarstellung */Jena2007/*

Bei dem in Bild 6.30 dargestellten Verfahren wird ein Quarzglasrohr auf einer Drehbank mit Knallgasbrenneranordnung so eingespannt, dass es um seine Längsachse rotiert. Im Prozess werden in das Rohr die gasförmigen Elemente O_2 sowie $SiCl_4$, $GeCl_4$, $POCl_3$ und BCl_3 einzeln oder in einem geeigneten Mischungsverhältnis geleitet. Der Prozess ist wiederum durch vier Phasen gekennzeichnet.

Tabelle 6.12 Phasen der Preformherstellung

1. Reinigen des Rohres bei >1000 °C	2. Abscheidung des Mantels in *n*-Schichten $SiCl_4 + O_2 \rightarrow SiO_2 + 2\,Cl_2$
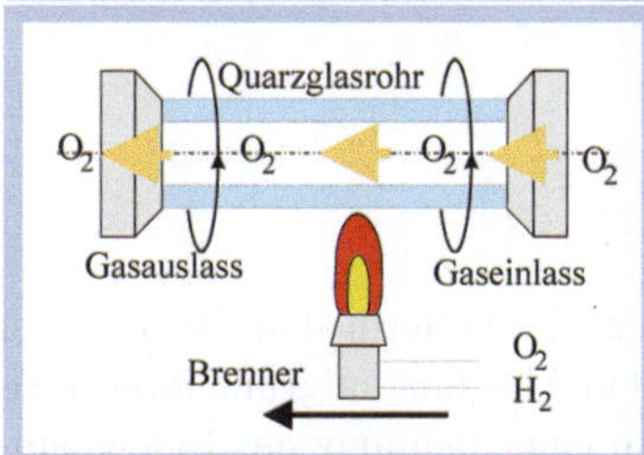	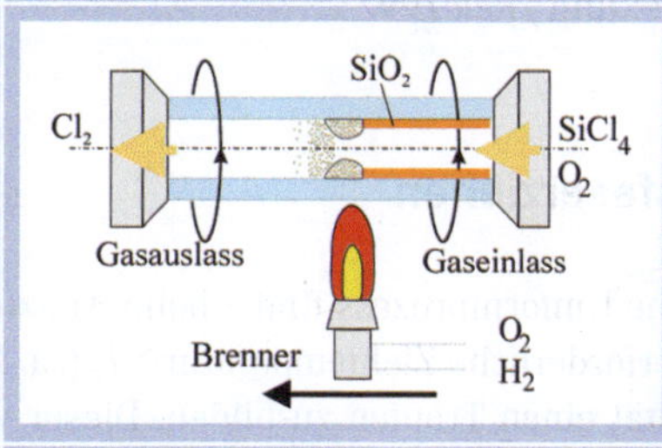
3. Abscheidung des Kerns in *n*-Schichten $SiCl_4$ / $GeCl_4$ + O_2	**4. Schließen des Rohres (Kollabieren) bei 1800 °C - 2000 °C**
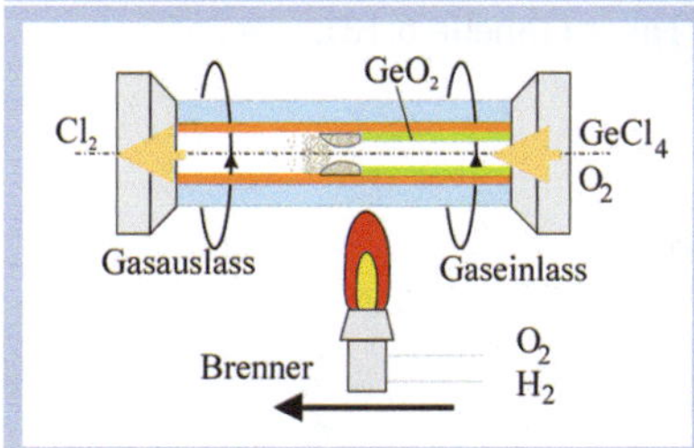	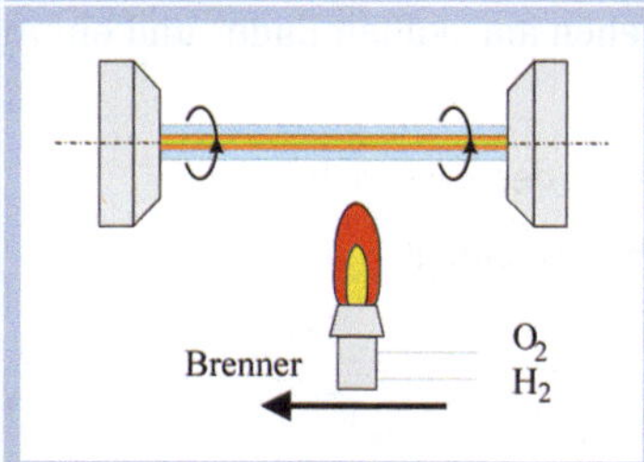

In einer 1. Phase wird das Rohr bei einer Temperatur von 1300 °C vorgeheizt. Reiner Sauerstoff strömt durch das Rohr bei einem 2- bis 3-maligen Überfahren. Danach wird das Quarzglasrohr ausgeheizt bei einer Temperatur von ca. 1900 °C. Alle Verunreinigungen verbrennen somit in der Sauerstoffatmosphäre und werden ausgetragen. Die 2. und 3. Phase ist durch das Erzeugen des Mantels und des Kernes gekennzeichnet. In der heißen Zone über dem Gasbrenner oxidieren die eingeführten Chloride und Dotierungselemente zu den gewünschten Oxiden und setzen sich in Pulverform **(Glasruß)** an der Innenseite des Rohres ab. Durch vielfaches Hin- und Herbewegen des Gasbrenners und Variieren des Mischungsverhältnisses der Gase können mehrere Schichten im Rohrinneren abgelagert werden, bis das gewünschte Brechzahlprofil erreicht ist. Der Prozess des Auftragens beginnt mit dem Ablagern von Quarzschichten (SiO_2) auf der Rohrinnenseite zur Bildung des Fasermantels. Es entstehen ca. 10 - 100 µm dicke Schichten pro Durchgang. Diese Zwischenschichten, sogenannte claddings, fungieren als reine Sperrschichten, so dass keine OH-Verunreinigungen zum Kern gelangen können. Zusätzlich kann zum $SiCl_4$ die Zugabe von Bor-Ionen erfolgen, was eine Brechzahlreduzierung zur Folge hat. In der 3. Phase wird der Anteil der eingeführten Gase durch die Zugabe von $GeCl_4$ geändert. Durch eine gezielte Änderung des Anteils kann allmählich eine Zunahme des Brechungsindexes pro wachsender Schicht erzielt werden. Für die Abscheidung können sowohl Wasserstoff-Sauerstoff-Brenner (Flammenhydrolyse) mit Temperaturen zwischen 1400 °C bis 2300 °C, als auch Mikrowellenresonatoren (Plasmamethode) zur Anwendung kommen. Integrierte Pyrometer und Laserscanner messen online die Temperatur bzw. den Glasrohrdurchmesser. Die Überwachung und Steuerung des Prozesses kann im Handbetrieb, aber auch im Automatikbetrieb erfolgen. Vom Bediener wird die Temperatur über die Dosierung des Sauerstoffes des Knallgasbrenners online nachgeführt. Am Rohrausgang sammelt sich der Restanteil des nicht abgeschiedenen Glasrußes. Der nicht nutzbare Materialanteil beträgt etwa 30%. Das beim Prozess freiwerdende Chlor muss ebenfalls separiert und neutralisiert werden.

Am Ende des **Abscheideprozesses** ist im Rohr noch ein Kanal vorhanden. Durch noch stärkeres Erhitzen auf 2000°C bis 2300°C mithilfe des Knallgasbrenners fällt der Durchmesser zu einem massiven Glasstab bei mehrmaligem Überfahren im Prozessschritt vier zusammen. Hierzu werden eine Chloratmosphäre und ein leichter Unterdruck gewählt. Die Preform ist somit **abgeschmolzen (kollabiert)** und wird abgekühlt */Reic1997/*.

6.4.2 Glasfaserziehen

Der eigentliche Umformprozess findet beim **Ausziehen der Faser** aus der Preform statt. Die Preform wird auf die erforderliche Ziehtemperatur > T_e (ca. 2000 °C) erwärmt und beginnt aufgrund ihrer niedrigen Viskosität einen Tropfen zu bilden. Dieser wiederum führt zu einer Dehnung des Fadens aufgrund seines Eigengewichtes. Nach dem Fall des Tropfens zieht sich eine sehr dünne Faser aus dem erwärmten Preformbereich. Die schnelle Abkühlung des dünnen Faserdurchmessers ermöglicht ein mechanisches Ziehen am „kalten Ende“ und ein Aufwickeln der Faser (Tabelle 6.13).

Tabelle 6.13 Phasen des Faserziehens

1. Erhitzen des Preformendes	2. Tropfenbildung
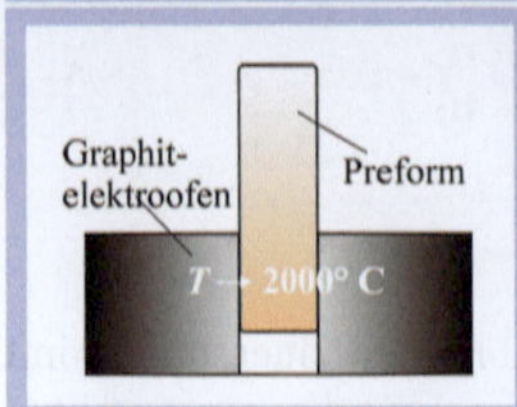	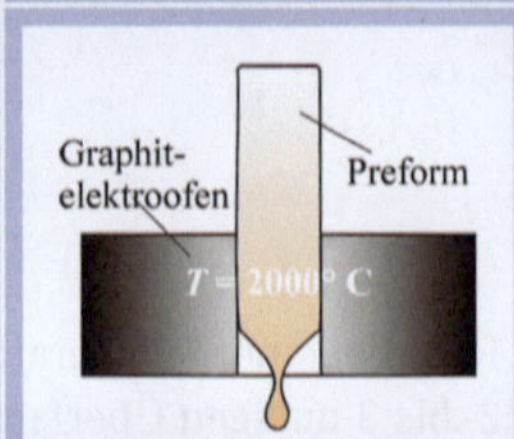
3. Dehnung des Glasfadens	**4. Ziehen der Faser**
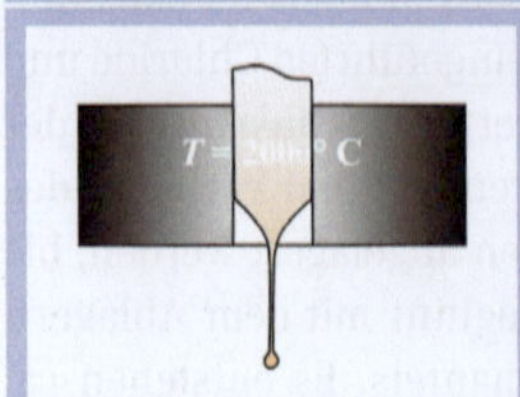	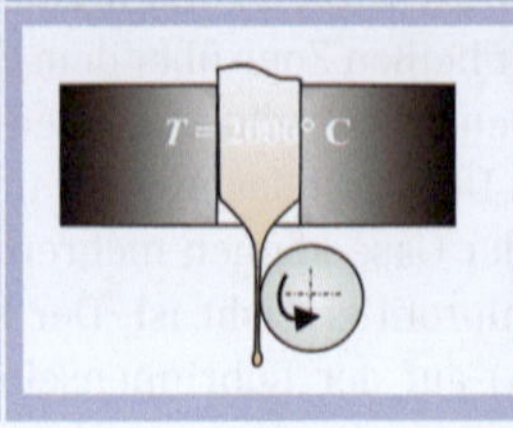

Das Anfangsstück der sich ausbildenden Glasfaser wird durch die Beschichtungsdüse und die Öfen für das Aushärten des Schutzmantels geführt. Das Umlenken der Faser über eine Abzugsrolle, Capstan genannt, ermöglicht eine geregelte Abzugsgeschwindigkeit der Faser im nachfolgenden Prozess. Im Anschluss wird die Faser mit einer Aufspuleinrichtung auf einer Trommel aufgewickelt. Für industrielle Anwendungen werden Ziehtürme mit 10 m Höhe und größer gebaut. Damit besteht die Möglichkeit der Verarbeitung größerer Preformen und das Ziehen von „Endlos-Fasern“ mit mehreren Kilometern Faserlängen. Neben dem homogenen Aufwärmen der Preform ist das Erzielen eines sehr eng tolerierten Faserdurchmessers erforderlich. Aus diesem Grund sind Messgeräte (meist Laserscanner) zur

Online-Messung des Faserdurchmessers integriert und steuern über einen Regelkreis, je nach gemessenem Durchmesser, die Ziehgeschwindigkeit. Sehr oft ist ein Fasercoating zum Schutz der Faser erforderlich. Damit erhält die Faser ihre mechanische Stabilität. Dies erfolgt in einem flüssigen Polymerbad mit anschließender UV- bzw. thermischer Aushärtung. In vielen Fällen wird auch eine zweilagige Beschichtung vorgesehen. Der Faserziehprozess muss mit einer Konstanz des Faserdurchmessers von 1 % durchgeführt werden. Die Ziehgeschwindigkeit der in Bild 6.31 dargestellten Laboranlage beträgt 8,7 m · min^{-1}.

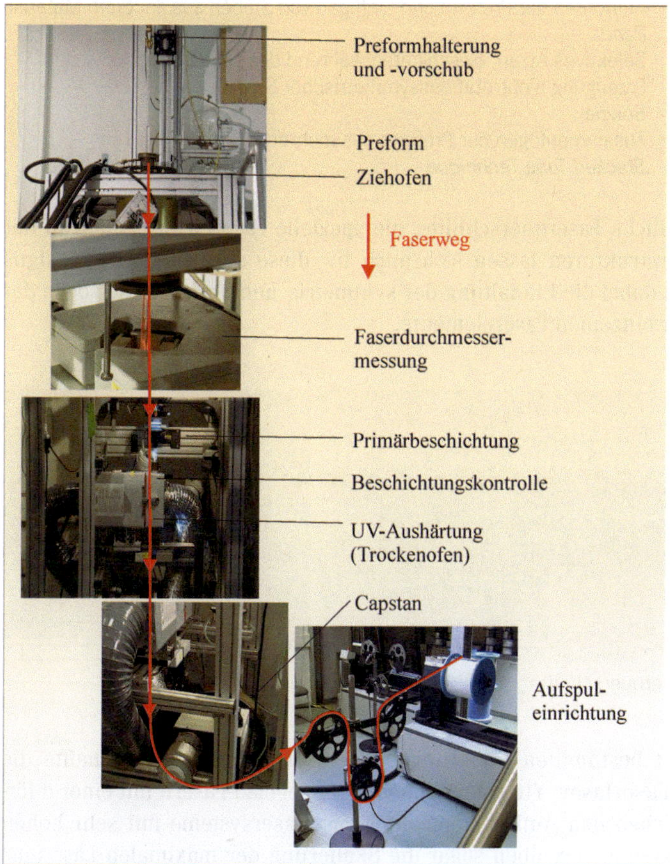

Bild 6.31
Fotografische Ausschnitte einzelner Baugruppen einer Labor-Ziehturm-einrichtung */Jena2007-1/*

Aus einer Preform mit einem Radius von 8 mm und einer Länge von 1,8 m lässt sich z. B. eine ca. 10 km lange 125 µm-Faser ziehen. In der industriellen Verarbeitung werden Preformdurchmesser auf das 300 000-fache ihrer Länge gezogen und können bis zu mehreren hundert Kilometer Faserlängen ergeben.

Die Entwicklungen in der Fasertechnologie sind in den letzten Jahren stark forciert worden. Design und Dotierungen von Fasern wurden ständig weiterentwickelt. Nicht nur für den Anwendungsbereich der optischen Nachrichtenübertragung, sondern auch für optische Messverfahren, den Automobilbereich bis hin zur Lasertechnik gab es rasante Entwicklungen. So gelang es, fotoempfindliche Preformen herzustellen, die es erlauben, während des Faserziehens direkt mit einem Laserstrahl Bragg-Gitter in den Kern der Faser einzuschreiben. Weiterhin wurden Preformen hinsichtlich des Aufbaus stark modifiziert, um neue Faserdesigns zu erhalten. Eine exemplarische Auswahl der Methoden der Preformpräparation stellt Bild 6.32 zusammen.

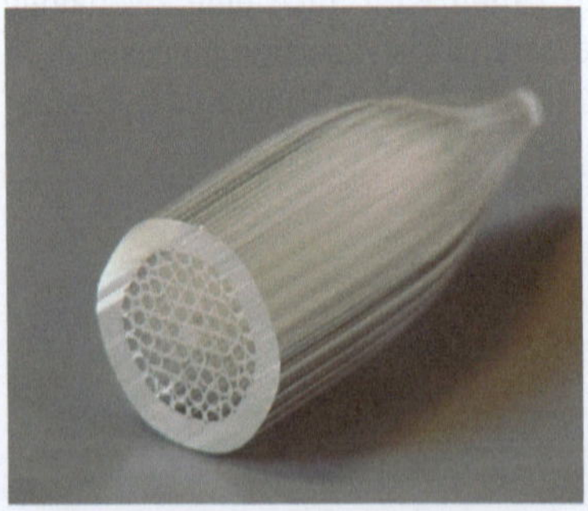

Bild 6.32
Ausgewählte Methoden der Preformpräparation, zu sehen ist die Stacked Tube Technique */Jena2007-1/*

Aufbohren der Preform und Einfügen von Stäben aus anderem Material
Panda
Selektives Ätzen/Beschichten während des MCVD-Prozesses zur Erzeugung nichtrotationssymmetrischer Strukturen
Bowtie
Zusammenfügen der Preform aus mehreren Stäben/Rohren
Stacked Tube Technique

Bild 6.33 illustriert drei unterschiedliche Faserquerschnitte, die spezielle Fasereigenschaften in der Anwendung ermöglichen. Die Faserstrukturen lassen sich auch für diese speziellen Faserdesigns reproduzierbar ziehen. Wichtig sind dabei die Einhaltung der symmetrischen Verhältnisse sowie der Toleranzwerte der Abmessungen der einzelnen Faserelemente.

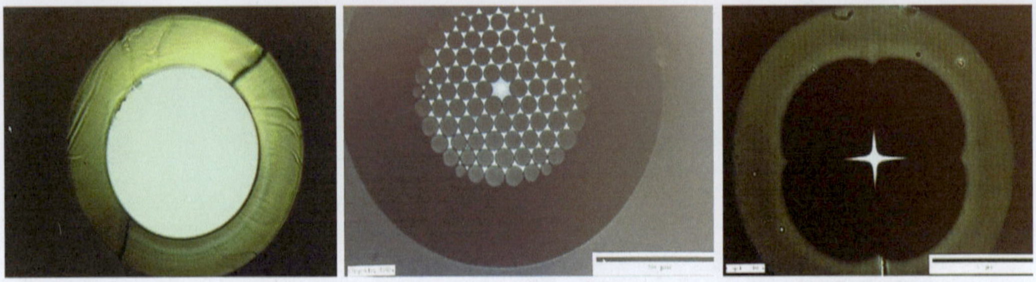

Bild 6.33 Darstellung ausgewählter Faserquerschnitte */Jena2007-1/*

Darüber hinaus können Fasern mit bestimmten Dotierungen versehen werden. Dies schaffte die Grundlage für die Entwicklung der **Faserlaser**. Ytterbium-dotierte Doppel-clad-Fasern mit einer d-förmigen Pumpkerngeometrie ermöglichen den Aufbau kompakter Faserlasersysteme mit sehr hohen Strahlqualitäten. Geschaltete Fasersysteme erlauben sogar die Skalierung der maximalen Laserausgangsleitungen bis in den Multi-Kilowatt-Bereich */Reic1997/*.

Bei der Faseranordnung nach Bild 6.34 wird ein mit Seltenerd-Ionen dotierter Faserkern von einem zweiten Kern (Pumpkern) aus undotiertem Quarzglas umgeben. Damit dieser Kern die Lichtausbreitung entsprechend der Totalreflexion erfüllen kann, muss er von einem niedrigbrechenden Material umgeben werden. Das erfolgt im Faserziehprozess durch eine Beschichtung, die eine niedrige Brechzahl besitzt. Das Coating erfüllt neben dem mechanischen Schutz somit auch eine optische Funktion */Reic1997/*. Im Anschluss wird der Faseraufbau mit einem Quarzglas ummantelt.
Im Anschluss an die Preformherstellung wird eine D-Form mechanisch geschliffen und poliert. Diese Faserform ermöglicht in der Anwendung einen häufigeren Durchgang der Pumpstrahlung in longitudinaler Ausrichtung durch den Laserkern und erhöht somit die Effizienz des Laserprozesses. In Bild 6.34 ist in der linken Darstellung die Preform dargestellt und rechts die mikroskopische Aufnahme eines D-förmigen Faserquerschnittes.

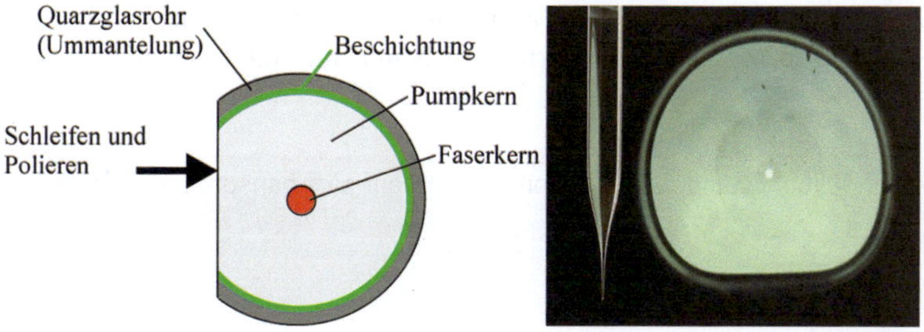

Bild 6.34
Prinzip einer D-förmigen Doppelkernfaser: links) D-förmige Preform */Reic1997/*, rechts) mikroskopische Aufnahme des Faserquerschnittes */Jena2007-1/*

6.5 Übungsaufgaben

1. Welche wesentlichen Vorteile können mit den verschiedenen Verfahren des Umformens erzielt werden? Erläutern Sie die erforderlichen Prozessschritte am Beispiel des Verfahrens Blankpressen.
2. Für welche Fertigungsart ist der Einsatz von umformenden Verfahren besonders geeignet? Begründen Sie die getroffene Wahl und führen Sie fünf typische optische Bauelemente an.
3. Skizzieren Sie den Temperatur-Zeit-Verlauf für das Feinkühlen von umgeformten optischen Bauelementen. Zeichnen Sie wichtige Temperaturpunkte für den Prozess ein.
4. Die Restspannung in einem abbildenden System darf $15\,\text{nm} \cdot \text{cm}^{-1}$ nicht überschreiten. Der Werkstückdurchmesser der Linsen beträgt 25 mm, 30 mm und 50 mm. A) Wie ist die Kühlgeschwindigkeit festzulegen? B) Um welchen Wert ändert sich die Geschwindigkeit, wenn alle Bauteile einen Durchmesser von 50 mm besitzen?
5. Suchen Sie im Abbe-Diagramm fünf typische Gläser heraus, die für das Blankpressen geeignet sind. Schlagen Sie in den Spezifikationen der einzelnen Gläser nach und geben Sie für diese Gläser gemeinsame charakteristische Glaseigenschaften an.
6. Welche besonderen Anforderungen sind an Presswerkzeuge für die Bankpressverfahren zu stellen?
7. Diskutieren Sie die Vor- und Nachteile der Verfahren Pressen und Senken. Welche optischen Bauelemente lassen sich bevorzugt durch das jeweilige Verfahren fertigen?
8. Skizzieren Sie den Temperatur-Zeitverlauf für das isothermische Blankpressverfahren. Welche wesentlichen Unterschiede sind im Vergleich zu dem nicht-isothermischen Verfahren zu nennen?
9. Warum können blankgepresste optische Bauelemente nicht für Hochleistungsobjektive eingesetzt werden?
10. Bestimmen Sie die erforderliche Masse eines Linsenpresslings aus dem optischen Werkstoff B270. Die endbearbeitete Linse soll einen Durchmesser von 50 mm und eine Mittendicke von 15 mm aufweisen. Die Radien der Linse sind mit $R_1 = 50$ mm und $R_2 = -80$ mm vorgegeben. Beide Flächen sind mit einer Schutzfase von 45° zu fertigen. Die Bearbeitungsaufmaße sind mit je 1 mm pro optischer Fläche und 2 mm für die Mittendicke zu planen.
11. Welche Vorteile bietet der Einsatz eines Lasers für das Umformverfahren für Dünngläser?
12. Welche Voraussetzungen müssen erfüllt sein, um optische Fasern durch das umformende Verfahren „Ziehen“ herstellen zu können.

13. Schauen Sie das Video „Das Herstellen von optischen Fasern“ an und beschreiben Sie den Prozess der Preformherstellung. Welche Prozessschritte sind erforderlich, um eine zum Faserziehen geeignete Preform zu erhalten?

Weitere Informationen und Übungsaufgaben zu Kapitel 6 sind auf plus.hanser-fachbuch.de hinterlegt.

7 Trennen

Die Verfahrenshauptgruppe Trennen umfasst die größte Gruppe der Fertigungsverfahren und gliedert sich in fünf Verfahrensgruppen, mit entsprechenden Untergruppen und zahlreichen Verfahren. Nach DIN ISO 8580 ist Trennen wie folgt definiert:

> Trennen ist das Herstellen von geometrisch bestimmten festen Körpern mittels Werkzeugen durch Formändern und Stoffzusammenhaltverminderung. Geometrisch bestimmte feste Körper sind i. d. R. Halbzeuge, montagefähige Einzelteile oder Werkzeuge.

Trennende Verfahren beruhen auf dem Formänderungsprinzip geometrisch bestimmter Körper durch örtliche Aufhebung des Stoffzusammenhaltes von Teilchen. Im Gegensatz zu den urformenden und umformenden Verfahren wird Material vom Rohteil oder Halbzeug abgetrennt. Dieser Prozess wird durch einen Volumenabtrag pro Zeiteinheit charakterisiert und bei spanenden Verfahren durch das **Zeitspanungsvolumen** oder bei abtragenden Verfahren durch die **Abtragsrate** beschrieben. Um den Materialverlust sowie den Zeitaufwand gering zu halten, gehen den trennenden Verfahren oft spezielle Urform- und Umformverfahren voraus. Neben den genannten Nachteilen der trennenden Verfahren gibt es eine Reihe von Vorteilen, die diese Hauptgruppe zu einer der wichtigsten im Wertschöpfungsprozess auszeichnen. Insbesondere die sehr hohen erreichbaren Form- und Oberflächengenauigkeiten können mit keinem anderen Fertigungsverfahren erzielt werden. Des Weiteren zählen die hohe Flexibilität (auch Einzelstücke können wirtschaftlich gefertigt werden), die große Formenvielfalt und das Erzeugen sehr komplexer Geometrien und schwieriger Oberflächenstrukturen zu den Verfahrensvorteilen.

Die Formänderung durch Trennen wird zunächst grob in mechanische und nichtmechanische Wirkprinzipien unterteilt. Bei allen mechanisch basierten Trennverfahren erfolgt der Trennprozess durch das Einwirken von Werkzeugen auf direktem oder indirektem Weg unter Nutzung eines Wirkmediums. In der Prozessbetrachtung bilden Werkstück und Werkzeug ein Wirkpaar, wobei sehr unterschiedliche Anordnungen des Bewegungsablaufes, des Eingriffes und der Aufbringung der Wirkenergie möglich sind. In der Beschreibung der Verfahren stehen die sogenannten **Kinematischen Wirkprinzipien** auch auf den folgenden Seiten des Kapitels im Vordergrund. Diese Wirkprinzipien beeinflussen z. B. entscheidend die erreichbaren Form- und Oberflächengenauigkeiten, die Oberflächenstruktur und natürlich auch die Wirtschaftlichkeit und somit die Verfahrenskosten.

Die Tabelle 7.1 stellt Fertigungsgruppen des Trennens sowie ausgewählte relevante Verfahren der Optikbearbeitung (für alle optischen Werkstoffe) zusammen.

Tabelle 7.1 Einteilung der trennenden Fertigungsverfahren (nach DIN ISO 8580)

Kennzahl	Fertigungsgruppe	Ausgewählte Verfahren
3.1	Zerteilen	Scherschneiden (Kunststoffe), Brechen, Reißen, Spalten (Kristalle)
3.2	Spanen mit geometrisch bestimmter Schneide	Ultrapräzisionsdrehen und -fräsen, Bohren
3.3	Spanen mit geometrisch unbestimmter Schneide	Schleifen, Läppen, Polieren, Sägen, Strahlspanen
3.4	Abtragen	Ätzen, Laserbearbeitung, Ionenstrahlabtragen
3.5	Zerlegen	Absprengen, Entkitten, Optikbaugruppe demontieren
3.6	Reinigen	Ultraschallwaschen, Strahlreinigen, Fischen (Endreinigen)

7.1 Zerteilen

Der Verfahrensschritt **Zerteilen** schließt sich an den Prozessschritt Urformen (siehe Kapitel 5) an und dient der verlustarmen und schnellen Segmentierung von optischem Glas. Es werden entsprechend der Bearbeitungsaufgabe geometrisch bestimmte Körper geschaffen, welche die Ausgangsteile für die weiteren Bearbeitungsschritte darstellen. Der Fachmann spricht vom **Zurichten**. Verfahrensabhängig muss ein Aufmaß, bezogen auf die Bauteilendgeometrie, beim Verfahrensschritt Zerteilen berücksichtigt bzw. vorgehalten werden.

7.1.1 Mechanisches Brechen

Die Eigenschaften des Werkstoffes Glas schränken die möglichen Verfahren zum Zerteilen des hartspröden Werkstoffes ein. Insbesondere die wirtschaftlichen Verfahren des Schneidens durch Scherkräfte, wie sie in der metallischen Verarbeitung angewendet werden, scheiden aus. Eine dennoch wirtschaftliche Methode kann durch das Ausnutzen von Biegemomenten mit dem Verfahren Brechen erreicht werden. Hierbei wird gezielt das Glas über seine Festigkeitsgrenze hinaus beansprucht, so dass es zu einem kontrollierten Bruch entlang einer Sollbruchstelle (**Anriss**) kommt.

> Brechen ist das Trennen benachbarter Teile eines Ausgangswerkstückes durch das Einbringen eines gezielten und begrenzten Spannungszustandes, der durch Aufbringen einer Kraft zum Bruch des Werkstückes führt.

Für Einzelteile bzw. kleine Losgrößen wird auch heute noch das **manuelle Brechen** angewandt. Vor dem Zurichten werden mögliche Glasfehler angezeichnet. Mit einem Diamantschneider bzw. Hartmetallrädchen wird das Roh- oder Halbzeug angerissen, wobei Anreißschienen oder Schablonen Verwendung finden. Die anschließend aufzubringende Brechkraft kann manuell oder mit hydraulischen Pressen erfolgen. Theoretisch lassen sich Glasrohteile bis zu einer Dicke von ca. 30 mm auf diese Art und Weise trennen. So können Halbzeuge für Presslinge, Platten, Filter und Linsen gewonnen werden. Diese Halbzeuge lassen sich aber auch durch Trennschleifen (Abschnitt 7.2.1) oder Bohren (Abschnitt 7.4) herstellen. Eine entsprechende Auswahl der geeigneten Verfahrenstechnologie ist durch qualitative und wirtschaftliche Gesichtspunkte vorzunehmen.

Das mechanische Brechen beinhaltet somit immer zwei Prozessschritte:

a) das **Ritzen** der Glasoberfläche (der sogenannte Anriss),

b) das **Brechen** entlang des Anrisses (Öffnen des Schnittes).

Beim Ritzen wird eine sichtbare mechanische Störung der Glasoberfläche mit dem Ziel vorgenommen, einen definierten Spannungszustand in das Glas einzubringen. Durch das hartspröde Verhalten des anorganischen Werkstoffs Glas gelingt dies für viele Glasarten sehr gut. Dieser definierte Spannungszustand weist unterschiedliche Druck-Zug-Spannungszustände über die gesamte Glasdicke auf. In Bild 7.1 ist links zunächst dargestellt, wie sich aufgrund der eingebrachten Kerbe ein begrenzter senkrechter Tiefenriss ausbildet. Von diesem breiten sich Druck- und Zugspannungsgebiete von der Wechselwirkungszone in das Glasvolumen aus. Für das spätere Brechen und Erzeugen einer möglichst senkrechten Trennkannte ist es wichtig, dass der Übergang von Druck- auf Zugspannung einen möglichst großen Gradienten aufweist und diese Gebiete bis nahezu zur Unterkante des Glases reichen. Im Bild 7.1 rechts ist mittels spannungsoptischer Aufnahme das Ausbilden eines typischen Druck-Spannungsverlaufes unmittelbar nach einem Anriss dargestellt. Der symmetrische Verlauf der Zonen, ausgehend von der Kerbwirkung des eingebrachten Anrisses, ist sehr gut zu erkennen. Die an der Glasoberfläche entstandene Kerbe, weist in etwa eine Eindringtiefe von 0,02 mm auf (siehe Bild 7.1 und Bild 7.2).

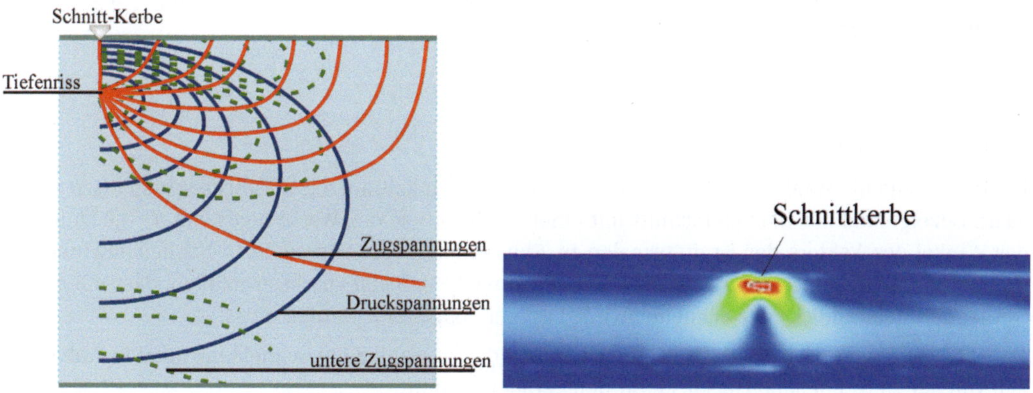

Bild 7.1 Darstellung der Spannungszustände im Schnitt eines borosilicatischen Flachglases im Querschnitt: links) theoretischer Verlauf von Druck- und Zugspannungsgebieten, rechts) spannungsoptische Darstellung eines Anrisses

Die nach dem Anriss entstehenden Spannungszonen bilden sich in einer Tiefe von etwa 10 mm vom Eindringpunkt des Schneidrädchens in beide Richtungen aus.

Das sachgerechte Einbringen geeigneter Spannungszonen setzt ein gewisses Maß an Erfahrung voraus, wobei eine Zahl von Einflussparameter für den Prozessschritt Ritzen berücksichtigt werden muss */Biol2019/*:

- Geometrie des Schnittes,
- Rädchendurchmesser,
- Rädchenwinkel,
- Schneiddruck,
- Schneidgeschwindigkeit,
- Schneidflüssigkeit,

- Schneidrichtung (schiebender oder schleppender Schnitt),
- Glasart.

Als geeignetes Material für das Schneidwerkzeug werden meist Hartmetalle oder zum Teil auch synthetisch hergestellte Diamanten eingesetzt. Diese Werkzeuge unterscheiden sich vom Schliff der Schneidkanten und von einer unstrukturierten oder strukturierten Schneidenebene. Auf weitere Ausführungen sei an dieser Stelle auf */Bohl2021/* verwiesen.

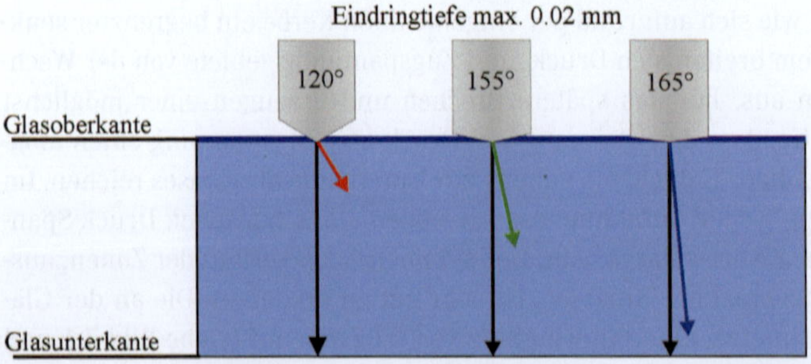

Bild 7.2
Wirkung und Auswahl von Werkzeugschneidenwinkeln

Die Geometrie des Schnittes und damit die Auswahl wichtiger Arbeitsparameter erfolgen in der Praxis oft nach der Unterteilung */Biol2019/*:

1. gerader Schnitt,
2. Formschnitt (geschlossene Kontur),
3. geöffneter Schnitt.

In Bild 7.2 sind die Wahl und die Wirkung des Schneidenwinkels auf die Glasdicke schematisch dargestellt. Gezeigt sind der Glasquerschnitt mit einer Eindringtiefe des Werkzeuges von $d = 0{,}02$ mm und der Winkel des Vektors der Kraftnormalen in Abhängigkeit vom verwendeten Schneidenwinkel für drei unterschiedliche Werte. Daraus lässt sich die einfache Arbeitshypothese ableiten, dass mit größer werdender Materialdicke der Schneidenwinkel größer ausgewählt werden muss.

Die Tabelle 7.2 gibt nach */Biol2019/* eine Übersicht der zu wählenden Schneidenwinkel in Abhängigkeit von der zu trennenden Glasdicke für den geraden Schnitt.

Tabelle 7.2 Auswahl des Schneidenwinkels für einen geraden Schnitt mit einem Rädchendurchmesser von 5,6 mm, Material Floatglas */Biol2019/*

Glasdicke (mm)	Schneidenwinkel (°)
0,8 - 1,0	110
1,0 - 1,5	120
1,5 - 2,0	127
3,0 - 5,0	135
5,0 - 8,0	145
8,0 - 10,0	150
10,0 - 12,0	155
12,0 - 15,0	155
15,0 - 19,0	160
19,0 - 22,0	165

Zwei weitere wichtige Parameter des Anreißens sind der Durchmesser des Schneidrädchens und der Schneiddruck. In Bild 7.3 ist die Wirkung dieser beiden Parameter schematisch dargestellt.

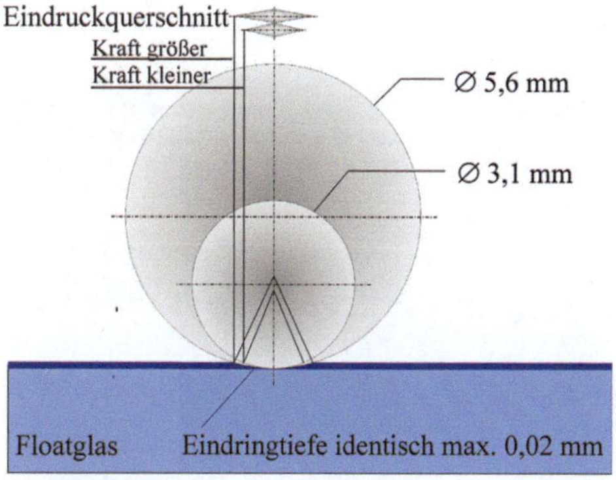

Bild 7.3
Wirkung und Auswahl des Werkzeugdurchmessers

Durch die Wahl des Werkzeugdurchmessers kann die Fläche der Kraftwirkung vergrößert bzw. verkleinert werden. Die sich ergebende Eingriffslänge erhöht sich mit einer Vergrößerung des Durchmessers. Für kleine Glasdicken werden spitzere Schneidenwinkel gewählt und kleinere Durchmesser der Schneidrädchen (Bild 7.3). Damit ergibt sich eine geringere resultierende Kraft. Die richtige Wahl der Schneidkraft hat ebenfalls einen Einfluss auf das Schneidergebnis. Bei einer zu hoch gewählten Kraft kommt es zu Ausmuschelungen an der Oberkante (chipping). Ist die Kraftwirkung hingegen zu gering, kann kein qualitätsgerechter Bruch vorgenommen werden. In Bild 7.4 sind zwei ausgewählte Anrissergebnisse dargestellt.

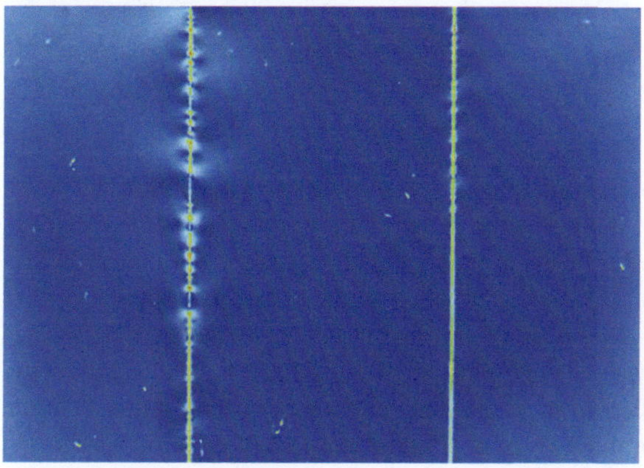

Bild 7.4
Spannungsoptische Anrissdarstellung: links) gewählte Kraft zu hoch, rechts) gewählte Kraft ideal

Für dünne Glaser (bis 1 mm) haben sich **Schnittkräfte** in einem Bereich von 10 - 60 N bewährt. Bei Schneidwerkzeugen ohne Strukturierung ergibt sich für den Fachmann ein bestimmter Klang beim Ritzen, der auf das Schneidergebnis schließen lässt.

Auch die Wahl der Schnittgeschwindigkeit wirkt sich auf die Qualität der Schnittkante aus. In der Tabelle 7.3 sind drei verschiedene Schnittkantenqualitäten in Abhängigkeit von der Schneidgeschwindigkeit nach */Biol19/* dargestellt. Generell ist es wichtig, den Ritzvorgang mit einer möglichst konstanten Schneidgeschwindigkeit durchzuführen.

Tabelle 7.3 Ausgewählte Schnittkantendarstellungen in Abhängigkeit von der gewählten Schnittgeschwindigkeit */Biol2019/*

Trennflächen, Schnittgeschwindigkeit und Kraft	Theoretisches Bruchbild	Mikroskopische Darstellung der Trennfläche
Senkrechte Schnittkante mit sauberer Trennfläche und gutem Bruchverhalten, leichte periodische Riefung an der Oberseite durch Wirkung des Werkzeuges **Schnittgeschwindigkeit und Kraft optimal**		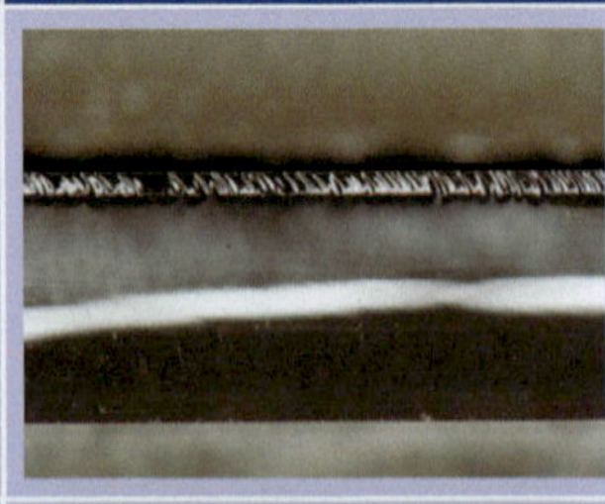
Schnittkante mit starken Einkerbungen und partiellen Ausbrüchen, Riefung reicht bis zur Hälfte der Glasdicke; die Riefungsbildung wirkt nicht periodisch **Schnittgeschwindigkeit ungleichmäßig und zu gering, Kraft zu hoch**		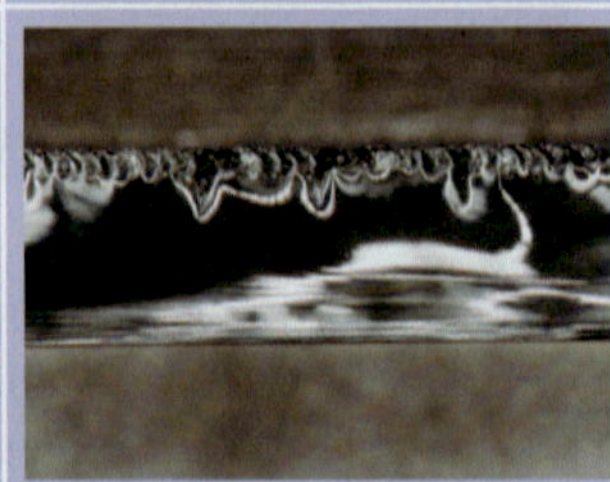
Schnittkante mit sehr starken Einkerbungen, Ausbrüchen und Ausmuschelungen an der Oberseite, Aufweitung des Schnittes an der Glasoberseite; Strukturen und Ausbrüche verlaufen teilweise über die gesamte Schnittfläche **Schnittgeschwindigkeit zu gering und Kraft deutlich zu hoch**		

Interessanterweise kann Glas die in das Volumen eingebrachten Spannungen über die Zeit teilweise wieder abbauen bzw. minimieren. Die Ursache dafür liegt in einem komplexen viskositäts-elastisch, chemischen Vorgang. Darüber hinaus kann die Kerbwirkung auch zu einer weiteren Folge von Mikrorissen über die Zeit führen, die den Spannungszustand ebenfalls minimieren oder aufheben. In der Folge lassen sich bei Verweilzeiten zwischen Anriss und Brechen (teilweise reichen schon wenige Stunden aus), die Schnitte schwieriger öffnen, was zu einer deutlichen Qualitätsminderung der Trennkante bis hin zu einem unkontrollierten Bruch führen kann. Der Fachmann spricht dann auch von einem „kalten Schnitt“. In Bild 7.5 sind spannungsoptische Darstellungen eines borosilicatischen Flachglases nach unterschiedlichen Zeitdauern gezeigt. Bild links illustriert das typische Spannungsbild unmittelbar nach dem Anriss („frischer“ Schnitt) und Bild rechts das Spannungsbild nach 24 Stunden. Der Vergleich beider Momentaufnahmen zeigt einen deutlichen Spannungsabbau innerhalb des gewählten Zeitabschnittes.

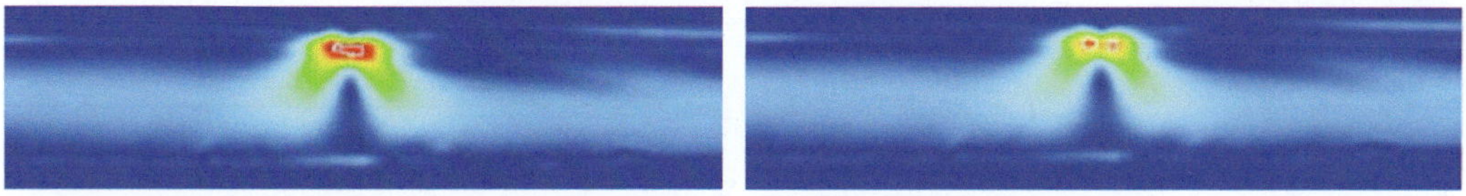

Bild 7.5 Auswirkung der Zeitspanne zwischen Ritzen und Brechen auf die Spannungszustände in der Anrisszone: links) unmittelbar nach Anriss gemessen (max. optischer Gangunterschied: 44,7 nm · cm^{-1}), rechts) 24 Stunden später gemessen (max. optischer Gangunterschied: 33,5 nm·cm^{-1})

Die Verwendung von Schneidflüssigkeit wirkt sich auf den Abbau der beschriebenen Spannungen ebenfalls aus. Im Vergleich zu einem trockenen Schnitt bewirkt sie in der Regel eine Verlängerung des Zeitraumes, in dem das Brechen noch qualitätsgerecht möglich ist. Durch das Eindringen dieser niedrigviskosen Flüssigkeit erfolgt ein Benetzen der Mikrorisse. Dies wirkt einem schnellen Spannungsabbaus über die Kerbwirkung entgegen.

In der Praxis wird generell mit der Zugabe einer Schneidflüssigkeit beim Anreißen gearbeitet. Die Schmierwirkung kann zum einen ein zu starkes Aussplittern (Bildung von „chips") an der Glasoberfläche verhindern und zum anderen auch die Standzeiten der Schneidrädchen erhöhen. In der maschinellen Anordnung nach Bild 7.8 sorgt darüber hinaus die Zugabe von Flüssigkeit für ein Binden der abgetragenen Glaspartikel und somit für das Verhindern von Mikrodefekten an der Glasoberfläche im angrenzenden Schnittbereich.

Hinweise:

1. Bei kleiner Glasdicke sind spitzere Schneidenwinkel zu wählen, die mit ansteigender Glasdicke stumpfer werden müssen.
2. Die Wahl der richtigen Schneidkraft und der Schneidgeschwindigkeit beeinflusst die Qualität der Schnittkante.
3. Das Verwenden von Schneidflüssigkeiten verbessert die Prozessführung und das Trennergebnis. Das Anreißen sollte auf einer speziellen Schneidunterlage erfolgen.
4. Die Zeitfolge zwischen Anriss und Brechen sollte so kurz wie möglich gewählt werden.
5. Beim Brechen der Glassegmente sollte, wenn möglich, die Glasmasse auf beiden Seiten annähernd identisch sein.
6. Formschnitte (geschlossene Konturen) werden mit einem oder mehreren zusätzlichen Hilfsschnitten zur besseren Schnittöffnung vorgesehen.

Das manuelle Zurichten von rechteckförmigen Bauteilen, z. B. Spiegeln, Platten oder Filtern, ist sinnvoll, wenn ein Breiten-Dicke-Verhältnis von ungefähr 3 : 1 (bis 30 mm Breite) und 5 : 1 (ab 30 mm Breite) nicht unterschritten wird. Bild 7.6 zeigt einen sinnvollen Grenzverlauf.

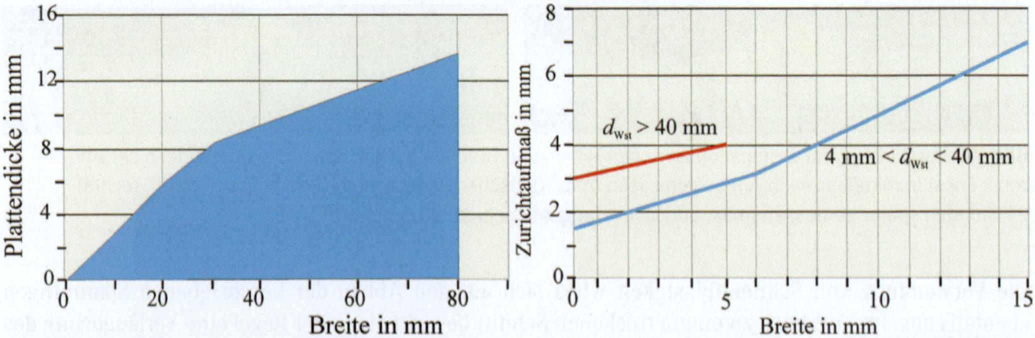

Bild 7.6 Darstellung der Grenzen für das mechanische Zurichten: links) Bereich des Zurichtens von eckigen Teilen, rechts) Zurichtaufmaße für Rundlinge

Beim mechanischen Zurichten können verschiedene Fehlereinflüsse (z. B. Bruchfläche nicht rechtwinklig oder Ausplatzungen an der Anrissseite) das Bauteil unbrauchbar machen. Aus diesem Grund wird ein Zurichtaufmaß in Abhängigkeit von der Materialdicke und der Kontur vorgesehen. In Bild 7.6 rechts sind solche Erfahrungswerte für einfache Rundlinge dargestellt.

Beispiel:

Es wird ein Zurichtaufmaß für Linsen mit einem Enddurchmesser von 35 mm und einer Mittendicke von 11 mm gesucht.

Aus dem Diagramm Bild 7.6 rechts ergibt sich ein Zurichtaufmaß von 5 mm. Damit beträgt die Seitenlänge des quadratischen Zuschnittes 40 mm. Für einen möglichst effizienten nachfolgenden Rundierprozess wird das Halbzeug als Achteck zugerichtet.

Zwei Beispiele für das **manuelle Zurichten** illustriert Bild 7.7. Spiegelgläser lassen sich in Abhängigkeit von der metallischen Beschichtung in der Regel qualitätsgerecht zurichten (links). Die Beschichtung wird durch den Trennprozess meistens nur gering in der Randzone beeinflusst. Ebenfalls kann Quarzglas qualitätsgerecht zugerichtet werden (rechts), was aufgrund seiner hohen Schleifhärte die Folgeprozesse effizient gestalten lässt.

Bild 7.7 Trennbeispiele: links) Spiegelglas Dicke 6 mm, rechts) Zurichten eines Quarzglasblockes Dicke 10 mm

Trotz der vielen zu beachtenden Parameter beim Ritzen und Brechen der Gläser lassen sich diese Prozessschritte sehr gut automatisieren. Das Anreißen und Brechen von Halbzeugen kann somit sehr oft vollautomatisch erfolgen. Vorschneiden und Brechen einer definierten Anzahl an Werkstücken sowie automatisches Brechen der Werkstücke durch integrierte Vakuumsauger verhindern das Entstehen von Kratzern und Splittern. Leistungsfähige Steuerungen ermöglichen das Erreichen von sehr hohen

Schnittgeschwindigkeiten und einer hohen Flexibilität der zu trennenden Konturen. Eine Schneidkraftregelung ermöglicht die Anpassung der erforderlichen Schneidkraft an die aktuelle Schnittgeschwindigkeit. Im Gegensatz zu dem händischen Anreißen können Schneidgeschwindigkeit und Krafteinbringung sehr gleichmäßig erfolgen bzw. ausgeübt werden. Die Dosierung der Schneidölmenge erfolgt ebenfalls prozessangepasst und garantiert eine hohe Qualität der Trennkanten */Byst2005/*.

Parameter:	
Glasformate (üblich):	bis 3300 mm × 7500 mm
Schneidgeschwindigkeit:	bis 150 m · min^{-1}
Glasdicke:	1 - 22 (optional 25) mm
Schnitttoleranz:	± 0,2 mm
Haupt- und Hilfsschneider	
Flexible Konturprogrammierung	

Bild 7.8
Automatisiertes Flachglasschneiden mit X-Y-Schneidanlagen

Das **Flachglaszurichten** kann variabel für Materialdicken von 1 mm bis ca. 22 mm erfolgen. Mit Spezialanlagen und -werkzeugen lassen sich auch Dünngläser < 1 mm zurichten. Für das Erzeugen der programmierten Konturen kommen X-Y-Anlagensysteme zum Einsatz. Das Schneidwerkzeug kann durch einen zusätzlichen Freiheitsgrad der X-Y-Bahnbewegung, die Bewegung um die eigene Achse, beliebig nachgeführt werden. Oft verfügen die Schneidanlagen wie in Bild 7.8 dargestellt über zwei Schneidwerkzeugaufnahmen, um für die Haupt- und Nebenschnitte mit unterschiedlichen Werkzeugen arbeiten zu können. Das Bearbeitungsbeispiel Bild 7.9 links zeigt das Schneiden von runden Scheiben. Am Kreisumfang wird zusätzlich senkrecht ein Hilfsschnitt angerissen. Damit lässt sich der Formschnitt beim Brechen besser öffnen.

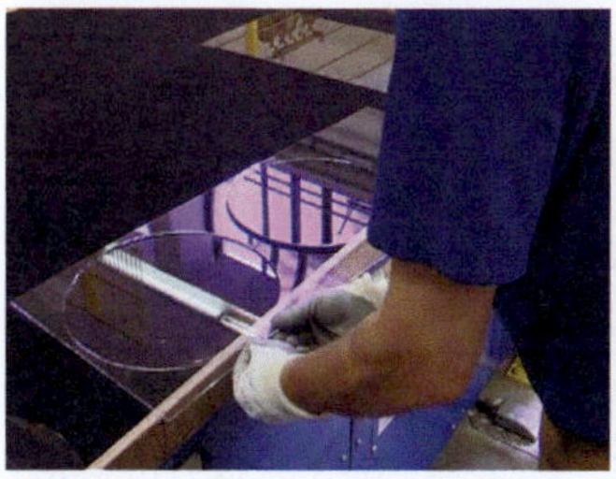

Bild 7.9
Öffnen der Schnittkanten:
links) händisch, rechts) mit Schnittlaufzange

In der Praxis kommen sowohl vollautomatisierte als auch teilautomatisierte Schneidanlagen zum Einsatz. Bei letztgenannter Variante erfolgt das Ritzen komplett durch das Anlagensystem und das Brechen wird händisch vorgenommen. Diese Variante wird oft für kleine Losgrößen und Formschnitte angewendet.

Während kleinere Materialdicken per Hand separiert werden können (Bild 7.9 links), kommen für größere Materialdicken nur Spezialwerkzeugen infrage (Bild 7.9 rechts). So sind auch bei großen Materialdicken nahezu parallele Kanten durch den Einsatz von Schnittlaufzangen realisierbar. Bild 7.10 illustriert eine rechtwinklige Kontur mit einer für diese Materialdicke hohen Kantenparallelität und wenigen Ausbrüchen.

Bild 7.10
Kantenansicht eines mit Schnittlaufzange separierten borosilicatischen Flachglases

Um den Prozess des Ritzens und Brechens des Glases zu optimieren und somit die Qualität sowie die Reproduzierbarkeit zu erhöhen, wird das Bruchverhalten durch experimentelle Versuche und FEM-Simulationen untersucht. Im Ergebnis können u. a. Risserzeugung, Rissausbreitung und die Führung des Schneidwerkzeugs sowie Druckstempel und -kraft bestimmt bzw. berechnet werden. Dies ist für vollautomatische Zurichtaufgaben und hohe Losgrößen eine sehr gute Optimierungsmöglichkeit.

7.1.2 Sonderverfahren zum Zurichten

Die unterschiedlichen Eigenschaften verschiedener Gläser erfordern für das Zurichten von geometrischen Ausgangsrohlingen unterschiedliche Verfahren. Nachfolgend werden drei ausgewählte Alternativverfahren zum bereits diskutierten mechanischen Brechen vorgestellt.

7.1.2.1 Mechanisches Trennen durch Sägen

Das Zerteilen von hochwertigen optischen Gläsern, insbesondere Kristallwerkstoffen, wird häufig durch das Verfahren **Drahtsägen** bzw. **Diamantdrahtsägen** durchgeführt (Tabelle 7.4). Es handelt sich um ein sehr schonendes (spannungsfreies) Bearbeiten mit sehr geringen Materialverlusten und relativ parallelen Kanten, auch über größere Materialdicken. Das konventionelle Drahtsägen nutzt eine Schneidflüssigkeit, die durch den Drahtvorschub im Trennspalt bewegt wird. In der Wechselwirkung mit dem Glaswerkstoff werden durch die Reibung der bewegten Körner Spannungen induziert und in der Folge Mikrospäne abgetragen. Die verwendete Schneidflüssigkeit (**Slurry**) ist ein Gemisch aus Siliziumkarbidkörnern und einer Trägerflüssigkeit, meist Glykol. Gleichzeitig transportiert sie die entstandene Prozesswärme und die getrennten Glaspartikel ab. Beim Trennen mit Diamantdraht hingegen sind die Diamantkörner direkt auf dem Draht aufgesintert. Durch die Drahtvorschubbewegung werden die einzelnen Körner über die Werkstückoberfläche geführt. Auch bei dieser Verfahrenstechnologie wird eine Kühlflüssigkeit für die Kühlung und den Abtransport der Mikrospäne zugeführt.

Tabelle 7.4 Trennverfahren durch Sägen */Meye2006/*

Drahtsägen mit Slurry	Drahtsägen mit Diamantdraht
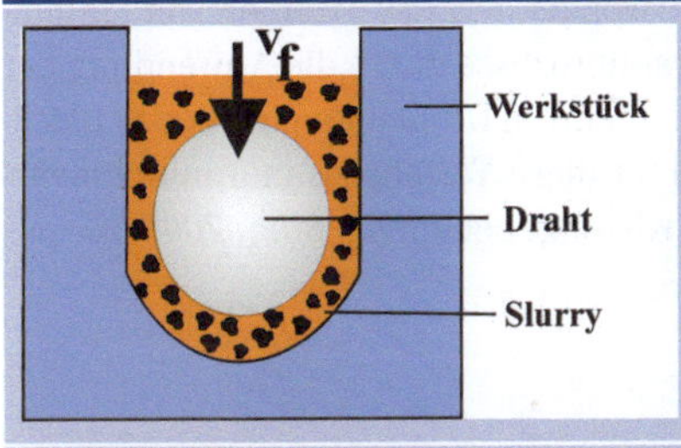	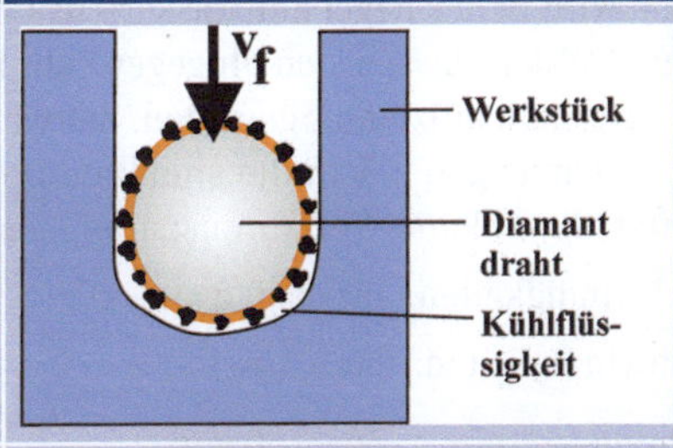
Durch die Drahtbewegung wird die Schneidflüssigkeit im Schnittspalt bewegt und erzeugt einen Mikroabtrag.	Auf dem Draht sind stochastisch verteilte Diamantkörner aufgesintert. Durch die Drahtbewegung wird an den Diamantschneiden eine Vielzahl von Mikrospänen erzeugt.
 Siliziumkarbidkörner	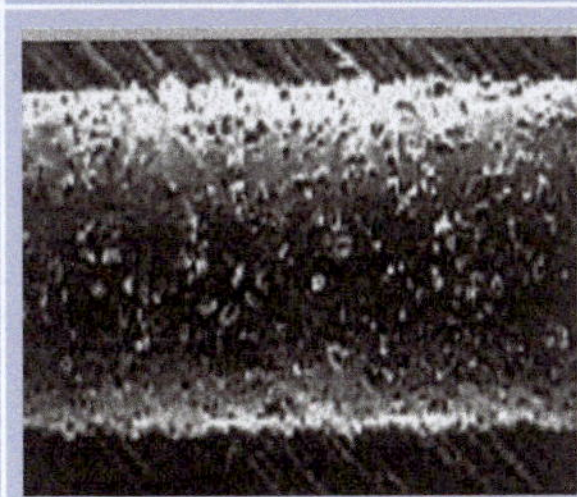 Diamantkörner an der Drahtoberfläche

Die Art der Drahtführung lässt darüber hinaus unterschiedliche Verfahrensmöglichkeiten zu. Vorwiegend kommen Einzeldraht- (single wire), Mehrdraht- (multi wire) oder Banddrahtsägen zum Einsatz. Die nachfolgende Tabelle 7.5 illustriert die unterschiedlichen Anordnungsvarianten.

Tabelle 7.5 Anordnungsvarianten für das Diamantband- und -drahtsägen

Bandsägen	Einzeldrahtsägen	Mehrfachdrahtsägen
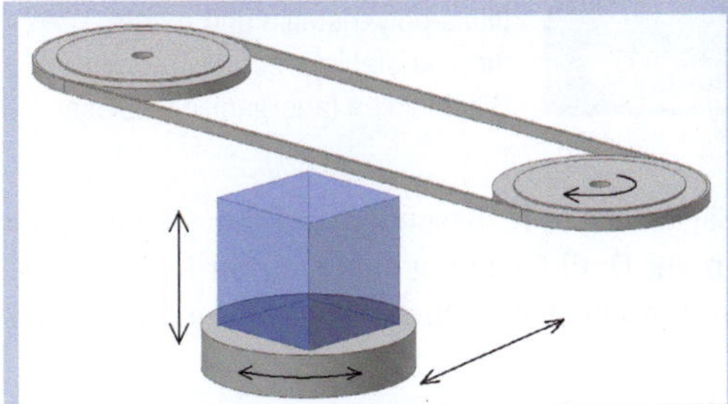	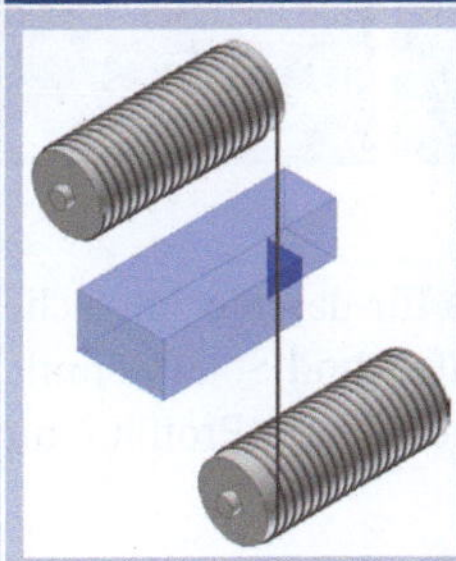	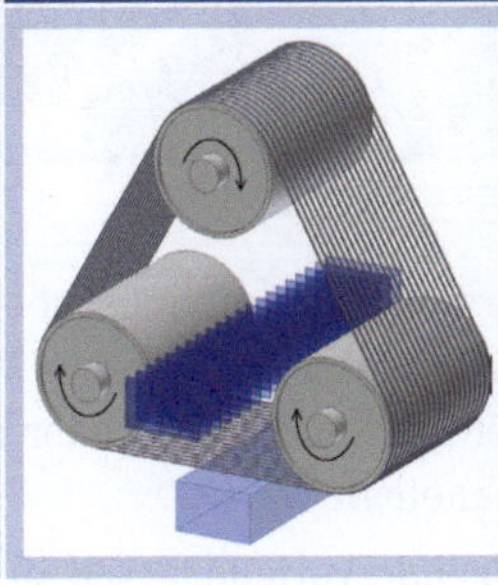

Für das Trennen von hartspröden Materialien werden heute aus wirtschaftlichen Gründen vorwiegend die Diamantdrahtverfahren eingesetzt. Das optische Material wird, wie in Tabelle 7.5 dargestellt, mit einem diamantbestückten, hoch zugfesten Spezialdraht getrennt. Der Diamantdraht ist auf einer Trommel aufgewickelt, die an den Endpunkten die Drehrichtung ändert und somit den Draht auf- und abwickelt. Typischerweise finden Drähte mit einer Länge zwischen 10 m – 40 m und einem Durchmesser zwischen 0,1 mm und 0,7 mm Anwendung (siehe auch Tabelle 7.6). Zum Kühlen der entstehenden Prozesswärme wird in der Regel ein Wasser-Zusatz-Gemisch verwendet. Für das Trennen von Plattenmaterialien und Wafern lassen sich hingegen sehr häufig die Trennprozesse durch die Anwendung der Mehrfachdrahttechnik effizienter gestalten. Zeitparallel tauchen mehrere Drahtsegmente in das Blockmaterial ein und erzeugen n-Schnitte simultan. Der Draht wird für diese Verfahrensanordnung mehrfach umgelenkt. Signifikante Verfahrensparameter lassen sich wie folgt benennen */Meye2006/*:

- Trenngeschwindigkeiten: bis ca. $0{,}2\,\mathrm{mm \cdot s^{-1}}$,
- Drahtgeschwindigkeiten: bis $12\,\mathrm{m \cdot s^{-1}}$,
- Drahtfeldbreite: 50 – 150 mm.

Tabelle 7.6 Typische Drahtgeometrien und erreichbare Schnittbreiten */Meye2006/*

Drahtdurchmesser (µm)	150	200	250	300	380	500
Mittlerer Diamantkorndurchmesser (µm)	14	28	34	56	62	84
Schnittbreite (µm)	170	220	270	320	410	530

Die Kombination des Drahtvorschubes mit CNC-gesteuerten Bewegungsachsen lässt die Bearbeitung von Profilschnitten zu, welche vorwiegend für den Einzeldrahtschnitt Verwendung finden. Somit lässt sich auch für komplexere Geometrien ein flexibler Einsatz für das Drahtsägeverfahren anwenden.

Für das Trennen von Glasblöcken kommen sehr häufig Diamantbänder zum Einsatz. In der Kombination mit einem automatischen Drehtisch können quader- und prismenförmige Trennschnitte sowie beliebige Winkelschnitte erzeugt werden. In Bild 7.11 sind ausgewählte diamantgesägte Bearbeitungsbeispiele zusammengestellt.

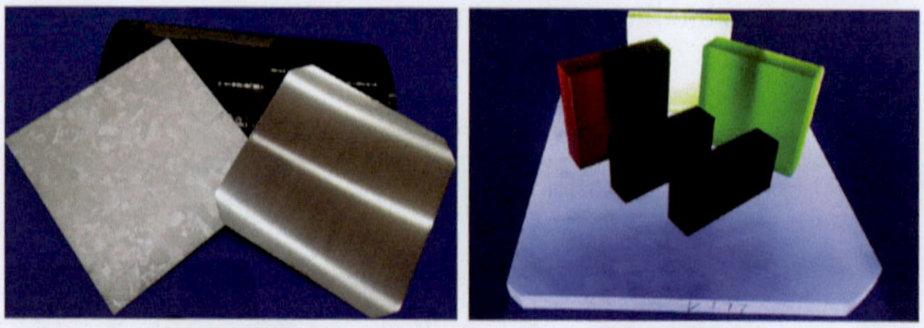

Bild 7.11
Anwendungsbeispiele für das Verfahren Diamantdrahtsägen: links) Trennen von Siliziumwafern (links-polykristallin und rechts – monokristallin), rechts) Trennen von Glasblöcken (anorganische Gläser)

Die Hauptanwendungsgebiete für das mechanische Sägen liegen insbesondere auf den Gebieten der Kristallbearbeitung sowie Wafer- und Solartechnik. In der Optikfertigung sind sehr oft kleinere Losgrößen, Spezialgläser oder Bauteile mit Profilkonturen typische Anwendungsfelder dieser Verfahrenstechnologie.

Folgende Vorteile lassen sich für das Diamantdrahtsägen zusammenfassen:

- sehr geringe Temperaturentwicklung an der Schnittstelle,
- geringe Materialverluste,
- hohe Schnittkantenqualität, insbesondere parallele Schnittkanten,
- keine Ausbrüche an den Schnittkanten.

Als nachteilig sind die relativ hohen Bearbeitungszeiten für den Prozess des Sägens anzuführen. Insofern ist die Auswahl der Verfahrenstechnik stark von den Anforderungen an die Qualität und den allgemeinen Prozessbedingungen abhängig.

7.1.2.2 Thermisches Laserstrahlseparieren

Gläser mit einem mittleren bis großen linearen Ausdehnungskoeffizienten lassen sich durch das **Laserstrahl-Absprengverfahren** (auch als **Laserstrahlseparieren** bezeichnet) sehr effizient trennen. Dabei wird, wie in Bild 7.12 dargestellt, ein begrenzter Oberflächenbereich durch die Einwirkung eines CO_2-Laserstrahles partiell erwärmt. In der Folge der Einwirkung treten Spannungszustände in den beeinflussten Oberflächenzonen auf. Diese werden durch eine zusätzliche Kühlung extrem verstärkt, so dass starke Zug- und Druckspannungszonen entstehen. Wenn diese Spannungszonen oberhalb der Festigkeitsgrenzen des Materials liegen, entsteht ein Riss.

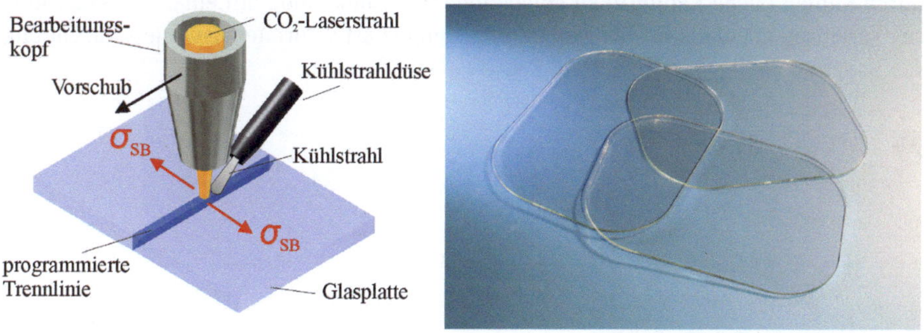

Bild 7.12 Thermisch induziertes Laserstrahlseparieren : links) Verfahrensprinzip */Blie2013/*, rechts) Bearbeitungsbeispiel */Jeno2006/*

Durch die Bewegung des Laserstrahles und des Kühlmittels über die Materialoberfläche kann der Riss definiert über die Bauteilfläche geführt werden. In der Regel werden zum Kühlen reine Gasgemische oder Wasser-Luft-Aerosol-Gemische verwendet.

Bild 7.12 rechts illustriert eine lasergetrennte Kontur. Das Beispiel (Materialdicke von 1,1 mm) konnte mit einer Laserleistung von 250 W und einer Vorschubgeschwindigkeit von 70 mm · s^{-1} getrennt werden. Die erreichbare Vorschubgeschwindigkeit ist ebenfalls sehr stark von dem linearen Ausdehnungskoeffizienten α des verwendeten Glaswerkstoffes abhängig. In Bild 7.13 ist dieser funktionale Zusammenhang für Gläser der Dicke 1,1 mm dargestellt.

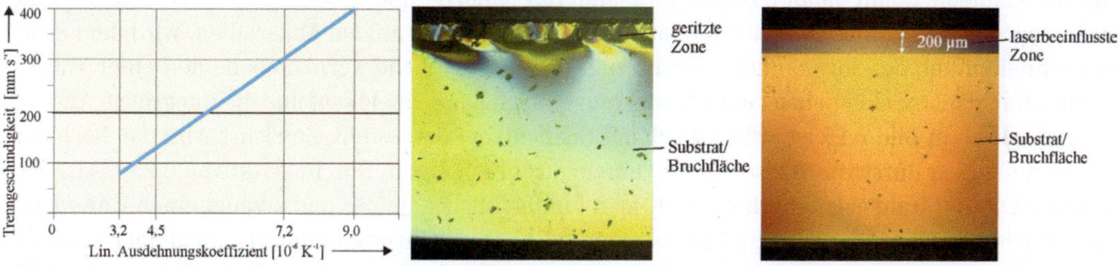

Bild 7.13 Abhängigkeit der Trenngeschwindigkeit von α und Vergleich der Trennkanten */Blie2013/*: links) Trenngeschwindigkeit in Abhängigkeit von α, Mitte) Diamantgeritzte und gebrochene Fläche, rechts) laserinduzierte Trennkante

Die spannungsoptischen Mikroskopaufnahmen in Bild 7.13 Mitte und rechts zeigen den qualitativen Unterschied zwischen einer lasergetrennten und einer gebrochenen Glaskante. Im Vergleich zu konventionellen Trennmethoden kann eine Nacharbeit der Kanten entfallen, und es werden bis zu 30 % größere Kantenfestigkeiten erreicht. Für viele Anwendungen sind der partikelfreie Trennprozess sowie die frei programmierbare Laserstrahlführung wesentliche Vorteile dieser Bearbeitung. Die Anwendung des Laserstrahlseparierens lässt sich auch auf Silizium und Keramikwerkstoffe erweitern. Wesentliche Verfahrensvorteile sind vor allen Dingen in der hohen Kantenqualität, dem splitter- und ausbruchfreien Trennen und in der Flexibilität der zu trennenden Kontur zu sehen.
Aufgrund des relativ niedrigen linearen Ausdehnungskoeffizienten von Quarzglas lässt sich dieser Werkstoff mit dem CO_2-Laser auch direkt im Sublimationsschneidverfahren trennen (Bild 7.14). Materialstärken bis ca. 10 mm können durch Sublimieren des Materials mit einer kontinuierlichen Laserstrahlung der Leistung 1 – 2 kW wirtschaftlich getrennt werden.

Aufgrund der thermischen Beeinflussung des Materials empfiehlt es sich aber, die getrennten Bauteile nachträglich durch Kühlen (siehe Kapitel 9) zu entspannen. In Kombination mit einer CNC-Maschine lässt sich dieses Verfahren ebenfalls für die Herstellung kompliziert geformter Bauteile sehr gut einsetzen.

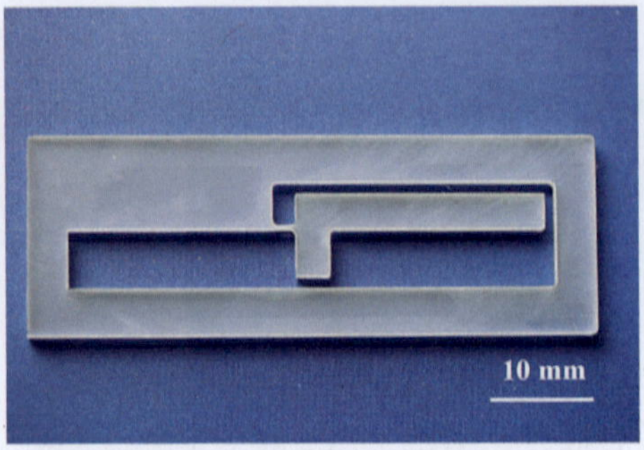

Bild 7.14
Mechanischer Biegebalken für einen optischen Fasersensor

7.1.2.3 Wasserstrahlabrasivschneiden

Seit einigen Jahren wird auch das Wasserstrahlabrasivschneiden aufgrund vieler Verfahrensvorteile für das Trennen von anorganischen Gläsern verstärkt angewandt. Das Verfahren basiert auf der Wechselwirkung eines **Hochdruckwasserstrahles** (ca. 4000 bar) in einem örtlichen begrenzten Volumen mit dem Werkstoff. Mit Austrittsgeschwindigkeiten bis zu $1000\,m \cdot s^{-1}$ werden mikroskopisch kleine Teilchen aus dem Material gerissen und ein Tiefenabtrag erzeugt. Die dabei eingebrachte Energie wirkt eng begrenzt auf die Schneidzone und hat keinen wesentlichen Einfluss auf das restliche Materialvolumen. Somit bleibt das getrennte Material nahezu unbeeinflusst und stressfrei. Zur Erhöhung der Schneidleistung, insbesondere auch bei härteren und spröden Materialien, wird dem Strahl ein Schneidmittel, das sogenannte Abrasiv, zugesetzt. Wesentliche Kernkomponenten einer Wasserstrahlschneidanlage sind neben dem Druckerzeuger auch der Schneidkopf und die integrierte Abrasivfokussierdüse. In Bild 7.15 ist schematisch der Schneidkopf dargestellt. Zunächst wird das hochkomprimierte Wasser durch die Wasserdüse zu einem Strahl mit einem Durchmesser von 0,25 bis 0,4 mm geformt. Dieser Strahl gelangt mit ca. $1000\,m \cdot s^{-1}$ in die Mischkammer und erzeugt einen Unterdruck im Schneidkopf (Injektorwirkung). Mittels einer definierten Bohrung in der Mischkammer kann das Abrasivmittel angesaugt werden und es bildet sich ein Wasser-Abrasivgemisch aus. Durch eine nachgeschaltete Abrasivdüse wird der Strahl auf einen Durchmesser von ca. 0,8 – 1 mm fokussiert.

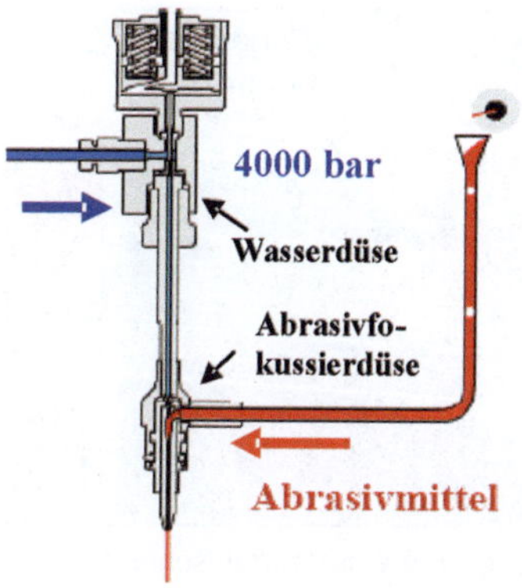

Bild 7.15
Darstellung des Schneidkopfes zum Wasserstrahlabrasivschneiden */Flow2020/*

Eine wesentliche Bedeutung bei der Anwendung des Verfahrens kommt dem Abrasivmittel zu.

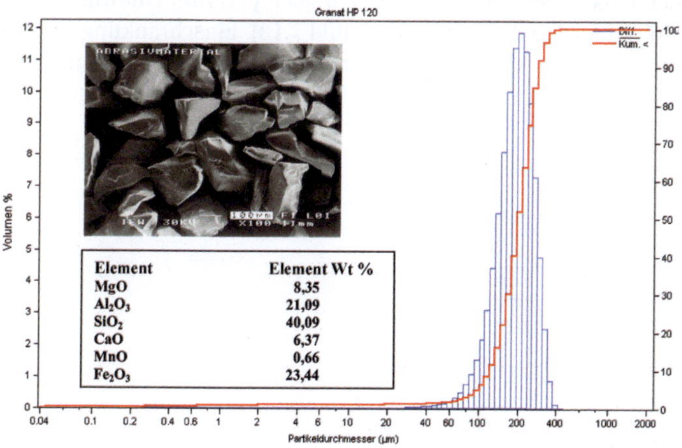

Bild 7.16
Abrasivmittel Granat HP120 – Kornverteilung und Zusammensetzung */Bauc2000/*

Einerseits muss das verwendete Kornmaterial eine hohe Härte sowie Scharfkantigkeit besitzen, um eine hohe Abtragsrate zu erzielen. Andererseits ist eine enge Korndurchmessertoleranz gefordert, damit ein gleichbleibendes Abtragsergebnis und eine hohe Kantenqualität erreichbar sind. Bild 7.16 illustriert die gemessene Partikeldurchmesserverteilung für das **Abrasivmittel** Granat. Die Härte des Kornmateriales wurde nach Vickers (HV0,1) mit 1300 bestimmt.

Durch die Möglichkeit des Schwenkens des Schneidkopfes können in Verbindung mit einer CNC-Maschine oder einem Robotersystem sehr flexibel zwei- oder dreidimensionale Bauteilgeometrien bearbeitet werden. In Bild 7.17 links ist exemplarisch eine Bearbeitungsanlage für das Zurichten oder die Endbearbeitung von optischen Komponenten dargestellt. Durch die außerordentlich geringe Bauteilbelastung während der Bearbeitung lassen sich sehr vorteilhaft auch bruchempfindliche Gläser und Kristallmaterialien bearbeiten. Bild 7.17 rechts illustriert anhand einer thermografischen Darstellung die Wärmebelastung eines Glasblockes während des Schneidprozesses. Prinzipiell lassen Temperaturmaxima von ca. 50 °C auf eine quasi „kalte" Bearbeitung schließen.

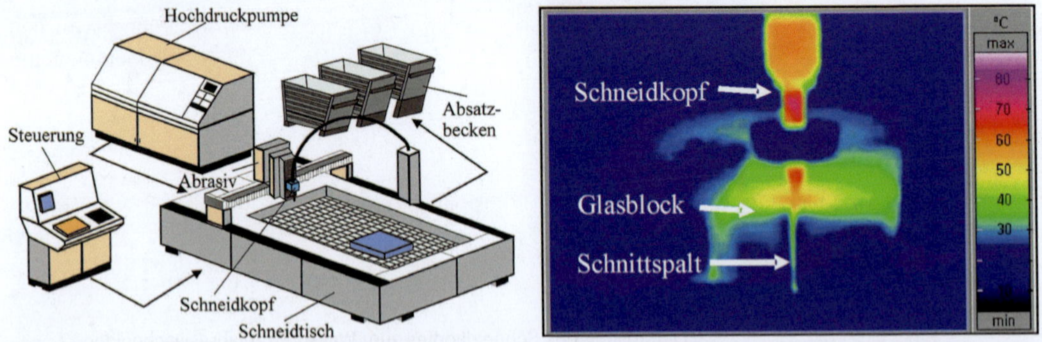

Bild 7.17 Wasserstrahlabrasivschneiden */Bauc2000/*: links) Prinzipdarstellung einer Wasserstrahlschneidanlage, rechts) Temperaturverteilung beim Schnitt eines Glasblockes mit einem Wasserabrasivstrahl

Die erreichbaren Trenngeschwindigkeiten hängen im Wesentlichen von der Härte des optischen Materials und der Materialdicke ab. In der Praxis werden bestimmte Bereiche **(Trenn-, Qualitäts-** und **Feinschnitt)** entsprechend den Qualitätsanforderungen festgelegt (Bild 7.18). Einschränkungen können sich beim Trennen von größeren Materialdicken aufgrund der Schneidkantenqualität und des stärker konisch werdenden Schnittspaltes ergeben.

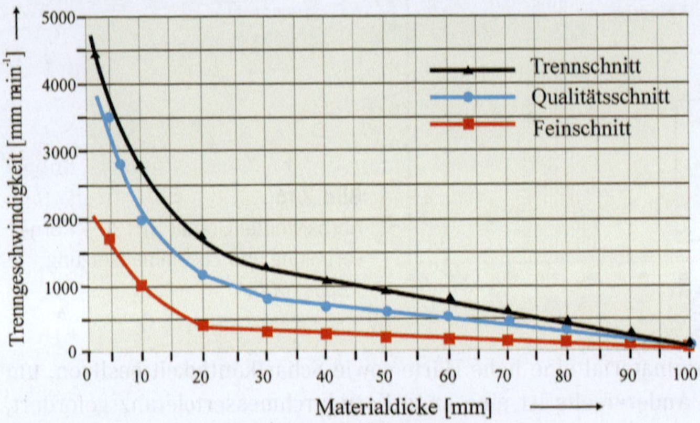

Bild 7.18
Erreichbare Trenngeschwindigkeiten in Abhängigkeit der Materialdicke */Müll2006/*

Generell liegen die Werte in Bild 7.18 für die Trenngeschwindigkeit des Qualitätsschnittes deutlich unter denen des Trennschnittes. Allerdings kann auf eine nachträgliche Bearbeitung oftmals verzichtet werden, wenn mit kleineren Vorschubwerten gearbeitet wird. Bild 7.19 illustriert den Einfluss der Trenngeschwindigkeit auf die erreichbare Kantenqualität.

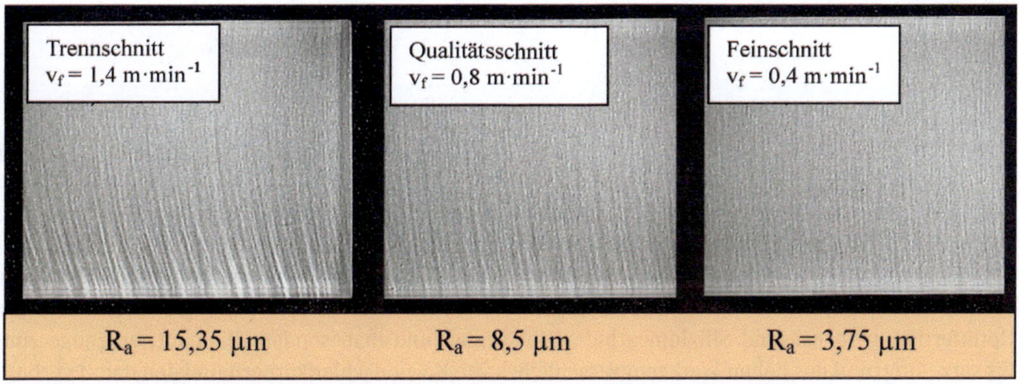

Bild 7.19 Unterschiedliche Trennschnitte für Quarzglasproben (Dicke 10 mm) */Müll2006/*

Die Qualität der erzeugten Fläche hängt neben der Vorschubgeschwindigkeit in starkem Maße vom Druck, der Strahlabmessung und dem Abrasiv ab. Der Druck beeinflusst die Energie, die in den Schnittspalt eingebracht wird. Da der Werkzeugdurchmesser (Strahldurchmesser) konstant bleibt, wird mit steigendem Druck die Energie pro Wirkfläche größer. Mit einer Erhöhung der Energie ist ein höherer Materialabtrag möglich, bzw. die Vorschubgeschwindigkeit kann bei konstantem Materialabtrag gesteigert werden.

Für sehr empfindliche Kristallwerkstoffe ist das Verfahren des Wasserstrahlabrasivschneidens oftmals nicht geeignet. Die seitliche Wirkung des Wasser-Abrasiv-Luft-Strahles ist so hoch, dass eine Rissausbildung in der Gitterebene auftreten kann. Stattdessen lässt sich das **Suspensionswasserstrahlverfahren** vorteilhafterweise einsetzen. Der Arbeitsdruck liegt mit 600 bar deutlich unter dem der Abrasivtechnik. Ein weiterer Verfahrensunterschied liegt in der geänderten Strahlzuführung. Dabei werden Wasser und Abrasiv in einer Mischkammer zu einer Suspension zusammengeführt und im Anschluss durch eine Suspensionsdüse auf die Bauteiloberfläche fokussiert.

Mit dieser Anordnung ist das Trennen von einkristallinen Werkstoffen qualitätsgerecht möglich, wie in Bild 7.20 am Beispiel einer CaF_2-Bearbeitung illustriert.

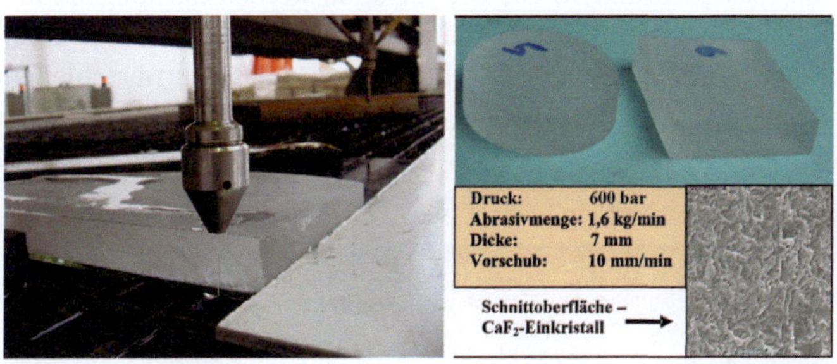

Bild 7.20
Trennen von einkristallinen Werkstoffen mit dem Suspensionswasserstrahlverfahren */Müll2006/*: links) Suspensionswasserstrahlanlage, rechts) Trennbeispiele – CaF_2

7.2 Schleifen

Auf plus.hanser-fachbuch.de finden Sie hierzu ein Video.

Schleifen zählt zu den spanenden Fertigungsverfahren mit **geometrisch unbestimmter Schneide** (nach DIN ISO 6580). Bei der Zerspanung werden Werkzeuge mit gebundenem Korn eingesetzt, die aus einer Vielzahl von Kornschneiden aus natürlichen oder synthetischen Schleifmitteln bestehen (in der Praxis wird auch oftmals noch der Begriff „Fräsen" für dieses Verfahren verwendet). Es kommen in der Optikfertigung vorwiegend Siliziumcarbid-, Edelkorund- und insbesondere Diamantwerkzeuge zum Einsatz. Aufgrund des hohen Werkzeugverschleißes von Korundschleifkörpern und den damit verbundenen Problemen in Bezug auf Form- und Gestaltabweichungen sowie Oberflächenqualitäten, werden heute fast ausschließlich Diamantwerkzeuge eingesetzt. Der Glaswerkstoff wird durch **unregelmäßig verteilte Kornschneiden** des Werkzeuges bei nichtständiger Berührung von Einzelschneiden vom Werkstück abgetragen.

Schleifen ist das Spanen mit geometrisch unbestimmter Schneide sowie unregelmäßig angeordneten Schneidkeilen. Die Wirkbewegung wird durch ein rotierendes Werkzeug mit einem vielschneidigen und gebundenen Korn erzeugt.

Die Einteilung der Schleifverfahren kann nach sehr unterschiedlichen Gesichtspunkten sinnvoll erfolgen, wie z. B.

- der zu erzeugenden Form (Flachschleifen, Rundschleifen),
- der Art des verwendeten Werkzeuges (Umfangsschleifen, Innenbordtrennschleifen),
- der Art der Wirkbewegung (Einstechschleifen, Längsschleifen),
- der Art der Werkstückaufnahme (spitzenloses Schleifen, Steckzentrierschleifen),
- den Genauigkeitsanforderungen (Vorschleifen, Feinschleifen).

In teilweiser Abweichung (aus technologischen Gründen) zur DIN ISO 6580 werden nachfolgend die wichtigsten Schleifverfahren für die Optikfertigung diskutiert und ausgeführt. Aufgrund der technologischen Reihenfolge und der Bedeutung des Prozessschrittes Zentrieren wird das Zentrierschleifen im Abschnitt 7.7 näher ausgeführt.

Tabelle 7.7 Wichtige Schleifverfahren der Optikbearbeitung (1 Werkstück, 2 Schleifwerkzeug)

Trennschleifen	Rundschleifen	Formschleifen	Zentrierschleifen
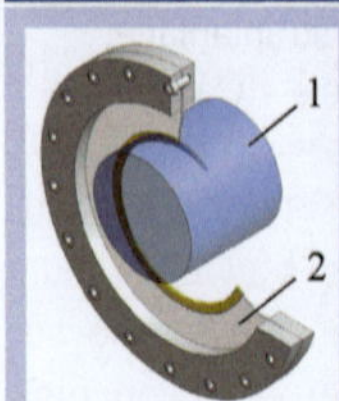	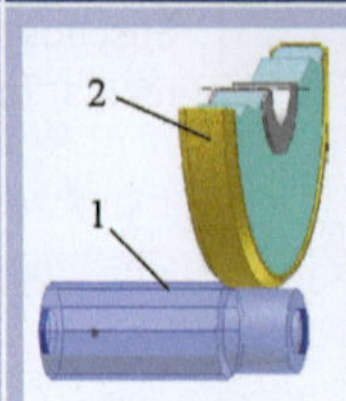	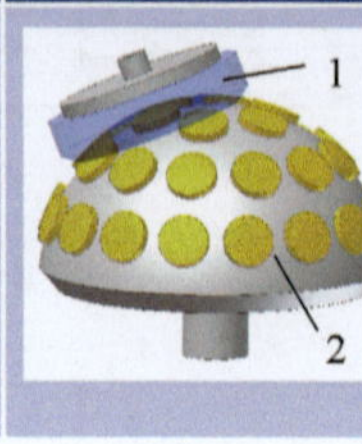	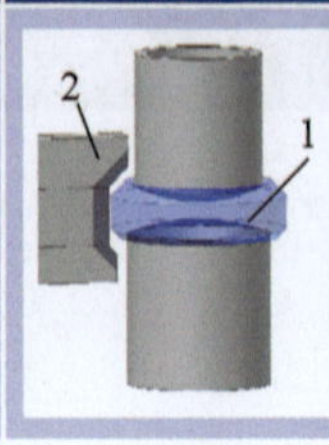

Die Schleifverfahren werden insbesondere eingesetzt für:

- das Trennen von Halbzeugen (Blöcke, Platten und Profile),
- die Erzeugung von flachen, sphärischen und asphärischen Flächen in der Vorfertigung,
- das Erzeugen von polierfähigen Oberflächen (Fein- und Feinstschleifen),
- die Durchmesserendbearbeitung polierter Bauelemente.

Um aus einem rohen Glasblock eine Glaslinse zu erhalten, werden verschiedene Verfahren des Schleifens angewandt. So werden beispielsweise zuerst aus dem Glasblock Platten und Würfel trenngeschliffen und anschließend in die jeweilige Form vor- und feingeschliffen. Zur Außenbearbeitung und zum Zentrieren kommen Verfahren des Rundschleifens zum Einsatz (eine genauere technologische Beschreibung des gesamten Ablaufes erfolgt im Kapitel 11). In der Vorbearbeitung optischer Teile ist die spanende Formgebung mit losem Korn sehr zeitaufwendig, deshalb verwendet man heute sehr häufig Werkzeuge mit gebundenem Korn, da in vergleichbarer Zeit bedeutend mehr Material abgetragen werden kann.

7.2.1 Verfahrensgrundlagen

Bei dem Verfahren **Schleifen** handelt es sich um ein kraftgebundenes Wirkprinzip. Durch die Relativbewegung zwischen Werkstück und Werkzeug, bei gleichzeitiger Ausübung des Schleifdruckes, wirken die einzelnen Schneiden als Keile auf das Glas und erzeugen eine Vielzahl von Mikrorissen an der Oberfläche (Bild 7.21). Aufgrund des amorphen und spröden Charakters der anorganischen Gläser wird die Ausbreitung der Riss- und Bruchbildung begünstigt. Somit weisen Gläser ein grundsätzlich anderes **Spanungsverhalten** gegenüber den metallischen Werkstoffen auf. Durch das „Herausreißen“ der Glasteilchen aus dem Werkstoffverbund entsteht eine matte Oberfläche, die durch anschließende Polierstufen geglättet werden muss.

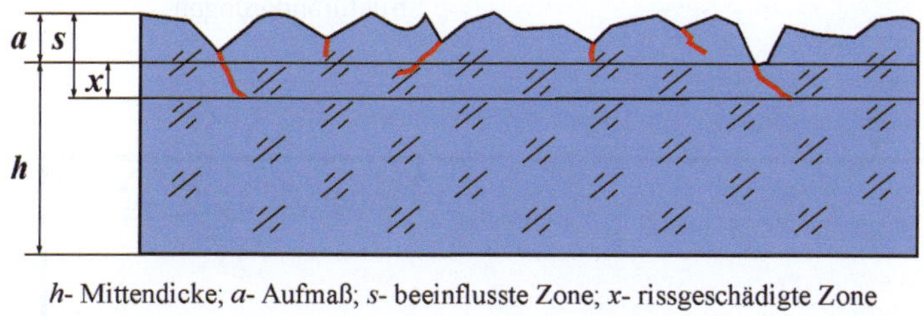

Bild 7.21
Geschliffene Oberfläche mit Mikrobrüchen und Risszonen

Problematisch gestaltet sich die falsche Wahl von Verfahrensparametern, die zu einer unerwünschten überhöhten Risseinbringung in das Werkstück führen können (siehe Bild 7.21). Die Rissverläufe, die durch das Schleifverfahren in das Bauteil eingebracht werden, dürfen nur so tief laufen, dass sie durch das anschließende Läppen und/oder Polieren vollständig beseitigt werden können. Diese Bewertung ist relativ schwierig und wird durch eine Vielzahl von Parametern, z.B. Schleifdruck, Korngröße, Werkstückmaterial, beeinflusst und erfordert oftmals praktische Erfahrungswerte, um das Aufmaß und die Prozessparameter richtig zu wählen. Im nachfolgenden Abschnitt werden aus diesem Grund die Verfahrensgrundlagen ausführlicher beschrieben und auf die Entstehung und Charakterisierung von Defekten an und im oberflächennahen Bereich eingegangen.

7.2.1.1 Wechselwirkungen im oberflächennahen Bereich

Die Bearbeitung von hartspröden Werkstoffen durch das Zerspanen mit geometrisch unbestimmter Schneide basiert auf der Einbringung von Mikrostörungen an der Oberfläche, die in der Summation dieser zum Herauslösen von Glaspartikeln führt. Dieser Abtrag resultiert aus der Kerbwirkung der Mikrokornschneiden in der Wechselwirkungszone der Glasoberfläche und wird verursacht durch die Wirkbewegung der Kornschneiden und des ausgeübten Schleifdruckes. Die Überlagerung der entstehenden Kraftvektoren unter verschiedenen Winkeln zur Werkstückoberfläche führt zu Mikrorissen, die lediglich einen Mikroabtrag im oberflächennahen Bereich bewirken. Es wird in diesem Fall auch von einem sogenannten **„Sprödschliff"** gesprochen. Im Unterschied zu diesem meist angewendeten Schleifgrundprinzip wird für Ultrapräzisionsschleifanwendungen auch ein duktiles Schleifprinzip genutzt, welches im Abschnitt 7.2.3.9 erläutert wird.

Problematisch sind beim Sprödschliff die Mikrorissverläufe, die im Bereich *a* in Bild 7.21 nicht enden, sondern teilweise weiter in das Werkstoffvolumen reichen und eine rissgeschädigte Zone *x* entstehen lassen. Diese teils feinen Rissstrukturen mit Rissdicken im Mikrometerbereich wurden erstmals 1922 von Preston als Defekte beschrieben, die bis tief unter bestehende Oberflächenunregelmäßigkeiten reichen können (siehe Tabelle 7.8). Man spricht auch von **S**ub**S**urface (mechanical) **D**amage **(SSD)**. Daneben zeigt die Übersicht in Tabelle 7.8 weitere Defektkategorien, von denen SSD abzugrenzen sind.

Tabelle 7.8 Übersicht signifikanter Einflüsse auf die Oberflächenqualität nach */Sura2018/* und */Zhong 2019/*

Mechanische Wechselwirkungen	Partikel und Ablagerungen	Chemische und strukturelle Änderungen
1. Verdichtungen und plastische Verformung 2. Risse, Subsurface Damage	3. Fremdpartikel 4. Ablagerungen	5. Beilby-Schicht 6. Oberflächenveränderungen 7. Nanodefekte, chemische Strukturänderungen

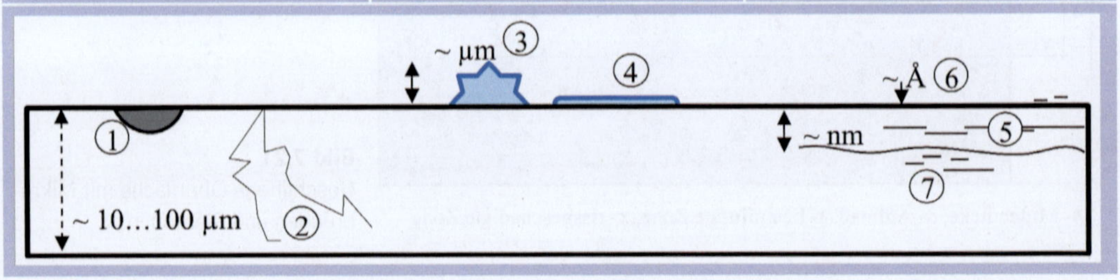

Die sich ergebende SSD und Oberflächenrauheiten hängen sehr stark von den Prozessparametern, insbesondere dem Schleifdruck, der Korngröße und -form des Schleifmittels, den Zustellbedingungen (gewählte Eingriffstiefe der Kornschneiden) sowie letztendlich den kinematischen Eingriffsbedingungen, ab. Bild 7.22 veranschaulicht schematisch die sich ändernde Oberflächenrauheit und die Tiefe der SSD-Struktur in Abhängigkeit von den Prozessstufen in der Optikfertigung. Deutlich zeigt sich damit auch ein Zielkonflikt in der Formgebung zwischen Abtragsrate und Oberflächenqualität im Formgebungsprozess.

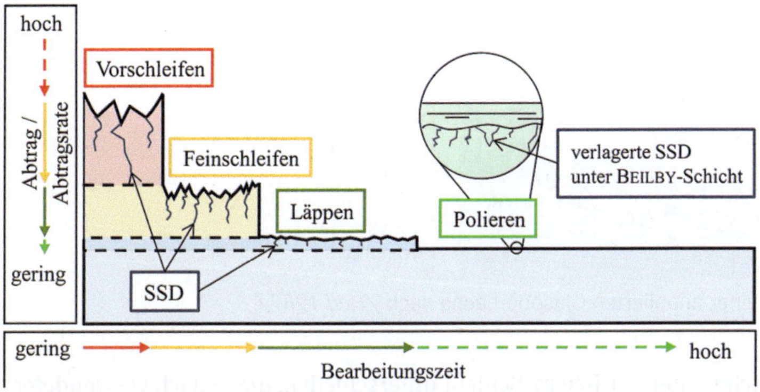

Bild 7.22
Prozesskette der Optikfertigung zur Formgebung mit Darstellung der zurückbleibenden Risstiefenschädigung

Zielkonflikt:

- Das Erreichen hoher Abtragsraten erfordert große mittlere Korndurchmesser und große Eingriffstiefen der Kornschneiden (Zustellung).
- Das Erreichen geringer Oberflächenrauheiten und minimaler rissgeschädigter Zonen erfordert kleine Korndurchmesser und geringe Eingriffstiefen mit sich daraus ergebenden längeren Bearbeitungszeiten.

Ein praktikabler Kompromiss, um diesen Zielkonflikt zu entschärfen, ergibt sich durch die Anwendung mehrstufiger Bearbeitungsprozesse sowohl für die Schleifbearbeitung als auch für den Polierprozess. Daraus ergeben sich für den Formgebungsprozess durch Schleifen die Stufen:

1. Vorschleifen,
2. Feinschleifen und oft auch daran anschließend,
3. Feinstschleifen.

Die messtechnische Betrachtung von SSD reicht über die bisherige Normung zur Oberflächenqualität in der Optikfertigung hinaus. Nach der DIN ISO 10110-7 und der MIL-PRF-13830B werden an der Oberfläche sichtbare Unvollkommenheiten in lange Unvollkommenheiten oder Kratzer (englisch: scratches) sowie örtlich begrenzte Unvollkommenheiten oder Löcher (englisch: digs) eingeteilt (die Unterschiede beider Normen werden im Abschnitt 7.6 ausgeführt). Während eine Bewertung der Größe und Anzahl erfolgt, wird die Tiefe dieser oberflächlichen Defekte in den Normen nicht betrachtet. Einige Mikrorisse können unter einer beim Polieren entstehenden geschlossenen BEILBY-Schicht (siehe Abschnitt 7.6) verborgen sein (Bild 7.22) */Sura2019/*. Diese verborgenen Risse werden auch als „verschleppt" oder „verlagert" bezeichnet. Subsurface Damage Strukturen beinhalten in umfassenderer Weise die bei der Bearbeitung von Glas mittels Schleifen, Läppen oder Polieren entstehenden Risse. Aufgrund ihrer geringen Größe mit einer Rissbreite im µm-Bereich und einer Risstiefe von bis zu 100 µm werden SSD auch generell als Mikrorisse bezeichnet */Hed 1989/*. Die Struktur und Ausbreitungsform solcher SSD kann jedoch verschieden sein. Zur Beschreibung der Struktur polierter Oberflächen hinsichtlich SSD wird ein dreischichtiges Modell verwendet, welches in Bild 7.23 dargestellt ist.

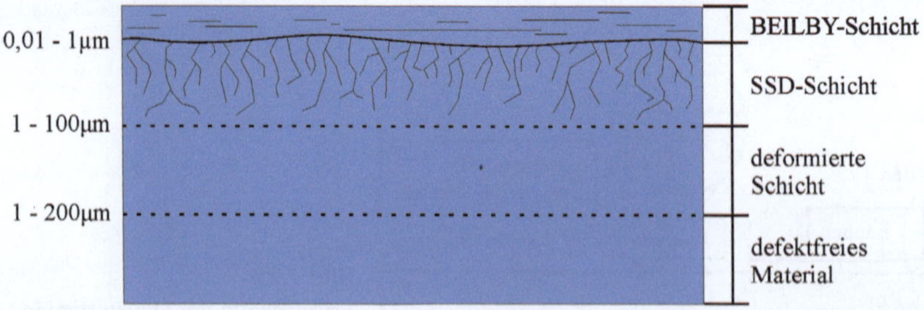

Bild 7.23 Mehrschichtiger Aufbau einer anpolierten Glasoberfläche nach */Hed 1989/*

In */Hed 1989/* werden drei Bereiche unter der BEILBY-Schicht unterschieden, die je nach verwendetem Glasmaterial und Prozessparametern teils sehr unterschiedliche Eindringtiefen aufweisen können. Für Hochpräzisionsanwendungen sollte sehr schnell die Zone des defektfreien Materials ausgehend von der BEILBY-Schicht erreicht werden.

Die Vermeidung oder Reduzierung der SSD in der Optikfertigung ist eine zentrale Aufgabenstellung. Die Entstehung von Subsurface Damage wirkt sich negativ auf das Erreichen einer effizienten und qualitätsgerechten Optikfertigung aus. Zu nennen sind hierfür u. a. folgende Kenngrößen der Optikfertigung und des Endproduktes:

- Bearbeitungsdauer der Formgebung,
- Fertigungskosten,
- erreichbare Abbildungsqualität,
- Laser-Zerstörschwelle (LIDT),
- mechanische Eigenschaften, u. a. Bruchfestigkeit und Härte,
- Beschichtungsgüte,
- Standzeit der Werkzeuge,
- erreichbare Formgenauigkeit.

Aufgrund dieser negativen Einflüsse ergibt sich eine hohe Motivation, SSD in der Optikfertigung zu reduzieren. Vor allem die Bereiche der Hochleistungs (HL)-Optik, z. B. HL-Laser und HL-Optiken für lithografische Systeme, haben hierfür immer wieder neue Anforderungen an eingesetzte optische Bauelemente gestellt. Zu den resultierenden Verfahren der SSD-Charakterisierung zählen die Methoden des MRF (Magneto Rheological Fluid) taper polishing sowie spezielle Prozessketten, die sogenannten „Advanced Mitigation Processes", um die Entstehung von SSD zu minimieren und verbleibende Defekte zu entfernen */Sura2020-1/*, */Bude2017/*.

Rissmorphologie und Vorhersagemodelle

Bei der Bearbeitung von hartspröden Materialien prägen sich verschiedene charakteristische Rissformen aus, deren idealisierte Formen in Tabelle 7.9 dargestellt sind. Der Einfluss der einzelnen Rissgeometrien auf die SSD ist noch nicht vollständig geklärt. Ausgehend von den Geometrieformen wurde lange angenommen, dass laterale Risse zu Ausbrüchen und damit zu einem Materialabtrag führen und maßgeblich zur Oberflächenrauheit beim Schleifen und Läppen beitragen */Sura2020-2/*. Radiale Risse sind primär für die Entstehung von SSD verantwortlich, da radiale Risse tief in das Material hineinreichen und nicht zu einem Abtrag führen. Jedoch können bei zusammenlaufenden und kreuzenden radialen Rissen diese ebenfalls zu einem Materialabtrag beitragen */Sura2018/*. Aktuelle Forschungsergebnisse hinterfragen die bisherigen Annahmen und führen an, dass die SSD hauptsächlich durch laterale Risse hervorgerufen werden */Xiao2018/*, */Sura2020-2/*.

Tabelle 7.9 2D-Schema der Entstehung verschiedener Risstypen durch statisches (a – c) und dynamisches (d – f) Eindringen in Anlehnung an */Sura2018/*

statisch, stumpf	statisch, spitz	
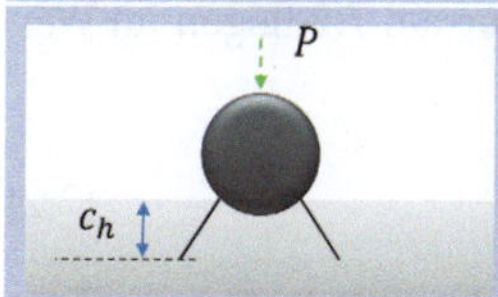	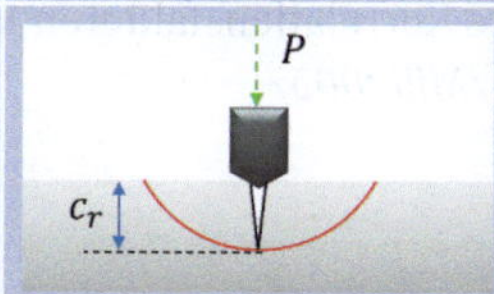	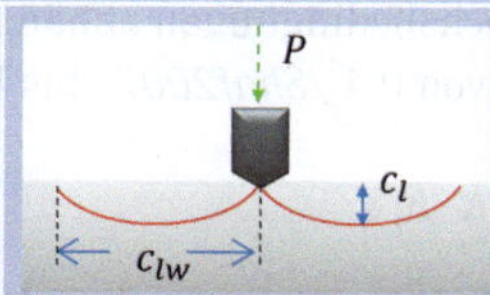
a) konische HERTZsche Risse durch stumpfen Eindringkörper	b) radiale/meridionale Risse durch spitzen Eindringkörper	c) laterale Risse durch spitzen Eindringkörper
kratzend, stumpf	Aufprall, stumpf	Aufprall, spitz
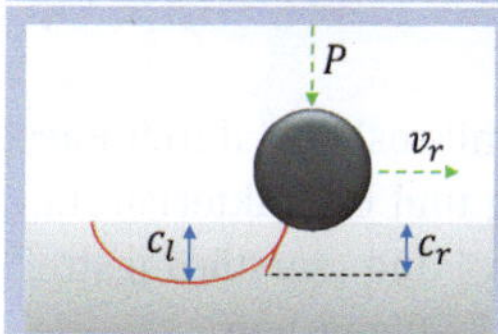	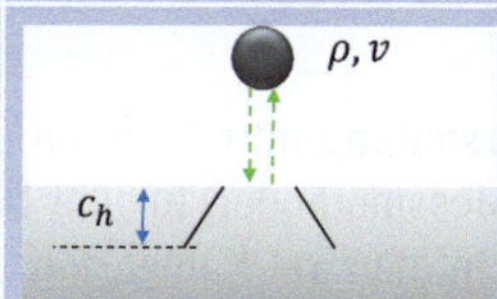	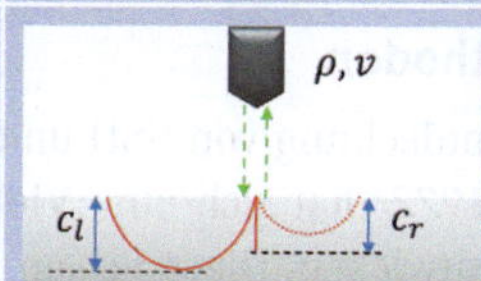
d) schleppende HERTZsche Risse durch gleitenden stumpfen Eindringkörper	e) HERTZsche Risse durch Aufprall eines stumpfen Eindringkörpers	f) radiale und laterale Risse durch Aufprall eines spitzen Eindringkörpers

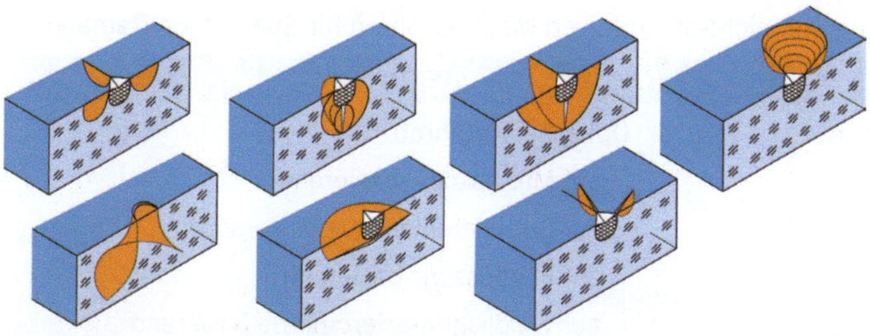

Bild 7.24 Entstehung von Rissmorphologien im Glasvolumen nach */Musg2019/*, */Cook1990/*

Die Wirkung der in Tabelle 7.9 gezeigten verschiedenen Risstypen in das Glasvolumen zeigt Bild 7.24. Die sich ergebenden Rissmorphologien veranschaulichen lediglich Grundformen, resultierend aus der vereinfachten Annahme von Krafteinwirkungsmodellen. Aufgrund der Wirkung der Mikroschneiden des Schleifwerkzeuges sind die Entstehungsursachen und resultierenden Rissmorphologien jedoch komplexer.

Unter anderem sind in diesem Kontext empirische und semi-empirische Vorhersagemodelle für die SSD kritisch zu betrachten. Semi-empirische Modelle stützen sich neben Versuchsreihen im Wesentlichen auf Zusammenhänge aus der Bruchmechanik. Vorhandene Vorhersagemodelle zeichnen sich durch eine einfache, aber eher unpräzise Abschätzung von SSD aus, insbesondere anhand der Parameter Korngröße d, Oberflächenrauheit R_t und Bruchfestigkeit K_c, daher besteht auf diesem Gebiet noch Forschungsbedarf.

Allgemeine Grenzwerte für den Zusammenhang zwischen Korngröße und SSD-Tiefe c_{max} zeigen /*Sura2019*/ mit der Formel 7.1. Hierfür wurden die Ergebnisse verschiedener Studien zusammengefasst.

$$c_{max} = 3{,}5\left(\overline{d} - 15\right)...7{,}5\overline{d}^{0{,}5} \tag{7.1}$$

Entsprechende Vorhersagemodelle anhand der Rauheit R_t sind stark vom untersuchten Material und den Versuchsbedingungen abhängig. Lineare Korrelationsfaktoren k für die Formel 7.2 liegen im Wertebereich von 0,4 /*Shaf2007*/ bis hin zu 49 /*Mill2005*/.

$$c_{max} = k \cdot R_t \tag{7.2}$$

Weitere Modelle führen auch nicht-lineare Zusammenhänge zwischen R_t und der SSD-Tiefe an, auf die hier nicht weiter eingegangen werden soll. Für detaillierte Informationen sei an dieser Stelle auf /*Sura2018*/ verwiesen.

Messmethoden

Seit der Entdeckung von SSD und ihrer Darstellung mittels Ätzen und Lichtmikroskopie durch Preston /*Pres1922*/ hat sich eine Vielzahl an Messmethoden für die Darstellung und Charakterisierung von SSD entwickelt. Diese lassen sich grob in die zwei Kategorien „destruktiv" und „zerstörungsfrei" einteilen. Ein Überblick über ausgewählte Messverfahren wird in der Tabelle 7.10 gegeben.

Eine ausführlichere Beschreibung ist auf plus.hanser-fachbuch.de hinterlegt.

Tabelle 7.10 Überblick der destruktiven und nicht-destruktiven Messverfahren für Subsurface Damage

Destruktive Messverfahren	Nicht-destruktive Messverfahren

▪ Bildgebende Verfahren mit Farbstoffen
▪ Chemisch basierte Verfahren
▪ Mechanische Verfahren
▪ Polieren
▪ Separieren
	▪ Optische Verfahren
	  ▪ auf Mikroskopie basierend
	  ▪ auf Streulichtmessung basierend
	  ▪ auf Fluoreszenz basierend
	  ▪ auf Weißlichtinterferometrie basierend
	▪ Akustische Verfahren
	▪ Vorhersagemodelle

Bisher sind destruktive Messverfahren basierend auf der MRF-Poliertechnik der „Goldstandard" zur Detektion von SSD und finden in Industrie und Forschung breite Anwendung. Den destruktiven Verfahren steht eine Vielzahl zerstörungsfreier Verfahren gegenüber. Jedes der genannten Verfahren findet zurzeit entsprechende Anwendungen, die mit den jeweiligen Vor- und Nachteilen sowie der Verfügbarkeit der Technologien in der Industrie zusammenhängen. Zerstörungsfreie Technologien haben bisher kaum den Weg in die Praxis gefunden, da für viele der Verfahren spezialisierte Anwender sowie kostenintensive Messgeräte benötigt werden. Es fehlen kommerzielle Verfahren und Geräte, die eine wirtschaftliche SSD-Messung ermöglichen. Rezente Forschungsergebnisse bescheinigen der optischen Kohärenztomographie (OCT) hier ein großes Potenzial, da zerstörungsfrei und dreidimensional sowohl quantitative Informationen zu Risstiefen als auch qualitative Aussagen zu Rissmorphologien gewonnen werden können */Fran2021/*. Ein Vergleich einer OCT-Aufnahme gegenüber konventioneller Digitalmikroskopie ist in Bild 7.25 zu sehen.

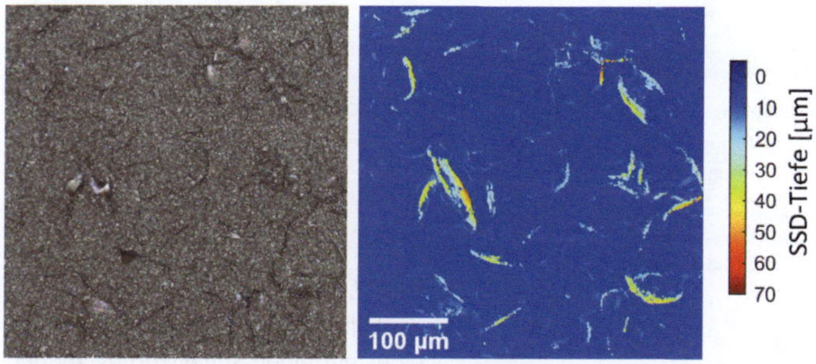

Bild 7.25 Gegenüberstellung von Defektaufnahmen an Quarzglas HPFS7980, Oberfläche geläppt und angeätzt: links) Digitalmikroskopaufnahme, rechts) ausgewertete OCT-Aufnahme in Form einer farbcodierten Tiefenkarte

Die OCT-Messtechnik bietet darüber hinaus sehr gute Möglichkeiten, die SSD ortsaufgelöst auch in der Tiefe bis ca. 100 µm von der Oberfläche darzustellen. In Bild 7.26 sind zwei Beispiele angegeben. Zu sehen sind OCT-Aufnahmen mit einem Full-Field-OCT der Firma LLTech SAS, welche mit einem iterativen Bildverarbeitungsalgorithmus weiterverarbeitet wurden. Durch das Herausfiltern von Bildartefakten und der Wahl geeigneter Dynamikbereiche können auch die sehr niedrigen Signalintensitäten der SSD unterhalb des Oberflächensignals erfasst und dargestellt werden. In Bild 7.26 (links) ist eine konventionell bearbeitete Glasoberfläche zu sehen. Die Aufnahme in Bild 7.26 (Mitte) zeigt durch einen Mikroindenter-Versuch verursachte Rissmorphologien.

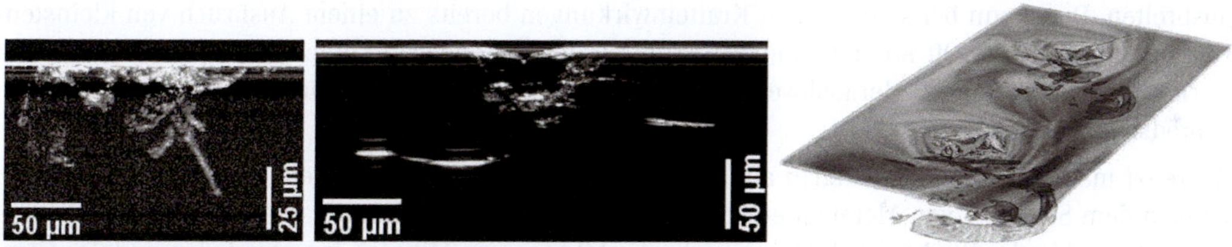

Bild 7.26 Ausbreitung der SSD von der Oberfläche in das Substrat: links) Fused Silica, geläppt, anpoliert und angeätzt, Mitte) Borofloat, flammpoliert, Mikroindenter-Versuch mit 2 N, rechts) 3D-Darstellung der Strukturen

7.2.1.2 Kinematische Verhältnisse und Arbeitsparameter

Die Relativbewegung zwischen dem Werkstück und dem Werkzeug resultiert aus einer rotierenden Werkzeugbewegung und einer Werkstückbewegung (rotatorische oder translatorische Bewegung). Daraus ergibt sich ein Modell für den Eingriff und die Wirkbewegung der gebundenen Schleifkörner, dargestellt in Bild 7.27. Zunächst soll der Zerspanprozess und dessen Wirkung an einer einzelnen Schneide eines Schleifkornes betrachtet werden.

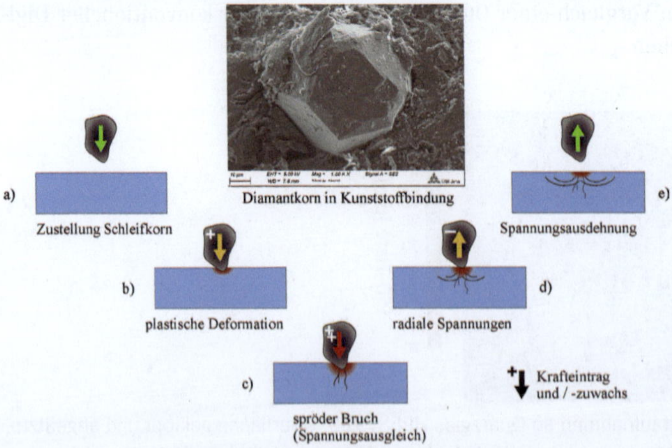

Bild 7.27
Zeitliche Darstellung der Kraftwirkung eines einzelnen Schleifkornes auf die Glasoberfläche nach */Fähn2021/*

Obwohl anorganische Gläser im makroskopischen Bereich kein elastisches Verhalten aufweisen, verfügen sie im mikroskopischen Bereich über ein gewisses duktiles Verhalten, bezogen auf sehr kleine Dimensionen < 1 µm. Betrachtet man ein Korn und die zeitliche Folge der Krafteinwirkung der Schneide auf die Glasoberfläche, dann ist zunächst in der Darstellung b ein duktiles Verhalten festzustellen, d. h., es erfolgt eine plastische Deformation des oberflächennahen Bereiches des Glases. Nimmt das Eindringen der Schneide und somit die Kerbwirkung weiter zu, erhöhen sich die Druck- und Kerbspannungen so stark, bis ein oder mehrere Mikrorisse wie in Abschnitt 7.2.1.1 beschrieben entstehen (Bild c). Durch das Entstehen von Mikrorissen werden Kerb- und Druckspannungen abgebaut, wodurch sich das Korn, relativ betrachtet, von der Oberfläche wegbewegt (Bilder d und e). In der Folge kommt es zur Ausbildung radialer Risszonen, die sich ausgehend von dem Mikrorisszentrum zur Oberfläche hin ausbreiten. Dies kann bei sehr starken Krafteinwirkungen bereits zu einem Ausbruch von kleinsten Glasvolumina führen. Oft kommt es aber erst durch die Überlagerung einer zweiten oder mehrerer Kornschneiden zu einem Herauslösen von Glaspartikeln. Dieser beschriebene Vorgang wird als „Sprödschliff" bezeichnet.

Begrenzt man den Schneideneingriff auf den elastischen Bereich der Darstellung b, dann kann man ähnlich dem Schleifen von Metallen einen **duktilen Schliff** auch für anorganische Gläser erreichen. Dadurch wird in der Wechselwirkungszone die Ausbildung von Mikrorissen vermieden und das Glas aus der Oberfläche verschoben bzw. verdrängt. Die möglichen Eingriffstiefen bzw. die kritische Spanungsdicke h_{krit}, bei dem ein duktiler Schliff noch möglich ist, ist jedoch stark begrenzt (siehe auch Abschnitt 7.2.3.9).

Im Schleifprozess ist stets eine Vielzahl von Mikroschneiden im Eingriff, dessen Wirkung im Weiteren diskutiert werden soll. In Bild 7.28 sind die Wirkbewegung und die Relativbewegung von mehreren Schneiden veranschaulicht.

Die betrachteten vier Schleifkörner werden durch die Bewegung des Werkzeuges über die Glasoberfläche geführt, wobei sich im dargestellten Prinzipbild (von links nach rechts) drei Mikroschneiden (Korn 1, 3 und 4) im Eingriff mit der Glasoberfläche befinden. Korn 2 ist leicht zurückgesetzt und kann zum Abtrag an der Oberfläche nicht beitragen. Die resultierende Eingriffstiefe wird durch das Korn 3 bestimmt, welches den geringsten Abstand zur Glasoberfläche aufweist. Allerdings ist die theoretische Eingriffstiefe in das Werkstück nicht gleichzusetzen mit der abgetragenen Tiefe bzw. des gewählten Arbeitseingriffes a_e (auch als Zustellung bezeichnet). Diese ist kleiner, da es u. a. durch die Ausbildung der duktilen Zone (siehe Bild 7.27) zu einer geringen Rückstellbewegung der am Eingriff beteiligten Kornschneiden kommt.

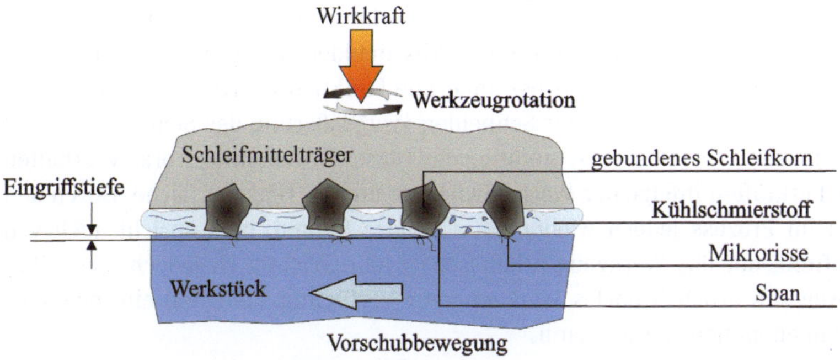

Bild 7.28 Prinzipdarstellung der Wirkbewegung und des Eingriffs der geometrisch unbestimmten Schneiden

Wie tief die Körner in die Glasoberfläche eindringen und welche theoretische Spanungsdicke sich ergibt, kann relativ einfach durch die äquivalente Spandicke h_{ec} beschrieben werden.

$$h_{ec} = \frac{Q_W}{v_c} = \frac{v_f \cdot a_e}{v_c} \tag{7.3}$$

v_c Schnittgeschwindigkeit, v_f Vorschubgeschwindigkeit, a_e Arbeitseingriff, Q_W Zeitspanungsvolumen

Die äquivalente Spandicke ist sehr wichtig für die Auslegung von Schleifprozessen. Sie bestimmt maßgeblich die Oberflächenrauheit, die Zerspanleistung und die Auswahl des Werkzeuges. Sie muss für die verschiedenen Schleifverfahren und die Glasart entsprechend ausgewählt werden. Als typische Richtwerte gelten:

a) Vorschleifen: $h_{ec} = 0{,}5 - 3{,}0\ \mu m$,

b) Feinschleifen: $h_{ec} = 0{,}1 - 0{,}5\ \mu m$,

c) Feinstschleifen: $h_{ec} = 0{,}05 - 0{,}1\ \mu m$,

d) Ultra-Feinstschleifen (optional): $h_{ec} = 0{,}0005 - 0{,}05\ \mu m$,

Oftmals findet auch die erweiterte (unverformte) Spanungsdicke bei der Auslegung von Schleifprozessen Berücksichtigung. Es werden zusätzlich die Größen Kornkonzentration, die Kornform und die Werkzeuggröße betrachtet. Mit diesen drei Größen kann direkt Einfluss auf die Optimierung eines Schleifprozesses genommen werden. */Vogt2017/*

In */Mari2000/* wird für die unverformte Spanungsdicke h_{cu} eine Gleichung eingeführt, die eine Abschätzung für das Eindringen des Korns zulässt. Es werden dafür signifikante Prozess- und Werkzeugparameter berücksichtigt. */Vogt2017/*

$$h_{cu} = \sqrt{\frac{v_f}{v_c} \cdot \frac{l_g}{N \cdot \lambda}} \cdot \sqrt{\frac{a_e}{d_e}} \tag{7.4}$$

v_c Schnittgeschwindigkeit, v_f Vorschubgeschwindigkeit, a_e Arbeitseingriff, d_e äquivalenter Werkzeugdurchmesser, N Anzahl der aktiven Schneidkörner, λ Kornformfaktor, l_g Kontaktlänge des Werkzeuges

In Bild 7.28 ist ebenfalls die Relativbewegung des Werkstückes dargestellt. Sind die Relativbewegungen von Werkzeug und Werkstück entgegen gerichtet, dann befindet sich das Gesamtsystem in **Gegenlauf** (dargestellt). Im umgekehrten Fall liegt **Gleichlauf** vor. Die gewählte Laufrichtung kann im Bearbeitungsprozess zu unterschiedlichen Bearbeitungsergebnissen führen und sollte, wenn möglich, den Prozessbedingungen angepasst werden.

Im realen Schleifprozess sind wesentlich mehr Kornschneiden im Eingriff, so dass sich der Gesamtabtrag aus der Summation der Wirkung einer Vielzahl von Mikroschneiden ergibt. Dem resultierenden Abtragswert liegt somit eine sich statistisch im Prozess ändernde Funktion zugrunde, da die Schneiden einer stetigen Änderung durch Verrundung der Schneiden (Vergrößerung des Schneidenradius) und Schneidenbruch bis hin zum Kornausbruch unterliegen. Dieses sogenannte Abrasivverhalten basiert auf Reibung und Scherkräften infolge der Wechselwirkung mit der Glasoberfläche. Durch den Schneidenbruch entstehen im Prozess jedoch wieder neue scharfe Kanten, man spricht auch von einem **Selbstschärfungseffekt**, der das Werkzeug arbeitsscharf hält. Wichtig ist jedoch, dass über eine Schleifoperation hinweg, ein arbeitsscharfes Werkzeug zur Verfügung steht und ein möglichst gleichmäßiger Verschleiß angenommen werden kann.

Betrachtet man eine wesentlich größere Anzahl von Mikroschneiden, beispielsweise alle Schneiden, die während des Schleifprozesses im Eingriff sind, so ergeben sich bestimmte Eingriffsflächen an der Werkstückoberfläche. Die Form und die Größe der resultierenden Eingriffsflächen sind von der Werkzeugform, dem Eingriff des Werkzeugs (Winkel, Fläche) und den Relativbewegungen abhängig. Diese gesamtheitliche Betrachtung der Bewegung und Wirkung von Werkzeug und Werkstück wird auch als **kinematisches Prinzip** oder **Verhältnis** bezeichnet. Drei typische Eingriffsformen sind in der Tabelle 7.11 dargestellt. Die sich ergebende Wirkfläche zwischen Werkstück und Werkzeug im Eingriff wird auch als **Footprint** bezeichnet.

Tabelle 7.11 Darstellung von typischen Eingriffsformen

Flächenhafter Eingriff	Linienförmiger Eingriff	Punktförmiger Eingriff
Werkzeug: plan Geometrie: plan	Werkzeug: Schleifscheibe Geometrien: plan, zylindrisch, asphärisch	Werkzeug: Ringwerkzeug Geometrien: plan, sphärisch, asphärische Freiform
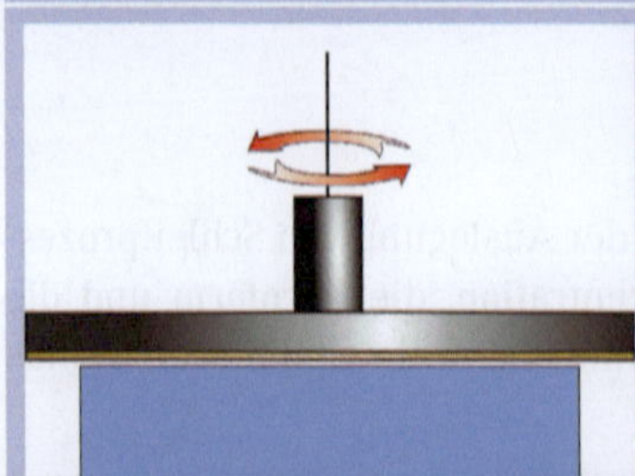	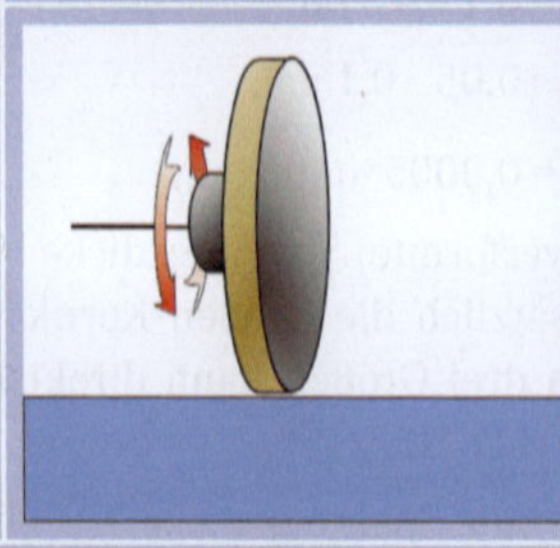	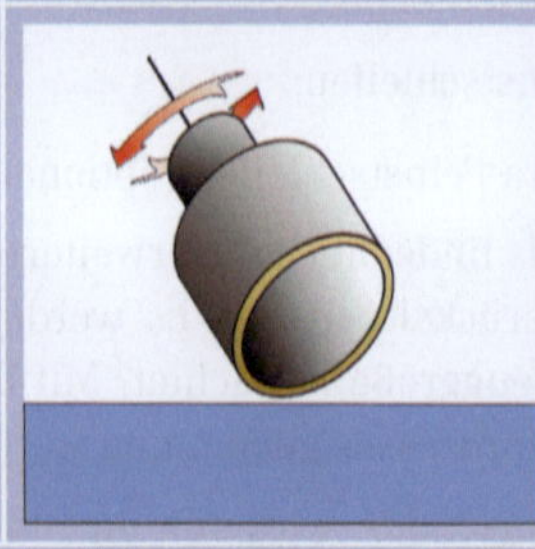
Eingriffszone		
▪ sehr groß ▪ schwankend im Prozess ▪ Flächenform entsprechend der Werkstückoberfläche	▪ klein ▪ konstant ▪ linien- und rechteckförmig	▪ sehr klein ▪ konstant ▪ punkt- oder bohnenförmig
Footprint		
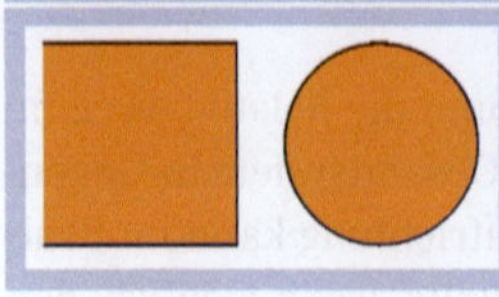	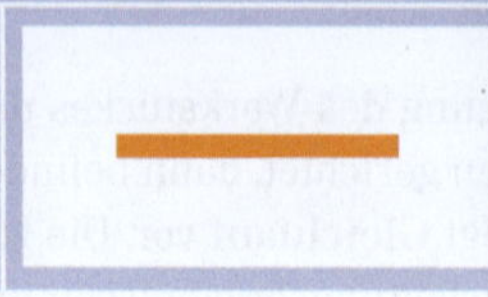	

Wenn nun dieser sich jeweils ergebende Footprint durch die Vorschubbewegung von Werkzeug und/oder Werkstück kontinuierlich verschoben wird, ergeben sich typische Bahnen und Schleifstrukturen auf der Oberfläche des Werkstückes. In Abhängigkeit von der gewählten Drehzahl und von den Vorschubbahnen enstehen zum Teil sehr unterschiedliche Schleifstrukturen. Ein wesentliches Ziel der Schleifbearbeitung ist das Erreichen möglichst sehr homogener Oberflächenstrukturen mit geringen mittelfrequenten Fehlerbildern (siehe auch Kapitel 4). Diese Zielerreichung ist sehr stark von den Prozessparametern abhängig. Einflussparameter auf die Entstehung von mittelfrequenten Fehlern (Schleifstrukturen) sind u. a.:

1. ungünstige Drehzahlverhältnisse,
2. Schleifwerkzeuge mit zu großer Unwucht,
3. unkontrollierter Werkzeugverschleiß,
4. geringe Bahngenauigkeit der CNC-Schleifmaschine,
5. kleine Werkzeuge und kleiner Footprint im Vergleich zur Gesamtfläche des Werkstücks,
6. mäanderförmiges Abzeilen der Werkstückkontur.

Die Punkte 5 und 6 lassen sich meist nicht unmittelbar beeinflussen und werden durch die optische Bauteilgeometrie vorgegeben (z. B. nichtrotationssymmetrische Asphären und Freiformflächen).

Das Festlegen oder das Berechnen von Bahnbewegungen und die sich daraus ergebenden Oberflächenstrukturen sind für die Optimierung von Schleifprozessen sehr wichtig. In der Tabelle 7.12 sind zwei kinematische Wirkprinzipien gegenübergestellt, die unterschiedliche Bewegungsabläufe veranschaulichen. Die Durchmesser der planen Ronden und dem Ringwerkzeug (siehe auch Bild 7.32) wurden mit 24 mm und 25 mm für diesen Versuch nahezu identisch gewählt. Ein mäanderförmiges Abzeilen des Werkstückes erfolgt im linken Beispiel mit der Geradenkinematik, wobei das Werkzeug in diesem angenommenen Beispiel 3 Bahnen zurücklegt. Die sich ergebende Schleifstruktur auf der Werkstückoberfläche lässt die Übergänge gut erkennen. Im Beispiel der gewählten Kreiskinematik wird das Schleifwerkzeug in zwei Kreisbahnen über die Werkstückoberfläche bewegt. Die daraus resultierende **Schleifstruktur** unterscheidet sich von der Geradenkinematik und weist eine blütenartige Struktur auf. Für das Experiment, dargestellt in der Tabelle 7.12, wurden bewusst extrem ausgeprägte Einstellparameter gewählt, um die Schleifstrukturen gut sichtbar zu machen, die im realen Schleifprozess so nicht angewendet werden dürfen. Homogenere Schleifstrukturen kann man beispielsweise durch eine zusätzliche Drehbewegung des Werkstückes, das Arbeiten mit gewuchteten Werkzeugen oder aber einem günstigen Verhältnis von Werkstück- zu Werkzeugdurchmesser erreichen. Wird in dem Beispiel der Tabelle 7.12 der Durchmesser des Werkzeuges sehr viel kleiner gewählt als der des Werkstückes, dann entsprechen diese beiden Kinematiken dem des Polierens mit Subaperturwerkzeug (siehe Abschnitt 7.6).

Tabelle 7.12 Gegenüberstellung zweier typischer kinematischer Wirkprinzipien */Henk2016/*

Geradenkinematik	Kreiskinematik
mäanderförmiges Abzeilen der Werkstückoberfläche (meist für nichtrotationssymmetrische Bauelemente eingesetzt)	zirkulare Kreisbewegung spiralförmig über die Oberfläche (meist für rotationssymmetrische Bauelemente eingesetzt)
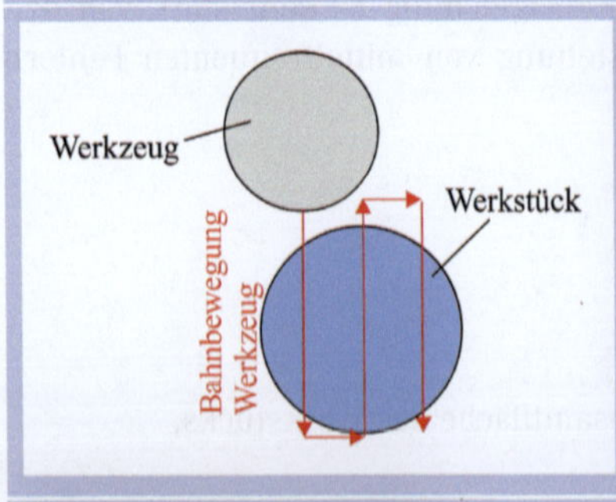	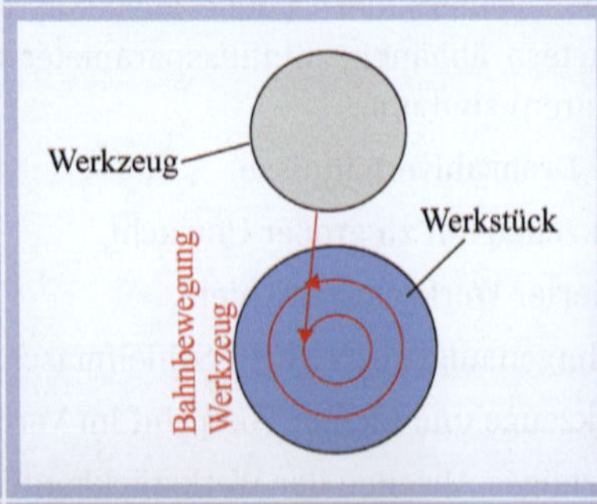
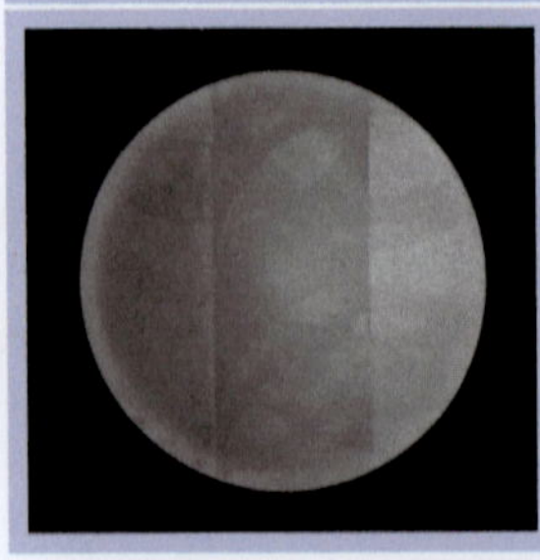	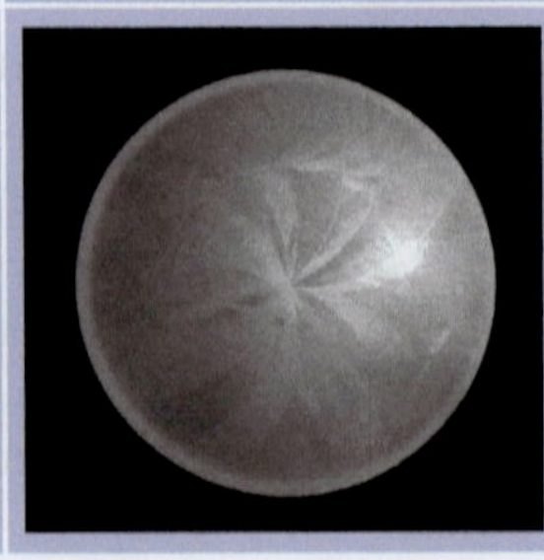

Der Werkzeugbewegung ist in vielen Anwendungen eine Zustellbewegung zum definierten Tiefen- bzw. Formenabtrag überlagert. CNC-Schleifmaschinen verfügen darüber hinaus meist über mehrere Verfahrachsen, um auch kompliziertere Konturen schleifen zu können. Die kinematischen Eingriffsverhältnisse am Beispiel des Flachschleifens mit Ringwerkzeug für die prismatische Formgebung veranschaulicht die Tabelle 7.13.

Tabelle 7.13 Kinematische Verhältnisse beim Flachschleifen mit Ringwerkzeug

Wirkprinzip	Bewegung und Größen
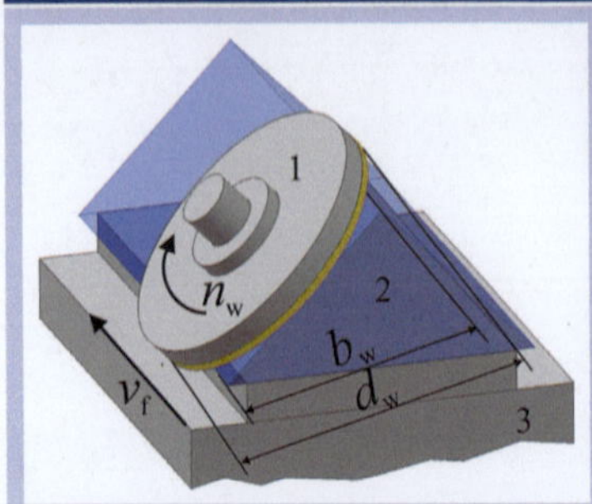	▪ Rotation des Ringwerkzeuges ▪ Vorschub bzw. Zustellung des Ringwerkzeuges
	1 Werkzeug 2 Werkstück 3 Werkstückaufnahme
	v_f Vorschubgeschwindigkeit d_w Durchmesser Werkzeug d_{Wst} Durchmesser Werkstück b_w Werkstückbreite n_w Drehzahl Werkzeug a_e Zustellung

Im Schleifprozess führt auch oftmals das Werkstück eine zusätzliche Drehbewegung aus. Dadurch können verbesserte kinematische Verhältnisse, insbesondere für das Schleifen von sphärischen Flächen, erzielt werden (siehe auch Abschnitt 7.2.3.5). Die Schnittgeschwindigkeit für das Flachschleifen ergibt sich für den Fall, dass $d_W = ½\, d_{Wst}$

$$v_c = d_w \cdot \pi \cdot n_w \tag{7.5}$$

v_c Schnittgeschwindigkeit

$$V = \frac{\pi \cdot d_w^{\ 2}}{4} \cdot a_e \tag{7.6}$$

V Abtragsvolumen

Das daraus resultierende Zeitspanungsvolumen kann durch die Gleichung

$$Q_w = v_f \cdot a_e \cdot b_w \tag{7.7}$$

Q_w Zeitspanungsvolumen

bestimmt werden. Sehr oft wird dafür auch die Abtragsrate angegeben, die der Quotient aus zerspantem Material und der erforderlichen Zeit ist.

$$A_r = \frac{V}{t_S} \tag{7.8}$$

A_r Abtragsrate, t_S Zeit für den Schleifvorgang

Die Abtragsrate ist hauptsächlich von den Größen **Glasart, Schleifhärte, Körnung** und **Qualität** des **Diamantwerkstoffes** sowie **Schnittgeschwindigkeit** abhängig. Typische Werte erzielt man zwischen 0,3 bis 1 $cm^3 \cdot min^{-1}$, die aber im Einzelfall, je nach Anforderung, abweichen können.

Die Wahl der Schnittgeschwindigkeit in Abhängigkeit des kinematischen Wirkprinzips stellt eine wichtige Größe im Schleifprozess dar. Betrachtet man die Formel 7.3 zur Bestimmung der äquivalenten Spandicke h_{ec}, dann ist das Zeitspanungsvolumen zur Schnittgeschwindigkeit direkt proportional, unter der Voraussetzung, dass h_{ec} konstant ist. Somit kann prinzipiell durch die Erhöhung der Schnittgeschwindigkeit auch eine Erhöhung des abgetragenen Volumens pro Zeit erzielt werden. Jedoch muss beachtet werden, dass diese Maßnahme auch zu einer Erhöhung der Wärmeentwicklung in der Wechselwirkungszone führt und die Schleifkörner eine höhere Belastung erfahren. Entsprechend muss die Möglichkeit bestehen, mit einer angepassten Werkzeugauslegung und guter Kühl-Schmierstoff-Versorgung diesen erhöhten Anforderungen gerecht werden zu können.

Beispiel:

Mit den beiden kinematischen Wirkprinzipien der Tabelle 7.13 soll eine Schleifbearbeitung von planen Ronden durchgeführt werden */Henk2016/*.

a) mit Geradenkinematik

Das Werkzeug fährt in drei Bahnen nacheinander die gesamte Werkstückoberfläche ab. Die Arbeitseingriffsbreite des Werkzeugs a_b beträgt 10 mm. Pro Überlauf des Werkzeugs über das Werkstück wird eine Strecke von ca. 179 mm zurückgelegt. Das Zeitspanungsvolumen Q_w ergibt sich wie folgt:

$a_e = 0{,}1$ mm; $v_f = 100$ mm · min^{-1};
$a_b = 10$ mm $\quad Q_w = 1{,}67$ mm^3 · s^{-1} $\quad t_s = 537$ s

$a_e = 0{,}5$ mm; $v_f = 400$ mm · min^{-1};
$a_b = 10$ mm $\quad Q_w = 33{,}33$ mm^3 · s^{-1} $\quad t_s = 27$ s

b) mit Kreiskinematik

Das Werkzeug fährt mit zwei Kreisbahnen von außen nach innen über die gesamte Werkstückoberfläche. Die Arbeitseingriffsbreite des Werkzeugs a_b beträgt 7,5 mm. Pro Überlauf des Werkzeugs über das Werkstück wird eine Strecke von ca. 186 mm zurückgelegt. Das Zeitspanungsvolumen Q_w ergibt sich wie folgt:

$a_e = 0{,}1$ mm; $v_f = 100$ mm·min^{-1};
$a_b = 7{,}5$ mm $\quad Q_w = 1{,}25$ mm^3 · s^{-1} $\quad t_s = 558$ s

$a_e = 0{,}5$ mm; $v_f = 400$ mm·min^{-1};
$a_b = 7{,}5$ mm $\quad Q_w = 25{,}00$ mm^3 · s^{-1} $\quad t_s = 28$ s

Der Schleifprozess ist i. d. R. ein **mehrstufiger Prozess**, um sich der Endform schnell und qualitätsgerecht annähern zu können. Für diesen Prozess finden diamantgebundene Schleifwerkzeuge mit unterschiedlichen Korngrößen Anwendung. Beim sogenannten Vorschleifen werden Kornfraktionen mit größeren Korndurchmessern (typisch für CNC-Schleifen mit Werkzeug D76, D64 oder D46 siehe auch Tabelle 7.16) angewandt, um ein möglichst großes Zeitspanungsvolumen zu erreichen. Die Abtragsrate bestimmt dabei die Effizienz des Prozesses. Allerdings müssen die Anforderungen aus Bild 7.23 (Rissverläufe müssen tiefenbegrenzt eingebracht werden) eingehalten werden. Man erreicht dies mit einer Stufung der Korngrößen, d. h. die Verkleinerung des Korndurchmessers bei Annäherung an das Sollmaß.

Beim Feinschleifprozess hingegen spielt die Abtragsleistung eine untergeordnete Rolle; hier müssen die erforderlichen Oberflächenqualitäten erreicht werden, um eine polierfähige Glasoberfläche herzustellen (typisch für CNC-Schleifen mit Werkzeug D15 oder D10).

Ein Maß für die Schleifbarkeit von Glaswerkstoffen beschreibt die **Schleifhärte**. Zur Bestimmung der Schleifhärte wird von dem jeweiligen Glaswerkstoff ein definierter Glaswürfel hergestellt. Die Glasmenge, die in einer bestimmten Zeiteinheit (typ. 30 Sekunden) unter festgelegten Bedingungen (insbesondere Schleifdruck, Schleifmittel, Schnittgeschwindigkeit) abgetragen wird, gibt die Schleifhärte des jeweiligen Glases an. Die Kenntnis der Schleifhärte unterstützt die Auswahl geeigneter Schleifwerkzeuge und ermöglicht eine angepasste Prozessführung. In der DIN ISO 12844 wird eine Vorschrift für die Schleifbarkeit von Rohglas mit Diamant-Pellets dargelegt. Bei dieser Methode wird die Schleifbarkeit des Glases mit der eines Standard-Referenzglases N-SK16 verglichen und klassifiziert. Für den Volumenabtrag des Referenzglases wird der Wert 100 festgelegt. Nach der Norm werden zwanzig Proben des zu klassifizierenden Glases mit einem standardisierten Diamant-Pellet-Werkzeug geschliffen und der Volumenabtrag bestimmt. Im Vergleich des Volumenabtrages mit dem Referenzglas N-SK16 werden die Gläser sechs Schleifbarkeitsklassen von HG1 bis HG6 der Tabelle 7.14 zuordnet.

Tabelle 7.14 Einteilung der Schleifbarkeitsklassen nach DIN ISO 12844

Schleifbarkeitsklasse	ermittelter Wert für die Schleifbarkeit
HG1	≤30
HG2	>30≤60
HG3	>60≤90
HG4	>90≤120
HG5	>120≤150
HG6	>150

Der Schleifprozess ist ein sehr komplexer Vorgang, der von vielen Einflussgrößen abhängig ist. Für viele Anwendungsfälle muss die Handhabung der Schleiftechnologie individuell bestimmt und ausgeführt werden. Die wichtigsten Größen des komplexen Prozesses veranschaulicht Bild 7.29 in Anlehnung an */Spur1980/*.

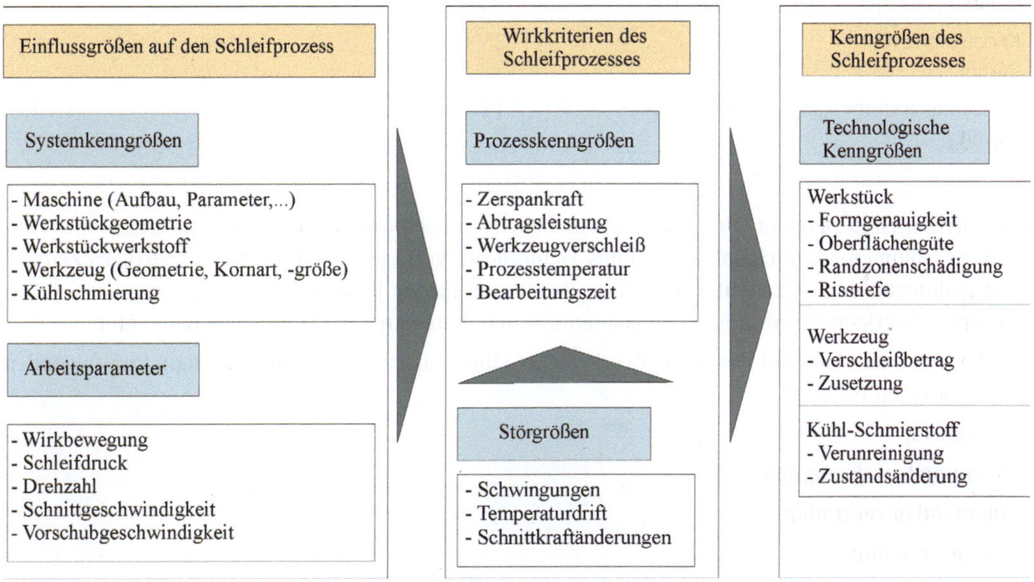

Bild 7.29 Darstellung der Kenngrößen des Schleifprozesses nach */Spur1980/*

Eine wichtige Rolle kommt dem Kühl- und Schmierstoff (KSS) zu. Er begünstigt einerseits das Herauslösen kleinster muschelförmiger Teilchen aus der Glasoberfläche und kann diese abtransportieren. Andererseits soll er die entstehende Reibungswärme aus der Wechselwirkungszone abführen. Gelingt dies nur unzureichend, kann es zu einem unkontrollierten und sehr schnellen Verschleißen des Schleifwerkzeuges kommen. Diamant hat nur eine Warmhärte bis ca. 650 °C. Dies begrenzt letztendlich auch die maximale Eingriffslänge von Werkzeugen, in Abhängigkeit von der Zuführungsmöglichkeit des KSS. Um diese zu erhöhen, werden sehr oft auch Schleifwerkzeuge und Maschinen eingesetzt, die eine Innenkühlung der Werkzeuge ermöglichen.

7.2.2 Werkzeuge und Maschinen

7.2.2.1 Werkzeuge

Die zur Anwendung kommenden Schleifwerkzeuge tragen an ihrer Wirkfläche einen diamantgebundenen Belag oder keramisch gebundene Carbide bzw. Korunde. In der Optikbearbeitung haben sich jedoch die **diamantgebundenen Schleifwerkzeuge** durchgesetzt. **Diamant** besitzt alle positiven Eigenschaften, die ein Zerspanungswerkzeug erfüllen sollte, und rechtfertigt somit auch die höheren Herstellungskosten. Insbesondere die hohe Härte, die hohe Temperaturbeständigkeit und die sehr gute Temperaturleitfähigkeit führen in der Anwendung des Diamantwerkzeuges zu sehr hohen Standzeiten bei hohen Abtragsleistungen, sowie zu guten Oberflächenqualitäten bei reproduzierbaren Formgenauigkeiten. In der Tabelle 7.15 sind wichtige Eigenschaften der drei genannten Kornmaterialien zusammengefasst.

Tabelle 7.15 Vergleich der Parameter unterschiedlicher Kornmaterialien

	Diamant	Siliziumcarbid	Edelkorund
chemische Zusammensetzung	Kohlenstoff C	SiC	Al_2O_3
Struktur/Aufbau	kubisch-flächenzentriert	kristallin/hexagonal	kristallin/hexagonal
Dichte ($g \cdot cm^{-3}$)	3,52	3,21	3,93
Knoop-Härte (0,1) ($N \cdot cm^{-2}$)	7000	2500	2000
max. Temperaturbeständigkeit (°C)	1000 – 1200	1450	2000

Der Kornwerkstoff Diamant wird sowohl als monokristallines (für hohe Schleifdrücke und großes Zeitspanungsvolumen) als auch polykristallines Material (für geringe Schleifdrücke und geringes Zeitspanungsvolumen) eingesetzt. Aufgrund seiner Bedeutung für die Bearbeitung von anorganischem Glas und Kristallwerkstoffen werden im Folgenden nur diamantgebundene Werkzeuge betrachtet.

Bei der richtigen Auswahl des Schleifwerkzeuges sind hinsichtlich des Belagdesigns die folgenden Spezifikationen wichtig:

- Kornform,
- Körnung bzw. Korngröße,
- Diamantkonzentration,
- Art der Bindung.

Die **Kornform** entscheidet u. a. über den Einsatzbereich eines Werkzeuges. Man unterteilt sie in blockige, kugelige und spitzförmige Diamanten. Letztgenannte sind z. B. leicht brüchig und führen zu einem sehr guten Selbstschärfeffekt des Werkzeuges während der Bearbeitung. Blockige Diamanten hingegen besitzen eine hohe Festigkeit und eignen sich sehr gut für den Einsatz als Profilwerkzeug.

Die gewählte Korngröße beeinflusst wesentlich die Abtragsleistung sowie die erreichbaren Oberflächengüten. Angegeben werden diese beispielsweise mit der Bezeichnung **D126** nach dem europäischen **FEPA-Standard.** Bezogen wird sich bei diesem System auf die Nennkorngröße in Mikrometern. Das amerikanische System nach Mesh bezieht sich auf die Maschengröße des Siebes bei der Sortierung der Diamanten. In der Tabelle 7.16 sind wichtige Diamantkorngrößen der beiden Bezeichnungsstandards gegenübergestellt. Die Wahl größerer Korngrößen hat ein größeres Zeitspanungsvolumen bei gleichzeitig längerer Lebensdauer und höherer Rauigkeit der Oberfläche zur Folge. Daraus leitet sich u. a. auch die Schlussfolgerung ab:

So grob wie möglich und so fein wie nötig. */Sain2006/*

Tabelle 7.16 Diamantkörnungs-Größen nach DIN ISO 6106 */Sain2006/*

Internationaler Standard der Korngrößen			Feinkorngrößen nach Winter	
Diamant FEPA-Standard	Diamant US-Standard	Nennmaschen-weite (µm)	Bezeichnung Diamant nach Winter	Korngröße (µm)
D 601	30/35	600/500	D25	32 - 52
D 501	35/40	500/425	D20B	30 - 40
D 251	60/70	250/212	D20A	25 - 30
D 213	70/80	212/180	D15	10 - 25
D 181	80/100	180/150	D15C	20 - 25
D 151	100/120	150/125	D15B	15 - 20
D 126	120/140	125/106	D15A	10 - 15
D 107	140/170	106/90	D7	5 - 10
D 91	170/200	90/75	D3	2 - 5
D 76	200/230	75/63		
D 64	230/270	63/53		
D 54	270/325	53/45		
D 46	325/400	45/38		

Die Konzentration ist eine Maßzahl für den **Diamantanteil im Schleifbelag**. Eine Konzentration von 100 entspricht einem Diamantgehalt von 4,4 Karat (1 Karat = 0,2 g) je 1 cm^3 Belagvolumen. Dies ergibt einen Volumenanteil von 25 %. In der Praxis liegen Erfahrungswerte für die richtige Wahl der geeigneten Konzentration vor. Prinzipiell gilt, kleine Kontaktflächen zwischen Werkzeug und Werkstück erfordern große Konzentrationen. Für große Kontaktflächen werden kleinere Konzentrationen gewählt */Sain2006/*.

Das **Bindemittel** beeinflusst wesentlich die Festigkeit eines diamantgebundenen Werkzeuges und darüber hinaus ebenfalls die Profiltreue, die umsetzbaren Schnittkräfte sowie die Temperatur in der Wechselwirkungszone. In der Optikfertigung kommen weitestgehend Diamantwerkzeuge mit metallischer Bindung zum Einsatz. Sie erreichen ein hohes Zeitspanungsvolumen im Gegensatz zu anderen Bindungsarten. Metallische Werkzeuge zeichnen sich durch eine hohe Formtreue aus und erreichen somit hohe Formgenauigkeiten über eine relativ lange Standzeit. Kunstharzgebundene Werkzeuge werden für die Feinbearbeitung in ausgewählten Bereichen, z. B. Gleitsichtbrillengläser, Feinschleifen angesprengter Prismen oder zum Trennen von Spezialgläsern, eingesetzt. Ein wesentlicher Vorteil liegt bei dieser Bindungsart in der Erzielung von sehr guten Oberflächenqualitäten nach dem Feinschleifen, was im anschließenden Polierprozess zu kürzeren Bearbeitungszeiten führt.

Bei richtiger Wahl der vorstehend genannten Werkzeugparameter kann ein fortlaufend funktionstüchtiges Werkzeug eingesetzt werden, das sich durch den Selbstschärfeeffekt „arbeitsscharf“ hält. Aus diesem Grund ist die Wahl der Parameter für ein gutes Selbstschärfeverhalten entscheidend. Somit ist nicht unbedingt das Werkzeug mit dem geringsten Verschleiß, vielmehr das mit dem definiert richtigen Verschleiß bevorzugt einzusetzen.

In Bild 7.30 sind exemplarisch zwei Ring- bzw. Stirnflächenwerkzeuge mit unterschiedlicher Bindungsausführung dargestellt. Interessant ist die mikroskopische Darstellung der Korneinbettung in die Bindungsmatrix. Aufgrund der sehr verschiedenen Härtewerte der beiden Bindungstypen entstehen unterschiedliche Oberflächenmikrotopografien auf der Glasoberfläche beim Einsatz dieser Bindungsformen. Ähnlich dem Polierverfahren kann man hierbei von einem Federdämpfungsmodell ausgehen, wobei die elastische Konstante der Kunststoffbindung im Vergleich zur metallischen Bindung wesentlich größer ist. Dies ist ein Grund, warum bei kleinerem Korndurchmesser ($d_m < 15\,\mu m$) und einer Kunststoffbindung bereits anpolierte Oberflächen mit sehr kleinen R_q-Werten nach dem Schleifprozess vorliegen.

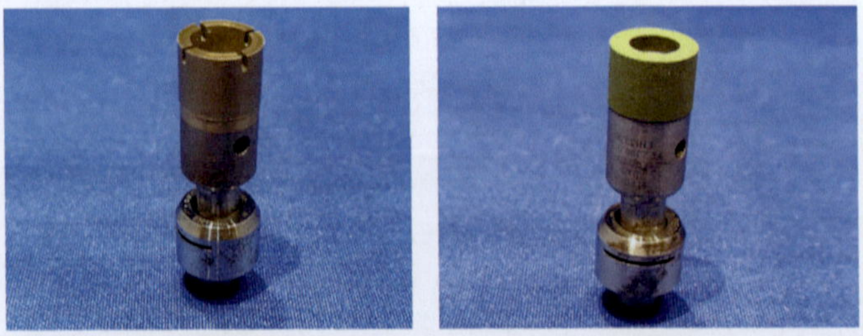

Bild 7.30
Diamantschleifwerkzeuge mit unterschiedlichen Bindungen (Fa. Effgen): links) metallische Bindung, rechts) Kunststoffbindung

Für die Schleifbearbeitung stehen sehr vielfältige Werkzeugformen und -größen zur Verfügung, siehe Bild 7.31. Häufig müssen aber für Spezialanwendungen auch Werkzeuge ausgelegt, dimensioniert und gefertigt werden. Das rechte Bild zeigt Schleifwerkzeuge für das Schleifen einer konkaven Axicongeometrie. Die Herausforderung dabei besteht in einem möglichst exakten Formgebungsschritt, so dass im Schleifergebnis eine gut ausgeprägte Spitze (geringer Abflachung) entsteht.

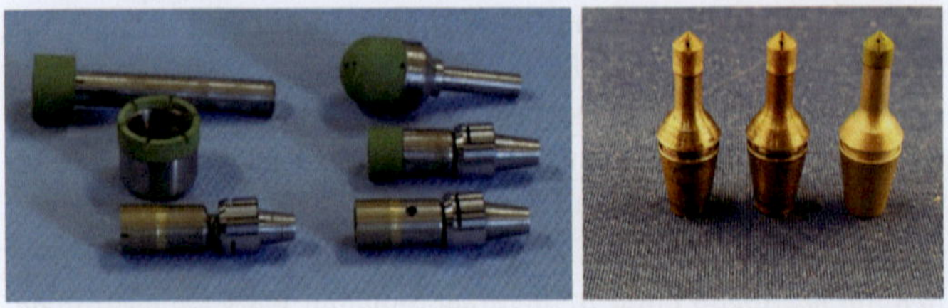

Bild 7.31
Ausgewählte Werkzeugformen (Fa. Effgen): links) Standardwerkzeuge, rechts) Spezialschleifwerkzeuge für eine konkave Axicongeometrie

Ringwerkzeuge

Ringwerkzeuge (auch Topfwerkzeuge genannt) haben eine **topfförmige Gestalt** (Bild 7.32). Die Arbeitskante ist kreisförmig und besteht aus einem Grundkörper mit Sinterring (ca. 4 mm breit).

Diese Werkzeuge werden sowohl als Vorschleif- als auch als Feinschleifwerkzeuge eingesetzt. In Kombination mit einer CNC-Schleifmaschine lassen sich sehr flexibel unterschiedliche Radien bzw. Formen erzeugen. Eine Einteilung und Aufstellung über Standardmaße und -geometrien der Ringwerkzeuge ist in der DIN ISO 58741 festgelegt.

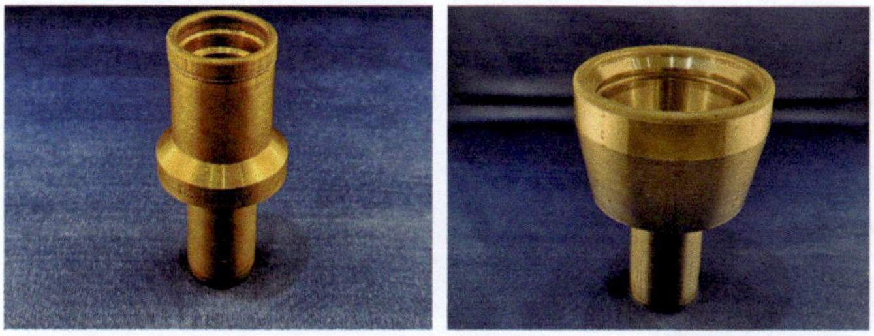

Bild 7.32
Darstellung metallisch gebundener Ringwerkzeuge: links) Universalringwerkzeug, rechts) Topfwerkzeug für das Asphärenschleifen

Pelletwerkzeuge

Pellets sind metall- oder kunstharzgebundene Diamantwerkzeuge, die vorwiegend zylinderförmig in einem Vorzugsbereich von 4 bis 15 mm gefertigt werden. Diese wirken meist im Verbund und werden auf den Werkzeuggrundkörper aufgeklebt oder gelötet. Somit hat der Anwender die Möglichkeit einer flexiblen Pelletbelegung, angepasst an die Bearbeitungsaufgabe. Die Oberflächengeometrie dieser Pelletwerkzeuge wird durch Überschleifen (**Abrichten**) in die erforderliche Form und Toleranz gebracht.

Bei der Auswahl bzw. Optimierung des Diamantwerkzeuges sollten die folgenden Hauptgesichtspunkte Berücksichtigung finden */Sain2006/:*

- Das Schleifbelagsvolumen sollte aus Wirtschaftlichkeitsgründen möglichst vollständig einsetzbar sein.
- Die Belagstiefe bzw. das Belagsvolumen sollte so groß wie möglich gewählt werden (Herstellkosten wirken nicht linear).
- Der Werkzeugdurchmesser sollte so groß wie möglich gewählt werden, um das Kostenverhältnis zu verbessern.

Tabelle 7.17 Darstellung ausgewählter Schleifwerkzeuge (1 Grundkörper, 2 Diamantbelag)

Ringwerkzeug	Pelletwerkzeug	Trennwerkzeug	Facettierwerkzeug
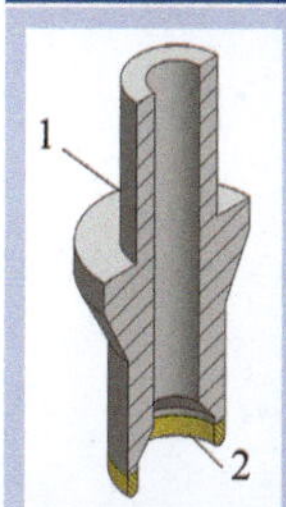	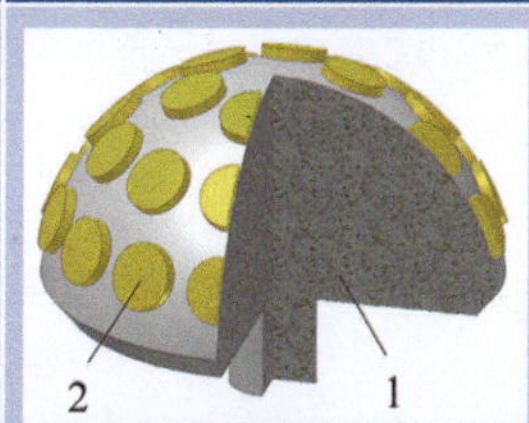	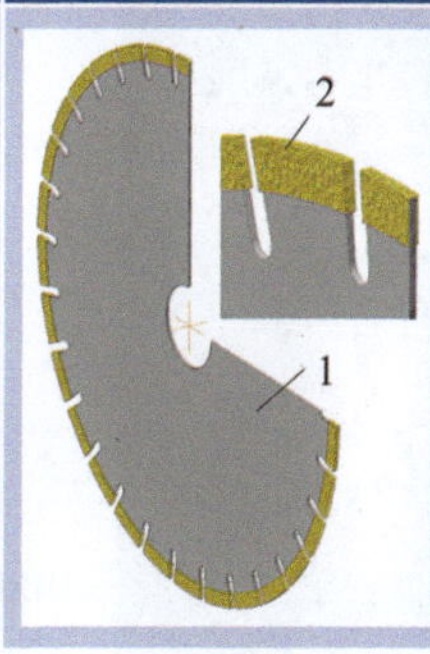	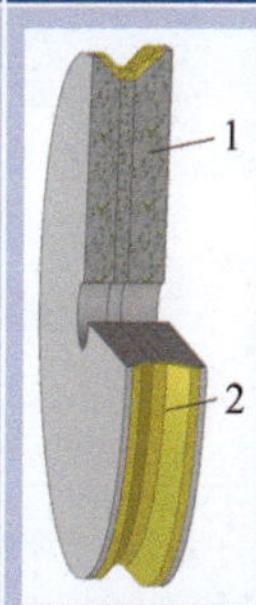

Schleifwerkzeuge werden in sehr vielfältigen, z. T. der Bearbeitungsaufgabe individuell angepassten Formen angeboten (siehe Tabelle 7.17). Beim Schleifen von sphärischer und planer Optik kann auch eine Kombiwerkzeugtechnologie vorteilhaft zum Einsatz kommen, d. h. das Werkzeug zum Vorschleifen und zum Feinschleifen befindet sich in einer Spindel ohne Werkzeugwechsel (Bild 7.33). Die Schleif- und Oberflächenqualität erlaubt ein Polieren direkt nach der Schleifbearbeitung.

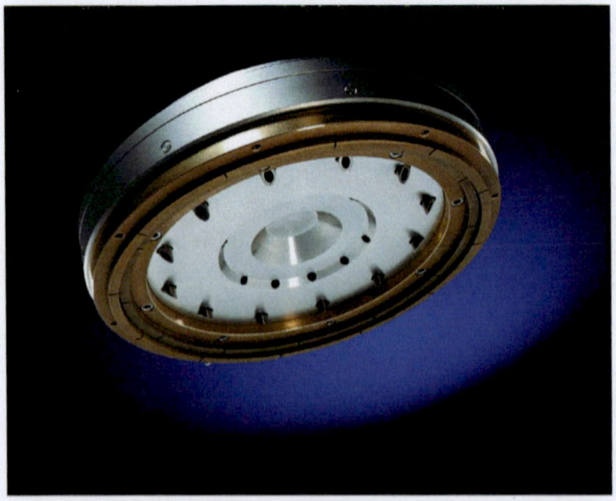

Bild 7.33
Flachschleifen mit Kombiwerkzeug */Opto2007/*

7.2.2.2 Schleifmaschinen

Präzisionsschleifmaschinen

Als Schleifmaschinen kommen überwiegend CNC-Maschinen in unterschiedlichen Konfigurationen zum Einsatz. Diese sind sehr universell und hochproduktiv und gehören mittlerweile zu den Standardverfahren in der Optikfertigung. Die Maschinen sind meist mit mehreren Achsen für die Vorschubbewegung oder mit mehreren Arbeitsspindeln für Vorschleif- und Feinschleifstufen ausgestattet. Die Anordnung der Werkzeugspindel kann vertikal (Vertikalschleifmaschinen) oder horizontal (Horizontalschleifmaschinen) ausgelegt sein. Die nachfolgende Schleifmaschine aus Bild 7.34 ist ein Beispiel aus den vielfältigen Maschinenprogrammen der drei großen deutschen Optikmaschinenhersteller Optotech, Satisloh und Schneider. Ein typisches Produktspektrum dieser gewählten Maschinentechnik ist das Vor- und Feinschleifen planer Geometrien.

Bild 7.34
CNC-Maschinen zum Vor- und Feinschleifen in vertikaler Spindelanordnung */Opto2007/*: links) Bearbeitungsraum mit Werkstück und Schleifspindel, Tabelle auf S. 289) ausgewählte technische Parameter

Technische Daten SMP 500 CNC 2C	
Arbeitsbereich (Durchmesser)	500 mm
Drehzahl obere Spindel (Wzg.)	0 - 6000 min^{-1}
Drehzahl untere Spindel (Wst.)	0 - 400 min^{-1}
Werkzeug	Kombiwerkzeug, Wechsel über Hydrodehn-Spanntechnik
Spanntechnik Werkstück	Spannzange, Vakuum, Magnettisch

Die polierfähige Schleifbearbeitung von zylindrischen Einzelflächen für die Präzisionsoptik veranschaulichen die Beispiele in Bild 7.35. Maschinenkonzepte mit einer 4-Achs-Kinematik bieten in Verbindung mit der Doppelspindelschleiftechnik hohe Flexibilität und Prozessintegration. Es können konkave und konvexe Zylinderflächen als Einzelflächen hochpräzise hergestellt werden. Die sowohl in der Basis- als auch Zylinderachse CNC-gesteuerte Werkzeugführung ermöglicht einen maximalen Arbeitsbereich vom Werkzeugradius bis hin zur Planfläche. Die Doppelspindeltechnik bietet ein effizientes Vorschleifen und bedingt durch das Feinschleifen mit speziell abgerichteten feinkörnigen Schleifscheiben in gleicher Aufspannung einen minimalen Abtrag und damit eine sehr hohe Oberflächenqualität und geringe Tiefenschädigung. Mit der Hilfe einer Zylinder-Software kann ebenfalls die komplette Randbearbeitung (Kopf- und Seitenflächen) im gleichen Prozessablauf durchgeführt werden */Pfaf2006/*.

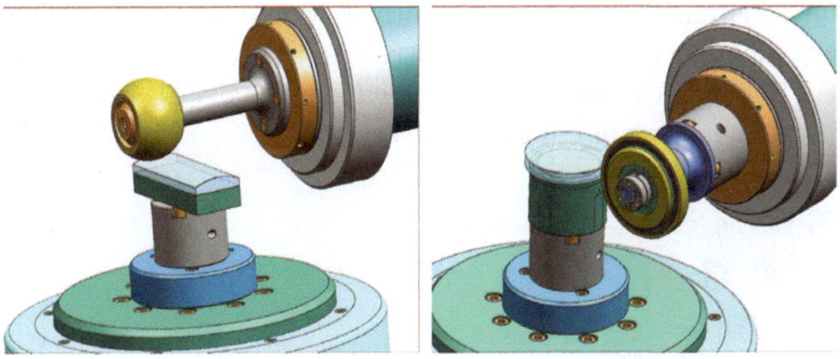

Bild 7.35
Vor- und Feinschleifen in horizontaler Spindelanordnung */Pfaf2006/*: links) Schleifen zylindrischer Flächen, rechts) Randbearbeitung mit Scheibenwerkzeug

Ultrapräzisionsschleifmaschinen

Durch den Einsatz ultrapräziser Maschinentechnik mit hydrostatischen Führungen, Präzisionsantrieben und sehr steifer Maschinenauslegung können Bahngenauigkeiten von unter einem Mikrometer für das Ultrapräzisions (UP)-Schleifen von hochleistungsoptischen Bauelementen erreicht werden.

Für diese hohen Präzisionsanforderungen erfolgt der kinematische Maschinenaufbau in einer hochsteifen Portalbauweise, wobei die Maschinenbasis komplett in Granit ausgelegt wird. Dadurch werden besonders hohe Steifigkeiten des Maschinensystems erzielt, nicht zuletzt auch durch das resultierende enorme Grundgewicht von 15,5 t.

Erreicht werden die sehr hohen Bahngenauigkeiten von kleiner 1 µm durch den Einsatz von hochdynamischen Linearmotoren mit zwei Primärteilen in allen Achsen sowie hydrostatisch gelagerten Führungen.

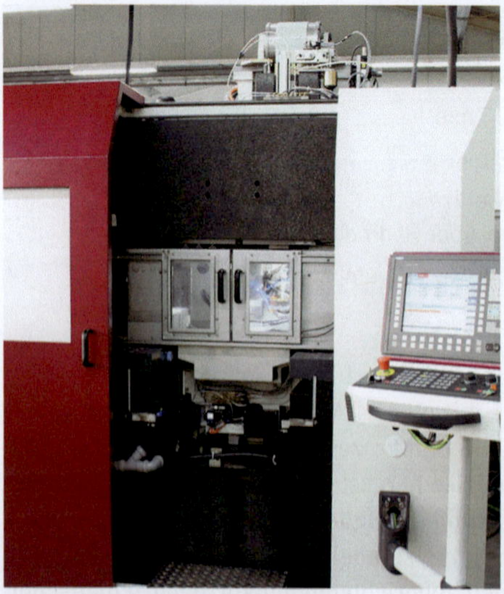

Bild 7.36
Ultrapräzisionsschleifbearbeitung. Fotografische Darstellung einer Ultrapräzisions (UP)-Schleifmaschine */Opto2021/*

Die eingesetzte hydrostatisch gelagerte Werkzeugspindel erreicht eine Rund- und Planlaufgenauigkeit von < 0,2 µm. Die Anordnung der Spindel und des Werkzeugs im Arbeitsraum illustriert Bild 7.37. Durch die Achsanordnung und simultane Bewegung dieser Achsen können die beiden Modi Kreis- und Geradenkinematik der Tabelle 7.12 für Sphären, Asphären und Freiformoptiken angewendet werden. Die Verfahrwege und die Bearbeitungsraumgröße der in Bild 7.37 dargestellten Maschine erlauben die Herstellung von bis zu 500 mm großen High-End-Optiken für die Anwendungen in der EUV-Lithografie. Für diese Optikdurchmesser werden Genauigkeit bis zu 200 nm (PV) erzielt.

Bild 7.37
UP-Schleifmaschine für das Fein- und Ultrafeinstschleifen in vertikaler Spindelanordnung (Bearbeitungsraum mit Werkstück und Schleifspindel sowie auf S. 291 ausgewählte technische Parameter) */Opto2021/*

Technische Daten UPG 500 CNC	
Verfahrwege (X, Y, Z)	500 mm × 500 mm × 300 mm
Freier Umlaufdurchmesser	max. 500 mm
Drehzahl obere Spindel (Wzg.)	3500 - 13 000 min^{-1}
Drehzahl untere Spindel (Wst.)	0 - 350 min^{-1}
Werkstückhöhe	max. 252 mm
Werkzeugdurchmesser	60 - 150 mm
Masse	15 500 kg

Moderne Schleifmaschinen erlauben eine In-Prozess-Vermessung der Werkstücke direkt in der Schleifmaschine. Eine entsprechende Werkstückformvermessung erfolgt zumeist über einen einwechselbaren optischen Sensor (Bild 7.38 links). Somit ist das Fein- und Feinstschleifen der optischen Bauelemente in einer Aufspannung möglich. Für das Ein- und Auswechseln von Werkstücken werden häufig auch sogenannte Nullpunktspannsysteme eingesetzt (Bild 7.38 rechts). Sie dienen dem sehr schnellen und hochgenauen Umrüsten von Werkstücken bzw. Tragkörpern. Zusätzliche sensorische Elemente zum Werkzeugwuchtzustand, zur Spindeltemperierung oder auch zur Schnittkraftmessung sind oft wichtige Komponenten des UP-Schleifens.

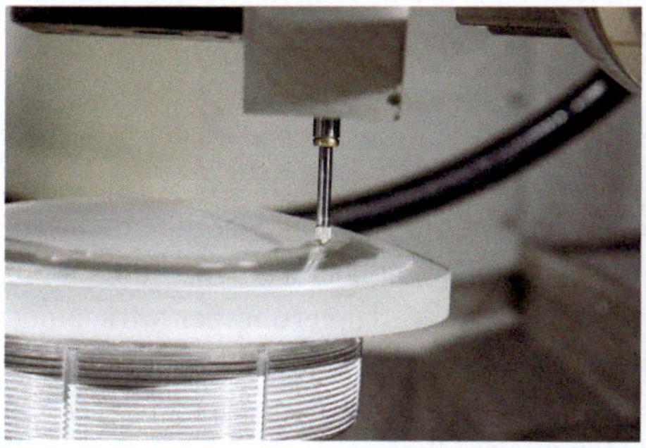
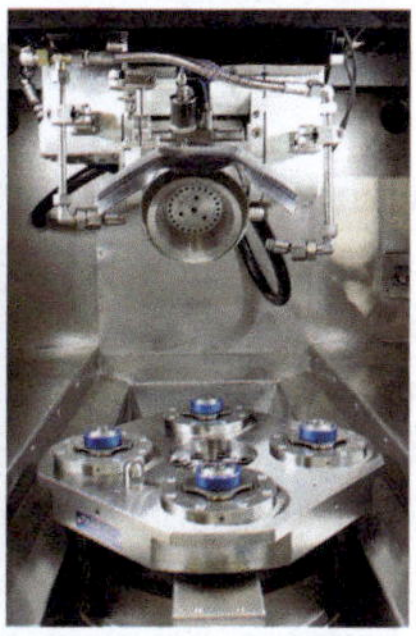

Bild 7.38
Funktionale Erweiterung der UP-Schleifmaschinentechnik */Opto2021/*: links) integrierte Messtechnik, rechts) Nullpunktspannsystem

7.2.2.3 Schleifmaschinen mit Ultraschallunterstützung

Das **ultraschallunterstützte Schleifen** ist ein Sonderverfahren, bei dem der rotatorischen Werkzeugbewegung noch eine oszillierende Bewegung mit sehr kleiner Amplitude in Richtung der Z-Achse überlagert wird. Diese oszillierenden Bewegungen mit Frequenzen im US-Bereich (meist über 20 kHz) lassen sich mithilfe von piezokeramischen Aktoren erzeugen. Die Oszillation erfolgt mit Amplituden von wenigen Mikrometern Hub. In Bild 7.39 links sind die Bewegungen eines US-Schleifwerkzeuges dargestellt. Stellt man sich die Werkstückoberfläche stark vergrößert vor, dann bewirkt die Oszillation des Werkzeuges eine sinusförmige Bahn der Kornschneiden (rechtes Bild). Dadurch ergibt sich im Schleifprozess eine ständig fluktuierende Spanungsdicke h_{cu} */Zhan2014/*. Ist die Eingriffstiefe des Werkzeugs bei der Schleifbearbeitung kleiner als die wirksame Amplitude der US-Schwingung, kommt es während der Bearbeitung zu kurzen periodischen Kontaktunterbrechungen zwischen Werkzeug und Material. Es wird hierbei auch von einem diskontinuierlichen Eingriff des Werkzeugs gesprochen. Wird a_e größer als die Ultraschallamplitude gewählt, bleibt das Werkzeug in ständigem Kontakt, allerdings mit unterschiedlichen Schnitttiefen, woraus sich Unterschiede zum konventionellen Sprödschliff ergeben */Ding2014/*, */Henk2016/*.

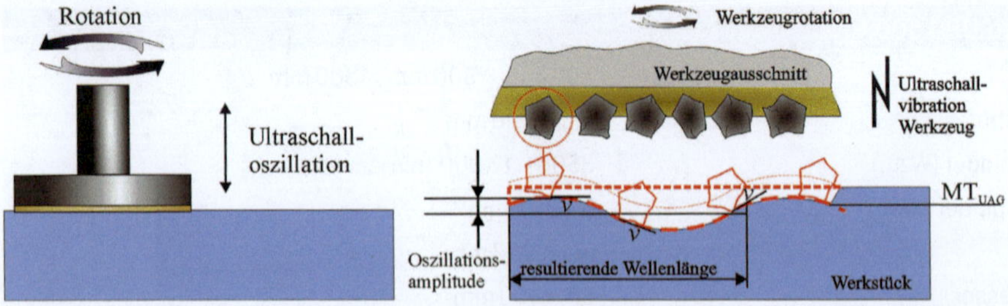

Bild 7.39 Wirkbewegung des Werkzeuges beim ultraschallunterstützten Schleifen: links) Bewegungen des Schleifwerkzeuges, rechts) Sinusbewegung der Werkzeugkörner beim US-Schleifen nach */Ding2014/*

Die kinematische Überlagerung der einzelnen Schnittgeschwindigkeiten von Werkzeug v_{cWZ} und Ultraschalloszillation v_{cUS} bewirkt eine erhöhte, resultierende Schnittgeschwindigkeit v_{cGes}, wie in der Gleichung nach */Scho2012/* vorgestellt.

$$v_{\mathrm{cGes}} = \sqrt{\left(\frac{\pi \cdot d_{\mathrm{w}} \cdot n}{60000}\right)^2 + \left(4 \cdot X_{\max} \cdot f\right)^2} = \sqrt{v_{\mathrm{cwz}}^2 + v_{\mathrm{cus}}^2} \tag{7.9}$$

d_w Werkzeugdurchmesser, n Drehzahl, f Vorschub, X_{max} maximale Schwingungsamplitude

Weiterführende mathematische, teilweise komplexe Beschreibungen der besonderen Wirkbewegung und daraus folgender Auswirkungen des US-Bearbeitungsprozesses sind in */Blei2015/*, */Zhao2015/* ausgeführt.

Die gewählten Schwingungsamplituden während des US-Bearbeitungsprozesses haben sehr geringe Beträge von wenigen Mikrometern, wodurch die Erzeugung der notwendigen geringen Schnitttiefen für das duktile Schleifen prinzipiell möglich ist, insofern die weiteren Prozessparameter dies zulassen. Die beschriebenen Besonderheiten des US-unterstützten Schleifverfahrens haben Auswirkungen auf den Prozess und das Schleifergebnis. So kann es zu einer deutlichen Verringerung der wirksamen Prozesskräfte kommen, deren Reduktion jedoch unterschiedlich stark ausfallen kann. Nach Choi et al. wirkt sich der Ultraschalleinfluss umso stärker aus, je brüchiger und spröder das Material ist */Choi2013/*. Bleicher & Bernreiter konnten bei verschiedenen sprödharten Materialien etwa eine 10 – 25 % Kraftreduzierung feststellen */Blei2015/*, */Blei2016/*. Park et al. berichten bei der Bearbeitung von Al_2O_3 von 20–30 % geringeren Prozesskräften */Park2014/*. Unterschiedliche Untersuchungen kommen zu der übereinstimmenden Schlussfolgerung, dass mit Ultraschallunterstützung eine oft deutliche Reduzierung der Schleifkräfte möglich ist */Henk2016/*.

Die Beeinflussung der erzielbaren Oberflächenrauheit durch das US-Schleifen wird in der Literatur unterschiedlich diskutiert. In */Park2014/* wurde eine 4 – 15 % geringere Rauheit durch den Einsatz von Ultraschall gegenüber dem konventionellen Schleifen erzielt. Weitere Publikationen beschreiben eine Verbesserung der Rauheit durch die unterstützende Wirkung des Ultraschalls */Tawa2008/*, */Geng2015/*, */Yany2009/*. Hingegen weisen die Ergebnisse der Quellen */Lauw2010/*, */Scho2012/*, */Ding2014/* darauf hin, dass sich die Oberflächenrauheit erhöht, sobald die US-Schwingung eingesetzt wurde. Entsprechende Ergebnisse werden in Abschnitt 7.2.3.9 vorgestellt.

Die US-Schleifwerkzeuge werden in spezielle Aktuatoraufnahmen integriert (Bild 7.40). Dabei wird mittels US-Generator ein entsprechendes hochfrequentes Signal erzeugt, dieses über die Werkzeugspindel induktiv in den Aktor übertragen und dann mittels piezoelektrischer Elemente in eine mechanische Werkzeugschwingung übersetzt. In der Berechnung und Auslegung der Werkzeuglängen muss sichergestellt werden, dass sich der wirksame Schleifbelag in dem Bereich des Amplitudenmaximums befindet. Durch Werkzeugabnutzung kann es hier zu Veränderungen kommen, so dass eine Messung und Überprüfung der Schwingungsamplitude in bestimmten Zeitabständen ratsam sind.

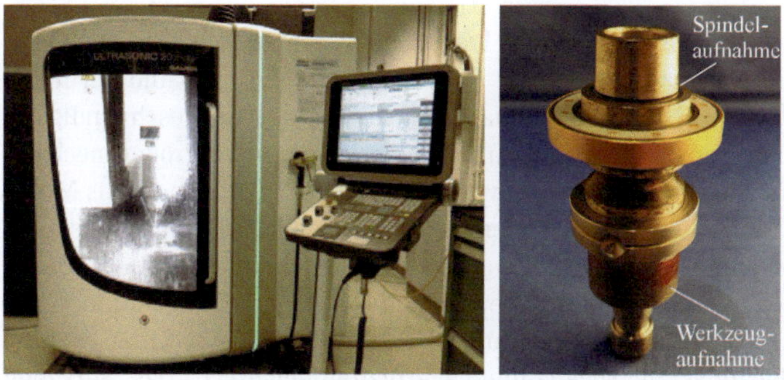

Bild 7.40
5-Achs-US-Schleifmaschine DMG ULTRASONIC 20 linear: links) Maschinensystem, rechts) Schleifwerkzeug mit Aktuator

7.2.3 Schleifverfahren

Die Einteilung und Vorstellung der nachfolgenden Schleifverfahren erfolgt anhand der zu bearbeitenden Geometrie bzw. Form. Eine Sonderstellung haben die Trennschleifverfahren. Sie werden hauptsächlich eingesetzt, um in einem ersten Vorbearbeitungsschritt Halbzeuge für die weitere Formbearbeitung zur Verfügung zu stellen. Diese Verfahren zeichnen sich durch eine vergleichsweise hohe Zerspanungsleistung aus und trennen die Halbzeuge mit entsprechenden Aufmaßen. Dieser Prozessschritt des Zurichtens stellt in vielen Fällen die Voraussetzung für den weiteren Formgebungsprozess dar.

7.2.3.1 Trennschleifen

Zum Trennen von Glasblöcken kommen verschiedene Verfahren der Trennschleiftechnik zur Anwendung. Die Trennschnitte werden von schmalen, mit Diamant besetzten runden Blättern oder endlosen Diamantsägen (siehe Abschnitt 7.1.2.1) in das Glas geschliffen. Das Trennschleifen steht am Anfang der Prozesskette zur Fertigung von optischen Bauteilen aus Halbzeugen wie Blöcken, Barren, Ingots oder Platten (Bild 7.41).

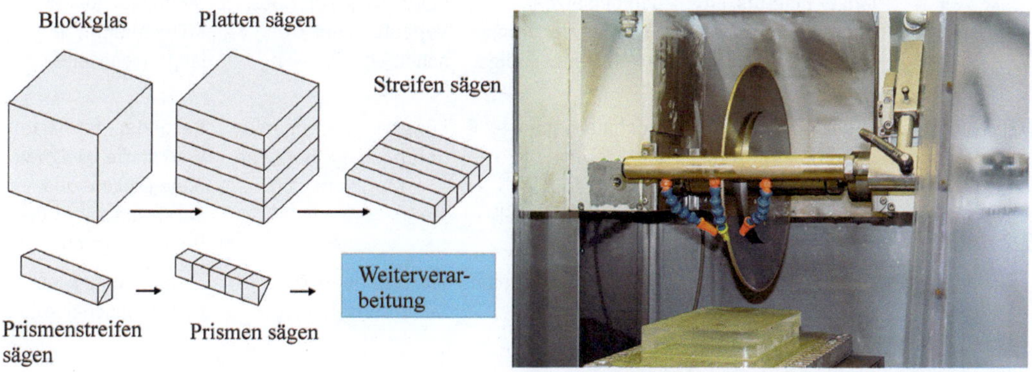

Bild 7.41 Zuschnitt prismatischer Teile: links) Beispiel einer Trennfolge für prismatische Teile, rechts) Trennen eines Glasblockes im Längsvorschubverfahren

> Trennschleifen ist das Segmentieren oder Vereinzeln von Rohteilen und Halbzeugen zu mehreren Werkstücken unter Anwendung von schleifkorngebundenen Trennscheiben.

Die Schnittbewegung wird beim Trennschleifen i.d.R. vom Trennschleifwerkzeug und die Vorschubbewegung vom Werkstück ausgeführt. In Abhängigkeit von Bauteilgröße und Prozessanforderungen kann die Vorschubbewegung sowohl radial als auch tangential erfolgen. Die Vorschubgeschwindigkeit wird in den meisten Anwendungsfällen konstant gehalten, um das Werkzeug vor zu großer mechanischer Beanspruchung zu schützen. Trennschnitte können sowohl als **Einzelschnitt** als auch als **Mehrfachschnitt** ausgelegt werden. Die Anordnung von mehreren Trennscheiben auf einer gemeinsamen Antriebswelle erlaubt das simultane Trennen von *n*-Werkstücken (z.B. planparallele Platten). Damit lassen sich Trennzeit sowie Hilfszeiten minimieren. Beim Trennschleifverfahren werden der Block, der Barren, der Streifen etc. mechanisch, pneumatisch gespannt oder aufgekittet. Beim Kitten werden Hilfsplatten (z.B. borosilicatisches Floatglas) als sogenannte Opferplatten eingesetzt. Das Werkzeug kann somit den Glaskörper vollständig durchtrennen, und die Vorschubbewegung endet in der Hilfsplatte. Alle technologischen Schritte des Verfahrensablaufes (Werkstückzustellung, Werkstückvorschub, Rücklauf der Trennschleifscheibe usw.) verlaufen in den meisten Fällen vollautomatisch. Somit ist bei den relativ langen Prozesszeiten eine Mehrmaschinenbedienung möglich und sinnvoll.

Für das Auftrennen optischer Glasblöcke gibt es verschiedene Trennschleifverfahren. In Tabelle 7.18 sind die am häufigsten eingesetzten Verfahren gegenübergestellt.

Tabelle 7.18 Übersicht zu ausgewählten Trennschleifverfahren nach */Grün1985/*

Verfahren	Quereinstechschleifen	Innenbordtrennschleifen	Längstiefschleifen	Längspendelschleifen
1. Trennscheibe 2. Belag 3. Werkstück	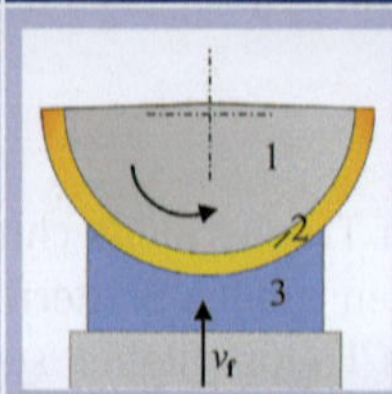	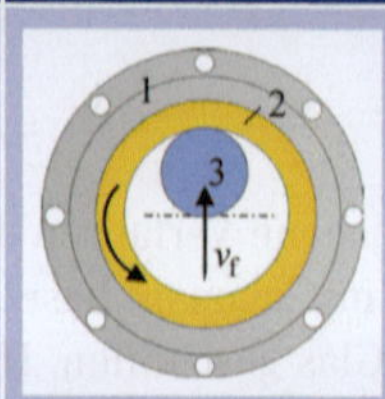	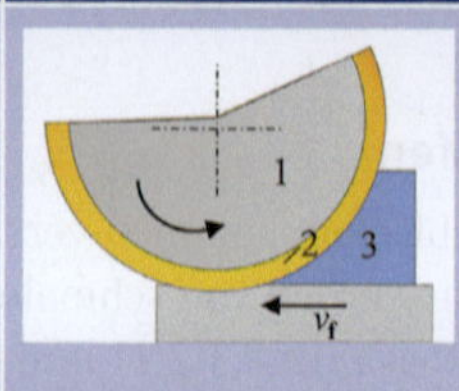	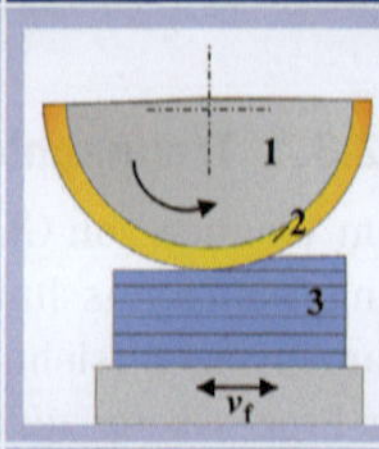
Vor- und Nachteile	Diamantkonzentration kann aufgrund langer Eingriffszeit geringer gewählt werden, erfordert gute Kühlung	Guter Rundlauf, dünne Trennscheiben einsetzbar, Spannen der Trennscheibe aufwendiger	Längere Eingriffslänge, ungünstigere Kühlverhältnisse, Gefahr des Verlaufens der Trennscheiben	Geringe Schnittkräfte, geringe Kontaktlänge, günstige Kühlverhältnisse, lange Trennzeiten
Ergebnis	Gute Parallel- und Dickentoleranzen erreichbar	Höchste Genauigkeit, geringe Schnittverluste, sehr gute Parallelität	Für geringe Trennanforderungen, größere Parallelitätstoleranzen	Besonders für harte Werkstoffe geeignet, hohe Dicken- und Parallelitätsanforderungen möglich
Ausführung	Einfach- oder Mehrfachtrennscheibe	Einfachtrennscheibe	Einfach- oder Mehrfachtrennscheibe	Einfach- oder Mehrfachtrennscheibe

Generell lassen sich die in Tabelle 7.18 gegenübergestellten Verfahren nach der Lage des Schleifbelages am Werkzeug unterteilen in:

- Außenbordtrennschleifen,
- Innenbordtrennschleifen.

Eine Begrenzung der erreichbaren Maßgenauigkeit beim Trennschleifen resultiert in erster Linie aus den Instabilitäten der Trennschleifwerkzeuge, die sich bei großen Scheibendurchmessern und geringer Dicke besonders stark auswirken. Für das Trennen von hochwertigen Werkstoffen (insbesondere Kristallwerkstoffe), bei denen sich Materialverluste besonders nachteilig auswirken, wird vielfach das **Innenbordtrennschleifen** eingesetzt. Bei diesem Verfahren ist der Schleifbelag auf der inneren Bohrung der Trennschleifscheibe angebracht und die Aufnahmebohrungen im äußeren Bereich der Scheibe (siehe Bild 7.42).

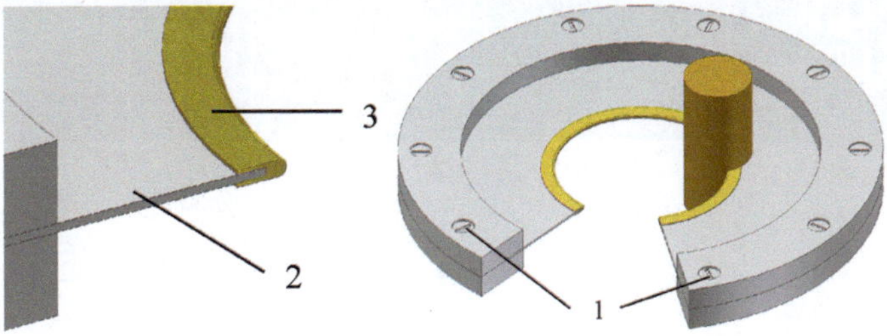

Bild 7.42
Trennscheibe für Innenbordtrennschleifen

1. Bohrungen zum Befestigen und Spannen der Trennscheibe,
2. Trennscheibengrundkörper,
3. Diamantbelag

Mit diesen kinematischen Verhältnissen lassen sich wesentlich stabilere Trennschleiftechniken umsetzen, die zu einer höheren Rundlaufgenauigkeit führen und den Einsatz kleinerer Scheibendicken zulassen. Allerdings ist der zu bearbeitende Glasdurchmesser bzw. die -dicke durch die innenliegende Trennzone begrenzt. Entsprechende Werkzeuge mit maximalen Abmessungen des Innenloches von 380 mm erlauben das Trennen von Glas bis zu ca. 200 mm Durchmesser.

Die Trennschleifscheiben können am Umfang mit vollständigem oder auch segmentiertem Diamantbelag zum Einsatz kommen. Segmentierte Schleifscheiben werden aufgrund der besseren **KSS (Kühlschmierstoff)-Zuführung** für die Bearbeitung von optischem Glas bevorzugt eingesetzt. Die Auslegung von Segmenten, Belagtiefen etc. ist stark anwendungs- und technologieabhängig. Bild 7.43 stellt exemplarisch eine Trennschleifscheibe für die bevorzugte Bearbeitung von optischen Materialien der Firma Winter dar. Entsprechende Schleifscheibenspezifikationen sind angeführt.

Die segmentierte Diamant-Trennscheibe wurde speziell für die Bearbeitung optischer Gläser entwickelt. Es werden sehr hohe Rund- und Planlaufgenauigkeiten erreicht. Dadurch sind geringe Schnittbreiten und damit wenig Materialverlust realisierbar.

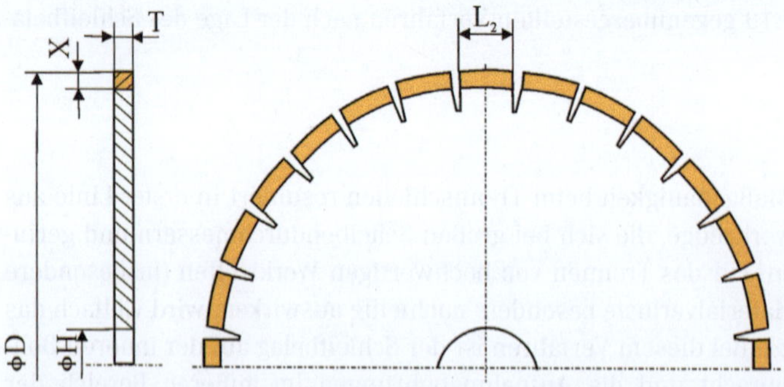

Bild 7.43
Spezifikation von Diamant-Trennscheiben für die Bearbeitung von optischem Glas */Sain2005/*

FEPA Bezeichnung	Katalog und Best.-Nr.	Durchmesser D mm	Segmentlänge L_2 mm	Schnittbreite T mm	Segment-Höhe X_1 mm	Belagtiefe X mm	Kernstärke E mm	Anzahl der Segmente	Bohrung H mm	Spezifikation
1A1RSS	340G-E	300	40	2,0	5	5	1,3	21	nach Wahl	BZ339A04K120
1A1RSS	340G-E	350	40	2,0	5	5	1,3	25		
1A1RSS	340G-E	400	40	2,0	5	5	1,3	28		
1A1RSS	340G-E	450	40	2,0	5	5	1,3	32		
1A1RSS	340G-E	500	40	2,0	5	5	1,3	36		
1A1RSS	340G-E	600	40	2,8	5	5	2	42		
1A1RSS	340G-E	700	40	2,8	5	5	2	50		
1A1RSS	340G-E	800	40	2,8	5	5	2	57		

Um hohe Abtragsleistungen beim Trennschleifen zu erzielen, wird mit größtmöglichen Schnittkräften gearbeitet, abgestimmt auf den definierten Verschleiß (Selbstschärfungseffekt) des Werkzeuges. Die damit verbundenen hohen Reibungswerte führen zu einem erheblichen Wärmeeintrag in das Werkzeug und das zu bearbeitende Material. Dies hätte bei vielen Werkzeugen (außer Bindungen, die für die Trockenbearbeitung geeignet sind) die Zerstörung der Bindung zur Folge und gleichzeitig das unerwünschte Einbringen von Spannungen in das Glasmaterial. Mit einer Kühlmittelzuführung kann das verhindert und gleichzeitig auch der Abtransport von Glasteilchen aus der Wechselwirkungszone begünstigt werden. Die Anwendung eines geeigneten KSS beeinflusst somit direkt die Abtragsleistung sowie die Rautiefe. Bei der Bearbeitung mit diamantgebundenen Schleifwerkzeugen wird häufig mit einer Wasser-Schmierstoff-Emulsion gearbeitet. Solche Emulsionen müssen aber wegen des bakteriellen Befalls und der Veränderung des pH-Wertes öfter gewechselt werden. Mineralöle haben dagegen Vorteile, insbesondere die Standzeit, die Maschinenkorrosion und die Wiederaufbereitung betreffend. Sie können mehrere Jahre im Kreislauf aufbereitet werden, indem der Glasschlamm getrennt wird. Ein wesentlicher Nachteil besteht jedoch in den notwendigen Brandschutzmaßnahmen, da durch Aerosolbildung der Mineralöle deren Flammpunkt verringert wird.

Um eine nachträgliche Maßbearbeitung unnötig zu machen bzw. zu reduzieren, werden immer höhere Anforderungen an das Trennschleifen sprödharter Materialien gestellt.

Zu diesen zählen insbesondere:

- geringste Schnittverluste,
- hohe Maßhaltigkeit,
- geringe Rautiefe.

Dies erfordert u.a. präzise Spindellagerungen der Trennschleifmaschinen, konstante Vorschubgeschwindigkeit, statische und dynamische Stabilität der Maschinen, richtige Wahl des Trennscheibentyps sowie des Kühl- und Spülmittels.

Die erreichbare Schnittqualität und die Abtragsleistung sind zusammenfassend im Wesentlichen abhängig von den Parametern:

- Schnittgeschwindigkeit,
- Schleifhärte des Glases,
- Vorschubgeschwindigkeit des Werkzeuges v_f,
- Werkzeugparameter.

Typische Schnittgeschwindigkeiten werden im Bereich zwischen 20 und 40 $m \cdot s^{-1}$ gewählt. Die Angabe der erreichbaren Zeitspanungsvolumina hängt entscheidend von den o.g. Parametern ab und differiert dementsprechend stark. Orientierend kann die Angabe gemacht werden, dass für sehr grobe Schnitte von einer Spanfläche von 100 - 400 $cm^2 \cdot min^{-1}$ ausgegangen werden kann, was einem Zeitspanungsvolumen von 20 - 80 $cm^3 \cdot min^{-1}$ (Scheibendicke von 2 mm) entspricht. Mit dem Außenbordtrennschleifen werden minimale Dickentoleranzen bis 0,03 mm erreicht, beim Innenbordtrennschleifen liegen diese minimal bei 0,003 mm. Bei Qualitätsschnitten sind Rautiefen von $R_z = 5\,\mu m$ erreichbar.

Das Trennschleifen hat auch noch einen positiven Nebeneffekt. Durch das Auftrennen von Glasblöcken können innere Spannungen des Glaskörpers abgebaut werden. Beim Trennen eines Glasblockes aus BK7 ist eine Verringerung der inneren Spannungen festzustellen (Bild 7.44) */Hart2007/*. Bei diesen Untersuchungen wurde nach jedem Trennschnitt mithilfe der Spannungsdoppelbrechung der Spannungszustand untersucht. Bereits nach dem ersten Trennschnitt kann der Wert für die inneren Spannungen im Glasbauteil um den Faktor 2 verringert werden.

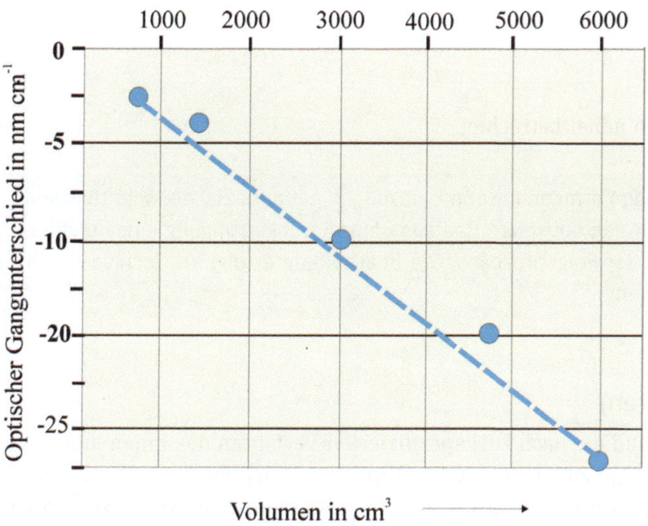

Bild 7.44
Abhängigkeit der inneren Spannungen von der Anzahl der Trennschnitte */Hart2007/*

Beispiel:

Zum Trennen von Prismenrohlingen wird mit einer Vorrichtung das gleichmäßige Eingreifen mehrerer Trennscheiben möglich. Die Werkzeuge haben einen Durchmesser von 350 mm und eine Breite von 2 mm. Die zu trennende Bauteillänge beträgt 100 mm, die Bauteilhöhe 35 mm. Es soll mit 4 Trennscheiben parallel gearbeitet werden. Die Drehzahl wird mit 1250 min^{-1} konstant gehalten.

Welche Schnittgeschwindigkeit resultiert aus den gewählten Werten?

Welches Zeitspanungsvolumen resultiert, wenn die Prismen im Längsvorschubverfahren (Tiefschleifen) mit einer Vorschubgeschwindigkeit von $v_f = 10\,mm \cdot min^{-1}$ getrennt werden?

Welche Trennzeit ist erforderlich, wenn der Trennprozess je 2 mm vor (s_a) bzw. nach (s_e) der Bauteilkontur beginnt bzw. endet?

Lösung:

$v_c = d_w \cdot \pi \cdot n$ $\qquad v_c = 23\ m \cdot s^{-1}$

$Q_w = 4(v_f \cdot a_e \cdot b_w)$ $\qquad Q_w = 140\ cm^3 \cdot min^{-1}$

$t = (b_w + s_a + s_e) / v_f$ $\qquad t = 10{,}4\ min$

7.2.3.2 Formschleifen

Beim Formschleifen von Glaskomponenten werden ebenfalls Schleifmittel in gebundener Form, meist metallisch gebundene Diamantkörner, als **Schleifscheibe, Diamantkalotte oder Ringwerkzeug** verwendet. Diese Verfahrenstechnologie dient der spanenden Formgebung der Grundform von optischen Bauelementen. Die Vielfalt der Verfahrenstechnologien sowie Maschinentechnik ist sehr groß. In den folgenden Ausführungen werden die wichtigsten Verfahren:

- Rundschleifen(Rundieren),
- Flachschleifen,
- Schleifen sphärischer Flächen,
- Schleifen asphärischer Flächen,
- Schleifen von Freiformflächen

als formgebende spanende Verfahren näher betrachtet.

Formschleifen ist die spanende Formgebung von Halbzeugen mit dem Ziel der schrittweisen Annäherung an die Endkontur des optischen Bauteils unter Berücksichtigung eines technologisch bedingten Aufmaßes der Folgeprozesse. Die Bearbeitung erfolgt kraftschlüssig mit gebundenen Schleifwerkzeugen.

7.2.3.3 Rundschleifen (Rundieren)

Unter dem Begriff **Rundschleifen** sind die nach DIN spezifizierten Verfahren des Innen- und Außenrundschleifens vorgefertigter Halbzeuge zu verstehen. Das Innenrundschleifen wird für ausgebohrte Werkstücke verwendet, um die Innendurchmessertoleranz zu verbessern, das Außenrundschleifen meist für Halbzeuge zum Anschleifen des Außenzylinders, nachdem sie durch den Trennschleifprozess zugeschnitten wurden. Auf Rundschleifmaschinen (auch Rundiermaschinen genannt) werden beispielsweise viereckig oder *n*-eckig zugeschnittene Glasstücke rund geschliffen. Somit lassen sich zylinderförmige Deckgläser, Schutzscheiben, Filtergläser, planparallele Platten oder Rundlinge herstellen. Als Rundlinge werden Halbzeuge bezeichnet, die sich zu Linsen weiterverarbeiten lassen. Ein anderer wichtiger Anwendungsfall ist das Schleifen gezogener Ingots aus Kristallwerkstoffen, um die Außenhaut zu beseitigen. Das Rundschleifverfahren arbeitet mit Aufmaßtoleranzen für den Prozessschritt Zentrierschleifen und wird daher hauptsächlich in der Vorfertigung eingesetzt. Bild 7.45 veranschaulicht das Verfahrensprinzip.

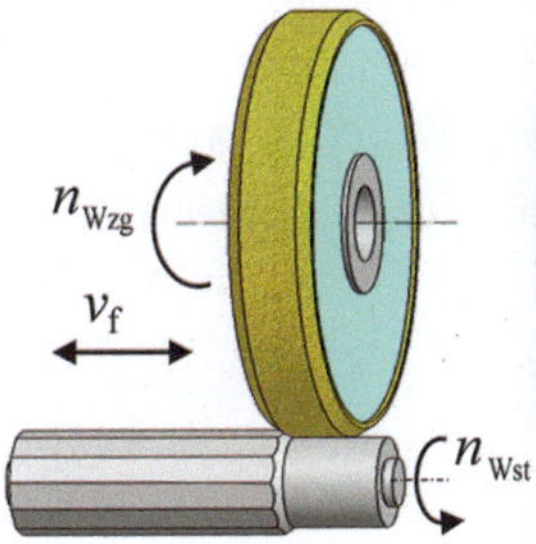

Bild 7.45
Außenrundschleifen: links) Prinzip des Außenrundschleifens, rechts) Bearbeitung eines Ingots */Scho07/*

Die zu schleifenden Werkstücke können als rechteckig bzw. *n*-eckig zugerichtete Platten oder auch als zylinderförmige Ausgangsteile mit entsprechendem Aufmaß zwischen die Spitzen der Schleifmaschine aufgenommen werden. Sehr oft werden aus wirtschaftlichen Gründen mehrere Platten zu einem Mehrfachkörper verkittet und in einem Prozess bearbeitet. Die maximale Schleiflänge richtet sich nach dem Durchmesser bzw. der Kantenlänge der Werkstücke. Große Körperlängen für kleine Durchmesser verfügen nicht über die entsprechende Stabilität, und große Werkstückdurchmesser erfahren eine Körperbegrenzung aufgrund des großen Gewichtes. Für die typischen Bearbeitungsmaschinen zum Rundschleifen sind die folgenden Richtwerte (sinnvollen Schleiflängen in Abhängigkeit des Werkstückdurchmessers) angegeben (Tabelle 7.19).

An den Stirnseiten des gekitteten Mehrfachkörpers werden ein Mitnehmer und eine Zentrierplatte mit einer Zentrierbohrung für die Spitzenaufnahme angekittet. Bei dieser Art des Außenrundschleifens dreht sich das Werkstück im Gegenlauf zum Werkzeug mit einer wesentlich niedrigeren Drehzahl in einem Bereich von 5 - 250 min^{-1}. Die Vorschubbewegung wird durch das Werkzeug längs zur Rotationsachse des Werkstückes geführt.

Tabelle 7.19 Schleiflängen für das Rundschleifen

Durchmesser (mm)	Schleiflängen (mm)
3,0 - 6,0	bis 35
6,1 - 15,0	bis 70
15,1 - 110,0	bis 140
110,1 - 160,0	bis 100
160,1 - 300,0	bis 60

Die Schleifscheibe lässt man mit einer Umfangsgeschwindigkeit von 12 - 18 $m \cdot s^{-1}$ rotieren. In den jeweiligen Pendelschleifgängen werden Zustellungen im Bereich von 0,05 - 0,1 mm vorgenommen, um eine zu große mechanische Belastung der Schleifscheibe zu verhindern.

Für die Einzelbearbeitung kann die Breite der Schleifscheibe auch so gewählt werden, dass sie gleich der Länge der eingespannten Werkstücke ist. Dann wird die Zustellbewegung zur Vorschubbewegung; es handelt sich somit um ein Außenrund-Quereinstechschleifverfahren. In diesem Fall kann auf eine pendelnde Vorschubbewegung verzichtet werden. Die Scheibe muss aber gut abgerichtet werden, weil sonst die rundierten Werkstücke ungleiche Durchmesser erhalten.

In der Tabelle 7.20 sind exemplarisch Prozessparameter und Arbeitsergebnisse für das Rundschleifen zusammengestellt.

Tabelle 7.20 Exemplarische Prozessparameter und Arbeitsergebnisse für das Rundschleifen nach */Grün1985/*

Werkzeug	Abmessungen	Durchmesser: 100 - 200 mm
	Werkstoff	Diamantgebundene Scheibe
	Bindung	Bronze
	Konzentration C	30 - 60
	Körnung (nach FEPA)	D151
Material	BK7	
	Relative Schleifhärte	HG3
Prozessparameter	Schnittgeschwindigkeit	20 - 30 $m \cdot s^{-1}$
	Vorschub	1 - 3 $m \cdot min^{-1}$ (pendelnd)
	Zustellung	0,05 - 0,1 mm
Ergebnis	Durchmessertoleranz	±0,002 bis ±0,1 mm
	Rautiefe R_z	10 - 30 µm

7.2.3.4 Flachschleifen

Für die Flachschleifbearbeitung kommen im Wesentlichen die Verfahren mit Ringwerkzeugen, Pelletwerkzeugen oder Schleifscheiben, meist im Umfangsschleifverfahren, zum Einsatz. Bild 7.46 verdeutlicht die Wirkprinzipien.

Bei der Fertigung von Planflächen mit **Ringwerkzeugen** ergibt sich zwischen Werkzeug- und Werkstückachse ein Einstellwinkel von $\alpha = 0°$. Für das Vorschleifen werden zwei Prinzipien angewendet. Das linke Bild zeigt das dem Schleifen von sphärischen Flächen analoge Prinzip mit dem Einstellwinkel $\alpha = 0°$. Der wirksame Durchmesser des Diamantwerkzeuges verläuft über das Zentrum des Drehtisches der Maschine mit aufgenommenem Plantragkörper oder Einzelteilaufnahme. Die Zustellung des Vorschubes erfolgt kontinuierlich mit jeder Tischumdrehung in Richtung Werkzeugspindelachse durch Absenken des Werkzeuges. Bild 7.46 rechts zeigt das Schleifprinzip auf einem Maschinentisch, der sich quer zum Werkzeug mit einem stufenlos regelbaren Vorschub während des Schleifens bewegt. Die Zustellung des Werkzeuges erfolgt vor dem Schleifen auf volle Zustelltiefe; man spricht hier vom **Tiefschleifen**. Die Darstellung zeigt das Verfahren des Außenrund-Umfangslängsschleifens mit diamantgebundenen Schleifscheiben. Durch entsprechende Zustellung und ggf. mehrmaliges Überfahren können mit dieser Technik auch relativ große Bauteile bearbeitet werden. Dieses Verfahren eignet sich ebenfalls für das Tief- und Pendelschleifen.

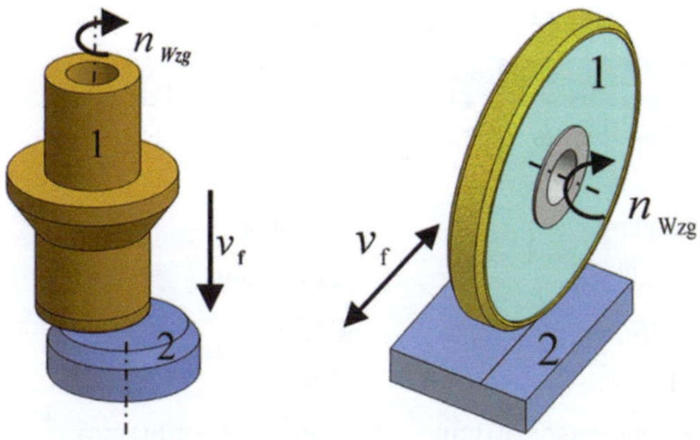

Bild 7.46
Schleifen ebener Flächen mit Diamantringwerkzeug und Diamantscheibe: links) Schleifen mit Ringwerkzeug, rechts) Außenrundlängsschleifen

1 Diamantwerkzeug, 2 Werkstück
v_f Vorschubbewegung, n_{Wzg} Drehzahl Werkzeug

Beim Tiefschleifverfahren erfolgt die **Zerspanung** mit großen Zustelltiefen (Mehrfaches der Korngröße) bei sehr kleinen Vorschüben. Durch die relativ große Kontaktlänge zwischen Scheibe und Bauteil wird ein großes **Zeitspanungsvolumen** erreicht. Problematisch gestalten sich jedoch die Werkzeugauslegung (Verschleiß) und die höhere notwendige Kühlung in der Wechselwirkungszone. Gleichzeitig erhöhen sich auch die Rissschädigungszonen aufgrund der höheren Schnittkräfte und die Rauheitswerte, so dass dieses Verfahren hauptsächlich für das Vorschleifen zum Einsatz kommt. Demgegenüber werden die Schnittkräfte beim sogenannten Pendelschleifen reduziert. Der Begriff „Pendel" resultiert aus dem Zusammenhang, dass ein mehrmaliges Überfahren erforderlich ist, um sich der Sollgeometrie anzunähern. Charakteristisch sind sehr kleine Zustelltiefen (in etwa im Bereich der Korngröße) und die Wahl von höheren Vorschubgeschwindigkeiten, was zu einer Zunahme der Schnittgeschwindigkeit führt. Dies hat eine geringere Rissschädigungszone bei verbesserten Rauheitswerten zur Folge. Einsatz finden diese Prozessparameter hauptsächlich bei der Feinschleifbearbeitung.

Die richtige Wahl der **kinematischen Eingriffsverhältnisse** für die Bearbeitung mit Ringwerkzeugen beeinflusst das Schleifergebnis. Von optimalen Verhältnissen kann in der Darstellung der Tabelle 7.21 (linke Einstellung) ausgegangen werden. Der Schleifringdurchmesser entspricht in etwa dem Faktor 0,7 – 1 des Werkstückdurchmessers und wird so zum Werkstück ausgerichtet, dass der Schleifbelag des Ringwerkzeuges die Mitte des Werkstückes passiert. Die außermittige Einstellung entsprechend der Darstellung b führt zu einer unbearbeiteten Mittenzone. Die Darstellung c erzeugt einen ungleichen Abtrag und führt zu Ebenheitsabweichungen. Die Wahl zu kleiner Durchmesser, im Beispiel d, lässt den Rand unbearbeitet.

Tabelle 7.21 Kinematische Eingriffsverhältnisse beim Flachschleifen mit Ringwerkzeugen

Mittige Stellung (+)	Außermittige Stellung (-)	Außermittige Stellung (+)	Mittige Stellung (-)
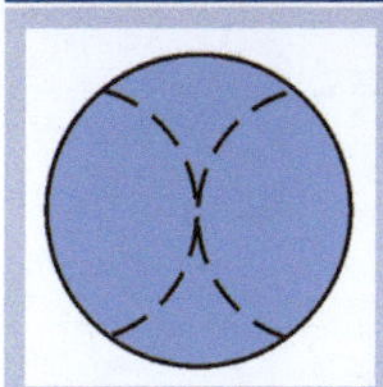	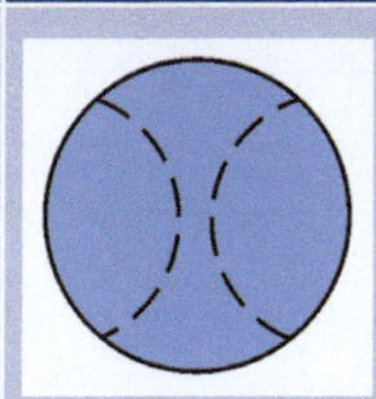	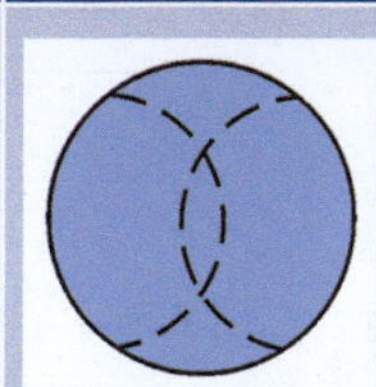	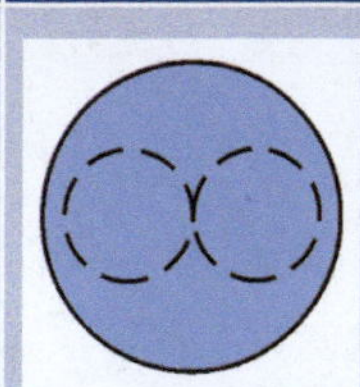
a – Günstig, gleichmäßiger Abtrag	b – Fehler, kein Mittenabtrag	c – Ungünstig, ungleichmäßiger Abtrag	d – Fehler, kein Randabtrag

Die erreichbaren Rauheitswerte sowie das Zeitspanungsvolumen hängen im Wesentlichen von den Werkzeug- und Prozessparametern ab. Exemplarisch sind Ergebnisse des Schleifens mit Ringwerkzeugen in Tabelle 7.22 und Tabelle 7.23 zusammengestellt.

Tabelle 7.22 Beispiele und Arbeitsergebnisse für das Flachschleifen mit Ringwerkzeug

		Vorschleifen	Feinschleifen
Werkzeug	Abmessung Ringwerkzeug	⌀ 28 × Radius 1,5 mm	⌀ 28 × Radius 1,5 mm
	Werkstoff	Messing	Messing
	Bindung	metallisch	metallisch
	Konzentration	C135	C135
	Körnung (nach FEPA)	D46	D20
Material	BK7	Durchmesser 50 mm	Durchmesser 50 mm
	Relative Schleifhärte	HG 3	HG 3
Prozessparameter	Drehzahl	8000 min^{-1}	10000 min^{-1}
	Vorschub	0,5 – 1 mm · min^{-1}	0,1 – 0,2 mm · min^{-1}
	Zustellung	0,1 – mehrere Millimeter	0,1 – 0,3 mm
Ergebnis	Ebenheit	ca. 4 µm	ca. 2 µm
	Rautiefe R_z	3 – 5 µm	1,5 – 2,5 µm
	Rauheit R_a	0,3 – 0,8 µm	0,15 – 0,3 µm

Wesentlicher Vorteil der Arbeit mit diamantgebundenen Werkzeugen im Vergleich zum Spanen mit losem Korn ist der schnelle Austausch von Werkzeugen und damit die Erlangung eines effizient gestuften Zerspanprozesses mit unterschiedlichen Korngrößen. Somit hat der Anwender die Möglichkeit, seinen Bearbeitungsprozess optimal auf den Glaswerkstoff und die Anforderungen des zu fertigenden Bauteils abzustimmen. Dies setzt jedoch die Untersuchung und Kenntnis der Abtragsraten, erzielbaren Rautiefen sowie der Oberflächentopografie voraus. In der Tabelle 7.23 sind ausgewählte Größen in Abhängigkeit des Schleifwerkzeuges bzw. der Korngröße gegenübergestellt.

Tabelle 7.23 Arbeitsergebnisse beim Schleifen planer Flächen mit Ringwerkzeug/Werkstoff BK7

<table>
<tr><th>Werkzeug</th><th colspan="4">Rauheitsprofil und Formabweichung (Talysurf)</th></tr>
<tr><td rowspan="3">D46
Vorgeschliffene Oberfläche
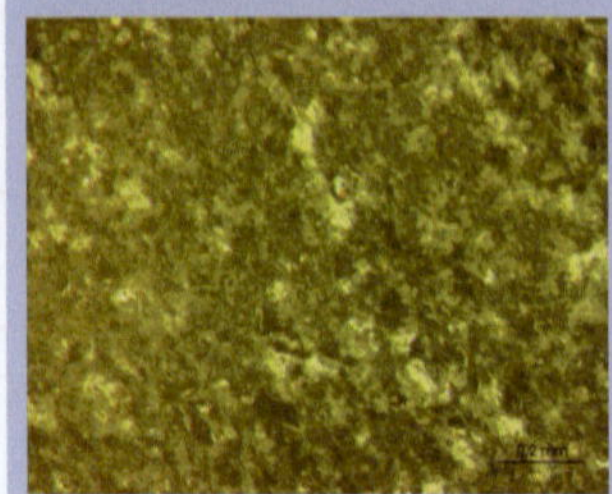
(Vergrößerung 90-fach)</td><td colspan="4">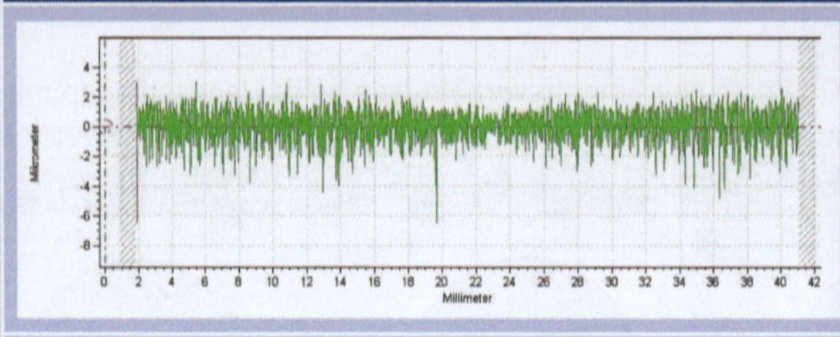
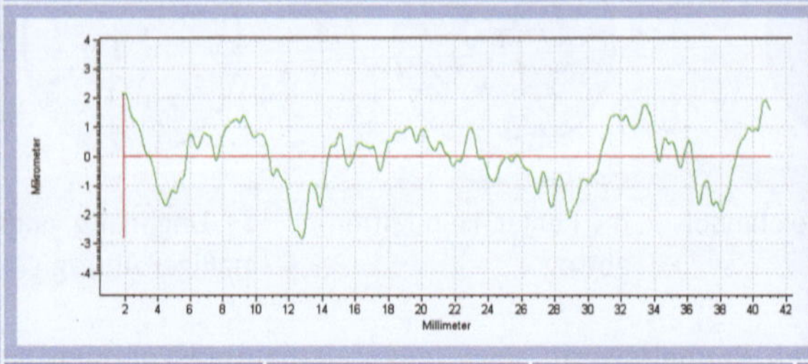</td></tr>
<tr><td>R_a</td><td>R_z</td><td>Materialtraganteil (100 %)</td><td>max. Formabweichung</td></tr>
<tr><td>0,64 µm</td><td>4,7 µm</td><td>9,4 µm</td><td>4,96 µm</td></tr>
</table>

<table>
<tr><th>Werkzeug</th><th colspan="4">Rauheitsprofil und Formabweichung (Talysurf)</th></tr>
<tr><td rowspan="3">D20
Feingeschliffene Oberfläche

(Vergrößerung 90-fach)</td><td colspan="4">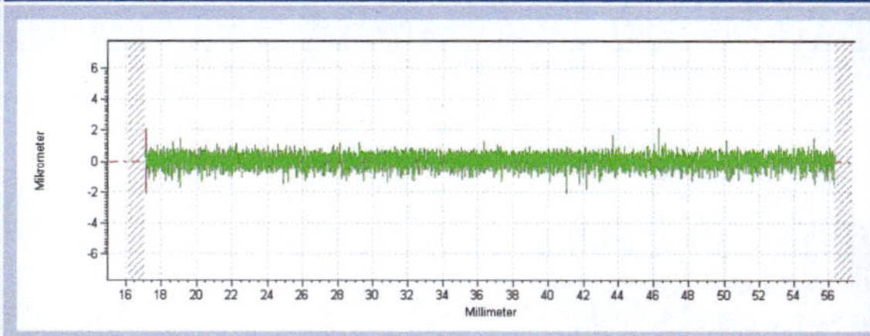

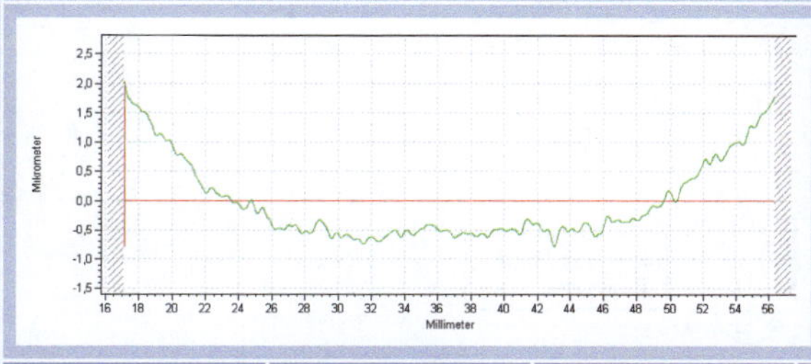
</td></tr>
<tr><td>R_a</td><td>R_z</td><td>Materialtraganteil (100 %)</td><td>max. Formabweichung</td></tr>
<tr><td>0,31 µm</td><td>2,22 µm</td><td>4,3 µm</td><td>2,8 µm</td></tr>
</table>

Ein wesentliches Ziel des Feinschleifprozesses ist das Erlangen von polierfähigen Oberflächen. Dies erfordert neben der Abstimmung der vorstehend genannten Prozessparameter auch den Einsatz von sehr präzisen CNC-Maschinen. Hierbei werden für das Flachschleifen hohe Anforderungen an die erreichbare Ebenheit und die Struktur der Oberflächentopografie gestellt. Das erforderliche Aufmaß für den Feinschleifprozess liegt im Bereich 0,03 – 0,05 mm, hängt aber sehr stark von dem vorgelagerten Vorschleifprozess ab. Insbesondere für optische Bauteile mit hohen Ebenheits-, Parallelitäts- sowie Winkelanforderungen muss i. d. R. ein nachträgliches Läppen erfolgen. Dies gilt auch für großflächige Bearbeitungsaufgaben.

7.2.3.5 Schleifen sphärischer Flächen

Die Bearbeitung von sphärischen Flächen durch **Formschleifen** erfolgt prinzipiell durch zwei verschiedene Verfahrensmethoden in Analogie zum Flachschleifen. Beim Formschleifen von sphärischen Flächen verwendet man sehr häufig Diamantwerkzeuge, die die Form von Ringwerkzeugen aufweisen und mit einer Winkeleinstellung α zwischen Werkstück- und Werkzeugträgerachse für den jeweiligen Radius arbeiten. Beide Achsen schneiden sich im Krümmungsmittelpunkt des gewünschten Radius. Das Ringwerkzeug läuft mit seinem wirksamen Durchmesser D_w über den Scheitel des Werkstückes bzw. des Tragkörpers (siehe Tabelle 7.24 links). Beim Formschleifen mit **Kalotten- bzw. Pelletwerkzeug** müssen die Werkzeuge für jeden Ausnutzungswinkel des jeweiligen Tragkörpers speziell angefertigt werden. Dies kann in Form einer Vollkalotte oder einer Pelletbesetzung (Pellets) erfolgen. Die Formgebung des Werkstückes erfolgt im Unterschied zum Ringwerkzeug nicht durch die Maschineneinstellung, sondern durch das formschlüssige Werkzeug. Die Drehbewegung des Werkstückes geschieht durch Reibungsmitnahme (siehe Tabelle 7.24 rechts).

Tabelle 7.24 Verfahren des Formschleifens von sphärischen Flächen

<table>
<tr><th>Formschleifen mit Ringwerkzeug</th><th>Formschleifen mit Pelletwerkzeug</th></tr>
<tr><td>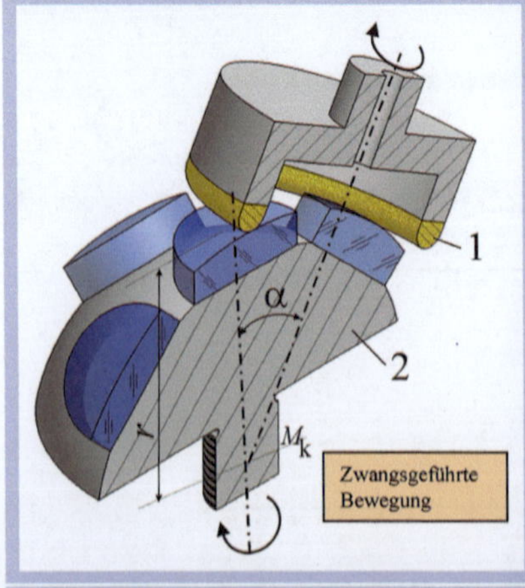
</td><td>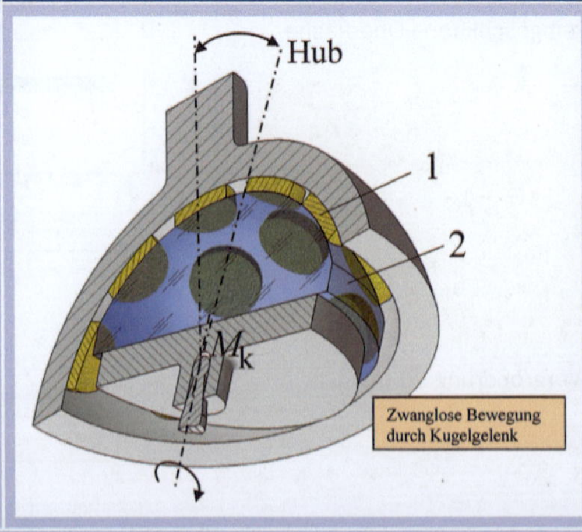
</td></tr>
<tr><td colspan="2">1 Diamantwerkzeug, 2 Tragkörper mit aufgekitteten Linsen
α fest eingestellter Winkel, r Werkstückradius, M_k Krümmungsmittelpunkt</td></tr>
<tr><td colspan="2">Verfahrenskennzeichen</td></tr>
<tr><td>▪ Hohe Flexibilität
▪ Erzeugung beliebiger Radien in einem Bereich
▪ Veränderung der Werkzeugparameter problematisch für erreichbare Genauigkeiten
▪ Direkter Einfluss der Maschinenparameter auf die Formgenauigkeit
▪ Radienabweichungen ≥ 1 µm
▪ Geringe Werkzeugkosten
▪ Einsatz für Einzelteil- und Kleinserienfertigung</td><td>▪ Radiengebundenes Werkzeug
▪ Erzielbare Genauigkeiten abhängig von der Werkzeuggenauigkeit
▪ Radienabweichung < 1 µm erreichbar
▪ Höhere Werkzeugkosten im Vergleich zum Ringwerkzeug
▪ Einsatz für Klein- und Mittelserienfertigung</td></tr>
</table>

Die Bearbeitung mit **Ringwerkzeugen** ist sehr flexibel und gestattet das Erzeugen von unterschiedlichen Radien mit nur einem Werkzeug. Das Werkstück rotiert um seine eigene Achse. Die Rotationsachse des Ringwerkzeuges schneidet die des Werkstückes im Mittelpunkt der zu erzeugenden sphärischen Fläche. Die Bilder 7.47 und 7.48 verdeutlichen diesen Zusammenhang. Der Radius ergibt sich aus der Neigung beider Achsen zueinander, verkörpert durch den Einstellwinkel α. Die Vorschubbewegung erfolgt derart, dass das Werkstück relativ in Richtung der Rotationsachse verschoben wird.

Für das Erreichen einer geschlossenen sphärischen Fläche ist es erforderlich, dass die Berührungslinie des Werkzeuges die Rotationsachse des Werkstückes schneidet. Andernfalls wird der Werkstückmittelpunkt nicht exakt bearbeitet. Daraus ergeben sich die Formeln für den Einstellwinkel α und für den zu schleifenden Radius. In Bild 7.47 ist der formale Zusammenhang für konvexe und konkave Flächen angegeben.

Konvexe Linsenform:

$$\alpha = \arcsin\left(\frac{d_w}{2(R + r_s)}\right)$$

Konkave Linsenform:

$$\alpha = \arcsin\left(\frac{d_w}{2(R - r_s)}\right)$$

α Neigungswinkel der Achsen, d_w mittlerer Werkzeugdurchmesser, R Krümmungsradius der Linse, r_s Krümmungsradius d. Schleifbelages

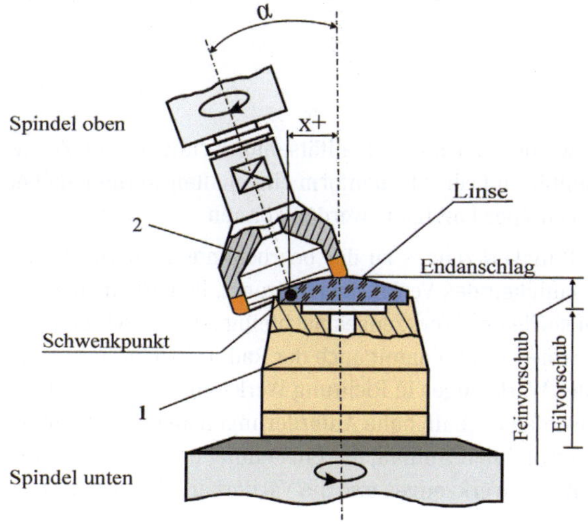

Bild 7.47
Maschinenanordnung zum Formschleifen sphärischer Flächen mit Ringwerkzeugen */Opto2004/*

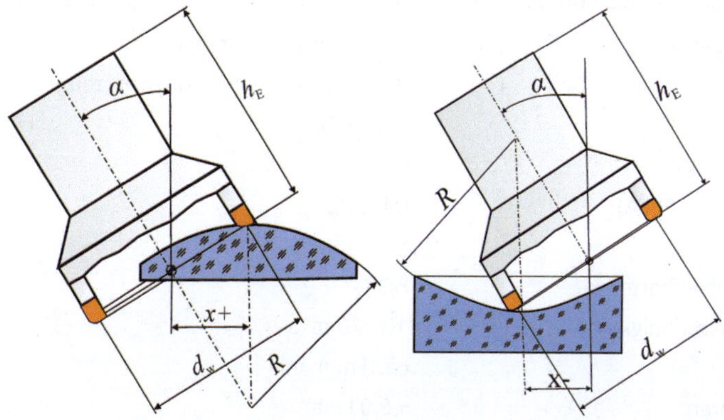

Bild 7.48
Einstellungsverhältnisse für das Formschleifen sphärischer Flächen: links) konvexe Linsenform, rechts) konkave Linsenform

Bild 7.48 veranschaulicht das Vorschleifen am Beispiel der Vorschleifmaschine SM 80 Digital (Firma OptoTech). Es handelt sich hierbei um eine konventionelle NC-Maschine mit 3 Achsen. Die X-und die B-Achse werden manuell eingestellt, die Z-Achse (Linsenmittendicke) wird NC-gesteuert. Der Krümmungsradius des Werkstückes ist abhängig vom Durchmesser des Werkstückes, der Winkelstellung zwischen Werkzeug- und Werkstückachse, dem Schneidkantenradius und der Verschiebung der Werkzeugachse zur Werkstückachse.

Die wesentlichen Vorteile des Formschleifens sphärischer Flächen mit Ringwerkzeugen gegenüber Schleif- und Läppverfahren (mit losem Korn) sind:

- großer Materialabtrag in kürzester Zeit,
- Feinschleifen der Werkstücke bis zur Polierreife,
- hohe Wiederholgenauigkeit bei der Bearbeitung mehrerer Werkstücke,
- es fällt kein Schleifmittel an, das entsorgt werden muss.

Das Formschleifen mit Ringwerkzeugen kann sowohl für das Vorschleifen als auch für das Feinschleifen angewendet werden (Tabelle 7.25). Es stehen unterschiedliche Diamantkörnungen (Korngrößen von 250 – 10 µm) zur Verfügung:

- Vorschleifen: D76 – D46
- Feinschleifen: D20 – D10

Beim Form- bzw. Feinschleifen muss beachtet werden, dass die Qualitätsanforderungen laut Zeichnung wie z. B. Verkippung, Größe, Dicke, Parallelität und Oberflächenform eingehalten werden, da bei dem nachfolgenden Polieren nur noch kleine Formfehler korrigiert werden können.

Das Verhältnis der wirksamen Oberfläche des Ringwerkzeuges zu der bearbeitenden Oberfläche ist sehr klein. Dadurch ist die erreichbare Formgenauigkeit des Verfahrens begrenzt. Es wirken sich insbesondere Rundlauffehler der Werkzeugspindel sowie des Werkzeuges nachteilig aus. Verschleißt das Werkzeug, so verändert sich der wirksame Durchmesser und damit auch der Radius, wodurch Korrekturen in Form einer feinfühligen Nachführung des Werkzeuges in Richtung Werkzeugachse notwendig werden. Beim Feinschleifen mit Ringwerkzeug werden deshalb hohe Anforderungen an die Laufgenauigkeit der Spindeln, die Schwingungsarmut, einen stabilen Aufbau, die Einstellung des Winkels α, die Nachstellung der Werkzeugspindel bei Verschleiß des Werkzeuges und die Variierbarkeit der Drehzahlen von Werkstück und Werkzeug gestellt.

Tabelle 7.25 Beispiel und Arbeitsergebnisse des Formschleifens sphärischer Flächen mit Ringwerkzeugen

Werkzeug	Abmessungen	Durchmesser: 25 mm
	Werkstoff	Diamantgebundenes Ringwerkzeug
	Bindung	Bronze BZ 560
	Konzentration C	C 35
	Körnung (nach FEPA)	D46, D20
Material	BK7	
	Relative Schleifhärte	HG3
Prozessparameter	Schnittgeschwindigkeit	10 – 20 $m \cdot s^{-1}$
	Vorschub	ca. 1 $mm \cdot min^{-1}$
Ergebnis	Dickentoleranz	± 0,01 mm
	Radientoleranz	± 1 – 4 µm
	Rauheit R_q	< 4 µm

Höhere Formgenauigkeiten lassen sich mit dem Einsatz von formschlüssigen Pelletwerkzeugen erzielen. In Bild 7.49 sind die kinematischen Eingriffsverhältnisse für das Formschleifen einer konkaven Fläche mit einem Pelletwerkzeug dargestellt.

Diese Formwerkzeuge werden mit Diamantpellets belegt, die in unterschiedlichen Größen bzw. Abmessungen zur Auswahl stehen. Pellets sind aus Diamantgranulat in einer Bronzebindung gesintert und stehen auch in unterschiedlichen Konzentrationen zur Verfügung. Sie werden auf den Grundkörper gelötet oder vorzugsweise aufgeklebt. Nach dem Aushärten wird das belegte Werkzeug abgerichtet bzw. auf den geforderten Formradius eingeschliffen. Die Belegung des Grundkörpers erfolgt unterschiedlich. Es sollte jedoch auf einen gleichmäßigen Abstand der Pellets (von ca. 0,5- bis 2-mal des Pelletdurchmessers) geachtet werden. Die Belagdichte wird beim Vorschleifen in etwa 20 - 30 % und beim Feinschleifen ca. 30 - 40 % der Gesamtfläche gewählt.

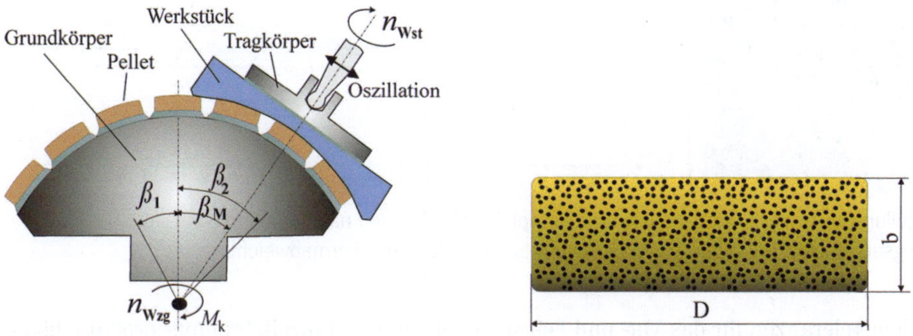

Bild 7.49 Darstellung der kinematischen Eingriffsverhältnisse beim Formschleifen mit Pelletwerkzeugen

Werkstück mit Einzeltragkörper
Werkzeug (Grundkörper) mit eingeklebten Pellets
M_k Krümmungsmittelpunkt
n_{Wzg}, n_{Wst} Drehzahl des Werkzeuges bzw. Werkstückes

D (mm)	4	5	6	6	8	8	10	10
b (mm)	2	2	2	3	2	3	2	3

In der Anordnung nach Bild 7.49 wird das Pelletwerkzeug auf der Hauptspindel der Maschine aufgenommen. Das Werkstück wird durch die Vorschubkraft F_v an das Werkzeug gedrückt und durch dieses gleitend bewegt. Zusätzlich oszilliert das Werkstück zwischen den Winkeln β_1 und β_2. Das Führungselement ist derart in der Werkstückhalterung gelagert, dass das Werkstück in der Bewegung zwei Freiheitsgrade aufweist. Dadurch kann das Werkstück rotieren und sich an der Oberfläche des Pelletwerkzeuges ausrichten. Somit hängen die erzielbaren Formgenauigkeiten primär von der Werkzeuggenauigkeit ab und weniger von den Maschinenparametern. Im Vergleich zum Schleifen mit Ringwerkzeugen ist die erzielbare Formgenauigkeit höher. Sie kann bei angepasster Prozessführung kleiner 1 µm betragen.

Eine wesentliche Voraussetzung dafür ist die richtige und gleichmäßige Besetzung des Werkzeuges mit Pellets. Die prozentuale Besetzung der Pellets beträgt in der Praxis zwischen 25 % und 30 % (Vorschleifen) der Werkzeugoberfläche. Sie ist im Wesentlichen vom Werkstück- und vom Bindungsmaterial des Diamantgranulates abhängig. Mit der folgenden Gleichung kann die Anzahl der Pellets berechnet werden.

$$N = \frac{D^2}{4(0,5\,d)^2} \cdot x_V \tag{7.10}$$

N Anzahl der Pellets, *D* Durchmesser des Schleifwerkzeuges, *d* Durchmesser der Pellets, x_V prozentuale Besetzung mit Pellets (Prozentwert in Zahlenwert umrechnen, z. B. 0,25)

Die Formabweichungen nach dem Schleifen sphärischer Flächen können nach dem Anpolieren mit dem Probeglas oder dem Ringsphärometer geprüft werden. Das Tastschnittverfahren liefert eine Kurve für die Formabweichung und der Rauheitswerte des jeweiligen Arbeitsergebnisses (siehe Bild 7.50).

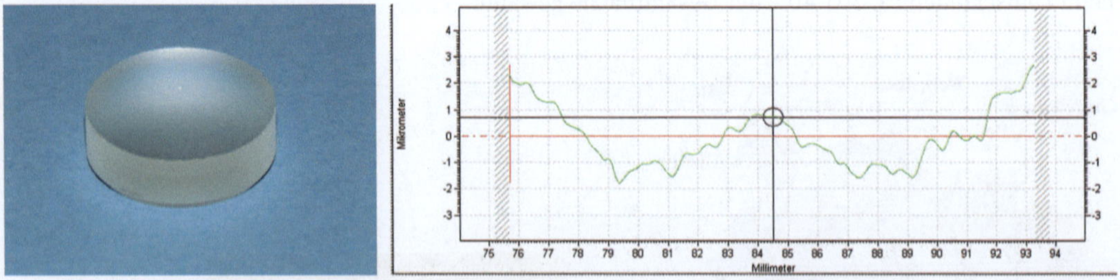

Bild 7.50 Darstellungsform der Formgenauigkeiten für sphärische Flächen nach dem Feinschleifen: links) Bearbeitungsergebnis (*PV* 4,5 µm, R_q 3,2 µm), rechts) Ermittlung der Formabweichung

Die erforderlichen Toleranzen für das Vor- und Feinschleifen sind im Einzelfall immer produktabhängig. Im folgenden Beispiel werden Hinweise für typische Toleranzen gegeben.

Hinweis

Die Toleranz beim Vorschleifen liegt bei Einzellinsen mit einem Durchmesser von 21,5 mm in etwa bei -10 - -12 µm (entspricht in etwa 30 - 36 Ringe Randauflage). Somit wird beim Feinschleifen der Rand etwas stärker abgetragen. Danach sollte die Formabweichung (PV) zwischen -1 und -2 µm liegen.

Das Aufmaß liegt für das Feinschleifen zwischen 0,03 und 0,05 mm (für Gläser geringer Schleifhärte kann das Aufmaß um Faktor 2 vergrößert werden).

Eine Mittendickentoleranz wird auf ca. ±0,2 µm nach dem Feinschleifen eingehalten.

Die **Automatisierung** durch CNC-Schleifmaschinen erfordert auch oftmals die Nutzung von CAM-Lösungen für die Unterstützung der Prozessvorbereitung. Dies ist insbesondere erforderlich, wenn mehrere Achsen simultan bewegt werden müssen oder die Achsenbewegung für kompliziert geformte Bauteile berechnet werden soll. Der Bearbeitungsablauf, der in Bild 7.50 für eine feingeschliffene Linse festgelegt wurde, erfolgte mit einem Softwaretool. Vorteile der modernen Computersoftware liegen vor allem in der Stammdatensatzverwaltung für die Glasauswahl, der Maschinendaten und das Erstellen einer Werkzeugdatenbank, so dass sich der Prozess optimieren und simulieren lässt. Das Vermeiden von Fehlern und die Anwendung optimierter Prozessfolgen sind damit ein vorrangiges Ziel. Somit kann die computerunterstützte Arbeitsvorbereitung als ein wichtiges Hilfsmittel für die Prozessplanung angesehen werden, um Fehlerursachen frühzeitig zu erkennen und wiederkehrende Produktionsabläufe zu systematisieren. Die entsprechenden Maschineneinstellwerte der im Beispiel (Bild 7.51) gefertigten Plankonvexlinse stehen somit schnell zur Verfügung.

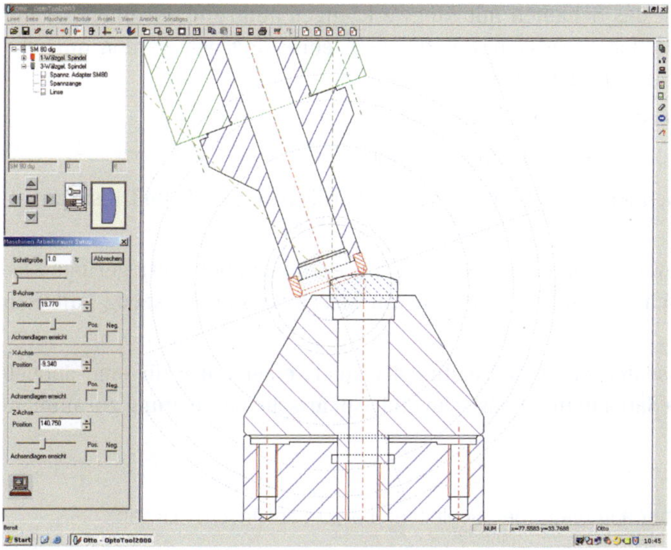

Bild 7.51
Simulationsansicht des Vor- und Feinschleifens der Plankonvexlinse aus Bild 7.50 (Software: „Optotool“)

Linsendaten:	▪ Ø = 19,7 mm ▪ R1 = 28,3 mm ▪ R2 = ∞
Einstellwerte:	▪ Werkzeugdurchmesser: 20 mm ▪ Kippwinkel: 20,67° ▪ Verschiebung X = 9,35 mm
Halbzeug:	▪ Boro 33 ▪ wasserstrahl-getrennter Zylinder

Moderne CNC-Schleifmaschinen werden sehr oft als **mehrspindlige Systeme** ausgeführt, um die Schleifbearbeitung (pro Seite) komplett in einer Aufspannung fertig zu stellen. So laufen sowohl das Vorschleifen, das Feinschleifen und die Randbearbeitung mit wechselbaren Schleifwerkzeugen (Kombiwerkzeugen, Schwenken der mehrspindligen Werkzeugachse) automatisch ab. Mit einem integrierten Wendesystem kann die Optik mit der ersten bearbeiteten Seite auf die zweite Spindel automatisch übergeben werden. Integriert ist ebenfalls ein taktiles Messsystem zur Bestimmung der Mittendicke optischer Bauelemente im eingespannten Zustand. Somit ist eine Komplettbearbeitung der folgenden Bearbeitungsschritte auf nur einer Maschine möglich:

1. Vorschleifen Seite 1,
2. Feinschleifen Seite 1,
3. Übergabe der Linse an ein zweites Spindelpaar,
4. Vorschleifen Seite 2,
5. Feinschleifen Seite 2,
6. Randbearbeitung (Durchmesser, Schutzfasen).

Hauptsächliche Bearbeitungsform ist das Schleifen mit Ringwerkzeugen aufgrund der überwiegend kleinen Stückzahlen in vielen Produktionsprozessen. Kalottenwerkzeuge hingegen werden für hohe Stückzahlen oder bei höheren Qualitätsanforderungen eingesetzt.

Der Schleifprozess ist sehr oft als dreistufiger Prozess ausgelegt:

1. Stufe: Schleifen mit großem Vorschub – große Abtragsleistung,
2. Stufe: Schleifen mit kleiner werdendem Vorschub – bessere Oberflächenqualität und Rissvermeidung.
3. Stufe: Schleifen ohne Vorschubbewegung (auch als Ausfeuern oder -funken bekannt): geringe Korrektur möglicher Fehler, die durch elastisches Verhalten von Maschine und Werkzeug auftreten können.

In der Tabelle 7.26 sind die Prozessdaten eines Bearbeitungsbeispiels einer Linse für eine doppelspindlige Schleifmaschine der Firma Satisloh für sphärische und asphärische Bearbeitung zusammengestellt.

Tabelle 7.26 Bearbeitungsbeispiel einer automatischen Schleifbearbeitung sphärischer Linsen */Jena2007-2/*

Sphärische Linse

Werkstoff: BK7

Halbzeug: Rundling: ⌀ 42 mm; 10,8 mm dick

1. Seite konkav R1 = -237,67 mm

2. Seite konvex R2 = 88,485 mm

Durchmesser: 40 mm

	Werkzeug	Drehzahl	Schnittgeschwindigkeit	Vorschub	Bearbeitungszeit
Vorschleifen	D76/ ⌀ 60 mm	120 min^{-1}	18 $m \cdot s^{-1}$	$v_f = 1{,}0\ mm \cdot min^{-1}$	$t = 1{:}57$ min
Feinschleifen	D15/ ⌀ 60 mm	120 min^{-1}	18 $m \cdot s^{-1}$	$v_f = 0{,}\ 50\ mm \cdot min^{-1}$	$t = 1{:}00$ min
Schutzfacette	D15	Erforderlich für das nachfolgende Polieren, um den Poliermittelträger nicht zu beschädigen			

Die Ausgestaltungsformen (Anzahl der Spindeln, Bearbeitungsräume etc.) sind sehr vielgestaltig. Auf detailliertere Informationen sei an dieser Stelle auf */Opto2021/*, */Sati2007/* und */Schn2007/* verwiesen. Abschließend soll eine weitere spezielle Verfahrenstechnologie die Schleifbearbeitung sphärischer Flächen abrunden.

Im Prozessablauf besteht i. d. R. ein Ungleichgewicht zwischen den Prozesszeiten für das Schleifen und das anschließende Polieren. In der konventionellen Polierverfahrenstechnik wird dies durch mehrspindlige Poliermaschinen gelöst. Im Bereich der CNC-Poliertechnik wären dafür aber die Investitionskosten sehr hoch. Ein möglicher Weg, den die **3C-Schleiftechnologie** beschreibt, ist die Verbesserung des Oberflächenzustandes feingeschliffener Bauteile, um die nachfolgende Polierzeit zu verkürzen. Bei diesem Verfahren werden die Flächen in drei Prozessstufen geschliffen. Ergänzt wird neben dem Vor- und Feinschleifen mit Ringwerkzeugen ein dritter Schleifprozess mit einem diamantbesetzten Pelletwerkzeug (Bild 7.52).

Eine deutliche Verbesserung der Oberflächenqualität ist damit erreichbar. Es entstehen nahezu vorpolierte Flächen, die in diesem Zustand bereits interferometrisch gemessen werden können. Die benötigte Polierzeit lässt sich um durchschnittlich 30 - 40 % verkürzen */Pfaf2006/*. Die kinematischen Verhältnisse sind dabei ähnlich dem Polierprozess. Das Pelletwerkzeug erfährt eine zusätzliche Oszillationsbewegung um den Radienmittelpunkt der zu bearbeitenden Fläche.

Bild 7.52
Anordnung 3C-Technologie */Opto2007/*

Bild 7.52 zeigt den Arbeitsraum einer Schleifmaschine in 3C-Konfiguration. Verwendet wird ein Kombi-Tool zum Vor- und Feinschleifen in der linken Spindel; das Pelletwerkzeug ist in der rechten Spindel aufgenommen. Das in Bild 7.53 dargestellte Interferogramm illustriert die gute Oberflächenqualität einer mit 3C-Technologie bearbeiteten Linse.

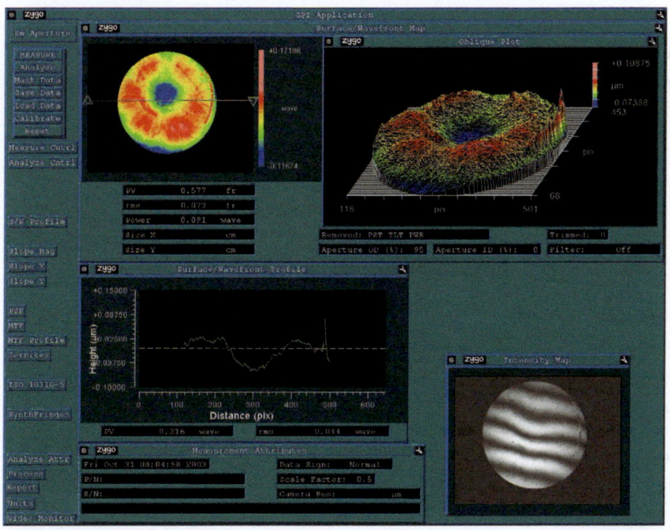

Bild 7.53
Interferogramm einer mit 3C-Technologie geschliffenen Linse vor dem Polieren */Pfaf2006/*

7.2.3.6 Schleifen asphärischer Flächen

Die modernen rechnergestützten Methoden des Optical Designs, die Weiterentwicklung der CNC-gesteuerten Bearbeitungsmaschinen und die entwickelte Messtechnik erlauben in zunehmendem Maße den verstärkten Einsatz von **asphärischen Flächen** in der Präzisionsoptik. Somit besteht einerseits die Möglichkeit der Einsparung von Bauelementen in einem optischen System und andererseits das Potenzial für die Entwicklung neuartiger optischer Bauelemente. Aufgrund der Abweichung asphärischer Flächenformen von einer Kugeloberfläche sind für deren Herstellung zum Teil völlig andere Methoden für die Schleif- und Polierprozesse sowie das Prüfen solcher Oberflächen erforderlich. Bild 7.54 verdeutlicht diesen Zusammenhang.

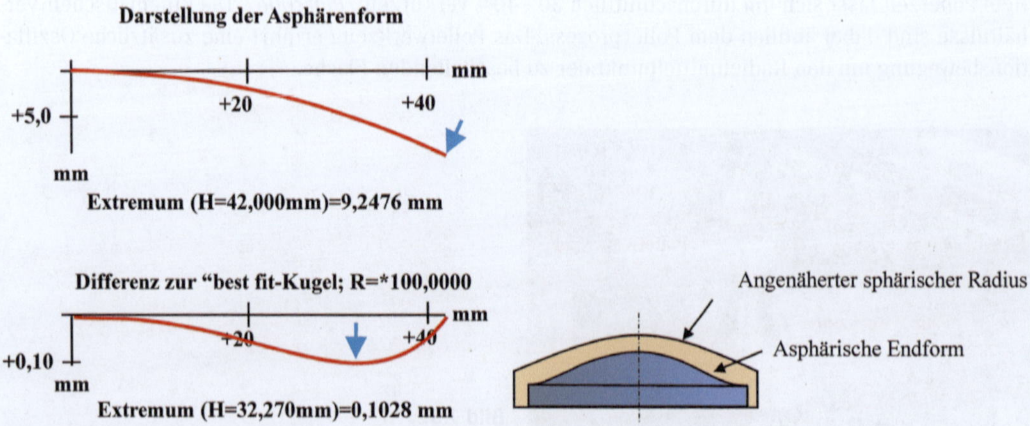

Bild 7.54 Darstellung der Asphärenoberfläche */Sati2007/*

$$z = \frac{c \cdot h^2}{1 + \sqrt{1 - (1+k)h^2 \cdot c^2}} + u^4 \sum_{m=0}^{M} S_m \cdot Q_m^{con}(u^2)$$

$u = \frac{h}{r}$ normierte radiale Koordinate, $Q_m^{con}\left(u^2\right)$ orthogonale (Jacobi-)Polynome, S_m zugehörige Asphärenparameter

Die Fertigung von Asphären ist relativ aufwendig und ein komplexer Prozess, wobei mehrere Verfahrensstufen zu durchlaufen sind. In Vorgriff auf den Abschnitt 7.6 wird an dieser Stelle, zum besseren Verständnis, der Gesamtprozess betrachtet. Bild 7.55 veranschaulicht die erforderlichen Prozessstufen */Schn2006/*.

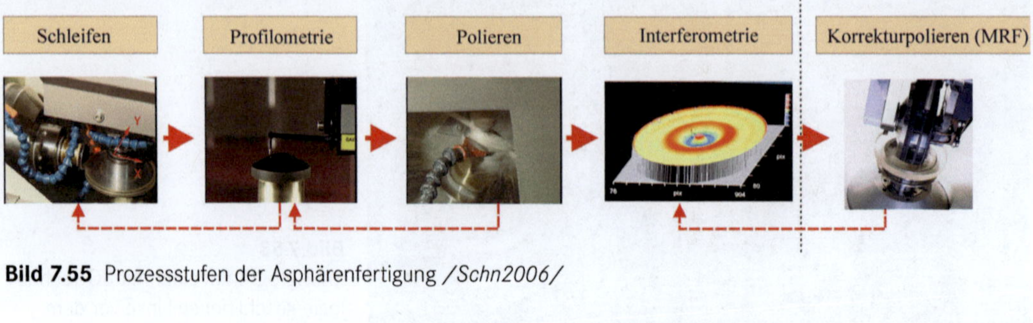

Bild 7.55 Prozessstufen der Asphärenfertigung */Schn2006/*

Zunächst wird die asphärische Form über mehrere Schleifprozessstufen mit diamantgebundenen Werkzeugen hergestellt. Dies umfasst das Vorschleifen und Feinschleifen in Stufen, bis eine polierfähige Oberfläche vorliegt. In der Regel werden hochgenaue CNC-Bearbeitungsmaschinen eingesetzt, die eine simultane Mehrachsbearbeitung erlauben. Die Annäherung an die Sollkontur ist ein iterativer Prozess. In diesem Prozess ist oftmals eine mehrfache Kontrolle mit einem externen Messgerät und entsprechender Software erforderlich, die den Istzustand der Bearbeitung darstellt. Dies erfolgt mit einem taktilen Messverfahren (Auslenkung des Tasters wird über ein laser-interferometrisches Messverfahren ermittelt und ausgewertet), das ein Querschnittprofil der Asphärenoberfläche liefert. Die Auflösung solcher Messverfahren liegt zwischen 1,5 und 12 nm. Damit lassen sich prinzipiell Formfehler zwischen 100 bis 250 nm und Rauigkeiten bis zu 1 nm nachweisen */Tayl2006/*. Für die anschließende Politur der geschliffenen asphärischen Form werden häufig MRF-Verfahren (Polieren mit magneto-rheologischem Fluid, siehe Abschnitt 7.6), speziell mehrachsige Polierzentren oder Polierroboter, verwendet. Für die Formprüfung asphärischer Bauteile werden interferometrische Messverfahren nach FIZEAU eingesetzt. Die Messung ist jedoch aufwendig aufgrund der erforderlichen asphärischen Wellenfront, die für jede Asphärenform durch diffraktive Elemente **CGH** (**C**omputer**G**eneriertes **H**ologramm) bestimmt werden muss. Der Vorteil ist ein Messergebnis der gesamten Asphärenfläche mit einer Genauigkeit von $\lambda/20$ und höher. Demgegenüber stehen die hohen Kosten für die Herstellung der CGH. Im Ergebnis der Auswertung können Korrekturpolierstufen angeschlossen werden, um im iterativen Prozess den Solltoleranzwert zu erreichen.

Beim Schleifen erfolgt prinzipiell der Materialabtrag durch eine Relativbewegung zwischen dem Werkzeug und dem Werkstück. Die sich dabei ergebende Kontaktzone (**Footprint**) kann je nach Verfahren unterschiedlich gewählt werden und entscheidet maßgeblich das Polierergebnis. Sphären werden, wie bereits beschrieben, meistens mit Ringwerkzeugen und linienförmigem Eingriff oder auch durch einen flächenhaften Eingriff mit Scheibenwerkzeugen geschliffen. In der Maschine wird der Radius der zu schleifenden Sphäre durch den Kippwinkel der Werkzeugachse bei Ringwerkzeugen vorgegeben. Ein Schleifen mit Formwerkzeugen funktioniert bei asphärischen Flächen nicht. Vielmehr erfolgt bei Asphären ein Umfangsschleifen mit quasi punkt- bzw. linienförmigem Eingriff (siehe Bild 7.56). Die Kontur der Asphäre wird im Unterschied zu den sphärischen Oberflächen hier als Bahn abgefahren. Entsprechend den vorgegebenen Form- und Rauigkeitsanforderungen wird in der Regel auch in mehreren Stufen geschliffen.

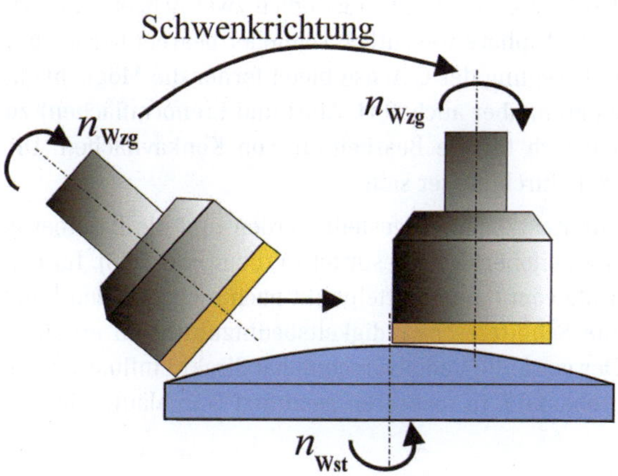

Bild 7.56
Prinzip des Formschleifens asphärischer Flächen

Die in Bild 7.57 dargestellte Werkzeuganordnung und die kinematischen Verhältnisse beim Schleifen erfordern den Einsatz von **diamantgebundenen Topfwerkzeugen** in verschiedenen Kornstufen. Gleichzeitig ist für die bahnförmige Bearbeitung der Asphärenform das Arbeiten mit einem Anstellwinkel des Schleifwerkzeuges erforderlich. Für das Erreichen einer akzeptablen Formtreue ist eine hochgenaue Bahnbewegung des Werkzeuges in mindestens drei Achsen notwendig. Für eine flexiblere Asphärenformbearbeitung verfügen moderne Schleifzentren heute meist über vier oder fünf CNC-gesteuerte Achsen.

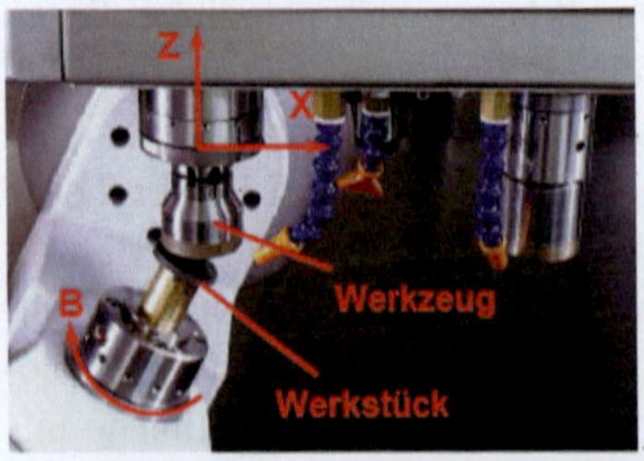

Bild 7.57
Werkzeuganordnung und kinematische Verhältnisse beim asphärischen Schleifen */Schn2006/*

Im Prozess werden zunächst die Flächen bis zum **Best-Fit-Radius** sphärisch vorgeschliffen. Die eigentliche Asphäre wird in einem zweiten Schritt durch die Schleiflippe des Topfschleifwerkzeuges bearbeitet (Tabelle 7.27). Die Maschine muss sich relativ in allen drei Achsen, X (horizontal), Z (vertikal) und B (Rotation um X), bewegen.

Wie bereits angedeutet ist die Gestaltung der Form des Werkzeuges und somit die sich ergebende Kontaktzone zwischen Werkzeug und Werkstück interessant. Theoretisch wird ein Punkt abgebildet. Aufgrund des **Werkzeugverschleißes** erhält man aber eine annähernd bogenförmige Kontaktzone. In Abhängigkeit der Verschleißfunktion des Werkzeuges ändert sich auch die Kontaktzone. Im praktischen Einsatz muss diese Änderung erfasst und durch eine maschinenseitige Werkzeugkorrektur ausgeglichen werden. Bei der Verwendung der Werkzeuganordnung im **Schleifscheibenmodus**, rechte Abbildung aus Tabelle 7.27, ändert sich die Kontaktzone bei einem Werkzeugverschleiß kaum, lediglich der Werkzeugdurchmesser wird kleiner. Dieses Fehlermaß ist im Fertigungsprozess wesentlich einfacher zu kompensieren. Von den kinematischen Verhältnissen ergibt sich ein weiterer Vorteil. Bei rotationssymmetrischen Asphären ist die gleichzeitige Bewegung von lediglich zwei Achsen, X (horizontal) und Z (vertikal), erforderlich. Somit ist eine Asphäre wesentlich schneller bearbeitbar als mit dem Topfschleifverfahren. Die winkelaufgelöste Bewegung der C-Achse bietet ferner die Möglichkeit, nicht rotationssymmetrische Teile (Off-Axis-Asphären, aber auch Tori, Atori und Freiformflächen) zu bearbeiten. Ein Verfahrensnachteil ergibt sich jedoch für die Bearbeitung von Konkavflächen. Die Radien dürfen nicht kleiner als der halbe Werkzeugdurchmesser sein.

Im Topfschleifmodus können unterschiedliche Kontaktzonen eingestellt werden und die Bahnbewegung von unterschiedlichen Positionen auf der Bauteiloberfläche gestartet werden (Bild 7.58). Im Beispiel aus Bild 7.58 wurde die Bahn in einer Spirale vom Bauteilmittelpunkt nach rechts an den Rand des Bauteils gefahren. Um annähernd konstante Schnittgeschwindigkeitsbedingungen zu erhalten, muss die Werkstückdrehzahl geregelt werden. Der gewählte Radialvorschub hat direkt Einfluss auf die erreichbare Oberflächenqualität und wird i. A. ebenfalls in mehreren gestuften Durchläufen immer kleiner gewählt.

Tabelle 7.27 Darstellung ausgewählter Schleifmodi */Sati2007/*

	Topfschleifmodus	Scheibenschleifmodus

Kontaktzone (schematisch)	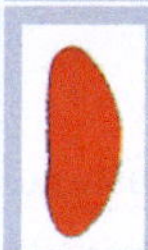	
Verfahrensmerkmale	▪ Kontaktzone wird durch Schleiflippe des Topfwerkzeuges gebildet ▪ Bewegung der Maschinenachsen in X (horizontal), Z (vertikal) und B (rotierend um X) ▪ Im theoretischen Fall liegt ein punktförmiger Kontakt vor ▪ Aufgrund des Werkzeugverschleißes entsteht ein linienförmiger Eingriff („bohnenförmige“ Kontaktzone) ▪ Werkzeugverschleiß erfordert die ständige Nachkorrektur der Prozessparameter (Verfahrwege)	▪ Kontaktzone wird durch Umfangsfläche des Scheibenwerkzeuges bestimmt ▪ Bewegung der Maschinenachsen in X (horizontal) und Z (vertikal) bei rotationssymmetrischen Asphären, zusätzlich C (Rotation) und Y (horizontal) für Off-Axis-Asphären, torische- und Freiformflächen ▪ Flächenförmiger Kontakt, dessen Form nicht vom Werkzeugverschleiß beeinflusst wird ▪ Änderung des Werkzeugdurchmessers muss berücksichtigt werden

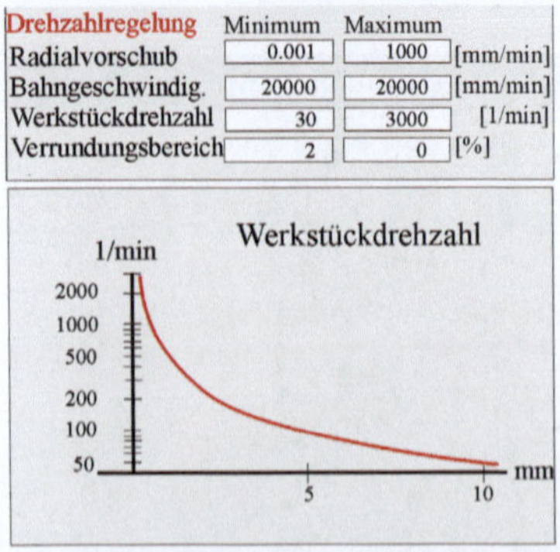

Bild 7.58
Screenshot ausgewählter Prozessparameter des Asphärenschleifens im Topfschleifmodus */Sati2007/*

Auch in der Asphärentechnologie werden Komplettbearbeitungsprozesse angestrebt. Das Schleifen von Asphären läuft i. d. R. nach folgenden Prozessstufen ab:

1. Rohling aufkitten,
2. Fläche sphärisch vorschleifen nach „best fit“ (angenäherte Kugelform),
3. Randschleifen auf Maß (Asphären werden i. d. R. nicht zentriergeschliffen),
4. Asphäre vorschleifen,
5. Asphäre feinschleifen,
6. Asphäre feinstschleifen (geringerer Vorschub, kleinerer Spurabstand der Spirale).

Teilweise werden auch kunstharzgebundene Diamantschleifscheiben eingesetzt. Es ergeben sich zwar längere Schleifzeiten, aber deutlich bessere Oberflächenrauigkeiten. Dadurch lassen sich die anschließenden Polierzeiten verkürzen. Die Oberfläche ist nach dem Feinstschleifprozess bereits im teiltransparenten Zustand und lässt sich somit interferometrisch prüfen.

Nach dem Feinschleifprozess werden Oberflächenqualitäten von ca. $R_a = 0{,}3\,\mu m$ (arithmetischer Mittelwert der Rauigkeit) und $R_t = 4\,\mu m$ (maximaler absoluter Rauigkeitswert im Oberflächenprofil) angestrebt, um eine polierfähige Ausgangsfläche zu erhalten. Bild 7.59 illustriert das Bearbeitungsergebnis nach dem Feinschleifen einer asphärischen Linse. Das in den Schleifmaschinen verwendete Softwareprogramm kann die gewonnenen Messdaten übernehmen, verrechnet den Oberflächenfehler und erstellt einen korrigierten NC-Datensatz. Korrigierte Oberflächen haben typischerweise eine Abweichung von der Asphärenform von etwa 1 - 2 µm.

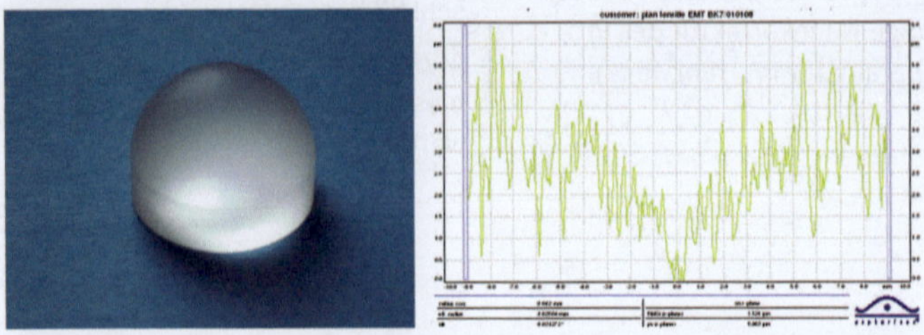

Bild 7.59 Bearbeitungsergebnis des Feinschleifens der Asphäre */Asph2007/*:
links) Asphäre nach Feinschleifprozess, rechts) Formmessung mit Talysurf PGI 1240 Profilometer

Die bereits mehrfach diskutierten **mehrachsigen CNC-Maschinen** werden auch als großräumige Schleifzentren eingesetzt. Eine hohe Maschinensteifigkeit bei gleichzeitiger -dynamik bietet somit die Möglichkeit, großvolumige Bauelemente universell bearbeiten zu können. Die sogenannten Gantry-Bauweisen, die auch in der mechanischen Bauteilfertigung erfolgreich im Einsatz sind, ermöglichen eine 5-Seitenbearbeitung prismatischer Teile und sind die Voraussetzung für eine flexible Freiformflächenbearbeitung. In Bild 7.60 ist der prinzipielle Aufbau gezeigt (mit drei translatorischen und zwei rotatorischen Bewegungsachsen sowie einer oder mehreren Werkzeugspindeln).

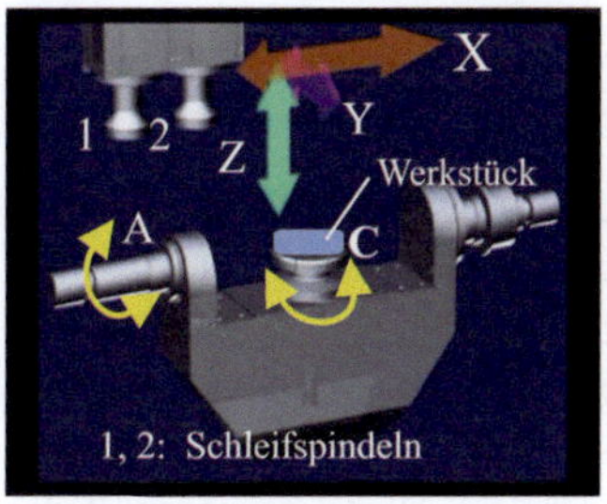

Bild 7.60
Präzisionsoptisches Schleifzentrum */Sati2007/*

7.2.3.7 Schleifen von Freiformflächen

Freiformoptische Anwendungen gewinnen zunehmend an Bedeutung und gestatten die Wellenfront eines Strahlenbündels gezielt zu beeinflussen. In der Regel spricht man von Freiformflächen, wenn das optische Bauelement über keine Rotations- und Achssymmetrie verfügt und keine stetige Fläche vorliegt. In der DIN 10110-19 werden **allgemeine Flächen**, die zur Beschreibung von Flächenformen der verschiedenen optischen Bauelemente herangezogen werden, in stetige und unstetige Flächen unterteilt. Während zu den stetigen Flächen plane, zylindrische, prismatische und sphärische Flächen zählen, werden Asphären- und Freiformflächen durch unstetige Flächen mathematisch beschrieben. Die Beschreibung solcher unstetigen Flächen erfolgt mit Punktewolken, Polygonnetzen oder aber analytisch definierten Oberflächen (z. B. NURBS-Flächen, siehe Kapitel 2).

In Bild 7.61 ist eine Freiformfläche veranschaulicht und wichtige Informationen für den Schleifprozess angeführt. Der Koordinatenursprung der zu beschreibenden allgemeinen Fläche wurde in der Bauteilmitte angeordnet (Bild links). Die allgemeine Fläche kann durch Punktewolken oder Dreiecksgitter dargestellt werden (Bild rechts).

Mathematische Oberflächendefinition:

$$z(x,y) = \frac{1}{1000}\cdot(2x-25)^2 - \frac{1}{380}\cdot(2y-5)^2 - 2{,}5$$

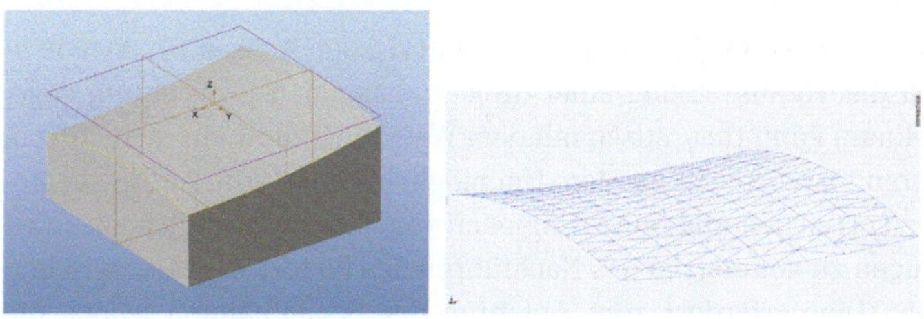

Bild 7.61
Freiformdefinition nach DIN ISO 10110-19: links) Volumenmodell, rechts) Darstellung der allgemeinen Fläche mit Dreiecksgitter

Tabelle 7.28 Pfeilhöhentabelle der Freiformfläche aus Bild 7.61

X (mm)	Y (mm)	Z (mm)
0	0	- 1,9408
- 12,5	- 12,5	- 2,3684
- 12,5	12,5	- 1,0526
12,5	- 12,5	- 4,8684
12,5	12,5	- 3,5526
- 12,5	0	- 0,0658
- 12,5	2,5	0

Dargestellt ist in Bild 7.61 das Koordinatenursprungssystem, welches so gewählt wurde, dass es mit der Referenzachse des freiformoptischen Bauelementes zusammenfällt. Diese theoretische Achse, die in den Anwendungsfällen der Freiformflächen nicht von einer Symmetrie abhängt und i.d.R. das Zentrum des optischen Strahlweges verkörpert, wird vom Optikdesigner festgelegt. Eine besondere Bedeutung kommt in der Freiformoptik der Referenzierung des Bauelementes zu. Dies ist aufgrund der unstetigen Flächen und Körperkantenzuordnung erforderlich, um in der Bearbeitungsfolge sowie beim Prüfen und Messen eine eindeutige Zuordnung der Flächen zu gewährleisten. Oftmals werden auch zusätzliche Referenzmarken in Form von Strichen, Kreuzen oder Kreisen angewendet. Nach der DIN ISO 10110-19 kann eine allgemeine Fläche durch drei grundlegende Koordinatensysteme gekennzeichnet werden.

1. Koordinatenursprung der zu beschreibenden mathematischen Fläche,
2. Bezugskoordinatensystem am Schnittpunkt der Referenzachse mit der Fläche,
3. Bauteilreferenzpunkte.

Um eine **allgemeine Fläche** in einer Zeichnung darzustellen, sind weitere Angaben erforderlich.

Der Ursprung der Fläche, damit sind die Angabe der Position und die Lage des Koordinatensystems gemeint, muss verbindlich dargestellt werden. Des Weiteren wird eine Pfeilhöhentabelle (Tabelle 7.28) mit kartesischen oder polaren Koordinaten eingetragen (vollflächige Angabe). Diese dient der punktweisen Überprüfung der Flächenform anhand der Pfeilhöhe und dem Flächenanstieg *S*. Darüber hinaus muss die mathematische Beschreibungsform mit den zugehörigen Konstanten, Vektoren und Koeffizienten angegeben werden. Wichtig ist zudem die Festlegung des Datenaustausches der vorstehend genannten Daten. Entsprechende Datentransportformate sind beispielsweise sortierte Punktewolken, XML oder STEP. Ergänzt werden die Zeichnungsangaben (siehe auch Kapitel 2) durch die Angaben zu Oberflächenformtoleranzen, Zentriertoleranzen sowie der Oberflächenunvollkommenheiten und der Oberflächengüte (in Bild 7.61 nicht eingetragen).

Mit der Verfügbarkeit von drei translatorischen (X, Y, Z) und zwei rotatorischen Achsen (C, A), wie in Bild 7.60 und Bild 7.62 illustriert, ist die Voraussetzung einer dreidimensionalen Bearbeitung gegeben. Das heißt, jeder Punkt in einem Raum kann theoretisch mit dem Werkzeugmittelpunkt, auch **T**ool **C**enter **P**oint (TCP) genannt, angefahren bzw. erreicht werden. Um möglichst konstante Abtragsbedingungen an der Werkstückoberfläche zu erreichen und in Abhängigkeit von der Freiformflächengeometrie einen konstanten Footprint erzeugen zu können, ist das Nachführen des Einstellwinkels zwischen Werkzeug und Werkstück notwendig. Dies erfordert zum Abfahren der Schleifbahnen jedoch die simultane Bewegung von mindestens drei der fünf Achsen. Zu beachten ist dabei, dass sich der theoretisch aufgespannte Maschinenarbeitsraum, gegeben durch die maximalen Verfahrwege der Achsen X,

Y, Z, einschränkt. Zusätzlich reduziert sich der verfügbare Arbeitsbereich noch durch die Werkstück- und Tragkörperabmessung sowie die Werkzeuglänge (siehe Bild 7.62).

Bild 7.62
Darstellung des Arbeitsraumes zur Freiformbearbeitung

Für die Freiformbearbeitung und die Berechnung der mehrachsigen simultanen Bahnbewegungen werden geeignete CAM-Softwarelösungen eingesetzt. Bild 7.63 illustriert drei Simulationsebenen für das Erzeugen der erforderlichen NC-Daten, für das Vorschleifen und das Feinstschleifen. In einem ersten Schritt wird das abzutragende Materialvolumen als Differenzvolumen vom Glasblock zur Sollgeometrie (mit entsprechendem Aufmaß) berechnet. Das Ergebnis stellt die Voraussetzung für das Erstellen der darauffolgenden Bearbeitungsstrategie sowie die Bahngenerierung für das Vorschleifen dar. Werkzeugauswahl, Werkzeugparameter, Zeilenvorschübe und Schnittgeschwindigkeiten sind wichtige Auswahlparameter, um effiziente Abtragsprozesse für den Formgebungsprozess zu erzielen. Hierfür werden meist Schleifwerkzeuge mit einem größeren Footprint und einem größeren mittleren Korndurchmesser gewählt.

Für den Feinstschleifprozess kommen die vorstehend beschriebenen kunstharzgebundenen Diamantwerkzeuge zum Einsatz. Kugelförmige Werkzeuggeometrien der Schleifwerkzeuge erzielen in der letzten Stufe der Schlichtbearbeitung einen guten Kompromiss zwischen Bahngenauigkeit und Oberflächengüte. Der sich ergebende Footprint erlaubt zudem eine gute Korrektur der Schleifstrukturen aus dem vorgelagerten Formgebungsprozess. Die Simulationen der CAM-Software ermöglicht zudem eine Kollisionsprüfung und die Überwachung der Achslimits.

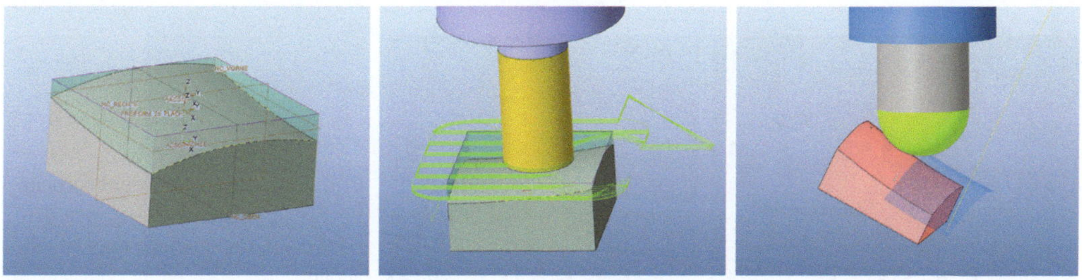

Bild 7.63 Datenaufbereitung und Bahnplanung der Schleifoperationen: links) Konstruktion des Freiform-Volumenmodells und Differenzvolumenberechnung, Mitte) Bahnplanung für das Vorschleifen, rechts) Bahnplanung für das Feinstschleifen mit Kollisionssimulation und Achslimitbetrachtung

Für den ersten Formgebungsschritt wurde ein US-unterstütztes Schleifverfahren gewählt. Diese Prozessstufe beinhaltet die zügige Annäherung vom Ausgangsblock an die Freiform-Sollmaßgeometrie, mit dem entsprechenden Aufmaß. In mehreren Schritten, vom Vorschleifen bis zum Feinschleifen, erfolgt eine 3-Achs- oder 5-Achs-simultane Schleifbearbeitung mit metallisch-gebundenen Werkzeugen der entsprechenden Körnung (siehe Tabelle 7.29). Die beiden Zielparameter sind, einerseits ein möglichst hohes Zeitspanvolumen zu erreichen und andererseits die SSD-Struktur möglichst gering zu halten. In einer zweiten Prozessstufe kommt ein Feinstschleifprozess mit kunststoffgebundenen Diamantwerkzeugen zum Einsatz. Ziel ist hierbei das Erreichen von feinstgeschliffenen Oberflächenzuständen, die bereits eine Teiltransparenz aufweisen. Damit besteht die Möglichkeit, optische Messverfahren zur Formmessung einsetzen zu können.

Tabelle 7.29 Beispiele und Arbeitsergebnisse für das Freiformschleifen

		Vorschleifen	Feinschleifen	Feinstschleifen
Werkzeug	Abmessung Werkzeug	⌀ 12 mm Schaftwerkzeug	⌀ 20 mm Kugelwerkzeug	⌀ 20 mm Kugelwerkzeug
	Werkstoff	Bronze	Bronze	Kunstharz
	Bindung	metallisch	metallisch	kunstharzgebunden
	Konzentration	C70	C50	C50
	Körnung (nach FEPA)	D64	D30	DX16
Material	BK7	25 × 25 mm² Grundfläche		
	Relative Schleifhärte	HG 3		
Prozessparameter	Drehzahl	20 000 min^{-1}	30 000 min^{-1}	25 000 min^{-1}
	Vorschub	300 mm · min^{-1}	150 mm · min^{-1}	60 mm · min^{-1}
	Zustellung a_p	0,25 mm	0,02 mm	0,005 mm
	Kinematik	3-Achs	5-Achs-simultan	5-Achs-simultan
	Werkzeugeingriff	flächig	punktförmig	punktförmig
Ergebnis	Formabweichung PV	–	–	ca. 12 µm
	Rauheit R_a	bis 0,5 µm	bis 0,4 µm	bis 0,05 µm
	Rauheit R_q	bis 0,8 µm	bis 0,5 µm	bis 0,07 µm
	Rautiefe R_z	bis 4,6 µm	bis 3,3 µm	bis 0,4 µm

In Bild 7.64 sind die Arbeitsergebnisse der beiden Prozessstufen dargestellt.

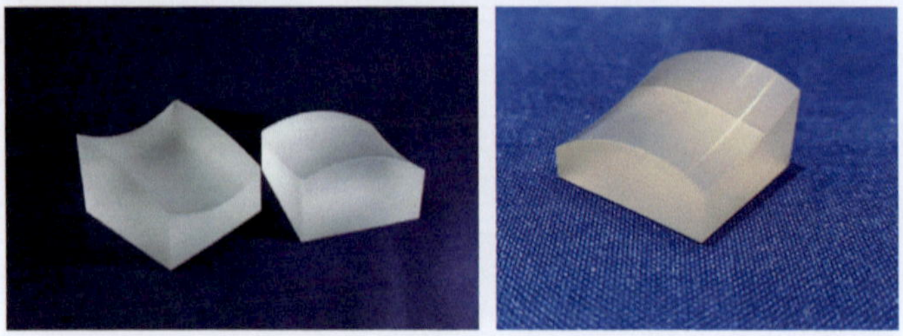

Bild 7.64 Darstellung der bearbeiteten Freiformflächen: links) nach dem Feinschliff, rechts) nach dem Feinstschliff

Freiformoptische Bauelemente zu messen und die Oberflächenformtoleranzen und Oberflächengüte zu bestimmen, erfordert spezielle Messverfahren. Bild 7.65 zeigt die gemessene Formtoleranz der Freiformoptik aus Bild 7.64 links. Die dazugehörige erreichte Oberflächengüte illustriert Bild 7.66.

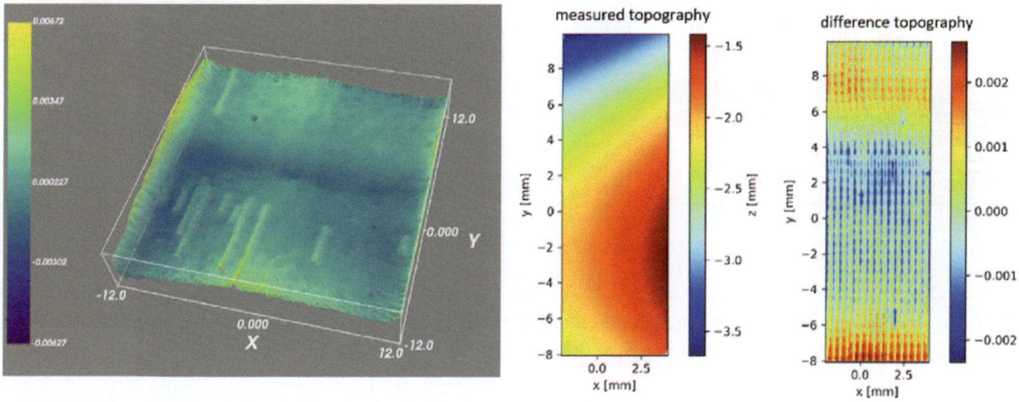

Bild 7.65 Messergebnis der Formabweichung der Freiformoptik mit der MFU200 */Mahr2020/*

Die rechte Darstellung in Bild 7.65 sowie in Bild 7.66 zeigen sehr anschaulich die sich ergebende periodische Struktur durch die Schleifstrategie des mäanderförmigen Abzeilens. Wählt man eine linienförmige Messstrategie zur Ermittlung der Rauheit, so muss beachtet werden, ob parallel zu der sich ergebenden Schleifstruktur oder senkrecht dazu gemessen wird. Die Ergebnisse diesbezüglich sind sehr unterschiedlich (vergleiche Rauheitswerte R_q der Tabelle 7.29 und Bild 7.66).

Die resultierende Oberflächenrauheit von $R_q = 2{,}98\,\mu m$ entspricht der typischen Vor- bzw. Feinschleifmikrorauheit mit einem Schleifwerkzeug D30. Die gut sichtbaren mittelfrequenten Fehler in Bild 7.66 links sind auf das mäanderförmige Abzeilen der Freiformgeometrie mit dem Kugelwerkzeug zurückzuführen. Im darauffolgenden Feinstschleifprozess werden diese zwar wesentlich minimiert, wobei aber ein Restanteil trotz der teiltransparenten Oberfläche noch vorhanden ist. Die Oberfächenmikrorauheit hingegen erreicht mit einem quadratischen Mittenrauheitswert von $0{,}48\,\mu m$ eine sehr gute Verbesserung. Dadurch lassen sich Abtragsrate und Polierdauer von nachfolgenden konventionellen Polierarbeitsgängen minimieren.

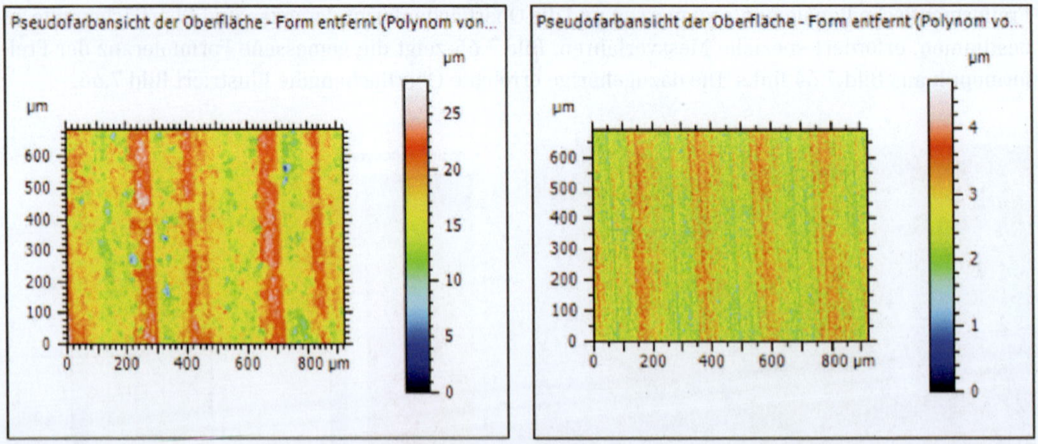

Bild 7.66 Darstellung der Oberflächenzustände nach den zwei Prozessstufen des Schleifens: links) Feinschleifen (R_q = 2,98 µm), rechts) Feinstschleifen (R_q = 0,48 µm)

Die Integration des Feinstschleifens mit einer Kunststoffbindung in die Prozesskette der Formgebung mit anschließendem Polieren kann zu deutlichen Zeiteinsparungen führen. In Bild 7.67 wurde eine allgemeine Fläche unterschiedlich bearbeitet. Die linke Säule veranschaulicht die erforderliche Prozesszeit für den konventionellen Bearbeitungsprozess Feinschleifen und Polieren. Fügt man zusätzlich den Schritt Feinstschleifen ein (rechte Säule), dann erhöht sich zwar die Bearbeitungsdauer für den Schleifprozess, allerdings kann der sich anschließende Polierprozess signifikant verkürzt werden. In der Gesamtbetrachtung kann dieser Optimierungsschritt des Feinstschleifens zu einer Einsparung von bis zu 30 % an der demonstrierten Beispielfläche führen.

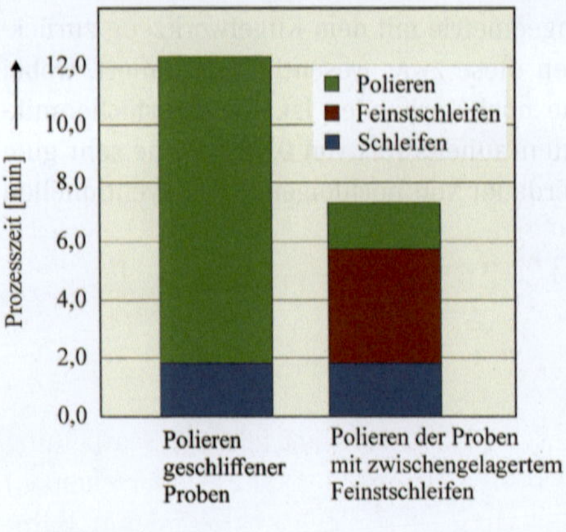

Bild 7.67
Vergleich der erforderlichen Prozesszeiten mit und ohne Feinstschleifprozess

Die Verfügbarkeit eines 5-Achs-simultan-Schleifprozesses mit hoher Bahngenauigkeit und Synchronisation der Achsen ermöglicht die Bearbeitung von sehr unterschiedlichen unstetigen Flächen. Die Darstellungen in Bild 7.68 veranschaulichen eine weitere Anwendung für freiformoptische Bauelemente. Die von dem Wissenschaftler Alvarez erstmals vorgestellte Linsenform kann durch folgende mathematische Formel beschrieben werden:

$$z = axy^2 + \left(\frac{a}{3}\right)x^3 + bx \tag{7.11}$$

a, *b* Konstanten

Verwendet man zwei Linsen in der Anordnung gemäß Bild 7.68 links, dann lassen sich optische Systeme mit einer sehr dynamischen Fokussierung aufbauen. Bild 7.68 rechts veranschaulicht das Ergebnis nach dem Feinstschleifprozess, der dazugehörige Profilschnitt ist in Bild 7.68 unten dargestellt.

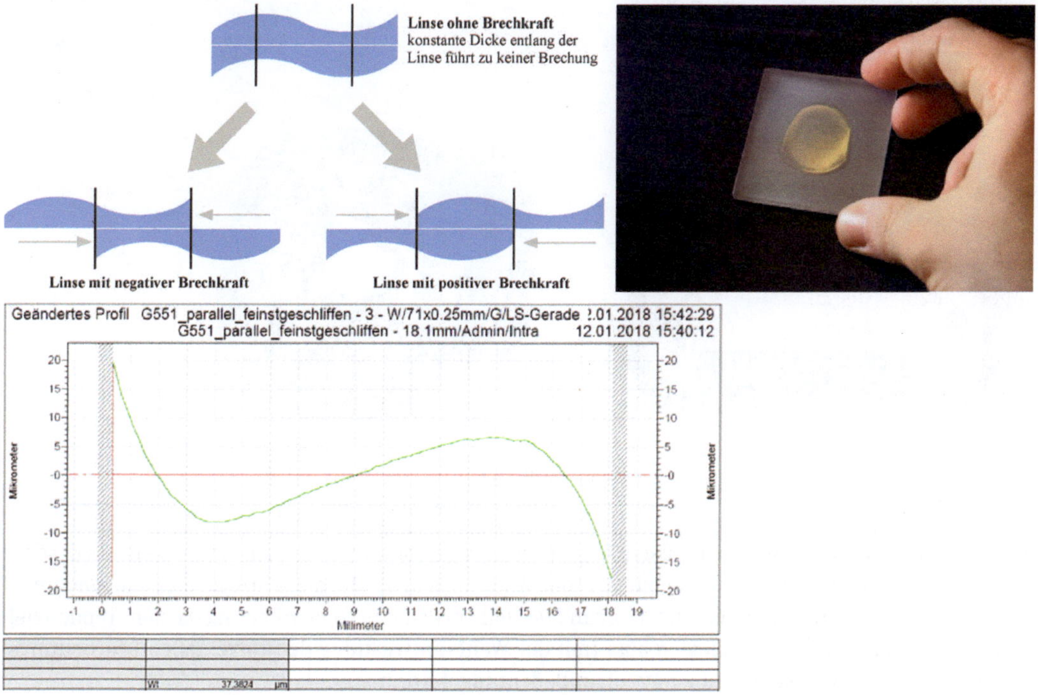

Bild 7.68 ALVAREZ-Linsen: links) Fokussieranordnungen, rechts) geschliffene ALVAREZ-Struktur, unten) taktil gemessenes Oberflächenprofil

7.2.3.8 Schleifen monolithischer und multifunktionaler Bauelemente

Diese universelle Bearbeitungstechnologie stellt auch eine wesentliche Voraussetzung für die Fertigung von **monolithischen Bauelementen** dar. Monolithisch heißt, dass mehrere optische Funktionen in einem Bauteil integriert sind. Das Ziel ist dabei die Herstellung einer optischen Baugruppe aus einem Block, ohne dass die Einzelkomponenten montiert werden müssen (Bild 7.69). Damit erhalten alle optischen Funktionselemente definierte Form- und Lagebeziehungen, die durch den wegfallenden Montageschritt erhalten bleiben bzw. nicht beeinflusst werden.

Tabelle 7.30 Vorteile monolithischer und multifunktionaler Bauelemente */Swis2007/*

Monolithisch	Multifunktional
▪ Integration mehrerer optischer Bauelemente in ein System ▪ Exakte Lageposition der BE durch Wegfall der Montage, keine Justage erforderlich ▪ Robuster Aufbau, keine Fügeverbindungen, thermisch stabil ▪ Bauteilminimierung möglich	▪ Integration mehrerer Funktionen in einem Bauteil ▪ Kombination mechanischer und optischer Funktionen ▪ Integration mikrooptischer Funktionsflächen

Bild 7.69 Beispiele monolithischer und multifunktionaler Bauelemente */Swis2007/*

Der Aufbau eines mechanisch robusten und chemisch beständigen optischen Systems wird somit durch den Wegfall der Kittflächen möglich. Momentan werden solche monolithischen Bauelemente oft nur für spezielle Lösungen eingesetzt aufgrund der teilweise höheren Bearbeitungskosten. Tendenziell werden diese optischen Technologien aber (mit der Weiterentwicklung der universellen Bearbeitungstechniken für Glaswerkstoffe) zunehmend an Bedeutung gewinnen.

In Bild 7.70 wurde ein optisches Bauelement in Form eines Glasandrückelementes für das Laserdurchstrahlschweißen in monolithischer Bauweise gestaltet. Die optische Funktionsfläche (Linienelement) dient der Einkopplung eines Diodenlaserstrahls in die Kunststoffoberfläche. Eine Voraussetzung für das Laserdurchstrahlschweißen ist neben der Einkoppelfunktion des Laserstrahles auch eine Krafteinleitung in die Wechselwirkungszone zum Aufbringen der erforderlichen Schweißkraft. Dieses Bauelement vereint somit optische Funktionsflächen und mechanische Andrückflächen. Die äußeren Flächen dienen als Anschlagflächen zur Aufnahme in den optischen Strahlengang des Lasers. Die Schleifbearbeitung wurde in zwei Prozessstufen und Aufspannungen durchgeführt. Zunächst wurde die Planfläche mit Vor- und Feinschleifen bearbeitet. Im Anschluss wurde das Bauteil umgekittet, um die zweite Seite Vor- und Feinzuschleifen. Dies erfolgte in einer Aufspannung durch eine 5-Seitenbearbeitung. Final wurde das Bauteil laserstrahlpoliert (siehe auch Abschnitt 7.5).

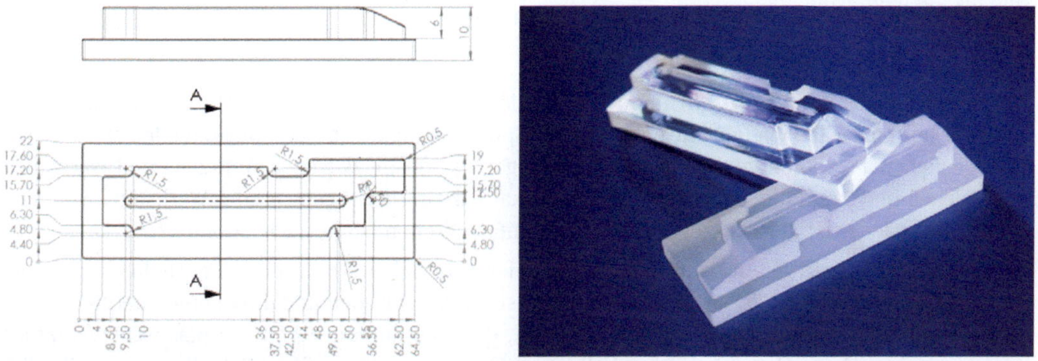

Bild 7.70 Quarzglasandrückkörper für das Laserdurchstrahlschweißen: links) Zeichnungsdarstellung, rechts) Freiformbearbeitung durch Schleifen und Laserstrahlpolieren

Multifunktionale optische Bauelemente lassen sich auch durch die Kombination von optisch unterschiedlichen Wirkprinzipien, beispielsweise brechende Flächen und diffraktiv wirkende Strukturen, designen */Parr2020/*. So können optisch funktionale Oberflächen als allgemeine Flächen geschliffen und poliert und deterministische Mikrostrukturen auf der Fläche oder innerhalb des Volumens implementiert werden. Bild 7.71 veranschaulicht ein multifunktionales Bauelement am Beispiel eines mikrostrukturierten 90°-Axicons.

Bild 7.71 Mikrostrukturiertes 90°-Axicon: a) Darstellung des Axicons mit diffraktivem Funktionsbereich */Parr2020/*, b) geschliffenes und poliertes Axicon, c) mittels Ultrakurzpulslaser erzeugte lineare Gitter unterschiedlicher Periode auf planarem Substrat (von oben nach unten 4 µm, 3 µm und 2 µm), d) periodische Gitterstruktur (4 µm Periode) auf der Mantelfläche des Axicons */Nucl2021/*

Die periodische Mikrostruktur auf dem Mantelbereich des Axicons wurde mittels Ultrakurzpulslaserstrahlung in einem sich anschließenden Prozessschritt auf der polierten Oberfläche erzeugt. Die Strukturierung erfolgte zunächst auf planaren Substraten, dargestellt in Bild 7.71 c. Mit einer Impulsdauer von 200 fs wurden homogene Linien mit einer Breite von ca. 1 µm erzeugt. Bild c zeigt die Mikroskopaufnahmen von Gittern mit unterschiedlicher Periode, bestehend aus der jeweiligen Anzahl an Linien. Anschließend wurde die Übertragung dieser planaren Ergebnisse auf die Mantelfläche des Axicons vorgenommen. Im Bild d ist eine Ausschnittsvergrößerung der Mikrostruktur mit einem Gitterabstand von 4 µm auf der Manteloberfläche des 90°-Axicons dargestellt.

7.2.3.9 Schleifverfahren – Sonderverfahren

Duktilschliff

Dank der technologischen Fortschritte in der Entwicklung hochpräziser CNC-Maschinen in den 80er- und 90er-Jahren des letzten Jahrtausends wurden Spindelsteifigkeiten und Genauigkeiten erreicht, die es ermöglichen, Positioniergenauigkeiten von weniger als 100 nm zwischen Werkzeug und Werkstück zu erreichen und damit die kritischen Werte für lokale Rissinitiierungen spröder Werkstoffe wie Hartmetall, Glas oder Kristalle aus Calciumfluorid zu unterschreiten (siehe auch Abschnitt 7.2.1).

Diese kritische Schnitttiefe h_{krit}, unterhalb derer der Materialabtrag im duktilen Modus stattfindet, wurde von Bifano et al. */Bifa1991/* detailliert untersucht, beschrieben und durch eine Energiebetrachtung des Materialabtrags abgeleitet. Es ergab sich, dass die Energie E_p für ein plastisches, duktiles Verschieben von Material zum bewegten Volumen V_p proportional ist, während die Energie zur Rissbildung E_f zu den entstehenden Oberflächen A_f an der Rissflanke proportional ist. Dabei geht die Eindringtiefe h in das Volumen mit der Potenz 3 ein (h^3), wohingegen bei der Fläche nur die Potenz 2 (h^2) anzunehmen ist. Setzt man beides in Relation, so lässt sich erkennen, dass die Eindringtiefe des Werkzeugs in das Werkstück als kritischer Prozessparameter den Duktilabtragsprozess bestimmt:

$$\frac{E_p}{E_f} \sim \frac{V_p}{A_f} \sim h \tag{7.12}$$

Bifano et al. entwickelten eine Formel, die die Bestimmung von h_{krit} nur in Abhängigkeit von den Materialeigenschaften wie Bruchzähigkeit K_c, Elastizitätsmodul E und Härte H ermöglicht:

$$h_{krit} = u \cdot \left(\frac{E}{H}\right)\left(\frac{K_c}{H}\right)^2 \tag{7.13}$$

Diese Formel wird bis heute weit verbreitet für die Einrichtung von Präzisionsschleif- und SPDT (Single Point Diamond Turning)-Prozessen im duktilen Modus auf ultrapräzisen CNC-Maschinen (UPM) verwendet. Die kritische Eindringtiefe h_{krit} liegt beispielsweise für BK7-Glas bei ca. 60 nm für Wolframcarbid bei ca.160 nm.

Auf diese Weise wird die Bearbeitung im duktilen Modus durch den Einsatz von vorlaufgesteuerten Maschinen mit höchster Positioniergenauigkeit ermöglicht, die typischerweise Oberflächenrauhigkeiten von 4 bis 15 nm rms erzeugen, ohne dass es zu Sprödbruch kommt und eine beeinflusste Zone von weniger als einem Mikrometer Tiefe hinterlässt (siehe Bild 7.72).

Bild 7.72 Vergleich der Schleifverfahren – mikroskopische Aufnahmen der geschliffenen Oberflächen */Fähn2021/*

Das duktile Schleifen erzeugt somit Oberflächengüten, die für eine Vielzahl von optischen Bauelementen bereits ausreichend sind, wie z. B. optische Oberflächen für Infrarotanwendungen oder Molds zum Heißpressen von Glas. Der auf UPM erzeugte Duktilschliff wird industriell beherrscht und wird für einige Anwendungen bereits eingesetzt, so beispielsweise für Wolframcarbidmolds für das Heißpressen von Glas und Asphären. Für andere sprödharte Materialien wie z. B. Glas ist der Duktilschliff noch oft Thema im Rahmen von Forschungs- und Entwicklungsprojekten */Fähn2021/, Vogt2017/.*

Feinstschleifen mit kunststoffgebundenen Diamantwerkzeugen

Mit kunststoffgebundenen Diamantwerkzeugen können Oberflächen, die sich bereits durch eine gewisse Teiltransparenz auszeichnen, ultrafeinstgeschliffen werden. Ein solches Werkzeug mit einer Kunststoffbindung und eingelagerten Diamantkörnern illustriert Bild 7.73.

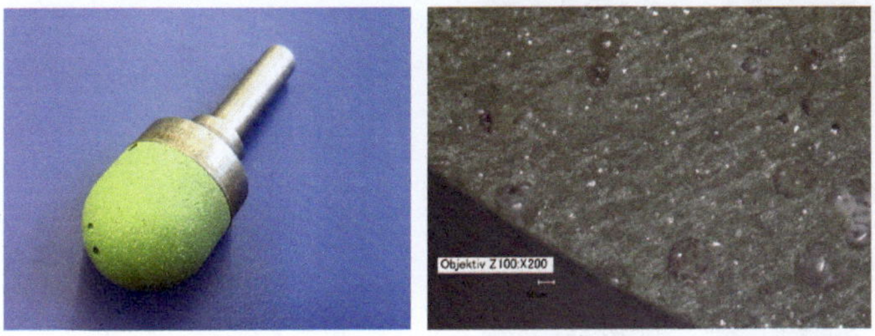

Bild 7.73
Neuartiges kunstharzgebundenes Diamantwerkzeug der Fa. Effgen: links) Darstellung Komplettwerkzeug, rechts) mikroskopische Aufnahme der Bindung mit 200-facher Vergrößerung

Die Wirkung der Kunststoffbindung auf die Glasoberfläche ist bisher nur modellhaft beschrieben und noch nicht vollständig wissenschaftlich erklärbar. In dem kinematischen Wirkprinzip zwischen kunststoffgebundenen Diamantwerkzeugen und der Glasoberfläche ergeben sich zusätzliche Wechselwirkungen, die eine z. T. vergleichbare Wirkung zur Abtragshypothese beim Polieren aufweisen. Die elastische Komponente der Kunststoffbindung des Schleifwerkzeuges wirkt ähnlich dem Feder-Dämpfungsmodell eines Poliermittelträgers und verursacht eine Mikroreaktionszone bzw. eine minimale Gelschicht an der Oberfläche. Durch die Elastizität der Bindung wird die Eindringtiefe der Diamantkörner in die Bauteiloberfläche reduziert, was wiederum vergleichbare Wirkverhältnisse wie beim duktilen Schleifprozess zur Folge hat. Des Weiteren ist die hohe Porosität der Kunststoffbindung ein wichtiger Aspekt, um hohe Oberflächenqualitäten zu erreichen, indem sich ständig neue Spanräume bilden können und eine gute Spülung der bearbeiteten Oberfläche mittels Kühlschmiermittel ermöglicht wird.

Die mit dem Ultrafeinstschleifen erreichbaren Oberflächengüten sind bereits sehr hoch. So wurde nachgewiesen, dass bei einer Planbearbeitung von Quarzglas mit der Werkzeugstirnfläche Rauheiten bis ca. $R_q = 10\,\text{nm}$ möglich sind. Dies ist vergleichbar mit konventionell vorpolierten Oberflächen. Je nach Art des bearbeiteten Glases unterscheidet sich die erreichbare Rauheit. Auch die Bearbeitungskinematik bzw. die Art des Werkzeugeingriffs hat Einfluss auf die Oberflächenqualität.

Im Falle der Freiformbearbeitung wurden diverse Versuche mit kugelförmigen kunststoffgebundenen Werkzeugen (Durchmesser 20 mm, Körnung D16) durchgeführt. Hier liegen die Rauheiten etwas höher, bedingt durch einen veränderten, punktförmigen Werkzeugeingriff und andere kinematische Verhältnisse im Vergleich zum Stirnflächenschleifen. Bei der Erzeugung einer flachen Freiformanwendung mit Alvarez-Geometrie wurde mittels mäanderförmigem Abzeilen mit den erwähnten Kugelwerkzeugen eine Oberfläche erzeugt, an der minimale Rauheiten von ca. $R_q = 70\,\text{nm}$ erzielt wurden. Durch die kleine punktförmige Kontaktfläche und das zeilenweise Abfahren entstehen Riefen, die zu einer anisotropen (richtungsabhängigen) Rauheit führen. So ergibt sich die minimale Rauheit bei taktiler Messung parallel zur Schleif-Vorschubrichtung und damit der Riefenrichtung. Senkrecht über die

Riefen gemessen ergibt sich eine etwa dreifach höhere Rauheit von ca. $R_q = 220$ nm. Diese Problematik kann durch geringere Bahnabstände prinzipiell reduziert werden, was aber deutlich höhere Bearbeitungszeiten zur Folge hat. Auch eine Veränderung des Werkzeugeingriffs kann eine Verbesserung nach sich ziehen. Im konkreten Fallbeispiel wurde statt des Kugelwerkzeugs ein Topfschleifwerkzeug mit 24 mm Durchmesser genutzt, um dieselbe Geometrie herzustellen. Dadurch verändert sich der punktförmige Eingriff in einen etwas größeren, bohnenförmigen Werkzeugeingriff (siehe auch Tabelle 7.11). Als Ergebnis wurden sowohl in senkrechter als auch in paralleler Messrichtung nahezu identische Rauheiten um $R_q = 70$ nm erreicht. In Bild 7.74 ist eine Ansicht der erzeugten Oberflächenqualitäten gezeigt. Die Qualitätsverbesserung mit der richtungsunabhängigen Rauheit in Bild 7.74 rechts zeigt sich visuell anhand einer deutlich erhöhten Reflektivität der Freiformoberfläche.

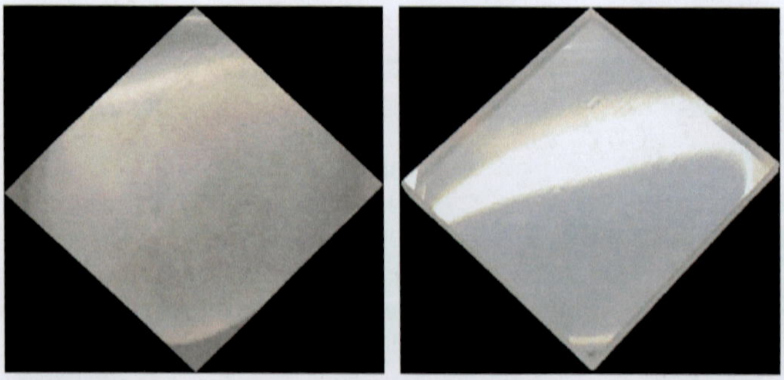

Bild 7.74 Feinstschleifbearbeitung von Quarzglas anhand einer flachen Freiform mit ALVAREZ-Geometrie (dargestellte Oberfläche ca. 20 x 20 mm²): links) feinstgeschliffene Geometrie mittels Kugelwerkzeug, rechts) feinstgeschliffene Geometrie mittels Topfwerkzeug

Ultraschallunterstütztes Feinschleifen

Für das US-unterstützte Schleifen konnte nachgewiesen werden, dass für eine Reihe optischer Materialien eine höhere Abtragsrate oder aber bessere Oberflächenqualität, z. B. in Form geringerer Risstiefenschädigungen, erreicht werden kann */Scho2012/, /Rost2015/, /Henk2016/*.

Dies begründet sich durch die zusätzliche Überlagerung der Schwingungsamplitude mit der Rotation des Schleifwerkzeugs, sowie der fluktuierenden Eingriffstiefe, wie bereits in Abschnitt 7.2.2.2 erläutert wurde. Daraus können verschiedene positive, direkte Prozessauswirkungen folgen, wie verbesserte Spanabfuhr und Kühlung, ein erhöhter Selbstschärfungseffekt der Diamantschleifkörner und Reduzierungen der Prozesskräfte. Dies wiederum bewirkt die phänomenologisch feststellbaren Bearbeitungseinflüsse der ultraschallunterstützten Bearbeitung, wie reduzierter Werkzeugverschleiß (siehe Bild 7.75) und schonenderer Materialabtrag. Somit ergibt sich die Möglichkeit, entweder verbesserte Bearbeitungsergebnisse bei gleichen Schleifparametern zu erhalten oder eine Erhöhung der Schleifparameter für Prozesszeitreduzierungen bei gleichen Bearbeitungsergebnissen, gegenüber einem Schleifprozess ohne Ultraschallanwendung, umzusetzen.

Besonders interessant ist diese Unterstützung für den Feinschleifprozess für geometrisch anspruchsvolle Geometrien und Oberflächen. Es konnte nachgewiesen werden, dass aufgrund reduzierter Schleifkräfte beispielsweise geringere Steg- oder Dombreiten erreichbar sind. Bei der Anwendung der US-Oszillation des Werkzeuges zeigen sich geringere Kantenausbrüche am Werkstück */Lauw2010/, /Scho2012/* und eine Reduktion der SSD */Lv2013/*. Je tiefer die risstiefengeschädigte Oberflächenzone in das Material hineinragt, desto mehr Material muss in den nachfolgenden Bearbeitungsschritten (Läppen, Polieren) noch abgetragen werden, um eine qualitativ hochwertige Werkstückoberfläche zu erhalten. Je geringer Ausbrüche und SSD sind, desto weniger Aufwand muss demzufolge mit nachfolgenden, zeitintensiveren Bearbeitungsschritten betrieben werden.

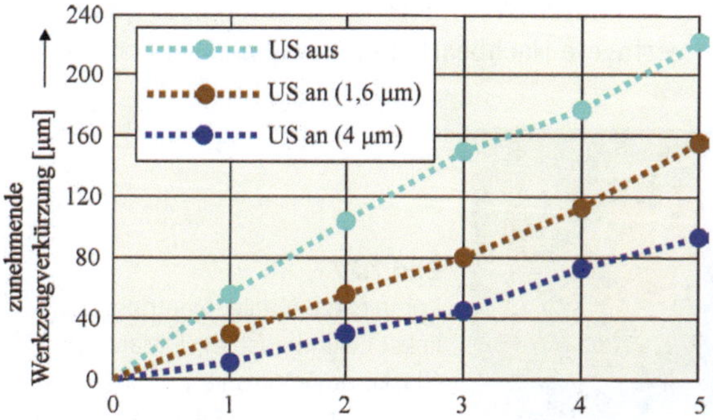

Bild 7.75
Darstellung des zunehmenden Werkzeugverschleißes (Längenverkürzung Schaftwerkzeug) bei der Bearbeitung eines Keramikbauteils mit Werkzeug Ø 4 mm D64: deutliche Abflachung der Werkzeugverschleißkurve mit US-Einsatz, umso deutlicher bei höherer US-Amplitude von 4 µm gegenüber einer Amplitude von 1,6 µm

Experimentell wurde der Verlauf von SSD in die Bauteiltiefe an geschliffenen Oberflächen destruktiv gemessen. Hierfür wurden die Oberflächendefekte nach dem Schleifen stufenweise in mehreren Schritten auspoliert und die Oberfläche zu den einzelnen Stufen mittels Digitalmikroskop betrachtet. Über geeignete Beleuchtungseinstellungen und die Auswertung mittels einer Kontrastmethode wurden die jeweilig sichtbaren Oberflächendefekte aufgenommen und deren Fläche in der jeweiligen Poliertiefe ermittelt, wie Bild 7.76 zeigt. Es kann ein exponentieller Abfall der SSD-Ausprägung mit zunehmender Tiefe ins Material angenommen werden. Bei Verwendung der US-Oszillation ist im konkreten Beispiel bei sonst identischen Schleifparametern eine deutlich schnellere Reduzierung der Flächensumme der Defekte feststellbar, was bedeutet, dass Oberflächenschädigungen weniger tief ins Material verlaufen. Interessant ist dabei auch, dass die Oberflächenrauheit direkt nach dem Schleifen mit Ultraschall tendenziell höher war als ohne Ultraschall, die SSD aber dennoch weniger tief verliefen, sich die Oberflächen also trotz größerer Ausgangsrauheit schneller polieren ließen. Bei den Versuchen wurde mit einem Topfschleifwerkzeug Ø 24 mm mit einer D64-Körnung im Planschleifregime gearbeitet.

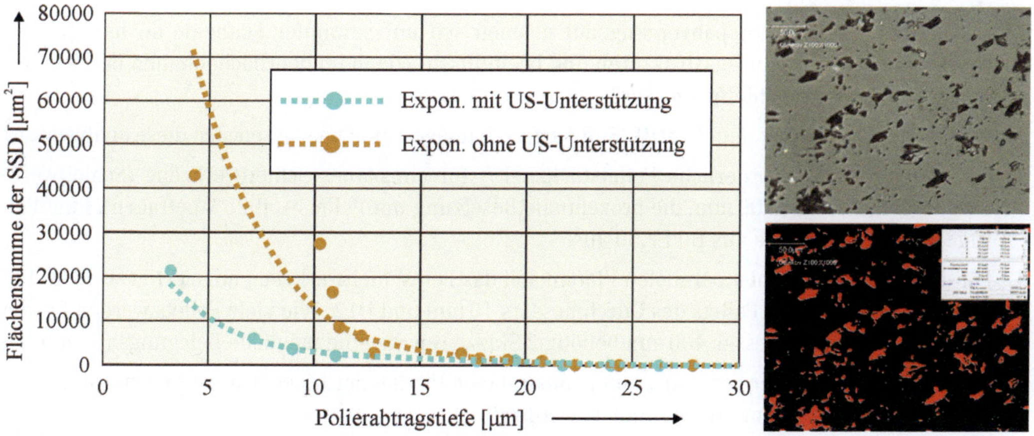

Bild 7.76 Untersuchung von SSD an einem Schleifprozess mit und ohne Ultraschalleinsatz: links) Darstellung vorhandener Schädigungen in Abhängigkeit von der Tiefe, rechts) Darstellung der Defekte nach 30 min Politur (oben Ansicht unter dem Digitalmikroskop, unten quantitative Detektion der Defekte mittels Kontrastmethode)

Unter Nutzung der 5-Achs-CNC-Technologie können komplexe Geometrien in hartspröden Materialien wie Gläsern oder Keramiken erzeugt werden, wie in Bild 7.77 anhand zweier Bauteile gezeigt wird. Dabei kann die beschriebene Ultraschallunterstützung positiv eingesetzt werden, um die Prozesse effizienter zu gestalten (längere Werkzeugstandzeiten durch Verschleißreduzierung) oder qualitative Vorteile zu erhalten (schmalere Stegbreiten oder geringere Nachbearbeitungszeiten).

Bild 7.77 Komplexe Bauteilgeometrien: links) Leichtbauspiegel, Material: Glaskeramik Vitronit®, rechts) Strukturbauelement, Filterglas

In diesem Zusammenhang ist aber darauf hinzuweisen, dass die Ultraschallanwendung nicht in jedem Bearbeitungsprozess stets positive Auswirkungen mit sich bringt. Wie bereits in Abschnitt 7.2.2.3 dargestellt, zeigen verschiedene Untersuchungen in der Literatur unterschiedlich ausgeprägte Auswirkungen des Ultraschalls auf Schleifkräfte und Oberflächenqualitäten. Es zeigt sich, dass der Ultraschalleinfluss sowohl sehr stark von den spezifischen Materialeigenschaften der Werkstücke als auch von den weiteren Schleifparametern wie Drehzahl, Vorschubgeschwindigkeit, Zustelltiefe und Eingriffsart abhängt. Die korrekte Abstimmung der Parameter bedarf individueller Optimierungen für konkrete Schleifaufgaben und weitere Verbesserungen des Prozessverständnisses. Bei guter Prozessoptimierung kann der ultraschallunterstützte Schleifprozess aber lohnenswerte Effizienz- und/oder Qualitätssteigerungen zur Folge haben.

7.2.4 Übungsaufgaben

1. Beschreiben Sie den Zerspanvorgang mit geometrisch unbestimmter Schneide an hartspröden Werkstoffen. Welche Abtragsstrukturen und beeinflusste Zonen im oberflächennahen Bereich entstehen während des Schleifprozesses?
2. Was versteht man unter dem Begriff „Sub Surface Damages“ und wie lassen sich diese analysieren?
3. Berechnen Sie die erforderliche Pelletstückzahl N für ein planes Schleifwerkzeug (Schleifwerkzeugdurchmesser $D = 200$ mm, die prozentuale Besetzung mit Pellets soll 28 % betragen). Eine Pelletgeometrie wählen Sie aus Bild 7.30 aus.
4. Für das Schleifen von planparallelen Platten soll das Feinschleifwerkzeug angefertigt werden. Die Bestückung erfolgt mit Pellets des Durchmessers 10 mm und D12. Wie viele Pellets werden für ein Werkzeug mit Durchmesser 400 mm benötigt? Skizzieren Sie eine mögliche Belegungsanordnung.
5. Wie kann gezielt bei der Fertigung von planparallelen Platten der Dicke 3 mm und dem Durchmesser 50 mm die Kerbspannung verhindert werden?
6. Es sollen Prismenrohlinge im Längsvorschubverfahren aus einem optischen Block BK7 (100 mm × 100 mm × 100 mm) getrennt werden. Eine geeignete Trennscheibe wählen Sie aus Bild 7.23 aus. Die Drehzahl wird mit 1250 min^{-1} konstant gehalten.
   a. Welche Schnittgeschwindigkeit resultiert aus den gewählten Werten?

b. Welche Trennzeit ist erforderlich, wenn eine Vorschubgeschwindigkeit von $v_f = 20\,mm \cdot min^{-1}$ gewählt wird?

7. Beschreiben Sie die unterschiedlichen kinematischen Verhältnisse, die für das Feinschleifen von sphärischen und asphärischen Flächen erforderlich sind.
8. Welche Voraussetzungen müssen erfüllt sein, um ein duktiles Schleifen durchführen zu können?

Weitere Informationen zu Abschnitt 7.2 sind auf plus.hanser-fachbuch.de hinterlegt.

7.3 Bohren

Die verschiedenen Verfahren des Bohrens eignen sich einerseits zum Einbringen von Lochgeometrien in Glassubstrate und optische Bauteile, und andererseits dienen sie zur Herstellung von Halbzeugen für die Fertigung von Strahlteilern, Linsen, Filtern etc. Oft werden auch sekundäre Glasbauteile gebohrt, die ein optisches Bauelement haltern, justieren oder verbinden.

Die beiden prinzipiellen Bohrvarianten werden in Tabelle 7.31 vorgestellt.

Tabelle 7.31 Bohrvarianten

	Bohren	Ausbohren
Prinzip	▪ Außenliegendes Teil ist Gutteil ▪ Innenliegendes Teil ist Abfall	▪ Innenliegendes Teil ist Gutteil ▪ Außenliegendes Teil ist Abfall
Darstellung	Lochspiegel 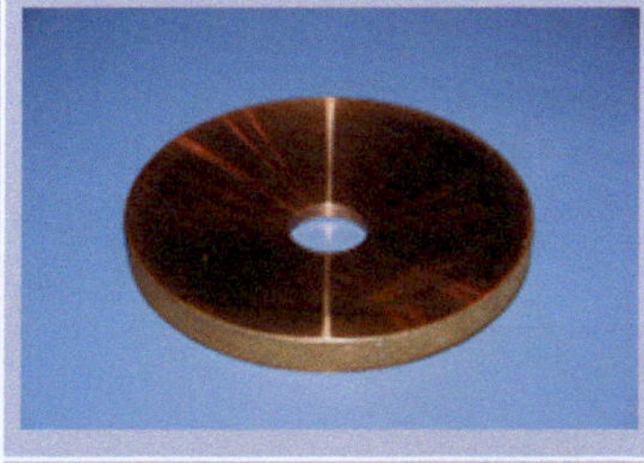	Laserstäbe */Thön2002/* 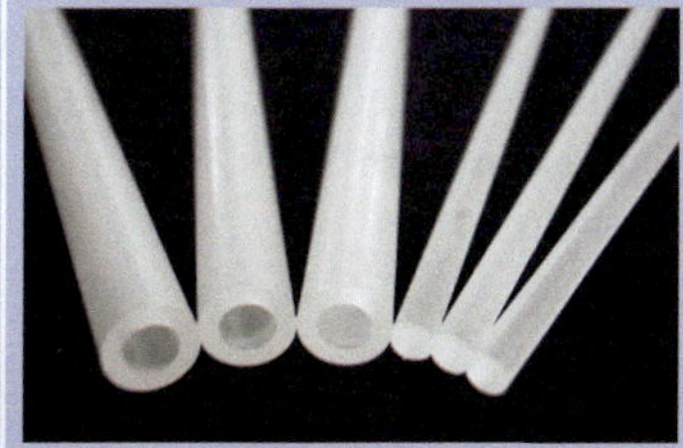
Anwendungen	▪ Lochspiegel ▪ Brillengläser ▪ Spiegelhalter	▪ Halbzeuge für Linsen, Filter, Strahlteiler ▪ Stablinsen ▪ Laserstäbe

Diamanthohlbohrverfahren ermöglichen das Ausbohren von Zylindern mit eingeschränktem Länge-Durchmesser-Verhältnis aus Glasplatten und -blöcken. Das Hohlbohrwerkzeug wird in Rotation versetzt und erfährt eine Vorschubbewegung senkrecht zur Werkstückoberfläche. Der Diamantbesatz des Bohrers schleift einen Kreisring in das Werkstück oder Halbzeug. Der entstehende Bohrkern kann als Halbzeug weiterverwendet werden. Um ein Glasausplatzen während des Bohrens zu vermeiden, werden häufig Opferplatten an die Vorder- und Rückseite des Glasblocks gekittet. Die untere Opferplatte wird lediglich angebohrt, sodass eine schnelle Rückführung des Bohrwerkzeuges erleichtert wird. In

Bild 7.78 sind zwei ausgewählte Diamanthohlbohrer dargestellt und wichtige geometrische Größen eingetragen.

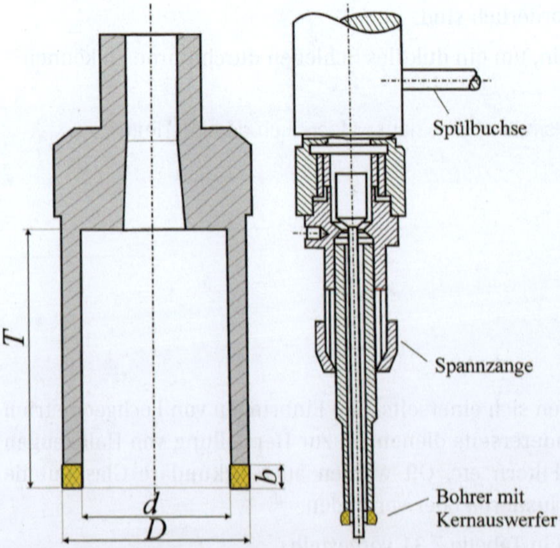

Bild 7.78 Ausgewählte Formen von Diamanthohlbohrern: links) Bohrwerkzeug zum Ausbohren, rechts) Bohrwerkzeug mit Kernauswerfer */Sain2006/*

D Außendurchmesser,
d Innendurchmesser,
b Höhe des Diamantbesatzes,
T maximale Bohrtiefe

Diamanthohlbohrer können in Spezialbohrmaschinen (hohe Stückzahl) oder auch in Schleifmaschinen (geringe bis mittlere Stückzahl) angewendet werden. Eingesetzt werden diese mit einem geschlossenen **Schleifbelag** bis zu maximalen Kerndurchmessern von 100 mm. Für größere Durchmesser verwendet man generell nur segmentierte Bohrwerkzeuge. Aufgrund der relativ geringen Werkzeugwandstärke lassen sich die Schnittverluste durch Ausbohren minimieren. Dies ist insbesondere bei der Kristallbearbeitung wichtig. Das verwendete Grundstahlrohr kann für kleine bis mittlere Bohrdurchmesser mit Wandstärken von 0,6 mm ausgelegt werden. Der Schleifbelag besitzt eine Dicke von 1 mm. Die Durchmesserdifferenz ist insbesondere auch für die Wirkung des Kühlschmierstoffes (KSS) und das Ausspülen der abgetragenen Glaspartikel erforderlich. In Bild 7.79 ist ein Diamantbohrwerkzeug zum Ausbohren mit den Werkzeugabmessungen $D = 54$ mm, $d = 52$ mm, $b = 10$ mm, $T = 80$ mm fotografisch dargestellt.

Bild 7.79
Darstellung eines Ausbohrwerkzeuges: links) Gesamtansicht, rechts) Ausschnittsvergrößerung des Schleifbelages

Beim **Ausbohren** von Bohrkernen werden die Prozessparameter an den Zielgrößen Zerspanleistung und Bearbeitungszeit ausgerichtet. Meist dient das Ausbohren als Vorbearbeitungsstufe, um Glaszylinder mit einem entsprechenden Aufmaß für das Schleifen und Polieren zur Verfügung zu stellen. Neben der Minimierung der Bohrzeiten müssen jedoch auch die resultierende Zylindrizität, die Oberflächenbeschaffenheit, die Rauheit und die SSD der Bohrkerne berücksichtigt werden. Die hierfür auszuwählenden Arbeitswerte sollten entsprechend der Nachfolgeprozesse angepasst werden, um effiziente Schleif- und Polierprozesse zu ermöglichen.

Daraus ergeben sich die Wahl des mittleren Korndurchmessers und der Konzentration der Bindung in Abhängigkeit von der Bohraufgabe. Das in Bild 7.79 gezeigte Werkzeug besitzt eine mittlere Korngröße von 64 µm und eine Konzentration von C40. Die Ausschnittsvergrößerung im rechten Bild veranschaulicht den Belag mit relativ geringem Kornanteil, d. h. einer niedrigen Konzentration. Die zu wählende Konzentration ist abhängig von der Bohrungstiefe und dem Bohrungsdurchmesser sowie der Schnittgeschwindigkeit. Um Bohrwerkzeuge mit möglichst hohen Werkzeugstandzeiten einsetzen zu können, muss eine ausreichende Kühlung des Diamantkornwerkstoffes sichergestellt werden und die entstehende Reibungswärme aus der Wechselwirkungszone abgeführt werden können.

Für das Bohren von kleineren Durchmessern, im Bereich von 0,8 - 10 mm, werden NH-Bohrer eingesetzt. Diese Werkzeuge sind galvanisch mehrschichtige Diamanthohlbohrer, die in Abhängigkeit des Durchmessers Bohrtiefen von 7 - 22 mm erreichen. Die Anwendung erfordert schnelllaufende Bohrspindeln, in denen die Spülbuchse anstelle des Bohrfutters eingesetzt wird. Die KSS-Zuführung erfolgt im Werkzeug und kann somit sehr gut in die Kontaktzone gefördert werden.

Ausgewählte Arbeitsergebnisse des Ausbohrens mit einem Diamanthohlbohrwerkzeug sind in der Tabelle 7.32 zusammengestellt.

Tabelle 7.32 Beispiel und Arbeitsergebnisse des Ausbohrens mit Diamanthohlbohrwerkzeugen */Grün1985/*

Werkzeug	Abmessungen	Durchmesser: 4 - 200 mm
	Werkstoff	Diamantgebundenes Bohrwerkzeug
	Wandstärke	1 - 2 mm
	Bindung	Bronze
	Konzentration	C50
	Körnung (nach FEPA)	D181
Material	BK7	
	Relative Schleifhärte	HG3
Prozessparameter	Schnittgeschwindigkeit	1 - 15 $m \cdot s^{-1}$
	Vorschub	5 - 200 $mm \cdot min^{-1}$
Ergebnis	Durchmessertoleranz	±0,02 - 0,1 mm
	Rautiefe R_z	15 - 30 µm

Sehr gute Arbeitsergebnisse werden auch beim **Bohren mit Ultraschallunterstützung** erzielt. Das Glas wird durch die Ultraschallwellen „schonender" bearbeitet und neigt weniger zu Ausplatzungen und Rissen. Ein weiterer Vorteil rechtfertigt heute vielmals die höheren Investitionskosten einer US-Bohrbearbeitung (Ultrasonic). Die erreichbaren Bohrgeschwindigkeiten sind höher im Vergleich zum konventionellen Glasbohren. Bei dieser „Ultrasonic-Technologie" pulsiert das Werkzeug bis zu 48.000-mal pro Sekunde gegen die Werkstückoberfläche und trägt Kleinstpartikel aus der Werkstückoberfläche aus. Diese pulsierende Bewegung ist der Rotation des Werkzeuges und der Vorschubbewegung überlagert (siehe auch Abschnitt 7.7.5).

Vorteilhaft kann dieses Verfahren zur Herstellung optischer Glasstäbe eingesetzt werden, wie sie beispielsweise in der Medizintechnik (Endoskopie) benötigt werden. Diese Glasstäbe werden in Durchmessern von 2 bis 10 mm und maximalen Bohrungslängen von 160 mm mit Diamant-Hohlbohrern aus dem Block ausgebohrt. In Abhängigkeit des Materials sind Vorschübe von 25 bis 50 mm·min^{-1} bei Drehzahlen im Bereich von 800 bis 3000 min^{-1} variierbar */Thön02/*. In Bild 7.80 ist die Anordnung zum Kernbohren dargestellt.

Bild 7.80 Ultraschallunterstütztes Kernbohren von optischen Glasstäben aus Saphir */Thön2002/*

Um Bohrungen flexibel und mit hohen Genauigkeitsanforderungen herstellen zu können, werden diese durch einen sogenannten helikalen Ausbohrprozess zerspant. Dafür kommen im Unterschied zum vorangegangenen Vorbearbeitungsschritt Ausbohren mehrachsige Schleifmaschinen zum Einsatz. Bild 7.81 veranschaulicht das Prinzip des **helikalen Ausbohrens**. Bei dieser Anordnung wird eine vorgebohrte Geometrie durch eine zirkulare Bewegung des Schleifwerkzeuges, die mit einer vertikalen Vorschubbewegung des Schleifwerkzeuges in Richtung des Bohrungsgrundes überlagert wird, bearbeitet.

Der Vorteil des helikalen Ausbohrens liegt in der hohen Flexibilität. Im Gegensatz zum einfachen Tiefbohren lassen sich mit nur einem Werkzeugdurchmesser nahezu beliebig größere Bohrlochdurchmesser erzeugen. Zudem hat der Anwender mehr kinematische Parameter für gezielte Optimierungen zur Auswahl.

Nachfolgend werden am Beispiel einer Bearbeitungsaufgabe zur Erzeugung einer helikalen Bohrung mit folgenden Parametern erreichbare Bohrergebnisse diskutiert:

- Gesamttiefe: $T = 16$ mm,
- Zieldurchmesser: $d = 7{,}5$ mm,
- HB5L70D64 Schleifwerkzeug (Durchmesser 5 mm, freie Bohrlänge 70 mm und Körnung D64).

In der Tabelle 7.33 sind wichtige Arbeitsparameter und -ergebnisse im Vergleich zwischen den beiden Schleifoperationen Feinschleifen und Feinstschleifen zusammengestellt.

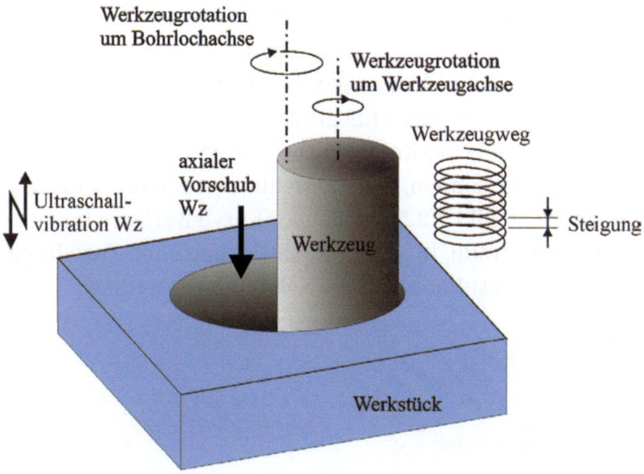

Bild 7.81 Prinzipdarstellung des helikalen Ausbohrens

Tabelle 7.33 Beispiel und Arbeitsergebnisse des helikalen Ausbohrens mit Diamantschleifwerkzeugen /Inno2020/

		Feinschleifen	Feinstschleifen
Werkzeug	Abmessungen	Durchmesser: 5 mm	Durchmesser: 5 mm
	Werkstoff	Diamant-Bohrwerkzeug	Diamant-Bohrwerkzeug
	Wandstärke	0,5 mm	1,5 mm
	Bindung	Nickel, galvanisch gebunden	Kunststoffgebunden
	Konzentration	C200	C50
	Körnung (nach FEPA)	D64	D16

Material	SiO_2		
	Relative Schleifhärte	HG1	
Prozessparameter	Schnittgeschwindigkeit	0,5 m · s^{-1}	8,4 m · s^{-1}
	Vorschub	120 mm · min^{-1}	60 mm · min^{-1}
Ergebnis	Rauheit R_a	ca. 1 µm	ca. 0,1 µm
	Rautiefe R_z	ca. 7 µm	ca. 0,8 µm

Nachfolgend werden die Bearbeitungsergebnisse anhand des Bohrungsdurchmessers in Abhängigkeit von der Bohrungstiefe sowie die erreichbare Bohrungsrauheit vorgestellt. Um die Bohrungsqualität zu verbessern, erfolgte die Bearbeitung in zwei Durchläufen mit konstanten Parametern und ohne Änderung der seitlichen Zustellung a_e. Diese Abfolge ist insbesondere für große Aspektverhältnisse (Bauteillänge zu Bauteildurchmesser) wichtig, da aufgrund der Querkräfte, die mit zunehmender Bohrungstiefe zu einer Durchbiegung des Werkzeuges führen können, eine Durchmesserverringerung mit zunehmender Bohrtiefe nicht auszuschließen ist (siehe Bild 7.82, abfallender Kurvenverlauf). Im zweiten Durchgang kann durch die Minimierung der Querkräfte, infolge der Bearbeitung ohne Zustellung, ein Durchbiegen vermieden werden, wodurch das Endresultat näher am Solldurchmesser liegt.

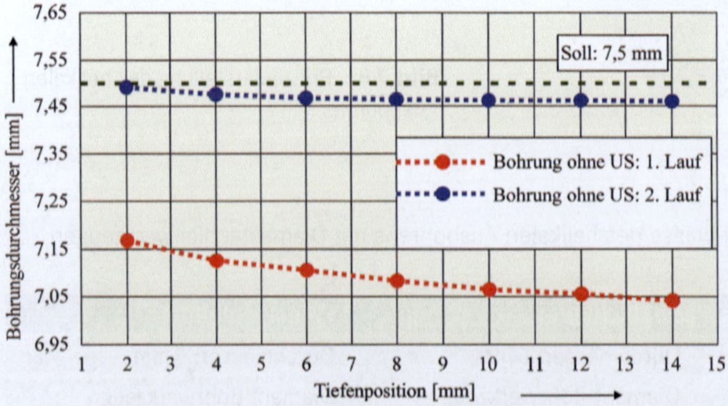

Bild 7.82
Abhängigkeit des Bohrungsdurchmessers von der Bohrlochtiefe nach einem und nach zwei Bohrdurchläufen

Noch deutlich verbessert werden kann die Bohrlochtoleranz über den Bohrungsdurchmesser durch eine US-Unterstützung. In Bild 7.83 sind beide Versuchsergebnisse dargestellt. Durch die US-Unterstützung kann bereits im ersten Durchlauf eine deutlich geringere Durchmesserabweichung über die Bohrlochtiefe erzielt werden. Der Zieldurchmesser kann im Vergleich zum helikalen Ausbohren ohne US-Unterstützung schneller erreicht werden. Es wird davon ausgegangen, dass die US-Amplitude in der Überlagerung aller auftretenden Kraftkomponenten den Anteil der Vorschubkraft verstärkt und einer Durchbiegung des Werkzeuges stärker entgegenwirken kann.

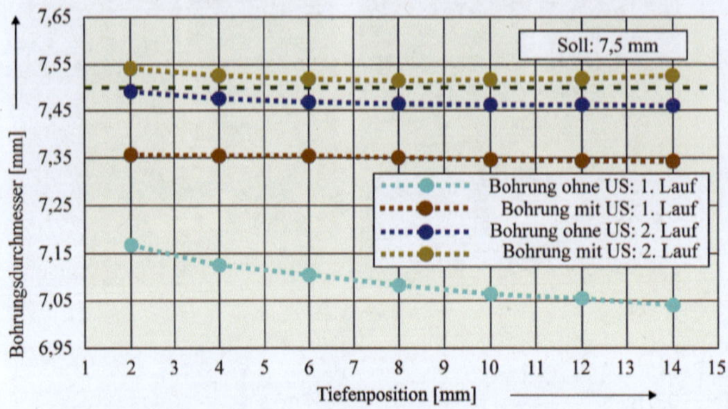

Bild 7.83
Erreichbare Bohrlochtoleranzen mit und ohne US-Unterstützung

In der Tabelle 7.33 sind Arbeitsparameter für die Schleifverfahren Fein- und Feinstschleifen gegenübergestellt. Die unterschiedlichen Bindungsarten und mittleren Korngrößen wirken sich entscheidend auf die erreichbare Oberflächenrauigkeit aus. In Bild 7.84 sind die erreichbaren Rauigkeiten für die Größen R_a und R_q aufgezeigt. Des Weiteren sind für das Feinstschleifen zusätzlich verschiedene

Helix-Zustelltiefen dargestellt, die ebenfalls einen deutlichen Einfluss auf das erreichbare Oberflächenergebnis besitzen. Im Ergebnis des Einsatzes von Feinstschleifbedingungen zum helikalen Ausbohren können durchaus Oberflächengüten mit einem teiltransparenten Zustand erzielt werden (siehe Bild 7.85).

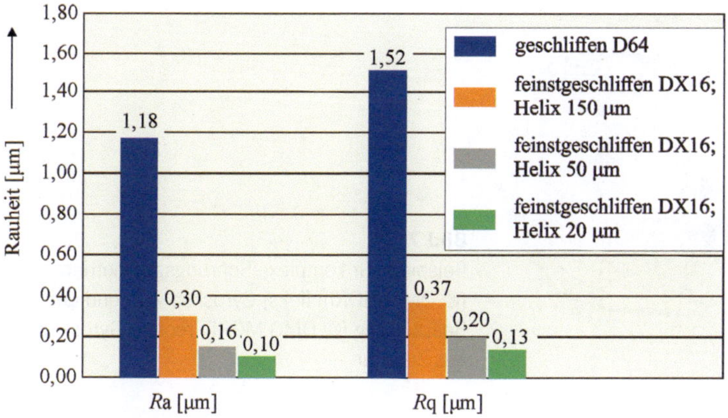

Bild 7.84
Bewertung der Rauheit für unterschiedliche Schleifoperationen

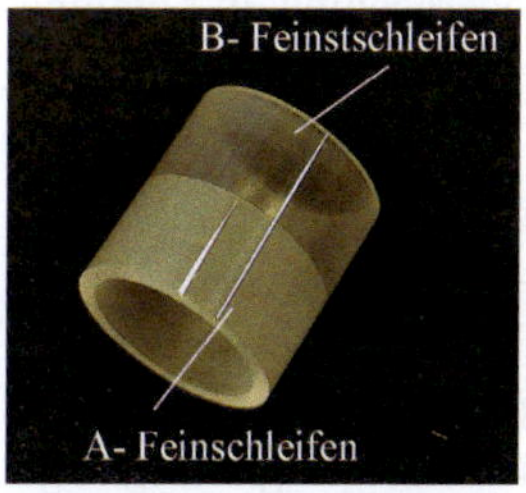

Bild 7.85
Ausbohren durch helikale Schleifbearbeitung eines Zylinders mit Durchmesser 15 mm mit den Bereichen A und B

Die gezeigten Möglichkeiten des helikalen Ausbohrens in der Kombination mit sehr genauen Bahnbewegungen sind die Voraussetzung zum Erzeugen von komplexen und durch hohe Aspektverhältnisse gekennzeichneten Bohrungsgeometrien. Somit können die in Abschnitt 7.2 vorgestellten monolithischen und funktionalen optischen Bauelemente durch Bohrungsgeometrien mit hohen Qualitätsanforderungen ergänzt werden. Bild 7.86 veranschaulicht ein solches Beispiel als CAD-Volumenmodell.

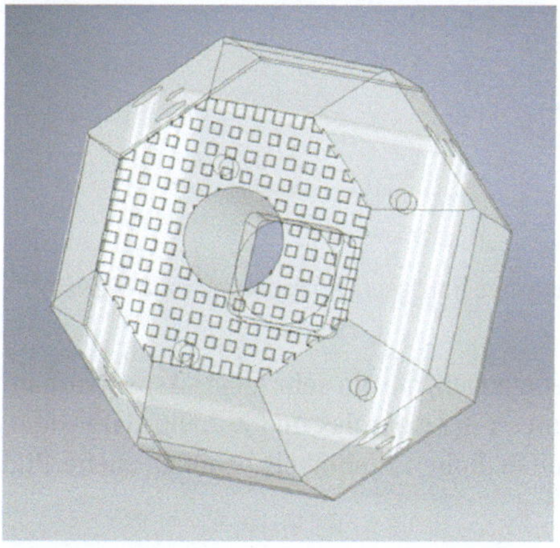

Bild 7.86
Beispiel für einen CAD-Bauteilentwurf mit diversen komplexen Geometrieformen */Inno2020/*

Optische Bauelemente, welche komplexe Innenkonturen und Außengeometrien aufweisen, sind unter anderem Gyroskope oder Laserresonatoren aus Quarzglas und Zerodur. In Bild 7.87 sind zwei Beispiele für Gyroskope dargestellt.

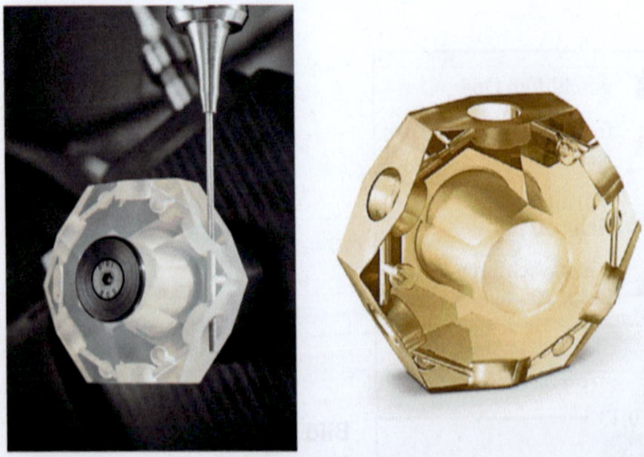

Bild 7.87
Beispiele für komplexe Bohrungsgeometrien (© DMG MORI): links) Gyroskop während der Bearbeitung (© DMG MORI), rechts) Gyroskop aus Zerodur

Bekannt sind Gyroskope auch als Kreiselinstrument oder als Kreiselstabilisator. Sie werden in PKW und Flugzeugen eingesetzt, um Richtungsänderungen zu messen oder zur Lageregelung. In Kombination mit MEMs (Micro Electromechanical Mirror) lassen sich Gyroskope auch miniaturisieren und beispielsweise in Smartphones einsetzen.

Sehr hohe Genauigkeiten zur Bestimmung von Richtungs- bzw. Lageänderungen kann man mit Lasergyroskopen erreichen. In Bild 7.88 ist der prinzipielle Grundaufbau eines Lasergyroskops vereinfacht dargestellt. Dieses durch einen Ringlaser gebildete optische Gyroskop kann Winkelgeschwindigkeiten sehr genau messen. Von Sagnac wurde dieser Effekt erstmalig entdeckt (zu jener Zeit ohne Laser) und beruht auf dem Prinzip, dass die Umlaufzeit eines Lichtstrahles in einem rotierenden ringförmig angeordneten Resonator erhöht oder erniedrigt wird. Dies ist davon abhängig, ob die Umlaufrichtung mit der Rotationsachse übereinstimmt oder ihr entgegengerichtet ist. Einen wesentlichen Vorteil gegenüber dem Kreiselgyroskop erzielt man aufgrund der geringeren Störanfälligkeit gegen Erschütterungen */Brun1982/*, */IVAO2021/*.

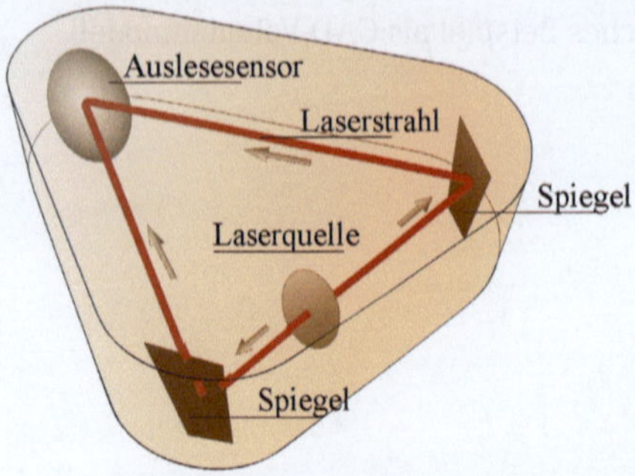

Bild 7.88
Grundanordnung eines Ringlasergyroskops nach */IVAO2021/*

Neben den komplexen Anforderungen gibt es aber auch Geometrien, die ein sehr hohes Aspektverhältnis erfordern. In Bild 7.89 sind sogenannte Tieflochbohrungen in Quarzglas und Zerodur dargestellt. Dafür werden speziell angefertigte Bohrwerkzeuge mit einer hohen Steifigkeit benötigt (siehe Bild links). Neben den in Bild 7.89 dargestellten Beispielen betrifft dies auch die Faserpreformherstellung, um Fasertypen mit speziellen Eigenschaften ziehen zu können (siehe auch Kapitel 6). Eine gewünschte Aspektanforderung ist zum Beispiel, eine Bohrung mit einem Durchmesser von 3 mm in eine 300 mm lange Preform einzubringen. Die besondere Herausforderung ist hierbei die hohe Qualität der Bohrungswand, die idealerweise einer nahezu polierten Oberfläche (R_q < 2 nm) entsprechen sollte.

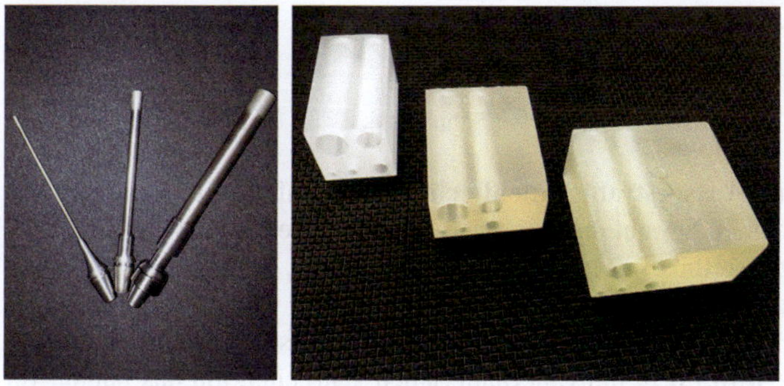

Bild 7.89
Ausbohren mit hohen Aspektverhältnissen */Inno2020/*: links) Tiefbohrwerkzeuge, rechts) Bohrungen in Quarzglas und Zerodur

Für das Bohren kleiner Durchmesser eignet sich auch das **Laserstrahlbohren**. Dafür sind insbesondere die Excimer-, Femtosekunden- sowie die CO_2-Laser geeignet. Diese emittierten Wellenlängen werden durch Glaswerkstoffe gut absorbiert. Aufgrund der thermischen Wechselwirkung der infraroten Strahlung des CO_2-Lasers ist er für die Quarzglasbearbeitung geeignet. In jedem Fall sollte nach einer Laserbearbeitung mit dieser Strahlung jedoch ein Kühlprozess, in Analogie zum Umformen (Kapitel 6), durchgeführt werden. Vollkommen andere Wechselwirkungsprozesse erfolgen bei der Bearbeitung mit UV-Laserstrahlung sowie mit ultrakurzen Laserimpulsen. Bei diesen Laseranwendungen erfolgt eine nahezu stressfreie Bearbeitung. Insbesondere die sehr gute Fokussierbarkeit der Laserstrahlung ermöglicht das Bohren von Durchmessern von wenigen Mikrometern, was mit anderen Verfahren nicht erreichbar ist.

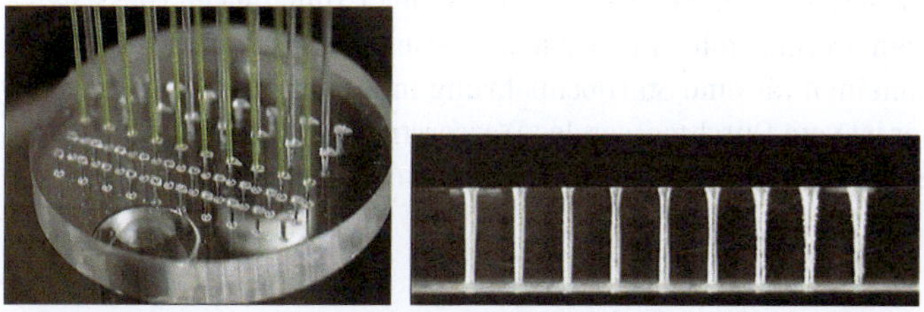

Bild 7.90
Bearbeitungsergebnis Laserstrahlbohren mit CO_2-Laser */Müll2006/*: Präzisionsbohren von Quarzglas zur Aufnahme von Glasfasern (Bohrungsdurchmesser: 130 ± 1 µm)

Bild 7.90 illustriert exemplarisch das Bohren eines Fasermontageplatzes in Quarzglas. Die für das Laserstrahlverfahren typische konische Bohrungsgeometrie kann für das Zentrieren der Glasfasern ideal eingesetzt werden. Im Beispiel aus Bild 7.91 kam ein Nd:YAG-Laser zum Bohren von monokristallinem Silizium zum Einsatz. Bohrungsdurchmesser von 0,6 mm können mit dem **Percussionsbohrverfahren** (mehrere Laserimpulse erzeugen einen Tiefenabtrag) in 6 mm starke Siliziumwafer eingebracht werden. Nach der Vereinzelung des gebohrten Wafers werden sensorische Komponenten gefertigt. Ein wesentlicher Vorteil des Lasereinsatzes besteht in der „sauberen" Bearbeitung. Der Prozessschritt Bohren kann dadurch auch nach dem Polierprozess bzw. Bedampfungsprozess erfolgen.

Bild 7.91
Percussionsbohren von monokristallinem Silizium

monokristallines Silizium,
Waferdicke: 6 mm,
Vorderseite poliert,
Rückseite vergoldet mit Schutzfolie

Die im Abschnitt 7.1.2.3 beschriebene **Wasserstrahlschneidtechnik** ist ebenfalls für das Bohren von nahezu allen Glasarten sehr gut geeignet. Sowohl das Bohren von Lochgeometrien als auch das Ausbohren (kann auch dem Schneiden zugeordnet werden) bietet die Möglichkeit, sehr flexibel Bohrungsgeometrien zu erzeugen. Das **Ausbohren** wird vorrangig für die Herstellung von Halbzeugen für die Weiterverarbeitung genutzt. In Bild 7.92 links sind ausgebohrte Rundlinge aus Borofloatglas (Boro 33) dargestellt. Auch bei dieser Technik wird i. d. R. mit Opfermaterialien gearbeitet, um das Bauteil vor Rückreflexionen des Wasserstrahls an den Auflagepunkten zu schützen.

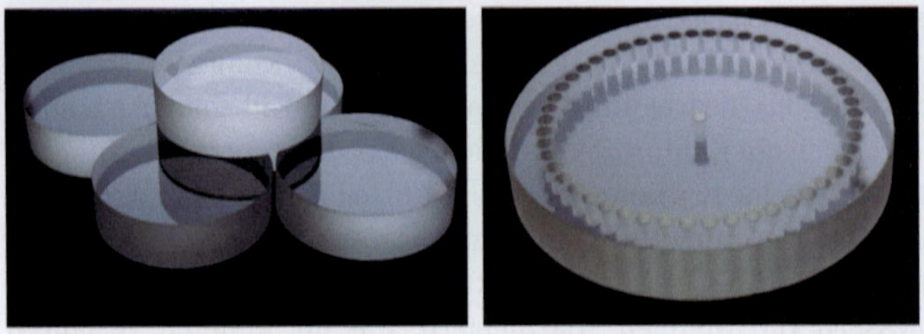

Bild 7.92
Beispiele für das Bohren und Ausbohren mit einem Wasserabrasivstrahl: links) Ausbohren von Halbzeugen (Durchmesser: 50 mm; Dicke: 15 mm), rechts) Bohren einer optomechanischen Aufnahmeplatte (Durchmesser der Platte: 100 mm; Dicke: 15 mm)

Das Beispiel aus Bild 7.92 rechts illustriert ein Bohrraster, erzeugt in einer 15 mm dicken Glasscheibe aus BK7. Die passgenauen Bohrungen werden mit einem leicht kreisenden Wasserstrahl erzeugt. Diese Einstechbewegung ist im Allgemeinen für eine Startlochbohrung immer erforderlich. Der minimal erreichbare Bohrlochdurchmesser ist vom Durchmesser des Wasserstrahls und der Materialstärke direkt abhängig. Die Tabelle 7.34 fasst einige wesentliche Parameter für das Ausbohren von Halbzeugen zusammen.

Tabelle 7.34 Exemplarische Prozessparameter und Arbeitsergebnisse des Ausbohrens mit Wasserabrasivstrahl

Abmessungen	Durchmesser	2 – 1250 mm
	Dicke	0,2 – 100 mm
Material	Quarzglas, BK7, Borofloat, ...	
	Zerodur, Keramik, Silizium	
Prozessparameter	Schnittgeschwindigkeit	0,02 – 5 m·min^{-1}
	Druck	500 – 4000 bar
Ergebnis	Durchmessertoleranz (min.)	±0,15 mm
	Rautiefe R_a	5 – 50 µm

7.3.1 Übungsaufgaben

1. Beschreiben Sie die Verfahrensunterschiede zwischen dem Bohren und Ausbohren. Wählen Sie je drei Anwendungsbeispiele aus und diskutieren Sie erreichbare Bearbeitungsgenauigkeiten (tendenziell).
2. Welche technischen Anforderungen müssen bei der Auslegung von Bohrwerkzeugen gestellt werden?
3. Diskutieren Sie die Unterschiede zwischen Bohren mit und ohne US-Unterstützung.
4. Stellen Sie ein Modell für die Wechselwirkung zwischen US-Bohrwerkzeug und der Glasoberfläche (Glasabtrag) auf.
5. Was versteht man unter einem helikalen Bohrprozess? Stellen Sie die kinematischen Verhältnisse mithilfe einer Skizze dar.
6. Welche Vorteile bieten die Strahlverfahren zum Bohren von optischen Werkstoffen im Vergleich zu den spanenden Verfahren? Stellen Sie diese anhand einer selbstgewählten Bohraufgabenstellung dar.

7.4 Läppen

Auf plus.hanser-fachbuch.de finden Sie hierzu ein Video.

Das Läppen gehört zur Gruppe der spanenden Fertigungsverfahren mit **geometrisch unbestimmter Schneide** sowie losem Korn und zählt zu den Fein- bzw. Feinstbearbeitungsverfahren der Optiktechnologie. Mit dem Läppverfahren werden sehr hohe Oberflächengüten und Formgenauigkeiten sowie sehr enge Maßtoleranzen erzielt. In der Praxis wird auch teilweise noch der Begriff „Schleifen“ für dieses Verfahren verwendet (entspricht nicht der gültigen DIN-Vorschrift). Die Wirkbewegung wird durch ein rotierendes Werkzeug und eine oszillierende Bewegung des Werkstückes ausgeübt. Zwischen Werkstück und Werkzeug werden Läppkörner bewegt, die kleinste Werkstoffteilchen abspanen. In der Anordnung kann das Läppwerkzeug sowohl unten als auch oben laufen.

Läppen ist das Spanen mit geometrisch unbestimmter Schneide und mit losem Korn. Kleine Werkstoffpartikel werden durch die nicht definierte, rollende Bewegung des Läppkorns von der Werkstückoberfläche abgespant.

Nach DIN ISO 8589-15 ist das **Läppen** ein spanendes Fertigungsverfahren mit losem, in einer Paste oder Flüssigkeit verteiltem Korn, das auf dem Läppwerkzeug bei möglichst ungerichteten Bahnen geführt wird. Dadurch erhält die Glasoberfläche eine verfahrenstypische Oberfläche mit einer stochastischen Verteilung und relativ hohem Materialtraganteil der Oberfläche. Zunächst können die Läppverfahren prinzipiell in zwei Hauptgruppen unterteilt werden: in das Läppen ohne und mit formübertragendem Gegenstück. Ersteres Verfahren spielt nur eine Rolle für Anwendungen, die eine Oberflächenverbesserung und Korrekturmaßnahmen zum Ziel haben. In Bild 7.93 ist eine Unterteilung wichtiger Läppverfahren der Gruppe mit formübertragendem Werkzeug vorgenommen.

Bild 7.93 Wichtige Läppverfahren in der Optikbearbeitung: links) Planläppen, Mitte) Läppen sphärischer Flächen, rechts) Feinschleifen mit Läppkinematik

Eine wichtige Zielstellung des Läppverfahrens ist die geometrische Formgebung des Werkstückes mit einer Oberflächenstruktur, die dem nachfolgenden Polierprozess angepasst ist. Konventionell wird dieses Ziel in mehreren Läppstufen erreicht. Mit den Stufen **Vor-, Mittel-** und **Feinläppen** wird sich der Endkontur sukzessive angenähert. In modernen Fertigungsprozessen versucht man, diese aufwendigen Schritte der einzelnen Läppstufen zu substituieren. In Verbindung mit dem Verfahren Schleifen kann dies z.T. auch erfolgen, wobei diese Kombination heute vielfach die Einsparung der Prozessschritte des Vor- und Mittelläppens ermöglicht. Speziell für die Bearbeitung von Presslingen dient das Läppen der Formverbesserung sowie der Beseitigung der Presshaut. Generell hat das Läppergebnis einen entscheidenden Einfluss auf den nachfolgenden Arbeitsgang Polieren. Aus diesem Grund sind Läppverfahren im Hinblick auf das Folgeverfahren unbedingt zu optimieren.

Tabelle 7.35 Stufen des Läppens (aufsteigend)

Läppstufe	Mittlere Korngröße	Bearbeitungsziel
Vorläppen	125 µm – 80 µm	▪ Formgebung aus Halbzeugen ▪ Erzeugung der ungefähren Größe ▪ Nur angewendet, wenn Schleifen nicht möglich
Mittelläppen	80 µm – 23 µm	▪ Verbesserung der Oberflächenstruktur ▪ Reduzierung der Rautiefe ▪ Verringerung der Rissschädigungszone
Feinläppen	23 µm – 3 µm	▪ Verfeinerung der Oberflächenstruktur ▪ Weitestgehend Endformannäherung ▪ Erzielen einer polierfähigen Fläche

7.4.1 Verfahrensgrundlagen

Beim Läppen werden die optisch wirksamen Flächen mit Läppmittel in loser Form bearbeitet. Hierbei werden vorzugsweise **Läppmittel** wie z. B. Sand (SiO_2), Normalkorund (Al_2O_3), Diamant oder Granat verwendet. Um eine Abtragswirkung zu erreichen, müssen die Läppmittel bestimmte Anforderungen hinsichtlich Kornform, Korngröße und Härte erfüllen. Das in Wasser oder anderen Suspensionen aufgeschlämmte Läppmittel wird zwischen Werkstück und **Läppwerkzeug** aufgetragen oder durch eine Umlaufschmierung kontinuierlich zugegeben. Durch die Relativbewegung bewegt sich das Werkstück unter Druck über das Läppwerkzeug. Dabei kommen die Läppkörner ins Rollen und bewirken eine örtlich und zeitlich begrenzte Berührung mit dem Werkstück. Der Läppdruck wird in geometrisch kleinen Zonen so groß, dass er die Druckfestigkeit des Glases überschreitet und in der Wirkung eine Vielzahl von Mikrorissen entstehen lässt. In der Folge laufen die Risse zusammen, lockern kleine Glasstückchen und sprengen sie schließlich unter Mitwirkung des Wassers aus der Werkstückoberfläche heraus. Die Summation der einzelnen Mikroabtragskrater führt zu einem Formabtrag, wobei die zu erzeugende Form durch das Läppwerkzeug auf das Glasbauteil übertragen wird. Bild 7.94 veranschaulicht das Prinzip des Materialabtrages, auch in der Form eines Modells (rechts).

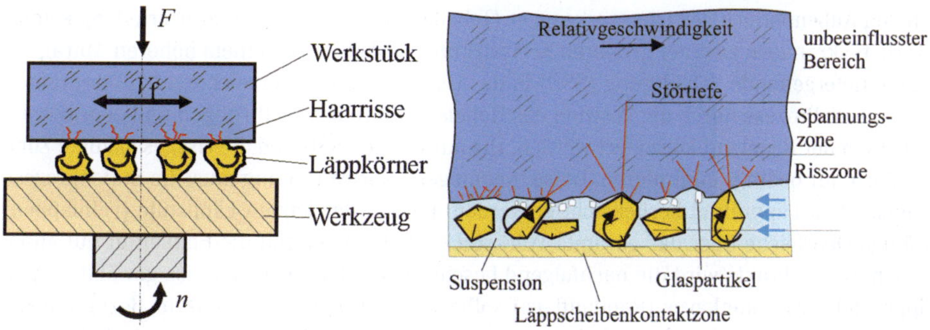

Bild 7.94 Kinematische Eingriffsverhältnisse beim Läppen: links) prinzipielle Anordnung zum Läppen, rechts) Modell des Materialabtrages

Die Wirkung des Wassers als Träger des Läppkorns unterstützt diesen Zerspanprozess. Es dringt während des Läppvorgangs in die feinen Risse durch Kapillarkräfte ein und reagiert chemisch mit der erzeugten Rissfront. Die entstehende **Kieselgelschicht** im Oberflächenvolumen des Risses erfordert ein größeres Volumen als die zuvor eingedrungene Wassermenge. Dieser Prozess begünstigt die Verdrängung bzw. das Ausplatzen der Glasmikropartikel. Ferner wirkt das Wasser auch als Kühl- und Schmierstoff und transportiert die entstehende Reibungswärme sowie die Glaspartikel aus der Wechselwirkungszone ab.

Durch Läppen können hohe Qualitätsanforderungen erfüllt werden, wobei der Aufwand dafür als relativ hoch eingeschätzt werden muss. Die Fertigungskosten können sich durch zeitgleiche Mehrteilebearbeitung stark verringern. Diese Verfahrensvariante wird vordergründig durch die Bauteilgröße und die Größe des Läppwerkzeuges bzw. -maschine bestimmt. Die Bestückung und Bedienung erfolgt überwiegend manuell. Die Teile müssen nach dem Läppvorgang gründlich vom Läppfilm gesäubert werden. In der Regel erfolgt, aufgrund der erforderlichen Läppzeiten, eine Mehrmaschinenbedienung, wobei die Form- und Maßkontrolle sowie das Reinigen der Teile hauptzeitparallel erfolgen sollten. Einige relevante Prozessgrößen werden nachfolgend betrachtet.

Während einer bestimmten Bearbeitungszeit t_a nähert sich das Werkstück der Läppscheibe um einen bestimmten Betrag h_a an. Diese Änderung wird durch die Größe bzw. Gleichung

$$h_a = \frac{\Delta h_{Wst}}{t_a} \tag{7.14}$$

Δh_{Wst} Änderung der Werkstückhöhe

bestimmt und als zeitbezogene Abtragshöhe bezeichnet.

Das entsprechende **Zeitspanungsvolumen** Q_W ergibt sich zum einen aus dem abgetragenen Volumen ΔV_W in einer bestimmten Läppzeit t_a und der Anzahl der gleichzeitig geläppten Werkstücke n.

$$Q_W = \frac{\Delta V_W}{t_a} = \frac{1}{t_a} \sum_{n=1}^{n} (\Delta\, h_{an} \cdot A_n) \tag{7.15}$$

Q_w Zeitspanungsvolumen, A_n Werkstückfläche

Auf die Läppsuspension wirkt durch die Rotation des Werkzeuges eine Zentrifugalkraft. Das bewirkt, dass sich eine Verteilung von innen nach außen auf der Werkzeugfläche entsprechend der Korngröße ergibt. Somit bewegen sich während des Prozesses die größeren Körner aufgrund ihres höheren Gewichtes in den Außenbereich des Läppwerkzeuges (Tabelle 7.36). Durch diese Kornverteilung kommt es an den Werkstückrändern zu einer größeren Kerbwirkung, so dass neben einem höheren Abtrag am Rand auch eine tiefergehende Schädigung (SSD) in das Glasvolumen zu verzeichnen ist. Der erhöhte Randabtrag kann im Prozess durch die Position des Hebelarms mit den Erfahrungen und dem Wissen des Feinoptikers in der Regel gut korrigiert werden. Die auftretende SSD und die rissgeschädigte Zone lassen sich jedoch nur bedingt minimieren. Diese inhomogene Kornverteilung muss im Stufenprozess mit unterschiedlichen Läppmittel berücksichtigt werden, um bei der letzten Läppstufe (Feinläppen) eine polierfähige Oberfläche über das gesamte Werkstück zu erzeugen und die Endkontur gut annähern zu können. In der Praxis wird die nachfolgend beschriebene Herangehensweise gewählt. Je gröber das Läppmittel, desto konkaver (Randauflage) sollte die Werkstückoberfläche in Bezug auf die Soll-End-Kontur sein. Es handelt sich hierbei nur um leichte Formabweichungen, die jedoch dazu dienen, die tiefere Rissschädigung am Rand zu kompensieren und diese nicht zu tief in die Soll-End-Kontur einfließen zu lassen. Dies kann bereits bei dem Abrichten des Werkzeuges vorgesehen werden, so dass das Werkzeug beim Läppen mit gröberem Korn eine leichte Mittenauflage aufweisen sollte. Beachtet man diesen Einfluss der inhomogenen Kornverteilung nicht, kann das dazu führen, dass beim nachfolgenden Polieren Tiefenschädigungen am Werkstückrand nur schwer und mit extremem Zeitaufwand oder gar nicht herausgearbeitet werden können. Diese Vorgehensweise muss im Bearbeitungsprozess Berücksichtigung finden.

In der Tabelle 7.36 sind die diskutierten Eingriffsverhältnisse für die drei Läppstufen schematisch veranschaulicht (zum besseren Verständnis wurden die geometrischen Verhältnisse im Vergleich zur Praxis verstärkt dargestellt).

Tabelle 7.36 Darstellung der Korngrößenverteilung in der Läppsuspension und der Oberflächenkontur in den verschiedenen Läppstufen

Vorläppen	Mittelläppen	Feinläppen
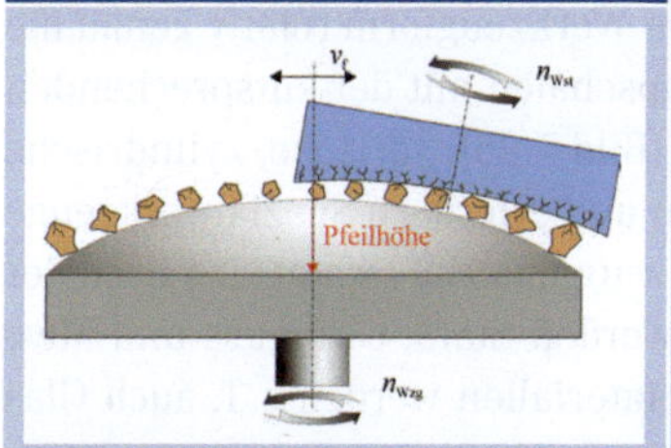	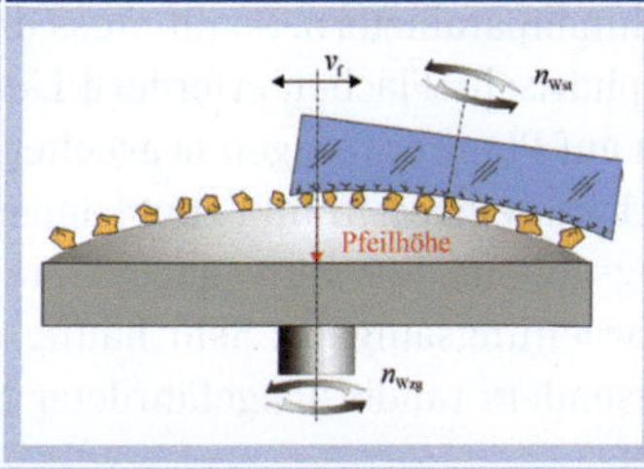	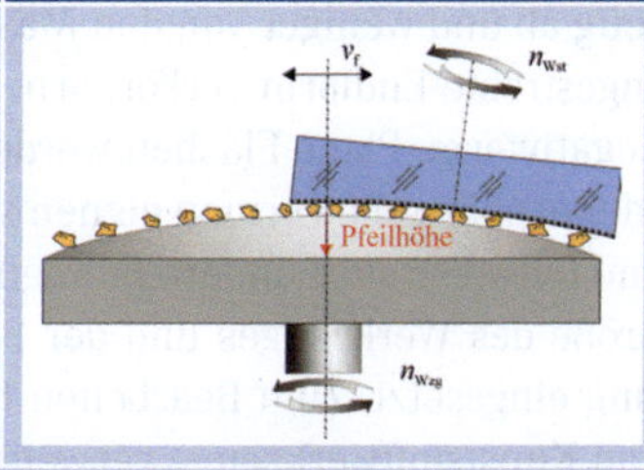
n_{Wst} ist eine Zwangsbewegung		
Korngröße: 125 µm - 80 µm Pfeilhöhe Wzg: +25 µm - +20 µm Pfeilhöhe Wst: -25 µm - -20 µm	Korngröße: 80 µm - 23 µm Pfeilhöhe Wzg: +10 µm - +5 µm Pfeilhöhe Wst: -10 µm - -7 µm	Korngröße: 23 µm - 3 µm Pfeilhöhe Wzg: +5 µm - +1 µm Pfeilhöhe Wst: -0,5 µm - -2 µm
Prozessstufen - Oberflächenkontur am Werkstück (konkav)		
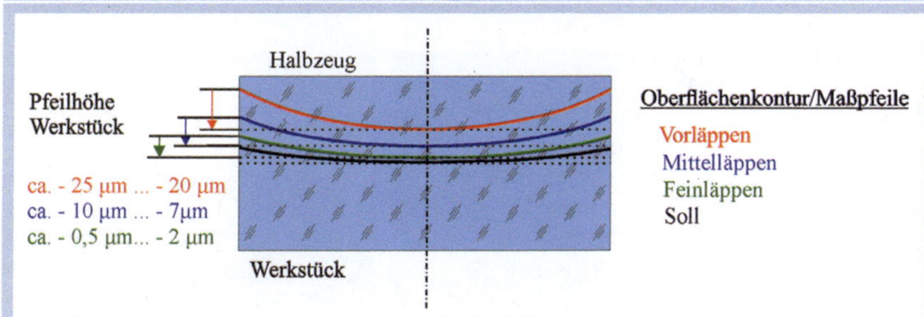		

Erfolgt der Läppprozess in verschiedenen Stufen (vgl. Tabelle 7.35), dann müssen sehr hohe Reinheitsanforderungen an diesen Stufenprozess gestellt werden. Folgende Anforderungen sollten Berücksichtigung finden:

- Der Wechsel zwischen den einzelnen Läppstufen (grob, mittel zu fein) muss unter großer Sorgfalt erfolgen. Das heißt, Arbeitsplatz, Werkstück etc. müssen gründlich gereinigt werden, so dass keine Rückstände des vorherigen Läppmittels zurückbleiben.
- Rückstände gröberer Läppmittel können zu Wischern und Kratzern an der Werkstückoberfläche führen, wodurch sich ein Rückschritt im Stufenprozess ergibt und eine wiederholte Bearbeitung der Fläche mit gröberem Korn notwendig ist.
- Dieser Korrekturschritt kann gegen Prozessende zu einer erhöhten Gefahr der Toleranzunterschreitung, z. B. der Mittendicke, führen.
- Eine saubere Trennung der Lagerung von Läppmittelsuspension und Hilfsmittel (Pinsel, Tuch, Schwamm etc.) muss sichergestellt werden.

Auch beim Läppverfahren kann die Werkzeug-Werkstück-Anordnung vertauscht werden, oder es können anstelle der Einzelwerkstücke auch Mehrfachtragkörper bzw. das Arbeiten mit Läppkäfigen (siehe Abschnitt 7.5.5) zum Einsatz kommen.

7.4.2 Maschinen und Werkzeuge

Die erreichbaren Genauigkeiten hängen beim Läppen in erster Linie vom **formübertragenden Werkzeug** ab und weniger von den Maschinenparametern. Somit muss die Werkzeugform relativ genau die angestrebte Endform verkörpern. Sphärische Flächen erfordern Läppschalen mit der entsprechenden Negativform. Plane Flächen werden auf Planwerkzeugen bearbeitet (Bild 7.95). Torische, zylindrische oder asphärische Formen eignen sich nur eingeschränkt zum Läppen und erfordern Spezialwerkzeuge und teilweise auch andere Bewegungsabläufe. Das verwendete Werkzeugmaterial richtet sich nach der Größe des Werkzeuges und der Bearbeitungsaufgabe. Sehr häufig werden Stahl, Grauguss und Messing eingesetzt. Zum Bearbeiten besonders randbruchgefährdeter Materialien werden z. T. auch Glas und Kunststoffwerkzeuge verwendet.

Die Werkzeuge können wahlweise über standardisierte Anschlussgewinde auf die Maschinenspindel aufgeschraubt werden. Eine hohe Genauigkeit wird durch das **Abrichten (Justieren)** des Werkzeuges nach Einsetzen in die jeweilige Maschine erreicht. Damit wirken sich Ungenauigkeiten, z. B. Aufnahmegewinde, Spindelrundlauf etc., nicht direkt auf den Bearbeitungsprozess aus. Als Abrichtwerkzeuge kommen heute überwiegend Scheiben oder Schalen, die mit Diamantpellets belegt sind, zum Einsatz.

Bild 7.95 Beispiele für Läppwerkzeuge und -tragkörper: links) Planläppwerkzeug, Mitte) planer Mehrfachtragkörper, rechts) Abrichtwerkzeug

Da das Bearbeitungsergebnis in erster Linie verfahrensbedingt durch das Werkzeug bestimmt wird, sind die Anforderungen an die Maschine nicht sehr hoch. Die Bearbeitung verlangt aufgrund des Einsatzes von Läppmittelsuspensionen eine vertikale Spindelanordnung. Die Spindel wird über einen Elektromotor angetrieben und ist in ihrer Drehzahl stufenlos regelbar. Die oszillierende Bewegung des Werkstückes kann sowohl manuell oder durch Maschinenelemente (Hebelarm) erfolgen. Um das Läppverfahren effizienter zu gestalten, werden häufig auch Mehrfachtragkörper für die Aufnahme der Werkstücke eingesetzt. Der erforderliche Läppdruck wird durch verschiebbare Gewichte oder pneumatische Einstellungen auf das Werkstück übertragen. Eine Zugabe der **Läppsuspension** kann wahlweise per Hand („Pinselschmierung") oder auch durch eine kontinuierliche Zuführung („Umlaufschmierung") erfolgen. Die Arbeitsspindel selber wird von einem Maschinenkessel umgeben, der die Läppsuspension nach dem Durchlauf auffängt und dem Kreislauf wieder zuführt.

Die verwendeten Maschinen sind oftmals als Universalmaschinen ausgelegt und können sowohl zum Planläppen als auch Läppen von Radien oder generell auch zum Polieren (i. d. R. aber dann ständig für ein Verfahren) eingesetzt werden. In Bild 7.96 ist eine Hebelläppmaschine für die Bearbeitung von Planoptiken exemplarisch dargestellt. **Läppmaschinen** sind oftmals mehrspindlig ausgelegt und erlauben das parallele Bearbeiten mehrerer Werkstücke oder unterschiedlicher Aufträge.

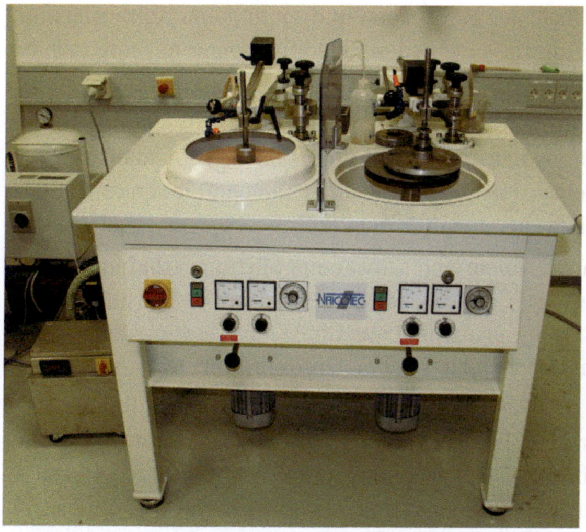

Bild 7.96
Läpp- und Poliermaschine für Planoptik

Technische Parameter	
Exzenterzahl	2
Fahrweg X	96 mm
Fahrweg Z	245 mm
Spindeldrehzahl	10 - 150 min^{-1}
Max. Hub pro Kugelstift	150 mm
Kesseldurchmesser	400 mm
Werkstückdurchmesser	max. 200 mm

Ein teilweise ganz anderes Maschinenkonzept wird für die Bearbeitung von Planoptiken in größeren Stückzahlen, insbesondere Filtergläser und Wafer, verwendet. Hier werden die Werkstücke in sogenannte Läppkäfige eingelegt und über eine großflächige Läppscheibe rotierend bewegt (siehe auch Abschnitt 7.5.5.3). Sehr oft findet für diese Maschinenkonfiguration auch das Zweischeibenläppverfahren Anwendung. Vorteilhafterweise werden bei dieser Anordnung beide Werkstückseiten zeitparallel geläppt. Die erreichbaren Formgenauigkeiten sind allerdings meist etwas geringer.

7.4.3 Betriebs- und Hilfsstoffe für das Läppen

Für den beschriebenen Läppprozess kommen Suspensionen zum Einsatz, die auf der Basis von unterschiedlichen Läppmittelarten und Korngrößen für die jeweilige Bearbeitungsaufgabe zusammengestellt werden. Gegenwärtig werden hauptsächlich folgende Materialien eingesetzt:

- Diamant,
- Borcarbid,
- Siliziumcarbid,
- Aluminiumoxid,
- Granat.

In der oben genannten Reihenfolge nimmt die Härte der Materialien und somit deren Abtragsleistung ab. Bei den einzelnen **Läppmittelarten** können noch verschiedene Modifikationen mit unterschiedlichen Eigenschaften ausgewählt werden.

Die Diamanten, die für das Läppen angewendet werden, sind ausschließlich synthetisch hergestellt. Es werden monokristalline und polykristalline Diamantsuspensionen unterschieden. Diamant zählt zu den härtesten Materialien und lässt sich synthetisch aus Graphit bei einer Temperatur von ca. 1200 °C und einem Druck von 70 bis 120 kbar pressen bzw. herstellen */Göbn2007/*.

Für das Läppmittel Siliziumcarbid wird zwischen grünem und schwarzem Siliziumcarbid unterschieden. Das grüne Siliziumcarbid ist geringfügig härter als das schwarze und besitzt darüber hinaus einen höheren Reinheitsgrad. Die Herstellung erfolgt prinzipiell aus Quarzsand, der in einem Widerstandsofen bei ca. 2400 °C erschmelzbar ist. Entsprechend der Schmelzprozessführung entstehen Siliziumcarbide, die sich in Qualität, Reinheit und Farbe unterscheiden.

Bei den Aluminiumoxiden kommen Normalkorunde, Edelkorunde und Aluminiumoxid mit spezieller Kornform (plättchenförmige Struktur) zum Einsatz. Der kristalline Anteil des Aluminumoxides bestimmt die erreichbare Härte der unterschiedlichen Korundmaterialien.

Für Granatmaterialien kommen Naturgranate (Barton Granat) und synthetische Granate zum Einsatz. Von der chemischen Zusammensetzung her gesehen sind Granate Mischoxide der Elemente Silizium, Eisen, Aluminium und Magnesium */Göbn2007/*.

Die Auswahl des richtigen Läppmittels richtet sich nach der zu bearbeitenden Glasart sowie den erreichbaren Prozessparametern wie Abtragsleistung und Oberflächenqualität. Die Aufgabe des Läppmittels besteht in der Formgebung des Werkstückes sowie der Erzielung der erforderlichen Rautiefe für den nachfolgenden Arbeitsgang Polieren. Somit sollte in einer möglichst kurzen bzw. optimierten Zeit die Passgenauigkeit und Oberflächengüte des zu fertigenden Bauelementes garantiert werden.

Aus diesen grundlegenden Betrachtungen werden an die Läppmittel besondere Anforderungen gestellt. Der Kornwerkstoff sollte:

1. sehr hart sein, aber möglichst auch über eine ausreichende Zähigkeit verfügen, damit der Materialabtrag eindeutig auf der Seite des Werkstückes liegt und die Schneiden über lange Zeit ihre Schärfe behalten,
2. über unterschiedliche Härten verfügen, je nach Art des zu bearbeitenden Materials, und unterschiedliche Korngrößen, um entsprechende Abtragsleistung bzw. Oberflächenrauheiten (Schliffbild) zu erreichen,
3. keinerlei Verunreinigungen haben, um ein kratzerfreies Schliffbild zu erzielen,
4. thermische Beständigkeit haben, damit das Korn den hohen Bearbeitungstemperaturen und den schnellen Temperaturwechseln standhalten kann,
5. chemisch beständig sein, bei möglichst geringen Wechselwirkungen mit Sauerstoff, dem Kühlschmierstoff oder dem Werkstoff.

Die unterschiedlichen Korngrößen werden durch verschiedene Kornfraktionen gewährleistet. Dabei gibt es je nach Hersteller verschiedene Standards. Der in Europa übliche Standard ist die sogenannte „FEPA-Norm“ (Féderation Européenne des Fabricants de Produits Abrasifs). Dabei wird nach Makrokörnungen und Mikrokörnungen unterschieden. Makrokörnungen gibt es von Korn 60 bis Korn 220, dabei liegt die mittlere Korngröße zwischen 250 µm und 63 µm. Mikrokörnungen gibt es von F 230 bis F 1200, die mittlere Korngröße liegt hier zwischen 53 µm und 3 µm. Weitere Standards sind: MICRO; ANSI (American National Standards Institute) oder JIS (Japanese Industrial Standards). Entscheidend für die Güte einer Klassifizierung ist die Trennschärfe von einer Kornklasse zur nächsten. */Göbn2007/*

Der relative spezifische **Läppkoeffizient** kennzeichnet die Wirksamkeit der Läppmittel und wird bezogen auf den Läppkoeffizient von Sand ($L_K = 1$). Danach ordnen sich die Läppmittel wie folgt ein:

- Elektrokorund 4,8,
- Naturkorund 5,7,
- Borcarbid 8,7,
- Diamant 12,5.

Neben der Korngröße und -art spielt aber auch die **Kornform** eine entscheidende Rolle für das erreichbare Läppergebnis. In der Praxis werden blockig scharfkantige sowie plättchenförmige Strukturen als **Kornform** verwendet. In Bild 7.97 sind die REM-Aufnahmen (Rasterelektronenmikroskop) zweier ausgewählter Kornformen von Läppmitteln der Firma Pieplow & Brandt gegenübergestellt.

Bild 7.97
REM-Darstellung verschiedener Läppmittelkornformen: links) blockig scharfkantige Form, rechts) plättchenförmige Struktur

Läppsuspensionen sollten über einen hohen Nennkornanteil verfügen, damit ein homogener Abtrag erzielt werden kann. Die Kornverteilungskurve muss einer Gausschen-Verteilung entsprechen.

7.4.4 Einflussgrößen

Der Läppprozess stellt sich als ein relativ komplexer Prozess mit einer Reihe von Einflussgrößen dar. Die wichtigsten Verfahrensgrößen auf das erreichbare Arbeitsergebnis sind:

- Schnittgeschwindigkeit,
- Läppdruck,
- Läppmittelart,
- Korngröße,
- Kornform,
- Härte des Glaswerkstoffes.

Somit ist eine systematische Erfassung der Verfahrensparameter und Beschreibung des Prozesses für verschiedene Randbedingungen äußerst schwierig. Oftmals entscheiden auch subjektive Erfahrungen und Erkenntnisse des Fachpersonals über den Optimierungserfolg eines Läppprozesses. Insbesondere günstige Ausgangsbedingungen für den nachgeschalteten Polierprozess entscheiden häufig über das Ergebnis der gesamten Komponentenbearbeitung.

Hinweise und Regeln:

1. Je größer die Schnittgeschwindigkeit gewählt wird, desto größer ist der erreichbare Abtrag.
2. Die Spindeldrehzahl sollte in Abhängigkeit von der Werkzeuggröße einen Grenzbetrag nicht überschreiten, um eine zu starke Kornseparation durch die Zentrifugalkraft zu vermeiden.
3. Schleifdruck und Zeitspanungsvolumen sind weitestgehend direkt proportional. Der Kornbruch des Läppmittels wird allerdings mit zunehmendem Schleifdruck verstärkt, was zu einer Verringerung der Abtragsleistung führt.
4. Je größer die Schleifhärte des zu bearbeitenden Werkstoffes, desto geringer ist das Zeitspanungsvolumen, was eine Verlängerung der Läppzeit zur Folge hat.

Die Komplexität des Läppprozesses soll exemplarisch anhand der nachfolgenden Darstellung der Wirkung der Kerbspannung veranschaulicht werden. Der eingangs beschriebene Läppprozess basiert auf der Grundlage der Rissinitiierung an der Glasoberfläche und des Ausbrechens kleinster Materialpartikel. Bei diesem Prozess wirkt an der Unterseite des Werkstückes die Kerbspannung in partieller Form jeweils an den Orten der Wechselwirkung zwischen Korn und der Glasoberfläche. Die Summe der einzelnen Kerbspannungsvektoren führt insgesamt zu einer „Durchbiegung" des Glasbauteils, wenn seine Mittendicke (in Abhängigkeit des Bauteildurchmessers) einen Grenzwert unterschreitet. Bild 7.98 verdeutlicht diesen Sachverhalt anhand eines Modells.

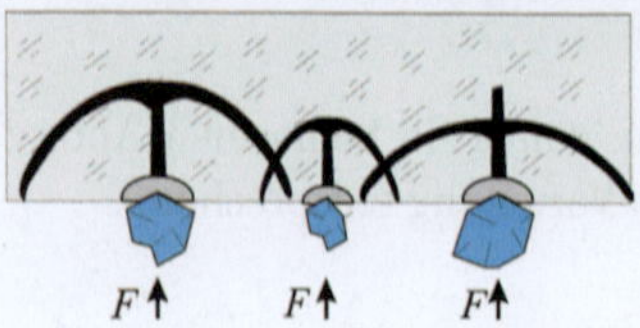

Bild 7.98
Modell zur Wirkung der Kerbspannung

Die Ermittlung der Wirkung der **Kerbspannung** kann gemäß dem theoretischen Modell auch in der Praxis nachgewiesen werden. Ausgangspunkt für die Untersuchungen des Kerbspannungseinflusses nach Bild 7.98 sind planparallele Platten aus BK7, die eine Dicke von 15 mm und einen Durchmesser von 50 mm besitzen. Dabei ist eine Fläche poliert und wurde vor dem Beginn der Untersuchungen mithilfe eines FIZEAU-Interferometers vermessen. Diese Fläche stellt die Referenzfläche dar, an der die Auswirkungen der Kerbspannungen durch Vergleichsmessungen nachweisbar sind. Die gegenüberliegende Seite wird nun schrittweise bearbeitet. Dazu wurde diese sukzessive auf bestimmte Mittendicken geläppt und durchpoliert sowie anschließend gegen die Referenzfläche gemessen. Die Wirkung der Kerbspannungen konnten erstmals bei einer Mittendicke von 6,85 mm nachgewiesen werden.

Wie aus Bild 7.98 ersichtlich ist, erzeugen Kerbspannungen eine konkave Verformung der polierten Fläche. Mit zunehmender Korngröße steigt die Wirkung der Kerbspannung an, die für die gewählten Prozessparameter bis zu einem Ring Änderungen hervorruft (siehe Bild 7.99). Es verformt sich somit eine plane Fläche in Richtung Randauflage.

Wenn nun in weiteren Läppstufen mit abgestimmtem und kleiner werdendem Läppkorn weitergearbeitet wird, kann die konkave Deformation der polierten Fläche gezielt beeinflusst werden und annähernd in die Ausgangsform versetzt werden.

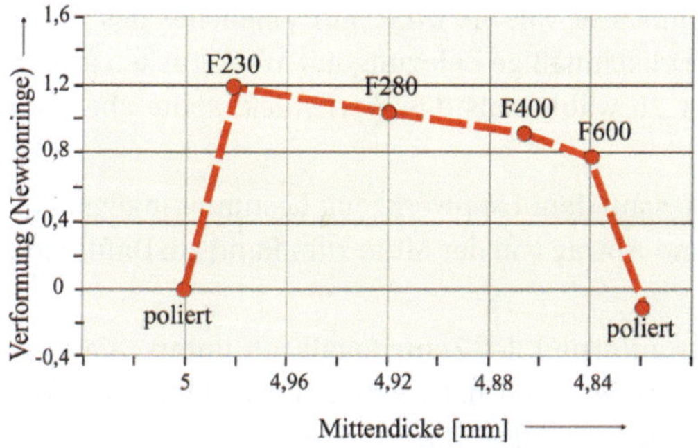

Bild 7.99
Abhängigkeit der Verformung von der verwendeten Korngröße */Esch2007/*

Weiterhin lässt sich ermitteln, dass die Verformung mit abnehmender Mittendicke zunimmt. Bild 7.100 zeigt den Verlauf der Verformung für die Mittendicken 7 mm bis 3 mm. Es ist davon auszugehen, dass sich die Kerbspannung nur bis zu einer bestimmten Mittendicke auswirkt, darüber hinaus ist sie vernachlässigbar klein. Bei sehr dünnen Bauteilen führt die Kerbspannung jedoch zu einer deutlichen Verformung der polierten Fläche. Die gewonnenen Erkenntnisse sind für den Ablauf des Fertigungsprozesses von großer Bedeutung, da nach der Zweiseitenbearbeitung die fertige 1. Fläche somit fehlerbehaftet sein kann.

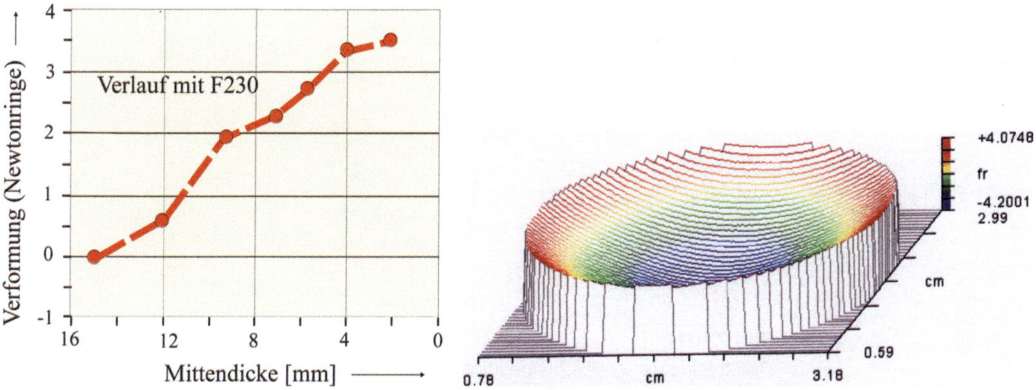

Bild 7.100 Einfluss der Kerbspannung auf den Läppprozess: links) Verformung der Referenzfläche in Abhängigkeit der Mittendicke, rechts) Interferogramm einer beeinflussten Fläche (Läppkorn: F 230, SAG: 8,97 (-) und IRR: 0,79) */Esch2007/*

7.4.5 Läppverfahren

Nachfolgend werden ausgewählte Läppverfahren anhand Bild 7.93 näher vorgestellt und wichtige Verfahrensgrundlagen diskutiert.

7.4.5.1 Planläppen

Planläppen erfolgt je nach Losgröße und Toleranzanforderungen von Hand, auf Hebelmaschinen oder auf Maschinen mit Läppkäfigen. Für die Bearbeitung mit Hebelmaschinen sollte ein Verhältnis von **Werkstückdurchmesser zu Werkzeugdurchmesser** von **2:3** gewählt werden. Bei Maschinen mit

Läppkäfiganordnung liegen konstante Werkzeugdurchmesser vor, die i. d. R. ein Vielfaches des Werkstückdurchmessers betragen. Hier muss aber auf eine gleichmäßige Belegung mit Werkstücken geachtet werden. Allerdings ist das Werkzeug stets größer zu wählen als das Werkstück, sollte aber den Faktor 5 nicht überschreiten.

Die Position bzw. die Relativbewegung des Werkstückes auf dem Läppwerkzeug bestimmt maßgeblich das Abtragergebnis. Insbesondere nehmen Rautiefe und Abtrag von der Mitte zum Rand zu. Dafür sind im Wesentlichen zwei Ursachen zu sehen:

1. Auf der Läppscheibe verteilen sich die Läppkörner aufgrund der Zentrifugalkraft unterschiedlich. Zum Rand hin ist eine stärkere Konzentration der größeren Körner zu finden, was einen höheren Abtrag mit höheren Rauheiten zur Folge hat (siehe auch Tabelle 7.36).
2. Die Schnittgeschwindigkeit wird aufgrund der größeren Umfangsgeschwindigkeit zum Rand hin höher.

Günstig ist die Anordnung des Werkstückes im Randbereich der Läppscheibe, da dort der Abtrag größer ist und auch die Änderung der Umfangsgeschwindigkeit nicht so groß ist wie im mittelpunktnahen Bereich (siehe Bild 7.101). Der Abtrag im Randbereich der Werkstücke ist aus diesem Grund auch größer. In der Praxis kann eine entsprechende Korrektur durch die Länge und Lage der Läppbahn vorgenommen werden. Ein anderer Weg ist das Arbeiten mit leicht konvexen Läppscheiben, damit der Mittenbereich stärker abgetragen wird. Vorschläge für eine entsprechende Korrektur der Pfeilhöhe (auf den gesamten Durchmesser bezogen) sind näherungsweise:

- Werkzeuge zum Vorläppen: + 20 µm,
- Werkzeuge zum Feinläppen: + 1 – 5 µm.

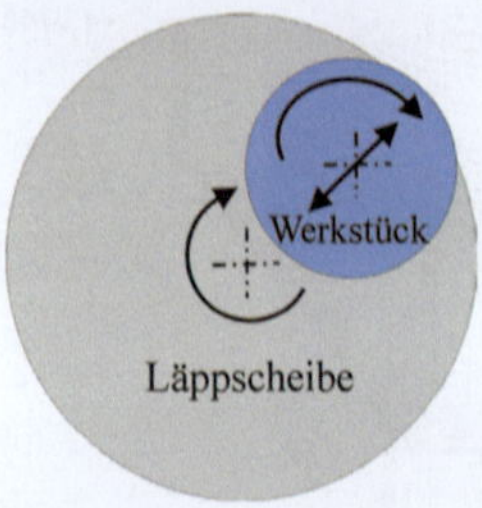

Bild 7.101
Darstellung der Werkstückpositionen beim Läppen

Im Prozess unterliegt auch das Werkzeug einem Verschleiß. Große Hebelbewegungen tragen den Rand des Werkzeuges stärker ab, in der Folge wird das Werkzeug konvex. Die Ebenheit des Werkzeuges muss in regelmäßigen Abständen, z. B. mit einem Feinzeiger, überprüft werden. Die Werkstückbahn sollte möglichst so gewählt werden, dass sich das Werkzeug gleichmäßig abnutzt. Durch die Änderung der Werkstückbahn kann das Läppwerkzeug gezielt korrigiert werden.

Aus Effizienzgründen werden Läppprozesse mit **Mehrfachtragkörpern**, insbesondere auch bei der prismatischen Bearbeitung, durchgeführt. Um hohe Genauigkeiten im Prozess zu garantieren, lassen sich die Werkstücke durch Ansprengen (siehe Kapitel 10) sehr genau auf dem Tragkörper anordnen. Es sollte eine gleichmäßige Werkstückbelegung erfolgen, um Kippfehler durch ungleiche Druckverhältnisse zu vermeiden. Die Schwierigkeit besteht jedoch in der gleichmäßigen Bearbeitung aller Werkstücke in den geforderten Toleranzbereichen.

Die **zeitbezogene Abtragshöhe** h_a wird wiederholt im Läppprozess mit der Hilfe eines Feinzeigers (Orthotest) bestimmt und entsprechende Korrekturen im Läppprozess vorgenommen (siehe Bild 7.102).

Ein polierfähiges Werkstück bezüglich der Formabweichung liegt dann vor, wenn mit dem Orthotest ein Wert zwischen - 0,5 µm bis 2 µm gemessen wird. Dies entspricht in etwa einer Formabweichung von 2 - 8 Ringen.

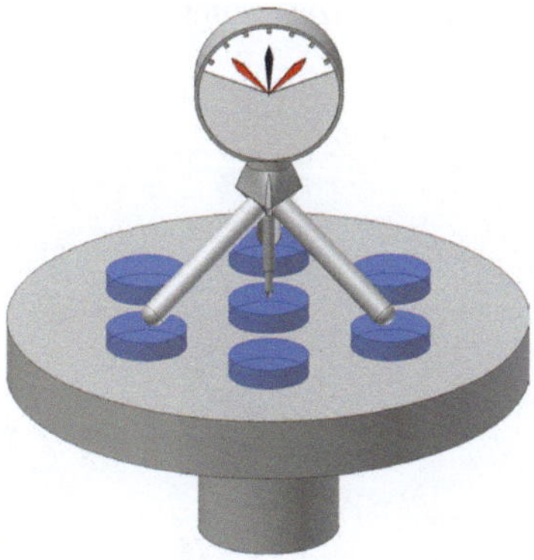

Bild 7.102
Darstellung des Prüfens beim Läppprozess

Bild 7.103 und Bild 7.104 zeigen zwei verschiedene Anordnungen zur gleichzeitigen Bearbeitung mehrerer planer Werkstücke. In Bild 7.103 sind die Werkstücke in einem Läppkäfig (Läuferscheiben) eingelegt und werden zwischen unterer und oberer Läppscheibe auf einer **zykloidischen Bahn** bewegt. Vorteilhafterweise lassen sich auf diese Art und Weise die beiden optischen Funktionsflächen in einem Arbeitsgang bearbeiten.

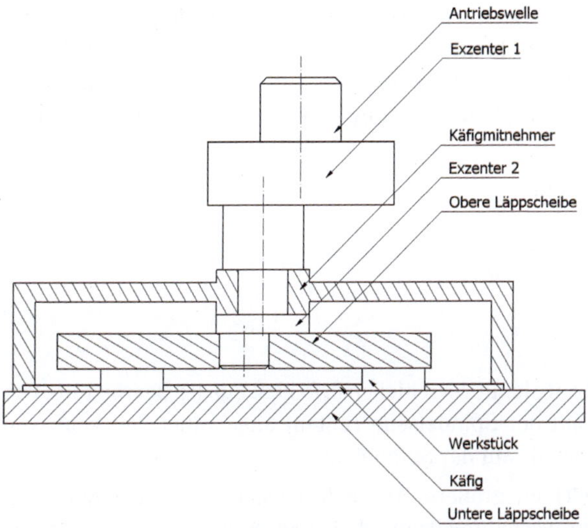

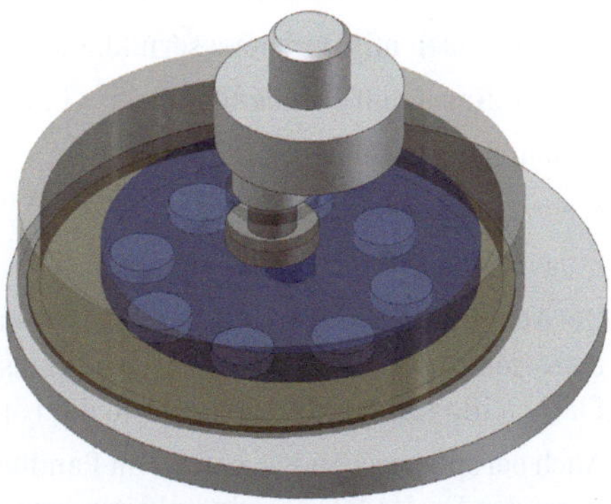

Bild 7.103 Planläppen mehrerer Werkstücke: links) Schnittdarstellung, rechts) 3D-Darstellung

Auf plus.hanser-fachbuch.de finden Sie hierzu ein Video.

Das Beispiel aus Bild 7.104 illustriert eine weitere Verfahrensanordnung, die ebenfalls für die Zweiseitenbearbeitung mehrerer Werkstücke geeignet ist. Die resultierende Wirkbewegung, die sich aus den unterschiedlichen kinematischen Anordnungsvarianten ergibt, beeinflusst das Bearbeitungsergebnis wesentlich. In Abhängigkeit der Bearbeitungsaufgabe setzen Optikfertiger zum Teil unterschiedliche Läppkinematiken ein, angepasst an die zu erfüllenden Fertigungstoleranzen bzw. -zeiten.

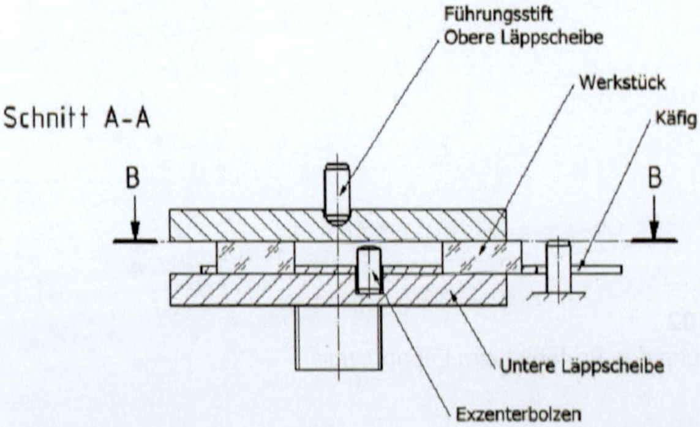

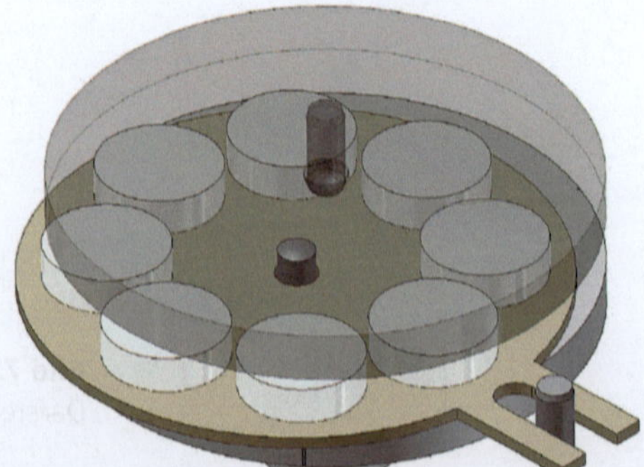

Bild 7.104 Planläppen mehrerer Werkstücke, Zweiseitenbearbeitung, links) Schnittdarstellung, rechts) 3D-Darstellung

7.4.5.2 Läppen sphärischer Flächen

Das Verfahrensprinzip für das Läppen von sphärischen Flächen erfolgt in Analogie zu den bereits beschriebenen Planläppverfahren. Auch hier erfolgt je nach Losgröße und Toleranzanforderungen das Läppen von Hand oder auf Hebelmaschinen. Die effiziente Mehrteilebearbeitung in Läppkäfigen ist für diese Geometrien jedoch nicht möglich. Allerdings können Läppprozesse mit Mehrfachtragkörpern durchgeführt werden. Diese Verfahrensvariante hängt sehr stark vom Verhältnis des Durchmessers zum Krümmungsradius der Bauteile ab. Aus praktischen Erfahrungen werden Handbearbeitungsprozesse für folgenden Anwendungen empfohlen:

- Mikrolinsen mit Durchmessern kleiner als 5 mm,
- Mikrolinsen mit Dickentoleranzen ≤ 0,01 mm,
- komplizierte Teilegeometrien,
- einzelne Korrekturschritte,
- das Läppen von Kristallwerkstoffen.

Die Anordnung von Werkstück und Läppwerkzeug kann verschieden erfolgen. Bei der Bearbeitung von konvexen Werkstücken werden diese meist auf der Spindelseite (unten) angeordnet. Bei konkaven Flächen hingegen ordnet man i. d. R. die Läppschale auf der Spindel an.

Auch bei sphärischen Flächen ist im Randbereich ein größerer Abtrag festzustellen aufgrund der resultierenden Umfangsgeschwindigkeiten bzw. Kornverteilung. Läppschale und Werkstück müssen für die einzelnen Läppstufen, entsprechend dem Korndurchmesser sowie dem erforderlichen Radius, angefertigt bzw. justiert werden.

Hinweise und Regeln ***/Gräf1989/*:**

1. Zu Beginn des Vorläppens sollte mit geringer Drehzahl und ohne Läppdruck gearbeitet werden.
2. Mit der Annäherung der Form können Drehzahl und Druck erhöht werden.
3. Vorsicht beim Läppen randscharfer Linsen. Hier ist die Aussprunggefahr besonders hoch.
4. Die Bearbeitung von Tragkörpern mit Richtlinsen erfordert eine gleichmäßige Abnahme des Richtflächendurchmessers aller Werkstücke.
5. Mit kleiner werdender Läppkornfraktion muss auch die Drehzahl der Spindel reduziert werden.
6. Ein zu hoher Läppmittelstrom verringert die Schleifleistung, ein zu hoher Wasseranteil erhöht die Kratzgefahr.
7. Am Ende des Läppvorgangs sollte das Läppmittel länger ausgeschliffen werden. Der Grund ist die Verkleinerung des Korndurchmessers und die daraus resultierende geringere Rauheit der geläppten Werkstückfläche.

Somit ergibt sich eine große Anzahl von Werkzeugen, die für die unterschiedlichen Radien zur Verfügung stehen müssen. Aus diesem Blickwinkel ist das Verfahren uneffizient. Die Bestrebungen, das sphärische Läppen durch das Verfahren Schleifen mit diamantgebundenen Ringwerkzeugen zu ersetzen ist aus diesem Grund besonders groß.

Eine fertig geläppte Oberfläche sollte folgende Forderungen erfüllen:

- keine Läppmittelrückstände,
- gut ausgeläppte Flächen mit geringer Rautiefe bei hohem Traganteil der Fläche (daraus resultieren kürzere Polierzeiten),
- kratzer- und aussprungfreie Oberflächen bzw. Randbereiche,
- die Form muss gegenüber der Sollform eine geringe Randauflage aufweisen (günstig für den nachfolgenden Polierprozess).

Prinzipiell können mit dem Feinläppverfahren folgende Ergebnisse erreicht werden:

- Rautiefen (R_q) zwischen 1 µm und 5 µm,
- Radienabweichungen zwischen 0,3 µm und 3 µm,
- Mittendickentoleranz zwischen 5 µm und 10 µm.

Geprüft werden Oberflächenrauheiten sowie Formabweichungen mit einem Tastschnittgerät bzw. Formmessgerät. Eine einfache Prüfung auch während des Prozesses kann mit einem Ringsphärometer wie in Bild 7.105 erfolgen.

$$\Delta s = \left(r_1 - \sqrt{r_r^{\,2} - \left(\frac{d}{2}\right)^2} \right) - \left(r_1 - \sqrt{r_1^{\,2} - \left(\frac{d}{2}\right)^2} \right) \tag{7.16}$$

Beispiel:

Eine sphärische Fläche ist mit einem Radius von $r_1 = 100$ mm zu fertigen. Die abgelesene Formabweichung am Sphärometer beträgt $\Delta s = 0{,}077$. Wie groß ist der tatsächliche Radius, wenn mit einem Ringschneidendurchmesser von $d = 100$ mm gemessen wurde?

Nach Einsetzen in Formel 7.16 ergibt sich für den Radius der Prüffläche ein Wert von $r_1 = 100{,}5$ mm.

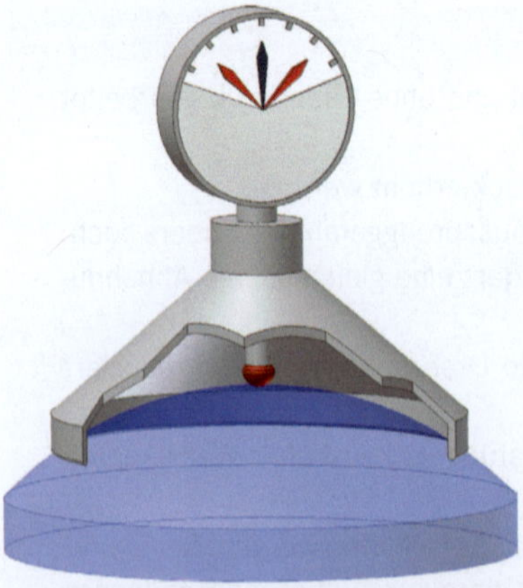

Bild 7.105
Prüfen sphärischer Flächen mit dem Ringsphärometer

Bild 7.105 illustriert die geometrischen Verhältnisse bei diesem Messverfahren. Dazu wird eine Referenzfläche mit dem Radius r_r benötigt. Im Vergleich der Soll- und Istfläche wird dann die Formabweichung Δs bestimmt. Der Ringdurchmesser sollte so groß wie möglich und die Ringbreite so klein wie möglich gewählt werden, um den Messfehler klein zu halten. Das Ringsphärometer liefert auch beim Prüfen auf Mehrfachtragkörpern sehr schnell Messergebnisse für Durchmesser und Mittendicken der Linsen (siehe Bild 7.106 links). Eine genauere Methode mit Angabe zur Rauheit und Form liefert das Tastschnittmessverfahren (siehe Bild 7.106 rechts). Gemessen und verglichen werden in dieser Darstellung geläppte Linsen mit einem Radius von 93 mm und einem Durchmesser von 25 mm. Die Bearbeitung erfolgt mit einem Mehrfachtragkörper, wobei Linsen aus unterschiedlichen Belegungspositionen des Tragkörpers verglichen werden. Im Ergebnis können maximale Abweichungen der Form von 7 µm für diesen Anwendungsfall ermittelt werden. Dies zeigt die Grenzen des Läppens mit Mehrfachtragkörpern auf. In Abschnitt 7.6 wird das Poliererergebnis dieser Linsen dargestellt.

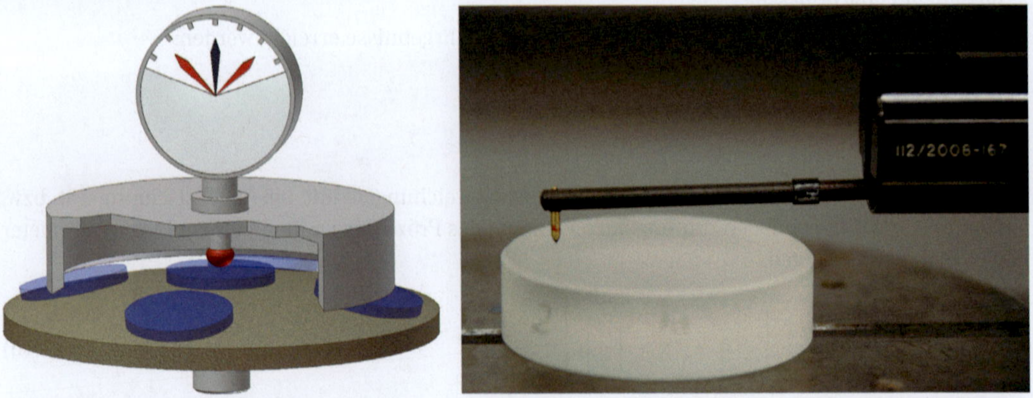

Bild 7.106 Messmöglichkeiten geläppter Oberflächen: links) Messung mit Ringsphärometer, rechts) Messwerterfassung mit dem Tastschnittmessverfahren

7.4.5.3 Feinschleifen mit Läppkinematik

Auf plus.hanser-fachbuch.de finden Sie hierzu ein Video.

Das Feinschleifen mit **Läppkinematik** ist ein kombiniertes Verfahren aus Schleifen mit gebundenem Korn und dem Läppen. Es wird versucht, die Vorteile beider Verfahren zu vereinen, wobei zum einen die diamantgebundenen Schleifwerkzeuge und andererseits die kinematischen Verhältnisse vom Läppen das Verfahrensprinzip charakterisieren. Die zu bearbeitenden Werkstücke werden in Läppkäfige (auch Läuferscheiben) aufgenommen und gleichzeitig von einer oder beiden Seiten planparallel feingeschliffen. Somit könnte das Verfahren prinzipiell auch der Fertigungsgruppe Schleifen zugeordnet werden.

Die Verfahrensanordnung ist in Bild 7.107 dargestellt. Die Werkstücke werden in die vorgesehenen Aufnahmen, die Läppkäfige, eingelegt.

Die Käfige werden durch eine Verzahnung zwischen zwei Schleifscheiben geführt und bewegen sich dabei umlaufend zwischen dem angetriebenen inneren und dem stillstehenden äußeren Stiftkranz. In der Überlagerung der beiden Bewegungskomponenten beschreiben die Werkstücke zykloidische Bahnen. Dadurch wird ein relativ gleichmäßiger Flächenabtrag erreicht.

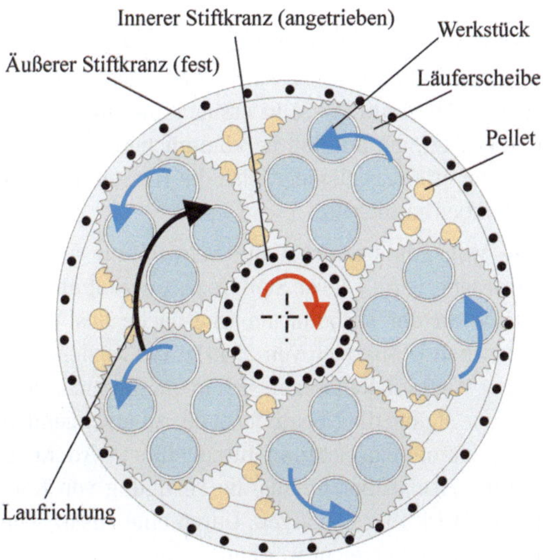

Bild 7.107
Verfahrensprinzip Feinschleifen mit Läppkinematik

Eine Berechnung und Simulation des zykloidischen Bewegungsablaufes wird in Abschnitt 7.6 ausgeführt.

Das untere und obere Schleifwerkzeug besitzt die gleiche Drehrichtung; sie werden mit einer definierten Kraft gegen die Werkstücke gepresst. Typische Anpresskräfte liegen zwischen 500 und 1000 N. Die Abtragsrate ist wiederum von der zu bearbeitenden Glasart sowie dem Werkzeug abhängig. Häufig werden auch kunststoffgebundene Diamantpelletwerkzeuge eingesetzt. Abtragsraten von 80 - 90 $\mu m \cdot min^{-1}$ sind für Gläser mit mittleren Schleifhärten erreichbar.

Wesentliche Vorteile des Verfahrens gegenüber dem Läppen sind vor allen Dingen in den kürzeren Bearbeitungszeiten zu sehen. Im Vergleich zum Schleifen ist kein zusätzliches Haltern der Werkstücke erforderlich. Durch die gleichzeitige Bearbeitung der zwei parallelen Seiten des Bauteiles wird eine einseitige Wirkung der Kerbspannung, die zu einer Deformation führen kann, beseitigt. In Verbindung mit Be- und Entladesystemen ist auch eine gute Automatisierbarkeit für größere Stückzahlen möglich. Das in Bild 7.107 gezeigte Verfahrensprinzip lässt sich ebenfalls sehr vorteilhaft für das Polieren planer Werkstücke einsetzen. Statt der Diamantpellets werden in dieser Anordnung Poliermittelträger auf die Werkzeuge aufgebracht und entsprechende Poliersuspensionen in einer Umlaufschmierung zugeführt. Von großem Vorteil ist wiederum der Wegfall einer Halterung der optischen Bauelemente.
Als Nachteil sind die etwas geringeren Oberflächengüten sowie der Verschleiß der eingesetzten Schleifwerkzeuge zu sehen. Je nach Bauteilabmessung sind die erreichbaren Bearbeitungsergebnisse unterschiedlich. Es können aber durchaus auch Ebenheiten und Parallelitäten kleiner 1 µm sowie Maßtoleranzen von ±1 µm erzielt werden. Das Verfahren hat große Bedeutung für die Herstellung von Wafern und Filtergläsern erlangt. Für weitere Ausführungen wird auf */Wolt2021/* und */FlpM2021/* verwiesen.

Weitere Informationen sind auf plus.hanser-fachbuch.de hinterlegt.

7.4.5.4 Ultraschallschwingläppen

Ultraschallunterstützte Bearbeitungsverfahren bieten hinsichtlich ihres schonenden Materialabtrages ein großes Potenzial für die Bearbeitung von anorganischen Gläsern sowie Kristallen. Das US-Schwingläppen wird neben dem US-Mikrospanen (siehe Abschnitt 7.7.5) in erster Linie für komplizierte geometrische Formen und Mikrogeometrien eingesetzt, die mit den herkömmlichen Verfahren nicht herstellbar sind. Der Einsatz von Mikrowerkzeugen erlaubt beispielsweise die Herstellung von Mikrostrukturen kleiner 0,1 mm bei relativ hohen Aspektverhältnissen.

Das Verfahren ist ein mechanisches Abtragsverfahren, wobei die hochfrequente Schwingungsenergie vom **Werkzeug (Sonotrode)** auf die Läppkörner übertragen wird. Dieser Stoßprozess erzielt ähnlich dem eingangs geschilderten Läppverfahren Mikrorisse an der sprödharten Oberfläche des Werkstückes. Die Frequenz der Schwingungen liegt im typischen US-Bereich von 20 kHz. Die Auslenkung der Sonotrode bzw. die Amplitude der Schwingungen am Werkstück bewegen sich im µm-Bereich. Dem Prozess geht die Herstellung der Sonotroden voraus. Diese stellen die Negativform der zu erzeugenden Geometrie dar, wenn lediglich eine Vorschubbewegung in eine Achsrichtung durchgeführt wird. Kombiniert mit einer CNC-gesteuerten Sonotrodenbewegung ist darüber hinaus die Fertigung von Konturen möglich, die lediglich ein rotationssymmetrisches Werkzeug benötigen. Durch eine zusätzliche Rotation der Sonotrode kann ein höheres Zeitspanungsvolumen erreicht werden.

Bild 7.108 illustriert den schematischen Aufbau einer US-Schwingläppmaschine. Als Läppsuspension können unterschiedliche Kornwerkstoffe und Korngrößen zum Einsatz kommen. Häufig wird Borcarbid (B_4C) in der Kornfraktion F 280 (mittlere Korngröße 37 µm) angewendet, wobei die Auswahl sich nach der Genauigkeit und Abtragsleistung richtet. Die Größe des Arbeitsspaltes Δs (siehe Bild 7.108 rechts) ist theoretisch von der verwendeten Korngröße abhängig. Bei konstant bleibenden Prozessparametern liegt die Wiederholgenauigkeit des Arbeitsspaltes bei 0,01 – 0,03 mm.

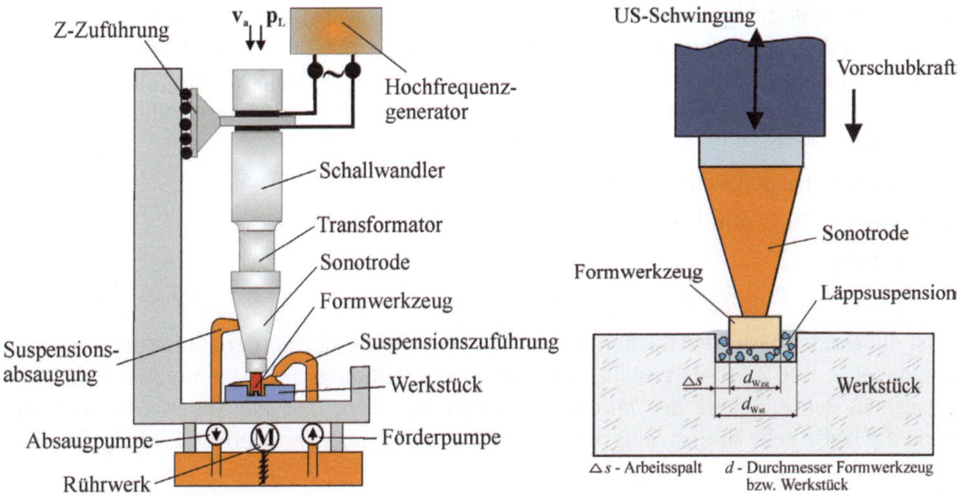

Bild 7.108 Verfahrensprinzip des US-Schwingläppens: links) US-Schwingläppmaschine */Dama2001/*, rechts) Prinzip des US-Schwingläppens

Als nachteilig erweist sich die Bearbeitung mit losem Korn für die Anwendungsbreite des Verfahrens. Eine dreidimensionale Bearbeitung ist somit nur sehr eingeschränkt möglich. Dennoch ist auch für das US-Schwingläppen ein gewisses Einsatzpotenzial in der Optikfertigung möglich. Bild 7.109 veranschaulicht exemplarisch ein Formwerkzeug sowie ein Applikationsbeispiel.

Bild 7.109 Ausgewählte Bearbeitungsergebnisse für das US-Schwingläppen: links) Formwerkzeug aus Werkzeugstahl für Mikrostrukturen, rechts) Tempax Glaswafer (4"-Wafer) */Dama2001/*

In Bild 7.109 links ist ein Formwerkzeug dargestellt, das durch einen Laserschneidprozess hergestellt wurde. Das 3 mm dicke Formwerkzeug wird auf die Sonotrode aufgelötet. Diese Form kann direkt in eine Glasoberfläche übertragen werden und erzeugt die entsprechende Mikrostruktur auf dem optischen Bauteil. Bild 7.109 rechts demonstriert den Vorteil des US-Schwingläppens. Bearbeitet wurde ein 4"-Wafer der Dicke 0,9 mm. Durch die Sonotrode sind 12 Zellen und 2 Bohrungen mit Aussparungen (0,5 mm tief) sowie Nuten geläppt worden. Die Operationszeit betrug 228 min. Damit wird deutlich, dass ein Sonotrodenwerkzeug mit mehreren Konturelementen die Bearbeitungshauptzeit deutlich senken kann.

7.4.5.5 Leistung und Genauigkeit

Die erreichbaren Abtragsleistungen sowie die erzielbaren Genauigkeiten hängen entscheidend von den in Abschnitt 7.5.4 genannten Einflussgrößen ab.

Exemplarisch werden nachfolgend einige wichtige Zusammenhänge diskutiert. Die Arbeitsergebnisse der Tabelle 7.12 stellen den Vergleich des Planläppens von BK7 und Quarzglas mit unterschiedlichen Korngrößen dar. Zusätzlich wird ein Vergleich zwischen den Läppkornmitteln Abralox (Siliziumcarbid) und WCA geführt. Folgende Prozessparameter wurden für die in Bild 7.205 verwendete Hebelläppmaschine gewählt:

- Drehzahl Läppscheibe: 30 U·min^{-1},
- Drehzahl Exzenter: 70 U·min^{-1},
- Zusatzkraft: 40 N,
- Läppzeit: 5 min.

Zunächst ist die **erreichbare Oberflächenrauheit** in Abhängigkeit der Korngröße für die gewählten Prozessparameter in Bild 7.110 dargestellt. Der Anstieg des arithmetischen Mittenrauwertes R_a folgt erwartungsgemäß der Zunahme des mittleren Korndurchmessers. Für die Materialien BK7 und Boro3.3 sind die Werte sehr ähnlich, aufgrund der geringen Differenz der relativen Schleifhärten beider Glaswerkstoffe.

Quarzglas hingegen weist eine deutlich höhere Schleifhärte auf, was sich sowohl in einer geringeren Abtragsrate als auch in kleineren Rauheitswerten im Vergleich der Materialien niederschlägt. Neben dem R_a-Wert sind die maximalen Rauheitskennwerte (R_t und R_z) im Rauheitsprofil von Bedeutung. Hohe Werte weisen auf Kratzer und lokale Störungen hin, die z. B. auf größere Körner oder unsaubere Prozessführung zurückzuführen sind.

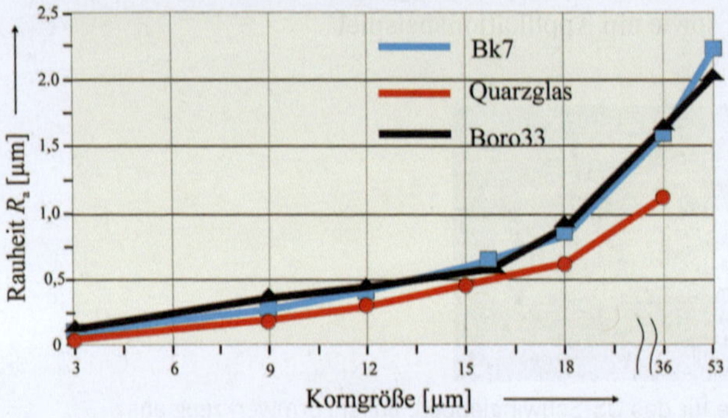

Bild 7.110
Erreichbare Oberflächenrauheiten in Abhängigkeit von der Korngröße

Höhere Abtragsraten mit größeren Kornfraktionen führen aber auch zu einem Ansteigen der rissgeschädigten Zone. In dem Stufenprozess des Formschleifens und Formläppens müssen die erzeugten Risstiefen durch die nachgeschalteten Stufen beseitigt werden. Die Kenntnis der Risstiefenschädigung ist oft nicht gegeben, da diese von den komplexen Prozesseinflussgrößen abhängt und im Prozess messtechnisch kaum bewertet werden kann. Ein Anhaltspunkt aus praktischen Erfahrungen für das Aufmaß lässt sich für einzelne Abtragsstufen zusammenfassen:

- Vorschleifen 0,7 mm,
- Läppen mit F230 0,7 mm,
- Läppen mit F280 bis F400 0,3 mm,
- Läppen mit F500 bis F600 0,1 mm.

Das Bearbeitungsaufmaß ergibt sich aus den Forderungen an die Oberflächengüte und den erforderlichen Abtragsstufen.

Die **Konzentration der Läppmittelsuspension** hat für jede Kornfraktion einen optimalen Wert und beeinflusst direkt das Zeitspanungsvolumen. Die erforderliche Menge des zugegebenen Wassers nimmt bei der Verwendung von Edelkorund mit abnehmender Korngröße zu. In der Praxis haben sich Verhältnisse von 1 : 2 (Wasser: Läppmittel) für F230 und 3 : 5 für F400 bewährt.

Für den nachgeschalteten Polierprozess ist das Erreichen einer bestimmten Rauheit entscheidend, um die Polierzeit so kurz wie möglich zu gestalten. Das heißt, eine Oberfläche sollte möglichst einen hohen Traganteil nach dem Läppen aufweisen, damit beim Polieren lediglich kleine Profilspitzen eingeebnet werden müssen. Aus dem Primärprofil eines Tastschnittes kann der Materialtraganteil berechnet werden und als Bewertungskriterium für die Polierfähigkeit einer Fläche dienen.

In Bild 7.111 ist der Materialtraganteil in Abhängigkeit der Korngröße und der Glaswerkstoffe aufgetragen. Gemessen wurde hierbei, in welcher Oberflächentiefe der Materialanteil 100 % beträgt. Gute polierfähige Oberflächen ergeben sich, wenn 100 % Materialtraganteil bereits nach 3 bis 4 μm Oberflächentiefe erreicht werden.

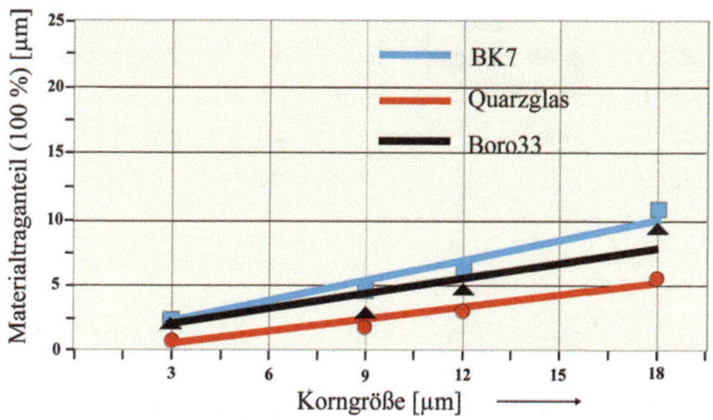

Bild 7.111
Erreichbarer Materialtraganteil in Abhängigkeit der Korngröße

Die verwendeten Läppmittelarten zeigen erwartungsgemäß unterschiedliche Abtragscharakteristika aufgrund der verschiedenen Läppkoeffizienten.

Die Abhängigkeit des erreichbaren Zeitspanungsvolumens von der Korngröße verdeutlicht der funktionale Zusammenhang in Bild 7.112. Mit kleiner werdendem Korndurchmesser verringert sich das Zeitspanungsvolumen wesentlich, was zu höheren Prozesszeiten führt. Aus diesem Grund sollte die Einteilung der Läppstufen entsprechend dem geforderten Bearbeitungsergebnis sorgfältig und individuell angepasst werden, um die erforderlichen Läppzeiten zu optimieren.

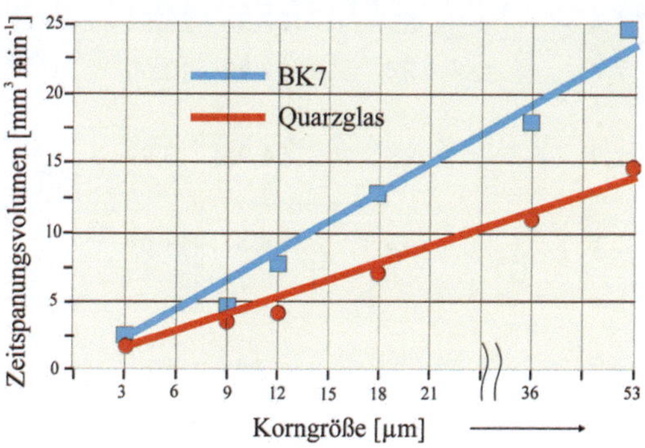

Bild 7.112
Erreichbares Zeitspanungsvolumen in Abhängigkeit der Korngröße

In der Tabelle 7.37 sind ausgewählte Arbeitsergebnisse des Läppens von BK7- und Quarzglasproben zusammengefasst. Diese zeigen in Abhängigkeit des gewählten Läppmittels die erreichbaren Oberflächenrauheiten und die Zeitspanungsvolumen.

Tabelle 7.37 Ausgewählte Arbeitsergebnisse beim Läppen

Material	Bezeichnung/ Korngröße	Oberflächentopografie (Vergrößer. 90-fach)			Rauheitsprofil (Talysurf)			
BK7	F600/ 9,3 µm				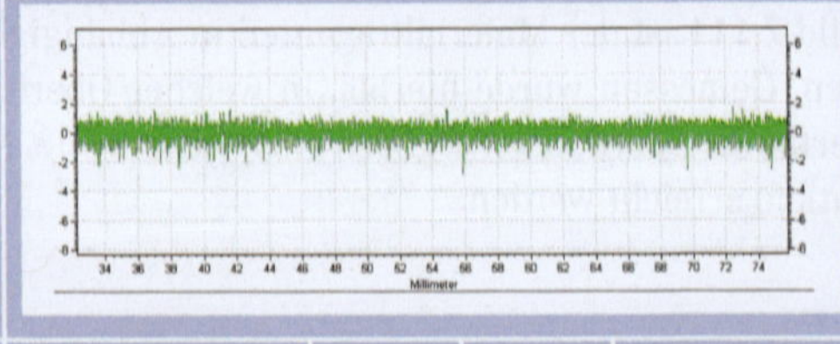			
		R_a (µm)	R_t (µm)	R_z (µm)	Materialtraganteil (100 %) (µm)	Δh (µm)	V (mm³)	Zeitsp. Vol. (mm³ · min⁻¹)
		0,35	4,48	2,79	4,6	16	31,40	6,28
	WCA3/ 3 µm	0,18	2,47	1,51	2,5	7	13,74	2,75
	WCA9/ 9 µm	0,26	3,89	2,06	3,9	12	23,55	4,71
	WCA12/ 12 µm	0,41	5,44	3,20	5,4	13	25,51	5,10
	WCA18/ 18 µm	0,87	10,61	6,08	10,5	32	62,80	12,56
	F230/ 53 µm				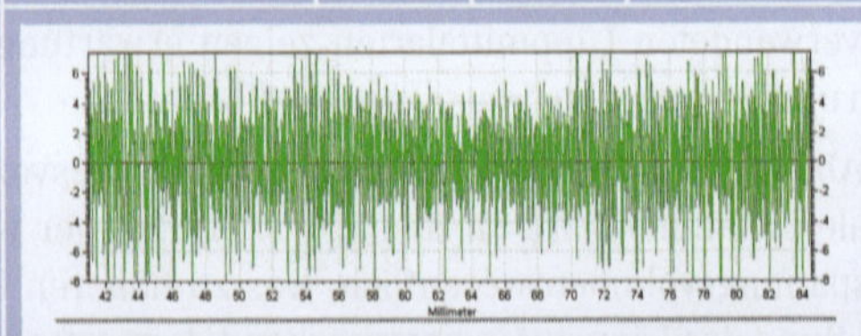			
		R_a (µm)	R_t (µm)	R_z (µm)	Materialtraganteil (100 %) (µm)	Δh (µm)	V (mm³)	Zeitsp. Vol. (mm³ · min⁻¹)
		2,34	22,30	14,3	22,4	65	127,56	25,51
	F500/ 12,8 µm	0,66	7,85	4,89	7,7	27	52,99	10,60
	F400/ 17,3 µm	0,85	10,02	6,04	9,9	28	54,95	10,99
	F280/ 36,5 µm	1,53	15,52	9,96	15,5	45	88,31	17,66

Material	Bezeichnung/ Korngröße	Oberflächentopografie (Vergrößer. 90-fach)			Rauheitsprofil (Talysurf)			
Quarzglas SQ0	F600/ 9,3 µm				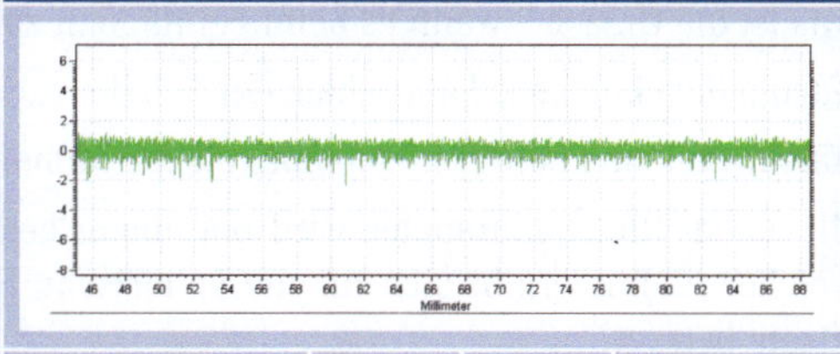			
		R_a (µm)	R_t (µm)	R_z (µm)	Materialtraganteil (100 %) (µm)	Δh (µm)	V (mm³)	Zeitsp. Vol. (mm³ · min⁻¹)
		0,26	3,51	2,07	3,5	9	21,37	4,27
	WCA3/ 3 µm	0,12	1,62	0,98	1,6	5	11,87	2,37
	WCA9/ 9 µm	0,20	1,62	3,45	3,3	7	16,62	3,32
	WCA12/ 12 µm	0,31	3,73	2,30	3,8	9	21,37	4,27
	WCA18/ 18 µm	0,63	9,53	4,62	9,5	15	35,62	7,12
	F280/ 36,5 µm				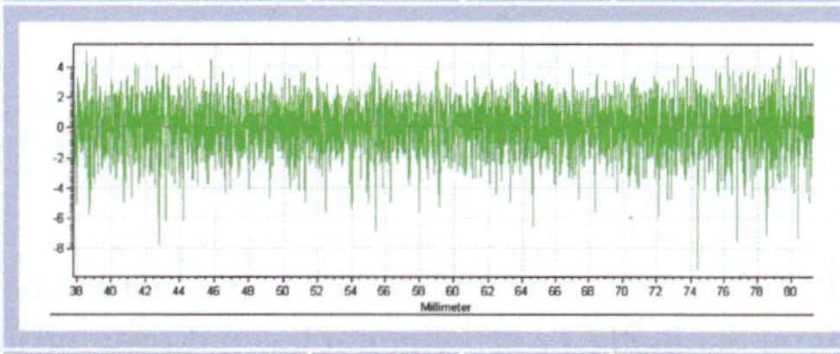			
		R_a (µm)	R_t (µm)	R_z (µm)	Materialtraganteil (100 %) (µm)	Δh (µm)	V (mm³)	Zeitsp. Vol. (mm³ · min⁻¹)
		1,22	13,45	8,40	13,5	24	56,99	11,40
	F500/ 12,8 µm	0,46	5,84	3,42	5,8	12	28,50	5,70
	F400/ 17,3 µm	0,62	6,84	4,43	6,8	12	28,50	5,70

7.4.6 Übungsaufgaben

1. Nach konstruktiven Vorgaben ist bei einer planparallelen Platte die Schutzfase mit 0,4 - 0,6 × 45° angegeben. Wie breit muss die Fase dimensioniert werden, wenn mit F320 oder WCA9 geläppt wird?
2. Warum ist bei geläppten Flächen die Rautiefe am Rand größer als in der Mitte?
3. Warum soll beim Wechsel zur feineren Fraktion das Werkstück immer vom Rand ausgehend mit dem Läppmittel wechselwirken?

4. Warum wird für das Feinläppen von Planflächen die Ebenheit der planen Läppschale immer um den Wert +0,001 bis +0,002 gehalten?
5. Warum gibt es bei sphärischen Werkzeugen für jede Läppmittelfraktion ein Werkzeug?
6. Was ist die Ursache, wenn es beim Feinläppen zur Kratzerbildung kommt?
7. Warum darf bei einer Läppschale der Schalenrand nicht scharf sein?
8. Warum soll eine polierreif geläppte Fläche immer vom Rand anpoliert werden?
9. Mit einem Ringsphärometer wird bei einem geläppten Radius *R* die Höhe *h* mit 4 mm ermittelt. Welcher Radius ergibt sich für die sphärische Fläche, wenn der Durchmesser der Ringschneide 40 mm beträgt?

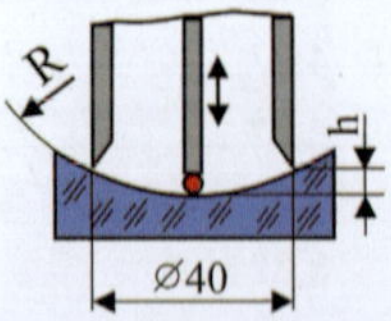

7.5 Polieren

Auf plus.hanser-fachbuch.de finden Sie hierzu ein Video.

Das Polieren gehört ebenfalls zur Gruppe der spanenden Fertigungsverfahren mit geometrisch unbestimmter Schneide. Es arbeitet mit losem Korn und einem Poliermittelträger und zählt zu den wichtigsten **Fein- bzw. Feinstbearbeitungsverfahren** der Optiktechnologie. Das Polieren wird auch oft als die Weiterführung des Läppens mit feinerem Korn betrachtet. Allerdings unterscheidet sich der Polierprozess in der Wechselwirkung teilweise wesentlich von dem des Läppens. Mit dem Polierverfahren werden sehr hohe Oberflächengüten erzielt. Die Form der optischen Fläche wird nur noch in sehr kleinen Bereichen geändert.

Polieren ist das Spanen mit geometrisch unbestimmter Schneide und mit losem Korn. Die Wirkbewegung resultiert aus einem rotierenden Werkzeug und einer oszillierenden Werkstückbewegung. Mechanische und chemische Wechselwirkungsprozesse führen dabei zu einer Glättung der Oberfläche.

Das Polieren ist als letzter Prozessschritt zur Herstellung optischer Wirkflächen in der Kette der Fertigung optischer Bauelemente anzusehen. Für die Fertigung hochwertiger optischer Komponenten ist es das wichtigste Endbearbeitungsverfahren. Hinsichtlich der Reproduzierbarkeit der Oberflächengüte herrscht nur eine relativ geringe Prozesssicherheit vor. Deshalb existieren Bestrebungen, den Polierprozess zu optimieren. Mit den steigenden Anforderungen an die Hochleistungsoptik haben sich in den letzten Jahren die Polierverfahren weiterentwickelt bzw. sich neue Poliermethoden etablieren können. Dies basiert auch auf den gestiegenen Anforderungen, kompliziert geformte asphärische Flächen zu fertigen, bis hin zum Einsatz von Freiformflächen, deren Potenzial es in den nächsten Jahren noch weiter zu erschließen gilt.

Angetrieben durch das MOORsche Gesetz versucht die Halbleiterindustrie, durch eine Strukturverkleinerung die Leistung von Mikrochips kontinuierlich zu steigern. Dabei liegt die Strukturierungswellenlänge in der Lithografie im **Extreme Ultra Violet** Spektralbereich (EUV) bei einer Wellenlänge von 13,5 nm. Daraus resultieren wesentlich höhere Qualitätsansprüche an die optischen Komponenten.

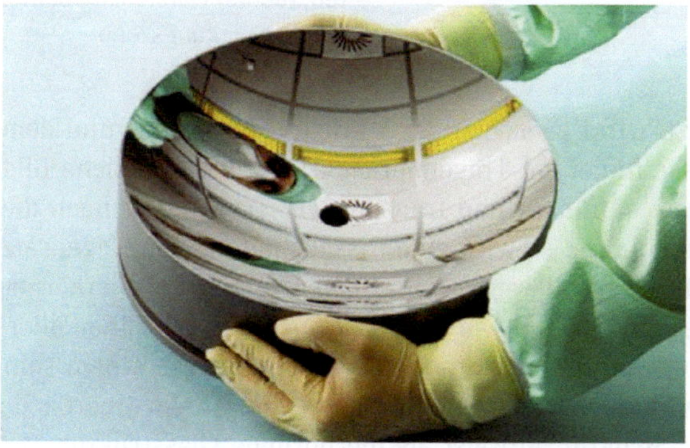

Bild 7.113
Asphärischer EUV-Kollektorspiegel */Jeno2006-1/*

Die EUV-Objektive müssen ausschließlich aus Spiegeloptiken aufgebaut werden. Dabei werden extreme Anforderungen an die Qualität der Oberfläche und den Polierprozess gestellt. Als Abweichung von der Sollform sind lediglich Fehler in der Größenordnung < 1 µm zulässig. Die Abweichung im mittleren Ortswellenlängenbereich, von $1\,\mu m \leq \lambda_{Ort} \leq 0{,}5\,mm$, darf höchstens 1 nm und im kurzen Ortswellenlängenbereich von, $20\,nm \leq \lambda_{Ort} \leq 1\,\mu m$, höchstens 0,3 nm betragen */Zieg2006/*.

Ein wichtiges Ziel des Polierens ist, die durch die vorhergehenden Bearbeitungsschritte in der Oberfläche entstandenen Defekte zu beseitigen (siehe Abschnitt 7.2). Während des Prozesses kommt es zu einer Einebnung der Fläche. Die Polierdauer währt, bis:

- Form- und Passgenauigkeit erreicht sind,
- die Oberflächengeometrie erreicht ist (Beseitigung der Gestaltabweichungen bis hin zur 3. bis 5. Ordnung, siehe Tabelle 7.39),
- die Mikrorisse und Strukturen des Schleifens beseitigt sind und
- eine optisch einwandfreie transparente Oberfläche vorliegt.

7.5.1 Verfahrensgrundlagen

Das Polieren ist die Fortführung des Feinläppens und Feinschleifens mit noch feinerem Korn, das eine hohe Oberflächengüte gewährleistet. Bewegungsabläufe, Werkstück- und Werkzeuganordnungen sowie Zuführung des Poliermittels sind mit dem Läppen zu vergleichen. Beim Polieren ist nicht der Materialabtrag von vorrangiger Bedeutung, sondern die Einebnung der Oberfläche. Die Grundvorgänge beim Polierprozess sind in Bild 7.114 dargestellt.

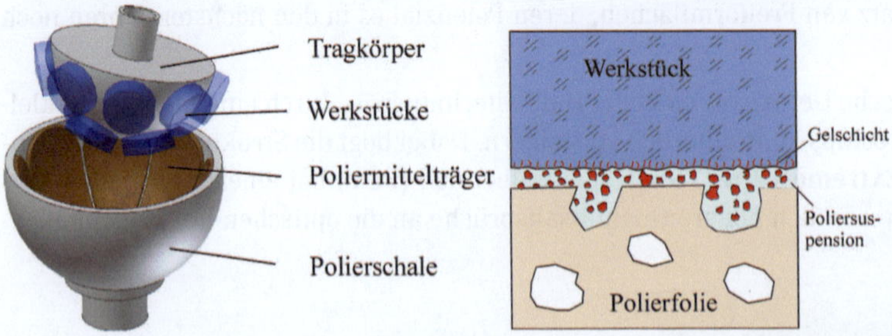

Bild 7.114 Schema des Polierens: links) Anordnung zum Polieren, rechts) Darstellung der Wechselwirkungszone

Das lose Poliermittel, als Suspension eingesetzt, wirkt zwischen der Werkstückoberfläche und dem Polierwerkzeug. Für mechanische Polierprozesse findet ein Trägerwerkstoff Anwendung (siehe Bild 7.114), der das Poliermittel sowie die Polierreste aufnimmt und transportiert. Dadurch dringen die Polierkörner nicht so tief in die Glasoberfläche ein, und es wird eine Rissausbildung (im Gegensatz zum Läppen) sehr stark eingeschränkt. Die durch die Bewegung und den Druck der Polierkörner erzeugte Reibungswärme führt zu einer Temperaturerhöhung an der Glasoberfläche. Einzelne Polierkörner diffundieren in die oberflächennahe Zone ein und lockern die Glasbindungen in einem sehr stark örtlich begrenzten Bereich der Wechselwirkungszone auf. Dadurch entsteht an der Oberfläche eine sogenannte Gelschicht, die eine weichere Struktur aufweist als die normale Glasstruktur. Die Entstehung dieser Schicht ist noch nicht vollständig wissenschaftlich abgesichert, aber es wird von einer chemischen Wechselwirkung ausgegangen. Die entstandene „weichere" Schicht wird von den nachfolgenden Körnern verschoben, wobei die theoretische Vorstellung besteht, dass die Oberflächenspitzen abgetragen und die -vertiefungen eingeebnet werden */Hamb2001/*.

Tabelle 7.38 Schema der verschiedenen Polierhypothesen */Hamb2001/*

Abtraghypothese	Fließhypothese	Chemische Hypothese	Reib-Verschleiß-Hypothese	Kombination der Hypothesen
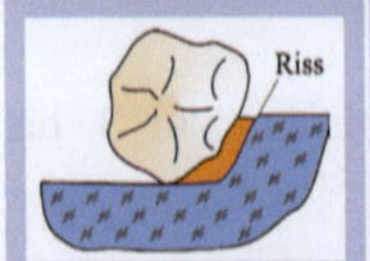				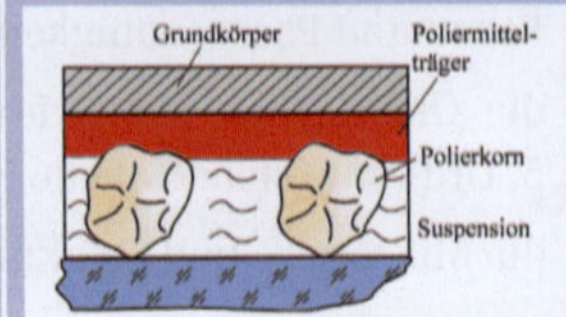

Hinsichtlich der Poliermechanismen bei der Bearbeitung optischer Gläser existieren in der Literatur unterschiedliche Theorien, die im Folgenden kurz vorgestellt werden. In Tabelle 7.38 sind die Vorgänge gemäß den verschiedenen **Modellvorstellungen** dargestellt.

Abtraghypothese

Ausgangspunkt dieser Theorie ist eine mechanische Bearbeitung, die an die Schleifbearbeitung angelehnt ist. Dabei erfolgt der Materialabtrag durch die Induktion feinster Risse. In aktuellen Untersuchungen wird davon ausgegangen, dass die Hypothese maximal für die erste Phase des Polierprozesses zutrifft. Dabei erfolgt der Abtrag der vom Feinschleifen vorhandenen Rauheitsspitzen. Die stark zerklüfteten Werkstoffspitzen stellen eine gute Angriffsfläche für das Polierkorn dar. Der Abtrag erfolgt durch bruchmechanische Vorgänge.

Ein Anzeichen für die Abrasion während der Politur sind Kratzer auf der bearbeiteten Oberfläche. Diese abrasive Wirkung ist jedoch mit einer unerwünschten Schädigung der Wirkfläche verbunden und deshalb möglichst zu vermeiden.

Fließhypothese

Die plastische Stoffverschiebung gilt als Grundmechanismus des Abtrags. Sie entsteht durch die lokal begrenzte Erweichung des Materials aufgrund der wirkenden Reibungswärme. Somit ist dieser Mechanismus des Polierprozesses anders als beim Schleifen. Die Oberflächenschicht des Materials gerät in Bewegung, und die nach dem Schleifen vorhandenen Unregelmäßigkeiten werden „eingeebnet", was zu einer gleichmäßig glatten Oberfläche führt. Das plastische Fließen von Glas ist unter Druck eines härteren Körpers grundsätzlich möglich. Werden die visko-elastischen Eigenschaften der chemisch veränderten Glasrandzonen berücksichtigt, sind diese Effekte auch bei kleinen Temperaturerhöhungen beobachtbar. Ebenso sind aber auch entgegenstehende Theorien vorhanden, die von einer elastischen Verformung ausgehen.

Chemische Hypothese

Diese Hypothese wurde aus der Erkenntnis heraus entwickelt, dass bei der Politur Oberflächenschichten gebildet werden, und basiert auf intensiven Untersuchungen der Wechselwirkungen zwischen Glaswerkstoff und Wasser als Suspensionsmittel. Der Materialabtrag entsteht durch die Bildung einer Gelschicht, die sich durch den Einbau von Wasser in die Glasrandzone bildet. Die Oberflächengüte wird durch eine schnelle Umlagerung chemischer Bindungen in der Gelschicht dominiert. Bei entsprechenden Untersuchungen weisen die entstehenden Polierschichten in der Regel eine ausgelaugte und aufpolierte Zone auf. Dabei ergeben sich in Abhängigkeit von den Glaswerkstoffeigenschaften zwei mögliche Wechselwirkungen:

- die Zersetzung des Glases durch Wasser,
- die Auslaugung bestimmter Elemente aus der Randzone.

Reib-Verschleiß-Hypothese

Eine Verbindungsbildung zwischen Glas und Polierkorn ist die Basis für den Materialabtrag. Durch die mechanische Beanspruchung der Polierkörner werden die Kristallfehler freigelegt, die durch ihre Reaktivität eine Verbindung zwischen Glaswerkstoff und Polierkorn eingehen. Es kommt zu einem Abrieb am Glaswerkstoff, da die Festigkeit in der Verbindung höher ist als in der Glasmatrixbindung. Der Abtrag erfolgt somit durch die chemische Reaktion von Polierkorn und Glasbestandteilen. Durch die Reaktion von Wasser und der Glasoberfläche kommt es zur Bildung von Oberflächenschichten, man spricht hierbei auch von einer Gelschicht, die eine Voraussetzung für die Einebnung der Fläche darstellen. Die Dicke der so entstehenden Gelschicht ist von der Glaszusammensetzung, dem pH-Wert der Poliermittelsuspension, der darin vorhandenen Verunreinigungen (Salze oder wasserlösliche organische Stoffe) sowie der Einwirkdauer abhängig.

Im System aus Grundkörper, auf den der Poliermittelträger aufgebracht ist, und der Poliersuspension zwischen dem Glasmaterial und dem Poliermittelträger, die aus der Polierflüssigkeit und dem Poliermittel besteht, treten verschiedene Wechselwirkungen der Komponenten auf. Der Energieeintrag in den Prozess und der daraus initiierte Abtrag erfolgt, wenn Werkzeug und Werkstück unter Krafteinwirkung relativ zueinander bewegt werden.

Kombination der Hypothesen

Der Prozess der Politur ist mit einer einzelnen Hypothese nicht vollständig erklärbar. Auch existiert besonders für den Einfluss der Glassorte kein quantifizierbares Modell. Entscheidend für den Polierprozess sind Effekte, die an der Glasoberfläche ablaufen. Untersuchungen haben ergeben, dass alle vier Theorien geeignet sind, bestimmte Vorgänge bei der Politur von Glas zu beschreiben. Jede der Hypothesen hat somit ihre Gültigkeit. Gleichzeitig zeigen aber auch die unterschiedlichen Modellvorstellungen, dass der Polierprozess sich aus komplexen Wechselwirkungsvorgängen zusammensetzt und die exakte Beschreibung sowie die Reproduzierbarkeit der Prozessergebnisse sich sehr schwierig gestalten. */Hamb2001/*

Aus diesen verschiedenen Thesen heraus lassen sich auch prinzipiell die Verfahren **Mechanisch-abrasives Polieren (MAP)** und **Chemisch-mechanisches Polieren (CMP)** gut einordnen, je nachdem, welche Wirkung im Prozess dominiert bzw. diesen unterstützt.

Das MAP-Verfahren verwendet elastische oder plastische Polierwerkzeuge, die sich der vorhandenen Oberfläche anpassen. Entsprechend der in Bild 7.114 gezeigten Verfahrensanordnung können dafür verschiedene Poliermittelträger zum Einsatz kommen. Als Poliermittel werden Suspensionen mit Korngrößen von einigen Nanometern bis zu wenigen Mikrometern verwendet. Bei den Verfahren verzahnen sich teilweise die Polierkörner im Werkzeug und werden mit diesem über die zu bearbeitende Oberfläche geschoben. Gleichzeitig kommt es zu einer teilweisen Rollbewegung der Körner über die Oberfläche. Der Unterschied der beiden Verfahren liegt im vorherrschenden Materialverhalten. Beim MAP kommt es durch die elastischen oder plastischen Polierwerkzeuge zu einer Anpassung des Werkzeuges an die Werkstückoberfläche. Die kleineren Polierkörner und die Elastizität des Werkzeuges führen zu lokal geringeren Ritzlasten. Das Materialverhalten bei der Bearbeitung ist im Gegensatz zum Läppen als quasi duktil zu betrachten.

Das CMP-Verfahren bildet oft den letzten abtragenden Bearbeitungsschritt in der Optikfertigung und wird hauptsächlich für die Kristallbearbeitung (z. B. Si und CaF_2) eingesetzt. Ziel des Verfahrens ist es, die Oberflächengeometrie zu verbessern und die Störungen der Randzone zu entfernen. Die Poliersuspension besteht bei dieser Verfahrenstechnologie aus einer chemischen und einer mechanischen Komponente. Üblicherweise verwendet man dafür kolloidal gelöstes SiO_2 in einer alkalischen Lösung auf Kalilaugenbasis (pH-Wert ca. 11). Die chemische Komponente greift die Oberfläche an und verringert somit den Widerstand gegen den mechanischen Angriff des Polierkorns. Das Zusammenwirken beider Komponenten erzielt den gewünschten Einebnungseffekt */Zieg2006/*.

Obwohl für das Polieren die erreichbare Abtragsrate nicht die entscheidende Zielgröße des Prozesses darstellt, ist sie dennoch ein Maß für die Effizienz eines gewählten Polierverfahrens und beeinflusst die erforderliche Polierzeit direkt. In Abschnitt 7.3 und Abschnitt 7.4 wurde bereits darauf hingewiesen, dass eine polierfähige Fläche vorliegen muss, um die erforderlichen Polierzeiten möglichst gering halten zu können.

Eine wichtige Zielsetzung für das Polieren ergibt sich aus der Forderung, dass am Ende des Polierprozesses die Gestaltabweichungen (entsprechend den geforderten Kennzahlen 4/ und 5/) bis in die 5. Ordnung beseitigt sein müssen. Die Einteilung der Gestaltabweichungen, deren mögliche Entstehungsursachen und Beispiele sind in der DIN 4760 festgelegt bzw. ausgeführt. In der Tabelle 7.39 ist diese Einteilung am Beispiel einer sphärischen Oberfläche dargestellt. Eine Herausforderung stellt der Polierprozess in der Praxis dar, denn nach der spezifischen Polierdauer müssen sowohl die Gestaltabweichungen der Form (1. Ordnung) als auch die der Mikrorauheit (die spezifizierte Oberflächengüte muss für den gesamten effektiven Durchmesser $\varnothing_e$ vorliegen) erfüllt sein. Man spricht dann auch von einer **durchpolierten Oberfläche**.

Tabelle 7.39 Einteilung der Gestaltabweichungen nach der DIN 4760 am Beispiel einer sphärischen Fläche

Gestaltabweichung (am Profilschnitt überhöht dargestellt)	Beispiele für die Art der Abweichung	Beispiele für die Entstehungsursache
1. Ordnung: Formabweichungen 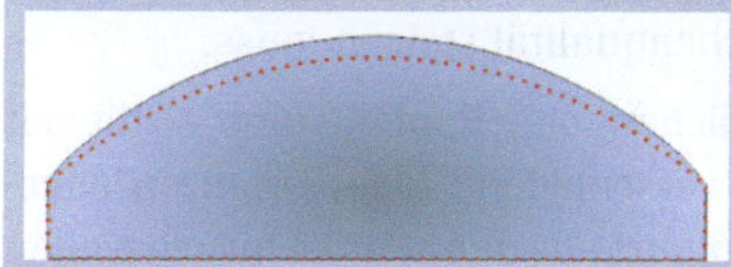	▪ Geradenabweichungen ▪ Ebenheits- und Rundheitsabweichungen ▪ Abweichungen von der sphärischen und asphärischen Form oder Freiform	▪ Bahngenauigkeit der Bearbeitungsmaschinen ▪ Zu starker Rand- oder Mittenabtrag ▪ Kittkeilfehler
2. Ordnung: Welligkeit 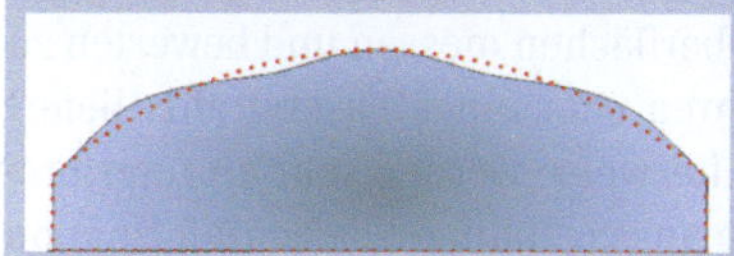	▪ Wellen ▪ Periodische wiederholende Profilmaxima	▪ Spannfehler ▪ Schwingungen der Bearbeitungsmaschine oder des Werkstückes ▪ Überlagerung von Werkzeugbahnen
3. Ordnung: Rauheit 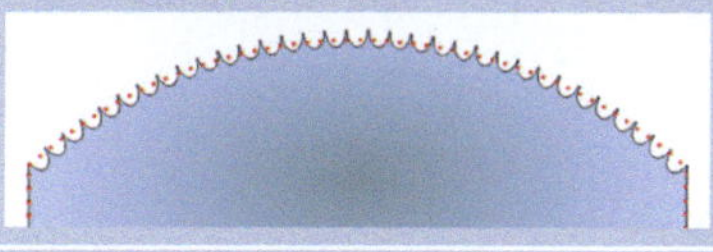	▪ Rillen ▪ Periodische Strukturen	▪ Form der Werkzeugschneide ▪ Arbeitsparameter wie Vorschub und Drehzahl
4. Ordnung: Mikrorauheit 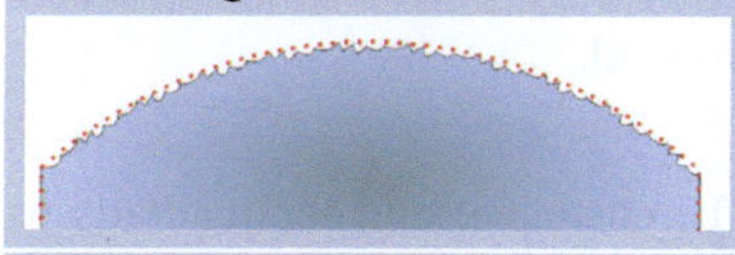	▪ Riefen, Kuppen, Schuppen ▪ Geometrische Änderungen an der Oberfläche < 10 µm	▪ Vorgang der Spanbildung und Eigenschaften des Werkstoffes ▪ Korngrößen und -verteilung
5. Ordnung: Struktur (Gefüge) 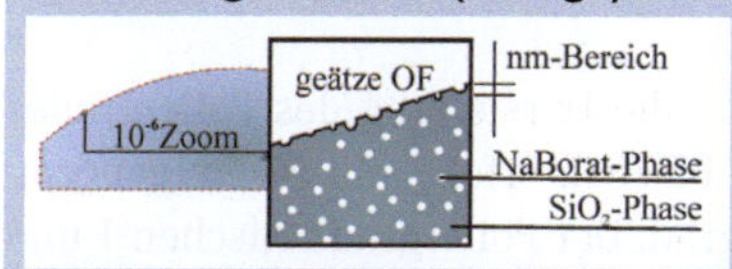 	▪ Lokale Änderungen in der Gefügestruktur bzw. im Netzwerk	▪ Kristallisations- und Auslaugungsvorgänge ▪ Alterungsvorgänge ▪ Chemisches Verfestigen
6. Ordnung: Struktur (Gitter) 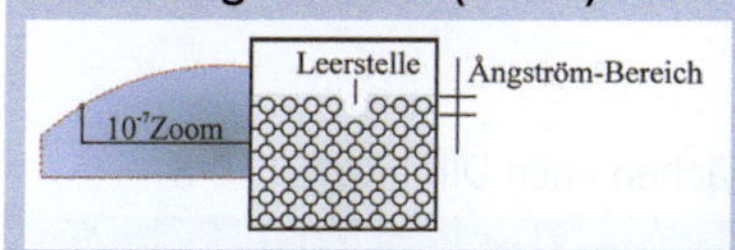 	▪ Gitterfehler oder strukturelle Veränderungen im Werkstoff	▪ Gitterstörstellen durch Kristallisationsprozess ▪ Gitterfehler durch geringste Rohstoffverunreinigung ▪ Gitterveränderungen durch Einbau von Fremdatomen
Die Gestaltabweichungen 1. bis 6. Ordnung treten an einer Oberfläche i. d. R. überlagert auf.		

Im Kapitel 2 wurden bereits die **Oberflächenformabweichungen** (Gestaltabweichung 1. Ordnung der Tabelle 7.39) vorgestellt. Für ihre Darstellung wird eine Funktion gewählt, die den Abstand der Normalen zur Oberfläche zwischen einer nominalen optischen Oberflächenform und einer gemessenen Form darstellt. Sie kann als eine gemessene Wellenfrontdeformation f_{WD} oder $f_{WD,CY}$ nach DIN ISO 14999-4 definiert werden. Meist wird eine **Pfeilhöhenabweichung** ΔZ mithilfe einer Funktion dargestellt, welche die Abstände entlang der Z-Achse zwischen einer nominalen optischen Oberflächenform und einer gemessenen Form beschreibt. An polierten oder teiltransparenten Oberflächen werden dafür oftmals interferometrische Messverfahren eingesetzt.

Nach dem Polierprozess spricht man von einer „optisch glatten Oberfläche“, die prinzipiell vorliegt, wenn deren Höhendifferenz des Oberflächenprofils wesentlich kleiner ist als die Wellenlänge des Lichtes */DINISO10110-8/*. Aus dieser Formulierung lässt sich auch der einfache Ansatz ableiten, dass mit kürzer werdender Wellenlänge die Anforderungen an die Oberflächenqualität steigen muss.

Für die Beschreibung optisch glatter Oberflächen durch Oberflächengüte, Rauheit und Welligkeit (Gestaltabweichung 2. bis 4. Ordnung der Tabelle 7.39) werden verschiedene Messverfahren angewandt, die z. T. auf unterschiedlichen Prinzipien beruhen. Dies resultiert aus den sehr anspruchsvollen messtechnischen Aufgabenstellungen, die einerseits ein sehr hohes Auflösungsvermögen, bis in den sub-nm-Bereich und andererseits z. T. auch größere Messwege erfordern. Oftmals müssen auch zwei oder mehrere Messverfahren zum Einsatz kommen, um optische Oberflächen messen und bewerten zu können. Eine Abtastung der Oberfläche mittels Tastschnittverfahren oder eines Laserstrahls liefert wichtige Aussagen zur Oberflächentopografie und -güte. Vorteilhafterweise werden sehr oft interferometrische Verfahren an polierten Oberflächen eingesetzt, die eine aussagefähige Flächeninformation liefern.

Für die Beschreibung der Oberflächengüte werden nach DIN ISO 10110-8 fünf statistische Möglichkeiten zur Beschreibung optisch glatter Oberflächen angeführt:

1. die Verwendung des quadratischen Mittenrauwertes R_q,
2. die Verwendung des quadratischen Mittenwelligkeitswertes W_q,
3. durch die Angabe der Dichte von Mikrodefekten,
4. durch die Verwendung des Leistungsdichtespektrums (PSD-Funktion),
5. die Spezifikation des quadratischen Mittenanstiegswertes.

Wichtige Größen, die die Auswertung der meisten Messverfahren bereitstellen, sind der quadratische Mittenrauwert R_q bzw. S_q sowie der quadratische Mittenwelligkeitswert W_q für räumlich langwellige Bereiche (Gestaltabweichungen 2. Ordnung gemäß Tabelle 7.39).

Die Angabe von Mikrodefekten wird in Zeichnungsangaben durch die Darstellung des Poliergrades vorgenommen. Die Kennzeichnung der Oberflächengüte polierter Flächen erfolgt mit einem genormten Kennzeichnungssymbol (siehe Tabelle 7.40) und einem Poliergrad. Der Poliergrad zwischen 1 und 4 definiert die Anzahl der zulässigen Mikrodefekte. Die Anzahl der Mikrodefekte wird auf einer Abtastlänge von 10 mm bestimmt.

Tabelle 7.40 Charakterisierung der Oberflächengüte polierter Oberflächen nach DIN ISO 10110-8

Kennzeichnung	Poliergrad	Anzahl von Mikrodefekten pro 10 mm Abtastlänge
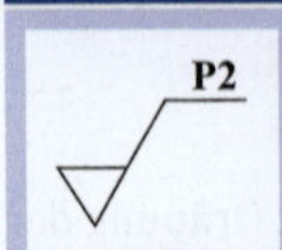	P1	80 < N < 400
	P2	16 < N < 80
	P3	3 < N < 16
	P4	N < 3

In der Praxis wird sehr oft die **PSD-Funktion** berechnet und ausgewertet. Die spektrale Leistungsdichtefunktion (PSD) gibt das Spektrum der Raumfrequenzen der Oberflächenrauheit, gemessen in reziproken Längeneinheiten, an. Ihre Anwendung wird in der DIN ISO 10110-8 beschrieben und eignet sich besonders für die vollständige Beschreibung der Oberflächencharakteristik von feinstpolierten

Oberflächen (siehe auch Kapitel 2). In der Anwendbarkeit gibt es keine Einschränkungen für die Oberflächengestalt sowie die statistische Bewertung der gemessenen Oberfläche. Die PSD-Funktion kann für verschiedene Dimensionen beschrieben werden. Im einfachsten Fall wird entlang einer Linie gemessen, woraus die eindimensionale PSD-Funktion bestimmt wird.

$$\mathrm{PSD} = \frac{A}{f^B} \text{ mit } \frac{1}{1000 \cdot D} < f < \frac{1}{1000 \cdot C} \tag{7.17}$$

f Raumfrequenz der Rauheit, *B* Zahl, mit der *f* potenziert wird, *C* und *D* minimale und maximale räumliche Ausdehnungen der Messung (in Millimetern), *A* Konstante (in μm^{3-B}).

Der Wert B stellt dabei den Wert dar, mit dem die PSD-Funktion bei zunehmender Raumfrequenz abfällt. In der Praxis ergibt sich für viele polierte Oberflächen der Wert zwischen 1 und 3. Bild 7.115 stellt ausgewählte eindimensionale PSD-Funktionen polierter Oberflächenzustände gegenüber.

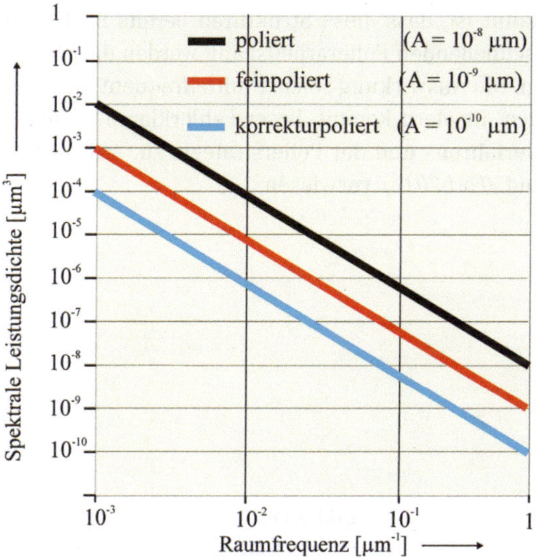

Bild 7.115
Beispiele für PSD-Funktionen unterschiedlicher Polierverfahren; für B = 2 nach DIN ISO 10110-8

In der Optiktechnologie hat sich neben der Einteilung der Gestaltabweichungen nach DIN 4760 auch die Einteilung in die drei Klassen niederfrequente, mittelfrequente und hoch- bzw. höherfrequente Gestaltabweichungen etabliert */Sche2016/*. In der Darstellungsform und Interpretation dieser drei Anteile bietet die PSD-Funktion nach DIN ISO 10110-5 eine gute Möglichkeit die Anteile grafisch darzustellen. Mit dieser Darstellungsform es ist sehr gut möglich, prinzipiell alle Unvollkommenheiten (2. bis 4. Gestaltabweichungen) darstellen und diese voneinander abgrenzen zu können. Die Interpretation und Festlegung der Grenzen erfolgt in der Literatur jedoch z. T. unterschiedlich */Heri2018, / Dupa2002/*. In */Heri2018/* wird die Einteilung wie folgt vorgenommen:

1. Niederfrequente Gestaltabweichungen: $1/D < v < 12D$

   Langwellige Deformationen, wobei sich eine bis zwölf Perioden über den Oberflächendurchmesser erstrecken. Diese Fehler führen insbesondere zu Aberrationen des optischen Bauelementes.

2. Mittelfrequente Gestaltabweichungen: $12D < v < 40D$

   Es erstrecken sich zwölf bis vierzig Perioden über den Oberflächendurchmesser. Diese Fehler führen zu einem Verlust an Auflösung des optischen Bauelementes.

3. Hochfrequente Gestaltabweichungen: $40D < v < 1/\lambda$

   Dieser hochfrequente Fehlerbereich von vierzig Perioden bis $1/\lambda$ beschreibt die Mikrorauigkeit. Diese Fehler führen zu einem Verlust an Kontrast des optischen Bauelementes bzw. des Systems.

In Abhängigkeit von der Geometrie der optischen Bauelemente und der verfügbaren Messverfahren weicht diese Einteilung teilweise ab. Die Bewertung hochfrequenter Gestaltabweichungen wird oft auch unternehmensspezifisch unterschiedlich vorgenommen, beispielsweise in die Unterteilung der Mikrorauheit 2,5x und 40x */Sche2016/*.

Bild 7.116 zeigt das gemessene Frequenzspektrums nach dem Feinstschleifen und der Politur an einer planen Bauteiloberfläche. Die drei Frequenzbereiche lassen sehr gut Rückschlüsse auf Fehlereinflüsse zu, die durch die Verfahren bedingt entstehen und wie diese sich auf die Formabweichung (PV) und die Mikrorauigkeit (R_q) des optischen Bauelementes auswirken (Oberflächenunvollkommenheiten). Eine sehr wichtige Information erhält man aus den Funktionsverläufen zu den mittelfrequenten Fehlern. Diese treten im genannten Raumspektrum von $12D < v < 40D$ durch leicht erhöhte Amplitudenschwankungen sehr deutlich hervor. Interessant und bekannt ist, dass diese Strukturen bereits nach dem Feinstschleifen vorhanden sind. Durch den sich anschließenden Polierarbeitsgang werden diese zwar kleiner, bleiben aber meist noch vollständig erhalten. Die Auswirkung solcher mittelfrequenten Fehler ist ein **Verlust an Auflösung** in optischen Systemen. Insofern kommt dieser Fehlerklasse ebenfalls eine große Bedeutung bei der Auswahl des Polierverfahrens und der Polierstrategie zu. Auf weitere Ausführungen sei an dieser Stelle auf */Filh2013/* und */Forb2015/* verwiesen.

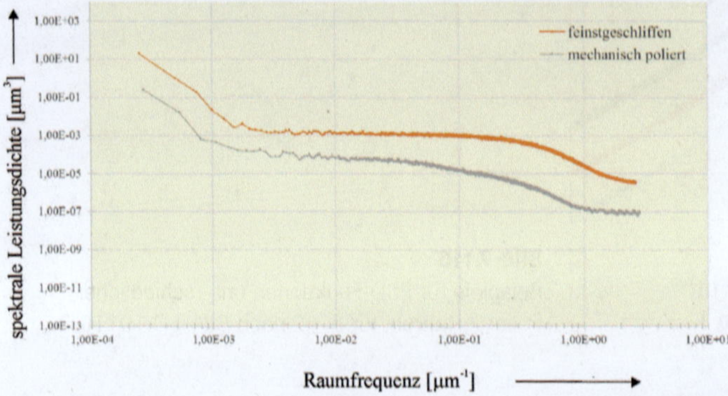

Bild 7.116
PSD-Funktionsverläufe an einer planen Bauteiloberfläche */Hage2021/*

Ein relatives Maß für die erforderliche Abtragstiefe z_P, um eine durchpolierte Fläche zu erreichen, stellt der Materialanteil der geläppten oder feingeschliffenen Oberfläche dar (siehe Bild 7.117). Theoretisch muss unmittelbar an der Oberfläche Null ein Materialanteil von 100 % nach dem Poliervorgang vorliegen. Somit ergibt sich die erforderliche Abtragstiefe aus der gemessenen Materialanteilskurve nach dem vorgelagerten Bearbeitungsprozess (ohne Berücksichtigung von Kratzern und Oberflächendefekten). Nach dem Läppen einer BK7-Oberfläche mit dem Läppmittel WCA 9 wurde z. B. ein Materialanteil von 100 % nach 3,9 µm ermittelt.

Die prozessspezifische Schnittkraft sowie Vorschubkraft ergeben sich durch die kinematischen Verhältnisse und insbesondere durch die Parameter der eingesetzten Maschine. In verschiedenen Arbeiten wurde experimentell nachgewiesen, dass in einem Bereich der Vorschubgeschwindigkeit, zwischen $v_f = 0{,}05$ und $1{,}00\,\mu m \cdot min^{-1}$, das abgetragene Volumen ΔV_W sowie die Vorschubgeschwindigkeit linear von der Schnittgeschwindigkeit v_c und der spezifischen Vorschubkraft F_v abhängen. Dies gilt bis zu einem Grenzwert, der nicht überschritten werden sollte. Bild 7.118 verdeutlicht diese Abhängigkeiten.

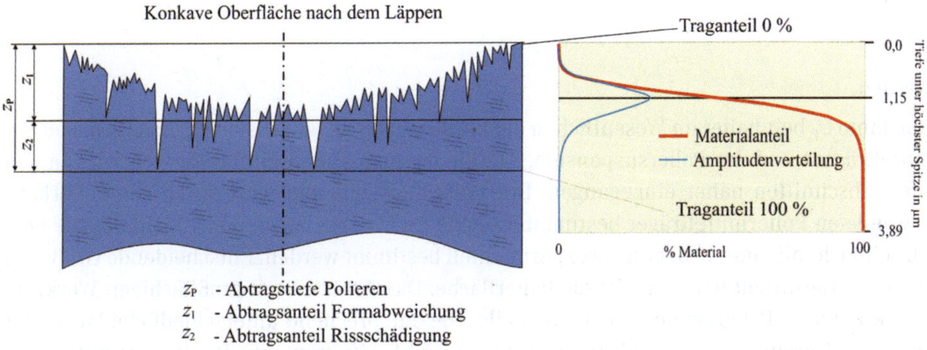

Bild 7.117 Darstellung der erforderlichen Abtragstiefe durch das Polieren: links) Oberflächenzustand nach dem Läppen, rechts) Materialanteilskurve

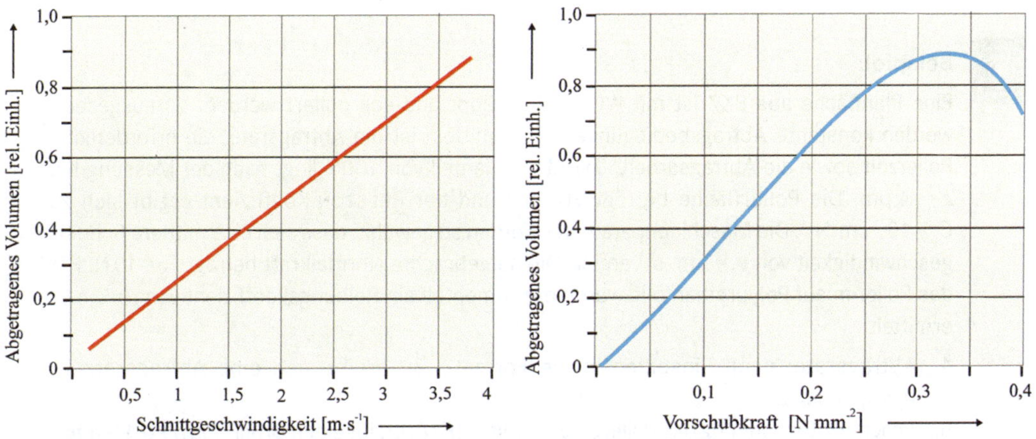

Bild 7.118 Ausgewählte Einflussgrößen auf das abgetragene Volumen beim Polieren nach */Gräf1989/*: links) Einfluss der Schnittgeschwindigkeit, rechts) Einfluss der Vorschubkraft

Für die erforderliche **Abtragsarbeit** W_a wurde von PRESTON die folgende Hypothese aufgestellt:

$$W_a = \mu \cdot A \cdot p \cdot v_c \cdot t_P \tag{7.18}$$

μ Reibungskoeffizient; p Polierdruck, A Polierfläche (Werkzeug), v_c Schnittgeschwindigkeit, t_P Polierzeit

Die erforderliche Abtragstiefe lässt sich mit der Formel 7.19 bestimmen:

$$z_a = C_p \cdot \int_0^{t_p} v_c \cdot p \cdot dt \tag{7.19}$$

C_p Polierkonstante bzw. PRESTON-Koeffizient

Die Abtragsrate A_r kann näherungsweise durch die Formel 7.20

$$A_r = \frac{dz}{dt} = \frac{C_p \cdot F_N}{A} \cdot v_c \tag{7.20}$$

F_N Normalkraftkomponente

bestimmt werden.

Die Polierkonstante C_P beinhaltet im Wesentlichen die Einflüsse des Glaswerkstoffes, die Eigenschaften des Poliermittelträgers und der Poliersuspension. Auf die letztgenannten Einflussgrößen wird in den nachfolgenden Abschnitten näher eingegangen. Der Reibungskoeffizient wird durch das Polierkorn und den verwendeten Poliermittelträger bestimmt. Genaue Richtwerte liegen meist nicht vor, sie können aber sehr einfach mit einer Federwaage experimentell bestimmt werden. Entscheidende Größe auf die erreichbare Abtragsarbeit bzw. -rate ist die Polierfläche. Das Arbeiten mit großflächigen Werkzeugen erlaubt relativ kurze Polierzeiten (je nach Bauteilgröße entsprechend unterschiedliche Werte; für Bauteile mit einem Durchmesser von 20 mm zwischen 3 und 8 Minuten). Für Werkzeuge mit punkt- oder linienförmigem Eingriff (Asphären und Freiformflächen) ist der Werkzeugdurchmesser gegenüber der zu polierenden Fläche sehr klein. Somit werden deutlich längere Polierzeiten (Faktor 10 und größer) für diese Verfahren erforderlich.

Beispiel:

Eine Planfläche aus BK7 ist mit WCA9 vorgeläppt und soll poliert werden. Vorausgesetzt werden konstante Abtragsbedingungen. Zu ermitteln ist die Abtragsrate, die erforderliche Polierzeit sowie die Abtragsarbeit. Der Materialanteil von 100 % liegt nach der Messung bei $z = -4\ \mu m$. Die Polierfläche beträgt $100\ cm^2$ und der PRESTON-Koeffizient ergibt sich zu $C_p = 10^{-7}\ cm^2 N^{-1}$. Die Maschinenparameter werden so gewählt, dass sich eine mittlere Schnittgeschwindigkeit von $v_c = 1\ m \cdot s^{-1}$ ergibt. Die aufgebrachte Normalkraft beträgt $F_N = 10\ N$. Für das Polieren auf Polyurethanfolie wurde experimentell ein Reibungskoeffizient von $\mu = 0{,}622$ ermittelt.

4. Abtragsrate: nach Einsetzen in die Formel 7.20 ergibt sich eine Abtragsrate zu $A_r = 0{,}01\ \mu m \cdot s^{-1}$
5. Polierzeit: Berechnung des Polierdruckes mit $p = F/A$; ergibt einen Druck von $p = 0{,}1\ N \cdot cm^{-2}$
6. Umstellen der Formel 7.19 nach t_p (v_c und p = const.); führt zu $t_p = 400\ s$
7. Abtragsarbeit: nach Einsetzen in Formel 7.18 ergibt sich die Abtragsarbeit zu $W_a = 24880\ N \cdot m$

Aus den theoretischen Betrachtungen wird deutlich, dass sich bei Erhöhung des Polierdruckes sowie der Schnittgeschwindigkeit höhere Abtragsraten und somit kürzere Polierzeiten erzielen lassen. In der Praxis lässt sich dies aber nur in einem bestimmten Parameterbereich (auch abhängig vom Polierverfahren, Kornwerkstoff, Glasmaterial etc.) sinnvoll anwenden. Der Grund dafür liegt in den komplexen Wechselwirkungsvorgängen des Poliervorganges. Die Wahl einer zu großen Abtragsrate kann insbesondere zu Formabweichungen der Oberfläche führen. Daher darf eine auf den Prozess abgestimmte maximale Abtragsrate nicht überschritten werden.

Um Polierverfahren vergleichen zu können, wird häufig auch das **Zeitspanungsvolumen** angegeben. Es berechnet sich in Analogie zur Formel 7.20 aus dem abgetragenen Volumen im Verhältnis zur erforderlichen Polierzeit. Für großflächige Polierverfahren (siehe Tabelle 7.41) kann für einen Bauelementedurchmesser von 50 mm ein mittleres Zeitspanungsvolumen zwischen 0,1 und $2\ mm^3 \cdot min^{-1}$ näherungsweise angenommen werden.

Während PRESTON mit seiner Gleichung von einem linearen Ansatz ausgeht, d. h., Polierdruck, Reibungskoeffizient, Polierfläche und PRESTON-Koeffizient werden konstant angenommen, gehen aktuellere Modelle von einem nichtlinearen Ansatz aus. WRSCHKA beschreibt das chemisch-mechanische Polieren (CMP) von kompakten und strukturierten Aluminiumfilmen unter Verwendung eines Polyurethan-Pads und einer Aufschlämmung auf Basis von Aluminiumoxid-Partikeln als Schleifmittel und Wasserstoffperoxid als Oxidationsmittel */Wrsc1999/*.

In den durchgeführten Experimenten wurde bei Drücken von 19 bis 47 kPa und bei linearen Geschwindigkeiten von 26 bis 48 m/min gearbeitet, was zu Al-Abtragsraten von 80 bis 250 nm/min führte. Die PRESTON-Gleichung kann die Abhängigkeit der Abtragsrate von Druck und Geschwindigkeit nicht exakt beschreiben, stattdessen wird von WRSCHKA et al. folgende Potenzfunktion vorgeschlagen.

$$\frac{\mathrm{d}z}{\mathrm{d}t} = -C_\mathrm{p} \cdot p^{\alpha} \cdot v_\mathrm{c}^{\beta} \tag{7.21}$$

Mit diesem nichtlinearen Ansatz gelang es, die Änderung des Polierdruckes und der Schnittgeschwindigkeit während des Polierprozesses zu berücksichtigen.

Sehr viele Polierprozesse können reproduzierbar durchgeführt werden, wenn ein sogenannter **Konstantabtrag** realisiert werden kann. Bei diesem Modell wird davon ausgegangen, dass gleiche bzw. sehr ähnliche Abtragsbedingungen an jedem Ort der zu polierenden Fläche vorherrschen. Dieser Zustand wird beispielsweise sehr gut beim Synchro-Speed-Verfahren (Abschnitt 7.5.5.1) erzielt.

Andere Polierverfahren, z. B. die Verfahren des Korrekturpolierens, erfordern jedoch unterschiedliche Abtragsbedingungen auf der zu polierenden Fläche. Ausgehend von den gemessenen lokalen Oberflächenunvollkommenheiten wird gezielt ein variabler Polierprozess berechnet, um die noch verbliebenen Zonen, die einen Abtrag erfordern, beseitigen zu können. Die Voraussetzung dafür ist die Bestimmung bzw. die Berechnung der lokalen Abtragsfunktion, um das zeitliche Abtragsverhalten während des Polierprozesses gezielt beeinflussen zu können. Man spricht in diesem Fall von einem **verweilzeitgesteuerten Polierprozess**. Angepasst wird die Vorschubbewegung des Polierwerkzeuges an das lokal abzutragende Materialvolumen. An Zonen, die einen erhöhten Abtrag erfordern, wird die Vorschubgeschwindigkeit reduziert, an Stellen ohne Abtrag wird diese erhöht.

STROH und SCHWALB stellen eine Poliermethode „ADAPT“ (Asphärisch-Deterministisch Adaptive-Polier-Technologie) vor, die für den deterministischen Polierprozess auch die Änderung der Druckverteilung vorsieht. Bei diesem ebenfalls nichtlinearen Poliermodell ergibt sich die folgende Abhängigkeit der Abtragsarbeit nach

$$\frac{\mathrm{d}z}{\mathrm{d}t} = f(C_\mathrm{p}, p, v_\mathrm{c}, WE) \tag{7.22}$$

WE Werkzeugeigenschaften

Interessant ist bei diesem Modell und dieser Vorgehensweise auch die Berücksichtigung der Werkzeugeigenschaften, die eine gezielte Veränderung der Druckverteilung über den Polierprozess ermöglichen (siehe auch Abschnitt 7.5.5.1).

7.5.2 Maschinen und Werkzeuge

Maschinen und Werkzeuge für den Polierprozess können je nach Aufgabenstellung sehr verschieden sein. Die erforderlichen Oberflächenqualitäten können erzielt werden:

1. durch ein sehr präzise präpariertes Werkzeug (z. B. Schalenpolitur),
2. durch eine CNC-gesteuerte Werkzeugmaschine (z. B. Asphärenpolitur),
3. durch gesteuertes Werkzeug und Maschine in Kombination mit der Messwertverarbeitung (Korrekturpolieren).

Je nach Anwendungsfall bestehen die hohen Qualitätsanforderungen aufseiten der Maschine oder aufseiten der Werkzeuge, für bestimmte Verfahren auch an beide Komponenten.

Die Form und die Größe der Werkzeuge sind ebenfalls, wie in den vorangegangenen Verfahren, von der Beschaffenheit, Form und Anordnung der Werkstückoberfläche abhängig. Die Polierschalen bestehen aus einem Grundkörper (meist Aluminiumlegierung oder Stahl), kombiniert mit einem Poliermittelträger (Folie, Pech, Tuch oder Filz; siehe auch Abschnitt 7.6.3). Die Auswahl eines geeigneten Trägerwerkstoffes richtet sich nach den Werkstücken (Material, Größe, Form), deren Zielgrößen (Passe, Sauberkeit) sowie der Suspension (Korn, Druckverhältnisse). Für die Herstellung sphärischer Flächen weicht der Radius des Grundkörpers vom Radius der Werkstückfläche ab. Die Differenz entspricht der Dicke des Poliermittelträgers. Die sehr präzise und relativ preiswerte Fertigung von sphärischen Flächen mit Schalenwerkzeugen hat den entscheidenden Nachteil, dass eine Vielzahl von Radienschalen für die Fertigung vorgehalten bzw. angefertigt werden müssen.

Tabelle 7.41 Ausgewählte Werkzeugformen */Jena2007-3/*

Schalenwerkzeug	Subaperturwerkzeug

▪ Große Abtragsrate ▪ Genaues Abrichten erforderlich ▪ Bestimmung der Werkzeugbelegung ▪ Formgenauigkeit wird entscheidend durch die Werkzeugform beeinflusst	▪ Sehr geringe Abtragsraten ▪ Abrichten nicht erforderlich ▪ Genauigkeit wird durch Maschinenbewegung und berechnete Verfahrwege bestimmt

Moderne Polierverfahren nutzen zum Teil ganz andere Werkzeuge als die bisher beschriebenen. So werden z. B. Subaperturwerkzeuge (kleiner Durchmesser gegenüber der zu polierenden Fläche, siehe Tabelle 7.41), magneto-rheologische Fluidwerkzeuge oder auch Strahlungsquellen (Ionenstrahlbearbeitung) verwendet.

In Analogie zu den Schleifverfahren erfolgt der Polierprozess ebenfalls mehrstufig. Bei der Bearbeitung mit Schalenwerkzeugen nach Tabelle 7.41 werden in der Regel zwei prinzipielle Stufen, das Vor- und das Feinpolieren, angewandt (siehe Tabelle 7.42). Bei hohen Anforderungen an das optische BE kann der Feinpolierschritt auch mit mehreren Iterationen erforderlich werden, um sich den Sollparametern anzunähern. Das Vorpolieren sollte möglichst schnell und effektiv die Tiefenschädigungen sowie die vom Schleifen zurückgebliebene Struktur beseitigen. Nach dem Vorpolieren kann ein optisches Bauelement bereits interferometrisch geprüft werden. Diese Prüfung dient der Ermittlung notweniger Korrekturmaßnahmen und -größen für den sich anschließenden Feinpolierschritt.

Das Arbeiten mit Subaparturwerkzeugen (der Werkzeugdurchmesser ist klein gegenüber der zu polierenden Fläche, Tabelle 7.42) erfolgt ebenfalls mehrstufig. Das Vor- und Feinpolieren findet meist mit unterschiedlichen Werkzeugdurchmessern statt, ebenso werden Vorschubgeschwindigkeit und der Polierdruck meist verschieden gewählt. Im Unterschied zu den Schalenwerkzeugen nimmt der Anteil der mittelfrequenten Fehler durch das „Abrastern“ bzw. das „spiralförmige Abfahren der Oberfläche“ mit Supaparturwerkzeugen zu. Für Bearbeitungsaufgaben, bei denen diese Gestaltabweichungen nicht zulässig sind, schließt sich ein zusätzlicher Glättpolierarbeitsschritt an. Dieser sollte jedoch so kurz wie möglich gewählt werden, um keine zusätzlichen Formfehler zu generieren.

Tabelle 7.42 Mögliche Polierstufen für das Arbeiten mit Schalenwerkzeugen

Vorpolieren	Feinpolieren
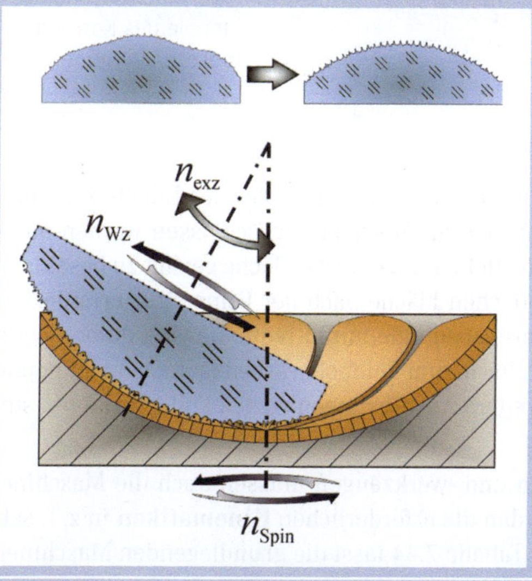	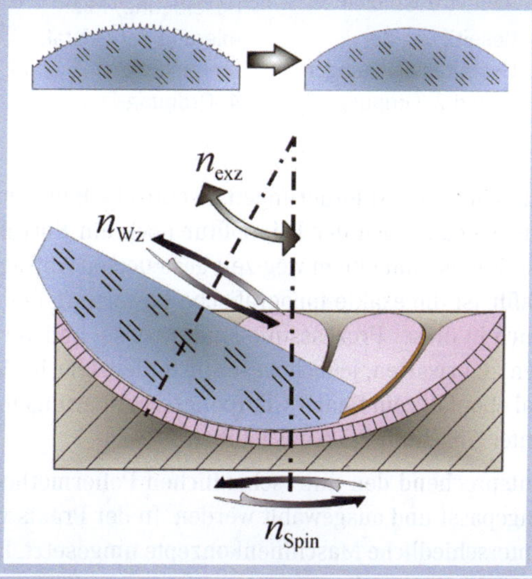
▪ Vollständiger Abtrag der geschädigten Zonen (SSD etc.) ▪ Beseitigung der Gestaltabweichungen 1. und 2. Ordnung ▪ Nach dem Vorpolieren sollte die Oberfläche interferometrisch prüfbar sein	▪ Erzielen einer hohen Transparenz und des geforderten Poliergrades ▪ Beseitigung/Minimierung der Gestaltabweichungen 3. und 4. Ordnung ▪ Nach dem Feinpolieren müssen die Zielparameter der Kennwerte 4/ und 5/ erreicht sein (für hohe Genauigkeitsanforderungen können sich auch ein oder mehrere Feinst- oder Korrekturpolierschritte anschließen)

Tabelle 7.43 Mögliche Polierstufen für das Arbeiten mit Subaparturwerkzeugen (optional mit den Prozessstufen Korrekturpolieren und Glättpolieren)

Vorpolieren	Feinpolieren	Korrekturpolieren (optional)	Glättpolieren (optional)
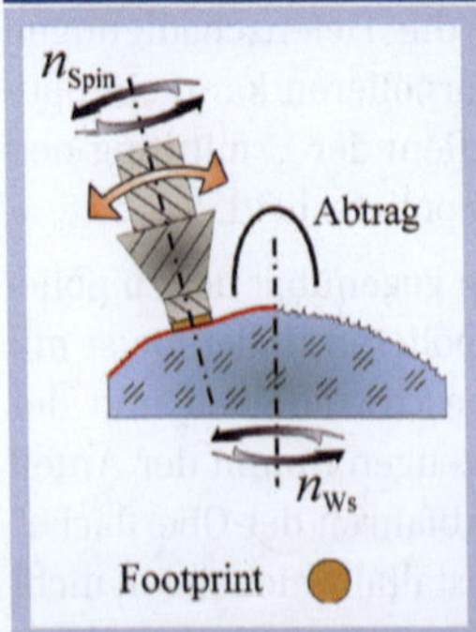	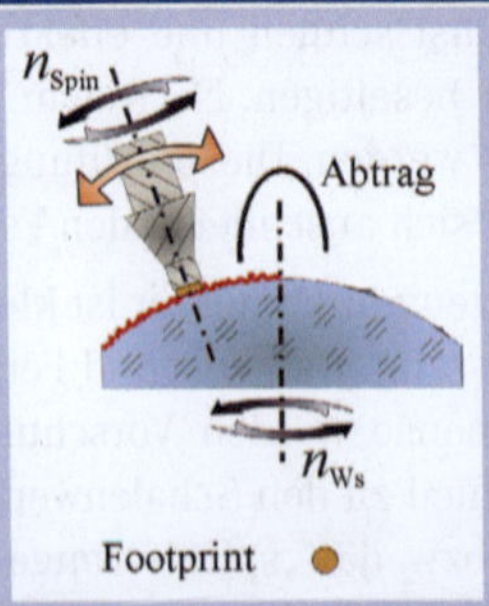	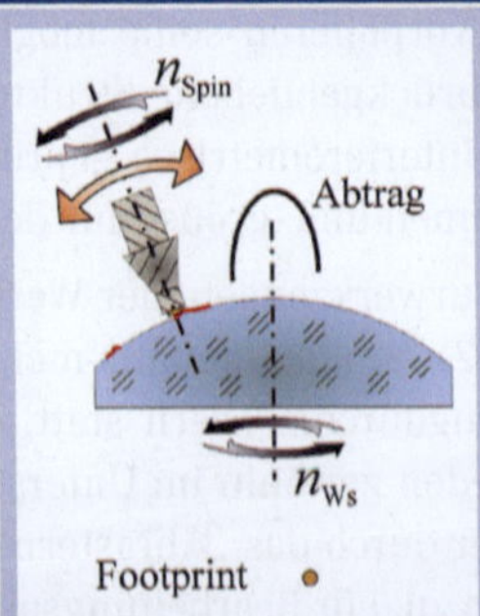	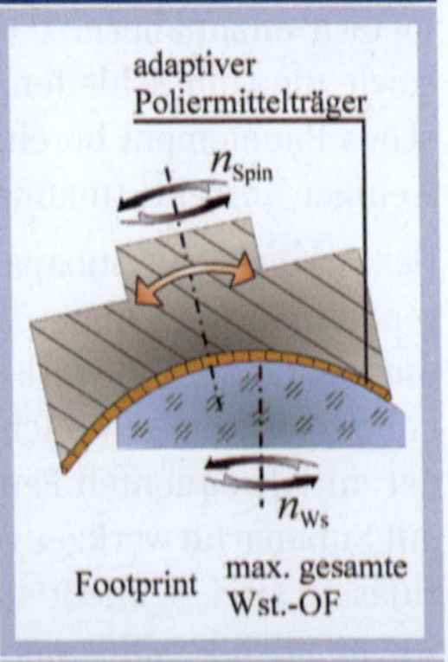
▪ Vollständiger Abtrag der geschädigten Zonen (SSD etc.) durch überlagerte Bahnbewegungen ▪ Beseitigung der Gestaltabweichungen 1. und 2. Ordnung	▪ Erzielen einer hohen Transparenz und des geforderten Poliergrades ▪ Beseitigung/Minimierung der Gestaltabweichungen 3. und 4. Ordnung	▪ Gezielte Beseitigung von Restfehlern auf der Oberfläche durch verweilzeitgesteuerten Prozess	▪ Minimierung der mittelfrequenten Gestaltabweichungen bzw. der mittelfrequenten Restfehleranteile des Korrekturpolierens

Für sehr hohe Anforderungen an optische Bauelemente reicht oft die Polierfolge der Tabelle 7.43 nicht aus, so dass nach der Feinpolitur noch ein Korrekturpolierarbeitsgang angeschlossen werden muss. Das Ziel ist, mit einem weg-zeit-gesteuerten Abtrag, Restfehler auf der Oberfläche gezielt zu beseitigen. Dafür ist die exakte topografische Bewertung der optischen Fläche nach der Feinpolitur erforderlich. Auch in dieser Prozessstufe sind prozess- und verfahrensbedingte mittelfrequente Gestaltabweichungen zu erwarten, jedoch wesentlich niedriger im Vergleich zum Feinpolierarbeitsgang. So kann optional ebenfalls ein finaler Glättpolierschritt erfolgen. Weitere Ausführungen zu den Polierverfahren sind unter Abschnitt 7.5.5 ausgeführt.

Entsprechend den unterschiedlichen Poliermethoden und -werkzeugen müssen auch die Maschinen angepasst und ausgewählt werden. In der Praxis werden die erforderlichen **Kinematiken** in z. T. sehr unterschiedliche Maschinenkonzepte umgesetzt. Die Tabelle 7.44 fasst die grundlegenden Maschinenkonzepte zusammen.

Tabelle 7.44 Typische Maschinenanordnungen

	Hebelmaschine mit exzentrischer Führung	CNC-Poliermaschine	CCP-Maschine (IBF)
Prinzip-anordnung	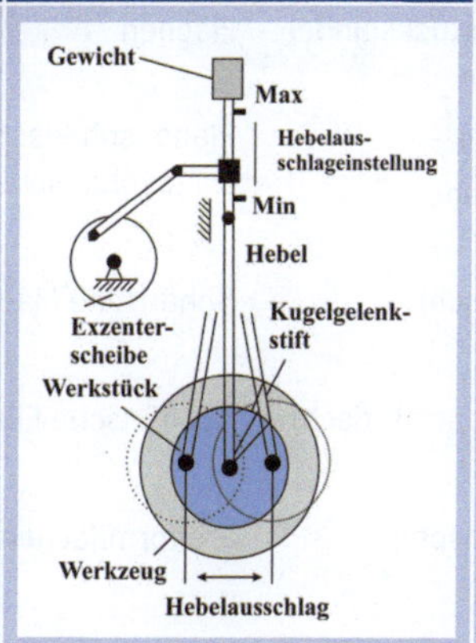	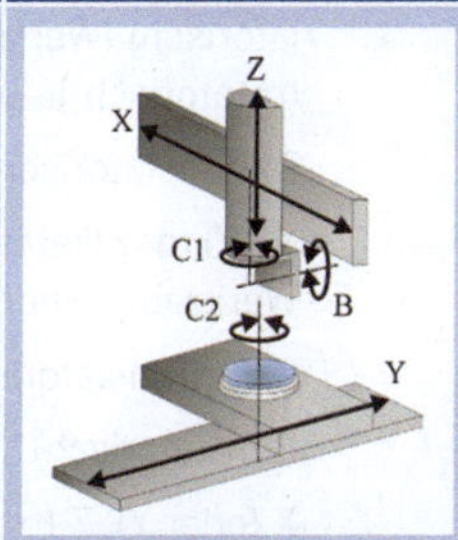	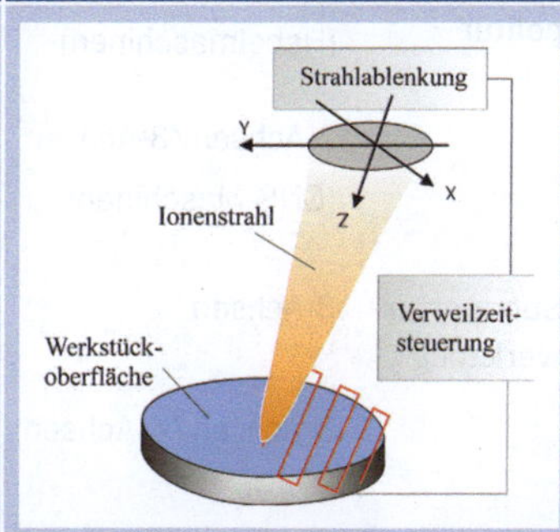
Kenn-zeichen	▪ Ein- und Mehrspindel-systeme ▪ Gleichbleibende Bewegungsabläufe ▪ Einfacher Maschinen-aufbau	▪ 2 - 5 Achsen ▪ Simultane Achs-bewegung ▪ NC-gesteuerte Bahnbewegung ▪ Integrierte Werk-zeugkorrektur möglich	▪ 4 - 5 Achsen ▪ Verweilzeitsteuerung ▪ Bahnplanung aus Oberflächen-messung ▪ Geringe Polierkraft; 2,5 N
Anwendung	Planoptik, Rundoptik (sphärische Flächen)	Planoptik, sphärische und asphärische Bau-teile	Korrekturpolieren sphärischer und asphärischer Flächen, HL-Optik

Maschinen können mit Einzel- oder Mehrspindelantrieb ausgestattet sein. Die erforderliche Wirkbewegung kann z. B. durch eine einfache exzentrische Bewegung bis hin zu Mehrachsen-Simultanbearbeitung reichen. In der Tabelle 7.45 wird versucht, die verschiedenen Achsanordnungen zu systematisieren.

Tabelle 7.45 Ausgewählte Achsanordnungen zum Erzeugen unterschiedlicher Geometrien

	Anzahl der Achsen	Art der Achsen	Formen
Flächen-politur	1-Achse (Hebelmaschinen)	Exzenterbewegung (translatorisch) (Werkstückspindel (rotatorisch))	Plane und sphärische Flächen
	2-Achsen/3-Achsen (CNC-Maschinen)	Z (translatorisch) X, (Y) (oszillierende Werkzeugspindel)	Plane, sphärische und z. T. asphärische Flächen
Subapertur-werkzeug	3-Achsen	X, Z (translatorisch) B (rotatorisch)	Sphärische Flächen
	3-Achsen/4-Achsen	X (oder Y), Z (translatorisch) B (rotatorisch)	Asphärische Flächen
	5-Achsen	X,Y,Z (translatorisch) B,C (rotatorisch)	Freiformflächen

7.5.3 Betriebs- und Hilfsstoffe für das Polieren

Aufgrund der z. T. sehr unterschiedlichen Anforderungen an den Polierprozess kommen angepasste und unterschiedliche Poliermittel in der Praxis zum Einsatz, die insbesondere nach den zu bearbeitenden Materialien, den zu erreichenden Genauigkeiten und Oberflächengüten sowie der Polierzeit ausgewählt werden. Durch das Polieren und den Einsatz spezieller Poliermittel stehen folgende Ziele im Mittelpunkt:

1. Erreichen der geforderten Endform des Werkstückes (Passe, Winkel, Maßhaltigkeit etc).
2. Erlangung der geforderten Oberflächeneigenschaften (Oberflächensauberkeit, Rautiefe, Korrosionsbeständigkeit etc.).

Der Polierprozess muss u. a. durch den Einsatz spezieller Poliermittel so optimiert werden, dass sowohl das Erreichen der Formgenauigkeit des Werkstückes als auch der optimalen Oberflächengüte möglichst effektiv und zeitgerecht erreicht wird.

Entsprechend den spezifischen Anforderungen werden heute spezielle Poliermittel eingesetzt, die teilweise von Anwenderfirmen durch Zusätze auch noch weiter modifiziert werden. Als **Poliermittel** kommen im Wesentlichen zum Einsatz:

- Ceroxide,
- Aluminiumoxide,
- Diamantsuspensionen,
- Zirkonoxide,
- Eisenoxide (Polierrot).

Ein vielfach eingesetztes Poliermittel in der Präzisionsoptik ist das Ceroxid. Ceroxid weist im Allgemeinen einen höheren Polierabtrag auf als Eisenoxid. Dagegen werden mit Eisenoxiden tendenziell bessere Oberflächenqualitäten erreicht. Die genannten Poliermittel kommen meist als Oxidgemische und weniger als reine Substanzen zum Einsatz. Der Ceroxidgehalt bei Ceroxidpoliermitteln kann zwischen 40 % und 99 % betragen. Weggefallen sind hingegen aufgrund von Umweltschutzbedingungen die in der Vergangenheit eingesetzten Chromoxide (auch als Poliergrün bezeichnet). Es kommen vorrangig

Mittel zum Einsatz, die einen relativ hohen Ceroxidgehalt aufweisen (75 % bis 99 % CeO_2). Aluminiumoxide und Diamantsuspensionen setzt man hingegen oftmals zur Bearbeitung von Kunststoffen (CR 39, Polykarbonat) und Kristallen (Saphir, Kalziumfluorid, Zinkselenid, Magnesiumoxid) ein.

Die Auswahl des geeigneten Poliermittels spielt somit auch eine entscheidende Rolle für das Erreichen des Bearbeitungsergebnisses. Folgende Kriterien sind besonders zu beachten */Göbn2007/*:

1. Welches Glasmaterial wird mit dem Poliermittel bearbeitet?
2. In welcher Stufe des Polierprozesses kommt das Poliermittel zum Einsatz?
3. Welche Qualitätsanforderungen werden an den Endzustand gestellt?
4. Welches Polierverfahren kommt im Polierprozess zum Einsatz?

Ein anwendbares Poliermittel sollte einerseits eine hohe Abtragsleistung bei verschiedenen Glastypen garantieren und andererseits die Realisierung hoher Sauberkeiten auf der Glasoberfläche ermöglichen. Für den nachfolgenden Reinigungsprozess ist es wichtig, dass sich Poliermittelrückstände leicht entfernen lassen und keinen Belag bilden. Für den Prozess selber müssen Poliermittel ein gutes Schwebeverhalten aufweisen, um eine gleichmäßige Konzentration der Poliermittelsuspension zu gewährleisten. In der Anwendung geeigneter Poliermittel wird dies auch durch die Korngröße und Kornstruktur erreicht. Die verwendeten Korngrößen liegen typischerweise im Bereich zwischen 1 – 10 µm. Für hohe Oberflächenanforderungen wird auch mit nanoskaligen Polierkornwerkstoffen gearbeitet. Entscheidend sind darüber hinaus auch die chemische Aktivität des Poliermittels und ggf. der Zusatz von Suspensionshilfsmitteln. Allerdings ist der Polierprozess ein sehr komplexer Prozess, und das Poliermittel muss somit auch im Einsatz in der Wechselwirkung zu den anderen komplexwirkenden Prozessgrößen betrachtet werden. Dabei spielen insbesondere das Zerkleinerungsvermögen, der Glaswerkstoff, die spezifische Oberfläche, die Gitterstörungen und der Kristallaufbau sowie der Reinheitsgrad eine bedeutende Rolle.

Eine wichtige Abstimmung ist die Wahl eines geeigneten **Poliermittelträgers** (Tabelle 7.46).

Zum Einsatz kommen wiederum unterschiedliche Materialien mit verschiedenen Dicken, Härten und Porigkeiten. Eine Unterteilung in folgende Hauptgruppen ist sinnvoll */Göbn2007/*:

- Polierfilze (synthetische und Naturfilze),
- Polyurethanfolien (geschäumt und ungeschäumt, mit und ohne Struktur, gefüllte und ungefüllte),
- Poliertücher (Flies, Chemotextilien, Velveteen),
- Polierpeche (natürliche und synthetische).

Eine wichtige **Aufgabe des Poliermittelträgers** besteht in der gleichmäßigen Verteilung der Poliersuspension auf der Werkstückoberfläche. Damit wird zu jeder Zeit eine konstante Konzentration an Poliermittel im Wirkspalt zwischen Werkstück und Werkzeug gewährleistet. Dabei wird das Poliermittel teilweise in den Poliermittelträger eingebaut, z. B. in den Poren der PU-Polierfolien oder im Polierpech. Es bildet sich dabei eine sogenannte „Polierkruste“ aus. Des Weiteren transportiert der Poliermittelträger den beim Polierprozess entstehenden Glasabrieb von der Glasoberfläche ab. Die Poliermittelträger müssen in ihrem Aufbau so beschaffen sein, dass das Poliermittelkorn auf der Oberfläche oder in oberflächennahen Schichten fixiert wird und somit die Möglichkeit hat, jederzeit auf die Glasoberfläche einzuwirken. Das kann bei den einzelnen Poliermittelträgern durch verschiedene Wechselwirkungsvorgänge erfolgen.

Tabelle 7.46 Art des Korntransportes in Abhängigkeit des Poliermittelträgers */Göbn2007/*

Poliermittelträger	Art des Korntransportes
Bei Polierfilzen und Poliertüchern	Durch Einbau der Polierkörner in die Filz- bzw. Gewebestruktur
Bei geschäumten PU-Polierfolien	Durch Einbau in die Poren
Bei ungeschäumten PU-Polierfolien	Durch Struktur der Oberfläche (Raster)
Bei Polierpechen	Durch Eindrücken der Polierkörner in die Oberfläche des Polierpeches

Je nach Anforderung an die polierte Oberfläche (Mikrotopografie, insbesondere Rautiefen) und die angestrebten Polierzeiten wird der Poliermittelträger ausgewählt. Während Folien eine relativ hohe Abtragsleistung gewährleisten und somit zu geringen Polierzeiten führen, garantieren Polierpeche bei der Finishpolitur die besten Oberflächengüten. Polierfilze werden i. d. R. für weniger anspruchsvolle Qualitätsanforderungen und für kurze Polierzeiten eingesetzt. Tuchwerkzeuge werden vorwiegend zum An- und Vorpolieren benutzt. Polyurethanfolienwerkzeuge finden bei den CNC-Polierverfahren mittlerer bis hoher Anforderungen Anwendung und weniger bei Handpolituren. Sie werden entsprechend der Form und Geometrie des Bauteils zugeschnitten und auf das Werkzeug aufgeklebt. Die richtige Dimensionierung bzw. das gewählte Foliendesign entscheidet ebenfalls über die erreichbare Qualität des Polierens. Softwarelösungen ermöglichen die schnelle Berechnung und liefern die Daten für den anschließenden Zuschnitt per CNC-Schneidtechnik. Sie ermöglichen darüber hinaus relativ kurze Polierzeiten. Bild 7.119 veranschaulicht typische Beispiele für dimensionierte und zugeschnittene Foliendesigns.

Bild 7.119
PU-Folien dimensioniert und getrennt

Pechwerkzeuge werden zum Polieren optischer Bauelemente höchster Präzision verwendet. Diese sind aufwendiger in der Herstellung, kommen aber nach wie vor für das Handpolieren sowie auf Hebelmaschinen zum Einsatz.

Die Viskosität der Poliersuspension hat keinen entscheidenden Einfluss auf die erreichbaren Vorschubgeschwindigkeiten. Bei der Anwendung der Poliermittelumlaufschmierung können sich Werkstückänderungen z. T. sehr negativ auswirken. Insbesondere die Veränderung des Werkstückmaterials kann bei bestimmten Materialfolgen, z. B. Glas/Quarzglas zu Problemen führen.

Durch die Zugabe von chemischen Additiven kann die chemische Wirkung der Poliersuspension jedoch wesentlich erhöht werden. Das Absetzverhalten des Poliermittels wird durch den Einsatz von Schwebemitteln beeinflusst. Gleichzeitig muss aber eine mögliche Wirkung auf die Oberfläche, wie z.B. Belagbildung, Minderung der Haftfestigkeit der reflexmindernden Schicht etc. berücksichtigt werden. Die erreichbare Abtragsleistung ist auch von dem Reibungskoeffizienten des Poliermittelträgers abhängig (siehe Formel 7.18). In der Tabelle 7.47 sind experimentell ermittelte Reibungskoeffizienten ausgewählter Poliermittelträger zusammengestellt.

Tabelle 7.47 Experimentell ermittelte Reibungskoeffizienten ausgewählter Poliermittelträger

Poliermittelträger	Reibungskoeffizient μ
Pech (Härte 26)	0,735
Filz	0,685
Tuch	0,625
Polyurethanfolie	0,622

7.5.4 Einflussgrößen

Der Polierprozess stellt sich ebenfalls als ein sehr komplexer Prozess mit einer Reihe von Einflussgrößen dar. Das Ergebnis ist von zahlreichen objektiven und subjektiven Faktoren abhängig und erfordert für reproduzierbare Prozesse viel Erfahrung und Geschick. Die wichtigsten **Verfahrensgrößen** auf das erreichbare Arbeitsergebnis sind:

- Ausgangsrautiefe der Bauteile,
- Glasart und Größe der Werkstücke,
- Poliermittelart, Korngröße,
- Eigenschaften des Poliermittelträgers,
- Härte und chemische Eigenschaften des Glaswerkstoffes,
- Drehzahl der Spindel, Größe und Geschwindigkeit der Wirkbewegung,
- Polierdruck, Polierzeit, Poliermittelmenge,
- Temperatur der Suspension, Raumtemperatur, relative Luftfeuchtigkeit.

Somit ist, ähnlich wie beim Läppen, eine systematische Erfassung der Verfahrensparameter und Beschreibung des Prozesses für verschiedene Randbedingungen äußerst schwierig. Oftmals entscheiden auch subjektive Erfahrungen und Erkenntnisse des Fachpersonals über den Optimierungserfolg eines Polierprozesses. Bild 7.120 veranschaulicht noch einmal zusammengefasst die Wechselwirkung wichtiger Prozessparameter.

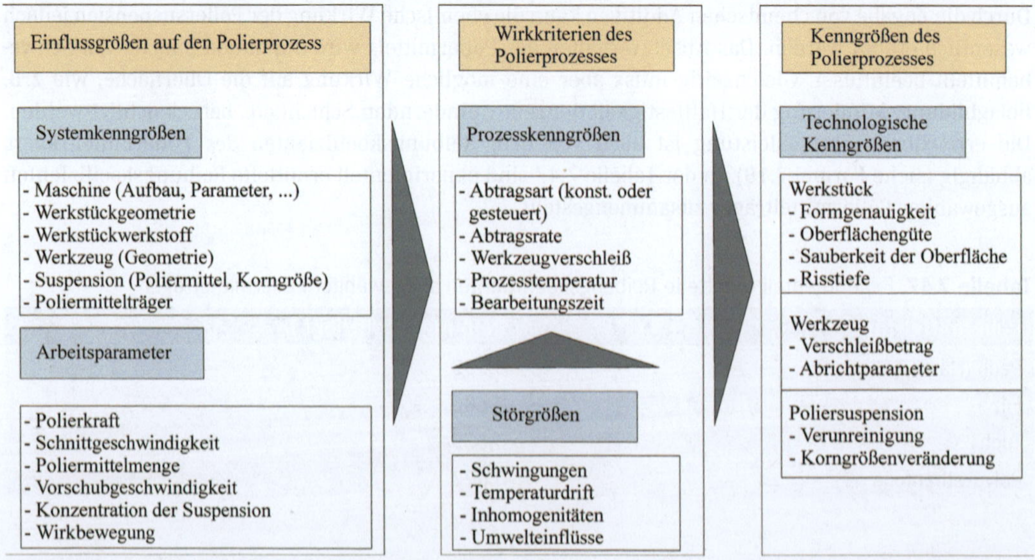

Bild 7.120 Darstellung der Kenngrößen des Polierprozesses

Die gewählte Temperatur der Poliersuspension wirkt sich nicht direkt auf die erreichbare Abtragsrate aus. Allerdings gibt es sehr temperaturempfindliche Poliermittelträger (z. B. Pech) die einen bestimmten Temperaturbereich für den Polierprozess erfordern und die Temperatur über einen Thermostat auf einen Sollwert konstant halten. Nichtbeachtung des Temperatureinflusses kann dazu führen, dass der Polierprozess zu unkontrollierbaren Ergebnissen bis hin zu einem Ausbleiben des Abtrages führt. Einfluss haben darüber hinaus auch die Luftfeuchtigkeit und der Luftdruck. Das Fehlen allgemeingültiger Kennwerte und Parameter ist insbesondere auf die Komplexität des Abtrennvorgangs Polieren zurückzuführen.

Hinweise und Regeln:

1. Durchpolierte Flächen weisen keine Strukturen der Vorbearbeitung auf. Längeres Polieren erhöht die Gefahr, dass Fehler an der Oberfläche auftreten.
2. Es sollte eine konstante Raumtemperatur (23 – 25 °C) eingehalten werden.
3. Großen Einfluss auf die Passe hat das Verhältnis der Spindeldrehzahl zur Exzenterdrehzahl. Je kleiner das Drehzahlverhältnis umso leichter lassen sich genauere Passen erreichen.
4. Eine anpolierte Fläche sollte eine Randauflage (leicht konkav) und einen gleichmäßigen Glanz aufweisen.
5. Zur Verbesserung der Oberflächensauberkeit sollte vor dem Polierende der Poliermittelstrom reduziert werden.

Die Menge des zugeführten Poliermittels wird so eingestellt, dass ein konstanter Abtrag und der Abtransport der entstehenden Reibungswärme erfolgen kann. Im Endstadium des Polierprozesses wird häufig die zugeführte Menge verringert bzw. ganz gestoppt. Die Polierkörner erfahren eine Zerkleinerung bzw. Zertrümmerung im Prozess. Damit werden die aktiven Kornflächen wesentlich kleiner. Sie erzeugen somit eine extrem glatte Oberfläche.

Die unterschiedlichen Einflussgrößen und deren Zusammenwirken machen deutlich, dass man keine absoluten Polierregeln aufstellen oder feststehende Einstellungen der Prozessparameter vornehmen kann. Der individuellen Abstimmung des Prozesses kommt daher eine große Bedeutung zu. Für den Prozess lassen sich oftmals nur tendenzielle Aussagen, wie in den Diagrammen aus Bild 7.121, treffen.

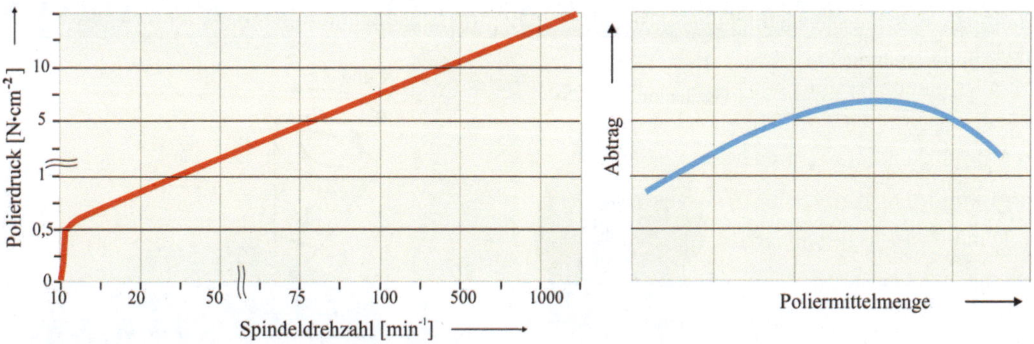

Bild 7.121 Ausgewählte Einflussgrößen: links) Polierdruck in Abhängigkeit von der Spindeldrehzahl, rechts) Abtrag in Abhängigkeit von der Poliermittelmenge

Einen weiteren Einfluss auf den Abtrag hat die Konzentration der Poliermittelsuspension. Die Konzentration wird mit K_m angegeben:

$$K_m = \frac{m_{PM}}{m_{PS}} \cdot 100\% \tag{7.23}$$

m_{PM} Masse des Poliermittels, m_{PS} Masse der Poliermittelsuspension.

Für viele Anwendungsfälle wird eine Konzentration zwischen 5 und 30 % gewählt.

7.5.5 Polierverfahren

Die Auswahl eines geeigneten Polierverfahrens erfolgt aufgrund der Komplexität des Verfahrens nach unterschiedlichen Kriterien und nach der Zielstellung des Bearbeitungsprozesses. Ausschlaggebend sind die geforderten Oberflächengüten und zulässigen Formtoleranzen.

Die Einteilung der Polierverfahren kann nach sehr unterschiedlichen Gesichtspunkten, z. B.

- nach der Art des Werkzeugkontaktes mit dem Werkstück,
- nach der zu erzeugenden Form (Planpolieren, Radienpolieren),
- nach der Art der Wirkbewegung,
- nach den Genauigkeitsanforderungen (Vorpolieren, Korrekturpolieren),
- nach der Art der Wirkenergieübertragung (mechanisches Polieren, Ionenstrahlpolieren) sinnvoll erfolgen.

Häufig werden Polierverfahren auch nach dem Fertigstellgrad unterteilt in:

- Vorpolieren,
- Feinpolieren und
- Korrekturpolieren.

In der Tabelle 7.48 sind die zwei Prinzipdarstellungen für die flächige und die zonale Politur gegenübergestellt und charakteristische Verfahren sowie Einsatzgebiete vorgestellt.

Tabelle 7.48 Einteilung der Polierverfahren nach Art des Werkzeugeingriffes

	Flächenförmiger Werkzeugeingriff (flächige Politur)	Punkt- oder linienförmiger Werkzeugeingriff (zonale Politur)
Prinzipdarstellung	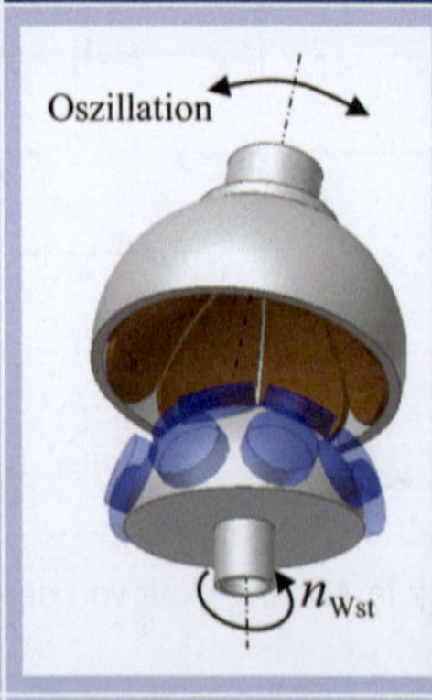	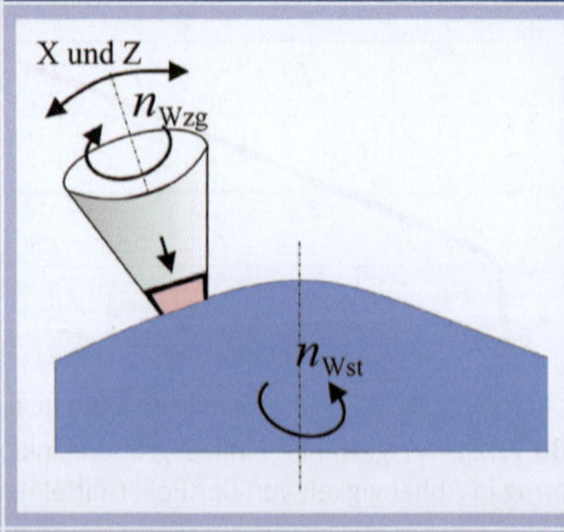
Bevorzugte Geometrien	Planflächen, konvexe und konkave Flächen, torische Flächen	Alle Flächen, insbesondere asphärische Flächen, Freiformflächen
Verfahren	Schalenpolitur, Handpolitur, Maschinenpolitur	Magneto-rheologisch, Korrekturpolieren, Radpolieren, Roboterpolieren, Strahlpolieren
Einsatzgebiete	Präzisionsoptik, Brillenoptik	Asphärenoptik, Hochleistungsoptik, Objektivoptik
Abtrag	Hoch	Gering
Formkorrekturen	Nur großflächige Korrekturmöglichkeiten, durch Anordnung Werkzeug/Werkstück, Geschwindigkeiten und Abrichten des Werkzeuges	Lokale Korrekturen möglich, oft mehrstufiger Prozess
Genauigkeiten	Wird erreicht durch Genauigkeit und Abrichten des Werkzeuges	Durch CNC-Bahnbewegungen und Genauigkeit der simultanen Achsbewegung, Anzahl und Berechnung der Stützpunkte der Oberfläche

7.5.5.1 Polieren mit flächenförmigem Werkzeugeingriff

Das Polieren mit flächenförmigem Werkzeugeingriff ist nach wie vor am weitesten verbreitet und wird in allen Bereichen der Optikfertigung sowohl zum Vor- als auch Feinpolieren eingesetzt. Es erfolgt der Materialabtrag durch die Relativbewegung zwischen dem Werkstück und einer **visko-elastischen Polierschale** unter Zufuhr von Poliermittelsuspension und gegenseitiger Formanpassung von Werkstück und Schale bei langsamen Bewegungen und geringem Druck. Der Abtrag ist sehr gering, die Oberfläche wird dabei sehr gut geglättet.

Die Bearbeitung erfolgt meist auf Hebelmaschinen oder CNC-gesteuerten Poliermaschinen.

Der Formbildungsvorgang ist ein asymptotischer Prozess. Das heißt, dass mit zunehmender Polierzeit die Werkstückform einer Endform angenähert werden soll, wobei diese Annäherung durch wiederholtes Prüfen der Passe begleitet wird. Für das Polieren auf Hebelmaschinen sind die bestimmenden Prozessgrößen:

- Drehzahl von Werkstück und Werkzeug,
- Exzentereinstellungen,
- Poliermittelzufuhr,
- die Frequenz und Amplitude sowie die Form der Schwingbewegung,
- die Formabweichung des Werkzeuges.

Bild 7.122 veranschaulicht die kinematischen Verhältnisse des Polierens auf einer Hebelmaschine für plane Werkstücke.

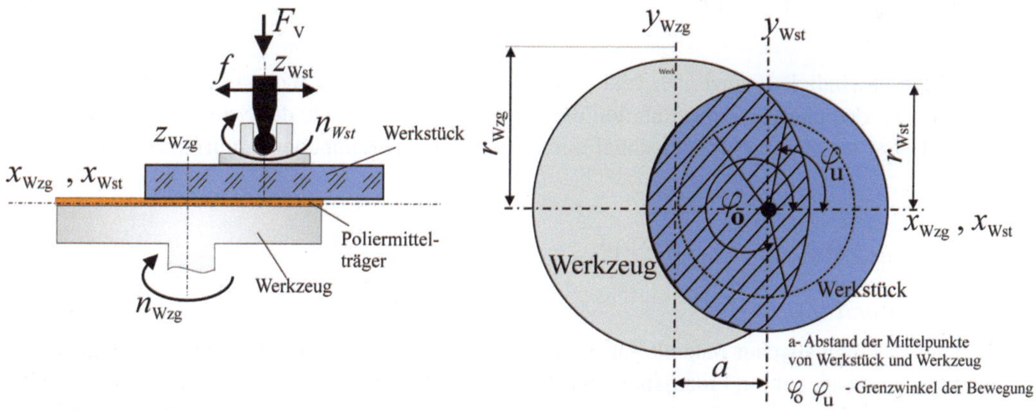

Bild 7.122 Kinematische Anordnung des Polierens mit einer Hebelmaschine nach */Wawr1977/*: links) Darstellung der kinematischen Verhältnisse, rechts) Eingriffverhältnisse

Bei der Bearbeitung nach dem Prinzip aus Bild 7.122 links wird das Werkzeug mit einer Drehzahl n_{Wzg} angetrieben. Das Werkstück oszilliert mit einer bestimmten Frequenz und Amplitude senkrecht zur Werkzeugachse. Durch die Vorschubkraft F_V und die Reibwirkung der Poliermittelsuspension erfährt das Werkstück eine Zwangsrotation, die ebenfalls in die Richtung der Werkzeugbewegung gerichtet ist. Durch den Flächendruck resultiert eine Drehzahldifferenz.

Bei der Beschreibung der kinematischen Verhältnisse geht man wiederum von der PRESTON-Theorie aus, die besagt, dass die abgespante Materialmenge proportional der Polierzeit, der Schnittgeschwindigkeit und der spezifischen Vorschubkraft ist. Bei der Beschreibung der Wirkgrößen unterscheidet man beim Zerspanen das werkzeugbezogene und das werkstückbezogene Koordinatensystem (siehe Bild 7.122 rechts). Sämtliche Werkstückpunkte $P(r_S, \varphi_S)$, die auf einem konzentrischen Kreis liegen, werden im Polierprozess in gleicher Art und Weise abgearbeitet. Damit kann für die Vorschubgeschwindigkeit v_f festgelegt werden */Warz1977/*:

$$v_f = f(\varphi_S) = const. \tag{7.24}$$

Gleichzeitig kann aber auch geschlussfolgert werden, dass für unterschiedliche Radien und in Abhängigkeit der gewählten Parameter unterschiedliche Abtragsergebnisse zu erwarten sind.

Der Poliervorgang verläuft durch die Schwingbewegung periodisch, so dass sich die Vorschubgeschwindigkeit mit der Anzahl der Schwingungen multipliziert. Die Vorschubgeschwindigkeit lässt sich durch die Beziehung:

$$v_f = C_\mathrm{p} \cdot f \cdot \int_0^{\frac{1}{f}} v_\mathrm{c} \cdot p \cdot \mathrm{d}t \tag{7.25}$$

bestimmen.

Unter Berücksichtigung, dass das Werkstück nicht mit seiner vollen Fläche ständig im Eingriff steht und die Schnittgeschwindigkeit und die spezifische Vorschubkraft in der Werkstückzone mit dem Radius r nicht konstant sind, erweitert sich Formel 7.22 zu:

$$v_f = \frac{C_\mathrm{p} \cdot f}{2\pi} \cdot \int_0^{\frac{1}{f}} \int_{\varphi_u}^{\varphi_0} v_\mathrm{c} \cdot p \cdot \mathrm{d}\varphi \cdot \mathrm{d}t \tag{7.26}$$

Die Schnittgeschwindigkeit setzt sich vektoriell aus insgesamt drei Teilbewegungen zusammen: der Rotation des Werkzeuges v_Wzg, der Rotation des Werkstückes v_Wst sowie der Schwingbewegung v_Schw. Vereinfacht lässt sie sich, zweidimensional durch die x- und y- Komponente, durch den Zusammenhang

$$v_\mathrm{c} = \sqrt{(v_{\mathrm{Wzg}(x)} - (v_{\mathrm{Wst}(x)} + v_{\mathrm{Schw}(x)}))^2 + (v_{\mathrm{Wzg}(y)} - v_{\mathrm{Wst}(y)})^2} \tag{7.27}$$

beschreiben */Warz1977/*.

Das Aufstellen kinematischer Modelle für die Polierprozesse ist vielfach eine sehr gute Möglichkeit, um die vorstehend genannten Prozessparameter gut abstimmen zu können und reproduzierbare Polierergebnisse zu erzielen. Es wird versucht, wenn möglich, einen sogenannten **Konstantabtrag** für den flächenförmigen Werkzeugeingriff einzustellen. Das heißt, dass sich an den verschiedenen Orten der zu polierenden Oberfläche eine annähernd gleiche Abtragsrate einstellt, um die Fläche gleichmäßig der Sollform anzunähern. Wichtig ist dieser Aspekt auch für das Polieren mit Mehrfachtragkörpern. Nachfolgend wird ein Beispiel der parallelen Bearbeitung von mehreren Planscheiben vorgestellt und das kinematische Modell diskutiert. Diese Mehrfachbearbeitung wurde mit einer NC-gesteuerten Hebelmaschine „HM 500.1 NC" der Firma OptoTech durchgeführt. Das Polierwerkzeug wird auf der unteren Spindel angeordnet. Die Aufnahme der Tragkörper erfolgt über die obere Spindel, wobei diese in X- und Y-Richtung verfahren werden kann. Somit sind frei erzeugbare Bahngeometrien für den Polierprozess prinzipiell möglich. Die Bauteile erfahren eine Zwangsbewegung durch die Reibungsenergie zwischen der Polierfolie und einen einstellbaren Polierdruck. In Bild 7.123 rechts ist die Anordnung mit dem kinematischen Grundprinzip dargestellt.

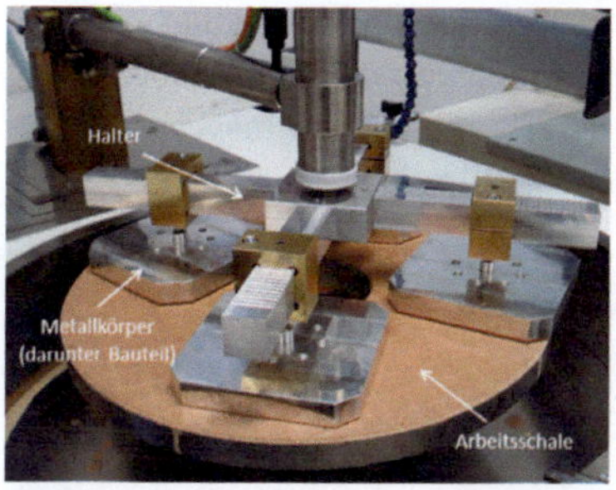

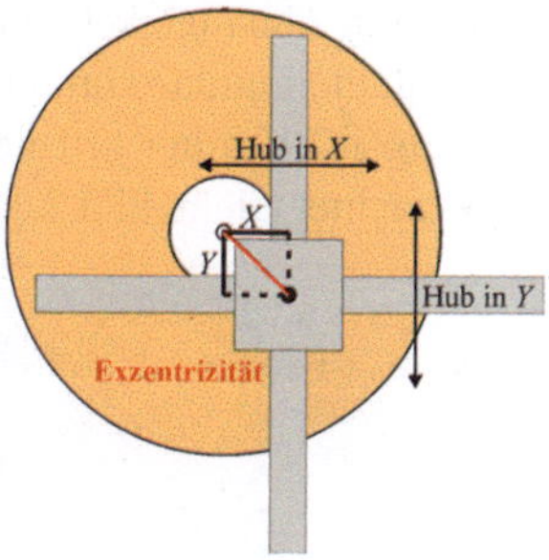

Bild 7.123 Anordnung der parallelen Mehrkörperbearbeitung auf der „HM 500.1 NC“: links) Polieraufbau bestehend aus planer Polierschale (⌀ 450 mm) auf unterer Spindel und Halterkonstruktion der Tragkörper an oberer Spindel (beliebige Bewegung der oberen Einheit in X- und Y-Richtung), rechts) schematische Darstellung (Draufsicht) der kinematischen Einstellmöglichkeiten Hub (Schwingbewegung) in X- und Y-Richtung sowie exzentrische Verschiebung der Rotationsachsen

Durch die vier Tragkörper können mindestens vier Planscheiben (in der Darstellung verdeckt durch die Tragkörper) parallel und simultan poliert werden. Eine wichtige Kenntnis ist die sich ergebende Bahnbewegung der Bauteile in Abhängigkeit von den gewählten kinematischen Einstellungen. Durch die Anpassung und Optimierung dieser Bahnbewegung soll möglichst ein Konstantabtrag und gleicher Abtrag für alle Bauteile erreicht werden. Für die Beschreibung der Bahnbewegung kann ein vektorbasiertes Modell (Bild 7.124) verwendet werden. Es ermöglicht die Beschreibung der resultierenden Bewegung verschiedener Bauteilpunkte relativ zum Ort auf der Polierwerkzeugfläche. Das blaue Quadrat stellt dabei ein Werkstück mit einem beliebigen Punkt P auf der Bauteiloberfläche dar. Der Vektor $\vec{r}_P$ beschreibt dementsprechend die resultierende Bewegung eines solchen Punktes, zusammengesetzt aus der Überlagerung der Werkzeugrotation, der Werkstückrotation und der Hebelbewegung in X- und Y-Richtung:

$$\vec{r}_P = \vec{r}_{M_H} + R_1 \cdot \begin{pmatrix} \cos(w_{rel} \cdot t) \\ \sin(w_{rel} \cdot t) \end{pmatrix} + \rho \cdot \begin{pmatrix} \cos(-w_B \cdot t + \alpha) \\ \sin(-w_B \cdot t + \alpha) \end{pmatrix}$$

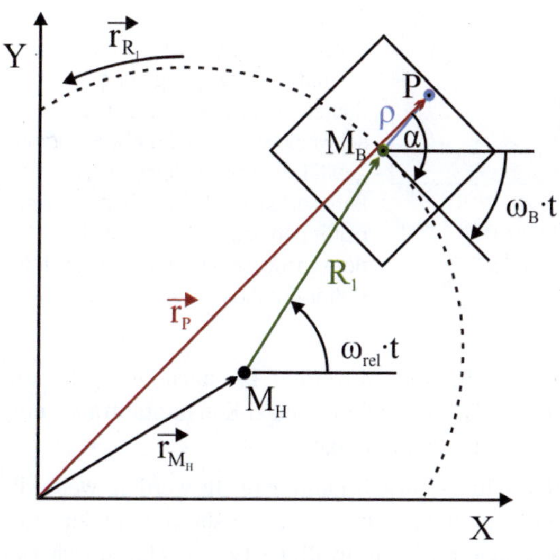

Bild 7.124
Vektorbasiertes Modell zur Beschreibung der Bahnbewegung eines beliebigen Bauteilpunktes */Henk2018/*

t Zeit, M_B Mittelpunkt Bauelement, M_H Mittelpunkt Halterarm
R_1 Halterarmlänge, ω_B Winkelgeschwindigkeit der Bauteilrotation, P beliebiger Punkt auf der Bauelementeoberfläche
$\vec{r}_P$ Vektor der Bewegung eines Bauelementepunktes P
$\vec{r}_{M_H}$ Abstandsvektor vom Werkzeugmittelpunkt zum Haltermittelpunkt
$\vec{r}_{R_1}$ Vektor der Relativbewegung zwischen Werkzeug und Haltearm

Mit diesem Modell kann die Bahnbewegung in Abhängigkeit von den gewählten kinematischen Parametern für einen oder mehrere betrachtete Bauteilpunkte simuliert werden. Für diese Untersuchungen wurden plane Bauteile mit den Abmessungen 110 mm × 110 mm angenommen und insgesamt neun verschiedene Punkte auf dieser Fläche betrachtet (siehe Bild 7.125).

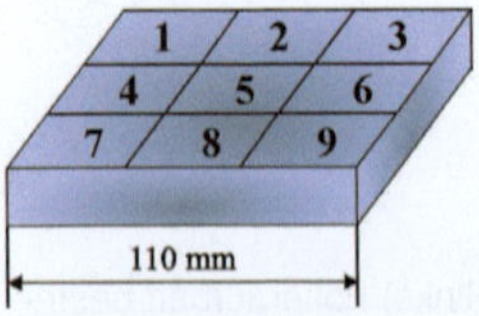

Bild 7.125
Festlegung der Bauteilpunkte für die Bahnsimulation

Die in Bild 7.126 dargestellten Bahnverläufe entsprechen jeweils einer der betrachteten neun Bauteilpunkte aus Bild 7.125. Sehr anschaulich zeigt Bild 7.126 die unterschiedlichen Bahnkurven für die jeweiligen Punkte in Abhängigkeit von der gewählten kinematischen Einstellung. Bei beiden Einstellungen ist eine Exzentrizität zur Polierwerkzeugmitte eingestellt, um so eine Abdeckung der Bauteilbewegung über die gesamte Werkzeugoberfläche sicherzustellen, damit ein ungleichmäßiger Werkzeugverschleiß verhindert wird. Im Fall von Bild 7.126 links ist eine Einstellung dargestellt, die in der Simulation und in praktischen Versuchen eine hohe Abtragshomogenität bewirkte. Es wurde eine Einstellung mit einer Exzentrizität von X = 10 mm und Y = −20 mm sowie einer leichten Hubbewegung von 10 mm in X-Richtung gewählt, die in der Simulation und in praktischen Versuchen eine hohe Abtragshomogenität bewirkte. Die Tragkörper rotieren reibungsbedingt mit etwa der gleichen Bauteil-Rotationsgeschwindigkeit sowie einer Halter-Rotationsgeschwindigkeit im Gleichlauf zur Werkzeugdrehrichtung. Somit kann ein Konstantabtrag relativ gut erzielt werden. Im Fall von Bild 7.126 rechts ergeben sich durch eine zu hohe Exzentrizität und eine um den Faktor sechs erhöhte Bauteil-Rotationsgeschwindigkeit unterschiedlich lange Bahnwege für die einzelnen Bauteilpunkte. Dies führt zu einem ungleichmäßigen Abtrag an den betrachteten Bauteilpunkten.

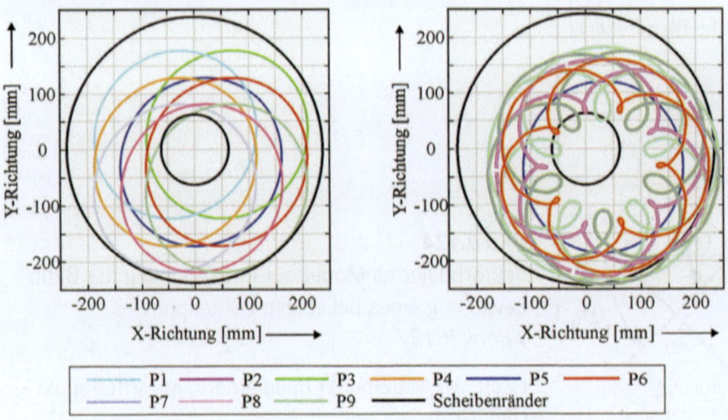

Bild 7.126
Simulation der Bahnkurven für ausgewählte Bauteilpunkte */Henk2018/*: links) leichte Exzentrizität und 10-mm-Hubbewegung bei gleicher Bauteil- und Halter-Rotationsgeschwindigkeit für hohe Abtragshomogenität, rechts) ungleichmäßige Bahnverteilung durch erhöhte Exzentrizität und sechsfache Bauteilrotationsgeschwindigkeit in Bezug auf die Halter-Rotationsgeschwindigkeit

Diese Simulationsergebnisse konnten im Experiment nachgewiesen werden. Die nach dem Poliervorgang vorgenommene taktile Messung der Proben ergab für den Fall des Quasi-Konstantabtrages eine sehr gute Ebenheit von 0,1 - 0,2 μm (PV) gemessen über die Bauteillänge.

Eine weitere Erhöhung der Genauigkeit und der Reproduzierbarkeit kann erreicht werden, wenn die reibungsbedingte Zwangsbewegung der Bauelemente durch eine aktive Rotationsbewegung der Tragkörper ersetzt wird. Zu diesem Zweck werden die Tragkörper, wie in Bild 7.127 gezeigt, durch vier

Servomotoren angetrieben. Durch den aktiven Antrieb kann eine definierte Rotationsgeschwindigkeit um die jeweilige Achse der Bauteile sichergestellt werden. Durch diese zusätzliche Drehbewegung existieren somit auch erweiterte kinematische Möglichkeiten, um das Regime des Konstantabtrages umsetzen zu können.

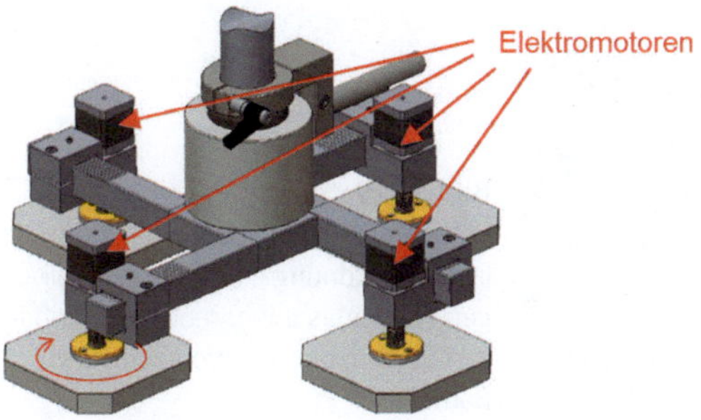

Bild 7.127 Kinematisches Grundprinzip mit aktiv angetriebenen Werkstückspindeln: links) konstruktive Umsetzung des aktiven Antriebes, rechts) Integration in das Maschinensystem „HM 500.1 NC“

Durch die Möglichkeit der Überlagerung der steuerbaren Rotationsbewegung der Bauteile ergeben sich erweiterte Varianten der kinematischen Bewegungsabläufe. So ist beispielsweise nur mit dem aktiven Antrieb auch eine Realisierung eines Gegenlaufs der Drehrichtung zwischen Bauteilen und Werkzeug möglich. Insbesondere durch die Einstellung des Verhältnisses zwischen den Drehzahlen des Polierwerkzeuges und der Bauelemente lassen sich Bewegungsbahnen optimieren und in der Simulation darstellen. Bild 7.128 zeigt exemplarisch zwei Bahnsimulationen mit einer aktiv angetriebenen Werkstückspindelbewegung. Für dieses Beispiel wurde eine Bauteilrotation im Gleichlauf (links) bzw. im Gegenlauf (rechts) zum Werkzeug vorgesehen, welche deutlich unterschiedliche Bahnkurven bewirken. In beiden Fällen wurden eine Bauteildrehzahl von 10 min^{-1} sowie eine Werkzeugdrehzahl von 20 min^{-1} angenommen. Durch die Möglichkeit der unabhängigen Einstellung der vier Werkstückspindeln kann auch gezielt ein Korrekturprozess eines Bauelementes während der Bearbeitung vorgenommen werden.

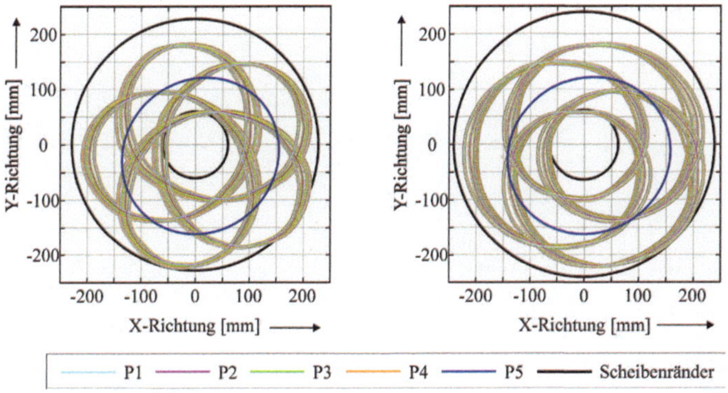

Bild 7.128
Simulation der Bewegungsbahnen von 5 betrachteten Punkten auf der Bauteilfläche bei unterschiedlicher Rotationsrichtung mit den Einstellungen Werkzeugdrehzahl 20 min^{-1} und Bauteildrehzahl 10 min^{-1} */Henk2020/*

Kinematische Modelle und Bahnsimulationen können einen wichtigen Beitrag liefern, um Polierprozesse gezielt optimieren zu können und systematische Fehler (beispielsweise mittelfrequente Fehlerursachen) zu vermeiden bzw. zu minimieren.

In der Praxis wird die erreichbare Genauigkeit bei dem Polieren mit **flächenförmigen Werkzeugen** im Wesentlichen durch das Werkzeug sowie den verwendeten Poliermittelträger bestimmt. Zur Anwendung kommen die im Abschnitt 7.6.3 beschriebenen Trägerwerkstoffe Filz, Tuch, Folie und Pech. Die Auswahl des geeigneten Trägers wird durch die Polierzeit und Genauigkeit bestimmt.

Bild 7.129
Polieren auf Hebelmaschinen: links) Anordnung einer mehrspindligen Hebelmaschine, rechts) Eingriffsverhältnis zwischen Werkzeug und Bauteilen

Mit dem Pechträgerwerkstoff werden sehr glatte Oberflächen und sogenannte Superpolituren erreicht. Bild 7.129 zeigt die Anordnung des Polierens auf Hebelmaschinen mit unterschiedlichen Polierwerkzeugen.

Die Oberflächenform der Werkstücke kann durch folgende Maßnahmen beeinflusst werden:

- Anordnung von Schale und Werkstück,
- Hebelwirkung,
- Größe der Polierschale,
- Deformation (Ringe) der Schale,
- Griffigkeit des Poliermittels.

Sehr häufig wird auch mit Folienpolierschalen gearbeitet. Sie lassen sich leicht durch Einkleben zugeschnittener Foliensegmente aufbauen. Entsprechend dem Krümmungsradius werden Folien angepasst eingeklebt, wobei die unterschiedlichen Umfangsgeschwindigkeiten (Rand und Mitte) im Formzuschnitt Berücksichtigung finden. Mit Abrichtwerkzeugen werden durch einen definierten Abtrag der Polierwerkzeuge die geforderten Genauigkeiten erzielt.

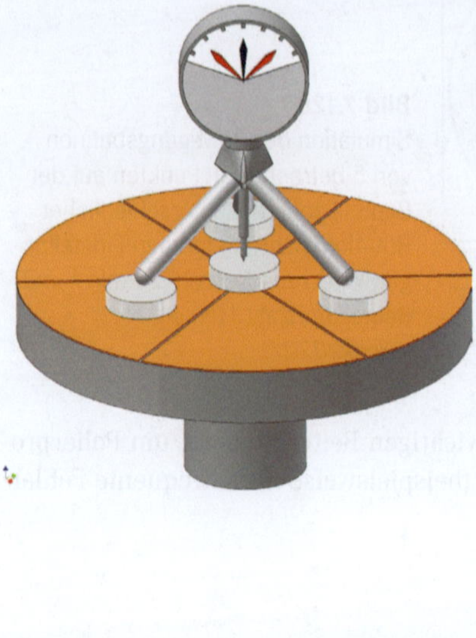

Bild 7.130
Angepasste Polierfolien

Die Anordnung nach Bild 7.130 lässt ein Prüfen des Abrichtergebnisses zu. Mit Distanzplatten (gleiche Dicke) lassen sich mit dem Orthotest Abweichungen der Flächenform schnell überprüfen.

Für den flächigen Polierprozess ist ein homogener und konstanter Abtrag entscheidend für das Erreichen einer hohen Oberflächenqualität (Durchpolieren) sowie der Formgenauigkeit (Passe). Die in Bild 7.122 gezeigten Eingriffsverhältnisse ergeben sich durch die Rotation der Werkstückspindel n_{Wst} sowie die oszillierenden Bewegungen des Werkzeuges, in der Praxis auch oft angegeben durch die Exzenterdrehzahl n_{exz}. Bei der Wahl der Geschwindigkeitsverhältnisse können prinzipiell drei unterschiedliche Fälle und die daraus resultierenden Bewegungsbilder unterschieden werden (Tabelle 7.49).

Tabelle 7.49 Bewegungsbilder in Abhängigkeit von der Wahl der Drehzahlen (Darstellung für Extremfälle)

1. Fall $n_{Wst} > n_{exz}$	2. Fall $n_{Wst} < n_{exz}$	3. Fall $n_{Wst} \approx n_{exz}$
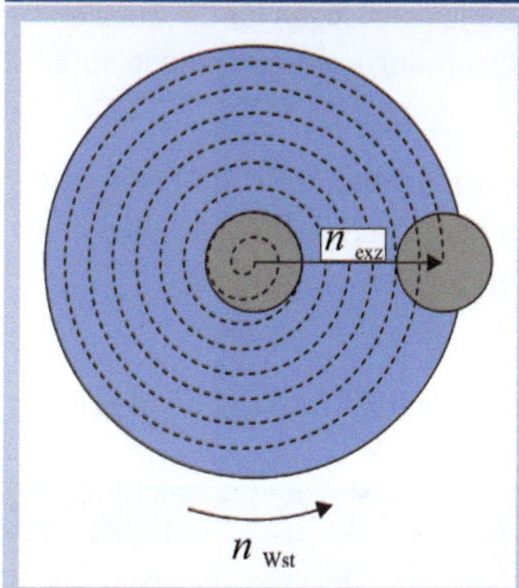	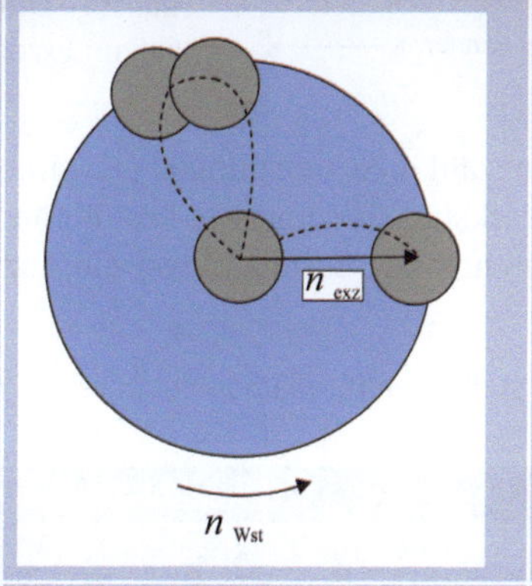	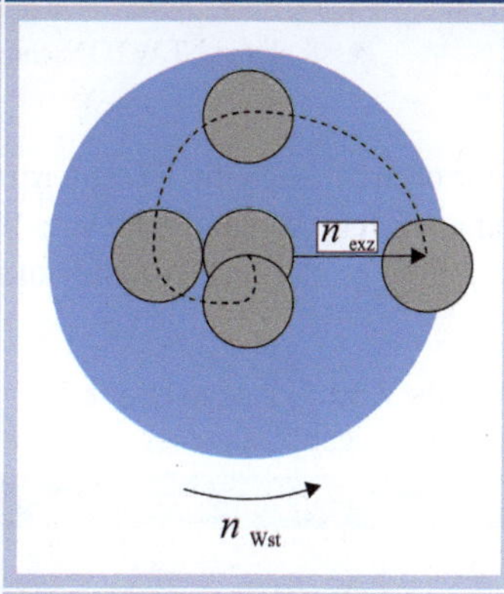
Bewegungsbahn erzeugt eine enge Spirale	Bewegungsbahn erzeugt eine Art Blütenstruktur	Bewegungsbahn erzeugt eine weitgezogene Spirale

Durch die Stellung des Polierwerkzeuges am Hebelarm hat der Feinoptiker eine gute Möglichkeit für die Korrektur der Form. Die Darstellungen der Tabelle 7.49 veranschaulichen das sogenannte Überrandpolieren, bei dem die Werkzeugstellung bewusst so gewählt wird, dass im Bewegungsablauf ein Teil der Werkzeugfläche über den Rand des Werkstückes oder den Tragkörper hinaus reicht. In diesem Fall kann im Randbereich der Abtrag gegenüber der Mitte gezielt beeinflusst werden.

Von sehr großem Einfluss auf die Regelmäßigkeit der Passe ist das Verhältnis der Spindeldrehzahl zur Exzenterdrehzahl (n_{Spin}/n_{exz}). Generell lässt sich ableiten, je kleiner das Drehzahlverhältnis, desto einfacher lassen sich genauere Passen erzielen. Jedoch sollte nicht das Verhältnis 1 gewählt werden, da in diesem Fall ein einseitiges bzw. regelmäßiges System entsteht, was Formfehler und Artefakte zur Folge haben kann. In Bild 7.131 ist eine tendenzielle Abhängigkeit des Drehzahlverhältnisses vom zulässigen Passfehler dargestellt. Bei stark gekrümmten Flächen kann das maximale Drehzahlverhältnis ausgenutzt werden. Im umgekehrten Fall und für Planflächen ist der Bereich unterhalb der Grenzlinie zu empfehlen. Dadurch wird eine höhere Regelmäßigkeit der Flächen erzielt.

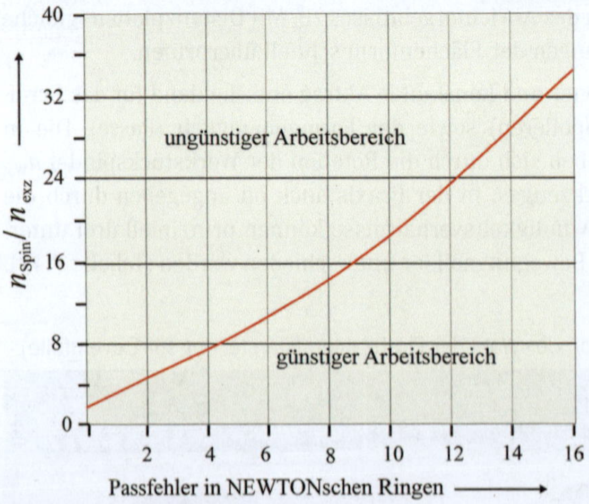

Bild 7.131
Günstige Drehzahleinstellungen für die Schalenpolitur: Exzenterschwingungen für Pechpolituren

Sehr oft wird auch die Exzenterdrehzahl in Schwingungen per Minute angegeben. Für die Pechpolitur haben sich in Abhängigkeit vom Werkstückdurchmesser bestimmte Richtwerte bewährt (Tabelle 7.50). Es gilt, je größer der Werkstückdurchmesser desto geringer die Anzahl der Schwingungen.

Tabelle 7.50 Günstige Drehzahleinstellungen für die Schalenpolitur: Drehzahlverhältnis in Abhängigkeit vom zulässigen Passfehler

Werkstück-Durchmesser (mm)	Anzahl der Schwingungen (min^{-1})
30	60
50	50
100	40
150	35
200	30
300	25

Die erreichbare Formgenauigkeit des Werkstückes ist neben dem Geschwindigkeitsverhältnis auch von der Größe des Polierwerkzeuges, der Deformation des Polierwerkzeuges sowie der Art und Korngröße des Poliermittels abhängig.

Die Tabelle 7.51 fasst wichtige Beeinflussungsmöglichkeiten beim Schalenpolieren zusammen.

Tabelle 7.51 Möglichkeiten der Beeinflussung der Oberflächenform beim Schalenpolieren */Gräf1989/*

Randauflage zu groß, Körper muss am Rand stärker poliert werden		Mittenauflage oder geringe Randauflage bei noch matter Fläche, Körper muss in der Mitte stärker poliert werden	
Werkstück oben, Schale unten	**Werkstück unten, Schale oben**	**Werkstück oben, Schale unten**	**Werkstück unten, Schale oben**
▪ Hebelbewegung verkleinern ▪ Hebel genau über den Mittelpunkt der Schale laufen lassen ▪ Hebelausschlag nach beiden Seiten gleich groß wählen	▪ Hebelbewegung vergrößern ▪ Hebel nach vorn oder hinten verstellen, nicht über den Mittelpunkt des Werkstückes laufen lassen ▪ Gesamten Hebelarm seitlich verstellen	▪ Hebelbewegung vergrößern ▪ Hebel nach vorn oder hinten verstellen, nicht über den Mittelpunkt der Schale laufen lassen ▪ Gesamten Hebelarm seitlich verstellen	▪ Hebelbewegung verkleinern ▪ Hebel genau über den Mittelpunkt des Werkstückes laufen lassen ▪ Hebelausschlag nach beiden Seiten gleich groß wählen
▪ Durchmesser der Polierschale vergrößern ▪ Griffigkeit des Poliermittels erhöhen ▪ Poliergewichte am Kugelstift reduzieren, Hebel evtl. hinten belasten		▪ Durchmesser der Polierschale verkleinern ▪ Griffigkeit des Poliermittels reduzieren ▪ Poliergewichte nur am Kugelstift auflegen	
Für das Polieren von Hand sind die über die Hebelführung getroffenen Aussagen sinngemäß anzuwenden.			

Die Prüfung der **Formgenauigkeit (Passe)** erfolgt mit dem Probeglas oder mit einem Interferometer. Der Polierprozess ist meist ein iterativer Prozess, d. h. es wird im Polierprozess das optische Bauelement mehrfach gereinigt und vermessen und sich so sukzessive der geforderten Passgenauigkeit durch entsprechende Korrekturen angenähert. Bild 7.132 illustriert exemplarisch das Bearbeitungsergebnis einer polierten Planoptik aus Quarzglas (SQ0).

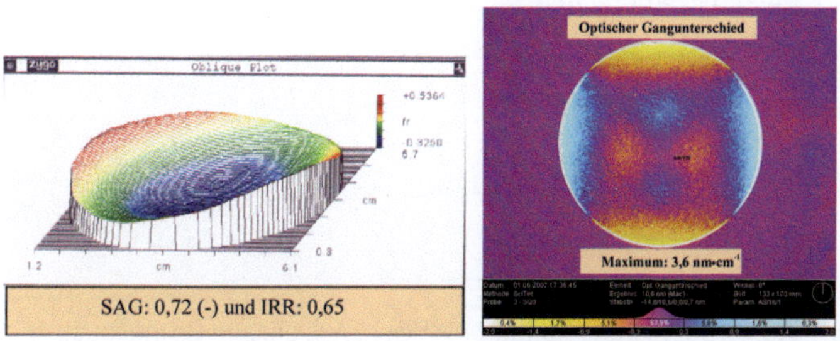

Bild 7.132
Bearbeitungsergebnis nach dem Polieren einer Planoptik (SQ0): links) interferometrische Darstellung (SAG: 0,72 (-) und IRR: 0,65), rechts) Spannungsbild nach dem Polieren */Ilis2007/*

Der ermittelte Passfehler von 0,3 Ringen entspricht der für dieses Beispiel (Strahlteiler) geforderten Toleranzmaßgabe. Durch die Bearbeitung hat sich eine leichte Verspannung des optischen Bauelementes ergeben, die aber für die Anwendung des optischen Bauelementes nicht entscheidend ist. Bild 7.132 rechts illustriert den Spannungsverlauf im Bauelement nach dem Polierprozess. Der Maximalwert des optischen Gangunterschiedes wurde mit $3{,}6\,\text{nm} \cdot \text{cm}^{-1}$ ermittelt.

In Analogie zum Läppprozess ist auch beim Polieren neben der Bearbeitung einzelner optischer Bauelemente das gleichzeitige Polieren mehrerer Werkstücke auf Hebelmaschinen und CNC-Maschinen möglich. Bild 7.133 zeigt die Anordnung des Planpolierens und Polierens sphärischer Flächen auf **Mehrfachtragkörpern**.

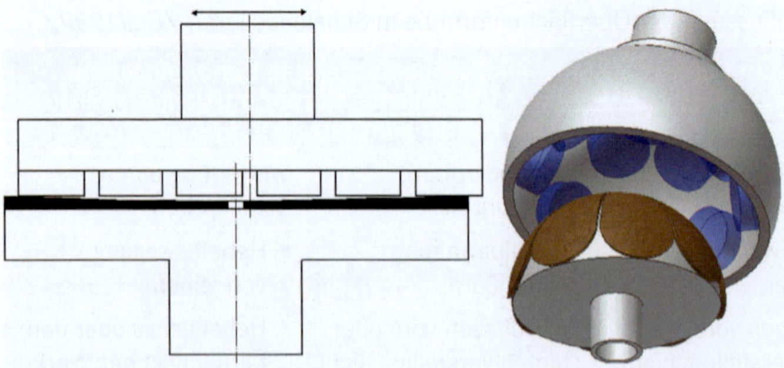

Bild 7.133
Anordnung mit Mehrfachtragkörpern: links) Planpolieren; Bauteile oben, rechts) Polieren sphärischer Flächen, Bauteile oben

Entsprechend der Bauteilgröße können Mehrfachtragkörper belegt werden, wobei sich die Kosten pro bearbeiteter Fläche entsprechend verringern. Oft wird für eine bestimmte zu fertigende Losgröße ein günstiger Tragkörperdurchmesser bestimmt. Davon hängt wiederum die erforderliche Maschinengröße ab. Die Aufteilung für runde Bauelemente auf planen oder gekrümmten Mehrfachtragkörpern ergibt sich zu:

1. Tragkörpermitte: 1, 3 oder 4 Werkstücke,
2. Randbereich: von innen nach außen steigt die Anzahl der Werkstücke um jeweils 6 pro Ring.

Belegung und Berechnung:

Anzahl der Werkstücke pro Ring

Ring	1.	2.	3.	4.	5.	6.	7.	8.	9.	10.	11.	12.
Werkstückanzahl	1	6	12	18	24	30	36	42	48	54	60	66
	3	9	15	21	27	33	39	45	51	57	63	69
	4	10	16	22	28	34	40	46	52	58	64	70

Die Anzahl der Gesamtzahl der Werkstücke berechnet sich zu:

$$W_{\text{gesamt}} = 3n_{\text{R}}\left(n_{\text{R}} + \frac{n_{\text{mitte}}}{3} - 1\right)$$

n_{R} Anzahl der Ringe, n_{mitte} Anzahl der Werkstücke in der Mitte

Der erforderliche Durchmesser des Tragkörpers ergibt sich zu:

$$d_{\text{mft}} = n_{\text{R}} \cdot 2d_{\text{w}}$$

n_{R} Anzahl der Ringe, d_{w} Durchmesser des Werkstückes

Die Werkstücke dürfen auf dem Tragkörper nicht in Kontakt kommen. Aus diesem Grund muss d_{w} mit einem Aufmaß angenommen werden (gebräuchlich sind 2 mm).

Durch die Bearbeitung mit Mehrfachtragkörpern lassen sich die effektiven Produktionskosten einerseits wesentlich verringern, andererseits werden aber die Toleranzen der erreichbaren Formgenauigkeiten etwas größer. Bild 7.134 veranschaulicht am Beispiel des Polierens von Bikonvexlinsen für 6-fach-Lupen (siehe auch Abschnitt 7.5) die Bearbeitungsergebnisse für die Mehrfachtragkörperbearbeitung.

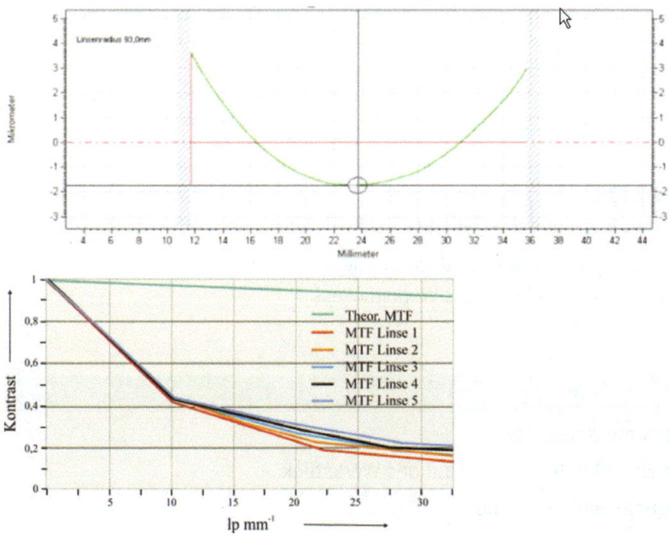

Bild 7.134
Darstellung der Formgenauigkeit und Abbildungsleistung polierter Sphären, bearbeitet mit Mehrfachtragkörper: oben) Maximale Formabweichungen gemessen mit Talysurf, unten) Ermittlung der Abbildungsleistung (MTF-Messung)

Die Messergebnisse der Formabweichungen für den Sollradius von 93 mm erreichen eine maximale Abweichung der Linsen von 5 µm. Dies ist in erster Linie auf die Formabweichung des Tragkörpers und auf die unterschiedlichen Lagepositionen der gemessenen Linsen zurückzuführen.

Neben der Formabweichung kann auch die Änderung der Abbildungsleistung anhand der **MTF-Messung** (Modulationsübertragungsfunktion) als eine Bewertungsgröße für das Bearbeitungsergebnis dienen. Dieses hauptsächlich für die Justierung hochwertiger Objektive eingesetzte Messverfahren findet in stärkerem Maße auch Einsatz für die Qualitätskontrolle von einzelnen optischen Bauelementen. In Bild 7.134 unten sind exemplarisch MTF-Kurven der gemessenen polierten Linsen in Abhängigkeit zur Ortsfrequenz dargestellt. Für einen Vergleich der Abbildungsleistungen ist die Wahl einer geeigneten Ortsfrequenz sinnvoll.

Die Bearbeitung mit flächenförmigen Polierwerkzeugen kann neben dem beschriebenen Polierverfahren auf einfachen Hebelmaschinen auch auf CNC-Maschinen durchgeführt werden. Ein Vorteil ist die höhere Flexibilität in der Gestaltung von Bewegungsabläufen und den geometrischen Formen aufgrund der flexiblen und simultanen Steuerbarkeit der Bewegungsachsen.

Synchro-Speed-Polieren (Synchro Speed Polishing)

Eine spezielle und sehr oft angewendete Form des Polierens mit flächenförmigem Werkzeugeingriff auf CNC-Maschinen ist das Verfahren des **Synchro-Speed-Polierens**. Der Materialabtrag erfolgt durch Relativbewegung und Druck zwischen dem Werkstück und einer mit Folie belegten Polierschale unter Zufuhr von Poliermittelsuspension. In der Poliermaschine werden Werkzeug- und Werkstückachse um den Radienmittelpunkt verkippt. Sie rotieren mit hoher Drehzahl und gleicher Drehrichtung. Damit wird eine konstante Schnittgeschwindigkeit erreicht. Zugrunde liegt wiederum die theoretische Beschreibung durch Preston, die besagt, dass bei konstantem Druck und konstanter Relativgeschwindigkeit zwischen Werkzeug und Werkstück ein konstanter Abtrag erreicht wird.

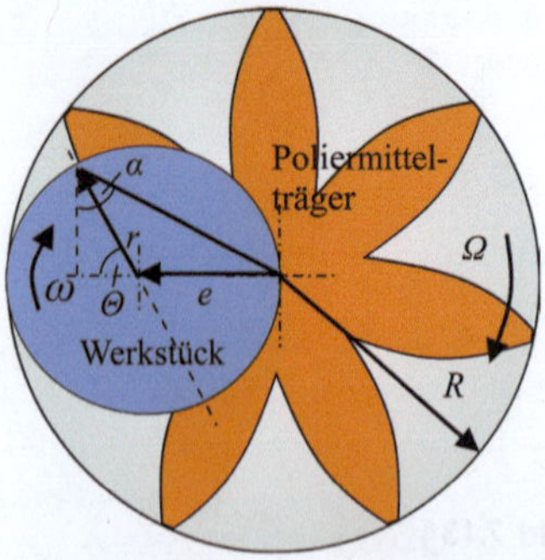

Bild 7.135
Prinzipdarstellung des Synchro-Speed-Polierens nach */Hamb2001/*

Ω Drehgeschwindigkeit des Werkzeuges,
ω Drehgeschwindigkeit des Werkstückes,
e Exzentrizität

Verfahrensmerkmale des Synchro-Speed-Polierens nach */Hamb2001/*

- Werkstück und Werkzeug werden getrennt angetrieben
- Übertragung des Polierdruckes über eine Membran direkt auf das Werkstück
- Die wirksame Werkzeugfläche (Belegung) wird berechnet
- Bearbeitung mit Polierfolien
- Durch die Wahl des optimalen Drehzahlverhältnisses zwischen Werkzeug und Werkstück kann eine annähernd konstante Relativgeschwindigkeit in jedem Punkt der Werkstückoberfläche angenommen werden
- Durchmesser des Werkzeuges sollte mindestens doppelt so groß wie der Durchmesser des Werkstückes bzw. des Tragkörpers sein

Die Bearbeitung im Synchro-Speed-Polieren erfolgt mit Standard-CNC-Maschinen. Das sehr produktive Verfahren wird eingesetzt zum Durchpolieren von planen und sphärischen Flächen. Im Unterschied zu den klassischen Polierverfahren werden sowohl das Werkzeug als auch das Werkstück angetrieben. Eine Optimierung des Geschwindigkeitsprofils ist durch die Variation des Drehzahlverhältnisses sehr gut möglich. Bei sphärischen Flächen mit kleinen Öffnungswinkeln geht der Wert gegen 1, d.h. beide Achsen haben annähernd die gleiche Drehzahl. Ein kleiner Unterschied ist jedoch zu empfehlen, um mögliche Überlagerungseffekte zu vermeiden.

Bild 7.136
Anordnung zum Synchro-Speed-Polieren: links) Anordnung zum Polieren von planen Flächen */Opto2007/*, rechts) Anordnung zum Polieren von Radien-Flächen

Durch die flächige Politur mit Konstantabtrag wird eine schnelle Beseitigung der risstiefengestörten Zone des Schleifprozesses erreicht. Mit dieser kinematischen Anordnung ist eine Beseitigung noch vorhandener mittelfrequenter Restfehler sehr gut möglich. Noch störende Restformabweichungen im niederfrequenten Bereich können ggf. in einem weiteren Korrekturpolierschritt beseitigt werden */Sond2014/*.

Eine Kombination aus Planschleifmaschine mit 3C-Verfahren (siehe Abschnitt 7.2) und einer Synchro-Speed-Planpoliermaschine (Bild 7.136 links) stellt eine sehr effektive Bearbeitungsmethode dar und ermöglicht relativ kurze Durchlaufzeiten. Beim Polieren von sphärischen Flächen (Bild 7.136 rechts) wird die Werkzeugspindel um einen berechneten Winkel gegenüber dem Werkstück angestellt, um konstante Relativgeschwindigkeiten zu erzielen.

Um einen **Konstantabtrag** zu erreichen, ist die sogenannte Werkzeugbelegung wichtig. Darunter sind die Berechnung der Poliermittelträgerverteilung und deren Anordnung auf dem Polierwerkzeug zu verstehen. Es wird versucht, diese aus der Bahnsimulation resultierende Belegung so zu gestalten, dass möglichst an allen Werkstückpunkten ein gleichmäßiger Abtrag während des Polierprozesses erfolgen kann. Somit wird beispielsweise an den Durchmesserbereichen des Werkzeuges, an denen eine höhere Schnittgeschwindigkeit zu erwarten ist (äußerer Bereich), weniger Poliermittelfläche vorgesehen (daher eine blütenförmige Struktur, siehe Bild 7.135). Eine ebenfalls wichtige Prozessgröße ist der Werkzeugverschleiß. Idealerweise sollte der Poliermittelträger gleichmäßig verschleißen, so dass die Werkstückgenauigkeiten über viele Bauteile ohne Abrichten erreicht werden können.

Bei dem **Syncro-Speed-Polierprozess** entstehen unterschiedlich strukturierte (meist „blütenförmige“) Poliermittelträgerstrukturen.

Wichtige Ziele des Synchro-Speed-Polierens sind:

1. ein gleichmäßiger Materialabtrag (Konstantabtrag),
2. ein gleichmäßiger Werkzeugverschleiß.

Für Bauteile mit großen Öffnungswinkeln ist dieses Ziel jedoch oft nicht erreichbar. Hier müssen zusätzlich die bereits genannten Prozessgrößen Druck, Drehzahl, Überstand und Drehzahlverhältnis individuell optimiert werden */Hamb2001/*.

Das Synchro-Speed-Polieren ist eine breit angewendete Poliertechnologie in Verbindung mit CNC-Poliermaschinen. In der Prozesskette wird dieses Verfahren zum Vor- und Feinpolieren optischer Funktionsflächen eingesetzt und stellt ebenso die Ausgangstechnologie für sich anschließende Korrekturpolierverfahren dar.

Integrierte Polierwerkzeugkorrektur

Auf plus.hanser-fachbuch.de finden Sie hierzu ein Video.

Konventionell erfolgt das Abrichten der Polierwerkzeuge mit Pelletformwerkzeugen. Beim Verfahren mit integrierter Polierwerkzeugkorrektur werden diese durch spezielle Ringwerkzeuge ersetzt. Zum Einsatz kommen überwiegend galvanisch gebundene Abrichtwerkzeuge, wobei der Abrichtprozess mit Unterstützung der Poliersuspension erfolgt.

Weiterhin erfolgt das **Abrichten** direkt in der CNC-Maschine auf einer zweiten Spindel, die das Formwerkzeug trägt (Bild 7.137). Doch der entscheidende Vorteil liegt bei diesem Verfahren in der direkten Korrektur des Polierwerkzeuges anhand des gemessenen Oberflächenfehlers am Werkstück. In der Verbindung mit einer Messeinrichtung können die Formabweichungen extern gemessen und direkt an die Maschine gegeben werden. Somit erfolgt aus dem Fehlerprotokoll die direkte Berechnung der Korrekturdaten für den weiteren Polierprozess, so dass das Polierwerkzeug in seiner Form entsprechend abgetragen werden kann.

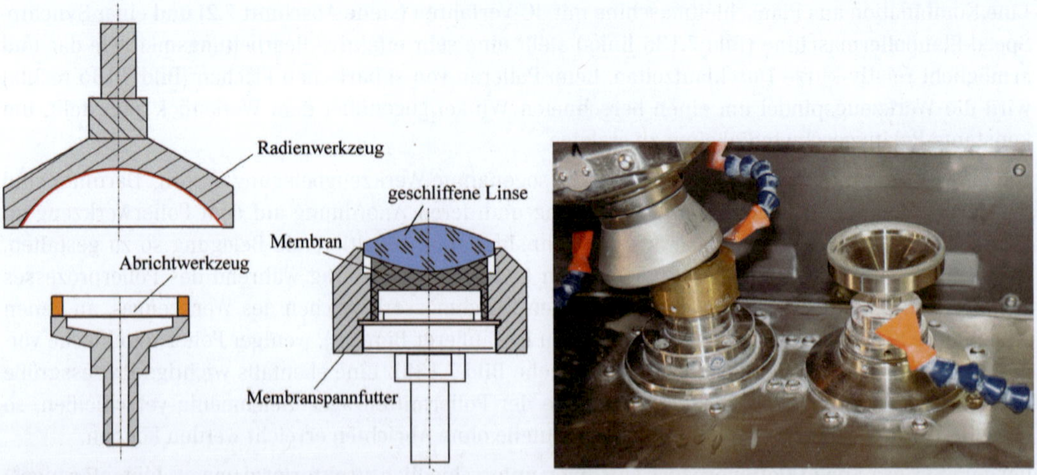

Bild 7.137 Anordnung zum integrierten Polierwerkzeugkorrekturverfahren: links) Anordnung der Spindeln */Pfaf2006/*, rechts) Arbeitsraum */Sati2007/*

Üblicherweise werden Poliermittelträger aus Polyurethan eingesetzt, meist in der Kombination mit Ceroxidpoliermittelsuspensionen. Zusammenfassend ist der Ablauf der einzelnen Prozessstufen zum Polieren einer sphärischen Linse nachfolgend aufgeführt:

Prozessstufe A:

- Abrichten des Werkzeuges; simultane Bewegung der X- und Z-Achse,
- Abrichtzyklus ca. 60 – 90 s,
- Ausfeuern (ohne Zustellung; Verweilzeit zur Materialentspannung),
- Abrichtwerkzeug ist ein galvanisch gebundenes Diamantwerkzeug.

Prozessstufe B:

- Vor- und Feinpolieren des Werkstückes,
- bewegt werden alle drei Achsen simultan,
- typische Polierzeiten liegen zwischen 3 und 6 Minuten, (abhängig von Größe und Härte des Glaswerkstoffes).

Prozessstufe C:

- Prüfen mit Interferometer,
- iterativer Prozess, Werkzeugkorrektur evtl. erforderlich und ggf. erneutes Polieren.

Für die Bestimmung der Nullpunktlage bzw. für die Achszuordnung von Werkstück und Werkzeug kann vorteilhafterweise das **Touch-Setting-Verfahren** (Nullpunktholen) eingesetzt werden. Dabei bewegt die Maschine beide Spindeln aufeinander zu, wobei sich nur eine Spindel dreht. Bei einer Berührung wird die zweite Spindel mitgeführt. Diese Bewegung wird von der Steuerung erfasst und der ermittelte Geometriewert als Nullpunkt festgelegt.

Polieren mit flexiblen großflächigen Werkzeugen

Dieses Verfahren wird in vielen Bereichen für das Polieren von **asphärischen Flächen** eingesetzt. Es erfolgt auf einer Maschine, welche in ihrer Kinematik einer sphärischen Maschine gleicht. Verwendung findet ein auf den **Best-Fit-Radius** (der einer Kugel am besten angenäherte Radius) gefertigtes sphärisches Polierwerkzeug. Das Größenverhältnis von Werkzeug zum Öffnungswinkel der Linse liegt in etwa bei 80 - 90 % */Pfaf2006/*. Um die asphärisch geschliffene Oberfläche polieren zu können, befindet sich zwischen Polierwerkzeuggrundkörper und Poliermittelträger eine flexible Zwischenschicht, die je nach Asphärenform mehrere Millimeter stark sein kann. Bild 7.138 veranschaulicht das Wirkprinzip.

Ein entscheidender Vorteil dieses Polierverfahrens besteht darin, dass mit großflächigen Polierwerkzeugen gearbeitet wird und die Maschinenkinematik im Wesentlichen der einer sphärischen Bearbeitung entspricht. Da mit einer großen Fläche poliert wird, ist der Polierprozess entsprechend schnell und effektiv. Darüber hinaus können vorliegende hochfrequente Schleiffehler sehr gut auspoliert werden.

Gleichzeitig werden die Spitzen im Oberflächenprofil großflächig wegpoliert. Der Abtrag kann beispielsweise für diese Verfahrenstechnologie insgesamt 15 - 20 µm betragen.

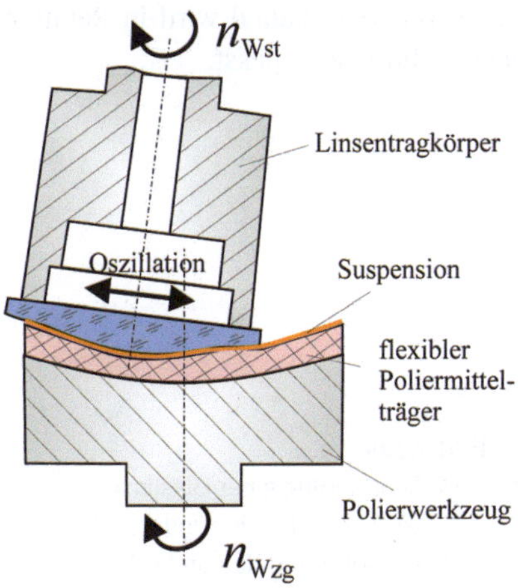

Bild 7.138
Darstellung der Anordnung des Polierens mit flexiblen und großflächigen Werkzeugen nach */Opto2007/*

Entsprechend der Anforderung an die Asphäre kann sich nach dem Polierprozess noch ein Feinkorrekturprozess anschließen. Das Verfahren wird hauptsächlich als Vorpolierstufe für asphärische Bauelemente, Freiformflächen oder für Polieraufgaben mit geringeren Formanforderungen, wie zum Beispiel Kontaktlinsen und Gleitsichtgläser, eingesetzt.

7.5.5.2 Polieren mit punkt- oder linienförmigem Werkzeugeingriff (zonale Politur)

Das Polieren mit punkt- oder linienförmigem Werkzeugeingriff wird hauptsächlich eingesetzt, wenn die zu polierende Form sich mit flächenförmigen Werkzeugen nicht bearbeiten lässt oder ein finaler Polierprozess erforderlich ist. Sehr oft werden solche Polierverfahren auch zum lokalen Korrigieren der Form eingesetzt. Bei diesen iterativen Verfahren, die sich durch ein abwechselndes Messen der Oberflächentopografie und einem folgenden Polierkorrekturprozessschritt auszeichnen, ist ein konstanter Werkzeug-Werkstück-Kontakt (**Footprint**) sehr wichtig. Somit sind konstante lokale Abtragsprofile eine wichtige Voraussetzung, um deterministische Formkorrekturen vornehmen und die hohen Formgenauigkeiten der Hochleistungsoptik erfüllen zu können.

MRF-Polieren

Unter dem Begriff **MRF-Polieren (Polieren mit Magneto-Rheologischem Fluid, Magneto-Rheological Finishing)** versteht man das Polieren mit einem magnetisierbaren Poliermedium. Die Bearbeitung erfolgt auf einer mehrachsigen CNC-Maschine. Ein wichtiges Einsatzgebiet des MRF-Verfahrens ist das Korrekturpolieren von Feinpassfehlern.

In Bild 7.139 ist das kinematische Grundprinzip dargestellt. Der Abtrag erfolgt durch eine Relativbewegung zwischen dem Werkstück und einer durch ein Magnetfeld geformten Polierflüssigkeit. Das Bild links veranschaulicht die Anordnung der erforderlichen Komponenten, wobei das Werkstück in einer definierten Entfernung zu einem rotierenden sphärischen Rad angeordnet und zum Rad bewegt wird. Für mittlere bis größere optische Bauteile kann diese Anordnung auch vorteilhafterweise umgekehrt werden. Das heißt, das rotierende Rad wird über die Glasoberfläche geführt und befindet sich in der oberen Position. Der mittig angeordnete Elektromagnet stellt ein Magnetfeld zwischen dem Transportrad und der Poliersuspension bereit. In der Maschine wird die Flüssigkeit auf das rotierende Rad gegeben und durch ein starkes Magnetfeld zu einer Wulst geformt, in die das Werkstück eintaucht. Sie besteht aus entionisiertem Wasser, dem Poliermittel und Eisenpulver. Das Bauteil wird in Rotation versetzt und die Geschwindigkeit entsprechend dem erforderlichen Abtrag angepasst.

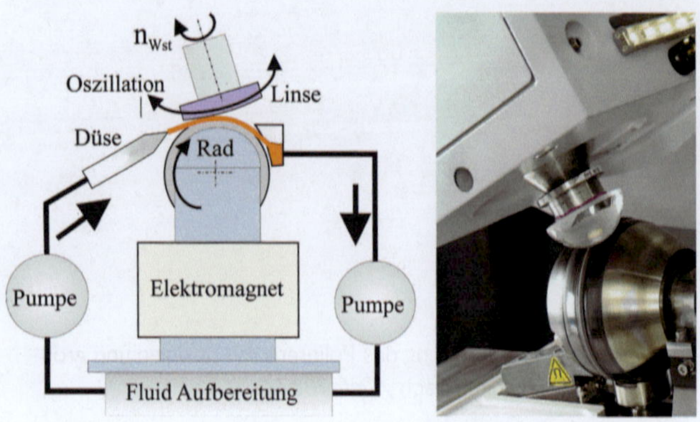

Bild 7.139
MRF-Bearbeitung einer Glaslinse */QED2021/*: links) Prinzipdarstellung, rechts) Anordnung Rad und rotierende Linse

Durch das Magnetfeld wird zum einen die Suspension an das Transportrad gezogen, zum anderen verändert die Suspension die Viskosität. Die Besonderheit des Verfahrens stellt die spezielle hochkonzentrierte MR-Poliersuspension dar, die aus weichmagnetischen Partikeln, Polierpulverpartikeln und einer Basisflüssigkeit besteht. Die weichmagnetischen Partikel in der Suspension erzeugen eine relativ steife Struktur, wodurch sich eine wulstartige Form der Suspension auf dem Rad ausbildet (Bild 7.140).

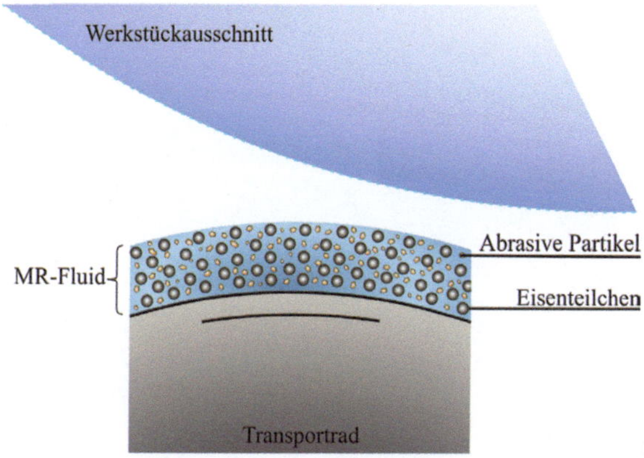

Bild 7.140
Darstellung des Wechselwirkungsbereiches (Werkzeug nicht im Eingriff)

Das Werkstück wird in dieses wulstartig entstehende Band eingetaucht. In der Wechselwirkungszone zwischen Werkstück und Polierrad ergibt sich ein zulaufender Spalt, wodurch ein geschertes Fluid erzeugt wird. Dieses staut sich in der aktiven Polierzone auf (Bild 7.141 links). Das angelegte Magnetfeld führt dazu, dass die magnetisierten Partikel eine kettenähnliche Struktur in Richtung des Magnetfeldes erzeugen.

Bei der Bewegung der Poliersuspension durch den Spalt zwischen dem Werkstück und dem Polierrad wird eine Scherkraft im Oberflächenkontaktbereich des Werkstücks erzeugt, wodurch das Material an der Oberfläche des Werkstücks abgetragen und eine Glättungszone erzeugt wird. Die Scherkraftwirkung entsteht hauptsächlich durch den sich ergebenden Druckgradient, verursacht durch die hohe Geschwindigkeit des Polierrades und der aufgestauten Poliersuspension vor der Kontaktzone (Bild 7.141 rechts). Das Wirkprinzip des MRF-Polierens basiert somit auf der Wirkung der Scherkraft und nicht auf der beim Polieren meist üblichen Normalkraftkomponente.

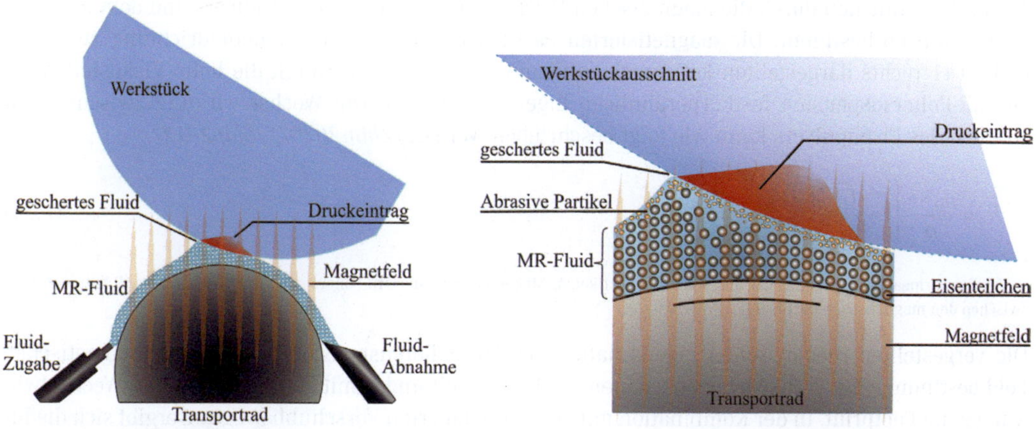

Bild 7.141 Darstellung des Wechselwirkungsbereiches (Werkzeug im Eingriff): links) Gesamtansicht, rechts) Ausschnittvergrößerung nach */QED2021/*

Durch dieses kinematische Wirkprinzip entsteht ein Quasi-Subaperturpolierprozess, der gleichzeitig den sich ergebenden linienförmigen Eingriff zwischen Polierwerkzeug und Werkstück und den daraus resultierenden Footprint beschreibt. Dieser Footprint ähnelt einer kometenförmigen Struktur (Bild 7.142).

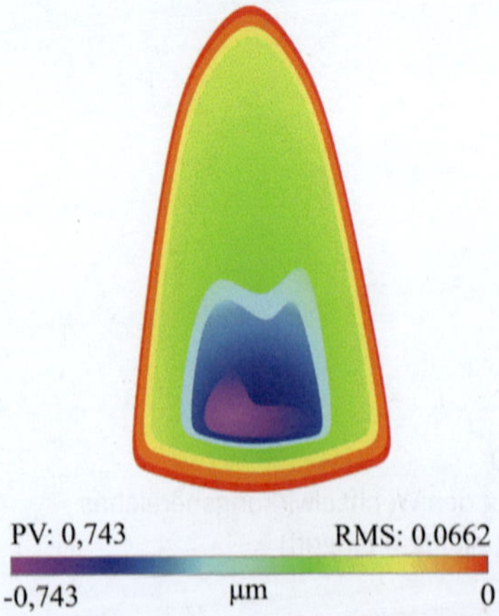

Bild 7.142
Darstellung eines typischen Footprints beim MRF-Polieren */QED2021/*

In */Zhan2020/* werden die Wirkung der Scherviskosität und der Kraftwirkung der Eisenpartikel beschrieben. Es wird zunächst davon ausgegangen, dass die MR-Poliersuspension einer Nicht-NEWTONschen Flüssigkeit entspricht und die Scherviskosität η sowie die Scherrate y durch die folgende Beziehung beschrieben werden kann:

$$\eta = k \cdot y^{n-1} \tag{7.28}$$

k Scherfaktor

Durch Logarithmieren von Formel 7.28 erhält man:

$$\log \eta = \log k + (n-1) \log y \tag{7.29}$$

Die sich ergebenden rheologischen Eigenschaften unter der Wirkung eines magnetischen Feldes werden im Wesentlichen durch die magnetischen Wechselwirkungen des Eisenpulvers und dem magnetischen Auftrieb bestimmt. Die magnetisierten Partikel werden in der Magnetfeldrichtung zu der in Bild 7.141 rechts dargestellten kettenartigen Struktur ausgerichtet. Durch die hohe Viskosität weist die MR-Poliersuspension festkörperähnliche Eigenschaften auf. Die Wechselwirkung zwischen den Teilchen des Eisenpulvers kann wie folgt beschrieben werden */Zhan2020/*, */Sidp2012/*:

$$F = \frac{\mu_0 \cdot \pi}{9} \left(\frac{r^2 \cdot C \cdot M}{R} \right)^2 \tag{7.30}$$

μ_0 Vakuumpermeabilität, *r* Radius der magnetischen Partikel, *M* Magnetisierung der MR-Poliersuspension, *C* Konstante, *R* Mittenabstand zwischen den magnetischen Partikeln

Die vorgestellten rheologischen Eigenschaften der MR-Poliersuspension unter einem magnetischen Feld bestimmen die Transporteigenschaften der Flüssigkeit und somit die kinematischen Wechselwirkungen im Footprint. In der Kombination mit einer überlagerten Vorschubbewegung ergibt sich die für den Prozess typische Oberflächenstruktur. Angewendet werden der Spiral- und der Rastermodus, um die Oberfläche mit dem Subaperturwerkzeug zu polieren. Die Eigenschaften des Poliermittels (Art, Partikelgröße und -form) sowie die Prozessparameter (Polierdruck und -fläche, Radgeschwindigkeit und resultierende Schnittgeschwindigkeit) haben direkten Einfluss auf die Polierleistung.

Die Zusammensetzung der MR-Poliersuspension kann je nach Anwendungsfall unterschiedlich gewählt werden. In */Zhan2020/* wird beispielhaft eine gewählte Zusammensetzung und Konzentration beschrieben (siehe Tabelle 7.52). Prinzipiell besteht die Suspension aus vier Hauptkomponenten, die das rheologische Abtragsverhalten im Polierprozess beeinflussen:

- Polierkorn
  - Kornfraktion mit spezifischer Kornverteilung und geringen Überkornanteilen,
  - spezielle Kornformen und hohe Abrasivbeständigkeit gegenüber den zu polierenden Materialien,
  - Diamant- Ceroxid- oder Aluminiumoxidpulver; meist in nanoskaliger Form,
- Trägerflüssigkeit
  - inerte oder nicht magnetische Flüssigkeit,
  - die Trägerflüssigkeit selbst soll eine geringe Eigenviskosität aufweisen und temperaturstabil sein, damit die Magnetfeld-induzierte Viskosität dominiert (meist entionisertes Wasser),
- Metallanteile
  - Partikel, welche sich schnell und leicht magnetisieren lassen,
  - Teilchengröße im Bereich von 1 – 7 Mikrometer,
  - sehr häufig sind dies Eisenpartikel, da diese eine hohe magnetische Sättigung aufweisen und sich damit eine stabile Strukturkette erzeugen lässt,
  - die Konzentration des Metallanteiles im MR-Fluid kann bis zu maximal 50 % betragen,
- Stabilisationszusätze
  - Einsatz von Stabilisatoren und Tensiden zur Beeinflussung der Oberflächenspannung,
  - Beeinflussung der Viskosität, Aufrechterhaltung der Reibung zwischen den Metallteilen, Reduzierung des Eindickens während Langzeitnutzung.

Tabelle 7.52 Zusammensetzung und Konzentration einer MR-Poliersuspension nach */Zhan2020/*

Komponente	Konzentration Gewichtsanteile (%)
Deionisiertes Wasser	48
Carbonyleisen	46
Natriumdodecylsulfat (SDS)	3
Diamantpulver (nanoskalig)	1
Natriumnitrat	1
Glycerin	1

Die Basisträgerflüssigkeit der MR-Polierflüssigkeit ist deionisiertes Wasser, das eine gute chemische Beständigkeit aufweist. Das Wasser kann im Polierprozess eine Hydrolysereaktion im grenznahen Bereich der Glasoberfläche erzeugen, wodurch die Si-O-Si-Struktur des Silicats aufgebrochen wird. Gleichzeitig haben die magnetischen Partikel und die Polierpartikel den Effekt des mikromechanischen Abtrages. Somit werden beim MRF-Polieren sowohl eine chemische Reaktion als auch eine mechanische Wirkung gleichzeitig hervorgerufen (siehe auch Abschnitt 7.6.1). Als magnetisches Material wird Carbonyleisen mit einer Partikelgröße kleiner 5 µm verwendet. Carbonyleisen ist ein hochreines Eisenmaterial, welches durch die Zersetzung von Eisenpentacarbonyl entsteht. Als Polierkorn können Ceroxide (CeO), Aluminiumoxid (Al_2O_3) und Diamantpulver zum Einsatz kommen. Um sehr hohe Oberflächengüten zu erzielen, werden oft nanoskalige Poliermittel verwendet. Zusätze wie oberflächenaktive Mittel, z. B. Natriumdodecylsulfat (SDS), Natriumnitrat und Glycerin, führen zu einer Erhöhung der Oberflächenenergie in der Polierzone. */Zhan2020/*

Hinsichtlich der Optimierung der erreichbaren Abtragsraten und der Oberflächenrauheit werden unterschiedliche Suspensionen verwendet. Prinzipiell können Mikrorauheiten von < 1 nm RMS an den meisten Materialien mit Standard-MRF-Suspensionen und 0,5 nm RMS mit speziellen MRF-Suspensionen erzielt werden. Ultrapräzisionsanwendungen erlauben sogar Mikrorauheiten < 0,1 nm RMS. Auf weiterführende Hinweise sei an dieser Stelle auf */QED2021/* verwiesen.

Bild 7.143 veranschaulicht den iterativen Verfahrensablauf für den MRF-Polierprozess. Die messtechnische Bewertung der asphärischen Oberflächen während und am Ende des Polierprozesses wird interferometrisch mit einem computergenerierten Hologramm (CGH) durchgeführt. Diese Messtechnik ist einerseits hochgenau, andererseits aber relativ kostenintensiv und muss für jede Asphärenform angefertigt werden. Eine flexible Lösung bietet beispielsweise die SSI- Technologie (Subaperture Stitching Interferometry) */QED2021/*. Durch die messtechnische Ermittlung und Kenntnis des Formfehlers kann der Bereich des erforderlichen Nachpolierens sehr genau bestimmt bzw. eingegrenzt werden. Damit lassen sich sowohl die erreichbare Formgenauigkeit als auch die erforderliche Polierzeit optimieren.

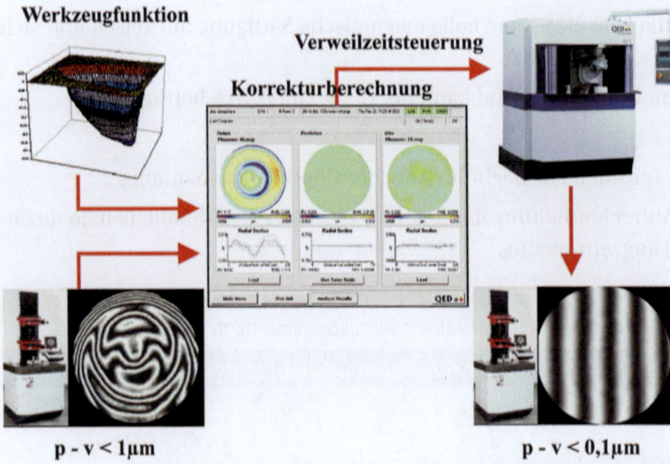

Bild 7.143
Verfahrensablauf beim MRF-Polieren */Schn2006/*

Eine Voraussetzung für die Berechnung der erforderlichen Bahndaten und der Abtragsprofile ist die Kenntnis der Werkzeugfunktion. Die Werkzeugfunktion ist die dreidimensionale Abbildung des Footprints entsprechend der Polierparameter und der Glaseigenschaften (siehe Bild 7.143 oben links). Mit dieser Funktion und der Kenntnis der Istoberfläche kann eine Korrekturberechnung vorgenommen werden, die bestimmt, wie viel Material von der Istoberfläche noch abzutragen ist, um sich der Sollgeometrie bestmöglich anzunähernd. Aus dieser Rechnung erfolgt eine Zuordnung des erforderlichen Abtragsprofils auf der Istoberfläche in Form einer Verweilzeitfunktion. Dadurch wird an dem Ort auf der Linsenoberfläche, an dem mehr abgetragen werden muss, die Vorschubgeschwindigkeit verringert und an jener Stelle, an der der Abtrag nur gering sein darf, die Vorschubgeschwindigkeit erhöht.

Aus den diskutierten Verfahrensgrundlagen ergeben sich für die Anwendung des MRF-Polierens folgende Vorteile */QED2021/*:

- hohe Prozesssicherheit und Wiederholbarkeit durch festgelegten/deterministischen Polierprozess mit kontrollierten Größen,
- komplexe Oberflächengeometrien (bis hin zu Asphären und Freiformoptiken), aber auch plan, sphärisch, zylindrisch etc.,

- Hochleistungsanwendungen durch sehr präzise Bearbeitung und geringe Mikrorauheiten,
- geringe Krafteinwirkung durch minimalen Normalkrafteinfluss führt zusätzlich zu einer schonenden und präzisen Bearbeitung von optischen Komponenten,
- geringer Temperatureintrag.

Nachfolgend werden ausgewählte Anwendungen des MRF-Polierens vorgestellt. Das Aspherisieren aus einer Best-Fit-Sphäre ist für bestimmte Asphärenformen aufgrund der hohen Abtragsraten, die bis zu 30 Mikrometer pro Minute betragen können, bereits möglich */QED2021/*.

Gelingt es, dies mit dem MRF-Verfahren umzusetzen, dann können Prozessschritte wie beispielsweise das mechanische Feinpolieren substituiert werden. Nach */QED2021/* besteht somit die Möglichkeit, die Asphäre direkt aus einer Vorstufe mit einer Best-Fit-sphärischen Oberfläche zu erzeugen. Realisierbar wird dies durch das Verwenden von größeren Raddurchmessern und größeren Korndurchmessern. Hier sollte jedoch von Fall zu Fall anhand der Prozesszeiten verglichen werden, ob sich diese technologische Folge als wirtschaftlich erweist.

Nachgelagert kann bei Bedarf ein Korrekturpolieren erfolgen, wenn höhere Genauigkeiten gefordert sind. Bild 7.144 illustriert eine Asphäre, die mit dem MRF-Verfahren poliert wurde.

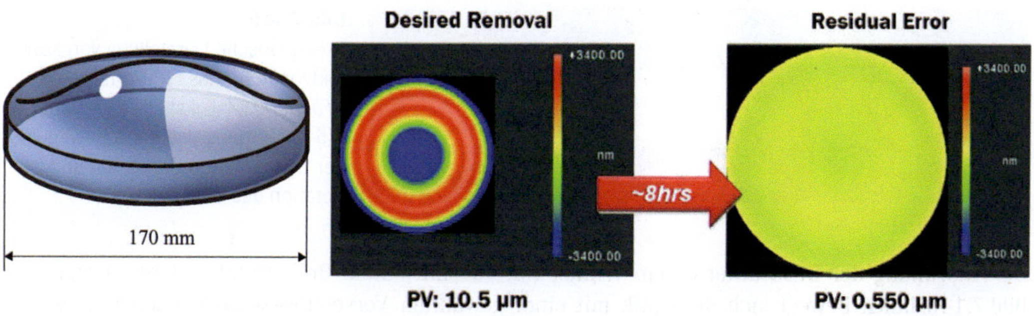

Bild 7.144 Generieren einer Asphäre aus einer Best-Fit-Sphäre: links) Asphärenform, rechts) erreichbare Formgenauigkeit nach dem Korrekturpolieren */QED2021/*

Typischerweise lassen sich optische Oberflächen in einem Bereich von 3 – 5 Angström polieren. Durch Verwendung spezieller MRF-Poliersuspensionen sind solche Mikrorauheiten erreichbar */QED2021/*.

Neben den beschriebenen Gläsern können auch andere Materialien mit dem MRF-Verfahren poliert werden. Es können beispielsweise Pressstempel aus Wolframcarbid für das Präzisionsblankpressen (siehe Kapitel 6) poliert werden. Die Stempel können dahingehend korrigiert werden, dass die Mikrorauheit, die mittleren Ortsfrequenzen und die Abbildungsfehler stark reduziert werden.

Für große Werkstücke ist eine Anordnung des Polierradwerkzeugs über dem Bauteil vorteilhafter. Dabei wird das Bauteil stationär aufgenommen und die Vorschubbewegung erfolgt durch die Führung und Bewegung des Polierrades. In solch einer kinematischen Anordnung können mit der MRF-Politur auch größere Spiegel und Spiegelelemente bearbeitet werden.

Fluid-Jet-Polieren (FJP)

In Analogie zum bereits beschriebenen Wasserstrahlabrasivschneiden (Abschnitt 7.1.2.3) wird bei diesem Polierverfahren ein Poliersuspensionsstrahl auf die Glasoberfläche gerichtet und ein Abtrag erzielt. Allerdings kann im Verfahrensvergleich beim Polieren mit einem wesentlich kleineren Druck gearbeitet werden, um eine Politur auf der Glasoberfläche zu erreichen. Eine Pumpe fördert die Suspension zu einer Bearbeitungsmaschine, wobei eine Düse den Strahl formt und auf die Oberfläche leitet. In */Fähn2003/* wird auf einen Düsendurchmesser von 1 – 2 mm hingewiesen und ein Druck im Bereich von 2 – 15 bar angeführt. Der Materialabtrag wird durch die kinetische Energie der Abrasivteilchen bewirkt. Der Abtrag erfolgt durch ein plastisches und duktiles Ablösen von Materialpartikelchen in den oberflächennahen Schichten. Durch chemische Zusätze ist prinzipiell auch ein CMP-Prozess möglich. Die sich ergebende Kontaktzone in der Werkzeug-Werkstück-Wechselwirkungszone wird einerseits durch den Querschnitt der Düse und andererseits durch die Bewegung der Düse bestimmt. Bild 7.145 zeigt drei verschiedene Footprints, die in der Praxis erprobt wurden.

Die erreichbare Abtragsrate ist auch bei diesen Verfahren eine Funktion der Größe, Geschwindigkeit, Konzentration und Poliermittelart sowie der Materialeigenschaften des Werkstückes. In */Fähn2003/* werden typische Abtragsraten von 1 µm pro Minute für die Verwendung von Poliersuspension mit 10 % SiC-Anteil (mittlerer Korndurchmesser 7 µm) für den Werkstoff BK7 angegeben. Die Oberflächenqualitäten erreichen RMS-Werte im Bereich zwischen 2 – 5 nm. Eine entsprechende Prozessgestaltung erlaubt es, diese Verfahrensmethode einerseits zum Auspolieren feingeschliffener Oberflächen und andererseits zum lokalen Formkorrigieren einzusetzen. Allerdings lassen die vielen komplexen Einflussgrößen des Verfahrens gegenwärtig nur eine begrenzte Anwendung zu.

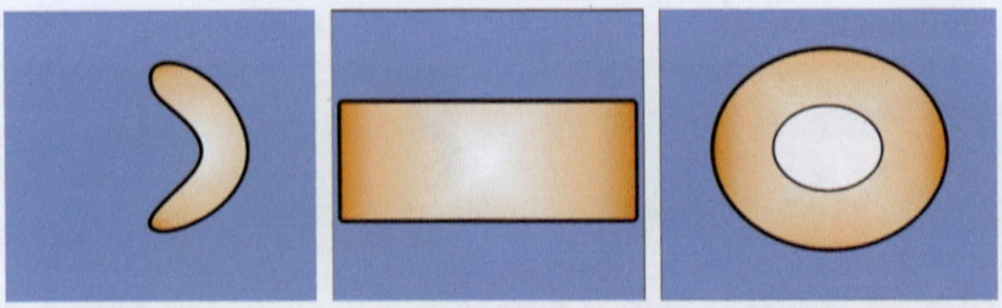

Bild 7.145
Exemplarische Darstellung von Kontaktzonen für das FJP-Verfahren */Fähn2003/*: links) Düse stationär (45°), Mitte) oszillierende Bewegung der Düse, rechts) Oszillation und Rotation des Werkstückes

Die Anordnung der Düse unter einem Winkel von 45° mit einem Breitstrahlprofil veranschaulicht Bild 7.146 links. Bewegt sich die Optik mit einer gewählten Vorschubgeschwindigkeit relativ zum Abrasivstrahl ergibt sich ein bogenförmiger Footprint entsprechend der Darstellung im rechten Bild.

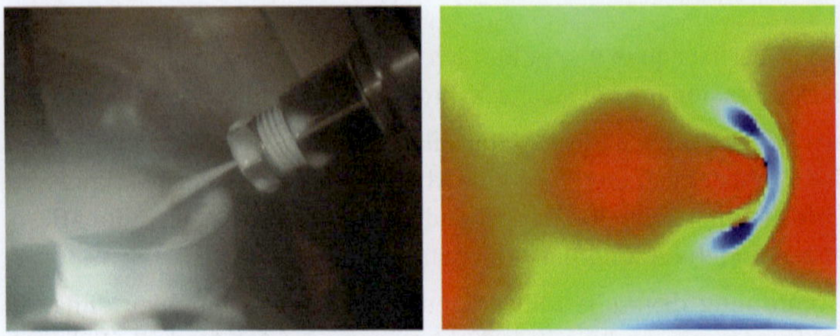

Bild 7.146
Darstellung eines Breitstrahlprofils für das FJP-Verfahren */Fähn2021/*: links) fotografische Darstellung der Wechselwirkungszone, rechts) Darstellung des sich ergebenden Footprints

Für die Erzeugung des Abrasivstrahls ist ein Modul bestehend aus einem Vorratstank mit Rührwerk, einer Pumpe sowie einer speziellen Düse erforderlich. Diese Spezialdüsen (meist mit Laval-Geometrie) erzeugen einen relativ parallelen Strahl über längere Distanzen. Durch die Integration in mehrachsige Poliermaschinen (Bild 7.147) können auch Asphären und Freiformen mit dem FJP-Verfahren bearbeitet werden. Bei diesem Verfahren werden hohe Anforderungen an die Achspositioniergenauigkeit der CNC-Poliermaschinen gestellt. Eine gezielte Kontrolle der Formabweichung kann über eine sogenannte Verweilzeitsteuerung des Werkzeuges vorgenommen werden.

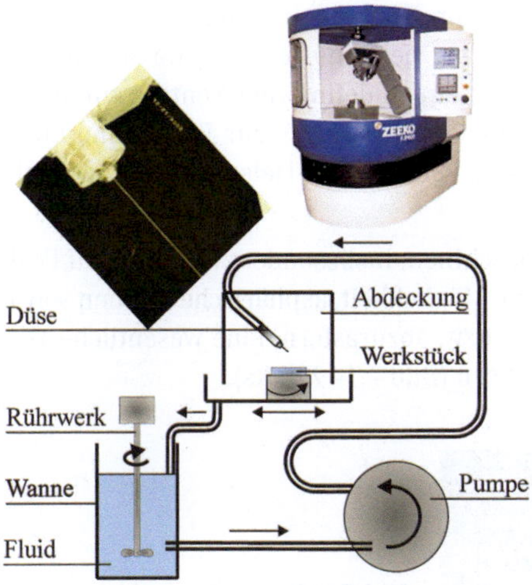

Bild 7.147
Integration eines FJP-Moduls in eine Polierroboteranlage der Firma Zeeko */Fähn2021/*

Um die lokalen Krümmungsänderungen von asphärischen Formen bearbeiten zu können, werden auch sehr oft anpassungsfähige **Subaperturwerkzeuge** (sehr klein im Vergleich zur Werkstückfläche) eingesetzt. Kleinste Strahldurchmesser können bis minimal 120 µm (FWHM) betragen.

In Bild 7.148 ist eine Werkzeugfunktion für einen Strahldurchmesser mit 0,6 mm (FWHM) in der Simulationsdarstellung gezeigt. Typischerweise ergibt sich bei dieser Werkzeugfunktion (der Strahl trifft ohne Vorschubbewegung auf die Werkstückoberfläche) eine sogenannte Donutverteilung. Mit dieser Werkzeugfunktion wurde in */Fähn2010/* ein Testglas (BK7) mit einem Radius von 13,145 mm im Rastermodus bearbeitet. Der PV-Wert des Testglases konnte von 0,24 µm auf 0,12 µm halbiert werden.

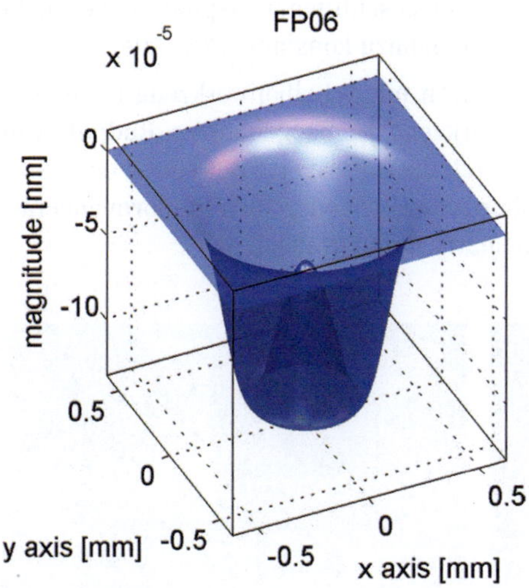

Bild 7.148
Simulation einer Werkzeugfunktion mit einem Strahldurchmesser von 0,6 mm (FWHB) */Fähn2010/*

Beim **Aktiv-Fluid-Jet-Polierverfahren**, Bild 7.149 rechts, wird ein Poliermittelträger durch einen Flüssigkeitsstrahl auf die Oberfläche gepresst und in der Wirkbewegung des Trägers und der Suspension ein Abtrag an der Glasoberfläche erzielt. Der Vorteil dabei ist, dass nicht der Abrasivstrahl, sondern der Poliermittelträger als Werkzeug fungiert. Dies kann zum Beispiel ein Zylinder aus Polyurethan sein oder jedes andere aus der modernen Optikbearbeitung bekannte Prinzip. Da ständig ein Polierdruck anliegt, befindet sich das Polierwerkzeug immer in einem definierten Kontakt zur Werkstückoberfläche. Das Ziel ist wiederum die Verbesserung des Rauheitswertes zur Erreichung einer hohen Transparenz sowie die Beseitigung von mittelfrequenten Fehlern und Tiefenschädigungseffekten der vorangegangenen Schleifbearbeitung.

Mit der Entwicklung von sehr präzisen CNC-Bearbeitungsmaschinen, insbesondere in Bezug auf Positioniergenauigkeiten und die Maschinensteifigkeit, besteht die Möglichkeit, asphärische Flächen sowie Freiformflächen mit speziellen Polierwerkzeugen abzufahren bzw. abzurastern. Eine wesentliche Voraussetzung ist eine simultane Bearbeitung mit mehreren Achsen (Bild 7.149 links).

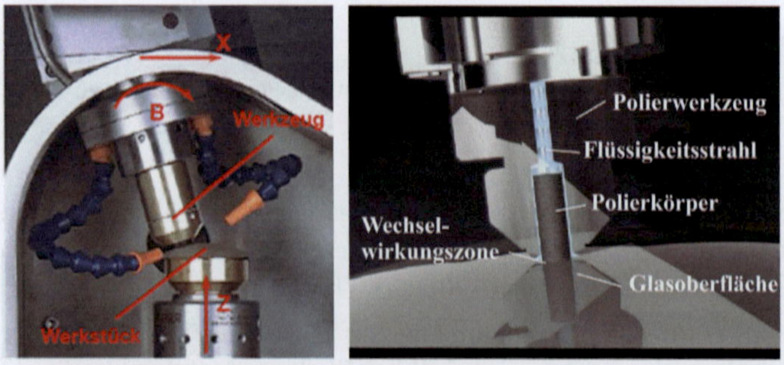

Bild 7.149
Werkzeuganordnung und kinematische Verhältnisse beim Polieren asphärischer Oberflächen: links) Polieren mit topografischem Werkzeug */Schn2006/*, rechts) Aktiv-Fluid-Jet-Polieren */Opto2007/*

Für die Freiformflächenbearbeitung muss die Geometrie in Form einer Punktewolke vorliegen. Die Punktewolke wird in ein CNC-Bearbeitungsprogramm integriert. Die Werkzeugbewegung beschreibt dann i. d. R. einen rasterförmigen bzw. mäanderförmigen Weg. Das Polieren wird mit einem kugelförmigen Werkzeug durchgeführt und hat den wesentlichen Vorteil eines sehr effektiven bzw. gerichteten Abtrags. Entscheidend hierbei ist, dass die Oberflächenform der geschliffenen Asphäre dabei nicht mehr verändert wird, der Abtrag bleibt über die gesamte Fläche nahezu konstant */Pfaf2006/*.

In Analogie zu den beschriebenen asphärischen Schleifverfahren mit Scheibenwerkzeug kann statt des Diamantscheibenwerkzeuges auch ein spezielles Polierwerkzeug zum sogenannten **Radpolieren** in einem mehrachsigen Polierzentrum eingesetzt werden. Durch die überlagerte Bewegung der translatorischen und rotatorischen Achsen kann quasi eine asphärische Form oder auch Freiform abgerastert werden. Bild 7.150 stellt die Verfahrensanordnung schematisch und grafisch dar.

Bild 7.150 Anordnung zum Radpolieren von asphärischen Flächen */Opto2007/*: links) kinematisches Wirkprinzip, Mitte) Polierwerkzeug, rechts) Werkzeugkontaktzone

Eine ebenfalls sehr universell und flexibel einsetzbare Poliermethode für asphärische Formen und Freiformflächen ist das **roboterunterstützte Polieren** (Tabelle 7.53). Der Einsatz eines Knickarmroboters ermöglicht eine sehr gute Werkzeugzugänglichkeit. Die Aufteilung der insgesamt sieben erforderlichen Achsen erfolgt hierbei

- werkstückseitig: X,Y, Z und C,
- werkzeugseitig: A, B und Antriebsachse des Polierwerkzeuges (C′).

Tabelle 7.53 Anordnungsvarianten des Roboterpolierens von asphärischen Formen und Freiformen /Sati2007/

Polieren auf Spiralbahn	Polieren durch Rastern
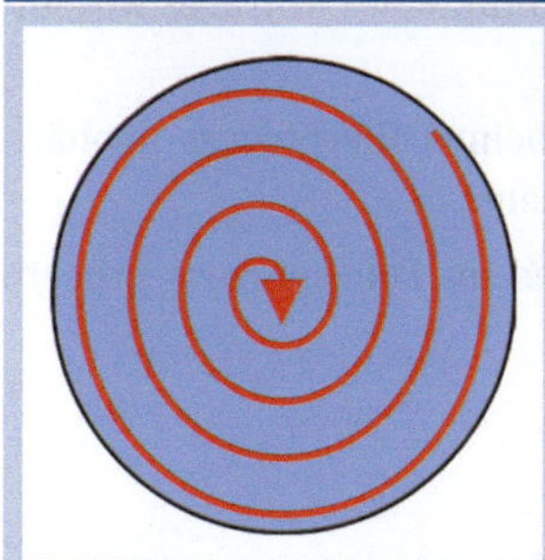	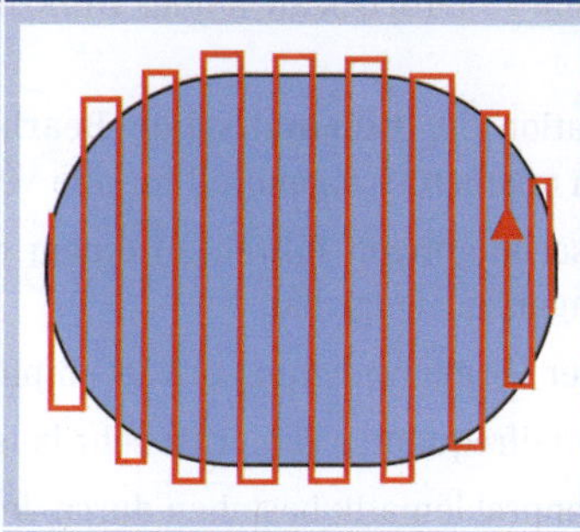
Achsbewegung: C, A, X und Z	Achsbewegung: A, B, X, Y und Z
Formen: ▪ Asphären ▪ Toren	Formen: ▪ Asphären ▪ Toren ▪ Freiformen

Als Polierwerkzeug wird ein **Polierbonnet** (Polierhaube) eingesetzt, dass mit einem wählbaren Polierdruck gegen das Werkstück gedrückt wird. Der Vorteil gegenüber dem MRF-Verfahren besteht darin, dass konventionelle Poliermittelträger (z. B. PU-Polierfolien) und Ceroxidsuspensionen eingesetzt werden können.

In Verbindung mit einer Oberflächentopografiemessung und entsprechendem Softwaretool ist das Verfahren auch für das deterministische Polieren anwendbar.

Aus den kinematischen Verhältnissen lassen sich zwei prinzipielle Methoden ableiten:

1. Methode: C-Achse dreht das Werkstück, und Polierwerkzeug bewegt sich vom Rand über die Mitte des Werkstückes (beispielsweise mit Werkstückdrehzahl: $n = 800\,\text{min}^{-1}$ und Werkzeugdrehzahl: $n = 797\,\text{min}^{-1}$ (kleine Differenz um Überlagerungseffekte zu vermeiden)).
2. Methode: Rasterverfahren; C-Achse ohne Bewegung, das Polierwerkzeug wird mäanderförmig über die gesamte Bauteilfläche geführt. Wesentlich höhere Bearbeitungszeit im Vergleich zur ersten Methode.

Entscheidend für den **kontinuierlichen Abtrag** ist wiederum der gewählte Kontakt zwischen Werkzeug und Werkstück. Es wird nicht in der Mitte des Polierbonnets gearbeitet, da in dieser Position die resultierende Drehzahl gegen Null geht, sondern auf der Fläche des Werkzeuges, wobei die Position in Verbindung mit dem Polierdruck auch über Werkzeugverschleiß und Kontinuität des Abtrages wesentlich entscheidet.

Aus der Konstellation der **kinematischen Bearbeitungsverhältnisse** beim Polierprozess asphärischer Oberflächen ergeben sich generell für alle Verfahren folgende Probleme:

- größere Tiefenschädigungen führen zu einem hohen Polierabtrag, was im Polierprozess größere Formabweichungen zur Folge hat,
- die Korrektur der Formabweichung erfolgt empirisch und iterativ,
- die Glättung mittelfrequenter Fehler ist sehr langwierig,
- Rand- und Mittenproblematik bestehen durch den lokalen Polierprozess.

Die nachfolgenden Abbildungen illustrieren exemplarisch Bearbeitungsergebnisse des Polierprozesses (Bild 7.151 und Bild 7.152).

Bild 7.151
Polierte asphärische Linsenoberfläche
/Scho2006/

Um hohe Formgenauigkeiten für die Herstellung von asphärischen Flächen zu erhalten, ist die mathematische Beschreibung der Asphärengleichung sowie die datentechnische Umsetzung in die Steuerung der Bearbeitungsmaschine eine grundlegende Voraussetzung. Das nachfolgende Beispiel zeigt eine gefertigte Asphäre nach dem Vorpolierprozess. Sehr oft wird die Linsenform für kleinere Stückzahlen taktil vermessen. Dieser messtechnische Aufwand ist in vielen Fällen ausreichend, liefert aber keine Formabweichungen über das gesamte Bauelement. Die dafür erforderliche interferometrische Bewertung ist sehr aufwendig und oftmals nur sinnvoll für sehr hochwertige Bauelemente sowie für die Herstellung von mittleren bis großen Stückzahlen.

Bild 7.152
Bearbeitungsergebnis des Vorpolierens einer asphärischen Linse */Asph2007/*

Die Anforderungen an optische Bauelemente können sehr unterschiedlich sein. Für viele Bearbeitungsaufgaben reichen die bisher diskutierten Polierverfahren aus. Eine Reihe von Anwendungen, insbesondere der Hochleistungsoptik, erfordern aber Poliermethoden, die in weiteren Polierschritten die noch bestehenden Oberflächenabweichungen verringern. Man spricht von den Verfahren des Korrekturpolierens.

7.5.5.3 Interferometrische Prüfung von Asphärenoberflächen mittels computergenerierter Hologramme

Die Prüfung von planen und sphärischen Oberflächen im an- und polierten Zustand wird vorzugsweise mit Interferometeranordnungen nach Fizeau durchgeführt (vgl. Kapitel 2). Ein frequenzstabiler Laser erzeugt ein kollimiertes Strahlenbündel, welches von einem Strahlteiler in ein Objektiv reflektiert wird. Die durch das Objektiv und eine Referenzfläche hindurchgehende Welle wird als Messwelle von der zu prüfenden Oberfläche reflektiert. Beide Wellen interferieren und werden über den teildurchlässigen Strahlteiler und eine Abbildungsoptik in einer CCD-Kamera abgebildet.

Durch die Differenz von Mess- und Referenzstrahl kann im Interferogramm die Abweichung der Prüfoberfläche von der hochgenauen Referenzfläche sichtbar gemacht werden.

Gegenüber dem Twymann-Green-Interferometer sind Mess- und Referenzstrahl bei einem Fizeau-Interferometer über längere Strecken unveränderlich (Common-path-Prinzip), was zu genaueren Messergebnissen führt und zusätzlich weniger anfällig gegen Erschütterungen ist */Loef2020/*.

Im Gegensatz zu planen und sphärischen Prüfflächen können asphärische Flächen ohne zusätzliche Maßnahmen mit dem geschilderten interferometrischen Messverfahren nicht genau genug gemessen werden. Hierfür ist es erforderlich, dass die Objektwelle in die gleiche Form wie die zu prüfende Oberflächenform transformiert wird.

Meistens wird diese asphärische Objektwelle heute durch computergenerierte holografische optische Elemente (CGH) bereitgestellt. Um verschiedene asphärische Formen prüfen zu können, muss für jede spezielle Asphärenform ein individuelles CGH gefertigt werden. In Bild 7.153 ist die prinzipielle Wirkungsweise eines CGHs mit integrierter Fizeau-Referenzfläche in einem Interferometeraufbau vereinfacht dargestellt. Das CGH beugt die vom Laser ausgesendete ebene Welle in eine an die Prüfoberfläche individuell angepasste asphärische Wellenfront um. Nach erfolgter Reflexion an der Prüflingsoberfläche und einem erneuten Durchlaufen durch das CGH wird diese Welle wieder in eine ebene Welle gebeugt. Beide quasi ebenen Wellenfronten (Referenzwelle und Messwelle) können, bei Erfüllung der Interferenzbedingung, interferieren.

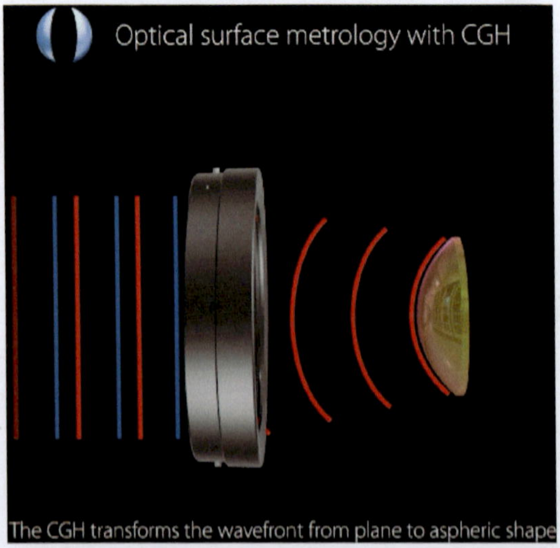

Bild 7.153
Funktionsweise eines CGHs nach */diop2021/*

Bereits sehr kleine Abweichungen der Oberflächenform von der Referenzform lassen sich als Abweichung im Interferometerbild der CCD-Kamera detektieren. Die Berechnung und Bereitstellung von verschiedenen CGHs ermöglicht es, eine große Vielfalt von Oberflächentypen zu prüfen, wie z. B. On-Axis- und Off-Axis-Asphären, Zylinder, Toroide und Freiformflächen. Die typische Messgenauigkeit, die beispielsweise mit CGHs der Firma DIOPTIC GmbH erreicht wird, liegt im Bereich $\lambda/10$ - $\lambda/20$ (PV) */diop2021/*. Kommt eine Ionenstrahl-Bearbeitung (Abschnitt 7.5.5.2) für die CGH-Strukturierung zum Einsatz, sind Messgenauigkeiten bis $\lambda/50$ erreichbar.

Für die Prüfung von Asphären mit CGHs kann prinzipiell in Diffraktive Null-Linsen (DNL) oder Diffraktive Fizeau-Null-Linsen (DFNL) unterschieden werden. Asphärische Bauelemente mit schwachen bis mittleren Oberflächenkrümmungen können vorteilhaft mit der DFNL-Technologie geprüft werden. Hierfür wird das CGH-Design mit einer Ebenheit von $\lambda/10$ (PV) oder besser direkt auf Präzisionssubstrate aus Quarzglas übertragen. Da diese Präzisionsplanfläche gleichzeitig die Referenzfläche für das Interferometer liefert, kann auf ein zusätzliches optisches Bauelement verzichtet werden. Die erforderliche mechanische Stabilität zum Messen mit einer DFNL kann bis zu einem Durchmesser von 230 mm durch entsprechende Substratdicken bis 24 mm garantiert werden. Asphärische Oberflächen, die aufgrund ihrer starken Krümmung nicht mit einer DFNL geprüft werden können, werden in diesem Fall mit einer DNL geprüft. In der DNL-Anordnung wird mit einer Kombination aus computergeneriertem Hologramm und einem Interferometerobjektiv geprüft. Im Unterschied zu der DFNL-Methode wird nicht die ebene Welle des Interferometers moduliert, sondern eine sphärische Welle, welche vom Interferometerobjektiv erzeugt wird. Diese Wellenfront besitzt bereits eine angenäherte Form (best fit) zu der benötigten asphärischen Wellenfront. */diop2021/*

Um einen ausreichenden Kontrast des Interferogramms zu erhalten, dürfen sich die Intensitäten der Mess- und Referenzwellenfront auf dem CCD-Chip nicht zu stark unterscheiden. Hierbei sind die Intensitäten der Beugungsordnungen mit Bezug auf die Reflexionskoeffizienten der Prüflingsoberfläche entscheidend. Das Erzeugen der diffraktiven Strukturen erfolgt durch ein Laserdirektschreibverfahren, zum Beispiel mit einem Circular Laser Writing System (CLWS), das das Einbringen der erforderlichen zirkularen und linearen diffraktiven Strukturen ermöglicht. Es können Strukturen mit Durchmessern bis 300 mm mit absoluter Genauigkeit von 100 nm in die Substrate eingebracht werden. In Bild 7.154 ist die 3D-Darstellung eines laserstrukturierten Amplituden-Phasen-CGHs dargestellt.

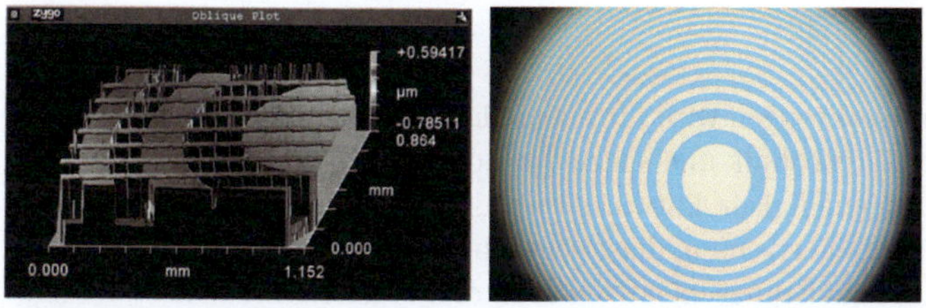

Bild 7.154
Darstellung der Strukturen eines CGHs: links) 3D-Darstellung des zentralen Teils des Amplituden-Phasen-CGHs */Asfo2006/*, rechts) zirkulare diffraktive Strukturen */diop2021/*

Das komplett gefasste CGH und dessen Integration in den Interferometeraufbau illustriert Bild 7.155.

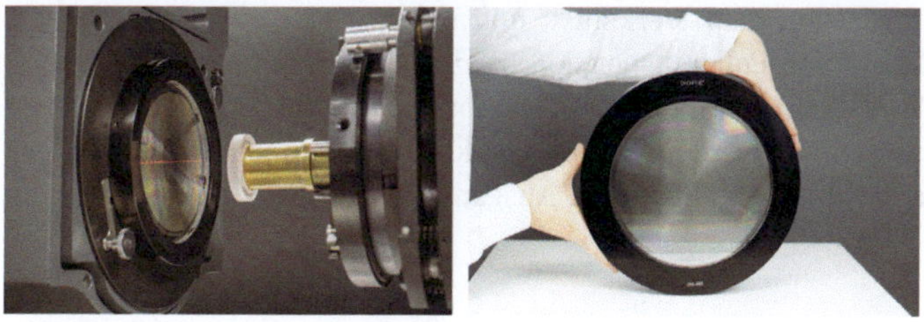

Bild 7.155
Messung mit DNL: links) DFNL CGH im Interferometer und zugehörigen Prüfling, rechts) Ansicht und Größendarstellung einer DNL */diop2021/*

Auf Basis des optischen Designs einer Asphäre und einem entsprechenden Softwareprogramm wird für die jeweilige Asphärenform eine diffraktive Struktur berechnet und in das Präzisionssubstrat mit dem CLWS-Verfahren geschrieben.

Für große konvexe Linsenoberflächen mit besonderen Krümmungsradien lassen sich häufig keine passenden Transmission-Sphere-Interferometerobjektive finden. DIOPTIC stellt daher regelmäßig spezifisch angepasste „Diffractive-Transmission-Sphere"-CGHs (DTS) zur Prüfung dieser Oberflächen her. Mithilfe eines Random-Ball-Tests */Wenr2010/* können diese DTS-CGHs sehr gut kalibriert werden. Die hier gezeigte Wellenfrontmessung weist einen systematischen Wellenfrontfehler von 6,2 nm (rms) auf (Bild 7.156). Dieser Wert ist typisch für das Testen von Asphären. Nach Kalibrierung mithilfe dieses Tests können mit DTS-CGHs Messunsicherheiten von $\lambda/50$ (PV) und besser erreicht werden.

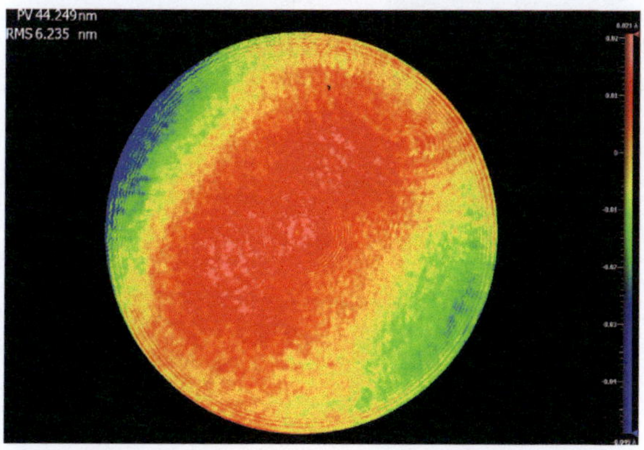

Bild 7.156
Messergebnis eines DTS-CGHs */diop2021/*

Zu weiteren Informationen in der Anwendung und zum Einsatz von DFNL und DNL sei auf */diop2021/* verwiesen.

7.5.6 Korrekturverfahren

Die Bearbeitung mit kleinen zonalen Werkzeugen wird für manuelle Korrekturprozessstufen verwendet und in Verbindung mit optischer Messtechnik und speziellen Softwaretools auch für das Polieren mit hohen Anforderungen an die Formgenauigkeit. Entwickelt wurde dieser Prozess insbesondere für die Hochleistungsoptik. Erst durch die Beherrschung dieses Verfahrens konnten die hohen Anforderungen an die Formabweichung von Hochleistungsobjektiven auch reproduzierbar realisiert werden.

7.5.6.1 CCP-Verfahren

Beim **CCP-Verfahren (Computergesteuertes Polieren, Computer-Controlled Polishing)** erfolgt der Abtrag durch die Relativbewegung zwischen dem Werkstück und einem verhältnismäßig kleinen, rotierenden Polierwerkzeug unter Zufuhr von Poliersuspension (Bild 7.157). In der Maschine rastert das Werkzeug mäanderförmig das Werkstück ab (Bild 7.158). Der Abtrag wird auch hier über die Verweilzeit gesteuert. Als Bearbeitungsmaschinen werden für Rundoptiken oftmals Roboter und für Planoptiken CNC-Maschinen mit Computersimulation eingesetzt. Ausgangspunkt des CCP-Verfahrens ist eine bereits polierte Oberfläche.

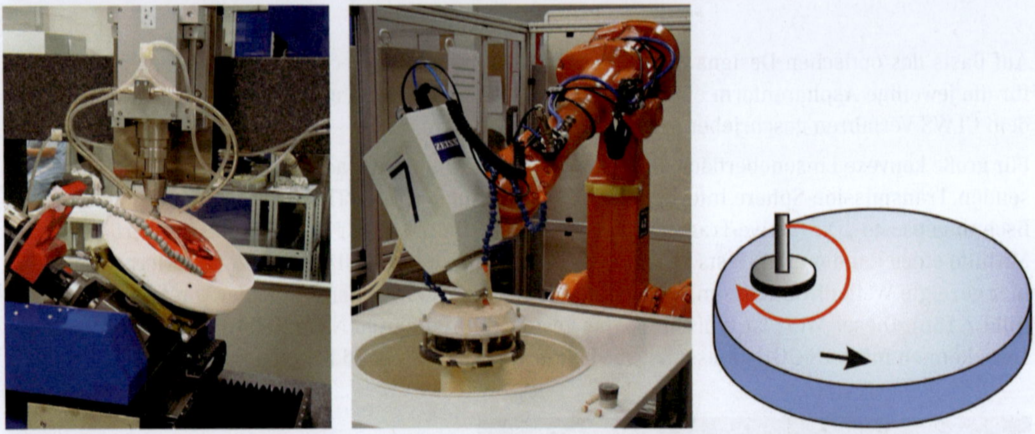

Bild 7.157 CCP-Feinkorrektur der Passe von Quarzlinsen */Zeis2004/*: links) CCP-Maschine, Mitte) CCP-Roboter, rechts) kinematisches Wirkprinzip

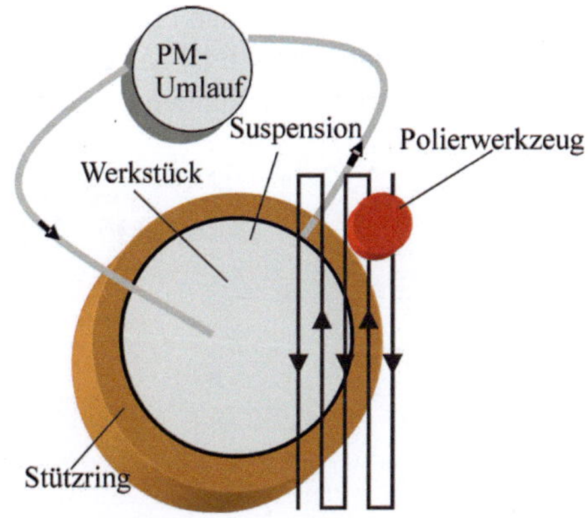

Bild 7.158
Wirkprinzip des CCP-Verfahrens */Herb2001/*

Typisch für das Polieren mit mechanischen Polierwerkzeugen ist eine Formabweichung im Randbereich. Es ergeben sich beim Überrandpolieren veränderte Kraftvektoren bzw. -verhältnisse, die am Linsenrand zu einem Passfehler führen können. In der Regel erfolgt örtlich begrenzt ein etwas stärkerer Abtrag, der zu einer ungewollten Formabweichung in diesem Grenzbereich führt. Für viele optische Bauelemente kann dieser Effekt unberücksichtigt bleiben, wenn der effektive Durchmesser der optischen Fläche kleiner spezifiziert wird als der Linsendurchmesser. Für den Fall, dass im optischen Design der effektive Durchmesser gleich dem Linsendurchmesser gewählt werden muss, sind entsprechende Maßnahmen im Fertigungsprozess vorzunehmen. Dazu wird die Bearbeitung mit einem Stützring bevorzugt angewendet, siehe Bild 7.158 und Bild 7.159 rechts.

Durch diese Maßnahme wird dem Polierwerkzeug eine stetige Fläche am Werkzeugrand geboten, so dass unveränderte Kraftverhältnisse auch in diesem Bereich während des Polierprozesses vorliegen */Sche2016/*. Solche Stützringe werden aus Kunststoffmaterialien gefertigt oder aber auch aus anorganischen Gläsern mit gleichen oder ähnlichen Materialeigenschaften wie die des optischen Bauelementes. Um einen guten Übergang zwischen Stützring und Werkstück zu erzielen, durchlaufen die Stützringe oftmals bereits den Schleifprozess mit.

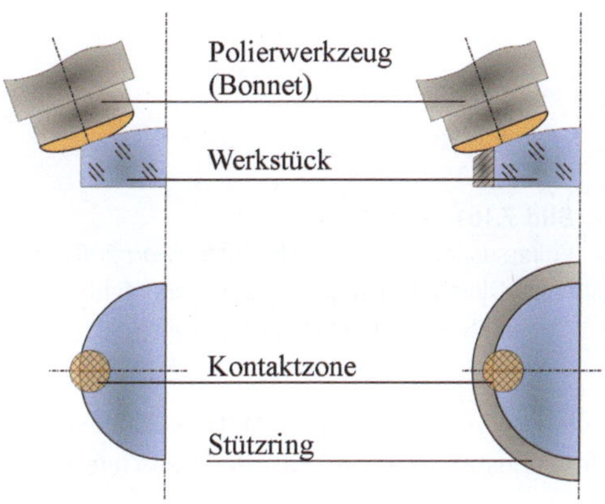

Bild 7.159
Polieren optischer Funktionsflächen im Randbereich nach */Sche2016/*: links) ohne Stützring, rechts) mit Stützring

Die **HL-Optiken** (Hochleistungs-Optiken) unterscheiden sich von konventionellen Optiken in den extrem hohen Anforderungen sowohl an ihre makroskopische Gestalt als auch an ihre mikroskopische Oberflächengüte. Bild 7.160 verdeutlicht anhand des Interferogramms die Mikrotopografie einer Calziumflouridoberfläche.

Das Erzielen derartiger Ergebnisse setzt tiefgründige Kenntnisse in die technologischen Prozesse, insbesondere des Polierens als letztem Formbildungsschritt, voraus. Besonders kritisch ist das CCP-Verfahren, bei dem geometrische Abweichungen in der Größenordnung von dreifachen Rautiefen beseitigt werden müssen.

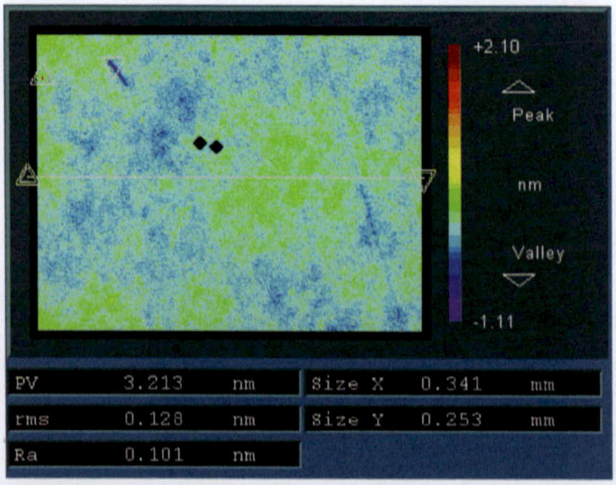

Bild 7.160
Mikrointerferogramm einer typischen Fläche in der HL-Optik in Endqualität */Herb2001/*

Eine wichtige Rolle in diesen Prozessen spielen die Hilfsstoffe, wie z.B. Poliermittel, die sich durch hohe Homogenität der Korngrößenverteilung, Stabilität und Sauberkeit auszeichnen müssen. Problematisch ist diesbezüglich die Korndurchmesserverteilung der Poliermittelsuspension. Wenige gröbere Körner in der Suspension reichen aus, um Kratzer in die Oberfläche zu implizieren. Eine Möglichkeit, die Qualität und Eigenschaften der Poliermittelsuspension positiv zu beeinflussen, ist dabei der Einsatz von Filtern. Mit gezielter Entfernung von inhomogenen und übergroßen Partikeln, Kontaminationen und Agglomeraten ohne Beeinflussung der Suspensionsparameter wird versucht, eine kratzerfreie Politur mit niedriger Rautiefe bei konstantem und definiertem Polierabtrag zu erreichen.

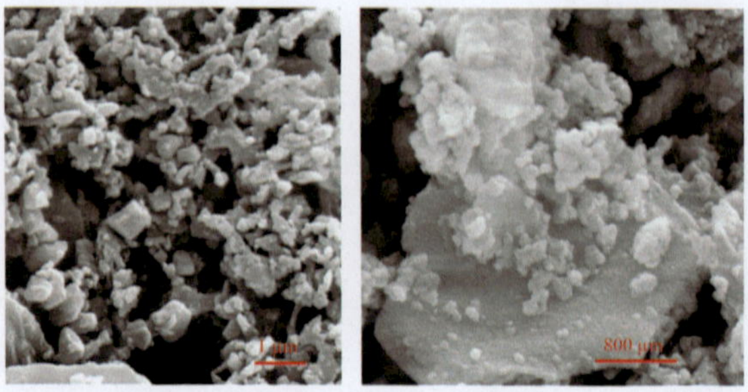

Bild 7.161
Poliersuspensionen der HL-Optik */Herb2001/*: links) Diamant-Suspensionsgemisch, rechts) Ceroxid-Suspension mit Agglomeration

Um solche Agglomerationen von Suspensionsbestandteilen zu verhindern, werden Oberflächen- oder Tiefenfilter eingesetzt. Bei der Tiefenfiltration werden feste Bestandteile der Filtrate über Tiefenfilterschichten abgefiltert.

Eine Partikelabscheidung findet dabei nicht nur an der Oberfläche statt. Die Partikel dringen in den Filterstoff ein. Beim Eintritt in die Filterschicht wird die Suspension in kleinste Teilströme zerlegt, die etwa den Porendurchmessern an der Schichteneinlaufseite entsprechen. Beim Durchströmen der Filterschicht kommt es durch die gewollt ungeordnete Schichtstruktur zur Umleitung der Teilströme.

Dabei werden im immer engeren Labyrinth die Feststoffe mechanisch zurückgehalten (Bild 7.162). Allerdings wird zugunsten der Oberflächenqualität die Polierzeit aufgrund der kleineren Abtragsrate verlängert. Untersuchungen haben gezeigt, dass durch die Verwendung geeigneter Filter die Mikrorauheit der polierten Oberflächen signifikant geringer wird.

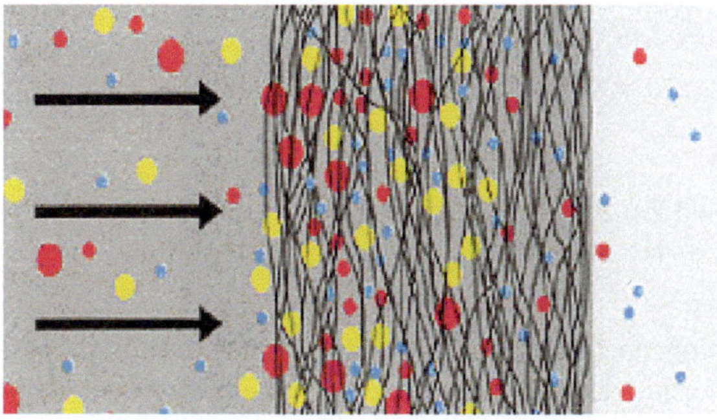

Bild 7.162
Prinzip eines Tiefenfilters */Bern2000/*

7.5.6.2 IBF – Ion Beam Figuring (Ionenstrahlbearbeitung)

Die Wechselwirkung von Ionenstrahlung an Werkstückoberflächen kann für unterschiedliche Bearbeitungsaufgaben Anwendung finden. Eingesetzt werden dafür Teilchenstrahlen aus niederenergetischen Ionen oder Atomen, die einen Mikroabtrag an Festkörperoberflächen erzeugen. Dieser Effekt wird beispielsweise genutzt, um an Targetmaterialien Atome herauszulösen und diese an optischen Oberflächen abzuscheiden. Der darauf basierende Beschichtungsprozess wird Sputtern genannt (siehe auch Kapitel 8). Den Ionenstrahl kann man auch direkt auf eine Oberfläche richten, um gezielt Partikel abzutragen. Diese Technologie, zumeist unter Verwendung neutralisierter Argon-Ionen, ist eine nanometergenaue Endbearbeitungstechnologie und wird im Bereich der Präzisionsoptik und der HL-Optik zur Polierfehlerkorrektur und zur Erzeugung von optischen Oberflächen mit sehr hohen Anforderungen an Form und Qualität der optischen Bauelemente eingesetzt.

Bei der **Ionenstrahlbearbeitung** wird die Oberfläche durch Inertgas-Ionen unter Vakuum in einer Ionenstrahlätzanlage abgetragen. Die Standard-IBF-Verfahren sind rein physikalische Prozesse, denn es findet im Unterschied zum R-IBE (Reaktives Ionenstrahl-Ätzen) keine chemische Reaktion statt.

Die zu bearbeitenden Bauelemente werden in einer Vakuumkammer mit Ionen beschossen, die durch Anlegen eines elektrischen Feldes auf eine sehr hohe Geschwindigkeit (ca. $50\,\text{km}\cdot\text{s}^{-1}$) beschleunigt werden. Hierfür ist das Erzeugen eines Unterdrucks von ca. 10^{-4} Pa in der Kammer erforderlich. Nach einer bestimmten Betriebszeit verringert sich der Druck auf ca. 10^{-5} Pa nach dem Ausheizen der in der Kammer befindlichen Komponenten (insbesondere der Kunststoffmaterialien).

Die Ionen werden in einer Plasmakammer im Innern einer Ionenquelle mittels beschleunigter Elektronen erzeugt. Dazu wird in Kaufman-Quellen eine DC-Entladung erzeugt bzw. in HF-Quellen eine typischerweise induktiv gekoppelte HF-Entladung. Ein Gittersystem extrahiert, beschleunigt und fokussiert die Ionen auf die Werkstückoberfläche.

Der beschleunigte Strahl besitzt eine hohe kinetische Energie (etwa 1 keV) und überträgt diese beim Aufprall auf der Substratoberfläche auf deren Atome. An der Oberfläche wird ein sehr homogenes „Ätzprofil" (entspricht der Definition der Werkzeugfunktion, siehe Abschnitt 7.2) erreicht. Aufgrund der geringen Durchmesser der Argonatome (ca. 110 pm) ist die Wechselwirkung eines einzelnen Teilchens örtlich sehr stark begrenzt. Durch die simultane Wirkung einer Vielzahl von Teilchen erfolgt ein definierter Mikroabtrag an der Substratoberfläche. Bild 7.163 veranschaulicht ein vereinfachtes

Abtragsmodell für die Wechselwirkung der Ionen an der Substratoberfläche. Zu beachten ist, dass sich die abgetragenen Teilchen mit unterschiedlichen Winkeln von der Substratoberfläche wegbewegen.

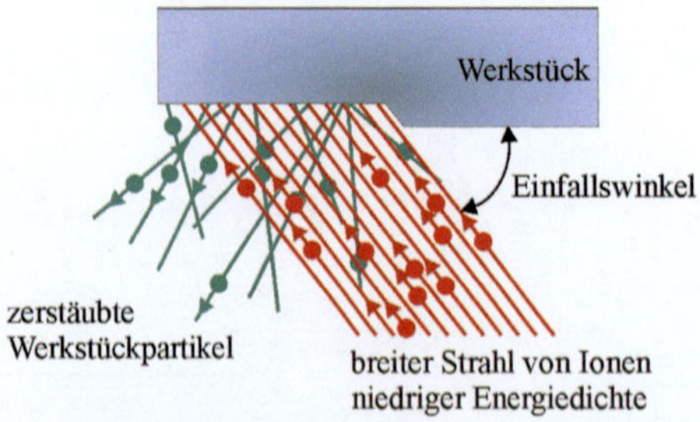

Bild 7.163
Vereinfachtes Abtragsmodell mit einem Ionenstrahl

Rein physikalisch betrachtet haben die Größen Ionenart, Ionenenergie, Einfallswinkel und Beschussdauer einen signifikanten Einfluss auf den Abtragsprozess. Hinzu kommen die Materialparameter, die zu einem materialspezifischen Ätzprofil führen. In der Anwendung des IBF-Verfahrens sind jedoch eine Vielzahl von Prozessparametern, z. B. Strahldurchmesser, Fokus, Bewegungsablauf etc., zu berücksichtigen, die im Prozess beherrscht werden müssen.

Anlagenaufbau

Der Aufbau und das kinematische Wirkprinzip einer **IBF-Anlage** ist exemplarisch in Bild 7.164 gezeigt. Die Vakuumkammer ist meist zweiteilig mit vorangestellter Schleuse konstruiert, wodurch ein beschleunigter Werkstückwechsel realisiert werden kann. Die Ausgestaltung des Vakuumsystems erfolgt i. d. R. mehrstufig. Während eine oder mehrere Vorpumpen die erste Unterdruckstufe schnell erreichen, wird die zweite Druckstufe durch eine oder mehrere Turbomolekularpumpen erzeugt. Diese Anlagenlösungen reduzieren insgesamt die Abpumpzeit und steigern die Vakuumqualität. Zusätzlich kann auch mit einer MEISSNER-Falle gearbeitet werden. Sie wirkt als Fänger für den Wasserdampf, indem sie ihn einfriert. Das ermöglicht ebenfalls eine Verringerung der Abpumpzeit und führt zu einer Verbesserung des Vakuums bzgl. Wasserdampf- und Kohlenwasserstoffpartialdruck.

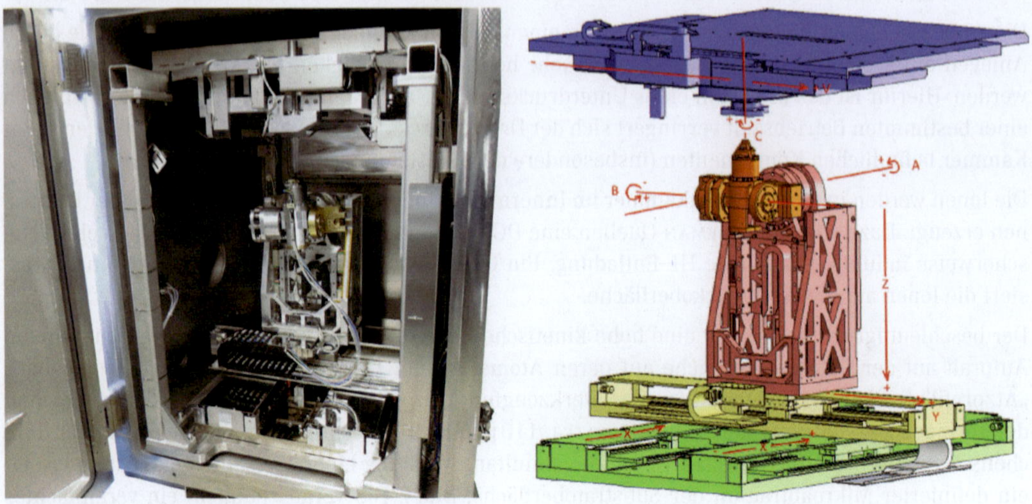

Bild 7.164 Darstellung einer IBF-Anlage */Bühler2021/*: links) fotografische Ansicht des Kammerinneren, rechts) kinematische Grundanordnung der Achsen

Das **kinematische Grundprinzip** der in Bild 7.164 gezeigten IBF-Anlage basiert auf einer Gantryanordnung, die die Ionenstrahlquelle aufnimmt und zum Bauteil bewegt. Das System wird durch die translatorischen Achsen X, Y und Z sowie die rotarischen Achsen A, B und C gebildet. Somit steht ein sehr flexibles System zur Verfügung, das prinzipiell mit den 6 Achsen eine orthogonale Position zwischen Ionenstrahlquelle und Werkstückoberfläche für unterschiedlich gekrümmte Oberflächen gewährleisten kann. Durch dieses kinematische Konzept kann der oberflächenabhängige Einfallswinkel als Einflussgröße auf Abtragsrate und Ätzprofil verringert bzw. eliminiert werden. Die sich aus der Bauteilform ergebende Bahnbewegung kann der jeweiligen Krümmung der Oberfläche entsprechend nachgeführt werden. Für größere optische Bauelemente oder für die effiziente Bearbeitung von mehreren Bauelementen pro Durchlauf werden z. T. auch noch weitere Achsen vorgesehen. In Bild 7.164 ist eine zweite Y-Achse gezeigt, die zur Bewegung des Werkstückträgers dient und somit eine Erweiterungsmöglichkeit der Bewegung in der Y-Richtung darstellt.

Je nach Anwendungsfällen, z. B. Planflächen, können IBF-Anlagen aber auch mit weniger Achsen ausgestattet werden. Dadurch lassen sich anwendungsbezogen die Investitionskosten senken bzw. optimieren. Das kinematische Grundprinzip ermöglicht somit eine flexible Bearbeitung von planen, sphärischen, asphärischen bis hin zu freigeformten Oberflächen. Die **Wirkbewegung** zwischen Strahl und Oberfläche erfolgt zumeist durch ein mäanderförmiges Abrastern bzw. Abzeilen der Bauteiloberfläche. Hierfür werden angepasste Bewegungsabläufe bereitgestellt.

Die bewegte Ionenstrahlquelle erzeugt den Strahl der beschleunigten Ionen, wobei verschiedene Strahldurchmesser vorwiegend mit der Form einer GAUSS-Funktion zum Einsatz kommen. Heute verfügbare Strahldurchmesser für die verschiedenen IBF-Anlagen betragen typischerweise 8 mm, 20 mm, 40 mm, 80 mm und 120 mm.

Die eingesetzten **Strahlprofile** können generell mit unterschiedlichen Formen für den Bearbeitungsprozess bereitgestellt werden. Von den drei prinzipiellen Strahlprofilen in Bild 7.165 kommt aktuell überwiegend das GAUSSprofil mit der Verweilzeitmethode zum Einsatz.

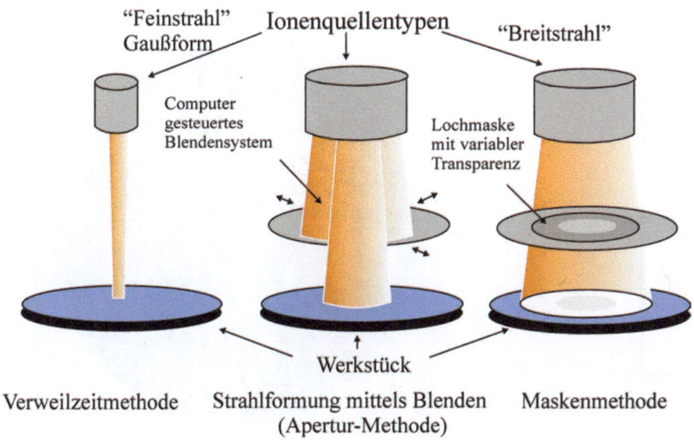

Bild 7.165
Strahlformung des Ionenstrahles und Bearbeitungsmethode nach */Raus2005/*

Vielfach wird für den Bearbeitungsprozess mit einem GAUSS-förmigen Ionenstrahl gearbeitet. In der Anlage nach Bild 7.165 rastert der Ionenstrahl mit der erforderlichen Stromdichteverteilung das Werkstück ab. Mit einem breiten quasi-parallelen Strahlprofil wird in Bild 7.165 Mitte und rechts gearbeitet. In der Anordnung b erfolgt die Strahlformung mit Blenden aus Graphit. Das gezielte Beschneiden des Strahls ermöglicht die Bearbeitung in einem mehrstufigen Prozess. Somit können mit einer großen Blende niederfrequente Fehler und mit einer kleineren Blendenanordnung die mittel- und höherfrequenten Fehleranteile gut korrigiert werden. Zu einer großen Prozesszeiteinsparung gelangt man, wenn der Blendenwechsel direkt in der Vakuumkammer (ohne Schleusen) durchgeführt werden kann */Bühl2021/*.

Das Skalieren der Anlagengröße ist sehr gut möglich, so dass entsprechend dem erforderlichen Bauteilspektrum die Kammergrößen anpassbar sind. Eine individuelle Auslegung der Kammergröße spart letztendlich Investitionskosten und Bearbeitungszeit für das Abpumpen der Kammer. Der skalierbare Größenbereich von IBF-Anlagen ermöglicht auch die Bearbeitung größerer Teleskopspiegel (beispielsweise 3 m Spiegeldurchmesser).

Prozessablauf

Das Polieren mit dem IBF-Verfahren ist ein **verweilzeitgesteuerter Prozess**, der über das beschriebene mäanderförmige Abfahren der Oberfläche erfolgt. Das heißt, an den Stellen der Oberfläche, an denen ein höherer Abtrag erfolgen muss, wird die Vorschubgeschwindigkeit herabgesetzt und an jenen mit geringem Abtrag ist die Vorschubgeschwindigkeit entsprechend erhöht. Damit ergibt sich in Abhängigkeit von der Geschwindigkeit über die Oberfläche (Verweildauer) ein entsprechendes Abtragsprofil. Generell ist unabhängig von der Geschwindigkeit der Vorschubbewegung immer ein gewisser Grundabtrag vorhanden. Man spricht auch von einem sogenannten Sockelbetrag bzw. -abtrag. Dadurch findet ein Abtrag über das gesamte Profil der Oberfläche statt, auch an jenen Orten, an denen das Oberflächenprofil bereits den Sollwert erreicht oder unterschritten hat. Um diesen Sockelabtrag möglichst sehr gering halten zu können, kann der Ionenstrahl zeitlich moduliert werden. Mit dieser Pulsweitenmodulation lässt sich die Strahlungsintensität periodisch gezielt verringern. Für die Berechnung und Bereitstellung des verweilzeitgesteuerten Abtragsprofils (3) ist der generelle Ablauf in Bild 7.166 erforderlich.

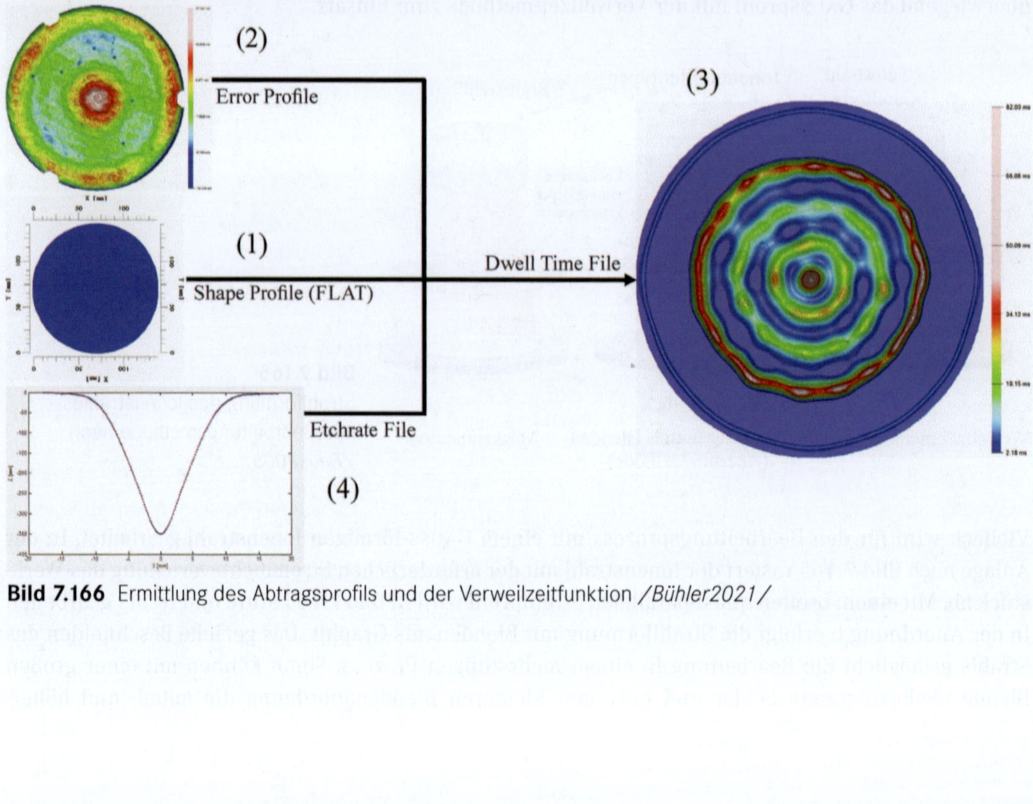

Bild 7.166 Ermittlung des Abtragsprofils und der Verweilzeitfunktion */Bühler2021/*

In einem ersten Schritt erfolgt die präzise interferometrische Messung der zu bearbeitenden Werkstückoberfläche. Dieses Fehlerprofil (2) der Oberfläche ist erforderlich, um ein Differenzvolumen zu der Sollfläche bestimmen zu können. In Bild 7.166 stellt die Solloberfläche (1) eine plane optische Fläche dar. Das mathematisch ermittelte zugehörige geometrische Differenzvolumen ist genau jener Betrag, der durch den Ionenstrahl im Prozess gezielt abgetragen werden muss. Um das zu entfernende Volumen möglichst sehr exakt berechnen zu können, ist die Kenntnis des Abtragsprofils und -volumens (Werkzeugfunktion) (4) in der Wechselwirkung des Ionenstrahls mit der Werkstückoberfläche wichtig. Dieser sich ergebende Footprint ist stark materialabhängig und muss für das zu bearbeitende Material bestimmt werden. Mit diesen drei Informationen kann die Verweilzeitfunktion/-profil berechnet werden. Diese Datei wird in die Steuerung der IBF-Anlage eingelesen und nach der vorhandenen Kinematik der Achsen berechnet sowie ein entsprechender G-Code erzeugt.

Sehr wichtig ist die Bestimmung des **Ätzrateprofiles (Werkzeugfunktion)**, das auf unterschiedliche Art und Weise bestimmt werden kann, wobei die Ermittlung des Footprints eine sehr gebräuchliche Methode darstellt. Dazu wird die Ionenstrahlquelle für eine bestimmte Zeit auf eine gewählte Werkstückstelle appliziert (stationär, Bild 7.167 links).

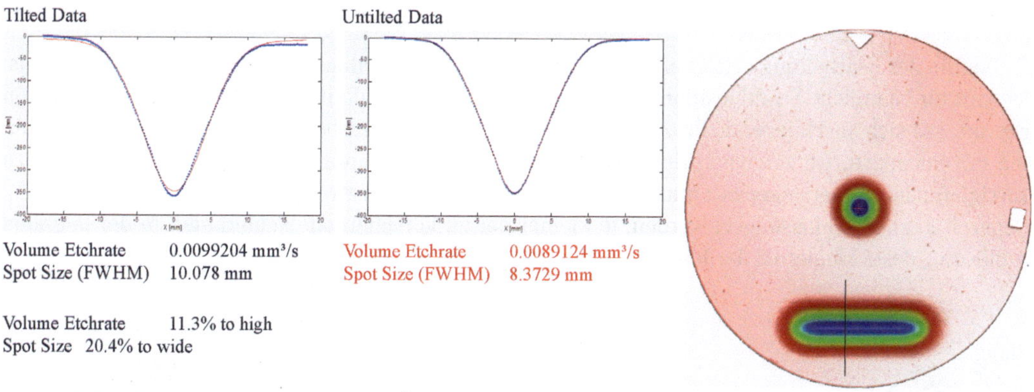

Bild 7.167 Methoden zur Bestimmung des Ätzrateprofils */Bühl2021/*: links) Footprint (stationär), Mitte) Groove Etching, rechts) Darstellung der sich jeweils ergebenden Ätzrateprofile (2D)

Bei der Methode des „Groove Etching" wird dagegen mit einer definierten konstanten Vorschubgeschwindigkeit eine Linie gezogen (Bild 7.167 Mitte).

Wenn die sich ergebenden Ätzrateprofile bzw. Footprints (siehe Bild 7.167 rechts) ausgewertet werden, lassen sich wichtige Parameter wie Volumenätzrate, Profiltiefe und Breite des Strahles bestimmen. Beide Methoden sind sehr genau, erfordern jedoch eine erhöhte Prozesszeit, da die Auswertung außerhalb der Vakuumkammer stattfindet.

Ein drittes Verfahren gestattet eine In-situ-Ätzratebestimmung, wodurch die Prozesshilfszeit (Ein- und Ausschleusen) deutlich gesenkt werden kann. Hierfür wird ein „**In-Situ-Etch-Rate-Measurement-System**" (ISERM) verwendet */Bühl2021/*. Dieses Gerät arbeitet nach dem Prinzip der Low-coherence Interferometry und verfügt über eine sehr hohe Empfindlichkeit zur Messung kleiner Dickenänderungen. Dazu wird der Ionenstrahl auf eine dünne Scheibe gerichtet und die Änderung der Dicke in Echtzeit mit dem Messgerät bestimmt. In Bild 7.168 ist ein in-situ gescanntes Ätzrateprofil und die daraus abgeleitete 3D-Werkzeugfunktion für die Simulation der Oberflächenabtragsprofile dargestellt.

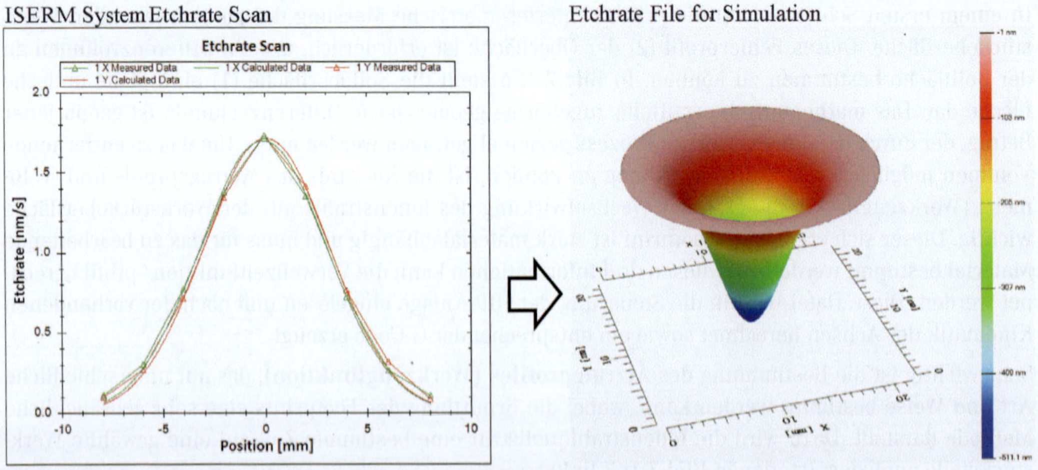

Bild 7.168 Bestimmung von Ätzrateprofilen: links) in-situ ermitteltes Ätzrateprofil, rechts) berechnetes 3D-Profil für die Simulation des Oberflächenabtrages */Bühl2021/*

Zu Beginn der Bearbeitung erfolgt eine Kalibrierung des Ionenstrahles mithilfe eines Faraday-Scans. Es wird die räumliche Strahlposition ermittelt und das Strahlprofil auf mögliche Unregelmäßigkeiten geprüft. Die sich anschließende Prozessführung erfolgt ähnlich den beschriebenen CNC-Polierverfahren mit Subaperturwerkzeugen. Die Werkzeuggröße (Strahldurchmesser) wird entsprechend der zu korrigierenden Fehler angepasst und i. d. R. kann die Oberfläche in zwei Durchläufen geglättet werden. Generell kann geschlussfolgert werden: je kleiner der zu korrigierende Fehleranteil in der lateralen Auflösung, desto kleiner ist der Ionenstrahldurchmesser zu wählen.

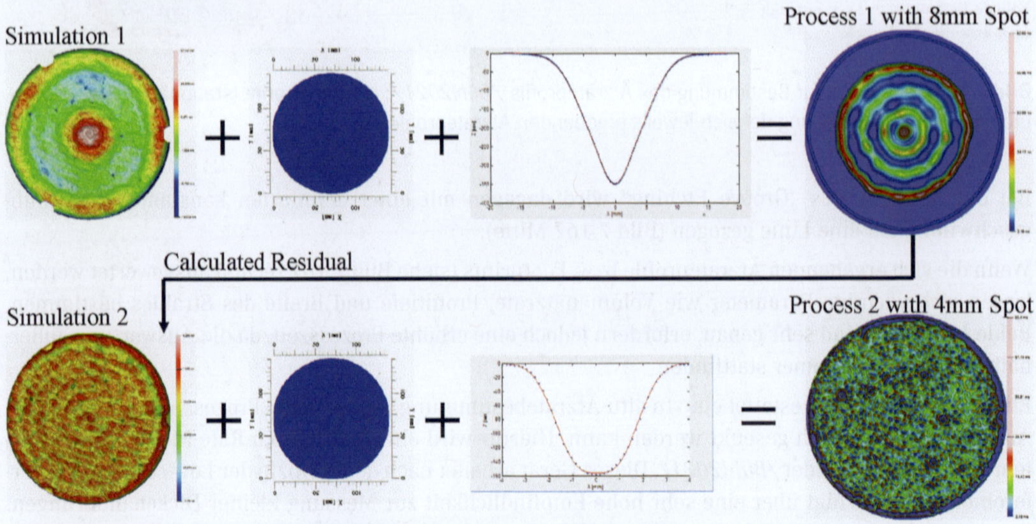

Bild 7.169 Zweistufenbearbeitung mit zwei Simulationsfiles */Bühl2021/*

Bei einem Zweistufendurchlauf werden mit dem größeren Strahldurchmesser die niederfrequenten Fehler korrigiert und mit einem kleineren Strahlprofil die restlichen Fehleranteile. Bild 7.169 veranschaulicht die Ergebnisse der beiden Simulationsdurchläufe für Strahldurchmesser von 8 mm und 4 mm. Zunächst wird ein Verweilzeitfile für den 8-mm-Strahl berechnet. Der im Ergebnis dieses Simulationsdurchlaufes erhaltene Restfehler wird direkt als Eingangsgröße für den 2. Simulationslauf des 4-mm-Strahles verwendet. Die beiden Simulationsrechnungen ergeben zwei Korrekturfiles für den Bearbeitungsprozess. Das hat den großen Vorteil, dass die Zweistufenbearbeitung automatisiert ohne eine Zwischenmessung ablaufen kann. Durch den integrierten automatischen Blendenwechsel erfolgt die Bearbeitung hintereinander ohne zu Schleusen. Bei der IBF-Bearbeitung kann auch im Gegensatz zur konventionellen Mehrstufenbearbeitung die Bearbeitung mit dem kleinen Strahldurchmesser vorangestellt werden. Im zweiten Schritt schließt sich die Bearbeitung mit dem größeren Strahldurchmesser an.

Der vorgestellte Bearbeitungsprozess läuft für komplexe Anwendungen und hohe Korrekturanforderungen wiederholt ab, so dass man sich sukzessive der tolerierten Sollformfläche annähert. Aus Effektivitätsgründen wird jedoch angestrebt, die Bearbeitungsziele bereits nach einem Durchlauf zu erreichen. Dies hängt von verschiedenen Einflussgrößen ab und letztendlich auch von den jeweiligen Prozesserfahrungen des Anwenders. Bild 7.170 zeigt ein Bearbeitungsergebnis, welches eine sehr gute Übereinstimmung der Abtragssimulation mit dem Messergebnis veranschaulicht.

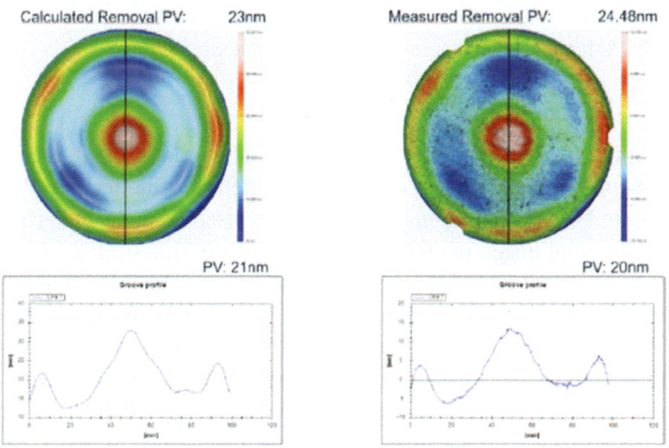

Bild 7.170
IBF-bearbeitete Oberflächenprofile: links) simuliertes Oberflächenprofil, rechts) gemessenes Oberflächenprofil */Bühl2021/*

Bearbeitungsergebnisse

Die erzielbaren Bearbeitungsergebnisse sind neben der Prozessführung auch sehr stark von der Messung des Fehlerprofils der zu bearbeitenden Oberfläche und von der Auflösung der verwendeten Messsysteme abhängig. Sehr häufig werden interferometrische Messverfahren zur Bestimmung des Oberflächenfehlerprofils eingesetzt. Um eine sehr hohe Ausrichtgenauigkeit der Bauelemente in der IBF-Anlage zu erhalten, werden die Proben für das Messen und die Bearbeitung in einer einzigen Aufnahme gehaltert, die sowohl in der IBF-Anlage als auch im Messsystem eingewechselt werden kann. Somit lässt sich ein Spann- bzw. Zentrierfehler vermeiden.

Der deterministische Bearbeitungsablauf sichert auch über längere Bearbeitungszeiten eine relativ konstante Werkzeugfunktion. Ein Vorteil der Strahlbearbeitung ist die Vermeidung von Randeffekten, die im Gegensatz zu den mechanischen Verfahren bei der IBF-Bearbeitung nicht auftreten.

Erreichbare Genauigkeiten der IBF-Bearbeitung liegen durchaus im Bereich von $\lambda/200$ und besser. Jedoch sind Prüfung und Messung solcher extrem kleinen Formabweichungen sehr schwierig, da in diesem Bereich bereits Luftthermiken und innere Spannungen in den Materialien zu leichten Materialverschiebungen führen, die messtechnisch nur sehr schwer zu filtern sind.

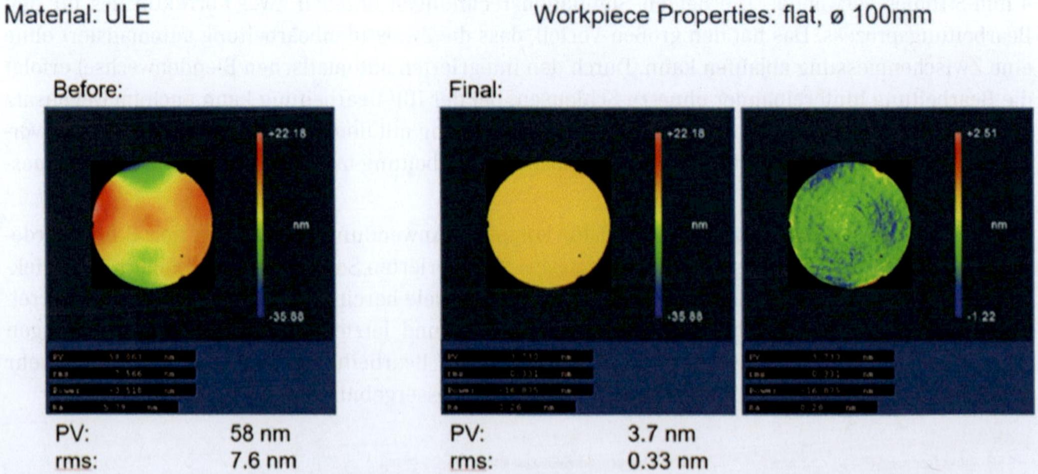

Bild 7.171 Bearbeitungsergebnisse des IBF-Verfahrens an einer Planoptik mit Durchmesser 100 mm */Bühl2021/*

In Bild 7.171 ist ein Bearbeitungsbeispiel des IBF-Verfahrens an einem ULE-Werkstoff (Ultra Low Expansion, siehe auch Kapitel 3) dargestellt. Es wird sehr gut deutlich, dass die Formabweichung (PV) sowie die niederfrequenten Fehler sehr gut korrigiert werden können. Ebenso lassen sich die höherfrequenten Fehleranteile sehr gut minimieren und liegen in einem Bereich kleiner 0,3 nm (RMS). Die zu Beginn von Abschnitt 7.5 diskutierten mittelfrequenten Fehleranteile sind in der rechten Darstellung von Bild 7.171 sehr gut sichtbar. Das Interferogramm lässt deutlich mittelwellige periodische Anteile bzw. Strukturen erkennen, die vom Feinstschleifen bzw. vom Vorpolieren (Spiralmodus) zurückgeblieben sind. Diese Darstellung zeigt sehr instruktiv, dass nach der Finishbearbeitung die mittelfrequenten Fehler zwar reduziert, aber nicht vollständig beseitigt werden können. An dieser Stelle sei noch einmal darauf hingewiesen, dass bei den Vorbearbeitungsstufen besonderes Augenmerk auf das kinematische Wirkprinzip gelegt werden muss, um mittelfrequente Fehleranteile bereits in diesen Verfahrensstufen möglichst gering halten zu können.

Das Beispiel im Bild 7.172 zeigt einen parabolischen SiC-Astrospiegel mit einem Durchmesser von 200 mm, der mit einer Ionenstromdichte von $1\,mA \cdot cm^{-2}$ poliert wurde. Das Bearbeitungsziel dieser Anwendung forderte einen RMS-Wert von $\lambda/100$, wofür eine Bearbeitungszeit von 16,8 Stunden benötigt wurde */Raus2005/*.

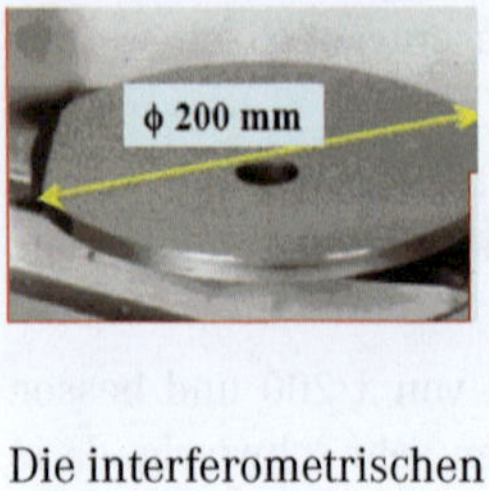

Bild 7.172
Astrospiegel IBF-poliert */Raus2005/*

Die interferometrischen Darstellungen in Bild 7.173 veranschaulichen die deutliche Verbesserung von Formgenauigkeit und Oberflächentopografie nach dem IBF-Polieren.

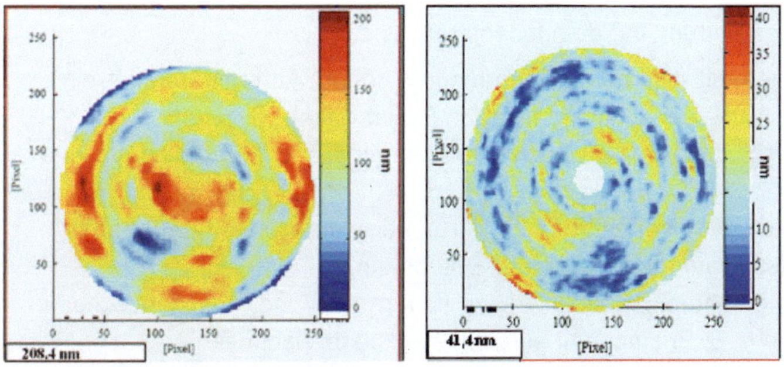

Bild 7.173
Interferometrische Darstellung der Poliererergebnisse */Raus2005/*: links) nach mechanischer Politur (PV: 208,4 nm; RMS: 35,4 nm), rechts) nach IBF-Politur (PV: 41,4 nm; RMS: 5,4 nm)

Zusammenfassend ergeben sich durch die Ionenstrahlbearbeitung folgende Vorteile:

- berührungsloses Verfahren, kein mechanischer Krafteintrag,
- reproduzierbarer und stabiler Prozess, deterministisches Polierverfahren,
- sehr hohe erreichbare Formgenauigkeiten durch Verweilzeitfunktion,
- trockene Bearbeitung,
- problemlose Randbearbeitung von Werkstücken möglich, Erhöhung der freien Apertur,
- flexible Formbearbeitung durch zonale, berührungslose Bearbeitung mit mehreren simultan arbeitenden Achsen (plan, sphärisch, asphärisch, Freiform, außeraxial, asphärische Zylinder, Prismen, Axicons etc.),
- relativ große Materialvielfalt bearbeitbar: monokristalline, amorphe und metallische Materialien (anorganische optische Gläser, Quarzglas, Zerodur, ULE, KDP, Saphir, Si, SiC, Ge etc.),
- automatisierter Prozessablauf möglich (zusätzlich vollautomatisches Be- und Endladen mit Handhabungs- oder Robotersystemen),
- Echtzeitmesssystem für Ätzrateprofil (Werkzeugfunktion) möglich.

Das Verfahren bietet auch die Möglichkeit einer automatischen Beschickung der IBF-Anlage. In Bild 7.174 erfolgt das Be- und Entladen mit einem 6-Achs-Gelenkarmroboter. Durch diese Automatisierungslösungen lassen sich die IBF-Anwendungen in vielen Fällen effizienter darstellen.

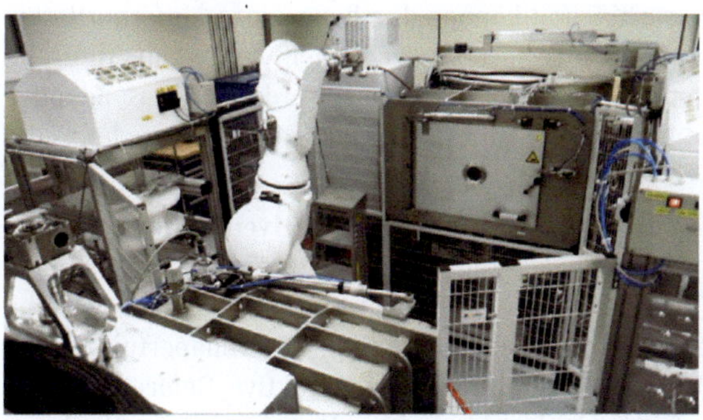

Bild 7.174
Automatisierungslösung für das Be- und Entladen an der IBF-Anlage */Bühl2021/*

Als ein Verfahrensnachteil, im Vergleich zu den anderen Korrekturverfahren, sind das Arbeiten im Vakuum und die damit verbundenen Hilfsprozesszeiten zu nennen. Jedoch rechtfertigen die genannten Vorteile und viele Anwendungsfälle diesen gewissen Mehraufwand.

Ausgewählte Trends für die Bearbeitung mit dem Ionenstrahl sind:

1. Früherer Start beim Polieren mit dem IBF-Verfahren durch höhere Abtragsraten (Vereinfachung und Kostenreduzierung bei den vorgelagerten Polierstufen).
2. Bearbeitung empfindlicher Substrate, z. B. feuchtigkeitsempfindliche Materialien (Laserkristalle).
3. Bearbeitung von Materialien mit einer sehr hohen Härte, beispielsweise SiC und Saphir.
4. Vollautomatisierter Prozessablauf mit Messen und Bearbeitung.
5. Serienfertigung von Bauelementen, die schwierig zu haltern sind und/oder randscharf bearbeitet werden müssen (z. B. Prismen mit geringen Winkelabweichungen).
6. Stark gekrümmte Asphären, freiformoptische Anwendungen und Molds für Heißformgebung, Präzisionsblankpressen und optischer Spritzguss.

7.5.6.3 Spezialverfahren

Neben den bisher vorgestellten Polierverfahren existiert eine Reihe von weiteren Polierverfahren, die über spezielle kinematische Anordnungen verfügen oder aber andere Wirkprinzipien anwenden. Zu den erweiterten kinematischen Anordnungen zählen beispielsweise das Polieren von Zylinderflächen oder das Polieren mit aktiv-adaptiven Werkzeugen. Andere Wirk- und Wechselwirkungsprinzipien mit den Glasoberflächen liegen den Plasma- und Laserstrahlpolierverfahren zugrunde. Meist zielen diese Spezialverfahren darauf ab, für bestimmte geometrische Formen oder Materialien die Effizienz des Polierprozesses zu steigern.

Aktiv-adaptives Polieren (vollflächig)

Die Möglichkeit, die Form des Polierwerkzeuges aktiv, meist in kleineren Bereich zu korrigieren, wird ausgenutzt, um Polierfehler gezielt zu minimieren. Auftretende Veränderungen im Polierprozess werden erfasst und gezielt die Form des Polierwerkzeuges angepasst. In */Hero2005/* wird ein Verfahren vorgestellt, bei dem durch einen in einer rückseitigen Kammer wirkenden pneumatischen Überdruck die membranartige Struktur der formübertragenden Werkzeugfläche elastisch verformt wird. Mittels einer FEM-Berechnung zur Druckverteilung der Werkzeugfläche wird eine optimierte Querschnittsform des Werkzeugkörpers berechnet und simuliert. Zur indirekten Kontrolle der Formverstellung ist ein Drucksensor in das Membranwerkzeug integriert. Somit können durch ein prozessintermittierendes Verstellen der Form der Werkzeugoberfläche beispielsweise aus Verschleiß oder Temperatureinflüssen resultierende Oberflächenunvollkommenheiten gezielt korrigiert werden. Dieses adaptive Polierwerkzeug muss für jede Linsengeometrie (optischer Radius und Durchmesser) berechnet und gefertigt werden. */Hero2005/*

Ein Verfahren zum Polieren von Asphären mit einem vollflächigen **aktiv-adaptiven Polierwerkzeug** wurde in */Sche2016/* vorgestellt. Die Grundanordnung dieses Polierwerkzeuges für rotationssymmetrische Asphären veranschaulicht Bild 7.175. Der Aufbau des Werkzeuges besteht aus einer Kombination eines adaptiven Teils und eines aktiven Teils in serieller Anordnung. Die vollaperturige Kontaktzone zwischen dem Werkzeug und dem Werkstück erfolgt durch eine aktive Deformation der Grundform des Werkzeuges. Verbleibende Formfehler werden durch den adaptiven Teil des Werkzeuges ausgeglichen.

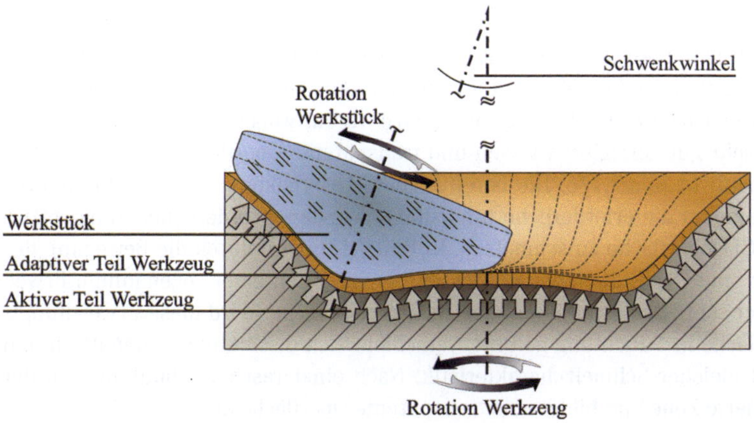

Bild 7.175
Prinzipieller Aufbau eines vollflächigen aktiv-adaptiven Polierwerkzeugs nach */Sche2014/*

Für die gezielte sequenzielle Deformation des Werkzeugs können unterschiedliche Funktionselemente zum Einsatz kommen. In */Sche2016/* wird ein spezielles Nadelarray vorgeschlagen und erfolgreich erprobt. Ein Vorteil des vorgestellten Polierverfahrens ist die Bearbeitungsmöglichkeit mit diesem Polierwerkzeug auf einer Synchro-Speed-Maschine (siehe Bild 7.136). Durch die vollaperturige Bearbeitungsmöglichkeit für Asphären kann eine deutliche Polierzeitreduzierung im Vergleich zu dem Bonnet-Verfahren erzielt werden.

Eine andere Form der Wechselwirkung an optischen Oberflächen stellen thermische Polierprozesse dar. Zwei Verfahren, das Plasmapolieren und das Laserstrahlpolieren, eignen sich für diese Form der Energieeinbringung, um optische Funktionsflächen zu glätten.

Plasmastrahlpolieren

Mit einem mikrowellenangeregten Ar/He-Plasmajet lassen sich feingeschliffene und geläppte Oberflächen in relativ kurzen Prozesszeiten glätten. Mittlere Plasmaleistungen von 100 - 150 W sind erforderlich, um infolge thermischer Aufheizung an den Glasoberflächen eine Temperatur von ca. 1600 °C zu erzielen. Dieser Temperaturbereich ist für das Glätten der hochschmelzenden Quarzgläser erforderlich. Die lokale Erweichung des Substratmaterials und die damit verbundene Verringerung der Viskosität in Verbindung mit einer Minimierung der Oberflächenspannung wirken bei dem **Plasmastrahlpolieren** als grundlegender Glättungsmechanismus. Die Erwärmung der Substratoberflächen erfolgt durch eine Kombination aus konvektiver Wärmezufuhr über das aufgeheizte Plasmagas und oberflächennaher Absorption von Mikrowellenenergie. In */Arno2016/* wird ausgeführt, dass aufgrund der sehr geringen Gasflüsse im Bereich weniger 100 sccm nahezu keine mechanischen Kräfte auf die erweichte Oberfläche wirken, wodurch sich das Verfahren maßgeblich vom bekannten Flammpolieren unterscheidet. Der Wirkungsquerschnitt bzw. der sich ergebende Footprint des Plasmajets auf der Oberfläche liegt abhängig von der Behandlungszeit im Bereich von 1 - 2 mm.

Entscheidende Prozessparameter des Plasmastrahlpolierens sind der Gasfluss, die Düsenkonfiguration, der Arbeitsabstand, die Mikrowellenleistung sowie die Vorschubgeschwindigkeit. Der Prozess zeichnet sich durch eine kurze Polierdauer aus. In */Arno2016/* wurden Polierraten von ca. $1\,cm^2 \cdot min^{-1}$ für Quarzglas nachgewiesen. Durch die laterale Ausdehnung des Spots (ca. 2 mm) ist die simultane Glättung von größeren Oberflächenarealen ebenfalls möglich. Neben der Mikrorauigkeit können auch die Welligkeit bzw. die mittelfrequenten Fehler reduziert werden */Arno2013/*, */Arno2016/*.

Laserstrahlpolieren

Das **Laserstrahlpolieren** von anorganischen und organischen Gläsern ist ein rein thermisches Verfahren und schmilzt die geschliffenen oder geläppten Strukturen tiefenbegrenzt auf. Dadurch kommt es zu einer Einebnung und gleichzeitigen Glättung dieser Strukturen, wobei sich die Gestaltabweichungen 1. bis 4. Ordnung sehr gut korrigieren lassen und transparente Oberflächen entstehen. Das Verfahrensprinzip veranschaulicht Bild 7.176. Die bereitgestellte Laserleistung wird auf die Bauteiloberfläche fokussiert und erzeugt die erforderliche Intensität sowie den erforderlichen Temperatur-Viskositätsbereich, um die Glasoberfläche zu schmelzen. In Bild 7.176 wird durch die Bewegung des Laserstrahles in X-Richtung eine Laserlinie erzeugt. Ziel ist das Erreichen einer sogenannten Erweichungsisotherme entlang der schnellen Strahlbewegung in der X-Richtung. Wird diese Erweichungsisotherme über die Bauteilfläche in Y-Richtung geführt, verschiebt sich diese Linie systematisch und es entsteht eine Fläche mit gleicher Schmelzcharakteristik. Nach einer raschen Abkühlung an der Atmosphäre erstarrt die polierte Zone und bildet eine transparente Oberfläche aus.

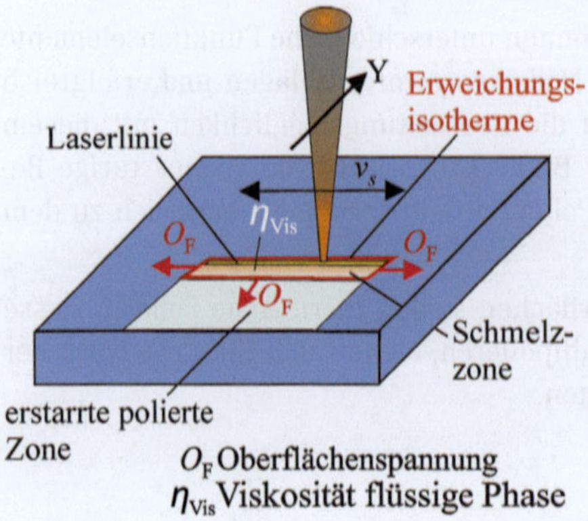

Bild 7.176
Parameter und Einflussgrößen auf den Wechselwirkungsprozess Laserstrahl und Glasoberfläche */Blie2013/*

Für Quarzgläser und weitere optische Gläser mit einem niedrigen Ausdehnungskoeffizienten α lässt sich das Verfahren vorteilhaft einsetzen. Hingegen sind für Gläser mit hohem α besondere Maßnahmen, z. B. Vorwärmen des Bauelementes, erforderlich. Durch das partielle Erwärmen und schnelle Abkühlen der Glasoberflächen kommt es i. d. R. zu einer Erhöhung des optischen Gangunterschiedes. In diesen Fällen werden die prozessierten Bauelemente einem nachgelagerten Feinkühlprozess (siehe Bild 6.4) zugeführt.

Ähnlich dem vorgestellten Verfahren des Präzisionsblankpressens (Kapitel 6) muss eine leichte Verschiebung des Brechzahlwertes berücksichtigt werden.

Des Weiteren können auch thermoplastische Kunststoffe oder metallische Werkzeugformen (Molds) für Spritzguss- und Präzisionsblankpressanwendungen mit dem Laserstrahl poliert werden.

Die Laserstrahlpolitur (LSP) erfolgt meistens mit einem schnell bewegten CO_2-Laserstrahl. Die Strahlung bei der emittierten Laserwellenlänge von 10,6 µm wird nahezu zu 100 % (abzüglich der Reflexionsverluste am Medienübergang) von den Gläsern absorbiert.

Bild 7.177 veranschaulicht den prinzipiellen Aufbau einer Laserstrahlpolieranlage mit einem dynamisch scannenden Laserstrahl. Das Arbeiten mit galvanometrisch angetriebenen Spiegeln ermöglicht Scangeschwindigkeiten bis zu 15 m·s^{-1}. Der zeilenweise Vorschub erfolgt ebenfalls mit einem Scannerspiegel oder mit einer zusätzlichen Linearachse in Y-Richtung. Um den Materialabtrag durch Verdampfungsprozesse gering zu halten, wird mit vergleichsweise niedrigen Intensitäten von $I \sim 10^3$ bis

$I \sim 10^4$ W cm^{-2} gearbeitet. Es wird ein großer Überlappungsgrad der Spuren gewählt (Bild Mitte), um die Energie sehr homogen und großflächig in die zu bearbeitende Oberfläche einzubringen. Dadurch lässt sich ein sehr gleichmäßiges Polierergebnis erzielen (Bild rechts). Wird eine schnellbewegte Teleskopoptik in den Strahlengang vor den Scanner angeordnet, kann auch eine dynamische Fokussierung erfolgen. In dieser Anordnung können 2,5-D-Geometrien fokusnachgeführt poliert werden */Blie2013/*.

Eine zweite kinematische Anordnung ergibt sich, wenn der Laserstrahl unfokussiert auf die Bauteiloberfläche trifft. Man spricht auch vom Polieren mit einem sogenannten Freistrahl. Der Vorteil dieser Anordnung ist, dass die Nachführung des Fokus entfallen kann und auch gekrümmte Oberflächen ohne eine Strahlnachführung bearbeitet werden können.

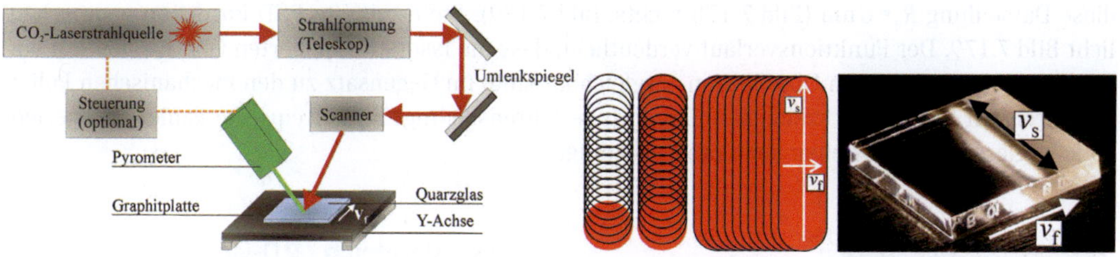

Bild 7.177 LMB-Anlage für das Laserstrahlpolieren */Hech2011/*: links) Anlagenkonzept, Mitte) Wirkbewegung des Laserstrahles, rechts) Quarzglasprobe während des Bearbeitungsprozesses

Für die Auslegung des LSP-Prozesses sind die nachfolgenden Parameter entscheidend:

- Fokusdurchmesser/Defokussierung,
- Strahlführung/Strahlaufteilung,
- Probengröße/-form,
- Ausgangsoberfläche (Rauheit/Welligkeit),
- Strahlgeschwindigkeit,
- Vorschubgeschwindigkeit,
- Laserleistung.

Mit der Wahl der Parameter ergibt sich eine Temperaturverteilung auf der Oberfläche und im Substrat, die das Polierergebnis entscheidend beeinflusst.

Beim Laserstrahlpolieren sind ein möglichst geringer Materialabtrag und eine hohe Oberflächengüte (Rauheit und Formgenauigkeit) anzustreben. Gelingt es, im Prozess das materialspezifische Prozessfenster für die Temperatur und die Viskosität optimal einzustellen, können Oberflächenrauheiten von $R_q < 10$ nm bei minimalen Materialabträgen erzielt werden.

Nach dem Schleifprozess weist die Probenoberfläche eine gleichmäßig raue, offenporige Ausgangsstruktur, in eine Tiefe von 3 - 15 µm reichend, auf (Bild 7.178 links). Die Proben müssen sehr sorgfältig gereinigt werden und dürfen keine Fremdpartikel in der Struktur aufweisen (z. B. Schleifrückstände). Diese Verunreinigungen können zu Mikrodefekten während des Polierprozesses wie im rechten Bild dargestellt führen. In diesem unerwünschten Fall wird Fremdmaterial in die SiO_2-Struktur eingeschmolzen. Die hohe erreichbare Oberflächengüte illustriert das mittige Bild. Viele der bildgebenden Verfahren stoßen auch hier an die Grenzen der Kontrastdarstellung */Hech2012/*.

Bild 7.178
REM-Aufnahmen ausgewählter Oberflächenzustände */Hech2012/*: links) geschliffene Oberfläche, Mitte) laserstrahlpolierte Oberfläche, rechts) polierte Oberfläche mit Mikrodefektvergrößerung

Der R_q-Wert wurde mittels AFM (Atomic Force Microscopy) in einem gescannten Bereich von 100 µm × 100 µm an der Oberfläche der Quarzglasprobe ermittelt. Die quadratische Mittenrauheit beträgt für diese Darstellung $R_q = 6$ nm (Bild 7.178 rechts, Bild 7.179). Die ermittelte **PSD-Funktion** veranschaulicht Bild 7.179. Der Funktionsverlauf verdeutlicht, dass die laserstrahlpolierten Oberflächen mit einfach mechanisch polierten Oberflächen vergleichbar sind. Im Gegensatz zu den mechanischen Polierverfahren mit Schalenwerkzeugen sind jedoch verfahrensbedingt mittelfrequente Fehler schwieriger zu korrigieren bzw. entstehen auch prozessbedingt.

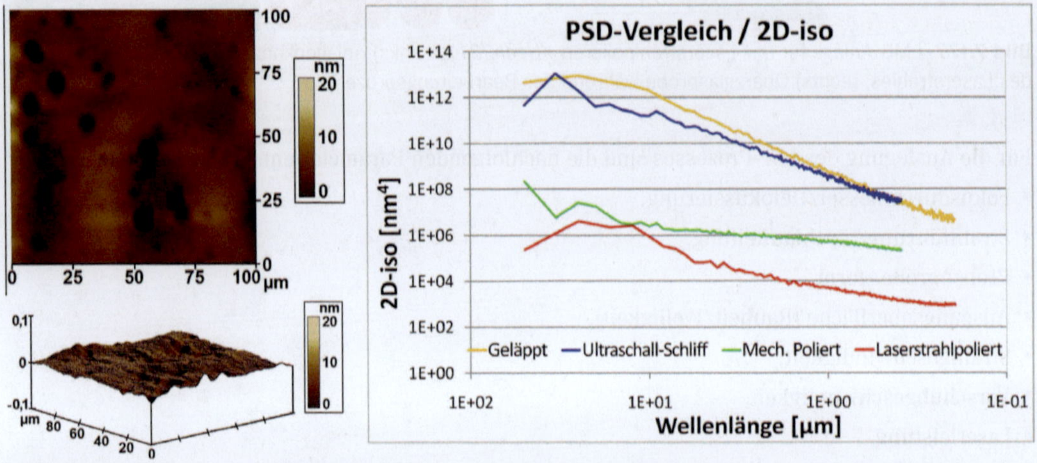

Bild 7.179 Darstellung ausgewählter Oberflächenkennwerte am Beispiel polierter Quarzglasoberflächen */Hecht2011/*: links) AFM-Flächenscan (R_q-Wert), rechts) grafische Darstellung des Leistungsdichtespektrums (PSD)

Die berührungsfreie und kraftlose Wechselwirkung zählt zu den Vorteilen des beschriebenen Laserstrahlverfahrens, mit dem auch dreidimensionale Oberflächengeometrien sehr flexibel poliert werden können. Das bereits in Abschnitt 7.2 vorgestellte freiformoptische Bauelement aus Bild 7.180 konnte direkt aus dem feingeschliffenen in den polierten Zustand überführt werden. Die erzielbare Mikrorauheit mit $R_q = 3{,}69$ nm ist vergleichbar mit den mechanisch polierten Oberflächen.

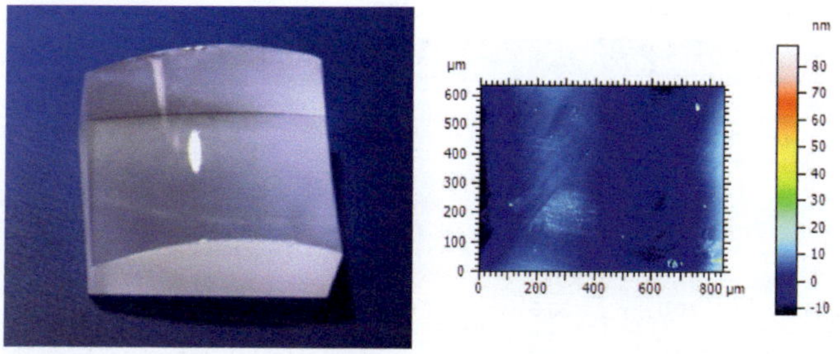

Bild 7.180
Laserstrahlpolieren einer Freiformoptik (Material: Quarzglas): links) fotografische Darstellung des optischen Bauelementes, rechts) Darstellung der Mikrorauheit (R_q = 3,69 nm)

Mit dem Laserstrahlpolieren sind Oberfächenformgenauigkeiten von $\lambda/2$ und besser erreichbar. Ein weiterer Verfahrensvorteil ist die kurze Polierdauer, die für das Bauteil aus Bild 7.180 mit einer Grundfläche von 50 mm × 50 mm ca. 45 Sekunden beträgt.

Ein weiteres in Abschnitt 7.2 vorgestelltes optisches Bauelement zur Formung eines Diodenlaserstrahles wurde mit dem Freistrahlmodus poliert. Der parallele Strahl mit einer Intensität von ca. 10^3 W · cm^{-2} wird ohne Z-Nachführung über das Bauteil geführt. In Bild 7.181 ist das Polierergebnis dargestellt. Neben den zwei äußeren Funktionsflächen konnte ebenfalls die 2 mm breite innenliegende optische Funktionsfläche simultan poliert werden.

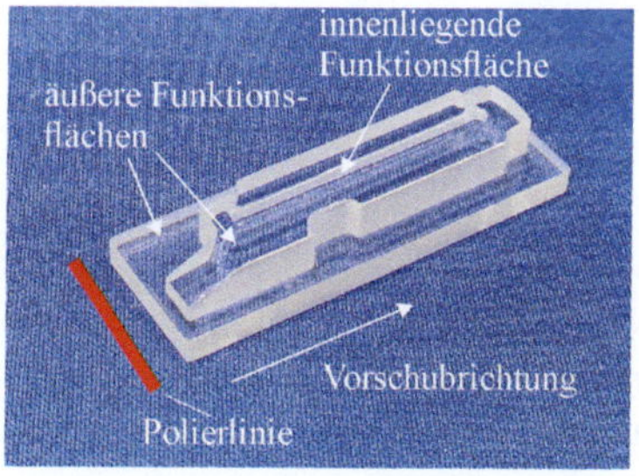

Bild 7.181
Laserstrahlpoliertes optisches Bauelement für das Formen eines Diodenlaserstrahles

Die eingangs erwähnte thermische Wechselwirkung des Laserstrahles mit Gläsern führt beim Laserstrahlpolieren zu optischen Gangunterschieden und erhöhten Spannungszuständen im Glasvolumen. Der optische Gangunterschied kann durch eine angepasste Prozesssteuerung zielführend minimiert werden. Für optische Bauelemente sollte eine nachträgliche Feinkühlung erfolgen. Bearbeitete Bauteile erfahren dabei einen materialspezifischen temperatur-zeit-gesteuerten Aufheiz- und Abkühlvorgang, wodurch Spannungszustände auf einen unkritischen Wert minimiert werden können */Blie2013/*.

In der Tabelle 7.54 sind die spannungsoptischen Darstellungen der drei Prozessstufen Feinstschleifen, Laserstrahlpolieren und Feinkühlen dargestellt. Nach dem Laserstrahlpolieren erhöht sich der optische Gangunterschied für das Bauelement aus Bild 7.161 auf einen Wert von 48 nm/cm. Somit wäre das Bauelement für präzisionsoptische Anwendungen nach der DIN ISO 10110-2 nicht einsetzbar. Der nachfolgende Feinkühlprozess kann die inneren Spannungen abbauen und ermöglicht die Minimierung des optischen Gangunterschied < 10 nm·cm^{-1}. Wird der Kühlprozess gezielt verlängert, können Werte im Bereich des Startwertes vor der Laserpolitur erreicht werden.

Tabelle 7.54 Spannungsoptische Darstellungen nach den drei Prozessstufen

Schleifen	Laserstrahlpolieren	Feinkühlen
	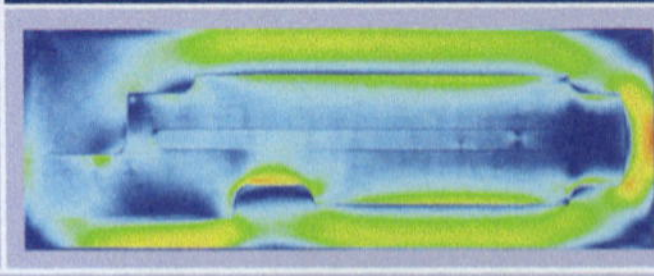	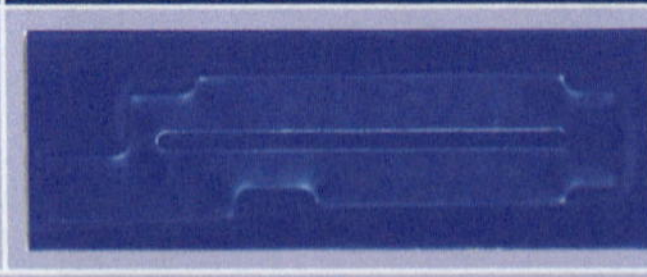
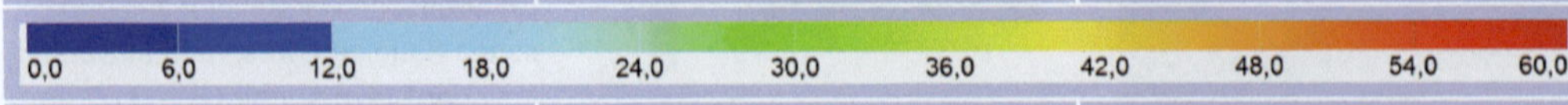		
max. optischer Gangunterschied: 3,7 nm/cm	max. optischer Gangunterschied: 48 nm/cm	max. optischer Gangunterschied: 9,4 nm/cm

Die Übertragbarkeit der Polierergebnisse auf Gläser mit höheren linearen thermischen Ausdehnungskoeffizienten ist prinzipiell möglich, erfordert aber ein verlangsamtes Aufheizen und Abkühlen der Gläser. Im Beispiel aus Bild 7.182 wurde eine bikonvexe Linse aus BK7 poliert. Um dies zu ermöglichen, ist eine Vorwärmung des geschliffenen Glaskörpers erforderlich. Nach Erreichen der materialspezifischen Vorwärmtemperatur kann der Polierprozess unmittelbar gestartet werden. Ein Feinkühlen des polierten Bauelementes ist insbesondere bei Materialien mit hohen linearen Ausdehnungskoeffizienten erforderlich.

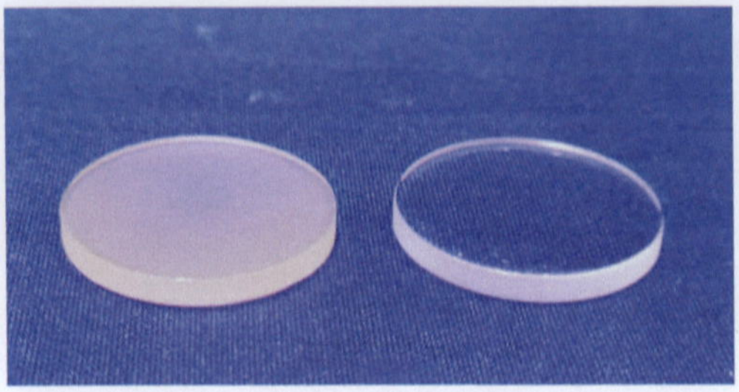

Bild 7.182
Laserstrahlpolierte bikonvexe Linsen aus BK7: links) einseitig laserstrahlpoliert, rechts) doppelseitig laserstrahlpoliert

Oberflächenunvollkommenheiten

Eine kurze Vorstellung und Einteilung von Oberflächenunvollkommenheiten wurde bereits im Kapitel 2 vorgenommen. Nachfolgend werden einzelne Themenbereiche näher vorgestellt, die für die Charakterisierung und Bewertung von optischen Funktionsflächen von Bedeutung sind.

Insbesondere während und nach dem Polierprozess ist die Prüfung der Oberfläche auf mögliche Fehler sehr wichtig, da am Ende der Prozesskette Korrekturmöglichkeiten nur noch in Ausnahmefällen möglich sind. Bei Oberflächenunvollkommenheiten handelt es sich beispielsweise um Löcher (englisch dig) oder Kratzer (englisch scratch), die im Herstellungsprozess entstanden sind. In der amerikanischen MIL-Norm werden Oberflächenunvollkommenheiten nach ihrer Sichtbarkeit, man spricht hier auch von der Sichtbarkeits-Spezifikationsmethode, und in der DIN-ISO-Norm nach ihrer Größe (Abmessungs-Spezifikationsmethode) eingeteilt.

Oberflächenunvollkommenheiten nach DIN ISO 10110-7 stellen lokale Fehler innerhalb der optisch wirksamen Fläche sowie des Randbereiches dar. Beispiele hierfür sind Kratzer, Löcher, Randaussprünge, angeschnittene Blasen, Haarrisse, Wischer, lokale Belagfehler wie graue Flecken und farbige Stellen, die das Licht anders absorbieren oder reflektieren als die geforderte Oberfläche. Die Angabe der Oberflächenunvollkommenheit für die Abmessungs-Spezifikationsmethode wird wie folgt vorgenommen:

5/ oder 15/ $N_g \times A_g$; WA_W; $LN_l \times A_l$; $CN_c \times A_c$; EA_e

mit

5/ oder 15/	Angabe der Oberflächenunvollkommenheit des Bauelementes bzw. der Baugruppe
$N_g \times A_g$	Anzahl der zulässigen Unvollkommenheiten × Stufenzahl (definiert in der ISO 14997)
WA_W	maximal zulässige Breite der Unvollkommenheit
$LN_l \times A_l$	Anzahl der zulässigen langen Kratzer (länger als 2 mm) × zulässige Breite
$CN_c \times A_c$	Angabe der Beschichtungsunvollkommenheit mit Anzahl der max. zulässigen Größe × Stufenzahl
EA_e	Randaussprünge mit dem maximal zulässigen Ausmaß eines Aussprungs mit A_e.

Die Anzahl N_g und die Größe A_g der Oberflächenunvollkommenheiten werden mit der Kennzahl 5/ für das optische Bauelement oder 15/ für optische Baugruppen in der Zeichnungsangabe festgelegt. Für die zulässige Größe der Unvollkommenheiten finden gewählte Stufen nach der Reneard-Serie R5 Anwendung. Diese Stufen fassen die zulässigen Abmessungen in die Klassen 4; 2,5; 1,6; 1,0; 0,63; 0,4; 0,25; 0,16; 0,1; 0,063; 0,04; 0,025; 0,016 und 0,01 zusammen */DINISO10110-7/*.

Für die Angabe 5/3 × 0,63 wären auf der Prüffläche drei Unvollkommenheiten mit einer maximalen Abmessung von 0,63 mm × 0,63 mm zulässig. Eine größere Anzahl an Oberflächenunvollkommenheiten mit einer niedrigeren Stufenzahl (z. B. Stufenzahl 0,4) ist ebenfalls zulässig, wenn die ermittelten Flächen die maximal festgelegte Gesamtfläche nicht überschreiten (Akkumulationsregel). Auf die Anwendung der Stufenzahlen sei an dieser Stelle auf die ISO 14997 verwiesen.

Soll die Breite der Unvollkommenheit begrenzt werden, kann dies durch den Zusatz WA_W erfolgen. Die Festlegung von langen Kratzern (länger als 2 mm) und Randaussprüngen erlaubt die Norm ebenfalls, jedoch werden diese zusätzlichen Angaben nicht als allgemeine Unvollkommenheit gezählt, sondern jeweils getrennt betrachtet */DINISO10110-7/*.

Für die visuelle Prüfung werden Lupen mit Vergrößerungen zwischen 3-fach bis 10-fach eingesetzt. Sie ermöglichen das Zuordnen vorhandener Oberflächendefekte in die jeweilige Sauberkeitsklasse. Je nach Anforderung an die Sauberkeit finden auch Stereomikroskope Anwendung mit bis zu 32-facher Vergrößerung. Betrachtet wird in **Dunkelfeld- (DF)** und **Hellfeldanordnung (HF)** (Bild 7.183). Die visuelle Dunkelfeldprüfung bietet die Möglichkeit, sehr kleine Unvollkommenheiten darzustellen.

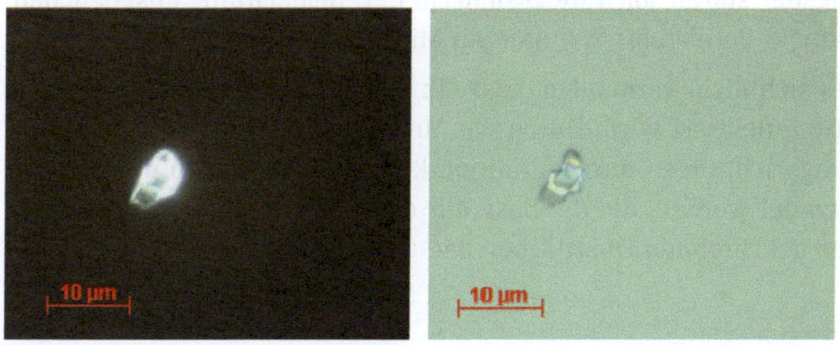

Bild 7.183
Lichtmikroskopische Aufnahmen polierter Oberflächen mit 1000-facher Vergrößerung */Jaue2002/*: links) DF-Aufnahme einer Lochstruktur, rechts) HF-Aufnahme einer Lochstruktur

Für die subjektive Bewertung werden in der Qualitätskontrolle auch Vergleichsnormale in der Hellfeldprüfung herangezogen, um die festgelegten Toleranzklassen zu prüfen. Diese Prüfung erlaubt eine subjektive Beurteilung, ob der Prüfling in der Toleranz liegt oder nicht. Es ist eine sehr schnelle und kostengünstige Prüfmöglichkeit, wobei diese jedoch keine auswertbaren Messdaten liefert und stark von der prüfenden Person abhängt */DINISO10110/*.

Solche Vergleichsnormale werden für beide Normen angeboten. In Bild 7.184 ist ein Vergleichsnormal für die subjektive Prüfung von Oberflächenunvollkommenheiten nach der Abmessungs-Spezifikationsmethode dargestellt.

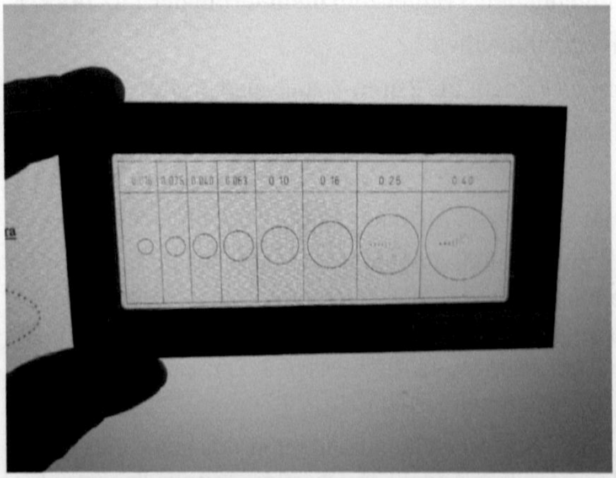

Bild 7.184
Vergleichsnormal zur subjektiven Bestimmung von Oberflächenunvollkommenheiten nach der Abmessungs-Spezifikationsmethode (Hersteller: micros GmbH)

Eine Möglichkeit der automatisierten Prüfung und Auswertung von optischen Funktionsflächen bietet das Messsystem ARGOS der Firma DIOPTIC (Bild 7.185). Mit diesem für die Abmessungs-Spezifikationsmethode besonders geeigneten System wird der subjektive Einfluss des Prüfers eliminiert und ein objektiv vergleichbares Ergebnis der Oberflächenunvollkommenheiten bereitgestellt.

Das Messverfahren beruht auf einer Auflicht-Dunkelfeldbeleuchtung der zu prüfenden Oberfläche. Dabei ist die ringförmige Beleuchtung so angeordnet, dass bei einer planen Oberfläche kein Licht in das Objektiv des Kamerasystems reflektiert wird (vgl. Bild 7.186). Defekte, Kratzer und Partikel jedoch reflektieren einen kleinen Teil des auf die Oberfläche treffenden Lichts in jede Raumrichtung, also auch in Richtung des Objektivs. Dadurch entsteht ein Kamerabild, das helle Defekte vor einem schwarzen Hintergrund zeigt. Durch diesen optischen Trick wird die zu prüfende Fläche selbst nicht abgebildet und die komplexe Auswertung kann auf die Streulichtsignale der Defekte auf der zu prüfenden Oberfläche beschränkt werden. Die relativ geringe Intensität der durch Defekte in das Objektiv reflektierten Lichtstrahlen wird durch eine sehr starke software-gesteuerte LED-Beleuchtung ausgeglichen. Dies ermöglicht es auch, sogar Defekte im Bereich bis zu unter ein Mikrometer Fläche zu erfassen.

Bei gekrümmten Oberflächen lässt es sich nicht vermeiden, dass ein Teil der Beleuchtung von der zu prüfenden Oberfläche in das Objektiv reflektiert wird. Durch die Methode, mehrere Messungen mit automatisch wechselnden Beleuchtungsrichtungen durchzuführen, können auch hier in der Auswertung völlig reflexfreie Messungen erzeugt werden, die die Basis für die Auswertung der gefundenen Defekte, Kratzer oder Partikel auf den gekrümmten Oberflächen darstellen.

Bild 7.185
Fotografische Darstellung des Messsystems ARGOS Matrix 200 zur automatisierten Bestimmung der Oberflächenunvollkommenheiten (©DIOPTIC)

Die Sichtbarkeit von Defekten hängt sehr stark von der Beleuchtungsrichtung ab, besonders bei Wischern und langen Kratzern ist die Erfassung sehr anspruchsvoll. Die in Bild 7.186 angeordnete Dome-Beleuchtung kann die Oberfläche gleichmäßig aus allen Polar- und mehreren Azimuthwinkeln beleuchten und stellt die Voraussetzung einer lichtstarken und homogenen Oberflächenausleuchtung sicher.

Die Aufnahme der Oberflächenunvollkommenheiten erfolgt durch einen Flächenscan mit einer Matrixkamera. Die Kombination der Messanordnung mit einem X-Y-Tisch erlaubt das Zusammensetzen mehrerer Flächenscans (Stitching). Damit besteht die Möglichkeit, größere optische Bauelemente (typisch in einem Bereich bis 205 mm × 205 mm) und auch nichtrotationssymmetrische Bauelemente zu messen. Mit einer Auflösung von 2,5 µm können Defekte ab ca. 1 µm sicher detektiert werden. Die relativ geringe Schärfentiefe ermöglicht sehr gut die Fehlertrennung von Vorder- und Rückseite des optischen Bauelementes auch für sehr flache bzw. dünne optische Bauelemente. Die Anpassung bzw. Nachführung der Fokusebene der Kamera mit einer Z-Achse gestattet die Defektaufnahme an gekrümmten Oberflächen, auch bei einer geringen Schärfentiefe. Sphären, Asphären oder auch andere gekrümmte optische Oberflächen können mittels der sogenannten EDOF-Technologie (extended depth of field) geprüft werden, indem mehrere Ebenen von optischen Schnitten aufgenommen und die Defektinformationen der jeweils schärfsten Bilder auf eine Ebene projiziert werden. Für die detektierten Defekte wird im Anschluss in Analogie zu einer Planoptik ein Prüfprotokoll erstellt. Durch den Einsatz dieser EDOF-Technologie können auch Volumina geprüft werden. Hier sind Bläschen und Einschlüsse, aber auch Fehlstellen in Klebe- und Kittschichten darstellbar */Wark2017/*, */Asfo20215/*, */Etzo2016/*.

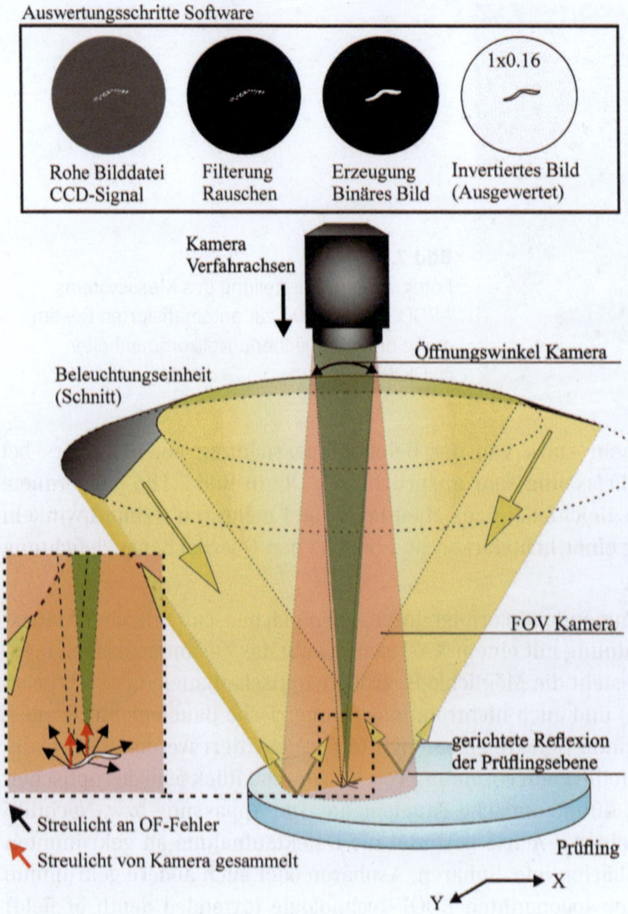

Bild 7.186
Prinzipdarstellung der ARGOS-Messanordnung zur automatisierten Erfassung und Analyse von Oberflächenunvollkommenheiten

In Tabelle 7.55 ist exemplarisch ein Messprotokoll für eine Testoberfläche dargestellt. Zunächst wird in einem ersten Plot die Lage der Unvollkommenheiten über die gesamte Probe dargestellt. Die Prüfung erfolgt anhand der festgelegten Klassifizierung 5/3 × 0,16. Ermittelt werden die Defektdichte (CM), die effektive Größe der Defekte (DE) sowie die größten Unvollkommenheiten (DM) im Prüfbereich.

Die zweite Darstellung des Messprotokolls stellt die größten Oberflächenunvollkommenheiten mit der entsprechenden geometrischen Abmessung und deren Position auf der Prüffläche dar.

Die dritte Zeile der Tabelle 7.55 gibt einen Überblick zu den Parametern (CM), (DE) und (DM). Als Ergebnis wird automatisch der Vergleich zwischen der Sollvorgabe und den gemessenen Istwerten der drei Parameter dargestellt sowie aufgeführt, ob die Probe die Anforderungen erfüllt bzw. welche Parameter die Vorgabe nicht erfüllen. In Form einer Histogrammdarstellung werden die ermittelten Defekte nach ihrer Größe den standardisierten Stufenklassen zugeordnet. Eine bildliche Darstellung über die neun größten Unvollkommenheiten der Stufenzahlen 0,1; 0,16 und 0,63 (hier nicht abgebildet) wird in einem letzten Plot angegeben. Diese Darstellungs- und Anzeigefunktionen können vom Anwender entsprechend seiner jeweiligen Prüfaufgaben relativ flexibel festgelegt werden. Für das gezeigte Bauteil mit einem Durchmesser von 25 mm beträgt die Messzeit ca. 5 Minuten.

Die Prüfung kann ebenfalls für mehrere Prüfflächen in einem Magazin, wie in Bild 7.185 gezeigt, automatisch erfolgen.

Tabelle 7.55 Messprotokoll einer optischen Testoberfläche /*DIOP2021*/

Sample — Overview

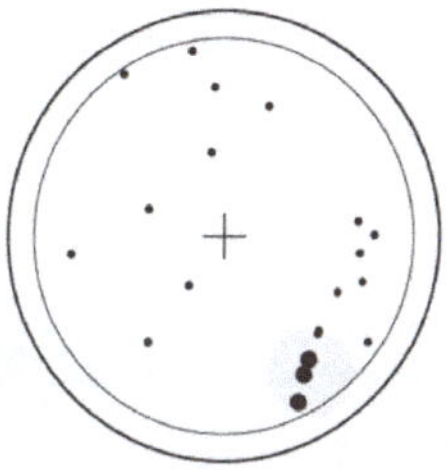

Circle, Ø 25.0 mm

Zone	Marker	Specification	Criteria	Decision
Top	●	5/ 3x0.16	CM× DE× DM✓	Failed

CM = Imperfection concentration, DE = Effective area, DM = Largest dig grade

Top — Largest 3 Imperfections

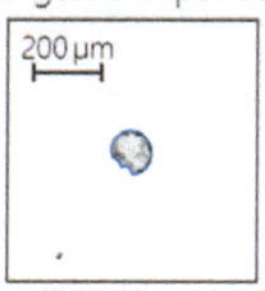

Type	Position (mm)	Grade
D	4.37, -9.22	0.1600

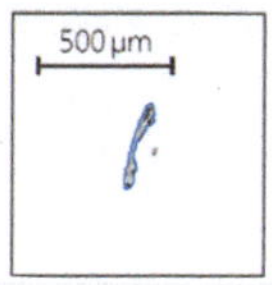

Type	Position (mm)	Grade
D	4.69, -7.69	0.1000

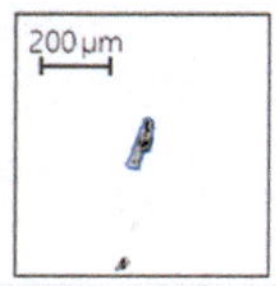

Type	Position (mm)	Grade
D	4.98, -6.86	0.1000

Top — Overview

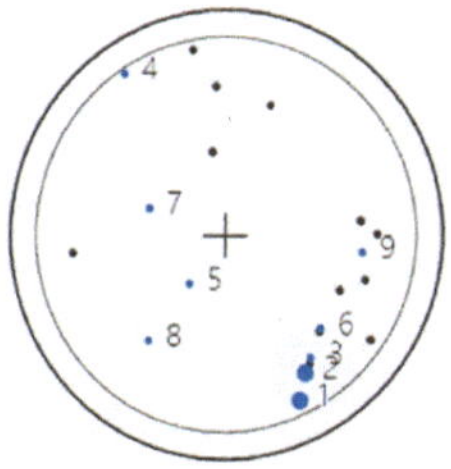

Sample, Circle, Ø 25.0 mm
ROI, Circle, Ø 22.0 mm

Largest Defects

№	Position (mm)	Type*	Grade
1	4.37, -9.22	D	0.160
2	4.69, -7.69	D	0.100

*D = Dig, L = Scratch, E = Edge Chip, / = Ignored

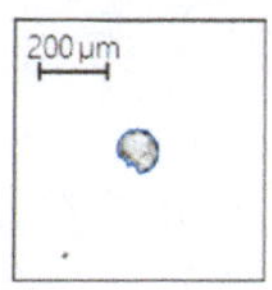

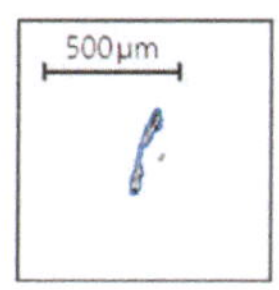

Top — Inspection Criteria

5/ 3x0.16	Specification	Detected	Result
Imperfection concentration	n = 1	n = 3	Failed
Effective area	0.0768 mm²	0.0934 mm²	Failed
Largest dig grade	0.160 mm	0.160 mm	Passed

Top — Histogram

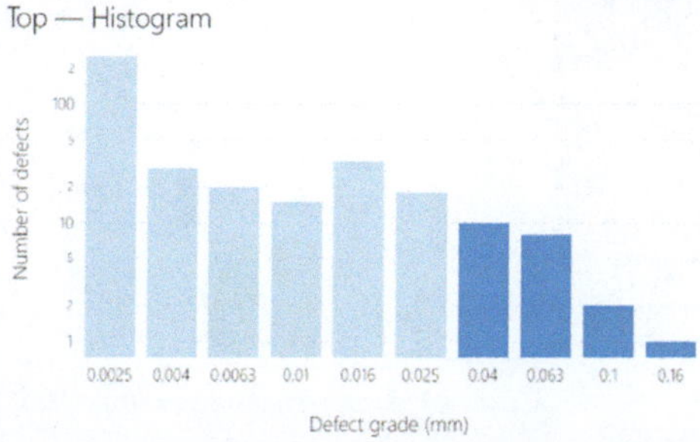

below specification 366 defects

in specification 21 defects

above specification 0 defects

Angabe der Lage der neun größten Unvollkommenheiten der Stufenzahlen 0,16; 0,1 und 0,63

In der Tabelle 7.56 sind die Bearbeitungsdaten einer sphärischen Linse exemplarisch zusammen gestellt. Die dargestellten Oberflächen der Linse, nach unterschiedlichen Polierzeiten, verdeutlichen den Polierfortschritt und die Verringerung der Oberflächendefekte. Der Oberflächenzustand nach drei verschiedenen Polierzeiten veranschaulicht Tabelle 7.57. Eine Zusammenstellung typischer Oberflächenfehler ist in der Tabelle 7.58 vorgenommen.

Tabelle 7.56 Bearbeitungsdaten einer sphärischen Linse */Jaue2002/*

Material	LAKN22	Bauteilzeichnung
R1	33,256	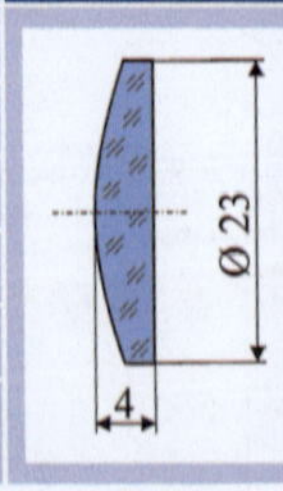
R2	∞	
Schleifkörnungen	D34; D30; D15	
Poliermittel	Opaline	
Poliermittelträger	Folie grau; GR35	
Poliermaschine	SPK40 CNC	

Tabelle 7.57 Oberflächenzustände nach unterschiedlichen Polierzeiten */Jaue2002/*

Polierzeit: 132 s handgereinigt S_q = 0,686 nm		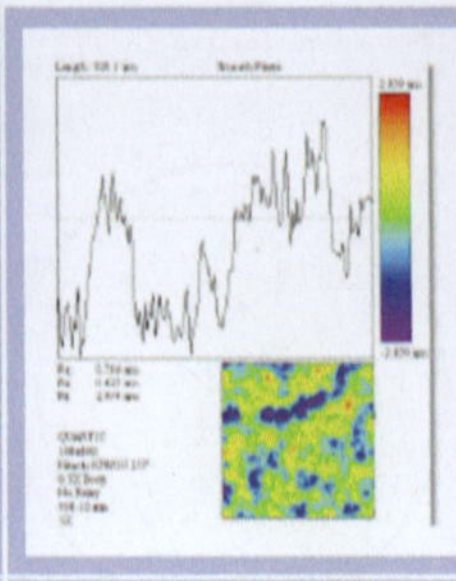
Polierzeit: 398 s handgereinigt S_q = 0,642 nm	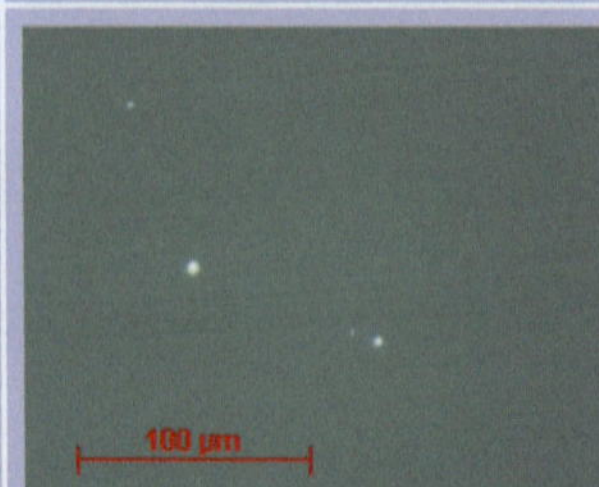	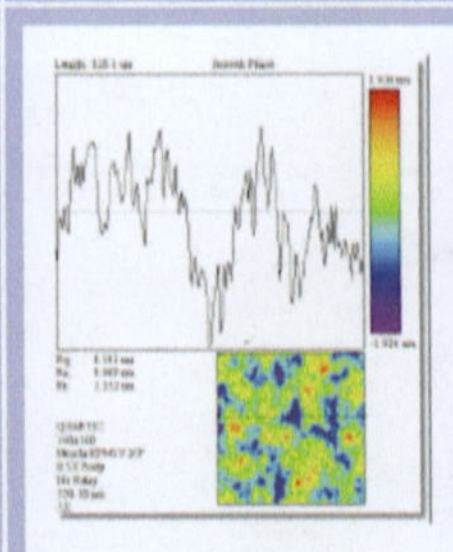
Polierzeit: 528 s handgereinigt S_q = 0,605 nm	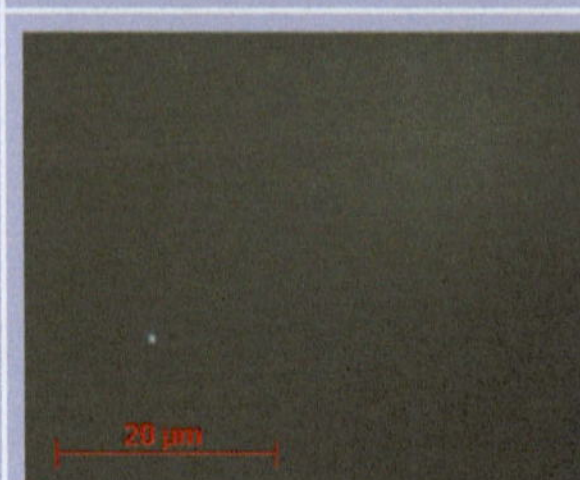	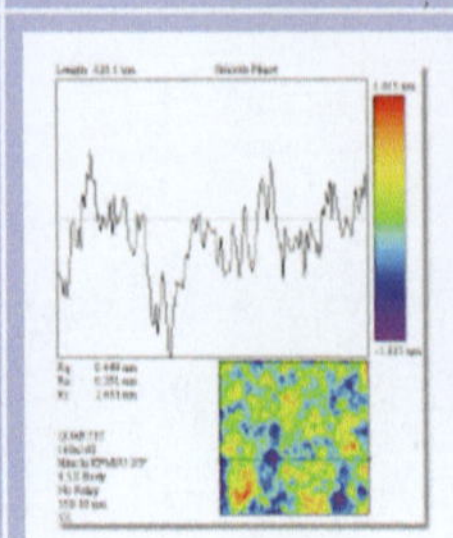

Tabelle 7.58 Darstellung ausgewählter Polierfehler

Fehlerarten	Beschreibung	Darstellung
Kratzer	Es handelt sich um Oberflächenfehler, die eine Vertiefung in unregelmäßiger Form in nicht festgelegter Richtung darstellen. Sie werden charakterisiert durch die Ausbildung von Mikrorissen in der Glasstruktur. Diese Defekte entstehen weitestgehend durch die spanende Bearbeitung mit Diamantwerkzeugen. Die Rissbildung wird über eine gestufte Tiefenbearbeitung (sinkende Korngröße der Werkzeuge) beseitigt. Reststörungen bzw. fehlerhaftes Handling der endbearbeiteten Oberflächen führen zu sichtbaren „Kratzern".	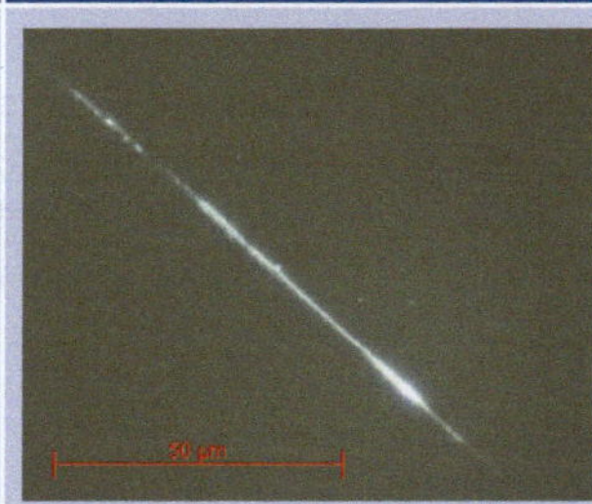
Wischer	Wischer sind durch Ultraschallreinigung freigelegte Reststrukturen der geschliffenen Oberfläche. Die Politur hat in diesem Fall die vorhandenen Rauheitsformen lediglich mit Glasgel gefüllt. Sie entstehen z. B. bei unsachgemäßer Behandlung der Oberflächen nach dem Polierprozess. Dies kann zum Beispiel bei einer Handreinigung eintreten. Die Tiefe von Wischern liegt unterhalb der Kratzertiefe.	
Löcher	Dabei handelt es sich um aufgeschliffene bzw. aufpolierte Mikroblasen im Glas in einer Größenordnung von 1 - 5 µm. In ihnen bleibt bei der nachfolgenden Beschichtung ein Restanteil an Feuchtigkeit zurück. Deshalb sind die Löcher durch die Schicht nicht abgedeckt. Somit sind Löcher als bevorzugter Ausgangspunkt der Glaskorrosion anzusehen. Die Glaskorrosion unterwandert vom Zentrum (Loch) ausgehend die optisch-funktionale Schicht und führt zu deren Zerstörung.	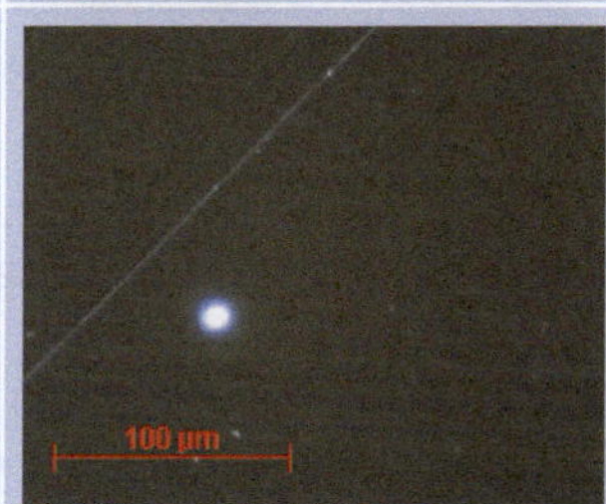
Beschlag	Mit Beschlag wird die Ausbildung von korrosiven Oberflächenschäden bezeichnet. Diese entstehen durch Reaktionen der Glaskomponenten mit der Atmosphäre. Auch durch Reaktionen mit dem Poliermedium kommt es zur An- oder Abreicherung bestimmter Komponenten in der Oberflächenschicht. Es kann auch während des Polierprozesses durch die Einwirkung des Poliermittels ein lochartiger Beschlag auftreten. Ursache für diese Erscheinungen können noch vorhandene Rissstrukturen der Vorfertigungsprozesse sein.	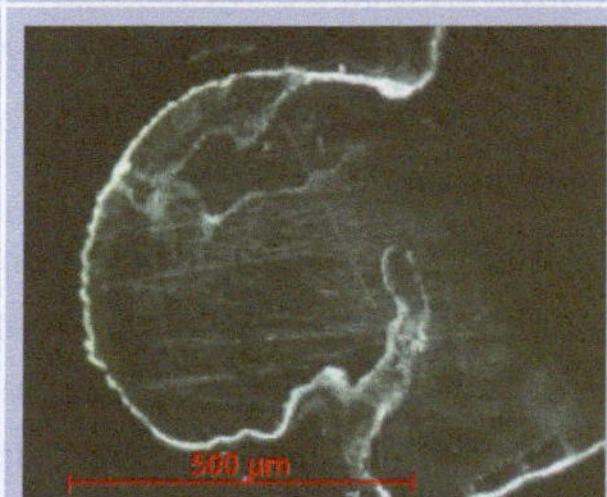
Grauschleier	Dieser Effekt entsteht dann, wenn Oberflächen nicht auspoliert sind, d. h. ein geringer Restanteil der Schliffstruktur zugeschmiert wurde. Unter Einwirkung von Feuchte dissoziiert der in den zugeschmierten Stellen befindliche Glasabrieb teilweise und geht in der auf der Glasoberfläche befindlichen Wasserhaut in Lösung.	

Tabelle 7.58 *Fortsetzung*

Fehlerarten	Beschreibung	Darstellung
Schlittschuh-effekt	Dabei handelt es sich um eine grobe Vorstufe des Grauschleiers. Er entsteht, wenn ein Großteil der Schliffstruktur nicht abgetragen und wiederum nur „zugeschmiert" wurde. Die einsetzende Glaskorrosion legt die noch vorhandene Schliffstruktur frei.	
Wiedergrau	Dieser Effekt entsteht durch ein Aufbringen von Poliermittelteilen aus der Poliermittelsuspension auf die nahezu fertig polierte Glasoberfläche. Ursachen dafür können sein: ▪ die Poliermittelsuspension ist überaltert, d. h. Gitterstörstellen im Poliermittelkorn sind durch hohe Konzentration des Glasabriebes deaktiviert; ▪ die Polierparameter (z. B. Geschwindigkeit, Druck, Konsistenz der Poliermittelsuspension) sind nicht auf die Eigenschaften der betreffenden kritischen Glasart eingestellt.	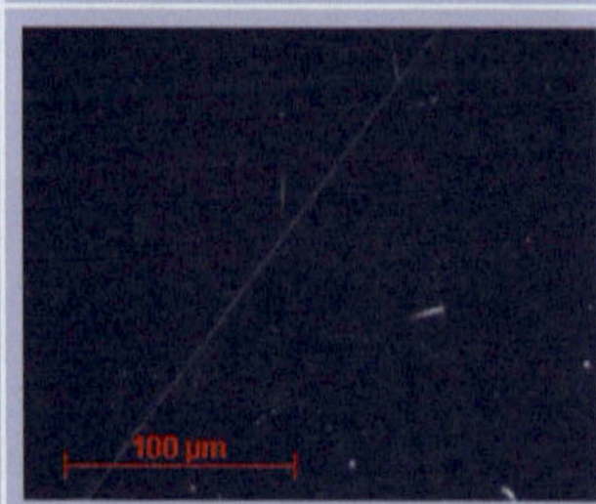

7.5.7 Leistung und Genauigkeit

Die Bewertung von optischen Funktionsflächen erfolgt i. d. R. nach dem Polierprozess. Wichtige Parameter der Geometrie und der Oberflächentopografie werden geprüft oder gemessen. Immer stärker etablieren sich auch Messverfahren für Präzisionsoptiken, die Aussagen zu den Abbildungsqualitäten der optischen Bauelemente ermöglichen. Dazu gehören heute neben den interferometrischen Messmethoden teilweise auch die Verfahren der Wellenfrontanalyse und die Bestimmung der Modulationsübertragungsfunktion.

Die Leistungsfähigkeit von Polierverfahren muss immer im Zusammenhang mit der geforderten Genauigkeit und den erreichbaren Qualitäten betrachtet werden. Danach richtet sich der zu treibende Aufwand und das zu wählende Polierverfahren bzw. die Entscheidung, ob ein mehrstufiges Polieren erforderlich ist. Somit lassen sich Polierverfahren nur in den unterschiedlichen Polierstufen Vor-, Fein- und Korrekturpolieren hinsichtlich ihrer Leistungsfähigkeit vergleichen. Wichtige Parameter dafür sind insbesondere die erforderlichen Polierzeiten, die Abtragsrate und das Zeitspanungsvolumen sowie die erreichbaren Qualitäten und Formgenauigkeiten. Andererseits sind aber auch in Abhängigkeit von der geforderten Stückzahl die Maschinen- und Werkzeugkosten sowie die Qualifikation des Fachpersonals ein wesentlicher Leistungsparameter. Bild 7.187 veranschaulicht exemplarisch den funktionalen Zusammenhang zwischen Abtragstiefe und erforderlicher Polierzeit für Polierverfahren mit großflächigen Werkzeugen (Schalenwerkzeuge). Interessanterweise erreichen Poliermittelträger in einem konditionierten Zustand (strukturierte Polyurethanfolie; Kurve 1) eine wesentlich höhere Abtragsrate als unstrukturierte Werkzeuge. Es zeigt sich in der Praxis, dass die gezielte Berechnung und Anpassung der Trägerstruktur zu einem deutlichen Zeitgewinn führen kann.

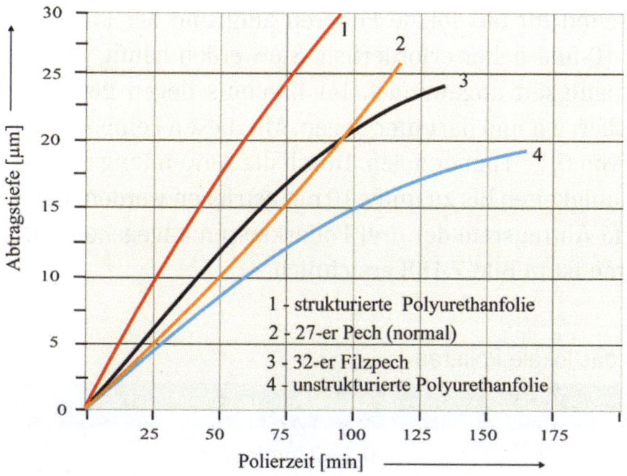

Bild 7.187
Ausgewählte Abtragskurven für das Polieren mit unterschiedlichen Poliermittelträgern

- Feingeläppte Fläche WCA9
- Werkzeug (Dmr 450) : Tragkörper (300) = 3 : 2
- Temperatur : 24 ° - 27 °C
- Exzenterdrehzahl: 60 min^{-1}
- Poliermittel: CERI 3000 F
- Rel. Feuchte 70 % - 75 %
- Spindeldrehzahl: 149 min^{-1};
- p = 20 $N \cdot cm^{-2}$ am Mitnehmerstift

Die Oberflächenstruktur und die Polierzeit sind u.a. von dem Poliermittel, der Glasart, vom Poliermittelträger, dem Polierdruck, der Schnittgeschwindigkeit, der Korngröße und der Poliertemperatur abhängig. Nachfolgend sind einige wichtige Zusammenhänge dargestellt.

Hinweise und Regeln:

1. Je größer die Schnittgeschwindigkeit gewählt wird, desto größer ist die Abtragsrate.
2. Die Menge des zugeführten Poliermittels beeinflusst den Abtrag.
3. Der Polierdruck und die Polierzeit sind direkt proportional.
4. Je griffiger das Polierkorn, desto größer das Zeitspanungsvolumen.
5. Je größer das Polierkorn, desto kürzer ist die Polierzeit.
6. Die Raumtemperatur hat Einfluss auf das Polierergebnis. Als bevorzugter Bereich ist zwischen 22 °C und 25 °C zu wählen.

Die Genauigkeit des Polierprozesses wird durch zwei Messgrößen charakterisiert. Zum einen ist die **Formgenauigkeit** (die Abweichung einer Oberflächengestalt gegenüber einer vorgegebenen Sollgeometrie) ein wichtiges Bewertungskriterium und zum anderen die erreichbare Oberflächengüte, das heißt insbesondere die Messgrößen der **Rauheit** (Abweichung der Oberflächentopografie von der idealen Oberfläche), siehe auch Kapitel 2.

Für das Polieren mit großflächigen Werkzeugen können im Einzelfall z.T. sehr unterschiedliche Polierergebnisse erzielt werden. In der Tabelle 7.59 sind Grenzbereiche für diese Polierverfahren zusammengestellt.

Tabelle 7.59 Exemplarische Polierergebnisse für großflächige Polierwerkzeuge

Rautiefe (R_q)	100 - 5 nm
Radientoleranz	± 1 - 4 µm
Vorpolieren	20 - 3 NEWTONsche Ringe
Feinpolieren	10 - 0,1 NEWTONsche Ringe
Mittendickentoleranz	0,005 - 0,02 mm
Parallelität	bis 1 Winkelsekunde

Im Vergleich zu großflächigen Poliermethoden sind für das lokale Polieren aufgrund der kinematischen Verhältnisse Polierzeiten um den Faktor 10 und höher erforderlich. Sie werden häufig auch in abgestuften Prozessen je nach geforderter Genauigkeit angewendet. Im Ergebnis liegen geglättete Oberflächen vor, deren Rauheiten im Nanometerbereich und darunter liegen. Mit diesen Feinpolierverfahren lassen sich typische Formgenauigkeiten von 0,1 – 1 µm erzielen. Durch die Anwendung der Verfahren des Korrekturpolierens können Formgenauigkeiten bis zu unter 10 nm getrieben werden. In der Tabelle 7.60 sind mittlere Werte für Rauheit und Abtragsrate der drei Polierklassen angegeben. Eine genauere Zuordnung zu dem jeweiligen Verfahren ist in Bild 7.188 ersichtlich.

Tabelle 7.60 Exemplarische Poliergebnisse für das lokale Polieren

	R_q-Wert	Abtragsrate
Vorpolieren (CNC)	0,1 – 1 µm	0,1 – 2 $mm^3 \cdot s^{-1}$
Feinpolieren	1 – 50 nm	0,01 – 0,1 $mm^3 \cdot s^{-1}$
Korrekturpolieren	0,1 – 1 nm	0,001 – 0,01 $mm^3 \cdot s^{-1}$

Eine Einteilung wichtiger Polierverfahren nach den Kriterien Zeitspanungsvolumen und erreichbare Rautiefe R_q (RMS) wurde von */Stow1988/* vorgenommen. Die Lage der Polierverfahren in diesem Diagramm zeigt Grenzen und Möglichkeiten für die genannten Polierparameter auf.

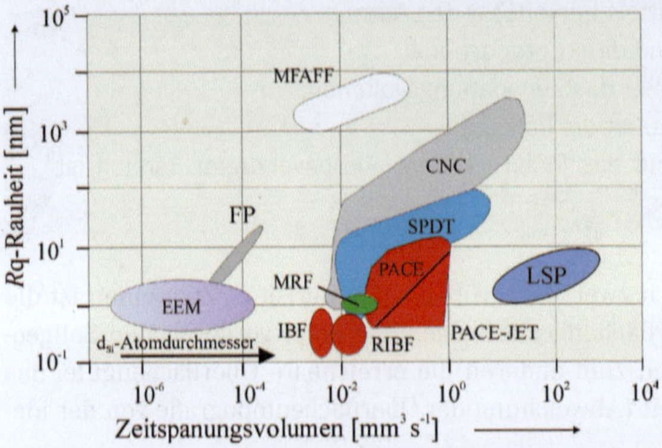

Bild 7.188
Einteilung der Polierverfahren nach Zeitspanungsvolumen und quadratischem Mittenrauwert R_q */Stow1988/, /Raus2005/*

CNC Computer Numerical Controlled Polishing,
EEM Elastic Emission Machining,
FP Float Polishing,
MFAFF Magnetic Field Assisted Fine Finishing,
MRF Magneto-Rheological Finishing,
PACE Plasma Assisted Chemical Etching,
SPDT Single Point Diamond Turning,
LSP Laser Beam Polishing

Der erforderliche Aufwand für polierte Oberflächen im Bereich der **Hochleistungsoptik** ist sehr hoch. Dieser Stufenprozess erfordert eine Vielzahl Verfahren und Verfahrensschritte, die kostenintensiv sind und relativ lange Polierzeiten erfordern. In Bild 7.189 ist das Bearbeitungsergebnisse eines Korrekturpolierschrittes durch das IBF-Polieren dargestellt. Sowohl das MRF-Verfahren als auch das IBF-Verfahren ermöglichen das Erreichen der Anforderungen an die HL-Optik.

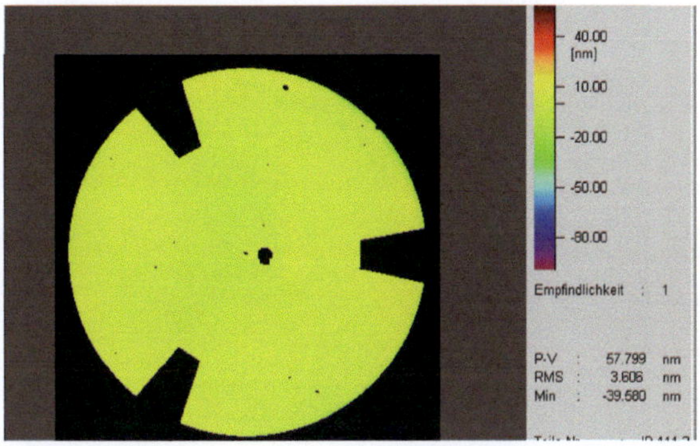

Bild 7.189
Interferometrische Darstellung einer polierten Oberfläche nach dem MRF-Polieren (PV: 57,8 nm; RMS: 3,6 nm) */Fran2002/*

Einige Polierverfahren stoßen mit ihren Bearbeitungsergebnissen an die Auflösungsgrenze der meisten Messgeräte. Das AFM bietet die Möglichkeit der Messung von Mikrotopografien auf polierten Oberflächen im Nanometerbereich. Der Messbereich beschränkt sich jedoch nur auf Flächen in sehr kleinen Bereichen, z. B. Messfeld $1 \times 1\,\mu m^2$ bis $150 \times 150\,\mu m^2$.

In Bild 7.190 sind Flächenscans ausgewählter polierter Oberflächen einer CaF_2-Linse dargestellt. Das Polieren dieser Linse erfolgte in einem mehrstufigen Polierprozess. Im ersten Polierschritt wurde die Probe durch eine Pechpolitur mit Diamantsuspension bearbeitet. Im darauffolgenden Prozessschritt wurde die Oberfläche durch das MRF-Polierverfahren weiter verbessert. Das Verfahren ermöglicht einen hohen Konstantabtrag, der auch eventuelle Störschichten aus den vorangegangenen Bearbeitungsschritten entfernt. Ein wesentlicher Vorteil des Verfahrens besteht darin, dass die Kristallstruktur in der Tiefe der CaF_2-Linse nicht signifikant geschädigt wird.

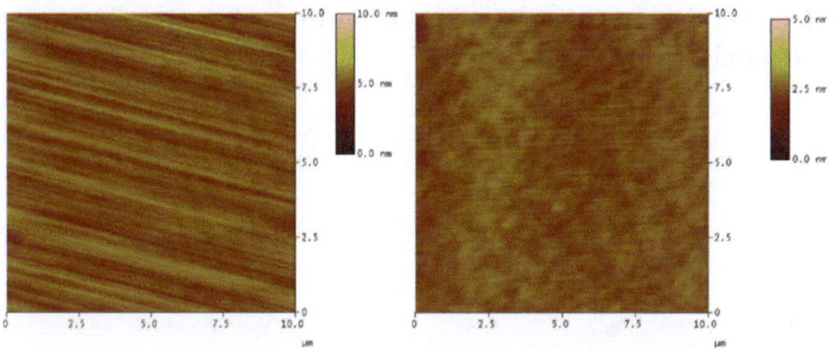

Bild 7.190
AFM-Darstellung polierter Oberflächen */Fran2002/*: links) MRF-polierte Fläche R_q = 4,8 nm, rechts) CMP-polierte Fläche R_q = 0,16 nm

An die MRF-Bearbeitung schließt sich eine CMP-Bearbeitung an. Durch dieses Verfahren werden die systembedingten Strukturen des MRF-Verfahrens entfernt. Die mit dem AFM ermittelte Rauheit R_q beträgt in etwa 0,16 nm. Für die meisten Anwendungen sind diese Bearbeitungsergebnisse ausreichend und erfüllen die geforderten Toleranzen der optischen Bauelemente. Bauelemente, die eine noch höhere Anforderung an die Formgenauigkeit erfüllen müssen, durchlaufen eine weitere Polierstufe. Für diese finale Formkorrektur lässt sich das Verfahren des IBF-Polierens sehr erfolgreich anwenden. Zur Endkorrektur werden i. d. R. zwei Prozessschritte durchgeführt. Zuerst erfolgt ein Konstantabtrag mit dem Ionenstrahl von 40 bis 50 nm. In einem zweiten Prozessschritt wird eine Fehlerkorrektur durchgeführt. Mit dem IBF-Verfahren lassen sich langwellige Oberflächenfehler sehr gut korrigieren (Bild 7.191). Allerdings kann die Bearbeitung aber auch wiederum sehr kurzwellige Oberflächenfehler im Prozess zur Folge haben. Dies spiegelt sich dann in einem Anstieg der Rauigkeit wider.

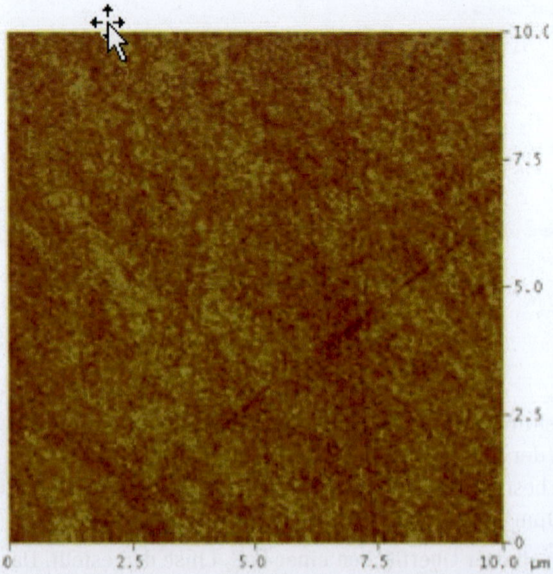

Bild 7.191
AFM-Scan nach dem IBF-Polieren */Fran2002/*

Z range: 4,042 nm,
RMS (R_q): 0,276 nm,
R_a: 0,219 nm,
R_{max}: 4,042 nm

Zusammenfassend sind in Bild 7.192 die PSD-Funktionen für unterschiedliche Polierverfahren und ausgewählte Schleifverfahren für eine Planbearbeitung sowie eine asphärische Bearbeitung gegenübergestellt. Erwähnt werden muss, dass es sich bei der mechanischen Politur lediglich um ein Vorpolieren handelt. Aus diesem Grund sind die hochfrequenten Fehler noch nicht in den Zielbereich korrigiert. Ebenfalls zeigt der Kurvenverlauf für das MRF-Polieren (noch kein vollständig optimierter Prozess) noch deutlich zu große Schwankungen im Bereich der mittelfrequenten Fehleranteile. Dies soll veranschaulichen, dass diese Fehler bei der Bearbeitung mit Subaperturwerkzeugen durch die Bearbeitungsparameter optimiert werden müssen.

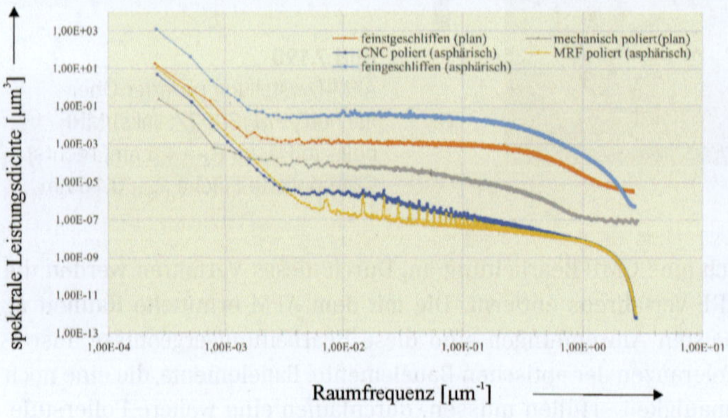

Bild 7.192
Exemplarische Darstellung der PSD-Funktionen für plan- und asphärische Oberflächen */Hage2021/*

7.5.8 Übungsaufgaben

1. Beschreiben Sie die Vorgänge beim Polierprozess. Welche Prozessgrößen beeinflussen das Polierergebnis signifikant?
2. Welche technischen Forderungen werden an das Polierwerkzeug gestellt?
3. Wie beeinflussen der Poliermittelträger und das Poliermittel die zu polierende Fläche?
4. Wie werden Änderungen der Oberflächengeometrie beim Polierprozess gezielt beeinflusst (Polierregeln)?
5. Was muss bei einer Umlaufschmierung – bei Änderung des Werkstückmaterials – berücksichtigt werden?
6. Wie können die Polierzeiten positiv beeinflusst werden?
7. Warum werden bei strukturierten Poliermittelträgern bessere Abtragsleistungen erreicht?
8. Welche Fehler können beim Polierprozess auftreten?
9. Wie werden Polierfolien bei Neubelegung der Schalen gezielt justiert und geprüft?
10. Für das Schalenpolieren soll ein neuer Werkstoff als Poliermittelträger erprobt werden. Beschreiben Sie eine Methode, um den Reibungskoeffizienten μ des Poliermittelträgerwerkstoffes experimentell zu bestimmen.
11. Erläutern Sie die unterschiedlichen Polierprozesse Konstantabtrag und verweilzeitgesteuertes Polieren. Für welche Polieraufgaben werden diese beiden Technologien eingesetzt?
12. Was ist unter einem Footprint zu verstehen? Beschreiben Sie diesen am Beispiel des Bonnet- und des MRF-Polierverfahrens.
13. Welche Oberflächenunvollkommenheiten werden an polierten Oberflächen geprüft?
14. Nennen Sie mögliche Ursachen für eine Beschlagbildung.
15. Eine Planfläche aus SQ0 ist mit einer Diamantsuspension vorgeläppt und soll poliert werden. Zu ermitteln ist die Abtragsrate, die erforderliche Polierzeit sowie die Abtragsarbeit. Der Materialanteil von 100 % liegt nach der Messung bei $z = -3{,}5\,\mu m$. Die Polierfläche beträgt $50\,cm^2$ und der Preston-Koeffizient ergibt sich zu $C_p = 1{,}1 \cdot 10^{-7}\,cm^2 \cdot N^{-1}$. Die Maschinenparameter werden so gewählt, dass sich eine mittlere Schnittgeschwindigkeit von $v_c = 1{,}5\,m \cdot s^{-1}$ ergibt. Die aufgebrachte Normalkraft beträgt $F_N = 17{,}5\,N$. Für das Polieren auf Polyurethanfolie wurde experimentell ein Reibungskoeffizient von $\mu = 0{,}625$ ermittelt.

Weitere Informationen zu Abschnitt 7.5 sind auf plus.hanser-fachbuch.de hinterlegt.

7.6 Zentrieren

Auf plus.hanser-fachbuch.de finden Sie hierzu ein Video.

Im technologischen Ablauf der Linsenfertigung erfolgt in der Endbearbeitungsstufe der Arbeitsgang **Zentrieren**. Vordergründiges Ziel des Zentrierens ist das Erzielen der Übereinstimmung von optischer Achse und Symmetrieachse der Linse durch eine Randbearbeitung. Zur Anwendung kommt i.d.R. ein Außenrundschleifverfahren mit gebundenem Korn, das mit hoher Präzision und Sauberkeit zum Schutz der bereits fertig bearbeiteten optischen Flächen durchgeführt werden muss.

Zentrieren ist ein Verfahren zur Randbearbeitung von Linsen durch Außenrundschleifen mit gebundenem Korn zur Beseitigung von Keilfehlern durch die Annäherung von optischer Achse und Symmetrieachse des optischen Elementes.

Darüber hinaus werden aber auch noch andere technologische Parameter erfüllt, die in der Tabelle 7.61 zusammengefasst sind.

Tabelle 7.61 Übersicht der Zielsetzungen durch das Verfahren Zentrieren

Zielsetzungen des Zentrierens
▪ Beseitigung des Keilfehlers
▪ Herstellen des endgültigen Durchmessers
▪ Beseitigung von Poliermittelrückständen am Zylinderrand
▪ Herstellen der geforderten Rautiefe am Zylinderrand

In den vorgelagerten Prozessschritten kommt es während der Bearbeitung der beiden optisch wirksamen Flächen zu Zylinderhöhenabweichungen in der Folge von Kittfehlern, Dickentoleranzen des Tragkörpers oder Spannfehlern bei der Aufnahme in einem Spannfutter. Diese Zylinderhöhenabweichungen werden als **Keilfehler** der Linse bezeichnet. In Bild 7.193 ist eine Linse mit einem Keilfehler vor dem Arbeitsgang Zentrieren dargestellt, die für die Verwendung in einem optischen System nicht geeignet wäre. Zum besseren Verständnis wurde schematisch die Linse in ein mechanisches Fassungselement gehaltert.

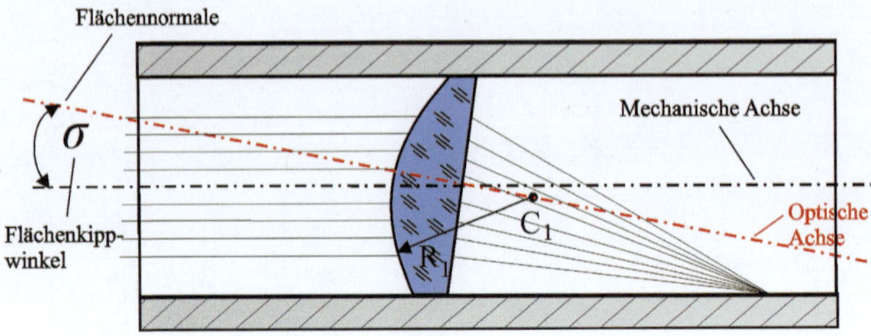

Bild 7.193 Darstellung des Zentrierfehlers, Linse gefasst ohne Zentrierbearbeitung

Das dargestellte gefasste System zeigt, dass die als mechanische Achse bezeichnete Symmetrielinie des optischen Systems mit der optischen Achse nicht übereinstimmt. Als Zentrierfehler wird dabei der Flächenkippwinkel σ bezeichnet, der aus den Scheitelnormalen 1 und 2 der beiden Bezugsflächen gebildet wird. Durch das Zentrieren wird eine Verkleinerung des Flächenkippwinkels angestrebt, um die jeweilig tolerierte Übereinstimmung der mechanischen und optischen Achse zu erreichen. Ein maximal zulässiger Zentrierfehler sowie die Toleranz des Linsendurchmessers werden durch den Optikkonstrukteur vorgegeben und deren Angabe ist nach DIN ISO 10110-6 festgelegt (Tabelle 7.62).

Tabelle 7.62 Form- und Lagetoleranzen optisch nicht wirksamer Flächen nach DIN ISO 10110-6

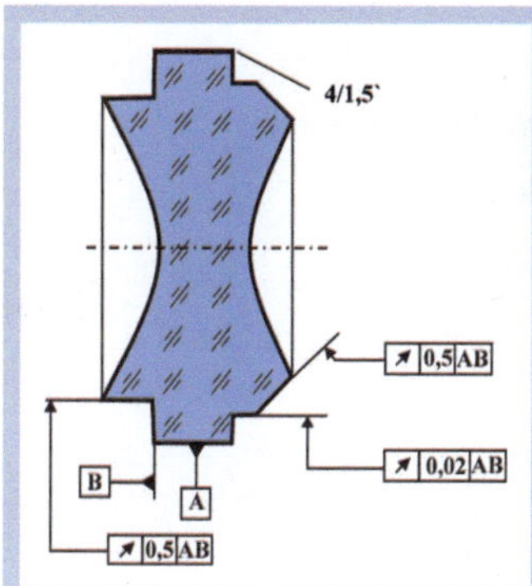

↗	Symbol für die Lauftoleranzen/Rundlauf und Planlauf
0,5	gibt die zulässige Lauftoleranz in mm an
AB	sind die Bezugsflächen, zu denen die Toleranz von 0,5 mm bei vollständiger Umdrehung des Werkstückes auftreten dürfen
4/ 1,5′	
4/	Zentrierfehler Kennnummer
σ = 1,5′	Kennwert des Flächenkippwinkels (in Winkelminuten)

Für die Zentrierbearbeitung muss in der Rohteilfertigung ein **Aufmaß** vorgesehen werden. Die Kenntnis des erforderlichen Zentrieraufmaßes ist aus wirtschaftlichen Gründen bedeutend. Einerseits sollte das Aufmaß nicht überdimensioniert werden, um den Materialeinsatz zu optimieren (insbesondere bei Kristallwerkstoffen) sowie die Bearbeitungszeit niedrig zu halten, und andererseits muss genügend Aufmaß vorgehalten werden, um die fertigungstechnisch entstandenen Fehler des Flächenkippwinkels beseitigen zu können.

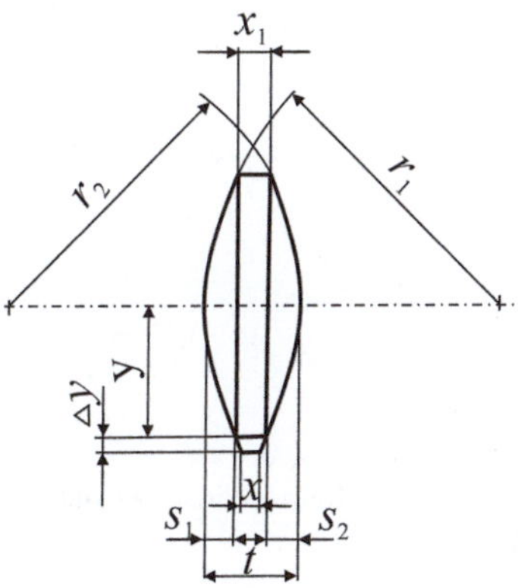

Bild 7.194
Darstellung des Linsenkeilfehlers

In Bild 7.194 ist der Linsenkeilfehler schematisch dargestellt. Dabei ergibt sich die Randdicke *x* annähernd aus der Beziehung

$$x \approx t - \left(\frac{y^2}{2r_1} + \frac{y^2}{2r_2} \right) \quad (7.31)$$

während sich die Randdicke der Gegenseite x_1 durch die Beziehung

$$x_1 \approx t - \left(\frac{(y + \Delta y)^2}{2r_1} + \frac{(y + \Delta y)^2}{2r_2} \right) \quad (7.32)$$

beschreiben lässt.

Durch die Subtraktion beider Anteile lässt sich die Randdickendifferenz Δx bestimmen.

Das erforderliche Zentrieraufmaß kann somit wie folgt bestimmt werden:

$$\Delta y = \frac{\Delta x \cdot r_1 \cdot r_2}{y(r_1 + r_2)} \quad (7.33)$$

Beispiel:

Es ist das erforderliche Zentrieraufmaß für eine Bikonvexlinse zu berechnen.

Die Linse hat die Flächenradien $r_1 = 500$ mm und $r_2 = 1000$ mm. Der Linsendurchmesser soll 30 mm betragen. Die fertigungsbedingte Randdickendifferenz ergibt sich zu $\Delta x = 0{,}25$ mm.

Eingesetzt in Formel 7.33 ergibt sich: $\Delta y = 5{,}5$ mm

Es ist ein Zentrieraufmaß von 5,5 mm, bezogen auf den Linsendurchmesser, vorzusehen.

Für die Angabe von Zentriertoleranzen für asphärische Flächen sind nach DIN ISO 10110-6 die folgenden Größen aus Bild 7.195 vorzusehen. Es wird der maximal zulässige Wert des Kippwinkels oder des axialen Rundlauffehlers sowie der seitliche Versatz angegeben. Die Angabe erfolgt mit $4/\sigma$ (*L*), wobei σ der maximal zulässige Kippwinkel an der Bezugsachse und *L* der maximal zulässige seitliche Versatz ist.

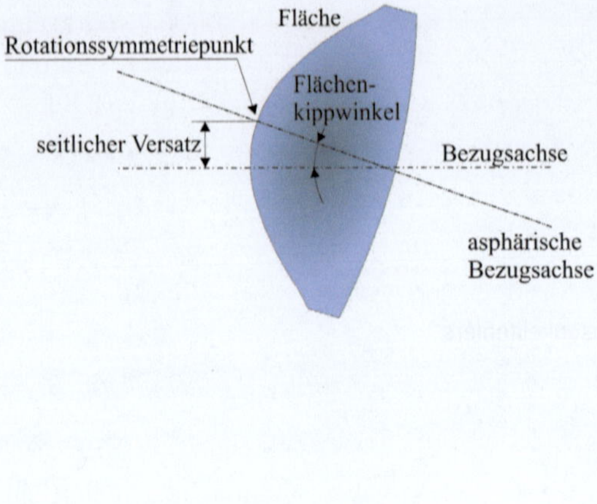

Bild 7.195
Angabe der Zentriertoleranzen für asphärische Flächen nach DIN ISO 10110-6

7.6.1 Zentrierverfahren

Die verwendeten Zentrierverfahren unterscheiden sich im Wesentlichen durch die Aufnahme der zu zentrierenden Linse und den damit erreichbaren Genauigkeiten. Die erforderliche Randbearbeitung wird durch konventionelle, kurvengesteuerte und CNC-gesteuerte Optikmaschinen ausgeführt.

7.6.1.1 Steckzentrieren

Bei den Verfahren Steckzentrieren wird die zu zentrierende Linse auf einen **Präzisionseinzeltragkörper** gekittet und optisch am Reflexbild ausgerichtet (Bild 7.196 rechts). Dies erfolgt an einem externen Richtplatz. Dadurch erreicht man zunächst eine hohe Passgenauigkeit zwischen Tragkörper und endbearbeiteter optischer Fläche der Linse. Die Laufgenauigkeit zwischen dem Passkegel des Tragkörpers und der Schneide muss $< 2\,\mu m$ sein, damit die geforderte Zentriergenauigkeit erreicht werden kann. Die gerichtete Linse mit Präzisionseinzeltragkörper wird in das Spannprisma der Zentriermaschine aufgenommen. Bei diesen sogenannten Wechselspindelsystemen werden hochgenaue Spindelaufnahmen mit einer Spindelidentifikation verwendet (Bild 7.196 links).

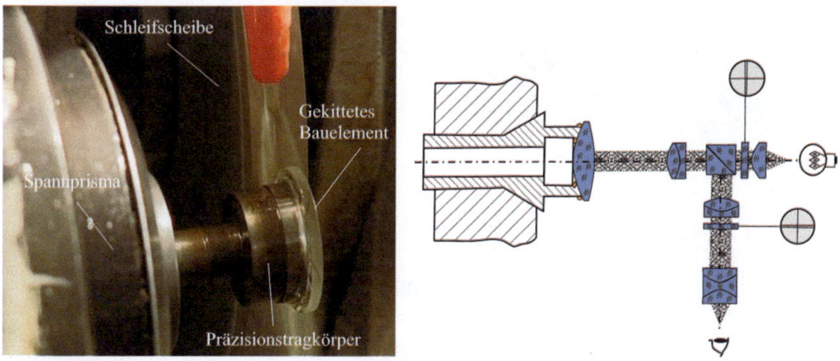

Bild 7.196 Anordnungen für das Steckzentrierverfahren: links) Wechselspindel und Schleifscheibe, rechts) Reflexbildgerät im Zentrierautomat

Das Ausrichten der Linse kann mithilfe eines **Reflexbildgerätes** oder mit einem Durchlichtgerät erfolgen. Bei beiden Geräten nutzt man die Gesetzmäßigkeit aus, dass die an den optisch wirksamen Flächen reflektierten Spiegelbilder feststehen, wenn die Linse genau um die optische Achse rotiert. Durch diese Methodik ergeben sich insbesondere die folgenden Verfahrensvorteile des Steckzentrierens:

- Eliminieren von Zentrierfehlern durch externes Kitten und Richten,
- Präzisionsaufnahme der Wechselspindel im Spannprisma,
- querkraftfreier Antrieb der Wechselspindel,
- Kopplung des Richtsystems mit der Zentriermaschine, Messung der Höhenlage der Linse und Datenübergabe.

7.6.1.2 Spannzentrieren

Beim Spannzentrierverfahren wird das Richten, Haltern und Abtragen an der Zentriermaschine direkt durchgeführt. Dabei wird die Linse zwischen zwei **Spannglocken** mit ringförmigen Präzisionsschneiden gerichtet und gehaltert. Eine der Spannglocken ist feststehend an der Spindelaufnahme angebracht. Ihre Ringfläche dient gleichzeitig der Aufnahme und Orientierung einer Linsenfläche. Die zweite Spannglocke wird auf gleicher Achse mittels einer Anpresskraft gegen die erste geführt. Zwischen beiden richtet sich die Linse aufgrund der Kraftwirkung an den Schneiden aus. Der Krafteinstellung kommt besondere Bedeutung zu. Sie muss so bemessen sein, dass ein Ausrichten der Linse erfolgen kann und ihr Verschieben beim Eingriff des Werkzeuges ausgeschlossen ist. Bild 7.197 illustriert die Spannverhältnisse der Präzisionsschneiden sowie die Eingriffsverhältnisse von Zentrier- und Facettierwerkzeug. Ein paralleles Bearbeiten beider Werkzeuge kann die resultierende Kraft, die auf den gespannten Bereich wirkt, reduzieren.

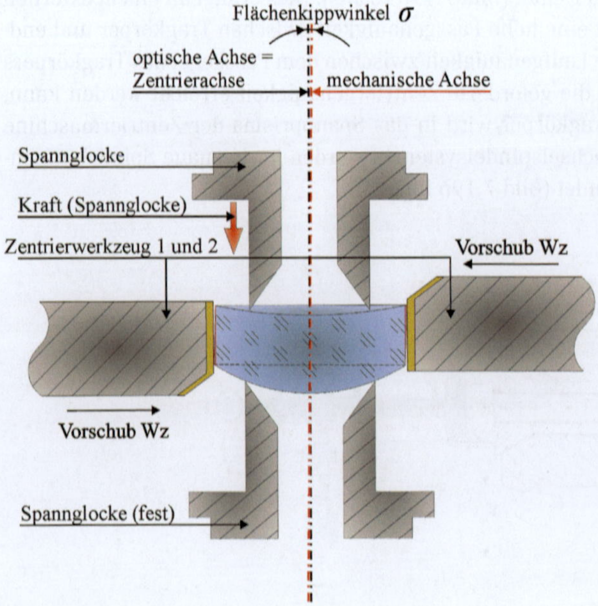

Bild 7.197 Schematische Darstellung des Spannzentrierens

Ob die Vorteile des Spannzentrierens genutzt werden können, hängt von der geometrischen Form der Linse, ihrer Masse und von der zulässigen Randdickendifferenz ab. Insbesondere wenn die Linsenflächen nur schwach gekrümmt sind, ist ein selbstständiges Ausrichten zwischen den Spannglocken nicht mehr möglich. Zu einer Entscheidungsfindung, ob das Spannzentrierverfahren noch angewendet werden kann, ist es erforderlich, den Tangentenwinkel α_T zu bestimmen. Die Größe des Tangentenwinkels wird durch das Verhältnis vom Spannglockendurchmesser zum Krümmungsradius bestimmt. Grenzwerte ausgewählter Linsenformen sind in der Tabelle 7.63 zusammengestellt.

Generell kann geschlussfolgert werden:

- Linsen lassen sich umso besser spannzentrieren, je größer das Verhältnis Linsendurchmesser: Krümmungsradius ist.
- Menisken lassen sich umso besser spannzentrieren, je weiter ihre Krümmungsmittelpunkte auseinanderliegen.
- Linsen mit Durchmessern von größer als 300 mm werden in der Regel nicht mehr spannzentriert.

Tabelle 7.63 Grenzwerte für das Verfahren Spannzentrieren */Gräf1989/*

Linsenform	α_T	Winkel α_T	Breite b	Linsenform	α_T	Winkel α_T	Breite b
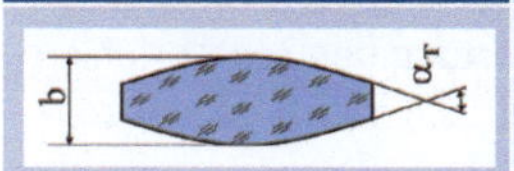	$\alpha_1 + \alpha_2$	≥ 18°	≤ 17		α_1	≥ 22°	≤ 19
	$\alpha_1 + \alpha_2$	≥ 18°	≤ 20	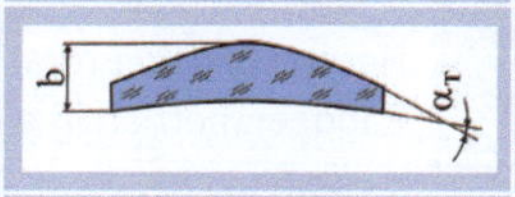	$\alpha_1 - \alpha_2$	≥ 30°	≤ 17
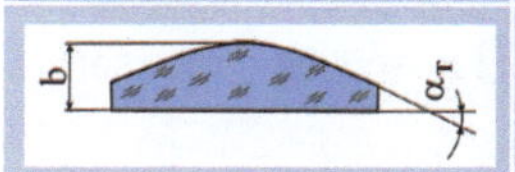	α_1	≥ 22°	≤ 18	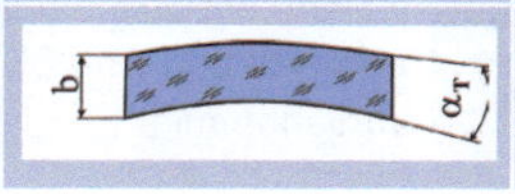	$\alpha_2 - \alpha_1$	≥ 30°	≤ 17

7.6.2 Zentriermaschinen und Werkzeuge

Zentriermaschinen arbeiten nach den beiden beschriebenen Zentrierverfahren und nutzen entweder konventionell kurvengesteuerte Systeme oder moderne CNC-gesteuerte Maschinen. Die Auswahl eines geeigneten Maschinentyps richtet sich in erster Linie nach der Losgröße, der erforderlichen Flexibilität, den Linsenparametern und den Genauigkeitsanforderungen. Kurvengesteuerte Zentriermaschinen haben fest vorgeschriebene technologische Abläufe und sind in ihren Anschaffungskosten vergleichsweise preiswert. Eine hohe Flexibilität hingegen erreichen CNC-gesteuerte Maschinen, die über eine interne Prozesssteuerung verfügen. Dadurch können sowohl einfache als auch komplexe Randgeometrien durch eine bahngesteuerte Konturbearbeitung hergestellt werden.

Durch den Einsatz von Zentrierautomaten werden Serienbearbeitungsaufgaben effizienter und wirtschaftlicher bearbeitet. Insbesondere durch das automatische Linsenausrichten und -spannen werden subjektive Fehler beim Einsetzen der Werkstücke vermieden und eine Mehrmaschinenbedienung durch den Bearbeiter ermöglicht. Bild 7.198 illustriert einen Zentrierautomaten und Tabelle 7.64 beschreibt Kernelemente sowie optionale Komponenten des Systems.

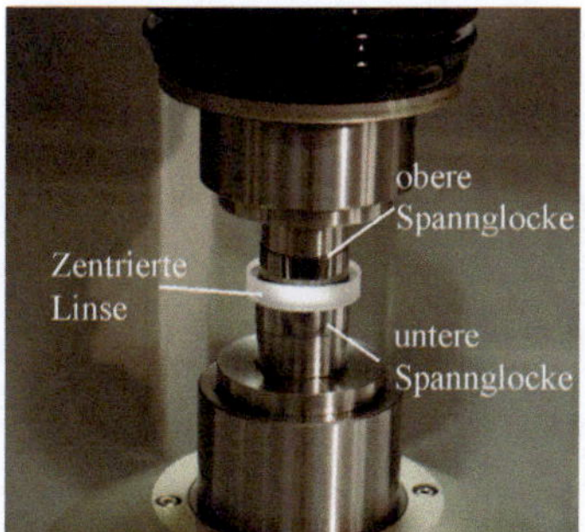

Bild 7.198
Kernelemente einer Zentriermaschine mit Spannglocken */Sati2007/*, */Schn2006/*

Tabelle 7.64 Optionale Komponenten einer Zentriermaschine */Sati2007/, /Schn2006/*

1. Integriertes automatisches Ladesystem	Bei hohen Losgrößen kann ein automatischer Werkstückwechsel erfolgen und ein unterbrechungsfreies Arbeiten sichergestellt werden.
2. Interaktives Lasermesssystem	Die Realisierung von Onlinemessungen und Auswertung des Zentrierfehlers und des Flächenkippwinkels unter der Berücksichtigung des Brechungsindexes und der Spannsituation.
3. CNC-gesteuerte Konturbearbeitung	Herstellung von rotationssymmetrischen und nichtrotationssymmetrischen Randgeometrien in einem Arbeitsablauf.
4. Spannglockentechnik	Es wird ein Spannablauf mit Spannkraft, -position, und -geschwindigkeit ermittelt und eine CNC-gesteuerte Ausrichtung und Spannung der Linsen vorgenommen.

Zentrierautomaten spannen die zu bearbeitende Linse über pneumatische Zylinder mit Spanndrücken in einem Bereich von ca. 5 bar. Von Vorteil ist die Trennung der Antriebs- und Spannachse, was aber eine extrem gute maschinentechnische Ausrichtung zueinander erfordert. Wie bereits vorstehend diskutiert, müssen die zum Einsatz kommenden Spannglocken sehr genau gefertigt sein und haben oftmals einen eingearbeiteten Hartmetallring für eine reproduzierbare Linsenausrichtung. Das Lasermesssystem dient zur Ausrichtung der Linse an den optisch wirksamen Flächen. Bei transmittierenden Bauelementen erfolgt die Messung meist im Durchlicht. Ein in der Maschine integrierter optischer Detektor ermittelt die Position des transmittierten Laserstrahles und kann somit den Zentrierfehler bestimmen.

Im Einrichtablauf wird zunächst die Optik manuell grob ausgerichtet und dann ein leichter Spanndruck erzeugt. Durch die Spannglocken erfolgt nun eine Selbstzentrierung (bei Bauteilen, die die Bedingungen der Tabelle 7.63 erfüllen), so dass sich das Element durch den leichten Anpressdruck auf der Schneide selbst ausrichtet. Kritische Bauteile müssen manuell mit dem Messsystem ausgerichtet werden. Die erreichbaren **Zentriergenauigkeiten** liegen bei ca. 10'.

So ermöglicht beispielsweise ein Verfahrweg der Werkzeugachsen von 72 mm die Bearbeitung von Linsen bis zu einer maximalen Mittendicke von 60 mm.

Für die Außenrundschleifbearbeitung während des Zentriervorganges kommen i. d. R. diamantgebundene oder gesinterte Schleifscheiben zum Einsatz. In der Tabelle 7.65 sind drei prinzipielle Werkzeugarten gegenübergestellt. Sehr effizient ist der Einsatz von sogenannten **Kombiwerkzeugen**, die sowohl eine Zentrierbearbeitung als auch das Facettieren ermöglichen.

Bei der Auswahl der entsprechenden Schleifscheibe sind folgende Kriterien zu beachten:

- Form des Werkzeuges,
- Abmessungen der Schleifscheibe/Außendurchmesser und Maschinenaufnahme,
- Körnungsgröße,
- Bindung,
- Konzentration.

Die Form des verwendeten Werkzeuges sollte nach bestimmten Wirtschaftlichkeitskriterien ausgewählt werden; Schleifbelagsvolumen, Belagtiefe und Durchmesser, die maßgeblich die Fertigungskosten beeinflussen. Die Auswahl der Korngröße korreliert unmittelbar mit dem erreichbaren Zeitspanvolumen Q_W und der erreichbaren Rautiefe. Mit größer werdendem Korn erhöht sich das Zeitspanvolumen, wobei eine Vergrößerung der Rauheit auftritt und gleichzeitig die Gefahr von Randaussprüngen zunimmt. Für die optimale Bearbeitung muss oftmals ein Kompromiss geschlossen werden.

Allerdings dürfen durch die Randbearbeitung keine Kerbspannungen auf das Bauelement wirken, da ansonsten die Formgenauigkeiten der bereits fertig bearbeiteten optischen Flächen verschlechtert werden können. Aus diesem Grund muss die Korngröße des Diamantwerkzeuges sowie die Vorschubgeschwindigkeiten an den Prozess angepasst werden (grobes Korn erhöht die Gefahr der Entstehung von Kerbspannungen).

Für die Zentrierbearbeitung werden häufig diamantgebundene Werkzeuge mit metallischer Bindung eingesetzt (Tabelle 7.65). Die **Konzentration** beziffert den Diamantgehalt im Schleifbelag (Angabe in Volumenprozent). Internationale Standards definieren 25 Volumenprozente mit C100, was 4,4 Karat$\cdot$cm^{-3} Belagvolumen entspricht. Für Zentrierwerkzeuge wird eine Konzentration von C90 und für Facettierwerkzeuge von C125 bevorzugt.

Tabelle 7.65 Diamantgebundene Schleifscheiben zum Zentrieren und Facettieren */Sain2006/*

Zentrierscheibe mit Passansatz	Facettierscheibe	Zentrier- und Facettierscheibe
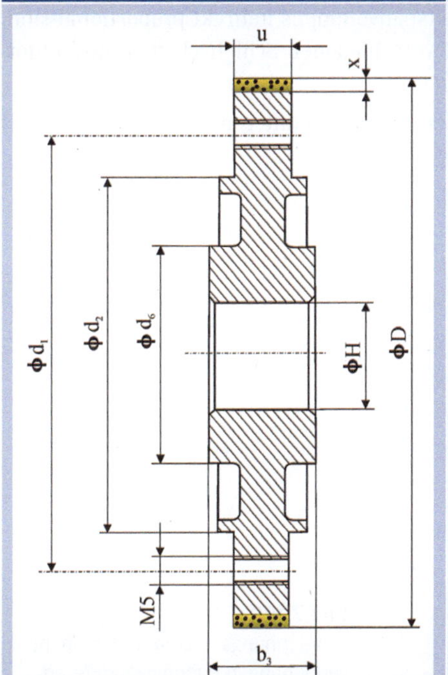	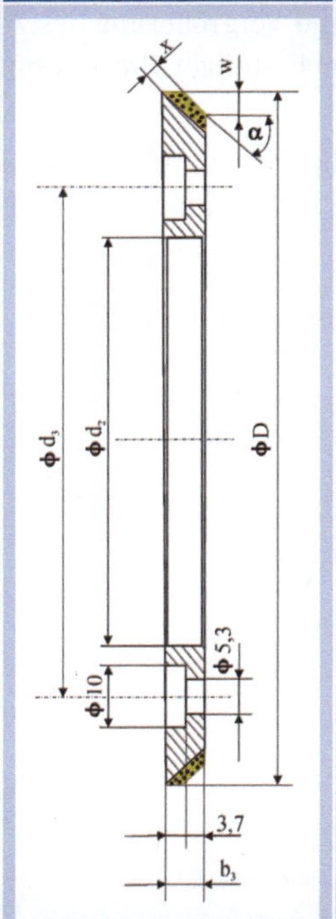	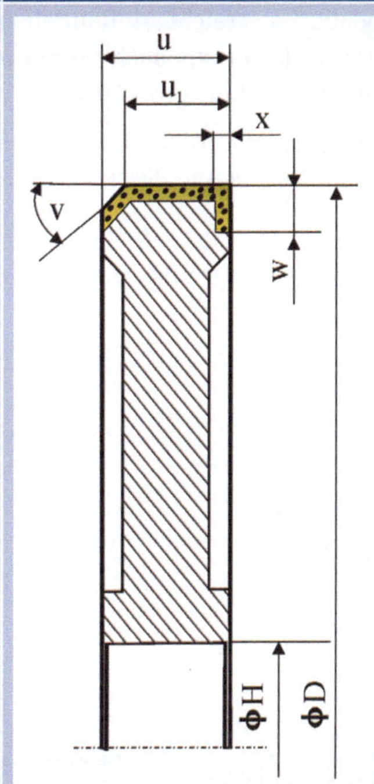

ØD Schleifscheibendurchmesser; ØH Durchmesser der Aufnahme; U Schleifscheibenbreite; X Belagdicke
02D, 02E und 1AY1 Scheibenform

Bei richtiger Wahl der Schleifparameter und der Prozessgrößen kann eine hohe Standzeit der Schleifscheibe erreicht werden. Insbesondere wirkt sich dann der erzielbare Selbstschärfeffekt auf die Funktion des Prozesses aus, und es können Anforderungen an die Maßhaltigkeit, Oberflächenrauheit und Randzonenschädigung sehr gut erfüllt werden.

7.6.3 Bearbeitungsprozess

In der Anwendung der Zentrierbearbeitung müssen Prozessparameter optimiert und dem jeweiligen Prozess angepasst werden. Unabhängig von den Abmessungen des Zentrierwerkzeuges werden üblicherweise Schnittgeschwindigkeiten von ca. $v_c = 30\,\mathrm{m \cdot s^{-1}}$ gewählt. Daraus lassen sich unterschiedliche Drehzahlbereiche in Abhängigkeit vom Schleifscheibendurchmesser ableiten. Die Werkstückdrehzahlen liegen in der Regel zwischen 4 und $20\,\mathrm{min^{-1}}$.

Von Vorteil ist die simultane Bearbeitung mit zwei Werkzeugen. Dadurch kann die Krafteinwirkung auf das Bauteil optimiert werden. Die angetriebenen Werkzeuge ermöglichen mit jeweils zwei Bewegungsachsen eine sehr flexible Bearbeitung. Oftmals wird der Prozess auch zweistufig ausgelegt:

1. Zentrieren, Randbearbeitung (Werkzeuge sind um 180° versetzt am Linsenumfang angeordnet),
2. Facettieren (Auseinanderfahren der Werkzeuge um Linsenmittendicke).

Entscheidend für die erreichbare Rautiefe sind die Wahl der Körngröße sowie die Vorschubgeschwindigkeit. Da erreichbare Rautiefe und Vergrößerung des Zeitspanvolumens indirekt proportional sind, wird in der Praxis auch oft ein mehrstufiger Prozess mit verschiedenen Schleifscheiben und unterschiedlicher Korngröße gewählt.

In Bild 7.199 werden Umrechungskurven zur Ermittlung der Randdickendifferenz in Abhängigkeit des Durchmessers und des zulässigen Flächenkippfehlers dargestellt.

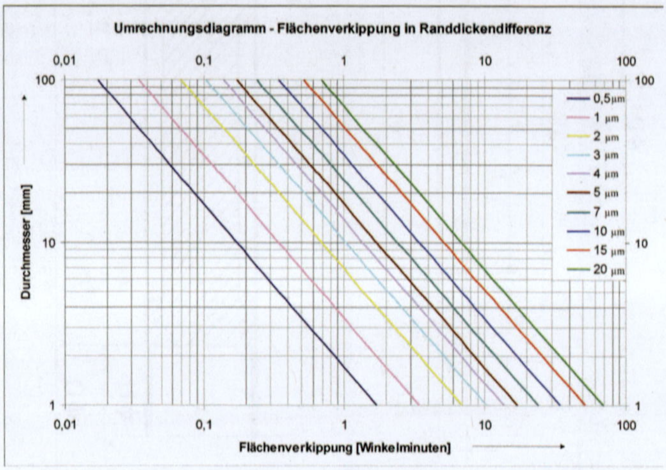

Bild 7.199
Umrechnungsdiagramm der Flächenverkippung in Randdickendifferenz

Als Kühlschmierstoff werden sehr häufig Öle oder auch Wasser mit Zusätzen verwendet.

Standardwerkzeuge für die Zentrierbearbeitung sind diamantgebundene Scheiben mit einem Außendurchmesser von ca. 160 mm und der Bindungsart C90 oder C135. Die Randbearbeitung erfolgt vorzugsweise mit einem Werkzeug der Körnung D46, während für das Facettieren die Korngröße etwas kleiner mit D30 gewählt wird.

Die vorgestellten Zentrierverfahren ermöglichen die Randbearbeitung von Linsengeometrien in einem typischen Durchmesserbereich von 5 – 300 mm. Neben rotationssymmetrischen Bauelementen können auch andere Grundformen bis hin zu Freiformflächen berechnet und bearbeitet werden. Die bahngesteuerten CNC-Zentriermaschinen ermöglichen die Bearbeitung der berechneten, nicht rotationsgeometrischen Randkonturen. Eine kleine Übersicht zentrierter Linsengeometrien veranschaulicht Bild 7.200.

Bild 7.200
Zentrierte Linsengeometrien

Eine Besonderheit stellen **randscharfe Linsen** dar. Sie werden nicht zentriert. Sie werden meist in eine Baugruppe integriert und gegen andere optische Elemente gekittet oder gesprengt. Die erreichbaren Zentriertoleranzen werden somit durch die beiden optischen Flächen bzw. den Kittkeilfehler des Linsenverbundes bestimmt (siehe Bild 7.201). Die Angabe der Zentriertoleranzen erfolgt entsprechend der DIN ISO 10110-6 und bezieht sich auf eine oder mehrere Bezugsachsen.

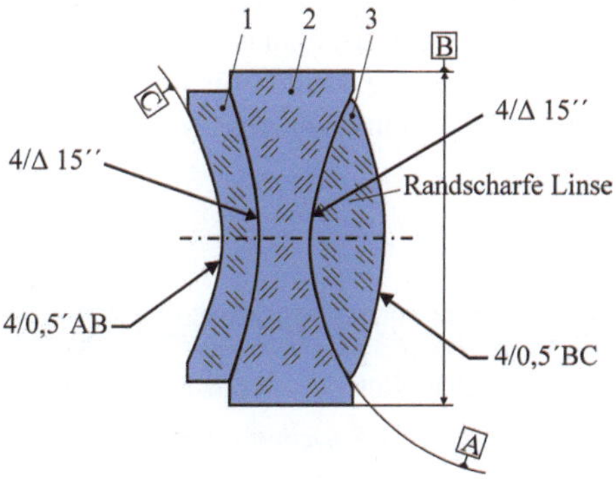

Bild 7.201
Zentriertoleranzangaben für ein Verbundsystem mit randscharfer Linse

Werden die drei Linsen im Bild 7.201 zu einem Kittglied montiert, dann wird eine Toleranz für den Keilwinkel der Kittschicht mit $4/\Delta\tau$, wobei τ der maximal zulässige Kittkeilwinkel ist, angegeben.

7.6.4 Übungsaufgaben

1. Begründen Sie die Notwendigkeit des Zentrierarbeitsganges.
2. Begründen Sie anhand von fünf ausgewählten Linsengeometrien, welches Zentrierverfahren eingesetzt werden muss.
3. Warum müssen randscharfe Bikonvexlinsen nicht zentriert werden?
4. Welche Auswirkungen hat der Einsatz eines zu groben Schleifwerkzeuges beim Zentrieren auf Linsen mit relativ breitem Zylinderrand?

5. Durch welche Toleranzgrenzen unterscheiden sich die Zentrierverfahren Spann- und Steckzentrieren?
6. Können asphärische Bauelemente mit dem Spannzentrierverfahren bearbeitet werden? Begründen Sie Ihre Entscheidung.

7.7 Ultrapräzisionszerspanung mit geometrisch bestimmter Schneide

Auf plus.hanser-fachbuch.de finden Sie hierzu ein Video.

Ein wichtiger Innovationstreiber für die optischen Technologien waren in den letzten Jahren verstärkt die Entwicklungen auf dem Gebiet der **Ultrapräzisionsbearbeitung (UP)** mit geometrisch bestimmter Schneide. Das betrifft in erster Linie die Verfahren Drehen und Fräsen mit ihren unterschiedlichen Verfahrensvarianten. Die Entwicklungen und Designs der Optikkonstruktion verlangen in zunehmendem Maß einerseits die Fertigung von kompliziert geformten optischen Funktionsflächen (Asphäre und Freiformflächen) und andererseits auch miniaturisierte optische Bauteile. In dieser Entwicklungskette werden die Verfahren der UP-Bearbeitung in unterschiedliche Prozessstufen für die Fertigung verschiedenster optischer Bauelemente eingebunden. Die Tabelle 7.66 stellt einen ausgewählten Überblick dar.

Tabelle 7.66 Einsatzgebiete der UP-Bearbeitung

Werkzeugeinsätze	Prototypen	Einzelkomponenten
Formstempel	Mikrooptiken, Arrays	DOE (Diffraktive optische Elemente)
Einsätze für Spritzgusswerkzeuge	Prismen, Asphären	Spiegel, Polygone, Ellipsoide
Werkzeuge für das Heißprägen	Fresnel-Optiken	IOL (Intraokularlinsen)
Werkzeuge für die Warmformgebung (z. B. Blankpressen)	Lichtleiter, Beleuchtungsoptik	Kontaktlinsenfertigung

Im Vordergrund der Anwendungen steht die Werkzeugeinsatzfertigung für die Abformung von Kunststoffoptiken in der Großserienfertigung. Darüber hinaus werden aber auch optische Funktionsflächen für Stückzahlen $N = 1$ gefertigt, angewendet zum Beispiel im Bereich der Augenoptik, für die individuelle Fertigung von Kontaktlinsen, Gleitsichtgläsern und Intraokularlinsen. Zum Teil sind diese Anwendungen noch gekoppelt mit einem anschließenden Polierschritt. Ideale Einsatzmöglichkeiten bieten die UP-Verfahren in der Prototypenphase, um Entwicklungs- und Konstruktionsergebnisse sehr schnell in der Realität zu überprüfen bzw. zu validieren. Somit lassen sich Entwicklungen, wie z. B. das bekannte Head-up-Display, Backlight-Systeme, sensorische Baugruppen etc. relativ schnell in die Produktionsphase überführen. Bild 7.202 zeigt typische Anwendungen für die Verfahrensgruppe der Ultrapräzisionsbearbeitung. Die erreichbaren Oberflächenqualitäten und Formgenauigkeiten können oftmals mit denen der Standardpolierprozesse verglichen werden. Ein wesentlicher Verfahrensvorteil ist in der Bearbeitung von kompliziert geformten Oberflächengeometrien sowie dem Bearbeiten von Mikrostrukturen zu sehen.

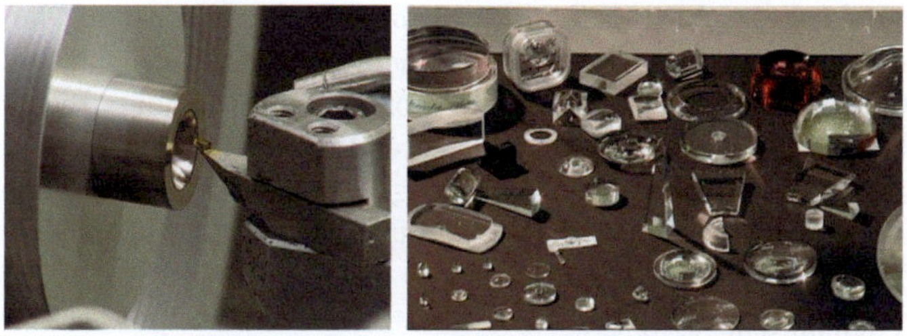

Bild 7.202
Ausgewählte Beispiele für die UP-Bearbeitung */Jeno2006-2/*: links) Werkzeugeinsatz für Spritzgussformen, rechts) Prototypen aus Kunststoff: Asphären, Mikrooptiken

7.7.1 Verfahrensgrundlagen

Die Verfahren der **UP-Zerspanung** mit geometrisch bestimmter Schneide unterscheiden sich zu den konventionellen spanenden Bearbeitungsverfahren und der Feinbearbeitung durch die erreichbar hohen Maß- und Formgenauigkeiten sowie die Oberflächengüte. Dabei handelt es sich um einen reinen Finish-Prozess, bei dem versucht wird, die Anforderungen an die optischen Funktionsflächen möglichst ohne nachträglichen Polierprozess zu erfüllen. Daraus ergeben sich teilweise vollständig andere Prozessbedingungen für die UP-Zerspanung **(Mikrozerspanung)**, auf die im Folgenden näher eingegangen wird.

UP-Zerspanung ist die Endbearbeitung der Werkstücke zur Verbesserung der Maß- und Formgenauigkeit sowie der Oberflächengüte. Die erreichbaren Arbeitsergebnisse liegen im Submikrometer- bzw. im Nanometerbereich.

Um die hohen Anforderungen, die sich an die **UP-Zerspanung** stellen, erfüllen zu können, ist ein exakt abgestimmter und optimierter Bearbeitungsprozess erforderlich. Insbesondere die ganzheitliche Betrachtung mit den Größen Werkzeugmaschine, Werkzeug, Werkstück, Fertigungsprozess und Umfeld macht eine reproduzierbare Anwendung des UP-Zerspanens erst möglich. Bild 7.203 fasst wichtige Einflussgrößen auf den Bearbeitungsprozess zusammen.

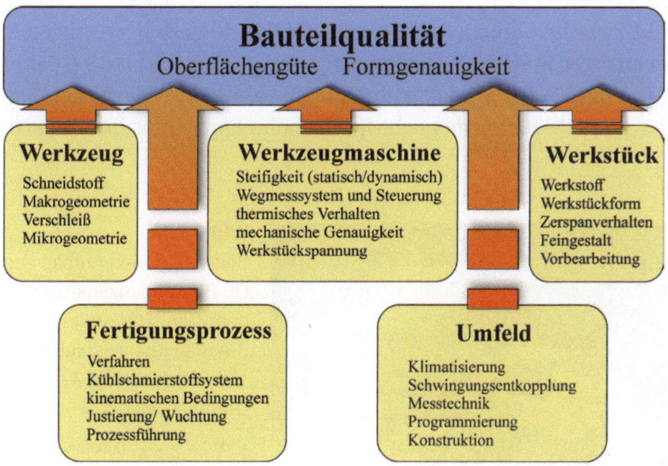

Bild 7.203
Einflussgrößen auf das Arbeitsergebnis beim UP-Zerspanen nach */Fröh2007/*

Für eine erfolgreiche Fertigung stellt die **UP-Maschine** das zentrale Element der UP-Zerspanung dar. Hierbei hat die Präzision der Werkzeugmaschine neben dem thermischen Verhalten, der Steifigkeit, der Werkstückspannung und den technologischen Parametern einen großen Einfluss auf die Arbeitsgenauigkeit. Die Maschine muss vollkommen frei von inneren und äußeren Vibrationseinflüssen sein. Die einzelnen Komponenten, insbesondere die Spindel und die Führungsbahnen, müssen sehr hohe geometrische Genauigkeiten erfüllen, um eine Fehlerübertragung auf das Werkstück zu vermeiden. Folgende Anforderungen sind an eine UP-Maschine zu stellen:

- starrer Aufbau, hohe statische und dynamische Steifigkeit,
- schwingungsfreier Lauf, optimale Schwingungsdämpfung,
- hohe Bearbeitungsgenauigkeit,
- hochgenaue Einrichtung, Einmessung der Werkzeuge,
- hohe Schnittgeschwindigkeiten, geringe Vorschübe,
- hochwertige CNC-Steuerung, dynamische Satzverarbeitung (Freiformgeometrien),
- thermische Stabilität (Spindeltemperierung, Temperaturkonstanz, Umgebungseinfluss),
- hohe Reproduzierbarkeit, Positionier- und Wiederholgenauigkeit,
- präzise und verschleißarme Führungselemente,
- hochgenaue Wegmesssysteme.

Diese Anforderungen setzen spezielle Ausstattungsmerkmale der Maschine und der Umgebung voraus. Die thermische Stabilität ist nahezu ausschließlich in klimatisierten Räumen (±0,1 K) mit einer konstanten Luftfeuchte zu realisieren. Zur Unterdrückung von Schwingungseinflüssen werden eigene Fundamente (oft Epoxy-Granit) sowie Maschinenbetten mit guten Dämpfungseigenschaften und weiteren schwingungsreduzierenden Elementen, z. B. pneumatische Vibrationsisolationssysteme, eingesetzt. Im Großteil der modernen Ultrapräzisionsmaschinen werden hydrostatische Lagerungen in den Linearführungen vorgesehen. Die erhöhte Steifigkeit der hydrostatischen Lagerung gegenüber einer aerostatischen Lagerung sowie die guten Dämpfungseigenschaften erlauben neben der Dreh- und Fräsbearbeitung mit Diamantwerkzeugen zusätzlich eine Schleif- bzw. Hartfeinbearbeitung mit CBN-Werkzeugen (kubisches Bornitrid). Maschinensysteme dieser Art ermöglichen Positioniergenauigkeiten im Submikrometerbereich. Das Herzstück einer UP-Maschine stellt die Antriebsspindel dar. Eingesetzt werden vorgespannte, thermalisierte Luftlagerspindeln mit einem Axialdrucklager. Bei dieser Lagerausführung besteht kein Kontakt zwischen Spindel und Lagermaterial, so dass hervorragende Rundlaufeigenschaften ohne Vibrationen erreicht werden. Die Bauteile werden über Vakuum gespannt (Drehen) und sehr genau gewuchtet (im µm-Bereich). Das Spannen über Vakuum gewährleistet eine relativ verzugsarme Aufspannung der Bauteile und ermöglicht ferner hohe Flexibilität in der Fertigung.

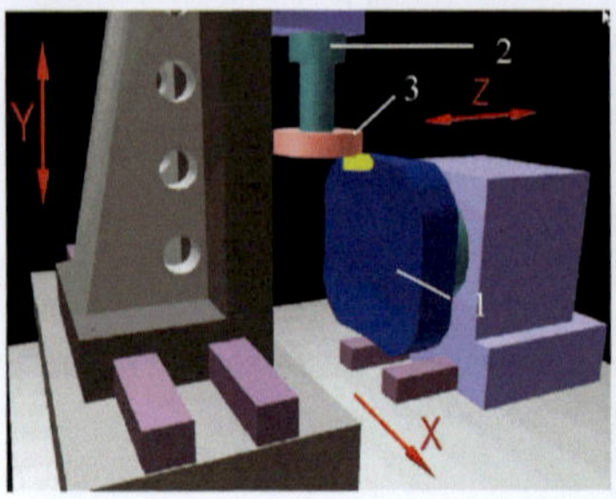

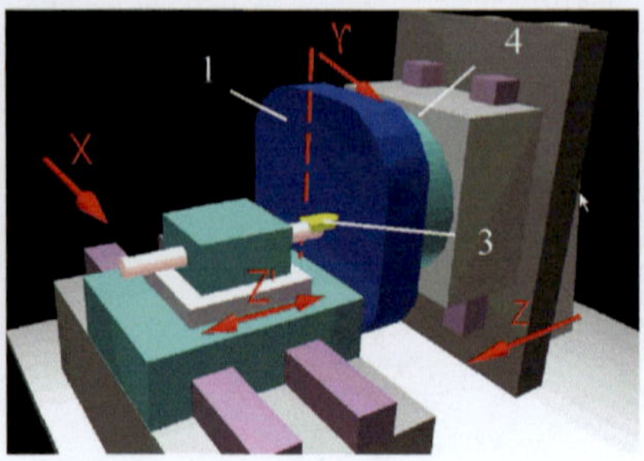

Bild 7.204
Beispiel für den Aufbau von UP-Bearbeitungsmaschinen */Prec2007/*: links) 3-Achs-Fräsmaschine (Rasterfräsen), rechts) 4-Achs-Drehmaschine

1 Werkstück, 2 Werkzeugspindel, 3 Werkzeug, 4 Werkstückspindel

Für die Drehbearbeitung ist ein Drehzahlbereich von 10 bis 5000 min^{-1} typisch. Bild 7.204 veranschaulicht die prinzipiellen Aufbauten am Beispiel einer UP-Dreh- und Fräsmaschine.

In der Ultrapräzisionszerspanung werden fast ausschließlich Schneidwerkzeuge aus **monokristallinem Diamant** eingesetzt. Diamant besitzt einen sehr geringen Reibungskoeffizienten und eine ausgezeichnete Wärmeleitfähigkeit, was sich günstig auf den Zerspanprozess auswirkt. Die Hauptvorteile dieses Schneidstoffes liegen in der großen Härte und in der Möglichkeit, eine Schneidkante von nahezu atomarer Schärfe zu erzeugen. Die Herstellung von extrem scharfen Schneidkanten gehört zu den wichtigsten Aufgaben, die in der Mikrozerspanung gelöst werden müssen. Eine Schneidkantenschärfe im Submikrometerbereich erlaubt die Erzeugung von Oberflächen mit Rauheiten im Bereich weniger Nanometer, die somit das Erreichen optischer Qualität ermöglichen. Die Kornform und das Bruchverhalten des Diamantens sind entscheidende Kriterien beim Prozessablauf in der Ultrapräzisionsbearbeitung.

In Bild 7.205 ist ein Diamantplättchen, auf einem Werkzeughalter aufgelötet, welches für den Drehprozess zum Einsatz kommt, im Auflichtmikroskop und im Rasterelektronenmikroskop in unterschiedlichen Vergrößerungen dargestellt.

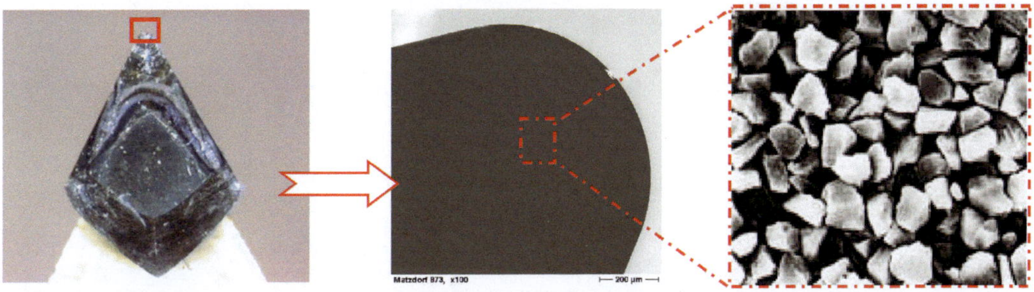

Bild 7.205 Natürlicher monokristalliner Diamant für Drehaufgaben */Rieg2006/*: links) Auflichtmikroskop, 20-fach, Mitte) REM-Aufnahme, 100-fach, rechts) REM-Aufnahme, 1500-fach

Der Einsatz von Diamant hat neben den genannten Vorteilen auch einige Nachteile bzw. Einschränkungen in der Anwendung:

- Der Kohlenstoff von Diamant besitzt eine große Affinität zum Eisen in Stahlwerkstoffen. Durch die hohen Prozesstemperaturen diffundieren die Kohlenstoffatome in das Diamantgitter, und es kommt in relativ kurzen Prozesszeiten zur Zersetzung des Schneidstoffes. Somit beschränkt sich die Mikrozerspanung hauptsächlich auf die Bearbeitung von Nichteisenmetallen.
- Durch die hohe Sprödigkeit des Diamanten wird sein Standzeitende meist durch Kantenausbrüche hervorgerufen, es reduziert sich somit die Prozesssicherheit.
- Als idealer Schneidstoff hat sich Naturdiamant erwiesen. Naturdiamant ist allerdings extrem teuer, so dass die Werkzeugkosten an den Gesamtproduktionskosten überproportional steigen.
- Alternativ wird synthetischer Diamant verwendet, welcher aus Graphit bei sehr hohem Druck (über 50.000 bar) und hohen Temperaturen (um 2000 °C) hergestellt wird. Die Herstellung von größeren Diamanten nach diesem Verfahren ist ebenfalls sehr kostenintensiv.

Häufig werden wegen der Kohlenstoffaffinität die Formeinsätze für die Werkzeuge aus Nichteisenmetallen wie Amcoloy, CuproNickel oder auch Neusilber hergestellt. Aufgrund geringerer Härte dieser Nichteisenmetalle und der schlechten Verschleißbeständigkeit in Abformprozessen versucht man auch Stahleinsätze auf herkömmlichen Dreh- und Fräsmaschinen vor zu bearbeiten und anschließend mit einer NiP-Schicht zu beschichten. Diese Nickelschicht wird dann mit dem Diamantwerkzeug auf einer Ultrapräzisionsmaschine endbearbeitet.

Beeinflussung der Bearbeitungsqualität

Neben den Maschinen- und Werkzeugeigenschaften sind auch Einflüsse durch die Eigenschaften des Werkstücks und die Prozessbedingungen auf die Bearbeitungsqualität zu erwarten. Eine große Bedeutung für die Realisierung der angestrebten Rauheiten und Formgenauigkeiten bei der Ultrapräzisionsbearbeitung hat das Zusammenwirken zwischen der Bearbeitungsmaschine und der für die Mikrozerspanung notwendigen Technologien. Nur wenn der komplexe Wechselwirkungsprozess beherrscht wird, kann die Genauigkeit der gefertigten Oberfläche im angestrebten Qualitätsbereich liegen. Ausgewählte **Einflussgrößen** auf den Zerspanprozess (Bild 7.203) werden im Folgenden näher diskutiert. Bild 7.206 stellt ausgewählte Einflussgrößen auf die Bearbeitungsqualität vertiefend dar.

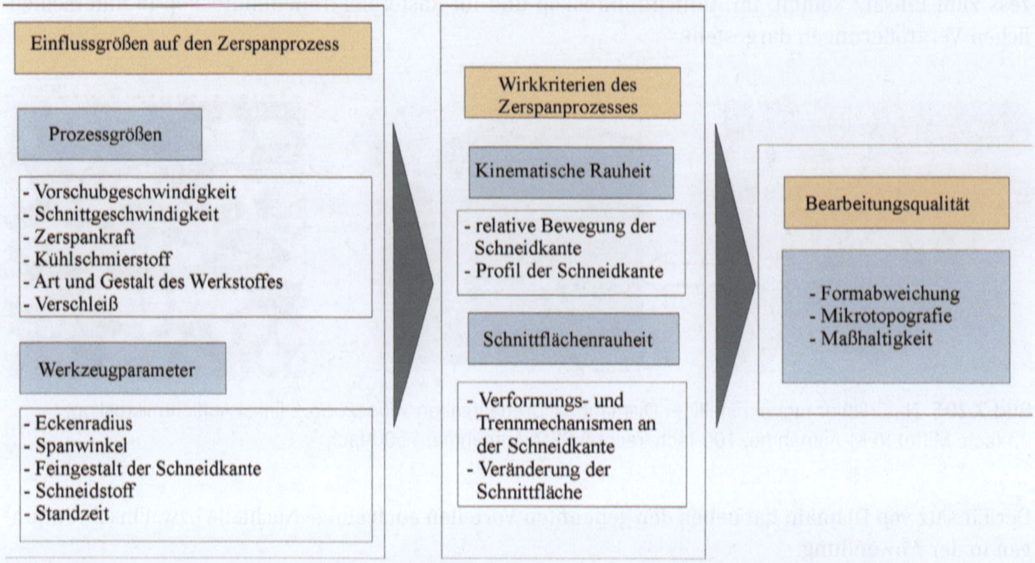

Bild 7.206 Einflussgrößen des Zerspanprozesses auf die Bearbeitungsqualität nach */Riem2001/*

Für das Bearbeitungsergebnis bei der Mikrozerspanung sind die Zerspanbarkeit und die damit verbundenen Wechselwirkungsprozesse entscheidend. Der Begriff **Zerspanbarkeit** umfasst alle sich auswirkenden Eigenschaften auf den zu bearbeitenden Werkstoff bei einer spanenden Bearbeitung. Die Zerspanbarkeit eines Werkstoffes ist stets im Zusammenhang mit den angewendeten Bearbeitungsverfahren, dem Schneidstoff und den Schnittbedingungen zu beurteilen. Charakterisiert wird die Zerspanbarkeit hauptsächlich durch folgende Bewertungskriterien:

- Größe der Zerspankraft F_z und ihrer Komponenten (Schnittkraft F_c, Vorschubkraft F_f, Passivkraft F_p),
- Oberflächengüte des bearbeiteten Werkstückes,
- Spanform (Spanbildung),
- Standzeit (Verschleiß am Werkzeug).

Die Kenntnis der Größe und Richtung der Zerspankraft F_z bzw. ihrer Komponenten ist eine wesentliche Voraussetzung für:

- Dimensionierung von Werkzeugmaschinen, Werkzeugen und Spannmitteln,
- Festlegung von Schnittbedingungen,
- Abschätzung der unter bestimmten Bedingungen erreichbaren Werkstückgenauigkeiten,
- Erkennung von Unregelmäßigkeiten im Zerspanungsprozess (Werkzeugverschleiß, Werkzeugbruch, Spanbildung),
- Charakterisierung der Bearbeitbarkeit von Werkstoffen.

Durch die relativ kleinen Zustelltiefen und geringen Vorschübe bei der Mikrozerspanung sind die maximalen Schnittkräfte sehr klein. Entscheidend für die Bewertung des Mikrospanens sind die zeitlichen Änderungen des Schnittkraftverlaufes (dynamische Bewertung).

Untersuchungen zur Optimierung der Genauigkeit der erzeugten technischen Oberflächen erfolgen meistens problembezogen in Zuordnung zu den Teilkomplexen CNC-Fertigungseinrichtung (Werkzeugmaschine), Werkzeug mit geometrisch bestimmter Schneide (Schneidstoff: Naturdiamant) sowie den technologischen Parametern dem jeweils zu bearbeitenden Material des Werkstückes und der realisierten Schneidengeometrie des eingesetzten Werkzeuges. Nachfolgend werden einige kinematischen Beziehungen am Beispiel des Drehens näher diskutiert.

Die Güte der durch Spanen erzeugten Werkstückoberfläche kann ein Kriterium für die Auslegung bzw. Optimierung des Zerspanungsprozesses sein. Dies gilt besonders dann, wenn sich kein weiterer Bearbeitungsgang anschließt, wie im Falle der UP-Bearbeitung. Signifikante technologische Parameter bei der Mikrozerspanung sind:

- Vorschub f,
- Vorschubgeschwindigkeit v_f,
- Schnittgeschwindigkeit v_c,
- Schnitttiefe a_p,
- Drehzahl n.

Die entsprechenden **Eingriffsverhältnisse** während des Drehprozesses und die daraus resultierenden Größen veranschaulicht Bild 7.207. Durch den Eingriff des Drehwerkzeuges und die überlagerte Vorschubbewegung entstehen die charakteristischen Drehrillen, die auf den ersten Blick die Oberflächengüte der bearbeiteten optischen Funktionsfläche wesentlich bestimmen.

Die Schnitttiefe a_p und der Vorschub f (µm) sind bei der Mikrozerspanung extrem klein gegenüber der konventionellen Fertigung. Sie betragen wenige Mikrometer. Daraus ergeben sich sehr lange Bearbeitungszeiten für die Mikrozerspanung.

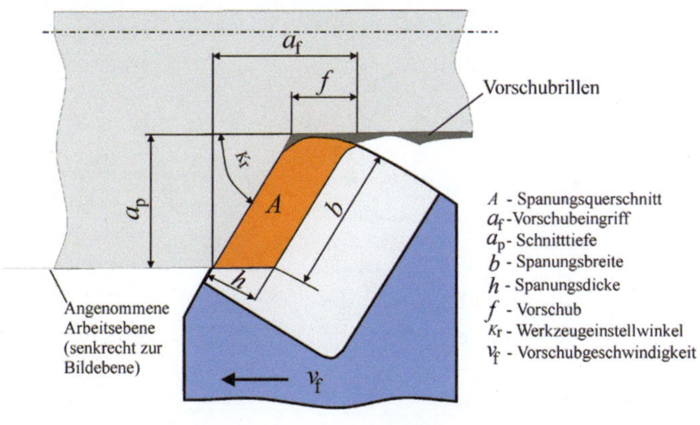

Bild 7.207
Eingriffsverhältnisse beim Drehen

Der Vorschub und der Schneideckenradius des Werkzeuges haben entscheidenden Einfluss auf die erzielbaren Ergebnisse. Aus dem Diagramm in Bild 7.208 wird ersichtlich, dass die Kurven der Rautiefen bei verschiedenen Vorschubgeschwindigkeiten im Unterschied zum theoretischen Verlauf unterschiedliche Tendenzen aufweisen. Ab ca. 0,2 mm folgt der experimentelle Kurvenverlauf den theoretischen Rauheitswerten. Für Vorschubwerte kleiner 0,2 mm steigen stattdessen die Rauheitswerte an. Eine Erklärung dafür liefert die **Spanzipfel-Theorie** für das Feindrehen nach Brammertz. Nach dieser Theorie erfolgt ein Abtrennen des Spans theoretisch vom Punkt A bis zum Schnittpunkt B (siehe Bild 7.209). In der Praxis kann aber sowohl eine bestimmte Spanungsdicke als auch eine bestimmte Schnitttiefe nicht unterschritten werden.

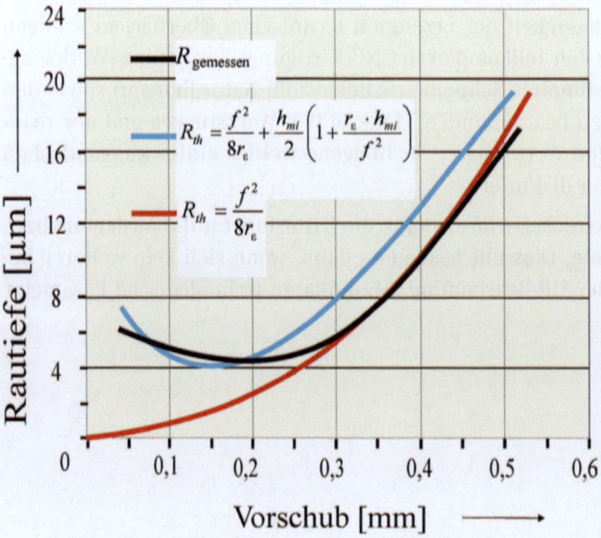

Bild 7.208
Abhängigkeit der Rautiefe von der Vorschubgeschwindigkeit

Ein Span kann also, seinem theoretischen Spanquerschnitt (siehe Bild 7.207) entsprechend, von einem Drehwerkzeug des Schneideckenradius r_ε nicht vollständig vom Werkstück abgetrennt werden. Daraus resultiert eine **Mindestspanungsdicke** h_{min}. Liegt eine Unterschreitung der Mindestspanungsdicke vor, kann der Werkstoff nicht mehr getrennt werden. Es kommt danach zu einer elastischen Verdrängung des Werkstoffes; nach der Entlastung verbleibt ein Werkstoffrest, der **Spanzipfel,** hinter der Schneidkante (siehe Bild 7.209). Wird der Vorschub zu klein gewählt, kommt es ebenfalls zum Quetschen und zur Verschlechterung der Oberflächenrauheit.

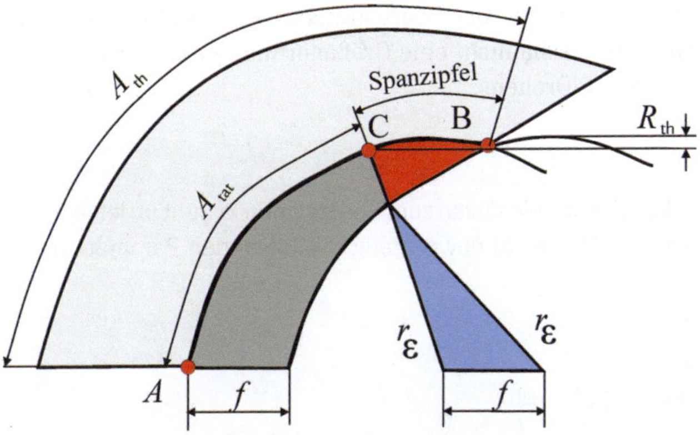

A_{th} - theoretischer Spanquerschnitt
A_{tat} - tatsächlicher Spanquerschnitt

Bild 7.209
Prinzip zur Spanzipfel-Theorie nach BRAMMERTZ

Aus der Spanzipfel-Theorie lässt sich auch ein formelmäßiger Zusammenhang für die theoretische Rautiefe ermitteln, die bei Berücksichtigung der Kurvenverläufe aus Bild 7.209 akzeptable Werte in der praktischen Anwendung liefert.

Die theoretische Rautiefe R_{th} kann mittels der Gleichung

$$R_{th} = \frac{f^2}{8 \cdot r_\varepsilon} \tag{7.34}$$

bestimmt werden.

Theoretische Werte für die Rautiefe lassen sich unter Berücksichtigung der Mindestspanungsdicke mit der Gleichung der blauen Kurve aus Bild 7.208 zwar genauer bestimmen, sind aber für sehr kleine Vorschübe der Mikrozerspanung nicht anwendbar.

Nach der Formel 7.34 ist die theoretische Rautiefe lediglich von den Parametern Vorschub f und Schneideckenradius r_ε abhängig. Dies gilt für die Praxis des Mikrospanens jedoch nur angenähert. Als Ursache dafür wird das elastisch-plastische Werkstoffverhalten angenommen. Bei sehr kleinen Vorschüben ist der Schneideckenradius von größerer Bedeutung. Wie in der Gleichung der theoretischen Rauheit ersichtlich, korreliert die Verbesserung der Oberfläche mit der Vergrößerung des Schneideckenradius. Dadurch findet eine größere Einebnung der Vorschubrillen in der Materialoberfläche statt. Bei einer Vergrößerung des Schneideckenradius sowie des Vorschubes nehmen die auftretenden Zerspankräfte zu.

Bei der Arbeit mit Radiuswerkzeugen sollte die Mindestschnitttiefe a_p nicht identisch mit der Mindestspanungsdicke h_{min} sein. Bei der Unterschreitung von h_{min} wird der nicht zerspante Materialanteil plastisch verformt und unter die Schneide des Werkzeuges gedrängt. Der Materialanteil fließt entlang der Kontaktlänge und entspannt sich anschließend elastisch, was zu einer Erhöhung der Rautiefe R_{kin} führt */Riem2001/*.

Die Mindestspanungsdicke berechnet sich vereinfacht zu:

$$h_{min} = \frac{f^2}{2 \cdot r_\varepsilon} = 4 \cdot R_{kin} \tag{7.35}$$

Eine Optimierung der Spanungsgrößen ist entsprechend der Bearbeitungsaufgabe individuell zwingend erforderlich. Das nachfolgende Beispiel veranschaulicht eine Größenordnung der zu wählenden Parameter bzw. Prozessgrößen am Beispiel des UP-Drehens.

Beispiel:

Bei der Mikrozerspanung von vernickelten Formeinsätzen zum Spritzgießen kommt im letzten Bearbeitungsschritt ein monokristallines Diamantdrehwerkzeug mit folgenden Parametern zum Einsatz:

- Schneidkantenradius $r_\beta = 50\,\text{nm}$,
- Schneideckenradius $r_\varepsilon = 0{,}1\,\text{mm}$.

Der im Prozess gewählte Vorschub beträgt $f = 1\,\mu\text{m}$.

Die Schnitttiefe beträgt $a_p = 1\,\mu\text{m}$.

Aus Formel 7.35 berechnet sich die Mindestspanungsdicke zu $h_{min} = 5\,\mu\text{m}$. Damit wäre die Mindestspanungsdicke unterschritten. Die Schnitttiefe bzw. der Vorschub müssen entsprechend angepasst werden.

Aus Formel 7.34 berechnet sich die theoretische Rautiefe zu $R_{th} = 1{,}25\,\text{nm}$.

Die gemessene Rautiefe (RMS) liegt bei 8,5 nm. Das zeigt, dass die Formel 7.34 tendenziell Werte der Rautiefe liefert, aber die geschilderten Einflussgrößen zu entsprechenden Abweichungen führen.

7.7.2 Verfahrenseinteilung

Die Verfahren der Ultrapräzisionszerspanung mit geometrisch bestimmter Schneide lassen sich generell den Verfahren Drehen, Bohren und Fräsen der Hauptgruppe **Trennen** zuordnen. Eine mögliche Einteilung ist nach folgenden Gesichtspunkten sinnvoll:

- Art der Formerzeugung (Asphäre, Planfläche, diffraktive Strukturen),
- Art des Schneideneingriffs (kontinuierlich, diskontinuierlich) bzw. Kontaktform der Schneide (linienförmig oder punktförmig),
- kinematische Verhältnisse (Spiralfräsen, Rasterfräsen).

Die Tabelle 7.67 unterteilt die Verfahren nach der Art des Schneideneingriffs. Nachfolgend werden ausgewählte Verfahren und Anwendungen näher erläutert.

Tabelle 7.67 Einteilung wichtiger Verfahren der UP-Zerspanung */Osme2007/, /Prec2007/*

Kinematische Verhältnisse	Linienförmiger Kontakt (Rotationsachse steht senkrecht zur Werkstückoberfläche)	Punktförmiger Kontakt (Rotationsachse steht parallel zur Werkstückoberfläche)
Werkzeugeingriff	Ständiger Werkzeugeingriff (kontinuierlicher Kontakt zwischen Werkzeug und Werkstück)	Wiederholender Werkzeugeingriff (unterbrochener Kontakt zwischen Werkzeug und Werkstück)
Schnittart	Geschlossener Schnitt	Unterbrochener Schnitt
Verfahren	▪ Drehen (mindestens 2 Achsen) ▪ FST (Fast Tool Servo)-Drehen ▪ STS (Slow Tool Servo)-Drehen	▪ Rasterfräsen (Flycutting) ▪ Zirkularfräsen

Typische Anwendungen	▪ Linsen, Spiegel ▪ Asphären ▪ Freiformflächen ▪ Diffraktive Strukturen	▪ Gitterstrukturen ▪ Fresnel-Strukturen ▪ Arrays ▪ Asphären und Freiformen

7.7.3 Drehverfahren

Das Verfahren **Ultrapräzisionsdrehen** unterscheidet sich zum klassischen Drehen durch die erreichbaren Konturgenauigkeiten, Oberflächenqualitäten, die damit verbundenen Anwendungen sowie die Auswahl des Werkzeuges und der Maschine. Die zum Einsatz kommenden Drehwerkzeuge besitzen eine geometrisch bestimmte Schneide, welche ständig im Eingriff steht. Bei der Drehbearbeitung führt i. d. R. das Werkstück die Schnittbewegung aus und das Werkzeug, über entsprechende Achsen, die erforderlichen Vorschub- und Zustellbewegungen. Die rotationssymmetrischen Werkstücke können dabei in unterschiedlichster Weise gespannt werden. Beim Spanen durch Drehen kommt es zum abtrennenden Verdrängen von Werkstückschichten in meist mehreren Zustellbewegungen.

Die Anforderungen an den Prozess verlangen das Erreichen von **IT-Qualitäten** (ISO-Toleranzreihen) im Bereich IT3 und besser. Die Oberflächenrauheiten liegen im Nanometerbereich. Erreichbar sind diese Forderungen mit Drehwerkzeugen aus monokristallinen Diamanten mit sehr scharfen Schneidkantenradien.

> UP-Drehen ist das Spanen mit einschneidigem, ständig im Eingriff stehendem Werkzeug, wobei das Werkstück eine rotatorische Bewegung ausführt. Das Ziel ist eine Verbesserung von Form-, Maß- und Lagegenauigkeit sowie Oberflächengüte vorgearbeiteter Werkstücke.

Kennzeichnend für das UP-Drehen ist die Anwendung hoher Schnittgeschwindigkeiten, sehr kleiner Vorschübe und geringer Schnitttiefen.

7.7.3.1 Drehen rotationssymmetrischer Geometrien

Für das Drehen rotationssymmetrischer Geometrien können UP-Maschinen mit der Konfiguration nach Bild 7.210 zum Einsatz kommen. Gezeigt wird eine Prinzipdarstellung einer zweiachsigen CNC-Werkzeugmaschine mit X- und Z-Achse. Je nach Anforderungen an die zu bearbeitende Kontur ist es oft sinnvoll, das Maschinenkonzept mehrachsig (mit weiteren Achsen) vorzusehen.

Die Maschinen sind zum Einpunkt-Diamantdrehen bestimmt. Die beweglichen Elemente der Maschine werden auf einer großen Basisplatte mit maximaler Steifigkeit und thermischer Stabilität aufgebaut. Diese wiederum liegt isoliert auf einem Stahlrahmen und ist eingehaust. Das Gesamtsystem ist auf einer gegossenen Granitbasis aufgebaut. Zur Schwingungsreduzierung ist die Maschinenbasis durch passive pneumatische Schwingungsdämpfungselemente zum Rahmen hin isoliert. Zwei Antriebsschlitten werden durch einen integrierten Synchron-Linearmotor angetrieben.

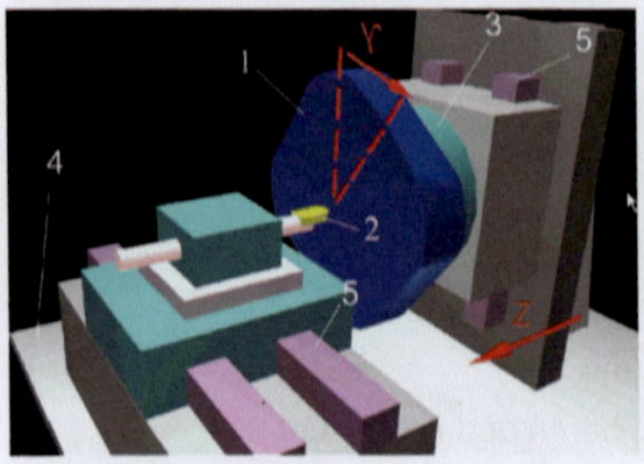

Bild 7.210
Grundaufbau UP-Drehmaschine */Prec2007/*

1 Werkstück, 2 Werkzeug, 3 Werkstückspindel mit Vakuumspannfutter, 4 Basisplatte, 5 weitere Achsen

Eine wichtige Frage für das UP-Drehen ist die Einrichtung der Maschine. Dies erfordert aufgrund der höheren Form- und Maßanforderungen größere Sorgfalt gegenüber dem konventionellen Drehen. Um eine hohe Präzision zu erreichen, sollte das Werkstück gut ausgerichtet und das Werkzeug so genau wie möglich auf die Achse der Arbeitsspindel eingestellt werden. Bei der Werkzeugausrichtung können sich zwei mögliche Fehler ergeben:

1. Befindet sich das Werkzeug oberhalb der Rotationsachse des Werkstückes, bleibt ein Kegel in der Mitte des Formeinsatzes stehen.
2. Ist das Werkzeug unterhalb der Mittellinie angeordnet, entsteht ein zylindrischer Zapfen.

Bild 7.211 verdeutlicht diesen Zusammenhang.

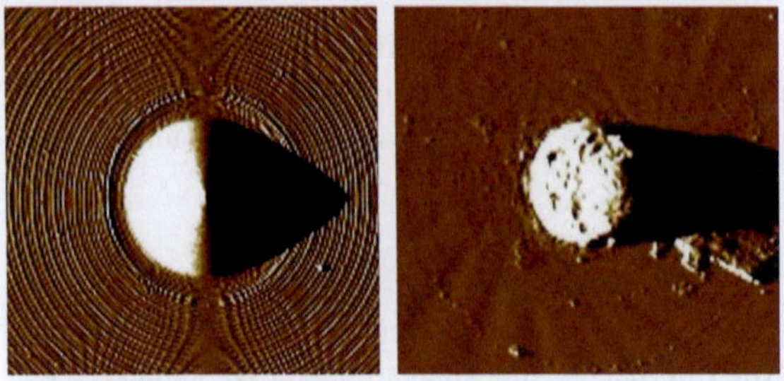

Bild 7.211
AFM-Vermessung der Drehbutzen *(REM EAH Jena)*: links) Kegelzapfen mit einer Höhe von 1,1 µm und Ø = 2,7 µm, rechts) Zylinderzapfen mit einer Höhe von 500 nm und Ø = 3,9 µm

Bei der Mikrozerspanung werden die optischen Funktionsflächen mit sehr geringem Vorschub und geringen Schnitttiefen gefertigt. Um die geometrischen Größenverhältnisse und die Spanform darstellen zu können, kann eine Analyse mit dem Rasterelektronenmikroskop Aufschluss geben. Die Darstellung eines Spanes der Vorbearbeitung sowie die gewählten Parameter illustriert Bild 7.212.

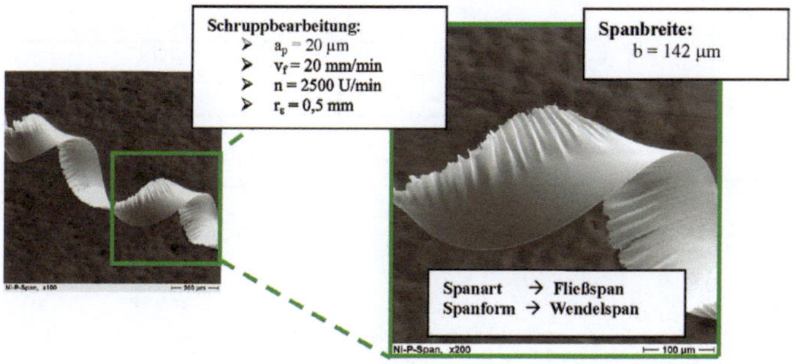

Bild 7.212
REM-Darstellung eines Spanes der Vorbearbeitung bei der Mikrozerspanung *(REM EAH Jena)*

Bei der Vorbearbeitung mit einem Eckenradius von $r_ε$ = 0,5 mm, einer Vorschubgeschwindigkeit von v_f = 20 mm·min^{-1}, einer Drehzahl von n = 2500 min^{-1} und einer Schnitttiefe von a_p = 20 µm bildet sich ein Fließspan aus. In Bild 7.212 ist ein Ausschnitt des Spanes mit 200-facher Vergrößerung dargestellt. Legt man einen vertikalen Schnitt durch den Span, so lässt sich der für Radiuswerkzeuge typische Kommaspan erkennen. Die berechnete Spanbreite stimmt annähernd mit der experimentell ermittelten Spanbreite überein.

Bei der Schlichtbearbeitung mit einem Eckenradius von $r_ε$ = 0,1 mm, einer Vorschubgeschwindigkeit von v_f = 3 mm · min^{-1}, einer Drehzahl von n = 3000 min^{-1} und einer Schnitttiefe von a_p = 4 µm bildet sich ebenfalls ein Fließspan aus. In der Spanform unterscheidet sich der Schlichtspan vom Span der Vorbearbeitung. Der Schlichtspan aus Bild 7.213 stellt sich leicht gefaltet als Lamellenspan dar. Die beiden Seitenkanten des Spans deuten auf eine relativ saubere Abtrennung des Materials bei der Ultrapräzisionsbearbeitung mit Diamantwerkzeug hin. Der gesamte Span besteht aus feinen Lamellen */Fröh2004/*.

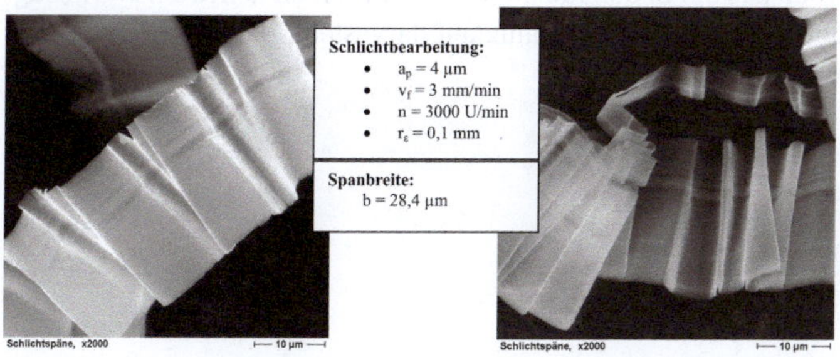

Bild 7.213
REM-Aufnahme eines Schlichtspans bei der Mikrozerspanung *(REM EAH Jena)*

Für die Drehbearbeitung ist die Kenntnis und Optimierung der Einflussgrößen Vorschubgeschwindigkeit, Drehzahl, Schneideckenradius und Schnitttiefe von großer Bedeutung. Zusätzlich hat auch noch der Einstellwinkel der Hauptschneide $χ_r$ Einfluss auf das Bearbeitungsergebnis. Die Diagramme aus Bild 7.214 veranschaulichen die Abhängigkeit der Oberflächenrauheit von den genannten Prozessgrößen am Beispiel des Drehens von Werkzeugformeinsätzen mit vernickelter Oberfläche.

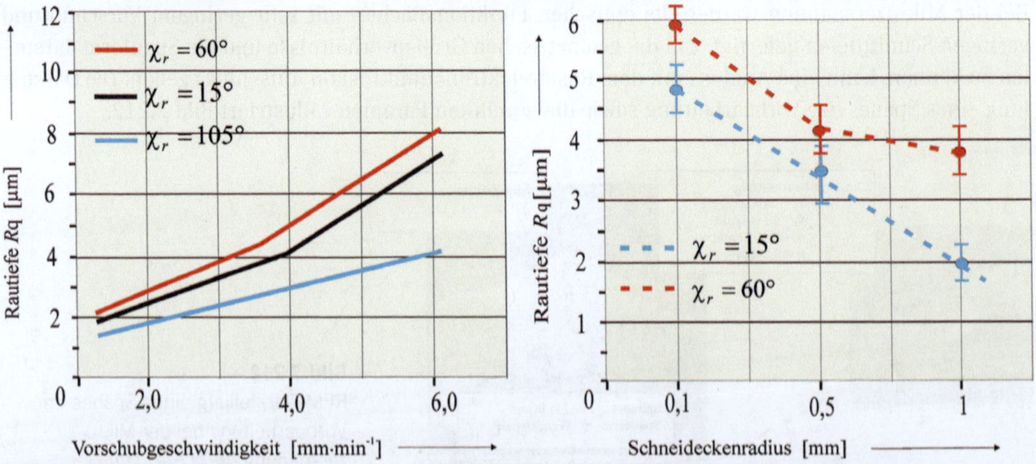

Bild 7.214 Darstellung der Abhängigkeit der Oberflächengüte von ausgewählten Prozessparametern: links) in Abhängigkeit von der Vorschubgeschwindigkeit, rechts) in Abhängigkeit vom Schneideckenradius

In Bild 7.214 links wurde mit einer konstanten Drehzahl von $n = 3000\,\text{min}^{-1}$, einem Schneideckenradius von $r_\varepsilon = 0{,}5\,\text{mm}$ und einer Schnitttiefe von $a_p = 4\,\mu\text{m}$ gearbeitet. Der Einstellwinkel der Hauptschneide mit $\chi_r = 60°$, $\chi_r = 15°$ und $\chi_r = 105°$ variiert. Die Funktionsverläufe der Rauheit R_q über der Vorschubgeschwindigkeit v_f sind bei den unterschiedlichen Einstellwinkeln der Hauptschneide relativ ähnlich. Mit zunehmender Vorschubgeschwindigkeit erhöht sich erwartungsgemäß der Wert für die quadratische Mittenrauheit R_q. Die vorliegenden Werte der Rauheit resultieren aus den geometrischen und kinematischen Bedingungen des Bearbeitungsprozesses, wie in Abschnitt 7.7.1 diskutiert. Des Weiteren verdeutlicht Bild 7.214 rechts die Tendenz, dass die Rauheitswerte R_q mit zunehmendem Schneideckenradius r_ε geringer werden. Dies zeigt auch das Diagramm für die Einstellwinkel der Hauptschneide von $\chi_r = 15°$ und $\chi_r = 60°$.

Neben der Bestimmung der Rauheit ist die erreichbare Formgenauigkeit ein entscheidendes Kriterium für die Ergebnisbewertung der UP-Bearbeitung. Als Messmethoden bieten sich auch hier die Verfahren des Tastschnittes und die der Interferometrie an. In der Tabelle 7.68 ist für einen konvexen Werkzeugformeinsatz die interferometrische Bewertung der Formgenauigkeit dargestellt. Die ermittelten Werte liegen unter den üblich geforderten Kennwerten:

- Formgenauigkeiten $< 1\,\mu\text{m}$,
- Rauheiten (R_q) von 2 bis 10 nm.

Tabelle 7.68 Darstellung der Formabweichung und Oberflächentopografie eines UP-gedrehten metallischen Werkzeugformeinsatzes */Fröh2007/*

<table>
<tr><th>Prozessparameter</th><th>Darstellung der Formabweichungen</th><th>Ergebnisse</th></tr>
<tr><td>Drehzahl:
$n = 2500\ \mathrm{min}^{-1}$</td><td rowspan="2">Interferometrische Darstellung
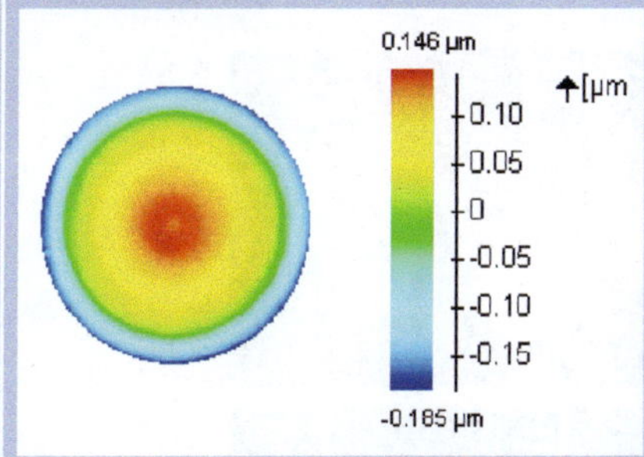

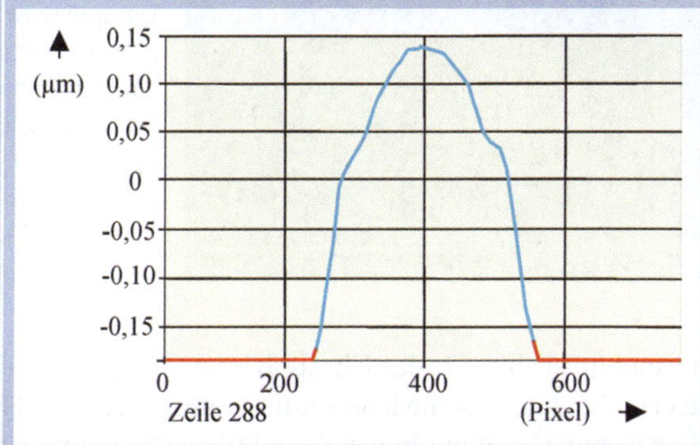
</td><td>Geometrie:
konvexer Formeinsatz
Durchmesser: 20 mm
Radius: 60 mm</td></tr>
<tr><td>Vorschub:
$v_f = 2{,}5\ \mathrm{mm} \cdot \mathrm{min}^{-1}$</td><td>PV-Wert:
(Peak to Valley)
0,33 µm</td></tr>
<tr><td>Schnitttiefe:
$a_p = 6\ \mu\mathrm{m}$
Schneideckenradius:
$r_\varepsilon = 0{,}5\ \mathrm{mm}$</td><td>AFM-Rauheitsanalyse (3D-Darstellung)
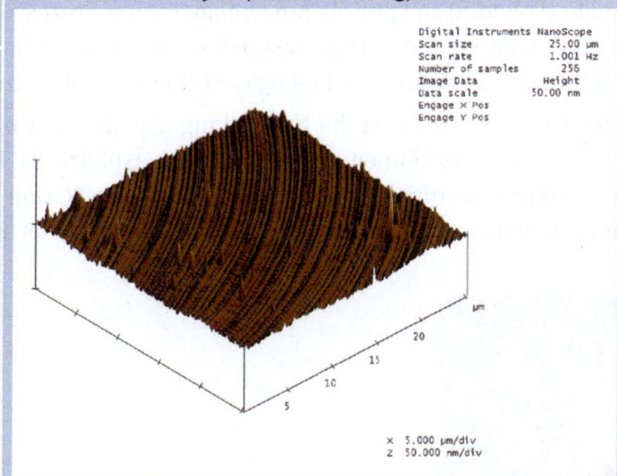
</td><td>RMS-Wert:
$R_q = 2{,}9\ \mathrm{nm}$</td></tr>
</table>

Die Anwendungen für das UP-Drehen rotationssymmetrischer optischer Funktionsflächen sind sehr vielfältig. Sie reichen von einfachen planen Geometrien über sphärische Flächen bis hin zu kompliziert geformten asphärischen Flächen. Die Einsatzgebiete sind neben der Werkzeugformeinsatzherstellung insbesondere in den Bereichen Spiegelfertigung, transmittive optische Elemente, z. B. Linsen, Strahlteiler und Mikrooptiken, zu sehen. Bild 7.215 illustriert exemplarisch die Fertigung einer IR-Germaniumoptik. Die Anforderungen an die Oberflächenrauigkeiten sind für Laseroptiken sehr hoch, um Strahlverluste durch Absorption bzw. Streuung gering zu halten. Mit dem UP-Drehverfahren sind diese Anforderungen sehr gut zu erfüllen.

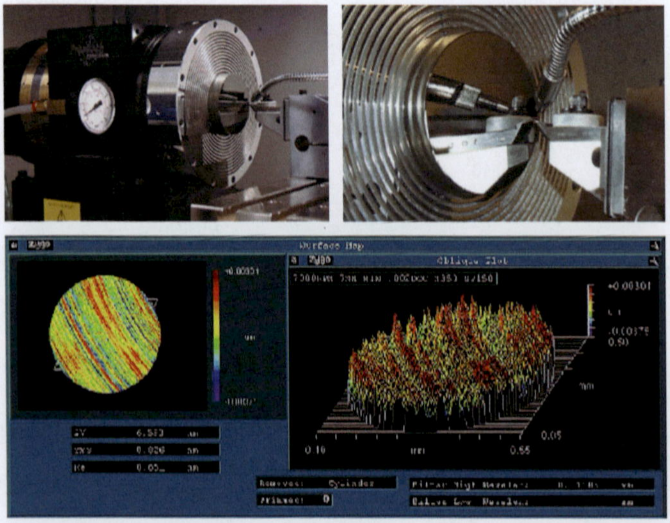

Bild 7.215
Ultrapräzisionsdrehen von Germanium (R_a = 0,615 nm) */Prec2007/*: links oben) hydrostatisch gelagerte Präzisionsspindel, rechts oben) Werkzeugeingriff und hochgenaue Bearbeitungsfläche, unten) interferometrische Darstellung der Oberfläche und der Oberflächenrauigkeit

Ein weiteres wichtiges Anwendungsgebiet für das Ultrapräzisionsdrehen ist die Herstellung von Kontaktlinsen und Brillengläsern, die aus verschiedenen Kunststoffen (z. B. aus Fluor-Silikon-Acrylaten, CR39) gefertigt werden. Der technische Stand in der Kontaktlinsenfertigung ist durch Fertigungsverfahren mit geometrisch bestimmter Schneide (Diamantdrehen und Präzisionsdrehen) bzw. geometrisch unbestimmter Schneide (Polieren) in speziellen technologischen Prozessen gekennzeichnet. Da das Auge sehr empfindlich ist, sind an den Fertigungsprozess sehr hohe Anforderungen zu stellen. Eine ausführliche Beschreibung der Verfahrenstechnologie wird in Kapitel 11 gegeben.

Ein wesentlicher Vorteil der UP-Zerspanung ist die Herstellung asphärischer optischer Funktionsflächen. Mithilfe eines Asphärengenerators können nahezu beliebige asphärische Kurven, entsprechend ihrer Asphärengleichung, bearbeitet werden. Bild 7.216 zeigt eine Applikation aus der Infrarotoptik. Diese PMMA-Linse ist mit zwei (außen und innen) asphärischen Flächen gefertigt.

Bild 7.216
Asphärisch gedrehte PMMA-Linse

7.7.3.2 Drehen nichtrotationssymmetrischer Geometrien

Mit den sogenannten **Servo-Tool-Anwendungen** lassen sich nicht rotationssymmetrische Geometrien einschließlich Freiformflächen mit Drehoperationen einer 2-Achsen-Diamant-Drehmaschine wirtschaftlich herstellen. Optische Komponenten die zuvor off-axis (z. B. off-axis-rotationssymetrische Asphären, Paraboloiden usw.) aufwendig hergestellt wurden, lassen sich somit on-axis herstellen. Aus den damit geänderten kinematischen Verhältnissen ergeben sich bessere Voraussetzungen für eine qualitätsgerechtere Fertigung (keine Unwucht etc.).

Eine typische Maschinenkonfiguration zur Bearbeitung mittels Servo-Tool ist in Bild 7.217 dargestellt. Das Werkstück ist auf der luftgelagerten Spindel mit präziser Geschwindigkeit und Positionierungsencoder (C-Achse) montiert. Die Spindel (C-Achse) ist auf der hydrostatisch gelagerten Linearführung der X-Achse montiert und rotiert um die Z-Achse. Die X-Achse und Z-Achse führen die Linearbewegungen aus, und synchronisiert dazu wird die C-Achse eingesetzt */Prec2007/*.

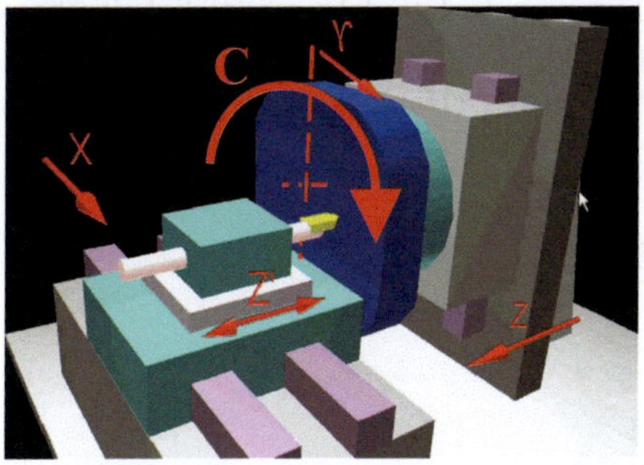

Bild 7.217
Maschinenanordnung für Servo-Tool-Anwendungen */Prec2007/*

Die Z'-Achse führt eine quasioszillierende Bewegung aus und bewegt das Diamantwerkzeug in einem variierbaren Abstand ständig auf das Werkstück zu und wieder weg. Der Schlüssel für die erreichbare Genauigkeit liegt in der Synchronisation der Z-Achse mit der C-Achse (Spindelachse). In der Praxis sind zwei verschiedene Servo-Tool-Methoden im Einsatz: das **Slow Tool Servo (STS)** und das **Fast Tool Servo (FTS)**. Das STS-Verfahren (geringere Beschleunigung, größerer Verfahrweg) wird typischerweise zur Herstellung von nichtrotationssymmetrischen zusammenhängenden Oberflächen eingesetzt (z. B. torische Flächen, Off-axis-Asphären). Durch die Verwendung des FTS-Verfahrens (hohe Beschleunigungen, kurze Verfahrwege) wird die Erzeugung von Konturen, die eine hohe Oszillationsfrequenz erfordern, möglich (Oberflächen mit geringen Amplitudenstrukturen wie Mikrospiegel und Linsenarrays, unterbrochene Oberflächen). Die Tabelle 7.69 stellt die wichtigsten Merkmale der beiden Servo-Tools gegenüber.

Tabelle 7.69 Generelle Charakteristiken des STS-und FTS-Tool */Prec2005/*

	STS	FTS
Antriebsprinzip	Linearmotor Hydrostatisch	Piezoelektrisch
Weglänge	10 mm	500 µm
Frequenzbereich	70 Hz	1000 Hz
Erreichbare Oberflächenqualitäten (R_a)	5 nm	5 nm

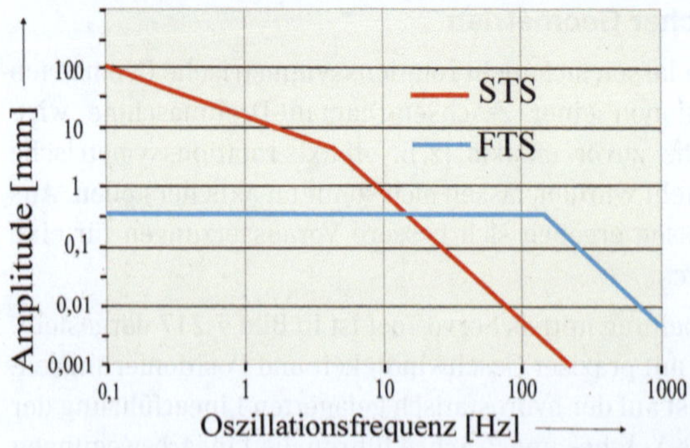

Bild 7.218
Amplitude und Frequenz für Servo-Tools

Bild 7.218 stellt die möglichen Verfahrwege (Amplituden) der Servo-Tools in Abhängigkeit der gewählten Frequenz dar. Somit ist die Verfahrfrequenz eine Funktion der Spindelgeschwindigkeit. Theoretisch kann durch ausreichende Verlangsamung der Spindeldrehzahl eine Vielzahl nichtrotationssymmetrischer Formen hergestellt werden. Der Nachteil dieses Verfahrens liegt in den langen Bearbeitungszeiten (bis zu einigen Stunden).

Bild 7.219
Anwendungsbeispiele für das Drehen mit Servo-Tool: links) Kontaktlinse (FTS, erste Fläche bearbeitet), rechts) Formstempel (STS)

Bild 7.219 illustriert exemplarisch zwei im Drehverfahren mit Servo-Tool hergestellte Anwendungen. Durch die Möglichkeit der Herstellung nichtrotationssymmetrischer Konturen konkurriert das Drehverfahren mit den anwendbaren Frästechnologien. Es gibt eine Vielzahl von Oberflächenformen, die somit durch beide Verfahren herstellbar sind. Der Anwender sollte sehr sorgfältig die erreichbaren Bearbeitungsergebnisse (Rauheit, Formgenauigkeit, Bearbeitungszeit) vergleichen und das geeignetere Verfahren einsetzen.

7.7.4 Fräsen

Das Verfahren Ultrapräzisionsfräsen unterscheidet sich zum klassischen Fräsen durch die erreichbaren Konturgenauigkeiten, Oberflächenqualitäten, die damit verbundenen Anwendungen sowie in der Auswahl des Werkzeuges und der Maschine. Die zum Einsatz kommenden Fräswerkzeuge besitzen eine geometrisch bestimmte Schneide, welche im unterbrochenen Schnitt arbeiten. Bei der **Fräsbearbeitung** führt i. d. R. das Werkzeug die Schnittbewegung aus und das Werkstück über entsprechende Achsen die erforderlichen Vorschub- und Zustellbewegungen. Die nicht- oder rotationssymmetrischen

Werkstücke können dabei in unterschiedlichster Weise gespannt werden. Beim Spanen durch Fräsen kommt es zum abtrennenden Verdrängen von Werkstückschichten im unterbrochenen Schnitt in meist mehreren Zustellbewegungen.

Die Anforderungen an den Prozess verlangen in Analogie zum Drehen das Erreichen von IT-Qualitäten von IT3 und besser. Die Oberflächenrauheiten liegen auch hier im Nanometerbereich. Erreichbar sind diese Forderungen mit meist einschneidigen Fräswerkzeugen aus monokristallinen Diamanten mit sehr scharfen Schneidkantenradien.

> Unter UP-Fräsen ist das Spanen mit meist einschneidigen, unterbrochen im Eingriff stehenden Werkzeugen zu verstehen, wobei das Werkzeug eine rotatorische Bewegung ausführt. Das Ziel ist eine Verbesserung von Form-, Maß- und Lagegenauigkeit sowie Oberflächengüte vorgearbeiteter Werkstücke.

Kennzeichnend für das UP-Fräsen ist die Anwendung hoher Schnittgeschwindigkeiten, sehr kleiner Vorschübe und geringer Schnitttiefen. Wie in der konventionellen Fertigungstechnik kann das Fräsen auch in der spanenden Mikrofertigung als ein sehr flexibles Verfahren angesehen werden. Mit Einzahn-Diamantscheibenfräsern kann man ähnlich wie beim Foliendrehen Nuten erzeugen. Im Unterschied zum Foliendrehen lassen sich die erzeugten Nuten ein- oder mehrfach in entsprechenden Winkeln kreuzen, wodurch säulen- oder pyramidenförmige Strukturen entstehen. Werkstoffe, die in der Diamantbearbeitung zur Anwendung kommen, sind in Analogie zum Drehen Aluminium, Kupfer, Messing, Neusilber und Nickel.

Die Kombination von mehreren Achsen gestattet die Anwendung von unterschiedlichen Frässtrategien bzw. -verfahren. Mit dem verfahrensspezifischen Achsenaufbau lassen sich sowohl 2D-Anwendungen (mindestens 2 Achsen), 2,5D- (mindestens 3 Achsen) und 3D-Anwendungen (mindestens 5 Achsen) „maßgeschneidert" fräsen. In der Praxis haben sich die Verfahren **Flycutting** und das **Konturfräsen** etabliert. Die kinematischen Verhältnisse vom Konturfräsen sind mit denen des konventionellen Fräsverfahrens vergleichbar. Das Diamantwerkzeug wird bahngesteuert über die Werkstückoberfläche geführt. Beim Flycutting-Verfahren wird ein einschneidiges Diamantwerkzeug am Umfang einer Präzisionswerkzeugscheibe gespannt und außermittig in Rotation versetzt. Bild 7.220 veranschaulicht das Funktionsprinzip. Entsprechend der gewählten Vorschubbewegung kann der Mikroabtrag rasterförmig oder spiralförmig erfolgen. Durch die Anordnung des Rasterfräsens können beispielsweise auch Gitter- und Fresnel-Strukturen mit hoher Formgenauigkeit erzeugt werden.

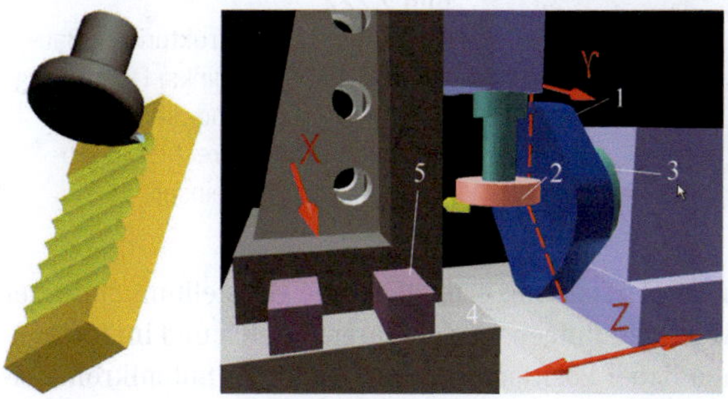

Bild 7.220
Prinzipdarstellung des UP-Fräsens */Prec2007/*:
links) Prinzip des Rasterfräsens,
rechts) Flycutting-3-Achs-Fräsen

1 Werkstück,
2 Werkzeug,
3 Werkstückspindel mit Vakuumspannfutter,
4 Basisplatte,
5 weitere Achsen

Ein modularer Maschinenaufbau erlaubt die Anpassung der UP-Maschine an den individuellen Bearbeitungsprozess. Aufgrund der Spezifik der UP-Bearbeitung (Einzelteilfertigung, Prototypenfertigung) sollte bei der Maschinenkonfiguration dem universellen Einsatzcharakter, in punkto Achsanordnung, Verfahrwege etc. Rechnung getragen werden (Bild 7.221).

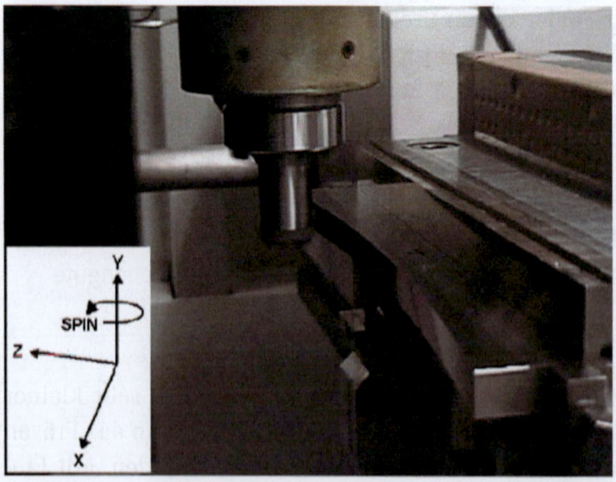

Bild 7.221
Freiform-Raster-Fräsen */Prec2007/*

Bild 7.222 links illustriert mikroskopische Schnittdarstellungen ausgewählter UP-gefräster Mikrostrukturen. Die erreichbaren Formabweichungen betragen für diese Anwendung 0,128 µm (PV-Wert). Die erforderliche Bearbeitungszeit ist für diese Verfahrenstechnologie relativ hoch und beträgt im dargestellten Beispiel ca. 8 Stunden */Gebh2006/*.

Die Anwendung des Rasterfräsens erlaubt das Erzeugen von mikrostrukturierten Bauteilen. Diese werden sehr häufig im Bereich der Abformung von optischen Kunststoffkomponenten eingesetzt (siehe auch Kapitel 5). Im Anwendungsbeispiel aus Bild 7.222 rechts ist ein Formwerkzeug für das Reaktionsgießverfahren (Kapitel 5) dargestellt. Interessant sind die unterschiedlichen kinematischen Verfahrensanordnungen, die es erlauben, sowohl refraktive als auch diffraktive Strukturen mit der UP-Fräsbearbeitung zu erzeugen.

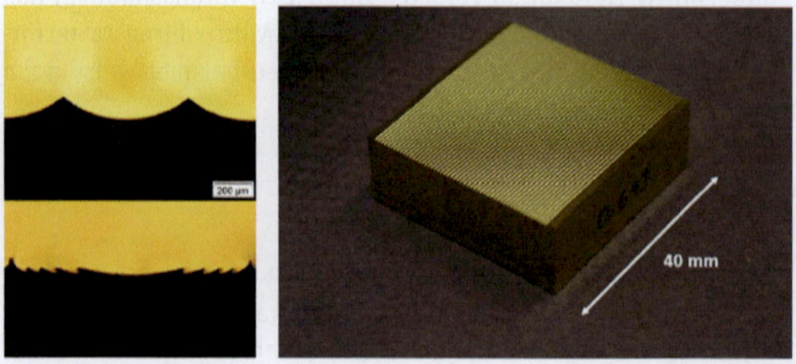

Bild 7.222
UP-gefräste mikrostrukturierte Bauteile */Gebh2006/*: links) Darstellung refraktiver (oben) und diffraktiver (unten) Strukturen, rechts) mikrostrukturierter Formeinsatz

Die Bearbeitung großflächiger Bauteile mit der UP-Zerspanung ermöglicht die Herstellung optischer Komponenten wie Spiegel und Linsenflächen für Anwendungen im sichtbaren Bereich und im Infrarotbereich. Heutige Maschinensysteme ermöglichen dabei Positioniergenauigkeiten im Submikrometerbereich, so dass beim Einsatz der hochdynamischen Luftlagerführungen in Verbindung mit sehr präzisen Formwerkzeugen auch mikrostrukturierte Oberflächen wirtschaftlich hergestellt werden können. Insbesondere können optische Gitterstrukturen (1 bis 100 Linien · mm^{-1}) für Anwendungen sowohl in der Beugungsoptik als auch in der Lichtführung (Sicherheitstechnik, Architektur) hergestellt werden (Bild 7.223).

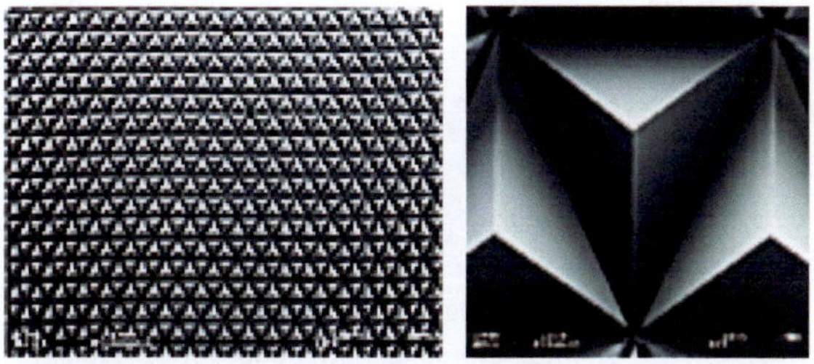

Bild 7.223
Mikroprismen gefertigt durch UP-Fräsen */Kugl2006/*: links) Flächendarstellung, rechts) Auszugsvergrößerung Einzelelemente

Die Anwendungen für das UP-Fräsen sind sehr vielfältig und reichen von Planspiegeln, asphärischen Optiken bis hin zu optischen Freiformflächen. Insbesondere optische Komponenten, die sich mit den klassischen Methoden der vorangegangenen Abschnitte nicht oder nur unter sehr hohem Aufwand fertigen lassen, sind prädestiniert für die UP-Bearbeitung. Exemplarisch ist in Bild 7.224 ein UP-gefräster Kupferspiegel dargestellt.

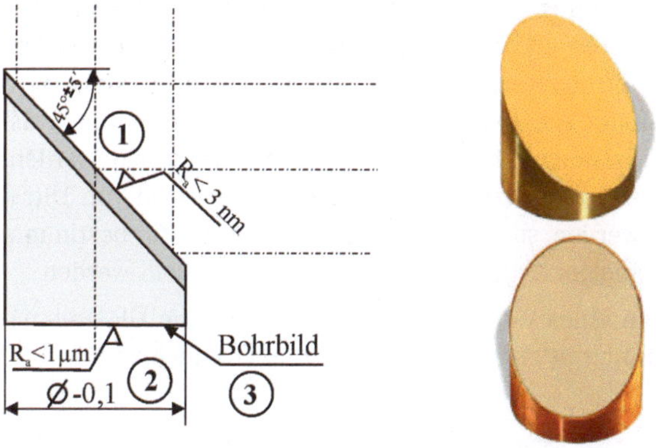

Bild 7.224
Diamantgefräster Cu-Spiegel für die CO_2-Lasermaterialbearbeitung */Kugl2006/*

Den immer leichter werdenden Elementen für sogenannte fliegende Optiken, z. B. an lineargetriebenen CO_2-Laserbearbeitungsmaschinen, kann durch die Anwendung der UP-Bearbeitung auch mit neuen Baukonzepten entsprochen werden. Hierzu zählt beispielsweise die Entwicklung eines Kupfer-Keramik-Leichtgewichtspiegels, der eine Gewichtsreduktion um den Faktor 4 bis 5 gegenüber herkömmlichen Metalloptiken ermöglicht. Diese Spiegel sind wie folgt aufgebaut: Zwei Keramikplatten werden eutektisch auf beiden Seiten mit 0,3 mm Kupferfolie verbunden und dienen dem Leichtgewichtspiegel als Bodenplatte und Deckel. Dazwischen werden einzelne Lagen von Kupferfolie mit Wabengitterstruktur so aufeinandergelegt, dass ein 3D-Labyrinth für die Flüssigkeitskühlung entsteht. Dieses Prinzip erlaubt eine ganzflächige, effiziente Kühlung unmittelbar hinter der Spiegelfläche. Die äußerste Kupferfolie des Substrates wird analog zu Vollkupferspiegeln im Ultrapräzisionsverfahren diamantgefräst und erhält eine hohe Oberflächenqualität, z. B. Ebenheit < 500 nm und eine Rauheit < 5 nm. */Kugl2006/*
Bild 7.225 zeigt diverse Spiegelvarianten sowie den Aufbau von Leichtgewichtspiegeln.

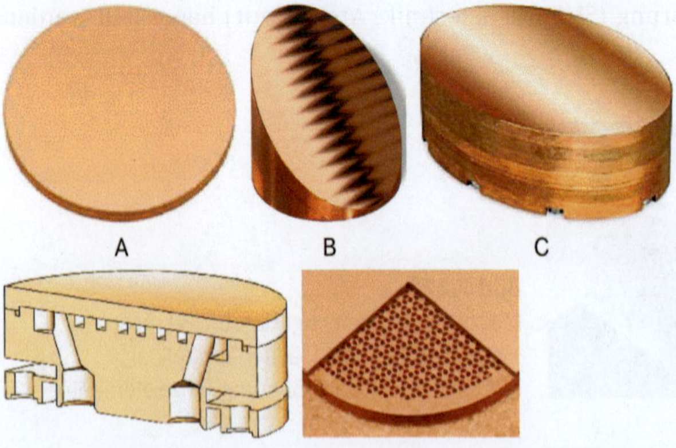

Bild 7.225
Beispiele für ultrapräzisionsgefertigte Leichtgewichtspiegel */Kugl2006-I/*: A) Planspiegel, B) Integratorspiegel, C) adaptiver Spiegel, D) Schnittdarstellung von C, E) Wabenstruktur-Spiegelrückseite

7.7.5 Ausgewählte Verfahrensvarianten der UP-Bearbeitung

Neben den vorgestellten Servo-Tool-Verfahren und den Verfahrensvarianten des Fräsens existieren weitere interessante Anwendungen der UP-Bearbeitung mit geometrisch bestimmter Schneide. Die kinematischen Voraussetzungen der UP-Maschinen können durch spezielle Module erweitert werden, so dass beispielsweise spezielle Verfahren des Mikrobohrens oder -hobelns anwendbar werden. Wird eine UP-Drehmaschine mit einem Flycutting-Modul ergänzt, können Mikrostrukturen (Gitter, Prismen- oder Pyramidenarrays etc.) mit hoher Präzision und Auflösung spanend hergestellt werden. Andererseits kann der UP-Zerspanprozess mit einer zusätzlichen Energiequelle in Form von Ultraschall oder Laserstrahlung vorteilhaft überlagert werden, so dass sich Verfahrensvorteile für bestimmte Anwendungen ergeben. Exemplarisch sollen nachfolgend drei Spezialverfahren vorgestellt werden.

Eine interessante Möglichkeit ist die Integration eines Contour-Boring-Moduls in eine UP-Drehmaschine. Bild 7.226 illustriert diese Maschinenkonfiguration mit dem Modul zum Formbohren.

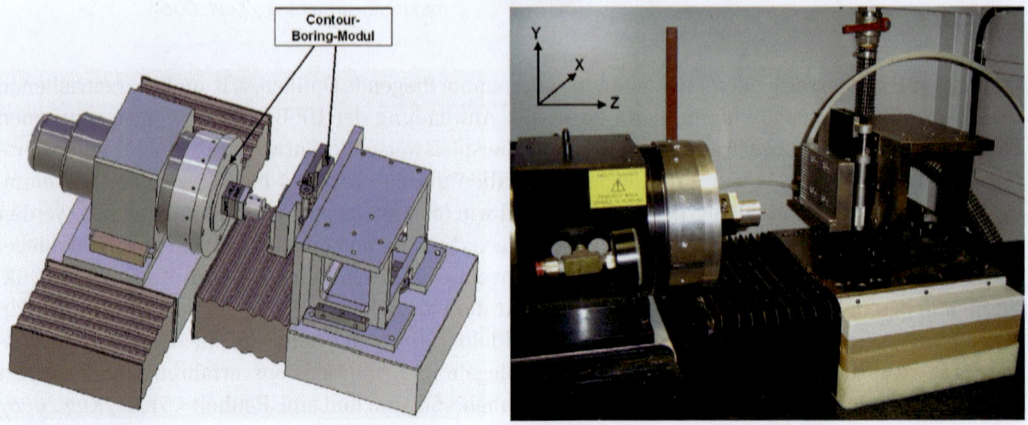

Bild 7.226 Anordnung eines Contour-Boring-Moduls in eine UP-Drehmaschine */Blie2009/*: links) schematische Darstellung der Maschinenanordnung, rechts) fotografische Darstellung der UP-Drehmaschine zum Formbohren

Kernelemente des Contour-Boring-Moduls sind eine Werkstück- und Werkzeugjustierung (Bild 7.227). Eine wichtige Anforderung besteht in der präzisen Höhenjustierung (Genauigkeit ± 1 µm), die über die Y-Achse geregelt wird. Die Werkzeugjustage erfolgt durch die Kombination einer Aufspannplatte mit einer X-Y-Justierung und einem speziellen Werkzeughalter für das Halbradien-Diamantwerkzeug. Für die Einstellung des Diamantwerkzeuges mit einer Genauigkeit von ± 1 µm in X-Y-Richtung kann vorteilhafterweise ein doppelter Linearschlitten eingesetzt werden. Mit dieser Ausführung kann die Unwucht des Systems auf ein Minimum reduziert werden. Die Werkstückjustage der Anordnung in Bild 7.227 wurde mittels Winkeljustierung, Höhenjustierung, Werkstückaufnahme und Vakuumspannung umgesetzt. Die Auslegung der Werkstückaufnahme sieht vor, dass ein möglichst breites Spektrum an zu bearbeitenden Werkstücken aufgenommen werden kann */Blie2009/*.

Unter dem Begriff **Contour-Boring (Formbohren)** versteht man die spanende Ultrapräzisionsbearbeitung mittels Halbradien-Diamantformwerkzeug, siehe Bild 7.227. Das Diamantwerkzeug befindet sich im Gegensatz zum Ultrapräzisionsdrehen auf einer rotierenden Maschinenspindel. Die Genauigkeit des gebohrten Mikrolinsenarrays (MLA) ist jedoch stark abhängig von der Genauigkeit der Schneidteilgeometrie und der exakten Positionierung des Werkzeuges zur Drehmitte. Die Positioniergenauigkeit des Werkzeuges zur Drehmitte sollte wie vorstehend ausgeführt ± 1 µm betragen.

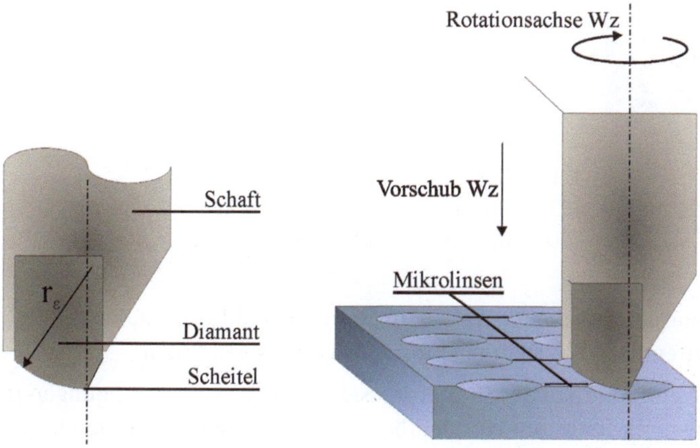

Bild 7.227
Formbohren mit Halbradien-Diamantwerkzeug */Blie2009/*:
links) Darstellung der Werkzeugschneidengeometrie, rechts) Verfahrensanordnung zum Bohren von Mikrolinsenarrays

Mit diesem vorgestellten Verfahren zum Formbohren können Mikrolinsenarrays (MLA) mit hoher Oberflächengüte und geringen Formabweichungen in Kunststoffen und Metallen gefertigt werden. Hierbei können Oberflächenrauheiten $R_a < 10$ nm und Formabweichungen (P-V-Werte) von unter 1 µm erreicht werden. Diese erzielbaren Mikro- und Makrotopografien erfüllen die Anforderungen an MLA für viele Einsatzfälle sehr gut. In der Tabelle 7.70 sind ausgewählte Ergebnisse des Formbohrens von sphärischen Linsen in einem Linsendesign zusammengefasst. Das Bearbeitungsergebnis für das gewählte MLA veranschaulicht Bild 7.228.

Tabelle 7.70 Ausgewählte technologische Parameter des Contour-Boring-Verfahrens */Blie2009/*

Parameter	Werkstoff	
	PMMA	Aluminium – RSA 905
Schnitttiefe a_p	50 µm	50 µm
Vorschubgeschwindigkeit v_f (mm/min)	0,20	0,15
realisierte Rauheit R_a (nm)	6,3	7,1
realisierte Formabweichung P-V (µm)	0,48	0,53

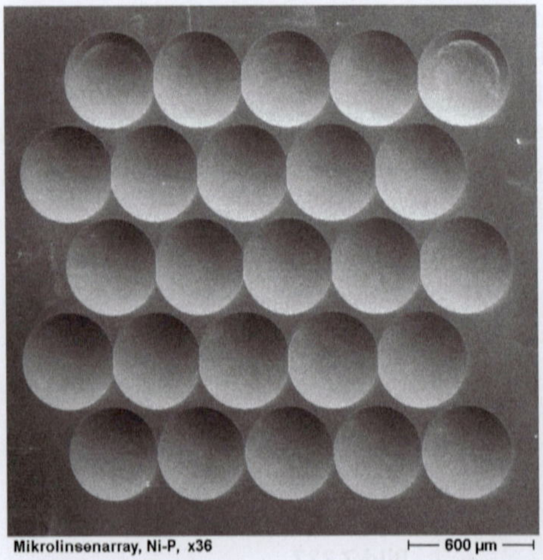

Bild 7.228
REM-Aufnahme eines gefertigten Mikrolinsenarrays (Schnitttiefe a_p = 50 µm) */Blie2009/*

Das Bearbeiten schwerspanbarer Materialien, wie z. B. Werkstoffe aus Glas und Keramik, kann durch eine Schwingungsunterstützung während des Bearbeitungsprozesses verbessert werden.

Bei diesem Verfahren wird das Werkzeug während des Drehprozesses zu Ultraschallschwingungen in Schnittrichtung angeregt. Diese Kinematik führt zu einer deutlichen Reduzierung der mittleren Eingriffszeit des Werkzeuges, was sich auf das Verschleißverhalten und die Standzeit positiv auswirkt. Mit dieser Technologie können Oberflächenqualitäten von $R_a < 10$ nm beispielsweise auf Probenoberflächen aus anorganischen Gläsern erzielt werden (Bild 7.229) */Rübe2001/*.

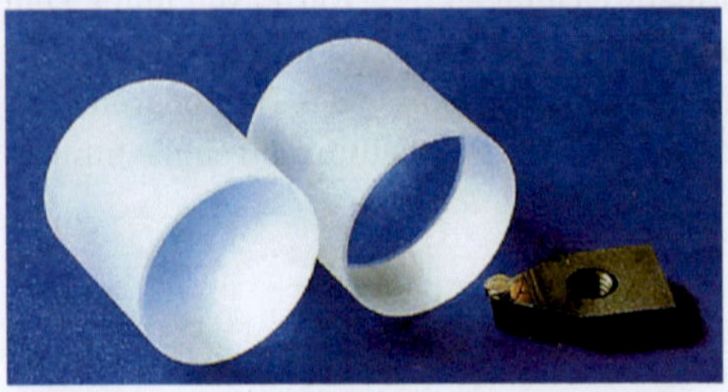

Bild 7.229
Schwingungsunterstützte Bearbeitung sprödharter Werkstoffe */Rübe01/*

Neben dem Drehverfahren hat sich hauptsächlich der Begriff „Ultrasonic" für bereits industrietaugliche Bearbeitungsprozesse mit Ultraschallunterstützung durchgesetzt. Bei dem **ultraschall-unterstützten Zerspanprozess** wird das mit Diamantkörnern besetzte Fräs-, Bohr- oder Schleifwerkzeug mit einer Frequenz von 20 kHz in ein Werkstück geführt, wodurch sprödharte Werkstoffe mit sehr geringen Prozesskräften bei vergleichsweise hohen Vorschubleistungen abgetragen werden können. Im **Ultrasonic-Prozess** wird ein elektrisches Hochfrequenzsignal in eine mechanische Bewegung umgewandelt. Anschließend werden durch einen Booster die US-Schwingungen verstärkt. Das Diamantwerkzeug wird durch die Schwingungsübertragung mit 20 000 Impulsen pro Sekunde zum Werkstück oszillierend bewegt. Im höchsten Punkt der Amplitude bzw. der Ausdehnung treffen die im Werkzeug gebundenen Diamantkörner bzw. die Diamantschneide auf die Oberfläche des zu bearbeitenden Werkstückes. An der Werkstückoberfläche werden durch diese Stoßwirkungen Kleinstpartikel abgetragen. Mithilfe der durch Ultraschallschwingung erzeugten Werkzeugbewegung des MKD-Diamanten kann der Zustand des duktilen Verhaltens der ansonsten hartspröden Werkstoffe wie Gläser und Kristalle (siehe Abschnitt 7.2) erreicht und die dafür erforderliche minimale Spandicke von < 100 nm eingehalten werden. Für weitere Ausführungen sei an dieser Stelle auf */inno2021/* verwiesen.

Eine weitere hybride Verfahrenslösung bietet das Diamantdrehen mit dem **Mikro-Laser-unterstützten Bearbeitungsprozess (µ-LAM)**. Bei diesem UP-Verfahren wird ein Laserstrahl durch das Schneidwerkzeug geführt und an der Schneidkante in die Wechselwirkungszone eingestrahlt. Das Werkzeug wird durch einen transparenten monokristallinen Diamanten bereitgestellt, wobei der Laserstrahl direkt durch den Diamanten gelenkt wird und fokussiert auf die Schneidzone auftrifft (Bild 7.230).

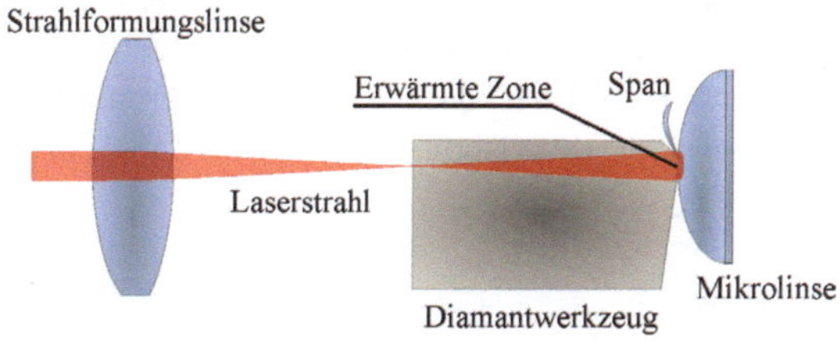

Bild 7.230
Schematische Darstellung des µ-LAM-Verfahrensprinzips */µLAM2021/*

Der fokussierte Strahl erreicht im Fokus einen Durchmesser kleiner 300 µm, wodurch Intensitäten von 3 - 15 $kW \cdot cm^{-2}$ appliziert werden können. Durch die thermische Wirkung des Laserstrahls wird in der Schneidzone die Härte des zu bearbeitenden Materials reduziert, wodurch ein örtlich begrenztes duktileres Verhalten der hartspröden Werkstoffe für den Mikrozerspanungsprozess vorliegt. In Bild 7.231 ist eine Simulation der Strahlausbreitung und das sich ergebende Intensitätsprofil an der Schneidkante dargestellt.

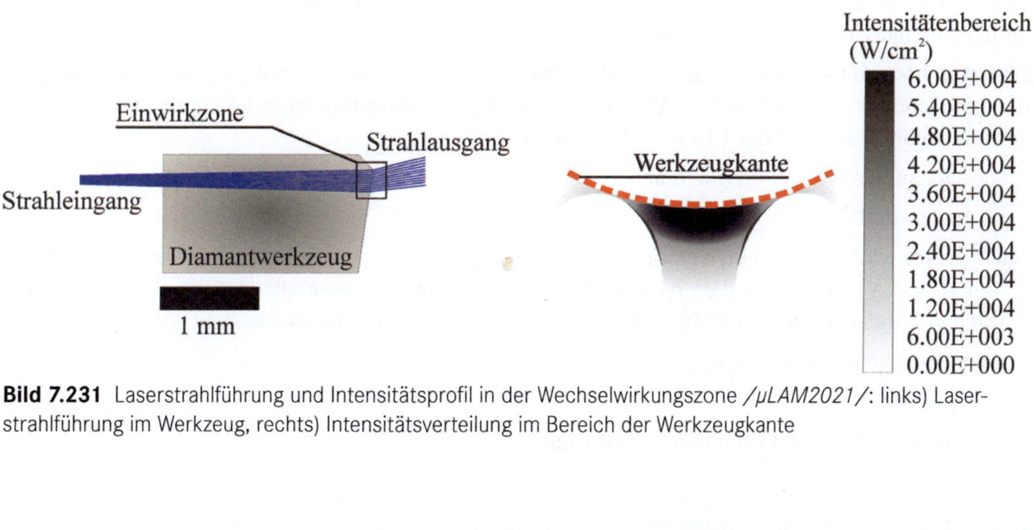

Bild 7.231 Laserstrahlführung und Intensitätsprofil in der Wechselwirkungszone */µLAM2021/*: links) Laserstrahlführung im Werkzeug, rechts) Intensitätsverteilung im Bereich der Werkzeugkante

Die Umsetzung des µ-LAM-Verfahrensprinzips in ein Zusatzmodul für UP-Bearbeitung veranschaulicht Bild 7.232. Der Laser wird mit einer optischen Faser in ein speziell angefertigtes Strahlführungssystem übertragen, welches direkt in ein UP-Bearbeitungszentrum montiert werden kann. Der Laserstrahl wird mithilfe eines optischen Bauelementes fokussiert. Eine im Werkzeughalter integrierte Linearachse ermöglicht die präzise Ausrichtung des Laserstrahls zum Schneidwerkzeug bzw. der Werkstückoberfläche */µLAM2021/*.

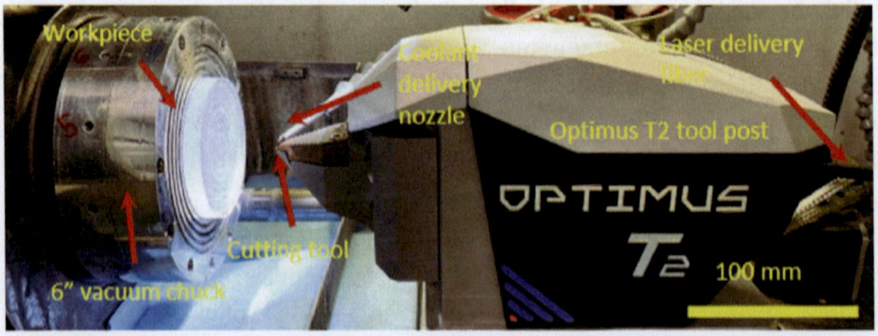

Bild 7.232
UP-Drehmaschine mit nachgerüstetem µ-LAM-Modul zum Mikrospanen von anorganischen Gläsern (SFPL-51) */µLAM2021/*

Es wird davon ausgegangen, dass die zusätzliche lokalisierte thermische Energie des Laserstrahles den UP-Zerspanprozess von hartspröden Materialien erleichtert, wodurch die Standzeit des Werkzeugs erhöht wird und niedrige Oberflächenrauhigkeitswerte erzeugt werden können. Zu den bisher mit dem µ-LAM-Verfahren erforschten Materialien gehören ausgewählte IR-Kristalle (Si, Ge, ZnS, ZnSe), optisches Glas (Quarzglas, BK7, S-FPL51) und WC */µLAM2021/*.

7.7.6 Leistung und Genauigkeit

Das Zusammenspiel von hochsteifen Maschinenkonstruktionen mit scharfen Diamantwerkzeugen ermöglicht einen duktilen Abtrag im Mikrometerbereich des Zerspanens. Hierdurch wird es möglich, transmittive oder reflektive Bauteile mit optischen Qualitäten herzustellen, ohne dass ein nachträglicher Polierprozess erforderlich ist. Dabei können sphärische oder asphärische Konturen aus unterschiedlichen Materialien wie Kupfer, Aluminium, Nickel, PMMA oder auch Calciumfluorid erzeugt werden. Die UP-Bearbeitung stellt ebenfalls ein wichtiges Endbearbeitungsverfahren für die Formherstellung dar, die insbesondere in der Spritzguss-, der Gieß-, der Heißprägetechnik und für die Pressverfahren von anorganischem Glas Anwendung finden.

Die **erreichbaren Genauigkeiten** der UP-Bearbeitung können nicht generell verallgemeinert werden, denn sie sind von der zu bearbeitenden Form und den Prozessparametern abhängig. Als Stand der Technik gelten jedoch bei der Ultrapräzisionsbearbeitung:

- Formgenauigkeiten von $0{,}1\,\mu m \cdot mm^{-1}$,
- Rauheiten (RMS) von 2 bis 5 nm.

Nachfolgend wird anhand einer gewählten torischen Oberfläche ein Vergleich zweier Verfahren der UP-Bearbeitung geführt und die erreichbaren Leistungen sowie Genauigkeiten diskutiert. Bei dieser gewählten Vergleichsgeometrie sind folgende geometrische Anforderungen gestellt wurden:

- Bauteildurchmesser: $D = 30$ mm,
- Bauteilhöhe: 25 mm,
- torische Radien: $R_1 = 600$ mm und $R_2 = 800$ mm.

Bild 7.233 veranschaulicht die gewählte torische Fläche sowie das Bearbeitungsergebnis in PMMA für das STS-Drehen.

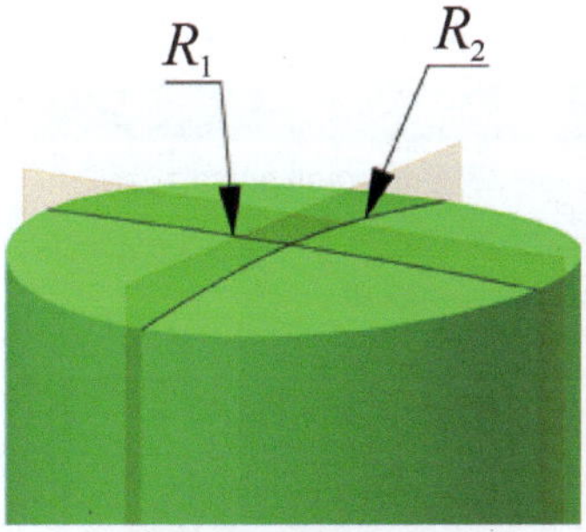

$$s = R_1 - R_2 - \sqrt{R_1^2 - \frac{D^2}{4}} + \sqrt{R_2^2 - \frac{D^2}{4}}$$

Bild 7.233
Darstellung der torischen Oberflächengeometrie */Osme2007/*: links) geometrische Darstellung der doppelt-torischen Fläche, rechts) Bearbeitungsergebnis STS-Drehen (PMMA)

Die Grundkörper der Prototypen (PMMA, Zeonex) und Formeinsätze (Aluminium, CuproNickel wurden für beide Verfahren vorgearbeitet. Mit der Formel aus Bild 7.233 links kann der maximale Verfahrweg für das STS-Drehverfahren bestimmt werden. Diese maximalen Verfahrwege beschränken die Spindeldrehzahl auf 60 min^{-1} und ermöglichen bei einem Bauteildurchmesser von 30 mm eine noch drehbare Kontur. Die optischen Funktionsflächen wurden mit einer konstanten Drehzahl von $n = 66\,min^{-1}$, einem Schneideckenradius von $r_\varepsilon = 3{,}0$ mm bearbeitet. Das Feindrehen erfolgte mit $n = 66\,min^{-1}$ und einem Schneideckenradius von $r_\varepsilon = 1{,}5$ mm. Das Rasterfräsen erlaubt die Bearbeitung mit einer konstanten Schnittgeschwindigkeit und einem Werkzeugdurchmesser mit dem Radius von 67 mm.

In der Tabelle 7.71 sind die wichtigsten Prozessparameter beider Verfahren zusammengefasst.

Tabelle 7.71 Vergleich ausgewählter Prozessparameter */Osme2007/*

	STS-Drehen	Raster-Fräsen
Spindeldrehzahl	133 min^{-1}	4000 min^{-1}
Vorschub	8 µm	15,5 µm
Schnittgeschwindigkeit	$v_c \neq$ konstant	$v_c =$ konstant
Schnitttiefe	6 µm	6 µm
Flycutting-Radius	-	67 mm
Prozesszeit	20 min	120 min

Im Ergebnis der UP-Bearbeitung sind prinzipiell beide Verfahren geeignet, die torischen Oberflächen herzustellen. Die Betrachtung der Bearbeitungszeit zeigt jedoch deutliche Zeitunterschiede. Somit kommt diese gewählte Geometrie den kinematischen Verhältnissen des STS-Drehens entgegen. Als Fazit dieses Vergleiches sind auf jeden Fall die Prüfung und die Entscheidung einer richtigen Bearbeitungsstrategie, in Abhängigkeit von Kontur, Genauigkeit und Bearbeitungszeit, eine wichtige Aufgabe des Optiktechnologen.

Die Ergebnisse der Rauheitsuntersuchungen (AFM-Messungen) für ausgewählte metallische Formwerkstoffe dieser torischen Oberflächen sind in der Tabelle 7.72 zusammengefasst.

Tabelle 7.72 Vergleich der Oberflächenrauheiten und Formabweichungen mittels AFM */Osme2007/*

	CuproNickel	Al RSA 905 AE	AlMgSil
Merkmale	▪ Gute Verarbeitbarkeit ▪ Gute Eigenschaften für Heißformprozesse	▪ Universell einsetzbar ▪ Niedrigerer thermischer Ausdehnungskoeffizient	▪ Universell einsetzbar ▪ Gute Korrosionsbeständigkeit
STS-Drehen	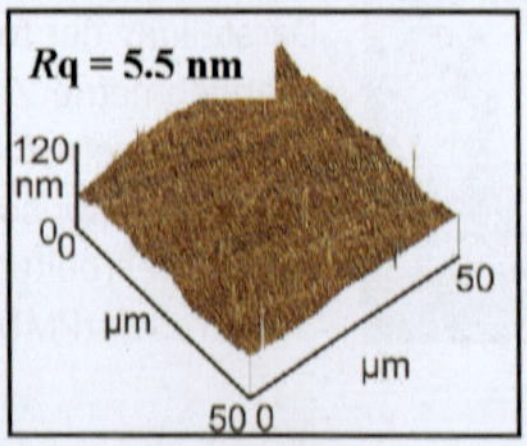	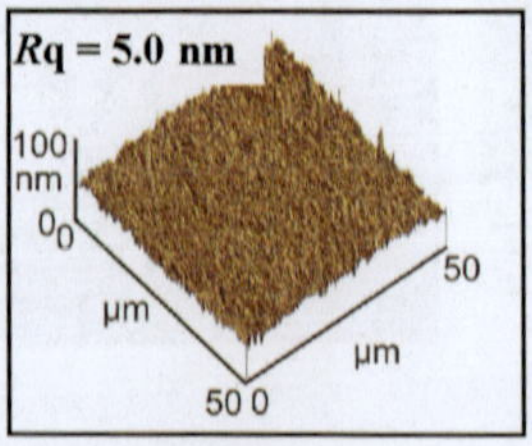	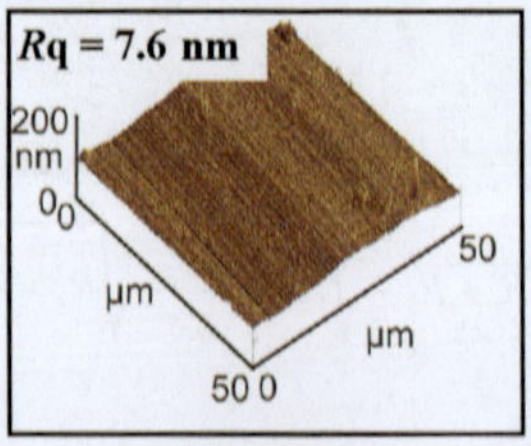
Rasterfräsen	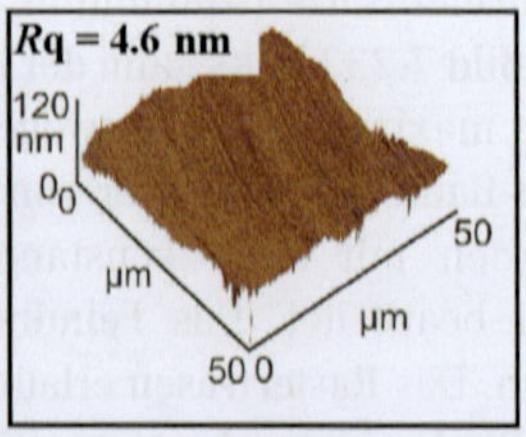	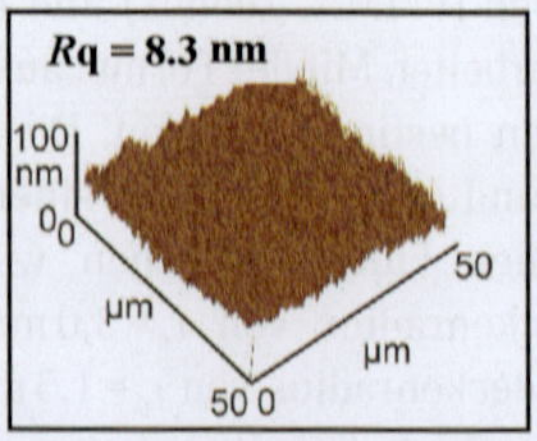	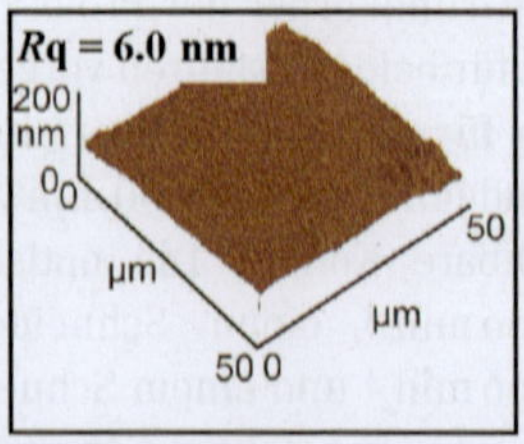
Formabweichungen für das STS-Drehen			
R = 600 mm	0,1 µm	0,305 µm	0,285 µm
R = 800 mm	0,125 µm	0,310 µm	0,245 µm

Die in Tabelle 7.73 dargestellten Ergebnisse sind im Prozess sehr gut reproduzierbar. Die ermittelten Formabweichungen (hier auf die gesamten Bauteildurchmesser bezogen) sind materialabhängig und erfüllen die Forderungen, die an einen UP-Bearbeitungsprozess für das Herstellen von optischen Funktionsflächen gestellt werden.

In immer stärkerem Maß werden auch die **Leistungsdichte-Funktionen** (**PSD** Power Spectral Density) für die Bewertung von Präzisionsoberflächen herangezogen. Diese Funktion ermittelt die Amplitude zu einem Rauheitswert des Rauheitsprofils der technischen Oberfläche als Funktion der Raumfrequenz bzw. der Wellenlänge. Im Abschnitt 7.5 wurde bereits eine Einordnung des UP-Verfahrens gegenüber anderen Verfahrenstechnologien vorgenommen. Bild 7.234 illustriert die PSD-Funktionen für die vorstehend betrachteten Formeinsatzwerkstoffe. Der Vergleich der beiden Verfahren veranschaulicht, dass die Kurven für das Rasterfräsen unter denen des STS-Drehens liegen. Gleichzeitig zeigen die Kurven des Fräsens aber auch einen stärkeren unregelmäßigen Verlauf. Die Auswertung der PSD-Funktionen ist relativ komplex und schwierig. Für die Praxis der UP-Bearbeitung lassen sich aber wichtige Aussagen zu Prozesseinflüssen geben.

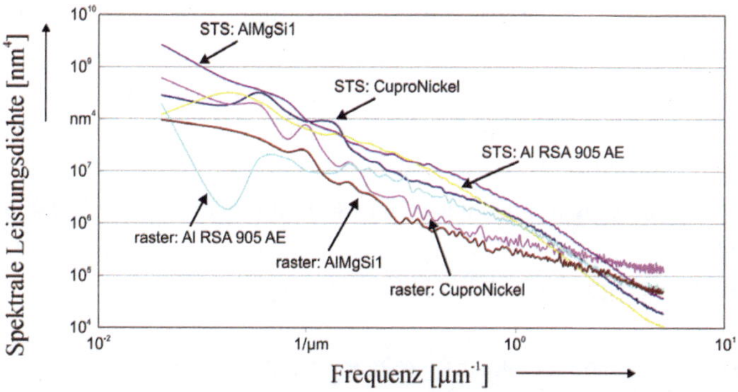

Bild 7.234
PSD-Funktionen der torischen Oberflächenrauheiten */Osme2007/*

Die wesentlichen Vorteile der Ultrapräzisionsbearbeitung lassen sich wie folgt zusammenfassen:

- Finishbearbeitung mit hohen Oberflächengüten und Formgenauigkeiten,
- Erzeugung komplizierter Formen (Asphären, Freiformflächen),
- Erzeugung geometrischer Strukturen (diffraktive Mikrostrukturen),
- neue Anwendungen für den Optikbereich, z. B. asphärische Formwerkzeuge,
- geringer Werkzeugverschleiß,
- deterministisches Herstellungsverfahren mit sehr hoher Flexibilität,
- verbesserte Oberflächenqualitäten,
- kürzere Fertigungszyklen bei Einzelteilen und kleinen Serien.

Die UP-Bearbeitung ist prinzipiell nicht als ein konkurrierendes Verfahren zu den vorangegangenen Finishverfahren zu betrachten, sondern hat sich vielmehr als ein erweiterndes Verfahren etabliert, um interessante und neue Optikkonzepte des Designers zu verwirklichen.

7.7.7 Übungsaufgaben

1. Nennen und erläutern Sie die besonderen Anforderungen, die an einen Ultrapräzisionsbearbeitungsprozess gestellt werden müssen.
2. Skizzieren Sie die Eingriffsverhältnisse beim Drehen und leiten Sie Prozessgrößen ab, die die erreichbare Oberflächenrauheit beim UP-Drehen direkt beeinflussen.
3. Beim Drehen eines Formeinsatzes wird ein monokristallines Diamantwerkzeug mit folgenden Parametern eingesetzt:
   - Schneidkantenradius $r_\beta = 75\,\text{nm}$,
   - Schneideckenradius $r_\varepsilon = 0{,}3\,\text{mm}$.
   - Der im Prozess gewählte Vorschub beträgt $f = 1{,}5\,\mu\text{m}$.
   - Die Schnitttiefe beträgt $a_p = 1{,}5\,\mu\text{m}$.

   Welche theoretische Mindestspanungsdicke ergibt sich und wie groß ist die theoretische Rautiefe?
4. Welche Verfahrensvorteile lassen sich durch den Einsatz eines Servo-Tool-Moduls für die Drehbearbeitung erzielen?

5. Erläutern Sie den Unterschied zwischen dem Konturfräsen und dem Flycutting-Fräsen. Veranschaulichen Sie die kinematischen Eingriffsverhältnisse anhand einer Skizze.
6. Welchen Verfahrensvorteil ermöglicht der Einsatz einer Ultraschallunterstützung bei der Bearbeitung von sprödharten Materialien? Nennen Sie mindestens fünf ausgewählte Anwendungsbeispiele, die den Einsatz von US-unterstützten Bearbeitungsverfahren rechtfertigen.
7. Welche Möglichkeiten bietet die UP-Bearbeitung mit geometrisch bestimmter Schneide zur Herstellung von periodischen Strukturen?
8. Welchen Einfluss haben zusätzliche Energiequellen auf den Mikrozerspanprozess?

Weitere Informationen zu Abschnitt 7.7 sind auf plus.hanser-fachbuch.de hinterlegt.

7.8 Strukturieren und Abtragen

Strukturierungsverfahren werden bereits seit langer Zeit in der Optikfertigung angewandt und wurden hauptsächlich für die Erzeugung von Teilungsbildern und die Gitterfertigung eingesetzt. Teilungsbilder auf Glasträgern dienen z.B. als Normalien in Längen- und Winkelmessgeräten oder als Präzisionsglasmaßstäbe in Positionierachsen von Werkzeugmaschinen (siehe Bild 7.235). Sie befinden sich häufig in der Bildebene des optischen Systems.

Durch die entsprechenden Vergrößerungen (zwischen 5-fach und 1000-fach) des Teilungsbildes werden an diese sehr hohen Anforderungen hinsichtlich der Oberflächensauberkeit sowie an die Genauigkeit der Teilung gestellt. Typische Strichbreiten für diese konventionellen Teilungsverfahren liegen in etwa bei 0,002 mm mit ca. 100 aufgetragenen Strichen pro Millimeter.

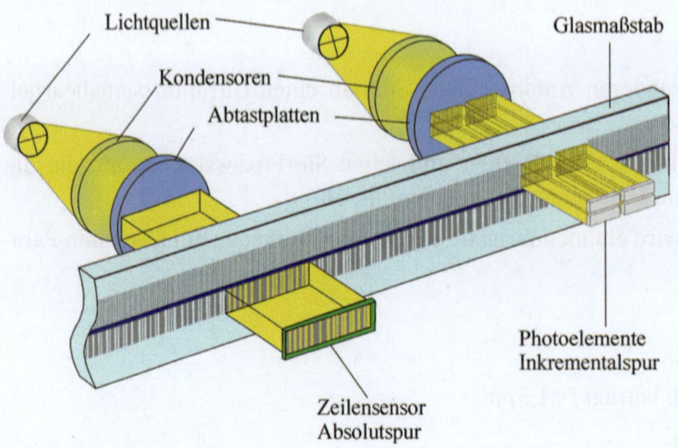

Bild 7.235
Positionsmessung mit Glasmaßstab
/Kief2005/

Durch die Entwicklung der Halbleitertechnik und angetrieben durch das Mooresche Gesetz wurde eine Vielzahl von neuen Strukturierungsverfahren entwickelt mit dem Ziel, die Strukturbreiten auf Mikrochips immer weiter zu verkleinern. Gegenwärtig liegt man bei Strukturbreiten um die 100 nm und möchte diese in den kommenden 10 Jahren auf 35 nm weiter reduzieren. Auch in der Optikfertigung kommen lithografische Prozesse zum Strukturieren von Mikrostrukturen zum Einsatz. So werden optische Gitter heute sehr häufig mit holografischen Verfahren hergestellt. Diese Gitterstrukturen werden mithilfe von Interferenzstrukturen in Fotoresistschichten erzeugt. Vorteile der holografischen Gitterfertigung, gegenüber den mechanischen Teilungsverfahren, liegen insbesondere in der kürzeren Herstellungszeit und einer höheren Linienanzahl (typisch 1300 – 2600 Linien pro mm).

Oftmals werden auch sägezahnförmige Furchenprofile (Blazegitter) benötigt. Der Werkstoff Glas besitzt als Teilungsträger sehr gute Eigenschaften und kann sowohl im Auflicht als auch im Durchlicht eingesetzt werden. Für die Strukturierung des Glasträgers lassen sich generell vier verschiedene Verfahrensprinzipien nach Tabelle 7.73 unterscheiden.

Tabelle 7.73 Verfahrensprinzipien des Strukturierens optischer Oberflächen

Verfahren	Anwendung	Beispiele
Gravieren (Abtragen)	Mechanisch, Ultraschall, Laserabtrag (direkt im Glassubstrat)	Firmenlogos, Produktnummer, Teilungen, Gitter
Fotolithografisches Strukturieren	Belichten und Ätzen (über einen Fotolack)	Gitter, FRESNEL-Strukturen
Strukturieren aufgetragener Metall- und Lackschichten	Mechanisch, Laserstrukturieren (metallische Schicht)	Masken
Partieller Schichtauftrag	Lackieren, Laserbeschriften (Kunststoffschicht oder keramische Schicht) Siebdruck und Einbrennen der erzeugten Struktur	Strichcodeplatten, Maßstäbe, Eichmarken,

7.8.1 Abtragen

Beim Gravieren bzw. Abtragen werden ebenfalls unterschiedliche Varianten genutzt. Das rein mechanische Gravieren überträgt das Teilungsbild bzw. die Struktur mit einem Stichel oder einer Diamantspitze direkt in das Glas. Dabei wird die polierte Oberfläche der Glasplatte zerstört. Durch sehr kleine Anpressdrücke und sehr spitzförmige Werkzeuge erreicht man eine Strichführung mit geringer Splitterführung. Nachteilig ist die unvermeidliche Randzonenschädigung.

Das mechanische Gravieren lässt sich sehr gut automatisieren. In der Vergangenheit waren die Gitterteilmaschinen lange Zeit die wirtschaftlichste Form, Gitterstrukturen herzustellen. Im Bereich der Kunststoffoptik wird das mechanische Gravieren beispielsweise zur Kennzeichnung von Kontaktlinsen angewandt. Für das direkte Abtragen an Glasoberflächen haben sich in den letzten Jahren auch die unterschiedlichen Laserstrahlverfahren etabliert (Bild 7.236). Sowohl mit dem Maskenverfahren als auch mit dem Strahlablenkverfahren können Strukturen schnell und flexibel in Glasoberflächen graviert bzw. strukturiert werden. Vorzugsweise werden die Laser des UV-Bereiches und die Kurzpulslaser eingesetzt (Bild 7.236 links). Der Grund dafür ist die sehr gute Absorption dieser Laserwellenlängen im Glasvolumen bzw. die schonende Materialwechselwirkung. Für Quarzglas kann auch der CO_2-Laser sehr vorteilhaft eingesetzt werden (siehe Bild 7.236 rechts).

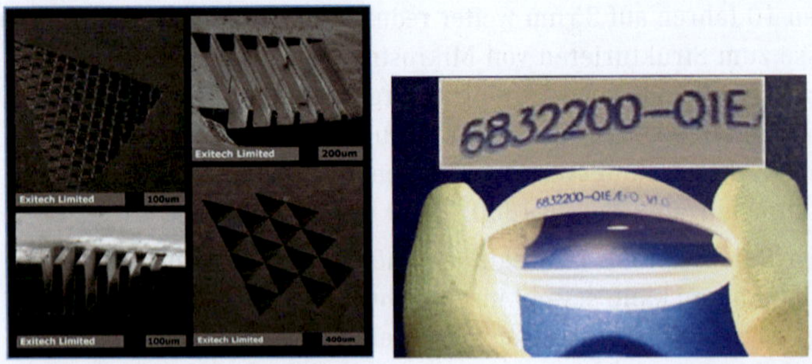

Bild 7.236
Anwendungsbeispiele für das direkte Glasstrukturieren mittels Laserstrahlung: links) Strukturierungen mit Kurzpulslaserstrahlung */Exit2003/*, Lasergravur mit Strahlablenksystem und CO_2-Laser

Das Strukturieren mittels Laserstrahlung ermöglicht auch die Herstellung von Mikrolinsen. Dabei wird die sehr gute Fokussierbarkeit des Laserstrahles genutzt, um kleinste Strukturelemente im Glas zu erzeugen. Dadurch wird die Herstellung von Mikrolinsenarrays in anorganische Glasvolumina auf $1 \times 1\ mm^2$ möglich.

Ein sehr interessantes Verfahren zum definierten Formabtragen von anorganischen Gläsern und Kristallen bietet die Bearbeitung mit **Ultrakurzpulslaserstrahlung (UKP-Laserstrahlung)**. Zu den ultrakurzen Impulsen werden Pulsfolgen mit Impulslängen < 10 ps gezählt. Wechselwirken solche kurzen Impulse mit dem Material, dann treten noch keine thermischen Effekte auf. Die Laserstrahlung führt lediglich zur Absorption (Multi-Photonen-Absorption) der Laserimpulse durch freie Elektronen (siehe Bild 7.237). Dadurch kann, im Vergleich zu längeren Impulsen oder dem kontinuierlichen Betrieb, eine sehr schonende Bearbeitung von anorganischen Gläsern und Kristallen erfolgen.

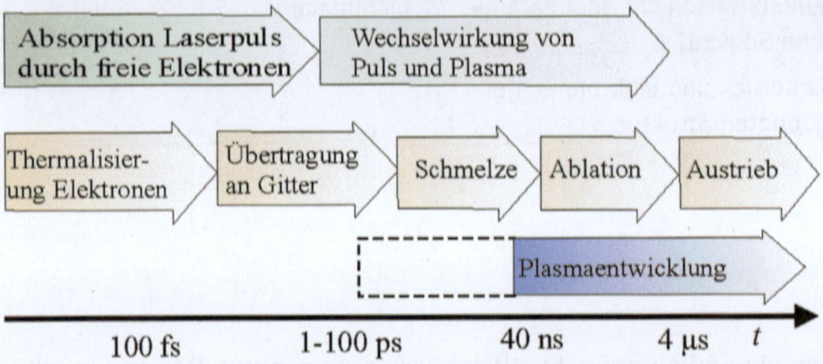

Bild 7.237
Wechselwirkungsprozesse mit ultrakurzen Laserimpulsen */Brün2010/*

Neben den Verfahren Abtragen und Bohren kann die UKP-Laserstrahlung auch für den direkten Formabtrag eingesetzt werden. Gelingt es, den Abtrag partiell zu steuern und über eine Fläche nachzuführen, dann lassen sich nahezu beliebige optische Formen erzeugen. In */Schi2019/* wurden für den Formabtrag mit UKP-Laserstrahlung zwei Methoden diskutiert (Bild 7.238), die beide einen dynamischen Galvanometerscanner verwenden. Das Verfahren des schichtweisen Abtrages (Bild links) basiert auf der Bereitstellung von Flächeninformationen, die Ebene für Ebene abgearbeitet werden, wobei die Z-Position schrittweise verringert wird. Dadurch ergibt sich an der Funktionsfläche ein Treppenstufeneffekt, der in den nachgelagerten Prozessschritten des Polierens beseitigt werden muss. Zwar kann die Z-Nachführung sehr klein gewählt werden (im Bereich von 1 – 5 µm), jedoch erfordert diese Einstellung sehr lange Prozesszeiten für den Formabtrag. Das Verfahren des weg-zeit-gesteuerten Materialabtrages (Bild rechts) erzeugt einen Formabtrag, der dreidimensional (ohne schrittweise Z-Nachführung) erfolgt. Der Scanner generiert einen Footprint durch die oszillierende Bewegung der beiden Scannerachsen (in Bild 7.238 rechts durch eine zirkulare Bewegung dargestellt). Dieser **Footprint** wird entsprechend der zu erzeugenden Form über die Bauteiloberfläche geführt. Die Bauteilbewegung entsteht in diesem kinematischen Grundprinzip durch eine X-Y-Tischbewegung. Im Falle von zwei zusätzlichen

Schwenkachsen kann ein „echter" dreidimensionaler Formabtrag umgesetzt werden. Die entsprechende Fokusnachführung ergibt sich durch eine dynamische Strahlachse des Scanners in Z-Richtung.

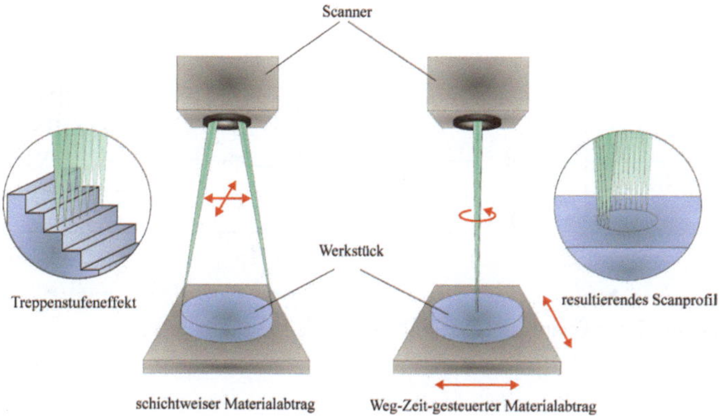

Bild 7.238
Laserstrahlformabtragen an anorganischen Gläsern und Kristallen */Schi2019/*: links) schichtweiser Materialabtrag, rechts) weg-zeit-gesteuerter Materialabtrag

Für den **Formabtrag** an anorganischen Gläsern ist die Ermittlung folgender Zielgrößen wichtig:

1. erzielbare Abtragsraten,
2. erreichbare Formtoleranz (PV) und Oberflächenqualität (RMS),
3. Tiefe der rissgeschädigten Zonen.

In */Schi2019/* wurden diese Zielgrößen umfangreich für Quarzglas (SiO_2) und Schwerflintglas (SF6) mit fs- und ps-Laserimpulsen experimentell untersucht (Bild 7.239).

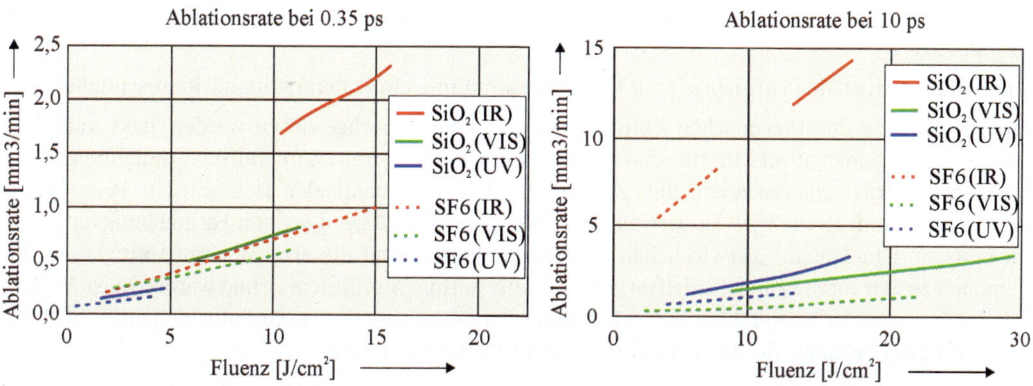

Bild 7.239 Ausgewählte Abtragsraten für Quarzglas und SF6: links) Abtrag mit fs-Laserimpulsen, rechts) Abtrag mit ps-Laserimpulsen

Die **Abtragsraten** in Bild 7.240 können mit steigender Fluenz für beide Impulslängen nahezu linear gesteigert werden. Erwartungsgemäß ist die Abtragsrate im Vergleich zu der VIS- und UV-Wellenlänge für die IR-Wellenlänge größer. Zudem kann für das Quarzglas eine deutliche höhere Abtragsrate im IR erzielt werden. Maximale Abtragsraten von $15\,mm^3 \cdot min^{-1}$ konnten nachgewiesen werden. Prinzipiell kann die Abtragsrate unter Verwendung höherer Fluenzen noch deutlich gesteigert werden, jedoch führt dies zu größeren rissgeschädigten Zonen und der Prozess ist nicht mehr durch ein athermisches Prozessregime geprägt. Mit zunehmender Fluenz steigen ebenfalls die RMS-Werte für die Oberflächenrauheit. Bild 7.240 veranschaulicht diesen Zusammenhang für die fs- und ps- Laserimpulse.

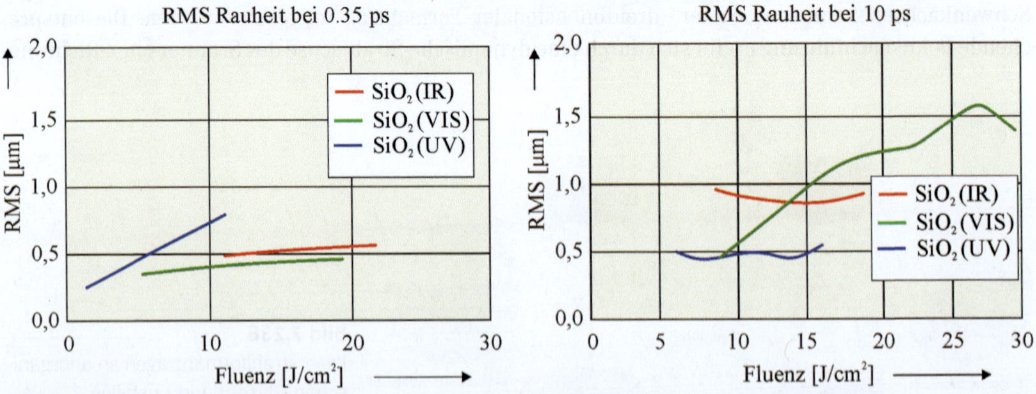

Bild 7.240 Erreichbare Oberflächenrauheiten R_q für Quarzglas: links) Abtrag mit fs-Laserimpulsen, rechts) Abtrag mit ps-Laserimpulsen

Des Weiteren können mit dem Einsatz von fs-Laserimpulsen prinzipiell kleinere Werte für R_q erzielt werden.

Ein Kompromiss zwischen möglichst hoher Abtragsleistung und niedrigen Rauheitswerten kann durch eine kombinierte Bearbeitung gefunden werden. Die Formgebung wird zunächst mit einem ps-Regime erzielt, während die abschließende rauheitsoptimierte Formgebung durch einen fs-Laserprozess erfolgt.

Die erzielbaren Oberflächenrauheiten sind aber noch nicht ausreichend klein, um optisch transparente Oberflächen herzustellen. Es wurde nachgewiesen, dass sich nach einer bestimmten Schichtanzahl des Abtrages eine sogenannte Sättigungsrauheit einstellt. Das heißt, dass sich unabhängig von der Ausgangsrauheit und den gewählten Prozessparametern ein Minimum des RMS-Wertes einstellt */Schi2019/*.

Somit muss sich an den Formabtrag mit UKP-Laserstrahlung ein Polierarbeitsschritt anschließen.

Im Gegensatz zu den thermischen Abtragsprozessen konnte nachgewiesen werden, dass unter der Voraussetzung einer quasi athermischen Prozessführung der erreichbare optische Gangunterschied $< 5\,\mathrm{nm \cdot cm^{-1}}$ beträgt. Die rissgeschädigte Zone konnte mit einer maximalen Tiefe von 10 – 15 µm ermittelt werden. Somit ist die UKP-Laserstrahlbearbeitung prinzipiell geeignet, um Formgebungsprozesse für optische Bauelemente verwirklichen zu können. Jedoch sind die erreichbaren Abtragsraten im Vergleich zu den vorgestellten Schleifverfahren relativ gering. Aus diesem Grund werden diese Verfahren zunächst in der Anwendung auf sehr kleine Bauteilgeometrien beschränkt bleiben. Bild 7.241 illustriert zwei Beispiele für den Formabtrag mit UKP-Laserstrahlung.

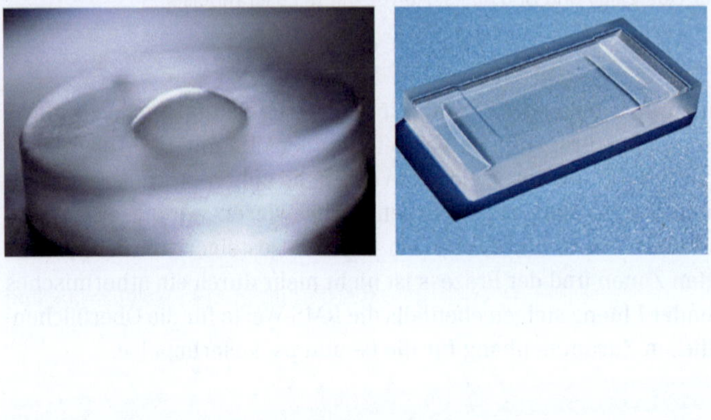

Bild 7.241 Beispiele für den Formabtrag mit ultrakurzen Laserimpulsen */Schi2019/*: links) Demonstrator für eine Mikroasphäre, rechts) konkave Zylinderfläche

Die zylindrische konkave Fläche aus Bild 7.241 rechts weist eine Abmessung von $0{,}5 \times 15 \times 25\,mm^3$ (Höhe × Breite × Länge) mit einem Radius von 56,5 mm auf. Diese Form konnte durch einen schichtweisen Materialabtrag mit 300 Schichten erreicht werden. Die Abweichung von der Sollform beträgt 4 µm (PV), der optische Gangunterschied wurde mit $< 7{,}5\,nm \cdot cm^{-1}$ bestimmt. Im Anschluss erfolgte mit dem in Abschnitt 7.5 vorgestellten Laserstrahlpolieren eine Glättung der Funktionsfläche auf < 1 nm (RMS). Somit konnte die optische Funktionsfläche ausschließlich strahlbasiert erzeugt werden.

Obwohl die maximal sinnvollen geometrischen Bauelementegrößen des Formabtrages mit UKP-Laserstrahlung derzeit noch begrenzt sind, bietet das Verfahren dennoch einige Vorteile, die es für zukünftige Anwendungen interessant werden lässt:

- berührungslose Bearbeitung mit variablen und kleinen Footprints (minimal 10 µm),
- hohe Bauteilzugänglichkeit und Möglichkeiten zur Miniaturisierung,
- gleichbleibender Footprint, ohne Werkzeugverschleiß,
- flexible und hohe Geometrievielfalt,
- trockene Bearbeitung.

Erwähnt seien darüber hinaus auch die Sandstrahl- und Wasserstrahlverfahren, die ebenfalls Strukturen direkt in Glasoberflächen erzeugen können, z. B. für Diffuserplatten, Halbwertswinkel auf Glasflächen oder Justiermarken.

7.8.2 Fotolithografisches Strukturieren

Die Strukturierungsanwendungen innerhalb des Lithografieprozesses unterteilt man in **binäre Funktionselemente** und **Grauwertstrukturen**. Die Strukturierung binärer Elemente (z. B. Beugungsgitter) erfolgt durch den Einsatz von strukturierten Masken im Belichtungsprozess. Diese Masken bestehen sowohl aus lichtdurchlässigen als auch aus lichtundurchlässigen Bereichen und erzeugen ein einfaches Stufenprofil mit steilen Strukturflanken. Grauwertstrukturen (z. B. diffraktive FRESNEL-Linsen), gekennzeichnet durch stark aufgelöste, kontinuierliche Oberflächenprofile, können ebenfalls durch spezielle Masken erzeugt werden. Beispielsweise erreicht man die gewünschte Verteilung der Lichtintensität während der Belichtung durch die unterschiedliche Anordnung extrem feiner Öffnungen in der Maske. In einem Belichtungsschritt können auf diese Weise Reliefstrukturen mit kontinuierlichen Übergängen erzeugt werden. Eine maskenfreie Alternative sowohl für die Erzeugung von binären Strukturen als auch für die Herstellung von Grauwertelementen stellt das **Laserdirektschreiben** dar. Diese Strukturierungsmethode erlaubt die ständige und schnelle Variation der zu erzeugenden Elemente, weil die Strukturen computertechnisch generiert werden und zuvor keine Masken hergestellt werden müssen. Von Nachteil sind dagegen die längeren Schreibzeiten, die das direkte Schreiben jedes Strukturdetails erforderlich macht */Fehl2002/*.

Der mikrolithografische Technologieprozess kann nach dem Schema aus Bild 7.242 dargestellt werden. Das Prinzip besteht in der Erzeugung der gewünschten Struktur zunächst in einer dünnen Lackschicht (**Resist**) auf dem Substrat. Durch gezielte Bestrahlung definierter Substratbereiche mit Licht oder Teilchenstrahlung ändert sich die Löslichkeit des Lackes. Beim anschließenden Entwicklungsprozess werden die so selektierten Bereiche dann vom Lack freigelegt. Nach der Strukturätzung kann der Fotolack vom Substrat entfernt werden.

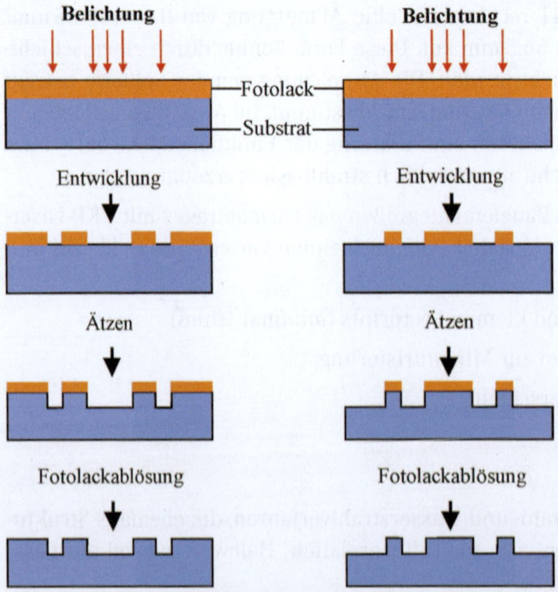

Bild 7.242
Prinzipdarstellung des Lithografieprozesses */Köhl2001/*: links) Strukturerzeugung Positivlack, rechts) Strukturerzeugung Negativlack

Verwendete Substrate sind Trägermaterialien aus Quarzglas, Borofloatglas oder Silizium, auf denen die Lackstrukturierung im Verlauf des Lithografieprozesses erfolgt. Weitgehend durchgesetzt hat sich das Arbeiten auf ebenen Flächen. Die Lackschichten können aber auch auf gekrümmte Träger, wie beispielsweise Linsen oder Fasern, aufgebracht werden.

Die Auswahl eines geeigneten **Fotolackes** ist wichtig und sollte unter folgenden Gesichtspunkten erfolgen:

- der Lack muss empfindlich gegenüber der im Prozess eingesetzten Strahlung sein, das heißt in den belichteten Bereichen muss sich der Lack chemisch verändern, ohne dass es in den nicht eingebrachten Bereichen gleichfalls zu einer chemischen Reaktion kommt,
- der Lack muss sich für diese lokale chemische Veränderung zur Entwicklung eines Reliefs durch Abtrag in einem geeigneten Medium nutzen lassen,
- er muss für die nach dem partiellen Abtrag vorliegenden Bereiche eine Schutzfunktion in den nachfolgenden Prozessschritten erfüllen */Köhl2001/*.

Für binäre Strukturen der Halbleitertechnik ist die Entwicklung neuer Fotolacke mit höherer Empfindlichkeit bei gleichzeitig höherem Kontrast eine zentrale Aufgabenstellung. Hohe Empfindlichkeit bedeutet, dass es schon bei geringen Energiedichten zu den notwendigen chemischen Veränderungen in der Lackschicht kommt. Dadurch verringern sich die erforderlichen Belichtungszeiten, und in der Fertigung werden somit hohe Durchsatzraten erzielt. Ein hoher Kontrast liegt vor, wenn sich innerhalb eines kleinen Intervalls der eingebrachten Energiedichte die Löslichkeit sehr stark ändert (Bild 7.243). Auf diese Weise können steile Kanten erzeugt werden. Bei der Belichtung kontinuierlicher Oberflächenprofile ist ein geringer Kontrast des Fotolackes erwünscht. Die Empfindlichkeit des Lackes spielt dabei keine wesentliche Rolle, da die verfügbaren Energiedichten oberhalb der notwendigen Energiedichten liegen und die Belichtungszeit durch maschineninterne Parameter (z. B. Tisch-Verfahrgeschwindigkeit) bestimmt wird. Der Lackauftrag geschieht in der Regel über **Spincoating**- oder **Spraycoating-Verfahren** (siehe Kapitel 8).

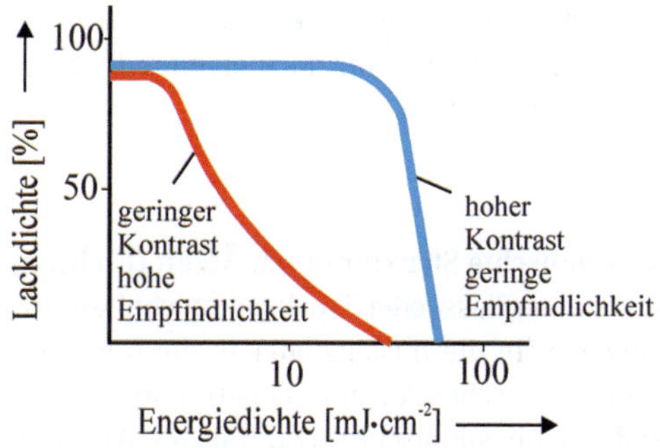

Bild 7.243
Kontrastkurven verschiedener Positivlacke nach */Köhl2001/*

Als Belichtungsquellen verwendet man unterschiedliche Systeme, die prinzipiell zwei Gruppen zugeordnet werden können. Sehr häufig kommen direktschreibende Laserbelichter und DUV (Deep Ultra Violet)-Interferenzbelichter mit gepulster Laserstrahlung zum Einsatz. Bei dem erstgenannten Verfahren werden die computergenerierten Mikrostrukturen mit dem fokussierten Laserstrahl direkt in die Fotolackschichten belichtet. Während der Belichtung wird der Substrattisch entsprechend der Computerdaten unter dem Laserstrahl bewegt und die zu erzeugenden Strukturen im Raster-Scan-Verfahren seriell abgearbeitet.

Bei dem Interferenzbelichtungsverfahren wird der Laserstrahl an einer Phasenmaske in Teilbündel aufgespaltet. Die an der Phasenmaske entstehenden Teilstrahlen (positive und negative erste Beugungsordnung) treffen auf drehbar gelagerte Spiegel und überlagern sich kohärent unter einem Winkel 2θ auf der Probenoberfläche. Die Blende 2 verhindert, dass auch der an der Phasenmaske ungebeugt transmittierte Strahlungsanteil zur Belichtung der Probe beitragen kann. Der Strahlverlauf in der als Talbot-Interferometer bezeichneten Anordnung ist in Bild 7.244 dargestellt */Jaue2007/*.

Gitterperiode:

$$\Lambda = \frac{\lambda_{UV}}{2 \sin \Theta_0} \tag{7.36}$$

λ_{UV} Belichtungswellenlänge, Θ Auftreffwinkel auf die Probe des Teilstrahles

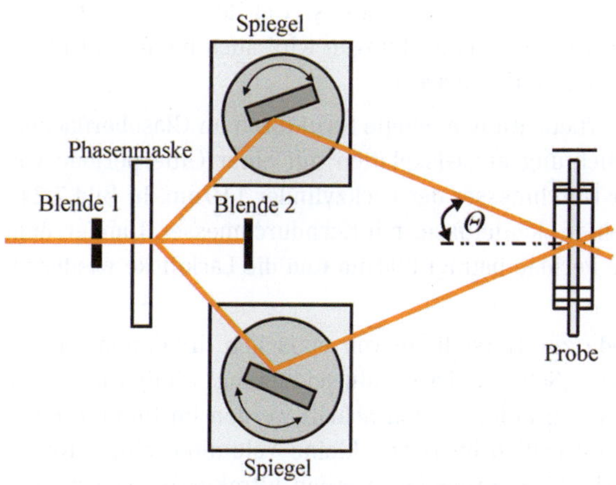

Bild 7.244
Strahlverlauf des Interferenzbelichters */Jaue2006/*

Nach dem Belichtungsschritt erfolgt im Allgemeinen die Entwicklung des Fotolackes. Um eine bessere chemische Resistenz oder gewisse mechanische Eigenschaften des Lackes für nachfolgende Prozessschritte zu gewährleisten, kann ein Temperprozess angeschlossen werden.

Ätzen

Das vorliegende Belichtungsmuster wird benutzt, um die gewünschte Struktur durch **Ätzen (Etching)** in das darunter befindliche Substrat zu übertragen. Dazu kommen Nass- oder Trockenätztechniken zur Anwendung. Hierbei wird das abzutragende Material entweder in die flüssige oder in die Gasphase überführt. Die Trockenätzprozesse unterscheidet man in physikalisches Ätzen (Ionenstrahlätzen) und chemisches Ätzen (reaktives Ionenstrahlätzen). Während der physikalische Ätzabtrag im Wesentlichen anisotrop abläuft, führt das chemische Ätzen zu einem isotropen Abtrag. In der Regel liegt eine Mischung aus beiden Ätzregimen vor. Unabhängig davon, welches Verfahren zum Einsatz kommt, schützt die Lackmaske das Substrat an den abgedeckten Flächen gegen einen Abtrag, wobei sie selbst während des Prozesses teilweise abgetragen wird.

In den meisten anorganischen Säuren sind optische Gläser unlöslich. Eine Ausnahme bilden Flusssäure (HF), Phosphorsäure (H_3PO_4) und Schwefelsäure (H_2SO_4). Die vereinfachten Reaktionsgleichungen beschreiben die entsprechenden Reaktionsprodukte.

$$SiO_2 + 4\,HF \rightarrow SiF_4 + 2\,H_2O \tag{7.37}$$

$$Na_2O + H_2SO_4 \rightarrow Na_2SO_4 + H_2O \tag{7.38}$$

Die Reaktionsprodukte sind zum Teil wasserlöslich oder reagieren untereinander. Kalzium- und Magnesiumfluorid reagieren mit dem Siliziumtetrafluorid.

$$SiF_4 + CaF_2 \rightarrow CaSiF_6 \tag{7.39}$$

$$SiF_4 + MgF_2 \rightarrow MgSiF_6 \tag{7.40}$$

Die unlöslichen bzw. nur begrenzt löslichen Salze setzen sich an der Glasoberfläche ab. Somit verhindern sie eine gleichmäßige Ätzwirkung der Säure am Glas. Eine Bewegung im Bad kann die Salze von der Oberfläche ablösen. Die genaue Zusammensetzung des Ätzbades ist von der Glasart und den gewünschten Wirkungen abhängig. Beim Ätzen von Präzisionsteilungen wird auch häufig mit Flusssäuredampf gearbeitet. Damit erzielt man eine bessere Konturtreue.

Exemplarisch zeigt Bild 7.245 einige durch Laserbelichtung erzeugte Strukturen an Glasoberflächen. Bild 7.245 Mitte illustriert eine gekreuzte Belichtung auf Glasplatten mit einer Gitterperiode von 280 nm. Die Lackdicke beträgt 300 nm und der Durchmesser der Lackzylinder 110 nm. In Bild 7.245 rechts ist eine Strukturierung der Stirnfläche einer Lichtleitfaser mit Kerndurchmesser 3 µm, erzeugt durch einen Interferenzbelichter, zu sehen. Die Periode beträgt 800 nm und die Lackdicke wiederum 300 nm.

Eine weitere interessante Formgebungsmethode zur Herstellung von optischen dreidimensionalen Strukturen und Formkörpern bietet das Verfahren „Selective Laserinduced Etching" (SLE). Dieser Prozess erfordert zwei getrennte Verfahrensschritte. In einem ersten Schritt werden im Inneren eines Halbzeuges durch einen fokussierten Laserstrahl örtlich begrenzte kleine Volumina (einige Kubikmikrometer) strukturell verändert. Um Mikrorisse zu vermeiden, werden ultrakurze Laserimpulse verwendet. Durch die gezielte Strahlführung des Laserstrahles können somit dreidimensionale Formen im Inneren des Glasbauteils modifiziert werden. Diese Laserstrahlmodifikation stellt die Voraussetzung für den zweiten Verfahrensschritt dar. In einer KOH- oder HF-wässrigen Lösung werden in einem chemischen Ätzprozess die strukturierten Bereiche entfernt. Die durch den Laserstrahl zuvor umgewandelten Bereiche können um einen Faktor 500 und größer (materialabhängig) schneller geätzt werden als das Ausgangsmaterial */RWTH2021/*, */Ligh2021/*.

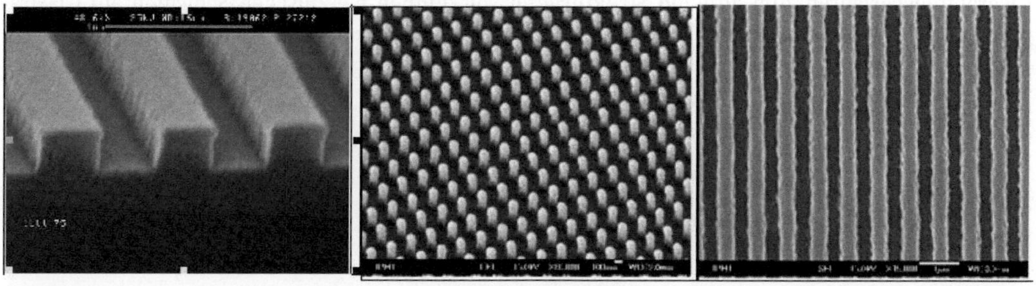

Bild 7.245 Strukturierungsbeispiele für fotolithografische Prozesse */Jaue2006/*: links) Gitter mit Linienbreiten von 400 nm, Mitte) gekreuzte Belichtung auf Glasplatte, rechts) Strukturierung einer Lichtleitfaser

Die freigelegten Oberflächen und Bauelemente weisen nach dem Ätzprozess die typischen Oberflächenrauheiten eines nasschemischen Prozesses auf und müssen anschließend durch Polierschritte weiterbearbeitet werden. Bild 7.246 zeigt beispielhaft Bauteilgeometrien aus Quarzglas, die mit dem SLE-Verfahren hergestellt wurden */UKPf2020/*.

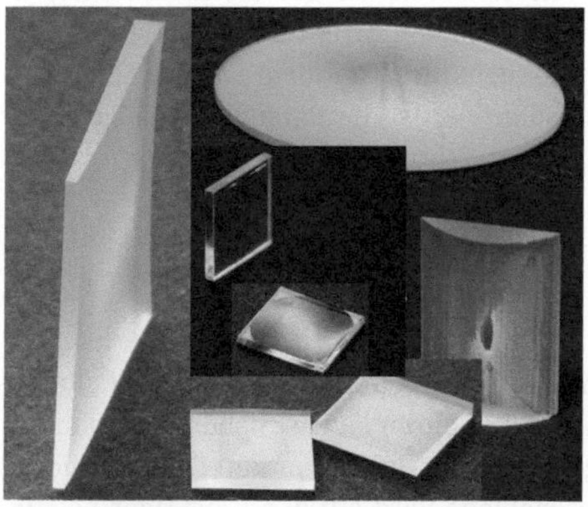

Bild 7.246
Demonstratoren aus Quarzglas hergestellt mit dem SLE-Verfahren */UKPf2020/*

7.8.3 Strukturieren aufgetragener Metall- und Lackschichten

Bei diesen Verfahren werden in einem ersten Schritt metallische Schichten oder Lackschichten auf die Glasoberfläche aufgetragen. In einem zweiten Schritt werden Strukturen durch partielles Abtragen der Schichten erzeugt. Im Strahlengang erscheinen die Teilungsbilder als helle Lichtmarken. Zum Abtragen eignen sich mechanische Verfahren und spezielle Laserverfahren. Als Schichten werden vorwiegend Chrom- oder Aluminium aufgedampft oder Schwarzlackschichten aufgespritzt. In der Anwendung des Schwarzlackverfahrens werden Strukturen nach dem Trocknungsprozess des Lackes mechanisch ausradiert und Lackreste anschließend entfernt. Die abgetragenen Lackschichtbereiche werden darauffolgend mit einer metallischen Schicht bedampft. In einem letzten Prozessschritt wird die Lackschicht mit Aceton oder Spiritus entfernt. Das Know-how liegt in der Herstellung eines „radierfreundlichen“ Lackes. Er muss ausreichende Festigkeit besitzen bei gleichzeitigem guten elastischen Verhalten. Davon hängt maßgeblich der erreichbare Kontrast ab. Die **Teilungsbilder** erscheinen somit im Strahlengang dunkel. Diese Verfahren erzeugen Strichbreiten zwischen 0,001 mm und 0,1 mm. Sie werden vorwiegend zur Herstellung von Blenden und Figuren eingesetzt. Etabliert haben sich auch Laserabtragsverfahren zum direkten Strukturieren von dünnen metallischen Schichten auf Glasträgern. In Bild 7.247 sind zwei Beispiele für das Laserabtragsverfahren exemplarisch dargestellt.

Bild 7.247 Erzeugen von Strukturen an beschichteten Glasoberflächen mittels Laserstrahlung: links) laserstrukturierte Mikrolinse (rechts belackt; links abgetragen), rechts) direkter Laserabtrag an einer Aluminiumoberfläche auf Glassubstrat

Die linke Darstellung aus Bild 7.247 zeigt eine abgetragene Schwarzlackstruktur auf einer konvexen Linsenoberfläche. In Bild 7.247 rechts erfolgte ein direkter Abtrag einer aufgedampften Schicht zur Erzeugung eines Figurelementes.

Strukturierte Glasplatten kommen auch zur Abbildung von Teilbereichen des Sternenhimmels in Großraumplanetarien zum Einsatz. In der Vergangenheit wurden diese Strukturen von Hand in die chromatierten Glasplatten „gestochen“. Aktuell werden diese Strukturen mit dem Laserstrahlverfahren erzeugt. Je kleiner die Strukturen herstellbar sind, umso größer ist die Darstellungsmöglichkeit von sehr kleinen Himmelskörpern.

7.8.4 Partieller Schichtauftrag

Für den partiellen Schichtauftrag kommen unterschiedliche Drucktechnologien, z. B. Siebdruck, Rakeldruck oder die 3D-Printtechnik zum Einsatz. Das bekannteste Verfahren ist das Siebdruckverfahren. Ein aus Gaze bestehendes Sieb wird auf einen Rahmen gespannt. Die bildfreien Bereiche des Siebes werden mit einem Lack abgedeckt. Die entstandene Siebschablone wird auf den Glasträger positioniert. Die Druckfarbe wird nun auf das Sieb aufgetragen und mit einem Rakel gleichmäßig über die Schablone gezogen. Bild 7.248 veranschaulicht das Verfahrensprinzip. Wesentlich flexibler kann bei kleinen Stückzahlen das direkte Printverfahren (ähnlich dem Tintenstrahldrucker) eingesetzt werden. In Verbindung mit einer präzisen Positionierung des Druckkopfes sind gute Qualitäten erreichbar. Diese Technik wird hauptsächlich zur Produktkennzeichnung eingesetzt.

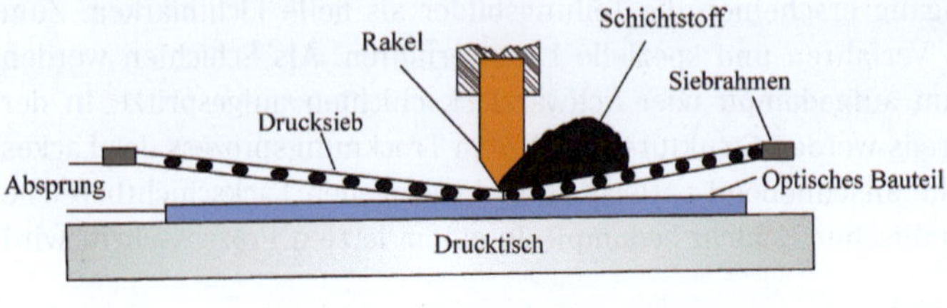

Bild 7.248
Prinzip des Siebdruckes

Eine weitere sehr flexible Verfahrenstechnologie ist das indirekte Glasbeschriftungsverfahren. Diese Technologie ermöglicht das sehr schnelle Beschriften von Glasbauteilen mit artgleichen Zusatzwerkstoffen. Das Verfahren beruht auf einer indirekten, berührungslosen Markierung mit Festkörperlaserstrahlung unter Einsatz einer Pigmentfolie. Das zu markierende und für die verwendete Laserstrahlung transparente Glas wird in einem definierten Abstand zur Pigmentfolie positioniert, so dass die Laserstrahlung das zu beschriftende Glas durchstrahlt und in der Folie absorbiert wird (Bild 7.249 links). Dadurch kommt es zu einer Ablation von Pigmentpartikel, die aus der Folie gelöst werden und sich aufgrund ihrer hohen kinetischen Energie in Richtung der Glasunterseite bewegen. Dort gehen sie mit der Glasstruktur eine feste Verbindung ein.

Ein weiteres wichtiges Verfahrensmerkmal ist der Einsatz von geeigneten Pigmentfolien, die eine dauerhafte und kontrastreiche Beschriftung ermöglichen. Somit ist einerseits eine farbliche Markierung realisierbar, und andererseits können Stresszustände im Grundwerkstoff mit diesem Laserstrahlverfahren sehr gering gehalten werden */Müll2006/*.

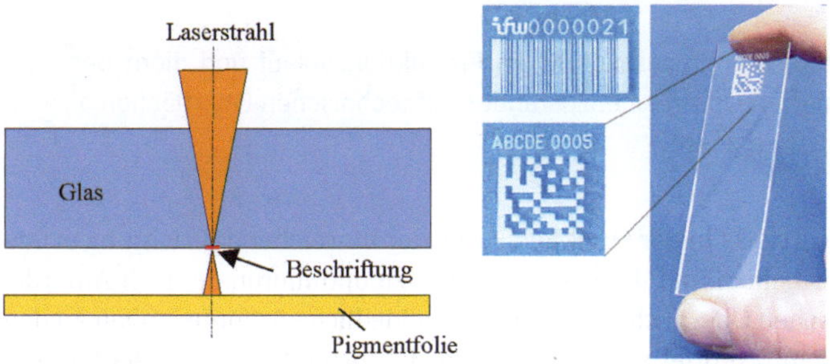

Bild 7.249
Strukturierung durch indirektes Laserstrahlstrukturieren */Blie2013/*: links) Verfahrensprinzip, rechts) indirekte Glasmarkierung von Objektträgern mit Scanverfahren

Das Beispiel aus Bild 7.249 rechts illustriert exemplarisch ausgewählte Anwendungen. Ein wesentlicher Vorteil besteht auch in der freien Programmierbarkeit der Laserstrahlbearbeitung, so dass für Objektträgergläser individuelle Barcodenummern strukturiert werden können. Das in Analogie verwendete Strahlablenkverfahren kann sehr flexibel in kleinen bis mittleren Losgrößen Strukturelemente, individuelle Figuren und Teilungsbilder auch mehrfarbig auf Glasoberflächen „**stressfrei**“ erzeugen.

7.8.5 Übungsaufgaben

1. Erstellen Sie eine Übersicht, welche Strukturierungsverfahren zur Bearbeitung von optischen Funktionsflächen und Bauteilen eingesetzt werden können.
2. Welche Parameter und Prozessgrößen bestimmen die Auflösungsgrenzen von Verfahren zur Strukturierung? Erläutern Sie diese anhand eines gewählten Verfahrens.
3. Welche Gitterperiode kann prinzipiell bei der Anordnung eines Talbot-Interferometers erzielt werden, wenn die Belichtungswellenlänge mit 343 nm ausgewählt wird und der Ablenkwinkel 38° beträgt?
4. Welche Laserstrahlparameter führen zur Erhöhung der Abtragsrate beim Formabtrag? Warum kann die Abtragsrate nur bis zu einem Grenzwert gesteigert werden?

Weitere Informationen zu Abschnitt 7.8 sind auf plus.hanser-fachbuch.de hinterlegt.

7.9 Reinigen

Im Anschluss an die verschiedenen Fertigungsverfahren müssen sowohl die optischen Bauelemente als auch Werkzeuge und Vorrichtungen gereinigt werden, um anhaftende Rückstände wie Pech, Kitt, Gips, Schleif- und Poliermittel zu entfernen. Reinigen findet sowohl als zwischengelagerter Schritt im gesamten Herstellungsprozess optischer Bauelemente statt, um die hohen Sauberkeitsanforderungen dieser zu gewährleisten, als auch als Endreinigungsschritt in der Montage. Sehr hohe Sauberkeitsanforderungen werden beispielsweise vor und während des Polierprozesses gestellt, um die Polierfehler (siehe Abschnitt 7.5) zu minieren. Von großer Bedeutung sind ebenfalls die Reinigungsschritte vor dem Beschichtungsprozess, um die Schichtqualität nicht zu beeinträchtigen (Kapitel 8). Darüber hinaus müssen aber auch viele Optiken über ihren Lebensdauerzyklus wiederholend, meist durch den Anwendenden selbst, gereinigt werden.

Nach DIN ISO 8580 gehört das Reinigen zu den trennenden Verfahren.

> Reinigen ist ein sich wiederholender Prozessschritt im Produktionsablauf und dient dem gezielten Schaffen eines definierten Oberflächenzustandes auf technischen Oberflächen als Voraussetzung für alle folgenden Prozesse.

Das Reinigen ist ein essenzieller Hilfsprozess in der Optikfertigung, der hinreichend Beachtung erfahren muss, um Fertigungsfehler zu vermeiden und die Fertigungszeit zu optimieren. Je nach Anforderung an den Reinheitsgrad einer optischen Oberfläche werden unterschiedliche Anforderungen an den Reinigungsprozess gestellt. Ein Reinigungsmittel sollte prinzipiell die folgenden Eigenschaften aufweisen:

- schnelle und rückstandlose Entfernung von Oberflächenverunreinigungen,
- Entfernung unterschiedlichster Verunreinigungen,
- keine Schädigung des optischen Bauteils,
- keine Beeinflussung nachträglicher Prozesse (Beschichten, Feinkitten usw.),
- gut spülbar bzw. wasserlöslich,
- Vermeidung von Glaskorrosion,
- möglichst biologisch abbaubar.

Die vorstehend genannten Anforderungen machen deutlich, dass all diese Eigenschaften ein einzelnes Reinigungsmittel nicht aufweisen kann. In Abhängigkeit des Glaswerkstoffes, der Verschmutzungsart und des Qualitätsanspruches müssen unterschiedliche Reinigungsmittel und -verfahren Anwendung finden. I. d. R. ist das Reinigen ein mehrstufiger Prozess.

Die Reinigung erfolgt meistens manuell oder in Ultraschallbädern. Weitere mögliche Reinigungsverfahren sind das Reinigen mit entionisierter Luft, das Strahlreinigen und das Ausheizen.

Bild 7.250 zeigt eine Einteilung der wichtigsten Reinigungsverfahren nach dem entsprechenden Wirkprinzip.

Bild 7.250 Einteilung der Reinigungsverfahren nach dem Wirkprinzip

7.9.1 Manuelles Reinigen

Das **manuelle Reinigen** wird in einfachen verschließbaren Behältern bzw. bei größeren Losgrößen in automatischen oder halbautomatischen Waschanlagen durchgeführt. Normalerweise ist die Handreinigung aber dominierend bei kleineren Losgrößen und der Einzelfertigung. Die Werkstücke werden dabei in geeignete Lösungsmittel (vorwiegend Aceton oder Spiritus) eingelegt. Nach einer entsprechenden Einwirkzeit des Reinigungsmittels werden die Teile aus dem Lösungsmittelbad entnommen und mit hochwertigen Baumwolltüchern behandelt. Je nach Verschmutzungsgrad verwendet man verschiedene Behälter nacheinander. Das manuelle Reinigen wird vorwiegend bei kleineren Stückzahlen eingesetzt und bei Materialien, die für die Ultraschallreinigung ungeeignet sind. Neben dem nasschemischen Reinigen zählen auch trockene Reinigungsschritte mit Pinsel (aus höherwertigem Material) und das Reinigen mit ölfreier Druckluft zu den manuellen Reinigungsverfahren. Das Reinigen mit entionisierter Druckluft bietet darüber hinaus eine gute Möglichkeit, elektrostatische Aufladungen auf optischen Funktionsflächen zu beseitigen. Dieser Schritt wird oft während des Beschichtungs- und Montageprozesses angewendet.

Das sogenannte **Fischen** ist in der Optikfertigung als ein Verfahren der Endreinigung von optischen Bauelementen bekannt. Damit wird ein letzter kosmetischer Reinigungsprozess bezeichnet, der vorwiegend vor dem Beschichten und der Bauelementemontage vorgenommen wird. Letzte Verunreinigungen, wie Staubpartikel oder lockere Oberflächenanhaftungen (Fussel etc.), werden beseitigt.

Die visuelle Begutachtung des Reinigungserfolges wird mithilfe geeigneter Beleuchtungseinrichtungen vor schwarzem Hintergrund in Transmission durchgeführt. Geringe Verschmutzungen sind hierdurch wesentlich besser zu erkennen als bei Betrachtung mit Streulicht.

Als **Reinigungshilfsmittel** stehen weiche Feinpinsel, spezielle Baumwolltücher, Wattestäbchen (empfohlen in Verbindung mit Augenwatte) oder Reinluft in Druckdosen zur Verfügung. Wichtige Lösungsmittel, die zur manuellen Reinigung zum Einsatz kommen, sind in der Tabelle 7.74 aufgelistet */Thom2020/*.

Tabelle 7.74 Ausgewählte Lösungsmittel für das manuelle Reinigen */Thom2020/*

Mittel	Einsatz	Zusammensetzung	Hinweise	Nachteile
Cyclohexan 10	Entfetten	Mit 10 % Isopropanol	Belüftung, Handschuhe	-
Ethanol 522 Superfin	Vorreinigen	Hochrein (purissimum) 1 % Vergällungsmittel	Belüftung	(Fettschlieren)
Isopropanol/ Wasser-Gemisch	Feinreinigen	50 %/50 %	Belüftung	(Fett)
Aceton	Feinreinigen	Hochrein	Belüftung, Handschuhe	Weißliche Streifen
Fischwasser	Endreinigen	-	Handschuhe	-

Nachteile des manuellen Verfahrens bestehen einerseits in der Möglichkeit der elektrostatischen Aufladung der Oberfläche und andererseits in der nicht vollständigen Beseitigung von Kontaminationen. Zusätzlich müssen beim Umgang mit Lösungsmitteln besondere Arbeitsschutzmaßnahmen getroffen werden */DGUV2017/*. Dies betrifft die Problemstellungen Bereitstellung von Abzugshauben mit Ablüftung und Luftaustausch (DIN EN 14175-1), die Sicherstellung einer entsprechenden Gefahrengutaufbewahrung (DIN EN 14470-1) sowie Brandschutzmaßnahmen */bvbf2021/*.

Die Vorteile liegen aufseiten der Flexibilität und der niedrigen Kosten. Das Ergebnis kann aber oftmals auch von subjektiven Einflussfaktoren abhängig sein.

Ausgewählte Hinweise für das manuelle Reinigen:

1. Bestimmung des Verschmutzungsgrades und Auswahl einer geeigneten Reinigungsmethode (Beachte: Gitter, DOE oder Bauelemente mit ungeschützten Beschichtungen dürfen nicht nasschemisch manuell gereinigt werden!).
2. Auswahl der geeigneten Reinigungshilfs- und Lösungsmittel in Abhängigkeit von dem zu reinigenden optischen Material und von der Bearbeitungsstufe vornehmen.
3. Reinigungshilfsmittel mit abrasiver Wirkung unbedingt vermeiden, geeignet sind spezielle Baumwolltücher oder Augenwatte.
4. Einhaltung höchster Reinheit im Umgang mit Reinigungshilfs- und Lösungsmitteln.
5. Reinigung optischer Funktionsflächen immer von innen nach außen auf einer Spiralbahn.
6. Fixierung des optischen Bauelements beim Reinigungsprozess in sicherer Lage (möglichen Fallabstand gering halten und entsprechende dämpfende Unterlage wählen).
7. Wenn nur loser Staub von der Optik zu entfernen ist, ist es ratsam, diesen mit Druckluft zu entfernen. Kleine Blasebälge reichen dafür sehr oft aus, um den erforderlichen Luftstrom zu erzeugen.
8. Beim Reinigen immer Handschuhe oder Fingerlinge tragen und nicht über der Optik sprechen (Gefahr der Kontamination mit Speicheltröpfchen).

Als Anwender von optischen Systemen sollten die Reinigungshinweise des Herstellers unbedingt berücksichtigt werden. Wichtige Hinweise liefern beispielsweise die Firmen Zeiss und Leica */Zeis2021/*, */Leic2021/*.

7.9.2 Maschinelles Reinigen

Das **maschinelle Reinigen** erfolgt vornehmlich in Ultraschall (US)-Waschanlagen. Das Prinzip der **Ultraschallreinigung** besteht im Einbringen hochenergetischer Schallwellen in ein flüssiges Reinigungsmedium, von dem das Reinigungsgut vollständig umgeben wird (Bild 7.251). Zumeist dient Wasser mit oberflächenspannungssenkenden Zusätzen als Reinigungsmedium. Die Zusätze können aber je nach Glasart und Verschmutzungsgrad sehr verschieden sein.

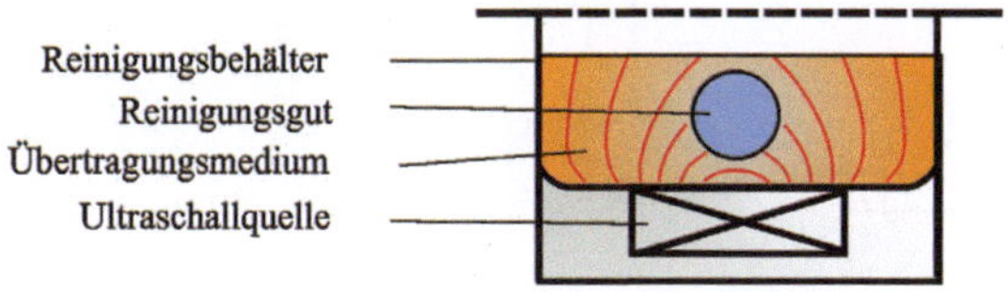

Bild 7.251
Prinzipieller Aufbau eines Ultraschallbades
/Seeh2002/

Der Arbeitsfrequenzbereich liegt zwischen 20 kHz und 1 GHz. Durch Schwingungen in der Flüssigkeit entstehen Verdünnungen und Verdichtungen, die hohe Zug- und Druckkräfte hervorrufen. Diese wiederum führen zur Bläschenbildung an der Werkstückoberfläche (Bild 7.252). Bei der Implosion der Dampfbläschen (**Kavitation**) werden Schmutzpartikel abgesprengt und gehen in die Flüssigkeit über. Die Werkstückoberfläche wird dabei intensiv mechanisch gereinigt.

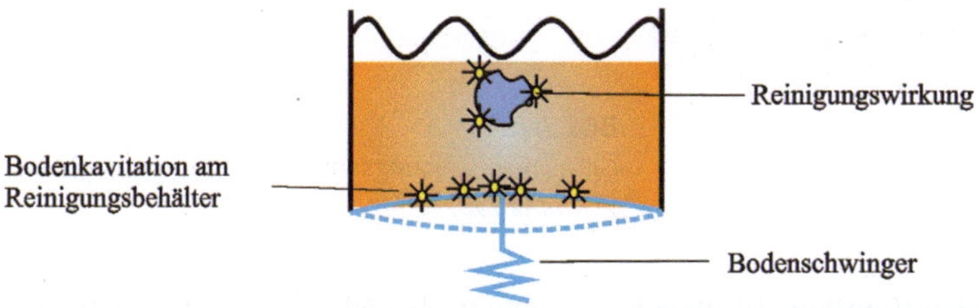

Bild 7.252
Prinzip der Ultraschallreinigung
/Seeh2002/

Neben der gewünschten Wirkung am Reinigungsgut ist auch der Reinigungsbehälter einer langsamen Abnutzung durch Kavitation ausgesetzt, speziell im Bereich der Schwinger. Diese kann aber durch eine gute Arbeitspunktwahl nahezu verhindert werden.

Beim Reinigungsprozess werden verschiedene Stufen durchlaufen, bestehend aus Lösungsmittel- (Grob-) und wässriger (Fein-)Reinigung, Spülung und Trocknung (siehe Bild 7.253). Wichtige Parameter des US-Reinigens sind:

- chemische Zusammensetzung des Reinigungsmittels,
- Reinigungstemperatur,
- Behandlungsdauer,
- Anzahl der Prozessstufen,
- Amplitude der US-Anregung.

In Bild 7.253 und Bild 7.254 ist eine automatische 7-stufige US-Waschanlage schematisch bzw. bildlich dargestellt, wie sie in dieser Konfiguration sehr oft in der Optikfertigung Anwendung findet.

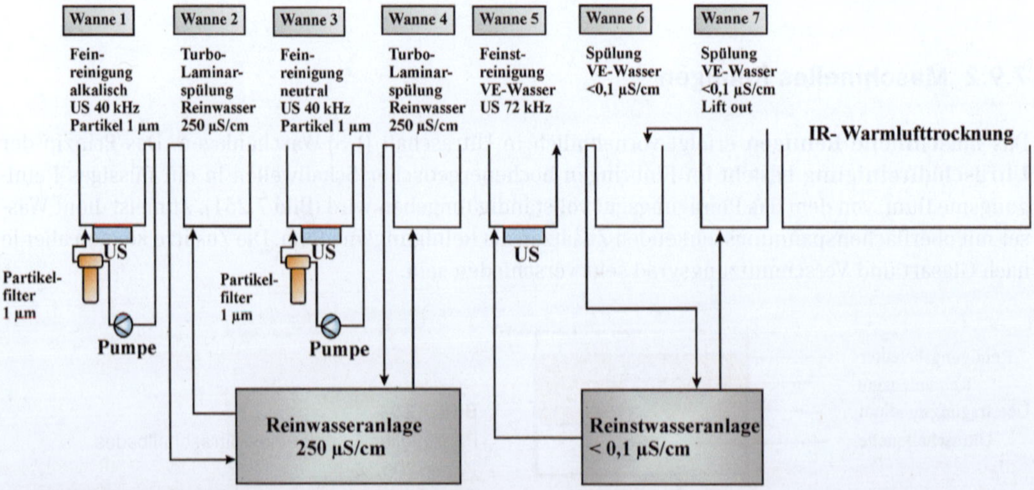

Bild 7.253 Schematischer Aufbau von Ultraschallreinigungsanlagen für Präzisionsoptiken */Schu2003/*

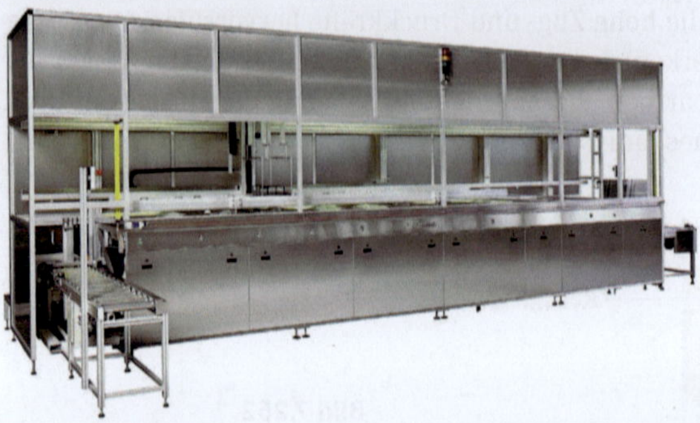

Bild 7.254
Ultraschallreinigungsanlage für Präzisionsoptiken */UCMA2006/*

Für die **Reinigung von Kunststoffoptiken** (Brillengläser) kommt ebenfalls eine 7-stufige Waschanlage, entsprechend Bild 7.253, zum Einsatz. Entfernt werden vor allem nicht mehr mit bloßem Auge sichtbare Verschmutzungen. Ebenso findet eine Konditionierung der Oberfläche statt, d. h. es wird eine bessere Schichthaftung für den anschließenden Beschichtungsprozess ermöglicht.

Die zu reinigenden Gläser werden i. d. R. nicht in allen Stufen einer Ultraschallbehandlung ausgesetzt. Die Gläser durchlaufen in Waschrahmen gehaltert die Waschanlage. Pro Becken können maximal zwei Waschrähmchen gleichzeitig gereinigt werden (entspricht max. 40 Brillengläsern). In der gesamten Anlage können sich bei voller Auslastung 400 Gläser gleichzeitig im Reinigungsprozess befinden. Die ersten beiden Stufen sind als aktive Reinigungsstufen ausgelegt, bei denen Ultraschall zum Einsatz kommt. Im ersten Becken beträgt der pH-Wert 14 bei einer Temperatur zwischen 35 °C und 45 °C. Weniger stark alkalisch (pH-Wert von 11 – 12) ist die zweite Stufe. Die Temperatur wird mit 45 °C bis 50 °C höher gewählt. Im Anschluss wird eine Spülstufe mit reinem Wasser bei einer Temperatur von ca. 22 – 28 °C durchgeführt. Die 4. Stufe ist wiederum eine aktive Reinigungsstufe und wird bei einem neutralen bis leicht sauren pH-Wert (4 – 7) bei einer Temperatur zwischen 48 °C und 52 °C betrieben.

Die Reinigungswirkung wird auch hier durch Ultraschall vergrößert. In den nächsten beiden Stufen findet erneut ein Spülprozess der Gläser statt. Die 5. Stufe ist als eine Übergangsstufe ausgelegt, in der die Gläser nur kurzzeitig verweilen. Eine Reinstwasserkaskade, bestehend aus drei Becken, bildet die 6. Reinigungsstufe der US-Waschanlage. Diese Kaskade wird, in Analogie der anderen Spülstufen, im ständigen Durchfluss betrieben. Im Unterschied dazu wird eine höhere Temperatur gewählt; sie beträgt ca. 35 °C bis 40 °C. Das Spülwasser wird im Prozess ständig gefiltert und der Leitwert unter 0,1 µS gehalten. Die abschließende Trocknung erfolgt bei Temperaturen um 55 °C bis 65 °C mittels einer Kombination aus Heißluft und Infrarot-Bestrahlung. */Rohl2003/*

Die durchgehende US-Reinigung von optischen Bauelementen setzt eine gute Logistik voraus. Die Optikteile werden in spezielle Halterungselemente aufgenommen und verlassen ihren Transportbehälter, der die Produktdaten über eine Begleitkarte oder Transponder verwechslungssicher abgespeichert hat. Die Aufnahme der optischen Bauteile kann durch die Halterungselemente z. T. individuell erfolgen. Die optischen Flächen müssen frei für den Waschvorgang bleiben, und die Aufnahme sollte lediglich über den Randbereich der Bauelemente erfolgen. Diese Maßnahmen dienen ebenso dem Durchströmen und Abfließen des Reinigungsmittels bei der Bewegung bzw. dem Auftauchen aus den Nassbecken. Insofern haben sich für prismatische und rotationssymmetrische Optiken unterschiedliche Halterungselemente bewährt. Bild 7.255 stellt exemplarisch zwei typische Lösungen vor.

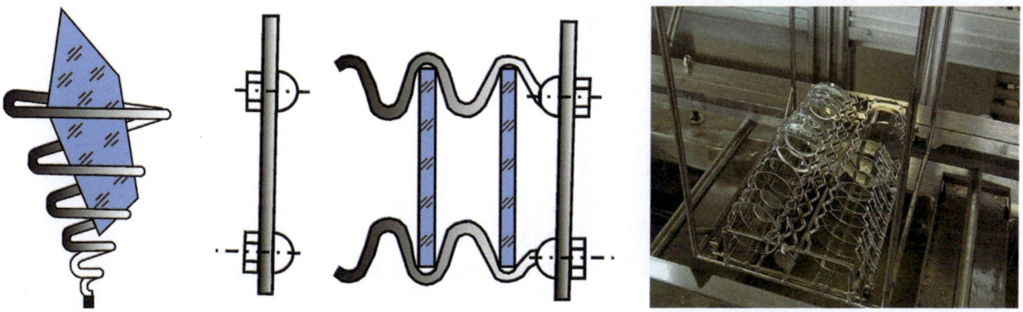

Bild 7.255 Halterung der Optikteile: links) Aufnahme für Prismen, Mitte) Aufnahme für Linsen, rechts) Linsen im Substratkorb

Die Vorteile der Ultraschallreinigung gegenüber anderen Reinigungsverfahren lassen sich wie folgt zusammenfassen:

- Schonung des Reinigungsgutes,
- hohe Umweltverträglichkeit, da zumeist Wasser mit Zusätzen als Reinigungsmedium verwendet wird,
- Reinigung sonst schwer zugänglicher Stellen (Hohlräume, raue Flächen etc.),
- hohe Reinigungswirkung,
- reproduzierbare Reinigungszustände,
- keine elektrostatischen Aufladungen optischer Bauelemente, somit kann ein nachträgliches Anziehen von Staubpartikel weitestgehend vermieden werden,
- Aufstellen von US-Anlagen für hohe Anforderungen sehr oft in staubfreien Bereichen, z. T. auch in Reinräumen,
- sehr gut automatisierbar, dadurch sehr hoher Durchsatz.

Gegenwärtig wird versucht, das vollautomatische US-Reinigen auch für die Reinigung von kompletten optischen Baugruppen (mechanische und optische Komponente) vor dem Endmontageprozess zu etablieren */Zeis2007/*. Die Problematik dabei besteht in den z. T. sehr unterschiedlichen Materialien, insbesondere in ihrer Wirkung auf die Waschzusätze. Dies setzt erhöhte Anforderungen an den Reinigungsprozess, auch hinsichtlich geeigneter Waschzusätze, voraus.

7.9.3 Strahlreinigung

Neben den konventionellen Reinigungsmethoden werden derzeit in Verbindung mit der ständig fortschreitenden Miniaturisierung optischer Bauelemente auch neue Verfahren erforscht. Zu diesen zählt beispielsweise die Reinigung von Mikrooptiken mittels Laser-, insbesondere CO_2-Laserstrahlung (Bild 7.256). Es werden umweltschonend Schmutzpartikel sublimiert und die Oberfläche gereinigt. Schmutz weist i. d. R. sehr niedrige Verdampfungstemperaturen und sehr gute Absorptionseigenschaften gegenüber der Laserstrahlung auf. Somit reichen sehr niedrige Intensitäten aus, um Glasoberflächen zu reinigen. Dadurch wird eine mögliche Oberflächenschädigung durch den Laserstrahl vermieden.

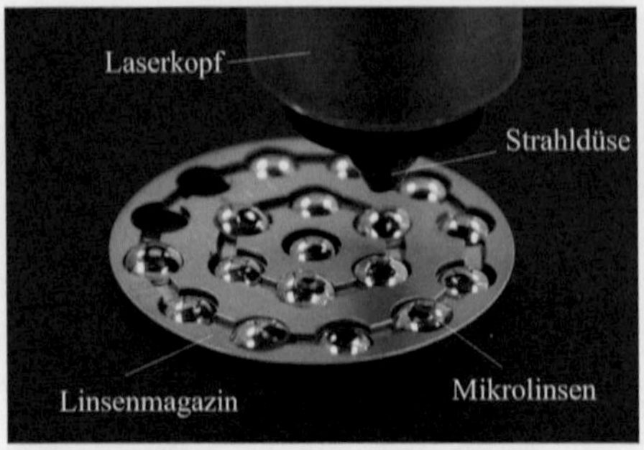

Bild 7.256
Strahlreinigung mikrooptischer Bauteile

7.9.4 Ausheizen

An Glasoberflächen der gereinigten Substrate haften aufgrund von Feuchtigkeit der Umgebungsluft Wassermoleküle und OH-Gruppen. Für manche empfindlichen nachgeschalteten Prozessstufen kann dies zu Qualitätsproblemen führen. Deshalb ist vor dem Aufbringen von Fotolack für lithografische Prozesse ein Ausheizen **(Dehydration Bake)** des Substrates nötig. Andernfalls verschlechtert sich das Haftvermögen des Lackes, und das Eindringen des Ätzmittels unter die Lackschicht wird begünstigt, was zu einer Verbreiterung des Ätzkanals führen würde. Durch **Ausheizen** (Erwärmen des Substrates auf bis zu 200 °C), kann ein Teil der adsorbierten Wassermoleküle entfernt werden. Die benötigten Zeiten variieren sehr stark je nach verwendetem Substratmaterial. Während z. B. Silizium in ca. 60 s auf einer Heizplatte **(Hotplate)** ausheizt, wird für Glassubstrate eine Verweildauer von mindestens einem Tag im **Konvektionsofen** empfohlen. Im Konvektionsofen wird die Wärme auf die gesamte Probe übertragen */Völk2000/*.

Auch beim Prozess der Preformherstellung für die Glasfaserherstellung (siehe Kapitel 6) wird das Quarzrohr vor der Beschichtung im MCVD-Prozess bei einer Temperatur von ca. 1800 – 1900 °C ausgeheizt. Als Ziel besteht auch hier, den OH-Gehalt möglichst niedrig zu halten und restliche Verunreinigungen zu beseitigen.

7.9.5 Reinigungsfehler

Das Reinigungsergebnis und mögliche **Reinigungsfehler** werden entscheidend vom Verhalten des Werkstoffes gegenüber dem einwirkenden Reinigungsmittel bestimmt. Beim Prozess der Reinigung gibt es zwei Möglichkeiten, die im Ergebnis zum Ausfall des optischen Bauelementes führen können. Einerseits kann es in den oberflächennahen Bereichen zu einer Glaszersetzung kommen und zum anderen zu einer Auslaugung bestimmter Bestandteile (Ionen) in den Grenzschichten. Dies hängt sehr stark vom zu reinigenden Glas sowie seinen Bestandteilen ab (Resistenzklassen gegen Säure, Laugen und Flecken).

Bei zu langer Einwirkung des Ultraschalls kann auch die polierte Glasoberfläche beschädigt und Glaskorrosion ausgelöst werden. Sehr große Bauteile können durch den Ultraschall auch beschädigt werden (Ausplatzen), so dass die Schallamplitude angepasst werden muss.

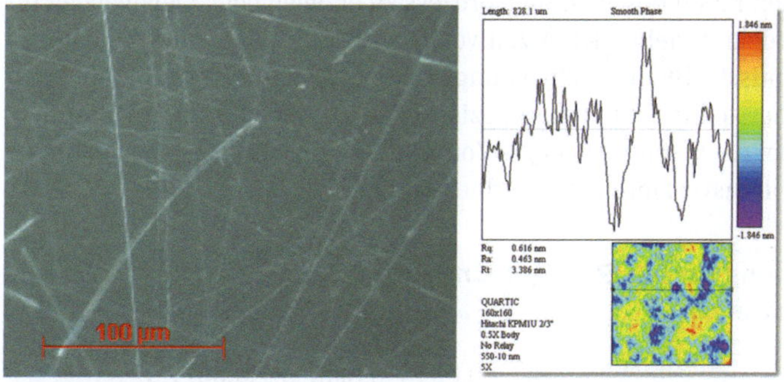

Bild 7.257
Beispiel einer zerwaschenen Glasoberfläche */Jaue2002/*: links) Dunkelfeld 200-fach, rechts) IF-Profil

Im Dunkelfeld aus Bild 7.257 ist die zerstörte Oberfläche mit feinen Kratzern versehen, die keine Vorzugsrichtung aufweisen. Der Untergrund stellt sich hier grau dar durch die unterschiedliche Tiefe der zerstörten Bereiche. Im Hellfeld und DIC (Differential Interference Contrast) dagegen sind bei hohen Vergrößerungen leichte Unebenheiten in der Oberfläche wahrnehmbar, die jedoch nicht als Struktur wahrgenommen werden. Bei der visuellen Kontrolle erscheint die Oberfläche grau und fein zerkratzt. Die mikrointerferometrische Untersuchung zeigt für die, durch die US-Wäsche verursachten Defekte eine Tiefe von einigen Nanometern.

Bild 7.258 illustriert eine durch wässrige Medien und Ultraschall beschädigte Oberfläche nach dem Waschvorgang. Im Dunkelfeld sind verschieden große graue und weiße Strukturen zu erkennen. Meist ist in diesem Beispiel nur die Kontur der Bereiche erkennbar (Bild 7.258 links). Im DIC und im Hellfeld dagegen werden auch die flächigen Bereiche zum Untergrund verschiedener Intensitäten sichtbar (Bild 7.258 rechts). Eine schollenartige Zerstörung der Oberfläche ist gut zu erkennen. Durch eine nachfolgende Politur können die angegriffenen Deckschichten des Materials abgetragen und eine defektfreie Oberfläche erneut freigelegt werden.

Eine Reihe von Gläsern kann nur unter ganz bestimmten Waschregeln gereinigt werden, da sie sonst in kürzester Zeit nach dem Reinigungsprozess korrodieren. Solche empfindlichen Oberflächen werden nach dem Polieren bis zum Beschichten in einer Stickstoffatmosphäre gehalten. Besondere Anforderungen sind diesbezüglich auch an bestimmte Kristallarten, z. B. NaCl, zu stellen sowie an ihre Verpackung.

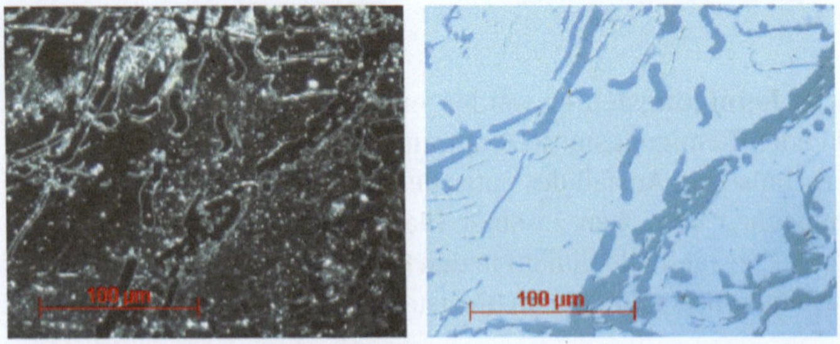

Bild 7.258
Beispiel einer aufgeplatzten Oberfläche nach dem Waschvorgang */Jaue2002/*: links) Dunkelfeld 200-fach, rechts) DIC 200-fach

Neben den vorgestellten Verfahren kommen auch weitere spezielle Reinigungsverfahren zum Einsatz, die beispielsweise der Oberflächenaktivierung oder der Beseitigung von oberflächennahen Schädigungen dienen. Mit der Plasmareinigung können Oberflächen gezielt aktiviert werden, um eine verbesserte Schichthaftung auf den optischen BE im Beschichtungsprozess zu erzielen oder Klebeflächen für den Fügeprozess vorzubereiten. Mit dem gezielten HF-Ätzen von Quarzgläsern können Schädigungszonen gezielt beseitigt werden, um optische BE für Hochleistungs-Laseranwendungen strahlungsfester bereitzustellen. Auch bei der Waferherstellung nutzt man gezielt einen Ätzarbeitsgang (man spricht hier von Rückdünnen des Wafers), um die tiefengeschädigte Zone zu beseitigen. Diese letztgenannten Prozesse können jedoch auch den Abtragsverfahren zu geordnet werden.

Beispiel: Zeitwertberechnung für das Reinigen und Prüfen (auf Basis von Erfahrungswerten)

Handreinigung matte Teile:	$t_{SHM} = 0{,}0013$ s/mm · D + 0,0577 s
Handreinigung polierte Teile:	$t_{SHP} = 0{,}0019$ s/mm · D + 0,1888 s
US-Reinigung matte Teile:	$t_{SUM} = 0{,}0009$ s/mm · D + 0,0200 s
US-Reinigung polierte Teile:	$t_{SUP} = 0{,}0012$ s/mm · D + 0,1130 s
Prüfen der Teile auf Sauberkeit ≤ 5/5 × 0,10:	$t_{SP} = 0{,}016$ s/mm · D + 0,0921 s

D – Durchmesser (bzw. die Diagonale des Bauteils) (mm)

7.9.6 Übungsaufgaben

1. Nennen Sie mögliche Reinigungsverfahren und ergänzen diese jeweils durch eine typische Anwendung.
2. Erläutern Sie wesentliche Stufen der US-Reinigung. Welche Vorteile ergeben sich gegenüber den manuellen Reinigungsverfahren?
3. Es sollen Pentagonprismen gereinigt werden. Skizzieren Sie eine mögliche Aufnahme zur Halterung der Prismen während der US-Reinigung.
4. Was ist unter dem Begriff „Fischen“ zu verstehen?
5. Welche Oberflächendefekte können durch die US-Wäsche auftreten und welche Vorkehrungen müssen diesbezüglich getroffen werden?

Weitere Informationen zu Abschnitt 7.9 sind auf plus.hanser-fachbuch.de hinterlegt.

8 Beschichten

Die Beschichtungsverfahren bilden eine eigene Verfahrenshauptgruppe und sind unter der 5. Hauptgruppe „Beschichten" zusammengefasst. Prinzipiell wird bei diesen Verfahren der Stoffzusammenhalt vermehrt, wobei die Form beibehalten wird.

> Das Beschichten ist das Erzeugen von Schichten durch Aufbringen von geometrisch unbestimmten (formlosen) Stoffen auf Oberflächen von Substraten ohne eine wesentliche Änderung der Geometrie des Substrates.

Unbestimmte bzw. formlose Stoffe können Gase, Flüssigkeiten, aber auch kleinste Partikel, wie Pulver oder Granulate, sein. Den Beschichtungsverfahren liegen unterschiedliche physikalisch-chemische Prozesse zugrunde, wobei das Substrat aktiv am Beschichtungsvorgang beteiligt sein kann. Hinsichtlich Funktion und Herstellungsverfahren werden oft die Schichten in sogenannte „dünne" und „dicke" unterteilt. Die Grenze zwischen dünner und dicker Schicht lässt sich nicht allein durch eine bestimmte Schichtdicke definieren – wenn auch gelegentlich in der Literatur hierfür der Wert 1 µm genannt wird. Dünne Schichten sind vielmehr dadurch gekennzeichnet, dass Abweichungen von den Eigenschaften des kompakten Materials (Bulk) auftreten, und zwar als Folge:

1. des zunehmenden Verhältnisses von Oberfläche zu Volumen bei abnehmender Schichtdicke. Als Folge einer geringen Schichtdicke ergeben sich z. B. optische Interferenzen, die Zunahme des spezifischen elektrischen Widerstandes und eine Abnahme des Temperaturkoeffizienten, die Zunahme der kritischen magnetischen Induktion und der kritischen Temperatur der Supraleitung oder der Tunneleffekt von Elektronenpaaren (JOSEPHSON-Effekt).
2. der von den Herstellungsbedingungen abhängigen mikroskopischen Struktur der Schicht, insbesondere der Erhöhung des Korrosionswiderstandes, der Härte, der magnetischen Sättigungsinduktion, der kritischen Temperatur der Supraleitung und der optischen Absorption gewisser Materialien */Kais2003/*.

Das Beschichten kann aus dem festen, flüssigen, gasförmigen und ionisierten Zustand erfolgen. Die Zielrichtung des Beschichtens in der Optiktechnologie ist mit wenigen Ausnahmen vollkommen anders als beispielsweise im Maschinenbau. Durch das Aufbringen dünner Oberflächenschichten werden die optischen und mechanischen Eigenschaften der Komponenten gezielt beeinflusst. Die Einteilung der Verfahren kann wiederum nach unterschiedlichen Gesichtspunkten erfolgen. In Bild 8.1 ist die Form des Ausgangszustandes das gewählte Ordnungskriterium.

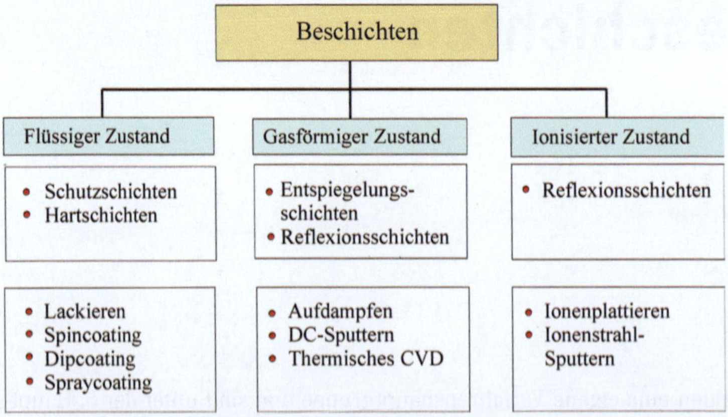

Bild 8.1
Einteilung ausgewählter Beschichtungsverfahren nach dem Zustand der Beschichtungssubstanz

8.1 Schutzschichten

Unter Schutzschichten werden i.d.R. **„dickere" Schichten** verstanden, die durch Sprühen, Tauchen und Gießen manuell oder automatisch auf optische Komponenten, hauptsächlich Gehäuseteile und Fassungsteile, aufgetragen werden. Sie haben die Aufgabe, das Glas vor mechanischen und chemischen Einflüssen sowie der finalen Farbgebung zu schützen. Im Folgenden werden Beschichtungsverfahren betrachtet, die ausschließlich den Schutz optischer Funktionsflächen temporär oder ständig sicherstellen sollen.

8.1.1 Lackieren

Optische Funktionsflächen müssen häufig einen Schutzlack erhalten, um im weiteren Bearbeitungsprozess (Bearbeitung der zweiten Seite) die Flächen vor mechanischem Zerkratzen zu sichern. Ferner können Lackschichten auch als Blende wirken oder seitliches Streulicht am Eintritt in den optischen Strahlengang hindern. Dieser Arbeitsgang wird auch häufig als **Randmattieren** (oder **-schwärzen**) bezeichnet. Über die Methoden des Lackauftrages für Strukturierungsprozesse wurde bereits im Abschnitt 7.8 hingewiesen. In manchen Fällen werden optische Flächen auch durch das Aufbringen einer Schutzfolie geschützt. Die Angabe zum Randschwärzen einer Linse erfolgt nach DIN ISO 10110-9 (siehe Bild 8.2).

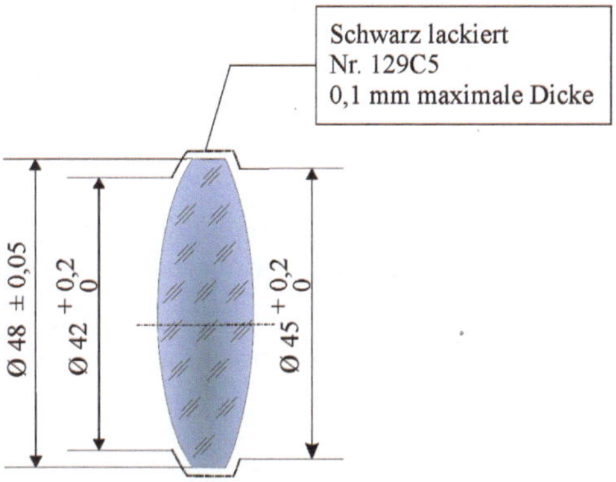

Bild 8.2
Angabe des Randschwärzens einer Linse nach DIN ISO 10110

In der Praxis wird eine Vielzahl von unterschiedlichen Lacken verwendet, die teilweise auch anwendungsbedingt mit bestimmten Zuschlagstoffen gemischt werden (siehe Tabelle 8.1). Bekannt sind hierbei vor allem Ruß und Grafit, die insbesondere ein späteres Reißen der Lackschicht verhindern und in der Oberflächenausbildung matte Flächen entstehen lassen. Eine wesentliche Voraussetzung des Haftens auf Glasoberflächen ist eine gut benetzbare Oberfläche (gereinigt und fettfrei). Die Haftung erfolgt nach dem Verflüchtigen des Lösungsmittels bzw. der Trocknung des Lackes durch Formschluss mit der Oberfläche sowie der Adhäsion zwischen den beiden Schichten. Die meisten Optikschutzlacke werden unter der Verwendung organischer Lösungsmittel und spezieller Kunstharze hergestellt. Der transparente Lack, der auch durch Farbstoffe schwarz oder blau gefärbt sein kann, muss sich rückstandsfrei durch Lösungsmittel wie Spiritus oder Aceton wieder entfernen lassen.

Tabelle 8.1 Eigenschaften und Anwendung ausgewählter Lacke */Göbn2007/*

Bezeichnung	Auslaufzeit/Temperatur Trockenzeit Aushärtezeit	Beständigkeit	Löslichkeit	Anwendung
ILLMAR P4	14 - 16 s/20 °C max. 3 Stunden 12 Stunden	Wasser: gut Petroleum: beständig	Aceton	▪ Schutz polierter Oberflächen ▪ Randschutzlack ▪ Schutz säure- und verwitterungsanfälliger Gläser
Optiklack 9 Spezial SO2	16 - 20 s/20 °C max. 3 Stunden 12 Stunden	Wasser: gut Petroleum: beständig	Aceton	▪ Schutz- und Haftlack ▪ Abdichtung angesprengter Bauteile ▪ Schutz gegen chemische und mechanische Einflüsse
Optiklack M-Lack 10	23 - 29 s/20 °C max. 3 Stunden 12 Stunden	Wasser: gut	Aceton Spiritus	▪ Schutz polierter Oberflächen ▪ Abdichtung von Gipskörpern
Optikschutzlack TLS blau	18 - 22 s/20 °C max. 3 Stunden 2 - 3 Stunden	Wasser: gut	Aceton Spiritus Butylacetat	▪ Schutz polierter Oberflächen (Planoptik) ▪ Abdichtung angesprengter Bauteile

8.1.2 Oberflächenhärtung

Das Verfahren der Oberflächenhärtung wird im Bereich des Beschichtens zum Auftragen von Schutzschichten für Kunststoffoptiken eingesetzt. Kunststoffe haben eine Reihe von Vorzügen gegenüber anorganischen Gläsern, aber auch gravierende Nachteile: die geringe Temperaturwechselbeständigkeit, die geringe Härte und eine erhöhte Kratzempfindlichkeit. Die beiden letztgenannten Nachteile kann man durch gezieltes Aufbringen von Oberflächenschutzschichten stark verringern. Dieses Verfahren wird auch als **Oberflächenhärten** bezeichnet.

Eine Steigerung der Härte der Oberfläche kann über verschiedene Maßnahmen erreicht werden:

- **PVD-Verfahren (Physical Vapour Deposition),**
- **CVD-Verfahren (Chemical Vapour Deposition),**
- **nasschemische Verfahren.**

Die genannten Verfahren werden in Abschnitt 8.2.2 ausführlich beschrieben. Als Beschichtungsmaterial wird für das PVD-Verfahren vorzugsweise Quarz (SiO_2) eingesetzt. Quarz ist ein sehr hartes und abriebfestes Material, allerdings auch relativ spröde. Die Sprödigkeit des SiO_2 kann bei mechanischer Beanspruchung oder wechselnden Temperaturen zu Spannungsrissen führen. Durch plasmaunterstütztes Aufdampfen kann man dieses Problem teilweise reduzieren */Witz1996/*. Eine andere Möglichkeit besteht durch das sogenannte **Needle Design**, bei dem in die SiO_2-Schicht dünne Schichten höherbrechender Materialien eingearbeitet werden */Schu2000/*. Im Ergebnis entstehen die AR-hard-Schichten (Antireflexions-Kratzschutz-Schichten), die neben der Kratzschutzwirkung auch eine Breitbandenentspiegelungswirkung besitzen.

Eine weitere Möglichkeit für das Aufbringen von Hartschichten bietet das Plasmapolymerisationsverfahren, welches zu den CVD-Verfahren zählt. Dieses Verfahren arbeitet im Feinvakuum. Im Prozess werden organische und anorganische Schichten abgeschieden. Durch eine geeignete Wahl der Verfahrensparameter können die Nachteile einer Quarzhartschicht weitestgehend ausgeschlossen werden.

Nasschemische Verfahren ermöglichen hingegen eine Oberflächenbeschichtung durch das Aufbringen eines Lackes. Angewendet werden sehr häufig das Spincoating- und das Dipcoating-Verfahren. Die eigentliche Beschichtung findet nach dem Reinigungs- und Vorbehandlungsprozess statt, der sich nach den Erfordernissen des Lackes und des Trägersubstrates richtet. Verwendung finden Polysiloxanlacke, die nach dem Aufbringen bei Temperaturen über 100 °C aushärtbar sind. Aufgrund der bei einigen Kunststoffen geringen Temperaturbeständigkeit können diese Lacke nicht bei allen Kunststoffen erfolgreich eingesetzt werden. Durch die Nanotechnologie sind Lacksysteme auf der Basis von nanoskaligen Partikeln vorhanden, siehe auch Tabelle 8.2. Sogenannte **Nanokompositlacke** sind aus einer Mischung von organischem Trägermaterial und mineralischen Partikeln mit einem Durchmesser von 20 bis 30 nm zusammengesetzt */Fris1994/*. Diese entwickelten Lacke werden in einem Sol-Gel-Verfahren aufgebracht, bei dem die Aushärtung unter UV-Bestrahlung oder bei Temperatureinwirkung unter 100 °C stattfindet. Ein weiterer Vorteil der Nanokompositlacke ist die hohe Kratzfestigkeit. Dadurch ist es möglich, dass ein Kunststoffglas beim Kratztest mit einer Diamantspitze bessere Ergebnisse erreicht als ein anorganisches Glas. Grund hierfür ist die höhere Beweglichkeit der Nanopartikel im organischen Trägermaterial, welche eine günstigere Druckverteilung während der Belastung ermöglicht */Fris1994/*. Dennoch bleibt das Aufbringen von Schichten auf Kunststoffe aufgrund der schlechteren Haftbedingungen für den Übergang zwischen Substrat und der Schicht (Schichtspannungen etc.) schwierig.

Tabelle 8.2 Eigenschaften eines Nanokomposits und Grundreaktionen der Sol-Gel-Chemie */Voig2002/*

Nanokomposit	Aufbau	Struktur	Einsatz/Eigenschaften
Kombination anorganischer und organischer Strukturen im Nanometermaßstab	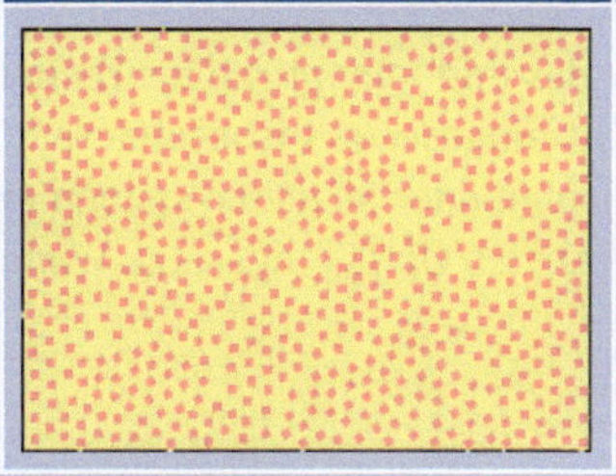	Z. B. Oxidpartikel (d < 10 nm) in einer Silan/Siloxan-Matrix	Hartbeschichtung für transparente Materialien (Kunststoffe) ▪ temperaturbeständig ▪ lösungsmittelbeständig ▪ hohe Härte
Grundreaktionen der Sol-Gel-Chemie			
Hydrolyse	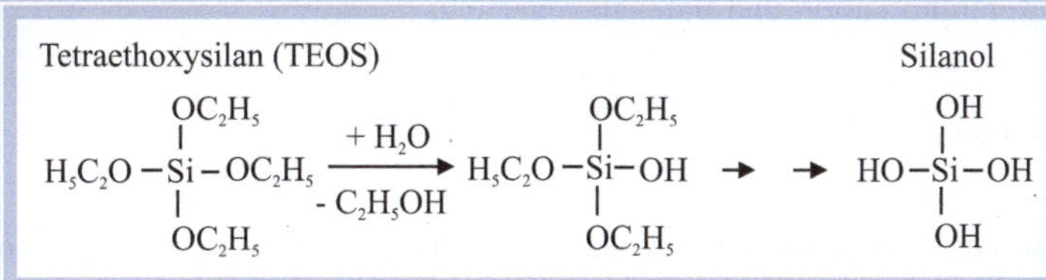		
Kondensation	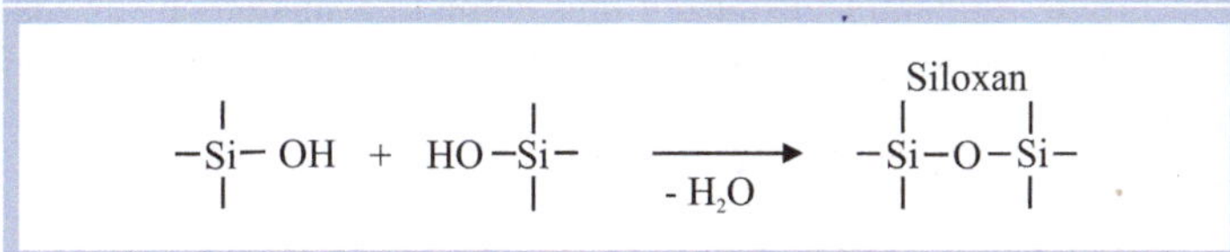		

Die Oberflächenhärtung wird in vielen Bereichen für die Anwendung von Kunststoffoptiken eingesetzt. Typische Anwendungen aus dem Bereich der Brillenoptik sowie der Herstellung von Overheadprojektionslinsen veranschaulicht Bild 8.3. In der linken Darstellung ist die Struktur einer tauchlackierten Hartschicht auf einer Versuchsprobe dargestellt. Die Struktur dieser Versuchsschicht weist hier unregelmäßig verteilte Löcher auf. Die Analyse ihrer Ausmaße ergibt eine durchschnittliche Tiefe von 36,4 nm bei einem Durchmesser von 0,5 µm. Diese fehlerhaften Strukturen mindern die Funktionseigenschaften der Schicht. In der Serienproduktion muss aus diesen Gründen auf eine sehr saubere und sorgfältige Prozessbehandlung geachtet werden. Kleinere Staubpartikel, die eingeschlossen sind, oder ein ungleichmäßiger Lackauftrag führen zu einer fehlerhaften Beschichtung. Ein Vorteil besteht jedoch in einer rückstandlosen Entfernbarkeit der Hartschicht von fehlerhaften Bauteilen, so dass die Bauteile nach einer Reinigungsstufe erneut in den Beschichtungsprozess geschickt werden können.

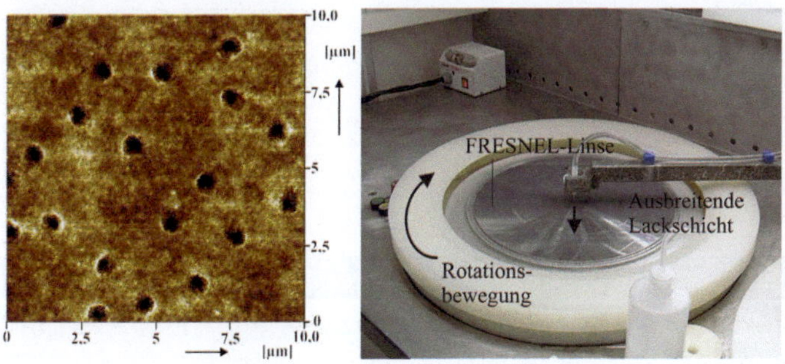

Bild 8.3
Ausgewählte Beispiele der Oberflächenhärtung: links) AFM-Aufnahme, CR39-Hartschicht (tauchlackiert), rechts) Overheadprojektionslinse; Spincoating-Verfahren

8.2 Optische Schichten

Optisch wirksame Schichten auf Flachglas, Floatglas und feinoptisch bearbeiteten Bauelementen werden in der modernen Optiktechnologie verstärkt eingesetzt. Insbesondere sogenannte „**High-End-Funktionalitäten**" werden oftmals erst mit Schichten oder Schichtsystemen erreicht. Sie werden zur Lösung einer Vielzahl von Aufgaben in der angewandten Optik eingesetzt. Wichtige Anwendungsbereiche umfassen hierbei beispielsweise:

- optische Instrumente,
- Laser und Lasersysteme,
- optische Kommunikation und Datenspeicherung,
- Displays,
- Architekturglas,
- Sehhilfen.

Je nach Anwendung benötigt man für ihre Herstellung spezielle Anlagen mit entsprechender Prozesssteuerung, hochreine Aufdampfsubstanzen und Reinigungsmethoden für Glassubstrate, Kunststoffe sowie Kristalle. Unter diesen Voraussetzungen lassen sich genau definierte konstruktive Forderungen stellen bezüglich:

- Transmission,
- Reflexion,
- Absorption,
- Streuung,
- Temperatur- und Feuchtigkeitsbeständigkeit,
- Abrieb- und Haftfestigkeit.

Die spektrale Anwendungsbreite von technisch hergestellten dünnen optischen Schichten umfasst den Wellenlängenbereich von einigen Nanometern bis einigen zehn Mikrometern. Die optischen Schichten lassen sich zunächst grundsätzlich in die Kategorien Spiegel, Filter und Strahlteiler einordnen (Bild 8.4). Je nach Funktion, Wellenlängenbereich und Substratmaterial werden verschiedene Schichtmaterialien aus Metallen, dielektrischen oder organischen Substanzen aufgebracht.

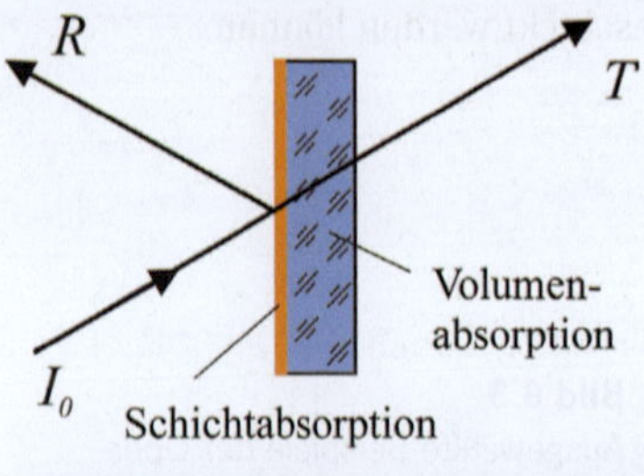

Bild 8.4
Typen optischer Schichten

Spiegel	Teiler	Filter
hochreflektierend	Spektralteiler	Kurzpass
teilreflektierend	Polarisationsteiler	Langpass
Nicht reflektierend (AR)	Intensitätsteiler	Bandpass

An die Vielzahl der unterschiedlichen optischen Beschichtungsverfahren lassen sich verallgemeinernd die folgenden Anforderungen stellen:

1. Erfüllung der optischen Funktionen,
2. hohe Reproduzierbarkeit,
3. gute Schichthaftung,
4. Defektfreiheit der Schichtstruktur,
5. kein negativer Einfluss auf die Formgenauigkeit (Passe),
6. hohe Langzeitstabilität,
7. angemessene Verfahrenskosten.

8.2.1 Schichtarten

Oberflächenvergütungen durch Schichten haben prinzipiell das Ziel, Reflexion und Transmission optischer Funktionsflächen von Linsen, Spiegeln und Prismen in einem definierten Spektralbereich einem geforderten Extremwert anzunähern (**Ent-, Verspiegelungen**) bzw. bestimmte R/T-Verhältnisse (**Teilerschichten**) einzustellen. Entspiegelungsschichten (**Antireflexbeschichtungen**) vermindern die Reflexion ($R \rightarrow 0$) und erhöhen folglich die Transmission ($T \rightarrow 1$). Verspiegelungen auf optischen Funktionsflächen werden für bestimmte Spektralbereiche aufgebracht. Hinsichtlich der Spiegelschichten gibt es unterschiedliche Unterteilungsmöglichkeiten, z. B.:

- Anordnung der Spiegelschicht (Vorder-/Rückflächenspiegel),
- Material der Spiegelschicht (metallischer- oder dielektrischer Spiegel),
- spektrale Breite der Reflexion (Schmal-, Breitbandspiegel),
- Reflexionsgrad (Voll-, Teilspiegel, Strahlteiler).

Spektralbeeinflussende beschichtete Optiken (**Interferenz-, Spektralfilter, dichroitische Teiler**) sind Bauelemente, die in einem definierten Spektralbereich eine hohe Transmission und in dem restlichen Bereich eine hohe Dämpfung durch Reflexion und/oder Absorption aufweisen. Kantenfilter haben für einen länger- oder kurzwelligen Anteil der Strahlung einen hohen Transmissionsgrad; der jeweils andere Anteil wird reflektiert und/oder absorbiert. Zu unterscheiden ist weiterhin zwischen Kurz- bzw. Langpassfiltern, je nachdem, ob der Transmissionsbereich im kurz- oder langwelligen Spektralbereich liegt. Rugate Filter sind Wechselschichtsysteme mit sinusförmiger Variation der Brechzahl. Solche Systeme unterdrücken alle Interferenzordnungen > 1. Kantenfilter finden vielfältig Anwendung in der Projektions- und Beleuchtungstechnik, z. B. als Kaltlichtspiegel, Wärmeschutzfilter und zur Reduzierung unerwünschter Strahlungsanteile im IR und/oder UV/VIS. Bandpassfilter haben eine hohe Transmission in einem definierten Spektralbereich, bei allen anderen Wellenlängen eine hohe Reflexion und/oder Absorption. Je nach der spektralen Breite des Bandes unterscheidet man Linien-, Schmalband- und Breitbandfilter. Polarisationsbeeinflussende Schichten hingegen sind Schichtsysteme, die im weitesten Sinne einen Polarisationszustand des Lichtes in einen anderen überführen, z. B. eine Funktion der Wellenlänge (**λ/4-Schichten**). */Lexi1999/*

Eine zusammenfassende Übersicht der Funktion optischer Schichten veranschaulicht die Tabelle 8.3.

Tabelle 8.3 Schematische Darstellung der spektralen Wirkung optischer Schichten */Lexi1999/*

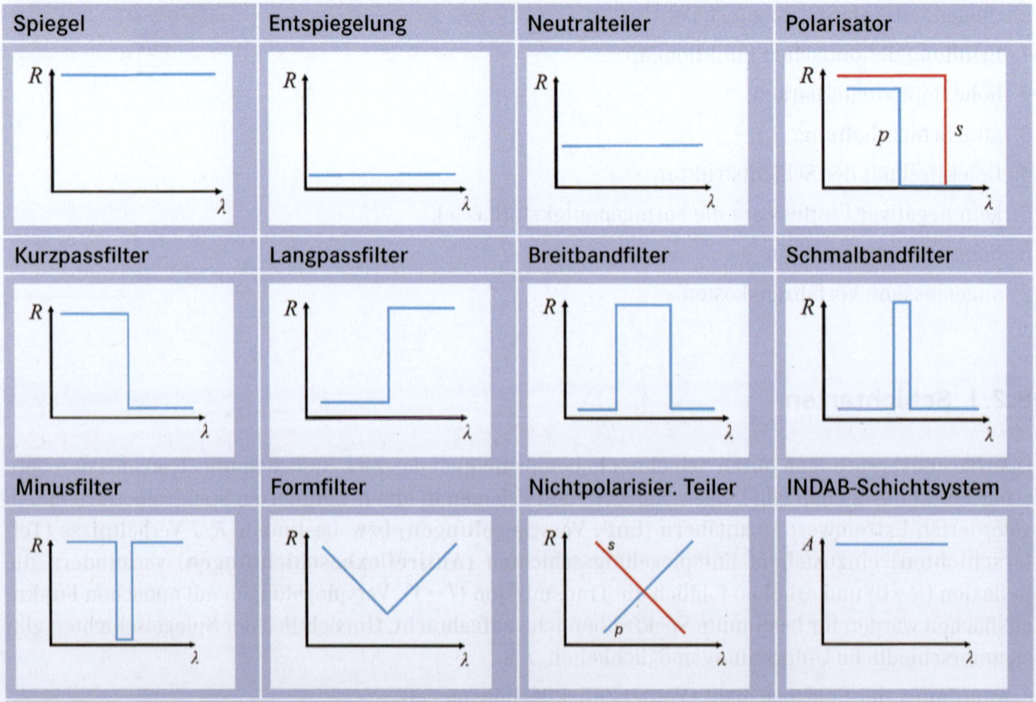

R: Reflexion; *A*: Absorption; *λ*: Wellenlänge; *s*, *p*: Polarisationskomponenten des Lichtes

Die Angabe von funktionalen optischen Schichten erfolgt entsprechend Bild 8.5 nach der DIN ISO 10110-9. Als funktionale Schichten werden dünne Schichten bezeichnet, um die genannten Funktionalitäten zu erzielen. Es gibt eine sehr große Auswahl solcher Schichten, die entsprechend der DIN ISO 9211-1 systematisiert sind.

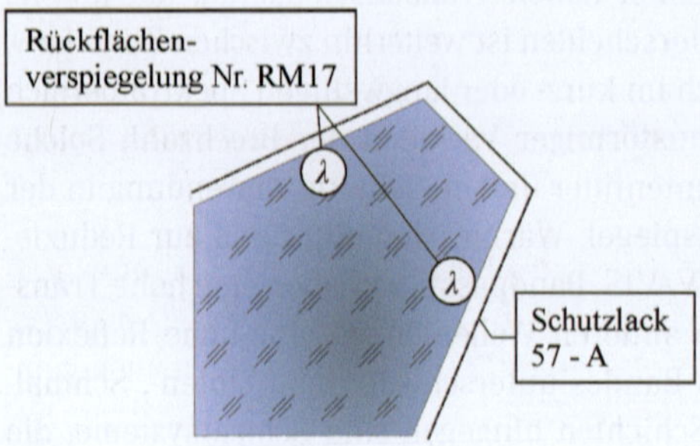

Bild 8.5
Angabe einer Rückflächenverspiegelung kombiniert mit einer Schutzbeschichtung nach DIN ISO 10110-9

8.2.2 Schichtherstellung

Bei der Herstellung optischer Schichten durch Aufbringen von glasfremden Schichten auf Substrate finden physikalische und chemische Beschichtungsverfahren sowie Mischverfahren Anwendung. Die meisten Schichten werden jedoch durch Bedampfen im Hochvakuum erzeugt.

8.2.2.1 Physikalische Gasphasenabscheidung (PVD)

Bei der **physikalischen Gasphasenabscheidung** (Physical Vapour Deposition, PVD) wird eine feste Substanz durch Einwirkung physikalischer Mechanismen in die Gasphase überführt. Aus der Gasphase kondensiert das Material als feste, dünne Schicht auf dem Substrat. Es wird in verschiedene Verfahren, dargestellt in Bild 8.6, unterschieden.

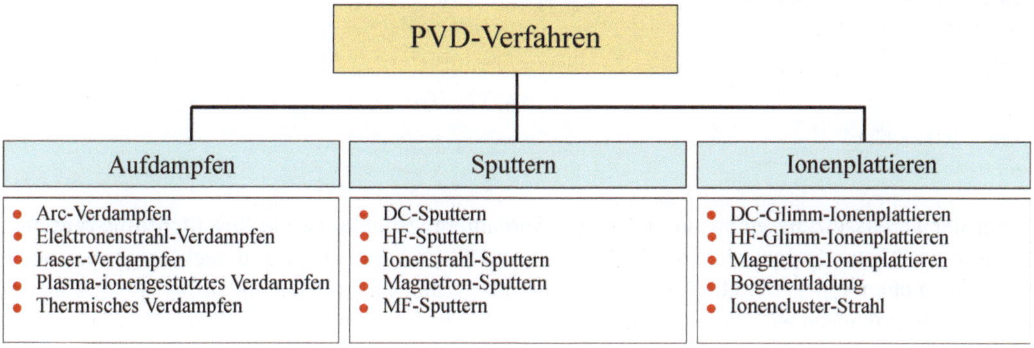

Bild 8.6 Einteilung der PVD-Verfahren

Aufdampfen

Bei der **Vakuumbedampfung** wird die Schichtsubstanz direkt oder indirekt erhitzt und verdampft bzw. sublimiert. In einer Vakuumkammer wird das abzuscheidende Material durch die Verdampfer (z. B. induktiv, Widerstands- oder Elektronenstrahlverdampfer) aus Tiegeln, Schiffchen oder Spiralen verdampft. Die Dampfatome oder Moleküle bewegen sich von der Quelle zum Substrat und kondensieren dort zu einer festen Schicht. Die verschiedenen Aufdampfverfahren unterscheiden sich nach der Art der Energiequelle für den Verdampfungsvorgang des Materials. Das allgemeine Prinzip des Prozesses veranschaulicht Bild 8.7.

Für Spiegeloptiken finden Schichtmaterialien wie Al, Ag, Au, Pt, Cr, Ni, Cu u. a. Verwendung, für Teilungsspiegel hingegen ZnS, Cr, TiO_2 und CeO_2.

Bei der Elektronenstrahlverdampfung wird die schichtbildende Substanz, die sich in einem gekühlten Tiegel befindet, durch Elektronenbeschuss auf die erforderliche Temperatur aufgeheizt. Es lassen sich mit diesem Verfahren reaktive Metalle (Ta, Ti, Zr), hochschmelzende Metalle (W, Mo, Pt, Rh) und Dielektrika mit hohen Beschichtungsraten und großer Reinheit verdampfen. Die Elektronenstrahlverdampfung hat sich als eine universelle Methode zur großtechnischen Herstellung qualitativ hochwertiger Schichten etabliert.

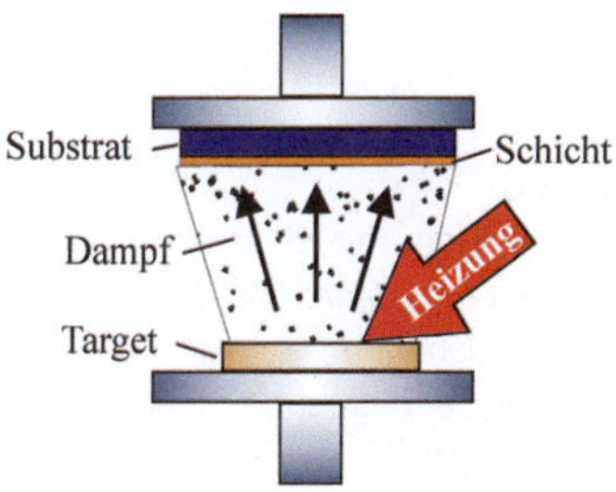

Bild 8.7
Prinzipdarstellung des Aufdampfens nach */Petr2007/*

Der allgemeine Arbeitsbereich von Vakuumbeschichtungsanlagen erstreckt sich von etwa 10^{-2} mbar bis in den Ultrahochvakuumbereich (Tabelle 8.4). Die Aufdampfprozesse finden i. d. R. bei Druckverhältnissen von 10^{-4} bis 10^{-7} hPa statt */Kein1995/*.

Tabelle 8.4 Einteilung der Druckbereiche für Vakuum */Kein1995/*

Bereiche der Vakuumtechnik	Druckbereich (hPa)
Grobvakuum	> Normaldruck ... 1
Feinvakuum	$1 - 10^{-3}$
Hochvakuum	$10^{-3} - 10^{-7}$
Ultrahochvakuum	$< 10^{-7}$

Unter der Voraussetzung einer punktförmigen Verdampfungsquelle ist die **Beschichtungsrate** dem Quadrat des Abstandes zwischen der Bedampfungsquelle und dem Substrat umgekehrt proportional. Die verdampften Teilchen sollten in ihrer Ausbreitung zum Substrat mit möglichst wenig anderen Teilchen zusammenstoßen. Diese Bedingung erfüllen sie mit einer Wahrscheinlichkeit W von

$$W(x) = \mathrm{e}^{(-x/l)} \tag{8.1}$$

l mittlere freie Weglänge, x die gewünschte freie Flugbahn

Wenn $l = 10\,x$ wäre, würden nur 90 % der Teilchen zusammenstoßfrei das Substrat erreichen. Schlussfolgernd muss die Dimension der Vakuumanlage der freien Weglänge mit

$$l = \frac{1}{\sqrt{2 \cdot \pi \cdot N \cdot d^2}} \tag{8.2}$$

N von Druck und Temperatur abhängige Zahl der Moleküle pro cm^3

entsprechen.

Wenn der mittlere Moleküldurchmesser d ca. 0,3 nm beträgt, ergibt sich eine freie Weglänge von ca. 0,1 µm unter Atmosphärenbedingungen. Bei einem Vakuumdruck von ca. 10^{-3} Pa wächst die freie Weglänge bereits auf 650 cm an. Die Energie der sublimierten Teilchen liegt in etwa bei 0,1 eV. Für Aluminium erreicht man z. B. bei dem gewählten Abstand, Verdampfungsmaterial und Substrat, eine flächenbezogene Beschichtungsrate von $30 - 100\ \mathrm{nm \cdot s^{-1}}$ */Schw1981/*.

Bild 8.8 zeigt ein ausgewähltes Beispiel für das großflächige PVD-Beschichten von FRESNEL-Optiken für die Overheadprojektion.

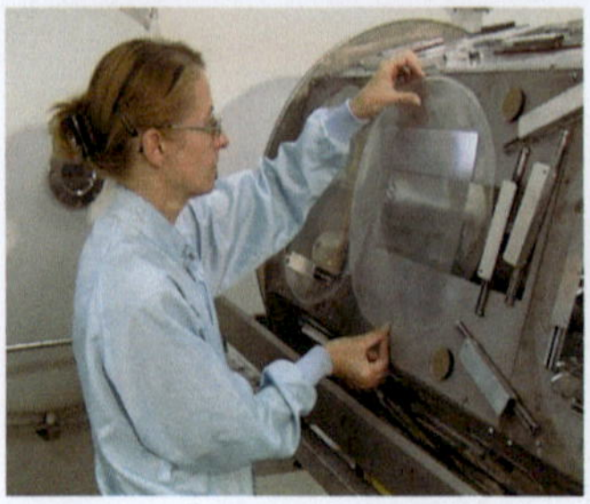

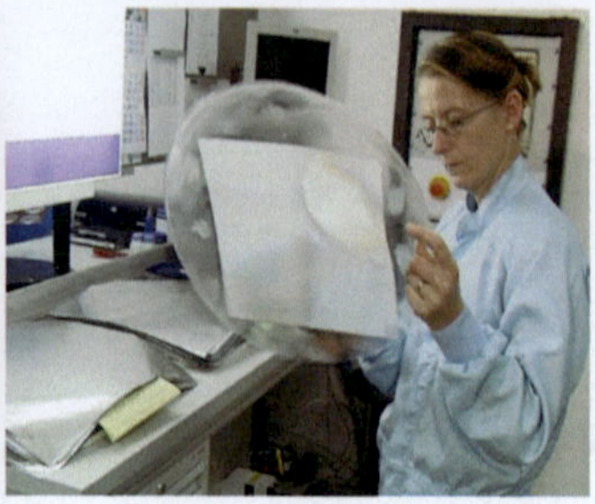

Bild 8.8
Beschichtungsanlage für großflächige Bauelemente */Jena2006-2/*: links) Aufnahme der zu beschichtenden Bauteile, rechts) beschichtete FRESNEL-Optik

Die **plasma-ionengestützte Beschichtung (IAD)** ist eine moderne Beschichtungstechnik, bei der im Vergleich zu konventionellen Techniken verbesserte optische und nichtoptische Eigenschaften der abgeschiedenen Schichten erzielt werden. Es können insbesondere dichte Schichten bei niedrigen Substrattemperaturen aufgedampft werden. Die Ausgangsmaterialien für die optischen Schichten werden, wie bei konventionellen Verfahren, mittels reaktiver Elektronenstrahlverdampfung im Hochvakuum in den gasförmigen Zustand überführt. Das Wachstum der Schicht auf dem Substrat wird durch den Beschuss mit Argon-Ionen unterstützt. Dazu wird ein Plasma in der Beschichtungskammer gezündet. Bild 8.9 veranschaulicht das Prinzip des plasma-ionengestützten Aufdampfens */Schu2000/*.

Die zu beschichtenden optischen Komponenten werden in einem Substrathalter aufgenommen und in Rotation versetzt, um einen möglichst homogenen Schichtauftrag zu garantieren.

Die in der Regel oxidischen Schichtmaterialien werden mithilfe eines Elektronenstrahls in die Dampfphase überführt und breiten sich durch das bestehende Vakuum geradlinig aus. Sie kondensieren an den rotierenden optischen Komponenten. Der erforderliche Arbeitsdruck liegt bei dem Verdampfungsprozess bei ca. 10^{-4} hPa.

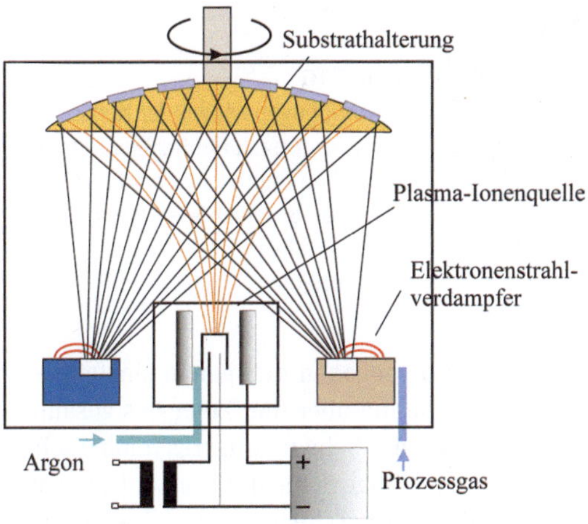

Bild 8.9
Prinzip des plasma-ionengestützten Aufdampfens */Schu2000/*

Dem Dampfstrom der schichtbildenden Teilchen wird ein Ionenstrom von energiereichen Argon-Ionen überlagert. Dafür steht eine Hochleistungsplasmaquelle zur Verfügung, die mittig im Arbeitsraum angeordnet ist. Ein Ziel des **Ionenbeschusses** ist die Erhöhung der Beweglichkeit der kondensierenden Schichtmoleküle. Dadurch können diese die jeweils energetisch günstigeren Positionen in der wachsenden Mikrostruktur einnehmen. Dies wiederum führt zu einer deutlichen Erhöhung der Packungsdichte. Weiterhin können schon gebundene, poröse Strukturen unter dem Ionenbeschuss abgetragen werden, was die Entstehung einer kompakten Mikroschicht unterstützt. Die Packungsdichte der gedampften Schichten hängt nicht nur vom aufgedampften Material, sondern auch von den Prozessbedingungen, insbesondere Temperatur und BIAS-Spannung zwischen Plasmaquelle und Substrathalter, ab. Die BIAS-Spannung ist somit ein Maß für die Stärke der Ionenstützung und beeinflusst die Energie der Argon-Ionen, mit denen die aufwachsende Schicht verdichtet wird. Die dargestellte Bedampfungsanlage arbeitet mit zwei Elektronenstrahlquellen, die jeweils das niedrig- und hochbrechende Beschichtungsmaterial aus den Tiegeln im Wechsel verdampfen.

Die wesentlichen Vorteile des plasmaunterstützten Beschichtungsprozesses sind:

- „kalte Herstellung“ optischer Schichten,
- Erzeugung von dichten Schichten,
- Beeinflussung der Schichtspannung,
- substratspezifische Plasma-Vorbehandlung */Schu2000/*.

Der letztgenannte Vorteil wird zur Verbesserung der Hafteigenschaften bzw. zur Glättung der Hartschicht (die zuvor nasschemisch aufgebracht wurde) in der Brillenglasbeschichtung genutzt. Die Beschichtung von Kunststoffen erfordert darüber hinaus die genaue Kenntnis über die Wechselwirkung des Plasmas mit dem zu beschichtenden Kunststoff sowie ein angepasstes Schichtdesign und eine geeignete Prozessführung. In Bild 8.10 sind zwei Beispiele für Kunststoffbeschichtungen auf heißgeprägten optischen Bauteilen (siehe auch Abschnitt 5.2) dargestellt. Diese Bauelemente werden sowohl in Transmission (links) oder Reflexion (rechts) in optischen Strahlengängen eingesetzt.

Bild 8.10
Anwendungsbeispiele für Kunststoffbeschichtungen auf heißgeprägten optischen Bauteilen */Jena2006-2/*: links) AR-beschichtete Komponenten, rechts) reflexionsbeschichtete Komponenten

Ein wesentliches Beschichtungskriterium ist die Erlangung von homogenen und genau einstellbaren Schichtdicken. Eine entsprechende Schichtdickenmessung wird online über die Dauer des gesamten Prozesses durchgeführt. Man nutzt hierzu die Frequenzänderung eines Schwingquarzes infolge seiner Massezunahme durch den Beschichtungsprozess. Für eine aussagefähige Schichtdickenkontrolle müssen die Abscheidebedingungen auf dem Schwingquarz und dem zu beschichtenden Substrat gleich sein. Gearbeitet wird mit Resonanzfrequenzen im Bereich um 5 MHz. Bei einer Beschichtung von 3 µm Ag beträgt die Frequenzänderung ca. 150 kHz. Schwingquarzmessungen ermöglichen einen typischen Messbereich von 0,03 – 3 µm und sind einsetzbar für alle Schichtwerkstoffe sowie die Beschichtung unterschiedlicher Schichtfolgen */Hofm2004/*. Das Abscheiden präziserer Schichtdicken wird mithilfe von Online-Monitoring-Verfahren durchgeführt. Die hierfür oftmals eingesetzten spektrometrischen Messverfahren ermöglichen das Gewinnen von Prozessmessgrößen, die wiederum zum direkten und schnellen Steuern des Beschichtungsprozesses dienen.

Sputtern

Beim Sputtern werden Atome oder Moleküle durch Beschuss mit Ionen, die aus einem Plasma oder einer Ionenquelle stammen, aus einem **Target** herausgeschlagen. Durch den mechanischen Impulsübertrag der Ionen auf das Target kommt es zum Abstäuben der jeweiligen Targetatome, die sich auf dem gegenüberliegenden Substrat niederschlagen und eine Schicht bilden. Durch eine Bewegung mehrerer Targets können unterschiedliche Schichten in einer Schichtfolge und in einem Prozessablauf erzeugt werden.

Bild 8.11 zeigt die prinzipielle Verfahrensanordnung des Sputterns. Im Sputterraum wird ein Druck kleiner 10^{-4} mbar erzeugt und mit einem Sputtergas, meist Argon, gefüllt. Zwischen dem Substrat und dem Target wird eine Spannung zwischen 500 V und 3000 V angelegt. Die positiv geladenen Argon-Ionen werden zur Kathode (Target) beschleunigt und schlagen aus der Targetoberfläche Atome heraus. Dieser Vorgang beruht im Wesentlichen auf einer Impulsübertragung.

Die erreichbare **Sputterausbeute** (mittlere Anzahl der Targetatome, die pro auftreffendes Ion emittiert werden) ist vom Targetmaterial, der Art und Energie der Ionen sowie deren Einfallswinkel abhängig.

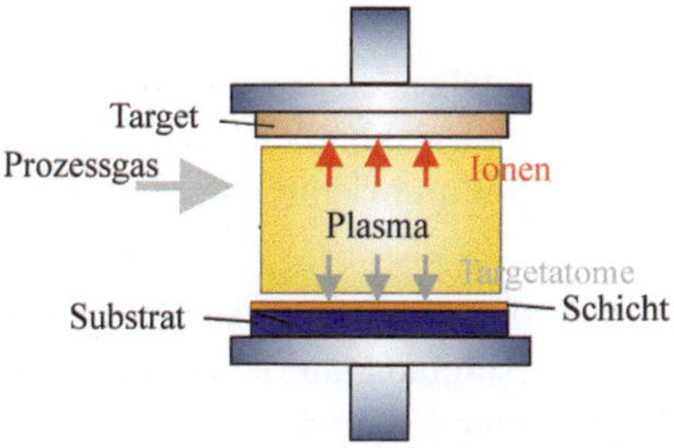

Bild 8.11
Prinzip des Sputterns */Petr2007/*

Auch für den Sputterprozess ergeben sich unterschiedliche Verfahrensmöglichkeiten. Beim Gleichspannungs(DC)-Sputtern wird zwischen zwei Elektroden eine anormale Glimmladung erzeugt und aufrechterhalten. Typische Parameter für dieses Verfahren sind */Kais2006/*:

- Druck $p = 10$ Pa (Ar),
- Spannung $U = 3000$ V,
- Stromdichte $j = 1\ \text{mA} \cdot \text{cm}^{-2}$,
- Beschichtungsrate $r = 40\ \text{nm} \cdot \text{min}^{-1}$.

Wesentliche Nachteile des DC-Sputterns sind jedoch in der relativ geringen Beschichtungsrate und der hohen Wärmebelastung der Substrate durch energiereiche Elektronen zu sehen. Aus diesem Grund werden heute vorzugsweise das Hochfrequenz-, Ionenstrahl- sowie das Magnetron-Sputtern eingesetzt. Sputterprozesse benötigen eine Vielzahl ionisierter Teilchen, um bei einem niedrigen Gasdruck reine Schichten herzustellen und höhere Beschichtungsraten zu erreichen. Dies wird durch das Magnetronsputtern ermöglicht.

Zusätzlich zum DC-Sputtern wirkt bei diesem Verfahren senkrecht zur Targetoberfläche ein magnetisches Feld. Durch die Wirkung von elektrischem und magnetischem Feld werden die Elektronen auf eine spiralförmige Bahn parallel zur Targetoberfläche gezwungen. Diese Bewegungsform erhöht die Anzahl der ionisierten Teilchen um ein Vielfaches. Die typischen Prozessparameter einer Magnetronentladung sind */Kais2006/*:

- Druck $p = 10^{-1}$ Pa,
- Magnetfeld $B = 10^{-2}$ T,
- Spannung $U = 800$ V,
- Stromdichte $j = 20\ \text{mA} \cdot \text{cm}^{-2}$,
- Beschichtungsrate $r = 1\ \mu\text{m} \cdot \text{min}^{-1}$.

Der Vergleich der Prozessparameter zeigt den Vorteil des Magnetron-Sputterns gegenüber dem DC-Sputtern. In der Anwendung des Magnetron-Sputterns erhält man sehr hohe Packungsdichten sowie amorphe Mikrostrukturen. Damit ergeben sich sehr geringe Absorptions- und Streuverluste sowie hohe thermische Stabilitäten der optischen Schichten.

Ionenstrahlsputtern

Das Ionenstrahlsputtern (Ion Beam Sputtering, IBS) nutzt eine separate Ionenstrahlquelle für den Beschichtungsprozess. Meist finden hochfrequenzangeregte Quellen Anwendung, die auch ein Reaktivgas (Sauerstoff) bereitstellen. Der Einsatz eines Prozessgases führt zu einer besseren Reaktivität der Teilchen und im Ergebnis der Schichtabscheidung zu kompakteren Schichten. Der Unterschied des IBS im Vergleich zum Magnetron-Sputtern liegt in der Trennung der Ionen-Erzeugung von Target und Substrat.

In Bild 8.12 ist die Grundanordnung einer IBS-Anlage dargestellt. Die Edelgasionen werden in einer Ionenstrahlquelle aktiviert und unter einem Winkel in Richtung Targetmaterial beschleunigt. Hierbei formt ein Gittersystem, meist bestehend aus drei Gittern, den Ionenstrahl und richtet diesen auf das Target.

Aufgrund der hohen Beschleunigungsenergie erfolgt das Zerstäuben des Targetmaterials durch die Wechselwirkung der Ionen unmittelbar an der Targetoberfläche. Das zerstäubte Material (Metallionen des Targets) breitet sich unter dem Ausbreitungswinkel θ in der Kammer aus und wird auf den zu beschichtenden optischen Bauelementen abgeschieden. Es entsteht eine Sputterkeule, die eine Verteilungsfunktion h in Abhängigkeit vom Radius r (gemessen vom Substrathaltermittelpunkt nach außen) und vom Winkel θ aufweist. Die zerstäubten Partikel weisen eine hohe kinetische Energie auf, was zu einer deutlich höheren Beweglichkeit dieser, als bei konventionellen Beschichtungsverfahren führt. */Schm2013/*

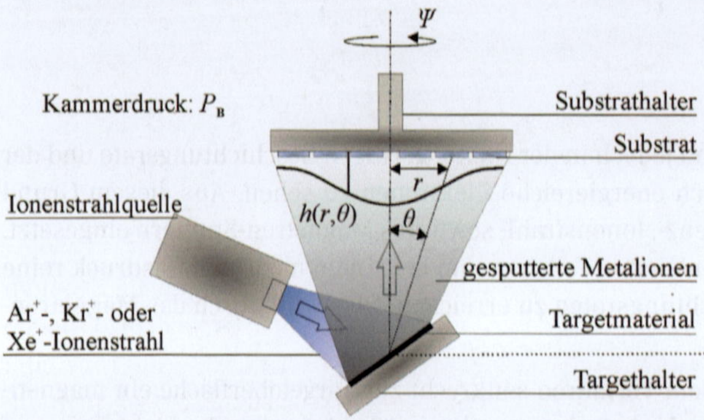

Bild 8.12 Grundanordnung einer IBS-Anlage

d_{TS} mittlerer Abstand Target- zu Substratoberfläche,
θ Ausbreitungswinkel der Metallionen,
ψ Drehbewegung des Substrathalters

Die erzielbaren Beschichtungsraten sind jedoch deutlich kleiner im Vergleich zu den vorgestellten Bedampfungsverfahren. Ebenfalls stellte die Beschränkung des Ionenstrahlsputterns auf relativ kleine Flächen eine gewisse Einschränkung für Anwendungen, insbesondere großflächige Substrate, dar. Allerdings gelang in den letzten Jahren eine wesentliche Vergrößerung der Beschichtungsflächen in IBS-Anlagen */Cutt2021/*, */Bühl2021-2/*.

Aufgrund der sehr stabilen und gleichmäßigen Betriebseigenschaften der Ionenstrahlquellen kann eine hohe Konstanz der erreichbaren Zerstäubungskeule während des Beschichtungsprozesses erzielt werden. Das hat zur Folge, dass sehr homogene Schichten auf den einzelnen Substraten entstehen, die aufgrund der geringen Beschichtungsraten darüber hinaus extrem dünn mit wenigen Nanometern Schichtdicke sehr stabil abgeschieden werden können */Schm2013/*.

Für hochwertige Beschichtungsaufgaben, die möglichst wenige Schichtdefekte aufweisen dürfen (z. B. strahlungsfeste Laseroptiken), wird das IBS-Verfahren eingesetzt. Durch den IBS-Prozess können mögliche Schichtdefekte (Poren) beim Schichtwachstum weitestgehend verhindert werden. Die gezielte Wahl der Prozessparameter – Energieeintrag, Schichtwachstumsrate, Oxidationsgrad – erlaubt spezifizierte

Schichtstrukturen mit einer hohen Wiederholbarkeit sehr genau zu fertigen. Des Weiteren können Wasseransammlungen in den sehr kompakten Schichten verhindert werden, wodurch die Schichten eine hohe Stabilität in Bezug auf Temperaturwechsel besitzen. Der Beschichtungsprozess ist eine Kaltbeschichtung bei niedrigen Temperaturen, wodurch auch temperaturempfindliche Materialien (z. B. Laserkristalle) beschichtet werden können. Mit komplexen Schichtpaketen, über 100 Schichten, werden Reflexionsschichtsysteme mit $R > 99{,}99\,\%$ auf laseroptischen Bauelementen erreicht */Lase2021-1/*.

Um wechselnde Schichten zu erzeugen, muss der Targethalter verschiedene Targetmaterialien aufnehmen und diese wechselnd zum Ionenstrahl positionieren können. Geschickte Anordnungsvarianten erlauben das gleichzeitige Zerstäuben zweier Materialien, um Mischschichten abscheiden zu können. Somit besteht die Möglichkeit des beliebigen Einstellens eines definierten Brechzahlwertes der Mischschicht, was zum Beschichten sogenannter Rugate-Filter angewandt wird */Schm2013/*, */Schm2019/*, */Schm2020/*.

Eine große Anwendungsbreite des IBS-Verfahrens hat sich insbesondere in der Lasertechnik für folgende Bauelemente etabliert */Lase2021-1/*:

- dichroitische Spiegel mit weitem Transmissionsband mit konstant hoher Transmission,
- gechirpte Spiegel für fs-Anwendungen,
- Breitbandspiegel und AR-Beschichtungen,
- Kurzband-Beschichtung für Hochleistungsfilter,
- erweiterter Wellenlängenbereich von 260 nm bis 3000 nm.

Ionenplattieren

Das **Ionenplattieren** ist eine plasmagestützte Methode zur Beschichtung von Metalloberflächen. Beim Ionenplattieren wird die Substratoberfläche zunächst mittels Ionenbeschuss im Plasma gereinigt. Anschließend wird Metalldampf aus einer Verdampferquelle zugeführt, der im Plasma teilweise ionisiert und durch eine negative Vorspannung am vorgeheizten Substrat auf dessen Oberfläche beschleunigt wird. Auf diese Weise wächst auf dem Substrat eine Schicht des verdampften Metalls auf, während immer wieder ein Teil des Substrates bzw. der Schicht durch den Ionenbeschuss abgetragen (abgesputtert) wird. Die Struktur der entstehenden Schicht hängt in hohem Maße von der Temperatur des Substrates ab. Bild 8.13 veranschaulicht das beschriebene Verfahrensprinzip.

In Kombination mit **Elektronenstrahlverdampfern** lassen sich relativ hohe Beschichtungsraten erzielen. Die einfallenden Ionen beeinflussen in hohem Maße die Struktur der aufgebrachten Schicht. Die sich ergebenden Schichteigenschaften, wie Dichte, Härte und Abriebfestigkeit, sind sehr komplexer Natur im Ergebnis der Prozessführung.

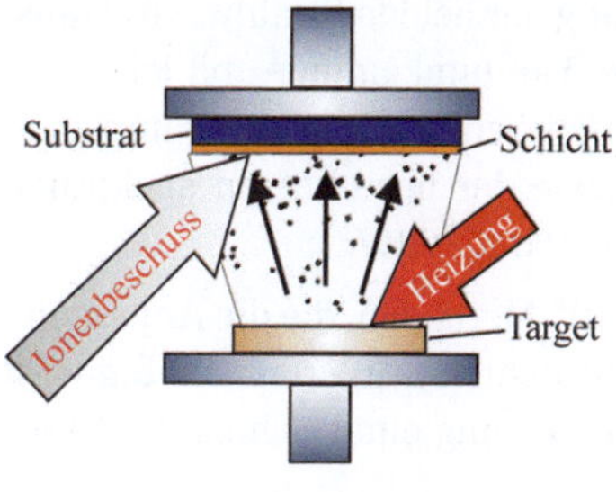

Bild 8.13
Prinzipdarstellung des Ionenplattierens nach */Petr2007/*

Die **PVD-Verfahren** gehören zu der wichtigsten Verfahrensgruppe des Beschichtens für optische Bauelemente. Die Vorteile liegen insbesondere in der möglichen Vielfalt der beschichtbaren Substratmaterialien und der großen Breite anwendbarer Schichtmaterialien. Es werden sehr hohe Schichthaftungswerte erreicht sowie eine gute Variierbarkeit der Mikrostruktur bzw. Eigenschaft der Schichten durch die Wahl der Prozessparameter. Als Nachteile sind die relativ geringen Beschichtungsraten sowie der hohe technische Verfahrensaufwand zu nennen.

8.2.2.2 Optisches Monitoring

Eine sehr weit verbreitete Methode zur Schichtdickenmessung während des Beschichtungsprozesses ist der Einsatz von Schwingquarzsystemen. Durch die zunehmend komplexer werdenden Schichtsysteme und die Verfügbarkeit von Schichtdesignsoftwarelösungen steigen jedoch die Anforderungen an den Beschichtungsprozess (minimale Schichtdicken, Anzahl der Schichten, Homogenität der Schicht und Reproduzierbarkeit), so dass diese Messsysteme zunehmend an ihre Auflösungsgrenze stoßen. Somit besteht ein großer Bedarf an hochauflösenden optischen Monitoringverfahren zur Prozesskontrolle während des Beschichtungsprozesses. Verwendung für das optische Monitoring finden Messverfahren auf der Basis der Ellipsometrie und der Photometrie.

Optische Monitoringverfahren bieten umfangreichere Informationen über den aktuellen Zustand des entstehenden Schichtsystems und führen zu einer Reduzierung von Einfahrzeiten bei neuen Prozessen sowie zu einer höheren Reproduzierbarkeit der Schichtdesigns. Hauptziele sind die Beschleunigung von Einfahrprozessen und die Reduktion von Fehlchargen, was unmittelbar zu geringeren Fertigungskosten und einer Herabsetzung des Energieverbrauchs führt */Sten2011/, /Gäbl2013/*.

Unter dem **optischen Monitoring** versteht man eine In-situ-Messung des Transmissions- und/oder Reflexionsvermögens direkt am zu beschichtenden Substrat. Dies kann sowohl direkt, die Messung erfolgt in Echtzeit am tatsächlichen Substrat während des Beschichtungsprozesses, als auch indirekt, die Messung erfolgt an einem separaten Substrat (Dummy), das in der gleichen Beschichtungsanlage mitbeschichtet wird, durchgeführt werden. Die aus beiden Verfahren gewonnenen Messsignale können zur direkten Steuerung des Beschichtungsprozesses eingesetzt werden. Erreicht werden optische Auflösungsraten von 5 nm und besser bei typischen Reaktionszeiten von < 4 ms */Sten2011/, /Gäbl2013/*.

In Bild 8.14 ist ein allgemeiner In-situ-Aufbau zum direkten optischen Monitoring nach */Bado2008/* dargestellt, bei dem die Messung sowohl in Transmission als auch in Reflexion erfolgt. Im bewegten Substrathalter wird ein Substrat gewählt, dessen Parameter während des Beschichtungsprozesses gemessen werden sollen.

Vorzugsweise wird die Strahlung einer Weißlichtquelle in die Vakuumkammer gelenkt und so geformt, dass der Brennpunkt des Systems auf die Substratoberfläche fällt. Zur Auswertung des transmittierten und reflektierten Anteils werden Spektrometer mit einer **CCD**-Einheit (**C**harged **C**oupled **D**evice) oder einem **PDA**-Detektor (**P**hoto **D**iode **A**rray) in den optischen Strahlengang der beiden Strahlwege (Transmission und Reflexion) integriert. Diese befinden sich außerhalb der Vakuumkammer und leiten die Messwerte weiter an eine Auswerteeinheit (im Bild nicht dargestellt). Die Schichtdicke kann durch den Vergleich des gemessenen Transmissions- und Reflexionsgrades sowie der berechneten spektralen Antworten als Funktion der Schichtdicke in Echtzeit ermittelt werden */Bado2008/*.

Etabliert haben sich sogenannte „Broadband-Optical-Monitoring-(BOM)“-Methoden, die die Anpassung der optischen Messtechnik an eine Vielzahl von Schichtdesigns und Schichtstapeln erlauben. Dafür ist die zeitliche Erfassung von Transmission und Reflexion für die Überwachung eines Schichtprozesses von Vorteil.

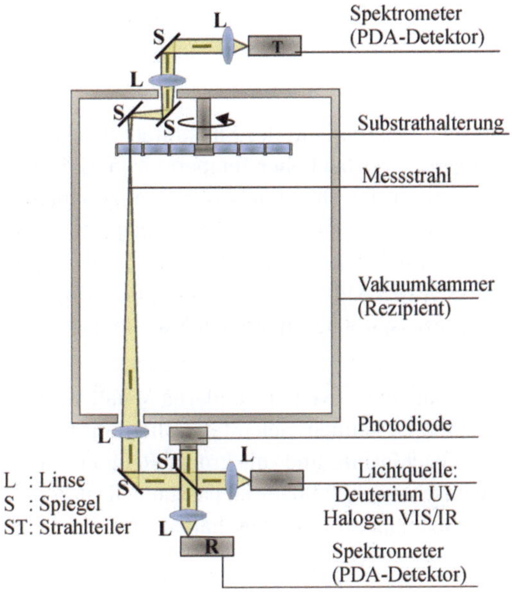

Bild 8.14
Prinzipanordnung zum direkten optischen Monitoring nach */Bado2008/*

Die in Bild 8.14 angeordneten PDA-Detektoren ermöglichen die Aufnahme eines Wellenlängenspektrums von 400 - 1000 nm mit einem Signal-Rausch-Verhältnis von 3000 im Transmissionsbereich und 1000 im Reflexionsbereich. Das gewählte Substrat befindet sich am Rand des Substrathalters in etwa 60 mm vom Rotationszentrum entfernt. Die Signalerfassungen müssen somit sequenziell (pro Umlauf) erfolgen. In der Anordnung wird mit einer Integrationszeit von etwa 40 ms (Signalzeitfenster) und einer Periodizität von 1,8 s (abgeleitet von der Rotationsgeschwindigkeit) gearbeitet. Der entsprechende Vergleich von gemessenem und berechnetem Spektrum der Detektorsignale lässt die abgeschiedene Dicke sequenziell auswerten. Stimmt die spektrale Schichtdickenmessung mit der theoretischen Auslegung übereinstimmt, wird die Beschichtung gestoppt. */Bado2008/*

Anhand der gemessenen aufgedampften Schichteigenschaften, die nach dem Beschichtungsprozess bestimmt werden, kann im Falle einer Abweichung ein Korrekturwert ermittelt werden, der bei dem nächsten Beschichtungsvorgang in die theoretische Berechnung des Spektrums einfließt.

8.2.2.3 Chemische Gasphasenabscheidung (CVD)

Die **CVD-Verfahren** (Chemical Vapour Deposition) sind Methoden, bei denen chemische Reaktionen in der Gasphase bei Drücken von 0,01 bis 1 bar und Temperaturen von etwa 200 bis 2000 °C unter Zufuhr von Wärme- und/oder Strahlungsenergie ablaufen und dabei Festkörperprodukte und flüchtige Nebenprodukte bilden. Die gasförmigen Reaktionspartner werden zusammen mit einem inerten Trägergas (meist Argon) durch eine Reaktorkammer geleitet, in der die Schichtsubstanz durch eine heterogene Reaktion als Schicht oder durch eine homogene Reaktion als Pulver abgeschieden wird. Hierbei werden vier grundsätzliche Reaktionstypen unterschieden:

- Chemosynthese (Reaktion mit Gasen)

  (z. B. $TiCl_4 + ½\, N_2 + 2\, H_2 \rightarrow TiN + 4\, HCl$)

- Pyrolyse (thermische Zersetzung)

  (z. B. $SiH_4 \rightarrow Si + 2\, H_2$)

- Disproportionierung
  (z. B. 2 $GeJ_2 \rightarrow Ge + GeJ_4$)
- Fotopolymerisation.

Die Abscheidung erfolgt als heterogene thermodynamische Reaktion auf der Substratoberfläche und wird auf dieser katalysiert. Bei der **Disproportionierung** wird das bei hoher Temperatur im Gleichgewichtszustand befindliche Gas auf der niedrigeren Temperatur der Substratoberfläche abgeschieden. Beim **thermischen Zersetzungsverfahren** hingegen werden die gasförmigen Reaktionspartner aufgespalten, wobei sich der nichtflüchtige Anteil auf der Substratoberfläche niederschlägt und der flüchtige gasförmige Anteil durch das inerte Trägergas entfernt wird. Oxidations- bzw. Reduktionsvorgänge bestimmen bei der **Chemosynthese** den Abscheidungsprozess, die besonders bei Metallhalogeniden Anwendung findet. */Petr2007/*

Die CVD-Verfahren werden zur Herstellung von Schichten aus refraktiven und anderen Metallen, Halbleitern, Boriden, Carbiden, Nitriden und Oxiden verwendet. Es können viele Materialien mit nahezu der theoretischen Dichte, bei sehr guter Haftfestigkeit, gleichförmig und mit großer Reinheit aufgebracht werden. Allerdings existieren nicht für jedes gewünschte Schichtmaterial passende Reaktionen. Weiterhin muss das Substrat den (meist hohen) Reaktionstemperaturen standhalten und den Reaktionspartnern gegenüber chemisch stabil sein.

Für die CVD-Beschichtung existieren verschiedene Verfahrensvarianten, die in Bild 8.15 zusammengestellt sind.

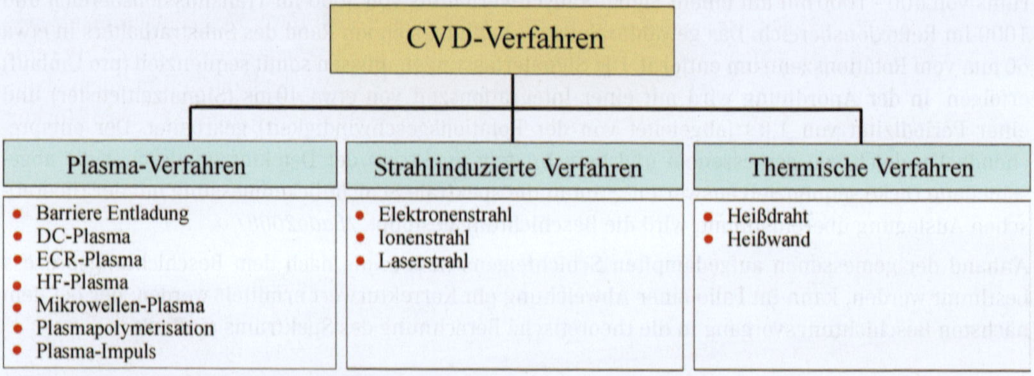

Bild 8.15 Einteilung der CVD-Verfahren

Beim **Plasma-CVD-Verfahren (PECVD Plasma Enhanced CVD)** wird im Reaktionsgefäß zusätzlich eine mit Hochfrequenz oder Mikrowellen angeregte Entladung gezündet, um die chemische Reaktion zu aktivieren. Bild 8.16 illustriert das Verfahrensprinzip. Eine Besonderheit stellt das Plasma-Impuls-CVD-Verfahren (PICVD) dar, bei dem die Entladung gepulst wird, so dass mit jedem Puls eine sehr dünne Schicht abgeschieden wird. Die Schichtdicke kann somit über die Pulszahl bestimmt werden. Auch Mischschichten und komplizierte Brechzahlprofile lassen sich mit dieser Technologie erzeugen.

Die Erzeugung des Plasmas wird durch eine pulsierende Einkopplung von Mikrowellen (ca. 2,45 GHz) realisiert. Die Plasmaerzeugungseinrichtung und das Substrat sind räumlich getrennt. Den Transport der Reaktivteilchen zum Substrat übernimmt ein Gasstrom. */Baue2002/*

Das Verfahren wird insbesondere zur Abscheidung von TiO_2 und/oder SiO_2 verwendet.

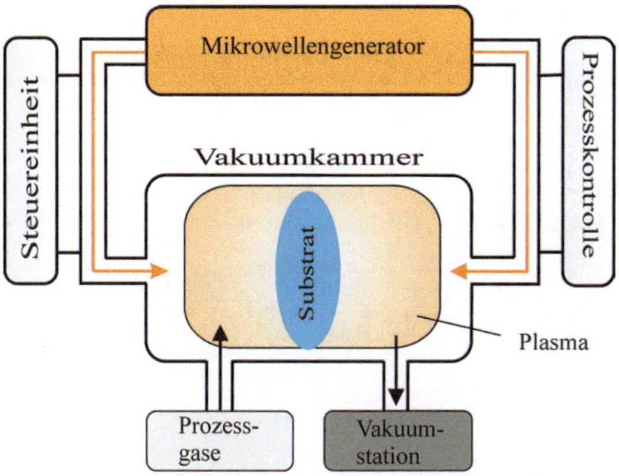

Bild 8.16
Prinzip des PECVD-Verfahrens nach */Baue2002/*

Die wesentlichen Vorteile beider Verfahren bestehen in:

- der Erzeugung von homogenen Schichten,
- dem Niedrigtemperaturprozess,
- der Schichterzeugung mit unterschiedlichen Eigenschaften in einem Durchlauf,
- der Beschichtung von komplexen 3D-Substratgeometrien.

Bild 8.17 illustriert das Ergebnis einer **PECVD-Beschichtung** von Kunststoffoptiken. Diese Beschichtung dient der Entspiegelung von Optikbauteilen und führt zur Verbesserung der Transmissionseigenschaften von AR-beschichteten Kunststoffoberflächen.

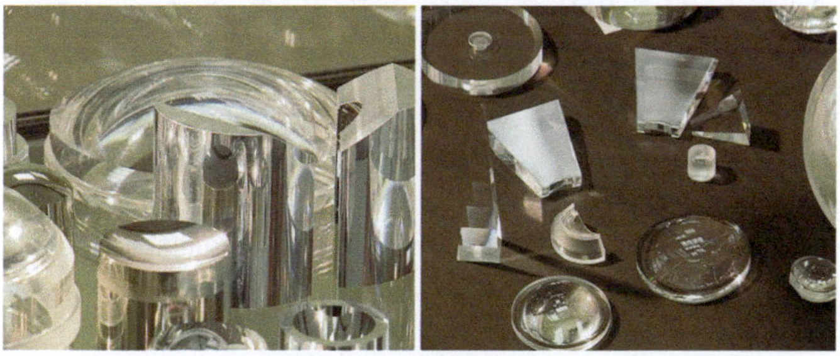

Bild 8.17
Anwendungsbeispiele des PECVD-Verfahrens: Auswahl PECVD-beschichteter Kunststoffoptiken */Jena2006-1/*

8.2.2.4 Nasschemische Verfahren

Zur chemischen Schichtabscheidung zählen **nasschemische Verfahren**, bei denen geeignete Lösungen durch Tauchen, Schleudern, Sprühen oder Walzen auf das Substrat gebracht werden sowie die Herstellung von Metallschichten durch Reduktion von Metallen aus der Lösung (siehe Tabelle 8.5). Letztgenanntes Verfahren wird auch heute noch z. T. für die Herstellung von Spiegelschichten eingesetzt. Beispiele für das Tauchverfahren sind das Einfärben von organischen Brillengläsern und das Aufbringen von Hart- und Kratzschutzschichten. Oftmals ist hier ein Temperprozess vorgeschaltet, um die Wasseraufnahme des Kunststoffes zu kompensieren.

Tabelle 8.5 Übersicht ausgewählter nasschemischer Verfahren

Spincoating	Dipcoating	Spraycoating
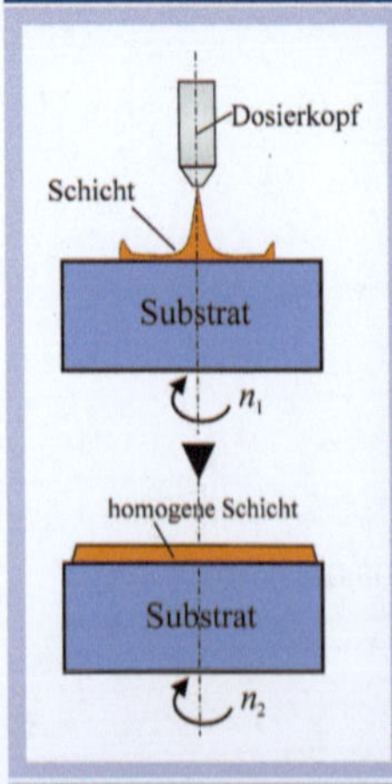	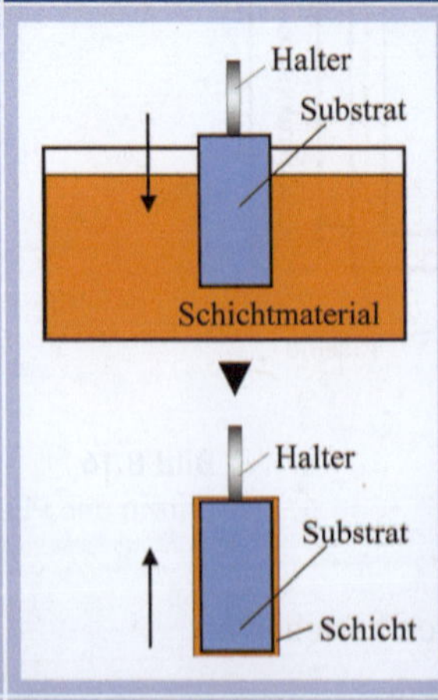	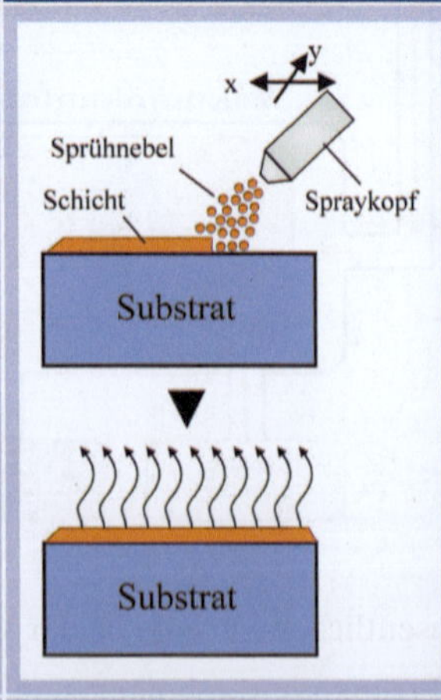
1. Substrat reinigen 2. Substrat positionieren 3. Schichtmaterial dispensieren 4. Rotation mit Drehzahl n_1 (ca. 500 min^{-1}) 5. Rotation mit Drehzahl n_2 (1600 - 6000 min^{-1}) 6. Schichttrocknung	1. Substrat reinigen 2. Ggf. Oberfläche mit entionisierter Luft reinigen 3. Halterungselement befestigen 4. Substrat mit konstanter Geschwindigkeit in flüssiges Schichtmaterial tauchen 5. Nach spezifischer Verweildauer Substrat mit konstanter Geschwindigkeit herausziehen 6. Schichttrocknung	1. Substrat reinigen 2. Ggf. Haftvermittler mittels Spincoating-Verfahren aufbringen 3. Sprayen des Schichtmateriales (mäanderförmig durch x- und y-Bewegung oder Rotation des Substrates mit überlagerter x-Bewegung 4. Schichttrocknung

Einsatzgebiete der in Tabelle 8.5 gegenüber gestellten Verfahren sind die Hartbeschichtung und das Beschichten für lithografische Zwecke. Bei der Wahl des geeigneten Verfahrens kommen folgende Gesichtspunkte besonders in Betracht:

- geforderte Schichtdickenhomogenität sowie Schichtdicke,
- Geschwindigkeit des Beschichtungsprozesses,
- Größe, Form und Gewicht des Substrates,
- Oberflächenbeschaffenheit.

Beim **Spincoating-Verfahren** (Aufschleudern) wird durch die Wirkung der Zentrifugalkraft aufgrund der Rotation des Substrates mit einigen tausend Umdrehungen pro Minute der dispensierte Lack gleichmäßig auf der Substratoberfläche verteilt. Bei diesen Verfahren werden sehr homoge Schichten in kurzen Taktzeiten erzeugt. Die hohen Schleuderdrehzahlen führen meist zu einer schnellen Austrocknung der Schicht, so dass sehr oft eine weitere Prozessierung (meist **Softbake**) direkt im Anschluss erfolgen kann. Vorteilhaft eingesetzt wird diese Technologie für rotationssymmetrische Bauteile (Wafer, Linsen). Die Ausbeute des Beschichtungsmaterials ist allerdings gering.

Das Verfahrensprinzip des **Spraycoatings** basiert auf der Erzeugung eines Tröpfchennebels, der sich auf der Substratoberfläche niederschlägt. Erzeugt wird dieser mithilfe eines Sprühkopfes, der mittels einer Stickstoffdüse oder mit Ultraschall das Beschichtungsmaterial fein zerstäubt. Das Spraycoating ist eine sehr gute Alternative zum Spincoating-Verfahren, wenn die Bauteile sehr groß oder nichtrotationssymmetrisch sind oder aber dreidimensionale Strukturen zu beschichten sind. Die Ausbeute des Beschichtungsmaterials ist deutlich höher als beim Spincoating. Die Beschichtungsstruktur kann jedoch durch die Summation der diskreten Tröpfchen zu bestimmten Oberflächentopografien führen, die in Abhängigkeit der Prozessparameter unterschiedlichen Charakter zeigen.

Das **Tauchverfahren** (Dipcoating) ist ein technisch einfach zu realisierender Prozess. Das Substrat wird mit einer definierten Geschwindigkeit aus seinem Becken mit flüssigem Beschichtungsmaterial gezogen. Unmittelbar über der Oberfläche des Beschichtungsvolumens dünnt die dort gesättigte Lösungsmittelatmosphäre die Schicht aus. Die Tauchbeschichtung kann sehr flexibel Oberflächenschichten auf unterschiedlichsten Substratgeometrien erzeugen. Es entsteht eine sehr glatte Schicht; allerdings ist die Schichtdicke eine Funktion der Ziehgeschwindigkeit und oftmals nicht sehr homogen. Das Beschichtungsmaterial wird fast zu 100 % ausgenutzt.

Das Tauchverfahren wird ebenfalls zum Färben von Kunststoffoptiken eingesetzt (siehe auch Kapitel 9).

Für lithografische Anwendungen schließt sich nach dem Beschichtungsvorgang ein **Softbake**- und **Hardbake-Prozess** an. Nach der Beschichtung besitzen Lackschichten eine Restlösungsmittelkonzentration, die durch den Softbake-Prozess verringert wird. Im Hardbake-Prozess werden hingegen die Lackschichten nach dem Entwickeln stabilisiert und gegen nachfolgende Prozesse (Galvanik, Ätzen) beständiger gemacht.

8.2.3 Anwendungen

Die Anwendungen der Dünnschichttechnik sind außerordentlich vielfältig. Ausgewählte Anwendungen von optischen Schichten werden nachfolgend vorgestellt.

8.2.3.1 Entspiegelungsschichten

Entspiegelungsschichten dienen zur Erhöhung der Transmission beim Durchgang von Licht durch ein optisches Bauelement bzw. System. Bedingt durch den Brechzahlunterschied von Luft und Glas treten an den Grenzflächen der Bauelemente Reflexionen auf (Bild 8.18). Optische Gläser mit einer Brechzahl von $n = 1{,}52$ weisen bereits eine Reflexion von ca. 4 % der auftreffenden Lichtintensität an einer Grenzfläche auf. Somit kommt es beim Lichtdurchgang durch beide Grenzflächen eines einfachen optischen Bauelementes bereits zu einem Verlust der Lichtintensität von rund 8 %. Noch gravierender wird der **Intensitätsverlust** in optischen Systemen mit mehreren optischen Grenzflächen, was zu Transmissionsverlusten von über 50 % führen kann. Kontrastverluste sind eine weitere Folge, da das in Richtung Bildraum reflektierte Licht mehrfach reflektiert wird. Für den Einsatz von Entspiegelungsschichten steht somit die Aufgabe, einerseits die störenden Reflexionen zu verringern und andererseits den Kontrast und damit die Bildqualität zu gewährleisten.

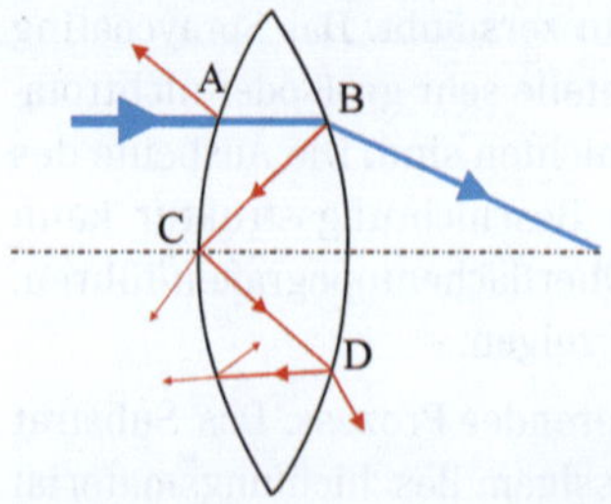

Bild 8.18
Reflexionsverluste an einer unbeschichteten Linse

Nachfolgend werden die Reflexionsverluste kurz diskutiert und das Prinzip der Entspiegelungsschicht erläutert.

Der Anteil des reflektierten Lichtes ist vom Einfallswinkel und von der Brechzahldifferenz zwischen den Medien abhängig. Der Anteil verhält sich nahezu proportional zur Brechzahl und bleibt bei zunehmendem Einfallswinkel zunächst nahezu konstant, steigt für größer werdende Einfallswinkel jedoch steil an. Da die meisten Anwendungen mit kleineren Einfallswinkeln arbeiten, kann man vom senkrechten Einfall ausgehen. Der Reflexionsgrad beim Übergang des Lichtes von Luft nach Glas ist nach Formel 8.3 zu berechnen.

$$\rho\left(\frac{n-1}{n+1}\right)^2 \tag{8.3}$$

ρ Reflexionsgrad, n Brechzahl

Eine Näherung des Transmissionsgrades für ein optisches System erhält man mit

$$\tau=(1-\rho)^k \tag{8.4}$$

τ Transmissionsgrad, k Anzahl der Reflexionsschichten.

Für ein System mit 10 Grenzflächen und einer angenommenen Grenzflächenreflexion von 4 % ergibt sich für dieses System lediglich ein Transmissionsgrad von 66,5 %.

Das allgemeine Prinzip der Entspiegelungsschichten beruht auf der destruktiven Interferenz der reflektierten elektromagnetischen Wellen. Bereits in den 30er-Jahren des 20. Jahrhunderts haben Physiker und Ingenieure die technische Lösung des Problems in den Werkstätten von Carl Zeiss in Jena gefunden und den legendären „T-Belag“ entwickelt. Das T stand für Transparenz, und die Oberfläche der im Hochvakuum bedampften Schicht besaß den bekannten bläulichen Schimmer.

Bild 8.19 veranschaulicht das Prinzip einer **Antireflexionsschicht (AR-Schicht)**.
Trifft der einfallende Strahl auf die aufgetragene AR-Schicht, wird ein Teil an dieser reflektiert, der andere Teil passiert diese Schicht und wird dann an der nächsten Grenzfläche reflektiert. Damit die beiden Teilstrahlen R_1 und R_2 vollständig destruktiv interferieren können, das heißt sich auslöschen, müssen ihre Amplituden gleichgroß sein, und sie müssen um die halbe Wellenlänge phasenverschoben sein.

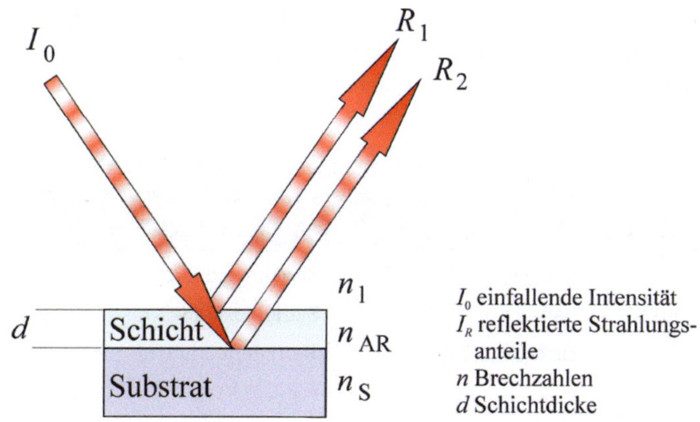

Bild 8.19
Prinzip einer AR-Schicht

Für die beiden reflektierenden Anteile muss die folgende Bedingung erfüllt sein:

$$d = \frac{\lambda_m}{4 \cdot n_{AR}}. \tag{8.5}$$

d Schichtdicke, λ_m mittlere Wellenlänge, n_{AR} Brechzahl der Schicht.

Die einfachste Art einer solchen Entspiegelungswirkung ist eine Einfachschicht, gebildet durch eine $\lambda/4$-Schicht. Jedoch wird bei dieser Beschichtungsart nur eine einzige Wellenlänge effektiv ausgelöscht. Eine wirksamere Reflexminderung erreicht man erst mit einer Kombination mehrerer Schichten, wobei man hoch- und niedrigbrechende Schichten in der Folge kombiniert.

Bild 8.20 illustriert exemplarisch die schematische Darstellung des Schichtaufbaus von **AR-hard-Schichten** als Abfolge von symmetrischen Drei-Schicht-Perioden zur Entspiegelung von Kunststoffoptiken. In der Praxis werden oftmals Mehrfachschichten eingesetzt, die die Transmission wesentlich erhöhen */Schu2004/*.

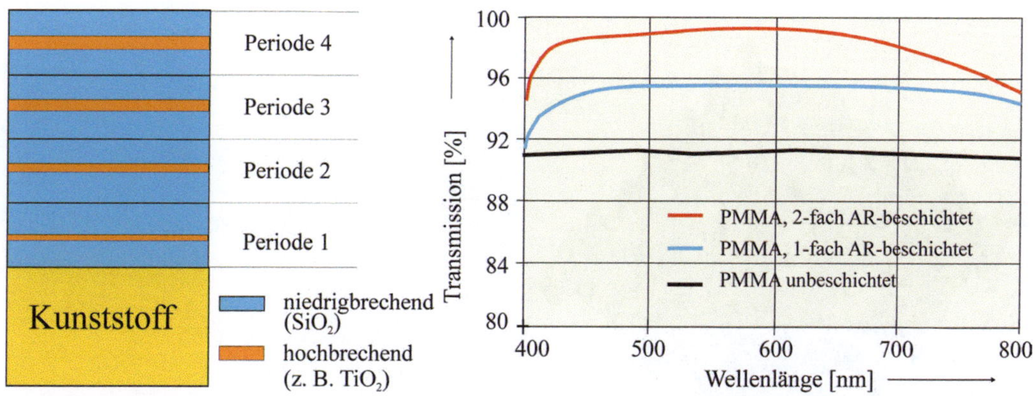

Bild 8.20 Beispiele für eine AR-Schicht auf Kunststoffsubstraten */Schu2004/*: links) schematische Darstellung eines Schichtaufbaues, rechts) Transmissionsverhalten in Abhängigkeit der Wellenlänge

Auch die meisten Transmissionselemente für Laseroptiken sind mit dielektrischen Schichten zur Gewährleistung einer vollständigen oder teilweisen Entspiegelung versehen. Insbesondere für die

Übertragung hoher Strahlleistungen ist dies zwingend erforderlich. Hierfür steht eine Vielzahl von Materialien und Materialkombinationen zur Verfügung. Gebräuchliche Kombinationen für die drei in der Materialbearbeitung bedeutsamen Laser sind in Tabelle 8.6 aufgeführt.

Tabelle 8.6 Beispiele typischer Kombinationen dielektrischer Schichten für Laseroptiken */Stau2000/*

Lasertyp/Wellenlänge	Substrat	Hochbrechende Schicht	Niedrigbrechende Schicht
Excimer/197 nm	Quarz	Aluminiumoxid (Al_2O_3)	Siliziumoxid (SiO_2)
Nd:YAG/1,06 µm	BK7 oder Quarz	Hafniumoxid (HfO_2)	Siliziumoxid (SiO_2)
CO_2/10,6 µm	ZnSe	Zinksulfid (ZnS)	Thoriumfluorid (ThF_4)

Neben der beschriebenen Wirkung von Interferenzschichten für die Entspiegelung von optischen Bauelementen können auch **nanostrukturierte Oberflächen** verwendet werden. Solche nanostrukturierten Oberflächen besitzen periodische oder stochastische Muster. Diese Strukturen können für lichtstreuende (Diffusoren), lichtbeugende (Gitter) oder für reflexmindernde Aufgaben Anwendung finden. Erzeugt man Nanostrukturen mit definierten Erhebungen und Vertiefungen, kann ein entstehender partieller Brechzahlgradient reflexmindernd wirken. Ein Vorbild aus der Natur, das Mottenauge, stand sozusagen Pate für das entwickelte Verfahren der sogenannten **Moth Eye Structures** (Bild 8.21). Im Evolutionsprozess haben sich nanostrukturierte Insektenaugen herausgebildet, wodurch die Rückreflexe an der Hornhaut fast vollständig unterdrückt werden.

In der optischen Anwendung werden diese Strukturen, mit einer Periode von (Erhebung zu Vertiefung) kleiner 250 nm und einer Strukturtiefe von mehr als 200 nm auf optischen Oberflächen erzeugt. Der kontinuierliche Übergang des Brechungsindexes der Schicht zu Luft bietet die Voraussetzung einer wirksamen Entspiegelung.

Diese Strukturen kann man sowohl holografisch oder durch einen ionengestützten PVD-Prozess erzeugen.

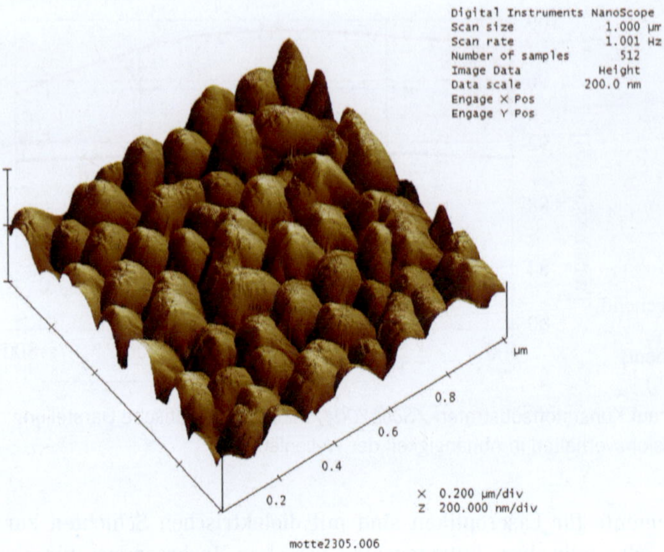

Bild 8.21
Moth Eye Structure (AFM-Aufnahme EAH Jena)

8.2.3.2 Vorder- und Oberflächenspiegelschichten

Vorder- und Oberflächenspiegelschichten sind die Basis wichtiger optischer Bauelemente, die eine parallaxefreie (doppelbildfreie) Bildwiedergabe erlauben. Diese Schichten werden zur Erhöhung der Reflexionswirkung aufgebracht. Die Verspiegelungswerkstoffe werden entsprechend den gewünschten Anforderungen ausgewählt und haben z. T. sehr unterschiedliche wellenlängenabhängige Reflexionsgrade. Wichtige Materialien sind neben Platin, Aluminium, Silber und Gold auch Chrom, Nickel, Kupfer, Zinksulfid sowie Magnesiumfluorid. Einige der genannten Materialien sind aber nicht korrosionsfest oder gegen mechanisches Reinigen unbeständig. Man sieht deshalb sehr oft zusätzliche Schutzschichten, beispielsweise aus Siliziumoxid, vor.

Tabelle 8.7 Spektraler Reflexionsgrad diverser Spiegelschichten bei senkrechtem Lichteinfall */Loef2020/*

λ (nm)	Al	Ag	Au	Cu	Rh	Pt	Ni	Hg	Cr
220	91,5	28,0	27,5	40,4	57,8	40,5	-	-	40,5
260	92,2	29,2	35,6	35,5	67,7	51,5	38,0	58,0	47,5
300	92,3	17,6	37,7	33,6	73,4	57,6	44,0	63,0	52,0
320	92,4	8,9	37,1	36,3	75,5	60,0	-	-	54,0
340	92,5	72,9	36,1	38,5	76,9	62,0	47,0	-	55,0
360	92,5	88,2	36,3	41,5	78,0	63,4	49,0	70,0	55,5
380	92,5	92,8	37,8	44,5	78,1	64,9	50,0	72,0	57,0
400	92,4	95,6	38,7	47,5	77,4	66,3	55,0	73,0	58,0
450	92,2	97,1	38,7	55,2	76,0	69,1	59,0	75,0	60,0
500	91,8	97,9	47,7	60,0	76,6	71,4	61,0	75,0	61,5
550	91,5	98,3	81,7	66,9	78,2	73,4	63,0	-	62,0
600	91,1	98,6	91,9	93,3	79,7	75,2	65,0	75,0	62,0
700	89,7	98,9	97,0	97,5	82,0	77,2	69,0	77,0	62,0
800	86,7	99,2	98,0	98,1	83,1	78,5	70,0	-	62,0
900	89,1	99,3	98,4	98,4	83,6	80,5	-	-	61,0
1000	94,0	99,4	98,6	98,5	84,2	80,7	72,0	-	-
2000	97,8	99,4	99,1	98,6	91,4	81,8	79,0	-	-
4000	98,2	99,4	99,4	98,7	95,8	93,7	-	-	-
6000	98,5	99,5	99,4	98,7	96,8	95,6	-	-	-
8000	98,7	99,5	99,4	98,8	97,2	96,0	-	-	-
10 000	98,7	99,5	99,4	98,9	97,6	96,2	-	-	-
15 000	98,9	99,6	99,4	99,0	98,1	96,5	97,0	-	-
20 000	99,0	99,6	99,4	-	-	-	-	-	-
30 000	99,2	99,6	99,4	-	-	-	-	-	-

Für eine hohe und farbneutrale Reflexion wird das relativ preiswerte, widerstandsfähige Aluminium verwendet, das im Hochvakuum auf die polierten bzw. blanken Glas- und Kunststoffsubstrate aufgedampft oder aufgesputtert wird. Entsprechende Schutzschichten mit reflexionserhöhender Wirkung werden im gleichen Arbeitsgang mit aufgebracht. Die Reflexionswerte typischer Vorderflächenspiegel liegen zwischen 88 % und 92 %. Hochreflektierende Oberflächenspiegel erreichen 94 % bis 99 %, wobei das Aufdampfen mehrerer Schichten in einem technologischen Zyklus erfolgt. Der Einsatz von Vorderflächenspiegeln ist sehr vielgestaltig und reicht z. B. von Kopier-, Barcode- und Projektionsgeräten bis hin zu lasertechnischen Anwendungen.

Laserspiegelschichten

Laserspiegelschichten müssen extreme Anforderungen erfüllen, um auch die hohen Strahlleistungen von Hochleistungslasern zu übertragen. Es sind oftmals kompliziert aufgedampfte oder gesputterte Schichtsysteme, im Allgemeinen von über 17 Schichten. Die beim Aufdampfen bzw. Sputtern zur Anwendung kommenden **dielektrischen Materialien** sind nahezu absorptionsfrei und ermöglichen maximale Reflexionen bis zu 99,9 % für die jeweilige Einsatzwellenlänge. Eine sehr gute Vorbearbeitung der Substrate ist zwingend erforderlich. Als Substratmaterialien kommen vorwiegend Glas (BK7), Quarz, Silizium, Kupfer und Molybdän zum Einsatz. Aufgrund ihrer hohen Wärmeleitfähigkeit werden bei hohen Laserleistungen Cu-Substrate bevorzugt. Quarz- und Glassubstrate finden für Laser kleiner und mittlerer Leistung Verwendung sowie Si-Substrate, die ebenfalls relativ häufig verwendet werden. Die bei speziellen Substrat-Metallschicht-Kombinationen erreichbaren Reflexionsgrade sind in Tabelle 8.8 aufgelistet, wobei zu beachten ist, dass die Polarisationsrichtung des einfallenden Lichtes Einfluss auf den Reflexionsgrad der Spiegel hat. Dielektrische Spiegel hoher Reflektivität werden vor allem für Nd:YAG- und Excimer- und UKP-Laser eingesetzt, bei CO_2-Lasern haben Metallspiegel den Vorrang.

Tabelle 8.8 Reflexionsgrad verschiedener Substrat-Metallschicht-Kombinationen */Stau2000/*

Substrat	Schichttyp	Reflektivität in %
Kupfer	Hartgold mit Nickeluntergrund	≥ 98,8 (bei 10,6 µm)
	Hartgold	≥ 99,0 (bei 10,6 µm)
	Enhanced Gold (EG)	≥ 99,85 (bei 10,6 µm)
	Protected Silver (PS)	≥ 99,0 (bei 10,6 µm)
	Enhanced Silver (ES)	≥ 99,5 (bei 10,6 µm)
Silizium	Protected Silver (PS)	≥ 99,0 (bei 10,6 µm)
	Enhanced Silver (ES)	≥ 99,5 (bei 10,6 µm)
	Gold	≥ 98,9 (bei 10,6 µm)
Glas	Gold	≥ 99,4 (bei 10,6 µm)
	Gold	≥ 98,6 (bei 1,06 µm)
	Enhanced Silver (ES)	≥ 99,4 (bei 1,06 µm)
	Protected Aluminium (PA)	≥ 92,3 (bei 308 nm)

Spiegelschichten für den EUV-Bereich

Der **EUV-Bereich** (Extreme Ultra Violet) ist ein besonders interessanter Anwendungsbereich für hochauflösende Teleskope und Mikroskope sowie der Mikrolithografie. Die optischen Bauelemente erfordern in diesem extremen Wellenlängenbereich ein Mehrschichtsystem, das teilweise aus über 100 Schichten mit Einzelschichtdicken von 1/4 der verwendeten Wellenlänge besteht. Die große Anzahl der Schichten ist erforderlich, da Einzelschichten im EUV-Bereich nicht effektiv genug die Strahlung reflektieren. Aufgrund der hohen Schichtanzahl sowie der geringen Schichtdicke werden extreme Anforderungen an den Beschichtungsprozess gestellt. Auch die Oberflächenrauheit der polierten Flächen muss höchste Anforderungen ($R_q < 1$ nm) erfüllen, da es sonst zu erheblichen Reflexionsverlusten kommen kann.

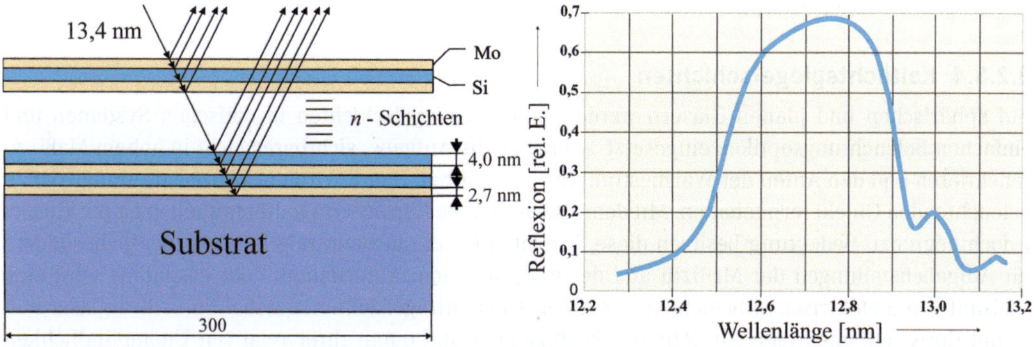

Bild 8.22 Multischicht aus Molybdän und Silizium für EUV-Bereich */Feig2000/*: links) Darstellung der Schichtfolge, rechts) Abhängigkeit der Reflexion von der Wellenlänge

d_H Dicke der hochbrechenden Schicht Mo 2,7 nm
d_L Dicke der niedrigbrechenden Schicht Si 4 nm
R = 68,4 %; für λ = 12,76
N = 60; Γ = 0,4

Der generelle Aufbau von **Multischichtspiegeln** besteht aus einer alternierenden Folge von Materialien mit hohem und niedrigem Brechungsindex. Die Anzahl der Periodenzahl N ergibt sich somit aus der Hälfte der Gesamtschichtzahl. In Bild 8.22 links ist ein typisches Multischichtsystem skizziert.

Die Periodendicke ergibt sich aus

$$H = d_H + d_L \tag{8.6}$$

d_H Dicke der hochbrechenden Schicht, d_L Dicke der niedrigbrechenden Schicht

Ein wichtiger Parameter für die konstruktive Interferenzwirkung von Multischichtsystemen ist das Schichtdickenverhältnis Γ. Es ergibt sich aus

$$\Gamma = \frac{d_H}{d_H + d_L}. \tag{8.7}$$

In der Anwendung der Schichtsysteme mit Mo/Si erzielen Schichtdickenverhältnisse von 0,4 die höchste Reflektivität. Theoretisch ist in dem in Bild 8.22 rechts dargestellten Reflexionsverlauf eine maximale Reflexion von 75 % möglich. Der in diesem Beispiel experimentell erreichte Wert von ca. 68 % */IOF2007/* erfordert einen sehr hohen gerätetechnischen Aufwand und entsprechendes Know-how bei der Beherrschung des sehr anspruchsvollen Beschichtungsprozesses. Solche Multischichtsysteme werden durch spezielle Anordnungen des Magnetron-Sputters erzielt.

8.2.3.3 Teilerspiegelschichten

Teilerspiegelschichten auf planen Glassubstraten und hochtransparenten Kunststoffen sind in optischen Systemen wichtige Bauelemente zur geometrischen, spektralen und intensitätsseitigen Aufspaltung von Licht. Teilerspiegel gibt es zum einen auf der Basis von Metallschichten (z. B. Cr, Ag mit Schutzschicht) für eine relative farbneutrale Aufspaltung von Licht mit dem gewünschten Verhältnis der Lichtintensitäten. Andererseits werden Teilerelemente auf der Basis von dielektrisch kompliziert aufgedampften oder gesputterten Schichtsystemen (oft SiO_2 und TiO_2) hergestellt und dienen meist zur spektralen Aufspaltung von Licht. Die Rückseiten der Spiegelschichtträger werden gewöhnlich entspiegelt oder mit anderen Bauelementen gefügt. Anwendung finden Teilerspiegel in Mikroskopen mit biokularem Einblick, Fotoapparaten, Camcordern, Vermessungsgeräten etc.

8.2.3.4 Kaltlichtspiegelschichten

Auf sphärischen und planen Gläsern werden Kaltlichtspiegelschichten in optischen Systemen und einfachen Beleuchtungsoptiken eingesetzt. Sie haben die Aufgabe, sichtbares Licht in hohem Maße zu reflektieren und den Anteil der Wärmestrahlung abzuführen. Damit wird die Wärmestrahlung vom zu beleuchtenden Objekt ferngehalten. Mit dem zunehmenden Einsatz von Kaltlichtquellen ist ihr Einsatz jedoch begrenzt. Bedeutung besitzen diese Schichten für die farbneutrale Wiedergabe, insbesondere für Aufgabenstellungen der Medizin und der Bildprojektion. Aufgedampft oder gesputtert wird eine Vielzahl von dielektrischen Schichten. Als Spiegelschichtträger kommen dabei Borosilicatgläser aufgrund ihres sehr niedrigen Ausdehnungskoeffizienten und damit ihrer relativen Unempfindlichkeit gegenüber Temperaturbeanspruchungen zum Einsatz.

8.2.3.5 Elektrisch leitfähige Schichten

Dieses spezielle Gebiet der Beschichtungstechnik dient der Abschirmung hochfrequenter elektromagnetischer Strahlung (Störfelder) oder zur Ableitung elektrostatischer Aufladung. Meist auf Flachglasanwendung beschränkt, werden komplizierte Strukturen aus elektrisch leitfähigen Schichten aufgebracht, die über Kapazitätsänderungen Schaltvorgänge ermöglichen, die z. B. in **Touch Control Panels** eingesetzt werden. Ein weiteres, stark im Wachsen befindliches Anwendungsfeld für elektrisch leitfähige Schichten ist die Solarindustrie.

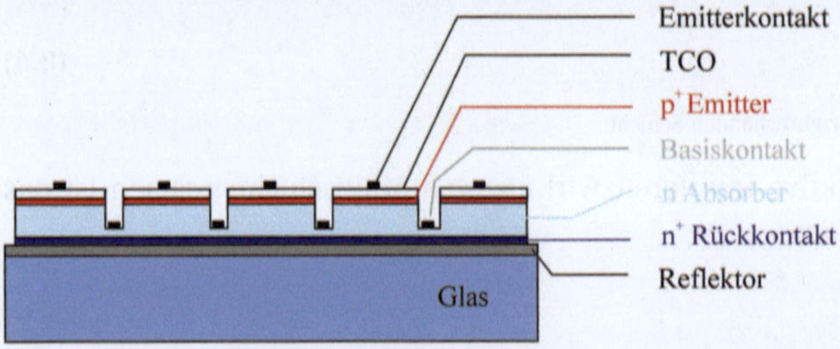

Bild 8.23
Beispiel für die Struktur einer Silizium-Dünnschichtsolarzelle auf Glas
/Scho2006/

Eine moderne Anwendung ist die Entwicklung von Dünnschichtsolarzellen aus mikrokristallinem und polykristallinem Silizium auf Glassubstraten (Bild 8.23). Dazu müssen konsequent Niedertemperaturprozesse eingesetzt werden ($T < 550\,°C$). Im Mittelpunkt vieler industrieller Anwendungen stehen Dünnschichtsolarzellen, z. B. des Typs pin oder nip mit einer Fläche von $1 \times 1\ cm^2$.

Zur Herstellung der kristallinen Si-Filme werden Verfahren der Plasmatechnologie eingesetzt. Hierbei kann man drei verschiedene Wege unterscheiden:

- direkte Abscheidung auf Glas,
- Deposition von amorphen Filmen auf Glas und anschließende thermische Kristallisation,
- Herstellung von polykristallinen Saatschichten und anschließende epitaktische Verdickung */Scho2006/*.

8.2.4 Schichtcharakterisierung

Aufgetragene Schichten müssen eine Vielzahl von geforderten Eigenschaften erfüllen, deren Prüfung wiederum z. T. sehr unterschiedliche Verfahren erfordert. Wichtige **Schichteigenschaften** sind

- optische Eigenschaften (Transmission, Reflexion),
- mechanische Eigenschaften (Härte, Schichthaftung, Kratzfestigkeit),
- geometrische Eigenschaften (Dichte, Homogenität, Dicke, Oberflächenrauheit).

Die Messung der optischen Konstanten erfolgt zumeist mit dem Spektralfotometer oder dem Ellipsometer. Wichtige Messgrößen sind die Transmission, Reflexion sowie die Absorption von Schichten. Exemplarisch für die unterschiedlich angewendeten Verfahren wird nachfolgend kurz die **kalorimetrische Messmethode** vorgestellt.

Bei diesem Messverfahren wird die Erwärmung der Probe infolge der Absorption von Strahlung im Substrat oder der Schicht gemessen. In der Messanordnung wird das optische Bauelement mit einer definierten Laserleistung bestrahlt. Die Messung der Bauteilerwärmung erfolgt mit einem Thermoelement am Umfang des Bauelementes. Es ergeben sich drei typische Kurvenbereiche, wobei im mittleren Kurvenverlauf ein nahezu linearer Kurvenanstieg analysiert werden kann.

In diesem Bereich wird der Anstieg ermittelt und über die Beziehung

$$\alpha = \frac{V \cdot c \cdot \Delta T_{\text{lin}} \cdot 100}{P_{\text{A}}} \tag{8.8}$$

V Volumen, *c* spez. Wärmekapazität, P_{A} Laserleistung, ΔT_{lin} Temperaturanstieg im linearen Kurvenverlauf ($\text{K} \cdot \text{s}^{-1}$)

der Absorptionskoeffizient bestimmt. Eine charakteristische Temperatur-Zeit-Kurve solch einer Messung im linearen Kurvenverlauf veranschaulicht Bild 8.24.

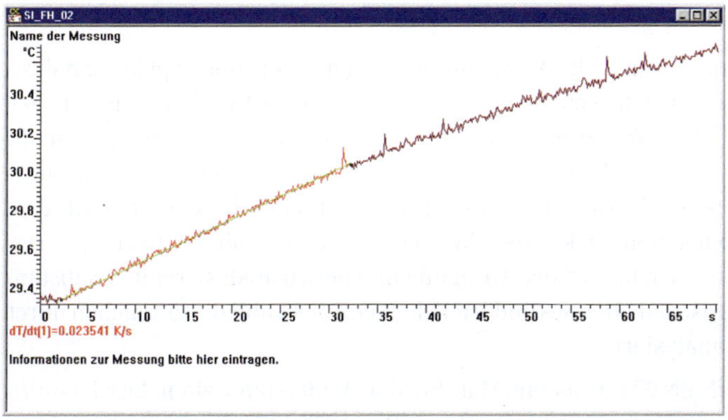

Bild 8.24
Temperatur-Zeit-Kurve der kalorimetrischen Messung

Eine Eichung des Thermoelementes trägt ebenfalls zu einer genauen Bestimmung von Absorptionswerten optischer Bauelemente bei. Der einfache Verfahrensablauf lässt sich gut automatisieren und somit schnell Absorptionskoeffizienten ermitteln. Im Beispiel Bild 8.25 wurde ein beschichteter Siliziumspiegel für die Wellenlänge 10,6 μm gemessen. Die Eingabemaske dokumentiert die erforderlichen Parameter für die Berechnung von α.

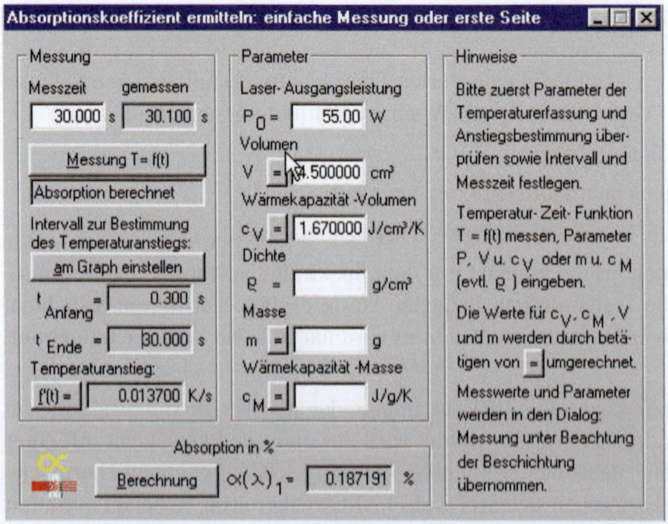

Bild 8.25
Eingabemaske der Parameter für die Bestimmung des Absorptionskoeffizienten

Spiegel:

- Silizium, Protected Silver (PS)
- beschichtet für $\lambda = 10{,}6\,\mu m$
- Temperaturanstieg (linearer Bereich): $0{,}0137\,K \cdot s^{-1}$
- berechneter Absorptionskoeffizient: 0,19 %

Wenn ausschließlich gerichtete Reflexion angenommen wird, beträgt der Reflexionsgrad des Spiegels R = 99,81 %.

Konventionelle chemische Analysemethoden, z. B. Atomemission, Atomabsorption, Spektralanalyse, Röntgenfluoreszenz und Massenspektrometrie, spielen eine große Rolle für die Charakterisierung verwendeter Beschichtungsmaterialien. Des Weiteren haben die gesteigerten Anforderungen an die Mikroanalyse von Oberflächen und dünnen Schichten hinsichtlich Orts- und Flächenauflösung sowie Informationstiefe zu einer Vielzahl neuer Methoden geführt. Diese Methoden beruhen darauf, dass man Wechselwirkungsprozesse von Photonen, Elektronen, Ionen oder Teilchen mit der zu analysierenden Schicht untersucht. Dabei werden – je nach Art der Anregung und der zu analysierenden Substanz – Teilchen elastisch oder inelastisch gestreut oder Sekundärteilchen emittiert und diese Teilchen durch ein entsprechendes Detektorsystem analysiert.

Die **Haftfestigkeit** wird nach der DIN EN 971-1 als ein Maß für den Widerstand einer Beschichtung gegen ihre mechanische Trennung vom Untergrund bezeichnet. Die dafür erforderlichen Adhäsionskräfte der Schicht sind von mehreren Größen abhängig. Einerseits müssen die Atombindungen innerhalb der Interfacezone ausreichend stark und die inneren Spannungen möglichst gering sein. Des Weiteren dürfen keine Langzeitdegradationen von Schicht und Substrat auftreten sowie keine Deformationen und Brüche vorliegen. Für diese Bewertung steht in der Praxis eine Reihe von Verfahren zur Verfügung. Beim **Tape-Test am Gitterschnitt** werden nach der DIN EN ISO 2409 definierte Kreuzschnitte in die Schichtoberfläche eingebracht. Mit einem genormten Klebeband (DIN ISO 9211) wird die Schichtoberfläche abgeklebt und nach einer Verweildauer unter einem festgelegten Winkel (60°) abgezogen.

In Bild 8.26 ist ein Tape-Test an einer beschichteten Kunststoffsubstratschicht dargestellt. Die Dicke der Entspiegelungsschicht liegt unter 300 nm, wobei die Lackhartschicht eine Dicke von ca. 2 bis 3 µm besitzt. Die Darstellung zeigt eine fehlerhaft beschichtete Oberfläche, wobei sich die Hartschicht vom Substrat löst.

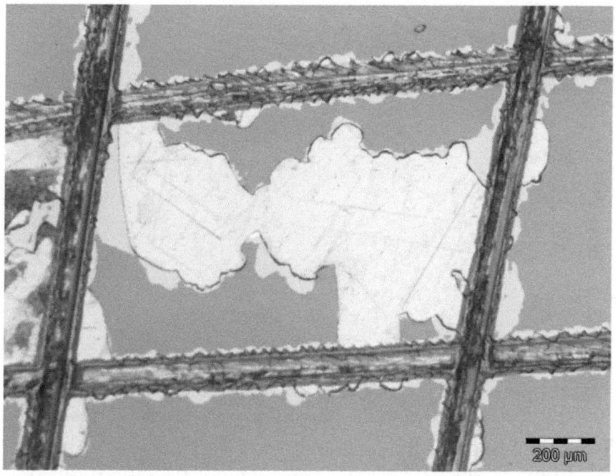

Bild 8.26
Ausschnitt einer Tape-Test-Struktur */Rohl2003/*

Insbesondere bei Kunststoffbeschichtungen wendet man vielfach auch den sogenannten **Bleistift-Test** sowie den **Radiergummi-Test** an. Bei beiden Verfahren wird die Widerstandsfähigkeit einer Oberflächenschicht unter der Einwirkung einer Kraft ermittelt. Eine abgewandte Form des Ritztestes wird unter der Verfahrensbezeichnung **Scanning-Scratch-Test** angewandt (DIN EN ISO 1518). Mithilfe eines Diamantstiftes werden Ritzspuren in die Schicht eingebracht. In der tangentialen Bewegung der Ritznadel wird zusätzlich eine Schwingungsbewegung überlagert, wobei die Nadel kontinuierlich abgesenkt wird. In der optischen Auswertung der Ritzspur können Eindring- bzw. Widerstandskräfte der getesteten Schicht bestimmt werden.

Optische Beschichtungen werden zahlreichen speziellen mechanischen oder chemischen Prüfungen unterzogen, um deren Gebrauchstauglichkeit zu überprüfen. Zur Anwendung kommen z. B.:

- der **Feucht-Wechselklima-Test** (Zyklus: 12 Stunden bei 40 °C und 100 % Luftfeuchtigkeit und anschließend 12 Stunden Abkühlung; die Anzahl der Zyklen wird variiert),
- der **Sprühnebel-Test** (bei 50 °C wird mit einer Düse eine wässerige Lösung mit 5 % NaCl aufgesprüht),
- das **Sandriesel-Verfahren** (es werden 3 kg Sand der Kornklasse 0,4 bis 0,8 mm aus 1650 mm Höhe durch ein Fallrohr auf die Probe geleitet),
- das **Kochen in Salzwasser mit entionisiertem Wasser** (der Prüfling verbleibt 5 bis 60 min in der Salz-Lösung) */Kais2006/*.

Die geometrischen Eigenschaften von aufgetragenen Schichten bestimmen nicht nur die Funktionsweise der Schicht, sondern wirken sich auch auf das Verschmutzungsverhalten sowie die Reinigung einer Oberfläche aus. Für Brillengläser werden sogenannte **Topcoatings** aufgebracht, um die Benetzungseigenschaften gezielt zu beeinflussen. Dadurch können die Schichten gegen Wasser und Öle abweisend reagieren und Schmutzanlagerungen reduzieren.

Die Oberflächentopografie, insbesondere die Mikrorauheit einer Schicht, stellt ebenfalls eine wichtige messtechnische Bewertungsgröße für eine Schichtcharakterisierung dar. Die anwendbaren Messmethoden sind aufgrund der sehr hohen Oberflächengüte von optischen Schichten jedoch stark eingeschränkt. Bild 8.27 illustriert die Oberflächentopografie des kalorimetrisch gemessenen Protected-Silver-Siliziumspiegels mit den Parametern aus Bild 8.25. Mit dieser sehr genauen Messmethode können systematische Oberflächenfehler im Nanometerbereich aufgebrachter Schichten, insbesondere Mikrodefekte, Dichtheit bzw. Homogenität der oberflächennahen Struktur, bewertet werden.

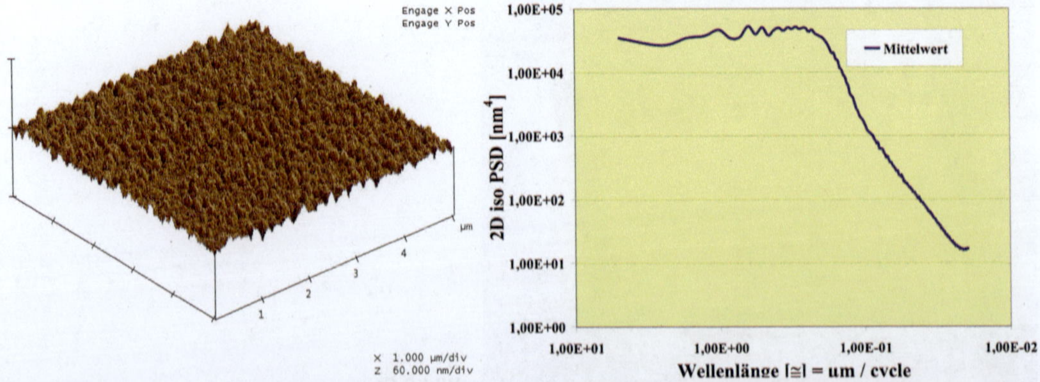

Bild 8.27 Bewertung der Reflexionsschicht eines PS-beschichteten Si-Spiegels mit mikroskopischen Verfahren: links) dreidimensionales Oberflächenprofil (AFM), rechts) PSD-Funktion der links abgebildeten Spiegeloberfläche

8.3 Übungsaufgaben

1. Welche Besonderheiten charakterisieren das Verfahren „Beschichten"?
2. Welche Anforderungen müssen Lacke für das Randschwärzen von Linsen erfüllen?
3. Nehmen Sie eine sinnvolle Einteilung von Beschichtungsverfahren vor.
4. Erläutern Sie die Wirkungsweise von Entspiegelungsschichten. Welche Schichtdicke muss aufgedampft werden, wenn die Entspiegelungsschicht für eine Wellenlänge von $\lambda = 1{,}06\,\mu m$ eingesetzt werden soll?
5. Beschreiben Sie den Prozess des Aufdampfens. Welche Wirkung hat die zusätzliche Integration einer Plasma-Ionenquelle in die Beschichtungsanlage?
6. Recherchieren Sie bei verschiedenen Optiklieferanten und stellen Sie Schichtdesigns und signifikante Schichtparameter von Spiegelschichten für den Lasereinsatz bei einer Wellenlänge von $\lambda = 10{,}6\,\mu m$ gegenüber.
7. Welche Messverfahren sind für die Charakterisierung von Schichtsystemen auf Kunststoffoptiken geeignet?
8. Welche Vorteile bietet das IBS Verfahren zur Beschichtung von laserstrahlfesten Dünnschichten auf Laserkomponenten?
9. Beschreiben Sie eine Methode zur Inline-Messung der Schichtdicken in einer Bedampfungsanlage. Welche Schichtdickenauflösung können mit dieser Messmethode erreicht werden?

Weitere Informationen zu Kapitel 8 sind auf plus.hanser-fachbuch.de hinterlegt.

9 Stoffeigenschaftsändern

Die Verfahren des **Stoffeigenschaftsänderns** bilden die 6. Hauptgruppe der Fertigungstechnik und sind insbesondere für metallische Werkstoffe weitverbreitete Verfahren. Sie werden eingesetzt, um die mechanischen Eigenschaften, wie Zähigkeit, Festigkeit und Härte sowie auch physikalische und chemische Eigenschaften, positiv zu beeinflussen. Sehr häufig wird in diesem Zusammenhang auch der Begriff **Wärmebehandlung** verwendet.

> Unter Stoffeigenschaftsändern wird die Behandlung eines festen Körpers durch Umlagern, Aussondern oder das Einbringen von Stoffteilchen verstanden. Dabei findet primär keine Formänderung des Werkstückes statt.

Für Wärmebehandlungsprozesse können verschiedene Wirkprinzipien unterschieden werden. Die verschiedenen Prinzipien werden in drei Gruppen zusammengefasst:

- thermische Verfahren (Temperatur-Zeit-Verläufe),
- thermochemische Verfahren (Überlagerung eines chemischen Prozesses mit einem thermischen Regime),
- thermomechanische Verfahren (Überlagerung oder vorgelagerte Prozessführung einer plastischen oberflächennahen Beeinflussung mit einem thermischen Regime) */Awis2003/*.

Auch im Bereich der optischen Industrie kann man durch Entspannungskühlen, Verfestigen, künstliches Altern und Färben mechanische und optische Eigenschaften des Glases beeinflussen, so dass dieses bessere bzw. angepasste Gebrauchseigenschaften erhält. Alle drei genannten Wirkprinzipien finden Anwendung. Das thermomechanische Verfahren findet Anwendung für das Blankpressen, das in Kapitel 6 ausgeführt wird.

9.1 Entspannungskühlen

Ein sehr wichtiges Verfahren des Stoffeigenschaftsänderns für anorganische Gläser stellt das **Entspannungskühlen** dar. Es entscheidet maßgeblich über die Eigenschaften des optischen Glases. In jedem Glaswerkstoff entstehen bei der Formgebung des Glases mechanische Spannungen als eine Folge von Dehnungsunterschieden im Material. Die Spannungsanfälligkeit ist im Wesentlichen vom Ausdehnungskoeffizienten α (es gilt prinzipiell: **je größer α, desto größer die Gefahr der Spannungsbildung**) und von den Abmessungen des Bauteils abhängig.

Neben dem Spannungszustand im Glas wird in einem bestimmten Maß auch die Brechzahl des Glases durch den Kühlprozess beeinflusst. Es kann beispielsweise durch unterschiedliche Temperatur-Zeit-Verläufe im Abkühlprozess des Glases eine Brechzahländerung bis in die dritte Dezimalstelle erreicht werden.

In der Temperatur-Viskositäts-Kurve (siehe Bild 6.1) lassen sich eine obere Kühltemperatur (Viskosität von 10^{13} dPa·s) und eine untere Kühltemperatur (Viskosität von $10^{14,5}$ dPa·s) festlegen. In diesem Bereich kann durch ein gezieltes zeitgesteuertes Abkühlen des Glases die Spannung minimiert werden. Die erforderliche Kühlzeit ist in erster Linie von dem nach der gewählten Glasart spezifischen Kühltemperaturbereich sowie der Geometrie des optischen Bauteiles abhängig (siehe auch Kapitel 6).

In der Praxis lassen sich zwei Arten des Entspannungskühlens unterscheiden:

1. Kühlen aus der Schmelze,
2. Kühlen aus dem quasikalten Zustand.

Der erstgenannte Prozess ergibt sich aus den Anforderungen, die aus der Sicht der optischen Anwendung resultieren */DINISO10110/*:

- Die Brechzahlinhomogenität innerhalb einer Schmelze darf nicht größer als $\pm 10^{-4}$ sein.
- Die Brechzahlabweichung von Schmelze zu Schmelze darf nicht größer als 10^{-3} sein.
- Die Spannungsdoppelbrechung für optisches Glas sollte kleiner gleich 10 nm·cm^{-1} betragen.

Das Entspannungskühlen aus dem quasikalten Zustand ist nach einer Formgebung in einem zweiten Erwärmungszyklus von Halbzeugen oftmals erforderlich (z. B. Blankpressen).

In der Anwendung des Glases für optische Bauelemente unterscheidet man **temporäre** und **permanente Spannungen**. Temporäre Spannungen treten z. B. durch Druck von Fassungsteilen oder beim Spannen, Blocken und Kitten von Halbzeugen im Fertigungsprozess auf. Sie sinken, wenn die Belastung entfällt, können aber während der Bearbeitung zu fertigungsbedingten Fehlern führen. Permanente Spannungen entstehen vorwiegend bei ungleichmäßiger Erwärmung bzw. Abkühlung eines Bauteils. So zeigen gepresste Komponenten ohne gezielte Wärmebehandlung Spannungen, die im Einsatz der Optik zum Bruch führen kann. Oft sind es äußere Einflüsse, die selbst nach mehreren Jahren die Optik aufgrund eines eingefrorenen Spannungszustandes beschädigen können. Auch starke Temperaturgradienten, wie sie während der Laserbearbeitung auftreten, erzeugen z. T. hohe Werte für Zug-Druck-Spannungszonen im bearbeiteten Bauteil. Bild 9.1 veranschaulicht diesen Sachverhalt am Beispiel eines lasergetrennten Substrates für einen Scannerspiegel. Darüber hinaus ist die Erhöhung der Spannungswerte im Bereich A (Konturanfang) und dem Bereich B (Umkehrpunkte der Verfahrrichtung) sehr deutlich sichtbar. Nach einem im Anschluss an die Bearbeitung durchgeführten Entspannungskühlen können solche Spannungen stark minimiert werden und der Scannerspiegel den nachfolgenden Beschichtungsprozess durchlaufen.

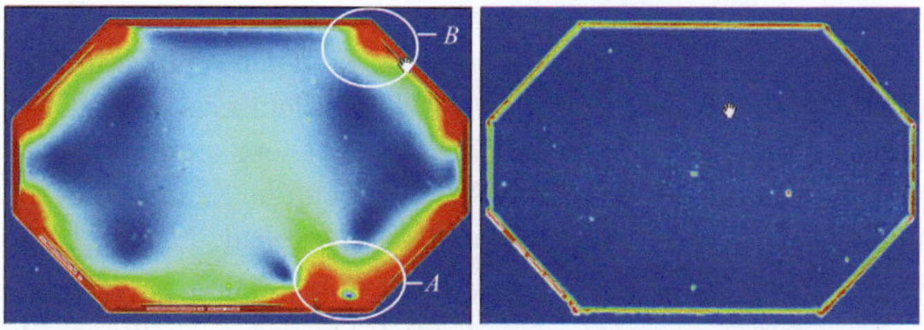

Bild 9.1 Spannungsoptische Darstellung von Spannungszuständen in einem lasergetrennten Quarzglasbauteil: links) nach der Laserbearbeitung (*A* und *B* Bereiche stark erhöhter Spannungen, max. opt. Gangunterschied: 150 nm · cm^{-1}), rechts) nach dem einfachen Entspannungskühlen (max. opt. Gangunterschied: < 10 nm · cm^{-1})

Permanente Spannungen konnten also durch gezieltes Kühlen, wie in Bild 9.1 gezeigt, verringert werden. Ein Maß für die Restspannungen im Glas ist der Wert Δn für die Spannungsdoppelbrechung.

$$\Delta n = \frac{\Gamma}{l}. \tag{9.1}$$

Γ Gangunterschied, l geometrische Länge des Lichtweges

Für die Sichtbarmachung und Bewertung von Spannungszuständen von transparenten Bauteilen nutzt man die beschriebenen Verfahren der Spannungsdoppelbrechung. In Kapitel 6 wurde ausführlich auf die erforderlichen Bedingungen des Kühlprozesses eingegangen und eine Näherungsformel für die maximale Kühlgeschwindigkeit angegeben.

Der **Ablauf des Entspannungskühlens** aus dem quasikalten Zustand des Glases läuft in vier Phasen ab:

Phase 1: Erwärmung des Bauteiles oberhalb der unteren Entspannungsgrenze

Phase 2: zeitliches Halten der Temperatur, bis sich das Bauteil homogen durchwärmt hat (abhängig von den Bauteilabmessungen); Überschreitung der oberen Entspannungsgrenze darf nicht erfolgen, um Formänderungen zu vermeiden

Phase 3: langsame und stetige Abkühlung bis zur unteren Entspannungsgrenze

Phase 4: danach werden keine permanenten Spannungen in das Glas eingefroren, so dass die weitere Abkühlgeschwindigkeit erhöht werden kann.

Bild 9.2 stellt eine exemplarische Kühlkurve für das Quarzglas SQ0 zum Entspannungskühlen für eine Einfachkühlung ($\Delta n \leq 100$ nm · cm^{-1}) der Bauteile aus Bild 9.1 dar. Der Kurvenverlauf, insbesondere die Erwärmungszeit (Phase 1), muss entsprechend den Bauteilabmessungen angepasst werden. Die Zeitdauer richtet sich nach den zulässigen Werten der Restspannungen im Bauteil.

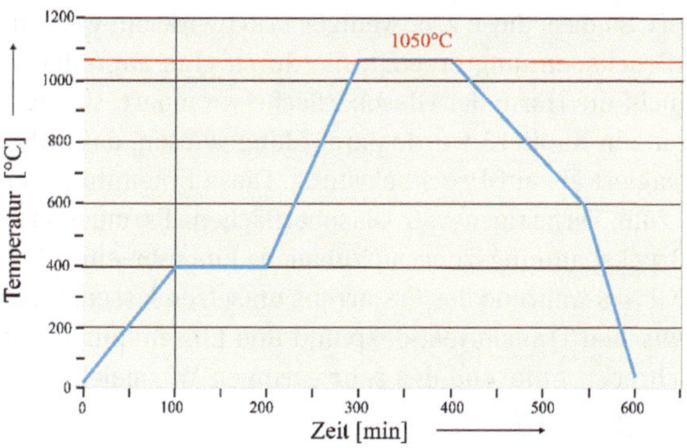

Bild 9.2 Temperatur-Zeit-Verlauf für Quarzglas im Entspannungskühlprozess

Die Entspannungskühlung kann mit unterschiedlichen Öfen vorgenommen werden. Der Prozess muss aber Temperatur-Zeit-gesteuert ablaufen. In der Praxis werden periodische Kühlöfen und kontinuierliche Kühlbahnen unterschieden. Kühlöfen werden für die Einzelfertigung und Kleinserie genutzt. Der Kühlprozess kann sehr genau und definiert gesteuert werden. Es wird in der Ofenkammer ein sehr homogenes Temperaturfeld aufgebaut. Oftmals werden durch Umwälzung der Luft im Kammerinneren die Bedingungen noch verbessert und eine sehr gute Wärmeverteilung (< 5 K) erreicht.

Bei größeren Stückzahlen werden für eine Grobkühlung die effizienteren Kühlbahnen genutzt, wobei die Bauteile durch geheizte Ofensegmente gefördert werden. Für die in Bild 9.3 dargestellten grobgekühlten Glasblöcke ist eine Durchlaufzeit zwischen sechs und zehn Stunden erforderlich.

Bild 9.3
Kühlbahnende für Blockglasfertigung Grobkühlung */Hart2007/*

Oftmals reicht die Präzision der Grobkühlung nicht aus, und es wird ein genaueres Temperaturzeitregime gefordert, das Feinkühlen. Deutlich geringere Abkühlraten bestimmen diesen Prozess, um die Brechzahlen, die Spannungsdoppelbrechung sowie die Homogenität des optischen Bauteils gezielter beeinflussen bzw. verbessern zu können (siehe auch Kapitel 6).

9.2 Verfestigen

Aufgrund der großen Bedeutung der **Glasfestigkeit** erfolgten frühzeitig Bemühungen, diese zu beeinflussen. Die ersten Versuche reichen bis ins 17. Jahrhundert zurück. Bekannt sind aus jener Zeit bis heute die Bologneser Tränen */scin2017/*.

Heute steht eine Reihe von Verfahren zur Verfügung, mit deren Hilfe die Festigkeit deutlich erhöht werden kann. Durch diese Maßnahmen wird einerseits die Oberflächenstruktur beeinflusst, d. h. die Mikrokerben an der Oberfläche werden verändert, so dass diese z. B. weniger bruchwirksam werden. Andererseits wird an der Glasoberfläche eine Druckspannung erzeugt, die durch eine angreifende Kraft erst abgebaut werden muss. Somit wird nicht die Härte der Glasoberfläche verändert, sondern seine Festigkeit gegenüber Zug und Druck. Bereits in Kapitel 3 wurde darauf hingewiesen, dass Glas 10-mal empfindlicher auf Zugbeanspruchung reagiert als auf Druckbelastung. Diese Erkenntnis war die Grundlage für die Verfahrensentwicklung zum Verfestigen von Glasoberflächen. Es muss also gelingen, an der Oberfläche des Glases eine Druckspannungszone aufzubauen. Ein sehr einfaches Verfahren hat sich durch das **Abschrecken** des Glases während des Erstarrens umsetzen lassen. Dazu werden die Gläser in dem Temperaturbereich zwischen Transformationspunkt und Einsenkpunkt mit einem kalten Luftstrom (ca. $v = 30\,\mathrm{m \cdot s^{-1}}$) abgeschreckt. Aufgrund des sehr geringen Wärmeleitungsvermögens von Glas wird in der Folge das Innere wesentlich langsamer abgekühlt als die äußeren Schichten.

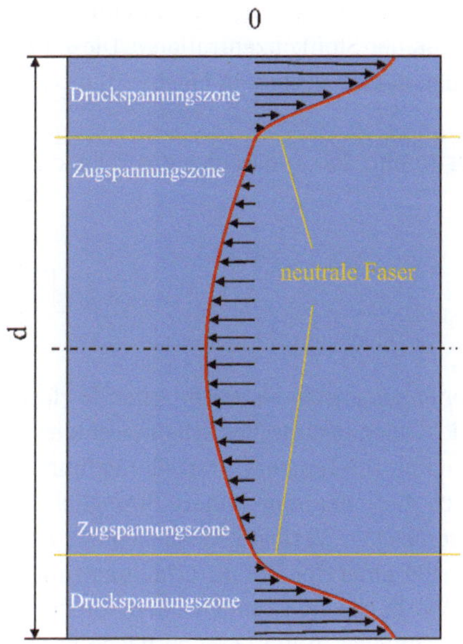

Bild 9.4
Spannungszustand einer Glasplatte nach dem Verfestigen

An der Glasoberfläche entsteht zunächst eine Zugspannungszone aufgrund der erschwerten Kontraktion des erstarrenden Glases, verursacht durch die wärmeren Glasvolumina im Inneren des Glasblockes. Bei der weiteren Abkühlung erstarrt der Glaskern, was zu einer Volumenverringerung im Inneren führt. Durch den äußeren, bereits festen Glasmantel (durch die Kühlung beschleunigt) wird dieser Vorgang erschwert, und es bildet sich als Folge eine dünne Randzone mit Druckspannung aus. Im Glasinneren herrscht Zugspannung vor. Durch die rasche Abkühlung des Glases kann dieser Spannungszustand „eingefroren“ werden.

Der in Bild 9.4 gezeigte **Spannungszustand** ist auch die Ursache dafür, dass verfestigte Gläser bei Bruch in sehr kleine Glasbruchstücke zerfallen. Die Festigkeit der Gläser nimmt um den Betrag der eingebrachten Druckspannung zu. Die erreichbaren Druckspannungswerte hängen in erster Linie vom Ausdehnungskoeffizienten α und den Abschreckgeschwindigkeiten v_a ab. Unter optimierten Bedingungen ist eine maximale Festigkeitssteigerung um den Faktor 10 möglich. Die druckspannungsbeaufschlagten Zonen weisen typischerweise Eindringtiefen zwischen 0,5 und 1 mm auf. Der beschriebene Prozess des **thermischen Verfestigens** wird in der Praxis auch sehr oft aus dem quasikalten Zustand in einem zweiten Erwärmungs- und Abkühlprozess durchgeführt. Verfestigte Glasoberflächen lassen sich aber wesentlich schwieriger bearbeiten. Die Bruchgefahr beim Trennen ist deutlich höher und beim Unterschreiten einer Plattendicke von ca. 1,5 mm nicht mehr möglich. Diese Bauelemente können nur im polierten Zustand verfestigt werden. Allerdings muss dann eine nicht unwesentliche Dicken- und Durchmesseränderung berücksichtigt werden.

Neben dem thermischen Verfestigen werden auch verstärkt **chemische Verfestigungsverfahren** eingesetzt. Die Verfahrensgrundlage beruht auf dem Ionenaustausch zwischen der Oberflächenschicht des Glases und einer chemischen Lösung bzw. Salzschmelze.

Eine physikalische Erklärung und mathematische Beschreibung von Austauschvorgängen an Grenzflächen und Flüssigkeiten kleinster Teilchen wurde von ADOLF FICK gegeben. Das nach ihm benannte 1. FICKsche Gesetz besagt, dass sich ein in Flüssigkeiten oder Gasen vorhandener diffundierfähiger Stoff aus Bereichen höherer Konzentration in solche mit geringerer ausbreitet. Diese Ausbreitung bzw. dieser Austausch ist proportional zu dem räumlichen Gradienten der Stoffkonzentration *c*. Diese Proportionalitätskonstante wird als Diffusionskoeffizient bezeichnet, dessen Einheit in Fläche (*A*) pro Zeit (*t*) angegeben wird.

Betrachtet man diesen Austauschprozess bezogen auf eine bestimmte Zeit, ergibt sich das 2. FICKsche Gesetz (auch als Diffusionsgleichung bekannt) mit:

$$\frac{\partial c}{\partial t} = \frac{D \cdot \partial^2 c}{\partial x^2}. \tag{9.2}$$

D Diffusionskoeffizient des Materials, *x* Ausbreitungsrichtung, *c* Stoffkonzentration

Diese grundlegenden Diffusionsvorgänge liegen auch dem Ionenaustausch des chemischen Verfestigens zugrunde. Des Weiteren werden die Geschwindigkeiten des Ionenaustausches erhöht, wenn es zu einem Temperaturanstieg des thermodynamischen Systems kommt. Die Temperaturerhöhung führt zu einer Erhöhung der inneren Energie des Stoffsystems, wodurch die Ionen eine höhere Beweglichkeit erfahren. Dieser Temperatureinfluss wird ebenfalls beim chemischen Verfestigen ausgenutzt bzw. stellt auch eine Voraussetzung für den Diffusionsprozess dar. Bei einer Temperaturerhöhung (unterhalb des Transformationspunktes) können Ionen aus der Glasoberfläche gelöst und größere Ionen aus einer chemischen Lösung (z. B. K^+-Ionen) bzw. aus einer Salzschmelze in die Glasoberfläche gezielt eingebaut werden. Der Grundvorgang des Ionenaustausches beruht auf den vorstehend beschriebenen Diffusionsprozessen zwischen der Glasoberfläche und der Salzschmelze (siehe Bild 9.5). Dieser Vorgang funktioniert bei Kalk-Natrongläsern und Alumosilicatgläsern (vgl. Kapitel 3) besonders gut. Im Falle des in Bild 9.5 dargestellten Diffusionsprozesses verlassen die kleineren Natriumionen (Durchmesser 0,098 nm) bei Temperaturen >400 °C die Glasoberfläche. Die größeren Kaliumionen (Durchmesser 0,133 nm) diffundieren aus der Glasschmelze in die frei gewordenen Plätze der Natriumionen. Bei der anschließenden schnellen Abkühlung des Glases kommt es aufgrund der größeren eingelagerten Ionen zu Druckspannung im oberflächennahen Bereich. Die Eindringtiefe des chemischen Verfestigens und die dadurch erreichbare Druckspannungszone ist jedoch im Vergleich zum thermischen Verfestigen geringer und reicht von 100 nm bis ca. 35 µm. Somit werden die Verfahren des chemischen Verfestigens vorwiegend für Gläser mit kleineren Materialstärken und für Dünngläser eingesetzt.

Die erreichbare Festigkeitssteigerung ist beim chemischen Verfestigen jedoch erheblich größer als beim eingangs beschriebenen thermischen Verfahren (siehe Bild 9.8).

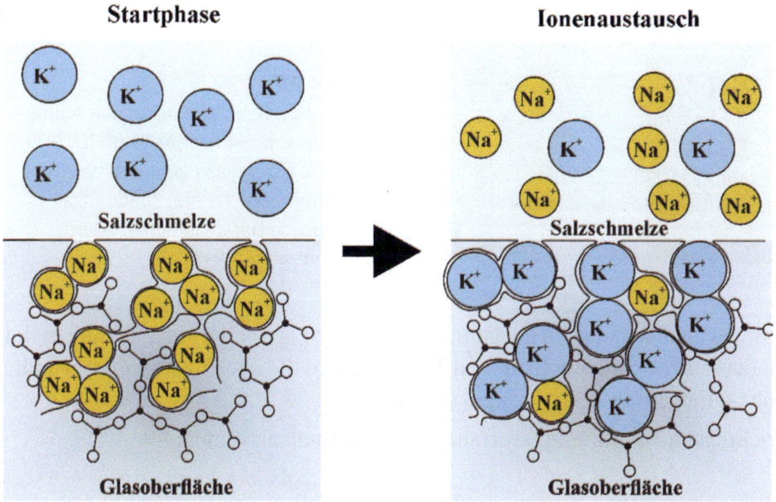

Bild 9.5
Prinzip des Ionenaustausches an Glasoberflächen beim chemischen Verfestigen nach */Vars2010/*

Durch diesen Verfestigungsprozessschritt und die damit hohen eingebrachten Druckspannungen an den Glasoberflächen besitzen die Gläser eine sehr hohe Widerstandkraft gegen die Wirkung von äußeren Kräften. Interessanterweise ergeben sich im Falle des Bruches von verfestigten Gläsern auch komplett andere Bruchbilder im Vergleich zu nicht prozessierten Flachgläsern (Bild 9.6).

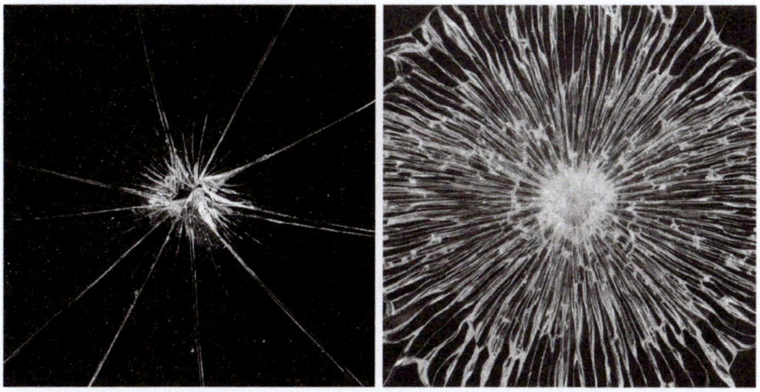

Bild 9.6
Bruchbilder von Flachgläsern: links) Flachglas nach dem Floatprozess, rechts) Flachglas nach dem chemischen Verfestigen

Für weitere Ausführungen sei an dieser Stelle auf */Maue2011/*, */Patz1981/* verwiesen.

Häufig wird das Verfahren der chemischen Verfestigung auch für Displaygläser eingesetzt. Displaygläser bedingen aufgrund der Gewichtminimierung geringe Materialdicken (kleiner gleich 0,7 mm), was jedoch eine Erhöhung der Festigkeit in besonderem Maße erfordert. Bild 9.7 links zeigt einen Ausschnitt eines umgeformten Displayglases aus Alumosilicatglas, das nach dem Umformprozess einer chemischen Verfestigung unterzogen wurde. Das 0,7 mm dünne Alumosilicatglas wurde zu diesem Zweck für 2 h einem Ionenaustausch bei 450 °C ausgesetzt. Das Ergebnis des chemischen Verfestigens illustriert das rechte Bild. Deutlich sichtbar ist die Ausprägung der Druckspannungszonen in der spannungsoptischen Darstellung. Der Maximalwert des normierten optischen Gangunterschiedes wurde mit $819{,}0\,nm \cdot cm^{-1}$ bestimmt.

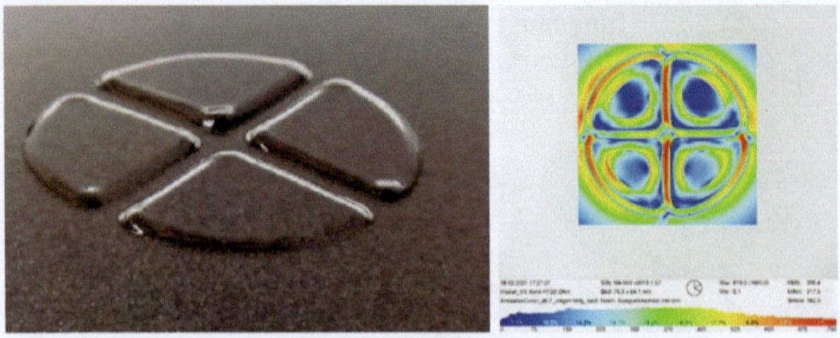

Bild 9.7
Chemisches Verfestigen von Alumosilicatglas „Xensation" */HT3D2020/*: links) Coverglas nach dem Lasertiefziehprozess, rechts) spannungsoptische Darstellung nach dem chemischen Verfestigen

Um Oberflächen beständiger gegen mechanische Belastungen werden zu lassen, verwendet man in der Praxis auch die Oberflächenverfahren **Säurepolitur** und **Beschichten**, die aber nicht vordergründig der Verfahrenshauptgruppe Stoffeigenschaftsändern zuzuordnen sind.

Die Tabelle 9.1 stellt die wichtigsten Verfestigungsverfahren noch einmal zusammen.

Tabelle 9.1 Verfahren der Verfestigung von Glasoberflächen

Verfahren	Wirkprinzip
Säurepolitur	Mittels verdünnter Flusssäure werden Oberflächenschichten abgetragen, wodurch Gestalt und Tiefe von Kerben und Mikrorissen beeinflusst werden.
Beschichten	Aufbringen von dünnen Schichten zum Schutz der Oberfläche vor mechanischer Beschädigung bzw. korrodierenden Einflüssen der Atmosphäre.
Thermische Verfestigung	Abschrecken eines über den Transformationspunkt erhitzten Glases mittels Druckluft. An der Oberfläche bilden sich Druckspannungen aus, während im Inneren Zugspannungen vorliegen. Thermisch verfestigte Gläser können nicht mehr mit Schneidwerkzeugen bearbeitet werden.
Chemische Verfestigung	Verdichtung der Oberflächenschicht des Glases infolge Ionenaustausches an der Glasoberfläche.

Bild 9.8 gibt eine Übersicht über erreichbare Festigkeitswerte verschiedener Gläser und strukturelle Fehler, die die Festigkeit beeinflussen nach */Renn2000/*.

Generell spielen die Festigkeitswerte der verschiedenen optischen Materialien einerseits für die infrage kommenden Bearbeitungsverfahren und zum anderen auch für den späteren Einsatz eine entscheidende Rolle.

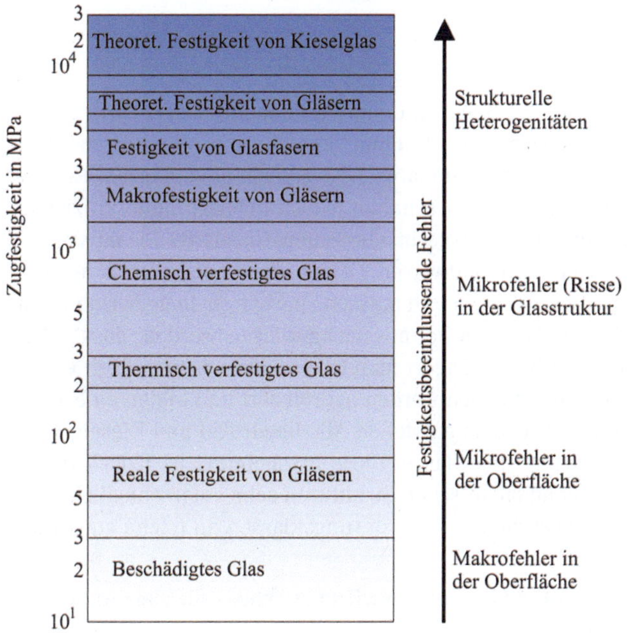

Bild 9.8
Überblick über Festigkeitswerte verschiedener Gläser und festigkeitsbeeinflussende Fehler */Renn2000/*

In Tabelle 9.2 sind die Festigkeitswerte verschiedener Gläser für unterschiedliche Belastungsarten zusammengefasst. Es handelt sich hierbei um mittlere Werte, da die Festigkeit, wie bereits ausgeführt, von der konkret vorliegenden Zusammensetzung und Struktur des Materials und der Verarbeitung abhängt.

Tabelle 9.2 Mechanische Festigkeiten verschiedener Werkstoffe (Vergleichswerte)

Werkstoff	Festigkeiten in N · mm^{-2}		
	Zugfestigkeit	**Druckfestigkeit**	**Biegefestigkeit**
Floatglas	30	900	30
Alumosilicatglas (chemisch verfestigt)	–	>900	>800
Glas (ESG, verfestigt)	50	700 - 1000	120 - 200
Quarzglas SQ	50	1150	67
PMMA	90	120	150
CR39	40	150	90

Das bekannteste Einsatzgebiet des Verfestigens von Glas stellt das Einscheibensicherheitsglas im Automobilbereich dar. Darüber hinaus werden aber auch Oberflächen von Wärmeschutzfiltern, Kondensorlinsen, Werkzeugformen für Gießverfahren, optische Schutzfenster, Gläser für spezielle optisch-sensorische Anwendungen sowie Displaygläser verfestigt.

9.3 Altern

Der Werkstoff Glas ist ein amorpher Werkstoff, der auch im erstarrten Zustand seine Form ändert, wobei diese Änderungen sehr klein sind. Das sogenannte **„Fließen“** kann an sehr alten Kirchenfenstern eindrucksvoll nachgewiesen werden. Diese wahrnehmbaren Änderungen sind aber ein Resultat von vielen Jahrhunderten. In der Optik kann dieses Fließverhalten jedoch für bestimmte Präzisionsbauteile auch nach wenigen Jahren bereits einen Qualitätsverlust bedeuten. Glasmaßstäbe müssen auf eine Länge von einem Meter eine Toleranz von 0,2 µm aufweisen. Glasnormale werden auch als Referenzflächen von Messgeräten (z. B. Interferometer) genutzt und müssen eine extrem hohe Formtoleranz besitzen. In verschiedenen wissenschaftlichen Arbeiten konnte nachgewiesen werden, dass **„abgelagertes Glas“** geringere Fließerscheinungen aufweist. Lagert man Glas so, dass Feuchtigkeit einwirken kann, tritt eine Verwitterung auf. Die Glasoberflächen werden hydrolisiert und bilden eine alkalische Lauge, die die Glasoberfläche angreift. Im Ergebnis entstehen Alkalihydroxid und Kieselgel. Die Kieselgelschicht verzögert die weitere Zerstörung des Glases. Diese Erscheinung ist jedoch für die einzelnen Glassorten aufgrund der verschiedenen chemischen Strukturen sehr unterschiedlich. Glashersteller geben für die einzelnen Gläser entsprechende Verwitterungsklassen an (siehe auch Kapitel 2).

Darüber hinaus werden **künstliche Alterungsprozesse** und **Verwitterungstests** für viele Applikationen als Prüfmethoden eingesetzt. Insbesondere auch für optische Kunststoffe sowie optische Schichten sind diese Prüfmethoden unerlässlich, um auf das Langzeitverhalten der Bauelemente, auch unter Extrembedingungen, schließen zu können.

9.4 Färben

Das Verfahren **Färben** wird hauptsächlich im Bereich der Kunststoffoptik eingesetzt, um z. B. optische Filter oder Lichtschutzbrillengläser herzustellen. Man beeinflusst direkt das spektrale Transmissionsverhalten des optischen Bauelementes.

Der Prozess des **Einfärbens von Kunststofflinsen** beruht auf einem Diffusionsprozess, bei dem die natürliche Wasseraufnahme des verwendeten Materials ausgenutzt wird. Zusammen mit dem Wasser dringen die in ihm gelösten Farbpigmente in die Struktur des Kunststoffes ein. Dieser Vorgang vollzieht sich nur im oberflächennahen Bereich. Zur Einfärbung werden Pulver- und Flüssigfarben verwendet. Um eine ausreichende Diffusion der Farbpigmente in die Matrix des Kunststoffs zu gewährleisten, müssen die Farbbäder eine Temperatur von 92 – 96 °C aufweisen. Man unterscheidet zwei Techniken des Einfärbens, welche beide auf dem additiven Farbmischsystem basieren. Bei der **Unifärbetechnik** werden die Linsen komplett in das Farbbad eingetaucht. Bei der **Verlaufsfärbetechnik** werden die Linsen mittels technischer Hilfsmittel nur teilweise in das Farbbad eingebracht. Durch alternierendes Eintauchen und Extrahieren der Brillenlinse entsteht durch den linearen Anstieg der Verweildauer im Bad eine Abnahme der Transmission. Jeder Färbeprozess muss nach der Temperatur des Farbbades, der Farbkonzentration und dem einzufärbenden Material zeitlich abgestimmt werden. Die Hauptproblemstellung im Prozess resultiert aus dem Linsenmaterial selbst. Mikroskopisch betrachtet gleicht kein Kunststoffglas dem anderen. In der Polymerchemie spricht man daher auch nur von einem mittleren Molekulargewicht, da sich die Struktur örtlich sehr stark unterscheiden kann. Deshalb nimmt jede Linse die Farbe unterschiedlich auf. Aufgrund der Farbpigmentgröße und der örtlichen molekularen Bindungen in der Matrix des Kunststoffes kann sogar eine selektive Farbaufnahme stattfinden. Somit ist das Einfärben meist ein manueller Prozess, der durch eine visuelle Bewertung und ggf. Nachfärben in einem Grundfarbenbad zu dem gewünschten Resultat führt (Bild 9.9).

Bild 9.9
Herstellung von Lichtschutzgläsern */Jena2007-5/*: links) Farbbadanordnung für Verlaufsgläser, rechts) subjektive Farbkontrolle des Färbeprozesses

Eine weitere Problemstellung im Färbeprozess ergibt sich aus dem notwendigen **Farbvorhalt**. Hierbei wird eine etwas intensivere Färbung als das Musterglas vorgehalten, welche die Farbextraktionen bei den nachfolgenden Reinigungsprozessen kompensieren soll. Zur Reduzierung der Wasseranteile in den eingefärbten Linsen werden diese in Abhängigkeit vom Material in einem Ofen bei 90 - 110 °C für 10 - 30 Minuten getempert.

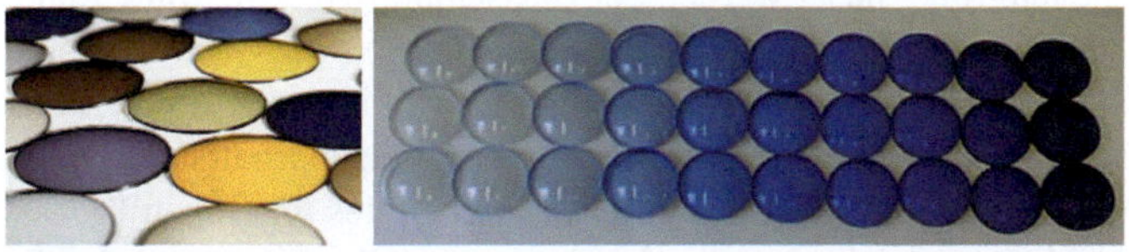

Bild 9.10 Im Tauchverfahren hergestellte Kunststoffgläser */Mark2002/*: links) Auszugsdarstellung aus über 400 verschiedenen Farbtönen, rechts) Farbintensität in Abhängigkeit von der Verweilzeit

Die Haupteinflussfaktoren auf den Färbeprozess für die Aufnahme von Farbpigmenten sind die Temperatur des Farbbades, die Verweildauer der Linsen im Farbbad und die Konzentration der sich in Lösung befindlichen Farbpigmente des Farbbades. Diese drei Faktoren müssen im jeweiligen Produktionsablauf überwacht werden. Bild 9.10 rechts stellt den Einfluss der Verweilzeit der Linsen im Bad auf die Farbintensität dar (Zeit ansteigend von links nach rechts). In Bild 9.11 wird dieser funktionale Zusammenhang veranschaulicht.

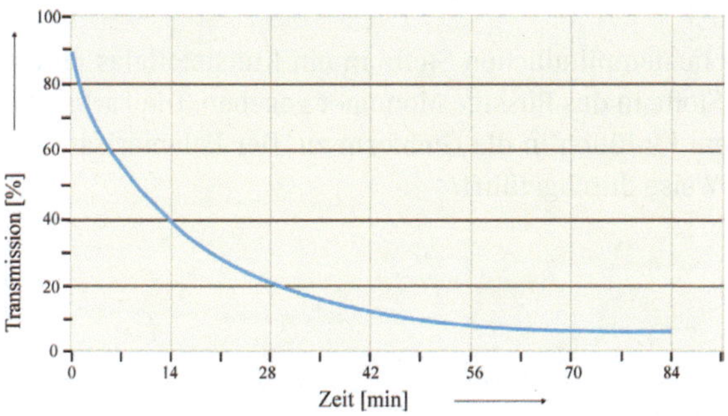

Bild 9.11
Darstellung des Transmissionsverhaltens in Abhängigkeit von der Farbbadverweildauer */Mark2002/*

Es ist erwartungsgemäß zu erkennen, dass die Linsen, welche eine längere Färbezeit aufweisen, mehr Farbpigmente aufnehmen können. Der exponentielle Verlauf der Transmissionskurve lässt darauf schließen, dass bei der Aufnahme von Farbpigmenten in das Substrat der Kunststofflinsen eine Art „Sättigung“ eintritt. Während der ersten Minuten im Farbbad kann der Kunststoff noch relativ viele Farbpigmente aufnehmen. Der Grund hierfür ist wiederum im Vorgang der Grenzflächendiffusion zu suchen. Da die Farbpigmente nur einige Mikrometer tief in die Matrix des Kunststoffes eindringen und dabei von den Molekülen der Festkörpermatrix behindert werden, haben nur die oberen Schichten die Möglichkeit, Farbstoff in großer Menge in ihre Molekularstruktur einzulagern. Aufgrund der MAXWELLschen Geschwindigkeitsverteilung der eindringenden Farbteilchen und der räumlich begrenzten Transportvorgänge kann sich in den darunterliegenden Schichten nur eine kleinere Anzahl von Pigmenten einlagern.

9.5 Fototrope Gläser

Zunehmend gewinnen optische Bauelemente an Bedeutung, die bestimmte optische Eigenschaften in Abhängigkeit von äußeren Stellgrößen anpassen bzw. ändern können. Für Brillenlinsen spricht man z. B. von einer **fototropen Wirkung**, wenn sich in Abhängigkeit von der Lichtintensität die Transmission der Linse ändert. Für mineralische fototrope Gläser werden der Glasschmelze 0,5 – 1 % Silberhalogenide beigemischt. Als Grundglas eignet sich die Gruppe der borosilicatischen Gläser. Durch eine nachträgliche Wärmebehandlung (Temperprozess bei ca. 600 °C) des Glases bilden sich Silberhalogenidkristalle mit einem Durchmesser von 5 – 30 nm. Art und Dauer der stoffeigenschaftsändernden Wärmebehandlung bestimmen die Farbtönung und Reaktionsgeschwindigkeit des fototropen Prozesses. Durch die Einwirkung der UV-Strahlung wandeln sich die transparenten Silberhalogenidkristalle in metallisches Silber und absorbieren die Strahlung. Dieser Vorgang ist reversibel. Der erreichbare Absorptionsgrad ist darüber hinaus auch von der Temperatur und dem Alter des Glases abhängig */Zeis2000/*.

Eine fototrope Wirkung wird bei einem Brillenglas aus Kunststoff geschaffen, indem **lichtempfindliche Stoffe (Moleküle)** in das Material eingebettet werden, die unter Einwirkung eines speziellen UV-Strahlungsbereiches eine Strukturänderung und damit eine Änderung der Lichtabsorptionseigenschaften erfahren. Bild 9.12 stellt diesen Sachverhalt grafisch dar.

Bei Einfall des UV-Lichtes werden die Molekülverbindungen aufgelöst, wodurch die Moleküle ihre Form verändern und ein bräunliches Farbaussehen annehmen. Der Prozess ist umkehrbar bei relativ schnellen Umwandlungszeiten.

Es gibt zwei verschiedene Verfahren, um diese lichtempfindlichen Stoffe in ein Kunststoffglas einzubetten. Bei dem ersten Verfahren werden diese Stoffe in das flüssige Monomer gegeben. Die Farbstoffe fügt man direkt dem flüssigen Monomer vor dem Einfüllen in die Gießform zu. Der Polymerisationsprozess wird danach in der bekannten Art und Weise durchgeführt.

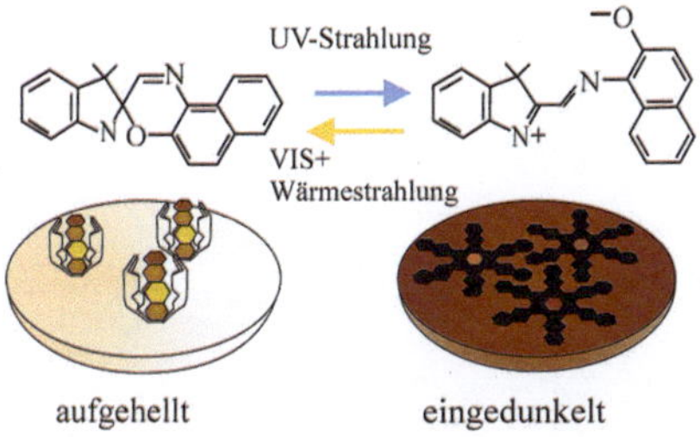

Bild 9.12
Wirkungsweise der Fototropie */Zeis2007/*

Bei dem zweiten Verfahren wird der auspolymerisierte Kunststoff mit lichtempfindlichen Stoffen beschichtet. Das fototrope Kunststoffglas besitzt auf der Vorderfläche eine **fototrope organische Beschichtung**, die in drei Prozessstufen aufgebracht wird. Als erstes wird der flüssige fototrope Film mittels eines Spincoating-Verfahrens auf die Vorderfläche aufgebracht. Im nächsten Prozessschritt diffundieren die lichtempfindlichen Stoffe in die Glasoberfläche der Vorderfläche. Hierfür ist eine Wärmebehandlung notwendig. Zum Schluss werden die nicht eindiffundierten Reste des fototropen Films durch einen Reinigungsprozess entfernt */Zeis2000/*, */Zeis2007/*.

9.6 Übungsaufgaben

1. Berechnen Sie die Spannungsdoppelbrechung Δn der Restspannung für ein Bauteil der Länge 15 mm, wenn ein maximaler Wert von $215\,\text{nm} \cdot \text{cm}^{-1}$ für den optischen Gangunterschied ermittelt wurde. Skizzieren Sie den Temperatur-Zeit-Verlauf für einen Entspannungskühlprozess am Beispiel des Glaswerkstoffes B270.
2. Öffnen Sie die Datei „StrainViewer.exe“ (auf plus.hanser-fachbuch.de, im Ordner ILIS) und orientieren Sie sich kurz im Programm über mögliche Auswerteoperationen. Laden Sie die Datei „Quarz_ungekühlt.smx“. Legen Sie eine Profillinie so durch das Bauteil, dass Sie die maximalen optischen Gangunterschiede ermitteln können und bestimmen Sie diese jeweils in X- und Y- Richtung.
3. Welche Eigenschaften des Glases werden im Prozess des Verfestigens gezielt verändert? Warum ist die Verwendung des Begriffes „Härten“ für diesen technologischen Prozess nicht sinnvoll?
4. Handelt es sich beim Färben von Kunststoffbauteilen in der Farbzusammensetzung um einen additiven oder subtraktiven Färbeprozess? Verdeutlichen Sie die prinzipiellen Unterschiede beider Techniken.
5. Beschreiben Sie das Prinzip der Fototropie, das für fototrope Gläser Anwendung findet.

Weitere Informationen zu Kapitel 9 sind auf plus.hanser-fachbuch.de hinterlegt.

10 Fügen

Die unterschiedlichen Fügeverfahren sind in der 4. Hauptgruppe **Fügen** (auch als Verbinden bezeichnet) der Fertigungsverfahren zusammengefasst. Diese Verfahrenshauptgruppe ist durch das örtliche Schaffen eines Stoffzusammenhaltes bzw. dessen Vermehren im Ganzen gekennzeichnet. Es werden Werkstücke mit z. T. sehr unterschiedlichen Wirkprinzipien verbunden.

> Fügen ist das Verbinden zweier oder mehrerer Werkstücke mit geometrisch bestimmter fester Form oder das Verbinden der Werkstücke mit formlosem Stoff. Es wird der Zusammenhalt zwischen den einzelnen Elementen jeweils örtlich geschaffen und vermehrt.

Der Zusammenhalt zwischen den Werkstücken wird durch **Form-, Kraft- oder Stoffschluss** gewährleistet. Zu den formschlüssigen Verbindungsarten zählen die Fügeverfahren durch Umformen. Es werden die Fügepartner bzw. die Verbindungselemente örtlich umgeformt, wobei die Verbindung durch Formschluss gegen ungewolltes Lösen gesichert ist. Beispiele hierfür sind das Fassen und Bördeln. Kraftschluss liegt beispielsweise beim Spannen von Linsen oder beim Fassen einer Linse mit Vorschraubring vor. Klemm- oder Einpresskräfte führen zu einer elastischen Verformung und halten eine Lagesicherung aufrecht. Zum Stoffschluss zählen alle Verfahren, bei denen zwischen dem Grundwerkstoff und meist einem Zusatzwerkstoff eine stoffliche Verbindung entsteht. Es können sowohl Adhäsionskräfte (z. B. Feinkitten eines Achromats) als auch Kohäsionskräfte (Ansprengen von Prismen auf Ansprengstreifen) wirken. In Bild 10.1 sind in Anlehnung an die DIN ISO 8593 wichtige Fügeverfahren zusammengefasst.

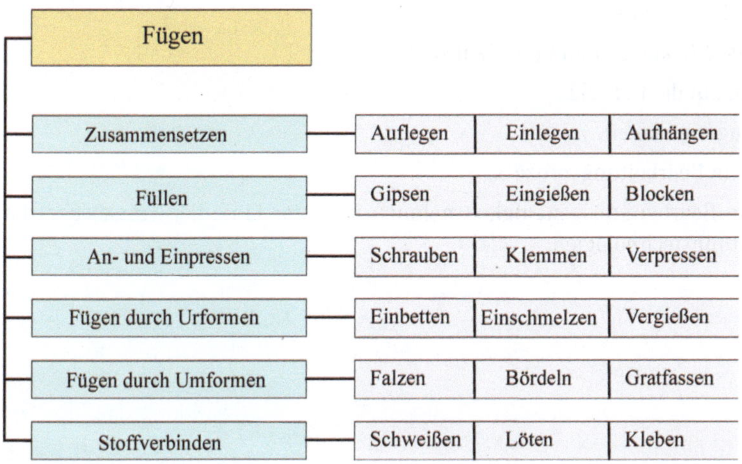

Bild 10.1
Einteilung ausgewählter Fügeverfahren nach DIN ISO 8593

Mit den unterschiedlichen Fügeverfahren können feste oder bewegliche Verbindungen geschaffen werden. Die entstehenden Verbindungen können lösbar oder unlösbar entsprechend der Bearbeitungsaufgabe ausgeführt sein.

Fügeverfahren kommen einerseits in der Montage zum Einsatz, um die optischen, mechanischen und elektronischen Teile eines Systems endgültig zu vereinen. Andererseits werden sie aber auch im technologischen Prozess zum temporären Haltern von Optikbauteilen eingesetzt. Nach diesen Gesichtspunkten sind die nachfolgenden Ausführungen des Kapitels gegliedert.

10.1 Fügen im technologischen Prozess

Fügeverfahren im technologischen Prozess schaffen meist lösbare und stoffschlüssige Verbindungen, die oftmals auch durch Formschluss eine zusätzliche Lagesicherung ermöglichen. In der Praxis werden diese Verfahren auch als Halterungsverfahren bezeichnet. Das Haltern dient der Befestigung von Optikteilen an speziellen Vorrichtungen wie beispielsweise Einzel- oder Mehrfachtragkörpern während des Bearbeitungsprozesses. An den Bauelementen findet dabei keine Formveränderung statt. Das Haltern ermöglicht aber eine anschließende rationelle Bearbeitung mehrerer Bauteile (z. B. durch Schleifen, Läppen oder Polieren) bzw. macht deren Bearbeitung aufgrund der komplizierten Form überhaupt erst möglich. Die Art des Halterungsverfahrens ist abhängig vom Bearbeitungsverfahren, von den erforderlichen Fertigungsgenauigkeiten, der Stückzahl, der Form und vom Material. Zu den Halterungsverfahren zählen:

- Blocken,
- (Roh-)Kitten,
- Kleben,
- Spannen,
- Gipsen,
- Ansprengen.

An diese Fügeverfahren werden wichtige Anforderungen gestellt, wie z. B.:

- Lagesicherung der Bauteile während der gesamten Bearbeitung,
- spannungsarme Halterung der Bauteile,
- Schutz gegen äußere Einflüsse (chemisch und physikalisch),
- reproduzierbare Anordnung auf dem Tragkörper,
- gute Bearbeitbarkeit und Zugänglichkeit,
- einfache Lösbarkeit nach dem Bearbeitungsprozess.

Wesentlichen Einfluss auf die Bearbeitungsgenauigkeit nehmen in erster Linie der Tragkörper, die Haltemittel sowie die Bearbeitungstechnologien.

10.1.1 Blocken

Unter Blocken versteht man das Angießen der Werkstücke an eine Metallunterlage zum Zwecke der Halterung mittels einer niedrigschmelzenden Legierung (**Alloy**). Häufig werden niedrigschmelzende Metalllegierungen verwendet, deren Schmelzpunkt bei 60 °C bis 100 °C liegt. Dabei entsteht eine gute Verbindung zwischen dem Glas (einer aufgetragenen Lackschicht bzw. Schutzfolie) und dem Halterungselement. Das Blockmaterial wird nach der Bearbeitung wieder abgeschmolzen. Das **Blocken** kann sehr einfach und schnell sowie CNC-gesteuert erfolgen. Somit lässt sich das Fügen durch Blocken sehr gut automatisieren. Es wird sehr häufig in der Brillenoptik bzw. im Bereich der Low-Cost-Optik angewandt. Nachfolgend wird exemplarisch der Blockprozess für die Aufnahme eines Brillengleitsichtglases vorgestellt.

Auf die Schutzfolie der Vorderfläche des Brillenglases wird ein Metallhalter, das Blockstück (auch Tragkörper oder Premoulette genannt), befestigt. Das Blockstück dient zur Aufnahme des Brillenglases in den nachfolgenden Bearbeitungsmaschinen. Im Prozess wird zunächst ein Blockstück in die Blockstückaufnahme eingelegt. Anschließend wird der Blockring an der Blockstation angebracht. Dieser sorgt dafür, dass ein ausreichender Abstand zwischen Blockstück und Blank (Brillenglasrohling) besteht, damit ausreichend Alloy einfließen kann. Entsprechend den Daten des Glases wird das Blockstück in die gewünschte Achslage des Zylinders gedreht. Daran anschließend erfolgt das Ausrichten des Blanks mit der beschichteten Vorderfläche auf den Blockring. Nach richtiger Positionierung des Blanks wird er mittels eines Spannhebels, welcher über Druckluft gesteuert wird, fixiert. Das Alloy fließt in den Hohlraum zwischen Blockstück und Blank. Nach Ende des Einfüllens bleibt der geblockte Blank noch 30 Sekunden eingespannt, damit das Alloy sich soweit abkühlen kann, dass eine ausreichende Lagesicherung vorliegt.

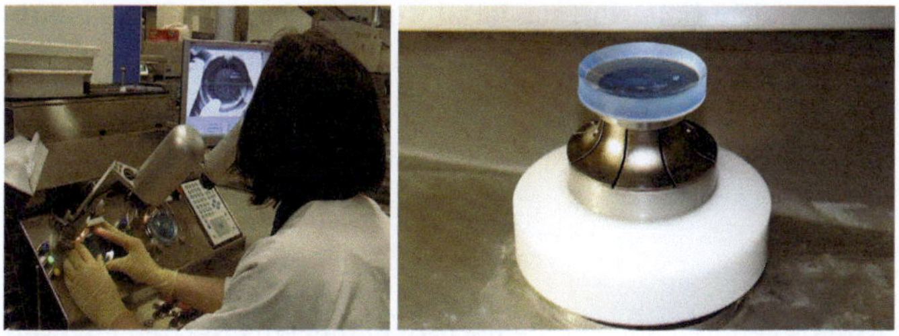

Bild 10.2
Blocken von Brillengläsern */Jena2007-5/*: links) Blockautomat, rechts) aufgeblockter Blank gespannt in Zange

Bild 10.2 zeigt den CNC-gesteuerten Layoutblocker PRA mit Ausricht- und Zentriersystem der Firma Satisloh, Wetzlar. Mit dieser Anlage können an zwei Stationen bis zu 120 Linsen pro Stunde geblockt werden (Glasdurchmesser: 38 - 68 mm; Blockhöhe: 7 - 13 mm). Beide Stationen arbeiten parallel.

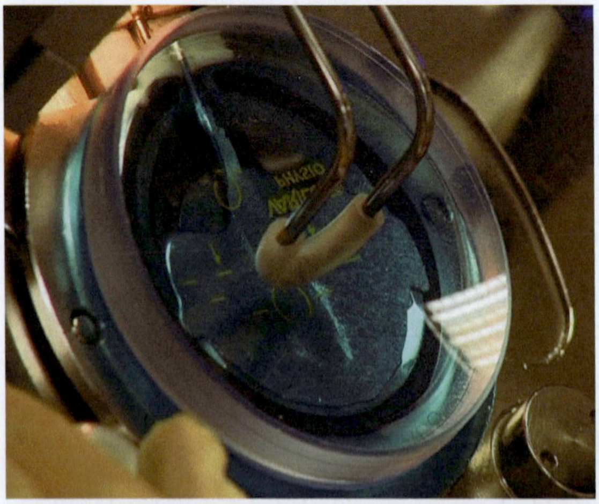

Bild 10.3
Detailaufnahme Justierplatz, mit Füllvorgang des flüssigen Alloys */Jena2007-5/*

Bei dem in Bild 10.3 verwendeten **Alloy** handelt es sich um eine Legierung aus Wismut, Blei, Zinn, Indium und Cadmium. Der Schmelzpunkt liegt für dieses Material bei 59 °C. Damit das Alloy vor dem Einfließen oberhalb des Schmelzpunktes liegt, wird das Alloy-Becken der Blockstation über ein Heizsystem erwärmt. Um den Abkühlprozess nach dem Einfließen zu beschleunigen, werden der Blockring und das Blockstück über zwei separate Kühlsysteme gekühlt. Somit wird der Abkühlungsprozess temperaturgesteuert und der komplette Alloyblock homogen abgekühlt.

Neben dem Vorteil des schnellen Fügens von Gläsern im Blockverfahren sind aber auch Nachteile zu berücksichtigen, die den Einsatz des Verfahrens für höherwertige optische Bauelemente oft ausschließen. Durch das Wirkprinzip bzw. das verwendete Halterungsmaterial werden relativ große Spannungen während des Halterungsprozesses in das optische Bauelement eingetragen, die nach dem Abblocken zu Formabweichungen führen können.

10.1.2 Kitten

Die unterschiedlichen Verfahren des Kittens gehören auch heute noch zu häufig eingesetzten Fügeverfahren im Produktionsprozess. Im Gegensatz zu den in der Montage benötigten Feinkittverfahren spricht man bei diesem Kitten von dem sogenannten **Rohkitten**. Es gehört zu den stoffschlüssigen Verfahren, die eine geringere Verspannung des Werkstückes zur Folge haben im Vergleich zum vorstehend beschriebenen Blockverfahren. Beim Rohkitten werden die Werkstücke durch die Adhäsion des Kittes nach dem Aushärten auf dem Tragkörper lagesicher gehalten.

Unter dem Verfahren Rohkitten versteht man die temporäre Befestigung der Werkstücke auf Tragkörpern mithilfe eines Rohkittes zum Zwecke der lagegesicherten Aufnahme im Produktionsprozess.

Je nach Art der Auflage auf dem Tragkörper unterscheidet man prinzipiell zwischen dem **provisorischen (Klotz-) und dem regulären Kitten**. Die Tabelle 10.1 zeigt verschiedene Tragkörper für das provisorische und das reguläre Kitten.

Tabelle 10.1 Werkstückaufnahmen auf Tragkörpern */Gräf1989/*

Einzeltragkörper (manuelle Bearbeitung)	Provisorischer Mehrfachtragkörper (konvex)	Provisorischer Mehrfachtragkörper (plan)
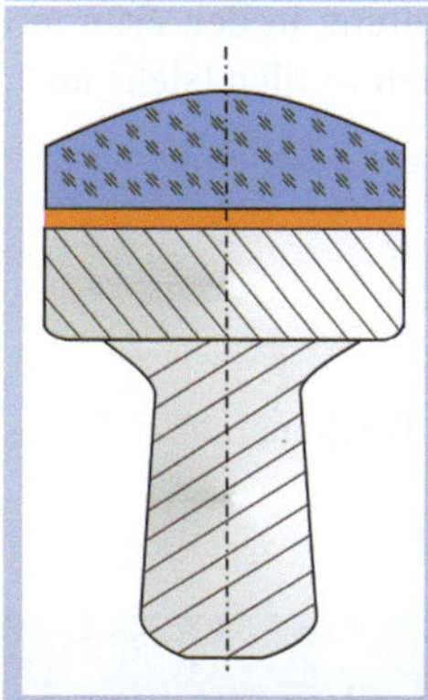	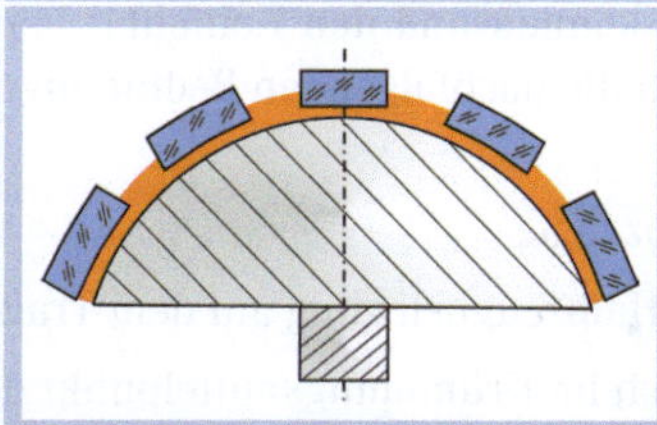	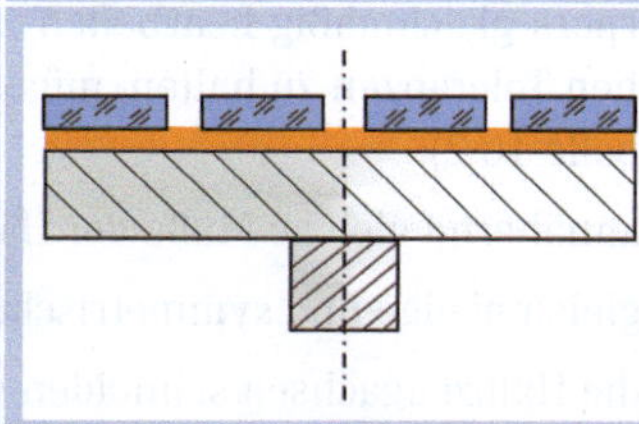
Einzeltragkörper (maschinelle Bearbeitung)	**Regulärer Mehrfachtragkörper (konvex)**	**Regulärer Mehrfachtragkörper (plan)**
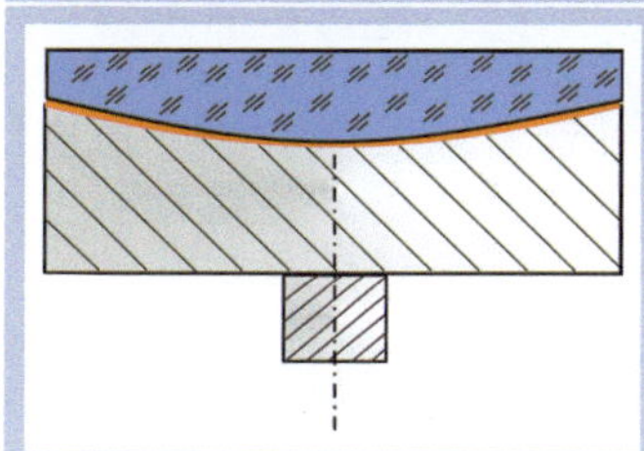	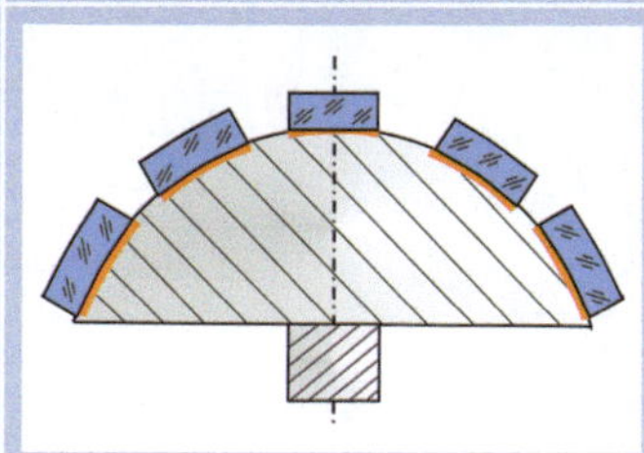	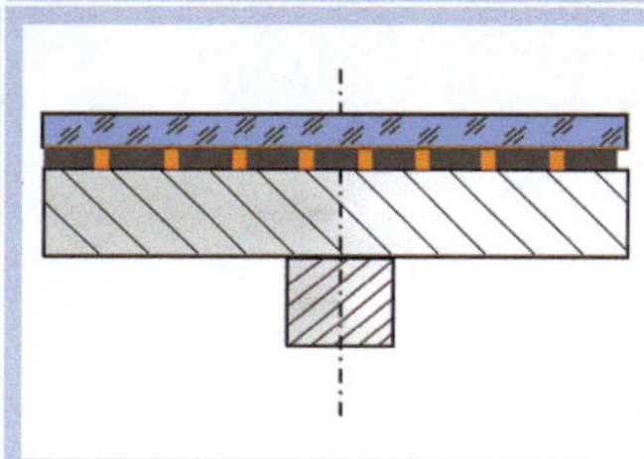

10.1.2.1 Provisorisches Kitten

Radius und Genauigkeit des Tragkörpers können im Vergleich zum regulären Kitten mit geringeren Anforderungen gefertigt werden. Das Werkstück liegt auf einem dicken Kittpolster (Kittklotz). Der Vorteil des Verfahrens besteht in der einfachen und billigen Herstellung der **provisorischen Tragkörper**, die wiederverwendet werden können. Das Verfahren wird angewendet für die Herstellung kleiner Stückzahlen, für Präzisionsoptiken und Funktionsmuster.

Der Ablauf des Verfahrens ist in seiner Handhabung relativ einfach, wobei aber Handhabungsfehler, wie Keilfehler der Kittschicht, während der Bearbeitung auf das Werkstück übertragen werden. Auf den vorgewärmten Tragkörper wird eine Kittschicht aufgetragen, in die das Werkstück so eingedrückt wird, dass seine Achse mit der Tragkörperachse übereinstimmt. Bei der sogenannten Klotzkittung erhalten die Rohlinge auf der Rückseite einen Kittklotz von ca. 1 - 5 mm Dicke. Der Tragkörper wird solange erwärmt, bis der Kittklotz beim Aufsetzen schmilzt und ein Verbinden ermöglicht. Ein sogenanntes **Durchsetzen** (Berührung Werkstück mit Tragköper) muss vermieden werden. Für eine definierte Abstandslage werden in der Praxis Abstandskörper verwendet.

Bei der **Vollkittung** hingegen wird der Kitt auf den Tragkörper aufgetragen. Er wird erwärmt und auf die Rohlinge aufgesetzt. Allerdings erfordert die Kittung auf Mehrfachtragkörpern eine große Menge an Rohkitt. Andererseits schafft die dicke Kittschicht eine gute thermische Isolation zwischen Tragkörper und Werkstücken. Dennoch können bei höheren Poliertemperaturen Instabilitäten in der Kittschicht zu Verspannungen führen, die sich nach dem Abkitten in der Änderung der Passe des Bauelementes äußern. Der Begriff provisorisches Kitten stammt aus dem vorteilhaften Einsatz von

Metallkörpern für Polierschalen, die provisorisch auch als Tragkörper verwendet werden können. Die Genauigkeit des Tragkörpers ist nicht sehr hoch, und geringfügige Abweichungen vom notwendigen Krümmungsradius werden durch die Kittschicht ausgeglichen. Um jedoch alle Werkstücke eines Tragkörpers gleichmäßig bearbeiten zu können und den Keilfehler bei der Bearbeitung in den erforderlichen Toleranzen zu halten, müssen die nachfolgenden Bedingungen eingehalten werden (siehe auch Tabelle 10.2):

- annähernd gleiche Maße der Halbzeuge,
- gleichmäßige und symmetrische Halbzeugbelegung auf dem Tragkörper,
- die Halbzeugachsen schneiden sich im Krümmungsmittelpunkt des Tragkörpers,
- die Halbzeugkittflächen haben den gleichen Abstand von der Oberfläche des Tragköpers.

Tabelle 10.2 Voraussetzungen für das Kitten auf Mehrfachtragkörpern

Gleiche Abmessungen	Symmetrische Verteilung	Orientierte Lage	Gleiche Abstände

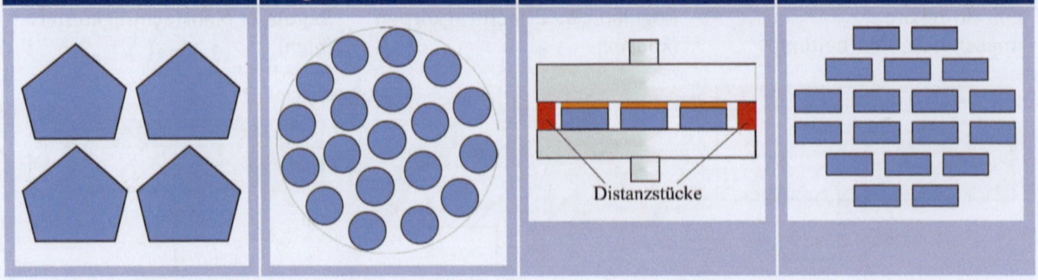

Aus dem Vorteil der relativ geringen Genauigkeitsanforderungen des Tragkörpers für das Rohkittverfahren resultiert die Forderung zum Ausrichten der Werkstücke vor dem Kitten mit einer Hilfsschale. Nach Art der verwendeten Hilfsschale lassen sich zwei gebräuchliche Verfahren unterscheiden: das **Einlegeverfahren** und das **Einreibverfahren**. Das provisorische Rohkitten mit Kittholz illustriert Bild 10.4.

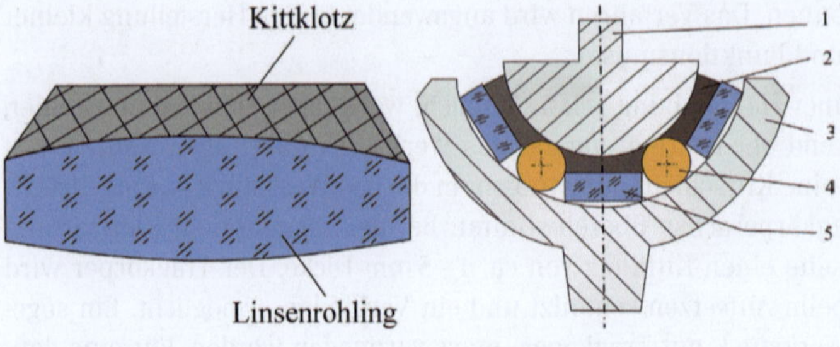

Bild 10.4
Provisorischer Tragkörper mit Einlegeschale */Gräf1989/*

1 Tragkörper, 2 Kittklotz, 3 Einlegeschale, 4 Abstandskugel, 5 Werkstückrohteile

Im Einlegeverfahren werden konvexe Werkstücke gehaltert, die an der Rückseite schutzlackiert und mit Kitt versehen sind. Diese Rundlinge (Kittklotz) werden in die Einlegeschale gelegt und symmetrisch ausgerichtet. Im Anschluss erfolgt der eingangs beschriebene Kittvorgang. Nach der Abkühlung des Tragkörpers können alle aufgekitteten Werkstücke gleichzeitig bearbeitet werden. Entsprechend dem Linsenradius muss der Durchmesser der Einlegeschale berechnet und eng toleriert gefertigt werden. Ferner ist die Durchmessertoleranz der Werkstücke klein zu halten. Beide Faktoren beeinflussen die Mittendicke der fertigen Linsen.

Beispiel: Geometrische Verhältnisse beim Einlegeverfahren */Gräf1989/*

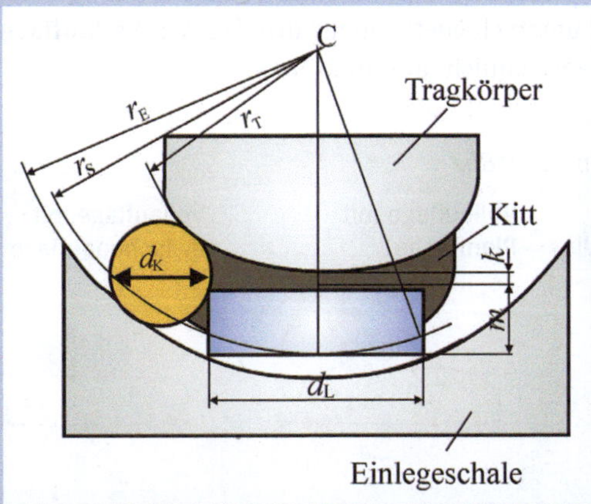

k Kittschichtdicke

r_E Radius Einlegeschale

r_T Radius Tragkörper

d_K Durchmesser Abstandskugel

a_2 Aufmaß der Kittseite

m Mittendicke Linse

r_S Radius Läppschale bzw. Linse

d_L Durchmesser Linse

a_1 Aufmaß Fertigungsseite

Radius des Tragkörpers: $r_T = r_S - m - a_2 - k$

Durchmesser Abstandskugel: $d_K = r_E - r_T$

Radius der Einlegeschale:

$$r_E = \sqrt{(r_S + a_1)^2 + \left(\frac{d_L}{2}\right)^2}$$

Beim Einreibverfahren hingegen liegt die Form der Fläche bereits bei jedem Werkstück vor. Die Rautiefe der Oberfläche liegt bei etwa 40 µm. Die Flächen werden auf einer Schale nach leichtem Anreiben gehalten. Unterstützt wird die Adhäsion durch einen Öl- oder Wasserfilm. Das Ausrichten und Kitten des Tragkörpers erfolgt in Analogie zum Einlegeverfahren. Je nach Form und Größe der Werkstücke kann eine Klotz- oder Vollkittung erfolgen. Wesentliche Vorteile des Einreibverfahrens liegen in der Einhaltung kleinerer Mittendickentoleranzen (ca. bis zu 0,03 mm) und dem Wegfall zusätzlicher Distanzelemente. Nachteilig ist die höhere Vorarbeit. Einsatz findet dieses Verfahren in der Mittelserienfertigung.

10.1.2.2 Reguläres Kitten

Diese Kittart wird sehr häufig angewandt. Der Kittfilm ist sehr dünn, alle Unebenheiten der Linsenauflage werden auf das Werkstück übertragen. Somit bestimmt die Genauigkeit des Tragkörpers wesentlich das Bearbeitungsergebnis. Die Herstellungskosten für die Tragkörper sind hoch. Das Verfahren ist deshalb geeignet für die Fertigung großer Stückzahlen.

Das Bearbeitungsergebnis beim regulären Kitten ist neben der Beschaffenheit des Tragkörpers abhängig vom Kitt und von der Auflageart der Linsen. Die Tragkörper können somit nur für eine bestimmte Linsenform verwendet werden. Als Auflageart unterscheidet man die drei Formen **Vollauflage, Randauflage und Kantenauflage**. Tabelle 10.3 veranschaulicht ausgewählte Auflagearten.

Tabelle 10.3 Auflagearten beim regulären Kitten */Grün85/*

Vollauflage mit Näpfchen für Formschluss	Vollauflage mit eingearbeitetem Radius	Vollauflage mit Planfläche	Vollauflage mit Zwischenauflage
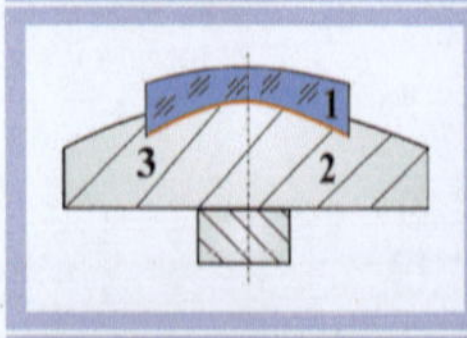	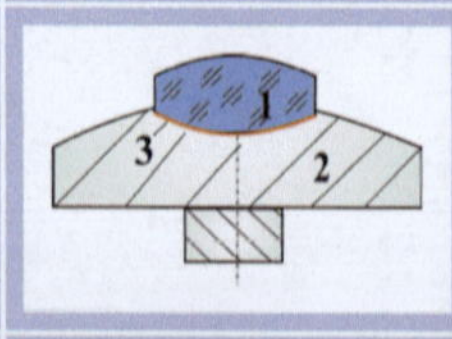	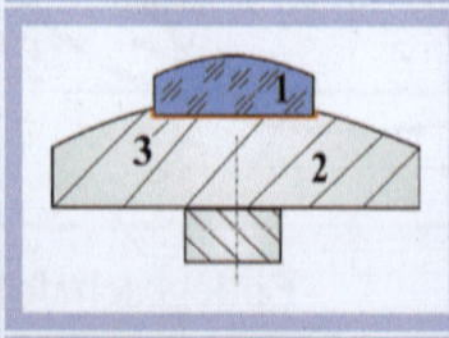	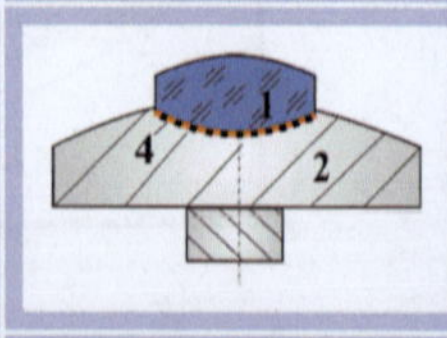
Randauflage (Ringflächenauflage)	**Randauflage (Kantenauflage)**	**Randauflage (Kantenauflage auf Maßfase)**	**Randauflage (Kantenauflage)**
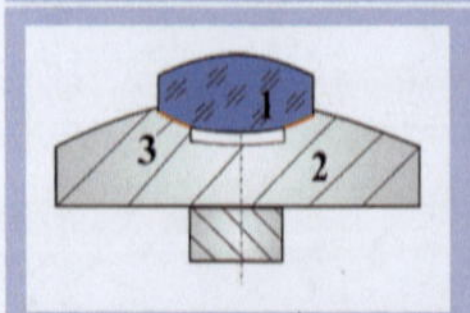	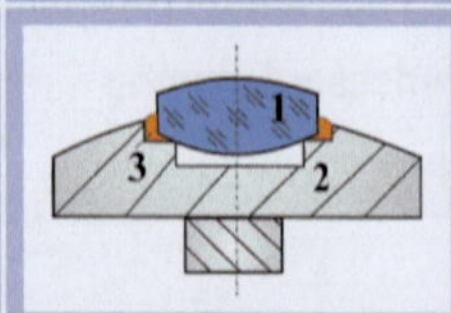	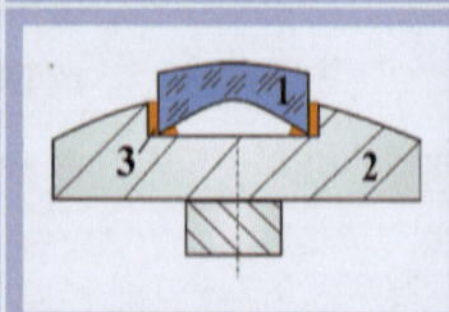	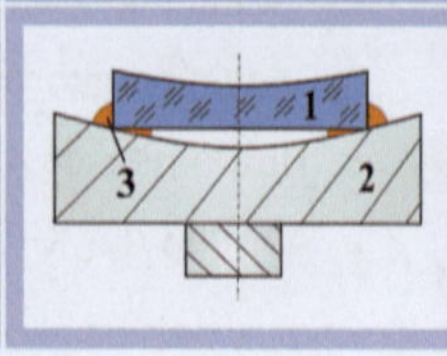

1 Werkstück; 2 Tragkörper; 3 Kittschicht, 4 Zwischenauflage

Die Kittung auf reguläre Tragkörper ist relativ einfach zu handhaben. Nach Erwärmung des Tragkörpers wird eine dünne Kittschicht aufgetragen, in die die ebenfalls vorgewärmten Halbzeuge angedrückt werden. Es folgt eine langsame Abkühlung. Die erreichbare Genauigkeit ist somit direkt von der Form und der Präzision des Tragkörpers abhängig. Tragkörper für Randauflage müssen im Durchmesser in etwa 0,3 mm größer als der Halbzeugdurchmesser sein. Die Linsenflächen sollten mindestens 1 – 2 mm über den Tragkörper stehen, damit es nicht zum Absetzen des Poliermittels kommt. Das würde die Sauberkeit des Poliererergebnisses beeinflussen. Die reguläre Linsenkittung bringt gegenüber dem provisorischen Verfahren folgende Vorteile:

- kürzere Kittzeiten,
- Fehlerminimierung, die infolge der Kittschichten auftritt (Keilfehler),

und folgende Nachteile:

- hohe Kosten für Tragkörperfertigung,
- Toleranz der Mittendicke sollte größer 0,1 mm betragen,
- Tragkörper sind an eine Linsenform und -durchmesser gebunden,
- Kittspannungen durch unterschiedliche Ausdehnungskoeffizienten Glasteil und Tragkörper.

Somit lässt sich zusammenfassend schlussfolgern, dass die reguläre Linsenkittung vorrangig für größere Stückzahlen gleichartiger Linsen mit großen Dicken- und Passetoleranzen vorteilhaft anwendbar ist.

Beispiel: Berechnung konvexer Tragkörper für Kantenauflage /*Gräf1989*/

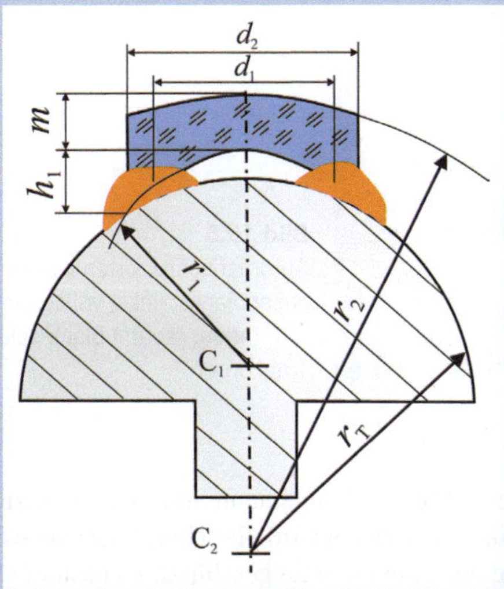

m Mittendicke Linse,
h_1 Abstand Tragkörper und Höhe 1. Seite
r_1 Radius konkave Seite der Linse
r_2 Radius konvexe Seite der Linse
r_T Radius Tragkörper
d_1 Fasenranddurchmesser
d_2 Durchmesser der Linse

Die oben dargestellte konvex-konkave Linse soll mit folgenden Größen gefertigt werden:

Durchmesser 18 mm, Mittendicke 8 mm, Fasenranddurchmesser 16 mm, Radius der konkaven Fläche 62 mm. Für die Bearbeitung der konvexen Fläche mit einem Radius von 80 mm ist der Radius des Tragkörpers zu bestimmen.

$$r_T = \sqrt{(r_2 - m - h_1)^2 + (\frac{d_1}{2})^2}$$

$$h_1 = r_1 - \sqrt{r_1^2 - (\frac{d_1}{2})^2}$$

Im o. g. Beispiel ergibt sich nach Einsetzen in die beiden Gleichungen für $h_1 = 0{,}52$ mm und für den Radius des Tragkörpers $r_T = 71{,}93$ mm.

Der Prozess des regulären Kittens lässt sich gut automatisieren. So werden beispielsweise die Blanks von Kontaktlinsen vollautomatisch auf den jeweiligen Tragkörpern (hier auch Kalotte genannt) lagesicher und reproduzierbar gehaltert. In der Anordnung aus Bild 10.5 werden die Blanks und Tragkörper vorsortiert und automatisch mit Greifer- und Handlingssystemen der Kittstation zugeführt. Der vorgewärmte und verflüssigte Schmelzkitt wird in einer definierten Tropfengröße auf die Auflagefläche des Tragkörpers dosiert. Das anschließende Andrücken des ausgerichteten Blanks ermöglicht nach einer kurzen Erstarrungszeit die lagesichere Halterung der Blanks. Dabei spielt die Dosierung der Tropfengröße eine entscheidende Rolle für die resultierende Kittschicht und das winkelgenaue

Andrücken zur Vermeidung von Keilfehlern. Allerdings sind die Anforderungen an die Rundlaufgenauigkeit des Fügepaares mit 5/100 mm relativ gering.

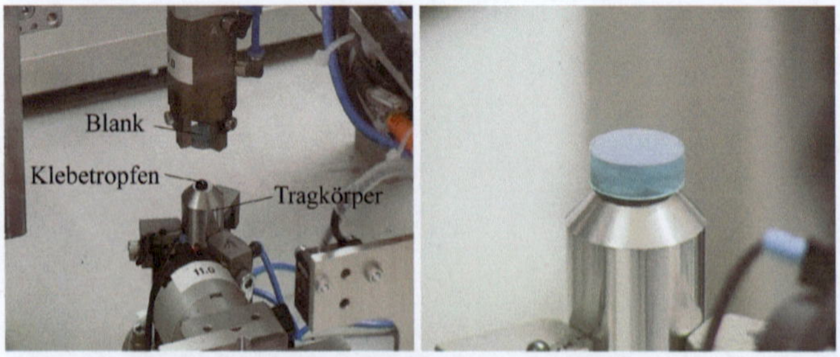

Bild 10.5
Automatisches Kitten von Kontaktlinsenblanks: links) vollautomatische Kittstation, rechts) Blank gekittet auf Tragkörper

10.1.2.3 Block- und Streifenkittung

Kittverfahren kommen auch dann zum Einsatz, wenn optische Bauelemente untereinander zu verbinden sind, um eine gleichzeitige Bearbeitung zu ermöglichen. Dabei wird die schon bearbeitete Seite vor mechanischen Beschädigungen bei der Bearbeitung der zweiten Seite geschützt. Es besteht eine gute Lagesicherung während der Bearbeitung, die Befestigung ist spannungsfrei und die Werkstücke lassen sich nach der Bearbeitung leicht lösen. Bild 10.6 illustriert dies am Beispiel einer **Streifenkittung** von Prismen und Rohlingen.

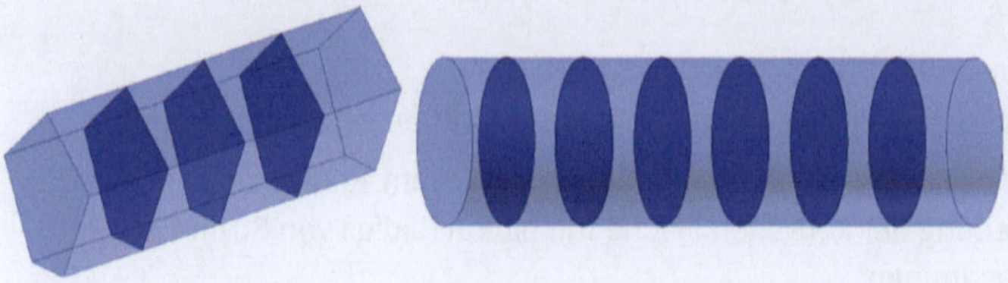

Bild 10.6
Beispiele für Streifenkittung von Prismen und Rohlingen: links) prismatische Streifenkittung, rechts) Kitten von Rohlingen (Rundlinge) zum Rundieren

Für prismatische Streifenkittungen wird je nach den notwendigen Bearbeitungsstufen und der geforderten Genauigkeit ein entsprechendes Aufmaß vorgesehen (typisch 0,1 mm je Seite). Meist werden die Prismen für die Herstellung von einer Stirnfläche aufgebaut, auf die sich alle polierten Flächen beziehen. Somit lassen sich Winkeltoleranzen der optisch wirksamen Flächen sowie der Stirnflächen (Pyramidalfehler) minimieren.

Die Ausrichtung der Werkstücke während des Kittvorganges erfolgt in einer vorgewärmten Winkelschiene nach zwei Seiten. Eine ungleiche Kittschichtdicke kann im negativen Fall zu einer Summierung des Winkelfehlers führen, was eine Überschreitung der zulässigen Winkeltoleranz von 5 Winkelminuten zur Folge haben kann. Auch aus diesem Grund sollte die Streifenlänge auf eine sinnvolle Größe begrenzt werden. Sie ist von der maximalen Fläche des projizierbaren Kreises auf der Stirnseite der Werkstücke abhängig. Das Diagramm aus Bild 10.7 stellt diesen Zusammenhang dar.

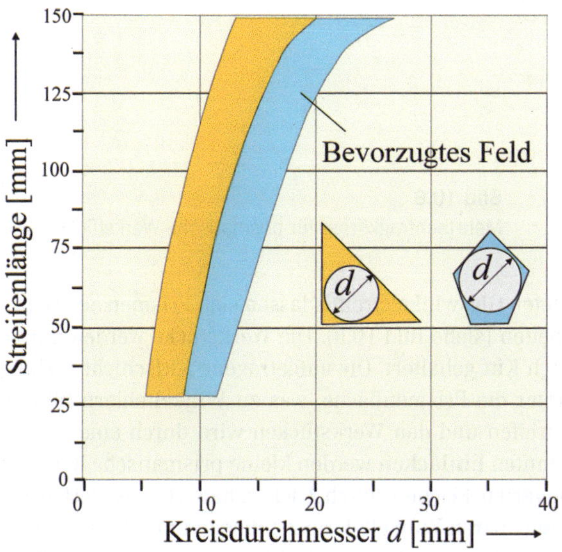

Bild 10.7
Bestimmung der Streifenlänge für prismatische Bauteile */Gräf1989/*

Beispiel:

Bei Vergrößerung des Radius des eingeschriebenen Kreises der Prismenstirnflächen lässt sich die Anzahl der Prismen für die Kittung im Streifen erhöhen.

Für die Bearbeitung von 90°-Pentaprismen im Streifen ergibt sich für eine quadratische Eintrittsfläche von 22 mm × 22 mm ein Innenkreisradius von rund 13 mm. Damit ergibt sich eine günstige Streifenlänge zwischen 112 mm und 132 mm. Bezogen auf das Maß der Eintrittfläche ergeben sich sechs Prismen, die zum Streifen gekittet werden.

10.1.2.4 Kitten von prismatischen Teilen

Die vorstehend genannten Forderungen an Winkeltoleranzen für Prismen setzen eine genaue Ausrichtung der Flächen zu einer Kontrollfläche voraus. Eine nachträgliche Lageänderung der optisch wirksamen Flächen zu einer Achse bzw. Orientierungsfläche ist im Gegensatz zum Verfahren des Linsenzentrierens (siehe Kapitel 7) nicht möglich. In diesem Fall müssen Winkelfehler durch eine nochmalige Bearbeitung der bereits fertiggestellten Fläche beseitigt werden. Für sehr kleine Abweichungen kann auch ein Polierjustierverfahren angewendet werden.

Die Art der Kitthalterung von Prismen wird wesentlich von der geforderten Qualität sowie der Stückzahl bzw. Losgröße bestimmt. Sehr oft wird das reguläre Kittverfahren, insbesondere für die Serienfertigung, auf Mehrfachtragkörpern eingesetzt.

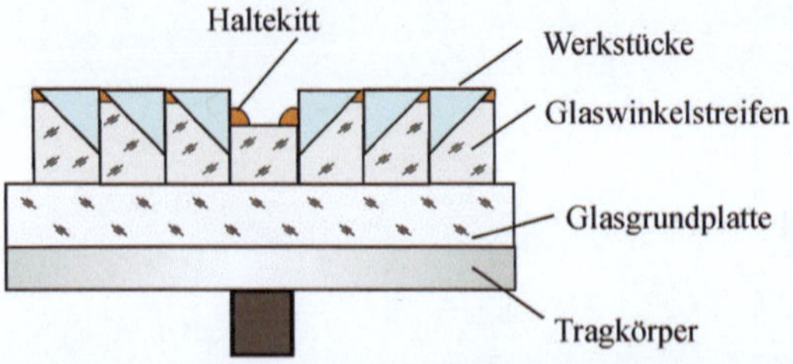

Bild 10.8
Mehrfachtragkörper für prismatische Werkstücke

In der Verbindung mit Glasplatten und aufgekitteten Glaswinkelstreifen lassen sich Prismen auf Mehrfachtragkörpern besonders wirtschaftlich bearbeiten (siehe Bild 10.8). Die Werkstücke werden durch **Anreiben** und eine seitliche Lagesicherung durch Kitt gehaltert. Die aufgetragene Kittschicht verhindert gleichzeitig ein Eindringen von Wasser unter die Prismenfläche, was zu Winkelfehlern führen würde. Die Haftung zwischen den Glaswinkelstreifen und den Werkstücken wird durch eine gering konkav geläppte Fläche begünstigt. Beim sogenannten **Einlacken** werden kleine prismatische Bauteile (Stirnhöhe ≤10 mm) auf Glasunterlagen mit polierten Flächen durch Lack gehaltert. Das Verfahren eignet sich für den Arbeitsgang Polieren. Die erreichbaren Winkeltoleranzen liegen unter fünf Winkelminuten. Für dieses Verfahren werden in die Glaswinkelstreifen aus Bild 10.8 Nuten eingeschliffen, um das Austrocknen des Lackes zu begünstigen. Generell ist jedoch die Anfertigung von Glaswinkelstreifen relativ aufwendig und teuer. Dies ist durch die hohen Anforderungen an die Maß- und Winkeltoleranzen (Maße: ± 0,01 mm; Winkel: ± 3') begründet.

Für das Vorläppen von größeren Stückzahlen werden aus diesem Grund auch Formschienen aus Metall eingesetzt. Diese können auf Grundplatten aufgeschraubt oder auch magnetisch gespannt werden. Die in Bild 10.9 dargestellten Schienenformen ermöglichen die schrittweise Bearbeitung von Pentaprismen. Die eingearbeitete Nut in die Formschienen garantiert eine gute und spannungsarme Anlage der jeweiligen Flächen.

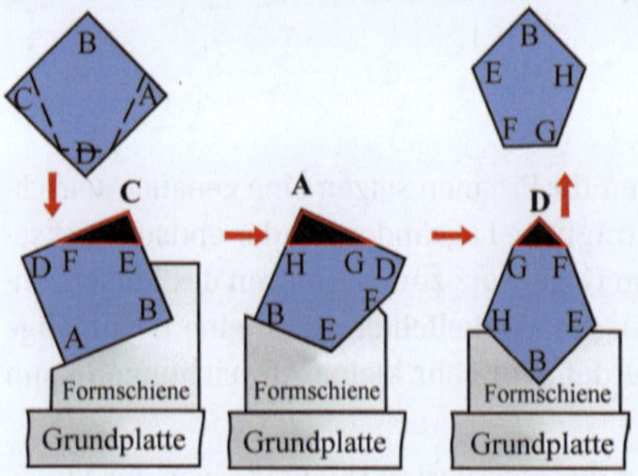

Bild 10.9
Formschienenkittung am Beispiel des Pentaprismas

Für hohe Anforderungen an die Winkeltoleranzen muss jedoch auf das Ansprengverfahren (Abschnitt 10.1.5) zurückgegriffen werden.

10.1.2.5 Kittwerkstoffe

Optische Roh- bzw. Hilfskitte oder auch Aufkittpeche genannt, werden im Fertigungsprozess zur temporären Halterung des Optikteiles auf dem Tragkörper eingesetzt. Weiterhin werden diese Kitte zum Blockkitten, zum Rollekitten und als Zentrierkitt verwendet. Rohkitte sind Heißkleber oder UV-aushärtende Kleber, die eine trennbare Verbindung gewährleisten und sich möglichst problemlos von der Oberfläche entfernen lassen. Wichtige Parameter für die Auswahl des Einsatzes eines Rohklebekittes sind sein Schmelzbereich, die Beständigkeit gegen Medien (insbesondere Kühl- und Schmierstoffe) sowie seine Haftung und Adhäsionskraft gegenüber dem Bauteil und dem Tragkörper. Zum Kitten und zum Schutz der optischen Bauteile kommen verschiedene Kitte und Lacke zum Einsatz, z. B. */Göbn2007/*:

- Kunstharzkitte,
- Wachskitte,
- Kolophoniumkitte,
- Schellackkitte,
- UV-aushärtende Rohkitte.

Je nachdem, ob diese Kitte Füllstoffe enthalten oder nicht, werden sie als Füllstoffkitte oder als Dünnbettkitte bezeichnet. **Füllstoffkitte** werden eingesetzt beim provisorischen Kitten oder, wenn es auf ein besonders spannungsarmes Kitten ankommt.

Rohkitte verwendet man zum Aufkitten der Werkstücke auf Tragkörper, Wachskitte vorwiegend zum Einbetten von Prismen und Platten, Siegellack hauptsächlich bei der Herstellung von Filzschalen. Diese Kitte finden nur Verwendung während der Bearbeitung der Werkstücke; sie werden anschließend wieder vollständig entfernt. Für Halteverfahren werden i. d. R. **Kunstharzklebkitte** verwendet. Diese haben eine Schmelztemperatur von beispielsweise 70 - 150 °C. Der Typ „MKS-Kitt" hat eine Härte von 39, ist aceton- sowie spirituslöslich und lässt sich deshalb nach der Bearbeitung wieder rückstandslos entfernen. Seine Schmelztemperatur kann im Herstellungsprozess in gewissen Grenzen eingestellt bzw. angepasst werden. Er dient zum Aufkitten der Halbzeuge und vorgeformten bzw. fertig bearbeiteten Bauelementen auf den Tragkörper und zum Schutz der ersten Seite nach der optischen Politur.

Tabelle 10.4 Eigenschaften und Anwendung ausgewählter Klebekitte */Göbn2007/*

Bezeichnung	Härte* Erweichungs- bzw. Tropfpunkt	Beständigkeit gegen	Löslichkeit	Anwendung
Kunstharz-Klebekitt (*Typ CK*)	39 68 °C	Wasser und Schneidöle	Aceton Spiritus	▪ Spannungsarmes Kitten für beschlagempfindliche Gläser wenn hohe Klebekraft erforderlich ist
Wachsroh-Klebekitt (*Typ HPJ-II*)	24 60 °C	Luftfeuchtigkeit, Kühl- und Schmierstoffe	Aceton Benzin	▪ Blanke und matte Planoptikbauteile ▪ Schutz angesprengter Bauteile ▪ Kitten auf Mehrfachtragkörper
Kolophonium-Rohklebekitt (*Typ B-I*)	31 62 °C	Wasser, Läpp- und Poliersuspension	Aceton Spiritus Butyldiglycol	▪ Spannungsarmes Kitten ▪ Kitten von Planoptikbauteilen auf Tragkörpern und Rasterflächen ▪ Provisorisches Kitten
Schellack-Rohklebekitt (*Typ C*)	36 68 °C	Wasser, Läpp- und Poliersuspension	Aceton Spiritus Butylacetat	▪ Für hohe Belastungen und Temperaturen während der Bearbeitung ▪ Rohteile kitten ▪ Kitten auf Steckzentrierkörper

* Die Härte der Probe ist die Temperatur in °C, bei der eine Nadel mit einem Querschnitt von 1 mm² und einer Belastung von einem Kilogramm in 10 Sekunden 2 mm tief in die Probe eindringt. Prüfung erfolgt in Anlehnung an die DIN EN 2426

10.1.3 Kleben

Die Entwicklung von angepassten Klebewerkstoffen mit kurzen Aushärtezeiten und Löslichkeit mit speziellen Lösungsmitteln hat das Kleben auch als Halterungsverfahren in dem Fertigungsprozess interessant gemacht. Im Vergleich zum Kitten liegt der Vorteil in den höher erreichbaren Adhäsionskräften bei kleineren Schichtdicken. Damit kann der mögliche Keilfehler, durch die Kitt- bzw. Klebeschicht verursacht, verringert werden. Die beschriebenen Tragköper und speziell gefertigte Werkzeuge können als Halterungselemente eingesetzt werden.

Als nachteilig sind aber die längeren Trennzeiten von Werkstück und Tragkörper sowie die Verwendung von meist lösungsmittelhaltigen Trennmitteln zu sehen. Aufgrund der großen Bedeutung des Klebens für das Fügen im Montageprozess wird das Verfahren im Abschnitt 10.2.3 ausführlich behandelt.

10.1.4 Gipsen

Auch das Gipsen dient der Aufnahme von Werkstücken zur gemeinsamen Bearbeitung planer Flächen. Die Aufnahme erfolgt in **Gipskörpern**. Das Material Gips umgibt die Teile formschlüssig und sichert in geringem Maße auch einen Stoffschluss zum lackierten Werkstück. Im Vergleich zu anderen Halterungsverfahren ist das Gipsverfahren werkzeug- und vorrichtungssparend. Es wird hauptsächlich angewendet:

- bei kleinen Serien, um die Anfertigung spezieller Werkzeuge zu sparen,
- bei Prismen mit komplizierter Form,
- für geringe Genauigkeit der Prismenwinkel (> 3 Winkelminuten),
- zur Bearbeitung der ersten Seite von Prismen, deren weitere Seiten im Ansprengverfahren gefertigt werden.

Die Bearbeitung von Prismen mit sehr kleinen Kantenlängen (< 10 mm) ist mit diesem Halterungsverfahren jedoch nicht möglich.

Die Fertigung von Gipskörpern erfordert folgende Vorarbeiten der Rohlinge:

- maß- und winkelgenaues Vorläppen bis 37 µm Läppkorngröße (Aufmaß: 0,1 mm pro Fläche),
- Prismen schutzfacettieren,
- Flächen mit Ausnahme der Bearbeitungsfläche schwarz lackieren,
- auf fertig polierte Flächen zusätzlich eine 1 mm starke Wachskittschicht auftragen (Schutz gegen Beschlag).

In der Tabelle 10.5 sind die Herstellung sowie die Ablaufschritte schematisch dargestellt.

Tabelle 10.5 Herstellungsschritte für einen Gipskörper */Gräf1989/*

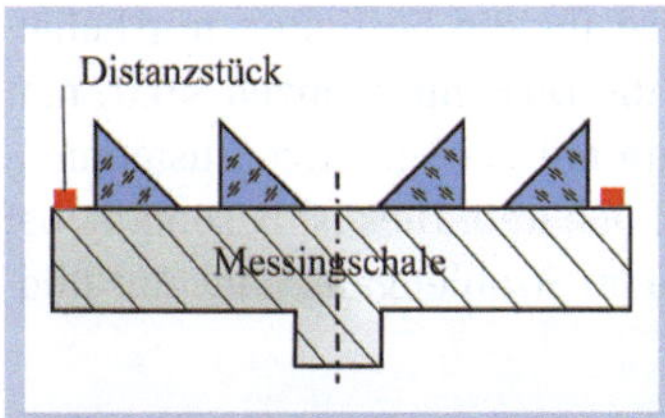

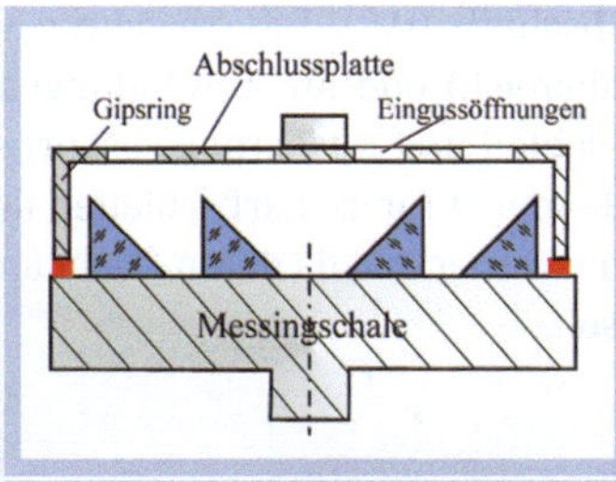

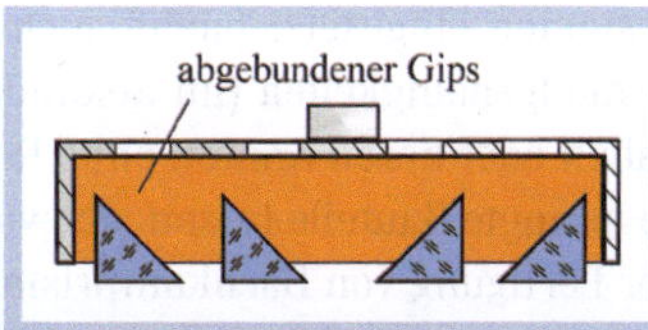

1. Berechnung des Körperdurchmessers	4. Gipsring mit Abschlussplatte auflegen	7. Gipsmasse einfüllen und abbinden lassen
2. Bearbeitungsfläche der Prismen symmetrisch aufkitten	5. Spalt zwischen Gipsring und Messingschale dichten	8. Gipskörper abziehen und Gips in etwa 2 mm auswaschen
3. drei Distanzstücke (120° versetzt) auflegen	6. Gipseinfüllmasse vorbereiten bzw. ansetzen	9. Gipsschicht schutzlackieren

Ein wesentlicher Nachteil des Verfahrens ist die Winkeländerung infolge der Wirkung des Gipses durch unterschiedliche Druckverhältnisse. In der Phase des Abbindens wirkt ein Flächendruck auf die eingegipsten Prismen. Dadurch kommt es zu einer Drehung der Werkstücke und zu einer Winkeländerung in der nachfolgenden Bearbeitung. So ist bei der Bearbeitung von 90°-Prismen eine Drehung zur C-Achse möglich, was einem Fehler von ca. 2' (Minus) des 90°-Winkels entspricht. Der 45°-Winkel wird dadurch stumpfer. Bei der Vorfertigung werden diese Fehler vorgehalten und der 90°-Winkel um ca. 2' größer gehalten.

Die Aufnahmeanordnungen können unterschiedlich sein. Bei der Bearbeitung asymmetrischer Prismen werden Kippstreifen auf die Planunterlage gebracht, um eine Neigung der Prismen im Gipskörper zu verhindern. Zur Vermeidung der genannten Winkelfehler können auch Hilfsprismen aufgekittet werden. Die Verspannung der Werkstücke bleibt bei diesem Halterungsverfahren aber insgesamt gering. Für eine symmetrische Anordnung der Werkstücke sind bei einer Flächengröße $< 25\,cm^2$ Passgenauigkeiten bis zu 0,3 NEWTONsche Ringe durchaus reproduzierbar möglich.

10.1.5 Ansprengen

Unter optischem Ansprengen versteht man, dass zwei sorgfältig geschliffene, polierte und gereinigte Flächen bei Berührung durch **molekulare Kräfte**, ohne Bindemittel, fest aneinanderhaften. Für die Wirkung des Ansprengens sind drei Ursachen zu nennen:

1. Luftdruck,
2. Kapillardruck,
3. unmittelbare Adhäsion durch Molekularkräfte.

Beim Zusammenschieben zweier polierter Flächen entstehen zunächst Interferenzstreifen. Durch leichten Druck kann die Luft zwischen den Flächen entfernt werden. Der Ansprengvorgang setzt ein, wenn die gesamte Luft zwischen den Flächen verdrängt wird.

Das Verfahren findet vorwiegend in der Planoptik Anwendung, wie z. B. bei der Herstellung von Planparallelplatten, Dachkantprismen, Tripelspiegeln und Glasendmaßen. In der sphärischen Optik wird das Ansprengen nicht als Halteverfahren, sondern zum Versprengen fertiger optischer Bauteile zu Systemen eingesetzt (siehe auch Abschnitt 10.2). Das Verfahren wird für die Fertigung mit hohen Winkelgenauigkeiten (im Sekundenbereich) und für Anwendungen, die Dickentoleranzen ≤0,02 mm haben oder deren Kanten ohne Randabfall und Aussprünge scharf sein müssen, genutzt. Zusammengesprengte Bauteile lassen sich vollkommen randscharf schleifen und polieren. Dies ist besonders bei der Fertigung von Dachkantprismen erforderlich, da deren Dachkante im Strahlengang nahe der Bildebene liegt und nicht sichtbar sein soll.

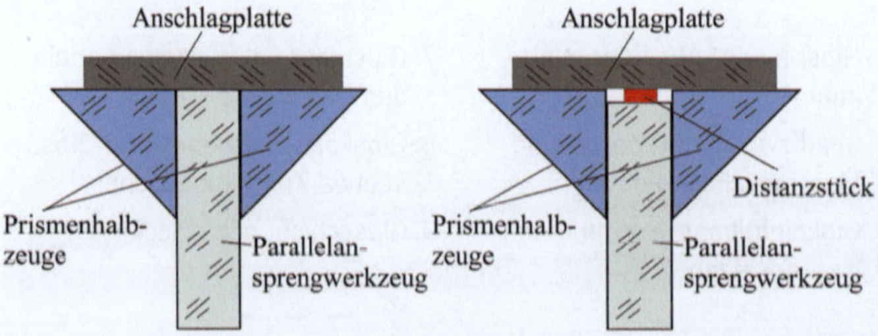

Bild 10.10 Anordnung zum Ansprengen von Prismen: links) Ansprengstreifen mit Prismen (90°-Winkel entsteht mit scharfer Kante, Werkzeug wird mit abgearbeitet), rechts) Ausrichten mit Anschlagplatte (90°-Winkel entsteht ohne scharfe Kante, Werkzeug wird nicht abgearbeitet)

Entsprechend Bild 10.10 gibt es zwei Möglichkeiten des Ansprengens von Prismenhalbzeugen an die Ansprengwerkzeuge. Für randscharfe prismatische Teile muss das Werkzeug mit abgearbeitet werden, wie in Bild 10.10 links dargestellt. Günstig ist eine gleiche Wahl des Werkstoffes für Prisma und Werkzeug, um homogene Abtragsverhältnisse zu gewährleisten.

Die Handhabung des Ansprengens ist sehr anspruchsvoll und erfordert ein hohes Maß an Sorgfalt und Erfahrung. Beide **Ansprengflächen** sind sorgfältig zu reinigen, wobei die Oberfläche absolut staubfrei sein muss. Die Qualität der vorgefertigten Flächen sowie der Reinigungsprozess entscheiden maßgeblich über das Ansprengergebnis. Während des Zusammenschiebens sind Interferenzstreifen sichtbar. Das Werkstück „schwimmt" auf einem Luftpolster und kann ausgerichtet werden. Durch geringen Druck senkrecht zur Verbindungsstelle wird der Ansprengvorgang eingeleitet. Eine anschließende Versiegelung der angesprengten Randfläche mit Schutzlack schützt diese vor einem möglichen Eindringen von Wasser während der nachfolgenden Bearbeitung. Nach der Austrocknung des Lackes erreicht die Verbindung eine Festigkeit, die mit gekitteten Werkstücken vergleichbar ist. Es werden Verbindungsfestigkeiten bis zu 80 $N \cdot cm^{-2}$ erreicht, welche größer sind als die maximal auftretenden Bearbeitungskräfte während des Poliervorganges. Das Lösen der Verbindung nach erfolgter Bearbeitung kann i. d. R. durch das Einleiten eines mechanischen Impulses oder durch einen örtlichen Temperaturunterschied realisiert werden.

Zur rationellen Herstellung von Präzisionsplanoptiken verwendet man Ansprenggrundplatten, auf die die Bauteile direkt oder an Hilfsstreifen (Ansprengwerkzeuge) gesprengt werden, so dass sie parallel zur Grundplattenoberfläche bearbeitbar sind (siehe Bild 10.11 und Bild 10.12). Typische Dicken der Grundplatte liegen in etwa bei 20 - 30 mm. Für die Fertigung von Werkstücken mit Winkeltoleranzen < 8" müssen dickere Platten im Dickenbereich von 50 - 80 mm gewählt werden. Somit erreichen die Tragkörper Massen bis zu 35 kg, was die Anordnung „Körper unten, Polierschale oben" erfordert.

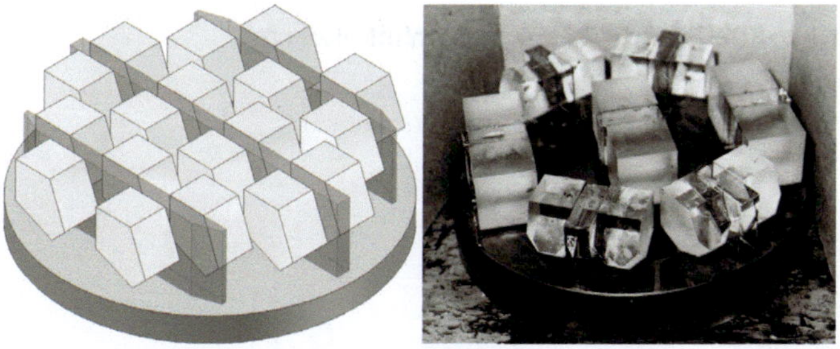

Bild 10.11
Parallelansprengkörper mit Pentaprismen auf Grundplatte gesprengt: links) schematische Anordnung, rechts) fotografische Darstellung

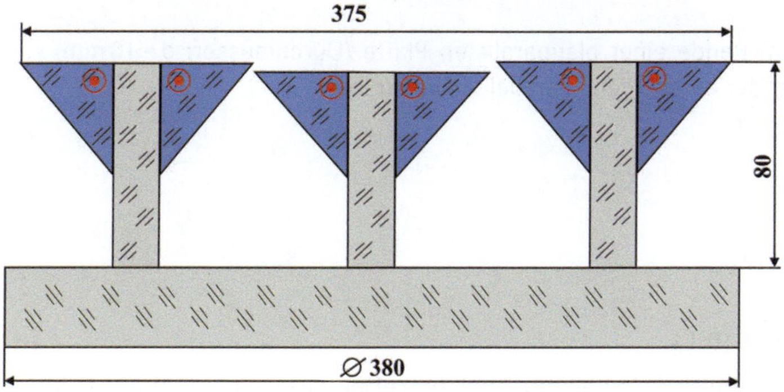

Bild 10.12
Anordnungsprinzip von Ansprengwerkzeug und Bauelementen

Fehlereinflussgrößen auf die Winkeltoleranz der Bauelemente (rote Markierung):

- Parallelansprengwerkzeuge
- Durchbiegung der Grundplatte
- Ansprengfläche des Prismas

Die **Parallelität** zwischen Werkstück und Ansprengplatten wird interferometrisch oder durch Autokollimation geprüft. Der Abstand der Reflexionsbilder von Arbeitsfläche und Grundplatte (zweifacher Fehler) gibt die Parallelitätsabweichung im Winkel an. Den Zusammenhang zwischen Winkelfehler und Parallelitätsdifferenz zeigt Bild 10.13 für verschiedene Durchmesser.

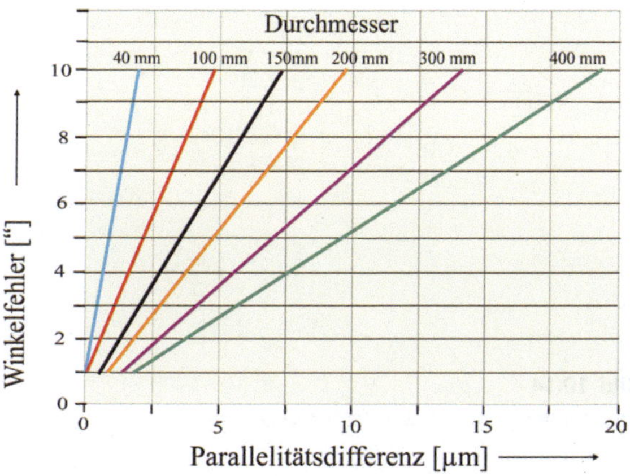

Bild 10.13
Winkelfehler in Abhängigkeit von der Parallelitätsdifferenz bei verschiedenen Durchmessern *d*

Die Überprüfung der Parallelität erfolgt im Läppprozess mechanisch mit dem Orthotest, weil nur eine Reflexionsfläche vorliegt. Kann beim Läppen eine maximale Parallelitätsdifferenz von 2 µm eingehalten werden, dann beträgt der Winkelfehler rund 1" bei einem Körperdurchmesser von 400 mm. Durch unsaubere Flächen wird jedoch die erreichbare Winkelgenauigkeit stark beeinflusst. Für Toleranzanforderungen < 2" wird ein punktfreies (vollkommen staubfreies) Ansprengen erforderlich.

Beispiel: Umrechnung von Parallelitätsdifferenzen in Winkelwerte
(Abstandsdifferenz nach Bild 10.3)

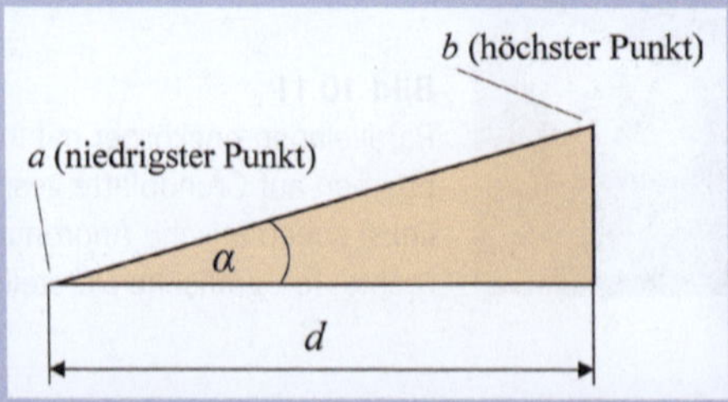

Ist ein Staubeinschluss am Rande einer planparallelen Platte (Durchmesser: d = 10 mm) 0,03 µm groß, dann beträgt der entstandene Parallelitätsfehler mit

$$\tan\alpha = \frac{(a-b)}{d}$$

$$\alpha = 0{,}62''$$

Ein Beispiel aus der Praxis zeigt Bild 10.14.

Vielfach wird zwischen Ansprengplatte und Bauteil ein **Abziehstreifen** gezogen, um eine staubfreie Zone zu gewährleisten sowie eine antistatische Aufladung zu vermeiden.

Bild 10.14
Ansprengen von Prismen */ster2006/*

Der für den Ansprengarbeitsgang benötigte Raum muss staubfrei sein und sollte bestimmte klimatische Anforderungen erfüllen. Raumtemperaturen zwischen 22 °C und 24 °C sowie Luftfeuchtigkeiten zwischen 50 und 60 % sind für den sensiblen Arbeitsgang vorteilhaft.

Ein Nachteil dieser Verbindungstechnik besteht in der ungenügenden Temperatur- und Langzeitbeständigkeit des Fügeverbundes. Des Weiteren sind die Werkzeugherstellkosten sowie Prozesskosten (manuelle Tätigkeiten) im Vergleich zu den vorstehend betrachteten Halterungsverfahren relativ hoch.

Eine besondere Verfahrensvariante ist das Ansprengen mit Werkzeugen, die **Sauberkeitsschutzzonen** aufweisen. Das Verfahren wird für Bauelemente eingesetzt, bei denen in einzelnen Flächenbereichen eine sehr hohe Oberflächensauberkeit gefordert wird. Zu diesen Bauelementen zählen z. B. Präzisionsteilkreise, deren Teilungen mit Mikroskopen bei relativ hohen Vergrößerungen abgelesen werden. Obwohl eine Teilungsfläche nicht als Sprengfläche benutzt wird, muss auch die Gegenfläche, die wegen der geringen Dicke der Teilkreise nahe der Betrachtungsebene liegt, frei von störenden Unsauberkeiten sein. Dies wird technologisch erreicht, indem man die Sauberkeitszonen der Sprengseite nicht mit dem Ansprengwerkzeug in Kontakt bringt. Bild 10.15 illustriert die konstruktive Werkzeuggestaltung.

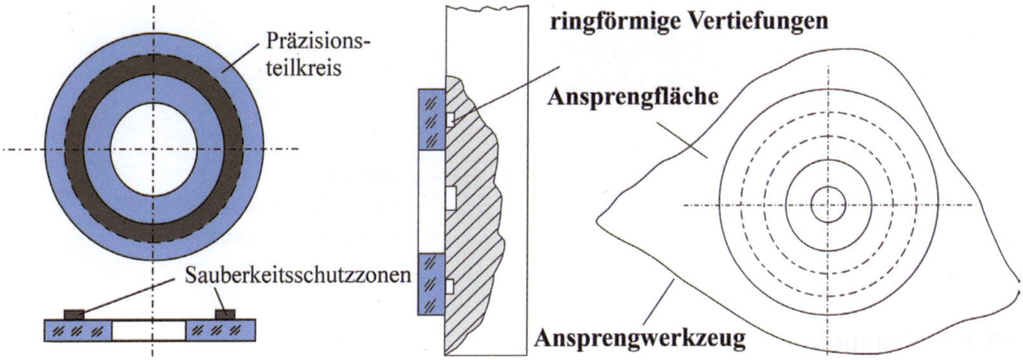

Bild 10.15 Konstruktive Werkzeuggestaltung für runde Bauteile: links) Präzisionsteilkreis, rechts) Ansprengwerkzeug für Sauberkeitsschutzzonen

Das Ansprengwerkzeug aus Bild 10.15 rechts, gebildet durch eine Ansprenggrundplatte, erhält ringförmige Aussparungen, deren Abmessungen den Sauberkeitsschutzzonen des anzusprengenden Bauteiles entsprechen. Die Tiefe der Aussparungen beträgt ca. 0,3 mm, die Kanten zur Ansprengfläche müssen gebrochen werden. Im Zentrum der Aussparungen wird eine Zentrierbohrung mit einem Durchmesser von 10 + 0,1 mm eingearbeitet, die zur Arretierung einer Justiervorrichtung dient.

Die Orientierung der ringförmigen, anzusprengenden Optikteile zu den Sauberkeitsschutzzonen geschieht mit einer Justiervorrichtung, die zweckmäßigerweise aus Kunststoff besteht. Bild 10.16 stellt die Justiervorrichtung dar. Der Außendurchmesser der Vorrichtung richtet sich nach der Bohrung der anzusprengenden Teilkreise.

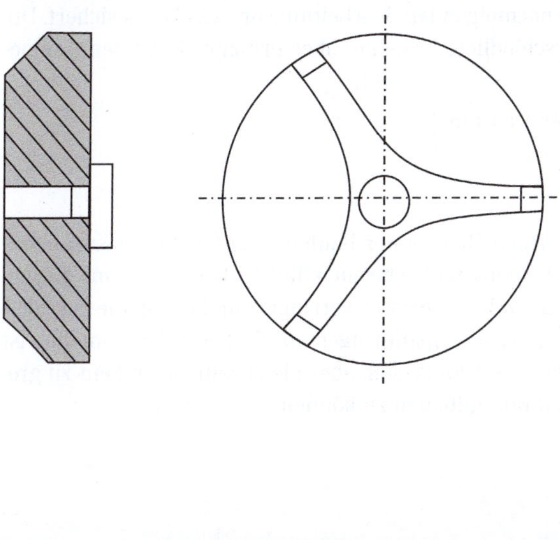

Bild 10.16
Justiervorrichtung

Eine konstruktive Gestaltung von Ansprengwerkzeugen für rechteckige Teile mit Sauberkeitsschutzzonen illustriert abschließend Bild 10.17. Das Ansprengwerkzeug wird durch eine rechteckige Ansprenggrundplatte gebildet. Diese hat Ausnehmungen, deren Abmessungen den ebenfalls dargestellten Sauberkeitsschutzzonen des anzusprengenden Bauteiles entsprechen. Die Tiefe der Ausnehmungen sollte ca. 1,0 – 2,0 mm betragen. Mit der Ansprenglehre aus Kunststoff werden beim Ansprengvorgang die Bauteile ausgerichtet. Bei eckigen Bauteilen kann durch die Kapillarwirkung die polierte Fläche des Bauteiles in den Vertiefungen lackiert werden.

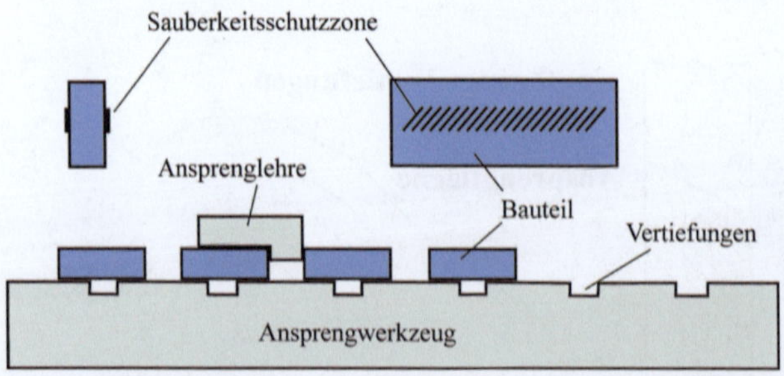

Bild 10.17 Konstruktive Werkzeuggestaltung für rechteckige Bauteile

10.1.6 Spannen

Die optischen Bauelemente können während der Bearbeitung auch durch mechanisches **Spannen** vorteilhaft gehalten werden. In diesem Fall erfolgt die Halterung durch eine kraftschlüssige Verbindung. Dies geschieht mithilfe von **elastischen Spannzangen** (zum Schleifen und Polieren von Einzellinsen) und Kunststoffspannzangen sowie speziellen Membranen (zum Polieren von Einzellinsen). Insbesondere durch die Zunahme der CNC-Bearbeitung von optischen Bauelementen werden verstärkt Spanntechniken zur Aufnahme und Halterung angewendet. In Kombination mit optischen Reflexbildmessgeräten, die oftmals bereits direkt in die Optikmaschine integriert sind, lassen sich Ausrichtung und Justierung der Achsen (Spindel und optische Fläche) schnell und reproduzierbar vornehmen. Der Einsatz des Spannens bietet eine gute Voraussetzung für die Automatisierung von Fertigungsabläufen.

10.1.6.1 Mechanisches Spannen

Bei dieser Verbindungstechnik wird eine mechanische Haltekraft durch ein Spannsystem auf das Werkstück übertragen und dieses somit für den nachfolgenden Bearbeitungsprozess lagegesichert. Die angewendeten Spanntechniken sind z. T. unterschiedlich, bestehen aber prinzipiell aus den Komponenten:

- Zangenaufnahme (Verbindung zur Spindel der Maschine),
- geschlitzter Spannring,
- direktes Halterungselement (Kunststoffring).

Zum Schutz der Optiken bzw. zum spannungsarmen Haltern der Bauteile werden häufig Kunststoffringe im direkten Kontakt zum optischen Bauteil eingesetzt (siehe auch Bild 10.18). Durch eine mechanische Bewegung wird der geschlitzte Spannring im Durchmesser verringert und bringt die erforderliche Haltekraft auf. Eine Auswahl bzw. Anpassung des Spannringes an die Form des Rohteiles ist erforderlich. Der Linsenrohling sollte sich leicht einsetzen lassen, aber gleichzeitig auch kein zu großes Spiel aufweisen, um die erforderliche Spannkraft aufbauen zu können.

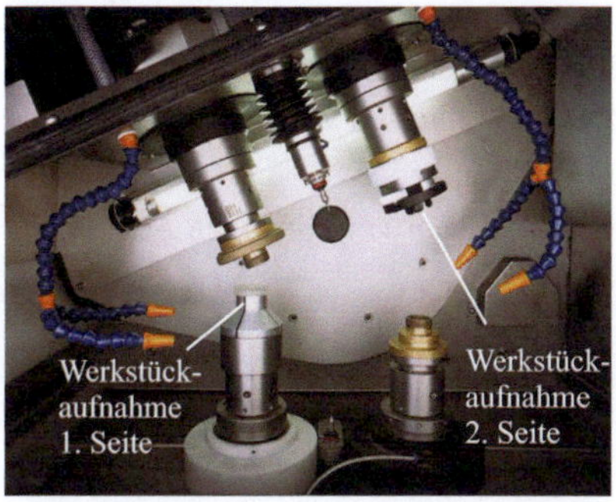

Bild 10.18
Spindelanordnung und Spannen einer Linse in einer CNC-Bearbeitungsmaschine */Opto2007/*

Für die Auflage der Linsenrohlinge werden Auflageflächen oder eine Ringschneide in der Spannzange vorgesehen. Der Rohling sollte mindestens auf ca. 1/3 seiner Zylinderranddicke eingespannt werden, um eine ausreichende Lagesicherung während der Bearbeitung zu gewährleisten. Gleichzeitig muss die Abmessung der Spannzange so angepasst werden, dass während der Bearbeitung eine gute Zugänglichkeit an die zu bearbeitenden Flächen sichergestellt ist. Bild 10.19 illustriert exemplarisch eine Aluminiumspannzange zum Vor- und Feinschleifen sphärischer Flächen.

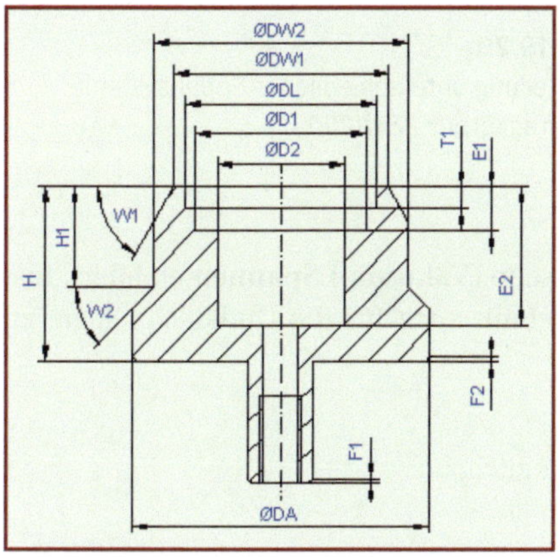

Bild 10.19
Darstellung einer Spannzangengeometrie, Bezugsgrößen in der Tabelle darunter enthalten */Opto2004/*

Bezugsgrößen	
∅ D1 Auflagedurchmesser	∅ D2 Innendurchmesser
∅ DL Spanndurchmesser	∅ DA Außendurchmesser
∅ DW1 Fasendurchmesser oben	∅ DW2 Durchmesser oben
F1 Fase 45°	F2 Fase 45°
E1 Einstich oben	E2 Einstich innen
H Höhe Spannzange	H1 Absatzlänge
T1 Spanntiefe	W1 Winkel oben
W2 Winkel Absatz	

Neben den vielfältigen Ausführungen von durchmesserbezogenen Spannzangen (siehe auch Bild 10.20) werden auch in vielen Bereichen verstellbare Spannsysteme eingesetzt. In diesen Anwendungen, z. B. das Feinkitten von Linsen mit Dreibackenfuttern, steht das universale Spannen von sehr unterschiedlichen Linsendurchmessern im Vordergrund.

Zu den Spannverfahren zählt außerdem auch das Spannen zwischen zwei ringförmigen Schneiden, angewendet für das Zentrierverfahren (siehe Abschnitt 7.6).

Bild 10.20
Darstellung unterschiedlicher Spannsysteme und Tragkörper */Sati2007/*

10.1.6.2 Pneumatisches Spannen

Für viele Bearbeitungsaufgaben hat sich auch das **pneumatische (Vakuum-) Spannen** etabliert. Insbesondere lassen die nachfolgenden Vorteile diese Spanntechnik auch für die Optiktechnologie zu einem interessanten Halterungsverfahren werden:

- geringe Spannkräfte,
- Verteilung der Kräfte auf einen größeren Flächenbereich möglich,
- kurze Spannzeiten,
- Spannen dünnwandiger Bauteile,
- schwingungsfreies Bearbeiten.

Für diese Halterungstechnologie wird in einer Aufnahmezange mit einem Unterdruck gearbeitet, der die Bauteile, definiert an eine Anschlagfläche oder -ring, zieht. Der Unterdruck wird durch ein internes oder externes Vakuumpumpensystem erzeugt und kann über Ventile zu- oder abgeschaltet werden. Die eigentliche Spannkraft entsteht durch die Druckdifferenz zwischen Werkstückoberseite und der Spannplatte. Somit ergeben sich auch größere Haltekräfte, je größer die Werkstückauflage ist.

Bild 10.21 illustriert ein Vakuumspannsystem für die Ultrapräzisionsbearbeitung.

Bild 10.21 Vakuumspannsystem für eine UP-Drehmaschine: links) Vakuumspannfutter/Aufnahme mit Ringnuten, rechts) vakuumgespanntes Drehteil

Spannprinzip Poliermembran

Beim klassischen Polieren mit einem **Membranfutter** wird die Linse definiert durch eine elastische Membran mithilfe eines Luftdruckes gegen das Polierwerkzeug gedrückt. Dazu wird ein Druckluftstrahl durch die untere Spindel der Poliermaschine geführt. Somit kann die Linse flexibel mit einem homogenen Flächendruck gegen das Werkzeug gepresst werden. Die Druckverteilung und Abstützung der Linse ist relativ gleichmäßig über die gesamte untere Fläche verteilt. Der Vorteil der Verwendung einer Membran besteht insbesondere in der Ausrichtung und Führung des Werkstückes am genauen Polierwerkzeug. Es können auf diese Art und Weise Spannfehler, wie sie z. B. beim Kitten auf Tragkörper auftreten können (Keilfehler), vermieden werden. Über den gewählten Anpressdruck ist der sich ausbildende Polierdruck variabel einstellbar. Für das Handling der Linse wird diese mit einem Unterdruck an die Membran gezogen und somit lagesicher fixiert. Entsprechend der unterschiedlich zu polierenden Werkstückformen und -größen steht dem Anwender eine Vielzahl von Membranen zur Verfügung. Bild 10.22 illustriert ein Membranspannfutter sowie eine einzelne Membran.

Bild 10.22 Membranspannfutter: links) schematische Darstellung, Mitte) gespannte Linse, rechts) Membran

Beim Polieren der zweiten Linsenseite kann allerdings die bereits erste polierte Linsenseite beschädigt werden. Dies lässt sich durch Schutzlackieren der fertig polierten Fläche umgehen.

Beim **HydroSpeed-Polieren** wird hingegen kein klassisches Membranfutter verwendet, sondern das Bauteil wird direkt mit dem Poliermittel gegen das Polierwerkzeug gedrückt. Somit entfällt die Membran zum Anpressen. Dafür wird der vorhandene Poliermittelbehälter mit einer zusätzlichen Hochdruckpumpe ausgerüstet und anstelle von Druckluft wird Poliermittel durch die untere Spindel geleitet. Die Linse sitzt bei dieser Verfahrensvariante auf einem Flüssigkeitspolster und wird rundherum geführt. Dadurch wird die Linse weit weniger verformt, und die erzielbaren Passgenauigkeiten können wesentlich verbessert werden. Ferner wird beim HydroSpeed-Polieren das Bauteil von allen Seiten mit

Poliermittel umspült. Somit kann das Poliermittel die entstehende Prozesswärme besser aufnehmen, und der Temperaturgradient in der Linse verläuft wesentlich flacher. Da kein mechanischer Kontakt zwischen der Rückseite der Linse und dem Aufnahmesystem entsteht, braucht die Rückseite nicht schutzlackiert werden. */Pfaf2006/*

10.2 Fügen von optischen Bauelementen/Montageprozess

Am Ende der Fertigungskette werden die optischen Bauelemente zu Optiksystemen verbunden bzw. montiert. In diesem Prozess werden Teilfunktionen der einzelnen Bauelemente zu einem Gesamtsystem mit einer komplexen Funktionsweise verbunden. Neben den optischen und mechanischen Komponenten werden zunehmend auch elektronische und informationstechnische Bauelemente in das Endprodukt integriert.

> Als Montage bezeichnet man den Zusammenbau von Bauteilen und/oder Baugruppen zu Produkten bzw. Baugruppen mit höherem Wertschöpfungsstatus nach einem Funktionsplan bzw. zu erfüllenden Funktionskriterien.

Aufgrund der Miniaturisierung und erhöhten Funktionalität von optischen Systemen werden z. T. auch hohe Fertigungsaufwendungen im Bereich der Montage erforderlich. In der Praxis unterscheiden sich Montagetechnologien sehr häufig in die **makroskopische** und **mikroskopische** Montage. Typisch sind neben den unterschiedlichen Bauteilabmessungen auch die Unterschiede in den Fassungsmaterialien bzw. -prinzipien. Für die makrooptischen Bauelemente werden vorwiegend Metalle eingesetzt, währenddessen für Mikrooptiken häufig Kunststoffe und Silizium verwendet werden. Zum Verbinden von optischen Bauelementen mit den Fassungsmaterialien werden für beide Bauelementegruppen stoffschlüssige Verfahren eingesetzt.

Der **Montageprozess** lässt sich prinzipiell in die Teilaufgaben Magazinieren und Zuführen der Komponenten, Greifen und Handhaben sowie Justieren, Fügen der Einzelkomponenten und Funktionsprüfung gliedern (siehe Bild 10.23).

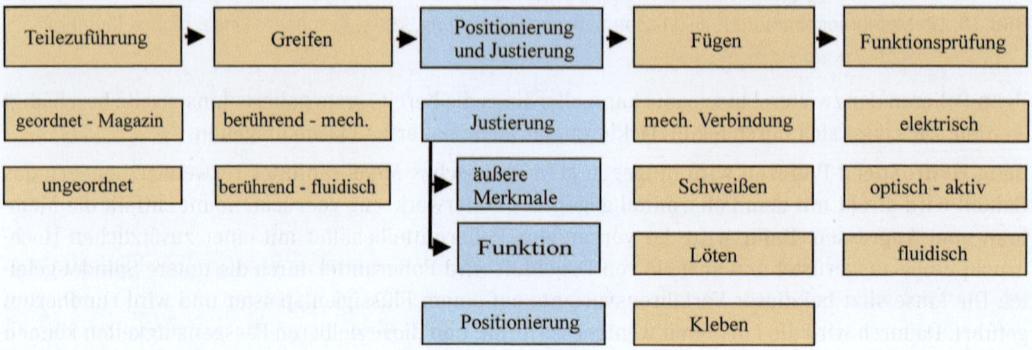

Bild 10.23 Prozessstufen eines Montageablaufes nach VDI-Richtlinie 2860

Der Montageprozess kann prinzipiell auch in die zwei Bereiche:

- Primärmontage: **Fügen des Bauteiles**,
- Sekundärmontage: **Handhaben, Kontrollieren, Justieren und Sonderoperationen**

unterteilt werden.

Unter Sonderoperationen sind alle notwendigen Hilfsprozesse zusammengefasst, wie z.B. das Reinigen oder Verpacken. Viele Anforderungen führen jedoch dazu, dass eine klare Trennung nicht möglich ist. So muss eine aktive Justage mit anschließendem Fügen, z.B. durch Kleben, im Montageprozess gekoppelt ablaufen.

Aufgrund der hohen Empfindlichkeit optischer Funktionsflächen durch Kratzer und Verschmutzungen sind die Anforderungen an den Montageprozess sehr hoch. Insbesondere die Handhabung der Bauteile und die Anforderungen an die Montageumgebung erfordern spezielle Maßnahmen. Immer häufiger werden Montageprozesse auch im Reinraum bzw. unter Reinraumbedingungen durchgeführt.

Die Fügeverfahren im Montageprozess sind sehr vielgestaltig und können prinzipiell in die folgenden Verfahren unterteilt werden:

- Feinkitten,
- Kleben,
- Löten,
- Versprengen,
- Fassen,
- Diffusionsschweißen.

Ausgewählte Verfahren werden nachfolgend vorgestellt und Einsatzgebiete bzw. typische Anwendungen genannt.

10.2.1 Zentrieren, Richten, Justieren

Die zu fügenden Bauelemente sind vor oder während des Fügeprozesses durch optische oder mechanische Verfahren mit der notwendigen Genauigkeit zueinander zu orientieren und zu positionieren. Man unterscheidet **ungerichtete (ungeregelte) Fügeverfahren** und **gerichtete (geregelte) Fügeverfahren**. Zur erstgenannten Gruppe gehören Methoden, bei denen die Positionierung der Bauteile mit festen Fügevorrichtungen (Anschläge etc.) oder durch sogenannte eingelernte Prozesse (manuell oder automatisch) erfolgt. Geregelte Fügeverfahren hingegen beziehen sich auf eine Regelgröße, bei der die Bauelemente aufgrund der jeweils optischen bzw. charakteristischen Bauteileigenschaften zueinander justiert werden.

Für viele Montageaufgaben ist ein **Positionieren** der Fügepartner zueinander ausreichend. Es wird im Prozess versucht, das Positionieren mit möglichst einfachen Vorrichtungen oder Hilfsprozessen wirtschaftlich durchzuführen. D.h. aber, dass die geforderten Montagegenauigkeiten durch geringe Fertigungstoleranzen der Bauelemente und der entsprechend tolerierten Auslegung des Positioniersystems erreicht werden müssen. Mit zunehmenden Toleranzanforderungen ist das Positionieren jedoch nicht mehr einsetzbar, weil einerseits die Montagegenauigkeiten nicht reproduzierbar erfüllt werden können und andererseits die Anforderungen an die Fertigung der optischen Bauelemente zu hoch werden. In diesem Fall müssen optische Bauelemente im Montageprozess **zentriert, gerichtet** oder **justiert** werden. Dabei wird die Position der Elemente mit einer definierten Regelgröße so verändert, bis die Gesamtfunktion des optischen Systems erfüllt ist. In der Praxis werden zwei unterschiedliche Prinzipien unterschieden. Die direkte und indirekte Messung der Regelgröße */Sche2000/*. Nachfolgend werden exemplarisch ausgewählte Verfahren vorgestellt.

Die präzise Zentrierung von Linsen ist eine wichtige Aufgabe, die über die Bildqualität eines optischen Systems wesentlich entscheidet. Nach der DIN ISO 10110-6 liegt ein Zentrierfehler vor, wenn die Bezugsachse mit der optischen Achse in Lage und/oder Richtung nicht übereinstimmt. Dieser wird durch das Zentrierschleifen (siehe Abschnitt 7.6) minimiert und in die geforderte Toleranz gebracht. Zusätzlich ergeben sich Zentrierfehler beim Kitten, Justieren und Befestigen der Optikbauteile in einer Fassung.

Zentriermessung

Ein Zentrierfehler liegt prinzipiell vor, wenn die Symmetrieachse eines optischen Bauelementes nicht mit der vorgegebenen Referenzachse übereinstimmt. Mögliche Zentrierfehler und deren Auswirkungen bei einer Montage in einen Tubus veranschaulicht Bild 10.24.

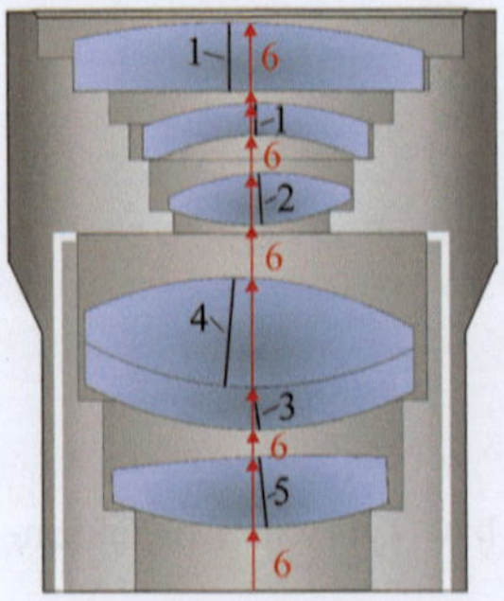

Bild 10.24
Darstellung von möglichen Zentrierfehlern */Trio2021/*

Arten von Zentrierfehlern am Beispiel einer Tubusmontage:
1. Laterale Verschiebung einer Linse
2. Verkippung einer Linse
3. Zentrierfehler einer sphärischen Oberfläche
4. Laterale Verschiebung und Kippung einer Linse
5. Neigung der Asphärenachse
6. Fehler durch Luftabstände und Mittendickenabweichungen

Zentrierfehler können durch die Rotation eines Prüflings im transmittierten oder reflektierten Strahlengang sichtbar gemacht werden (Bild 10.25). Entsprechend der Systemauslegung wird in Reflexion oder Transmission ein Autokollimator mit einer geeigneten Vorsatzoptik auf den Krümmungsmittelpunkt der untersuchten Linsenfläche bzw. den Fokuspunkt des Prüflings gerichtet. In Transmission wird zusätzlich ein Kollimator eingesetzt, dessen paralleles Lichtbündel in der Fokalebene des Prüflings fokussiert wird. Sowohl die von Linsenflächen erzeugten Reflexbilder (Reflexion) als auch die in der Fokusebene projizierten Lichtmarken (Transmission) werden im Okular eines Autokollimators (oder eines Fernrohrs bzw. Mikroskops) beobachtet. Im Reflexbildverfahren wird das Reflexbild nach der abgebildeten Testmarke justiert. Diese Testmarke kann über einen Einblick oder über eine CCD-Kamera und Monitor betrachtet werden. Beim Drehen der Baugruppe in einem Präzisions-Zentrierfutter führt die Testmarke bei einer Dezentrierung eine Kreisbahn (auch Schlagkreis genannt) aus. Mithilfe von Justierelementen wird die Kreisbahn so lange sukzessive reduziert, bis sich die Testmarke ganz wenig oder gar nicht mehr bewegt. Das Justieren kann einerseits manuell mit Stellgliedern, andererseits auch automatisch mit Schrittmotoren erfolgen. */Trio2004/*

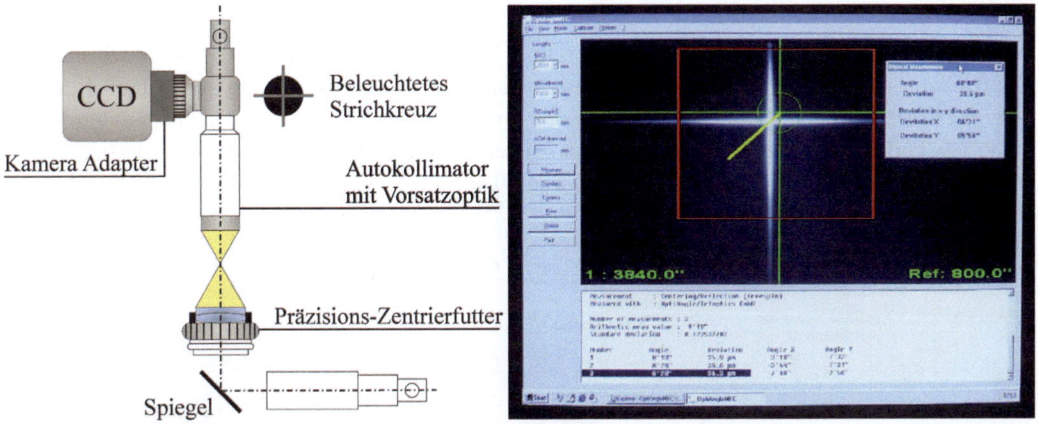

Bild 10.25 Messprinzip bei der Zentrierung im Auflicht */Trio2004/*: links) Messanordnung, rechts) Darstellung des Monitorbildes

Die entsprechende Messanordnung in Reflexion veranschaulicht Bild 10.26 am Beispiel des OptiCentric®-System. Die Gerätebasis bildet wiederum ein Autokollimationsmesskopf mit Strichplatte und einer der Messaufgabe angepassten Vorsatzoptik. Der Messkopf mit Vorsatzoptik wird auf den Krümmungsmittelpunkt der zu untersuchenden Linsenfläche fokussiert. Im Messkopf ist eine Kamera integriert, um das erzeugte Reflexbild der Strichplatte beobachten und abspeichern zu können. Gleichzeitig erfolgt mit der Software eine Auswertung der projizierten Bilder. In Analogie zur Transmissionsmessung erzeugt die rotierende Linse einen Schlagkreis, wenn ein Zentrierfehler vorliegt. Der betrachtete und gemessene Radius des Schlagkreises ist proportional zum Zentrierfehler und gibt den Abstand des Krümmungsmittelpunkts der Linsenoberfläche zur Referenzachse an (siehe Bild 10.26).

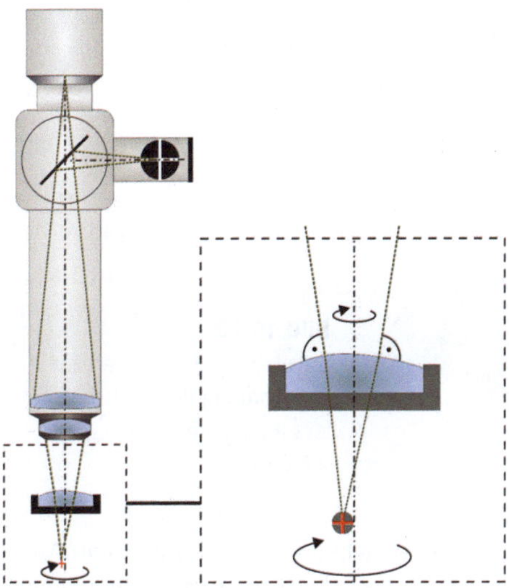

Bild 10.26
Zentriermessung in Reflexion am Beispiel des OptiCentric®-Systems */Trio2021/*

Zentrierfehler von Einzellinsen

Der Zentrierfehler einer Linse, siehe auch Abschnitt 7.6, ist nach der DIN ISO 10110-6 durch Flächenkippwinkel σ und durch einen Abstand a zu der Bezugsachse definiert (siehe auch Bild 7.193). Als Referenzachse dient eine Gerade durch einen der Krümmungsmittelpunkte der Linse und den Mittelpunkt des Linsendurchmessers. Ausgegeben wird der Flächenkippfehler der ersten optischen Fläche bezogen auf die definierte Bezugsachse, siehe Bild 10.27.

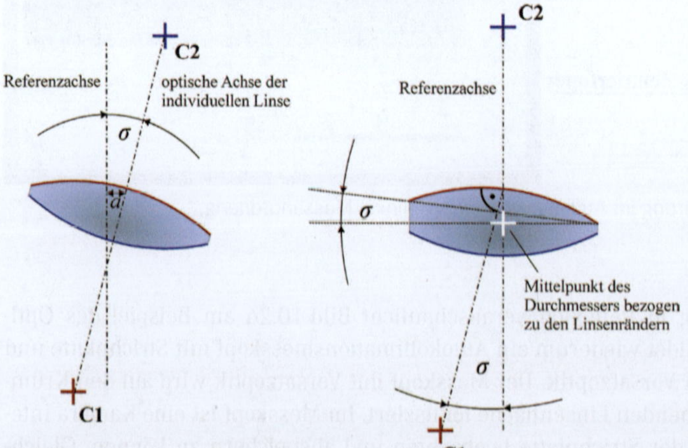

Bild 10.27 Darstellung des Zentrierfehlers an Einzellinsen /*Trio2021*/

σ Flächenkippwinkel, a Abstand zur Bezugsachse, C1 und C2 Krümmungsmittelpunkt der Flächenradien

Zentrierfehler von asphärischen Linsen

Die Bestimmung der Zentrierfehler für rotationssymmetrische Asphären unterscheidet sich von denen der sphärischen Bauelemente. Bei der Zentriermessung erfolgt eine Bestimmung der Lage der Symmetrieachse zur Bezugsachse. Eine Voraussetzung dafür sind die folgenden zwei Messgrößen (Bild 10.28):

1. Bestimmung der Ablage des paraxialen Krümmungsmittelpunktes zur Bezugsachse,
2. Messung des Winkels der asphärischen Symmetrieachse zur Bezugsachse.

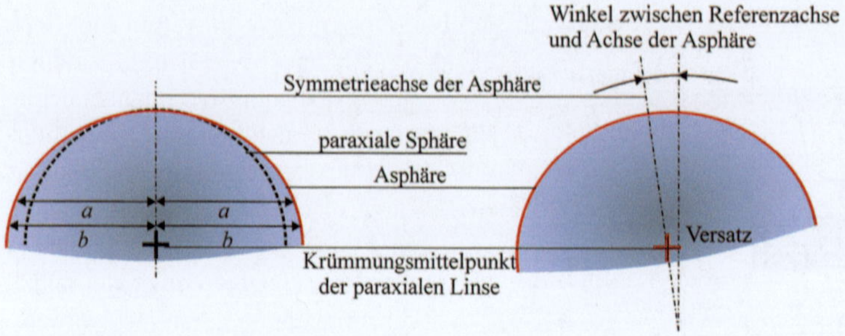

Bild 10.28 Darstellung der Größen zur Bestimmung des Zentrierfehlers an asphärischen Linsen /*Trio2021*/

Der Begriff Ablage entspricht dem Zentrierfehler von sphärischen Flächen und wird mit einem Autokollimator gemessen. Die Messung des Winkels der asphärischen Linse erfordert einen zweiten Sensor (AspheroCheck®-Sensor – Firma Trioptics), mit dem der Schlag am äußeren Rand der asphärischen Fläche bestimmt werden kann. Nach der Ermittlung von Ablage und Winkel der asphärischen Fläche können aus diesen Daten die folgenden Parameter errechnet werden:

1. Abstand und Neigung der Asphäre bezogen auf die primäre Bezugsachse des Messsystems (entspricht der Drehachse des Messsystems),
2. Abstand und Neigung der Asphäre bezogen auf die optische Achse einer Einzellinse (die optische Achse wird durch die Krümmungsmittelpunkte der sphärischen Anteile der Asphäre gebildet),
3. Abstand und Neigung der Asphäre bezogen auf eine festgelegte Bezugsachse nach DIN ISO 10110-6,
4. Bestimmung des Winkels und des Abstandes der beiden Asphärenachsen bei Linsen mit zwei asphärischen Flächen.

Mit diesen Daten kann der Zentrierfehler für asphärische Bauelemente vollständig beschrieben bzw. ermittelt werden */Trio2021/*.

Zentrierfehler von Zylinderlinsen

Das Messen von Zentrierfehlern an Zylinderlinsen und torischen Flächen gestaltet sich allgemein schwieriger. Dies liegt darin begründet, dass sich diese optischen Bauelemente sowohl in der Oberflächen- und Grundflächenform als auch in der Art der Fassung, die für den Montageprozess vorzusehen ist, unterscheiden. Eine zylindrische Linsenfläche weist in einer Richtung einen Krümmungsradius auf und in der anderen Richtung eine Linie, die als Zylinderachse bezeichnet wird. In dem vorzusehenden Messablauf muss für die Zylinderachse sowohl die Lage als auch ihre Ausrichtung gemessen werden. Im Falle einer Zylinderlinse mit einer Planfläche müssen die Fehleranteile der sphärischen bzw. asphärischen Fläche und die der Planfläche bestimmt werden. Bei der Zentriermessung von Zylinderflächen werden die Scheitellinie und deren azimuthale Lage ermittelt. Den geometrischen Zusammenhang zwischen der Scheitellinie und der Zylinderachse veranschaulicht Bild 10.29.

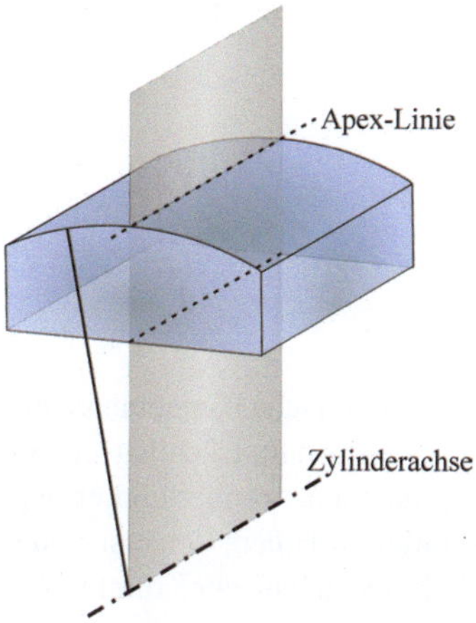

Bild 10.29
Darstellung der Messgröße Scheitellinie an einer Zylinderlinse */Trio2021/*

Zentrierfehler optischer Flächen im Inneren eines montierten Objektivs

Zentrierfehler lassen sich nicht nur an einzelnen Bauelementen bestimmen, sondern auch an optischen Flächen in einem mehrlinsigen montierten Objektiv. Aktuell können beispielsweise mit den OptiCentric®-Systemen der Firma Trioptics bis zu 20 Flächen von einer Seite vermessen werden. Der Einsatz eines zweiten Messkopfs dient der zusätzlichen Detektion von Zentrierfehlern an der unteren Seite des Objektivs. Bei solch einer Messung wird der exakte Kippfehler bzw. die exakte Ablage des Krümmungsmittelpunkts von einer vorgegebenen Bezugsachse bestimmt. Die Einflüsse von optischen

Flächen und Elementen, die vor der zu untersuchenden Fläche angeordnet sind, müssen allerdings Berücksichtigung finden */Trio2021/*.

Interessant für die Montage ist auch die sogenannte „Multilens-Messung“. Dieses Verfahren liefert die exakten X-, Y-, Z-Koordinaten aller Krümmungsmittelpunkte im Raum in einem optischen System. Die gemessenen Daten erlauben somit eine Analyse der montierten Linsen, wodurch sich der Gesamtzentrierfehler des Objektivs ergibt. Im Ergebnis der Messanalyse können folgende Parameter ausgewertet werden:

- Berechnung der optischen Achse der montierten Bauelemente,
- Bestimmung der optischen Achse einzelner Unterbaugruppen oder des Gesamtsystems,
- Berechnung der Lage von Einzellinsen oder Gruppen zu einer mechanischen Achse, mithilfe eines zusätzlichen Messtasters.

Im Standard-Reflexionsmodus nach Bild 10.26 werden die Rückreflexe von der Linsenoberfläche verwendet. Die Lichtintensität des reflektierten Bildes, das auf die Strichplatte projiziert wird, hängt von den verwendeten Beschichtungen der Einzeloberflächen ab. Diese sich ergebenden Intensitätsunterschiede können jedoch durch die Anpassung der Beleuchtungsstärke und der Verschlusszeiten des Messsystems für die meisten Anwendungen gut kompensiert werden. Die erreichbaren Genauigkeiten der Zentrierfehlermessung betragen in etwa 1 µm. Für HL-Optiken kann die absolute Genauigkeit bis ca. 0,1 µm gesteigert werden. Die unterschiedlichen erforderlichen Messbereiche können durch die Verwendung von Vorsatzoptiken sehr gut angepasst werden. */Trio2021/*

Die in Bild 10.25 und Bild 10.26 gezeigten Messprinzipien finden zur Darstellung der Dezentrierung von optischen Bauelementen und Baugruppen sehr häufig Anwendung und sind beispielsweise die Grundlage für die Verfahren Justierdrehen und Justierkleben, die nachfolgend beschrieben werden. Auch zum Spannen von Optiken in CNC-Schleif- und Poliermaschinen kommen Reflex- bzw. Transmissionsbildverfahren zur Ausrichtung der optischen Flächen zum Einsatz.

Justierdrehen

Auf plus.hanser-fachbuch.de finden Sie hierzu ein Video.

Unter dem Verfahren Justierdrehen ist eine spezielle Form des Justierens für optische Bauelemente mit sehr hohen Anforderungen an die Zentriergenauigkeit zu verstehen. Es wird hauptsächlich für die **Montage von Hochleistungsoptiken** und teilweise von Mittelklasseoptiken angewendet und ermöglicht die Bereitstellung von gefassten Bauelementen zur weiteren Integration in Tuben, Gehäusen oder speziellen Präzisionsaufnahmen. Für Hochleistungsobjektive sollten die Abweichungen der Krümmungsmittelpunkte der einzelnen Bauelemente kleiner 1 µm (im Bezug zur optischen Achse des Gesamtsystems) sein */Sure2006/*, woraus sich die Anforderungen an den Prozess ergeben.

Der Prozess ist generell zweistufig. In der ersten Prozessstufe wird die Optik in ein vorgedrehtes Fassungselement eingeklebt. Die optische Achse braucht in vielen Fällen nur relativ grob zur mechanischen Achse des Fassungsteiles ausgerichtet werden. Anderenfalls, insbesondere bei größeren Bauelementen, kann als Vorstufe aber auch ein gerichtetes Kleben (Justierkleben) zum Einsatz kommen, um die Korrekturen im anschließenden Justierdrehprozess so gering wie möglich zu halten.

Im zweiten Schritt wird die gefasste optische Baugruppe auf einer **Justierdrehmaschine** aufgenommen. Durch integrierte Messgeräte wird nun die Lage der optischen Achse ermittelt und die ganze Baugruppe durch Stellbewegungen mithilfe des justierbaren Spezialfutters zur Spindeldrehachse ausgerichtet. Anschließend werden an dem mechanischen Fassungsteil die Bezugsflächen, welche bei der späteren Montage die Einbaulage der gefassten Linse im Gesamtsystem bestimmen, durch Drehen bearbeitet.

Bild 10.30 illustriert den Zentrierzustand vor und nach dem Justierdrehen. Im oberen Bild ist der Zustand vor der Bearbeitung dargestellt. Optische und mechanische Achse liegen auseinander. Im unteren Bild sind nach dem Justieren optische und mechanische Achse in Übereinstimmung gebracht. Das Fassungsmaterial wird entlang der Bezugsflächen bearbeitet. Oftmals ist lediglich die Bearbeitung einer Fläche erforderlich, die als spätere Aufnahmefläche fungiert. Fassungsglieder für den Einsatz in einem Stapel erfordern hingegen das Bearbeiten von drei Bezugsflächen, wie in Bild 10.30 dargestellt.

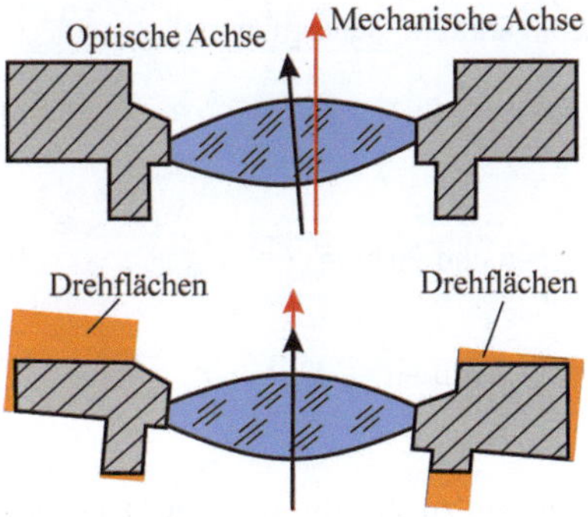

Bild 10.30
Darstellung der Zentrierzustände nach */Sure2006/*

Der **Bearbeitungszyklus** des Justierdrehens umfasst mehrere aufeinander abgestimmte Prozessschritte, die ein mehrmaliges Messen und Richten der Baugruppe erfordern. Nach dem Einsetzen der gefassten Baugruppe erfolgt ein Messen und Richten mithilfe des Reflexbildgerätes und einem sogenannten Schlaghammer. Durch mehrmaliges Drehen des Futters und Richten wird eine Rundlaufgenauigkeit zwischen 2 µm und 4 µm (ein genaueres Richten ist möglich) erreicht. Diese gerichtete Position wird durch Klemmen des Futters mittels eines Elektromagneten während der Bearbeitung gehalten. Im Anschluss erfolgt das Messen des Linsenscheitelpunktes mit einem integrierten Messtaster. Nach der Berechnung der Vordrehmaße kann die Prozessstufe Vordrehen durchgeführt werden. Mit einem Diamantdrehwerkzeug lassen sich die Plananlagefläche 1. Seite, Fassungsfläche des Durchmessers und die Plananlagefläche 2. Seite bearbeiten. Nach dem manuellen Reinigen erfolgt ein weiterer Mess- und Justierprozess. Ein erneutes Richten ist erforderlich, um die Kraftwirkung des Vordrehens (Deformation der Baugruppe etc.) zu kompensieren. Es erfolgt das Fassungsentspannen (Einspannung lösen und erneutes Spannen), das Messen und Richten (Reflexbildgerät und Schlagwerk) zum Erzielen einer Richtgenauigkeit von wiederum ca. 2 µm. Es schließt sich der Feindrehprozess an. Zunächst wird mit dem taktilen Messtaster die Position der Linse zum Rand und der Außenfläche gemessen. Entsprechend den gemessenen Daten kann der Durchmesser und die beiden Plananlageflächen mit geringen Zustellwerten und Schnittkräften fertiggedreht werden. In Bild 10.31 sind die zu drehenden Bezugsflächen grün gekennzeichnet (die 2. Plananlage ist verdeckt). Darüber hinaus werden folgend die beschriebenen Prozessschritte noch einmal tabellarisch zusammengefasst.

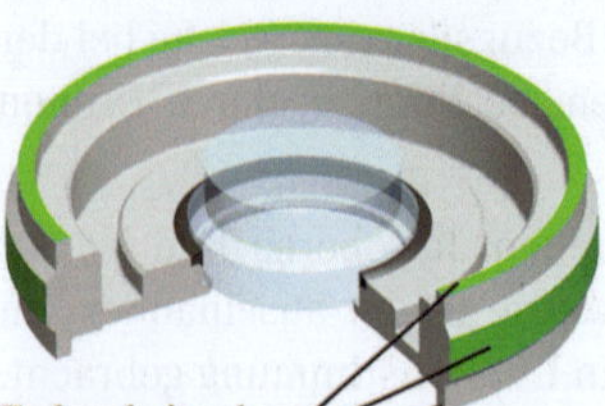

Bild 10.31
Zu bearbeitende Bezugsflächen des Justierdrehens

Arbeitsschritte beim Justierdrehen	
1.	Messen und Richten der gefassten Baugruppe mit Reflexbildgerät und Schlaghammer
2.	Messen des Linsenscheitelpunktes
3.	Vordrehen der drei Bezugsflächen
4.	Reinigen und Messen
5.	Entspannen und Spannen der Fassung sowie erneutes Messen und Richten
6.	Messen der Linsenposition zur Fassung
7.	Feindrehen; ggf. in mehreren Schritten mit jeweiligen Messprozeduren

Das Bearbeitungsergebnis ist einerseits vom integrierten Messverfahren zur Bestimmung der Lage der optischen Achse und andererseits von der Richtgenauigkeit sowie der Genauigkeit der Maschine abhängig. Gefordert werden eine automatische Ausrichtung der optischen Achse zur Achse der Justierdrehmaschine besser als 0,5 µm sowie das Messen des Abstandes des Linsenscheitels zum Fassungsbund mit einer Genauigkeit von ±250 nm */Sure2006/*.

Eine weitere bedeutende Rolle kommt dem Justierfutter zu. Es ist notwendig, dass das Justierfutter sowohl eine Kippung als auch eine laterale Verschiebung der Baugruppe ermöglichen kann. Im Beispiel der Justierdrehmaschine aus Bild 10.32 besteht das Futter aus einer geschliffenen Planfläche, auf der ein zweites Teil aufsitzt, das entsprechend verschoben werden kann. Dieses enthält zusätzlich eine Kalotte, welche die Kippung der eingespannten Baugruppe ermöglicht.

Das Prinzip zur Positionierung der Baugruppe im Justierfutter von Bild 10.32 basiert auf dem Stick-Slip-Effekt nach */Guye1999/*. Ein elektromagnetisch betätigter Stößel überträgt den benötigten mechanischen Impuls zur Ausrichtung der Plan- bzw. Kalottenfläche.

Während jeder Umdrehung des Justierfutters wird der Zentrierzustand der optischen und mechanischen Achse ermittelt. Diese messtechnischen Daten dienen als Eingangsgrößen, um Zeitpunkt und Stärke des zu übertragenden mechanischen Impulses des Stößels zu berechnen.

Nach dem erfolgreichen Zentrierprozess wird das Justierfutter arretiert. Dies erfolgt i. d. R. mit einer elektromagnetischen Kraft. Dadurch kann eine schnelle und sehr präzise Lagesicherung des gespannten und gerichteten Systems erzielt werden.

Im sich anschließenden Drehprozess wird entsprechend dem Justierzustand mit einer außermittigen Rotation des Futters gearbeitet. Diese Konstellation erfordert, insbesondere bei größeren Linsendurchmessern (beispielsweise 300 mm), besondere Stabilitätskriterien an den Aufbau von Maschine und Spindel aufgrund der auftretenden Unwucht.

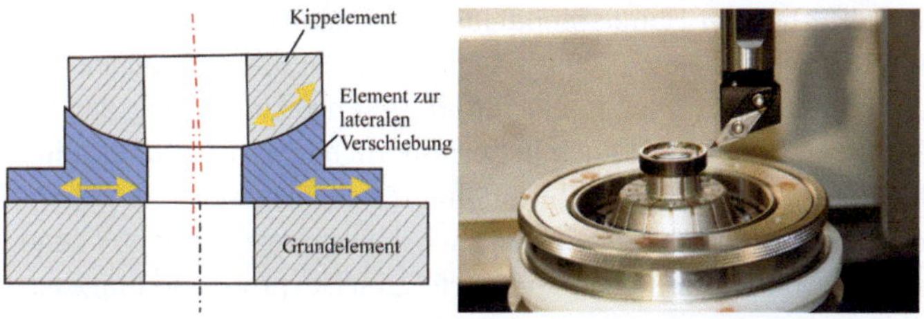

Bild 10.32
Anordnung zum Justierdrehen: links) Prinzipdarstellung Kalottenjustierdrehfutter */Guye1999/*, rechts) Drehen des Fassungsdurchmessers */Opto2007/*

Das optische Ausrichten der zu justierenden Baugruppe erfolgt in der Anlagenkonfiguration von Bild 10.32 rechts mit einem Reflexbildgerät. Das Verfahrensprinzip beruht auf einem ähnlichen Messprinzip, wie in Bild 10.25 zum Justierkleben dargestellt.

In einigen Anwendungsfällen besteht auch die Möglichkeit, durch das Justierdrehen das klassische Zentrieren von Linsen zu substituieren und das Zentrieren sozusagen auf das metallische Fassungsglied zu verlagern. Zahlreiche Forschungsaktivitäten zielen darauf ab, das Justierdrehen weiter zu etablieren als eine Methode des hochgenauen Zentrierens von optischen Bauelementen in gefassten Elementen.

In */wcms2007/* wurden der gegenwärtige Stand sowie zukünftige Anforderungen an das Justierdrehen anhand der einzelnen geometrischen Kennwerte formuliert (siehe Bild 10.33). Hierbei verkörpern die blau gekennzeichneten Maße den gegenwärtigen Stand und rot gekennzeichnete die anzustrebenden Zielgrößen.

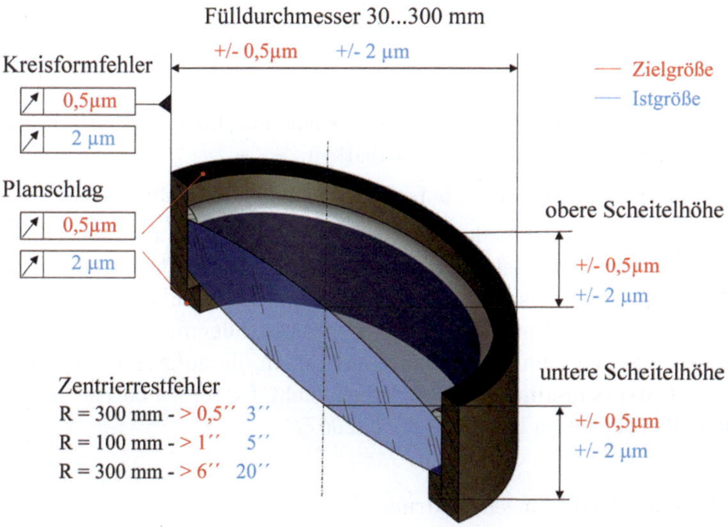

Bild 10.33
Ziel- und Istgrößen der Technologie Justierdrehen */wcms2007/*

Justierdrehverfahren werden heute i. d. R. für kleinere bis mittlere Linsen- bzw. Fassungsdurchmesser eingesetzt. Aufgrund der o. g. kinematischen Verhältnisse (Unwuchten) werden extreme Anforderungen an die Drehspindel gesetzt, was den Einsatz für größere Durchmesser teilweise einschränkt. Umfangreiche Entwicklungen auf diesem Gebiet erlauben derzeit den Einsatz von Justierdrehmaschinen bis zu einem Durchmesser von 500 mm */Zeis2007/*.

Ein zweiter Ansatz für das Justierdrehen lässt sich mit dem in Abschnitt 7.7 beschriebenen Slow-Tool-Servo-Drehverfahren umsetzen. Hierfür wird die optische Achse des Fassgliedes quantitativ ermittelt.

Anschließend wird nicht das Fassglied bezüglich der Hauptspindel justiert, sondern lediglich während des Drehens mittels der oszillierenden Bewegung des Werkzeuges am Fassglied die geforderten Konturelemente angearbeitet. Von Vorteil ist der Wegfall des Justierfutters und die Einsparung des Prozessschrittes Richten (Zentrieren). Damit verkürzen sich auch die erforderlichen Bearbeitungszeiten. Nachteilig im Vergleich zum vorstehend beschriebenen Verfahren sind die niedrigeren erreichbaren Zentriertoleranzen aufgrund der erforderlichen Synchronisation der Achsbewegungen. Entsprechende Maschinenkonzepte wurden auch mit dieser Justierdrehtechnologie erfolgreich erprobt und umgesetzt */Prec2007/*.

10.2.2 Feinkitten

Das Verbinden von zwei oder mehreren optischen Bauelementen an den jeweiligen Funktionsflächen mit einer Kittschicht wird als **Feinkitten** bezeichnet. Es liegt eine stoffschlüssige Verbindung vor. Der Unterschied zum verfahrensverwandten Kleben liegt zum einen in den Eigenschaften des Verbindungsmaterials und andererseits in der Ausschließlichkeit des Verbindens optisch wirksamer Grenzflächen. An das Verbindungsmaterial Kitt werden sehr hohe Anforderungen gestellt, da die entstehende Schicht im Strahlengang liegt. Daraus resultiert auch die Forderung an den Fügeprozess, dass die Kittschicht einschluss- und blasenfrei sowie ohne Kittfehler ausgebildet wird. Allerdings ist der Brechzahlunterschied an solch einer Grenzfläche kleiner als der zu Luft, so dass auftretende Fehler beim Kitten (z. B. Kittkeil) für viele Anwendungen vertretbar sind */Fran2007/*. Es wird angestrebt, die Brechzahl des Kittes an eines der zu fügenden Gläser anzupassen.

Verfügbare Feinkitte sind synthetische Polymere, die im chemischen Aufbau z. T. verschieden sind und für optische Anwendungen speziell entwickelt werden. Folgende Forderungen an die Materialien und die Umgebung sind zu stellen:

- **Feinkitte:** extrem niedrige Schrumpfung, hohe Sauberkeit, gute Transparenz, kurze Aushärtezeiten, optimierte Topfzeiten, gute Verarbeitbarkeit sowie UV-Aushärtbarkeit.
- **Umfeld:** geringe bis mittlere Reinraumanforderungen, hohe Sauberkeit, geringe Luftfeuchte.

Entsprechend den geforderten Materialeigenschaften der Feinkitte werden diese ein- und zweikomponentig, mit kurzen und langen Topfzeiten (Verarbeitungszeiten) und unterschiedlichen Härtebedingungen (Vor- und Aushärten, Ofenhärtung, UV-Härtung) angeboten. Alle Feinkitte unterliegen strengen Qualitätskontrollen und sind entsprechend erprobt und getestet. Der Anwender muss entsprechend seiner Bearbeitungsaufgabe den geeigneten Feinkitt sorgfältig auswählen, da aufgrund der unterschiedlichen Anforderungen kein „**Universalfeinkitt**" zur Verfügung steht. Es werden höchste Anforderungen an diese Kleber gestellt. Das betrifft im Einzelnen */Göbn2007/*:

- Sauberkeit der Feinkitte,
- optische Transparenz über ein breites Wellenlängenspektrum,
- Klimastabilität,
- spannungsarme Verkittung der optischen Bauteile,
- akzeptable Aushärtezeiten.

In der Vergangenheit wurden beim Verkitten optischer Bauteile Warmkitte (Heißkleber) auf der Basis modifizierter Naturharze wie Kanadabalsam eingesetzt. Aufgrund ihrer Eigenschaften hinsichtlich optischer Transparenz sowie Klimastabilität kommen diese Feinkitte kaum noch zum Einsatz. Heute werden fast ausschließlich nur noch kalt aushärtende Feinkitte verwendet. Man unterscheidet:

- 2-Komponenten-Kitte,
- 2-Komponenten-Kitte, UV-aushärtend,
- 1-Komponenten-Kitte, UV-aushärtend.

Die chemische Basis dieser Feinkitte kann sehr vielseitig sein. Meist werden Polyester-, Acrylat- oder Epoxy-Systeme eingesetzt.

Zum Feinkitten eines Achromats wird ein einkomponentiges Material eingesetzt, dessen Aushärtung durch eine Bestrahlung mit ultraviolettem Licht erfolgt. Der Feinkitt wird auf die konkave Seite der Zerstreuungslinse aufgetragen. Nach Auflegen der Konvexlinse werden die Bauelemente vorsichtig zusammengedrückt, bis eine vollständige Benetzung der Oberflächen mit dem Feinkitt vorliegt. Anschließend werden die noch in der Kittschicht vorhandenen Restbläschen durch eine kreisende, leicht unter Druck geführte Bewegung entfernt. Das durch den Druck am Rand ausgetretene Restmaterial wird mit Alkohol oder Aceton beseitigt. (Achtung: Die Verwendung von zu viel Lösungsmittel kann zu einem Lösen bzw. Entfernen der Kittschicht im Randbereich der optischen Funktionsflächen führen.) Die Kittschichtdicke liegt in einem Bereich zwischen 10 und 30 µm.

Das Ausrichten des Kittgliedes kann dann je nach geforderter Richtgenauigkeit mechanisch oder optisch erfolgen. Zum Kitten von Achromaten eignen sich beispielsweise motorisierte Vakuumdrehvorrichtungen oder ein Präzisions-Zentrierfutter. Die vorbereitete Kittgruppe (Linsen mit Kittschicht, nicht ausgerichtet) wird auf eine Ringschneide aufgelegt und mit Vakuum in Lage gehalten. Die Kontrolle des Zentrierzustandes erfolgt über Zentrierfehler-Messköpfe. Wird die vorbereitete Kittgruppe gedreht, so beschreibt das beobachtete Bild einen Kreis. Die Position der aufliegenden Linse wird durch den Bediener nun so lange korrigiert, bis das Bild keinen Schlagkreis mehr aufweist.

Im Anschluss erfolgt das Vorhärten des Kittgliedes mit einer UV-Lampe in einem Abstand von ca. 30 cm. Um das Durchhärten im anschließenden Aushärteprozess zu beschleunigen, kann das Kittglied auf eine weiße Unterlage gelegt werden. Schnelle Aushärtezeiten können aber auch zu Spannungen in der Kittschicht führen, die die Abbildungsleistung eines optischen Systems schwächen. Insofern sollten Aushärtezeiten optimiert, aber nicht um jeden Preis minimiert werden. Feinkitte weisen entsprechend den Materialeigenschaften auch sehr unterschiedliche Aushärtezeiten auf. Die optimalen Materialeigenschaften werden teilweise erst nach mehreren Tagen erreicht */Göbn2007/*.

PC-gesteuerte **Kittstationen** können zu einer Steigerung der Genauigkeit bzw. Reproduzierbarkeit in der Fertigung von Linsen und Linsensystemen führen und werden heute auch verstärkt in der Serienfertigung eingesetzt. Ein weiterer Vorteil besteht in der Datensicherung und Dokumentation der Einstellung bzw. dem Richtergebnis für jedes einzelne Kittglied.

Für Präzisionsoptiken stellen die Kittschichtdicke und der damit entstehende Kittkeil jedoch z. T. ein Problem dar. Sie werden aus diesem Grund häufig durch das Verfahren „Versprengen“ gefügt (siehe Abschnitt 10.3.5). Ferner verbleibt durch die Kittschicht ein Hilfsstoff zwischen den Bauteilen, was in der UV-Optik zu Einschränkungen führt. Die Kitte sind nur begrenzt strahlungsresistent und besitzen keinen ausreichenden Transmissionsgrad.

Durch Kitten wird versucht, alle einzelnen Linsenflächen der Linsengruppe auf eine gemeinsame optische Achse auszurichten. Zentrierfehler der Einzellinsen haben somit keinen direkten Einfluss auf das Richtergebnis und bewirken letztendlich lediglich eine Versetzung der einzelnen Linsenrandzylinder zueinander. Für Mittelklasse- und Hochleistungsoptik wird Kitten trotz der Einschränkungen im UV-Bereich oftmals bevorzugt eingesetzt.

Tabelle 10.6 Prozessschritte und Anordnung für das Feinkitten

Linsen positionieren	Linsen verbinden	Kittglied aushärten
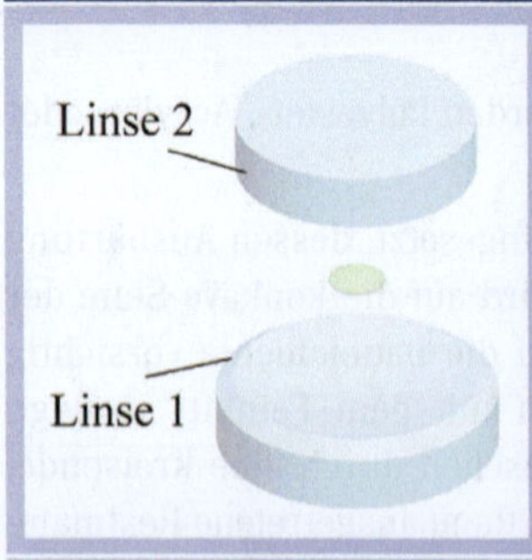		
1. Linse 1 auf Ringschneide mit Reflexbildgerät ausrichten 2. Justierte Position lagesichern (Vakuum erzeugen) 3. Kitt dispensen	4. Linse 2 auf Kittschicht und Linse 1 gleichmäßig „anschieben" (Vermeiden von Kittkeilfehlern) 5. Überflüssigen Kitt entfernen	6. Justieren der Linse 2 mit Reflexbildgerät zur Bezugsachse 7. Kittschicht anhärten oder aushärten 8. Überprüfen des Zentrierfehlers

10.2.3 Kleben

Auf plus.hanser-fachbuch.de finden Sie hierzu ein Video.

Unter **Kleben** versteht man das Fügen gleicher oder ungleicher Werkstoffe unter Verwendung eines Klebstoffes. Es handelt sich um ein stoffschlüssiges Fügeverfahren, welches eine Oberflächenvorbehandlung und eine gleichmäßige Kraftübertragung voraussetzt. Die Eigenschaften und das Gefüge werden durch den Klebeprozess nicht beeinflusst.

Kleben ist das Verbinden von Fügepartnern aus artgleichen oder artfremden Werkstoffen mithilfe eines formlosen Verbindungswerkstoffes bzw. eines Lösungsmittels oder Lösungsmittelgemisches.

Durch die vielen Vorteile des Klebens hat sich dieses Verfahren als eine etablierte Montagetechnologie in der Optikfertigung sowohl im makroskopischen als auch im mikroskopischen Anwendungsbereich entwickelt. Neben der Reihe von Vorteilen stehen aber auch entscheidende Nachteile gegenüber. Insbesondere das **Schrumpfverhalten** des Klebers im Aushärteprozess führt zu inneren Zugspannungen, welche eine Positionsänderung der Bauteile nach sich ziehen können. Aus diesem Grund sollten Klebstoffe mit einem Schwundverhalten mindestens < 10 % in der Optikmontage zum Einsatz kommen. In der Tabelle 10.7 sind wichtige Vor- und Nachteile des Verfahrens Kleben zusammengefasst.

Tabelle 10.7 Gegenüberstellung der Vor- und Nachteile des Klebens

Vorteile	Nachteile
▪ Fügen von artfremden Materialien (z. B. Linse und Kunststofffassung) ▪ Relativ kurze Prozesszeiten ▪ Justieren und Richten der Fügepartner ist sehr gut möglich ▪ Elastische Fügeverbindung ▪ Keine thermische Beeinflussung ▪ Wirtschaftliches Verfahren	▪ Begrenzte thermische Beständigkeit ▪ Begrenzte Langzeitstabilität ▪ Geringe Festigkeitswerte der Fügeverbindung ▪ Meist Oberflächenvorbehandlung erforderlich

Das Prinzip des Klebens basiert auf der Wirkung von Bindungskräften zwischen dem Fügematerial und den zu fügenden Bauelementen. Diese zwischenmolekularen Wechselwirkungskräfte sind für die Festigkeit der Verbindung ausschlaggebend. Bild 10.34 veranschaulicht schematisch die Wirkung der Bindungskräfte. Die Klebstoffschicht muss hohe **adhäsive Kräfte** gegenüber den zu verbindenden Bauelementen aufbringen und ebenso eigene **kohäsive Kräfte** entwickeln.

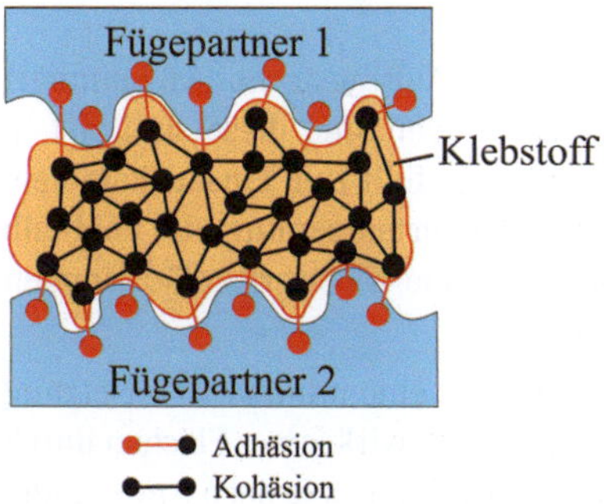

Bild 10.34
Bindungskräfte einer Klebverbindung */Matt2003/*

In den Grenzschichten wirken form- und stoffschlüssige Haftkräfte. Ein formspezifischer Anteil wird durch die Haftkräfte gebildet, die infolge der mechanischen Verankerung des Klebstoffes an der rauen Werkstückoberfläche entstehen. Bestimmende Größen für diese Kräfte sind die Ebenheit, die Rauheit sowie die Sauberkeit der Bauteiloberflächen. Der stoffspezifische Anteil an der Gesamtfestigkeit wird durch die Einzelfestigkeiten der Fügepartner und des Klebers bestimmt. Dieser Anteil beträgt in etwa 70 % der Gesamtfestigkeit */Matt2003/*.

Sehr wichtig für den Klebeprozess sind die Oberflächenvorbehandlung sowie die resultierende Benetzung des Klebstoffes mit den Fügeflächen. Jede Verunreinigung hat eine Minderung der Haftfestigkeit der Klebung zur Folge. Aus diesem Grund ist eine ausreichende Reinigung der zu verklebenden Bauelemente die wichtigste Oberflächenvorbehandlung in der Optikmontage. Für eine ausreichende Benetzbarkeit der Oberfläche muss die Oberflächenenergie des Klebstoffes gleich oder kleiner als die des Werkstückes sein. Als Maß für die Oberflächenbenetzung dient der Benetzungswinkel α (Bild 10.35).

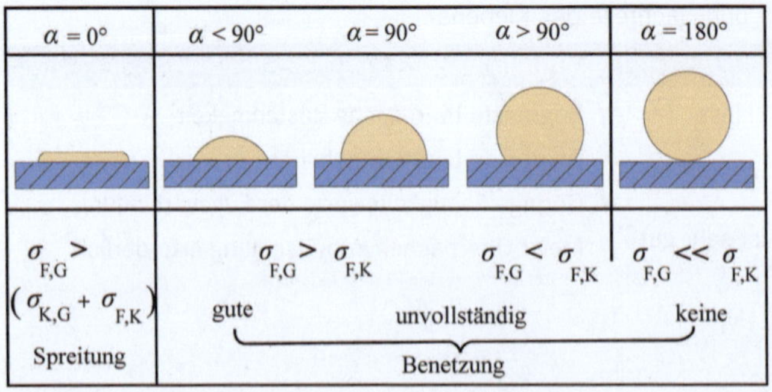

Bild 10.35 Darstellung des Benetzungsverhaltens in Abhängigkeit vom Benetzungswinkel α */Matt2003/*

Die Voraussetzung für eine gute **Haftfestigkeit** eines geklebten optischen Systems ist die möglichst gute Benetzung durch den Klebstoff. Oberflächenverunreinigungen, z. B. Polierrückstände oder Fette, können zum Anwachsen des Benetzungswinkels auf 180° führen, sodass keine Benetzung vorliegt.

Bei den Klebeverfahren handelt es sich um flächige Fügeverfahren, welche insbesondere auf Scherbeanspruchung reagieren. Lokale Spannungsspitzen können zum Bruch der Verbindung führen. Diese Bedingungen müssen insbesondere bei der konstruktiven Gestaltung von Klebeverbindungen Berücksichtigung finden. Es sollte möglichst ein gleichmäßiger Verlauf der Spannungen über die gesamte Fügefläche angestrebt werden.

Die Klebstoffe sind hinsichtlich ihrer spezifischen Anwendungen und den Auftragstechniken optimiert und besitzen somit zum Teil unterschiedliche Parameter. Zu unterscheiden sind diese zunächst in einkomponentige und zweikomponentige Materialien, die gefüllt oder ungefüllt zum Einsatz kommen. Sie unterscheiden sich ferner durch die Art der Aushärtung, die bei Zimmertemperatur oder oberhalb von 120°C sowie durch Lichtaushärtung erfolgen kann. Für lichthärtende Klebwerkstoffe kommen Vertreter der Gruppe der Acrylate sowie Epoxidharze zum Einsatz.

Insbesondere bei optischen Klebstoffen darf während der Aushärtung nur eine minimale Freisetzung flüchtiger Bestandteile auftreten, um die Gefahr der Verschmutzung optisch wirksamer Flächen durch ausgasende Stoffe zu verhindern. Die Viskosität der verwendeten Klebstoffe muss je nach Anwendung sehr unterschiedlich sein. Ein niedrig viskoser Klebstoff ist erforderlich, wenn das optische Bauelement bereits eingesetzt ist und der Klebespalt ausgefüllt werden muss. Anderenfalls muss der Klebstoff höher viskos sein, um ein Wegfließen des Fügematerials zu verhindern */Sche2000/*.

Die prinzipiellen Prozessschritte des Klebens unter Verwendung eines UV-aushärtenden Klebers sind in der Tabelle 10.8 dargestellt. Das gewählte Beispiel zeigt schematisch das Fügen einer OLED-Baugruppe (Organic Light Emitting Diode). Die Anwendung von OLEDs ermöglicht eine Reihe von neuen optischen Konzepten in der Displaytechnik (farbintensive Handy-Displays, E-Paper, Lampen und langfristig auch TV-Bildschirme). Die sehr empfindliche OLED-Struktur muss in einem Montageprozess mit zwei Glasplatten gekapselt werden. Neben den anwendungsspezifischen Klebeeigenschaften muss der UV-Klebwerkstoff auch noch eine möglichst geringe Wasserpermeation (Durchlässigkeit von Feuchtigkeit) besitzen */Delo2007/*.

Tabelle 10.8 Prozessschritte des Klebens */Delo2007/*

Dosieren/Auftragen	Richten, Zentrieren/Fügen	Aushärten
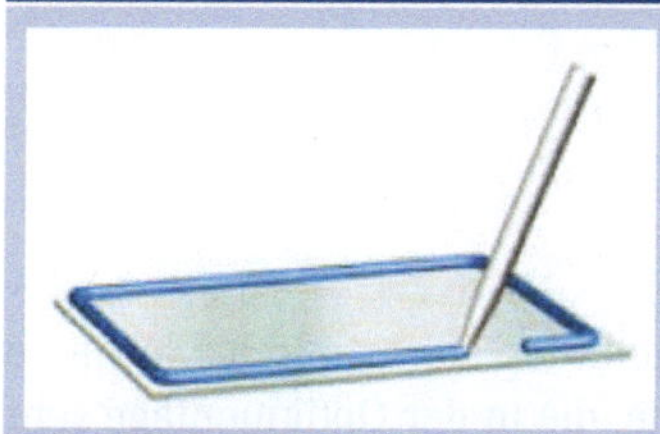	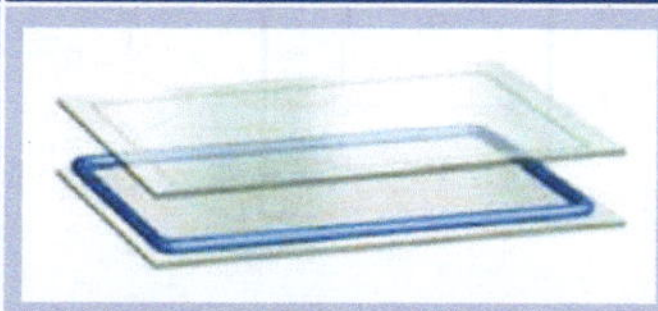	
1. Fügeflächen reinigen 2. Auftragen einer gleichmäßigen Klebstoffraupe (Nadel-Dispensen, Jetten oder durch Siebdruck) 3. Visuelle Kontrolle, ob homogener und ausreichender Auftrag des Klebestoffes vorliegt	4. Deckglas aufsetzen 5. Ausrichten der Fügepartner (mechanische Anschläge oder optisches Richten) 6. Aufbringen einer Fügekraft zum Anpressen der Fügeflächen 7. Gleichmäßiges Belasten, um Verspannungen zu vermeiden	8. Aushärten der Klebenaht durch das Substratglas mit UV-Licht 9. Halten der Anpresskraft 10. Nach 30 - 60 Sekunden ist das Aushärten beendet 11. Prüfen der Verbindung (Temperatur- und Feuchtigkeitsbeständigkeit)

Die lichthärtenden Klebstoffe werden sehr häufig für das Fügen eingesetzt. Insbesondere durch ihre einfache Verarbeitung sind sie auch für teil- oder vollautomatische Prozesse einsetzbar und lassen sich in Fertigungslinien sehr gut integrieren. Darüber hinaus kann eine sehr schnelle und zielgerichtete Aushärtung durch die Einwirkung der erforderlichen Wellenlänge erfolgen. Lichthärtende Klebstoffe sind frei von Lösungsmitteln und aus diesem Grund umweltverträglich und gesundheitsschonend.

In der Anwendung unterscheidet man zwischen zwei Aushärtemechanismen:

- **Licht- und UV-Härtung (Epoxidharze und Acrylate)**

  Dosieren → Fügen → Aushärten,

- **Lichtaktivierbare Härtung (Epoxidharze)**

  Dosieren → Aktivieren (Belichten) → Fügen und Aushärten (ohne weitere Belichtung).

Die chemische Reaktion der lichtaktivierbaren und strahlungshärtenden Epoxidharze ist eine kationische Polymerisation. Ausgelöst wird die Polymerisation von einem Fotoinitiator (R), d. h. einem Molekül, das bei Zugabe von Licht zerfällt. Es bildet sich ein positiv geladenes Molekül, ein Kation. Dieses reagiert in der Folge mit dem Epoxidring zu einem neuen Kation. Durch die Reaktion mit immer neuen Epoxidringen setzt sich die Reaktion bis zur Aushärtung des Klebstoffes fort („Kettenreaktion") */Delo2007/*.

Startreaktion

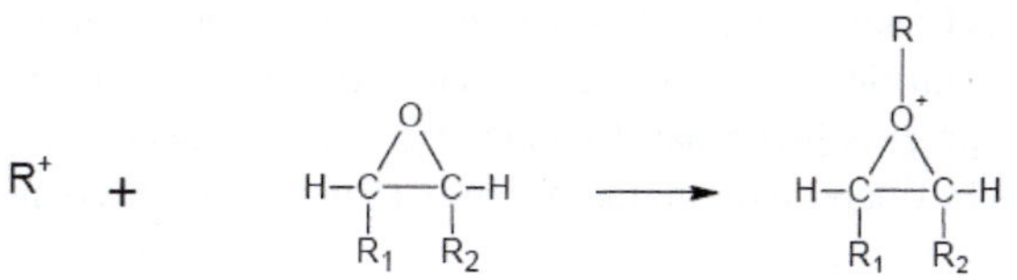

Kettenreaktion

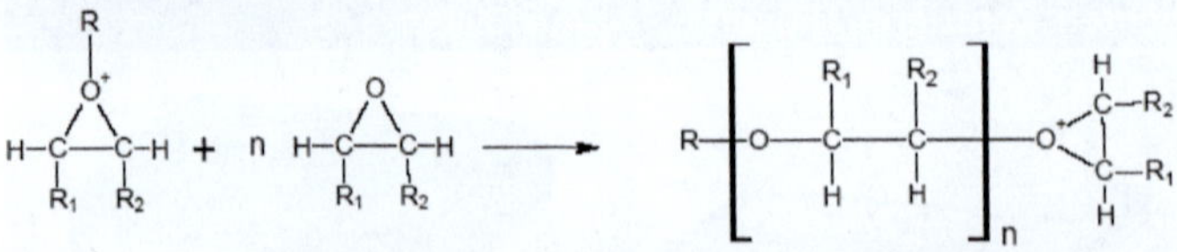

Die Aufnahme eines Bauteiles in ein mechanisches Trägerelement und das Fügen durch Kleben zu einem Fassglied nennt man **mittelbares Fassen** und eine Technologie, die in der Optikmontage sehr häufig für Mittelklasseoptik und Hochleistungsoptik (in Kombination mit dem Justierdrehen) eingesetzt wird. Bei entsprechender konstruktiver Auslegung (z. B. richtige Dimensionierung des Klebespaltes) des Fassgliedes kann eine lagesichere und spannungsarme Aufnahme des optischen Bauelementes in ein mechanisches Fassungselement sichergestellt werden. Die Aufnahme der Linse erfolgt typischerweise auf einer Fassungsringschneide, wobei diese mit einer optisch wirksamen Fläche aufliegt. Der Linsenaußendurchmesser hingegen wird mit der Fassungsbohrung toleriert, und beide Bauelemente werden durch den Klebespalt lagesicher und stoffschlüssig gefügt. Das Aufbringen der Klebenaht geschieht entweder am Umfang der Linse oder durch ein dünnes Auftragen im Randbereich der Linse zum Auslauf der Fassungsbohrung hin (siehe Bild 10.36).

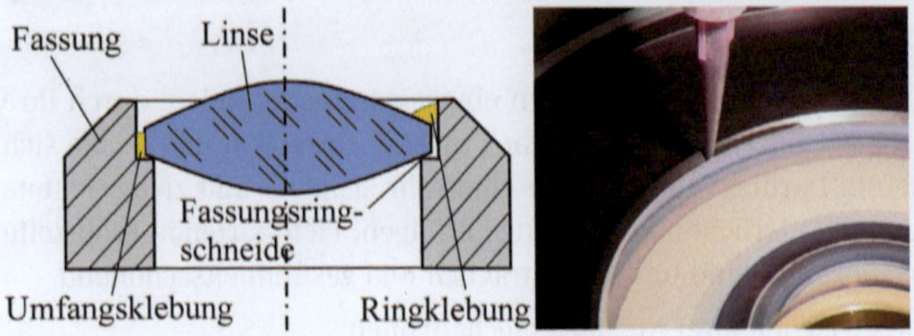

Bild 10.36
Darstellung des Klebens von Fassgliedern: links) Prinzip der Ringschneidenklebung, rechts) ungerichtetes Kleben

Ähnlich dem Fügeverfahren Feinkitten kann auch beim Kleben in **gerichtetes** und **ungerichtetes Kleben** unterschieden werden. In der Tabelle 10.9 sind die wichtigsten Merkmale zusammengefasst. Das ungerichtete Verfahren ist das einfachere und ungenauere Verfahren. Die Linse richtet sich nach den mechanischen Gegebenheiten auf der Ringschneide selbst aus.

Die Zentrierung der gegenüberliegenden optischen Fläche 1 ergibt sich beim ungerichteten Kleben aus dem Zentrierfehler der Linse, dem Gestaltfehler der Fassungsbohrung und dem notwendigen radialen Passspiel zwischen Linse und Fassung. Es erfolgt kein zusätzlicher Justage- oder Zentrierschritt. Beim gerichteten Kleben erfolgt nach dem Einlegen der Linse in die mechanische Fassung ein zusätzlicher Justageschritt, indem die Optik innerhalb des vorgegebenen Passspiels der Fassungsbohrung ausgerichtet wird */Fran2007/*.

Neben den beschriebenen Klebeverfahren werden auch Verfahren eingesetzt, bei denen die Linse ohne Ringschneide in eine zylindrische Fassung in das Gehäuse, den Tubus oder eine vorgesehene Spezialaufnahme gerichtet eingeklebt wird */Gese2012/*. Im Gegensatz zum gerichteten Kleben ist somit die Zentrierung von beiden Linsenflächen im Klebeprozess justierbar. Unabhängig von den Linsen- und Fassungsgestaltfehlern kann die optische Achse in Übereinstimmung mit der Fassungs- oder Systembezugsachse gebracht werden */Fran2007/*.

Vom **Justierkleben** wird generell gesprochen, wenn ein Bauteil direkt in die Fassung justiert eingeklebt wird, um somit die Zentrierfehler zu minimieren.

Tabelle 10.9 Vergleich zwischen gerichteten und ungerichteten Klebeverfahren */Fran2007/*

	Ungerichtetes Kleben	Gerichtetes Kleben
Prinzip	Das Kleben erfolgt ohne direkte Kontrolle bzw. Korrektur der Linsenlage zum Fassungselement.	Durch einen direkten Justierschritt wird die obere Linsenfläche zur Bezugsachse des Gesamtsystems mit einem Reflexbildgerät ausgerichtet.
Anwendung	Für Baugruppen, die eine geringe Zentriergenauigkeit erfordern. Vorwiegend in der Serienfertigung eingesetzt.	Für Baugruppen, die eine hohe Zentriergenauigkeit beider Linsenflächen erfordern und für die geringe Spannungen in der Klebenaht zugelassen sind. Typische Einsatzgebiete sind die Einzel- und Kleinserienfertigung.
Prozessschritte	1. Linse mit 1. Fläche auf Fassungsringschneide aufsetzen 2. Obere Fläche zentriert sich über Linsenaußenzylinder in der Fassung 3. Kleber dispensen 4. Ggf. leichten Fügedruck aufbringen 5. Aushärten (meist mit UV-Licht)	1. Linse mit 1. Fläche auf Fassungsringschneide aufsetzen 2. Fläche zur Fassungsbezugsachse zentrieren (im Reflexbildverfahren) 3. Lagesicherung 4. Kleber dispensen 5. Ggf. leichten Fügedruck aufbringen 6. Aushärten
Zentriergenauigkeit (bezogen auf den Fassungsaußendurchmesser)	**1. Fläche auf Ringschneide:** Durch die Gestaltfehler der Fassungsringschneide und das Ausrichtvermögen der Linse zur Ringschneide bestimmt **2. Fläche nicht auf Ringschneide:** Durch Gestaltfehler der Fassung, Passspiel, Linsenaußendurchmesser und den Zentrierzustand der Linse gegeben → relative Flächenkippung < 10'	**1. Fläche auf Ringschneide:** Durch die Gestaltfehler der Fassungsringschneide und das Ausrichtvermögen der Linse zur Ringschneide bestimmt **2. Fläche nicht auf Ringschneide:** Durch die Feinfühligkeit des Richtprozesses, insbesondere die Auflösung der Reflexbildgeräte, begrenzt → relative Flächenkippung: 1' - 1,5'

Der Prozess des Klebens lässt sich für mittlere und größere Serien sehr gut automatisieren. Die Bauteile werden mit einem Handlingsystem (z. B. Scara-Roboter) in Klebevorrichtungen eingelegt und positioniert.

Die optischen Bauelemente können auch hier mittels optischer Justiervorrichtungen gemessen, in die optische Nulllage positioniert und dann über rechnergesteuerte Abläufe durch Kleben in einer Fassung gefügt werden (siehe Bild 10.37). Das automatisierte prozesssichere und schnelle Kleben von Linsen zu Fassgliedern ist nicht zuletzt durch die UV-Aushärtung des Klebers ermöglicht worden.

Bild 10.37
Automatisierter Klebeprozess */Jena2007-4/*: links) automatische Klebestation, rechts) geklebte Baugruppe

PC-kontrollierte Klebestationen lassen sich sehr gut mit einem Zentrierprüfgerät kombinieren. Eine komplexe Software steuert den Klebeprozess. Im Einzelnen werden folgende Schritte von der Software gesteuert:

- motorisierte Drehung des Werkstückes,
- Messung des Zentrierfehlers vor, während und nach dem Kleben,
- präzise Positionierung der Klebstoffdosierung,
- zeitliche Steuerung des Auftragens des Klebstoffes,
- Form der Klebenaht (über 360°, segmentartig etc.),
- Aushärtung des Klebers durch zeitliche Steuerung der UV-Strahlung.

10.2.4 Löten

Unter Löten ist ein thermisches Verfahren zum stoffschlüssigen, unlösbaren Fügen und Beschichten von artfremden Werkstoffen mit einem **Zusatzwerkstoff** (**Lot**) zu verstehen. Dabei entsteht eine flüssige Phase durch Schmelzen eines Lotes, dem sogenannten Schmelzlöten. Dabei wird die **Solidustemperatur** (metallische Werkstoffe) bzw. die **Transformationstemperatur** (anorganische Gläser) des Grundwerkstoffes nicht erreicht. Somit findet kein Aufschmelzen des Grundwerkstoffes statt, was für viele Anwendungen einen großen Vorteil bietet. Auch mit diesem Verfahren können unterschiedliche Grundwerkstoffe prinzipiell verbunden werden. Für optische Anwendungen werden aber im Unterschied zum Feinkitten oder Diffusionsschweißen nur zwischen optisch nicht wirksamen Flächen der optischen Bauteile Verbindungen geschaffen.

> Das Löten ist ein stoffschlüssiges Fügen unter Verwendung eines nicht artgleichen Zusatzmaterials, wobei sich an der Fügestelle eine neue Verbindungsschicht mit einer spezifischen Zusammensetzung ausbildet.

Der Zusatzwerkstoff ist beim Löten in der Regel nicht artgleich aufgebaut. Es ist zu unterscheiden zwischen **Weichlöten** (ca. $T_S < 450\,°C$) und **Hartlöten** (ca. $T_S > 450\,°C$) sowie Löten mit Flussmitteln oder flussmittelfreies Löten. Vorteilhaft ist die Anwendung von Lotwerkstoffen mit nahezu den gleichen linearen Ausdehnungskoeffizienten wie die der zu verbindenden Bauteile, die i.d.R. einen um mindestens 50°C niedrigeren Transformationspunkt besitzen sollen. Nur unter dieser Voraussetzung können spannungsarme Verlötungen von optischen Baugruppen erfolgen. Der Lötprozess gliedert sich in die unterschiedlichen Phasen aus Bild 10.38 links.

Für den Lötprozess ist die Einbringung von thermischer Wirkenergie die wesentliche Verfahrensvoraussetzung. Entsprechend dem gewählten Lotverfahren muss ein angepasster Temperatur-Zeit-Verlauf erfolgen, der einem prinzipiellen funktionalen Verlauf wie Bild 10.38 rechts entspricht. Diese Prozessführung erfordert eine Oberflächenaktivierung mit den Schritten:

- Schmelzen des Flussmittels (nicht für jeden Prozess erforderlich),
- Schmelzen des Lotes,
- Benetzen der zu lötenden Bauteile,
- Fließen des Lotes,
- Füllen des Lötspaltes,
- spannungsarmes Abkühlen der Baugruppe.

Zudem muss weiterhin das Temperatur-Zeit-Verhalten an das Material des Glaslotes und des Grundwerkstoffes sowie die konkrete Anwendung angepasst sein. Insbesondere bei silicatischen Werkstoffen ist die Abkühlphase von besonderer Bedeutung, um das Entstehen von Spannungszonen zu vermeiden.

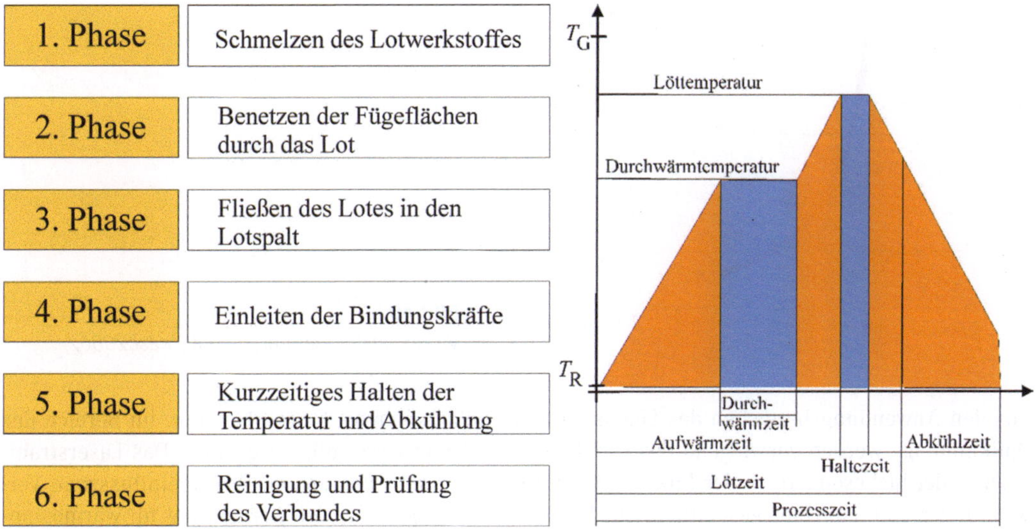

Bild 10.38 Typische Phasen eines Lötprozesses */Kasc2006/*: links) Phasen des Lötens, rechts) Temperatur-Zeit-Verlauf

Das Löten von optischen Bauelementen kann sowohl mit **metallischen Loten** als auch mit direkten **Glasloten** durchgeführt werden. Als metallische Lote können Goldlote für Glas-Glas- und Glas-Metall-Verbindungen oder auch Indiumlote für Glas-Quarz-Verbindungen Anwendung finden. Für viele Lötaufgaben wird auch mit festhaftenden Metallschichten (Lothilfsschicht) auf der Glasoberfläche gearbeitet. Ihre Aufbringung kann durch verschiedene Beschichtungsverfahren (z. B. Galvanisieren, Vakuumbedampfen, Sputtern) erfolgen. Sie erfüllt gleichzeitig die Funktionen als Haftvermittler, Diffusionsbarriere und Benetzungsschicht für das Lot. Der Lotwerkstoff kann in Form von dünnen Schichten, Lotkugeln (Lotbumps) oder Lotformteilen (Lotpreforms) aufgetragen werden */Bans2006/*. Das Lötverfahren mit metallischen Lotwerkstoffen wird hauptsächlich zum Fügen von Optiken in Fassungen, in miniaturisierten Systemen der optischen Datenspeicherung und -verarbeitung sowie in der Telekommunikation und Sensorik eingesetzt.

Glaslote hingegen sind speziell angepasste Gläser mit einer niedrigen Erweichungstemperatur zum spannungsarmen Verbinden von optischen Bauelementen. Dies wird gewährleistet durch das Fließen und damit Verarbeiten des Lotes (bei einer Viskosität von 10^4 bis $10^{7,6}$ dPa·s) bei Temperaturen, die niedriger als die Transformationstemperatur des Fügepartners sind (siehe Bild 10.39). Der lineare Ausdehnungskoeffizient des Lotwerkstoffes wird an die der Grundmaterialien angepasst. Liegen die Werte der Koeffizienten der Grundmaterialien weiter auseinander, kann auch mit den sogenannten Übergangsloten (schrittweiser Übergang) gearbeitet werden.

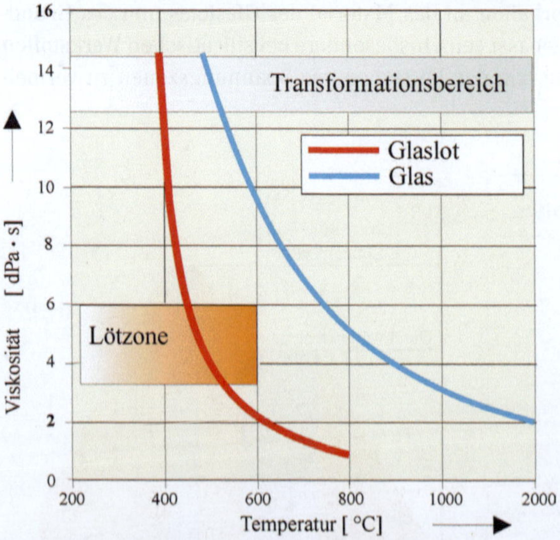

Bild 10.39
Viskosität-Temperatur-Verlauf */Kasc2006/*

Aus den Anwendungsbereichen des Lötens ist eine Vielzahl von Verfahren bekannt. Im Bereich der Optikmontage werden vorwiegend das Ofenlöten und das Laserstrahllöten genutzt. Das Laserstrahllöten findet insbesondere in der Mikrooptik aufgrund der sehr begrenzten Wärmeeinflusszone Verwendung. Somit kann eine gesamtheitliche Bauteilerwärmung vermieden werden, was für wärmeempfindliche Elemente und Schichten entscheidend ist. Gleichermaßen erfordert der Laserprozess die Anwendung eines gezielt gesteuerten Temperatur-Zeit-Prozesses, um die bereits angeführte Gefahr der Spannungserzeugung im Verbund zu verringern.

Gegenüber dem Feinkitten bzw. Kleben hat das Löten den Vorteil, dass die Verbindungsstelle höhere Festigkeiten aufweist und gegen chemische Einflüsse und das umgebende Medium beständiger ist. Im Bereich der Mikrooptik kann das Laserstrahllöten eine höhere Zugänglichkeit bzw. Handhabung des Prozesses sowie größere Toleranzanforderungen gewährleisten.

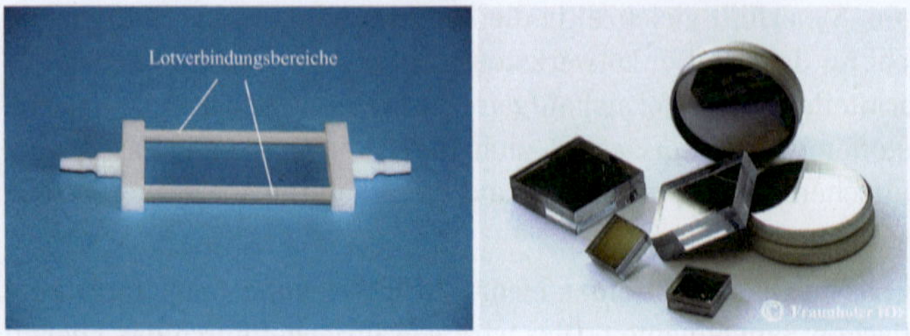

Bild 10.40
Verlötete Glaskomponenten: links) Quarzglasküvette – Ofenlötung, rechts) verlötete optische Komponenten */IOF2004/*

Konventionell wird das Lötverfahren für die Herstellung von Küvetten, Winkelspiegeln und Sensoren angewendet. Die erreichbaren Genauigkeiten liegen dabei nach */Grün1985/* bei:

- Küvetten: Passe der Fensterflächen 3 NEWTONsche Ringe, Schichtdickentoleranz ± 0,03 mm, Winkeltoleranz ± 5",
- Winkelspiegel: Passtoleranzen 1 NEWTONscher Ring, Winkeltoleranzen ±30".

In Bild 10.40 links ist eine gelötete Quarzglasküvette dargestellt. Das Lotmaterial wird durch ein Glaspulver (Korngröße ca. zwischen 2 und 10 µm) in einer Lösung aufbereitet. Der **Lotauftrag** erfolgt durch geeignete Beschichtungsverfahren, wie z. B. Rakeln, Siebdruck oder Dispensen. Nach dem Zusammenführen und Druckbeaufschlagen der Bauteile liegt eine Lotschichtdicke von ca. 20 - 100 µm vor. Nach dem Abbinden der Lotzone werden Lot- und Bindemittelreste beseitigt. Im anschließenden Ofenprozess erfolgt zunächst ein Vorverglasen mit anschließender Lötung. Deutlich kürzere Prozesszeiten können mit dem Laserstrahllöten erzielt werden. Bild 10.40 rechts illustriert Beispiele für lasergelötete optische Bauelemente mit metallischem Lot. Um den Nachteil der Spannungsinduzierung zu minimieren, werden sehr oft auch hybride Laserlötprozesse eingesetzt. D. h., dass eine zusätzliche Temperaturquelle den Temperaturgradienten, verursacht durch die Laserstrahlwirkung, abschwächt.

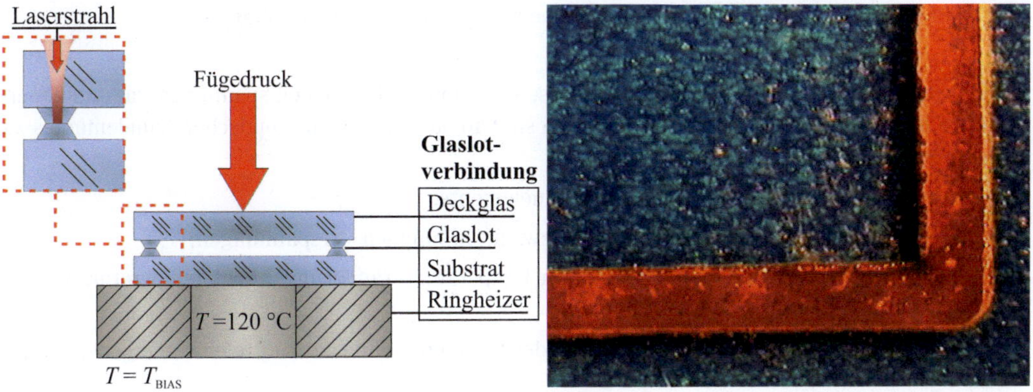

Bild 10.41 Laserstrahllöten von Einhausungen für OLED-Baugruppen */Gudd2006/*: links) Prinzip des Laserstrahllöthybridprozesses, rechts) Ausschnitt einer lasergelöteten Spur

Bild 10.41 links veranschaulicht einen solchen Versuchsaufbau für das temperaturgeregelte Hybridlöten von Gläsern. Anwendungen finden solche Laserlötprozesse wie in Bild 10.41 rechts dargestellt z. B. in der Gehäuseverschlusstechnik für OLED-Baugruppen, die ausgeführt in Flachglasgehäusen die Wärmebelastung am Funktionselement auf ein Mindestmaß reduziert. Nach dem Verschluss sollen die Bauteile eine hohe Heliumleckdichtheit aufweisen. Am Funktionselement im Bereich 40 × 40 mm^2, mittig der Glasplatte, darf eine Temperatur von 120 °C nicht überschritten werden.

10.2.5 Versprengen

Das Versprengen erfolgt insbesondere in der Präzisionsoptik zum Verbinden sich berührender polierter Flächen eines optischen Systems. Die Verbindung beruht, in Analogie zum Ansprengen auf der Wirkung von **molekularen Kräften**, auf den Adhäsionskräften. Versprengt wird dann, wenn extrem genaue Toleranzen erforderlich sind, die z. B. beim Feinkitten durch den Kittkeil und Kittschichtdickentoleranz nicht erreichbar sind. Die zu versprengenden Flächen dürfen im Unterschied zum Feinkitten nur eine Radiendifferenz kleiner 0,5 NEWTONsche Ringe ausweisen. Größere Toleranzen führen zu Verspannungen und Abbildungsfehlern des optischen Systems. Ebenso soll der Unterschied der linearen Ausdehnungskoeffizienten der zu versprengenden Gläser möglichst gering ($\Delta\alpha < 2 \cdot 10^{-6}\,K^{-1}$) sein. Ein wesentlicher Nachteil des Verfahrens ist die Stoßanfälligkeit der versprengten Baugruppen. Zum Schutz gegen Feuchtigkeit und zur Stabilisierung gegen mechanische Einflüsse werden diese oftmals lackiert und teilweise auch mit zusätzlichen Schutzplatten versehen. Das Richten der optischen Bauelemente erfolgt ebenfalls in Analogie zum Feinkitt- oder Klebverfahren mit den Transmissions- oder Reflexbildverfahren.

10.2.6 Fassen von Optiken

Das Fassen von Optiken ist im Bereich der Optikmontage ein sehr häufig eingesetztes Verfahren und bietet eine große Auswahl an Varianten. Es dient in erster Linie der Verbindung von optischen Bauelementen und mechanischen Halterungselementen, der **Fassung**. Fassungen stellen oftmals auch das Verbindungsstück zwischen der Optik und dem mechanischen Gehäuseteil, Tubus bzw. Füllfassungszylinder etc. dar.

> Unter Fassen versteht man die Aufnahme und Halterung eines oder mehrerer optischer Bauelemente mithilfe mechanischer Elemente wie Fassungen und Halterungen.

Zur Gewährleistung der Funktion im Gerät müssen die Optiken lagesicher, spannungsarm und dauerhaft eingebaut werden. Folgende Anforderungen sind an das Fassen eines optischen Bauelementes zu stellen */Grün1985/*:

- beschädigungsfreie Montage der optischen Bauelemente,
- feste Lage des Bauteils in der Fassung ohne bzw. mit minimalen Verspannungen,
- keine Verspannungen des Bauteils infolge von Temperaturveränderungen (ggf. temperaturkompensierende Maßnahmen),
- hohe Festigkeit des Fassungselementes sowie des Verbundes ohne das Auftreten von Eigenspannungen,
- Stabilität der Systemparameter bei dynamischer Belastung.

Das Zusammenspiel zwischen optischem Bauteil und Fassung muss weitestgehend genau aufeinander abgestimmt werden. Die Toleranzen sollten dabei optimal auf Optik und Fassung verteilt werden. Da der Montageprozess einen unmittelbaren Einfluss auf die Leistungsfähigkeit der Baugruppen hat, sind hochentwickelte Justier- und Montageverfahren erforderlich.

10.2.6.1 Fassen von Rundoptiken

Beim Fügeverfahren Fassen sind insbesondere bei der Auslegung der Verbindungstechnologie die unterschiedlichen Ausdehnungskoeffizienten des optischen Materials und des Fassungswerkstoffes zu beachten. Eine fehlerhafte Auslegung kann zu **Spannungsbelastungen** im optischen Bauelement führen, was die Abbildungsparameter beeinflusst und im schlimmsten Fall eine Zerstörung der Optik zur Folge haben kann. Ein Halterungs- bzw. Fassungselement muss die optische Komponente stabil in der geforderten Lage halten und ggf. mechanische Einflüsse aufnehmen können. Die angewendeten **Fassungsarten** und -prinzipien sind z.T. sehr unterschiedlich und auf spezifische Bauteilanforderungen sehr genau abgestimmt. Es werden im Wesentlichen fünf Fassungsarten unterschieden, die verschiedenen Verbindungsprinzipien zuzuordnen sind */Grün1985/*:

- Gratfassen (formschlüssige Verbindung),
- Fassen mit Schnapphaken (formschlüssige Verbindung),
- Fassen mit Schraubring (kraftschlüssige Verbindung),
- Fassen mit Sprengring (kraftschlüssige Verbindung),
- Fassen durch Feinkitten oder Kleben (stoffschlüssige Verbindung).

Als Fassungsmaterialien kommen sehr häufig die Werkstoffe Aluminium und Messing zum Einsatz. Aluminium und seine Legierungen eignen sich für das **Gratfassen,** auch als **Bördeln** bezeichnet. Die

Tabelle 10.10 fasst wichtige Gratfassungsprinzipien zusammen und veranschaulicht die genannten Verbindungsprinzipien schematisch */Schu2003/*.

Das Verfahren des Gratfassens beruht auf dem Umformen eines dünnwandigen Grates durch eine Kraft- oder Temperatureinwirkung. Der Grat sichert im umgeformten Zustand einen Formschluss mit dem optischen Bauteil. Um Spannungen bei diesem Fügeverfahren zu vermeiden, wird der Grat nur wenige Zehntel Millimeter aus gut umformbarem Material ausgelegt. Es ist ein sehr einfaches und preisgünstiges Montageverfahren, wobei Zentriergenauigkeiten von ca. 30 – 50 µm für Messingfassungen erreicht werden können. Nachteilig bei diesem Verfahren ist das Lösen der Fügeverbindung im Falle einer erforderlichen Demontage. Zwar kann meistens das optische Bauelement wiederverwendet werden, jedoch wird die Fassung zerstört.

Tabelle 10.10 Beispiele für Grundformen von Gratfassungen nach */Schu2003/*

Fassung einer Strichplatte	Fassung eines Abdeckglases	Fassung eines Spiegels
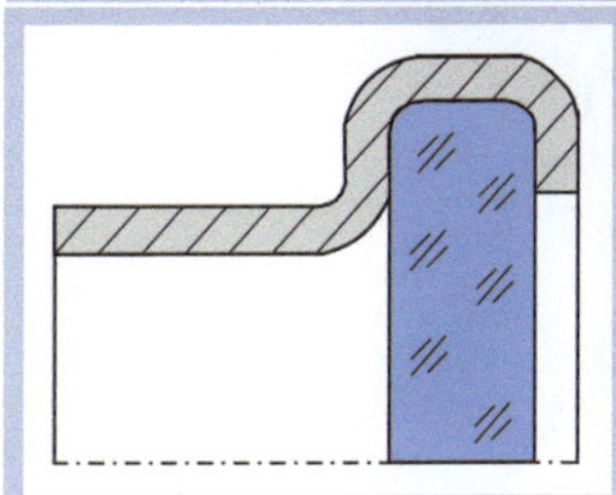	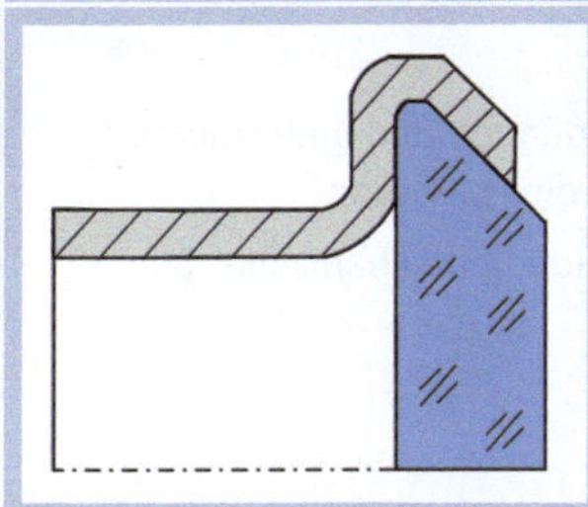	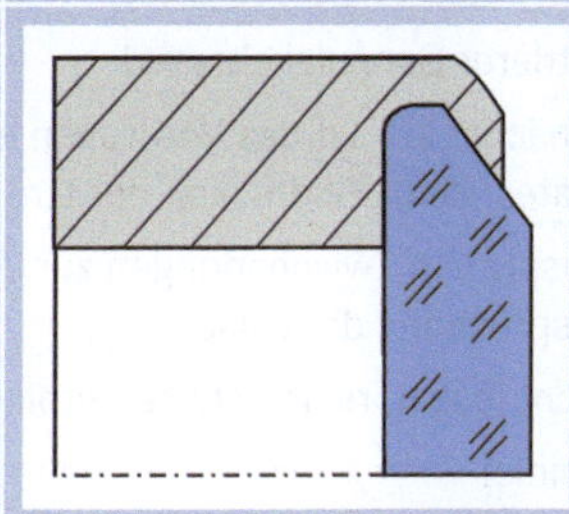
Fassung mit Sicken	**Fassung mit gebördelter Abschlusskappe**	**Fassung mit elastischem Zwischenring**
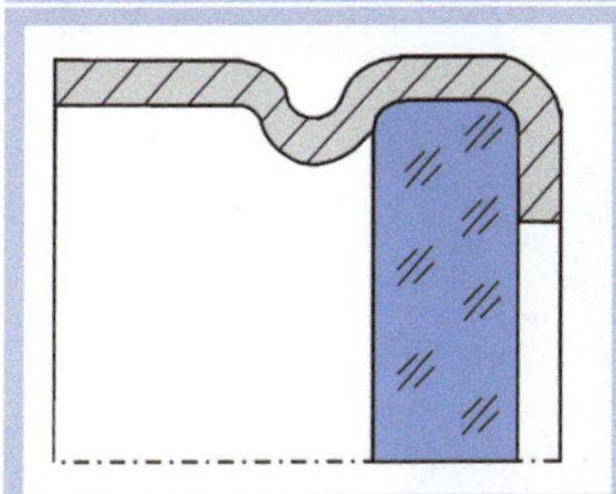	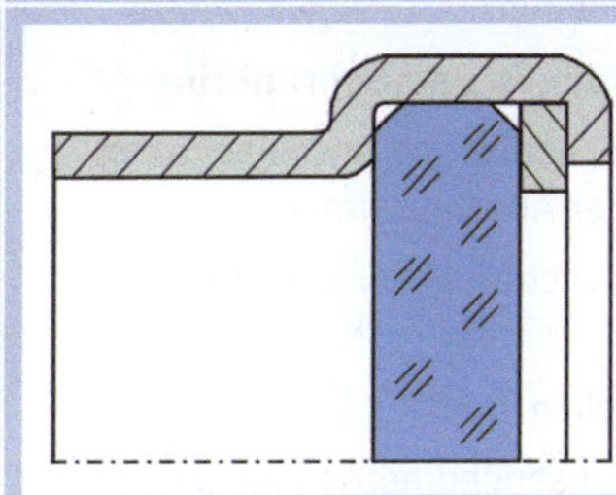	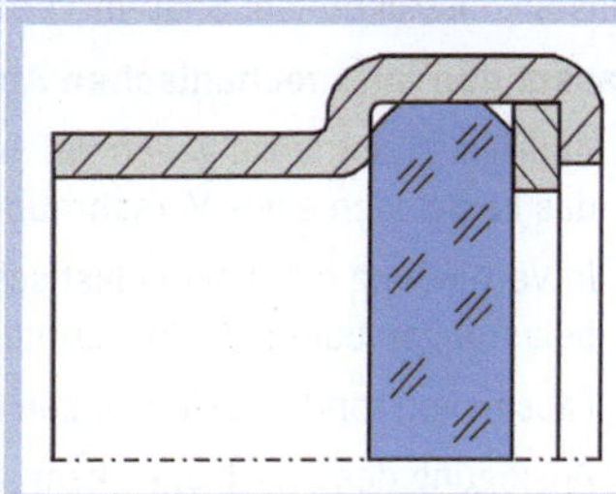

Die Tabelle 10.11 stellt weitere wichtige Fassungsprinzipien und deren Merkmale zusammen.

Tabelle 10.11 Möglichkeiten der Halterung optischer Bauelemente in Fassungen nach */Naum1992/*

Beschreibung	Abbildung
Halterung der Einzellinsen in Fassungen durch Einkleben ▪ Sehr einfache Montagemethode ▪ Gute Zugänglichkeit durch Klebenadel ▪ In Kombination mit einem angetriebenen Rotationstisch sehr gut automatisierbar ▪ Nicht lösbare, elastische Verbindung Beispiele: Fassung mit Ringschneide und Klebung, angewendet von einfacher Linsenmontage bis hin zum Kleben mit anschließendem Justierkleben von Linsen für Hochleistungsobjektive	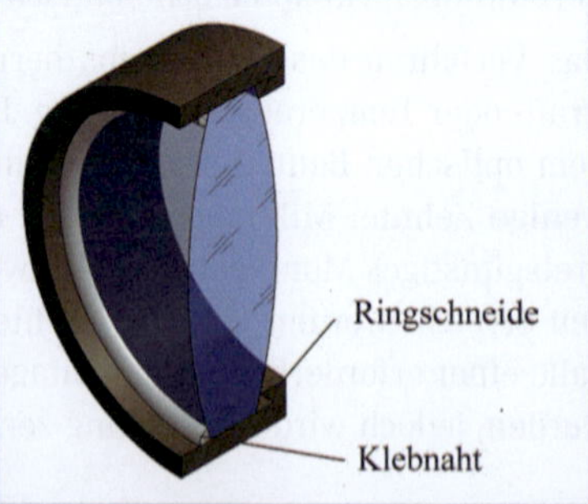
Eindrücken der Linsen ▪ Vorwiegend für Linsendurchmesser kleiner 30 mm ▪ Mittlerer Genauigkeitsgrad ▪ Zunächst erfolgt das Vordrehen eines dünnen und umformbaren Grates; dann Eindrücken der Linsen in die Halterung ▪ Einsatz von Zwischenringen zur Vermeidung mechanischer Beanspruchung der Linse ▪ Nicht lösbar, relativ starre Verbindung Beispiele: Befestigung eines optischen Bauelementes mittels Grat und Zwischenring; lagesicheres Verbinden von einfachen und unlösbaren Linsenkonstruktionen; Snap-In-Verbindungen	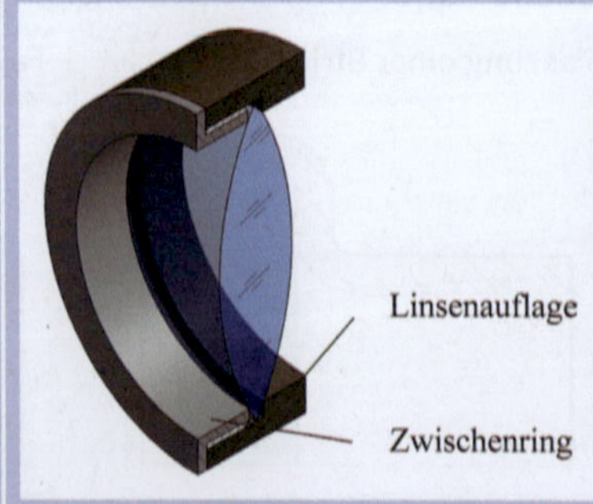
Fassungen mit mechanischen Anschlägen und Schraubring ▪ Andrücken der Linse gegen einen mechanischen Anschlag durch das Festziehen eines Vorschraub- oder Abschlussringes ▪ In Verbindung mit einem elastischen Dichtring werden Druckbelastungen auf die Optik vermieden ▪ Fassen von randscharfen Linsen möglich ▪ Auslegung des Anschlages kann an Linsengeometrie angepasst werden ▪ Lösbare, starre Verbindung (ohne Dichtring) Beispiele: Befestigung eines optischen Bauelementes in justierbaren und austauschbaren Fassungselementen; Fassgruppen mit einstellbarem Anpressdruck	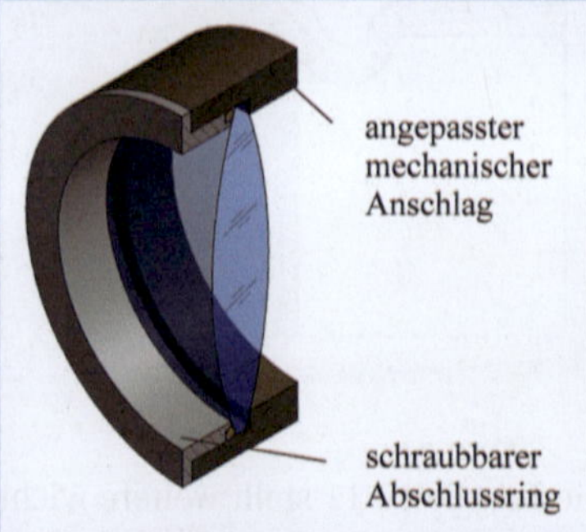

Einsatz federnder Bauelemente

- Zwischen Optik und Fassung wird ein gefederter Zwischenring oder eine Wendelfeder montiert
- Sehr gute Druckverteilung für spannungsempfindliche Optiken
- Lagesicherung in Richtung der optischen Achse
- Lösbare, elastische Verbindung

Beispiele:

Mit Wendelfeder gefasste sphärische Linsen und optische Bauelemente mit stark gekrümmten konvexen Flächen; optische Bauelemente, die einem Verschleiß unterliegen und in zeitlichen Abständen ausgetauscht werden.

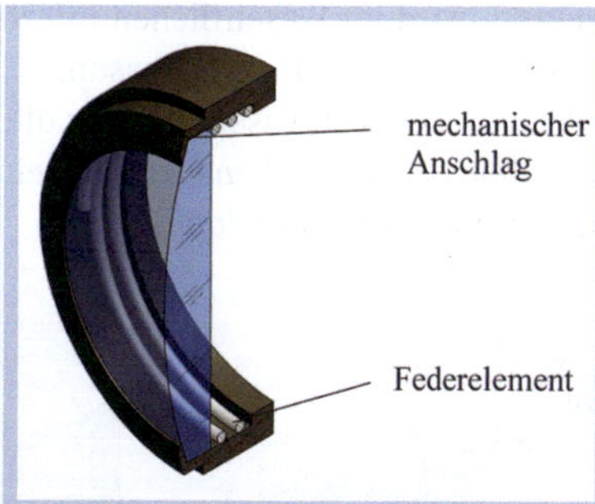

Sehr oft werden zum Schutz der optischen Bauelemente auch elastische Kunststoffringe als Zwischenringe (Bild 10.42 rechts) vorgesehen. Zusätzlich kann durch dieses elastische Bauteil auch eine bessere Kräfteverteilung auf die optischen Flächen erfolgen. Allerdings ist die Zentriergenauigkeit geringer. In Verbindung mit der Anwendung von Justierelementen (Verstellschrauben, Drehelemente etc.) entfällt dieser Nachteil und ist eine bevorzugte Methode.

Oftmals müssen gefasste Bauelemente auch für den Anwender verstellbar sein (Objektive, Teleskope etc.). Dies erfolgt im einfachsten Fall durch eine Feingewinde-Schraubverbindung wie in Bild 10.42 links. Die Auslegung und Montage solcher Bewegungseinheiten erfordert große Sorgfalt, um eine hohe Funktionalität (auch bei Temperaturschwankungen, Verschmutzungen etc.) zu gewähren.

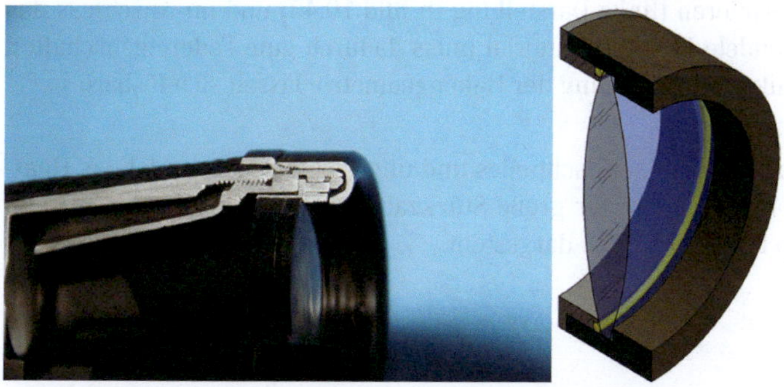

Bild 10.42
Ausgewählte Fassungsbeispiele: links) gefasstes Objektiv mit axialem, justierbarem Schraubelement, rechts) Optik gefasst mit elastischem Zwischenring

Neben der Montage von metallischen Fassungselementen kommen auch immer häufiger **Kunststofffassungsmaterialien** zum Einsatz. Insbesondere im Bereich der Volumenoptik, wo eine große Anzahl von Bauelementen in sehr kurzer Zeit gefasst und ausgerichtet werden müssen, werden diese Materialien verwendet. Eine einfache Halterungsvariante wird durch das Umformen bzw. das **Bördeln** erreicht. Die Fassung muss für diese Technologie bis zu einer materialspezifischen Umformtemperatur erwärmt werden, bevor sie umformbar ist. Der Erwärmungs- und Abkühlungsprozess erlaubt aber keine hohen Fügetoleranzen. Typische Prozesszeiten von ca. 20 – 30 s sind i. d. R. erreichbar. Sehr häufig wird diese Methode in Verbindung mit dem Ultraschallverfahren, auch **Ultraschall-Kunststoffbördeln** genannt, angewendet. Ein wesentlicher Vorteil besteht in der gezielteren Einbringung der erforderlichen Umformenergie (hier durch Reibungsenergie).

Dadurch wird im Wesentlichen nur der Bördelgrat erwärmt und nicht der gesamte Fügeverbund. Die Herstellung von Kunststofffassungen kann durch einen Spritzgussprozess sehr preiswert erfolgen. Ebenso lassen sich Fassungen für die Montagetechnologie **Snap-In** herstellen. Die für diesen Prozess typischen Schnapphaken werden gleichzeitig im Spritzgussprozess erzeugt. Bild 10.43 illustriert solch ein Fassungsbeispiel */Hofm2002/*.

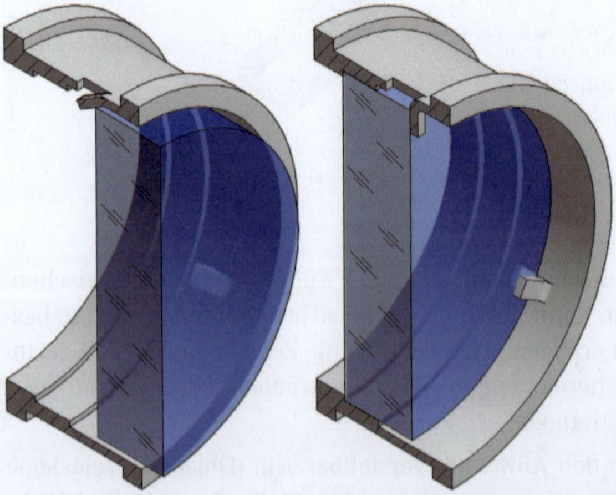

Bild 10.43
Fassung für Snap-In-Technologie: links) vor Montage, rechts) gefasste Optik

Snap-In-Verbindungen sind i. d. R. formschlüssige Verbindungen von zwei oder mehreren optischen Bauelementen. Fixiert und gehaltert werden diese durch die radial angeordneten Schnapphaken, die sich bei der Montage kurzzeitig deformieren (linke Darstellung in Bild 10.43) und im Anschluss das Bauelement umschließen. Das verwendete Fassungsmaterial muss dadurch gute Federeigenschaften aufweisen. Entsprechend der konstruktiven Auslegung der Hakengeometrie lassen sich lösbare sowie unlösbare Verbindungen umsetzen.

Eine ebenfalls interessante Technologie für ein sehr schnelles und ungerichtetes Fassen ist das **Heat-Molding-Verfahren**. Es eignet sich insbesondere für große Stückzahlen (Volumenoptik) bei kleinen Prozesszeiten. Das Funktionsprinzip ist in Bild 10.44 dargestellt.

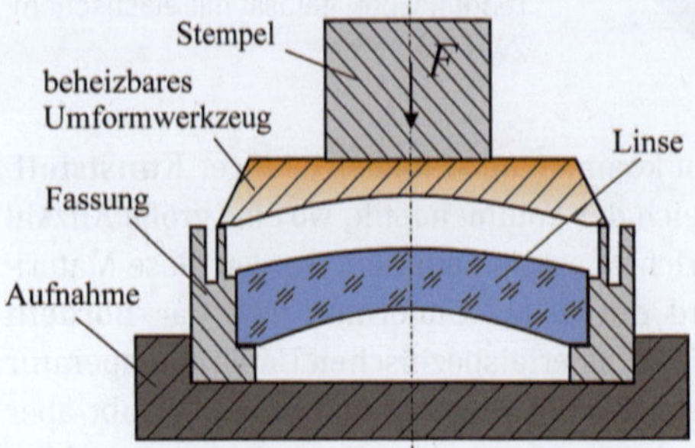

Bild 10.44
Prinzip des Heat-Molding-Verfahrens nach */Hofm2002/*

Die für das Heat-Molding-Verfahren verwendete Fassung ist ein thermoplastisches Kunststoffelement und wird vorzugsweise in einem Spritzgießverfahren hergestellt */Hofm02/*.

Sie verfügt über eine tolerierte Planauflage für das optische Bauelement und den Umformgrat. Die zu integrierende Optik wird gegen die Planauflage angeschlagen. An der Fügestelle besitzt die Optik oft eine 45°-Schutzfase, um das Ausbilden der kraft- und formschlüssigen Verbindung zu begünstigen. Durch den Flächenkontakt eines beheizten Stempels wird der Kunststoffgrat zunächst auf die materialspezifische Umformtemperatur erwärmt. Danach beginnt unter Krafteinleitung des Stempels der Umformprozess.

Der Prozess des Heat-Molding-Verfahrens kann in fünf Phasen unterteilt werden */Hofm2002/*:

1. Erwärmen des Grates,
2. Krafteinleitung durch Stempel sowie Grat umformen,
3. Fließen des Materials und stoffschlüssiges Verbinden,
4. Materialentspannung,
5. Abkühlen.

Die ersten drei Phasen des Prozesses veranschaulicht die schematische Darstellung in Bild 10.45. Die Prozesszeiten sind stark materialabhängig und bedürfen einer individuellen Abstimmung. Der Prozess lässt sich automatisieren und bleibt aufgrund der Werkzeugkosten (Spritzguss sowie Presswerkzeug und Aufnahme) in der Anwendung der Großserienproduktion vorbehalten. Die erreichbaren Montagetoleranzen sind jedoch typischerweise für **Low-Cost-Optikkonzepte** geeignet.

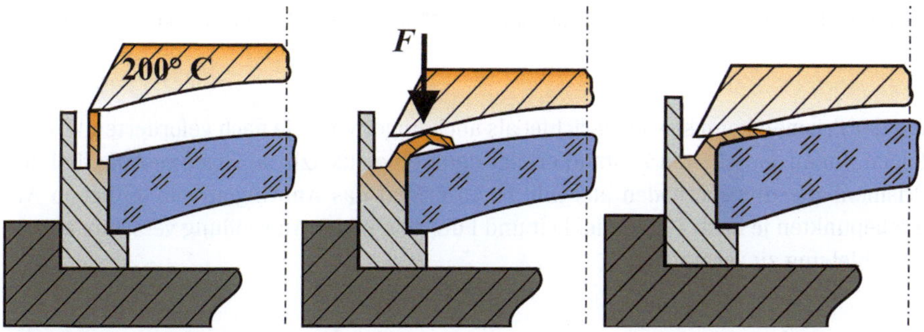

Bild 10.45 Schematische Darstellung ausgewählter Phasen des Heat-Molding-Verfahrens */Hofm2002/*: links) Erwärmen, Mitte) Krafteinleitung, rechts) Materialfließen

10.2.6.2 Fassen von Prismen

Das Fassen von prismatischen Bauteilen kann prinzipiell mit den meisten vorstehend genannten Verfahren erfolgen. Es kommen sehr oft die **Fassungsmethoden** mechanischer Anschlag oder Kleben bzw. Feinkitten zum Einsatz. Dennoch macht es sich in einigen Fällen auch erforderlich, individuell angepasste Fassungsmethoden aufgrund der unterschiedlichen prismatischen Formen und Funktionen einzusetzen.

Für eine hinreichende Positionierung im Strahlengang ist die präzise Bearbeitung der Auflageflächen am Prisma zur Prismenpositionierung und -halterung erforderlich. Das trifft vor allen Dingen für die Montage mit Festanschlägen zu. Darüber hinaus werden prismatische Baugruppen in einigen Fällen auch durch geeignete Justiermöglichkeiten (Kipp-, Verschiebe-, Schwenkeinrichtungen) nach dem Fassen in die gewünschte Lage gebracht. Bei der Prismenhalterung ist dann zwischen der eigentlichen Halterung bzw. Aufnahme des Prismas und der Justiereinrichtung, die das Prisma aufnimmt, zu unterscheiden.

Kleinere Prismen (kleine Bauteilmasse) können sehr einfach durch Kleben auf Distanz- und Halterungselementen (Bild 10.46 a) oder direkt in Gehäuseformelemente montiert werden. Für größere prismatische Bauteile wird das gezielte Klemmen gegen mechanische Anschläge bevorzugt. Die Klemmmechanismen werden oft über federnde Bauelemente gelöst (Bild 10.46 b), um bei größeren Temperaturdifferenzen ein Ausdehnungsspiel zu ermöglichen. Wichtig ist, dass die Klemmkraft nie auf eine Linie verteilt werden darf (z. B. Prismenspitze), da dies zu erhöhten Bauteilspannungen bis hin zum Bauteilbruch führen kann. Durch die konstruktive Auslegung des Halterungselementes mit einer Nut wirkt die Kraft auf die anliegenden Flächen.

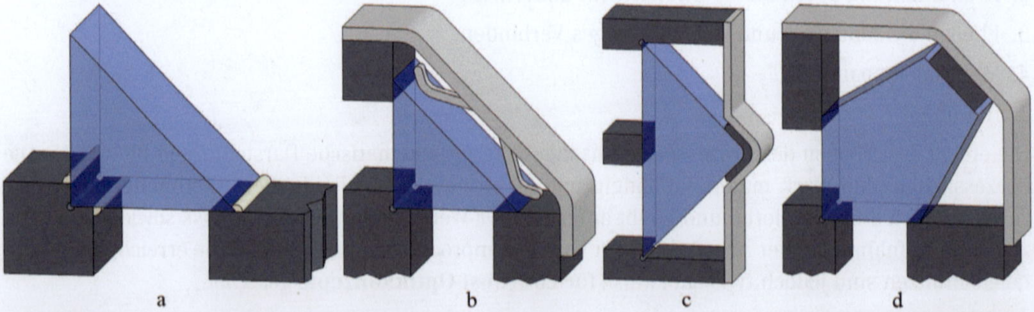

Bild 10.46 Halterungsprinzipien für Prismen nach */Naum1992/*: a) 90°-Prisma geklebt auf Halterungselementen, b) 90°-Prisma geklemmt mit Federelement, c) geklemmt mit Schutzelement, d) Pentaprisma in Prismenstuhl mit Bügel

Die **Ausrichtung** der Prismen kann sowohl gerichtet als auch ungerichtet, je nach geforderten Winkeltoleranzen, erfolgen. Im ausgerichteten Zustand erfolgt dann eine zusätzliche Lagefixierung. Bei den dargestellten Prismenhalterungsmethoden aus Bild 10.46 erfolgt das Anbringen von seitlichen Anschlägen oder Klebepunkten je nach Zugänglichkeit und Funktion in der Anwendung verschieden, um eine seitliche Verschiebung zu verhindern.

10.2.7 Diffusionsschweißen

Das Diffusionsschweißen wird seit Mitte des 20. Jahrhunderts technisch genutzt, um vorwiegend metallische Werkstoffe zu verbinden. Das Grundprinzip des Verfahrens ist jedoch wesentlich länger bekannt und kann auch sehr gut für silicatische Werkstoffe angewendet werden. Die Qualität der erreichbaren Schweißverbindung ist sehr hoch, und es werden Festigkeiten erzielt, die im Bereich der Grundfestigkeit der zu verschweißenden Fügepartner liegen. Das Diffusionsschweißen wird unter Druck der Fügepartner sowie unter Erwärmung unterhalb der Solidustemperatur (Metalle) bzw. Transformationstemperatur (Gläser) durchgeführt. Dadurch können die Diffusionsprozesse wesentlich beschleunigt werden.

Das Diffusionsschweißen zählt zu der Verfahrensgruppe **Pressschweißen** und ist im Grunde ein thermisches Fügeverfahren, dem **Diffusions- und Sorptionsprozesse** (Anreicherung eines Stoffes bzw. von Partikeln in einem Phasengrenzgebiet) zugrunde liegen. Ein wesentlicher Verfahrensvorteil gegenüber anderen Fügeverfahren in der Optikmontage besteht im spannungsarmen und stoffschlüssigen Fügen von gleichen Grundwerkstoffen oder auch unterschiedlichen Grundwerkstoff-Kombinationen. Dies geschieht im festen Zustand, ohne das Erzeugen einer schmelzflüssigen Phase. Die Ausbildung des Werkstoffverbundes erfolgt beim Diffusionsschweißprozess unter Arbeitsatmosphäre (Vakuum, inerte oder aktive Schutzgase) bei einer werkstoffspezifischen Temperatur und einer üblicherweise axial aufgebrachten Flächenpressung innerhalb einer bestimmten Diffusionszeit, die von einigen Minuten bis zu mehreren Stunden währen kann. Charakteristisch für diesen Prozess sind die relativ niedrigen Schweißtemperaturen vom ca. 0,5- bis 0,8-fachen der Schmelztemperatur bzw. der Transformationstemperatur des Grundwerkstoffes */Basl2003/*. Eine Voraussetzung für den Start des Schweißvorganges ist die Annäherung beider Fügeflächen auf ein erforderliches Mindestmaß, damit die physikalisch-chemischen Wechselwirkungen stattfinden können. Durch die wechselseitig ablaufende Festkörperdiffusion entstehen im Bereich der Fügezone neue Festkörperstrukturen, die den erforderlichen Stoffschluss schaffen (siehe auch Bild 10.47 rechts) */Mehl1982/*.

Rein chemisch betrachtet ist Diffusion ein Konzentrationsausgleich durch atomaren Platzwechsel im Bereich der Diffusionszonen. Für die Dauer des eigentlichen Schweißprozesses sind die **Diffusionskoeffizienten D** der Fügepartner ausschlaggebend. Sie geben an, wie schnell bei einem vorgegebenen Konzentrationsgefälle der Stofftransport in einem Werkstoff erfolgt. Durch die thermische Aktivierung (Wärmeenergie) bewegen sich die Atome aufgrund der Temperaturabhängigkeit der Diffusionskoeffizienten von ihren jeweiligen Positionen in andere Gitterpositionen, wobei der Diffusionsprozess wesentlich beschleunigt wird.

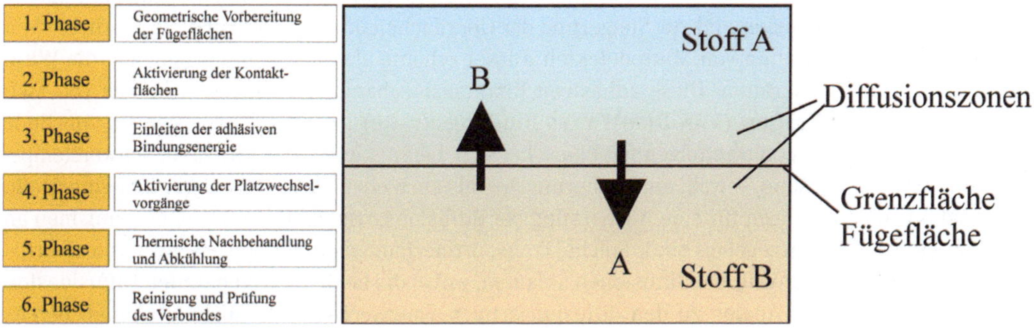

Bild 10.47 Phasen und Prinzip des Diffusionsschweißens nach */Mehl1982/*: links) Phasen des Diffusionsschweißens, rechts) schematische Darstellung der Festkörperdiffusion

Der Ablauf des Diffusionsschweißprozesses kann grob in die sechs Phasen aus Bild 10.47 links eingeteilt werden.

Damit es jedoch zu Wechselwirkungen im atomaren Bereich kommen kann, müssen die Fügeflächen bzw. deren Atome auf Gitterbaudimension angenähert werden. Diese maximale Annäherung im Bereich von 10^{-6} bis 10^{-7} mm erfordert eine ausreichende Ebenheit bzw. eng tolerierte Formabweichung der optischen Bauelemente. In der zweiten Phase erfolgt nach einer Positionierung und Fixierung der zu fügenden Bauelemente in einer Diffusionsschweißanlage unter Aufbringung einer axialen Flächenpressung und der materialspezifischen Schweißtemperatur die maximale Annäherung der Kontaktoberflächen */Dahm2006-1/*. Die Anordnung zum Diffusionsschweißen sowie eine Diffusionsschweißanlage wird in Bild 10.48 gezeigt.

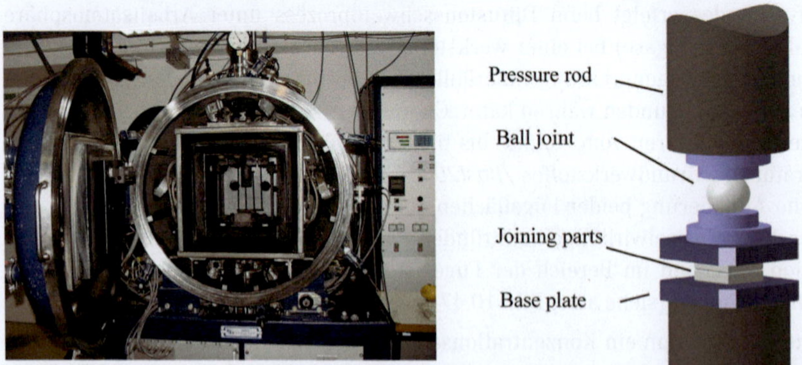

Bild 10.48 Diffusionsschweißen: links) Diffusionsschweißanlage, rechts) Anordnung und Schweißprinzip */Dahm2004/*

Durch die eingeleitete **Flächenpressung** werden in den Mikrospitzen der Oberflächenprofile Normal- und Tangentialspannungen induziert, welche den Prozess der maximalen Annäherung der Fügeflächen infolge einer plastischen Deformation unterstützen. Es kommt zu einer Annäherung der Fügeflächen auf Gitterbaudimension und zur Steigerung der Oberflächenaktivität aufgrund eines erheblichen Anstieges der Konzentration von Mikrodefekten. Dieser erhöhte aktive Zustand ermöglicht die Wirksamkeit von Adhäsionskräften. Diese adhäsiven Bindungsmechanismen entstehen infolge von **zwischenmolekularen Kräften (Van-Der-Waals-Bindungskräfte)** in den Diffusionszonen. Am Ende dieser bzw. zu Beginn der darauffolgenden Phase hat sich, bedingt durch die wirksame Schweißtemperatur und Flächenpressung, sowohl ein isothermisches als auch ein isobares Gleichgewicht eingestellt, so dass die Voraussetzungen für eine Aktivierung der diffusionsartigen Platzwechselmechanismen an den Kontaktoberflächen gegeben sind. Solche Transportmechanismen können in Form von Oberflächen-, Korngrenzen- und Volumendiffusionen ablaufen, wobei die beiden letztgenannten Diffusionsformen besonders wirken. Analog zu den diffusionsartigen Platzwechselmechanismen können bereits Vorgänge wirksam werden, welche die gleichzeitige und gesetzmäßige Bewegung einer großen Anzahl von Atomen beinhaltet und zu einer Erholung und Rekristallisation sowie zu Gitterumwandlungen der Fügeverbindung führen. Diese gekoppelten Platzwechselvorgänge werden in der nachfolgenden Phase durch geeignete Wärmebehandlungsverfahren verstärkt aktiviert. In den beiden abschließenden Phasen des theoretischen Modells für das Diffusionsschweißen erfolgt z. T. eine notwendige thermische Nachbehandlung (Erholung, Rekristallisation, Phasen- und Gitterumwandlungen u. a.). Die Nachbearbeitung, sofern diese erforderlich sein sollte, dient dabei der Herstellung der endgültigen geometrischen Form. Üblicherweise beinhaltet die letzte Phase auch alle Maßnahmen einer umfassenden Kontrolle und Beurteilung der Qualität der Verbindung */Dahm2004/*.

Die Anwendungen für das Diffusionsschweißen sind sehr vielgestaltig. Es wird oft eingesetzt, wo andere Fügeverfahren aufgrund fehlender Lotwerkstoffe oder dem Erhalt der optischen Eigenschaften nicht angewendet werden können. Vorzugsweise werden flächige Verbindungen erzeugt oder auch Bauteilstrukturen hergestellt. Eine einfache Struktur in der Form einer optischen Küvette illustriert Bild 10.49 links. Häufig wird das Verfahren aufgrund seiner Vor- und Nachteile für das Verbinden von hochwertigen optischen Bauelementen, insbesondere auch für Kristallwerkstoffe, eingesetzt. Bild 10.49 rechts illustriert einen Verbund zweier planparalleler Platten aus Calziumfluorid. Als sehr vorteilhaft für die Anwendung des Diffusionsschweißens sei die Beibehaltung der optischen Eigenschaften auch im UV- und IR-Bereich für gefügte optische Bauelemente genannt. Einen ebenfalls großen Vorteil bietet die Verfahrensmöglichkeit des Fügens unterschiedlicher Grundwerkstoffe. So lassen sich beispielsweise auch Gläser mit Glaskeramiken oder Quarzgläser mit Borosilicatgläsern kombinieren bzw. verbinden.

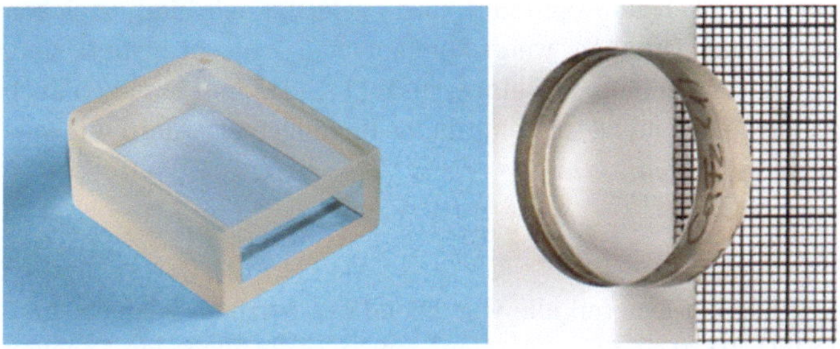

Bild 10.49
Beispiele für das Diffusionsschweißen optischer Bauelemente: links) Diffusionsschweißen von Küvetten, rechts) diffusionsgeschweißter Verbund aus CaF_2-Bauelementen */Dahm2007/*

Diese Fügeverbindungen zeichnen sich gegenüber anderen Verbindungen durch folgende Vorteile aus:

- hohe Temperaturbelastbarkeit und mechanische Festigkeit,
- geringe Spannungszustände,
- hohe Temperaturwechselbeständigkeit,
- Erhalt der optischen Eigenschaften, z. B. UV- und IR-Durchlässigkeit,
- hohe Alterungsbeständigkeit,
- Fügen ohne Zwischenschichten möglich (kein chemischer Fremdeintrag),
- großflächige Verbundausbildung (ebene oder strukturierte Fügeflächen).

Die Anwendung des Diffusionsschweißens erfordert einen hohen Aufwand bei der Fügeflächenvorbereitung und z. T. lange Prozesszeiten, die von einigen Minuten bis zu mehreren Stunden betragen können. Damit beschränkt sich die Anwendbarkeit des Verfahrens überwiegend auf die Einzelteil- und Kleinserienfertigung. Es bietet jedoch die Möglichkeit des Verbindens von hochwertigen Bauelementen mit hohen Genauigkeitsanforderungen. Insofern wird diese Verfahrenstechnologie für zukünftige Bearbeitungsaufgaben an Bedeutung weiter gewinnen.

10.2.8 Endmontage

Auf plus.hanser-fachbuch.de finden Sie hierzu ein Video.

Der Begriff **Endmontage** stellt den finalen Prozess bei der Herstellung von optischen Systemen dar. Eine eindeutige Abgrenzung zu den vorgenannten Fügeprozessen lässt sich aber nicht ziehen. Oftmals ist bereits nach dem Fassen von Bauelementen der Fertigungsprozess beendet, und die gefügte Baugruppe wird an anderer Stelle weiterverbaut. Dennoch ist der Begriff Montage etwas weiter gefasst und kann beispielsweise auch das Integrieren von elektronischen Bauelementen oder mechanischen Justiereinheiten beinhalten.

Die Anforderungen an den Montageprozess werden zunehmend komplexer. In der Praxis werden Montageprozesse insofern auch sehr unterschiedlich gestaltet und produkt- oder verfahrensspezifisch ausgerichtet. Einzelne Stufen innerhalb des Montageablaufes bzw. der gesamte Montageprozess können

manuell, teilautomatisch oder **vollautomatisch** ausgeführt werden. Der mögliche Automatisierungsgrad hängt in erster Linie von der Stückzahl und den Montageanforderungen, insbesondere der Genauigkeit, dem Kompliziertheitsgrad sowie den Investitionskosten, ab. Auch an dieser Stelle des Produktionsprozesses ist die eingangs beschriebene durchgängige Prozesskette von eminenter Bedeutung. Optische Systeme können noch so gut entwickelt und optimiert sowie gefertigt sein und erreichen letztendlich nicht die geforderten Abbildungsleistungen, wenn Komponenten schlecht justiert sind, Luftabstände falsch eingestellt werden oder Verstellbereiche eingeschränkt sind. Somit bestehen auch an den Montageprozess hohe Anforderungen, die teilweise Reinraumbedingungen erfordern und spezielle Montage- sowie Justiertechnologien benötigen.

10.2.8.1 Optische Baugruppen

Für die Montage optischer Baugruppen können generell alle vorstehend beschriebenen Fügetechnologien zum Einsatz kommen. Nach DIN ISO 10110 sind für den Montageprozess die folgenden Angaben zu einer optischen Baugruppe generell anzugeben:

a) Teilenummern der Elemente (oder Positionsnummern der Stückliste),

b) Einzelheiten des Kitt- oder anderer Verbindungsverfahren,

c) Maße und Toleranzen, die nicht in den Einzelteilzeichnungen enthalten sind (z. B. Zentriertoleranz),

d) Brennweite und/oder andere Anforderungen,

e) spezielle Bemerkungen bezüglich Baugruppe oder Prüfverfahren.

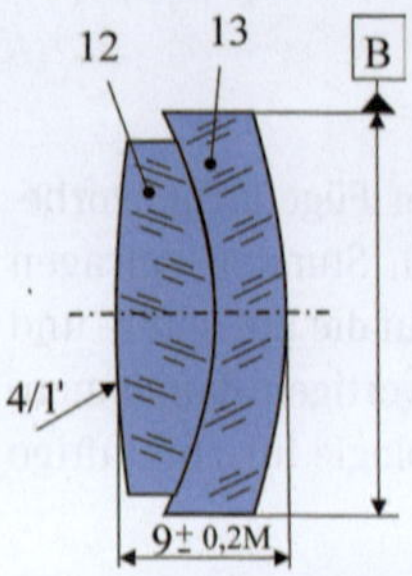

Bild 10.50
Darstellung einer optischen Baugruppe nach DIN ISO 10110

Generell müssen Hinweise zu den einzusetzenden Fügeverfahren gegeben werden. Darüber hinaus werden i. d. R. Angaben in der Baugruppenzeichnung für die Pass- und Oberflächenfehler angeführt. Ist dies nicht ausgeführt, gelten die Toleranzen der betreffenden Einzelteilzeichnungen. Falls die Dickentoleranz einer gefügten Baugruppe kleiner als die der Summe der einzelnen Elemente ist, werden diese **gepaart**. In diesem Fall wird wie in Bild 10.50 die Dickentoleranz der Baugruppe mit dem Buchstaben *M* gekennzeichnet.

Neben den Montage- und Prüfplänen ist die optische Entwurfszeichnung die Grundlage des Montageprozesses (siehe auch Kapitel 4).

Optische Bauelemente bzw. Baugruppen werden zu Systemen zusammengesetzt und in Tuben und Gehäusen lagesicher eingesetzt. Wichtig für die optische Funktion des Gesamtsystems ist die Ausrichtung der Elemente entsprechend ihren Zentriertoleranzen entlang einer gemeinsamen Bezugsachse, die auch die theoretische optische Achse sein kann. In Bild 10.51 sind die Lage und die geforderten Zentriertoleranzen am Beispiel eines Fernrohres veranschaulicht.

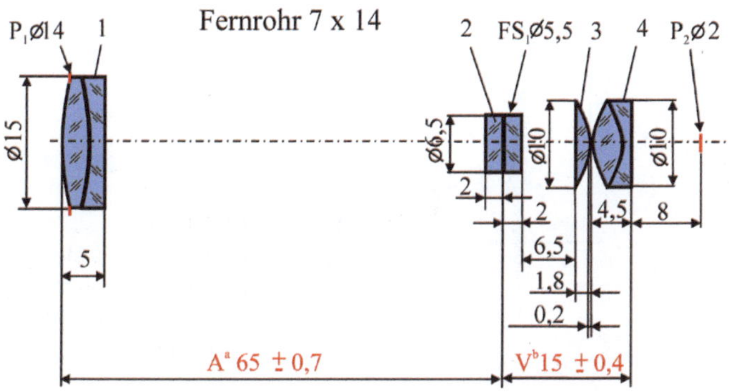

A^a - justierbarer Abstand (Brennweitenjustierung)
V^b - verstellbarer Abstand (Dioptrieneinstellbereich)
1 - Achromat f = 63
2 - Strichplatte gekittet
3+4 - Okular f = 9

Zentriertoleranzen	
1	4/5'(0,1)
2	4/20'(0,05)
3	4/10'(0,05)
4	4/10'(0,05)
3+4	4/30'(0,1)

Bild 10.51
Bezugssystem für die Anordnung der optischen Bauelemente im Gesamtsystem DIN ISO 10110-1

Neben der Ausrichtung und Zentrierung der Bauelemente sind auch die Abstände zueinander (Luftabstände) ein wichtiges Montagekriterium für die Qualität der Abbildungsleistung des Systems.

Die exakte Einhaltung der Luftabstände beim Montageprozess kann mit zusätzlichen Abstimmringen erfolgen, was jedoch die genaue Kenntnis der Linsenmittendicken voraussetzt. Im Fertigungsprozess selber werden Linsenmittendicken oft taktil bestimmt. Eine wesentlich genauere Methode bietet das nachfolgend beschriebene optische Verfahren der Fa. Trioptics.

Bei diesem Messverfahren (siehe Bild 10.52) wird das Licht einer kurzkohärenten Lichtquelle mittels eines Strahlteilers in Objekt- und Referenzwelle aufgeteilt. Die entstehende Objektwelle beleuchtet das optische System entlang seiner optischen Achse. Jede Linsenoberfläche reflektiert einen Bruchteil des Lichtstrahls zurück. Auf einem Photodetektor kommt es dann zu einer Überlagerung der beiden Teilwellen. Die Referenzwelle wird durch einen beweglichen Spiegel zurück reflektiert, wobei dieser in der Position verändert werden kann und somit gezielt die Laufzeit variiert wird. Im entstehenden Bild kommt es zu scharfen Interferenzmustern, sobald die optischen Weglängen der beiden Interferometerarme übereinstimmen. Diese exakten Positionen stellen die Rückreflexe der Prüflingsoberflächen dar. Somit kann durch die Verzögerungsstrecke als Referenz die exakte Position der Oberflächen zueinander bestimmt werden.

Auf der Basis dieses Messverfahrens können Genauigkeiten bis zu ±0,15 Mikrometer ermittelt werden. Ein vibrationsgedämpftes System ermöglicht eine Entkopplung von äußeren Einflüssen, um eine umgebungsunabhängige Messung sicherzustellen. In der Anwendung des Gerätes „OptiCentric 3D" können Linsen aktuell bis zu einer optischer Dicke von 800 mm (begrenzt durch Referenzarmlänge) und einem Gewicht bis zu 50 kg gemessen werden. */Trio2021/*

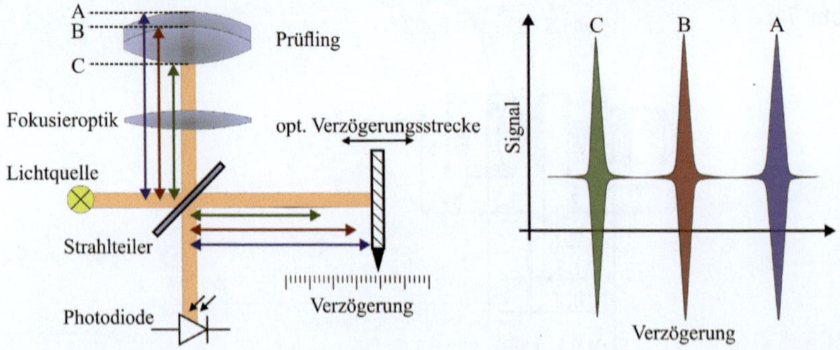

Bild 10.52 Darstellung des Messprinzips zur Bestimmung der Linsenmittendicke */Trio2021/*

Generell ist für die axiale Anordnung zu unterscheiden:

- feste Abstände,
- justierbare Abstände,
- verstellbare Abstände.

Justierbare Abstände sind lediglich für die Montagearbeiten vorgesehen und werden mit dem Buchstaben ***A*** kenntlich gemacht (Tabelle 10.12). Zusätzlich werden das Nennmaß und der zulässige Verstellbereich der Justierung, bezogen auf das Nennmaß, angegeben. In der Montagevorschrift werden Gründe der erforderlichen Justierung näher ausgeführt.

Tabelle 10.12 Kennzeichnung axialer Abstände optischer Komponenten nach DIN ISO 10110-1

Feste axiale Abstände	Justierbare axiale Abstände	Verstellbare axiale Abstände
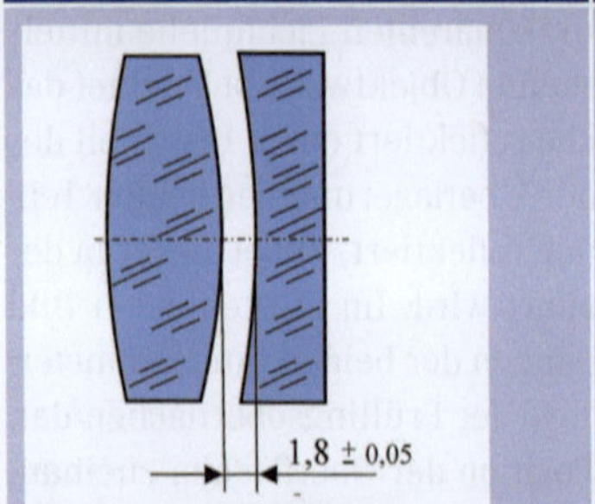 Luftabstand zwischen Linsen	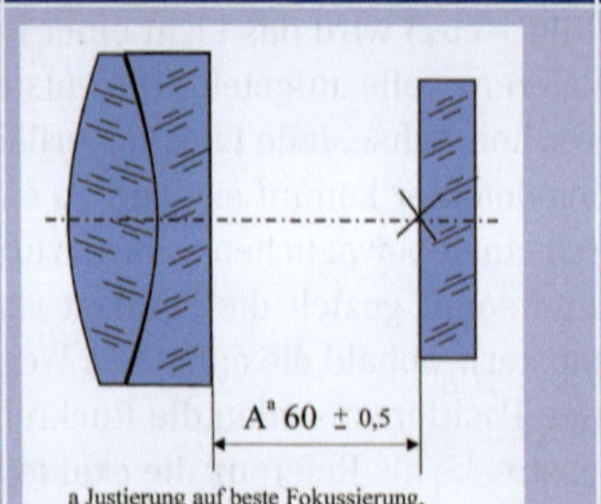 a Justierung auf beste Fokussierung, Justiersicherheit ± 0,02	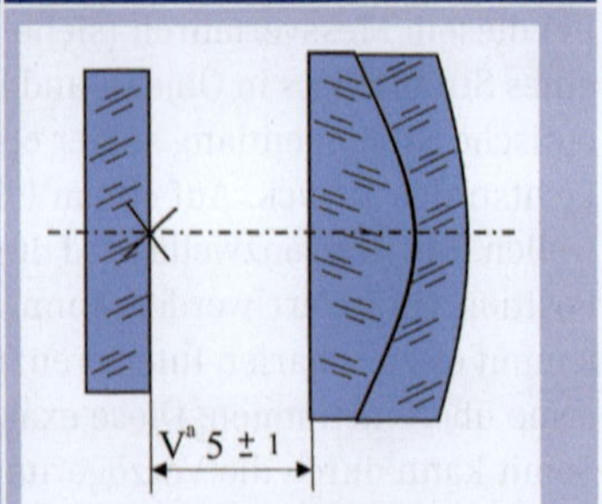 a Okular; Dioptrieneinstellung

Ferner werden aber auch axiale Abstände benötigt, damit der Anwender das komplette System verstellen kann. Diese werden, wie in der Tabelle 10.12 illustriert, mit dem Buchstaben *V* gekennzeichnet. Angegeben werden ebenfalls das Nennmaß, der Verstellbereich sowie die Empfindlichkeit der Verstellung.

Bild 10.53 zeigt einen Ausschnitt eines Fernglases. Bei diesem Okularteil sind zwei Kittglieder und zwei Bauelemente auf einer gemeinsamen Bezugsachse justiert und eingesetzt. Es sind für diese Baugruppe sowohl feste, justierbare als auch verstellbare Abstände erforderlich, um die optische Funktion zu erfüllen.

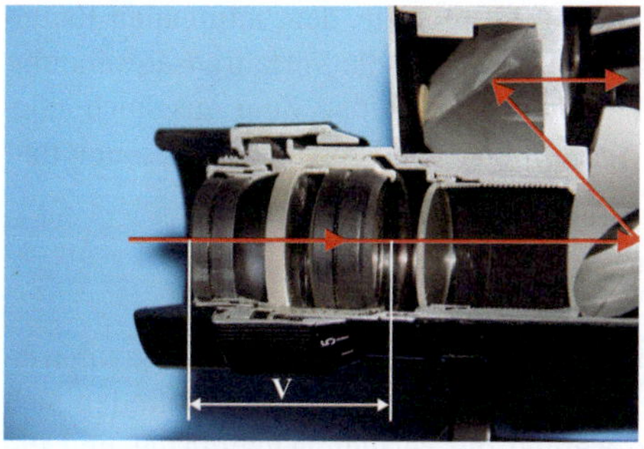

Bild 10.53
Montagegruppe Okular/Fernglas

10.2.8.2 Montageverfahren

Bei der Systemmontage werden Bauteilkomponenten zu einem **optischen Gesamtsystem** montiert, das die des Spezifikationsblattes geforderten Abbildungsleistungen realisiert. Neben dem Einsatz der eingangs beschriebenen Fügeprozesse sind auch meist Justierarbeiten der gefassten optischen Elemente notwendig. So vielfältig optische Geräte in ihrer Konstruktion und Auslegung sind, so unterschiedlich sind auch die dafür erforderlichen Montagetechnologien. Grundsätzlich besteht für alle Verfahren das Ziel, die Krümmungsmittelpunkte aller optisch wirksamen Flächen auf die gemeinsame optische Achse zu führen und die Einzellinsen in axialer Lage so anzuordnen, dass die geforderten Scheitelabstände eingehalten werden. Zusätzlich muss die Einhaltung der vom Optikentwickler spezifizierten axialen Luftabstände zwischen benachbarten Linsen und Linsengruppen garantiert werden.

Im Folgenden werden ausgewählte Grundverfahren beschrieben:

- Linsen und Fassungen werden unabhängig voneinander hergestellt und dann montiert; hohe Anforderungen an die Fertigungstoleranzen.
- Linsen werden mit hoher Zentriergenauigkeit und Rundheit hergestellt, die Fassungen werden nach realem Durchmesser der Linse gedreht; Problem: unterschiedliche Ausdehnungskoeffizienten.
- Linsen werden in die vorgefertigten Fassungen mit groben Toleranzen eingeklebt oder mit Eingießmasse eingebettet; die Fassung mit Optik wird dann überdreht (siehe Justierdrehen).

Drei häufig angewendete Montagemethoden sind in Bild 10.54 gegenübergestellt.

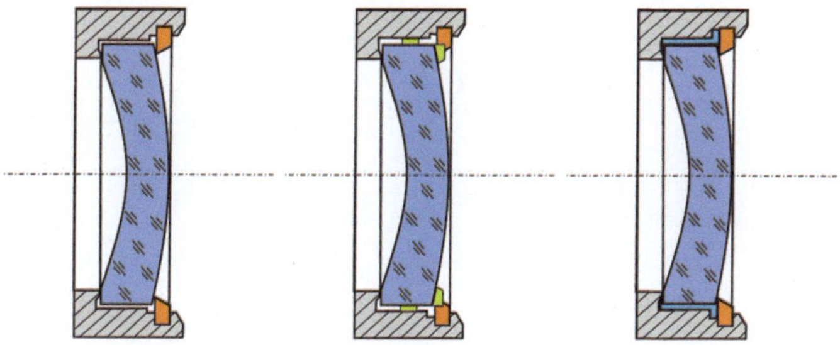

Bild 10.54
Konstruktionsprinzipien zur Halterung von Linsen nach */Hank1991/*: links) Passspiel-Montage, Mitte) ElsO-Montage, rechts) Alfa-Montage

Passspiel-Montage

Ein in der Makrooptik sehr häufig eingesetztes Montageverfahren ist die Passspiel-Montage. Sie wird durch das verschieden große **Passspiel** nach ISO-Norm zwischen Linse und Fassungselement charakterisiert. Bei diesem Verfahren hat das Passspiel großen Einfluss auf den Zentrierzustand, die Langzeitstabilität, die Montierfähigkeit sowie den Temperatureinsatzbereich des gesamten optischen Systems. Verfahrensvorteile liegen in der relativ einfachen Montagetechnologie, dem minimalen Raumbedarf und der leichten Demontage der Baugruppe. Einschränkungen für die Verfahrensanwendung liegen hauptsächlich in den Umgebungsbedingungen im Einsatz der Baugruppe. Zum Ausgleich möglicher Spannungen sollte das Passspiel der Differenz der Ausdehnungskoeffizienten von Fassung und optischem Bauteil angepasst sein */Hank1991/*.

ElsO-Montage

Durch die **ElsO-Methode** (**El**astisch **s**pielfreie **O**ptikmontage) wird eine Verbesserung des Symmetriezustandes und der Lagestabilität erlangt. Zwischen der Optik und dem Fassungsteil befinden sich elastische Kunststoffrippen. Durch diese elastische Zone werden die Fertigungstoleranzen und die Umgebungseinflüsse im Wesentlichen kompensiert. Die sich ergebenden Toleranzen zwischen Linse und Fassung werden somit durch die elastische Verformbarkeit der Kunststoffrippen ausgeglichen. Die Vorteile liegen in der erhöhten Bildortstabilität und Konstanz der Abbildungsleistung bei sich ändernden Umgebungsbedingungen */Hank1991/*.

Alfa-Montage

Ein relativ genaues und noch junges Verfahren stellt die Alfa-Montage dar. Bei dieser Methode wird die Linse durch **eine optische Justage** exakt positioniert. Fertigungstoleranzen und Zylinderdurchmesser haben auf den Montageprozess keinen direkten Einfluss mehr. Nach dem Positionieren wird der konstruktiv vorgegebene Ringspalt zum Fixieren der Linse mit einem Kunststoff ausgefüllt, der nach dem Aushärten elastisch bleibt. Mit dieser Methode können sehr hohe Bildortstabilitäten, eine hohe Rotationssymmetrie und eine deformations- und spannungsfreie Linsenhalterung ermöglicht werden. Diese Technik bietet auch die Möglichkeit der Montage optischer Baugruppen mit hohen Anforderungen an ihren späteren Einsatz */Hank1991/*.

Eine besondere Form der Montage ist das Prinzip der **„Träger- und getragenen Linse“**. Bei dieser Anordnung muss lediglich eine Linse genau in eine mechanische Fassung, z. B. durch Kleben oder Verschrauben, justiert werden. Die anderen Bauelemente werden durch Feinkitten oder Ansprengen an die erste Linse gefügt. Damit müssen die getragenen Linsen nicht randzentriert bearbeitet werden und erhalten ihre Lageposition durch den Fügeprozess der optischen Flächen. Das Verfahren ist jedoch beschränkt auf kleinere Linsen mit geringen Gewichten. Bild 10.55 veranschaulicht das Montageprinzip.

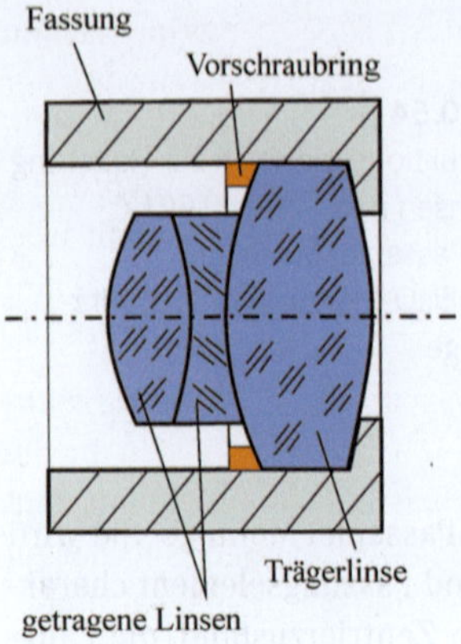

Bild 10.55
Montageprinzip „Träger- und getragene Linse“

Die Integration von optischen Bauelementen und Baugruppen erfolgt prinzipiell in mechanisch gefertigten **Tuben, Gehäusen** oder **Spezialaufnahmen**. Für kleine bis mittlere Stückzahlen werden die universellen Dreh- und Fräsverfahren für deren mechanische Fertigung eingesetzt. Bei mittleren bis großen Stückzahlen sind sehr oft die urformenden Verfahren, wie Spritzgießen für Kunststoffe und Druckguss, Feinguss oder Sandguss für metallische Werkstoffe, effizienter einsetzbar. Aluminium- und Magnesiumlegierungen werden sehr häufig aufgrund ihrer Materialeigenschaften, insbesondere dem geringen Gewicht, eingesetzt.

Bild 10.56 links illustriert die Integration einer gefassten Baugruppe in einen Tubus. Axiale Abstände werden durch mechanische Anschläge und Zwischenringe festgelegt, die Lagesicherung erfolgt durch Schraubringe, Punktklebungen oder aber von der Tubusumfangsseite her mit Sicherungsschrauben. Teilweise ist es erforderlich, optische Bauelemente nach dem Einsetzen in den Tubus auch zur optischen Achse justieren zu müssen. Entsprechend werden Justierelemente am Tubusumfang angeordnet. Eine Tubuserweiterung durch Schrauben oder Passzylinder sowie durch Anblocken von Zusatzkomponenten, z. B. Faserkopplungsmodule, lassen diese Integrationsmethode auch universell einsetzbar werden. Bevorzugte Methode für das Anblocken von Adapterplatten, wie im Beispiel des Faserkopplungsmoduls, Bild 10.56 links, ist die Stift-Schraubverbindung.

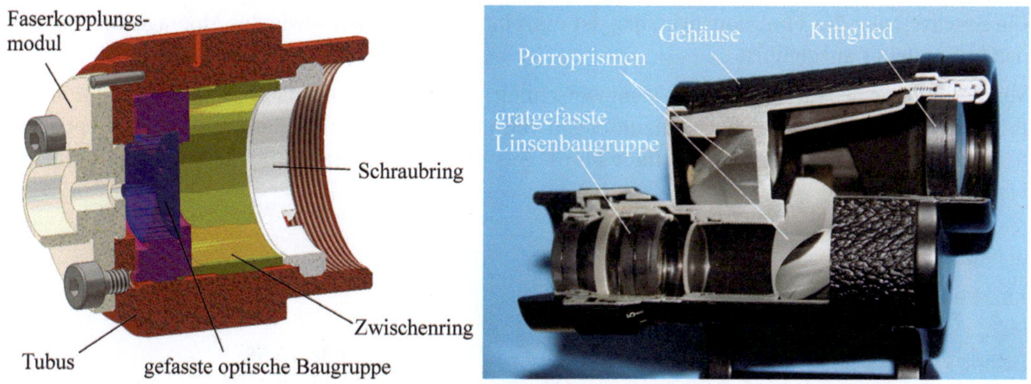

Bild 10.56 Integration optischer Bauelemente bzw. Baugruppen: links) Integration in einen Tubus, rechts) Integration in ein Druckgussgehäuse

Für größere Stückzahlen werden optische Bauelemente meist in spezielle Gehäuse integriert. Bild 10.56 rechts illustriert den Aufbau eines Fernglases mit Porroprismen, was eine deutliche Verkürzung der Gehäuselänge ermöglicht. Die optischen Elemente werden direkt in bestimmte gehäusespezifische Anschläge bzw. Aufnahmen montiert oder als vormontierte Baugruppen in verstellbare Schraubtriebe eingepasst. Wesentlicher Vorteil ist die Schaffung von geräteangepassten Montagelösungen, was eine Optimierung der Montagetechnologie erlaubt und preisgünstige gehäusespezifische Anschläge und Optikaufnahmen ermöglicht.

Eine weitere Gehäusemontage veranschaulicht Bild 10.57 am Beispiel eines Flucht- und Autokollimationsfernrohres (F-AKF). Es besitzt eine Innenfokussierung mit einem Verstellbereich von ∞ (kollimierter Strahlengang) bis zur kürzesten Zielweite (kZW, divergenter Strahlengang). Die Tubusmontage zeigt die Aufnahme und die Anordnung der einzelnen Komponenten. Optische Systeme sind sehr oft durch eine erweiterte Funktionsintegration gekennzeichnet. Darunter ist die Integration bzw. Aufnahme weiterer nichtoptischer Komponenten, beispielsweise motorische Antriebe, Platinen, Sensoren oder bildverarbeitende Systeme, zu verstehen.

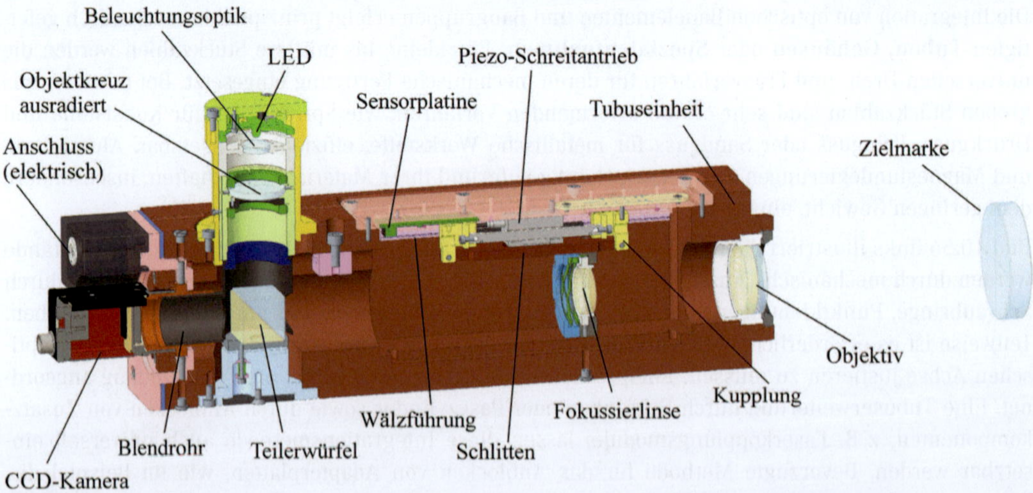

Bild 10.57 Optische Komponenten und Aufbau eines Flucht- und Autokollimationsfernrohres F-AKF

Die Beschreibung des Funktionsprinzips, der einzelnen Baugruppen sowie des Montageablaufes werden in Kapitel 11 ausgeführt.

Von besonderer Bedeutung sind die Montagetechnologien für die Hochleistungsoptik. Diese Montageprinzipien ermöglichen das hochgenaue Fügen von mehreren Fassungsgliedern zu einem optischen System. Dazu ist i. d. R. ein **mehrstufiger Montageprozess** erforderlich. Bild 10.58 illustriert die groben Prozessstufen.

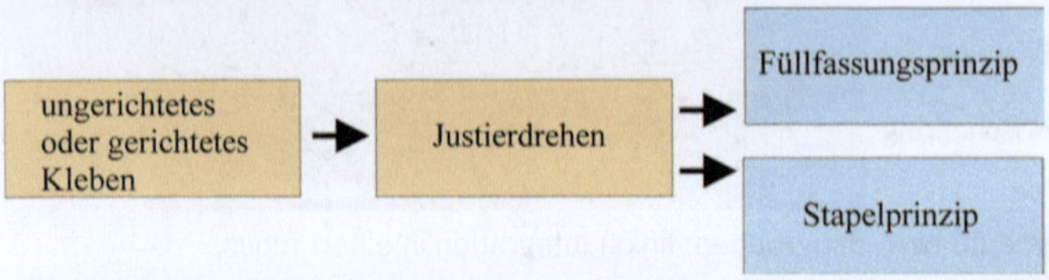

Bild 10.58 Montagestufen für Hochleistungsobjektive

Das **Füllfassungsprinzip** basiert auf der Integration der einzelnen justiergedrehten Fassglieder in einen sehr genau innenbearbeiteten Zylinder, Füllzylinder genannt. Die Zentrierung der einzelnen Fassglieder erfolgt über ihren justiergedrehten Fassungsaußenzylinder zum Innendurchmesser des Füllzylinders. Damit ergibt sich eine Lagesicherung und Justierung der einzelnen Bauelemente (Bild 10.59 links). Die tolerierten Flächen erhalten durch die jeweils plan-justiergedrehten Fassungsflächen in axialer Richtung eine definierte Abstandslage zueinander. Das ganze System wird durch einen Vorschraubring gesichert. Damit wird die maximale Zentriergenauigkeit des Gesamtsystems durch die Toleranzen der gefertigten Fassungsdurchmesser sowie des inneren Füllzylinderdurchmessers bestimmt.

Durch die relativ **hohe Passgenauigkeit** (ca. 5 µm) müssen die Fassglieder sehr sorgfältig in einer staubfreien Umgebung in den Füllzylinder versenkt werden (Bild 10.59 rechts). Um die eng tolerierten Fassglieder in den Füllzylinder ohne Verkanten einsetzen zu können, wird i. d. R. eine Montagevorrichtung mit absenkbarem Stempel eingesetzt. Für diesen Vorgang muss der Füllzylinder verrutschsicher in die Montageeinrichtung positioniert werden. Die gefassten und justiergedrehten Bauelemente werden in der richtigen Reihenfolge übereinandergestapelt und sukzessive mithilfe des verfahrbaren

Stempels im Füllzylinder versenkt. Eine ausführlichere Beschreibung der Montage des Objektivs aus Bild 10.59 wird in Kapitel 11 gegeben sowie in einer Videosequenz veranschaulicht.

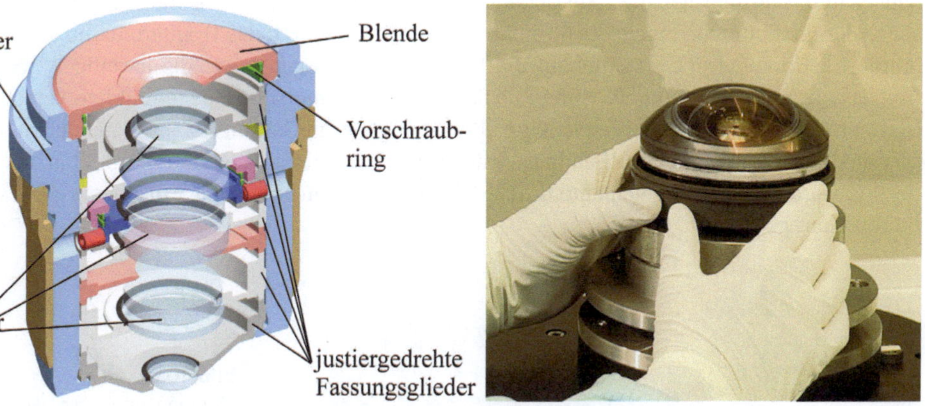

Bild 10.59 Objektivmontage nach dem Füllfassungsprinzip: links) Objektiv geschnitten, rechts) Montagevorgang, Integration in Füllzylinder

Einen anderen Montageansatz verfolgt das Stapelprinzip. Die separat in Fassungselemente geklebten Linsen werden als Fassglied justiergedreht und auf einer geeigneten Montageplattform schrittweise aufgebaut und justiert. Somit können die einzelnen Bauelemente geordnet zu einem Stapel zusammengefügt werden. Eine Zwangszentrierung der Bauelemente zur optischen Achse erfolgt im Gegensatz zur Füllfassungsmethode nicht. Die Justierung der Fassglieder kann durch eine zusätzliche Justiermaßnahme während des Montageprozesses direkt erfolgen, z. B. durch gerichtetes Parallelverschieben der Bauelemente zur optischen Achse oder durch Stoßjustieren. Damit besteht die Möglichkeit, das System noch präziser zu justieren als dies durch ein selbstzentrierendes System möglich ist. Nach dem erfolgten Justageschritt wird das System durch axiales Verschrauben (z. B. 3 × 120°) der einzelnen Fassglieder gesichert. Bild 10.60 illustriert das **Stapelprinzip** am Beispiel eines Objektivs mit fünf Linsen.

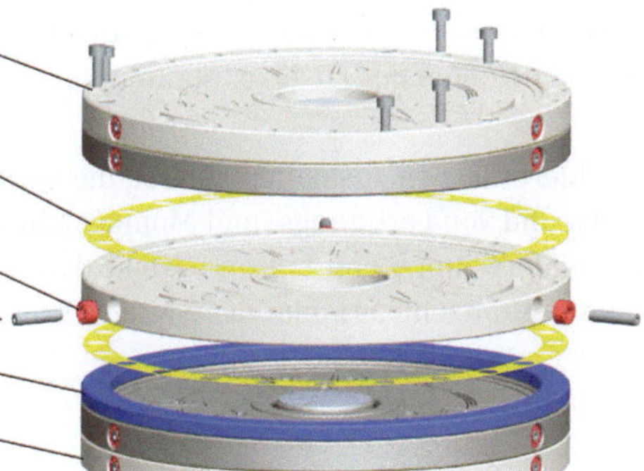

Bild 10.60
Objektivmontage nach dem Stapelprinzip - Anordnung der Einzelkomponenten

Das axiale Justieren der einzelnen Fassglieder im Systemaufbau wird mithilfe der 3 × 120° versetzen Justierelemente realisiert (Bild 10.61 rechts). Sie verschieben das optische Bauelement definiert zur optischen Achse. Dabei weist die mechanische Fassung eine Besonderheit auf. In ihr ist eine berechnete Kontur zum sehr genauen Ausrichten der Optik integriert bzw. abgetragen. Die in sich geschlossene, aber nicht durchgängige Struktur wird in der Praxis durch das Drahterodieren erzeugt. Wichtig ist die Abstimmung der Struktur auf die Justieranforderungen sowie die jeweiligen geometrischen Abmessungen von Linse und Fassung. Die Struktur muss einerseits eine feinfühlige Verschiebung der Optik ermöglichen und andererseits eine hohe Steifigkeit im Gesamtsystem sicherstellen, um im Einsatz des Objektivs eine ausreichende Lagesicherung langzeitstabil zu garantieren. Nach erfolgter Justierung werden die Justierelemente durch die rot gekennzeichneten Lagesicherungsteile sowie einer Punktklebung arretiert.

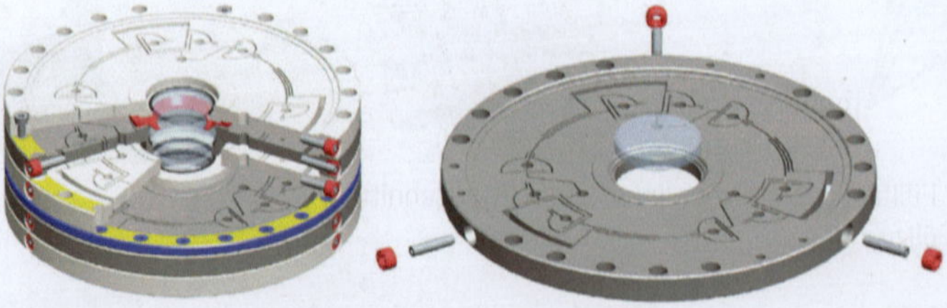

Bild 10.61
Montageanordnung nach dem Stapelprinzip: links) Objektiv montiert (Schnittdarstellung), rechts) Fassglied mit Justierelementen

Zur **Feinkorrektur der Luftabstände** werden Justierringe (Abstimmringe) eingesetzt, die axial zwischen zwei benachbarten Fassgliedern vorgesehen werden und somit den Luftabstand korrigieren. Justierringe lassen sich prinzipiell auf ±1 µm Dickentoleranz fertigen */Guye1999/*. Das komplett justierte und montierte Objektiv ist in Bild 10.61 links dargestellt.

Im Ergebnis der Bauelementmontage können in der Praxis unterschiedliche Fehler auftreten. Zum einen lassen sich die optischen Bauelemente nur mit einer bestimmten Fertigungstoleranz herstellen. Andererseits können Montageabläufe auch zu Fehlern führen, die das Ergebnis, insbesondere die Abbildungsleistung, wesentlich beeinflussen. Wichtigster Einflussfaktor ist das fehlerhafte bzw. unzureichende Justieren der optischen Bauelemente zu mechanischen Fassungsteilen bzw. untereinander (siehe Tabelle 10.13). Weiterhin können Spannkräfte während der Montage zur Deformation optischer Funktionsflächen führen, die ggf. auch optische Spannungsdoppelbrechung in den optischen Bauelementen hervorrufen. Eine unzureichende Lagestabilität oder aber die Nichtberücksichtigung unterschiedlicher thermischer Ausdehnungskoeffizienten der Fügepartner führen ebenfalls zu fehlerhaften Montagebaugruppen.

In der Tabelle 10.13 sind prinzipielle Fehlerursachen zusammengefasst, die beim Einsetzen von optischen Bauelementen in einen Tubus aufgrund von Fertigungs- und Montagefehlern auftreten können. Ein wesentlicher Nachteil der Hintereinanderreihung von Linsen besteht darin, dass sich die dargestellten Einzelfehler summieren und den Gesamtzentrierfehler des Systems somit stark beeinflussen.

Tabelle 10.13 Fehlerursachen für Dezentrierungen

Fehler Plananschlag	Dezentriert angesprengte Linse	Fassungslose
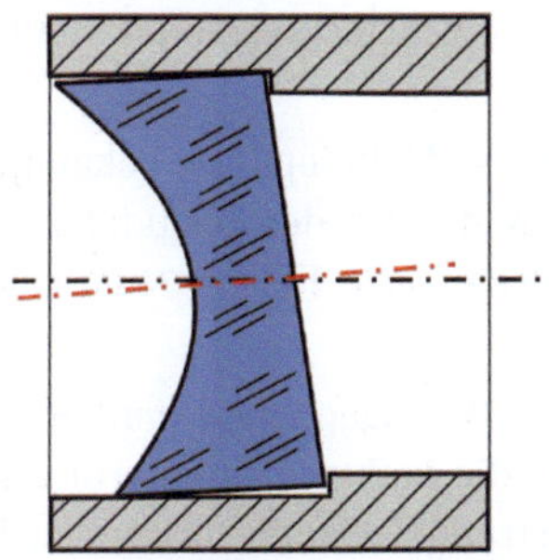	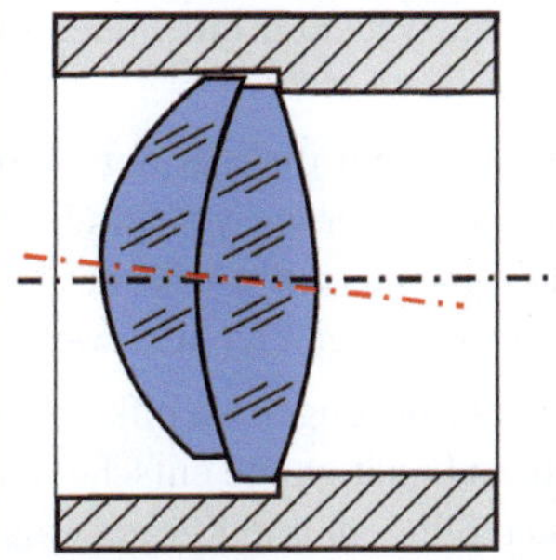	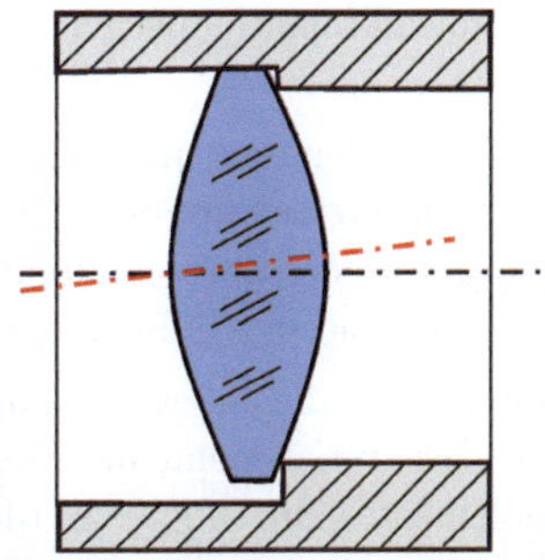
Dezentrierte Linse	**Kittkeil**	**Parallelversatz (Fassungslose)**
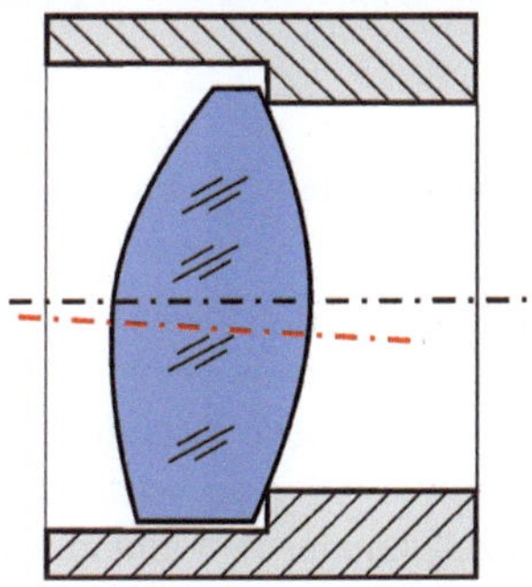	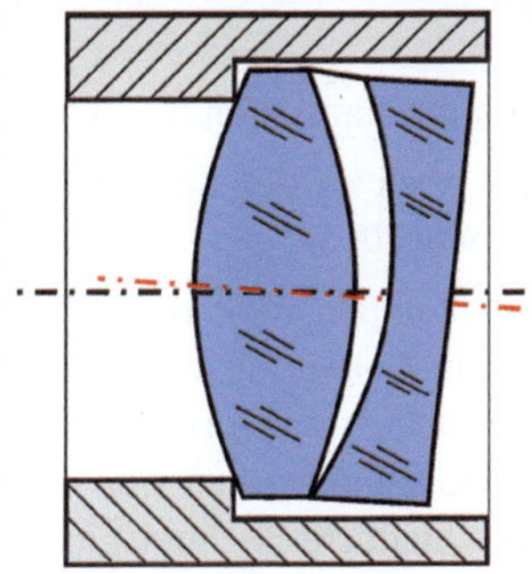	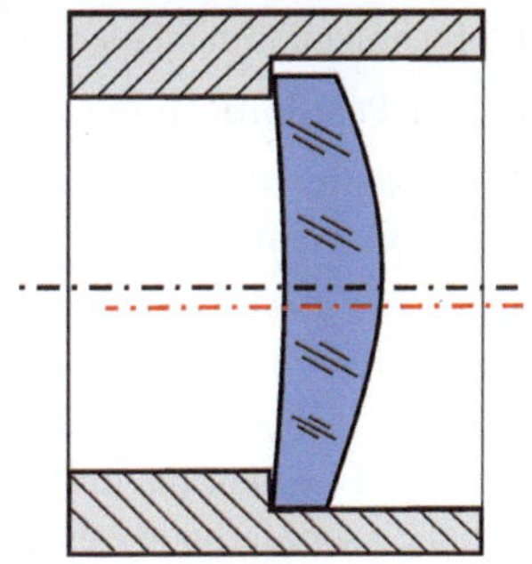

Für alle Montagetechnologien sind Mess- und Prüfverfahren für die Funktion des Teil- und Gesamtsystems erforderlich. Der dafür zu betreibende messtechnische Aufwand kann immens groß sein und z. T. auch ganz produktspezifische Lösungen erfordern (z. B. Hochleistungsoptikmontage). Teilweise wird der Montageprozess auch zu einem iterativen Prozess. Das heißt, dass sich nach dem Montageprozess ein Messprozess anschließt und aufgrund der analysierten Fehler der Optikrechner z. B. Luftabstände neu berechnet, das optische System demontiert und der Prozess solange wiederholt wird, bis die Montagetoleranzen erreicht sind.

An die automatisierte Montage von Baugruppen hoher Stückzahlen werden ebenfalls hohe Anforderungen gestellt. Um die optischen Abbildungsqualitäten zu gewährleisten, sind oftmals Genauigkeiten bis zu 1 μm gefordert. In Verbindung mit hochgenauer Roboter- oder Handhabetechnik werden Lasermessverfahren und Bildverarbeitungssysteme mit entsprechender Sensortechnik eingesetzt.

10.2.9 Mikromontage

Durch die Miniaturisierung von Produkten mit dem Ziel der Kostenreduktion und Vergrößerung der Funktionalität gewinnt auch der Einsatz von mikrooptischen Systemen zunehmend an Bedeutung. Prinzipiell können auch optische Bauelemente für viele Anwendungen in den Mikro- und sogar Nano-Bereich transferiert werden. **Miniaturisierte optische Systeme** werden beispielsweise für die

Lichtausbreitung (Laserdioden, Mikrolinsen, Linsenarrays), für planar geführte Wellen (integrierte Optik) oder als Lichtleitsysteme (Faseroptiken) eingesetzt. Diese Systeme zeichnen sich in zunehmendem Maße durch eine hohe Komplexität aus, da die optischen Bauelemente mit Elektronikkomponenten und mikromechanischen Aktoren zu Systemen mit hoher Integrationsdichte verknüpft werden müssen.

Aufgrund der geringen Bauteilabmessung sind die aus der Montage von Makrooptiken bekannten Verfahren nur bedingt einsetzbar. Teilweise werden vollständig neue Methoden der Positionierung, Halterung und Justage mikrooptischer Bauelemente erforderlich. Mechanische Fassungsmethoden sind für die meisten mikrooptischen Anwendungen nicht anwendbar.

Bedingt durch die hohen Genauigkeitsanforderungen im mikrooptischen Montageprozess werden spezielle Fassungselemente bzw. -strukturen benötigt, die entscheidend für die exakte Positionierung der Bauelemente sind. Oftmals werden auch Silizium und Keramik als Substratmaterialien verwendet, die zur Aufnahme der optischen Mikrobauteile dienen bzw. direkt durch lithografische Prozesse oder Laserverfahren strukturiert werden können. Für die Integration bzw. Montage von mikrooptischen Bauteilen in diese sogenannten **Plattformen** oder auch andere Montagekonzepte werden zwei prinzipielle Techniken unterschieden:

- **passive Positionierung** (mithilfe von mechanischen Anschlägen),
- **aktive Justierung** (Justieren vor bzw. auch während dem Fügen mit Messsystemen bis hin zu komplexen Bildverarbeitungssystemen) */Sche2000/*.

Ferner kann die Integration der Einzelkomponenten **hybrid** oder **monolithisch** erfolgen. Bei der monolithischen Vorgehensweise wird das Ziel verfolgt, alle Prozessschritte auf einem gemeinsamen Substrat zu realisieren. Diese Variante ist insbesondere bei großen Stückzahlen sehr vorteilhaft und effizient. Bei kleinen bis mittleren Stückzahlen erweist sich die hybride Integration als wirtschaftlicher. Bei dieser Methode werden unterschiedliche Technologien und Einzelkomponenten miteinander kombiniert, so dass eine optimierte Montagetechnologie erforderlich wird. Die Schritte des Montageprozesses gliedern sich grob, wie eingangs beschrieben, in:

1. Zuführen und Magazinieren,
2. Greifen,
3. Positionieren/Justieren,
4. Fügen.

Die gegenwärtigen Montagelösungen sind oft spezielle und produktspezifische Eigenlösungen der Anwender, die meist durch die Integration kommerzieller Module wie Präzisionspositioniersysteme, Greifer, Messsysteme u. a. in den Montageprozess realisiert werden.

In der Tabelle 10.14 sind industriell nutzbare Montagemöglichkeiten für mikrooptische Systeme aufgeführt. Generell lassen sich die Montageverfahren nach dem Gesichtspunkt mittelbares und unmittelbares Fassen der optischen Bauelemente einteilen. Zu den Methoden des unmittelbaren Fassens zählen Verfahren, bei denen eine direkte Verbindung zwischen optischem Bauelement und Plattform bzw. optischer Bank erfolgt. D. h., die mechanischen Fassungen der optischen Mikrobauelemente sind direkt in der Systemplattform integriert. Für das mittelbare Fassprinzip werden separate Fassungselemente bereitgestellt und montiert. Eine Schlüsselfunktion kommt der Positionierung der optischen Bauelemente zu. Prinzipiell wird dabei in das Justieren gegen feste Anschläge sowie das aktive Justieren mit geeigneten Messverfahren unterschieden. Auf vertiefende Aspekte sei an dieser Stelle auf */Beck2005/* und */Sche2000/* verwiesen.

Tabelle 10.14 Ausgewählte Montagemöglichkeiten für Mikrooptiken

Modularer Montageaufbau (Mikrobank, Normteile, Baukastensystem)	▪ Die optischen Komponenten werden in Fassungselemente und Justierbaugruppen aufgenommen und in den Strahlengang, meist auf optischen Bänken, angeordnet und zueinander positioniert. ▪ Nutzung unterschiedlicher Modulelemente und -baugruppen, die durch bestimmte Vorzugsmaßnahmen und Anordnungsprinzipien gekennzeichnet sind (für Einzelmontagelösungen oder Kleinserie vorteilhaft einsetzbar). ▪ Der Aufbau von sehr universellen Anordnungsprinzipien sowie verschiedenen optischen Strahlengängen ist sehr leicht möglich. ▪ Sehr gute Justiermöglichkeiten der optischen Bauelemente sind gegeben, wobei eine nachträgliche Justierung ermöglicht bzw. teilweise auch erforderlich werden kann. ▪ Einschränkungen für eine Miniaturisierung von optischen Strahlengängen durch universellen Anordnungscharakter.
Optical SMD, TRIMO-SMD (z. B. Laserstrahllöten, Solder-Jump-Technologie)	▪ Fügen der optischen Bauelemente in einem vorgefertigten Fassungselement durch Schweißen oder Löten. ▪ Die Montage der Bauelemente erfolgt auf einer metallischen Plattform. ▪ Das optische Bauelement muss in einer metallischen Fassung aufgenommen oder eingelötet sein. ▪ Ein Fügen durch das Löten einer metallisierten Fläche des optischen Bauelementes und der Fassung ist möglich. ▪ Die erreichbaren Montagegenauigkeiten sind prinzipiell größer im Vergleich zum Fügeverfahren Kleben. ▪ Der Einsatz von Laserlötstationen ist i. d. R. kostenintensiv.
Strukturierte Basismodule (Mikrostrukturierung durch Ätzen, Mikrofräsen oder Laserstrukturierung)	▪ Strukturierung von Basisplatten oder Formelementen zum Positionieren und Haltern optischer Bauelemente. ▪ Grundplatten mit geringer Wärmeausdehnung (Zerodur, Keramik, Silizium) werden entsprechend der Bauform der optischen Bauelemente strukturiert (meist Gräben, V-Nuten oder Formelemente). ▪ Die Verbindung zwischen Basisplatte und optischen Bauelementen erfolgt vorwiegend durch Kleben. ▪ Sehr stabiler Aufbau des optischen Strahlenganges möglich. ▪ Gut geeignet für die Miniaturisierung von optischen Aufbauten. ▪ Die Strukturierung der Basisplatten ist durch die Bearbeitung mit sehr präzisen Abtragsverfahren oft aufwendig.
Funktionsintegriertes Montagekonzept (ATOM-Konzept, MID-Verfahren)	▪ Integration von optischen, elektronischen und informationstechnischen Funktionen in einem Modul ▪ Entwurf, Aufbau und Fertigung eines optischen Systems für eine spezielle Montageaufgabe (Serien- oder Massenprodukt) ▪ Meist kommen die sogenannten Mehrlagen-LTCC-Werkstoffe (Low Temperatur Cofired Ceramic) zum Einsatz ▪ Sehr hohe Packungsdichten erreichbar ▪ Sehr stabiler und kompakter Aufbau der mikrooptischen Baugruppe möglich

Nachfolgend werden ausgewählte Lösungen exemplarisch kurz vorgestellt.

TRIMO-SMD

Eine interessante Montagetechnologie, deren Grundidee aus dem mikroelektronischen Bereich SMD (**Surface Mount Device**) stammt, ist die **TRIMO-SMD-Technologie** für mikrooptische Bauelemente */Sier2005/*. Die Abkürzung TRIMO-SMD steht hierbei für **Thr**ee **D**imensional **M**iniaturized **O**ptical **S**urface **M**ounted **D**evice. Mit der TRIMO-SMD-Technologie können miniaturisierte Optik- und Optronik-Komponenten in einer Halterung auf wenige Mikrometer genau positioniert und ausgerichtet werden. Diese Mikro-Optikteile (typischerweise kleiner 2 mm) müssen in allen sechs möglichen Freiheitsgraden mit sehr hoher Genauigkeit justier- und fixierbar sein. Für den Montageprozess werden die optischen Komponenten in einem Universalträger vormontiert. Anschließend werden sie mit einem sehr stabilen und hochgenauen Handlings- bzw. Robotersystem über einer transparenten, mit einem Metallgitter beschichteten Grundplatte positioniert und dabei aktiv in sechs Freiheitsgraden ausgerichtet. Die Verbindung des Universalträgers mit der Grundplatte basiert auf der **Laser-Reflow-Löttechnik**. Das am Universalträger angebrachte Lötzinn wird durch die transparente Grundplatte hindurch mit einem Laser zum Schmelzen gebracht. Dabei schmilzt das flüssige Lötzinn auf die Grundplatte und verbindet so den Universalträger mit der Grundplatte. Die erreichbare Positioniergenauigkeit nach dem Lötprozess liegt unter einem Mikrometer. Tabelle 10.15 fasst die Schritte des Montageprozesses zusammen und illustriert Beispiele der TRIMO-SMD-Technologie für die Montage von Mikrooptiken.

Tabelle 10.15 TRIMO-SMD-Technologie */Sier2007/*

1. Schritt Vormontage der optischen Komponenten **2. Schritt** Aktive Justierung der Baugruppe	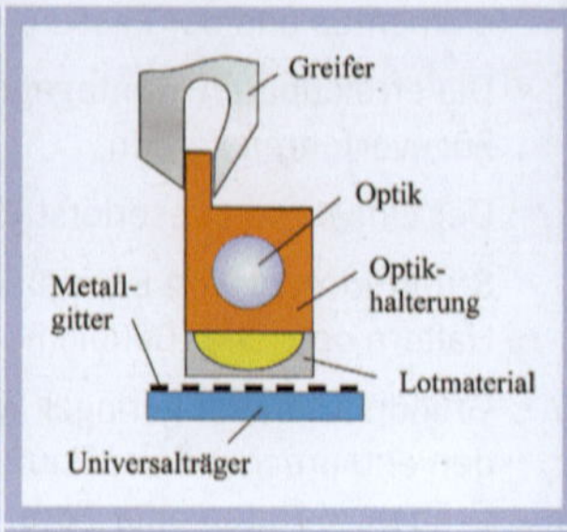
3. Schritt Laserbestrahlung der Lotfläche **4. Schritt** Erwärmen und Schmelzen des Lotes	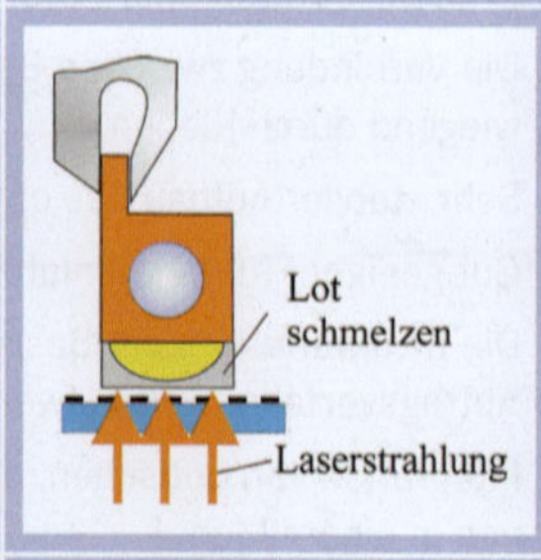
5. Schritt Fließen des Lotes und Benetzen **6. Schritt** Abkühlen der Fügezone und Lagesicherung	

Outsert-Technologie

Die Outsert-Technologie wird nicht nur für mikrooptische Anwendungen eingesetzt, sondern bis zu einer sinnvollen Bauteilgröße auch für die makrooptischen Montagetechnologien. Im Gegensatz zur klassischen Montage werden optische Bauteile nicht mehr vollständig am Umfang gefasst, sondern lediglich in einem Teilbereich. Die exakte Positionierung erfolgt über vorgefertigte Schlitze bzw. Strukturen, in die die Elemente montiert werden. Das Prinzip der Outsert-Technologie veranschaulicht Bild 10.62 links.

Die **Outsert-Technologie** führt zu einer deutlichen Reduzierung der Montage- und Materialkosten. Sie ist insbesondere geeignet für große Stückzahlen und kann u. a. Baugruppen mit vielen Schraubverbindungen und Justierfunktionen ersetzen. Auch auf dem Gebiet der Mikrooptik bieten sich aufgrund der einfachen und schnellen Montage viele Einsatzmöglichkeiten, insbesondere für Optikfassungen in der Massenfertigung (z. B. Projektions-, Beleuchtungsoptik) an. Ein Beispiel hierfür ist das miniaturisierte Projektionsobjektiv (Bild 10.62 rechts) */IOF2004/*.

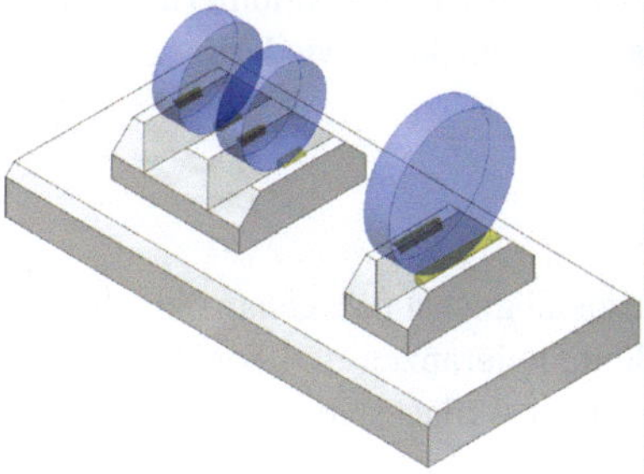

Bild 10.62
Anwendungsbeispiele der Outsert-Technologie */IOF2004/*: links) Linsen in Outsert-Fassung, rechts) miniaturisiertes Projektionsobjektiv

Modulare Montagekonzepte

Ferner finden verstärkt auch modulare mikrooptische Systemkonzepte Anwendung, bei denen bewusst auf eine vollständige Systemintegration verzichtet wird. Somit besteht die Möglichkeit der stärkeren Produktspezialisierung für Hersteller von mikrooptischen Komponenten (z. B. Laserdiodenmodule, Faserkoppler, Faserverzweiger etc.). Hier sei stellvertretend für die unterschiedlichen methodischen Ansätze auf das ATOM-Verfahren kurz hingewiesen. Der Begriff **ATOM** steht für **A**dvanced **T**echnology for **O**ptoelectronic **M**odules und wurde für den Entwurf, die Fertigung und den Test integrierter optischer Module für den Telekommunikationsbereich entwickelt. Dieses Konzept kommt der immer stärker komplex wirkenden Funktionsweise optischer Systeme entgegen. Im Mittelpunkt des Konzeptes steht dabei die niedrig sinternde Mehrlagenkeramik LTCC */Hunt2003/*.

Diese Technologie ermöglicht die Integration von elektronischen sowie optischen Komponenten auf einem Substrat. Es werden mehrere strukturierte Einzelfolien übereinander laminiert und durch Vias (Vertical Interconnect Access) elektrisch miteinander verbunden. Dadurch lassen sich hohe Packungsdichten erzielen. Bild 10.63 zeigt ein LTCC-Modul eines Transponders.

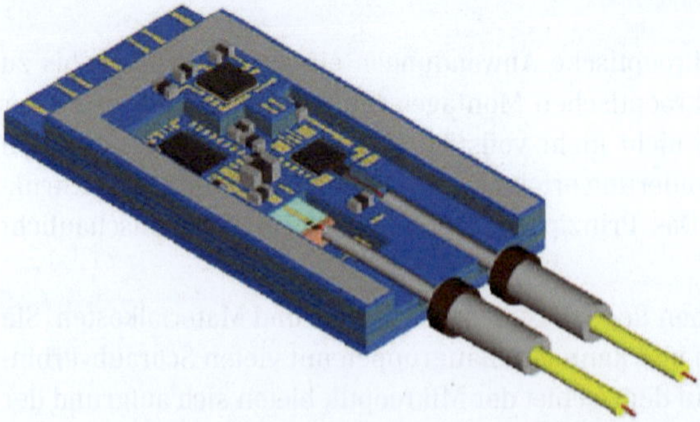

Bild 10.63
LTCC-Modul eines Transponders */Hunt2003/*

Mittels strukturierter Kavitäten, die zum Positionieren und Fügen dienen, können optische sowie elektrooptische Komponenten in das Substrat eingebettet werden. Die erforderlichen Fassungsstrukturen werden in Abhängigkeit der Bauelementegeometrien sowie der erforderlichen Positionierungs- und Justagestrategie festgelegt. Für das Positionieren der optischen Bauelemente kann wiederum zwischen zwei prinzipiellen Methoden unterschieden werden:

1. ungeregelte Justage,
2. geregelte Justage.

Für die ungeregelte Justagemethode müssen die Fassungsstrukturen möglichst passgenau eingebracht werden. Diese relativ einfache Methode ist aber aufgrund der Bauteiltoleranzen und der Positioniergenauigkeit ziemlich ungenau. Es werden auch häufig Anschlags- oder Auflagestrukturen als Positionierhilfe in das Substrat eingearbeitet.

Die geregelte Methode positioniert bzw. justiert das optische Bauelement über einen Regelkreis an seine Sollposition. Als Regelgrößen können charakteristische Konturmerkmale oder die optische Funktion des Bauteils selbst dienen. Somit lassen sich wesentlich höhere Genauigkeiten als mit der ungeregelten Methode erzielen. Gefügt werden die optischen Bauelemente hauptsächlich durch Kleben oder Laserstrahllöten */Sche2000/*.

Das Gebiet der Montage von mikrooptischen Bauelementen ist noch ein relativ junges Arbeitsgebiet der optischen Technologien, welches in den kommenden Jahren weiter an Bedeutung zunehmen wird. Im Mittelpunkt stehen dabei u. a. die folgenden Aufgabenfelder:

- Handhabung der optischen Bauelemente mit submikrometerexakter Positionierung,
- die Entwicklung von neuen Justieralgorithmen und Messverfahren zur Verbesserung der aktiven Justage von Bauelementen,
- Entwicklung neuartiger miniaturisierter Fügetechnologien,
- Montage komplex wirkender optischer, mechanischer, optoelektronischer Komponenten unter Reinstraumbedingungen,
- Umsetzung labortauglicher Montagetechnologien in reproduzierbare industrietaugliche Prozesse */Eber2006-1/*.

Für die Fertigung kleiner Stückzahlen sind allerdings zum Teil andere Lösungskonzepte erforderlich, da es oftmals nicht sinnvoll ist, Mikrosysteme beispielsweise in kleinen Losgrößen auf großen Anlagen in großen Reinräumen zu produzieren. Einen Lösungsansatz hierfür bietet die Fertigung in sogenannten Mini-Fabriken nach dem Baukastensystem */mini2007/*.

Das System „**MiniProd**“ basiert auf kleinen, kompakten Prozess- und Montagemodulen, die über vereinheitlichte Schnittstellen auf einer neutralen Plattform im „**Plug-and-produce**“-Modus angebracht werden. Das Kernstück einzelner Segmente ist ein miniaturisierter Planarmotor, der über einen zweidimensionalen Linearantrieb eine flexible Teilezuführung und den Materialfluss zwischen einzelnen Prozessstationen ermöglicht. Positioniergenauigkeiten bis 20 µm sind erreichbar. Über Minirechner sind die einzelnen Module steuerbar. Das nachfolgende Bild illustriert ein Anwendungsbeispiel für eine sogenannte „Minifabrik“ für die Optikmontage.

Ein wesentliches Zielkriterium ist dabei der Einsatz von einer miniaturisierten Prozess- und Anlagentechnik, welche deutliche Einsparungen bei den Betriebs- und Investitionskosten erwarten lässt.

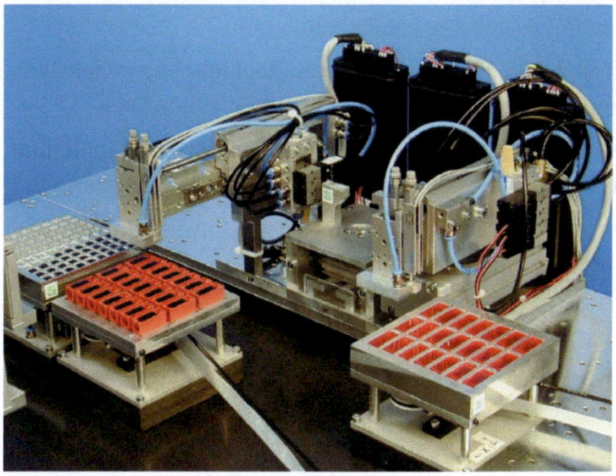

Bild 10.64
Montage optischer Komponenten in der „Minifabrik“ */Gaug2004/*

10.3 Übungsaufgaben

1. Nennen Sie jeweils ein Beispiel für die Fügeprinzipien Form-, Kraft-, und Stoffschluss in der Optiktechnologie.
2. Welche Anforderungen sind an Kittwerkstoffe zu stellen, damit optische Bauelemente lagesicher gehaltert werden können?
3. Skizzieren Sie Beispiele für die Kanten-, Voll- und Randauflage für das reguläre Kittverfahren. Welche Vor- und Nachteile lassen sich gegenüber dem provisorischen Kitten nennen?
4. Warum wird das Verfahren Ansprengen für die Halterung von optischen Bauelementen eingesetzt? Welche Voraussetzungen müssen für den Ansprengprozess erfüllt sein?
5. Planparallele Platten vom Durchmesser 40 mm und der Dicke 5 mm sollen im Ansprengverfahren auf einem Ansprengwerkzeug vom Durchmesser 380 mm gefertigt werden. Die Parallelität soll kleiner 10" sein. Wie groß darf der Parallelfehler in µm sein? Dabei ist mit einer 10%-igen Sicherheit zu rechnen.
6. Eine plane Platte wird am Goniometer auf Parallelität geprüft. Der Parallelfehler darf kleiner 5' sein. Das verwendete Glas hat eine Brechzahl von $n = 1{,}5$. Wie groß darf in der Anzeige der Doppelbildabstand sein?

7. Beschreiben Sie den Prozessablauf beim Feinkitten. Welche Anforderungen sind an Feinkitte zu stellen? Welche Grenzen bestehen für den Einsatz des Feinkittens für das Fügen von optischen Bauelementen in Transmission?
8. Welche Klebetechnologien kommen für den Montageprozess von optischen Bauelementen zum Einsatz? Nennen Sie Gründe und Parameter, die die Festigkeit von Klebeverbindungen wesentlich beeinflussen. Skizzieren Sie fünf Geometrien für konstruktive Klebenahtgestaltungsvarianten (zwischen Linse und Fassung), die eine hohe Festigkeit der Fügeverbindung erwarten lassen.
9. Was ist unter dem Verfahren Löten für Fügeaufgabenstellungen von optischen Baugruppen zu verstehen? Diskutieren Sie mögliche Anwendungsbeispiele.
10. Nennen Sie drei optische Bauelemente, die verstellbare axiale Abstände erfordern. Beschreiben Sie je eine Lösungsvariante, die eine entsprechende Verstellung ermöglicht.
11. Welche prinzipiellen Unterschiede ergeben sich bei der Montage von Hochleistungsobjektiven, wenn die Verfahren Füllfassungs- und Stapelprinzip zur Anwendung kommen sollen?
12. Welche Besonderheiten bestehen im Fügeprozess für die Montage von mikrooptischen Bauelementen? Vergleichen Sie die Anforderungen mit der Montage von makroskopischen Baugruppen.
13. Wählen Sie eine Technologie für die Montage von „Fast Axis Collimatoren" im Anwendungsbereich der Hochleistungsdiodenlaser aus und beschreiben Sie eine Montagefolge.

11 Ausgewählte Fertigungstechnologien

Das Kapitel 11 stellt ausgewählte Fertigungstechnologien optischer Bauelemente vor. Generell kann die Herstellung von Bauelementen auf sehr unterschiedlichen Wegen erfolgen. Der Lösungsweg ist insbesondere von der Losgröße, den geforderten Genauigkeiten, den zur Verfügung stehenden Maschinen, der maximalen Durchlaufzeit und dem Fachpersonal abhängig. Mögliche Varianten von Fertigungstechnologien müssen gegenübergestellt und nach ihrer Wirtschaftlichkeit verglichen werden. Je nach betrieblichen Gegebenheiten und den geforderten Spezifikationen muss oftmals ein individueller Fertigungsablauf ausgewählt werden. Somit zeigen die nachfolgend beschriebenen Fertigungstechnologien einen möglichen Lösungsweg, der aber nicht generell als günstigste Fertigungstechnologie zu betrachten ist.

11.1 Prismenfertigung

Prismatische Teile können sehr unterschiedliche geometrische Formen und Abmessungen aufweisen, die angepasste Arbeitsabläufe erfordern. Oft werden Vorzugsgrößen gefertigt, um den Arbeitsaufwand zu minimieren und die Bauelemente in größeren Losgrößen herstellen zu können. In der Tabelle 11.1 sind ausgewählte Vorzugsgrößen für ein 90°-Prisma mit typischen Winkel- und Pyramidalfehlern zusammengestellt. Nicht selten sind bis zu 100 Arbeitsgänge erforderlich, um vom Block zur gefassten prismatischen Baugruppe zu gelangen. Entsprechend der geforderten Stückzahl werden heute Prismen sowohl konventionell auf Hebelmaschinen (vorwiegend mittlere bis hohe Losgrößen) als auch auf CNC-Maschinen (vorwiegend Prototypen bis mittlere Losgrößen) gefertigt. Bild 11.1 veranschaulicht einen konventionellen Arbeitsablauf für ein 90°-Prisma vom Block bis zum polierten Prisma, das in der Tabelle 11.1 näher spezifiziert ist.

Tabelle 11.1 90°-Prisma – dargestellt mit Katheteneintritt für den Strahlengang

Stirnhöhen a = 15, 16, 17, 18, 19, 20, 21, 22, 23, 24, 25 Pyramidalfehler: ≤ 5' Winkelfehler: ± 3'		
Vorzugsgrößen in mm	**Abbildungsqualität**	
	F sph (m)	F ast (m)
15	100	200
16	120	240
17	130	260
18	150	300
19	160	320
20	170	340
21	200	400
22	250	500
23	280	560
24	290	580
25	300	600

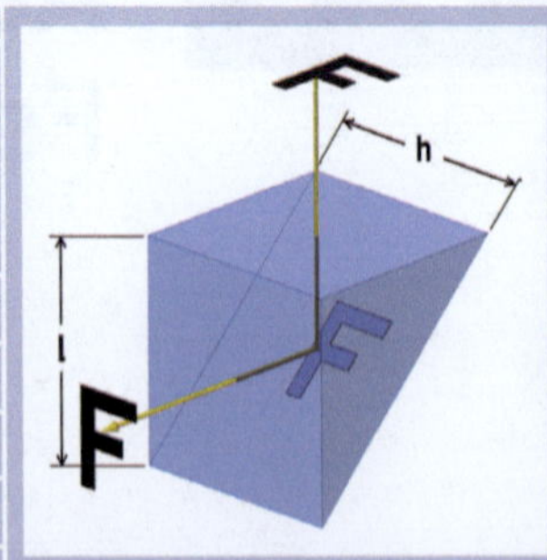

Ausgangspunkt ist in diesem Beispiel ein Blockglas. Generell kann aber auch vom Glashersteller das prismatische Bauteil in einer Halbzeugform bestellt werden. Dies ist z.B. für kleinere Stückzahlen interessant bzw. für Firmen, die über keine oder geringe Trennkapazitäten verfügen. Die in der Tabelle 11.2 angegebenen Arbeitsgänge zum Herstellen eines 90°-Prismas beziehen sich auf eine Halbzeugform, bei der die Form des Prismas mit Bearbeitungsaufmaß bereits vorliegt.

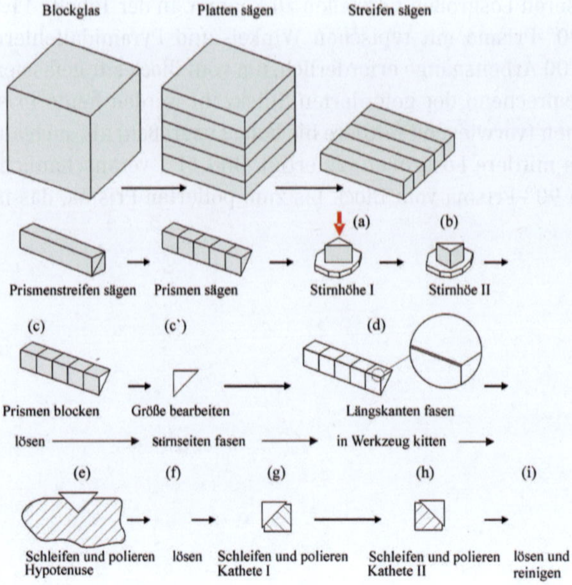

Bild 11.1
Prinzipieller Arbeitsablauf für die Fertigung eines 90°-Prismas

Tabelle 11.2 Arbeitsgänge zum Fertigen eines 90°-Prismas

Einsatzmaterial Rohteil	BK7, PK53, LAF34, ... Halbzeug Prisma (vorgefertigte Form mit Aufmaß)	Startpunkt (Bild 11.1)
Arbeitsgang	**Beschreibung**	
001	Aufkitten F28	(a)
002	Stirnfläche 1 überschleifen (läppen) mit F600	
003	Umkitten	(b)
004	Stirnfläche 2 auf Stirnhöhe schleifen (läppen) mit F 600	
005	Lösen und reinigen	
006	Streifen kitten (wW)	(c)
007	Größe bearbeiten	(c')
008	Streifen Längskanten facettieren mit F 600	(d)
009	Lösen und reinigen	
010	Stirnseiten facettieren mit F 600	
011	In 90° Werkzeug einkitten	
012	Hypotenuse schleifen und polieren	(e)
013	Lösen und reinigen	(f)
014	Hypotenuse schutzlackieren	
015	An 90° Kippwerkzeug mit der Hypotenuse aufkitten	
016	Feinschleifen (läppen) und polieren der Kathete I	(g)
017	Umkitten	
018	Feinschleifen (läppen) und polieren der Kathete II	(h)
019	Lösen und reinigen	(i)
020	Prüfen der Winkel	
021	Beschichten	

Das Fertigen von Pentagonprismen mit hoher Genauigkeit erfolgt im Ansprengverfahren mithilfe von Ansprengkopierwerkzeugen.

Pentagonprismen besitzen zwei Reflexionsflächen und erzeugen deshalb eine konstante Strahlablenkung, die unabhängig vom Einfallswinkel des Lichtes ist. Es ist deshalb von Vorteil, aufgrund der erforderlichen Genauigkeit der Winkel die Pentagonprismen mittels Ansprengtechnologie zu fertigen.

In der Tabelle 11.3 sind Prismenangaben für Pentagonprismen der Stirnhöhe 50 - 95 mm angeführt, für die sich eine Fertigung mittels Ansprengkopierwerkzeugen gut eignet. Diese Technologie hat den wesentlichen Vorteil, dass die Halterung der Prismen an der Stirnseite erfolgt. Damit wird ausgeschlossen, dass die optisch wirksamen Flächen durch die Ansprengarbeiten verunreinigt werden.

Tabelle 11.3 Spezifikation eines Pentagonprismas

Stirnhöhen $a = 50, 55, 60, 65, 70, 75, 80, 85, 90, 95$ Stirnhöhe: $h = 50$ Pyramidalfehler: ≤10" Ablenkungstoleranz: 90° ±1' (±10")		
Vorzugsgrößen in mm	Abbildungsqualität	
	F sph (m)	*F* ast (m)
50	200	400
55	280	500
60	500	1000
65	700	1400
70	800	1600
75	900	1800
80	1000	2000
85	1100	2200
90	1200	2400
95	1400	2800

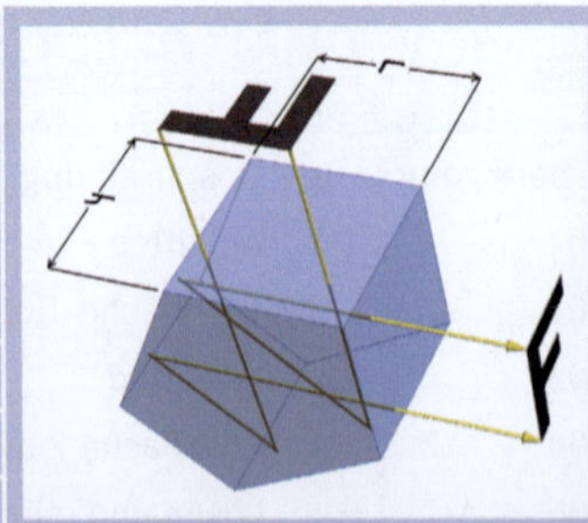

Die Vorbearbeitung aus dem Block oder Plattenmaterial wird zunächst in Analogie zu Bild 11.1 vorgenommen. Danach schließt sich die Bearbeitung des 90°-Winkels mittels Kopierkörper (siehe Bild 11.2) an. Die Bearbeitung des 45°-Winkels erfolgt ebenfalls im Ansprengverfahren an einen speziellen Kopierkörper.

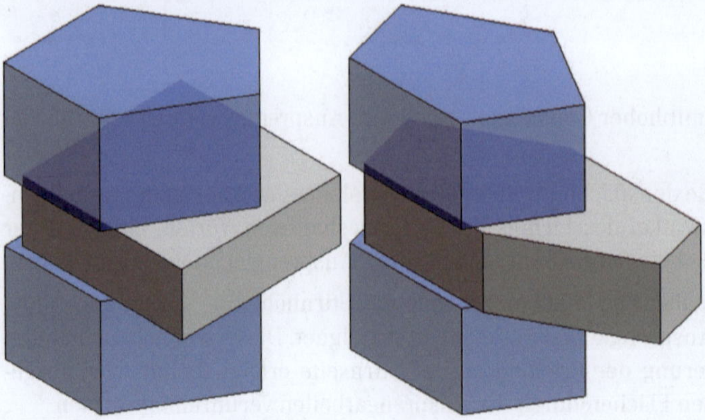

Bild 11.2
Darstellung der Anordnung zur Bearbeitung mit Kopierwerkzeugen: links) 2 Prismen mit polierten Stirnseiten an 90°-Kippkörper gesprengt, rechts) 2 Prismen mit polierten Stirnseiten an 45°-Kippkörper gesprengt

Die vorgestellte Bearbeitungstechnologie mittels Ansprengverfahren ermöglicht die rationelle Herstellung prismatischer Bauteile in einer größeren Stückzahl. Durch das Ansprengen auf Werkzeuge (bzw. Hilfskörper) lassen sich sehr hohe Genauigkeitsanforderungen für die Winkeltoleranzen erreichen (Tabelle 11.4).

Für kleinere Stückzahlen werden aber auch CNC-Maschinen in unterschiedlichen Achskonfigurationen angewendet. Von Vorteil ist bei dieser Technologie, dass in Abhängigkeit der verfügbaren Achsen eine Mehrseitenbearbeitung möglich ist. Dadurch können Arbeitsgänge der Zwischenreinigung sowie des Ansprengens eingespart werden. Allerdings sind die deutlich höheren Investitionskosten der CNC-Technik zu berücksichtigen. Eine wirtschaftliche Losgrößenrechnung und ein Verfahrensvergleich helfen, die richtige Bearbeitungstechnologie auszuwählen.

Tabelle 11.4 Arbeitsgänge zum Fertigen eines Pentagonprismas

Einsatzmaterial Rohteil	BK7, B270, SF6, ... Vorgeschliffene Prismen
Arbeitsgang	**Beschreibung**
001	Aufkitten/Kitt F 28
002	Stirnfläche 1 läppen F 600
003	Umkitten
004	Stirnfläche 2 auf Stirnhöhe läppen F 600
005	Feinläppen WCA 9
006	Ansprengfähig polieren
007	Lösen und reinigen
008	Facettieren F 600
009	Nach Lehre an 90°-Kippkörper ansprengen und lackieren
010	Ansprengen auf Ansprengkörper und Grundplatte (Durchmesser 380 mm) und lackieren
011	Ausfüllen mit Hilfsstoff
012	Feinläppen WCA 9 und polieren/Vertikalrohr – Prüfen der Parallelität zur Grundplatte
013	Umsprengen
014	Ausfüllen mit Hilfsstoff
015	Feinläppen WCA 9 und polieren/Vertikalrohr – Prüfen der Parallelität zur Grundplatte
016	Lösen und reinigen
017	Nach Lehre an 45°-Kippkörper sprengen und lackieren
018	Ansprengen auf Ansprengkörper und Grundplatte (Durchmesser 380 mm) und lackieren
019	Ausfüllen mit Hilfsstoff
020	Feinläppen WCA 9 und polieren/Vertikalrohr – Prüfen der Parallelität zur Grundplatte
021	Umsprengen
022	Ausfüllen mit Hilfsstoff
023	Feinläppen WCA 9 und polieren/Vertikalrohr – Prüfen der Parallelität zur Grundplatte
024	Lösen und reinigen
025	Facettieren F 600
026	Prüfen
027	Beschichtung der Ein- und Austrittsfläche mit AR-Schicht sowie der Reflexionsflächen mit Aluminium oder Silber
028	Prüfen nach Zeichnung, Bildgüte, Sauberkeit und Maßen

Exemplarisch sind in Bild 11.3 unterschiedliche prismatische Bauelemente dargestellt. Ihre Einsatzgebiete sind sehr vielfältig und erfordern z.T. sehr unterschiedliche Bauformen und -größen.

Bild 11.3
Ausgewählte prismatische Bauteile

11.2 Dachkantelemente

Für Anwendungen von Prismen und -gruppen zur Strahlumlenkung ist im Vergleich zu Spiegeln das relativ hohe Gewicht der Bauelemente von Nachteil. Des Weiteren durchläuft das Strahlenbündel das optische Medium, bevor es umgelenkt wird. Eine Möglichkeit, das Gewicht zu reduzieren bieten sogenannte Dachkantelemente.

Dachkantelemente (DKE) verfügen über randscharfe Kanten, auch als „negative Kante“ (ohne Radius oder Fase) bezeichnet, um Doppelbilder bei der Bildumkehr zu vermeiden. In dem bereits vorgestellten Fertigungsprozess von 90°-Prismen mit Winkelsekundengenauigkeit werden solche Anforderungen meist über die Variante „Parallelansprengwerkzeuge“ relativ aufwendig erzeugt.

Ein DKE kann beispielsweise durch das Aneinanderfügen zweier Glasquader im 90°-Winkel mit einer entsprechenden Spiegelbeschichtung ausgeführt werden, so dass zwei senkrecht zueinanderstehende optische Funktionsflächen entstehen (siehe Bild 11.4).

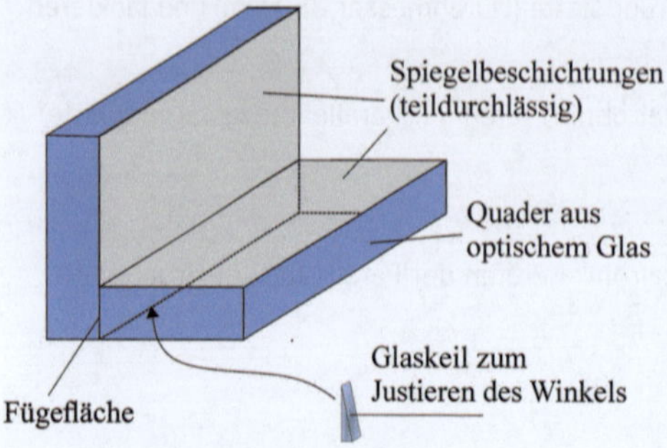

Bild 11.4
Anordnung eines Dachkantelementes

Für einfache bis mittlere Anforderungen an das Dachkantelement ist ein ungerichtetes Fügen der beiden Quader durch Kleben ausreichend. Für höhere Anforderungen kann ein Justierelement, ein Glaskeil oder ein Glasstab, vorgesehen werden, das in die zweite Fase eingelegt wird und mit dem der Winkel im Montageprozess aktiv justiert werden kann (siehe Bild 11.5). Der einzustellende Winkel (im

Fall von Bild 11.5 $\alpha = 90°$) wird erreicht, indem das Justierelement in der Fase verschoben wird, so dass der senkrecht stehende Quader leicht verkippt wird. Um dies zu ermöglichen, wird in der Anordnung und der Justierung der beiden Quader ein leichtes Winkelaufmaß (ca. 1° – 2°) vorgehalten. Für den gerichteten Fügevorgang kann ein Goniometerjustierplatz, dargestellt in Bild 11.31 vorteilhaft eingesetzt werden.

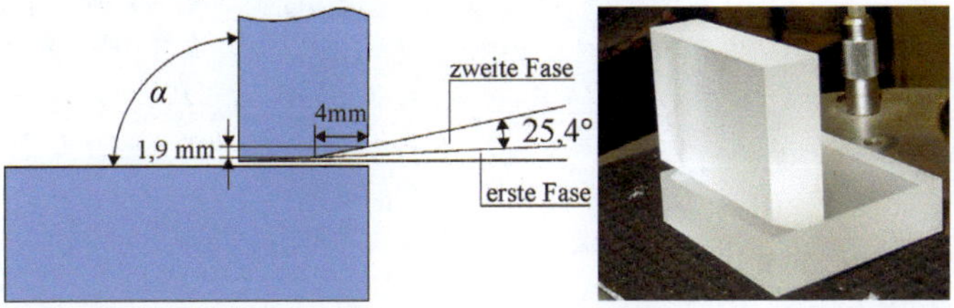

Bild 11.5
Justierbare Dachkantelemente: links) schematische Anordnung, rechts) Quaderelementen mit Fügespalt

Die Quader in Bild 11.5 rechts wurden aus dem Werkstoff BK7 mit folgenden Toleranzen und Qualitäten gefertigt:

- Längentoleranzen ±0,1 mm,
- Rauheit R_q 5 nm,
- Planität $\lambda/20$,
- Oberflächengüte der Funktionsflächen P4.

Für eine erfolgreiche Winkeljustage ist die sichere Halterung der Glasteile während des Fügeprozesses wichtig. Mit dieser gerichteten Fügevariante ist es prinzipiell möglich, den Winkel auf wenige Sekunden genau einzustellen, allerdings ist der Klebeprozess aufgrund des Schwundverhaltens des Klebers mit einem größeren Streubereich der Winkelfehler behaftet. Für genauere Fügeprozesse kann auch ein Diffusionsschweißen angewendet werden (siehe Kapitel 10), wobei dieser Prozess relativ aufwendig ist und mit der Prismafertigung vergleichend bewertet werden muss.

Mit dem Grundprinzip eines Dachkantelements lassen sich sehr einfach auch multifunktionale DKE ableiten. Durch eine gezielte Beschichtung der Spiegelflächen mit teildurchlässigen Schichten kann eine Aufteilung des einfallenden Lichtes in mehrere Teilstrahlen erzielt werden. In Bild 11.6 ist dieser Fall für drei Teilstrahlen gezeigt, die je nach Ausrichtung des optischen Elements entweder einen 90°-Winkel zueinander aufweisen oder hinsichtlich Richtung und Versatz verschieden ausgelegt werden können. Eine weitere interessante Möglichkeit bietet die zusätzliche Formgebung der Quader. So können sphärische, asphärische oder torische Flächen für eine gezielte Strahlformung vorgesehen und formgebend auf die Quader übertragen werden.

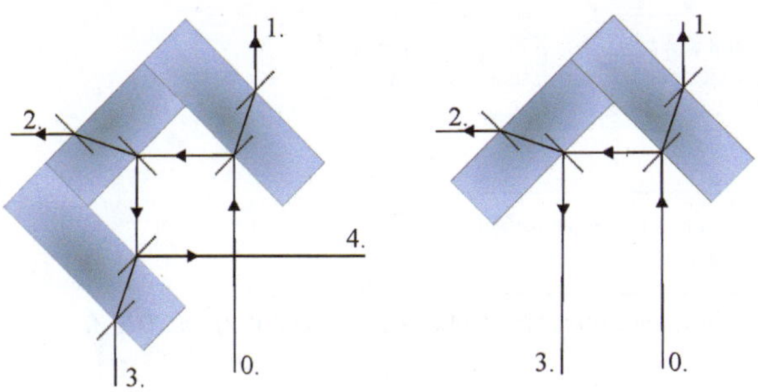

Bild 11.6
Dachkantelement als Mehrfach-Strahlteiler: links) DKE mit drei Glasquaderelementen, rechts) 45°-Einfall zur Erzeugung von drei Teilstrahlen */Juob2017/, /Blie2020/*

Im DKE-Beispiel (siehe Bild 11.7) erfolgt durch die Formgebung und die teildurchlässige Beschichtung des zweiten Quaders eine Strahlteilung und gleichzeitige Strahlformung des reflektierten Anteils am ersten Quader.

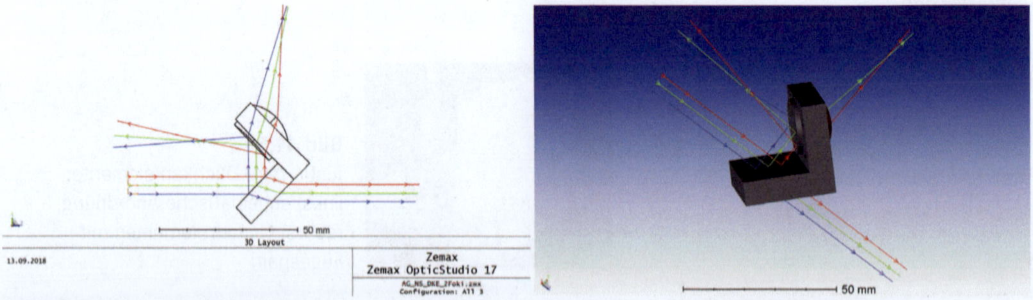

Bild 11.7 Simulation der Strahlengänge Bildumkehrung, Strahlteilung und Strahlformung am DKE: links) 2D-Ansicht der Strahlenverläufe für drei gewichtete Wellenlängen, rechts) 3D-Ansicht der Strahlenverläufe */Juob2017/*

Die Fertigung der vorgestellten DKE kann auf unterschiedlichen Wegen erfolgen. Mögliche Fertigungsabfolgen veranschaulicht Bild 11.8.

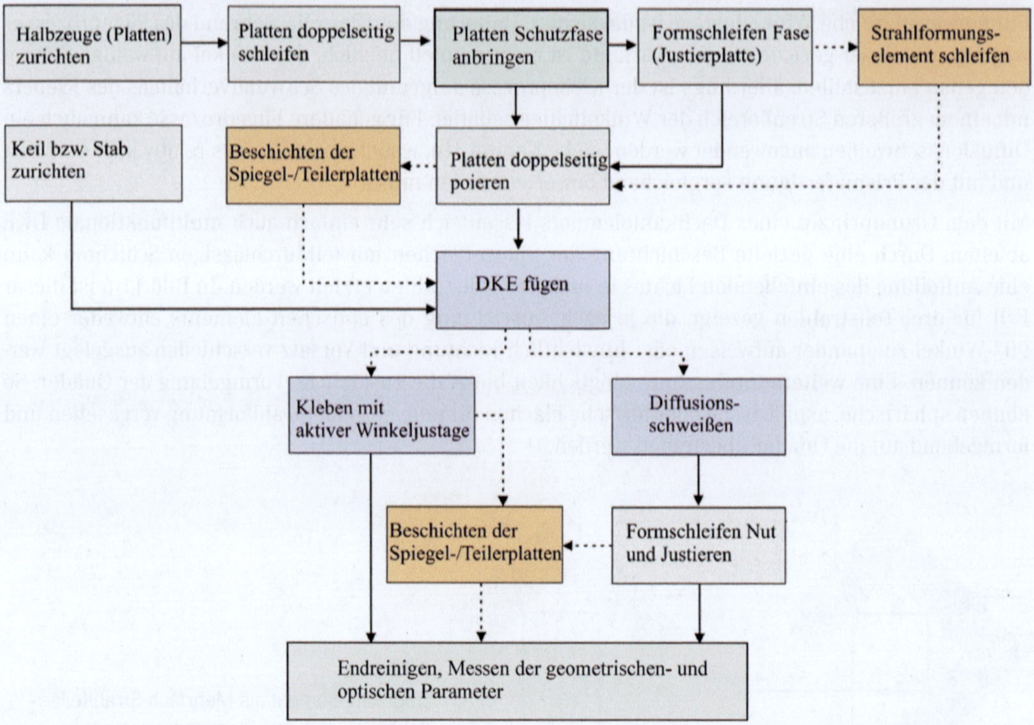

Bild 11.8 Prozesskette zur variablen Fertigung von DKE mit unterschiedlicher Funktionalität */Juob2017/*, */Blie2020/*

Als Halbzeuge für die Fertigung der DKE-Quader werden zugerichtete Platten, vorzugsweise aus gefloatetem Borosilicatglas, eingesetzt. Für DKE mit geforderten Transmissionseigenschaften werden Gläser mit an Wellenlänge und Anforderungen angepassten Glaseigenschaften ausgewählt.

In einem ersten Prozessablauf erfolgt das Planschleifen dieser Halbzeuge auf doppelseitigen Schleifmaschinen mit Läppkinematik (siehe Abschnitt 7.3), wodurch sich simultan eine größere Stückzahl bearbeiten lässt. Von Vorteil ist ebenfalls das Einlegen in Läppkäfige, ohne die Halbzeuge haltern zu müssen. Nach dem Schleifprozess werden die Platten gereinigt und mit einer Schutzfase versehen. Für die Justierplatten schließt sich das Formschleifen der beiden Fasen an, um im späteren Fügeprozess den Justierkeil bzw. -stab einbringen zu können. Im Falle der Verwendung von Glasstäben können Standardvorzugsgrößen der Glashersteller bezogen und auf Länge zugerichtet werden.

Für strahlformende DKE schließt sich, entsprechend dem Ablaufschema aus Bild 11.8, der Formgebungsprozess durch einen Vor- und Feinschleifarbeitsgang an. Der Polierarbeitsgang wird ebenfalls auf doppelseitigen Poliermaschinen mit Läppkinematik durchgeführt, so dass beide Flächen (Vorder- und Rückseite) wiederum simultan jeweils vor- und feinpoliert werden.

Die DKE-Funktionalitäten erfordern unterschiedliche Beschichtungsprozesse, auf die im Folgenden noch einmal näher eingegangen wird. Prinzipiell ist zwischen „Kaltbeschichtung“ und „Heißbeschichtung“ zu unterscheiden. Während metallische Schichten wie Al, Cu, Ag und Au sozusagen kalt beschichtet werden, entstehen bei der Generierung der dielektrischen Schichten für Strahlteiler oder Filter in Abhängigkeit von der Beschichtungsmethode deutlich höhere Temperaturen (bis ca. 300 °C). Dies ist sowohl für die Werkstückhalterungen als auch für die DKE zu beachten. Somit können mit UV-aushärtendem Kleber gefügte DKE nach dem Verbund nur mit Metall-Spiegelschichten versehen werden, da der Verbund durch die Zersetzung des Klebers bei höheren Temperaturen zerstört wird. Dielektrische Beschichtungen müssen daher vor dem Fügeprozess aufgebracht werden. Bei diffusionsgefügten DKE kann eine Beschichtung vor oder nach dem Verbund erfolgen.

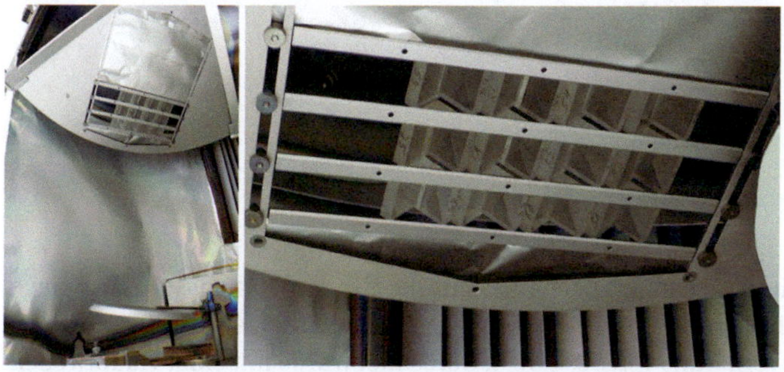

Bild 11.9
Aufnahme der DKE in der Beschichtungskammer */Micr2017/*:
links) Werkstückhalterung im Beschichtungsdom, rechts) Halterung für gewinkelte DKE

Für den Beschichtungsprozess der gefügten DKE müssen besondere Aufnahmewerkzeuge konstruiert und gefertigt werden (siehe Bild 11.9). Die Substrate liegen mit Aufnahmeschienen gehaltert in den Kalotten des Beschichtungsdoms, der mit den Beschichtungskalotten während des Beschichtungsvorgangs rotiert, um eine gleichmäßige Beschichtung aller Substrate zu gewährleisten. Die Halterungen sind so gestaltet, dass die Auflagefläche der DKE möglichst klein und Abschattungseffekte minimiert sind, um ein nahezu vollflächiges randminimiertes Beschichten zu erreichen. Durch eine Spezialmechanik werden die DKE alternierend gekippt, so dass eine möglichst gleichmäßige Beschichtung über die gesamten Beschichtungsflächen erfolgen kann.

Die gewählte Ausführung der einzelnen Bauteilaufnahmen, die Rotationsgeschwindigkeit des Doms sowie das Kippintervall müssen in Abhängigkeit von der Art der Beschichtungund der Substratgeometrie angepasst werden. Für die unterschiedlichen Funktionalitäten der DKE lassen sich die Schichtdesigns mit einer Software simulieren. Für die nachfolgenden Schichtdesigns wurde die Designsoftware Essential Macleod eingesetzt. Beispielhaft sind in den nachfolgenden Abbildungen simulierte Schichtdesigns mit den dazugehörigen Reflexions- bzw.- Transmissionskurven über den gewählten Wellenlängenbereich dargestellt (Firma Micros GmbH).

Das Simulationsergebnis für eine metallische Beschichtung der DKE ist in Bild 11.10 dargestellt. Ausgangspunkt für das Aluminiumschichtdesign ist die Festlegung des Wellenlängenbereiches von 400 - 700 nm und ein Strahleinfallswinkel von 45°. Der Verlauf der Reflexionskurve zeigt einen annähernd konstanten Reflexionsgrad von ca. 90 %.

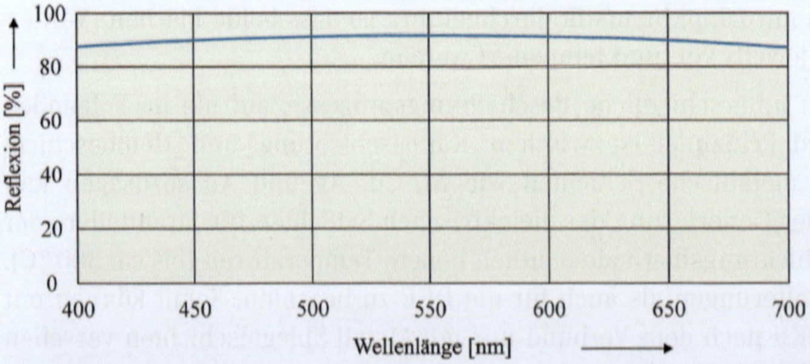

Bild 11.10
Simulation einer Al-Spiegelschicht für eine metallische reflektierende Beschichtung */Micr2017/*

	Material	Packaging Density	Refractive Index	Extinction Coefficient	Optical Thickness (QWOT)	Physikal Thickness (nm)
Substrate	BK 7		1,52141	0		
Layer 1	Al	1	0,66667	5,57259	0,39999975	75
Layer 2	SiO_2	1	1,46235	0	2,33976264	200
Medium	Air		1	0		
Total Thickness					2,73976239	275

Entsprechende Strahlteilungsverhältnisse können ebenfalls mithilfe der Simulationssoftware umgesetzt werden. Bild 11.11 verdeutlicht die simulierte Transmissionskurve in einem Wellenlängenbereich von 350 - 700 nm für ein Teilerverhältnis von 50 %/50 %. Gerechnet wurde mit einer Hauptwellenlänge von 550 nm und einem Einfallswinkel von 45°. Für die Umsetzung des Schichtdesigns müssen elf dielektrische Schichten mit einer alternierenden Folge von SiO_2 (niedrigbrechend) und Ti_3O_5 (hochbrechend) aufgedampft werden.

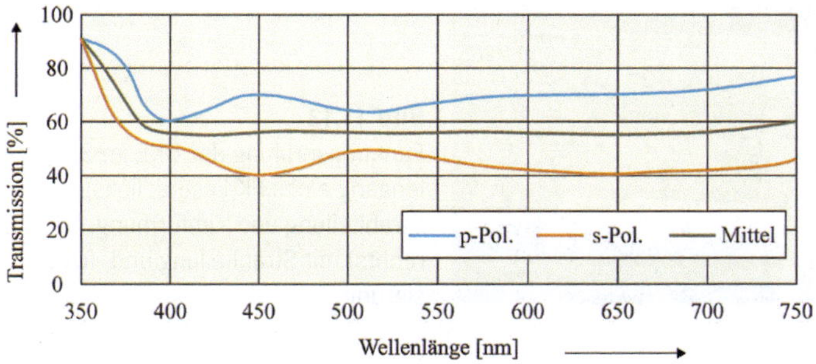

Bild 11.11
Transmissionskurve für eine simulierte Strahlteilerbeschichtung 50%/50% */Micr2017/*

Design:	Teiler 50-50 VIS 45°
Reference Wavelength (nm):	550
Incident Angle (deg):	45

Bild 11.12 illustriert das Simulationsergebnis für einen Polfilter, der ebenfalls für die spezielle Funktionalisierung von DKE Anwendung findet.

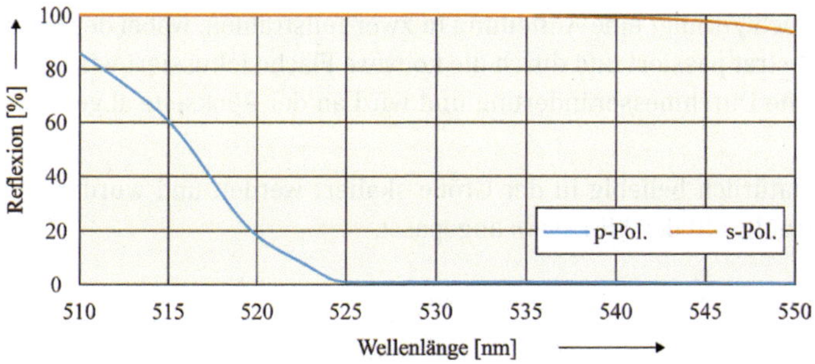

Bild 11.12
Reflexionskurve für ein simuliertes Polfilterdesign 56° */Micr2017/*

Design:	Polfilter_56°
Reference Wavelength (nm):	520
Incident Angle (deg):	56

Im abschließenden Fügeprozess (Bild 11.8) kommen je nach Anforderungsbedarf das Kleben oder Diffusionsschweißen zum Einsatz. Die Winkeltoleranzen können durch den aktiven Justageprozess bis ca. 3'' exakt vorgenommen werden.

Bild 11.13
Funktionsprüfung der DKE im Strahlengang eines FK-Lasers: links) mit Strahlteilung und -umformung, rechts) mit Strahlteilung und -fokussierung

In Bild 11.13 sind zwei Beispiele von DKE-Anwendungen gezeigt. Im linken Bild ist der linke Schenkel des DKE mit einer strahlformenden Zylinderlinse ausgeführt, der zweite Schenkel wurde mit einer Antireflexionsschicht beschichtet. Trifft ein GAUSSförmiger Laserstrahl auf die Teilerschicht, so wird dieser in zwei Teilstrahlen geteilt. Der erste Teilstrahl wird transmittiert und in der Zylinderlinse zu einer Linie geformt. Der zweite Teilstrahl wird auf den anliegenden Schenkel reflektiert, dort aufgrund der AR-Beschichtung transmittiert und auf einer dahinter liegenden Fläche kreisförmig abgebildet.

Das zweite Beispiel (Bild rechts) wurde für eine Mehrfachfunktion in Form einer Strahlteilung und einer Strahlfokussierung ausgelegt. Dafür wurde wiederum die Innenseite eines DKE-Schenkels mit einer 50/50-Teilerschicht versehen und auf der Außenseite in diesem Fall eine Plankonvex-Linse vorgesehen. Auf dem zweiten Schenkel wurde wiederum eine AR-Beschichtung aufgebracht. Trifft ein Strahl auf die Fläche mit der Teilerschicht, erfolgt eine Aufteilung in zwei Teilstrahlen, wobei der erste Teilstrahl die Schicht und das Glassubstrat passiert und durch die konvexe Fläche fokussiert wird. Der zweite Teilstrahl passiert das DKE ohne Durchmesseränderung und wird an der Rückseite abgebildet */Juob2017/*.

Die hier dargestellten DKE können natürlich beliebig in der Größe skaliert werden und wurden für diese Demonstration nicht auf das Strahlprofil des FK-Lasers angepasst.

11.3 Tripelspiegel

Für die Messung von Weglängen mit sehr hoher Präzision werden Tripelspiegel eingesetzt und dienen der Strahlumlenkung in Interferometeraufbauten und Entfernungsmessgeräten. Durch die Anordnung ihrer optischen Funktionsflächen bewirken sie, dass der Lichtstrahl auch bei einer leichten Verkippung des Bauelementes keine Winkeländerung erfährt (Bild 11.14) */Loef2020/*. Die Umkehrung des Strahlenganges basiert auf Totalreflexion an den drei spitz zulaufenden jeweils um 90° versetzt angeordneten optischen Flächen (siehe Bild 11.20). Somit kann durch diese Anordnung eine Reflexionsbeschichtung der optischen Flächen entfallen.

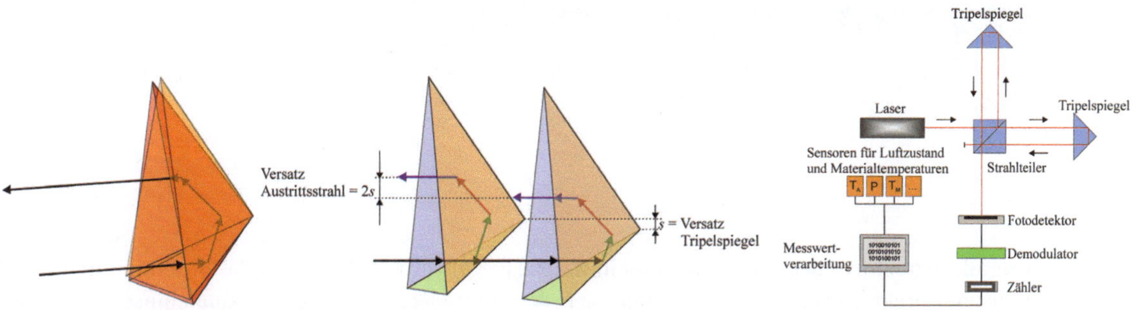

Bild 11.14 Wirkungsweise eines Tripelspiegels */Loef2020/*: links) und Mitte) Grundanordnungen, rechts) Einsatz in einem MICHELSON-Interferometer

Die seitliche Verschiebung um den Betrag *s* des Reflektors führt zu einem seitlichen Versatz des reflektierten Strahlenbündels um den doppelten Betrag des verschobenen Wertes. Von Vorteil ist, dass durch die Verschiebung bzw. Dejustierung keine Änderung des optischen Weges und somit keine Phasenänderung auftritt, was für eine präzise Weglängenmessung entscheidend ist.

Als Orientierung für die sich ergebenden Fertigungsanforderungen werden nachfolgend wichtige Parameter an dem Grundprinzip eines Tripelspiegels aus der Zemax-OpticStudio-Datenbank diskutiert. Das Datenfile wurde als Basis verwendet und weiter optimiert, Fehlersituationen simuliert und ausgewertet. Der Tripelspiegel hat als Eintrittsfläche ein gleichseitiges Dreieck mit einer Höhe von 21,21 mm (gerundet) und einer Kantenlänge von 24,49 mm (gerundet) sowie eine Tiefe von 10 mm. Der Systemaufbau erfolgte im Non-Sequential-Modus. Über die drei Flächen, die in einer idealen Raumecke (3 x 90°) zueinanderstehen, werden die Strahlen um 180° gedreht und damit parallel zum Strahleneingang zurückreflektiert. Bild 11.15 veranschaulicht die Grundanordnung.

Bild 11.15
Grundanordnung des gewählten Tripelspiegels */Zema2021/*

11.3.1 Prinzip des Strahlengangs einer Tripelspiegelanordnung

Für die Bewertung des Tripelspiegels wurde eine Systemanordnung mit einer Sammellinse und zwei Detektoren zur Abbildung und Bewertung des reflektierten Strahlenganges gewählt (siehe Bild 11.16). Ein paralleles Strahlenbündel (GAUSS-Profil) wird auf den Tripelspiegel geführt. Die reflektierten Strahlen durchlaufen nach dem Austritt aus dem Tripelspiegel einen Detektor, um den Einfluss auf das Strahlenbündel bewerten zu können (Ebene vor der Sammellinse). Das Strahlenbündel wird mittels einer Linse auf einen Detektor 2 fokussiert (Ebene in der unteren linken Bildecke). Die Anwendung des Tripelspiegels kann im zentrischen Strahlengang (Bild 11.16 links) oder im dezentrischen Strahlengang erfolgen (rechts).

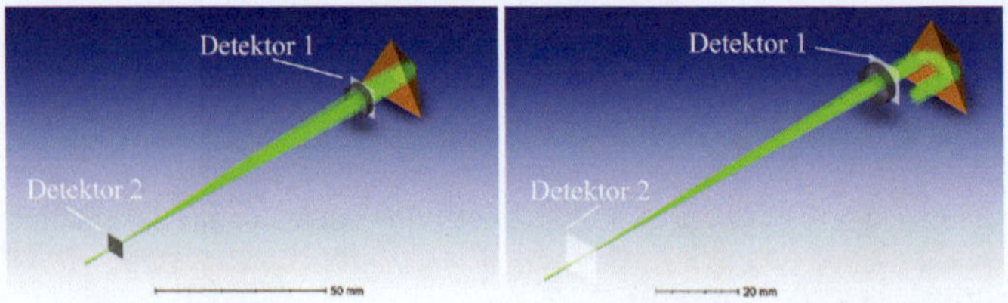

Bild 11.16 Strahlengang an einem Tripelspiegelsystem: links) zentrischer Strahlengang, rechts) dezentrischer Strahlengang (in Zemax OpticStudio erstellt)

Im Falle des zentrischen Strahlenganges im Tripelspiegel wird die Intensität des Strahles durch Totalreflexion direkt umgekehrt und erzeugt nach der Fokussierung durch die Sammellinse einen sehr scharfen Fokuspunkt am Detektor 2. Das zugehörige Intensitätsprofil ist in Bild 11.17 dargestellt.

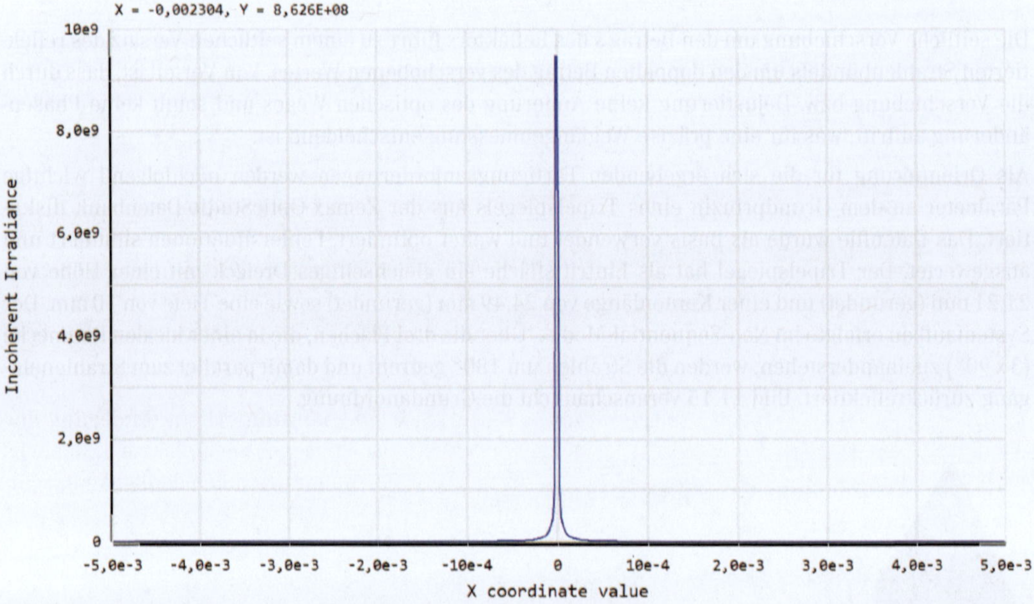

Bild 11.17 Fokusabbildung mit idealem Tripelspiegel und Sammellinse

11.3.2 Designanforderungen an einen Tripelspiegel

Für die Bewertung der Anforderungen an den Fertigungsablauf sind zwei Fragestellungen zu klären:

1. Welchen Einfluss haben die Kantenübergänge auf die Abbildungsqualität?
2. Welchen Einfluss haben die Winkeltoleranzen auf den Strahlengang?

Dies soll nachfolgend beispielhaft diskutiert werden.

11.3.2.1 Randscharfe Kantenübergänge

In der Optikfertigung werden, wenn möglich, randscharfe Kanten bzw. Übergänge an prismatischen Bauteilen und Linsen vermieden. Aus diesem Grund erhalten Linsenränder Schutzfasen, um diese Kanten vor Aussprüngen zu schützen. Dies kann jedoch gerade bei Prismen mit hohen Abbildungsanforderungen unerwünscht sein, um entstehende Doppelbilder zu vermeiden. Für solche Anforderungen werden an den Funktionsflächen randscharfe Kanten bzw. Übergänge angestrebt. Allerdings stellt das wesentlich höhere Anforderungen und Sorgfalt an den Fertigungsprozess (siehe Kapitel 10). Die nachfolgenden Abbildungen illustrieren diesen Unterschied der Abbildungsqualitäten im Vergleich eines randscharfen und eines gefasten Tripelspiegels (Bild 11.18 und Bild 11.19).

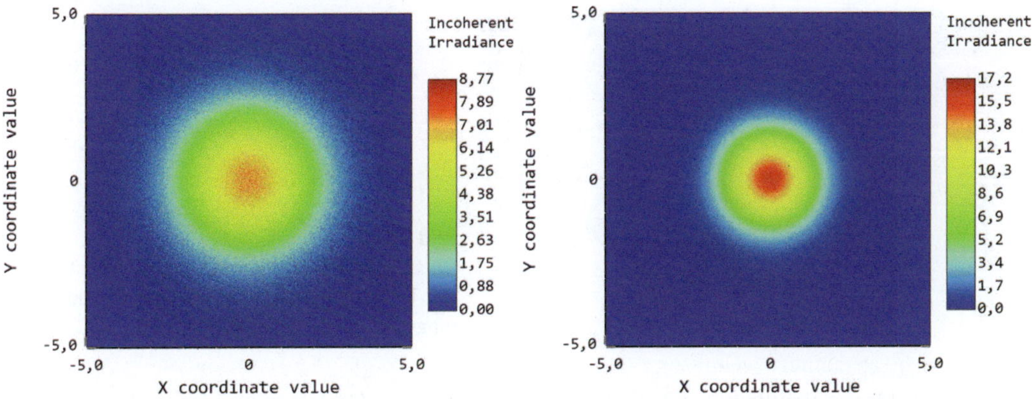

Bild 11.18 Detektorbild eines randscharfen Tripelspiegels: links) zentrischer Strahlengang, rechts) dezentrischer Strahlengang (X-Versatz: 5 mm)

Das Bild nach Strahlaustritt aus dem Tripelspiegel am Detektor 1 zeigt ein weitestgehend unbeeinflusstes Strahlprofil für den randscharfen Tripelspiegel. Für den gefasten Tripelspiegel wurde eine 0,1 mm breite Schutzfase an den Kantenübergängen angenommen. Der Strahlverlauf wurde bei Strahleintritt zentrisch zum Tripelspiegel vorausgesetzt. Aufgrund der Reflexionen an den Flächen innerhalb des Tripelspiegels entstehen in diesem Fall drei durchgezogene, gekreuzte Leerstellen innerhalb des Strahlprofils. Das Strahlprofil wird somit in sechs Segmente geteilt. Je nach Anwendungsfall und geforderter Präzision des Tripelspiegels sollte somit festgelegt werden, ob Schutzfasen zulässig sind. Im dezentrischen Strahlenverlauf, Bild rechts, beeinflussen die Schutzfasen hingegen das entstehende Bild nicht, wenn die Strahlen in der Reihenfolge aus Bild 11.14 die Flächen des Tripelspiegels durchlaufen.

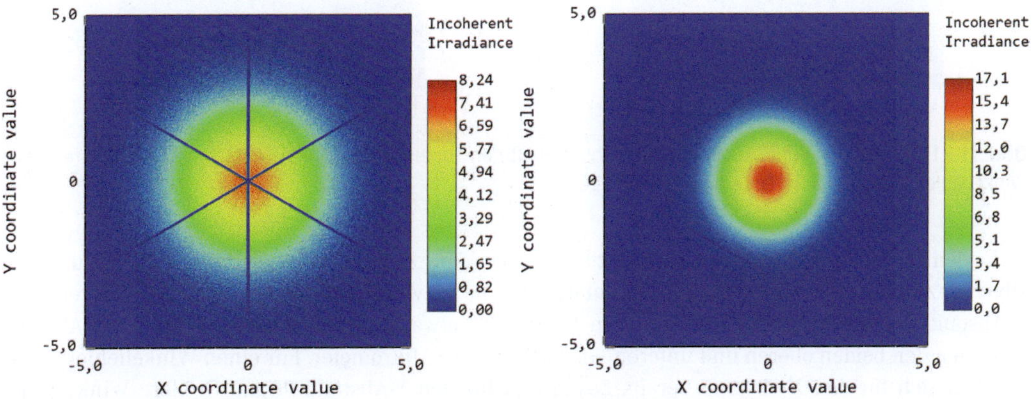

Bild 11.19 Detektorbild eines gefasten Tripelspiegels: links) zentrischer Strahlengang, rechts) dezentrischer Strahlengang (X-Versatz: 5 mm)

11.3.2.2 Winkelfehler der optischen Flächen

Für prismatische Bauteile ist der Einfluss eines möglichen Winkelfehlers zu untersuchen und zu tolerieren. Dazu wurde wiederum mithilfe von Zemax OpticStudio die Änderung zwischen Eingangs- und Ausgangsstrahlung nach Durchgang des Tripelspiegels mit einem simulierten Fehlerwinkel ermittelt.

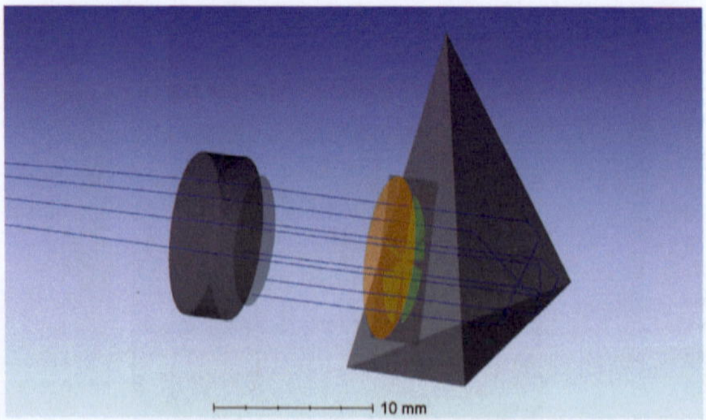

Bild 11.20 Darstellung des Strahlengangs beispielhaft mit vier Teilstrahlen für den zentrischen Betrachtungsfall

Um diesen Fehler zu simulieren, wurde eine Kippung der unteren Fläche um die hintere Raumecke des Tripelspiegels vorgenommen. Der sich ergebende Fehler zwischen der Eingangs- und Ausgangsstrahlung am Detektor 2 beträgt 33,3" für einen Winkelfehler von 10" am Tripelspiegel. Im Falle eines Winkelfehlers von 1' vergrößert sich die Fehlerdifferenz auf 3,06' zwischen den beiden Strahlanteilen. In Bild 11.21 sind die Detektorbilder für beide Winkelfehler gegenübergestellt.

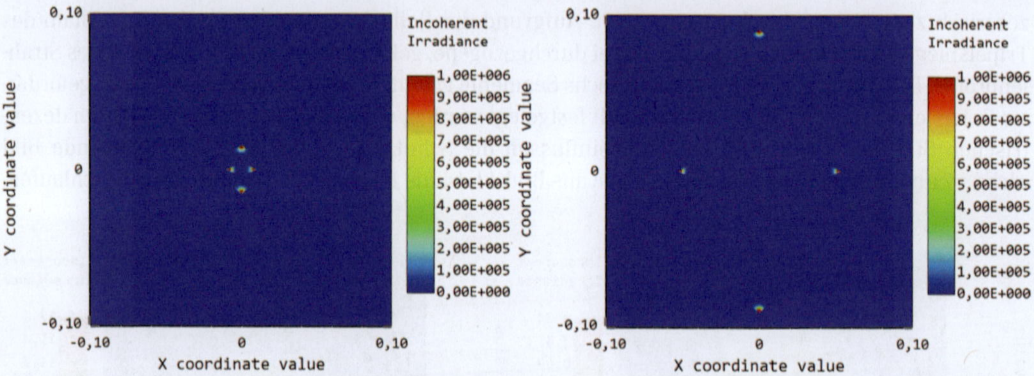

Bild 11.21 Darstellung der Fokusebene des fehlerbehafteten Tripelspiegels: links) Winkelfehler mit 10", rechts) Winkelfehler 1' an der Unterseite des Tripelspiegels

In beiden Darstellungen aus Bild 11.21 ist ersichtlich, dass sich der Fokus aufgrund der induzierten Divergenz durch den Winkelfehler der unteren Fläche in vier Teilfokusse aufspaltet. Während der X-Abstand der beiden oberen und unteren Fokusse in etwa 8 μm entspricht, beträgt der Y-Abstand zwischen den beiden oberen und unteren Fokus-Paaren 15 Mikrometer. Für einen Winkelfehler von 1' ergeben sich für den X-Abstand bereits 50 μm und für den Y-Abstand 90 μm. Größere Winkelfehler führen somit zu einer größeren Aufspaltung der Fokusse, die Anwendungsfälle des Tripelspiegels beeinträchtigen können. Somit sollte je nach Anwendung, z. B. Interferometer, ein entsprechendes Toleranzlimit für die Winkelabweichung der Tripelspiegelflächen vorgegeben werden.

Nachfolgend wird die Auswirkung der Winkelfehler auf den dezentralen Strahlengang diskutiert. Der Strahleintritt erfolgt mit einem X-Versatz um − 5 mm zur Raumecke.

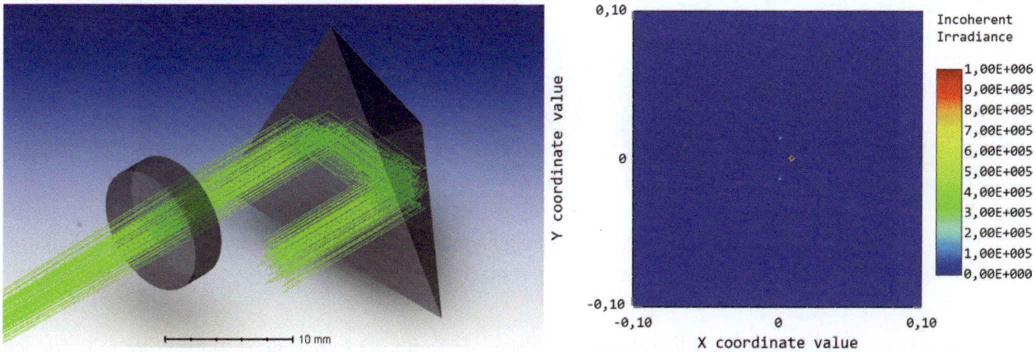

Bild 11.22 Strahlengang eines Tripelspiegels mit Winkelfehler: links) dezentraler Strahlengang mit Strahldurchmesser 5 mm, rechts) Darstellung der Fokusebene mit Winkelfehler mit 10" angenommen

In der Darstellung des Strahlengangs in Bild 11.22 links trifft der Strahl zuerst auf die rechte Seite, dann auf die Unterseite (mit Winkelfehler 10") und zuletzt auf die linke Seite des Spiegels. Der Schwerpunkt des Fokus erfährt einen lateralen Versatz auf der Detektorebene, in diesem Fall um ca. 8,7 µm. Die Restsegmente des Strahlanteils weichen auf der Y-Achse um ca. 14 µm ab. Eine Optimierungsmaßnahme wäre für diesen Fall die Vergrößerung der Spiegelflächen. Wird für die gleichen Spiegelparameter der Strahldurchmesser des Eingangsstrahls verringert, dann ergeben sich die geometrischen Verhältnisse aus Bild 11.23.

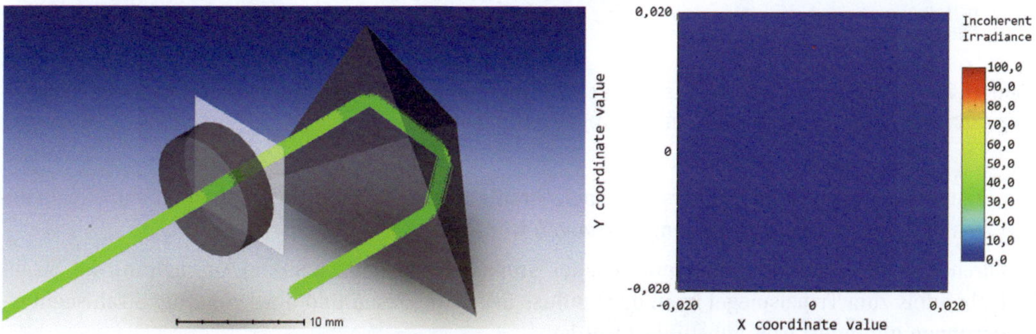

Bild 11.23 Strahlengang eines Tripelspiegels mit Winkelfehler: links) dezentraler Strahlengang mit Strahldurchmesser 1 mm, rechts) Darstellung der Fokusebene mit Winkelfehler von 10"

Der Strahleintritt mit 1 mm Strahldurchmesser erfolgt mit einem Versatz von X = − 3 mm und Y = − 4 mm zur Raumecke. Somit trifft der Strahl zuerst auf die Unterseite (mit Winkelfehler 10") und anschließend auf die beiden Seitenflächen auf. Auf dem Detektor 2 (Bild 11.23) kann ein lateraler Fokusversatz von ca. 15 µm detektiert werden und in der Y-Koordinate dagegen wird keine Verschiebung festgestellt.

Die Auswirkung der Vergrößerung des Winkelfehlers auf 1' ist in Bild 11.24 rechts dargestellt. Der Strahleintritt mit einem Durchmesser von 3 mm erfolgt mit einem Versatz von X = − 2 mm und Y = − 3 mm zur Raumecke. In diesem ungünstigen Anordnungsfall kommt es zu einer Segmentierung des Strahlenbündels und einem starken Auseinanderlaufen der vier Strahlenanteile.

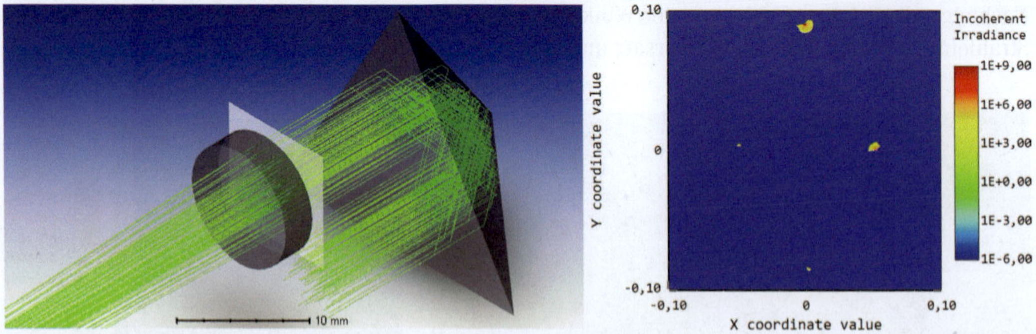

Bild 11.24 Strahlengang eines Tripelspiegels mit Winkelfehler: links) dezentraler Strahlengang mit Strahldurchmesser 3 mm, rechts) Darstellung der Fokusebene mit Winkelfehler mit 1'

Bisher wurde die Abbildung des fokussierten Strahles am Detektor 2 analysiert. Betrachtet man jedoch den kollimierten Strahl am Detektor 2 ohne Linse, dann entsteht unter der Annahme eines Winkelfehlers und eines mit Schutzfasen beaufschlagten Tripelspiegels ebenfalls eine Segmentierung des Strahlenganges. Bild 11.25 veranschaulicht diese Verstärkung des Effektes mit Zunahme des Abstandes von der Austrittsfläche des Tripelspiegels.

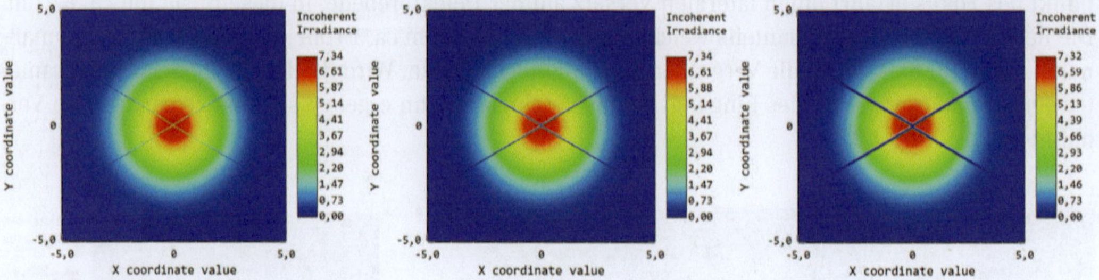

Bild 11.25 Darstellung eines kollimierten Bündels im dezentrierten Strahlengang an unterschiedlichen Positionen nach dem Strahlaustritt: links) 12 mm, Mitte) 50 mm, rechts) 115 mm

Im Ergebnis der Simulation der verschiedenen Strahlengänge und Winkelfehler an einem Tripelspiegel können folgende Schlussfolgerungen gezogen werden:

- durch Wahl des Strahldurchmessers bzw. der Größe der Spiegelflächen und Ausrichtung des Strahlenbündels zum Tripelspiegel kann der Einfluss der Schutzfasen und unerwünschte Strahlsegmentierungen minimiert bzw. substituiert werden,
- der Einfluss dieser Faktoren verringert sich, umso mehr Strahlen eine identische Abfolge der Flächenberührung haben (im Idealfall alle),
- der Einfluss des Winkelfehlers hängt von der Orientierung des Strahlenbündels zur fehlerhaften Fläche sowie der Abfolge des Auftreffens auf die Spiegelflächen ab,
- die laterale Verschiebung der Strahlen in der Detektorebene hängt von den Winkelfehlern der Spiegelflächen und dem Strahlenverlauf ab (unterschiedliche Flächen-Reihenfolge führt zu einem Fokusshift),
- in der Fertigung treten Winkelfehler, im Unterschied zu dem hier betrachteten Fall, verteilt über alle Flächen auf, insofern ist es wichtig, das richtige Maß der Tolerierung zu wählen.

11.3.3 Fertigung eines Tripelspiegels

Die Fertigung von Tripelspiegeln kann wiederum sehr unterschiedlich erfolgen und hängt von den Anforderungen und die im Unternehmen verfügbaren Technologien ab. Nachfolgend werden die Arbeitsschritte zur Herstellung eines gefasten Tripelspiegels für kleine Stückzahlen und auf der Basis einer CNC-Bearbeitungsfolge vorgestellt. Wichtige Fertigungsanforderungen ergeben sich aus den vorstehend diskutierten Ergebnissen des optischen Designs. Hauptaugenmerk der Fertigung muss auf die Winkelgenauigkeiten der drei Flächen zu einander sowie in Bezug auf die Eintrittsfläche gelegt werden.

Der Prozess startet mit der Bereitstellung eines mit Aufmaß versehenden Zylinders (Tabelle 11.5). Dieser kann als Halbzeug aus einem optischen Glasstab zugerichtet oder durch Ausbohren aus einem Blockmaterial bereitgestellt werden. In einem ersten Arbeitsgang wird die Eintrittsfläche des Tripelspiegels durch eine Planbearbeitung komplett fertig bearbeitet. Zu diesen Schritten zählen das Vor- und Feinschleifen, das Anbringen einer Schutzfase sowie das Polieren der Eintrittsfläche (Bild 11.26). Im Anschluss erfolgt das Aufbringen eines Lackes zum Schutz der polierten Oberfläche. Durch diese Fertigbearbeitung der Eintrittsfläche kann im anschließenden Formgebungsprozess der Tripelflächen eine hohe Winkelgenauigkeit zur Eintrittsfläche erreicht werden. Des Weiteren wäre die Trennung der Arbeitsfolge Schleifen und Polieren (gemeint ist hier, dass zunächst alle Flächen geschliffen werden und im zweiten Prozessablauf alle Flächen poliert werden) für die CNC-Bearbeitungsfolge ungünstig. Es müsste eine zusätzliche Werkstückaufnahme für das Polieren der Grundfläche bereitgestellt werden. Durch die gewählte Ablauffolge, dass die Grundfläche zuerst vollständig bearbeitet wird, kann eine Werkstückaufnahme entfallen.

Das Werkstück wird mit der schutzlackierten Eintrittsfläche auf einen Präzisionstragkörper aufgekittet. Der Präzisionstragkörper sollte einen möglichst kleinen Spannfehler beim Einwechseln in die CNC-Schleif- und Poliermaschine verursachen. Vorzugsweise kann der Präzisionstragkörper mit dem Werkstück auch in die erforderlichen Messgeräte eingespannt werden. Bei sehr kleinen geforderten Winkelfehler des Tripelspiegels sollte ein zwischenzeitliches Ab- bzw. Umkitten vermieden werden.

Der Formgebungsprozess der Tripelflächen des Beispiels erfolgt in einem Vorschleifprozess auf einer CNC-Schleifmaschine. Der erste Vorschleifprozess kann vorteilhafterweise mit einem Trennschleifwerkzeug erfolgen. Somit wird sich schnell der Tripelform mit Aufmaß angenähert und das dafür erforderliche Spanvolumen reduziert.

Danach schließen sich ein Feinschleifprozess und das Anbringen der drei Schutzfasen an. Der dreiachsige (simultan) Vor- und Feinschleifprozess wird mit den Werkzeugen D126 und D64 für das Vorschleifen sowie D20 für das Feinschleifen durchgeführt. Den Zustand des Tripelspiegels nach dem Schleifprozess der Tripelform illustriert Bild 11.26. Nach einem gründlichen Reinigungsschritt werden wichtige Spiegelparameter geprüft bzw. gemessen. Sind die Anforderungen an Geometrie und Rauheit erfüllt, schließt sich der Polierprozess an. Gearbeitet wird mit einem Flächenwerkzeug, das in seiner Größe so ausgelegt wird, dass eine der drei Spiegelseiten komplett bearbeitet werden kann. Somit wird eine Politur mit geringen mittelfrequenten Fehlern möglich. Nach dem Polieren und Abkitten des Tripelspiegels erfolgen eine US-Reinigung, die Messung der Winkelgenauigkeiten sowie die Prüfung der Oberflächengüte.

Tabelle 11.5 Arbeitsgänge zum Fertigen eines Tripelspiegels

Einsatzmaterial	BK7, PK53, LAF34, ...	
Rohteil	Halbzeug Zylinder (zugerichtete Form mit Aufmaß)	
Arbeitsgang	**Beschreibung**	
001	Aufkitten F28	
002	Eintrittsfläche vorschleifen D64	
003	Eintrittsfläche feinschleifen D20	
004	Anbringen der Schutzfase D20	
005	Ebenheit prüfen	
006	Reinigen	
007	Eintrittsfläche polieren	
008	Reinigen	
009	Ebenheit und Sauberkeit prüfen	
010	Eintrittsfläche schutzlackieren	
011	Auf Präzisionstragkörper kitten	
012	Tripelflächen trennschleifen D126	CNC-Bearbeitung
013	Tripelflächen vorschleifen D64	CNC-Bearbeitung
014	Tripelflächen feinschleifen D20	CNC-Bearbeitung
015	Schutzfasen anbringen D20 (dreifach)	CNC-Bearbeitung
016	Reinigen, Prüfung der geometrischen Maße und der Rauheit	
017	Umspannen des Präzisionstragkörpers	
018	Tripelflächen vor- und feinpolieren mit flächigem Werkzeug	CNC-Bearbeitung
019	Lösen und reinigen	
020	Finale Prüfung der Winkel und der Sauberkeit	

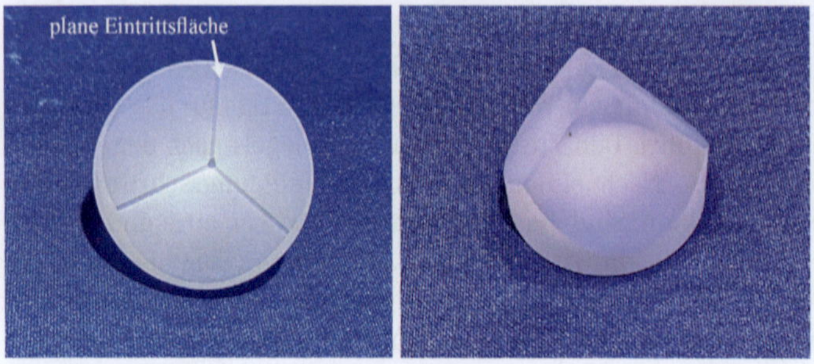

Bild 11.26
Tripelspiegel: links) polierte plane Eintrittsfläche, rechts) nach dem Schleifprozess der Seitenflächen

In Bild 11.27 ist das finale Bearbeitungsergebnis der Tripelspiegelfertigung dargestellt. Der gezeigte Spiegel verfügt im Unterschied zu dem in Bild 11.26 gezeigten Design über eine zusätzliche Anschlagfläche im Bereich der Eintrittsfläche als Montagefunktionselement. Bild 11.27 rechts illustriert mit der fotografierten Aufnahme der Eintrittsfläche die Wirkung der Totalreflexion des Spiegels.

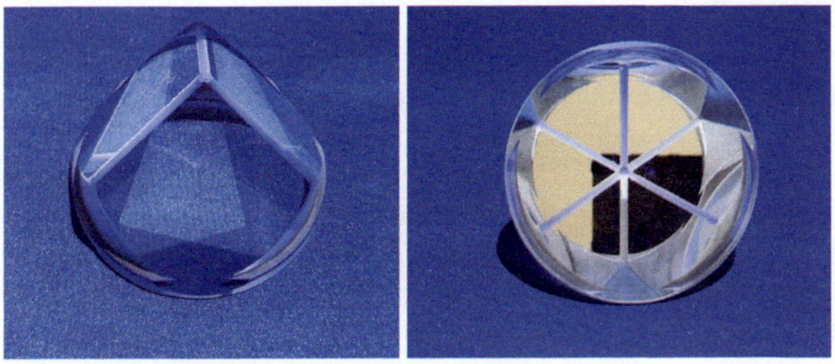

Bild 11.27
Polierter Tripelspiegel mit Montagefunktionselement: links) Ansicht der Tripelflächen, rechts) Ansicht der Eintrittsfläche

11.4 Messung von Winkelabweichungen

Für die Bestimmung von Winkelabweichungen optischer Flächen, in kleinen Bereichen und mit sehr hoher Präzision, werden sehr häufig Autokollimationsfernrohre (AKF) verwendet. In den verschiedenen Messanordnungen können Winkelfehler, Keilfehler, Flächenkippfehler oder auch Pyramidalfehler bestimmt werden. Die Einsatzbereiche sind sehr vielgestaltig und reichen von der Ebenheitsprüfung von planen optischen Flächen über die Bestimmung der Winkelgenauigkeit von prismatischen Bauelementen bis hin zur Justage von optischen Baugruppen und Systemen. Das Grundprinzip eines AKF ist in Bild 11.28 dargestellt. In Abschnitt 11.11 werden die Montageschritte zum Aufbau eines AKF näher vorgestellt.

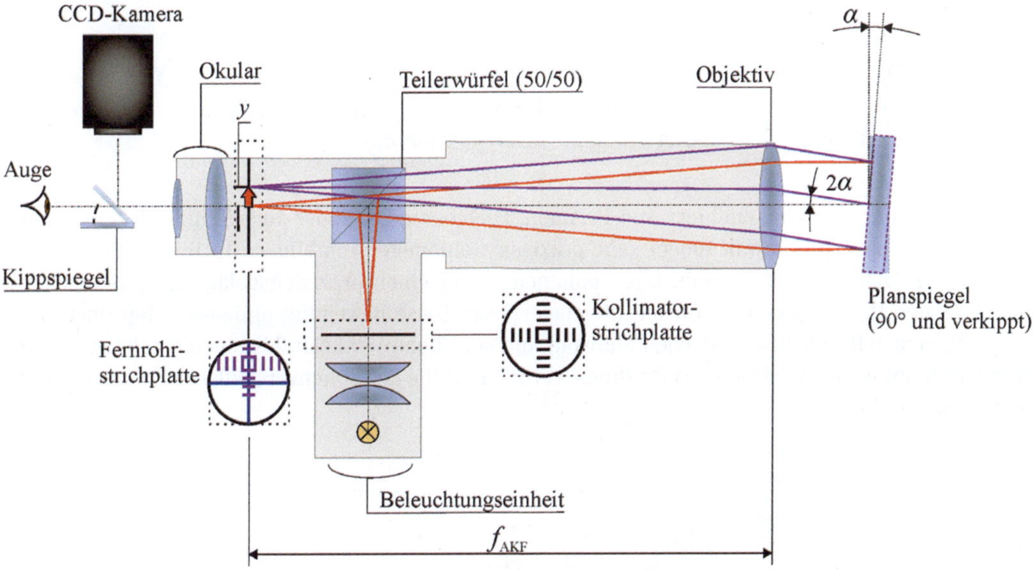

Bild 11.28 Darstellung des optischen Strahlengangs und der Funktionsweise eines Autokollimationsfernrohrs nach */Hage2009/*

Ein Autokollimator besteht aus einem Kollimator- und einem Fernrohrteil. Das System ist so ausgelegt, dass sich beide Strichplatten der Teilsysteme in der Brennebene des Autokollimatorobjektives befinden. Vom AKF fällt ein paralleles Strahlenbündel auf den Prüfling. Beim senkrechten Auftreffen des Bündels oder kleinen Winkeln wird ein Teil des Strahles wieder in das AKF reflektiert. Somit bildet sich die Kollimatorstrichplatte in der Bildebene des Fernrohrstrichkreuzes ab. Bei exakt 90° Auftreffwinkel wird das Strahlenbündel in sich zurück reflektiert und beide Strichmarken bilden sich deckungsgleich in der Beobachtungsebene ab. Wenn der Prüfling um den Winkel α zur optischen Achse des AKF verkippt wird, wandert das Autokollimationsbild um den Abstand y in der Bildebene. Durch folgende Beziehung ist die Winkelabweichung α berechenbar:

$$y = f_{\text{AKF}} \cdot \tan(2\alpha) \tag{11.1}$$

f_{AKF} Brennweite AKF

Im visuellen Strahlengang kann durch das Nachstellen einer Mikrometerschraube der Wert für y mit einer Genauigkeit von etwa 0,05 mm bestimmt werden. Beim Einsatz von CCD-Kameras kann softwaretechnisch der Winkelfehler berechnet und ausgegeben werden. Die Messgenauigkeit ist bei Verwendung einer hochauflösenden CCD-Kamera im Vergleich zum visuellen Ablesen höher. Durch die Messung in Reflexion geht der Winkelfehler α doppelt in die Abstandsgröße y ein, daher spricht man beim AKF auch von einer doppelten Messempfindlichkeit. */Hage2009/*

Beispiel:

Bei einer AKF-Brennweite von 350 mm, einem Skalenstrichabstand von 50 µm und einem abgelesenen Versatz von y = 3 Skalenteile ergibt sich nach Umstellen der Formel 11.1 für

$$\alpha = 0{,}5 \cdot \arctan\left(\frac{y}{f_{\text{AKF}}}\right)$$

ein Wert von 0,0128° bzw. 44,2" für den Winkelfehler.

Das Rechenbeispiel zeigt, dass man mit einem AKF Winkelfehler bis in den Bereich von Winkelsekunden sehr gut messen bzw. den Fehler auflösen kann.

Für die Messung von Winkelfehlern von Prismen, Polygonen, DKE oder auch Tripelspiegeln werden Autokollimationsfernrohre mit einem sehr präzisen Goniometer kombiniert. In Bild 11.29 ist diese prinzipielle Anordnung dargestellt. Das Goniometer stellt einen präzisionsgelagerten Drehtisch mit sehr genauen Drehbewegungen (meist luftgelagert) dar. Diese Bewegungseinheit verfügt über einen sehr genauen Teilkreis bzw. optischen Maßstab, um sehr hohe Winkelauflösungen erreichen zu können. Die zu messenden Flächen des Prüflings werden mithilfe des höhenverstellbaren Tisches parallel zur Drehachse justiert.

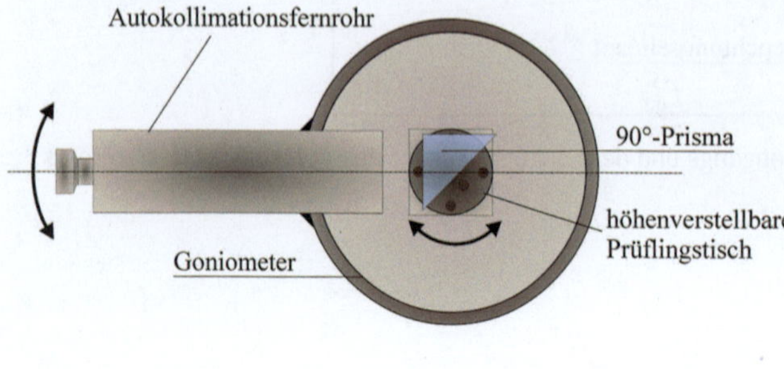

Bild 11.29
Funktionsprinzip einer hochgenauen Winkelmessung an einem 90°-Prisma

Moderne Messsysteme, basierend auf dem in Bild 11.29 gezeigten Grundaufbau, erreichen sehr hohe Winkelauflösungen. In Bild 11.30 ist ein System der Firma Trioptics abgebildet, das Winkelmessungen an Polygonen, Prismen und Keilplatten vollautomatisch gestattet und folgende Fehler ermitteln kann:

- Flächenkippfehler von Prismen und Polygonen,
- Keilfehler von optischen Fenstern,
- Winkel von Mikroprismen,
- Pyramidalfehler,
- Winkelendmaß.

Bild 11.30 illustriert die Messung eines 90°-Prismas und die Parameter des verwendeten Systems.

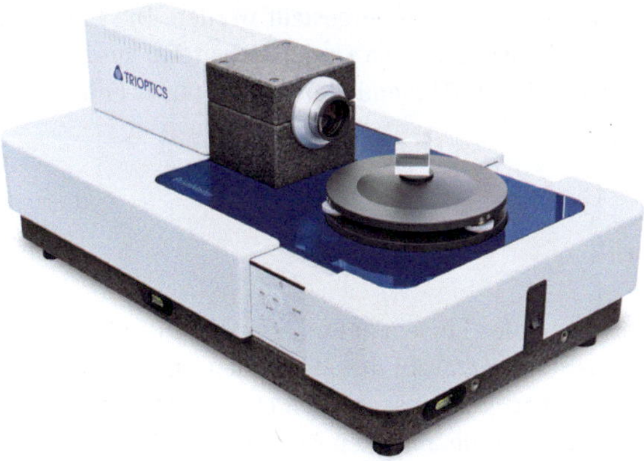

Bild 11.30
Messung eines 90°-Prismas mit dem PrismMaster der Firma Trioptics */Trio2021/*

Ausgewählte Systemparameter:
Systemgenauigkeit bis zu 0,25 arcsec
Pyramidalfehler bis zu 1 arcsec
Prüflingsdurchmesser bis zu 420 mm
Prüflingsgewicht bis zu 50 kg

Für die Winkeljustage der vorgestellten Dachkantelemente in Bild 11.5 kam ebenfalls ein Goniometeraufbau zum Einsatz. Die Halterungsvorrichtung mit beiden zu verbindenden eingespannten Glasquadern wurde in den Strahlengang des Goniometers (*Goniometer II* der Firma *Möller-Wedel)* eingebracht (Bild 11.31). Mittels der Spannschrauben wird der Innenwinkel α sukzessive über den frei beweglichen Aluminiumschenkel verändert und gemessen, bis der gewünschte Winkel erreicht ist. Anschließend wird der Keil (Stab) durch den Stempel in die mit Kleber benetzte Fase eingebracht und der Kleber mittels UV-Licht gehärtet.

Bild 11.31
Goniometeraufbau der Firma Möller-Wedel zur aktiven Winkeljustage von Dachkantelementen

11.5 Linsenfertigung

Auf plus.hanser-fachbuch.de finden Sie hierzu ein Video.

Der Einsatz von Linsen in optischen Systemen ist enorm vielfältig, insbesondere was die Linsenformen und -größen betrifft. Einerseits müssen z. T. sehr unterschiedliche Linsenformen (konvex, konkav, asphärisch) und andererseits Mikrolinsen (z. T. kleiner als 1 mm) bis hin zu Hochleistungslinsen (Durchmesser 300 mm) gefertigt werden. Diese sehr unterschiedlichen Linsenparameter erfordern eine Vielzahl von angepassten Bearbeitungstechnologien und -maschinen. Nachfolgend sollen zwei Fertigungsbeispiele exemplarisch in ihrem technologischen Ablauf vorgestellt werden. Die Beispiele wurden wiederum aus der CNC-Bearbeitung und der konventionellen Optikbearbeitung ausgewählt. Das Beispiel einer LED-Lupenfertigung soll gleichzeitig die zunehmende Komplexität bzw. Funktionalität von optischen Bauelementen verdeutlichen.

11.5.1 Linsenfertigung mit CNC-Technik

Ausgangspunkt der **Linsenfertigung** ist die Umsetzung der Linsenparameter anhand des Spezifikationsblattes des Optikdesigners. Nach einer Grobplanung, Auswahl der Maschinen und verfügbaren Werkzeugen, erforderlichen Mess- und Prüfverfahren, Fertigungskapazitäten etc., erfolgt die Feinplanung. Wichtige Maßnahmen sind hierbei die Erstellung eines detaillierten Arbeitsplanes mit den erforderlichen technologischen Schritten und Prüfanweisungen, Planung der Personalkapazitäten und ggf. den erforderlichen Fremdleistungen. Dazu gehören aber auch das Erstellen der CNC-Programme und verbindlichen Prüfvorschriften sowie die Kostenkalkulation. Entsprechend den zu fertigenden Stückzahlen ist die Art des Rohteils auszuwählen. Im nachfolgenden Linsenbeispiel wurden vorgeschliffene Rohlinge der zylindrischen Abmessung (⌀ 40 mm und $d = 12$ mm) eingesetzt. Eine Bearbeitung von Presslingen wäre ebenfalls möglich. Der technologische Ablauf sieht die grobunterteilten Prozessstufen vor:

1. Vor- und Feinschleifen,
2. Reinigen und Prüfen,
3. Polieren,
4. Reinigen und Prüfen,
5. Zentrieren sowie Reinigen und Endkontrolle.

Das Schleifen der sphärischen Linse (1. Seite konkav $R = -237{,}67$ und 2. Seite konvex $R = 88{,}485$) erfolgt auf einer Doppelspindel-Schleifmaschine mit Wendesystem; d. h. die Maschine kann nach der Erstseitenbearbeitung mit dem Wendesystem das Bauteil auf die 2. Werkstückspindel automatisch übergeben. Das Vor- und Feinschleifen wird aufgrund der kleinen Stückzahlen mit Ringwerkzeugen geplant. Beide Operationen werden mit Diamantwerkzeugen **D76** zum Vorschleifen und **D15** zum Feinschleifen ausgeführt (Bild 11.32). Nach dem Feinschleifarbeitsgang wird mit gleichem Werkzeug und in derselben Aufspannung jeweils das Anbringen einer Schutzfacette vorgenommen. Somit können Beschädigungen des Poliermittelträgers im nachfolgenden Polierprozess weitestgehend ausgeschlossen werden.

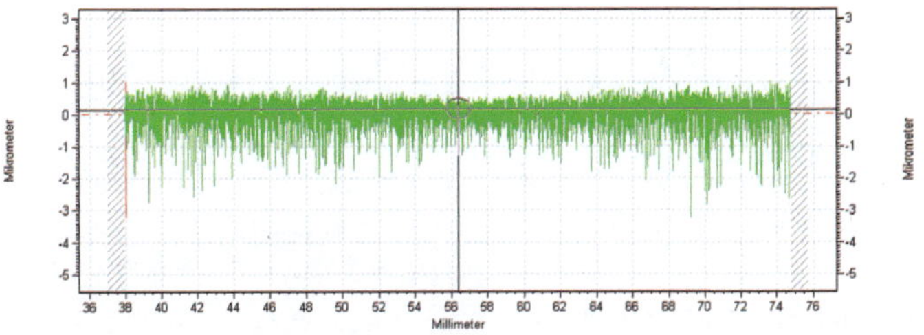

Bild 11.32
Rauheit und Form nach dem Feinschleifen (R_q = 0,3 µm; R_t = 3,2 µm)

Der Synchro-Speed-Polierprozess erfolgt auf einem Aluminiumwerkzeug mit Polyurethanfolie unter der Verwendung einer Ceroxid-Poliersuspension. Bei diesem Prozess ist eine Werkzeugkorrektur möglich. Dazu muss die Linse nach dem ersten Polierarbeitsschritt vermessen werden, und es erfolgt eine Korrektureingabe der ermittelten Formabweichung. Die Maschinensteuerung berechnet die erforderlichen Korrekturdaten, nach denen das Abrichten des Polierwerkzeuges erfolgt. Bei einem Polierdruck von 1 bar ergibt sich eine erforderliche Polierzeit von 120 s. Im anschließenden Zentrierarbeitsgang erfolgen eine Randbearbeitung des Außendurchmessers und die Beseitigung des Zentrierfehlers. In der gleichen Aufspannung kann ein abschließendes Facettieren der randbearbeiteten Flächen vorgenommen werden (siehe auch Tabelle 11.6).

Tabelle 11.6 Arbeitsgänge zum Fertigen einer Sammellinse */Jena2007-2/*

Einsatzmaterial Rohteil		Bikonvexlinse BK7, F2, LF5, ... Rohling: Durchmesser: 40 mm Dicke: 12 mm	
Arbeitsgang (AG)		**Beschreibung**	
Schleifen	001	Rohling spannen	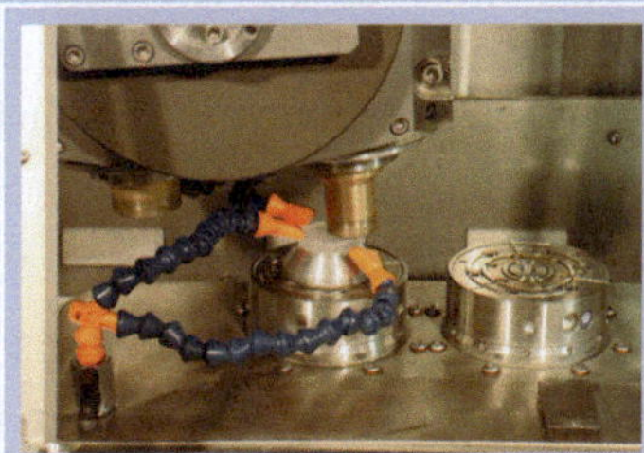
	002	1. Seite vor- und feinschleifen (D76; D15)	
	003	Schutzfase schleifen (D15)	
	004	Linse reinigen und umspannen	
	005	2. Seite vor- und feinschleifen (D76; D15)	
	006	Mittendicke inline taktil messen	
	007	Schutzfase schleifen (D15)	
	008	Rauheit und Formgenauigkeit prüfen	
Polieren	009	Polierwerkzeug (R = – 237,67) abrichten	
	010	1. Seite polieren	
	011	Prüfen von Politur und Passe (ggf. AG 009, 010 wiederholen)	
	012	Polierwerkzeug (R = 88,485) abrichten	
	013	2. Seite polieren	
	014	Prüfen von Politur und Passe (ggf. AG 012, 013 wiederholen)	

Tabelle 11.6 *Fortsetzung*

Einsatzmaterial Rohteil		Bikonvexlinse BK7, F2, LF5, ... Rohling: Durchmesser: 40 mm Dicke: 12 mm	
Zentrieren	015	Optik manuell auf Spannglocke ausrichten	
	016	Spannen zwischen Spannglocken, Selbstzentrierung	
	017	Zentrier- bzw. Randschleifen	
	018	Prüfen des Durchmessers	
	019	Facettieren der beiden optischen Flächen	
	020	Reinigen und Endprüfung der Linsenparameter	

11.5.2 Messung des Linsenradius

Die Messung des Linsenradius erfolgt typischerweise während der Bearbeitung und nach der Politur. Für diese zwei verschiedenen Messaufgaben werden zwei Verfahren eingesetzt. Mit einem Ringsphärometer wird berührend im Bearbeitungsprozess der Linsenradius kontrolliert (siehe Abschnitt 7.4.5.2). Bei diesem Messprinzip ist auf eine entsprechende Sauberkeit beim Prüfen zu achten. Die Linsen werden hierfür zentrisch auf einen Präzisionsring aufgesetzt, dessen exakte Größe bekannt ist bzw. ermittelt werden muss. Zur Kalibrierung wird eine Präzisionsplanplatte auf den Sphärometerring aufgesetzt. Mittels dieser Platte wird die Referenzposition (der Nullpunkt) für die anschließende Probenmessung bestimmt. Danach wird die Linse aufgelegt und mit dem Messtaster, der in der Symmetrieachse des Sphärometers angeordnet ist, die sagittale Höhe der Linsenoberfläche bestimmt.

Typische Radienmessbereiche sind:

- konvexer Radius (CX): + 2 mm – ∞,
- konkaver Radius (CC): – 4 mm – ∞.

Der Radius kann bei sorgfältiger Kalibrierung mit einer Genauigkeit von ± 0,05 % geprüft werden */Trio2021/*.

Nach dem Polierprozess kann eine berührungslose Messung mit einem Interferometer erfolgen. Die Interferogramme ermöglichen neben der Bestimmung des Radienfehlers auch eine vollflächige Auswertung der Oberflächenformabweichungen.

11.5.3 LED-Lupenfertigung

In allen Prozessstufen der optischen Fertigung ist die Lupe ein wichtiges Prüfmittel, um optische Oberflächen visuell zu begutachten. Im Fertigungsprozess werden Oberflächenzustände nach Defekten geprüft, wobei i. d. R. die Prüfung mit einer 6-fachen Vergrößerung erfolgt. Im nachfolgenden Beispiel der LED-Lupe (LED – light-emitting diode) wird der optische Strahlengang genutzt, um eine Strahlformung der LED-Strahlung durchzuführen und das zu betrachtende Objekt zu beleuchten.

11.5.3.1 Konstruktive Lösung

Die Entwicklung von der Idee zum realisierten Bauteil erfolgt entsprechend der beschriebenen Phasen in Tabelle 4.1. Ausgangspunkt der Entwicklung ist die Definition und Erstellung eines Spezifikationsblattes aller wichtigen Produkteigenschaften (siehe Abschnitt 4.5).

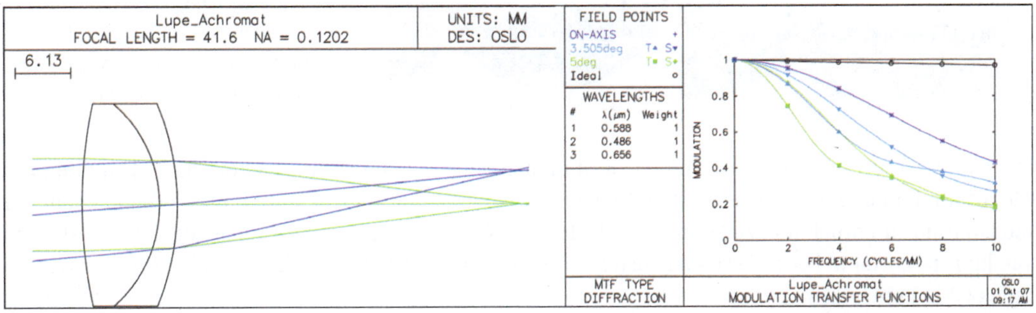

Bild 11.33 Prinzipieller Strahlengang der 6-fach Lupe: links) Strahlengang, rechts) Modulationsübertragungsfunktion

Die Qualität der Abbildung einer Lupe wird maßgeblich durch die Wahl der optischen Bauelemente bestimmt. Bild 11.33 zeigt eine Linsenanordnung, die für die Lupenanwendung in der Feinoptik typisch ist. Durch die Anordnung einer Bikonvex- und Meniskuslinse erhält man eine ausreichende Abbildungsleistung und Korrektur von Abbildungsfehlern.

Nach der Berechnung des optischen Strahlenganges erfolgt die mechanisch-optische Konstruktion. Wichtige zusätzliche Anforderungen an die Konstruktion lassen sich folgendermaßen zusammenfassen:

1. Integration von sechs LEDs in den Strahlengang und in das Lupengehäuse,
2. Verwendung eines Li-Ionen-Akkus, aufladbar durch im Lupengriff integrierte Elektronik,
3. Ablage der Lupe in eine Ladeschale,
4. Aufnahme des Akkus in den Lupengriff,
5. einfacher Wechsel des Akkus nach Lebensdauerende,
6. spritzwassergeschützter Aufbau,
7. Temperaturbereich von 0 °C - 40 °C.

Bild 11.34 stellt eine mögliche konstruktive Umsetzung der LED-Lupe dar. Das Lupenteil besteht für die 6-fache Vergrößerung aus:

- der Bikonvex- und Meniskuslinse,
- der optoelektronischen Komponente mit LEDs und Ringplatine,
- der Elektronik zur Helligkeitssteuerung und Aufladung des Li-Ionen-Akku,
- dem Li-Ionen-Akku,
- den mechanischen Fassungsteilen.

Die Fassung der Linsen erfolgt mit einem definierten Abstandsring und zwei Vorschraubringen gegeneinander als mechanischer Anschlag. Um die Linsen sicher zu zentrieren, werden die Linsen innerhalb der Vorschraubringe gelagert.

Bild 11.34
Detailansichten der optisch-mechanischen Konstruktion des Lupenteils: links) Aufnahme für Linsen und LED-Leiterplatte, rechts) Fassen und Lagesicherung mit Vorschraubring

Die zweite Baugruppe wird durch eine Ladestation gebildet. Sie muss eine elektrische Verbindung zur Elektronik im Lupengriff sicherstellen. Gleichzeitig soll die Station eine gute Haptik ermöglichen, um die Lupe sicher entnehmen zu können. Bild 11.35 illustriert eine konstruktive Lösung der Ladestation. Die hier dargestellte Form lässt sich vorteilhafterweise im Spritzgussverfahren für mittlere bis große Stückzahlen umsetzen.

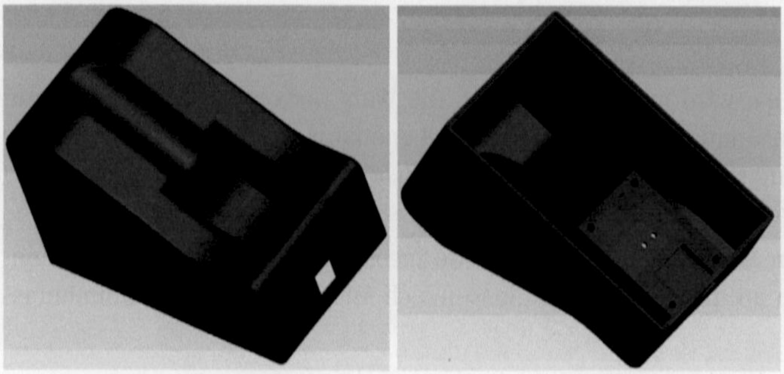

Bild 11.35
Konstruktive Lösung der Ladestation: links) Vorderansicht mit Lupenablage, rechts) Rückansicht mit Raum für Ladeteil

Eine bewährte Methode zur fehlerminimierten Umsetzung der konstruktiven Lösungen in einen Prototyp ist die Anwendung eines Rapid-Prototyping-Verfahrens. Somit kann in relativ kurzer Zeit aus dem virtuellen Bauteil ein reales Produkt hergestellt werden. Für diese Prototypenphase steht eine Reihe von Verfahren zur Verfügung, um erste Prototypen und Funktionsmodelle zu fertigen und damit die Konstruktion zu überprüfen und mögliche Fehler zu ermitteln.

11.5.3.2 Fertigung der Linsen

Im Abschnitt 11.5.1 wurde die Fertigung von sphärischen Linsen mit der CNC-Technik beschrieben. Der Vollständigkeit halber sind im Folgenden die Arbeitsgänge der Linsenfertigung auf dem konventionellen Weg in der Tabelle 11.7 zusammengefasst. Diese Technologie ist für die Fertigung von kleineren bis mittleren Losgrößen gut geeignet. Bei größeren Stückzahlen können als Halbzeuge auch Glaspresslinge vorteilhaft eingesetzt werden. Eine Vergütung der Linsenoberflächen ist für viele Anwendungsbereiche nicht erforderlich. Insbesondere durch die LED-Beleuchtung sind die Reflexionsverluste an den Grenzflächen vernachlässigbar.

Tabelle 11.7 Arbeitsgänge zum Fertigen der Lupenlinsen

Einsatzmaterial Rohteil	Bikonvexlinse BK7 Platten getrennt, Dicke 9,5 mm
Arbeitsgang	**Beschreibung**
001	Auf Glasplatte Quadrate von 27 mm Seitenlänge aufzeichnen
002	Glassplatte mit Glastrennmaschine segmentieren
003	Werkstücke auf Blasen und Schlieren prüfen
004	Glassegmente zu einer Säule zusammenkitten (Kitt F)
005	Säule rundieren auf Durchmesser 23,5 - 0,2 mm (D64)
006	Entkitten und reinigen
007	Werkstück erwärmen, eine Seite Kitt C einstreichen und auf Einzeltragkörper kitten
008	Konvexe Fläche Radius 14,415 vorläppen (F200 - F600)
009	Konvexe Fläche Radius 14,415 feinläppen (F800 - WCA9)
010	Konvexe Fläche Radius 14,415 vorpolieren mit Folienschale
011	Konvexe Fläche Radius 14,415 feinpolieren mit Pechschale (Ausführung 3/3(02), 5/5(0,1) (Opaline))
012	Werkstück abschlagen und reinigen (Schutzlack)
013	Werkstücke mit den konvexen Flächen auf planen Mehrfachtragkörper kitten (Kitt B)
014	Auf Dicke 8,85 mm läppen (F400 - F600)
015	Entkitten und reinigen
016	Werkstück erwärmen, eine Seite Kitt C einstreichen
017	Werkstücke mittels Hilfswerkstoff in hohle Einlegeschale mit dem Radius 52,6 einlegen (Ränder der Linsen müssen aufsitzen), Besetzung 12 Stück
018	Auf erhabenen Mehrfachtragkörper eine Kittschicht (Kitt D) von 8 mm Dicke auftragen, erwärmen und auf Werkstücke, welche in Einlegeschale eingelegt sind, aufsetzen
019	Werkstücke auf Mehrfachtragkörper vor- und feinläppen (F 400 - WCA 9)
020	Werkstücke polieren, Ausführung 3/3(0,2); 5/6×0,1 (Opaline)
021	Entkitten und reinigen
022	Werkstücke prüfen 5/6×0,10 und Dicke 8,6 ± 0,2 mm nachmessen
023	Werkstücke zentrieren auf Durchmesser 22h11
024	An konvexe Fläche Radius 51,225, Schutzfase bis 0,3 schleifen (F600)
025	Fertige Linse prüfen: 5/6×0,1

Tabelle 11.8 Arbeitsgänge zum Fertigen der Lupenlinsen

Einsatzmaterial Rohteil	Konvexkonkavlinse F2 Platten getrennt, Dicke 9,5 mm
Arbeitsgang	**Beschreibung**
001	Auf Glasplatte Quadrate von 27 mm Seitenlänge aufzeichnen
002	Glassplatte mit Glastrennmaschine segmentieren
003	Werkstücke auf Blasen und Schlieren prüfen
004	Glassegmente zu einer Säule zusammenkitten (Kitt F)
005	Säule rundieren auf Durchmesser 24,2 – 0,2 mm (D64)
006	Entkitten und reinigen
007	Werkstück erwärmen, eine Seite mit Kitt C bestreichen und auf passenden Einzeltragkörper kitten
008	Konkave Fläche, Radius 14,415, auf Durchmesser 23,2+0,2 mm läppen (F200 – F600), Maßstab benutzen
009	Schutzfase 0,3 läppen
010	Konkave Fläche, Radius 14,415, auf Durchmesser 23,5 mm feinläppen (F800 – WCA9)
011	Auf erhabener Folienschale anpolieren, Ausführung mittels Probeglas 3 bis 5 Ringe am Rand anliegen lassen
012	Konkave Fläche, Radius 14,415, auf erhabener Pechschale (oder Folienwerkzeug) polieren, Ausführung 3/3 (0,2), 5/6 × 0,10
013	Werkstück abschlagen und reinigen
014	Konkave Fläche auf einen Durchmesser von 23,2 mm anfasen, Fasenmessgerät oder Maßstab benutzen
015	Werkstücke mit der konkaven Fläche auf planen Mehrfachtragkörper kitten (Kitt B)
016	Auf Dicke 8,1 – 0,05 mm läppen (F400 – F600), Tiefenmaß benutzen. Dicke = Pfeilhöhe + Mittendicke + Plustoleranz
017	Entkitten und reinigen
018	Werkstücke erwärmen, polierte Fläche mit Kitt C bestreichen
019	Werkstücke mit Hilfsmittel in konkave Einlegeschale mit dem Radius 30,5 einlegen (Ränder der Linsen müssen aufsitzen), Besetzung 4 Stück
020	Auf konvexem Mehrfachtragkörper eine Kittschicht (Kitt C) von ≈ 5 mm Dicke auftragen, erwärmen und auf Werkstücke, welche in Einlegeschale eingelegt sind, aufsetzen
021	Werkstücke, welche auf konvexem Mehrfachtragkörper gekittet sind, läppen und feinläppen (F400 – WCA9) Richtpunkte wegschleifen (F600)
022	Werkstücke polieren, Ausführung 3/3(0,2), 5/6 × 0,10
023	Entkitten und reinigen
024	Werkstück prüfen: 5/6 × 0,10 und Mittendicke 2 ± 0,2 mm nachmessen
025	Werkstück zentrieren auf Durchmesser 22h11 (Spannzentrieren)
026	An konvexe Fläche Schutzfase 0,3 mm und an konkave Fläche Schutzfase 0,5 mm läppen (F600)

Einsatzmaterial Rohteil	Konvexkonkavlinse F2 Platten getrennt, Dicke 9,5 mm
027	Fertige Linse prüfen: 5/6x0,10
	Montage
001	Linsen zueinander ausrichten
002	Mit UV-Kleber Linsen fügen

11.5.3.3 Optoelektronische Komponenten

Die LED-Elektronik besteht aus drei Komponenten: Ringplatine, Steuerplatine und Li-Ionen-Akku. Die LEDs sind auf der Ringplatine gleichmäßig verteilt angeordnet. Der Einsatz der **SMT** (**Surface Mount Technology**) erlaubt die Integration der Steuerung und der Ladeelektronik auf einer Platine. Die Ladeschale dient somit nur zur Ablage der Lupe und der Bereitstellung einer Spannungsversorgung. Die Steuerplatine hat die Aufgaben, die Helligkeit der LEDs in Stufen einzustellen und den Akkuladezustand zu überwachen. Die Herstellung der Schaltungsträger erfolgt aus dem Standardmaterial (FR4, 2-lagig, 35 μm Kupferauflage). Die Bestückung der SMD-Bauteile kann mit einem SMD-Bestückungsautomaten durchgeführt werden. Bedrahtete Bauelemente (LEDs, Steckverbinder) werden per Hand verlötet. Alle Komponenten der Elektronik sind RoHS-konform auszuführen */Rich2003/*. In der Tabelle 11.8 sind die einzelnen Arbeitsgänge aufgelistet. Die LED-Anordnung auf der Leiterplatte illustriert Bild 11.36.

Tabelle 11.8 Arbeitsgänge zum Fertigen der optoelektronischen Baugruppe

Bauelemente	Mit LEDs bestückte Ringplatine, Elektronikplatine, Li-Ionen-Akku
Arbeitsgang	**Beschreibung**
001	Leiterplattenentwurf mit CAD-System (z. B. Altium Designer, Orcad, P-CAD)
002	Fertigung Leiterplatten
003	Bestücken der SMD-Bauelemente auf Bestückungsautomaten und Verlöten
004	Löten der durchsteckbaren Komponenten (LEDs, Steckverbinder, Taster)
005	Test

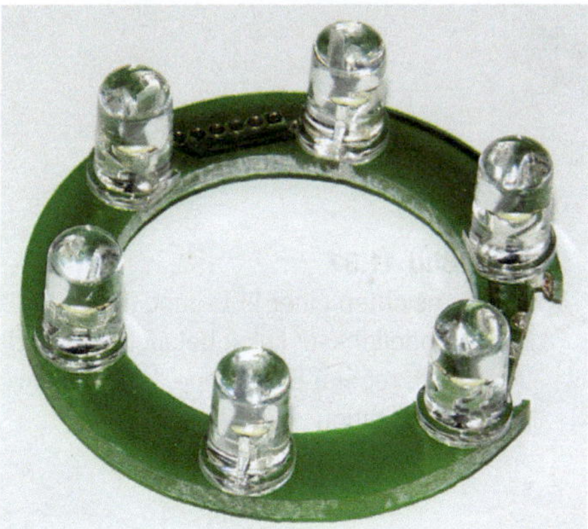

Bild 11.36
Ansicht der LED-Anordnung mit Platine

Montage

Die konstruktive Lösung gestattet einen sehr einfachen und schnellen Montageprozess. Lupenteil und Ladestation werden separat montiert. In der Modell- und Vorserienphase erfolgt der Montageprozess manuell. Für eine höhere Stückzahl ist aufgrund der Montageanforderungen ein teil- oder vollautomatisierter Prozess durchführbar. Die Tabelle 11.9 fasst die erforderlichen Montagearbeitsgänge zusammen.

Tabelle 11.9 Arbeitsgänge zum Montieren des Lupenteils und der Ladestation

	Lupenmontage
Optische Komponenten	Bikonvexlinse (BK7) und Meniskuslinse (F2)
Elektronische Bauelemente	Ringplatine (LEDs), Steuerplatine (Lade-IC, µController, Taster), Li-Ionen-Akku, diverse passive Bauelemente
Mechanische Bauelemente	Lupenteil, Vorschraubringe, Lupengriff, Griffdeckel, Ladestation mit Grundplatte, Schrauben M4 × 8
Arbeitsgang	**Beschreibung**
001	Einsetzen der Platinen in das Lupengehäuse
002	Verlöten der Steckverbinder
003	Fischen der Linsen
004	Einsetzen der Linsen und Arretierung mit Einschraubringen
005	Einkleben des Griffes, definierte Lagefixierung bis zur Aushärtung des Klebers
006	Einsetzen von Akkus und Kontaktfeder
007	Einschrauben des Griffdeckels, Funktionstest

Bild 11.37 illustriert das montierte Lupenteil und die komplette Baugruppe LED-Lupe. Die anzuwendenden Fertigungstechnologien sind stark von der Stückzahl bzw. Losgröße abhängig. Bei kleineren Stückzahlen lassen sich die Fassungselemente durch spanende Verfahren effizient herstellen. Größere Stückzahlen erfordern den Einsatz von Spritzgusswerkzeugen, um die Bauteilkosten minimieren zu können. Die Kosten für die optoelektronische Baugruppe verringern sich aufgrund der Nutzungsmöglichkeit effizienterer Fertigungstechnologien ebenfalls für größere Stückzahlen erheblich.

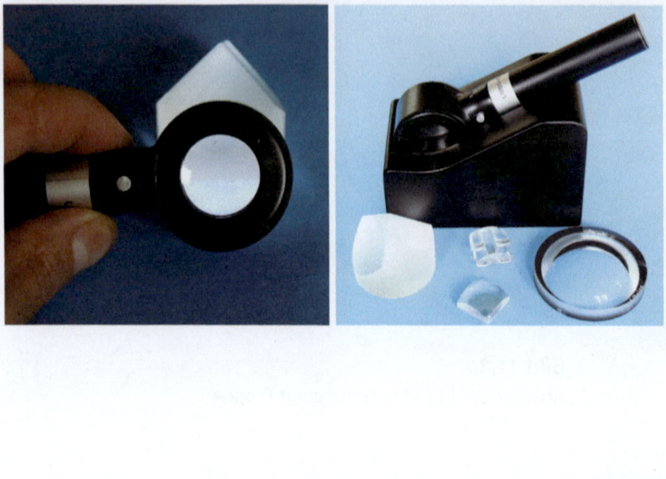

Bild 11.37
Ansichten einer LED-Lupe in der Modellphase: links) beleuchtetes Bildfeld, rechts) Baugruppe, Lupenteil mit Ladestation

11.6 Fertigung asphärischer Bauteile

Auf plus.hanser-fachbuch.de finden Sie hierzu ein Video.

Die Fertigung von **asphärischen Funktionsflächen** gewinnt aufgrund der ausgeführten Vorteile hinsichtlich der erreichbaren Abbildungsleistung zunehmend an Bedeutung. Die Strahlengänge in Bild 11.38 verdeutlichen die Vorteile einer asphärischen Linse gegenüber einer sphärischen Linse. Die Strahlfokussierung bei einer Sphäre erfolgt nicht exakt in einem Brennpunkt, sondern es entstehen sphärische Aberrationen (auch als Öffnungsfehler bekannt). Dieser Schärfefehler bewirkt, dass achsnahe Strahlen und Strahlen mit zunehmendem Abstand von der optischen Achse nicht die gleiche Schnittweite besitzen (Bild links). Die Folge sind Bilder mit einer gewissen Unschärfe. Asphärische Flächen können wesentlich besser achsnahe und achsfernere Strahlen in der Bildebene vereinen und führen damit zu einer höheren Schärfe in der Abbildung (Bild rechts). Durch den Einsatz von Asphären lässt sich die Anzahl von optischen Flächen in einem System meist reduzieren. Jedoch ist ihr Herstellungsprozess aufwendiger im Vergleich zu einer Sphäre.

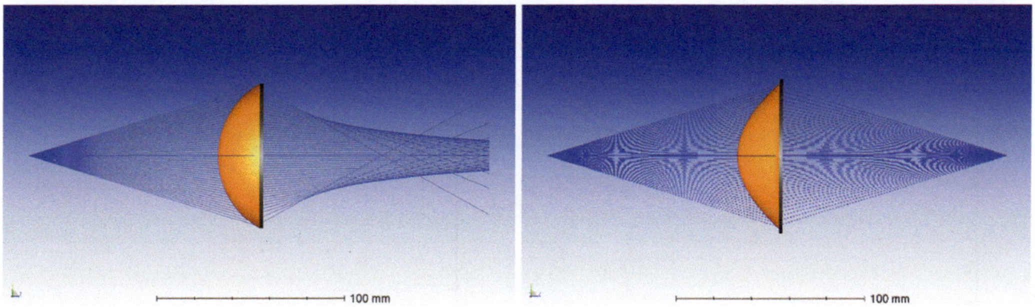

Bild 11.38 Darstellung des Strahlengangs von Linsen: links) plan-sphärische Linse, rechts) plan-asphärische Linse

In Bild 11.38 sind ausgewählte Simulationsergebnisse zur Veranschaulichung der Korrekturmöglichkeiten durch das Einbringen asphärischer Flächen/Komponenten dargestellt. Für den Simulationsvergleich wurden folgende Festlegungen getroffen:

- Bezugswellenlänge: 550 nm,
- freie Apertur der optischen Bauelemente: 75 mm,
- Betrachtung eines divergenten On-axis-Strahlenbündels im Strahleingang, das sich 100 mm vor der optischen Komponente befindet,
- Abstand von der Bildebene zur zweiten Linsenfläche: 120 mm.

Zusätzlich wurden folgende Optimierungsgrenzen festgelegt, um unrealistischen Resultaten vorzubeugen:

- Mittendicke: 25 mm,
- Randdicke: 2 mm,
- Pfeilhöhe der Korrekturfläche: ca. 22,5 mm (erzeugt ähnliches Glasvolumen),

- Variablen bei der Plan-Sphäre: Frontseite der Komponente (sphärische Fläche) und Mittendicke,
- Variablen bei der Plan-Asphäre: Frontseite der Komponente (asphärische Fläche), konische Konstante plus die ersten 5 Ordnungen der geraden Asphärenterme sowie Mittendicke.

In beiden Fällen soll eine Optimierung zu einer bestmöglichen Minimierung der Spot-RMS erreicht werden. Ausgewählte Simulationsergebnisse illustriert die Tabelle 11.10.

> Detaillierte Ausführungen zu den Simulationsergebnissen sind auf plus.hanser-fachbuch.de hinterlegt.

Tabelle 11.10 Gegenüberstellung ausgewählter Simulationsergebnisse zwischen Sphäre und Asphäre mit Zemax

Sphäre	Asphäre
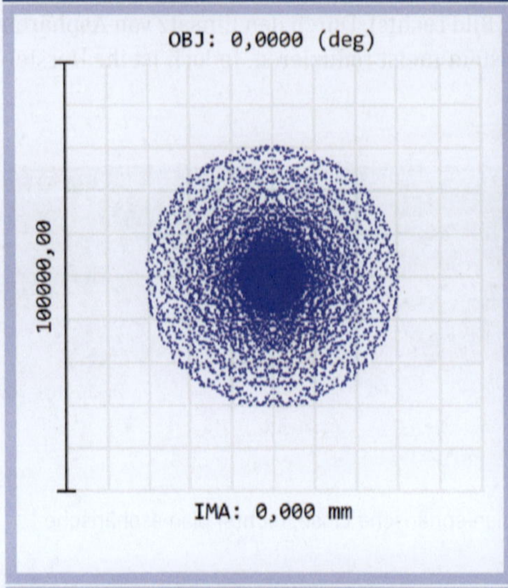	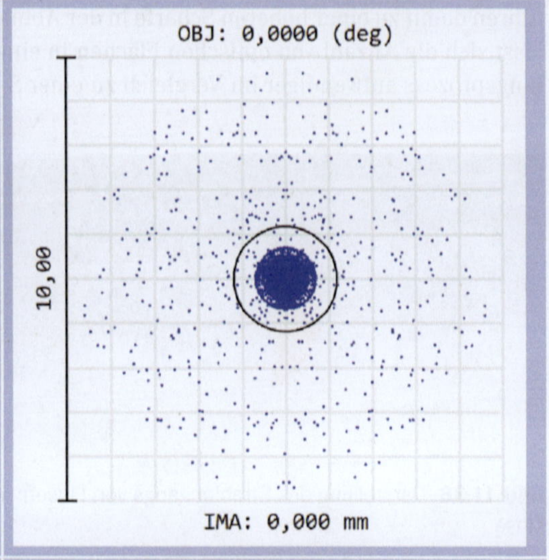
Spot-Diagramm (Maßstab 100 000 µm)	Spot-Diagramm (Maßstab 10 µm)
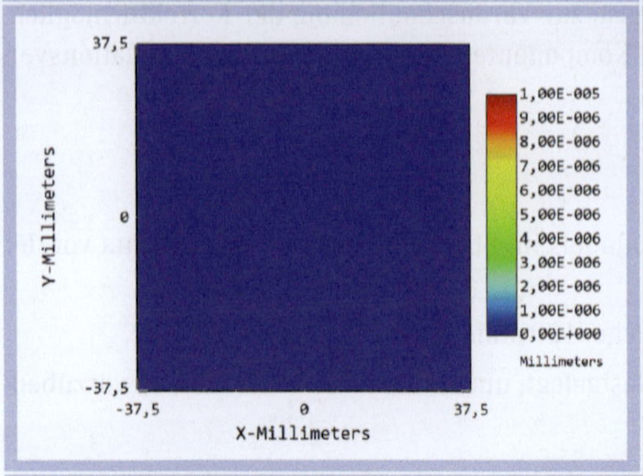	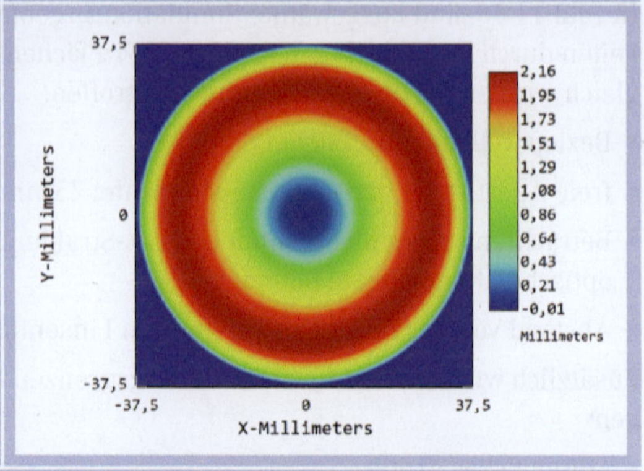
Sag-Darstellungen: Flächenanteile nach Abzug einer Best-Fit-Sphäre (Falschfarbendarstellung)	

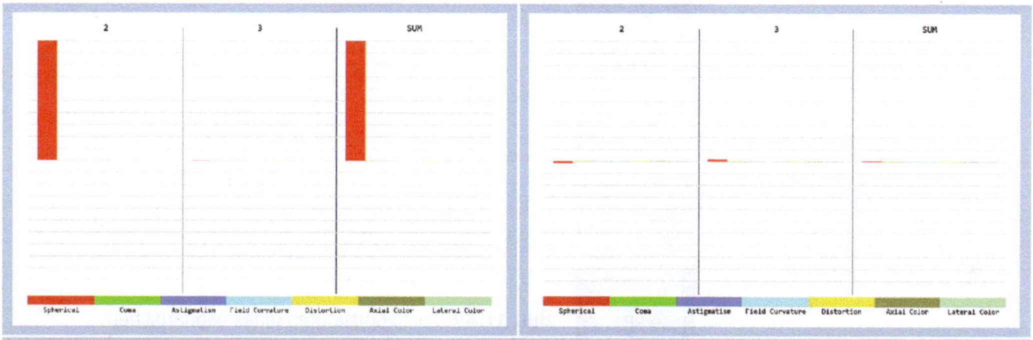

Seidel-Diagramme (gleiche Maßstäbe – maximal 10 mm)

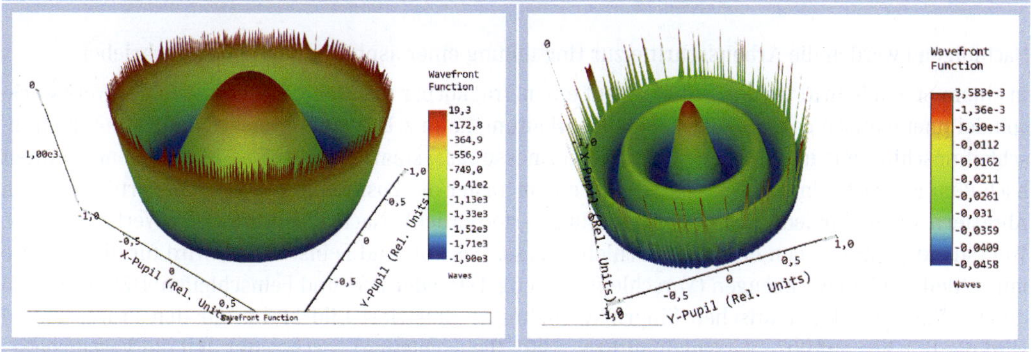

Wellenfrontfehler-Diagramme in der Bildebene (links: PV ~ 1920 λ, rechts: PV ~ 0,05 λ)

Asphärische Flächen können mit unterschiedlichen Verfahrenstechnologien erzeugt werden. Neben dem Spritzgießen, Blankpressen und der Ultrapräzisionsbearbeitung besitzen die Verfahren des Spanens mit geometrisch unbestimmter Schneide ein großes Einsatzpotenzial. Das Anwenden dieser innovativen Verfahrenstechnologien ermöglichen die Maschinen und Messverfahren der Firmen Optotech, Satisloh und Schneider. Essenziell für die erfolgreiche Bearbeitung asphärischer Bauelemente ist die sorgfältig aufeinander abgestimmte Prozesskette, die insbesondere sehr stark von der Wechselwirkung „Fertigen und Messen" bestimmt ist. Bild 11.39 fasst die wichtigsten Prozessstufen zusammen. Für hohe Anforderungen an die zulässigen Formabweichungen solcher Oberflächen müssen i.d.R. aufwendige Korrekturschritte des Polierens vorgesehen werden, wobei sich in iterativen Schritten der Solloberfläche angenähert wird.

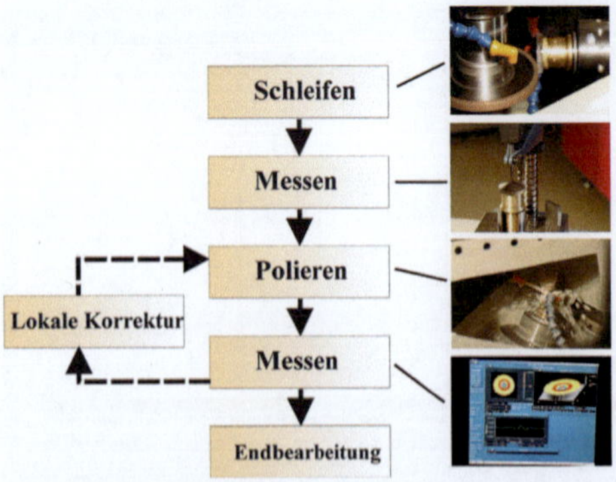

Bild 11.39 Fertigungsstufen eines asphärischen Bauelementes */Jena2007-3/*

Nachfolgend werden die Arbeitsschritte zur Herstellung einer asphärischen Linse beschrieben.

In einem ersten Schritt wird der Rohling auf einen Tragkörper manuell gekittet und in die Werkstückspindel pneumatisch gespannt. Die Schleifbearbeitung kann z. B. auf einer mehrspindligen Asphärenschleifmaschine mit integriertem Werkzeugvermessungssystem erfolgen. Das Messsystem ermittelt nach dem Einwechseln des Werkzeuges mit einem Taster die Position der Werkzeugoberfläche durch Abrastern (nicht für jede Prozesswiederholung erforderlich). Nach Ermittlung der Werkzeug- bzw. Werkstücknullpunktlagen erfolgt der Schleifprozess. Das Vor- und Feinschleifen wird für die Asphäre mit Schleifscheibenwerkzeugen (Vorschleifwerkzeug: D46 oder D64 und Feinschleifen: D20 oder D10) durchgeführt. Die kinematischen Eingriffsverhältnisse illustriert Bild 11.40. Für den Prozessablauf wird die B-Achse auf 90° (Vorschleifen) bzw. - 90° (Feinschleifen) geschwenkt und die Verfahrbewegung durch die simultane Bewegung der X- und Y-Achse realisiert. Da die Asphäre meist nicht zentriergeschliffen wird (im Gegensatz zu den meisten sphärischen Linsen), erfolgt im Anschluss an den Feinschleifprozess die Randbearbeitung durch einen Außenrundschleifprozess. Die B-Achse nimmt für diesen Arbeitsgang die 0°-Stellung ein. In der darauffolgenden Messprozessstufe werden relevante Daten, Außendurchmesser, Scheitelhöhe, Oberflächenrauheit und Formabweichung erfasst. Ggf. müssen sich Korrekturschleifprozessstufen anschließen.

Das Polieren der geschliffenen Oberfläche erfolgt zunächst in einer Vorpolierstufe mit zonalem Polierwerkzeug. Die Anordnung und die kinematischen Verhältnisse des Polierens veranschaulicht Bild 11.40. Poliert wird mit einer Ceroxidsuspension mit dem Ziel der schnellen Beseitigung von Tiefenschädigungen und mittelfrequenten Fehlern. Die Polierwerkzeuge werden je nach Form der Asphäre in ihrer Form bzw. Größe angepasst. I. d. R. wird ein Verhältnis des Werkzeugdurchmessers zum Linsendurchmesser von ca. 1 : 4 gewählt. Der Polierdruck wird durch das Anfahren der CNC-Achse gegen die Glasoberfläche mit einem bestimmten Minuswert (negativer Druck) erzeugt. In einer zweiten Polierstufe ist das Arbeiten mit einem kleineren Werkzeugdurchmesser vorteilhaft, um lokale Korrekturen an der Glasoberfläche vorzunehmen. Typischerweise kommen hier Verhältnisse von 1 : 10 zum Einsatz.

In der kinematischen Anordnung in Bild 11.40 rechts erfolgt die Polierbewegung durch das simultane Verfahren der Achsen X, Z und B.

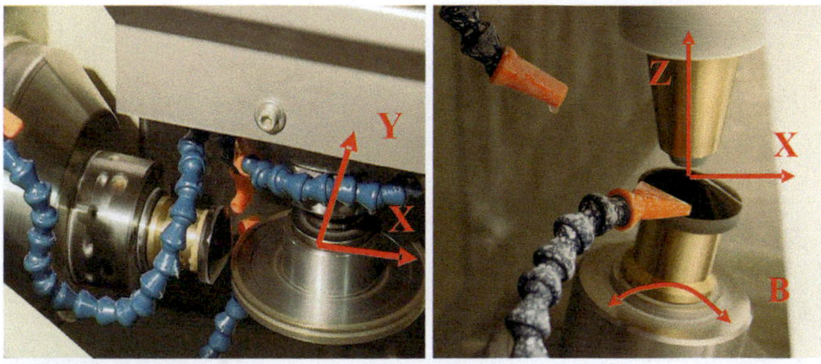

Drehbewegung von Werkstück und Werkzeug
Verfahrweg von außen nach innen (Werkstück)

Bild 11.40 Kinematische Verhältnisse des Schleifprozesses */Jena2007-3/*:
links) Anordnung zum Schleifen mit Scheibenwerkzeug, rechts) Anordnung zum Polieren mit zonalem Werkzeug

Das interferometrische Messen zur Bestimmung der Formabweichung für asphärische Flächen gestaltet sich relativ schwierig und aufwendig. Bild 11.41 illustriert einen Interferometermessplatz sowie ein CGH (Computergeneriertes Hologramm) der Firma Schneider, Fronhausen. Die benötigten Hologramme sind jeweils nur für eine asphärische Form anwendbar und in ihrer Herstellung relativ kostenintensiv.

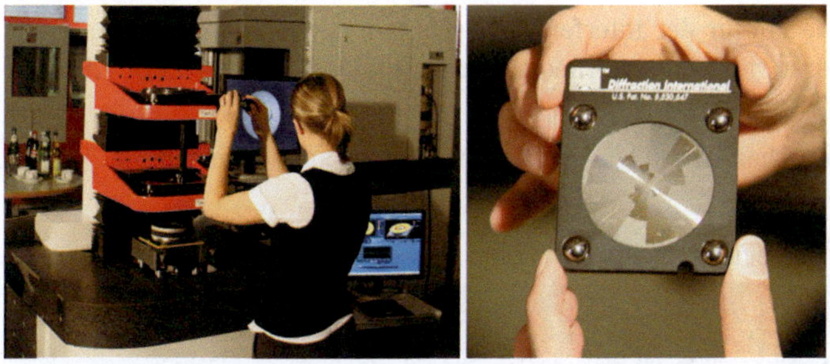

Bild 11.41
Interferometrische Messung der Formabweichung */Jena2007-3/*:
links) Interferometermessplatz,
rechts) CGH (computergeneriertes Hologramm)

Dem interferomerischen Messablauf geht ein Einrichten der Messapparatur mit einem Referenznormal voraus. Im Anschluss werden Hologramm und asphärische Fläche in einem Justierprozess zueinander ausgerichtet und auf „minimale Formabweichung“ justiert. Danach wird eine Bildauswertung gestartet, die eine mathematische Umrechnung und letztendlich die Bestimmung der Istfläche ermöglicht. Der Vorteil dieser interferometrischen Messung ist das Ermitteln einer gesamten Flächeninformation. Bild 11.42 illustriert die aufgenommene Fläche der Asphäre und lässt eine Formabweichung von ca. 2 µm erkennen. Ein vergleichbares Messergebnis liefert auch die durchgeführte taktile Messung mit dem Talysur-Messgerät. Diese Messung erfolgt sehr schnell, liefert im Ergebnis aber lediglich eine Profilabweichung der Istoberfläche und keine Flächeninformation. Auch hier wurde eine maximale Formabweichung bestimmt, die in etwa 2 µm beträgt.

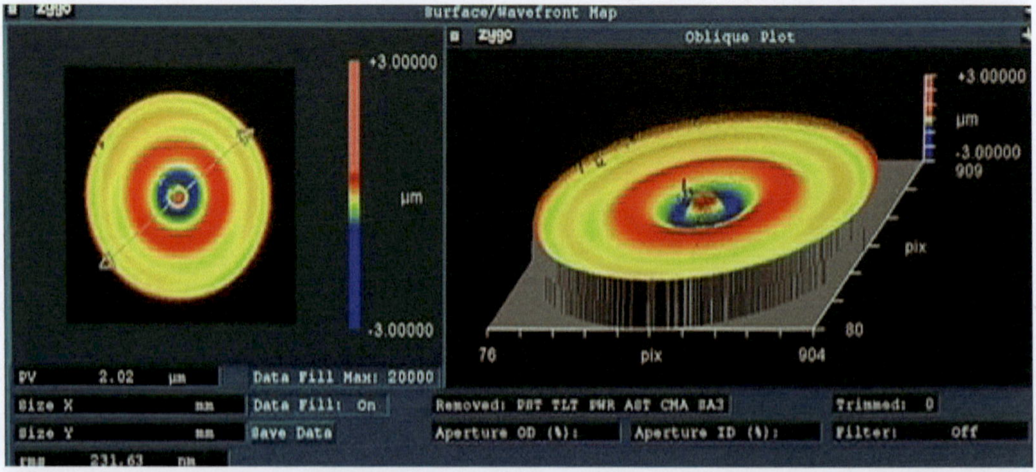

Bild 11.42 Messtechnische Bewertung des Oberflächenzustandes und der Formabweichung */Jena2007-3/*

Somit lassen sich mit beiden Messverfahren vergleichbare und reproduzierbare Ergebnisse asphärischer Oberflächen analysieren. Die Asphärenfläche kann mit einer Genauigkeit von ca. $\lambda/20$ gemessen werden. Im Ergebnis der Auswertung lassen sich für sehr hohe Anforderungen an das Bauelement weitere Korrekturpolierstufen anschließen, um sich in iterativen Prozessstufen dem Solltoleranzwert anzunähern. Für eine weiterführende Politur der interferometrisch gemessenen asphärischen Form werden häufig MRF-Verfahren (Polieren mit magneto-rheologischem Fluid, siehe Abschnitt 7.5) oder das Ionenstrahlpolieren angewendet.

In der Tabelle 11.11 sind alle erforderlichen Arbeitsgänge systematisch zusammengestellt.

Tabelle 11.11 Arbeitsgänge zum Fertigen einer asphärischen Form

Einsatzmaterial	BK7, SQ0, LASF9, SF6, ...
Rohteil	Vorgearbeitete Rohlinge, plane Seite fertig bearbeitet
Arbeitsgang	**Beschreibung**
001	Fertig bearbeitete Planseite schutzlackieren
002	Rohling auf Tragkörper aufkitten
003	Tragkörper mit Rohling spannen
004	Fläche sphärisch vorschleifen nach „best fit" (angenäherte Kugelform)
005	Asphärische Form vorschleifen
006	Asphäre feinschleifen (geringerer Vorschub, kleinerer Spurabstand der Spirale)
007	Randschleifen auf Maß (Asphären werden i. d. R. nicht zentriergeschliffen)
008	Asphäre reinigen
009	Messen der Scheitelhöhe (taktiler Messtaster)
010	Überprüfen des Außendurchmessers
011	Messen der Formabweichung und Oberflächenrauheit (Tastschnittmessung)
012	Spannen auf Poliermaschine
013	Vorpolieren mit zonalem Polierwerkzeug

Einsatzmaterial	BK7, SQ0, LASF9, SF6, ...
Rohteil	Vorgearbeitete Rohlinge, plane Seite fertig bearbeitet
014	Polieren auf Sollform mit kleinerem Polierwerkzeug
015	Asphäre reinigen
016	Interferometrische Messung der Formabweichung mit CGH oder taktile Formmessung mit Talysurf
017	Ggf. Korrekturpolieren mit MRF-Poliertechnik
018	Interferometrische Messung
019	Wiederholung vom AG 017 - 018, bis zulässige Toleranzgrenze erreicht
020	Endreinigung der Asphäre
021	Oberflächenbeschichtung
022	Kontrolle der Abbildungseigenschaften

In der Tabelle 11.12 sind die Spezifikationen für ein weiteres Asphärenbeispiel zusammengefasst. Diese Asphäre, mit geraden Koeffizienten, verfügt über eine rechteckförmige Grundfläche.

Tabelle 11.12 Spezifikation einer Asphäre mit rechteckiger Grundfläche

Asphäre mit geraden Koeffizienten R0 340 K 0,0 A2 0,0 A4 1,0734265e-06 A6 -5,3356684e-11 A8 3,876932e-16 Schutzfasen: 0,2 - 0,4	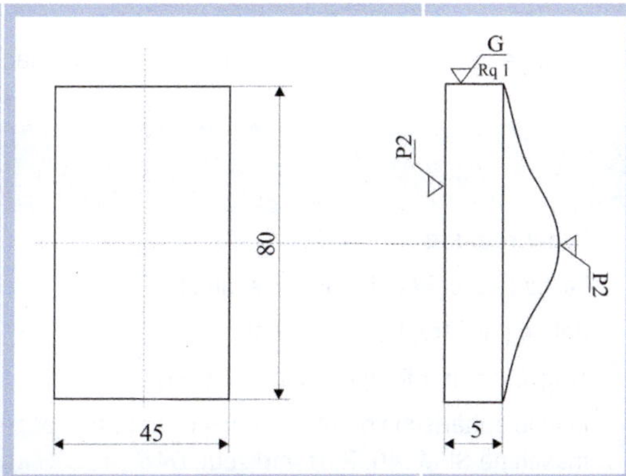	
∞ $\varnothing_{eff}$ = 75 mm 3/4 (1/0,5) 4/0,2 5/- unbeschichtet	N-BK7 n_e = 1,51872 ± 0,001 v_e = 63,96 ± 0,5 % 0/10 1/3×0,4 2/-	Asphärische Fläche $\varnothing_{eff}$ = 75 mm 3/4 (1/0,5) 4/0,2 5/- unbeschichtet

Der gewählte Ablauf der Fertigungsprozesskette zur Herstellung der Asphäre ist in der Tabelle 11.13 systematisch geordnet. Die prinzipiell gewählte Vorgehensweise des Ablaufes erfolgt in sechs Stufen:

1. Rohling bereitstellen und plane Fläche fertigbearbeiten,
2. asphärische Fläche auf „Best-fit"-Radius vor- und feinschleifen sowie Durchmesser vorzentrieren,
3. asphärische Fläche fein- und feinstschleifen,
4. asphärische Fläche vor- und feinpolieren,

5. asphärische Fläche korrekturpolieren,
6. Feintrennschleifen der äußeren Kontur und Schutzfase anbringen.

Ausgangspunkt der Bearbeitungsfolge sind planbearbeitete Rohlinge, die die Anforderungen an die Planfläche, 2. Zeile der Spalte 1 in Tabelle 11.12, erfüllen. Diese wird schutzlackiert und auf einen Tragkörper mit der Aufnahme HD25 gekittet, die ein exaktes Umspannen des Tragkörpers zwischen den einzelnen Bearbeitungsstufen gestattet. Um eine hohe Zentriergenauigkeit zu gewährleisten, sollte die Asphäre erst nach kompletter Fertigung abgekittet werden. Der Schleifprozess startet mit dem sphärischen Vorschleifen des „Best-fit"-Radius mit Ringwerkzeug. Um sich möglichst schnell der Form annähern zu können, ist das mehrstufige Arbeiten mit abgestufter Korngröße der Diamantwerkzeuge vorteilhaft. Im Anschluss erfolgt ein Vorzentrieren mit größtmöglichem Restaufmaß auf einer Zentrierschleifmaschine (siehe auch Abschnitt 7.6). Es schließen sich das asphärische Vor- und Feinschleifen auf einer Asphärenschleifmaschine mit Scheibenwerkzeug an.

Um die spezifizierten Anforderungen sicher erreichen zu können, wurde ein Feinstschleifprozess mit einem kunststoffgebundenen Diamantwerkzeug nach dem Vor- und Feinschleifen vorgesehen. In Bild 11.43 ist das Ergebnis des Feinstschleifens mit einer bereits transparenten Oberfläche gezeigt. Das für diese Prozessstufe eingesetzte Ultrapräzisionsschleifsystem Nanoform 700 verfügt auch über eine Inline-Messtechnik. So kann mit diesem Profilometer die Asphärenform im noch eingespannten Zustand direkt nach dem Feinstschleifprozess geprüft werden. Gegebenenfalls muss ein weiterer Korrekturarbeitsgang angeschlossen werden, um sich der spezifizierten Sollform anzunähern.

Tabelle 11.13 Arbeitsgänge zum Fertigen der asphärischen Linse nach den Spezifikationen der Tabelle 11.12

Einsatzmaterial Rohteil	BK7, SQ0, LASF9, SF6, ... Vorgearbeitete Rohlinge, plane Seite fertigbearbeitet
Arbeitsgang	**Beschreibung**
001	Fertig bearbeitete Planseite schutzlackieren
002	Rohling auf Tragkörper aufkitten
003	Tragkörper mit Rohling spannen (HD25)
004	Fläche sphärisch vorschleifen nach „best fit" (angenäherte Kugelform); Schleifmaschine SPM140, Ringwerkzeug D46
005	Tragkörper umspannen
006	Vorzentrieren mit größtmöglichem Aufmaß; Zentrierautomat Satisloh C300, Scheibenwerkzeug D126
007	Tragkörper umspannen
008	Asphärische Form vorschleifen; Satisloh PM140, Scheibenwerkzeug D20
009	Asphäre feinschleifen (geringerer Vorschub, kleinerer Spurabstand der Spirale)
010	Asphäre feinstschleifen; Precitech Nanoform 700, Scheibenwerkzeug D15 (kunstharzgebundenes Diamantwerkzeug)
011	Inline-Formmessung; Precitech mit UltraComp-Messsystem
012	Asphäre reinigen
013	Messen der Scheitelhöhe (taktiler Messtaster)
014	Tragkörper umspannen
015	Messen der Formabweichung; LuphoScan 260

Einsatzmaterial Rohteil	BK7, SQ0, LASF9, SF6, ... Vorgearbeitete Rohlinge, plane Seite fertigbearbeitet
016	Tragkörper umspannen
017	Stützring anbringen und justieren
018	Vorpolieren mit zonalem Polierwerkzeug; Satisloh PII; Bonnet-Membranwerkzeug mit PU-Folie, effektiver Footprintdurchmesser: < 10 mm
019	Polieren auf Sollform mit kleinerem Polierwerkzeug; Satisloh PII, Bonnet-Membranwerkzeug mit PU-Folie, effektiver Footprintdurchmesser: < 5 mm
020	Asphäre reinigen
021	Tragkörper umspannen
022	Interferometrische Messung der Formabweichung; LuphoScan 260
023	Tragkörper umspannen
024	Korrekturpolieren mit MRF-Poliertechnik, QED Q22-Y, MRF-Fluid D20, Raddurchmesser = 50 mm
025	Tragkörper umspannen
026	Interferometrische Messung; LuphoScan 260
027	Tragkörper umspannen
028	Stützring entfernen
029	Trennschleifen der Grundfläche 80 mm x 45 mm; US-Schleifmaschine, Trennschleifwerkzeug D46
030	Kontrolle der Außenmaße
031	Abkitten
032	Endreinigung der Asphäre

Zur Bestimmung der Asphärenparameter nach dem Schleifarbeitsgang werden neben der taktilen Messung von Scheitelhöhe und Durchmesser auch die Formabweichungen nach der Kennzahl 3/ der DIN ISO 10110 ermittelt. Die vorliegende teiltransparente geschliffene asphärische Fläche kann bereits interferometrisch geprüft werden. Hierfür wurde ein LuphoScan-System der Firma Ametek verwendet.

LuphoScan ist ein interferometrisches, scannendes Metrologiesystem, das auf der MWLI(R)-Technologie (Multi-Wellenlängen-Interferometrie) basiert. Diese Technologie ermöglicht die präzise berührungslose 3D-Formmessung, vorzugsweise von rotationssymmetrischen Oberflächen. Die LuphoScan-Plattformen gestatten die Formmessungen von Asphären und leicht gekrümmten Freiformen */Amet2021/*.

In der Tabelle 11.14 sind die Auswerteprotokolle nach dem Feinstschleifprozess dargestellt, die mit diesem Messsystem ermittelt werden konnten. Die Falschfarbendarstellungen zeigen zunächst einen geringen Restfehler bezüglich der Rotationssymmetrie. Mit einem maximalen Fehler (PV) von 1,957 µm der Formabweichung liegt eine sehr gute polierfähige Oberfläche vor.

Tabelle 11.14 Messung der Formabweichungen nach dem Schleifen */Jeno2021/*

3/-Messung	3/-Messung (Power abgezogen)
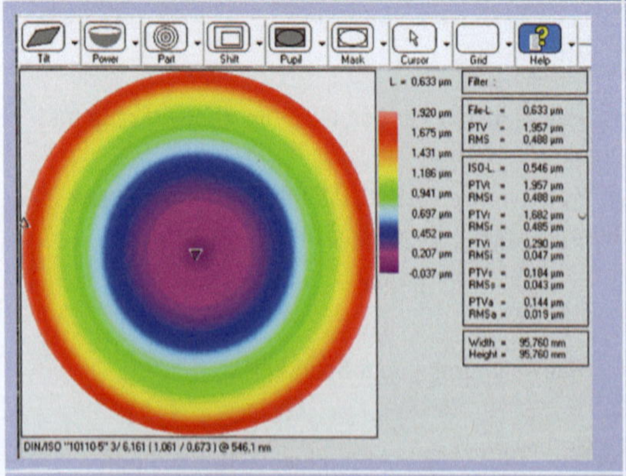	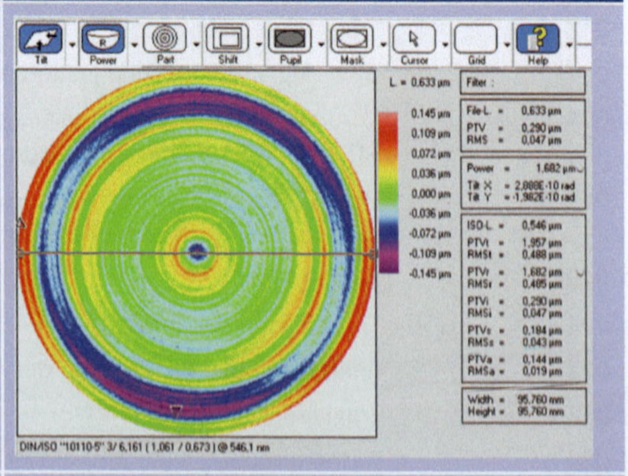
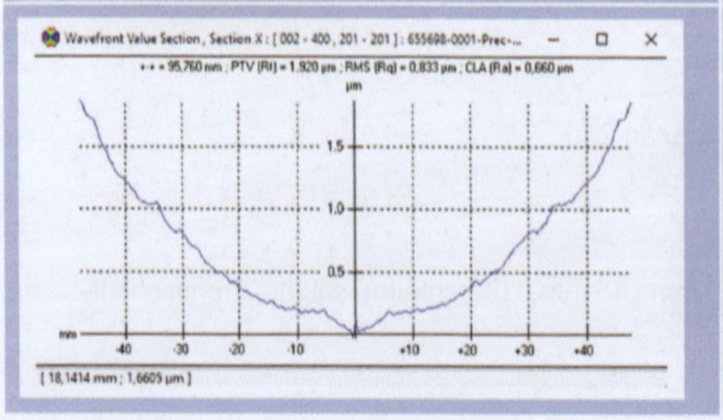	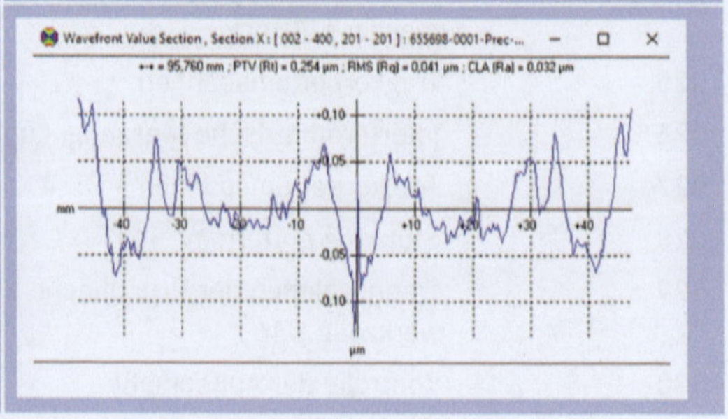

Zur Verbesserung des Randverhaltens während des Polierens wird vor dem Polierprozess ein Stützring (siehe Abschnitt 7.5) an dem Tragkörper aufgenommen und zur Asphärenoberfläche justiert.

Die Arbeitsgänge Vor- und Feinpolieren wurden auf einer PII-Poliermaschine der Firma Satisloh durchgeführt. Die Bearbeitung erfolgte mit unterschiedlichen Bonnet-Durchmessern, wodurch sich gezielt die unterschiedlichen Fehleranteile minimieren lassen (siehe auch Abschnitt 7.5). Die Ergebnisse der Formmessung nach den CNC-Polierarbeitsgängen veranschaulicht Tabelle 11.15. Die maximale Formabweichung konnte durch das Polieren auf 0,507 μm reduziert werden, wobei das Falschfarbenbild einen interessanten Effekt zeigt. Das Polieren erfolgt vom Rand zum Mittepunkt der Linsenfläche. Vor dem Erreichen des Zentrums bildet sich ein kleiner Graben bzw. eine Vertiefung aus (blaue Farbbereich), deren Ursache in der geschwindigkeitsangepassten Vorschubregelung zu finden ist. Sehr gut können solche Fehler mit der ADAPT-Technologie der Firma Satisloh korrigiert werden (siehe Kapitel 4).

Tabelle 11.15 Messung der Formabweichungen nach der Bonnet-Politur */Jeno2021/*

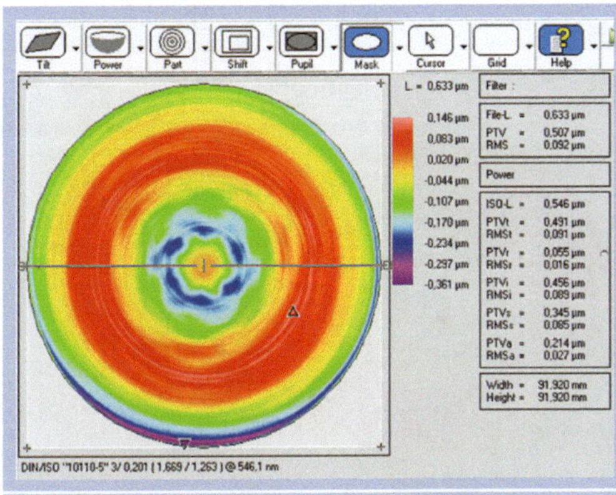

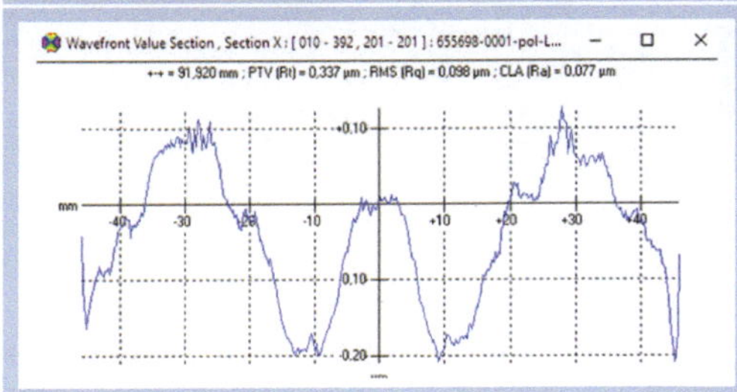

In der Bearbeitungsfolge wurde ein Korrekturpolieren mit dem MRF-Verfahren der Firma QED vorgesehen (siehe Abschnitt 7.5). Für die Berechnung des erforderlichen Korrekturfiles dienen die Lupho-Scan-Daten der Messung der Tabelle 11.15. Poliert wird mit einem Standardraddurchmesser von 50 mm und dem Fluid D20. Diese Parameterwahl ermöglicht einen wirtschaftlichen Korrekturprozess mit guter Oberflächenrauheit und moderaten Polierzeiten. Die in der Tabelle 11.16 ausgewählten Messergebnisse zeigen die ermittelten Formabweichungen mit und ohne Poweranteil. Die maximale Formabweichung konnte durch den Korrekturpolierarbeitsgang auf 0,32 µm verringert werden. Gleichzeitig wurde die vorstehend diskutierte Vertiefung (im Falschfarbenbild der Tabelle 11.15) korrigiert.

Abschließend wird der letzte Formgebungsschritt, das Schaffen der rechteckigen Grundform, vorgesehen. Dies kann durch einen finalen Zentrierarbeitsgang auf einer Zentrierschleifmaschine vorgenommen werden (siehe Abschnitt 7.6). In der Bearbeitungsfolge der Tabelle 11.13 wurde ein US-Schleifprozess auf einer 5-achsigen Schleifmaschine der Firma DMG Mori für diese Aufgabe vorgesehen. Durch den ultraschallunterstützen Schleifprozess kann eine schonende Trennbearbeitung erfolgen. Mit dem Anbringen der Schutzfasen, Abkitten der Asphäre, US-Reinigung sowie der finalen Messung der spezifizierten Asphärenparameter endet die gewählte Bearbeitungsfolge.

Tabelle 11.16 Messung der Formabweichungen nach der MRF-Politur (LuphoScan)

3/-Messung	3/-Messung (Power abgezogen)
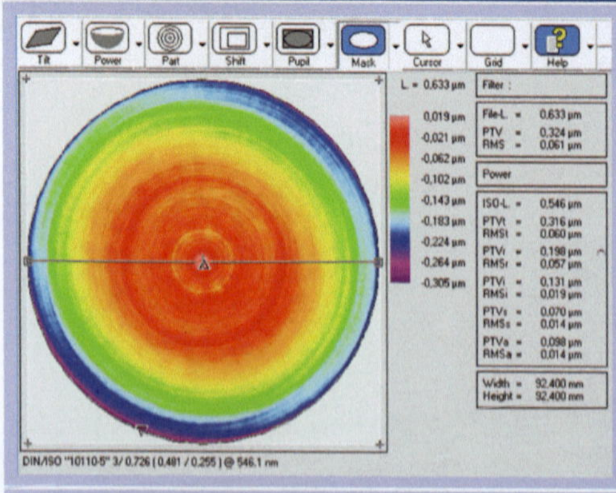	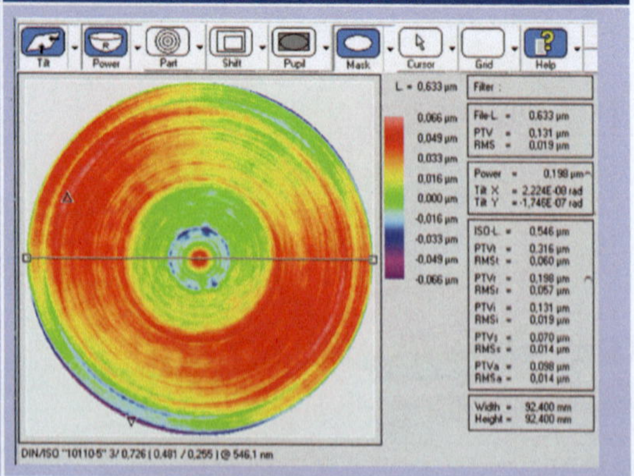
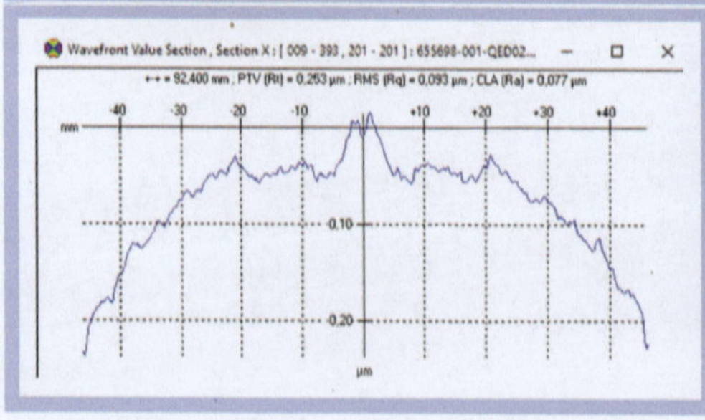	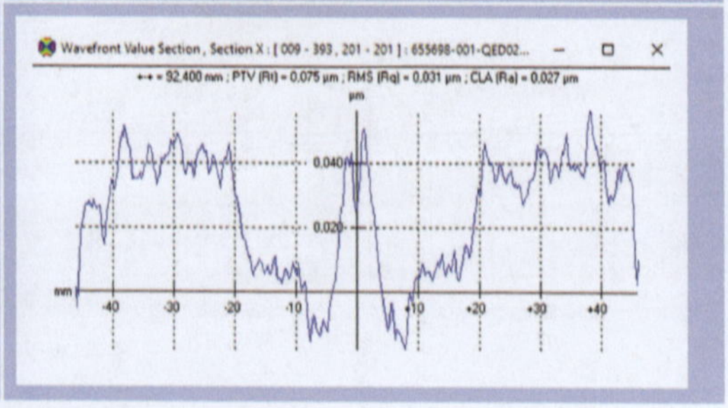

In Bild 11.43 ist die Asphäre nach der CNC-Bonnet-Politur dargestellt. In den meisten Fällen schließt sich ein Beschichtungsprozess an. Das Aufdampfen einer 2-fach-Antireflexionssschicht war für diese Asphäre nicht vorgesehen.

Bild 11.43
Bearbeitungsergebnisse Asphäre: links) feinstgeschliffen, rechts) CNC-Bonnet-Politur

11.7 Fertigung eines Gleitsichtbrillenglases

Auf plus.hanser-fachbuch.de finden Sie hierzu ein Video.

Das stufenlose Sehen bei einer Gleitsichtbrillenlinse wird durch die **kontinuierliche Änderung der dioptrischen Wirkung** über den Durchmesserbereich erzielt. Grundlage für die Zunahme dieser Wirkung ist die Variation der Flächengeometrien. Dabei werden die Krümmungsradien der Brillenlinse in vertikaler Richtung, also von oben nach unten, immer kleiner gewählt.

Standardgleichtsichtbrillengläser besitzen drei typische Bereiche:

- Fernbereich,
- Progressionsbereich,
- Nahbereich.

Bild 11.44 stellt die genannten Bereiche und geometrischen Verhältnisse eines Standardglases dar.

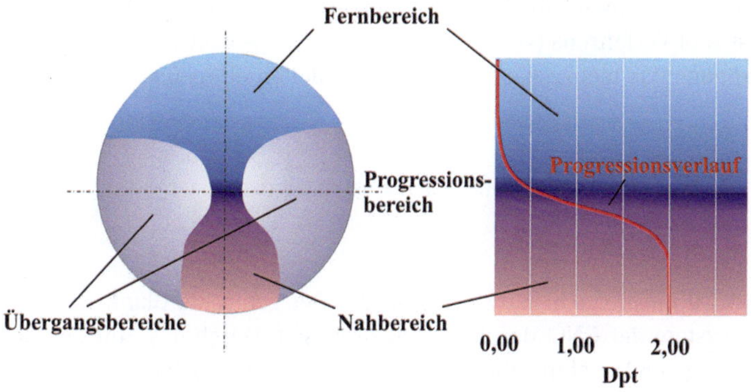

Bild 11.44 Darstellung der Wirkungsbereiche eines Gleitsichtglases */Look2006/*

Ausgangspunkt der Gleitsichtglasfertigung sind sogenannte Blanks, die als Lagergläser zur Verfügung stehen. Sie werden in einem vorgelagerten Prozess, meist im Gieß- oder Spritzgießverfahren, hergestellt. Die Vorderfläche des Blanks besitzt bereits die fertige Gleitsichtfläche. Nach Eingang der Bestellung des Brillenglases (individuelle Auftragsfertigung) erfolgt eine Parameterberechnung für die Fertigung der Rückfläche. Eine Arbeitskarte und die beiden ausgesuchten Blanks werden zusammen in einen Transportcontainer sortiert sowie die Stammdaten für die einzelnen Prozessstufen im Zentralcomputer bereitgestellt. Der prinzipielle Grobablauf für den Fertigungsprozess umfasst:

1. Lasergravur,
2. Aufbringen der Schutzfolie,
3. Blocken,
4. Vor- und Feinschleifen der Rückfläche,
5. Polieren,
6. Abblocken,
7. US-Reinigung,

8. Oberflächenbeschichtung,
9. Endkontrolle.

In einem ersten Arbeitsschritt erhalten alle Gleitsichtgläser eine Gravur. Dabei werden in die konvexe Oberfläche des Brillenglases spezifische Schriftzüge eingraviert. Dies geschieht mittels eines Excimer-Lasers, gekoppelt mit einem Maskenverfahren oder einem scannenden Verfahren. Anschließend wird die konvexe Seite des Brillenglases mit einer wasserfesten, selbstklebenden Folie überzogen. Die Folie dient zum Schutz der Vorderfläche vor Beeinträchtigungen während der Bearbeitung der Rückfläche.

Bevor die Rückfläche des Brillenglases bearbeitet werden kann, muss das Gleitsichtglas aufgeblockt werden. Auf die Folie der Vorderfläche wird dazu ein Metallhalter, das sogenannte Blockstück (Tragkörper), befestigt. Das Blockstück dient zur Aufnahme des Brillenglases in den nachfolgenden Bearbeitungsmaschinen. Für das Fügen beider Partner wird ein Metallgemisch benutzt. Dieses sogenannte Alloy (niedrigschmelzende Metalllegierung) hat einen sehr geringen Schmelzpunkt. Das Brillenglas wird auf den CNC-Blocker aufgelegt und justiert. Die Daten des Auftrages werden mittels der Transponderkarte an den Computer des Blockers übermittelt, so dass das Blockstück in Richtung der gewünschten Achse ausgerichtet werden kann. Danach fließt das Alloy zwischen die Folie des justierten Brillenglases und das Blockstück. Nach etwa 30 Sekunden ist das Alloy abgekühlt und der Blockvorgang abgeschlossen */Birk2003/*.

Für das Bearbeiten der Rückfläche gibt es unterschiedliche technologische Ansätze. Zum einen hat sich der Prozess des Slow- und Fast-Tool-Verfahrens (siehe Abschnitt 7.7) mit geometrisch bestimmter Schneide etabliert, andererseits ist auch das mehrachsige simultane Schleifen mit geometrisch unbestimmten Schneiden im Einsatz.

Zu erstgenanntem Verfahren sei an dieser Stelle auf plus.hanser-fachbuch.de verwiesen.

Die zweite Verfahrenstechnologie wird nachfolgend kurz beschrieben. Der geblockte Blank wird mit einem Greifersystem in das Spannsystem der CNC-Maschine eingewechselt. Durch das Einlesen der Transponderkarte erhält die Steuerung der Maschine alle erforderlichen bauteilspezifischen Informationen.

Der Trennprozess erfolgt mit einer Durchmesserreduzierung (Randbearbeitung) des Blanks. Im Anschluss wird mit dem gleichen Werkzeug eine Schutzfacette angebracht, die notwendig ist, um im nachfolgenden Polierprozess das Werkzeug nicht zu schädigen. Die Bearbeitung der Rückfläche beginnt mit einer Vorbearbeitung der Kontur. Verwendung findet hierfür ein Scheibenfräser (siehe Bild 11.45).

In einem darauffolgenden Feinschleifprozess rastert ein gesintertes Diamantwerkzeug die Oberfläche zeilenförmig ab. Der Rasterabstand beträgt typischerweise 1,25 mm bis 1,75 mm. Während der anschließenden Feinbearbeitungsstufe wird eine polierfähige Fläche erzeugt. Das Feinschleifen erfolgt meist auf spiralförmigen Bahnen, um eine letzte Glättung der Rückfläche zu erhalten. Der Bahnbewegung muss eine zusätzliche Bewegung der Z-Achse überlagert werden.

Bild 11.45
Rückflächenbearbeitung durch Vor- und Feinschleifen /Jena2007-6/: links) geblockter Blank in Spannzange aufgenommen, rechts) Anordnung zur Rückflächenbearbeitung

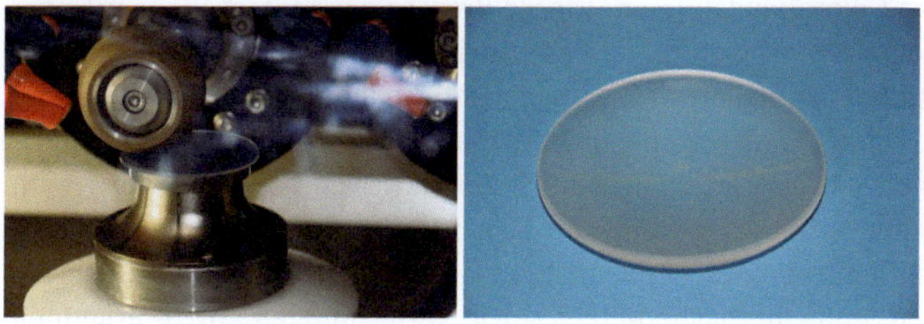

Bild 11.46
Brillenglas gerandet, facettiert und Rückfläche vor- und feingeschliffen /Jena2007-6/: links) Eingriff des Feinschleifwerkzeuges, rechts) polierfähige Rückfläche formvermessen

Das gemessene Rauheitsprofil der Rückfläche des Gleitsichtglases aus Bild 11.46 gibt Auskunft über die relevanten Oberflächenparameter. Entscheidend ist neben der Formabweichung die Kenntnis von R_a und R_z sowie des Traganteiles der Oberfläche (Bild 11.47). Die ermittelten Werte ermöglichen die Durchführung eines effektiven Polierprozesses.

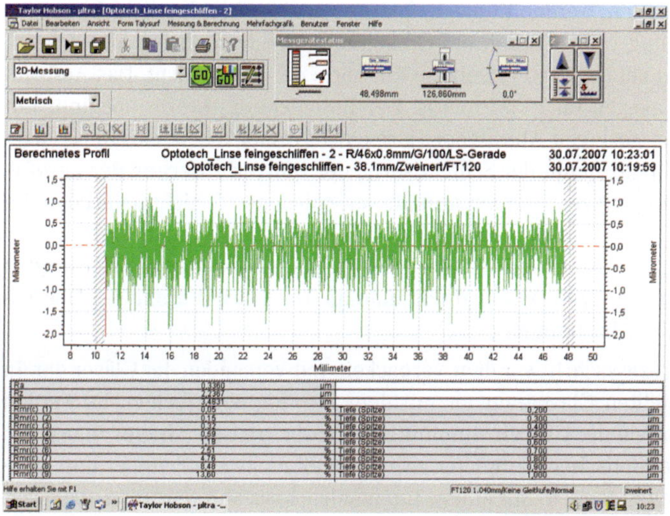

Bild 11.47
Rauheitskenngrößen der feingeschliffenen Rückfläche (aus Bild 11.46)

Für das Polieren der Rückflächen werden überwiegend Formschalen aus Aluminiumguss verwendet. Die Vielzahl der möglichen Rückflächengeometrien erfordert eine sehr große Anzahl von Formwerkzeugen. (Es gibt Bestrebungen, das Polieren mit flexiblen Werkzeugen durchzuführen, um die erforderliche Werkzeuganzahl reduzieren zu können.) Auf das Werkzeug wird ein selbstklebendes Polierpad aus Polyurethan aufgedrückt, bevor es in die Poliermaschine zusammen mit dem Glas eingespannt wird. In der Anordnung laufen das Werkzeug auf der unteren Spindel und das geblockte Brillenglas oben. Während der Polierzeit von etwa sechs Minuten wird das Glas in einer 8er-Bewegung über das

Werkzeug geführt. Verwendung finden für die organischen Brillenglaswerkstoffe ausschließlich Aluminiumoxidpoliersuspensionen.

Nach dem Polieren wird das Glas abgeblockt, und es schließt sich ein Reinigungsprozess an.

Das Glas durchläuft eine Ultraschallreinigungsanlage, die acht verschiedene Bäder enthält, welche alle oberflächlichen Verunreinigungen, wie z.B. Klebstoff- oder Poliermittelrückstände, vom Brillenglas entfernen. Die Ultraschallwirkung verstärkt den Prozess des Lösens von anhaftenden Schmutzpartikeln. In der letzten Reinigungsstufe wird mit entionisiertem Wasser gereinigt, damit die Oberflächen der Gläser fleckenfrei sind. Das gewählte Reinigungsprogramm läuft vollautomatisch ab. Für Lichtschutzbrillengläser schließt sich eine Colorationsstufe an. Dieser Prozess des Einfärbens von Kunststofflinsen beruht auf einem Diffusionsprozess, bei dem die natürliche Wasseraufnahme des verwendeten Materials ausgenutzt wird. Zusammen mit dem Wasser dringen die in ihm gelösten Farbpigmente in die Struktur des Kunststoffes ein. Um eine ausreichende Diffusion der Farbpigmente in die Matrix des Kunststoffes zu gewährleisten, müssen die Farbbäder eine Temperatur von 92 – 96 °C aufweisen. Bevor das Brillenglas zu der Oberflächenvergütung gelangt, wird es einer Aspektkontrolle unterzogen. Die Aspektprüfung ist eine reine Sichtkontrolle, wobei das Brillenglas vor dem Hell-Dunkel-Übergang betrachtet wird. Hierbei sind Material- und Oberflächenfehler sowie Verformungen gut zu erkennen. Die fehlerfreien Gläser werden in Magazine mit entsprechenden Halterungselementen sortiert und einer weiteren US-Reinigung zugeführt.

Die abschließende Oberflächenvergütung der Brillengläser ist auf die optischen und mechanischen Anforderungen abgestimmt. Verfahrenstechnisch getrennt sind die Prozessstufen des Hartbeschichtens (CVD) sowie des Beschichtens der Antireflexionsschicht und des Topcoatings (PVD-Physical Vapour Deposion). Um über einen möglichst langen Zeitraum eine gleichbleibende Qualität der Brillengläser während ihrer Nutzung zu erhalten, werden Kunststoffgläser mit einer Lackhartschicht auf der Oberfläche versehen. Die Beschichtung erfolgt durch ein dreistufiges Tauchverfahren. Ein sich anschließender Ofentrocknungsprozess bei ca. 75 °C erzielt die Endhärte der Lackschicht. Das Aufbringen der dünnen Schichten erfolgt dagegen im PVD-Prozess. Der Beschichtungsprozess beginnt mit einer Ionenstrahlreinigung, die einen geringen Abtrag der Hartschicht ermöglichen soll. Diese Maßnahme dient der Verbesserung der Homogenität der Schicht sowie der Haftverbesserung der nachfolgenden Beschichtung. Im Beschichtungsprozess werden nun die verschiedenen Schichtmaterialien im Elektronenstrahl nacheinander bzw. im Wechsel verdampft und lagern sich an der Oberfläche der rotierenden Brillenlinsen homogen und gleichmäßig an. Da immer nur eine Fläche beschichtet werden kann, muss das Glas den Beschichtungsprozess zweimal durchlaufen. Die 100%-Prüfung der Oberflächen lässt fehlerhaft beschichtete Gläser bestimmen.

Die Endkontrolle stellt den letzten Prozessschritt vor dem Verpacken und Versenden der Gläser dar. In einer Sichtprüfung werden die bestellten Glasparameter mit dem Prüfling abgeglichen. Es werden insbesondere die Oberflächengüte sowie die Übereinstimmung der Farbe und der Gravur überprüft. Automatisch erfolgen die Prüfung der optischen Parameter, wie Scheitelbrechwert, Zylinder und Farbverlauf, mit speziell entwickelten Prüfmethoden. Mit einem Tampondruckverfahren werden alle erforderlichen Kennzeichnungen auf das Glas gestempelt. Der gesamte Fertigungsprozess ist durch einen relativ hohen Automatisierungsgrad gekennzeichnet.

■ 11.8 Stablinsen

Ein wesentlicher Meilenstein für die Endoskopie war die Einführung des Stablinsensystems nach Hopkins. Mit dem Einsatz von Stablinsen konnten der Durchmesser der Linsen verkleinert und gleichzeitig die Übertragungslänge vergrößert werden. Endoskopische Systeme dienen zur Betrachtung von Hohlräumen im menschlichen Körper und in technischen Gegenständen und können starr, halbstarr oder flexibel aufgebaut sein. Der Aufbau eines starren Endoskops umfasst prinzipiell einen lang gestreckten Endoskopschaft und einen Kopfteil, der Anschlüsse und Bedienelemente sowie einen Okulareinblick beinhaltet. Innerhalb dieser beiden Hauptkomponenten wird das Bild mithilfe eines Übertragungssystems, oft bestehend aus einer Stablinsenanordnung (Stablinsen und ggf. weiteren Linsen) weitergeleitet. Die Stablinsen werden in einen Tubus montiert und mit Abstandshaltern in der berechneten Position (Luftabstände) fixiert. Minimal erreichbare Kennwerte hinsichtlich Durchmesser, Lichtstärke, Schärfentiefe, Vergrößerung, Kontrast und Auflösungsvermögen sind wichtige Systemparameter für den optischen Strahlengang eines Endoskops. */Merk2015/*

Um eine Bewertung der Abbildung mit **Stablinsen** vornehmen zu können, wurden zwei Übertragungssysteme für ein starres Endoskop mittels der Software Zemax OpticStudio simuliert, eines mit dünnen Linsen (Bild 11.48) und eines mit Stablinsen (Bild 11.50). Für den Vergleich der beiden Systeme, bestehend aus Objektiv und Übertragungseinheit (ohne Okular), wurden folgende identische Systemparameter gewählt:

- Objektebene: 30 mm entfernt,
- Objekthöhe: 22 mm,
- Objektiv zum Aufnehmen der Szene und Erzeugung des 1. Zwischenbildes (identisch für beide Systeme),
- Blendenzahl: 5.1,
- Systemlänge: 257,6 mm,
- Bildhöhe der Zwischenbilder: 0,6 mm.

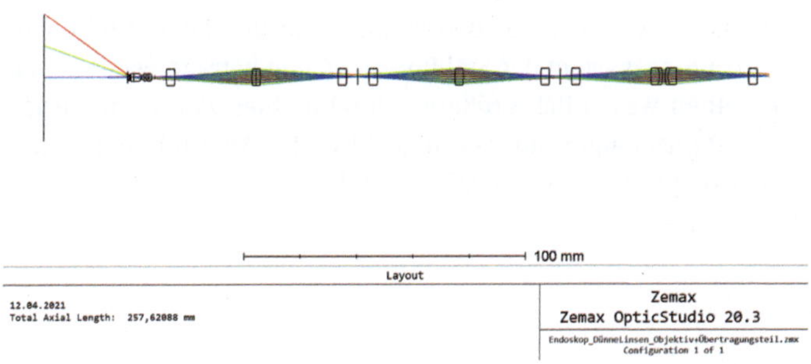

Bild 11.48
Linsenschnitt Strahlengang Endoskop, Gesamtsystem – dünne Linsen

Für die Übertragungseinheit mit dünnen Linsen nach Bild 11.48, für die insgesamt 13 optische Bauelemente mit vier verschiedenen Linsengeometrien erforderlich sind, wurden drei Einheiten hintereinander angeordnet. Da die erste und zweite Übertragungseinheit identisch sind, zeigt Bild 11.49 nur einen Linsenschnitt vom Objektiv und der ersten Übertragungseinheit.

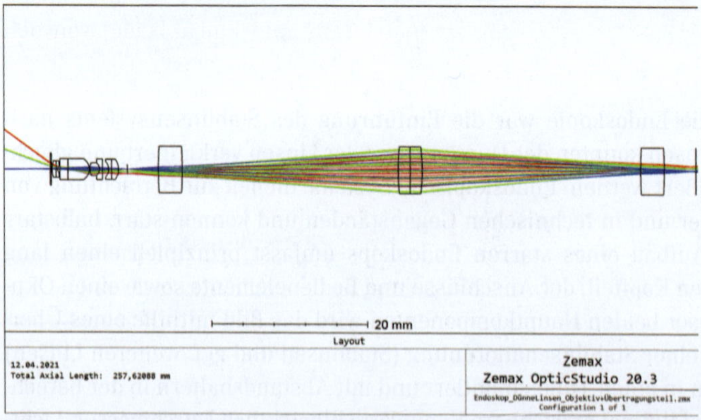

Bild 11.49 Linsenschnitt Objektiv und 1. Übertragungsteil – dünne Linsen

Bild 11.50 veranschaulicht das Endoskopsystem mit Verwendung von Stablinsen, das aus insgesamt sieben identischen Übertragungseinheiten mit 35 Bauelementen besteht. Das Objektiv und die erste Übertragungseinheit sind in Bild 11.51 dargestellt.

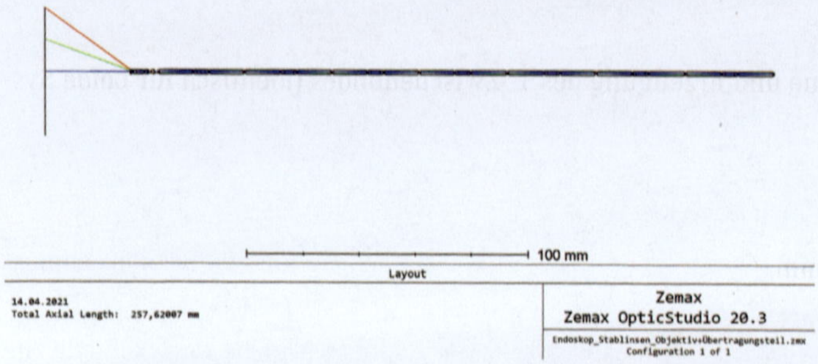

Bild 11.50 Linsenschnitt Strahlengang Endoskop, Gesamtsystem – Stablinsen

Im Vergleich der beiden Systeme ist die Verzeichnung bei dem System mit dünnen Linsen etwas stärker (~ 5 % dünne Linsen und ~ 1,2 % Stablinsen). Als wichtiges Bewertungskriterium gilt der minimale Durchmesser des Systems, der beim Übertragungssystem der Stablinsen 1,6 mm beträgt, während das Übertragungssystem der dünnen Linsen einen wesentlich größeren Durchmesser von 5,8 mm erfordert. Diese sehr lichtstarke Bauweise in Stablinsenanordnung ermöglicht in der Anwendung kleinere Linsendurchmesser, wodurch sich die endoskopische Zugänglichkeit erhöht.

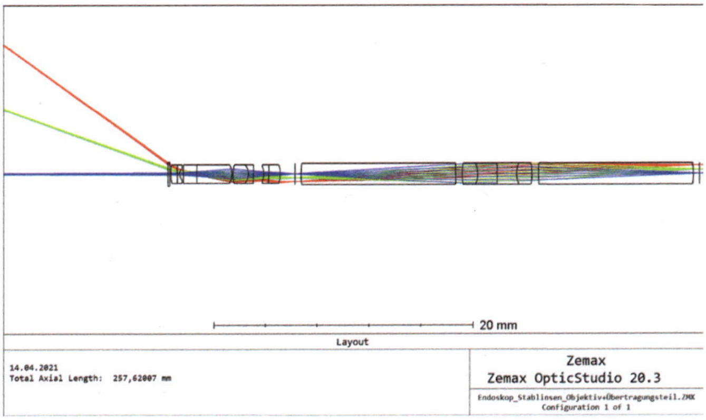

Bild 11.51
Linsenschnitt Objektiv und Übertragungsteil – Stablinsen

Nachfolgend werden Fertigungstechnologien zur Herstellung von Stablinsen vorgestellt und diskutiert. Grundlage bildet die Stablinse aus Abschnitt 5.1 mit den entsprechenden Spezifikationen. Ausgewählte geometrische Parameter dieser Stablinse sind in Bild 11.52 zusammengestellt.

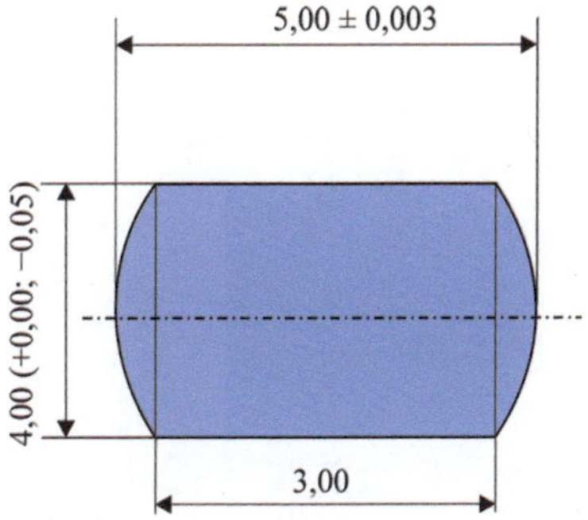

Bild 11.52
2D-Darstellung einer Stablinse

Aus den Anforderungen der Tabelle 5.6 ist der Zentrierwert der Stablinse mit 4/1' (der Flächenkippwinkel darf nicht größer als 1 Minute sein) sowie die Radien R_1 und R_2 mit 2,5 mm vorgegeben. Damit ergibt sich für den maximal zulässigen lateralen Versatz ein Wert von lediglich 0,73 µm.

Die möglichen Fertigungswege wurden mithilfe der vorgestellten PanDao-Software simuliert und berechnet. Für die Fertigung der Stablinse nach Bild 11.52 sind drei Fertigungswege prinzipiell sinnvoll:

1. Zentrierschleifen von Präzisionskugeln
   - als Halbzeuge werden Präzisionskugel mit dem Fertigdurchmesser bezogen,
   - mit Spannglocken spannen und Kugel auf das Maß zentrierschleifen,
   - Stablinse 2-fach AR beschichten,
   - prüfen und messen.
2. Zurichten, Schleifen und Polieren aus dem Glasblock
   - Zurichten eines Zylinders aus dem Glasblock mit Aufmaß,
   - CNC-Schleifen, Polieren und Zentrieren (erfordert entweder eine UPM-Centering-Maschine oder eine Transferspindel-Zentrierung),

- Stablinse 2-fach AR beschichten,
- prüfen und messen.

3. Präzisionsblankpressen
   - Fertigung einer Werkzeugform,
   - Beschichten der Werkzeugform,
   - als Halbzeuge werden Präzisionsgobs bezogen,
   - Präzisionsblankpressen,
   - Stablinse 2-fach AR beschichten,
   - prüfen und messen.

In Tabelle 11.17 sind die erforderlichen Kosten für die drei Fertigungsvarianten in Abhängigkeit von der Stückzahl aufgelistet.

Tabelle 11.17 Ermittelte Kosten für Variante 1, 2 und 3 mit der PanDao-Software

Stückzahlen	Fertigungsvariante 1 Gesamtkosten (€)	Fertigungsvariante 2 Gesamtkosten (€)	Fertigungsvariante 3 Gesamtkosten (€)
1	**195,46**	1886,7	27 058,53
5	**82,16**	639,98	9043,33
10	**56,26**	355,69	4926,03
50	**26,95**	85,61	1027,93
100	**23,77**	49,56	516,8
200	**22,18**	31,78	263,23
500	21,21	**20,97**	109,28
1000	20,89	**17,42**	58,46
2000	20,73	**15,62**	32,6
5000	20,66	**14,77**	17,21
20 000	18,39	13,86	**9,12**

Der Vergleich der drei Fertigungsprozesse zeigt deutlich, dass die Wahl der wirtschaftlichsten Fertigungsmethode sehr stark von der Stückzahl abhängt. Insbesondere für kleine Stückzahlen sind die Varianten 2 und 3 sehr preisintensiv, was in der Bereitstellung der erforderlichen Schleif- und Polierwerkzeuge (Variante 2) und Presswerkzeuge für Variante 3 begründet ist. Die jeweils wirtschaftlichste Variante ist in den Tabellen fett gekennzeichnet. Somit ergibt sich folgende wirtschaftliche Auswahl:

- < 500 Linsen – Variante 1,
- 500 – 5000 Linsen – Variante 2,
- ab 7658 Linsen – Variante 3,

Die hier vorgestellte Kostenabschätzung sind Richtwerte und können natürlich unternehmens- und fertigungsspezifisch abweichen. In Bild 11.53 sind zwei Bearbeitungsstufen nach der Fertigungsmethode 2 dargestellt.

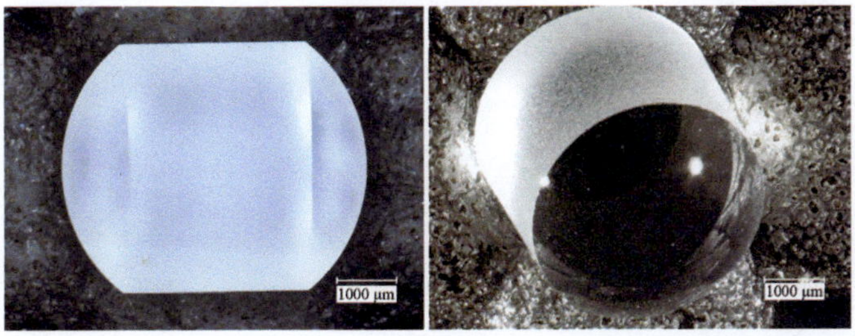

Bild 11.53
Stablinse gefertigt nach der Variante 2: links) nach dem Schleifprozess, rechts) nach dem Polierprozess – Radius 1 randscharf poliert

11.9 Axicon

Axicone, vorgestellt in Kapitel 2, sind strahlformende Bauelemente, die ein GAUSSförmiges Strahlprofil in ein ringförmiges Profil umwandeln. Bei dieser Art von ringförmiger Strahlverteilung spricht man auch von BESSEL-Strahlen, die sich durch eine sehr homogene und nahezu beugungsfreie Verteilung auszeichnen. In der Anwendung lassen sich dadurch sehr hohe Schärfetiefen erzielen. Die Axicongeometrie weist eine konische Fläche auf, die sowohl eine konvexe als auch eine konkave Form besitzen kann. In Bild 11.54 sind die wichtigsten geometrischen Größen eines Axicons dargestellt.

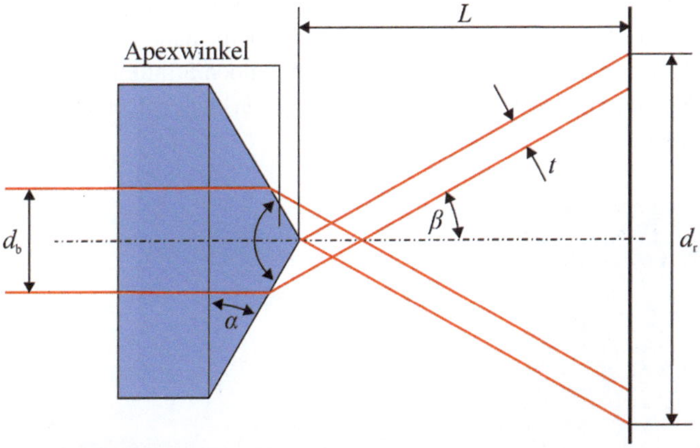

d_b Strahldurchmesser Eingangsstrahl
d_r Ringdurchmesser Ausgangsstrahl an der Bildebene
L Abstand Bildebene - Axicon
t Ringbreite
α Axiconwinkel
β Winkel des Austrittsstrahls zur optischen Achse

Bild 11.54
Darstellung der geometrischen Größen eines konvexen Axicons nach */Edmu2021-2/*

Der Ringdurchmesser d_r des Ausgangsstrahles ergibt sich nach */Edmu2021-2/* wie folgt:

$$d_r = 2L \cdot \tan\left[(n-1)\alpha\right] \tag{11.2}$$

Zu Beginn des Fertigungsprozesses wurde das Axicon im Optical Design (Zemax) simuliert und fertigungstechnische Toleranzen ermittelt. Das vorliegende Design entspricht den Abmessungen und Spezifikationen aus Bild 11.55.

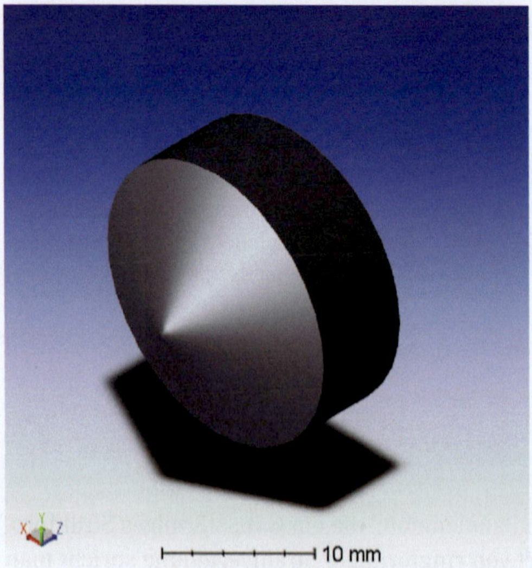

Bild 11.55
Gewähltes konvexes Axicon für die Simulation in Zemax

Durchmesser: 20 mm
Dicke: 12 mm
Alphawinkel: 26,56°
Apexwinkel: 126,86°
Material: N-BK7
Bildebene: 30 mm, 45 mm und 60 mm hinter dem Axicon

Für den Gaussförmigen Eingangsstrahl wurden ein Strahldurchmesser $d_b = 19$ mm und ein Auftreffwinkel von 0° gewählt. Die Strahlformung am Axicon mit einem divergenten Strahlenbündel nach dem Stahlaustritt ist in Bild 11.56 dargestellt.

Die Bildebene wurde für die drei Abstände $L = 30$ mm, 45 mm und 60 mm am aufgeweitetem Strahl nach dem Fokus betrachtet, siehe Bild 11.57. Die Aufweitung des Ringprofils ist proportional zum Abstand zwischen Axicon und Bildebene. Die sich ergebende Ringbreite bleibt dabei jedoch konstant und erreicht eine Breite von ca. 8,12 mm. Dies entspricht in etwa dem halben Strahldurchmesser des Systemeingangs. Für die drei Ringdurchmesser aus Bild 11.57 ergeben sich folgende Werte: a) 17,44 mm, b) 26,16 mm und c) 34,88 mm.

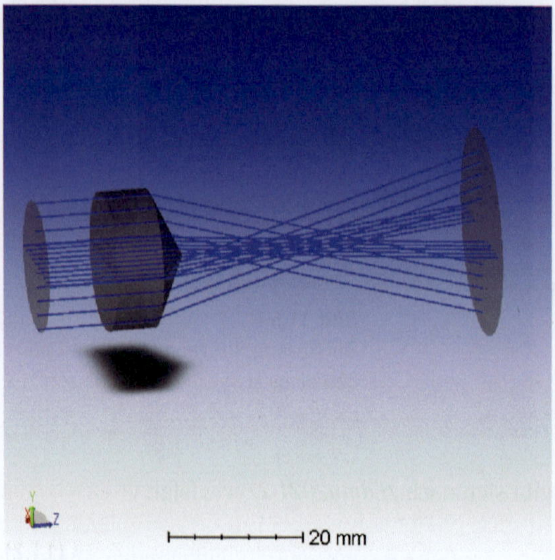

Bild 11.56
Strahlengang einfaches Axicon

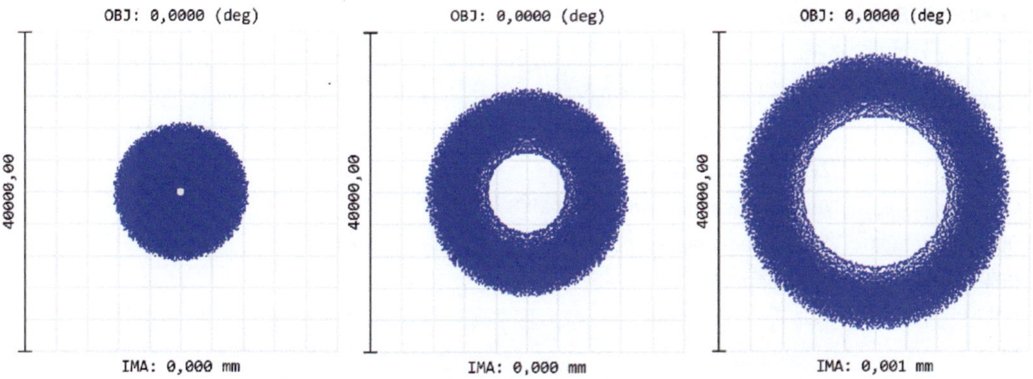

Bild 11.57 Aufweitung des Strahlprofiles in Abhängigkeit vom Abstand der Bildebene: links) 30 mm, Mitte) 45 mm, rechts) 60 mm

Durch die Integration eines zweiten Axicons in den optischen Strahlengang kann eine Teleskopanordnung aufgebaut werden. Das zweite Axicon im Strahlengang (Bild 11.58) hat eine identische konische Neigung und einen Durchmesser von 34 mm. Beide konische Flächen werden in einem Abstand von 45 mm zueinander gerichtet angeordnet. Somit ergibt sich nach der Teleskopanordnung ein kollimierter Strahlaustritt und das Strahlprofil bleibt nun für die Verschiebung der Bildebene konstant. Die Ringbreite hat für die Anordnung nach Bild 11.58 exakt den halben Durchmesser des Eingangsstrahls mit $t = 9{,}5$ mm, der Ringdurchmesser beträgt $d_r = 30{,}61$ mm.

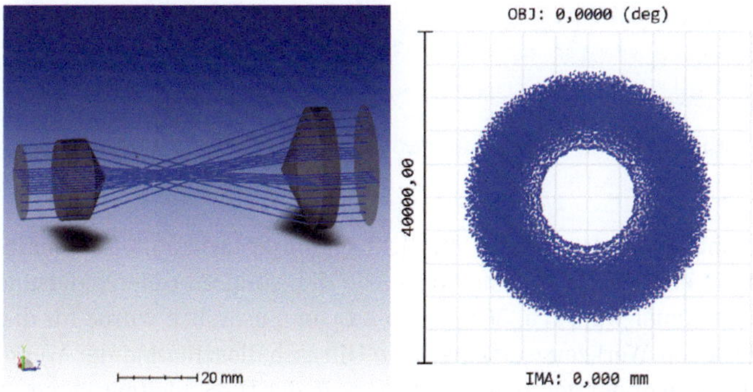

Bild 11.58
Strahlengang mit zwei Axiconen: links) Teleskopanordnung, rechts) kollimiertes Ringprofil

Für die Fertigung von konvexen Axicons können wiederum unterschiedliche Fertigungsverfahren und -prozesse ausgewählt werden. Im nachfolgenden Beispiel wurde der Formgebungsprozess für einen CNC-Schleifprozess und einen Polierprozess auf einer Hebelmaschine geplant und ausgelegt. In der Tabelle 11.18 sind die wichtigsten erforderlichen Arbeitsgänge zusammengefasst.

Tabelle 11.18 Arbeitsgänge zum Fertigen eines konvexen Axicons

Einsatzmaterial Rohteil	Quarzglas, BK7, CaF_2 Blockglas	
Arbeitsgang	**Beschreibung**	
001	Zylinder ausbohren mit Aufmaß	
002	Aufkitten auf Tragkörper/Kitt MKS	
003	Stirnfläche 1 läppen F600	
004	Facettieren F600	
005	Feinläppen WCA 9	
006	US-Reinigen	
007	Vorpolieren – plan Cer 900 Q	
008	Endpolieren – plan Cer 900 Q	
009	Lösen und reinigen	
010	Prüfung Ebenheit, Durchmesser, Höhe und Oberflächenunvollkommenheiten	
011	Schutzlackieren der Stirnfläche 1	
012	Aufkitten auf Tragkörper/Kitt MKS	
013	Schleifbearbeitung mit Topfschleifwerkzeug D64 und D24	CNC-Bearbeitung
014	Abkitten und US-Reinigen	
015	Umkitten auf Tragkörper für Finishbearbeitung/Kitt MKS	
016	Feinläppen mit F600	
017	Vorpolieren mit Cer 900 Q	
018	Feinpolieren mit Cer 900 Q	
019	Abkitten und US-Reinigen	
020	Prüfung Winkel, Durchmesser und Oberflächenunvollkommenheiten	

Die zugerichteten zylinderförmigen Rohteile werden mittels MKS-Kitt spannungsarm aufkittet und in der CNC-Maschine positioniert. Es folgt ein präzises Einmessen sowie die Nullpunktreferenzierung mittels Messtaster. Die komplette Schleifdauer währt ca. 30 min pro Axicon. Zusätzlich wurde für die schonende Bearbeitung und einen geringen Werkzeugverschleiß die Ultraschalloszillation der Werkzeuge eingesetzt. Bild 11.59 zeigt eine Ansicht der gekitteten Halbzeuge in der US-Schleifmaschine.

Bild 11.59
Darstellung des Arbeitsraumes mit gekitteten Halbzeugen während der Schleifbearbeitung */nucl2021/*

Die Prüfung der Winkelgenauigkeit mittels eines taktilen Messtasters kann direkt in der CNC-Schleifmaschine ohne Ausspannen bzw. Abkitten vorgenommen werden. Nach der Schleifbearbeitung, dem Abkitten und der US-Reinigung der Axicone erfolgte eine wiederholte Messung mit einem optischen Messmikroskop „MarVisionMM". Die Messergebnisse für die Winkelabweichungen sind in der Tabelle 11.19 zusammengestellt.

Tabelle 11.19 Messung der Winkelabweichungen nach der Schleifbearbeitung */nucl2021/*

Axiconnummer	Apexwinkel (°) Messtaster	Apexwinkel (°) opt. Messmikroskop
1	90,012	90,009
2	89,964	90,033
3	90,081	89,970
4	90,066	90,042
Mittelwert	90,031	90,014
Maximale Abweichung vom Sollwertwinkel 90°: Δ = – 0,04 – + 0,08°		

Die Ergebnisse beider Messmethoden sind prinzipiell gut vergleichbar. Für das Erreichen höherer Messgenauigkeiten sollte der PrismMaster der Firma Trioptics eingesetzt werden (Abschnitt 11.4). Mittels CNC-Schleifen sind Bauteile mit guter, wiederholbarer Winkelgenauigkeit herstellbar, die den Anforderungen optischer Komponenten (Standard Δ = ± 0,5° bis Präzision Δ = ± 0,05°) */Edmu2021-2/*, */Thor2021/* entsprechen.

In Bild 11.60 ist das Bearbeitungsergebnis nach dem Schleifen für zwei Axicone dargestellt.

Bild 11.60
Bearbeitungsergebnisse zweier Axicone nach der Schleifbearbeitung */nucl2021/*

Durch die zirkulare Bewegung des Schleifwerkzeuges und den Vorschub in Richtung Z-Achse bleibt eine leichte periodische Rillenstruktur zurück, die durch eine geringe Vorschubbewegung minimiert werden kann. In der Bearbeitungsfolge der Tabelle 11.18 wurde aus diesem Grund ein Läpparbeitsgang auf einer Hebelmaschine eingefügt. Mit diesem vollaperturigen Abtragschritt lässt sich in kurzer Zeit eine polierfähige Oberfläche mit Beseitigung der mittelfrequenten Fehlerstruktur erreichen.

Die Politur der Axicone erfolgte ebenfalls auf einer Hebelmaschine ohne exzentrische Bewegung. Das kinematische Prinzip des Vor- und Feinpolierens veranschaulicht Bild 11.61. Für die Polierbearbeitung wurde ein konisches Schalenwerkzeug eingesetzt. Hierfür wurde ein entsprechendes Kegelwerkzeug als Negativform des Axicons zur Verwendung an einer optischen Hebelmaschine konstruiert. Die schnelle und effiziente Herstellung des Werkzeugs erfolgte mit dem additiven Verfahren Stereolithografieanlage (siehe auch Abschnitt 5.4). Als Poliermittelträger für das Werkzeug fand eine Polyurethan-Polierfolie Anwendung. Das mittige Ausrichten des Hebelarmes stellte eine wichtige Voraussetzung für die erreichbare Formgenauigkeit dar. Die Zuführung der Ceroxid-Poliersuspension wurde mittels einer Pinselschmierung realisiert (Bild 11.61).

Bild 11.61
Axiconpolitur mit Flächenwerkzeug auf Hebelmaschine (ohne Excenterbewegung)

Bei der für diese Poliermaschine hohen Drehzahl von 100 U/min lässt sich bei der Bearbeitung eine fortschreitende Glättung der Oberfläche beobachten. Bedingt durch die zum Rand hin höheren Schnittgeschwindigkeiten ist der schnellste Polierfortschritt tendenziell von außen festzustellen. Das Bearbeitungsergebnis für ein Axicon nach dem Polieren ist in Bild 11.62 gezeigt.

Bild 11.62
Bearbeitungsergebnis eines Axicons nach dem Polieren */nucl2021/*

11.10 Freiformoptik

Als Freiformen werden Oberflächen bezeichnet, die keine translatorische oder rotatorische Symmetrie aufweisen und nach der EN ISO 17450-1 zur Klasse der komplexen, invarianten Formen gehören. In der DIN ISO 10110 werden Flächen allgemein in stetig und unstetig unterteilt, wobei ebenso eine Kombinationsmöglichkeit aus beiden beschrieben wird.

Durch ihre Komplexität ermöglichen Freiformflächen neue Lösungswege für das Optikdesign mit mehreren Freiheitsgraden, so dass komplexe und optimierte Optiksysteme bereits mit wenigen Bauelementen ausgelegt werden können. Jedoch steigen auch die Anforderungen an den Herstellungsprozess für freiformoptische Flächen.

> Als Freiformflächen werden nach EN ISO 17450-1 rotations- und translationsinvariante Geometrien bezeichnet. Die Oberfläche besitzt keine Rotationssymmetrie um die optische Achse.

Freiformoptische Flächen werden in einer großen Stückzahl für die in Abschnitt 11.7 beschriebenen Gleitsichtbrillengläser hergestellt. In der Präzisionsoptik und der Lichttechnik werden Freiformanwendungen insbesondere zur Strahl- bzw. Lichtformung eingesetzt. In der Tabelle 11.20 sind ausgewählte Bearbeitungstechnologien zur Herstellung von freiformoptischen Komponenten nach Stückzahlen zusammengefasst.

Tabelle 11.20 Herstellungsverfahren für freiformoptische Anwendungen nach mittleren Stückzahlen

Stückzahlen/Losgrößen	Bearbeitungstechnologien	Beispiele
Losgröße 1 – Kleinserien	Schleifen und Polieren UP-Bearbeitung	ALVAREZ-Linsen Strahlformungsbauelemente für Laseranwendungen Prototypen Werkzeuge (Molds) Luft- und Raumfahrtkomponenten
Mittlere Serien	Präzisionsblankpressen	F-Theta-Linsen Linsenanordnungen zur Strahlformung
Großserien	Spritzguss, Spritzprägen UP-Bearbeitung und Polieren	Bauelemente zur Strahlformung Head-up-Displays Gleitsichtgläser

11.10.1 Herstellung freiformoptischer Bauelemente durch Schleifen und Polieren

Mit der Verfügbarkeit von mehrachsigen simultan gesteuerten Schleif- und Poliermaschinen können Freiformflächen prinzipiell bearbeitet werden. Einschränkungen, die aus der Werkzeuggröße und -zugänglichkeit resultieren, gibt es beispielsweise bei steilen Flächenanstiegen und engbegrenzten Übergängen mit Änderungen der Flächennormalen. Somit sind sogenannte „flache" Freiformgeometrien generell einfacher zu bearbeiten. Eine große Bedeutung kommt der Bauteilreferenzierung zu. Die exakte Ausrichtung des Bauteilkoordinatensystems während der verschiedenen Prozessstufen ist für die Freiformbearbeitung essenziell. Die entsprechenden Referenzierungen orientieren sich zumeist an den Koordinatensystemen der eingesetzten Bearbeitungsanlagen und Messsysteme. Dazu können nach DIN ISO 10110-18 drei grundsätzliche Referenzierungen zum Einsatz kommen:

- Koordinatenursprung der zu beschreibenden Fläche,
- Bezugskoordinatensystem am Schnittpunkt der Referenzachse mit der Fläche,
- Bauteilreferenzpunkte.

Im Folgenden wird die Herstellung der Freiformoptik aus Bild 2.31 und Bild 11.63 beschrieben (Tabelle 11.21).

Die Bearbeitung erfolgt durch die Prozessstufen:

1. Zurichten des Quaders,
2. Vor- und Feinschleifen der Grundfläche,
3. Polieren der Grundfläche,
4. 5-Seitenbearbeitung Vor- und Feinschleifen,
5. Vor- und Feinpolieren der vier Seitenflächen,
6. Laserpolitur der Freiformfläche.

Die Referenzierung und Festlegung der erforderlichen Koordinatensysteme erfolgte entsprechend Bild 11.63. Der Koordinatenursprung der Freiformoptik dient gleichzeitig als Referenzierung des Schleifbearbeitungsprozesses. Für den sich anschließenden Polierarbeitsgang der Freiformfläche erfolgt die Referenzierung am Koordinatensystem *X'Y'Z'*.

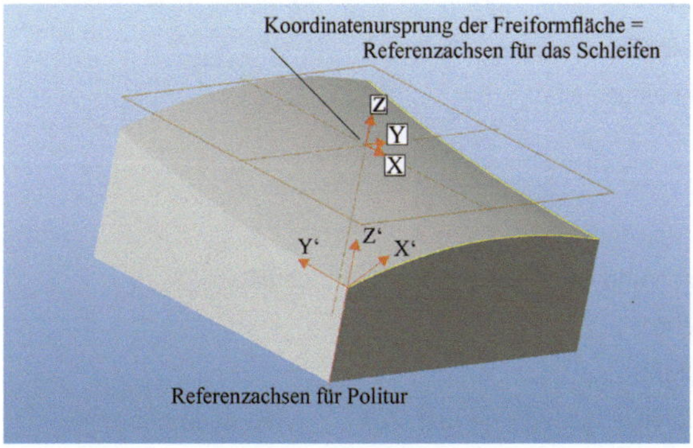

Bild 11.63
Darstellung der erforderlichen Bauteilreferenzierung für die Freiformoptik

In Vorbereitung der Bearbeitungsunterlagen werden aus der mathematischen Funktion der Freiformfläche die erforderlichen Bahndaten für den CNC-Schleifprozess ermittelt. Das umzusetzende kinematische Wirkprinzip für das Schleifen der Freiformfläche erfolgt durch ein mäanderförmiges Abzeilen der Oberfläche mit einem Kugelwerkzeug (siehe Bild 11.64).

Bild 11.64
Eingriffsverhältnisse und kinematisches Grundprinzip der Feinstschleifbearbeitung

Tabelle 11.21 Arbeitsgänge zum Fertigen eines freiformoptischen Bauelementes

Einsatzmaterial Rohteil	Quarzglas und BK7 Platten oder Blockglas	
Arbeitsgang	**Beschreibung**	
001	Zurichten Quader mit Aufmaß	
002	Aufkitten auf Tragkörper/ Kitt MKS	
003	Grundfläche Vorschleifen und Feinschleifen	
004	Vorpolieren – plan Cer 900 Q	
005	Endpolieren – plan Cer 900 Q	
006	Lösen und reinigen	
007	Prüfung Ebenheit, Abmessungen und Oberflächenunvollkommenheiten	
008	Schutzlackieren der Grundfläche	
009	Aufkitten auf Tragkörper/Kitt MKS	
010	Schleifbearbeitung mit Topfschleifwerkzeug D64 und D24	CNC-Bearbeitung
011	Anbringen der Schutzfasen	CNC-Bearbeitung
012	Feinstschleifen der Freiformfläche D20 (kunstharzgebundenes Diamantwerkzeug)	CNC-Bearbeitung
013	Reinigen und taktile Formmessung	
014	Vor- und Feinpolieren der vier Seitenflächen Cer 900 Q	CNC-Bearbeitung
015	Prüfung Ebenheit, Abmessungen und Oberflächenunvollkommenheiten	
016	Abkitten und US-Reinigen	
017	Messen der anpolierten Freiformfläche	MFU200
018	Referenzieren des Bauelementes in der Laseranlage	
019	Laserstrahlpolieren der Freiformfläche	CNC-Bearbeitung
020	Feinkühlen	
021	Messen der durchpolierten Freiformfläche	MFU200

Für das Polieren der Freiformfläche kommt ein Laserstrahlpolierverfahren (siehe auch Abschnitt 7.5) zum Einsatz. Gearbeitet wird mit einem unfokussierten Parallelstrahl, wodurch die Z-Position nicht nachgeführt werden muss. Dieser Parallelstrahl wird mäanderförmig über die Freiformfläche mit einem Spurversatz in Y'-Richtung gescannt. Die Referenzachsen bilden das $X'Y'Z'$-Koordinatensystem, wobei ein exaktes Referenzieren nicht erforderlich ist. Das Scanfeld wird so groß gewählt, dass die Umkehrpunkte der mäanderförmigen Bewegung außerhalb der Grundflächenabmessungen der Freiformoptik liegen. In der Polieranordnung wird deshalb mit einer Opferplatte aus Quarzglas gearbeitet (siehe Bild 11.65). Durch das zwangsläufige Beschleunigen und Verzögern der Scanbewegung an den Umkehrpunkten der Bewegungsrichtung kommt es zu einem erhöhten Leistungseintrag und in der Folge zu einer höheren Temperatur in diesen Bereichen. Durch das Verlegen der Umkehrpunkte außerhalb der zu polierenden Kontur kann ein gleichmäßiger und homogenerer Wärmeeintrag in das Bauelement sichergestellt werden (siehe Bild 11.65).

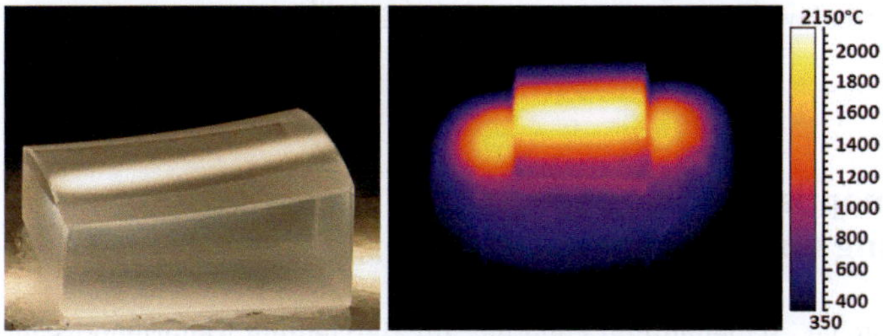

Bild 11.65
Laserstrahlpolieren der Freiformoptik mit dem Freistrahl: links) Polierprozess mit Laserlinie, rechts) Thermografieaufnahme der sich ergebenden Temperaturverteilung

Das Glätten der geschliffenen Ausgangsstrukturen ist ein relativ schneller Prozess, der gute Mikrorauheitswerte < 2 nm liefert. Diese Werte sind mit dem mechanischen Polierverfahren vergleichbar. Verfahrensbedingt entstehen jedoch mittelfrequente Fehleranteile, die im Vergleich höher ausfallen. Die Polierdauer zum vollständigen Glätten der Freiformfläche mit einer Grundfläche von 30 mm × 30 mm beträgt lediglich 72 s. Das entspricht einer zeitbezogenen Polierrate von $14{,}9\ \mathrm{s \cdot cm^{-2}}$.

Ein Verfahrensnachteil des Laserstrahlpolierens ist einerseits eine gewisse Materialeinschränkung und andererseits die Veränderung des optischen Gangunterschieds infolge des Wärmeeintrages. Anorganische Gläser können in Abhängigkeit von der Temperaturwechselbeständigkeit und dem linearen Ausdehnungskoeffizienten prinzipiell poliert werden. Für viele Materialien ist jedoch eine zusätzliche Vorwärmung erforderlich. Diese Zusatzmaßnahme hängt von den beiden genannten Materialparametern und der Bauteilgröße ab. Materialien, die beispielsweise kein Schmelzverhalten zeigen (über keinen Schmelzbereich verfügen) oder aber Materialsysteme mit einer kristallinen und einer amorphen Phase (z. B. Glaskeramiken), lassen sich nicht bzw. nur mit schlechtem Ergebnis laserstrahlpolieren. Die Änderung des optischen Gangunterschiedes der Freiformoptik nach dem Polierprozess veranschaulicht Bild 11.66. Der ermittelte Wert von ca. $30\ \mathrm{nm \cdot cm^{-1}}$ liegt außerhalb der Spezifikationen der DIN ISO 10110-18. Berücksichtigt man die photoelastische Konstante für das Quarzglas, kann eine Umrechnung des optischen Gangunterschiedes in Druck- und Zugspannungswerte vorgenommen werden.

Durch den sich anschließenden Feinkühlprozess nach dem Temperaturzeitverlauf aus Bild 6.4 können diese inneren Spannungen weitestgehend abgebaut werden. Dies hat zur Folge, dass der messbare optische Gangunterschied in der Probe auf einen Wert $< 5\ \mathrm{nm \cdot cm^{-1}}$ minimiert werden kann, der der Spezifikation einer Präzisionsoptik entspricht.

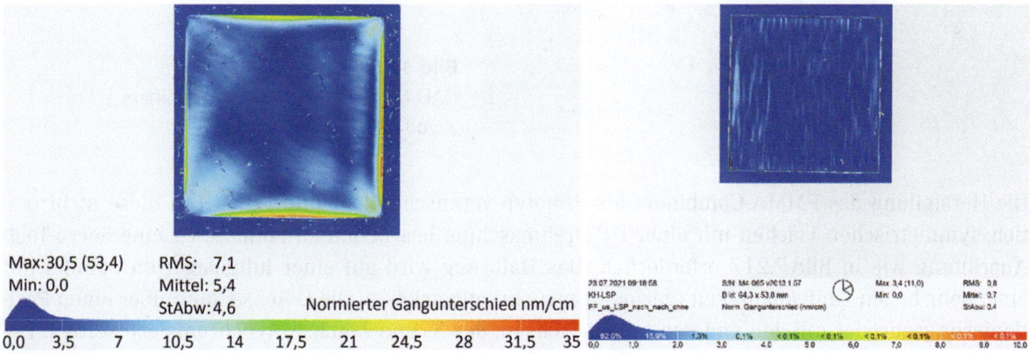

Bild 11.66 Darstellung des optischen Gangunterschiedes: links) nach dem Polierprozess, rechts) nach dem Feinkühlen

Die Auswertung der Messung der Formabweichung der Freiformfläche wird im Abschnitt 11.10.3 vorgenommen.

11.10.2 Herstellung freiformoptischer Bauelemente durch UP-Bearbeitung und Abformung

Während die vorgestellte Fertigungsfolge „Schleifen und Polieren" zur Herstellung freiformoptischer Komponenten meist nur für Losgrößen 1 und kleinere Serien infrage kommt, können die UP-Verfahren des Abschnitts 7.6 in der Kombination mit den Abformprozessen auch für mittlere bis größere Stückzahlen wirtschaftlich eingesetzt werden.

Die Verfahren der UP-Bearbeitung mit monokristallinen Diamantwerkzeugen (Drehen und Fräsen) dienen der Bearbeitung von Prototypen oder auch einzelnen Bauteilen mit Freiformflächen. Hierfür werden meist organischen Gläser, Germanium oder auch ausgewählte metallische Werkstoffe (z.B. Nickel, Kupfer, Aluminium) verwendet. Letztere Materialgruppe dient hauptsächlich der Bereitstellung von Formeinsätzen und Werkzeugen für die nachfolgenden Abformverfahren.

Bevor jedoch kostenintensive Werkzeuge und Formen hergestellt werden, geht oftmals eine Prototypenfertigung der Freiformoptik voraus. Im Falle des **Freiformflächencombiners,** dargestellt in Bild 11.67, wurde das „slow-tool"-UP-Drehverfahren angewandt. Dieses nicht rotationssymmetrische Bauteil hat Abmessung der Grundfläche von 212 mm × 168 mm und ist Bestandteil eines Head-up-Displays, welches im Interieurbereich von Kraftfahrzeugen Anwendung findet und Informationen in das Sichtfeld des Betrachters (Fahrer) überträgt. Zumeist besteht der Aufbau aus drei Einheiten, dem bilderzeugenden Modul, der optischen Übertragungseinheit und der Projektionsfläche (Combiner). Für diese Projektion sind Freiformflächen erforderlich, so dass das optische Bild sowie die Informationen verzerrungsfrei an der Frontscheibe des Fahrzeugs wahrgenommen werden können. Das Combinerdesign besteht aus jeweils einer konkaven und einer konvexen Freiformfläche. */Froe2007/*

Bild 11.67
CAD-Modell eines PMMA-Combiners */Froe2007/*

Die Herstellung des PMMA-Combiners als Prototyp veranschaulicht Bild 11.68. Um diese nichtrotationssymmetrischen Flächen mit einer UP-Drehmaschine bearbeiten zu können, ist eine Servo-Tool-Anordnung wie in Bild 7.217 erforderlich. Das Halbzeug wird auf einer luftgelagerten Spindel mit einer sehr hohen Laufgenauigkeit (geringe Unwucht) angetrieben. Die C-Achse kann über einen Positionierungsencoder mit den anderen beiden Achsen, der X- und Z-Achse, synchronisiert werden. Die translatorische X-Achse ist mit einer hydrostatisch gelagerten Linearführung ausgestattet und ermöglicht eine sehr präzise Achsbewegung. Für die Aufspannung des relativ großen und dünnen Halbzeugs, mit einer geforderten Mittendicke von 3 mm, muss eine spezielle Aufnahmevorrichtung auf der Vakuumspannplatte vorgesehen werden (siehe Bild 11.68).

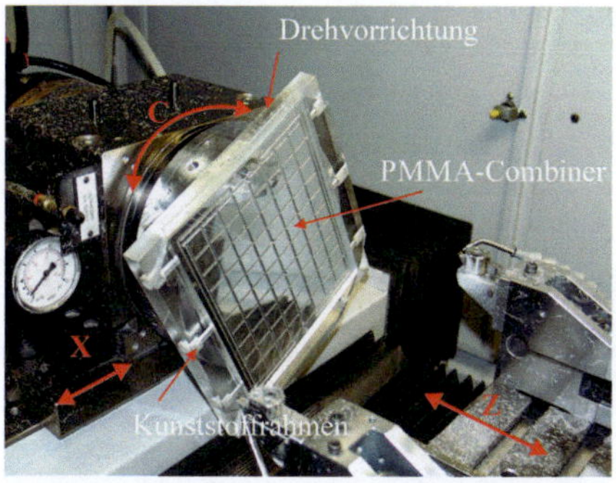

Bild 11.68
Angesaugter Combiner aus PMMA auf einer Aluminiumspannvorrichtung mit Kunststoffrahmen */Froe2007/*

Die Freiformflächen des Combiners wurden mit einer 3D-Punktewolke beschrieben und mit einer speziellen Bahnsoftware in eine Bearbeitungsfolge übersetzt. Für die Abstände der Inkremente in X-Richtung ist eine Auflösung von 0,1 mm und für den Winkel der C-Achsbewegung von 1° der Vorbearbeitung erforderlich. Das entspricht einer Abarbeitung von 490 000 Punkten durch die Maschinensteuerung für eine Freiformfläche in der zu bearbeitenden Größe. Für die Feinbearbeitung muss eine höhere Auflösung von 0,04 mm in X-Richtung und 0,1° für die Rotationsbewegung der C-Achse vorgesehen werden, was eine sehr hohe Punktefolge von 12 200 000 Punkten ergibt. Das Spannen mit der in Bild 11.69 gezeigten Aufnahme gestattet nach der ersten Seitenbearbeitung ein einfaches Umspannen und die Bearbeitung der zweiten Seite. Wichtig ist das Referenzieren der beiden Flächen zueinander für die optische Funktionalität des Bauelementes. Das Ergebnis dieser Vor- und Feinbearbeitung des Freiformflächencombiners illustriert Bild 11.69 */Froe2007/*.

Bild 11.69
Darstellung des optimierten Freiformflächencombiners in einer Aufnahme zum Spannen */Froe2007/*

Maximale Formabweichung (PV): 55 nm
Oberflächenrauheit R_q: 5 nm

Die Fertigung von freiformoptischen Bauelementen als Volumenoptik (hohe Stückzahlen, siehe Kapitel 4) wird durch das Spritzgießen und -prägen möglich. Die entsprechenden Kavitäten als Werkzeugformeinsätze werden wiederum mit den UP-Verfahren (Drehen oder Fräsen) bereitgestellt. In Bild 11.70 ist ein freiformoptisches Bauelement aus PMMA dargestellt, welches für die Strahlformung von LEDs in Straßenlampen ausgelegt wurde, um aus dem Punktlicht der LEDs eine homogen verteilte Beleuchtung des jeweiligen Straßensegmentes zu erzielen. Auf weitere Informationen sei an dieser Stelle auf */Brec2016/* verwiesen.

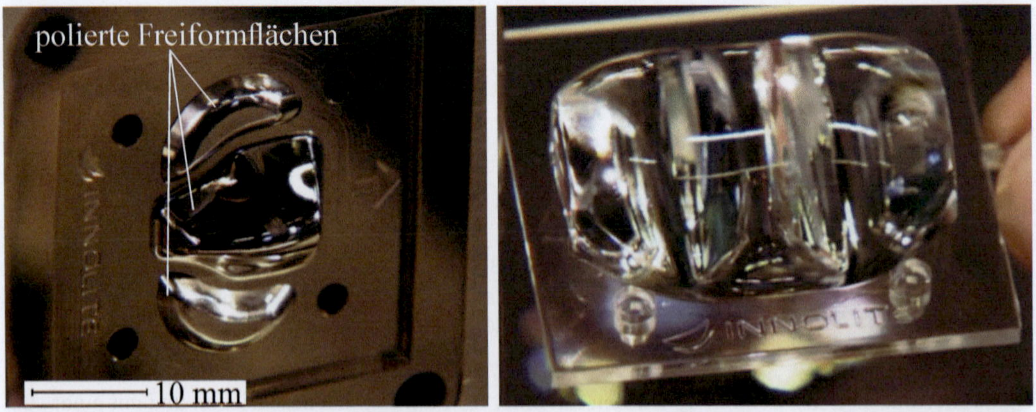

Bild 11.70 Freiformoptik aus Kunststoff für Beleuchtungsaufgaben (Optilight – Ressourceneffizient Beleuchtung) Firma Arburg und Firma Innolite: links) Werkzeugformeinsatz, rechts) abgeformtes Kunststoffbauteil

11.10.3 Charakterisierung von freiformoptischen Bauelementen

Für die Charakterisierung von freiformoptischen Bauelementen können unterschiedliche Messverfahren zum Einsatz kommen, die sich grundsätzlich in taktile und optische Messverfahren unterscheiden lassen. Die Tabelle 11.22 gibt hierzu einen Überblick.

Tabelle 11.22 Überblick der taktilen und optischen Messverfahren zur Charakterisierung von Freiformen

Taktil	Optisch
Koordinatenmessmaschine	Interferometrie mit Null-Optik
Tastschnittmessgerät	Vollfeld-Interferometrie (Shearing Interferometer, CGH)
Raserkraftmikroskopie	Optisch rasternd (OCT, Phase Retrieval, Profilometer, Sub-Nyquist-Interferometer)
	Interferometrisch gestiched (Tilted Wave Interferometer, Stiching Interferometer)
	Beurteilung der Abbildung (Shack-Hartmann-Sensor, Deflektometrie/Null-Screen, PSF, MTF)

Weitere Unterscheidungen der Messverfahren ergeben sich durch die Parameter Geschwindigkeit, Flexibilität und Auflösung.

Im Folgenden soll exemplarisch anhand der optischen Freiform-Messung mit dem optischen Profilometer *MarForm MFU 200 Aspheric 3D* zur 2D- und 3D-Messung von Sphären, Asphären, Freiformen und Sonderoptiken auf den Freiform-Messprozess eingegangen werden. Die Messungen basieren auf einer hochpräzisen Drehachse mit einer Rundheitsabweichung kleiner 20 nm sowie auf sowohl optischen als auch taktilen Tastsystemen. So können beispielsweise Referenzmarken taktil und die zugehörige Funktionsfläche berührungsfrei optisch gemessen werden. Durch das rasternde Messprinzip mit Nachführung des Messtasters entlang der Oberflächentopografie lassen sich im Gegensatz zu Messmethoden mit Null-Referenz und flächiger Aufnahme, wie z.B. der interferometrischen Prüfung mit computergeneriertem Hologramm (CGH), unterschiedliche Freiformen mit hoher Flexibilität messen. Zur Formmessung wird die hochpräzise Drehachse genutzt, um mit dem optischen Messtaster konzentrische Kreise und Kreissegmente aufnehmen zu können (Bild 11.71).

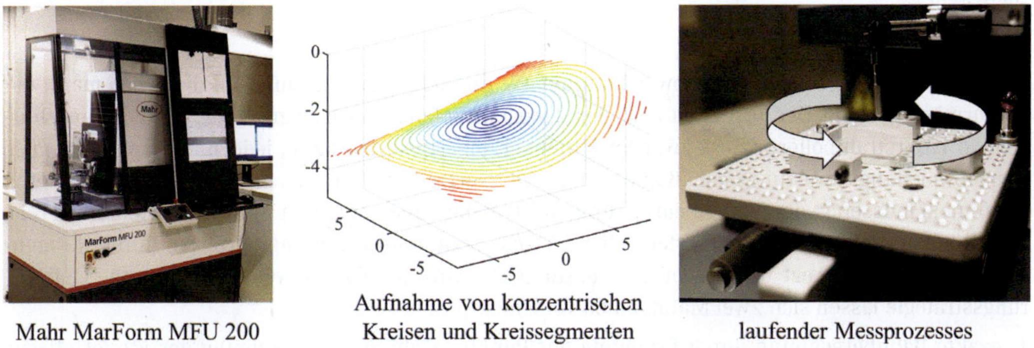

Bild 11.71 Messablauf der optischen Profilometrie mit Formmessmaschine MarForm MFU 200 Aspheric 3D: links) Messsystem MarForm MFU 200, Mitte) Darstellung der Formerfassung, rechts) Messablauf

Geeignete Formbeschreibungen für Freiformen ergeben sich meist als mathematische, mehrparametrige Gleichungen aus dem Optikdesign. Die exakte Formbeschreibung ist sowohl für die präzise Fertigung als auch für die Auswertung gemessener Real-Geometrien maßgebend. Neben der Oberflächenbeschreibung sind für die Integration in ein Optiksystem Referenzmarken, sogenannte Fiducials, von hoher Relevanz, um die Teilkomponenten relativ zueinander auszurichten. Neben der Justage werden Fiducials auch zur Freiformmessung benötigt. Durch eine Ausrichtung der Messdaten anhand der Fiducials können Soll- und Ist-Geometrie miteinander abgeglichen und Messergebnisse für Korrekturschritte verwendet werden. Messergebnisse unterschiedlicher Fertigungszustände der Freiformoptik aus Abschnitt 11.10.1 sind in Bild 11.72 und nachfolgender Tabelle zusammengefasst.

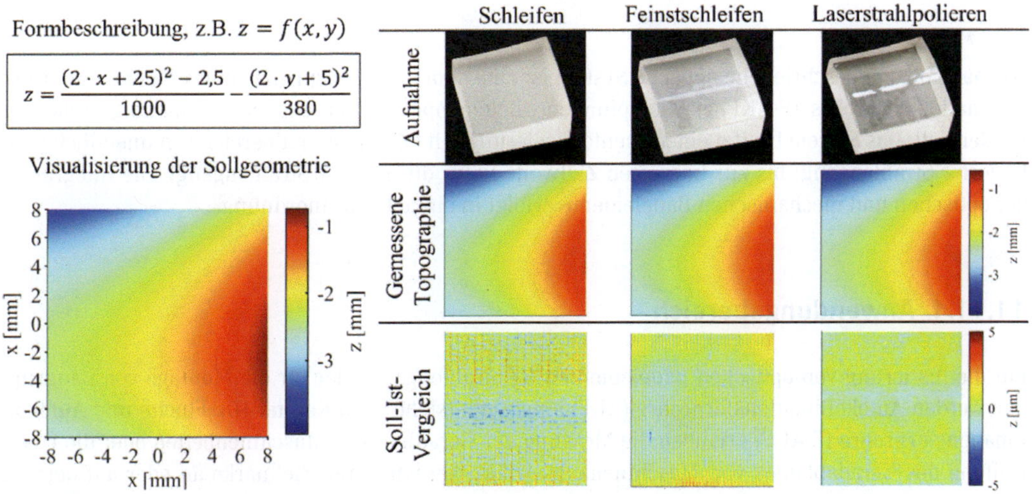

Bild 11.72 Freiform-Charakterisierung entlang einer Freiform-Fertigungskette

Ermittelte Formabweichungen:			
PV (µm)	11,7	6,9	4,4
RMS (µm)	1,17	0,78	0,44

Die gemessenen Werte der Formabweichung für PV und RMS veranschaulichen die Problematik der Freiformbearbeitung. Der Restfehler nach dem Feinstschleifen ist noch zu groß, der durch den anschließenden Laserstrahlpolierprozess zwar im Mittel verringert werden kann, jedoch kann die maximale Formabweichung erwartungsgemäß nur wenig verbessert werden. Um das Ergebnis weiter optimieren zu können, müssen in der Schleifbearbeitung Zusatzmaßnahmen ergriffen werden. Der hier noch relativ große Formfehler ist auf die erforderliche 5-Achs-Simultanbearbeitung zurückzuführen. Je mehr Achsen simultan bewegt werden müssen, desto größer wird die Formabweichung. Für eine Optimierungsstrategie lassen sich zwei Maßnahmen vorsehen:

1. exakte Bahnberechnung durch Erhöhung der Punkteanzahl zur Beschreibung der Freiformfläche bzw. Einsatz spezieller mathematischer Algorithmen,
2. UP-Schleifbearbeitung zur Erhöhung der Bahngenauigkeit durch Einsatz hydrostatisch geführter Achsen.

Neben der Evaluierung einzelner Formgebungs- und Oberflächenbearbeitungsschritte der Fertigungskette dient die messtechnische Topografiebestimmung zur Beurteilung der finalen Fertigungsqualität. Letztere kann durch iterative Korrekturschleifen mit wiederholter Oberflächenmessung und Subapertur-Korrekturpolitur, z. B. MRF- oder IBF-Polieren, optimiert werden.

11.11 Montage eines Flucht- und Autokollimationsfernrohrs

Das nachfolgend beschriebene optische System ist eine dem Funktionsprinzip eines Flucht- und Autokollimationsfernrohrs (F-AKF) nachempfundene Baugruppe, an der eine Systemmontage erläutert werden soll. Das System besitzt eine Innenfokussierung mit einem Verstellbereich von unendlich (kollimierter Strahlengang) bis zur kürzesten Zielweite (kZw, divergenter Strahlengang). Die Integration der optischen und mechanischen Bauelemente erfolgt in einer Tubusanordnung.

11.11.1 Anwendungsbereich

Für die Justierung von optischen Bauelementen im Strahlengang oder für die Montage von Baugruppen werden Autokollimationsfernrohre (AKF) eingesetzt (siehe auch Kapitel 10). Flucht- und Autokollimationsfernrohre (F-AKF) erlauben die Messung der Geradheit von Maschinenbetten oder die Überprüfung des Geradablaufes von Maschinenachsen. Hierbei wird eine Zielmarke an oder auf dem zu prüfenden Objekt angebracht. Diese wird über den Messbereich in definierten Intervallschritten geradlinig bewegt und die Abweichung von Richtung und/oder Flucht entlang der Bewegungsachse aufgenommen. Die über den Messweg ermittelten Abweichungen lassen Rückschlüsse auf die Geradheit/Ebenheit des Messobjektes zu und ermöglichen eine gezielte Korrektur.

Eine andere Möglichkeit besteht darin, einen komplexen optischen Strahlengang auszurichten. Hierzu werden in den Fassungssitzen der optischen Bauelemente Zielmarken abgesteckt und die Fassungen durch entsprechende vorgehaltene Manipulatoren zum F-AKF in Flucht und Richtung justiert. Ebenso ist es möglich, optische Flächen direkt anzumessen und die gewonnenen Daten für die Manipulation derselben zu verwenden. Eine wesentliche Voraussetzung hierfür ist, dass die Prüfflächen ausreichend reflektieren müssen.

11.11.2 Aufbau und Funktion

Ein **A**uto**k**ollimations**f**ernrohr (AKF) vereint in seinem Grundaufbau einen Kollimator und ein Fernrohr in einem Gerät (siehe auch Kapitel 10). In der Messanordnung wird ein Objekt, in diesem Fall eine mit Chrom beschichtete Glasplatte mit einem ausradierten Mittenkreuz (transparenter Bereich, frei von Chrom), rückseitig beleuchtet. Die durch das Mittenkreuz fallenden Strahlen werden durch den Teilerwürfel mit einem Teilverhältnis von 50/50 um 90° umgelenkt und in Richtung des Objektivs geführt. Das Objektiv und die Fokussierlinse in der ∞-Position formen ein kollimiertes Strahlenbündel am Ausgang des AKFs. Trifft dieses Bündel auf ein planes, reflektierendes Zielobjekt (eine Zielmarke, ein Planspiegel etc.), welches exakt senkrecht zum auftreffenden Bündel steht, wird die Ausbreitungsrichtung des Bündels umgekehrt und es gelangt wieder zum Eingang des Objektivs. Im rücklaufenden Strahlengang wird das Bündel auf die CCD-Kamera gelenkt. Dabei kennzeichnet der Schwerpunkt des Strahlfokus die Nullstellung des Messvorgangs. Bei entsprechender Verkippung des Zielobjektes wird nun der Fokus in Abhängigkeit von der Zielobjektverkippung im Bild der CCD-Kamera in X- und Y-Richtung ausgelenkt. Somit lässt sich die Richtung eines Objektes sehr genau im Bereich von wenigen Winkelsekunden erfassen. Für die Aufnahme der Fluchtgeraden muss das AKF mit einer fokussierbaren Optik (einer Innenfokussierung) ausgestattet sein. In diesem Fall spricht man von einem Flucht- und Autokollimationsfernrohr (F-AKF). Dies ermöglicht die Aufnahme von Lateralabweichungen in X- und Y-Richtung bei der Bewegung des Zielobjektes entlang der Strahlausbreitung in Z-Richtung.

Bild 11.73 zeigt den Gesamtaufbau des vorgestellten F-AKFs mit folgendenen Hauptkomponenten des Systems:

1. Fokussiereinheit,
2. Beleuchtungseinrichtung (Lampenhaus),
3. Objektiv,
4. Strahlteileranordnung,
5. CCD-Kamera,
6. Auswerteeinheit (nicht dargestellt).

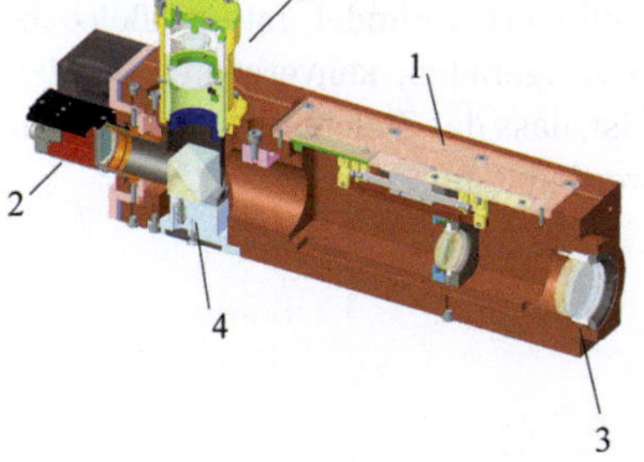

Bild 11.73
Bestandteile des Flucht- und Autokollimationsfernrohres F-AKF

11.11.3 Montage und Anordnung der Systemeinheiten

Bei einem Zielobjekt mit einer reflektierenden Oberfläche wird die vom F-AKF ausgesendete Strahlung wieder zurück reflektiert. Alternativ kann das Zielobjekt aber auch von seiner Rückseite (der dem F-AKF abgewandten Seite) beleuchtet werden. In diesem Fall ist die Beleuchtung des F-AKFs ausgeschaltet und es werden klare Zielstrukturen in einem reflektierenden Umfeld (Chrom) verwendet. Der Vorteil der externen Zielobjektbeleuchtung ist, dass durch den einfachen Strahlverlauf (ohne zweimaligen Durchgang mit angeschalteter F-AKF-Beleuchtung) der Fangbereich verdoppelt werden kann.

Die Anordnung der Beleuchtungseinheit veranschaulicht Bild 11.74. Für die Beleuchtung des Strahlengangs bzw. des Zielobjektes wurde eine leistungsstarke LED ausgewählt. Als Beleuchtungswellenlängen werden meist die grüne (535 nm) oder die rote (665 nm) Linie verwendet.

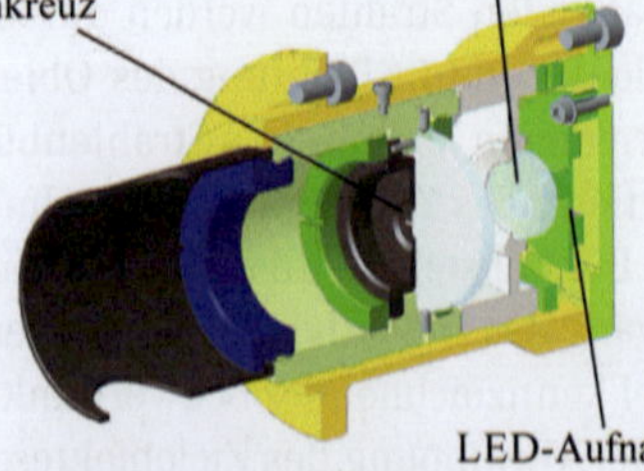

Bild 11.74 Aufbau der Beleuchtungseinheit

Das Strahlenbündel der gewählten LED mit der grünen Wellenlänge leuchtet das ausradierte Kreuz auf dem ersten optischen Bauelement aus und wird als kollimierter Strahl auf den Strahlteiler gelenkt. Die verschiedenen Methoden zur Herstellung solcher Chrommasken sind in Abschnitt 7.8 beschrieben.

Um ein scharfes Bild auf der CCD-Kamera zu erhalten, muss die Fokussierlinse entsprechend verfahren werden. Den Aufbau der Fokussiereinrichtung veranschaulicht Bild 11.75. Da eine Verkippung oder ein Lateralversatz der Fokussierlinse beim Verfahren zu einem Messfehler (Gerätefehler) führt, werden an die Qualität der Bewegung höchste Anforderungen gestellt. Die Führung erfolgt durch zwei parallele Linearschienen, auf denen sich jeweils zwei Wagen mit Wälzlagern (Umlauf) befinden, die direkt an dem Fokussierschlitten befestigt sind. Als Antrieb wurde ein Piezo-Schreitantrieb vorgesehen, der über ein integriertes Messsystem verfügt. Der Keramikbalken des Piezo-Schreitantriebes ist über zwei Kupplungen mit dem Schlitten verbunden, die einen Ausgleich von Lateralversatz- und Taumelfehlern in der Antriebseinheit ermöglichen. Der wesentliche Vorteil eines Piezo-Schreitantriebes ist seine selbsthemmende Wirkung, hier mit einer Haltekraft 10 N gewählt. Somit besitzt das System kein Umkehrspiel (Umkehrlose), so dass Fehlpositionierungen ausgeschlossen werden können. Für die Referenzierung (Startposition) und die Endlagen sind Sensoren (Reflexsensoren, Optokoppler) auf einer Platine nahe des Antriebs angeordnet. Während des Messvorgangs wird für die jeweilige Position des Zielobjekts (Z) sowohl die **Richtung** (Winkelabweichung, kollimiertes Bündel, interne Beleuchtung) als auch die **Flucht** (Lateralabweichung von der idealen Zielgeraden, konvergentes Bündel, interne oder externe Beleuchtung) aufgenommen. Das Justierziel ist, dass das Zielobjekt beim **Richten** und **Fluchten** auf einen vorgegebenen Minimalwert einjustiert werden kann.

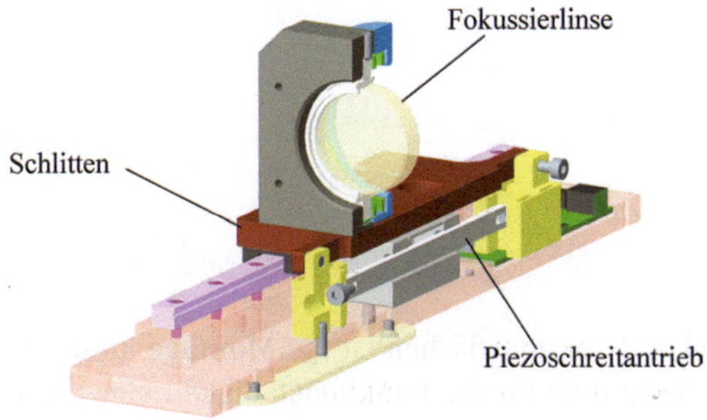

Bild 11.75
Aufbau der Fokussiereinheit

Im Montageablauf werden zunächst alle Systemeinheiten aufgebaut und vorjustiert. Der Aufbau der Komponenten Objektiv und Strahlteilung veranschaulichen Bild 11.76 und Bild 11.77. In die Tubusanordnung des F-AKFs werden die Strahlteilereinheit und das Objektiv mit einem AKF zur mechanischen Achse exakt ausgerichtet. Im Anschluss wird die Beleuchtungseinheit integriert und zur zweiten optischen Achse (LED – Strahlteiler) so justiert, dass 1. und 2. optische Achse exakt senkrecht ausgerichtet sind. Mithilfe eines Testobjektspiegels wird die CCD-Kamera exakt am Kalibriersignal des reflektierten Strahlenbündels einjustiert und als Nulllage gespeichert. Zum Schluss wird die Fokussiereinheit ausgerichtet. Das erfolgt über das Justieren der Einheit beim Verfahren zwischen den beiden Endpositionen. Die Fokussiereinheit wird solange justiert, bis der Strahl keinen Versatz durch die Stellbewegung der Fokussieroptik erfährt und somit ein Messgerätefehler ausgeschlossen werden kann.

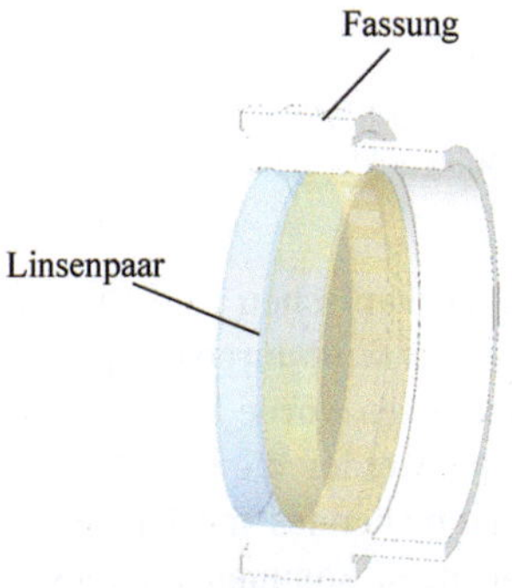

Bild 11.76
Fassungsglied Objektiv

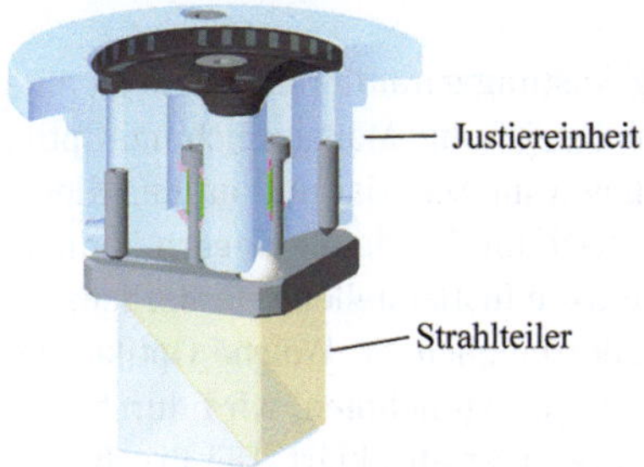

Bild 11.77
Fassung und Justierung des Strahlteilerwürfels

11.12 Montage eines Objektivs

Auf plus.hanser-fachbuch.de finden Sie hierzu ein Video.

Neben der Beherrschung der Herstellung von optischen Funktionsflächen ist die **Montage** dieser zu einem Gesamtsystem ebenfalls von entscheidender Bedeutung für die Funktionsfähigkeit eines optischen Systems. Die Auswahl eines geeigneten Montageverfahrens ist u.a. von den Spezifikationen sowie den geforderten Funktionen abhängig. Anhand des in Bild 11.78 dargestellten Objektivs werden nachfolgend ausgewählte Montageprinzipien beschrieben.

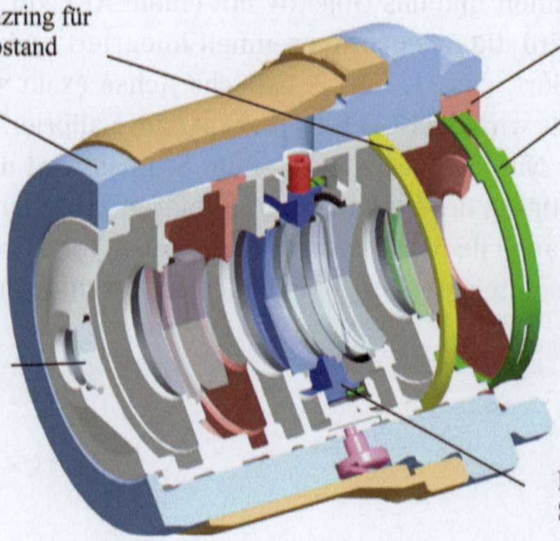

Bild 11.78
Darstellung der Komponenten des „Fanta-Objektivs"

Die **Montage eines Systems** erfolgt i.d.R. in einem bauteilspezifischen mechanischen Aufbau bzw. Gehäuse oder in einem speziellen Tubus. Das in Bild 11.78 dargestellte Objektiv wird durch eine Reihe optischer Komponenten gebildet (Achtung: kein optimiertes optisches System, es wurde lediglich zur Veranschaulichung möglicher Montagevarianten zusammengestellt). Hierbei werden die Einzellinsen und Kittglieder in einem ersten Teilmontageschritt zunächst in ein entsprechendes mechanisches Fassglied gefügt bzw. montiert. Entsprechend den Genauigkeitsanforderungen kommen für diesen Montageschritt unterschiedliche Verfahren zum Einsatz. In einer zweiten Prozessstufe werden die gefassten Elemente in den Tubus integriert und justiert.

Für optische Systeme, die hohe Anforderungen an die Abbildungsleistung garantieren sollen, ist eine Justage unumgänglich, da sich verschiedene Teilfehler (Brechzahlabweichung, Maßabweichung Optik, Maßabweichung Mechanik, Fügespiel, Temperaturgang, Spannungen im Material und an der Klebestelle, Montagespiel usw.) im Herstellprozess und im späteren Betrieb ungünstig überlagern können. Somit sind trotz einer ständigen Verringerung der Fertigungstoleranzen Justierstellen erforderlich, mit denen eine gezielte Einflussnahme auf bestimmte Abbildungsfehler möglich ist. Welche Optiken im System am geeignetsten sind, um auf einen bestimmten Fehler Einfluss zu nehmen, wird durch eine Simulation mit einem Optik-Design-Programm durch den Optikentwickler abgeklärt. Die Ergebnisse sind im optischen Datenblatt spezifiziert. Hieraus kann abgeleitet werden, welche Stellbewegungen (Art, Betrag) an welcher bzw. an welchen Optiken vorgenommen werden müssen. Am Beispiel des Fanta-Objektivs aus Bild 11.78 sind drei Manipulations- bzw. Justagemöglichkeiten vorgesehen.

Zunächst können durch die Integration von Achromaten in den Strahlengang die Farbfehler des Systems minimiert werden. Darüber hinaus kann durch die Verwendung einer „Schiebelinse“ (auch Koma-Schieber genannt) der Koma-Fehler (Asymmetriefehler) des Systems verringert werden. Das in Bild 11.78 blau dargestellte gefasste Element wird diesbezüglich über vier 90°-versetzte Stellschrauben quer zur optischen Achse verstellt. Der sphärische Fehler des Systems und die Verzeichnung (Symmetriefehler) können durch die Variation der Luftabstände gezielt beeinflusst werden. In der Abbildung ist dafür ein gelb gekennzeichneter Distanzring für den Luftabstand zwischen zwei gefassten Optiken vorgesehen. Nach Einbau und Justage muss dieser gegebenenfalls getauscht werden, um nach erneuter Optikrechnung einen optimierten Luftabstand einstellen zu können. Für hochwertige Objektive ist das Optimieren der Luftabstände ein iterativer Prozess.

Um den Aufwand für die Demontage so gering wie möglich zu halten, wird die Justagestelle für den Luftabstand meist zwischen dem letzten und vorletzten optischen Bauelement vorgesehen. Der Abbildungsfehler Astigmatismus (Asymmetriefehler) kann durch Drehung einer Linse (sogenanntes „clocking“) justiert werden. Diesbezüglich sieht der Optikentwickler eine geeignete Linse des Systems vor, die sukzessive im Uhrzeigersinn zur optischen Achse in gewählten Winkelschritten gedreht wird. Damit können Passfehler (infolge der Bauelementefertigung) kritischer optischer Bauelemente durch gezieltes Drehen in dem Gesamtsystem justiert werden, so dass der astigmatische Fehler des Systems minimiert werden kann. Des Weiteren führt das Einfügen von Blenden (braun gekennzeichnet) zu einer weiteren Verringerung von Abbildungsfehlern des Systems.

11.12.1 Fügen der Einzellinsen und Kittglieder

11.12.1.1 Gerichtetes Kleben (Richtkitten)

Vor dem Verkitten von Einzellinsen zu einem Achromat (siehe Bild 11.79) bzw. zu einem Triplett werden diese gereinigt und erwärmt (ca. 50 °C), um die Restfeuchtigkeit an der Oberfläche zu beseitigen. Diese können den Fügeprozess entscheidend stören bzw. sie vermindern die Qualität der zu erwartenden Abbildungsgüte des optischen Systems.

Nach diesen vorbereitenden Maßnahmen wird eine geringe Menge Kitt mittig auf eine der zu fügenden Linsen aufgetragen. Die Menge wird so dosiert, dass der Anteil des überschüssigen Kittes, welcher nach dem Zusammenpressen aus der Fuge tritt, so gering wie möglich ist. (Dies stützt sich im Wesentlichen auf Erfahrungswerte.)

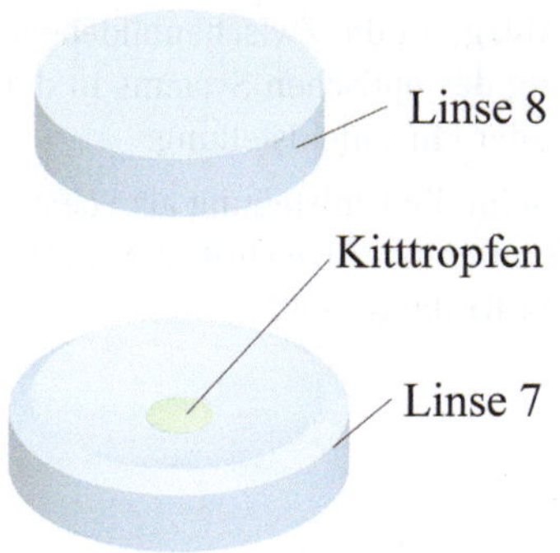

Bild 11.79
Anordnung zum Kitten eines Achromats

Zur Anwendung kommen je nach Einsatzfall prinzipiell zwei Arten von Kitt (siehe auch Kapitel 10). Einerseits sind dies zeithärtende Kitte und zum anderen Kitte, welche mit UV-Licht aushärten. Wesentlicher Vorteil des UV-härtenden Kittes besteht darin, dass der Lagezustand der Linsen zueinander nach der Bestrahlung mit UV-Licht augenblicklich eingefroren wird. Dies kann allerdings auch als Nachteil gesehen werden, wenn sich die Linsen noch nicht in ihrer korrekten Lage zueinander befinden. Ferner können sich Spannungen im Fügeverbund aufbauen, wenn die Bestrahlung nicht an jeder Stelle mit der gleichen Intensität erfolgt oder, wenn die Klebeschichtdicke nicht homogen genug ausgebildet ist.

Beim Fügen der Einzellinsen werden diese mit gleichmäßigem Druck aufeinandergepresst. Wichtig dabei ist, den Kitt gleichmäßig und ohne Blasen (Einschlüsse) zwischen den zu verbindenden Flächen zu verteilen.

Angestrebt wird eine „dünne" Kittschicht, die in ihrer optischen Wirkung vernachlässigt werden kann. Das Kitten ist ein manueller Prozess und erfordert Routine und Geschick.

Die optischen Achsen der Kittglieder sind zu Beginn des Fügevorganges noch nicht zueinander ausgerichtet, wie in Bild 11.80 dargestellt. Dies erfolgt in einem nachgeschalteten Prozess und wird manuell bzw. automatisiert durchgeführt.

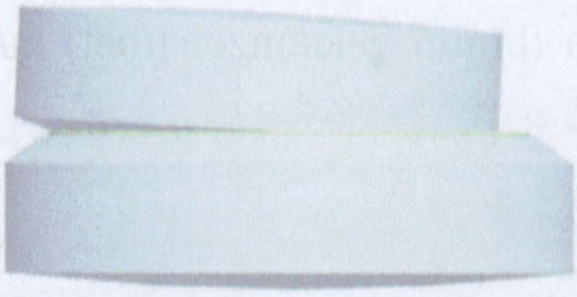

Bild 11.80
Fügevorgang der Einzellinsen

Dabei werden die Reflexe (Krümmungsmittelpunktablagen) der Einzelflächen beobachtet (Umfokussieren) und zueinander fluchtend ausgerichtet. Bei Verwendung eines zeithärtenden Kittes wird der justierte Zustand durch einen Hilfskitt gesichert. Dieser wird punktuell an drei Stellen am Umfang der Fügegrenzschicht angebracht und lässt sich zu einem späteren Zeitpunkt wieder entfernen. Das automatisierte Richtkitten ermöglicht unabhängig vom Bediener reproduzierbare Fügeergebnisse. Dabei wird zunächst die untere Linse mit ihrer optischen Achse zur Maschinenachse (Drehlager) ausgerichtet (Stoßjustierung). Dieser Zustand wird zeitweilig fixiert (VAC). Anschließend wird die optische Achse der oberen Linse mit der der unteren durch einen Klopfmechanismus in Übereinstimmung gebracht. Für die Prüfung der Lage der optischen Achsen wird ein Reflexbildmessgerät verwendet. Dies projiziert eine Zielmarke in die Ebene (ZBE) des Krümmungsmittelpunktes der zu messenden Linsenradienfläche. Durch die Fehlstellung der Linse (Dezentrierung, Kippfehler) wird die Zielmarke nicht in sich zurückreflektiert, sondern mit einer entsprechenden Ablage in die Zwischenbildebene abgebildet. Diese Ablage ist unter Berücksichtigung der Vergrößerung des optischen Systems in der Bildebene (CCD-Matrix) zu finden und gibt Auskunft über den Betrag der Linsenfehlstellung.

Da die Linse während der Messung rotiert (Umschlagmessung), erscheint die Fehlstellung als Schlagkreis in der Bildebene. Für eine ausgerichtete Linse wird ein in sich rotierender Leuchtfleck wahrgenommen. Dieser Zustand ist für den Achromaten (Linse 7/8) in Bild 11.81 dargestellt.

Bild 11.81
Gekitteter und justierter Achromat

11.12.1.2 Ungerichtetes Kleben

Es gibt verschiedene Möglichkeiten, ein optisches System aus Einzelkomponenten aufzubauen. So ist es z. B. möglich, einzelne ungefasste Linsen oder Kittglieder in einen Füllzylinder zu stapeln und mit Abstimmringen die einzelnen Luftabstände zwischen den optischen Elementen einzustellen. Bei dieser Variante sind allerdings nur relativ geringe Genauigkeiten möglich. Für höhere Ansprüche werden die optischen Elemente in einem genau gearbeiteten mechanischen Element zwischengefasst. Dieses besteht meist aus einem metallischen Werkstoff (Edelstahl, Aluminium, Messing), kann aber auch für bestimmte Einsatzfälle aus Kunststoff gefertigt werden. Bild 11.82 illustriert eine mechanische Fassung für eine Kittlinsengruppe.

In das Fasselement ist eine Bestimmgeometrie eingearbeitet. Diese setzt sich aus einer Ringschneide und einem Fasszylinder (siehe auch Kapitel 10) zusammen und sorgt aufgrund der eng gestuften Toleranz für eine Lageorientierung der Optik zur Fassung. Die Linse stützt sich dabei mit ihrer Radienfläche auf der Ringschneide axial ab (Linienberührung). Eine Fixierung der Linse in der Fassung wird durch eine Ringklebung (Bild 11.83) vorgenommen. Hierbei ist darauf zu achten, dass der Kleber gleichmäßig entlang der Linsenmantelfläche dosiert wird.

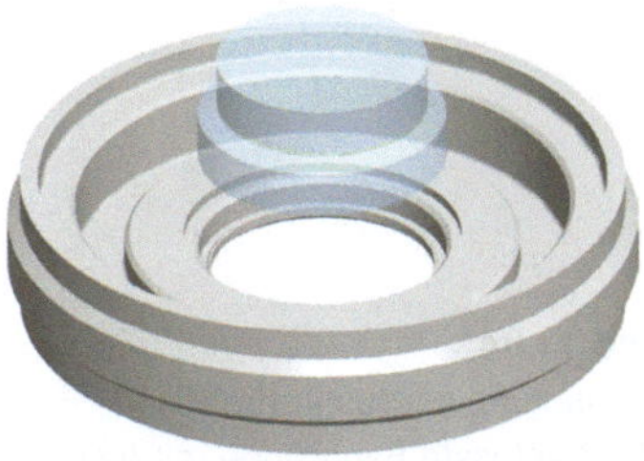

Bild 11.82
Mechanische Fassung für eine Kittlinsengruppe

Neben der Auslegung des Systems mit Ringschneiden sind aber auch andere geometrische Elemente möglich (unterbrochene Ringschneide, Planflächen, Kugeln usw.). Bei Schrumpfung des Klebers wird die Linse weitestgehend gleichmäßig von allen Seiten belastet und die eingebrachten Spannungen, die in optischen Bauelementen zu Spannungsdoppelbrechung führen können, verteilen sich gleichmäßig und werden somit so gering wie möglich gehalten.

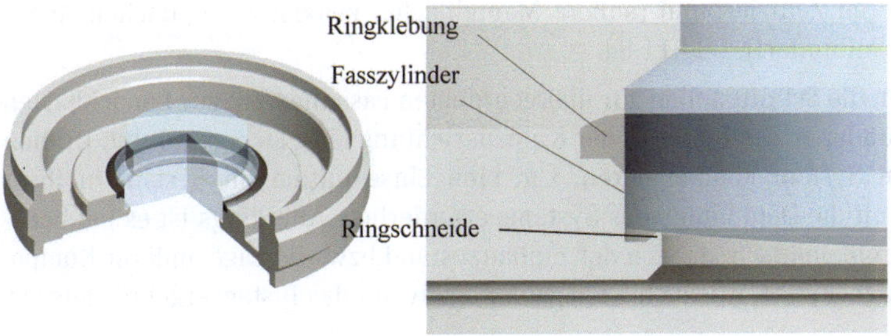

Bild 11.83
Ungerichtetes Kleben mit Ringschneide

Die Spannung, die in das Glas der Linse eingebracht wird, ist im Wesentlichen vom verwendeten Kleber abhängig. Hier ist in der Praxis ein Kompromiss zwischen sicherer Halterung in jeder Gebrauchslage, Langzeitstabilität (UV) und geringem Spannungseintrag zu finden.

Nach dem ungerichteten Fassen ist das optische Bauelement für den weiteren Montageprozess geschützt vor Randausbrüchen, Kratzern oder anderen Beschädigungen. Weiterhin können nun Kräfte bei der Montage über die Fassung geleitet werden und wirken nicht direkt auf die spannungsempfindliche Funktionsoberfläche. Durch ein entsprechend ausgelegtes mechanisches Design können mechanische Spannungen, die beim Zusammenbau eines optischen Systems entstehen und sich auf die optisch wirksamen Elemente übertragen, minimiert werden. Zusätzlich bieten bestimmte Fassungsmethoden, z.B. mit Festkörperfederelementen, eine gute Entkopplungswirkung.

11.12.2 Justierdrehen

Um optische Systeme mit noch höheren Genauigkeiten herstellen zu können, wird die gefasste Linse oder Linsengruppe justiergedreht (siehe auch Kapitel 10). Hierbei werden die Stirnflächen und die äußere Umfangsfläche, in Bild 11.84 grün gekennzeichnet, zur optischen Achse der gefassten Optik bearbeitet.

Der Ausrichtprozess beim **Justierdrehen** erfolgt in gleicher Weise wie beim gerichteten Kleben (Richtkitten) mit einem Reflexbildgerät.

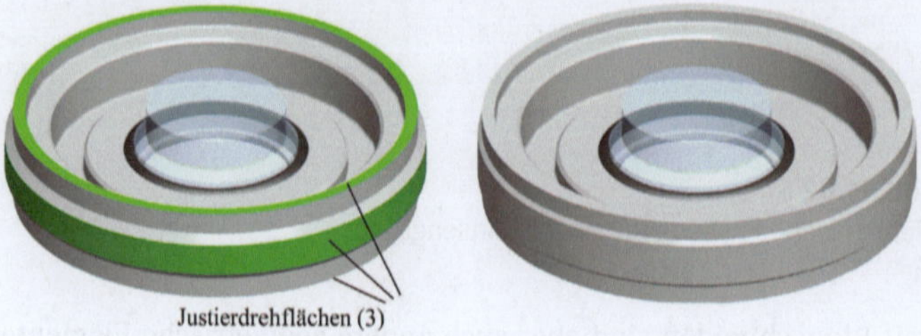

Bild 11.84
Darstellung der Justierdrehflächen: links) gefasste Baugruppe mit Justierdrehflächen, rechts) justiergedrehte Baugruppe

Nach dem Ausrichten der gefassten Optik erfolgt das Überdrehen der drei Bestimmflächen (grün) in einer Aufspannung. Der Prozess erfolgt zweistufig mit Schrupp- und Schlichtdrehen, wobei vorwiegend Diamantwerkzeuge eingesetzt werden. Im Ergebnis des Justierdrehens liegen bearbeitete Fassungen vor, deren Stirnflächen exakt senkrecht und planparallel zur optischen Achse der Linse stehen (Kippfehler minimiert) und deren Zentrierbund (äußere Mantelfläche) koaxial zur optischen Achse verläuft (Dezentrierungsfehler minimiert), Bild 11.84.

Die stirnseitigen Flächen bilden die Schnittstellen zur übergeordneten Fassung bzw. zur benachbarten gefassten Optik. Ein evtl. vorhandener Restfehler in der Kippausrichtung lässt sich ggf. durch Drehen einzelner Linsenfassungen im System kompensieren. Um eine Linse mitten im System in ihrer Drehlage zu manipulieren, ist oft die Demontage des Systems erforderlich. Allerdings ist es bei hochgenauen Systemen mitunter problematisch, da sich der Einbauzustand bzw. die Lage anderer Komponenten bei der erneuten Montage ändert, was sich wiederum negativ auf das Justageergebnis auswirken kann.

Für die Zentrierung der Optiken dient ein Zentrierbund, der an der Mantelfläche der Fassung vorgesehen ist. Dieser ist zum Innendurchmesser des Füllfassungsstutzens mit einer engen Spielpassung (5 µm – 20 µm) toleriert. Die Dezentrierung ist bei einzelnen Systemen so stark minimiert (Spielpassung ca. 5 µm), dass zum Befüllen des Rohrstutzens dieser aufgrund des „Pumpeffektes“ entlüftet werden muss.

11.12.3 Teilmontage

Bevor ein Objektiv vollständig montiert werden kann, sind oftmals Teilmontageschritte erforderlich, um optische Komponenten zu kombinieren oder ggf. auch vorzujustieren, bevor sie in das Gesamtsystem integriert werden. Nachfolgend ist ein Beispiel für eine Koma-Schiebelinse angeführt, die nach dem Fassung-in-Fassung-Prinzip aufgebaut ist. Der Vorteil eines solchen Aufbaus ist, dass die benachbarten Linsen in ihrer Zentrierung nicht beeinflusst werden und durch die direkt auf die Schiebelinse wirkende Feder die Vorspannung (Lagesicherung) für diese Linse separat und feinfühlig eingestellt werden kann. Bild 11.85 veranschaulicht das Anordnungsprinzip.

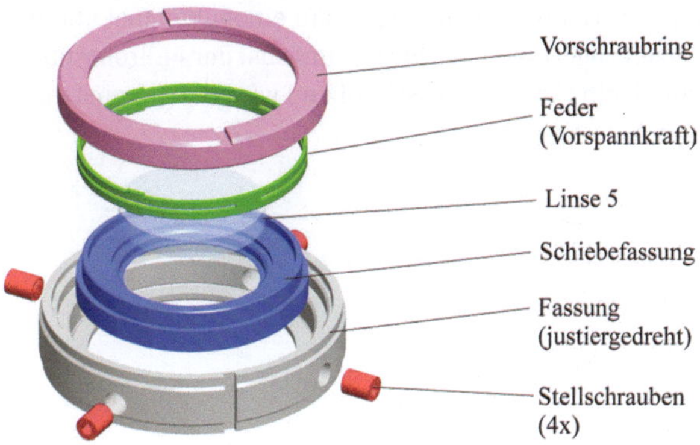

Bild 11.85
Koma-Schiebelinse (Fassung in Fassungsanordnung)

Für die Bestimmung von Richtung und Betrag der erforderlichen Stellbewegung wird die Bildgütefunktion (bzw. Wellenfront) des Gesamtsystems aufgenommen. In der Praxis stehen diesbezüglich unterschiedliche Messsysteme zur Verfügung. Der Einsatz von Wellenfrontsensoren hat sich hierfür z. T. etabliert, der darüber hinaus die Ermittlung weiterer Abbildungsfehler ermöglicht. Aus der Berechnung des Abbildungsfehleranteiles für das Koma kann die nötige Stellbewegung zur Kompensation abgeleitet werden. Die erforderliche laterale Positionierung der Linse 5 (Kompensation des Komas) erfolgt mit den vier Stellschrauben in den zwei Richtungen X und Y.

Beim Verstellvorgang wird die Schraube gelöst, in deren Richtung die Bewegung erfolgt. Die Schrauben senkrecht zur Bewegungsrichtung bleiben angelegt und bieten der inneren Fassung eine gewisse Führung. Wenn die laterale Position der Linse erreicht bzw. eingestellt ist, werden alle Stellschrauben an die Schiebefassung „kraftfrei“ angelegt und in dieser Position mit Schraubensicherungslack fixiert. Dies dient einer dauerhaften Lagesicherung der justierten Linse. Bild 11.86 illustriert die montierte Baugruppe „Koma-Schiebelinse“.

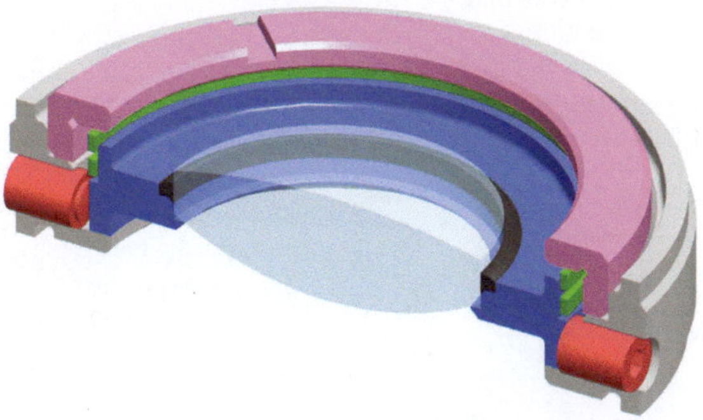

Bild 11.86
Koma-Schiebelinse im montierten Zustand

Bei der konstruktiven Auslegung des Systems muss beachtet werden, dass Justierstellen gewisse mechanische Schwachstellen im System darstellen. Infolge der Wirkung von äußeren Kräften, insbesondere dynamische Kräfte (Vibrationen), liegen hier i.d.R. geringere Steifigkeiten vor. Zusätzliche Sicherungsmaßnahmen müssen für besonders beanspruchte Systeme in der Konstruktion Berücksichtigung finden.

11.12.4 Endmontage

Für die Endmontage des Objektivs wird die Stapelmontagevariante verwendet. Das heißt, es werden alle gefassten und justiergedrehten Elemente in der richtigen Reihenfolge auf einem Stempel übereinandergelegt und sukzessive in den Füllrohrstutzen abgesenkt. Hierfür ist zunächst der Füllrohrstutzen gestellfest zu sichern, im Beispiel Bild 11.87 durch ein Gewinde. Anschließend wird der Stempel durch die untere Öffnung des Füllrohrstutzens gefahren.

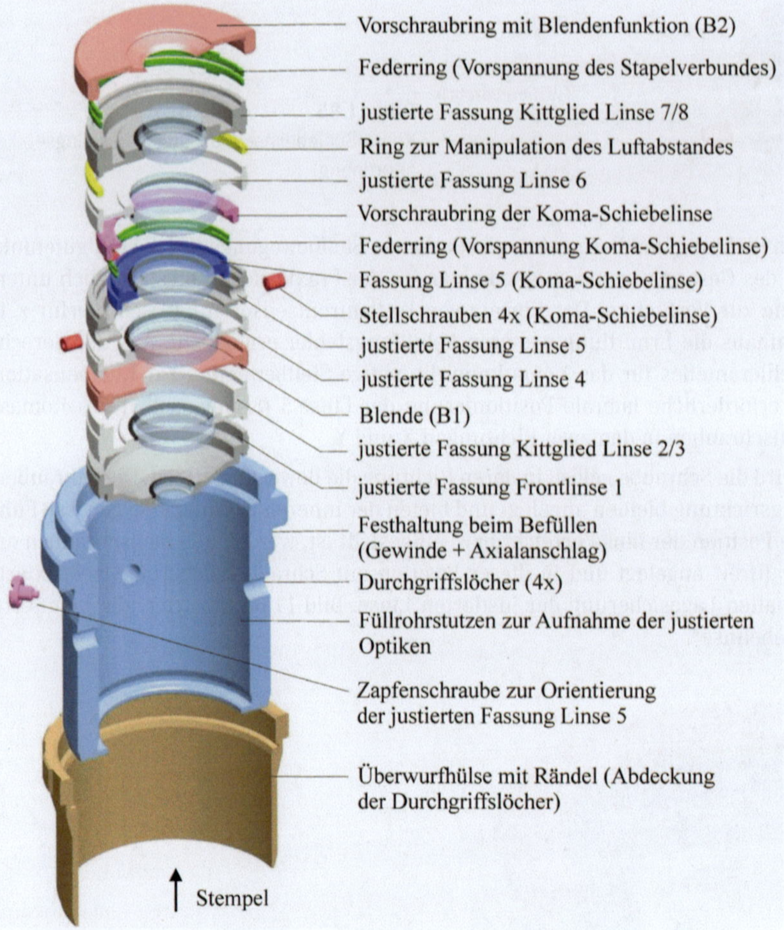

Bild 11.87 Explosionsdarstellung des Fanta-Objektivs

Die erste Fassung (justierte Fassung Frontlinse 1) wird auf dem Stempel abgelegt. Durch das Absenken des Stempels taucht die Fassung völlig in den Innenzylinder des Füllrohrstutzens ein. Jetzt wird die nächste Fassung mit ihrer justiergedrehten Stirnfläche auf die Stirnfläche der abgesenkten Fassung aufgelegt (justierte Fassung Kittglied Linse 2/3), und der Prozess des Absenkens wiederholt sich. Neben der richtigen Reihenfolge muss im Endmontageprozess lediglich die Einbaulage - „oben“ und „unten“ - Beachtung finden.

Dies setzt sich fort, bis der gesamte Füllrohrstutzen mit den dafür vorgesehenen Optiken befüllt ist. Eine Besonderheit stellt die Orientierung der justierten Fassung von Schiebelinse 5 dar. Bei der Montage ist darauf zu achten, dass die Durchgriffslöcher im Füllrohrstutzen eine Zuordnung zu den Gewindelöchern in der justierten Fassung der Linse 5 besitzen. Zu diesem Zweck ist in die Fassung eine Nut eingearbeitet sowie in den Füllrohrstutzen ein Gewinde für eine Zapfenschraube vorgesehen. Ist die Linse im Montageverlauf so in ihrer Drehlage orientiert, dass Zapfen und Nut ineinandergreifen, kann eine eindeutige Zuordnung erreicht werden. Im Montageablauf der Fassung Linse 5 wird der Stapel auf die Endlage abgesenkt, so dass die Linse azimutal orientiert werden kann. Anschließend kann mit dem Befüllen in der zuvor beschriebenen Weise fortgefahren werden.

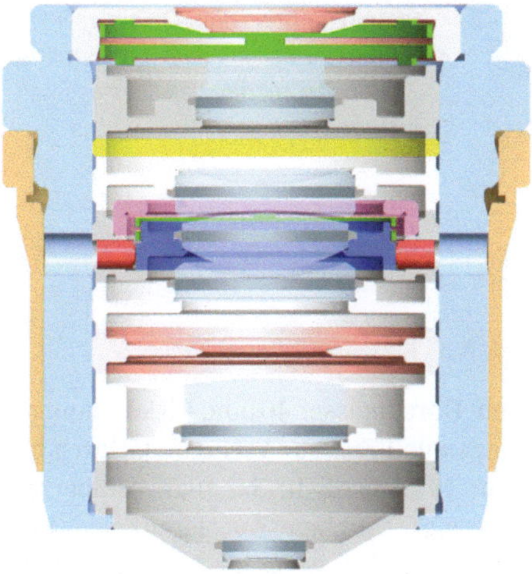

Bild 11.88
Schnittdarstellung des Fanta-Objektivs im zusammengebauten Zustand

Befinden sich alle optischen Bauelemente im Füllrohrstutzen, wird die azimutale Lage von Linse 5 gesichert und im Anschluss das gesamte Paket mit Ringfeder und Vorschraubring (Blende B2) definiert verspannt. Zusätzlich erfolgt eine dauerhafte Sicherung dieses Endzustandes (insbesondere vor Schockbelastung) durch das Auftragen eines Schraubensicherungslackes.

Bild 11.88 veranschaulicht das fertig montierte Objektiv in einer Schnittdarstellung. In diesem Zustand wird das Objektiv einer Bildgütemessung unterzogen.

Im Ergebnis liegen die Korrekturwerte für die verschiedenen Abbildungsfehler vor. Auf den Koma-Fehler kann mit der Koma-Schiebelinse (wie beschrieben) Einfluss genommen werden. Dabei ist keine Demontage des Objektivs erforderlich. Ist hingegen eine Korrektur des sphärischen Fehlers notwendig, kann der Luftabstand zwischen Linse 6 und Linse 7 durch Austauschen des Abstimmringes gegen einen Ring anderer Dicke verändert werden. Hierzu ist jedoch eine Teildemontage des Objektivs erforderlich.

Nach den erfolgten Änderungen wird erneut eine Bildgütemessung durchgeführt, um festzustellen, ob sich das Objektiv innerhalb der zulässigen Spezifikationen der Optikentwicklung hinsichtlich der Abbildungsfehler befindet. Im negativen Fall müssen erneut Manipulationen vorgenommen werden. Nach Abschluss der Justage des Objektivs werden alle Justagestellen mit Sicherungslack festgesetzt und die Überwurfhülse angebracht, um den Zugriff auf die Stellschrauben der Schiebelinse zu verhindern. Die vorgesehene Rändelfläche ist typisch für Tubussysteme, um z. B. im späteren Einsatz erleichterte Funktionalitäten zu gewährleisten.

Nach der abschließenden Prüfung (QS-Kontrolle) und Kennzeichnung des Objektivs muss eine sichere Verpackung (Schock-, Staub- und Feuchtigkeitsschutz) für die Auslieferung erfolgen.

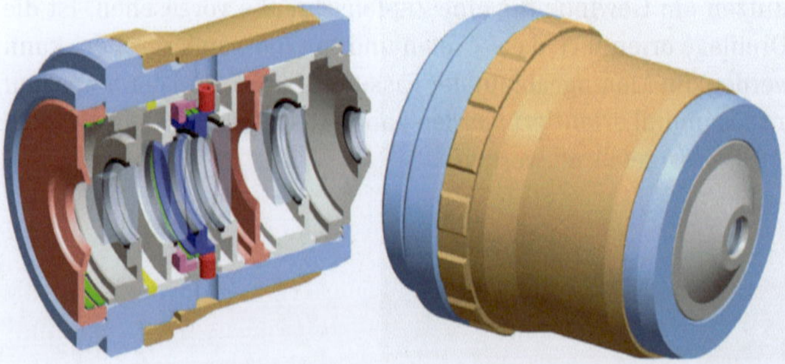

Bild 11.89
Endmontiertes Fanta-Objektiv: links) Schnittdarstellung des endmontierten Zustandes, rechts) gesichertes und justiertes Objektiv

11.13 Übungsaufgaben

1. Es ist eine plane Platte mit folgenden Parametern zu fertigen: Durchmesser 40 mm, Dicke 5 mm, mit Schutzfasen 0,3 – 0,6. Als Ausgangmaterial stehen Rundlinge aus BK 7 zur Verfügung. Durch den Bearbeitungsprozess müssen die Forderungen: Parallelität: 10", Ebenheit: 3/2 (0,5), Sauberkeit: 5/3 × 0,10 für beide Seiten, Dickentoleranz: ±0,1 mm sowie eine Durchmessertoleranz von 40h9 erfüllt werden. Wählen Sie einen geeigneten Bearbeitungsprozess aus, wenn die Losgröße zu 100 Stück zusammengestellt wurde. Benennen Sie die einzelnen Arbeitsgänge des Herstellungsprozesses.
2. Die Fertigung eines 90°-Prismas ist anhand der nachstehenden Zeichnung zu planen. Für das Prisma ist ein Pyramidalfehler von 5' zulässig. Darüber hinaus sind Schutzfasen von 0,4 – 0,6 an allen Kanten vorzusehen.

   Stellen Sie eine Arbeitsgangfolge für A) eine Losgröße von L = 10 und B) eine Losgröße von L = 500 auf.

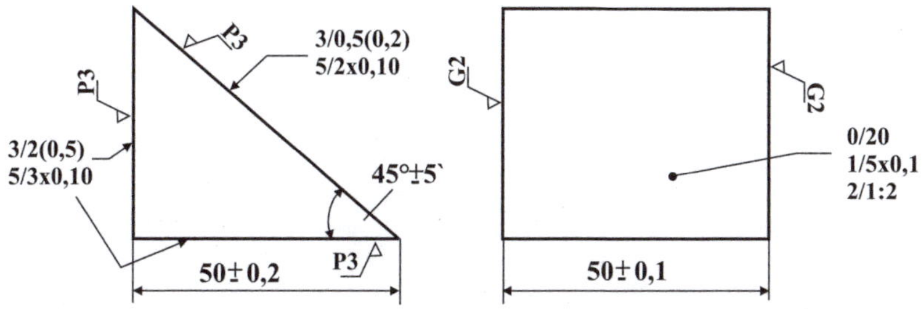

3. Mit welchem Verfahren können die Winkelfehler des in Punkt 2 zu fertigenden 90°-Prismas gemessen werden?
4. Beschreiben Sie den technologischen Ablauf zur Fertigung einer Asphäre. Welche Unterschiede zur Fertigung einer sphärischen Linse treten dabei auf?
5. Für welche Aufgabenstellungen können gepresste Asphären eingesetzt werden? Arbeiten Sie anhand eines Produktdatenblattes (z. B. Firma Edmund Optics GmbH oder Thorlabs GmbH) die Unterschiede im Vergleich zu einer Präzisionsasphäre heraus.
6. Ein Achromat soll für den Einsatz in ein Hochleistungsobjektiv gefertigt werden. Wählen Sie entsprechende Ausgangsgläser aus und beschreiben Sie den Fertigungsablauf. Welche Montageschritte müssen vorgesehen werden, wenn die Baugruppe nach dem Stapelprinzip montiert wird?
7. In Abschnitt 11.9 wurde die Fertigung eines Axicons vorgestellt. Beschreiben Sie einen zweiten möglichen Weg zur Herstellung eines konvexen Axicons. Welche Einschränkungen existieren, wenn ein konkaves Axicon gefertigt werden soll?
8. Was versteht man unter einer Freiformoptik? Welchen Fertigungsablauf würden Sie auswählen, wenn das optische Bauelement wie folgt hergestellt werden soll:
   a) aus anorganischem Glas in der Stückzahl 2,
   b) aus organischem Glas in der Stückzahl 5,
   c) aus organischem Glas in der Stückzahl 10 000?

Weitere Informationen zu Kapitel 11 sind auf plus.hanser-fachbuch.de hinterlegt.

12 Auslegung und Optimierung von Fertigungsprozessen

Am Anfang eines Produktentwicklungsprozesses steht die Auslegung des optischen Systems, meist unterstützt mit einer optischen Design Software. Hierfür werden die optischen Komponenten und Systeme mit **Leistungsparametern** und **Toleranzen** definiert, wie z.B. Spotdiagramm, MTF, Bildauflösung oder Sichtfeld (siehe auch Kapitel 4). In der Vorbereitung, Auslegung und Optimierung eines Fertigungsprozesses sind prinzipiell drei Systembereiche beteiligt:

1. Zunächst übersetzen **Optiksystemdesigner** die Leistungsparameter des Kunden in Optiksystemparameter (verwendete Glasarten, Linsengeometrien, Formgenauigkeiten, Oberflächenrauheiten, Art der verwendeten Beschichtungen etc.).
2. Anschließend übertragen **Optikfertigungsdesigner** die Systemparameter in eine gut konzipierte optische Fertigungskette, die das vom Kunden geforderte Dreibein aus Qualität, Durchsatz und Herstellungskosten sicherstellt. Hierfür werden geeignete Verfahren und Maschinen mit optimierten Fertigungsparametern eingesetzt (Bearbeitungskinematik, geeignete Halterungsverfahren, Werkzeuge, Prüfmethoden etc.).
3. Schließlich nutzen **Produktionsmanager/Fertigungstechnologen** die festgelegte optische Fertigungskette, um das optische System mit optimierten Losgrößen und gut geschulten Bedienern bei möglichst hohem Automatisierungsgrad herzustellen.

Nachfolgend werden exemplarisch ausgewählte Optimierungsansätze für diese drei Bereiche vorgestellt. Auf eine ausführlichere Darstellung zum ersten Systembereich Optical Design sei an dieser Stelle auf */Gros2012/* und */Heri2017/* verwiesen.

12.1 Systemtolerierung

In Kapitel 4 wurden die Phasen des Optikdesigns in Bild 4.6 vorgestellt. In der letzten Phase 4 erfolgt die Tolerierung des Systems. Diese Phase dient der Überprüfung bzw. Abschätzung, auf welchen Betrag die Toleranzen gesetzt werden müssen, damit im günstigsten Fall der Fertigungsausschuss bei den geforderten Leistungsparametern gegen null geht, oder welche Folgeschritte (Nachoptimierung, Leistungsverringerung etc.) getroffen werden müssen, damit eine fertigungstechnische Umsetzung ausführbar wird bzw. die sich ergebenden Fertigungskosten darstellen lassen. Solch eine Tolerierung ist sehr wichtig, da im Unterschied zu den im optischen Design betrachteten theoretischen Kenngrößen im realen Fertigungsprozess Fehler auftreten. So weichen Materialkennwerte, Formgenauigkeiten der Elemente oder auch Montageparameter (Luftabstände, Zentrierung und Einbaulagen) von den idealen Systemparametern ab. Oft erfordern zu hohe Anforderungen an das System auch immense Kosten in der Fertigung oder die Auswahl von kostenintensiven Spezialverfahren. Diese unvermeidbaren Abweichungen führen dazu, dass die **reale optische Systemleistung**, auch als **„a built performance"** bezeichnet, meist geringer ist als jene des Designzustandes des optischen Systems.

In HERING et al. wird dafür das Maß der **Empfindlichkeit** S_{ij} des Systems auf Fertigungsfehler wie folgt festgelegt */Heri2017/*:

$$S_{\mathrm{ij}} = \frac{\Delta a_{\mathrm{i}}}{\Delta p_{\mathrm{j}}} \tag{12.1}$$

Δa_i – Abweichung der minimierten Fehler a_i, Δp_j – Abweichung von den Designwerten durch die Fertigungsfehler p_j

Der sich ergebende Quotient S_{ij} wird auch **Sensitivität** genannt.

Die Grundidee der Tolerierung ist somit das Ausbalancieren zwischen zulässigen Fehlern auf der einen Seite und den damit verbundenen Kosten auf der anderen Seite. Ein Ziel ist dabei, diese Fehler in dem Maße zu tolerieren, dass Fertigungsanforderungen und -kosten bei gleichzeitiger Einhaltung der signifikanten Systemanforderungen gesenkt werden können. Grenzen in diesem Prozess stellen meist **sensitive Freiheitsgrade** dar. Als allgemein auftretende Freiheitsgrade in einem optischen System sind insbesondere Materialfehler (Brechzahlindex, ABBE-Zahl), Fertigungsfehler (Radien-, Mittendicken-, Zentrier- und Keilfehler sowie Oberflächengüte), Montagefehler oder fehlerhafte Positionierung (Verkippung der Komponenten, laterale Dezentrierung und axiale Verschiebung) zu verstehen. Moderne Designprogramme ermöglichen das Vernetzen dieser Freiheitsgrade in einer kompletten Toleranzanalyse. Dieser Ansatz gestattet Optikdesignern eine systematische Vorgehensweise und gesamtheitliche Betrachtung, um einen Überblick über die möglichen Störgrößen erhalten zu können. Hierfür wird eine Liste aller Freiheitsgrade nach Ermessen des Optikdesigners gruppiert. */Hayn2007/*

Eine **Toleranzanalyse** bietet somit auch die Möglichkeit, Grenzen der nachfolgenden Fertigung aufgrund der Maschinenverfügbarkeit, der erforderlichen Prozessgestaltung sowie der betrieblichen Besonderheiten zu berücksichtigen. Im Falle, dass die Toleranzanalyse in Bezug auf die Fertigungsmöglichkeiten starke Defizite aufzeigt, muss das System angepasst, verändert, d. h. neu optimiert werden. Dieser Prozess wird auch **Desensitivierung** genannt. Dadurch können systematische Fehlereinflussgrößen des Fertigungsprozesses bereits im Design berücksichtigt werden, um Produktionsausschuss zu vermeiden bzw. zu verringern. */Heri2017/*

Noch mit relativ geringem Aufwand kann die Toleranzanalyse für einfache Systeme (ein oder zwei Linsen) erfolgen. Dieser steigert sich jedoch enorm mit der Zunahme an Systemkomplexität und Anzahl der Komponenten im System. Grund hierfür ist der Anstieg an Freiheitsgraden und das Aufsummieren einzelner Fehler.

Eine Systemtolerierung umfasst folgende drei prinzipielle Stufen (siehe auch Abschnitt 4.5) */Heri2017/*:

1. Ermittlung der Toleranzwerte,
2. Simulation der optischen Performance unter der Annahme, dass die Parameter um die Toleranzwerte von den Designwerten abweichen,
3. Festlegung von Manipulatoren und Kompensatoren.

Bei vielen Systemen werden **Kompensatoren** hinzugefügt, die zusätzliche Freiheitsgrade schaffen, um Systemfehler nach der Fertigung und Montage ausgleichen (kompensieren) zu können. Eine der häufigsten Kompensatoren ist die Fokusjustierung, bei der die Bildebene nachjustiert werden kann. Andere Kompensatoren dienen der Korrektur des Abstandes zweier Spiegel, der Justierung eines Teleskopsaufbaus über Stellschrauben oder aber dem Einsatz von Manipulatoren zur Beseitigung von axialen Linsenversätzen (siehe auch Kapitel 10). Solch ein Justageprozess ist jedoch immer ein zusätzlicher Prozessschritt, der Kosten verursacht und bei der Betrachtung der gesamten Prozesskette und Wirtschaftlichkeit berücksichtigt werden muss.

Die **Toleranzanalyse** startet mit dem Festlegen eines Toleranzschemas. Typischerweise wird im Setup der Modus dazu festgelegt. Es werden in dem nachfolgenden Beispiel der Modus „Sensitivity“ und damit verbundene Systemkriterien ausgewählt, d. h., welche Systemeigenschaften als Qualitätsgrößen betrachtet werden sollen. Es können z. B. Spotradius, MTF, Wellenfrontfehler oder die eigene Meritfunktion als Kriterium festgelegt werden. Die Toleranzanalyse selbst basiert auf einer Monte-Carlo-Simulation. In einer Vielzahl von Simulationsdurchläufen (vom Designer festzulegen) werden die Freiheitsgrade und die eingefügten Kompensatoren statistisch untersucht, optimiert und bewertet. */Hayn2007/*

Moderne Designprogramme ermöglichen zusätzlich die Analyse von Streustrahlung und Ghost Images, die im System auftreten können, sowie des thermischen Verhaltens (Thermal Expansion) der Komponenten und des Systems. **Ghost Calculation** ist ein Simulationstool für die Ermittlung der potenziellen Rückreflexe im System und der gezielten Beseitigung dieser Reflexe mittels einer Systemoptimierung. Geisterbilder entstehen durch Rückreflexe an Medienübergängen und hängen im Wesentlichen von Einfallswinkel, Brechzahl und eingesetzter Wellenlänge ab. Im Ergebnis dieser Analyse können kritische Flächen bestimmt werden.

Die Simulation **Thermal Expansion** basiert auf einem Verfahren, mithilfe dessen die Wirkung der thermischen Ausdehnung auf die optischen Bauelemente simuliert und bewertet werden kann. Nach Angabe des Temperaturbereiches, dem das System ausgesetzt werden soll, können geeignete Fassungsmaterialien gewählt und deren Einfluss auf wichtige Parameter, z. B. Spotdurchmesser, über den betrachteten Temperaturbereich analysiert werden.

Unterschiedliche **Freiheitsgrade** haben verschieden starke Auswirkungen auf die Systemumsetzbarkeit sowie auf die sich ergebenden Fertigungskosten. Somit ist die Kenntnis von Prozessabläufen und erforderlichen Ressourcen eine wichtige Voraussetzung zur Bewertung von Freiheitsgraden und zum Einsatz von Kompensatoren. Nachfolgend sind exemplarisch Freiheitsgrade und deren Wirkung in Anlehnung an */Nels2010/* aufgeführt:

- Werden Bauelementedurchmesser größer als die erforderliche Apertur gewählt, vereinfachen sich Herstellung, Beschichtung und Montage der Elemente.

  (→ freie Öffnung kleiner als 90 % des Durchmessers oder mindestens um 2 mm kleiner)
- Der Grad der Umsetzbarkeit von Mittendickentoleranzen zeigt eine Abhängigkeit von dem verwendeten Material, den Oberflächenunvollkommenheiten und den Formtoleranzen.
- Enge Radientoleranzen lassen sich schwerer an Flächen mit kleinen Aperturen und stark gekrümmten Linsenflächen einhalten.
- Die Wahl größerer Verhältnisse von Durchmesser zu Mittendicke erfordert größere Toleranzbereiche.

  (→ Komponenten mit geringer Mittendicke reagieren zudem empfindlicher auf Temperaturgradienten und Erwärmung des Systems sowie auf mechanische Spannungen)
- Das Vorsehen von schmalen Linsenränder (< 2 mm) erfordert ebenfalls enge Toleranzen (Einhaltung der Oberflächengüte bis zum Rand) und erschwert das Anbringen von Schutzfasen.

  (→ scharfe Kanten führen zu Randausbrüchen und wirken empfindlicher auf Kerbspannung)
- Optomechanische Toleranzen in Form von Verkippung, Dezentrierung und axialer Verschiebung müssen i. d. R. mit größeren Toleranzwerten vorgehalten werden.

- Der Einsatz von Asphären und Freiformoptiken führt zu einer Verbesserung der Abbildungsleistung und Reduzierung der Systemlänge, erfordert jedoch höhere Anforderungen an den Fertigungsprozess.
- Prismatische Bauelemente mit randscharfer Dachkante vermeiden die Entstehung von Doppelbildern, erfordern jedoch ebenfalls höhere Anforderungen an den Fertigungsprozess.
- Der Einsatz von Kittgliedern vereinfacht den Montageprozess, es muss jedoch der zusätzliche Freiheitsgrad Kittkeilfehler berücksichtigt werden.

12.1.1 Toleranzanalyse

Die Vorgehensweise einer **Tolerierung** soll im Folgenden an einem Beispiel, einem Doppel-GAUSS-System mit sechs Linsen, beschrieben werden. Dieses Objektiv findet Einsatz in Kleinformat-Kamerasystemen und steht in der Bibliothek der Software ZEMAX OpticStudio ('Advanced_SC_double Gauss_final.ZMX) zur Verfügung.

Bei Kameraobjektiven ist das **Auflösungsvermögen** ein sehr wichtiger Systemparameter, um die Güte des Systems bewerten zu können. Hierbei ist zu beachten, dass es nicht um das bestmögliche Auflösungsvermögen des optischen Systems geht, sondern um eine sinnvolle Größenordnung bezogen auf die zusätzlichen Begrenzungsparameter. So stellt der integrierte Sensor bereits ein eigenes Limit dar. Seine theoretisch resultierende maximale Auflösung ergibt sich letztendlich aus der Pixelgröße. Für das gewählte Beispielsystem wird ein Standard-Vollformat-Sensor mit 26,2 MegaPixeln (MP) angenommen. Das Vollformat entspricht einer Fläche von 36 mm × 24 mm, woraus sich eine Bilddiagonale von rund 43,26 mm ergibt. Mit einer Anzahl von 26,2 MP ergibt sich eine Pixelgröße von ca. 5,7 Mikrometer. Dies führt zu einer NYQUIST-Frequenz von 87 Lp/mm (Linienpaare pro Millimeter, dies entspricht der Ortsfrequenz).

Zur Bewertung der Systemauflösung, der erreichbaren Bildqualität und der Abbildungsleistung wird sehr oft die Modulationsübertragungsfunktion (MTF), auch Kontrastübertragungsfunktion genannt, herangezogen (siehe Kapitel 2). Sie stellt eine Kenngröße zwischen Modulation des Gegenstandes und des Bildes dar, indem beide ins Verhältnis gesetzt werden.

Für die **Toleranzanalyse** werden mittels der Software Zemax OpticStudio zwei Doppel-GAUSS-Kleinformat-Kamerasysteme mit unterschiedlicher Blendenzahl (*f*:3 und *f*:5.6) betrachtet. Beide Systeme haben folgende identische Systemwerte:

- sechs Einzellinsen, wobei Linsen 2 und 3 sowie 4 und 5 jeweils einen Achromat bilden,
- Brennweite: 75 mm,
- als Wellenlängenbereich wird der sichtbare Bereich (VIS) angenommen,
- ein Vollbildsensor 26,2 MP mit 36 mm × 24 mm Kantenlänge,
- halber Bildwinkel: 16°.

Die Ergebnisse in Tabelle 12.1 zeigen die Daten der beiden Objektive vor der Toleranzanalyse. Neben den Schnittbildern der beiden Linsenanordnungen sind in der zweiten Zeile der Tabelle die MTF-Verläufe über die Ortsfrequenz bis zu einem Wert von 50 Lp/mm dargestellt. Wellenoptisch betrachtet, fällt durch die Verjüngung der Blende die theoretische Beugungsgrenze bei dem *f*:5.6-Objektiv etwas ab. Dennoch verbessert sich die Performance im Vergleich zu dem *f*:3-Objektiv. Bei kleinerem Blendendurchmesser werden die Abbildungsfehler minimiert, jedoch muss beachtet werden, dass somit auch weniger Licht in der Bildebene zur Verfügung gestellt werden kann.

In der dritten Spalte sind die MTF-Kurvenverläufe in der Bildebene in Abhängigkeit vom Abstand von der optischen Achse abgebildet. Beide Kurvenverläufe weisen zunächst einen stabilen Verlauf über das Bildfeld auf (die farbigen Kurven entsprechen verschieden gewählten Ortsfrequenzen), wobei im Falle des *f*:3-Systems im Randbereich ein leichter Abfall zu erkennen und eine stärkere Aufspaltung von sagittaler und tangentialer Ebene zu beobachten ist. Die Punktbildfunktionen (PSF - Point Spread Function) der Zeile 4 in Tabelle 12.1 verdeutlichen auch das annähernd beugungsbegrenzte Verhalten des *f*:5.6-Systems (Beachte: Der beugungsbegrenzte Airyradius des *f*:5.6-Systems ist mit 4 Mikrometer nahezu doppelt so groß wie der des *f*:3-Systems). Bei der Bewertung der Spotdiagramme oder der Punktbildfunktion kann es hilfreich sein, die Pixelgröße des Sensors mit einzubeziehen, da deren Sinnhaftigkeit dadurch beeinflusst wird.

Tabelle 12.1 Doppel-Gauss-Kleinformat-Kamerasysteme mit unterschiedlicher Blendenzahl (Zemax OpticStudio)

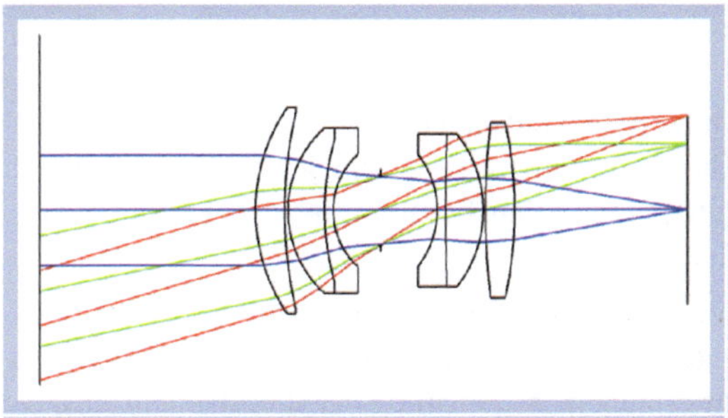	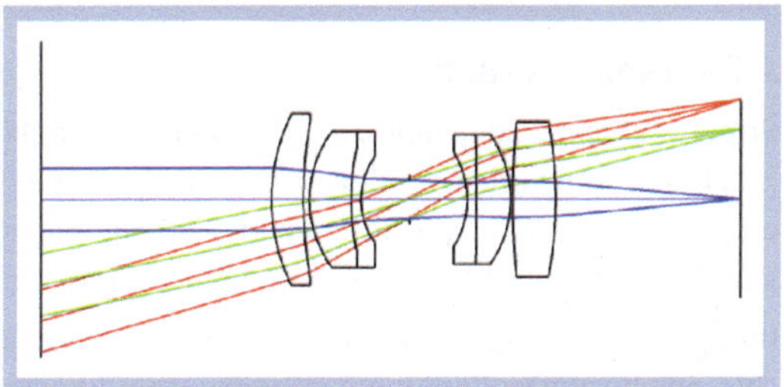
Blendenzahl 3 (Eintrittspupille-EP ~ 25 mm)	Blendenzahl 5.6 (Eintrittspupille-EP ~ 13,4 mm)
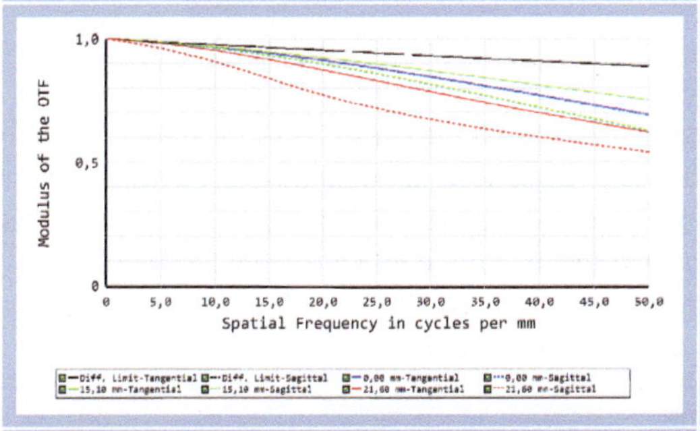	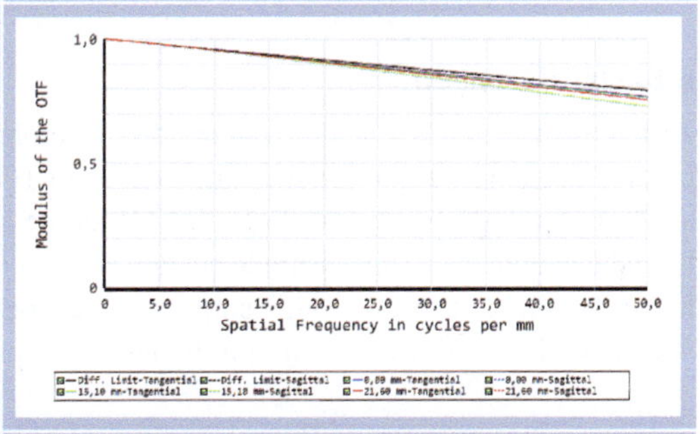
MTF-Verlauf über die Ortsfrequenz (EP ~ 25 mm)	MTF-Verlauf über die Ortsfrequenz (EP ~ 13,4 mm)
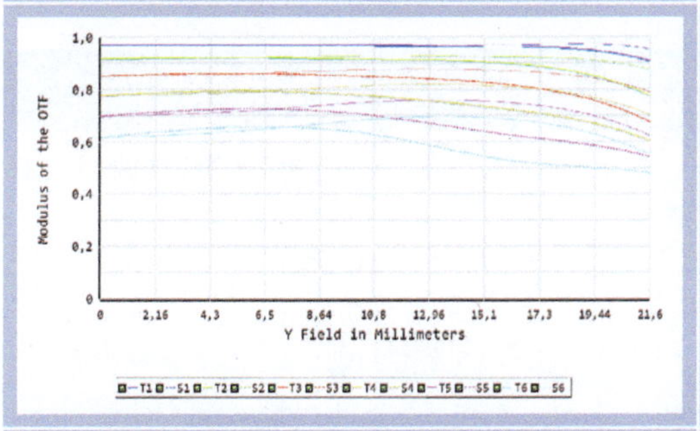	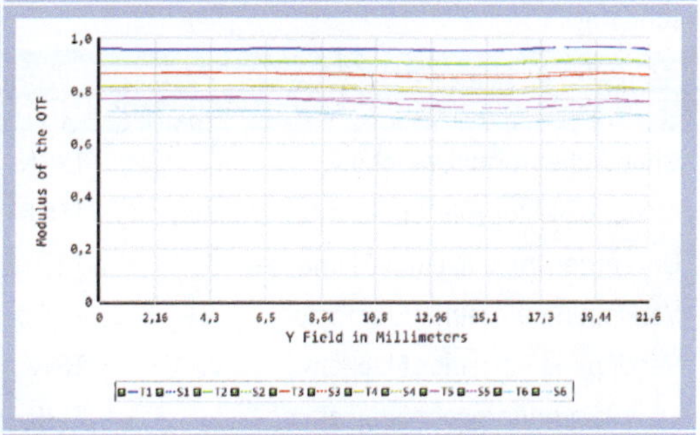
MTF-Verlauf in der Bildebene (EP ~ 25 mm)	MTF-Verlauf in der Bildebene (EP ~ 13,4 mm)

Tabelle 12.1 *Fortsetzung*

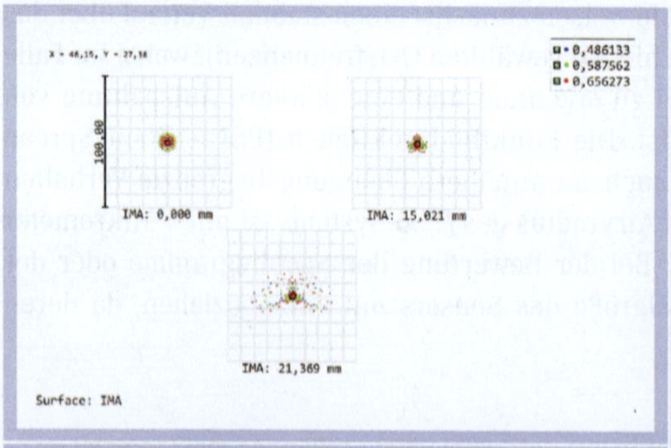

PSF-Darstellungen (EP ~ 25 mm)

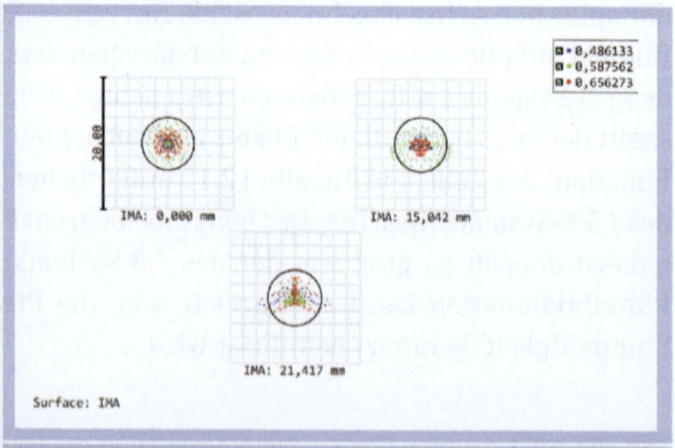

PSF-Darstellungen (EP ~ 13,4 mm)

A Toleranzkriterium

Prinzipiell muss bei jedem zu entwickelnden optischen System entschieden werden, an welchen Kriterien bzw. Kennzahlen die Bewertung erfolgen soll. Dies kann sehr variabel sein, je nachdem, ob es sich um abbildende Systeme mit hoher Auflösungsanforderung, Beleuchtungssysteme oder andere Systeme mit ihren individuellen Systemaufgaben handelt.

Im gewählten Beispiel wird als Toleranzkriterium der **RMS-Wellenfront-Fehler** (angegeben als Vielfaches der Bezugswellenlänge) verwendet und anschließend die Beispielsysteme in einem Monte-Carlo-Durchlauf untersucht. Dies dient der Ermittlung der erlaubten Abweichung der RMS-Wellenfront, bei der das System noch eine ausreichend gute Performance aufweist.

B Basistoleranzen

Zu Beginn wurden für beide Systeme die nachfolgenden Basis-Toleranzwerte gewählt und eine Toleranzrechnung mit einer Sensitivitätsanalyse in 100 Monte-Carlo-Durchläufen durchgeführt. Den hier angesetzten Basis-Toleranzen liegt eine Mittelung aus verschiedenen Herstellerangaben zu Grunde. Es ist zu beachten, dass Unterschiede bei den Herstellern vorliegen können und die Grenzen der Toleranzfelder in Abhängigkeit von der Komponentengröße teilweise variieren. Die Basis für die Toleranzwerte stellt zumeist die Klassifizierung in Bauelementepräzisionsklassen dar.

Tabelle 12.2 Festlegung der Toleranzoperanden und Toleranzbereiche der hier angeführten Toleranzrechnung

Freiheitsgrad	Befehl im Toleranz-Editor/ Operanden	Toleranzbereich
Oberflächenformabweichung	TFRN	± 5 NEWTONsche Ringe
Abstandsfehler (Mittendicke/Lufträume)	TTHI	± 0,2 mm
Dezentrierung einzelner Elemente	TEDY	± 0,2 mm
Verkippung einzelner Elemente	TETX	± 0,1°
Verkippung einzelner Flächen	TSTX	± 0,1°
Oberflächenunregelmäßigkeiten	TIRR	± 1 NEWTONscher Ring
Brechzahlabweichung	TIND	± 0,001
ABBE-Zahl-Abweichung	TABB	± 1 %

An dieser Stelle soll noch kurz auf den Operanden TTHI der Tabelle 12.2 eingegangen werden. Bei diesem Operanden wird das Montageprinzip des Systems (Bestückungsprinzip) berücksichtigt, insbesondere die notwendigen Fassungsanschläge. Bild 12.1 zeigt die gewählte Anordnung der Anschläge.

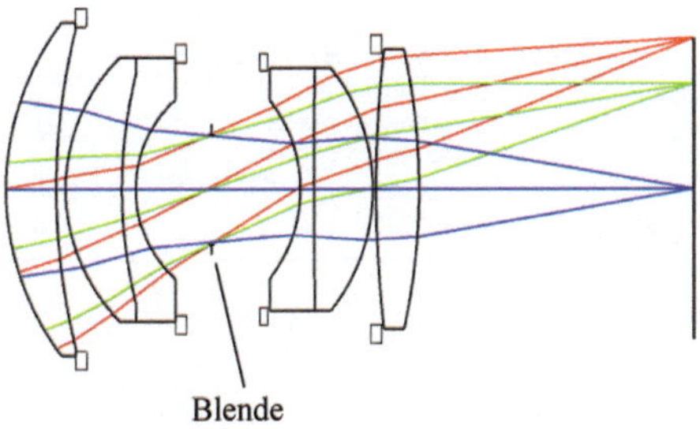

Bild 12.1
Darstellung der gewählten Fassungsanschläge

Bei der Betrachtung der axialen Anordnung der Komponenten wirken sich Mittendickenfehler auf umliegende Systemabstände aus und werden in der Analyse berücksichtigt. Ein erforderliches Anpassen erfolgt über die Luftabstände innerhalb des Systems, oder einzelne Linsenflächen können sich potenziell durch veränderte Dicken systematisch mit verschieben (z. B. Achromat).

Im vorliegenden Beispiel, Bild 12.1, werden die drei Bauelemente vor der Blende von rechts nach links angeordnet, wodurch Linsenabweichungen mit dem jeweils nächstgelegenen linksseitigen Luftraum angepasst werden. Hingegen werden die drei Elemente hinter der Blende von links nach rechts montiert und die Anpassung von Abweichungen der Komponenten erfolgt über den nächstgelegenen rechten Luftraum.

Für eine erste Abschätzung werden zunächst 100 Beispielsysteme (Monte Carlo Runs) durchgeführt. Die Ergebnisse dieser ersten Abschätzung sind in Bild 12.2 zusammengefasst.

Im gelb dargestellten Bereich von Bild 12.2 sind die Angaben zum Kompensator und seine Variation über die 100 Zufallssysteme gezeigt, währenddessen der RMS-Wellenfrontfehler mit Sollwert sowie seiner Ist-Verteilung (nach Kompensation) im grün dargestellten Feld zu finden ist. Die sich ergebende Verteilung der Systeme nach den Ist-Werten des Toleranzkriteriums ist im unteren Teil der Tabelle (blau dargestellt) aufgeführt.

Durch Einsicht unterschiedlicher Beispielsysteme aus den Monte Carlo Runs kann eine Aussage gemacht werden, inwieweit der RMS-Wellenfrontfehler von dem Idealfall (theoretisches Design) abweichen darf, sodass weiterhin eine gewünschte Systemperformance gewährleistet werden kann. Dies unterscheidet sich bei den beiden Systemen wie folgt: Während das f:3-Objektiv bei einem Wellenfrontfehler von ca. 0,45 (Ideal: 0,21) eine ungenügende Performance liefert, führt ein RMS-Wellenfrontfehler des f:5.6 Systems von ca. 0,22 (Ideal: 0,05) zu großen Leistungseinbußen.

Diese Grenzen auf die prozentuale Verteilung der Ist-Systeme bezogen (in Bild 12.2 blau hinterlegt) führt zu dem Ergebnis, dass nur knapp 10 % der f:3-Objektive akzeptabel sind, wohingegen etwas mehr als 20 % der f:5.6-Objektive die Performancekriterien erfüllen würden.

Compensator	Thickness 11, Min = -0,1000, Max = 0,1000
Criterion	RMS Wavefront Error in waves
Mode	Sensitivities
Sampling	7
Optimization Cycles	3
Test Wavelength	0,588
Number of traceable Monte Carlo files generated	100

Doppel-Gauss-Objektiv / Blendenzahl 3				Doppel-Gauss-Objektiv / Blendenzahl 5.6			
Nominal Criterion	0,21620073			Nominal Criterion	0,05110309		
Best	0,27622666	Trial	54	Best	0,09569085	Trial	1
Worst	9,04373812	Trial	43	Worst	2,28778014	Trial	2
Mean	1,81811803			Mean	0,52804484		
Std Dev	1,61572478			Std Dev	0,41353539		
Compensator Statistics				Compensator Statistics			
Thickness Surf 11				Thickness Surf 11			
Nominal	39,999274			Nominal	40,659603		
Minimum	39,890801			Minimum	40,561046		
Maximum	40,107152			Maximum	40,762110		
Mean	39,986856			Mean	40,660803		
Standard Deviation	0,093278			Standard Deviation	0,095278		
90% >	4,25023162			90% >	1,10176403		
80% >	2,76251598			80% >	0,80721860		
50% >	1,19036704			50% >	0,36643616		
20% >	0,64981878			20% >	0,20804849		
10% >	0,44782388			10% >	0,17035597		

Bild 12.2 Ergebnisse einer ersten Toleranzanalyse mit 100 Beispielsystemen

Die erste Abschätzung verdeutlicht, dass die beiden Systeme die Anforderungen für eine Produktion nicht erfüllen und weitere Änderungen vorgenommen werden müssen.

C Sensitivitätsanalyse

Betrachtet man zudem die Sensitivitätsanalyse (Bild 12.3), spiegelt sich auch hier das unzureichende Toleranzsystem wider. Beide Systeme zeigen eine erhöhte Empfindlichkeit für Linsenabstände (TTHI) und Dezentrierung (TEDY).

Empfindlichsten Freiheitsgrade

Doppel-Gauss-Objektiv / Blendenzahl 3						Doppel-Gauss-Objektiv / Blendenzahl 5.6					
Type			Value	Criterion	Change	Type			Value	Criterion	Change
TTHI	4	2	-0,20000000	3,63516176	3,41896103	TTHI	4	2	-0,20000000	0,95720466	0,90610157
TTHI	3'	2	-0,20000000	3,62257854	3,40637781	TTHI	4	2	0,20000000	0,95600198	0,90489889
TTHI	4	2	0,20000000	3,60388473	3,38768400	TTHI	3	2	-0,20000000	0,95237590	0,90127281
TTHI	3	2	0,20000000	3,59125136	3,37505063	TTHI	3	2	0,20000000	0,95118243	0,90007934
TTHI	1	0	-0,20000000	1,20823430	0,99203357	TTHI	1	0	0,20000000	0,32662546	0,27552236
TTHI	1	0	0,20000000	1,20800087	0,99180014	TTHI	1	0	-0,20000000	0,32040420	0,26930111
TEDY	3	5	-0,20000000	0,76407794	0,54787721	TEDY	3	5	-0,20000000	0,23571634	0,18461325
TEDY	3	5	0,20000000	0,76407794	0,54787721	TEDY	3	5	0,20000000	0,23571634	0,18461325
TEDY	7	9	-0,20000000	0,56558968	0,34938896	TEDY	7	9	-0,20000000	0,17755657	0,12645348
TEDY	7	9	0,20000000	0,56558968	0,34938895	TEDY	7	9	0,20000000	0,17755857	0,12645348

Bild 12.3 Sensitivitätsanalyse mit den zehn empfindlichsten Freiheitsgraden der beiden Systeme

Es zeigt sich weiterhin, dass die Dickentoleranzen insbesondere des ersten Achromats und die Frontlinse einen sehr starken Einfluss haben. Betrachtet man zusätzlich die Statistik des Kompensators in Bild 12.2, so lässt sich erkennen, dass bei beiden Systemen die Standardabweichung sehr nah an dem betragsmäßigen Kompensationsmaximum liegt. Diese Annahme korreliert mit dem Umstand, dass entsprechende Dickenvariationen rotationssymmetrisch auf die Wellenfront wirken und eine Defokussierung des Systems hervorrufen. Durch Nachfokussierung, Justage der Bildebene, kann einer Defokussierung des Gesamtsystems durch Kompensation entgegengewirkt werden */Gros2012/*.

Die Justage der Bildebene ist ein häufig gewählter Ansatz, um eine Systemverbesserung im Montageprozess erzielen zu können. Dies kann in der Praxis mit Abstimmringen erfolgen.

D Anpassung Kompensator unter Beibehalten der Basistoleranzen

Somit ergibt sich ein weiterer Optimierungsschritt der Toleranzanalyse durch die Anpassung des Kompensators auf ± 0,5 mm unter Beibehalten der Basistoleranzen. Die Ergebnisse dieses zweiten Monte Carlo Runs zeigt Bild 12.4. Ein Vergleich der Ergebnisse der Werte aus Bild 12.2 und Bild 12.4 zeigt eine eindeutige Verbesserung des Systems. Die Auslastung der Kompensatorgrenzen ist geringer, was aussagt, dass das Potenzial des Kompensators im zweiten Schritt der Toleranzanalyse besser ausgenutzt wird und dieser zu einer verbesserten Kompensation der IST-Wellenfrontfehler beider Objektivsysteme führt. Durch die Kompensatoranpassung liegen nun ca. 20 % der *f*:3-Objektive unter dem RMS-Limit, während das *f*:5.6-Objektiv etwas weniger als 50 % Ausschuss aufweist (Bild 12.4). Beide Systeme verdoppeln damit ihre Erfolgsquote, wobei diese immer noch zu gering ist und somit auf die Toleranzbeträge eingegangen werden sollte.

Compensator	Thickness 11, Min = -0,5000, Max = 0,5000
Criterion	RMS Wavefront Error in waves
Mode	Sensitivities
Sampling	7
Optimization Cycles	3
Test Wavelength	0,588
Number of traceable Monte Carlo files generated	100

Doppel-Gauss-Objektiv / Blendenzahl 3				Doppel-Gauss-Objektiv / Blendenzahl 5.6			
Nominal	0,21620073			Nominal	0,05110309		
Best	0,26500910	Trial	53	Best	0,08852226	Trial	10
Worst	3,55272958	Trial	13	Worst	1,31135184	Trial	14
Mean	0,84806908			Mean	0,25374113		
Std Dev	0,59719010			Std Dev	0,16717020		
Compensator Statistics:				**Compensator Statistics:**			
Thickness Surf 11:				**Thickness Surf 11:**			
Nominal :	**39,999274**			**Nominal :**	**40,659603**		
Minimum :	**39,497010**			**Minimum :**	**40,161066**		
Maximum :	**40,503242**			**Maximum :**	**41,161641**		
Mean :	**40,000068**			**Mean :**	**40,758412**		
Standard Deviation :	**0,346271**			**Standard Deviation :**	**0,315578**		
90% >	1,59226963			90% >	0,42927829		
80% >	1,08406548			80% >	0,29762224		
50% >	0,64091965			50% >	0,21065538		
20% >	0,45245856			20% >	0,14726121		
10% >	0,39113927			10% >	0,12114851		

Bild 12.4 Ergebnisse der erweiterten Toleranzanalyse mit Anpassung des Kompensators

Die Auswirkungen der vorgenommenen Änderung auf die zehn empfindlichsten Freiheitsgrade veranschaulicht Bild 12.5. Betrachtet man das *f*:5.6-System so zeigt sich, dass die Dezentrierung des 1. Achromats nun den stärksten Einfluss hat. Dies zeigt zusätzlich, dass die Möglichkeiten des Kompensators nun besser ausgenutzt werden.

Empfindlichsten Freiheitsgrade

Doppel-Gauss-Objektiv / Blendenzahl 3						Doppel-Gauss-Objektiv / Blendenzahl 5.6					
Type			Value	Criterion	Change	Type			Value	Criterion	Change
TTHI	4	2	0,20000000	0,95919656	0,74299583	TEDY	3	5	-0,20000000	0,23571634	0,18461325
TTHI	3	2	0,20000000	0,95024739	0,73404666	TEDY	3	5	0,20000000	0,23571634	0,18461325
TTHI	4	2	-0,20000000	0,94618037	0,72997964	TTHI	4	2	0,20000000	0,20947728	0,15837419
TTHI	3	2	-0,20000000	0,93752986	0,72132913	TTHI	3	2	0,20000000	0,20686074	0,15575765
TEDY	3	5	-0,20000000	0,76407794	0,54787721	TTHI	4	2	-0,20000000	0,20068867	0,14958558
TEDY	3	5	0,20000000	0,76407794	0,54787721	TTHI	3	2	-0,20000000	0,19834198	0,14723889
TEDY	7	9	-0,20000000	0,56558968	0,34938895	TEDY	7	9	-0,20000000	0,17755657	0,12645348
TEDY	7	9	0,20000000	0,56558968	0,34938895	TEDY	7	9	0,20000000	0,17755657	0,12645348
TEDY	1	2	-0,20000000	0,49065054	0,27444981	TEDY	1	2	-0,20000000	0,14497989	0,09387680
TEDY	1	2	0,20000000	0,49065054	0,27444981	TEDY	1	2	0,20000000	0,14497989	0,09387680

Bild 12.5 Sensitivitätsanalyse mit den zehn empfindlichsten Freiheitsgraden der beiden Systeme nach Kompensatoranpassung

Um im nächsten Schritt eine gezielte Anpassung der Toleranzen zu ermöglichen, ist es ratsam, mittels der Sensitivitätsanalyse auf entsprechend empfindliche Freiheitsgrade zu schließen und diese anzupassen. Das heißt, dass die Toleranzen der optischen Komponenten enger gefasst werden müssen. In der Tabelle 12.3 sind beispielhaft typische Toleranzwerte für die verschiedenen Qualitätsklassen optischer Bauelemente zusammengefasst */Edmu2021-4/*.

Tabelle 12.3 Beispiel für die Klasseneinteilung der Toleranzen in der Optikfertigung */Edmu2021-4/*

Parameter	Standard	Präzision	Höchste Präzision
Durchmessertoleranz	+0,00/−0,10 mm	+0,00/−0,050 mm	+0,00/−0,010 mm
Mittendicke	±0,20 mm	±0,050 mm	±0,010 mm
Krümmungsradius	±0,5 %	±0,1 %	±0,01 %

E Anpassung der Toleranzen

Angepasst werden nun die zehn empfindlichsten Freiheitsgrade auf dem hier angenommenen Präzisionslevel, was die Verengung der Toleranzen der optischen Komponenten in Tabelle 12.4 zur Folge hat.

Tabelle 12.4 Anpassung der Toleranzwerte der optischen Komponenten

Objektiv	*f*:3-System	*f*:5.6-System
Mittendicke Linse 2 und 3 (1. Achromat)	±0,05 mm	±0,1 mm
Mittendicke Luftraum 1, 3	±0,1 mm	
Dezentrierung Linse 1 und 2. Achromat	±0,05 mm	±0,1 mm
Dezentrierung 1. Achromat	±0,05 mm	±0,05 mm
Dezentrierung Schlusslinse	±0,1 mm	
Verkippung Frontlinse 1. Achromat	±0,02°	±0,05°
Verkippung 1.Achromat, Frontlinse 2. Achromat sowie Flächen 1, 3 und 7	±0,05°	
Anzahl an Präzisionstoleranzen	14	6

Die sich ergebende Toleranzanalyse mit den angepassten Toleranzen auf Präzisionslevel veranschaulicht Bild 12.6.

Compensator	Thickness 11, Min = -0,5000, Max = 0,5000
Criterion	RMS Wavefront Error in waves
Mode	Sensitivities
Sampling	7
Optimization Cycles	3
Test Wavelength	0,588
Number of traceable Monte Carlo files generated	100

Doppel-Gauss-Objektiv / Blendenzahl 3				Doppel-Gauss-Objektiv / Blendenzahl 5.6			
Nominal	0,21620073			Nominal	0,05110309		
Best	0,24051084	Trial	100	Best	0,06166400	Trial	87
Worst	0,52252374	Trial	33	Worst	0,42405069	Trial	6
Mean	0,32979602			Mean	0,14098944		
Std Dev	0,05763063			Std Dev	0,05304204		
Compensator Statistics:				Compensator Statistics:			
Thickness Surf 11:				Thickness Surf 11:			
Nominal :	39,999274			Nominal :	40,659603		
Minimum :	39,516894			Minimum :	40,161415		
Maximum :	40,373907			Maximum :	41,161550		
Mean :	39,983646			Mean :	40,663339		
Standard Deviation :	0,199226			Standard Deviation :	0,254384		
90% >	0,40734972			90% >	0,19823198		
80% >	0,38234141			80% >	0,17441586		
50% >	0,31727405			50% >	0,13260717		
20% >	0,27739586			20% >	0,10035228		
10% >	0,26451890			10% >	0,08297762		

Bild 12.6 Ergebnisse der Toleranzanalyse mit Anpassung auf Präzisionslevel ausgewählter Parameter der optischen Komponenten

Die Toleranzbereiche wurden bei beiden Systemen solange angepasst, bis deren IST-Verteilung eine Ausbeute von über 90 % der Produktion vorhersagt. Zu beachten ist jedoch, dass die durchgeführte Toleranzanalyse eine Simulation darstellt und deren Übereinstimmung mit der Praxis nicht nur von der Genauigkeit der Toleranzrealität in der tatsächlichen Produktion abhängt, sondern auch davon, inwieweit die Systembewertung korrekt vorgenommen wurde. Dazu bedarf es einer großen Erfahrung des Optikdesigners und der Kenntnis und Analyse der jeweiligen Fertigungsmöglichkeiten und -bedingungen.

Im Ergebnis der Toleranzanalyse zeigt sich, wie unterschiedlich die Toleranzanforderungen ausfallen. Während das f:5.6-Objektiv nur sechs Toleranzanpassungen benötigt, welche weitestgehend an der unteren Grenze der hier definierten Präzisionstoleranzen liegen, benötigt das f:3-Objektiv 14 Toleranzanpassungen, wovon ungefähr 2/3 am oberen Ende des Präzisionslevels liegen. Auch wenn dies aufgrund der unterschiedlichen Blendenzahlen bei gleichzeitig identischen Rahmenbedingungen teils zu vermuten war, veranschaulicht diese Gegenüberstellung gut die Notwendigkeit und Aufgaben einer Toleranzrechnung. Entscheidend ist letztendlich neben der erreichbaren Performance jedoch auch der Wirtschaftlichkeitsfaktor, ob die notwendigen Toleranzbedingungen und die damit einhergehenden Kosten einen Produktionsübergang der Objektive in die Fertigung und die -freigabe zulassen.

Würde in dem betrachteten Fall des großaperturigen f:3-Objektives keine wirtschaftliche Umsetzung möglich sein, wäre eine Anpassung des Grunddesigns, eine **Desensitivierung**, erforderlich. Hierbei ist unter anderem von großem Interesse, das System gezielt zu entspannen (desensitivieren), um es weniger anfällig für die Toleranzen aufzustellen. Ein desensitiviertes System entspricht meist einem System, bei dem die Fehlerbeiträge der einzelnen Aberrationen auf die Flächen aller optischen Komponenten gut verteilt sind. Optische Flächen, die einen verhältnismäßig hohen Anteil an möglichen Aberrationen vereinen, reagieren empfindlicher und müssen daher mit engeren Toleranzanforderungen versehen werden. */Zhan2019/*

Mögliche Ansätze um ein System zu desensitivieren sind:

- Das Hinzufügen eines weiteren Linsenelements zur Verteilung der Aberrationsbeiträge auf mehrere optische Flächen.
- Das Hinzufügen einer asphärischen Fläche, um an dieser Fläche eine höhere Aberrationskompensation zu ermöglichen (ggf. aber toleranzempfindlicher).
- Das nachträgliche Optimieren des Gesamtsystems, um eine Umverteilung der Aberrationsbeiträge zu erreichen.
- Weitere Optimierung der Kompensatoren (wie bereits angewendet) oder aber das Hinzufügen eines weiteren Kompensators mit dem Ziel eine Toleranzentspannung zu erreichen.

Darüber hinaus kann ebenfalls ein Ansatz gewählt werden, bei dem im Gesamtsystem ein Element mit sehr starkem Fehleranteil vorgesehen wird, wodurch ggf. die restlichen Elemente nur schwach toleriert werden müssten. Ein Beispiel dafür wäre die Integration einer Asphäre. Allerdings erfordert die Fertigung eines asphärischen Bauelementes höhere Produktionskosten, die im wirtschaftlichen Vergleich beachtet werden müssen.

Neben der vorgestellten Toleranzanalyse für Fertigungs- und Montagetoleranzen, gibt es weiteren Optionen an Systemanalysen, um potenzielle Störfaktoren aufzudecken und das System zu optimieren. Dazu zählen:

- Umweltfaktoren wie Temperatur und Druck können für die Anwendung eine entscheidende Rolle spielen und müssen daher geprüft werden,
- Streulichtanalyse,
- Analyse von entstehenden Geisterbildern.

12.1.2 Temperaturanalyse (Thermal Expansion)

Die Umgebungstemperatur kann entscheidenden Einfluss auf die Performance eines optischen Systems haben. Dies muss insbesondere für optische Systeme berücksichtigt werden, die in ihrem Einsatz größeren Temperaturgradienten ausgesetzt werden (Fotosystem, Teleskope etc.). Wesentliche Parameter, die durch Temperaturänderungen beeinflusst werden, sind:

- Brechzahl der verwendeten Materialen,
- Radien, Mittendicke und andere Dimensionen der optischen Komponenten durch den materialspezifischen Ausdehnungskoeffizienten,
- Abstände der Komponenten durch die Fassungsmaterialien und deren Ausdehnungsverhalten.

Es ist daher wichtig, die Temperatur und mögliche Temperaturschwankungen bei einem Systemdesign entsprechend den praktischen Anforderungen einzubeziehen.

Für die Durchführung einer Temperaturanalyse werden folgende Startparameter benötigt (Zemax OpticStudio):

1. Die Basis-Temperatur, bei der das Grundsystem designt werden soll. Diese Temperatur entspricht meist der Umgebungstemperatur, bei der die optischen Bauelemente gefertigt werden.
2. Der Temperaturbereich, bei dem das System in der Anwendung eingesetzt werden soll. Hierfür wird der sogenannte **Multi-Configuration-Editor** (**MCE**) verwendet, bei dem unterschiedliche Temperatur- und Druckgrößen angegeben werden können.

3. Es müssen die Parameter definiert werden, auf die diese Multi-Configuration-Angaben einwirken. Dies wird über den Befehl: „Thermal Pickup Solves" gewährleistet. Parameter, die in den Editor eingetragen werden sind: Material, Radius (Krümmung), Dicke und (optischer und mechanischer) Durchmesser. Alle Parameter, die nicht im MCE aufgelistet werden, werden für die Analyse mit den Basiswerten aus dem Grundsystem belegt.
4. Ebenfalls muss eine Angabe zum Fassungsmaterial getätigt werden, um auch die Lufträume durch den Temperatureinfluss einzubeziehen. Dies erfolgt durch das Angeben eines Ausdehnungskoeffizienten (TCE) bei den Luftabständen im „Lens Data Editor". Sobald ein TCE manuell vorgegeben wird, wird dessen Einfluss auf die Länge der Kantenentfernung der jeweiligen Komponenten ermittelt und nicht an der optischen Achse, um den Einfluss der Fassung auf das System besser simulieren zu können.

Bei der Analyse werden die Temperatureinflüsse über lineare Näherung anhand des TCEs ermittelt. Diese lineare Näherung ist für die meisten Materialien und Temperaturbereiche ausreichend. Je nach Systemaufbau können Näherungen verwendet werden, die nicht immer die Praxis komplett wiedergeben können. Zum Beispiel wird bei einem Achromat die Zwischenfläche einfach behandelt und keine entstehenden Spannungen an der Kittfläche betrachtet. Dies kann bei sehr großen Temperaturfeldern zu Ungenauigkeiten führen und muss beachtet werden. Werden Materialien aus Katalogen verwendet, wird der entsprechende TCE aus diesen entnommen, ansonsten muss ein entsprechender Wert vorgegeben werden.

Nachfolgend wird zur Veranschaulichung der Temperaturanalyse das vorstehend betrachtete *f*:3-Doppel-Gauss-Kameraobjektiv einer vereinfachten Temperaturanalyse unterzogen. Dafür wird ein Temperaturbereich zwischen −10 °C und +50 °C angenommen, der in Näherung den Winter- und Sommereinflüssen in gemäßigten Klimazonen sowie einer Basistemperatur von 20 °C entspricht. Als Fassungsmaterial wird der Werkstoff Messing mit einem TCE von $18{,}5 \cdot 10^{-6}\,K^{-1}$ angegeben. Der TCE für die Lufträume wird entsprechend vom System vorgegeben. Der MCE wird in der Analyse für alle Flächen und Temperaturgrenzen (−10 °C, 20 °C und 50 °C) aufgestellt. Der Ausschnitt in Bild 12.7 veranschaulicht die Werte für die ersten beiden Flächen des Systems.

	Active : 1/4		Config 1*	Config 2		Config 3		Config 4	
1	TEMP ▾	-	20,000	-10,000		20,000		50,000	
2	PRES ▾	-	1,000	1,000		1,000		1,000	
3	CRVT ▾	1	0,025	0,025	T	0,025	T	0,025	T
4	THIC ▾	1	6,817	6,815	T	6,817	T	6,818	T
5	GLSS ▾	1	N-LAK34	N-LAK34	P	N-LAK34	P	N-LAK34	P
6	SDIA ▾	1	23,412	23,408	T	23,412	T	23,416	T
7	CHZN ▾	1	0,000	0,000	T	0,000	T	0,000	T
8	MCSD ▾	1	23,412	23,408	T	23,412	T	23,416	T
9	CRVT ▾	2	0,010	0,010	T	0,010	T	0,010	T
10	THIC ▾	2	0,771	0,775	T	0,771	T	0,767	T
11	SDIA ▾	2	22,347	22,343	T	22,347	T	22,351	T
12	CHZN ▾	2	0,000	0,000	T	0,000	T	0,000	T
13	MCSD ▾	2	23,412	23,408	T	23,412	T	23,416	T

Bild 12.7
Darstellung des MCE-Bildes für die ersten beiden Systemflächen (Zemax OpticStudio)

Nach der Aufstellung des MCEs können die jeweiligen Konfigurationen für die Optimierungsrechnung in die Merit-Funktion integriert werden, um eine Systemoptimierung mit Bezug auf den gesamten Temperaturbereich vorzunehmen. Durch unterschiedliche Gewichtungen der Konfigurationen und Sollwerte der einzelnen Anforderungen kann eine Optimierung in Richtung der Systemspezifikationen erfolgen.

Zudem besteht die Möglichkeit für sensible Systeme, bei denen die Fassung einen großen Einfluss hat, den Prozess invers zu betrachten. Somit kann durch variable TCEs der Lufträume ein entsprechendes Fassungsmaterial ermittelt werden, um die gewünschte Performance zu erreichen. Ein weiterer Zusatz besteht darin, dass durch die Verwendung unterschiedlicher Fassungsmaterialien und deren Kompensationsverhalten ein annähernd athermales System entwickelt werden kann. */Gros2019/*

In der Tabelle 12.6 sind im Ergebnis der Temperaturanalyse die Einflüsse auf die PSF und MTF am Beispiel des *f*:3-Objektivs bei − 10 °C und + 50 °C dargestellt. Der Vergleich der jeweiligen Funktionen bei den beiden Extremwerten des gewählten Temperaturbereiches zeigt einen geringen Einfluss auf die Abbildungsleistung des Systems. Die maximale Differenz des RMS-Radius beträgt < 0,5 µm für den Feldrand. Würde man als Fassungsmaterial Aluminium statt Messing verwenden, würde der Einfluss aufgrund des größeren Ausdehnungskoeffizienten tendenziell steigen.

Für den Fall, dass ein extremer Temperaturbereich gefordert wird, ein besonders empfindliches System vorliegt (z. B. große Optikdurchmesser) oder aber ein optisches System besonders hohe Leistungsanforderungen aufweist, kann es jedoch sehr wichtig sein, solche Temperaturanalysen durchzuführen und das System zu optimieren. Dabei stellt meist die Materialauswahl ein sehr großes Optimierungspotenzial dar.

Tabelle 12.5 Darstellung der PSF und MTF am Beispiel des *f*:3-Objektivs für zwei Temperaturen (Zemax OpticStudio)

Temperatur: −10 °C	Temperatur: +50 °C
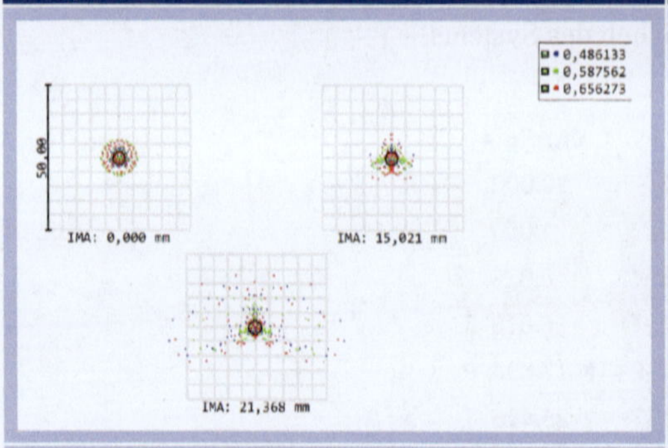	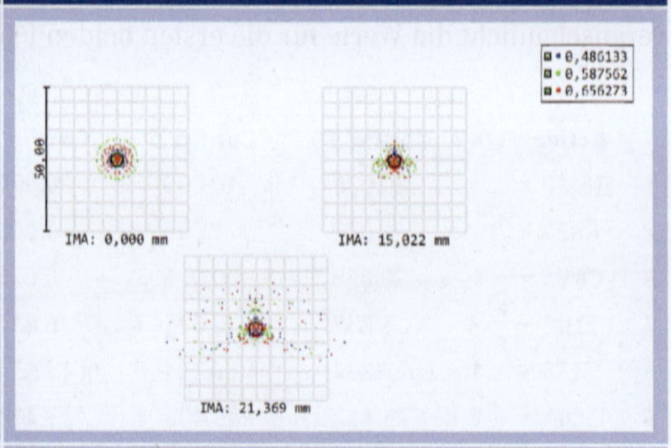
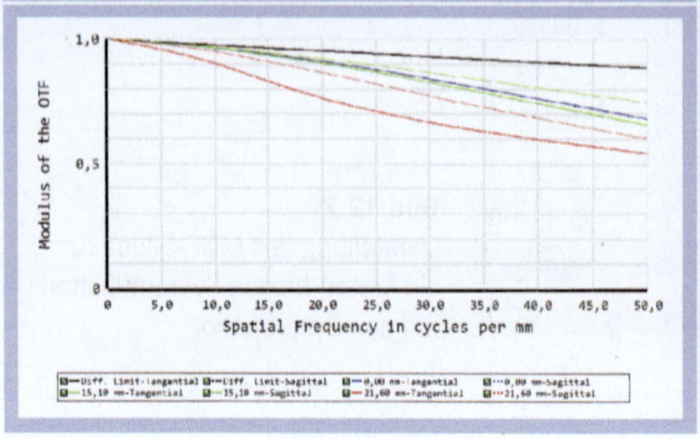	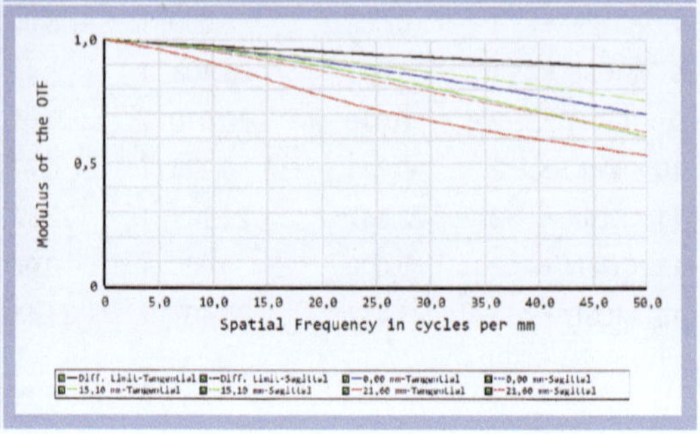

12.1.3 Ghost-Images- und Streulichtanalysen

Neben der vorgestellten Temperaturanalyse können auch Ghost-Images-Analysen (Analyse von Geisterbildern) und Streulichtanalysen vonnöten sein, um die Performance eines optischen Systems zu gewährleisten und um bei Bedarf eine Optimierung anzuschließen. Sogenannte Geisterreflexionen sind unerwünschte Bilder, welche bereits durch eine geringe Lichtmenge aufgrund von Reflexionen an optischen Flächen auftreten können. Sie entstehen beispielsweise beim Fotografieren bei Gegenlicht im Sichtfeld und erzeugen Mehrfachbilder an der Blende. Problematisch können diese Störungen bei abbildenden Systemen generell werden und zu einer Kontrastminderung des Systems führen oder bei Hochleistungslaseranwendungen sogar zu einer Beschädigung von Bauelementen führen.

Streulichtanalysen ermöglichen ebenfalls den Einsatz verschiedener Werkzeuge um Streulichtursachen und -quellen zu analysieren. Je nach Komplexität des optischen Systems kann diese Analyse auch zu hohem Rechenaufwand führen. Um diesen Aufwand zu verringern, ist es sinnvoll, möglichst realitätsnahe Streulichtmodelle für die vorhandenen Flächen anzuwenden. In der Analyse werden zwei Modi unterschieden:

1. **Sequenzieller Modus:**

   Die Streuung beinhaltet nur leichte Strahlablenkungen des abbildenden Strahlengangs. Diese Anteile können z. B. durch Oberflächenrauheiten an polierten Flächen, Inhomogenitäten im Material hervorgerufen werden. Im Ergebnis führt das z. B. zu einer Reduzierung der Bildqualität durch „Verschmieren" der Spotdiagramme.

2. **Nichtsequenzieller Modus:**

   Es wird die Streuung von Strahlen über einen beliebigen Winkelbereich (z. B. Lambert, Gauss, ...) und ebenfalls deren Rückstreuung berücksichtigt. Diese Vorgehensweise ist ideal zum Erörtern der Einflüsse von Oberflächen, die nicht direkt am Strahlverlauf teilhaben, wie zum Beispiel Fassungsteile, Linsenränder etc. Diese Streuanteile können z. B. durch Schwärzen von Linsenrändern unterdrückt werden.

Auf weitere Ausführungen zu diesen beiden Thematiken und deren Behandlung durch entsprechende Simulationstools sei an dieser Stelle auf */Gros2012/*, */Gros2019/* und */Maks2009/* verwiesen.

12.2 Optikfertigungsdesign

Traditionell sind es meist die Optikdesigner, die mit den Kunden über das Produkt „optisches System" verhandeln, einschließlich dessen Spezifikationen, Preise und Fragen zur Herstellung, Beschichtung, Montage und Lieferung. Während die Entwicklungen in der Optikdesignphase bereits sehr gut durch Softwaretools unterstützt werden (siehe auch Abschnitt 12.1), existieren bisher nur vereinzelt Software-Tools, um die optimale Fertigungskette für die Produktion optischer Systeme zu entwerfen. Was die optische Fertigung betrifft, so basieren die Entscheidungen des Optikdesigners und des Fertigungstechnologen ausschließlich auf deren persönlichen Erfahrungen aus früheren Verhandlungen mit der Optikfertigung seines Unternehmens oder seines Lieferantens. Der Grund dafür, dass der Ablauf der optischen Fertigung noch sehr wenig durch Simulationstools und Software unterstützt wird, ist in dem sehr komplexen Wechselwirkungsprozess der Fertigung zu sehen, welcher insbesondere das Wissen von Chemieingenieurwesen, Materialkunde, Werkzeugmaschinen, Mess- und Prüftechnik, Zerspanung, Fertigungsparameterkontrolle und ein tiefes Verständnis für die oft subjektiven Fertigungsschritte des Feinoptikers verlangt. Dennoch gibt es bereits erfolgsversprechende Entwicklungen, wobei diese durch den Trend der Digitalisierung, der Prozessüberwachung durch Sensorik sowie den Fortschritten in der Prozesssimulation in den kommenden Jahren stark zunehmen werden.

Im Rahmen des PanDao-Softwareprojekts */Pand2021/* wurde erstmalig eine Software für das Optikkettenfertigungsdesign realisiert und vorgestellt. PanDao basiert auf dem Dreibein aus dem Know-how jahrzehntelanger akademischer und industrieller State-of-the-Art-Fertigungsentwicklungen, einem expertensystemähnlichen Algorithmus sowie einer kontinuierlich gepflegten Fertigungsdatenbank.

In der Anwendung generiert PanDao bereits während der Designphase Detailinformationen für eine optimierte Fertigungskette inklusive der Kosten für Fertigung, Beschichtung, Prüfung und Zentrierung. Erreicht wird dies durch:

- das Erfassen von Optiksystemparametern und -toleranzen, wie sie von handelsüblichen Optikdesign-Softwaretools generiert werden,
- Berücksichtigung kommerzieller Auftragsinformationen (wie Gesamtzahl der zu produzierenden Linsen und zu liefernden Losgrößen),
- Berücksichtigung industriell eingeführter optischer Fertigungstechniken (siehe auch Kapitel 7).

Mit dieser Software können Optikdesigner ihre Optikentwürfe auf Herstellbarkeit und die benötigten optischen Fertigungstechnologien prüfen. Darüber hinaus werden Analysen der Auswirkungen von optischen Designparametern auf Fertigungskosten ermöglicht, anhand derer die Optikdesigns auf minimale Fertigungskosten optimiert werden können. Somit schließt sich dieser Designschritt unmittelbar an die vorgestellte Tolerierung im Abschnitt 12.1 an.

Im Folgenden wird die PanDao-Fertigungskosten- und Technologieanalyse an einer plan-asphärischen Linse vorgestellt, die einen Durchmesser von 220 mm aufweist und in einer Stückzahl von 500 Stück produziert werden soll (siehe Tabelle 12.6).

Im Ergebnis identifiziert das Optimierungstool das CNC-Subapertur-Schleifen mit abschließendem CCP-Bonnet-Polieren als die optimale Herstellungskette für die genannten Parameter (siehe Tabelle 12.6). Die Gesamtfertigungskosten pro Linse betragen ca. 185 € (unter Berücksichtigung eines mittelgroßen, mitteleuropäischen Unternehmens und ohne Allgemeinkosten und Materialkosten). Die Gesamtkosten für die Fertigung eines Auftrags belaufen sich somit auf 92.500 €.

Tabelle 12.6 Plan-asphärische BK7-Linse mit 500 zu produzierenden asphärischen Bauelementen

<table>
<tr><td>Linsendurchmesser: 220 mm ± 0,1 mm
Mittendicke (ct): 60 mm ± 0,05 mm
Produktionsdaten:
Stückzahl: 500
Losgröße: 50</td><td colspan="2">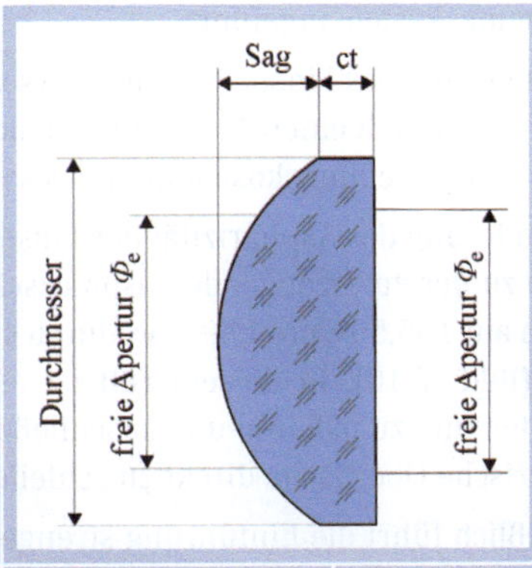
</td></tr>
<tr><td>asphärisch
ϕ_e 200 mm
λ AR Schicht
3/3(2)
4/1'
5/5 × 0,064
S_q 1 nm (rms)
Sag 40 mm
kleinste mittelfrequente Wellenlänge der Oberflächenfehler: 5 nm
Best-fit-Späre 660 nm
Asphärizität 4 µm</td><td>N-BK7
n_d 1,51680 ± 0,0005
v_d 64,17 ± 0,5
0/10
1/0
2/1;SW30</td><td>R ∞
ϕ_e 200 mm
λ AR-Schicht
3/1(0,2)
4/-
5/3 × 0,063
S_q 1,5 nm (rms)</td></tr>
</table>

Die Ablauffolge für die Bearbeitung von erster und zweiter Linsenfläche veranschaulicht der PanDao-Plot in Bild 12.8. Als Halbzeug wurde ein zylindrischer Rohling mit entsprechenden Aufmaßen angenommen. Nach dem Optikfertigungsdesign von PanDao ergeben sich Herstellungskosten pro Linse von 185 €, ohne Berücksichtigung der noch erforderlichen Zentrierschleifkosten (ca. 8,70 €), Beschichtungskosten (ca. 18,50 €) und Prüfkosten (ca. 18,20 €).

	Stage 1:	Stage 2:	Stage 3:
Side 1:	cnc sub aperture rough grinding fabrication price 11.79€	cnc sub aperture grinding fabrication price 29.77€	ccp bonnet fabrication price 99.19€
Side 2:	curve generator rough grinding fabrication price 9.29€	cnc full aperture flats grinding fabrication price 17.62€	cnc full aperture flats polishing fabrication price 17.41€

Total fabrication cost for this lens: 185.08€.

Investbudget for installing machinery for this fab-chain: 770000€

Bild 12.8 PanDao-Analyse der plan-asphärischen BK7-Linse aus Tabelle 12.6

Im Folgenden werden drei Beispiele für die Auswirkungen der Anpassungen des optischen Designs auf die Fertigungskosten angeführt.

1. Die Änderung des Linsendurchmessers von 220 mm auf 210 mm (und das Auffüllen des Zwischenraums z. B. durch einen Metallring) senkt die Kosten pro Linse auf 176,80 €, was zu einer Reduzierung der Herstellungskosten um insgesamt 4,4 % (oder 4100 €) führt (siehe Bild 12.9).
2. Die Änderung der Asphärizität der Linse (maximaler Abstand von der besten sphärischen Abtragsfläche zu der zu erzeugenden asphärischen Fläche) von 4 μm auf 2 μm reduziert die Herstellungskosten auf 155,50 € pro Linse, wodurch sich die Herstellungskosten um 15,9 % bzw. 14 750 € verringern (Bild 12.10). In diesem Fall ist es kostengünstiger, zuerst eine sphärische Oberfläche zu schleifen und zu polieren und anschließend asphärische Poliertechniken zu verwenden, anstatt die asphärische Oberfläche direkt zu schleifen und zu polieren.
3. Schließlich führt die Einführung strengerer Toleranzen für mittelfrequente Oberflächenfehler, z. B. die Reduzierung der kleinsten zulässigen MSW (mid-spatial wavelength) von 5 mm auf 0,2 mm, zu einer Erhöhung der Herstellungskosten um 16,6 % bzw. 15 355 €, da ein abschließender IBF-Formkorrekturschritt erforderlich wird (siehe Bild 12.11).

	Stage 1:	Stage 2:	Stage 3:
Side 1:	cnc sub aperture rough grinding fabrication price 11.28€	cnc sub aperture grinding fabrication price 28.43€	ccp bonnet fabrication price 94.71€
Side 2:	curve generator rough grinding fabrication price 8.89€	cnc full aperture flats grinding fabrication price 16.84€	cnc full aperture flats polishing fabrication price 16.63€

Total fabrication cost for this lens: 176.79€.

Investbudget for installing machinery for this fab-chain: 770000€

Bild 12.9 PanDao-Analyse der plan-asphärischen BK7-Linse (Tabelle 12.6): Die Reduzierung des Linsendurchmessers von 220 mm auf 210 mm führt zu einer Senkung der Gesamtfertigungskosten um 4,4 %

	Stage 1:	Stage 2:	Stage 3:	Stage 4:
Side 1:	curve generator rough grinding fabrication price 9.29€	curve generator grinding fabrication price 19.89€	cnc full aperture polishing fabrication price 19.89€	ccp bonnet fabrication price 62.10€
Side 2:	curve generator rough grinding fabrication price 9.29€	cnc full aperture flats grinding fabrication price 17.62€	cnc full aperture flats polishing fabrication price 17.41€	

Total fabrication cost for this lens: 155.50€.

Investbudget for installing machinery for this fab-chain: 560000€

Bestfit for side 1 is used

Fabrication chain applying two succeeding steps: a) generation of best starting spherical surface (bsss) and b) aspherizing bsss

Bild 12.10 PanDao-Analyse der plan-asphärischen BK7-Linse (Tabelle 12.6): Die Reduzierung der Asphärizität von 4 μm auf 2 μm führt zu einer Senkung der Gesamtfertigungskosten um 15,9 %

	Stage 1:	Stage 2:	Stage 3:	Stage 4:
Side 1:	cnc sub aperture rough grinding fabrication price 11.79€	cnc sub aperture grinding fabrication price 29.77€	ccp bonnet fabrication price 99.19€	ccp ion beam figuring fabrication price 30.72€
Side 2:	curve generator rough grinding fabrication price 9.29€	cnc full aperture flats grinding fabrication price 17.62€	cnc full aperture flats polishing fabrication price 17.41€	

Total fabrication cost for this lens: 215.80€.
Investbudget for installing machinery for this fab-chain: 1270000€

Bild 12.11 PanDao-Analyse der plan-asphärischen BK7-Linse (Tabelle 12.6): Die Reduzierung der Wellenlänge der mittelfrequenten Fehler von 5 mm auf 0,2 mm verursacht eine Erhöhung der Herstellungskosten um 16,6%

Mit der vorgestellten Software „PanDao" wurde ein Optimierungstool für den Fertigungsprozess entwickelt, das ermöglicht, die optimale Fertigungskette in Abhängigkeit von optischen Designparametern und deren Toleranzen zu entwerfen. Auf diese Weise können die Herstellungskosten bereits in der Designphase optischer Systeme minimiert werden. An dieser Stelle sei noch einmal darauf hingewiesen, dass die Höhe der absoluten Produktkosten in Abhängigkeit von der unternehmerischen Struktur (Personal, verfügbare Maschinen, Betriebskosten etc.) verschieden ausfallen kann. Die Optimierungsstrategie und die ermittelten Prozessketten zeigen aber sehr anschaulich die hohe Bedeutung des Optikfertigungsdesigns für die Minimierung des Aufwands und der Kosten für die Fertigung optischer Bauelemente.

Das noch am Anfang stehende Optikkettenfertigungsdesign liefert für den Fertigungsprozess bereits wichtige Informationen und kann in der Fortführung der Tolerierungssoftware wertvolle Vorschläge für Möglichkeiten der Fertigungsoptimierung und der Einsparpotenziale geben. Wie genau solche Vorhersagen gemacht werden können, hängt letztendlich von dem zur Verfügung stehenden Expertenwissen sowie den betrieblichen Randbedingungen ab. Mit der zunehmenden Verfahrensanalyse, Nachkalkulation von Fertigungsprozessen und der Verfügbarkeit von robusten Daten aus den Fertigungsprozessen selbst werden zukünftig Vorhersagemodelle in Form von Designsoftwaretools den Fertigungsprozess noch sicherer simulieren lassen.

Die hier vorgestellten Ergebnisse der Software PanDao erfolgten mit freundlicher Unterstützung von Dr. Oliver Fähnle.

12.3 Prozessoptimierung in der Produktion

Produktionsprozesse zu optimieren, ist ein Grundanliegen der Fertigungsplaner und Prozessgestalter um wirtschaftlich Produkte herstellen zu können. Dabei geht es u.a. auch um die Vermeidung von systematischer Verschwendung. Dazu zählen viele Einflussfaktoren, von denen die nachfolgenden wichtigen Faktoren exemplarisch genannt werden:

- Überproduktion von Halbzeugen, Komponenten und optischen Systemen,
- hohe Lagerhaltung aufgrund zu großer Bestände infolge schlecht geplanter Losgrößen,
- zu lange Transportzeiten zwischen den Fertigungsorten bzw. Fertigungsplätzen,

- Wartezeiten, insbesondere auf Halbzeuge, Werkzeuge, Prüfmittel etc.,
- Suchzeiten infolge von schlecht organisierten Fertigungsplätzen,
- unnötige Bewegungen durch ergonomisch schlecht eingerichtete Arbeitsplätze,
- Nacharbeit der vermeidbaren systematischen Fehler im Produktionsablauf,
- schlechte Platzausnutzung,
- ungenutztes Mitarbeiterpotenzial.

Wissenschaftliche Untersuchungsmethoden zur Optimierung von Produktionsprozessen wurden erstmalig in der Praxis in der Automobilfertigung eingeführt. Es werden aktuell eine hohe Anzahl an Methoden, z.B. Kaizen, Six Sigma, CIP/KVP, SMED, QRQC, Heijunka, 5A/5S, Kaikaku, Andon, DOE, QFD Low Cost Automation, Value Stream Mapping, Benchmarking, Lean Management, Poka Yoke, Gemba, TPM, Chaku Chaku, Jidoka, FMEA, BVW, Kanban, Makigami und viele andere eingesetzt. Ihren Ursprung haben viele Methoden japanischen Wissenschaftlern zu verdanken.

In der Optikfertigung werden **Optimierungsmethoden** wie beispielsweise DOE (Design of Experiments) oder Six Sigma eingesetzt, um Produktionsprozesse besser planen und optimieren zu können.

Methoden des Designs of Experiments werden beispielsweise für die sinnvolle Reduzierung von experimentellen Untersuchungen eingesetzt, um technologische Prozessfenster zu ermitteln. **Six Sigma** ist ein systematisches Vorgehen zur Prozessverbesserung unter Anwendung analytischer und statistischer Methoden. Diese beiden Methoden verfolgen im Vergleich zu anderen Optimierungsmethoden einen mathematischen Ansatz. Im Falle von Six Sigma wird davon ausgegangen, dass jeder Geschäftsprozess als eine mathematische Funktion beschrieben werden kann. Es besteht das Bestreben, die Leistungsfähigkeit von Prozessen mithilfe von Kennzahlen messbar zu machen. Im Falle einer zu hohen Prozessstreuung wird ein Ursachen-Wirkungszusammenhang ermittelt, der auf Ursachen für Prozessprobleme hinweist. Anwendung findet ein systematisches 5-Phasenmodell (DMAIC-Cycle), anhand dessen eine logische Vorgehensweise erfolgen kann. Die fünf Phasen werden durch die Schritte: 1. Definieren, 2. Messen, 3. Analysieren, 4. Verbessern und 5. Kontrollieren beschrieben.

Diese Methoden eignen sich insbesondere für die Fertigungsarten Großserien- und Massenproduktion mit einem hohen Wiederholungsgrad. Aufwendiger werden solche Optimierungsvorhaben für kleine und sich stark ändernde Losgrößen.

Die nachfolgend beschriebene Optimierungsmethode, die **Dreiwaggonmethode (3W)** */Faeh2018/*, wurde explizit zur Optimierung der Verfahren und Fertigungsketten der Optikfertigung entwickelt (Bild 12.12). Auf diese Methode wird im Folgenden kurz eingegangen. Nachstehend werden die wichtigsten Punkte entlang des 3W-Ablaufplans erläutert:

1. Es erfolgt die strikte Trennung von Maschine (Maschinenbau) und Prozess (Verfahrensbeherrschung): Maschinen werden zum industriellen Einsatz von Prozessen entwickelt und besitzen daher von vornherein ein kleineres Verfahrensfenster als der Prozess: in der Dreiwaggonmethode wird konsequent der Prozess verbessert, nicht die Maschine.
2. Die 3W-Prozessverbesserung zielt auf die Optimierung eines (oder mehrerer) Werkstückparameter (WP) ab (z.B. die Oberflächenrauheit S_q). Hierfür werden alle auf diesen WP Einfluss nehmenden Prozessparameter (PP) ermittelt und ein PP-Flussdiagramm erarbeitet, das diese in direkte, indirekte und kritische Parameter unterteilt. Dabei hängen indirekte Parameter (idPP) von einem oder mehreren direkten Parametern (dPP) ab. Kritische Parameter (cPP) haben einen direkten Einfluss auf die Qualität. Letztlich beeinflussen diese Parameter auch die Effizienz und Qualität des Herstellprozesses.

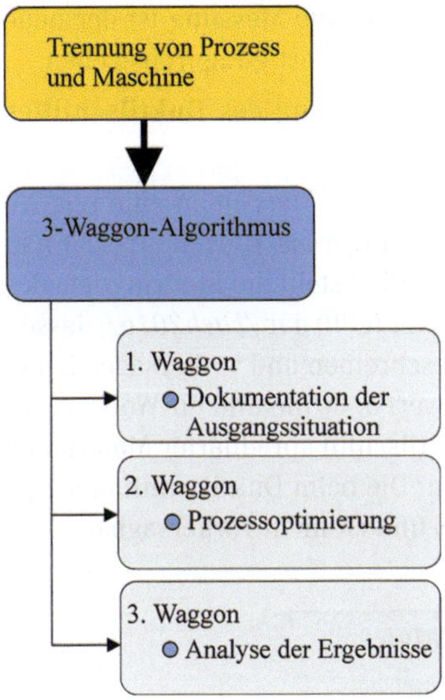

Bild 12.12
Vorgehensweise der 3W-Optimierungsmethode

3. In der Folge wird ein *in situ* (*im Prozess)*-Messen der cPP eingerichtet, welches ein Monitoring und Regeln wichtiger Prozessparameter ermöglicht (Bild 12.13).

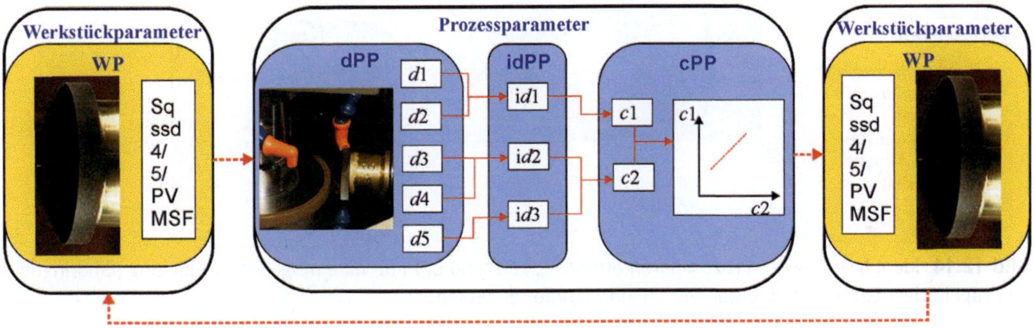

Bild 12.13 Darstellung des Optimierungsablaufes der 3W-Methode nach */Faeh2018/*

4. Anschließend wird **Waggon 1** erstellt. Hierbei wird die Ausgangssituation ermittelt und ein Fertigungslos bearbeitet. Dabei werden die cPP aufgenommen und analysiert sowie die erzeugten Werte der WP und die Ausbeute gemessen.
5. Danach werden mehrere **Waggon 2** getestet. Jeder Waggon 2 prüft den Einfluss der cPP auf die WP während ein (oder mehrere) direkte und indirekte Prozessparameter verändert werden. Dieser Vorgang ist dann abgeschlossen, wenn ein optimaler Satz cPP mit Werten und Toleranzen identifiziert worden ist, der minimale Herstellungskosten bei maximaler Ausbeute und minimaler Bearbeitungszeit gewährleistet.
6. Der Abschluss erfolgt durch **Waggon 3** und wiederum durch die Bearbeitung eines Fertigungsloses, das mittels der optimierten, kritischen Parameter und unter der Prozessanalyse derselben hergestellt wird. Hierbei wird der verbesserte Prozess (optimaler Waggon 2) mit dem Ausgangsprozess (Waggon 1) verglichen und die Prozessoptimierung in Abhängigkeit von Herstellungskosten, Ausbeute und Durchsatz verifiziert.

7. Mit den erarbeiteten kritischen PP und den Toleranzen sowie deren *in situ*-Messung ist der neue Prozess nun zur statistischen Prozesskontrolle (SPC) in der industriellen Fertigung freigegeben.

Im Folgenden wird die Anwendung der Dreiwaggonmethode zur Optimierung des **Duktilschliffes** beschrieben */Faeh2018/*.

Nachdem in den 1980er-Jahren positionsgesteuerte, vorschubgeregelte CNC-Maschinen eine relative Positionierungsgenauigkeit zwischen Werkzeug und Werkstück von weniger als 100 nm erreicht hatten, wurde ein neuer Herstellprozess, der Duktilschliff, ermöglicht. Hierbei stellt die Eindringtiefe des Werkzeugs in die Werkstückoberfläche den kritischen Prozessparameter (cPP) dar */Faeh2016/*, dessen Grenzwert d_c BIFANO et al. in den 1990er-Jahren materialabhängig beschreiben und vorhersagen konnten */Bifa1991/*. Für das anorganische Glas BK7 beträgt dieser Grenzwert d_c 80 nm und für Wolframcarbid 160 nm. Aus diesen Anforderungen heraus wird seitdem der Duktilschliff sprödharter Materialien ausschließlich auf Ultrapräzisionsschleifmaschinen (UPM) betrieben. Die beim Duktilschliff erzeugte Rauheit liegt ungefähr in einem Bereich zwischen 3 und 13 nm RMS und ist nicht vorhersagbar.

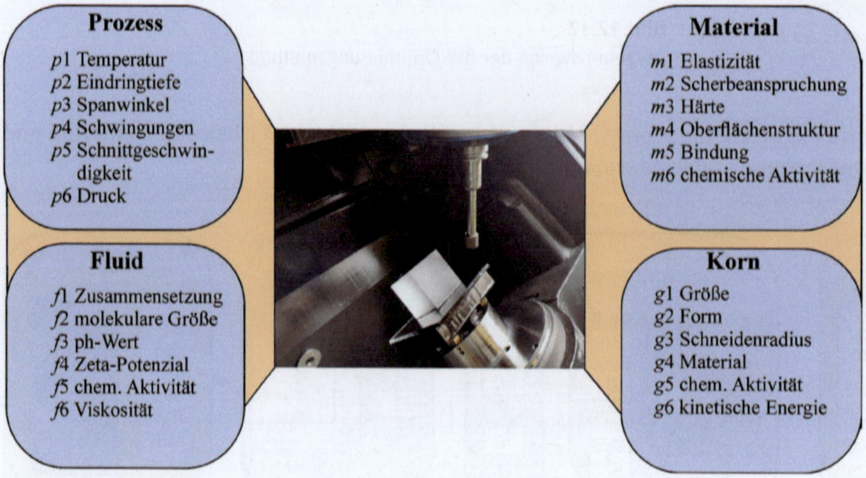

Bild 12.14 Identifizierung der Prozessparameter (dPP, idPP und cPP) für eine mögliche Rissbildung (Eindringtiefe und zugehöriger Grenzwert d_c unter „p2 – Eindringtiefe" zu finden)

Die Parameter in Bild 12.14 sind die Startparameter für **Waggon 1** */Faeh2016/*, von der aus eine Duktilschliffprozessanalyse mittels der Dreiwaggonmethode erfolgt */Faeh2018/*. Zunächst wird der Ergebnisparameter (WP), der die Güte der Oberfläche, in diesem Falle des Duktilschliffs, beschreibt identifiziert. Ein wesentliches Ziel ist, die Rissvermeidung in sprödharten Materialien bei möglichst hoher zulässiger Zerspanleistung, bei der eine möglichst geringe Rauheit noch erzeugt werden kann.

Daran schließt sich die Erstellung des Flussdiagramms mit den jeweiligen Prozessparametern an (siehe Bild 12.12 und Bild 12.13). In Bild 12.15 sind direkte und indirekte Prozessparameter dargestellt. Einige dieser Parameter haben besonders großen Einfluss auf das Sprödbruchverhalten und stellen somit cPP dar.

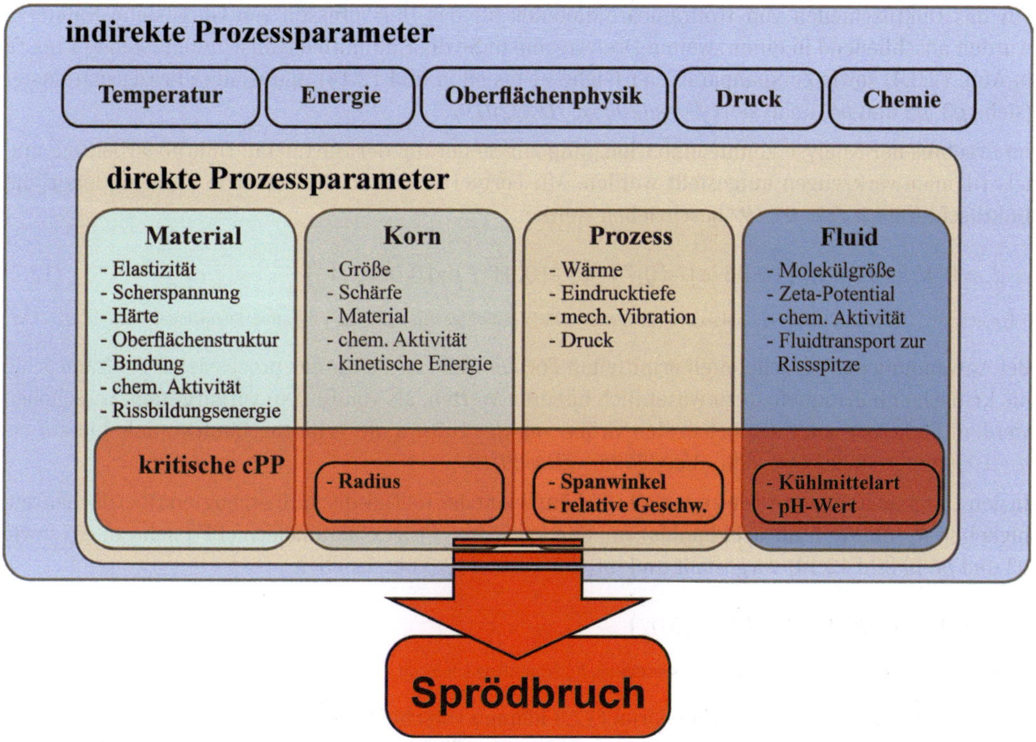

Bild 12.15 Identifizierung der direkten, indirekten und kritischen Prozessparameter (Fertigungsparameter – FP), die die Rissbildung bestimmen

Nach dieser systematischen Analyse und Beschreibung der kritischen Prozessparameter erfolgt die Optimierungsphase **Waggon 2**, bei der die nun bekannten cPP genutzt werden, um optimale Ergebnisparameter zu ermitteln. In den Untersuchungen wurde zunächst der Einfluss der Kühlflüssigkeit auf die Rissbildung in anorganischen Gläsern getestet */Goli1991/*, */Meed2005/*. Hierbei wurden Flüssigkeiten ohne Wasseranteil sowie mit langen Molekülketten als vorteilhaft identifiziert. Es konnte ermittelt werden, dass Glycerin und Octanol eine Rissbildung deutlich stärker verhindern als die Verwendung von Wasser mit leichten Zusätzen. Zusätzlich wurde der Druck des KSS-Mittels untersucht, wobei die höher-viskosen KSS-Mittel das Arbeiten mit größeren Drücken für die duktile Schleifbearbeitung erlauben. In Bild 12.16 sind drei mikroskopische Aufnahmen von BK7-Oberflächen gegenübergestellt, die ein unterschiedliches Rissverhalten in Hinblick des Sprödbruchverhaltens zeigen.

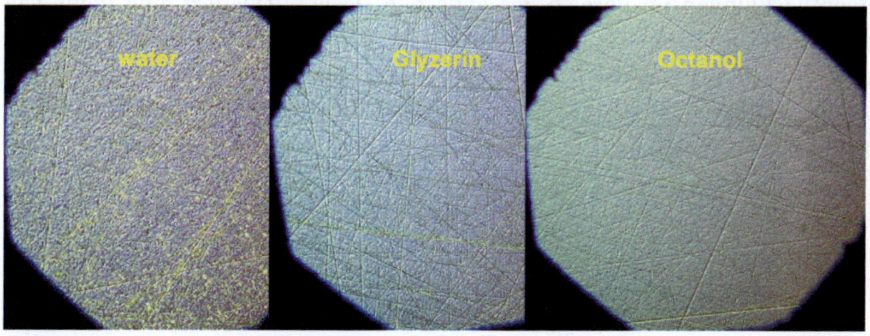

Bild 12.16 Traditioneller (kraftgesteuerter) Hebelläppprozess von BK7 mit 3-µm-Diamantkorn und Stahlschale */Faeh2018/*

Für das Duktilschleifen von Wolframcarbidmoulds für das Heisspressen von Glas (siehe Kapitel 6) wurden anschließend in einer zweiten Dreiwaggonstudie die Kühlmitteleigenschaften (siehe *f*1 bis *f*8 in Abb. 12.3.4) sowie Zerspanparameter (siehe *g*1 bis *g*8 in Bild 12.14) und weitere Prozessparameter (siehe *p*3, *p*5 und *p*6) analysiert */Meed2005/*, */Doet2019/*.

Im Ergebnis der Analyse konnte eine Gleichung zur Steuerung der Hartmetall-Duktilbearbeitung mittels Diamantwerkzeugen aufgestellt werden. Mit Formel 12.2 kann die kritische Eindringtiefe d_c im Duktilschliff nach */Doet2019/* beschrieben werden.

$$d_c = 0{,}45 + (0{,}69 \cdot \eta) + (0{,}06 \cdot c) - (0{,}74 \cdot \lambda) - (0{,}01 \cdot \gamma) + (0{,}0007 \cdot v_c) \quad (12.2)$$

η dynamische Viskosität, λ Wärmeleitfähigkeit, c Wärmekapazität, v_c Schnittgeschwindigkeit, γ negativer Spanwinkel

Bei Anwendung der experimentell ermittelten Formel 12.2 konnte für das prozessierte Wolframcarbid die kritische Eindringtiefe d_c zu wesentlich höheren Werten, als von Bifano vorhergesagt, verschoben werden. Es konnte statt der bekannten Größe von $d_c = 160$ nm die kritische Eindringtiefe bis auf ca. $d_c = 1000$ nm gesteigert werden */Meed2005/*, */Doet2019/*.

In den Untersuchungen wurde zudem die Abhängigkeit der im Duktilschliff erzeugten Oberflächenrauhigkeiten R_a (für Wolframcarbidmolds) von den kritischen Prozessparametern cPP (siehe *g*5, *g*6 sowie *p*3 und *p*6 in Bild 12.14) vorgestellt und mit der Formel 12.3 beschrieben.

$$R_a = 0{,}5 + (7 \cdot h_{cu}) - (3{,}5 \cdot US) - (5 \cdot r_e) \quad (12.3)$$

r_e Radius des Werkzeugs, US Ultraschall ein/ausgeschaltet, h_{cu} Schnitttiefe mit $h_{cu} < d_c$

Unter Anwendung Formel 12.2 und Formel 12.3 können verschiedene Sätze kritischer Prozessparameter definiert werden, die die Höhe der erzeugten Oberflächenrauheit zwischen ca. 1 nm (RMS) und 14 nm (RMS) variieren und experimentell verifizieren lassen */Meed2005/*, */Doet2019/*.

Neben der diskutierten Dreiwaggonmethode gibt es verstärkt Bestrebungen, Optikfertigungsdesignlösungen zu entwickeln. Aufgrund der sehr hohen Komplexität und der vielen Einflussgrößen des Optikfertigungsprozesses ist diese Entwicklung jedoch schwierig.

12.4 Design optischer Vielschichtstrukturen

Im Kapitel 8 wurden die Grundlagen zur Beschichtung von optischen Komponenten sowie die Beschichtungsverfahren vorgestellt. Sehr oft sind Beschichtungsfolgen komplex und müssen für bestimmte Anwendungen speziell ausgelegt werden. Mit der Verfügbarkeit von leistungsstarken Computern und entsprechenden Softwareentwicklungen im Bereich des optischen Designs existiert eine Reihe von Dünnschichtdesignprogrammen, die komplexe Schichtfolgen berechnen und optimieren können. Zusätzlich ist aber auch das Expertenwissen zu den verfügbaren Beschichtungsmaterialien und deren Eigenschaften, wie Brechzahl, minimale Schichtdicke etc., sowie zur Beschichtbarkeit der Materialien (Schichthaftung, -homogenität) erforderlich.

Solche Designprogramme für optische Dünnschichten unterstützen die Planung, Simulation und Optimierung des Beschichtungsprozesses und werden wie folgt genutzt:

- theoretische Berechnung der Größen Reflexion, Transmission und Absorption über einen definierten Wellenlängenbereich des gewählten Schichtsystems,
- Beurteilung der sich daraus ergebenden Eigenschaften der optischen Komponenten und der Performance des optischen Systems,
- Optimierung des Schichtdesigns mit Anzahl der Schichten, Schichtdicken und Brechzahlen der Schichten,
- Bewertung der Auswirkung bestimmter Einflussgrößen, Polarisation, Einfallswinkel etc. auf das berechnete System,
- Simulation und Optimierung bestimmter Schichtfunktionen, z. B. Kantenwirkung, Teilungsverhältnisse etc.,
- Identifizierung von Problemen und Grenzen der Beschichtung.

Exemplarisch wird im Folgenden der Ablauf eines **Schichtdesigns** am Beispiel einer AR-Beschichtung mit der Software „OpenFilters“ vorgestellt. Ausgangspunkt ist die Betrachtung einer unbeschichteten optischen Planfläche. Das Reflexionsverhalten eines Grenzübergangs von Luft zu Quarzglas (für $n_e \sim 1{,}466$, im Bereich von 300 nm bis 1000 nm) ist in Bild 12.17 dargestellt. Für unpolarisierte Strahlung ergibt sich aufgrund der dispersiven Materialeigenschaften ein in Richtung längerer Wellenlängen abfallendes Reflexionsverhalten im Bereich von 3 % bis 4 %. Diese Strahlverluste treten an jeder Grenzfläche auf und potenzieren sich in einem optischen System pro Anzahl der Flächen. Für ein mehrlinsiges System können diese Verluste nicht mehr vernachlässigt werden.

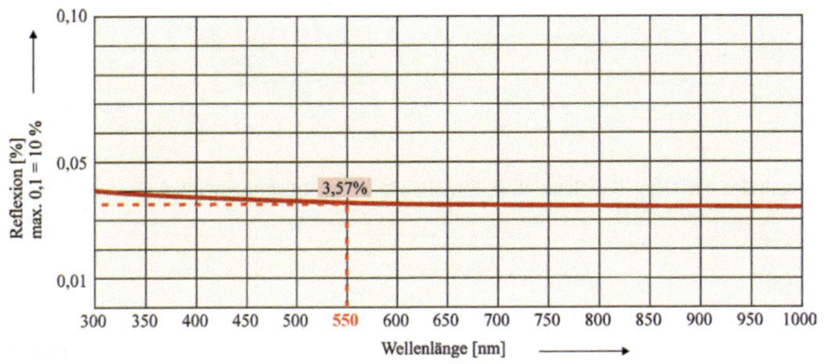

Bild 12.17
Reflexionsverhalten an einem Grenzübergang von Luft zu Quarzglas ($n_e \sim 1{,}466$), AOI = 0°, unpolarisiert

Zusätzlich müssen bei nichtsenkrechtem Lichteinfall in das optische System die Fresnel-Gleichungen berücksichtigt werden. Dies ist notwendig, da sich der Reflexionsgrad in Abhängigkeit von der Lichtpolarisation (senkrechte s- und parallele p-Polarisationsanteile) mit Bezug auf den Einfallwinkel ungleich null unterschiedlich ändert. Bild 12.18 veranschaulicht schematisch den Zusammenhang dieser nach den Fresnelschen Formeln berechneten Reflexionsgrade für ein Metall und ein Glas in Abhängigkeit vom Einfallswinkel und dem Polarisationszustand. Der Kurvenverlauf zeigt ein Minimum des Reflexionsgrades für die parallel zur Einfallsebene schwingende Komponente (p-Polarisation). Bei dielektrischen Medienübergängen geht der p-polarisierte Reflexionsgrad für einen definierten Einfallswinkel gegen null. Dieser Winkel, bei dem der p-polarisierte Anteil sein Minimum erreicht, wird als Polarisations- oder Brewster-Winkel bezeichnet.

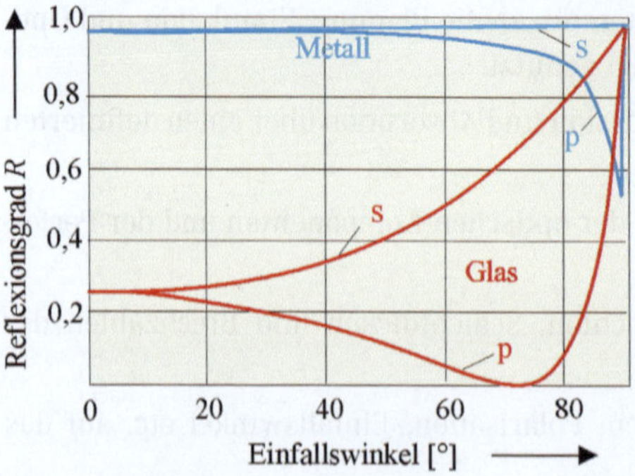

Bild 12.18
Reflexionsgrad in Abhängigkeit vom Einfallswinkel für parallel (p) und senkrecht (s) zur Einfallsebene polarisiertes Licht für zwei unterschiedliche Werkstoffoberflächen

Mit Formel 12.4 bis Formel 12.7 können die Reflexions- (*r*) und Transmissionskoeffizienten (*t*) für senkrechte Polarisation s und parallele Polarisation p in Abhängigkeit vom Einfallswinkel berechnet werden. Die Gleichungen gelten unter Vernachlässigung der Absorption in dem optischen Medium, d. h., der Absorptionskoeffizient wird mit null angenommen */Hech2018/*.

$$r_\text{p} = \frac{n_1 \cdot \cos\varphi_0 - n_0 \cdot \cos\varphi_1}{n_1 \cdot \cos\varphi_0 + n_0 \cdot \cos\varphi_1} \tag{12.4}$$

$$r_\text{s} = \frac{n_0 \cdot \cos\varphi_0 - n_1 \cdot \cos\varphi_1}{n_0 \cdot \cos\varphi_0 + n_1 \cdot \cos\varphi_1} \tag{12.5}$$

$$t_\text{p} = \frac{2n_0 \cdot \cos\varphi_0}{n_1 \cdot \cos\varphi_0 + n_0 \cdot \cos\varphi_1} \tag{12.6}$$

$$t_\text{s} = \frac{2n_0 \cdot \cos\varphi_0}{n_0 \cdot \cos\varphi_0 + n_1 \cdot \cos\varphi_1} \tag{12.7}$$

n_0 Brechungsindex umgebende Medium, n_1 Brechungsindex optisches Bauelement, φ_0 Einfallswinkel, φ_0 Brechungswinkel (Transmissionswinkel)

Der Reflexionsgrad ergibt sich aus

$$S_\text{p,s} = \left| r_\text{p,s} \right|^2 \tag{12.8}$$

Für das gewählte Beispiel Quarzglas beträgt der Reflexionsgrad $S_\text{p,s} = 3{,}57\,\%$ für den senkrechten Strahleinfall bei einer Wellenlänge von $\lambda = 550\,\text{nm}$.

Um diese Reflexionsverluste zu minimieren, werden wie in Kapitel 8 beschrieben, Antireflexionsschichten aufgetragen bzw. abgeschieden. Im Folgenden werden die Eigenschaften einer Einzelschicht und das Aufdampfen von Schichtpaketen als Antireflexionsschichten diskutiert.

Einfachschicht (Single-Layer) bei senkrechtem Strahleintritt (AOI = 0°)

Mit dem Aufdampfen einer Einfachschicht können zwei Freiheitsgrade, die Brechzahl *n* und die Schichtdicke *d*, berücksichtig werden. Damit ist es möglich, für eine gewählte Wellenlänge λ eine vollständige Transmission herbeizuführen. Bei einer Einfachschicht können die Mehrfachreflexionen vernachlässigt werden, da diese nur einen geringen Anteil an der Gesamtintensität ausmachen. Um eine vollständige destruktive (reflektive) Interferenz der Teilstrahlen (Substratreflexion und Reflexion der AR-Schicht) zu erzielen, müssen die beiden Bedingungen erfüllt sein */Pedr2007/*:

1. **Phasenbedingung**

Für den Fall der destruktiven Interferenz müssen die Phasen der beiden Teilwellen einen definierten Versatz aufweisen (siehe auch Kapitel 8). Der optische Gangunterschied Δ muss $\lambda/2$ oder ein ungerades Vielfaches davon aufweisen.

$$\Delta = 2n_1 \cdot d = \frac{\lambda}{2} \cdot k \qquad \text{mit}\, k = 1,3,5,... \tag{12.9}$$

Aus dieser Bedingung ergibt sich die bekannte $\lambda/4$-Schichtbeziehung, da es bei einer Schichtdicke von $\frac{1}{4}\cdot\lambda\cdot n^{-1}$ zu einer Verschiebung der beiden Teilstrahlen um eine halbe Phase kommt. Das heißt, ein Wellental des ersten Teilstrahles überlagert sich mit einem Wellenberg des zweiten Teilstrahles. Für die Schichtberechnung einer $\lambda/4$-Schicht ergibt sich die Beziehung:

$$\frac{\lambda}{4} = d\sqrt{n_1^2 - n_0^2 \sin^2 \varphi_0} \tag{12.10}$$

2. **Amplitudenbedingung**

Eine zweite Bedingung ist für eine vollständige Auslöschung der Teilwellen erforderlich, die sogenannte Amplitudenbedingung. Die Summe aller Intensitäten der reflektierten Strahlen muss gleich null werden. Dies setzt eine definierte Brechzahl der Schicht voraus, die sich aus den Fresnel-Koeffizienten ableiten lässt und für den Spezialfall AOI = 0° wie folgt ermittelt werden kann:

$$n_S = \sqrt{n_0 \cdot n_1} \tag{12.11}$$

n_S Brechzahl der Schicht, n_0 Brechzahl Umgebung, n_1 Brechzahl Substrat

Berücksichtigt man beide Bedingungen, dann kann eine Einfachschicht für 550 nm bei Quarzglas mit folgenden Parametern als Idealfall designt werden:

- Aus der Amplitudenbedingung geht die berechnete Schichtbrechzahl mit $n_S = 1{,}21$ hervor.
- Mittels der berechneten Brechzahl kann eine ideale Schichtdicke von 113,5 nm aus der Phasenbedingung ermittelt werden.

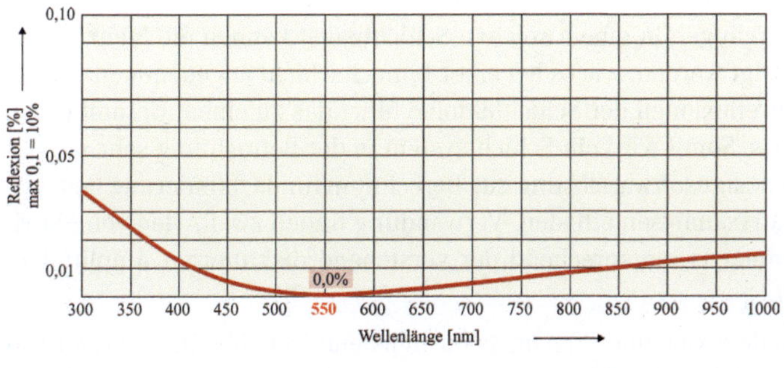

Bild 12.19
Reflexionsverhalten an einem Grenzübergang von Luft zu Quarzglas ($n_e \sim 1{,}466$) mit einer idealen AR-Einfachbeschichtung, AOI = 0°, unpolarisiert

Bild 12.19 stellt den Verlauf des Reflexionsgrades einer AR-Einfachbeschichtung dar. Erreicht wird die destruktive Interferenz und das Auslöschen des Reflexionsanteiles nur für eine Wellenlänge. Im berechneten Beispiel liegt das Minimum der Reflexion bei dem Zielwert von $\lambda = 550$ nm.

Für die theoretisch berechneten idealen Schichtparameter liegen jedoch nicht immer übereinstimmende Materialien in der Praxis vor, die zum Aufdampfen geeignet sind. Somit müssen verfügbare Materialien gefunden und das Schichtdesign an die Brechzahl dieser angepasst werden. Magnesiumfluorid (MgF_2) ist ein oft verwendetes Beschichtungsmaterial, das über eine relativ niedrige Brechzahl verfügt. Im Beispiel in Bild 12.20 wurde eine Planfläche aus Quarzglas mit einer Einfachschicht im Designprogramm „OpenFilter" berechnet (Bild 12.21). Als Schichtmaterial wurde das niedrigbrechende MgF_2 (n_e ~ 1,378) mit einer $\lambda/4$-Schichtdicke von 99,746 nm vorgesehen.

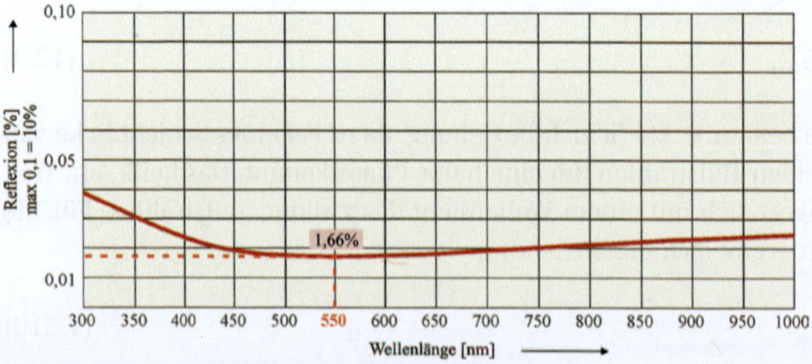

Bild 12.20 Reflexionsverhalten an einem Grenzübergang von Luft zu Quarzglas (n_e ~ 1,466) mit einer MgF_2-AR-Einfachbeschichtung, AOI = 0°, unpolarisiert

Front Layers | Front Index Profile | Back Layers | Back Index Profile

	Material	Thickness (nm)	Index	OT	Refine thickness	Refine index	Preserve OT	Add needles	Add steps	Description
1	MgF2	99.753	1.3785	0.250019	☑	☐	☐	☑	☐	

Bild 12.21 Auszug aus dem Schichtdesignprogramm „OpenFilters": Interface für eine AR-Einfachschicht

Mit den verfügbaren Schichtparametern kann der Reflexionsgrad von 3,573 % (ohne Schicht) auf 1,6624 % für die Wellenlänge von λ = 550 nm verringert werden.

Schichtsysteme

In der Praxis werden AR-Beschichtungslösungen aber sehr häufig nicht nur für eine Wellenlänge gefordert, sondern für einen Wellenlängenbereich. Hierfür finden sogenannte **Multilayerlösungen**, auch als Schichtpakete bezeichnet, Anwendung. Kombiniert werden Schichten, die aus niedrigbrechendem und hochbrechendem Material wechselnd eine Schichtenfolge bilden.

Aufgrund der Vielzahl von Grenzübergängen in einem solchen Schichtpaket können die Mehrfachreflexionen nun nicht mehr vernachlässigt werden, wie es bei einer Einfachschicht angenommen wurde. Aufgrund der Addition der Mehrfachreflexionen der Schichtenfolge führt das zu einem Gesamtanteil, der in die Berechnung einfließen muss. Somit wird ein Schichtsystem in der Betrachtung sehr schnell komplex und es bedarf einer Schichtdesignsoftwarelösung zur Berechnung und Optimierung des Systems. Die Grundlage dafür bieten Matrixanalysemethoden. Verwendung finden zwei Arten von Matrizen, die Übergangs- und die Phasenmatrix, entsprechend der vorstehend diskutierten Amplituden- und Phasenbedingungen */Hech2018/*.

Die **Übergangsmatrix** betrachtet die Reflexion und Transmission an jedem Grenzübergang, bestehend aus Reflexions- und Transmissionskoeffizient. Die **Phasenmatrix** beschreibt hingegen die Propagation der elektromagnetischen Welle durch das gewählte Medium. Aus allen aufgestellten Matrizen kann durch Matrizenmultiplikation ein Gesamtsystem dargestellt werden.

Der Anwender von Schichtdesign-Softwaretools hat die Möglichkeit der Vorgabe von Sollwerten wie minimaler Reflexions- und/oder Transmissions- und/oder Absorptionsgrad, Wellenlängenbereiche, Phase oder Farbortlage der Beschichtung (Abhängigkeit der verwendeten Lichtquelle etc.) als jeweiliges Optimierungsziel. Vorgaben können für Wellenlängenbereiche, Bezugswellenlänge, Einfallswinkel, Polarisation, Schichtmaterialien und Schichtanzahl getroffen werden. Je nach Tool und Sollwertvorgabe werden unterschiedliche Optimierungsprinzipien (Needle, Fouriertransformation, globale Optimierung etc.) verwendet. In Bild 12.22 ist exemplarisch eine Bedienoberfläche des Programms „OpenFilters“ für die Eingabe der Optimierungsziele dargestellt.

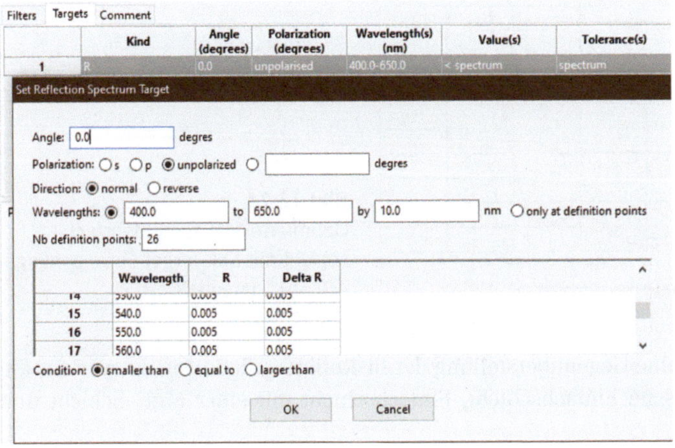

Bild 12.22
Beispiel der Bedienoberfläche der Optimierungsziele (Targets) bei „OpenFilters“ für den VIS-Bereich von 400 bis 650 nm

Als Optimierungsziel wurde ein Minimum an Reflexion für den Wellenlängenbereich von 400 nm bis 650 nm vorgegeben. Mit einer Auflösung von 10 nm ergeben sich 26 Simulationspunkte in dem gewählten Bereich. Das Optimierungsinterface dieser Mehrfachschichtsimulation vor der Optimierung veranschaulicht Bild 12.23. Dargestellt ist die Schichtenfolge der 11 alternierenden Schichten aus niedrigbrechenden Schichten **(MgF_2)** und hochbrechenden Schichten **(TiO_2)**.

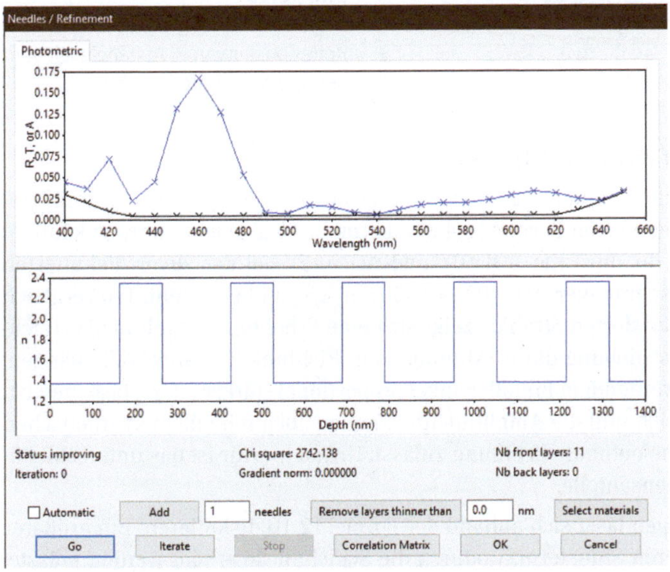

Bild 12.23
Optimierungs-Interface mit Ist-Kurve einer Mehrfachschicht (MgF_2 und TiO_2) vor der Optimierung

Im Ergebnis der Schichtdesignoptimierung in Bild 12.24 veranschaulicht der Kurvenverlauf des Reflexionsgrades über den Wellenlängenbereich. Für den ausgewählten Bereich von 400 nm bis 650 nm wird die Soll-Targetfunktion im Wesentlichen erreicht.

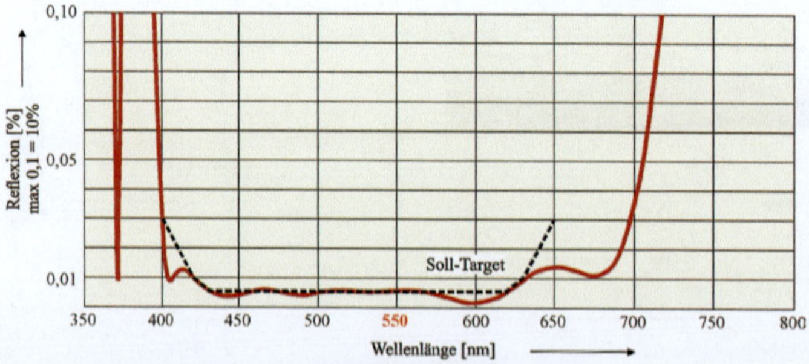

Bild 12.24
Optimierte 11-Lagen-Mehrfachschicht mit Soll-Target-Einzeichnung, AOI = 0°, unpolarisiert

Bild 12.25 zeigt zusammenfassend eine Gegenüberstellung der diskutierten Reflexionskurven für die Fälle unbeschichtet, ideale theoretische Einfachschicht, Einfachschicht mit einer MgF_2-Schicht und Multilayerschicht (11 Schichten).

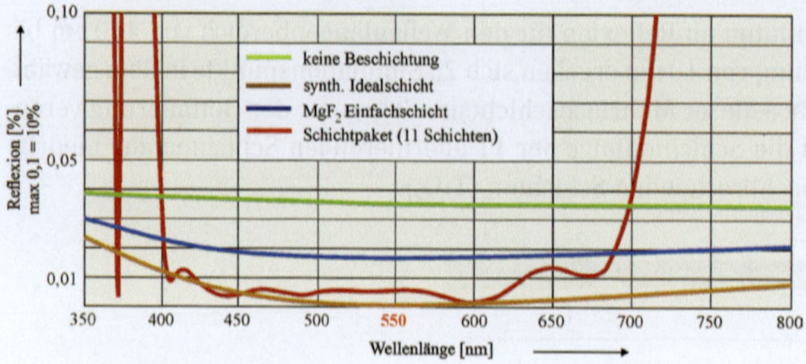

Bild 12.25
Gegenüberstellung der verschiedenen Reflexionskurven in Abhängigkeit von den gewählten AR-Schichten

Einfluss des Einfallswinkels auf ein Schichtpaket

Mit größer werdenden Einfallswinkeln kommt es zu einer Veränderung der Anteile des Reflexionsgrades, wie anhand der FRESNEL-Koeffizienten der Formel 12.4 und Formel 12.5 abgeleitet werden kann. In Bild 12.26 sind die Kurvenverläufe für die Fälle AOI = 0° und AOI = 45° bei der zuvor diskutierten berechneten Optimalschicht (Bezugsparameter AOI = 0°, λ = 550 nm) gegenübergestellt. Im Vergleich der beiden Einfallswinkel des unpolarisierten Strahles zeigt sich eine Erhöhung des minimal erreichbaren Reflexionsgrades und die Verschiebung dieses Minimums in Richtung kürzerer Wellenlängen. Diese Kurvendrift steigt mit größer werdendem Einfallswinkel proportional stärker an. Zu beachten ist, dass durch den Einfallswinkel ungleich null die Amplitudenbedingung auch mit einem synthetischen Medium für eine Einfachschicht keine optimale Erfüllung zulässt. Grund hierfür ist das unterschiedliche Verhalten der s- und p-Polarisationsanteile.

Die Drift hin zu kürzeren Wellenlängen lässt sich anhand der Formel 12.10 diskutieren. Ein größerer Einfallswinkel führt zu einem größeren Sinusterm, wodurch die Schichtdicke erhöht werden müsste, um eine identische Phasenverschiebung zu erreichen. Je nach Referenzwinkel der vorhandenen Schicht kommt es somit bei einer Winkelvergrößerung bzw. -verkleinerung zu einer entgegengesetzten Drift des Miniums.

Betrachtet man den Reflexionsgrad der s- und p-Komponenten in Bild 12.26, so zeigen sich aufgrund der verschiedenen Reflexionskoeffizienten für den Fall AOI = 45° unterschiedliche Kurvenverläufe.

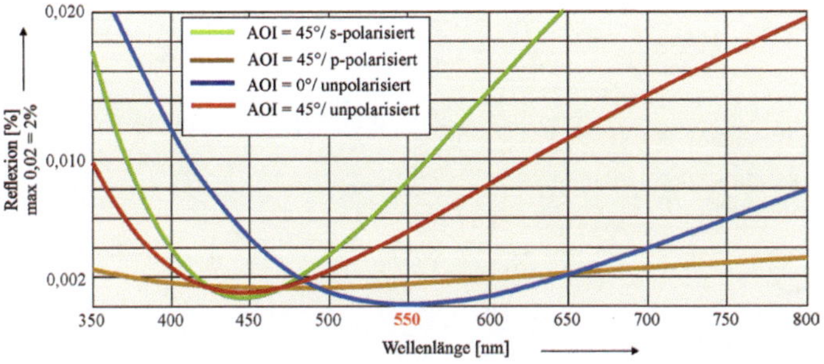

Bild 12.26
Kurvenverläufe des Reflexionsgrades für unterschiedliche Einfallswinkel und Polarisationszustände

Der Einfluss des Einfallswinkels auf das Reflexionsverhalten an einer Grenzschicht, wie es in Bild 12.26 beispielhaft dargestellt ist, zeigt dessen große Bedeutung bei der Entwicklung eines Schichtsystems. Somit sollte der AOI an der betrachteten optischen Fläche des Schichtsystems vorab hinreichend gut definiert werden, um das entsprechende Schichtpaket auf diesen optimieren zu können. Der Basiswinkel sollte so bestimmt werden, dass die Toleranzempfindlichkeit des Systems optimal ausfällt. Die Festlegung und Tolerierung der Winkelvarianz der Eingangsstrahlung in Bezug zur Flächennormalen ist somit von hoher Relevanz.

Tolerierung von Schichtsystemen

In Analogie zum optischen Design (Abschnitt 12.1) sollte auch das Schichtdesign auf seine Empfindlichkeit geprüft werden. Gründe hierfür sind:

- das sich ändernde Winkelspektrum des einfallenden Lichts in der Anwendung,
- auftretende Schichtdickenschwankungen infolge des realen Beschichtungsprozesses,
- Schwankung der Homogenität (Dichte) der Schichten.

Mit der Schichtdesignsoftware „OpenFilters" kann eine Simulation zufälliger Fehlerschwankungen der Schichtdicke und deren grafischen Darstellung vorgenommen werden.

Bild 12.27 zeigt ein Simulationsergebnis von zehn zufälligen Schichtpaketen für den Fall AOI = 0° mit einer angenommenen Schichtdickenvariation von 3 nm (Normalverteilung). Die Kurvenverläufe der simulierten 10 Schichtpakete veranschaulichen den zu erwartenden Toleranzbereich in dem betrachteten Wellenlängenbereich. Mit diesem Tolerierungstool verfügt der Anwender über eine sehr gute Möglichkeit, die zu erwartenden Prozesstoleranzen zu berücksichtigen. Allerdings ist hierfür auch die Kenntnis und Analyse der realen Beschichtungsprozesse erforderlich, um eine gute Vorhersage aufgrund der Toleranzanalyse treffen zu können.

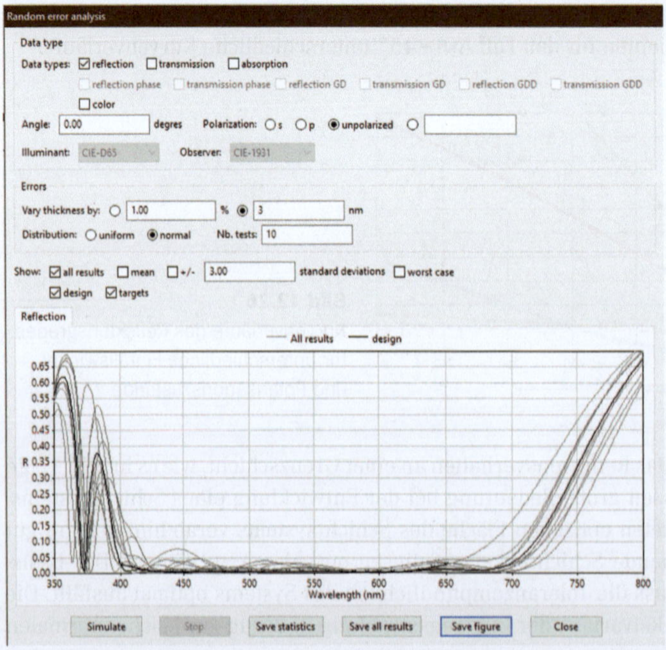

Bild 12.27
Simulation und Toleranzanalyse mit „OpenFilters" für 10 Schichtpakete

Weitere Informationen zu Kapitel 12 sind auf plus.hanser-fachbuch.de hinterlegt.

Literaturverzeichnis

/µLAM2021/ MICRO-LAM Inc.: Mikrolaser-unterstützter Bearbeitungsprozess (µ-LAM). Bereitstellung von Informationen und Bildmaterial für das Buch Optiktechnologien. USA 2021

/Aldi2020/ Aldiek, N.: Bauelemente auf der Basis von Reflexion und Brechung. In Löffler-Mang, M.; Naumann, H.; Schröder, G. (Hrsg.): Handbuch der Bauelemente der Optik. 8., überarbeitete Auflage, Carl Hanser Verlag, München, 2020

/Amet2021/ AMETEK Inc.: LUPHOScan HD. *https://www.taylor-hobson.com.de/products/ber%C3%BChrungslose-optische-3d-profilometer/luphos*. Abgerufen am 30. 06. 2021

/Arno2016/ Arnold, T.; Böhm, G.; Paetzelt, H.: New freeform manufacturing chains based on atmospheric plasma jet machining. Journal of the European Optical Society - Rapid publications, Vol 11 (2016)

/Arno2017/ Arnold, T.; Boehm, G.; Paetzelt, H.: Precision asphere and freeform optics manufacturing using plasma jet machining technology. Proceedings Volume 10448, SPIE Optifab 2017

/Asfo2006/ Asfour, J.-M.; Poleschuk, A. G.: Asphere testing with a Fizeau interferometer based on a combined computer-generated hologram. Journal of the Optical Society of America A, Volume 23 (2006), Issue 1, S. 172–178

/Asfo2015/ Asfour, J.-M.; Warken, A.F.: Qualitätsprüfung neu gedacht – Automatische Oberflächeninspektion. Photonik, 6 (2015), S. 68–69

/Asph2007/ asphericon GmbH. Bereitstellung von Informationen und Bildmaterial für das Buch Optiktechnologien. Jena 2007

/Awis2003/ Awiszus, B.; Bast, J.; Hänel, T.; Kusch, M.: Grundlagen der Fertigungstechnik. 7., vollständig überarbeitete und erweiterte Auflage, Carl Hanser Verlag, München 2020

/AXOO2019/ AXOOM GmbH: ID4i – Die digitale Produktionsplattform für die Industrie. *https://www.plattform-i40.de/PI40/Redaktion/DE/Anwendungsbeispiele/491-axoom/beitrag-axoom.html*. Abgerufen am 20. 04. 2021

/Bach1995/ Bach, H.; Neuroth, N.: The Properties of Optical Glass. Springer Verlag, Berlin, Heidelberg, New York 1995

/Bado2008/ Badoil, B.; Lemarchand, F.; Cathelinaud, M.; Lequime, M.: Manufacturing of an absorbing filter controlled by a broadband optical monitoring. OSA. 310.1620: Coatings, 310.3915. 2008

/Bans2006/ Banse, H.; Beckert, E.; Eberhardt, R.; Fettke, M.: Laserstrahllöten mikrooptischer Komponenten auf multifunktionalen Systemplattformen. Lasertagung 2006. DVS-Band 241. Jena

/Basl2003/ Basler, U.; Knepper, P.; Reisgen, U.; Wiesner, P.: Gegenwärtiger Stand und Zukunftsaussichten der Sonderschweißverfahren – Teil 3: Diffusionsschweißen. Schweißen und Schneiden 55 (2003), S. 28–30

/Bauc2000/ Bauch, U.: Wasserstrahlabrasivschneiden. Forschungsbericht. Institut für Fügetechnik und Werkstoffprüfung, Jena 2000

/Baue2002/ Bauer, T.: Kunststoffe und Beschichtungen in der Technischen Optik. Jenoptik Polymer Systems, Vortrag 30. 10. 2002

/Baye2006/ *http://www.plastics.bayer.com/TechCenter Plastics*. Dokumentationsschrift zum Spritzgießen von thermoplastischen Formmassen. Mai 2006

/Beck2005/ Beckert, E.: Ebene Keramiksubstrate und neue Montagetechnologien zum Aufbau hybrid-optischer Systeme. Dissertation, Technische Universität Ilmenau, 2005

/Beer2007/ Beerkens, R.: Sulphur chemistry and sulphate fining and foaming of glas melts. Glass Technology 48 (2007), S. 41–52

/Beez1998/ Beez, H.: Dokumentationsschrift Optisches Museum Jena. Kunstverlag Josef Fink, Lindenberg 1998

/Berg2000/ Bergmann, W.: Werkstofftechnik, Teil 1: Grundlagen. Carl Hanser Verlag, München, Wien 2000

/Bern2000/ Berndt, R.: Die Point of Use Filtration. Bericht, Pall GmbH Filtrationstechnik, Dreieich 2000

/Bern2014/ Bernhardt, F.: Beschichtung von Formwerkzeugen zur gezielten Standzeitverlängerung. Fraunhoferinstitut IPT, Workshop Replikative Fertigung von Glasoptiken, Aachen 26.02.2014

/Bifa1991/ Bifano, T.; Dow, T.; Scattergood, R.: Duktil-Regime-Schleifen: eine neue Technologie zur Bearbeitung spröder Werkstoffe. ASME Journal, 113 (1991), S. 184–189

/Biol2019/ Biolik, D.: Bohle-Schneidseminar an der EAH Jena. Bohle AG. 2019

/Birk2003/ Birkenkämper, L.: Ursache und Analyse des Zylinderfehlers bei organischen Gleitsichtgläsern. Diplomarbeit, FH Jena, 2003

/Blei2015/ Bleicher, F.; Bernreiter, J.: Hybridbearbeitung von SiC-Optimierung der spanenden Bearbeitung durch Ultraschall-Anregung. Technische Universität Wien, 2015

/Blei2016/ Bleicher, F.; Brier, J.: Schwingungsunterstützte Schleifbearbeitung. Schweizer Schleif-Symposium, 2016

/Blie2005/ Bliedtner, J.; Bürger, W.; Müller, W.; Röder, J.: Microtopographic Requirements for Injection Moulding. Optical Surfaces in View. Sonderdruck Kunststoffe plast europe 3 (2005), S. 1–6

/Blie2009/ Bliedtner, J.; Bürger, W.; Dick, L.; Roth, M.: Modul zum Formbohren optischer Mikrostrukturen. Mikroproduktion 03 (2009)

/Blie2013/ Bliedtner, J., Müller, H.; Barz, A.: Lasermaterialbearbeitung. Grundlagen – Verfahren – Anwendungen – Beispiele. Carl Hanser Verlag, München 2013

/Blie2017/ Bliedtner, J., Bauch, U., Heineck, V., Barz, A., Möhwald, M., Schilling, M., Brick, U. Aubel, M.: Production of Optical Plastics Elements. Optik and Photonik 2017

/Blie2018/ Bliedtner, J.; Henkel, S.; Schwager, A.-M.; Götze, K.; Gerhardt, M.; Fuhr, M.: New Process Chain for the Production of Complex Freeforms. Optik&Photonik, Volume 13 (2018), Issue 2, S. 35–39

/Blie2020/ Bliedtner, J., Barz, A., Henkel, S., Kleinen, K.: Entwicklung justierbarer optischer Dachkantelemente zur flexiblen Strahllenkung, -teilung und -formung. In: Jahrbuch für Optik und Feinmechanik 2019. OPTIK-Verlag Dr. Prenzel, Görlitz 2020

/Bobz2019/ Bobzin, K., Brögelmann, T., Kruppe, N., Stanek, B.; Naderi, M.: PVD-Schutzschichten für Werkzeuge des Präzisionsblankpressens. Vakuum, Vol. 31 (2019), Nr. 2.

/Bohl2021/ Bohle AG: Industrieprodukte. *https://www.bohle.com/de-de/produkte/industrieprodukte//*. Abgerufen am 10.01.2021

/Bohm1988/ Bohm, J.: Kristallzüchtung. VEB Deutscher Verlag der Wissenschaften, Berlin 1988

/Bohn1993/ Bohn, H.: Technologie für Augenoptiker. Verlag der Deutschen Optikerzeitung, Stuttgart 1993

/Brac2018/ Bracht, U.; Geckler, D.; Wenzel, S.: Digitale Fabrik. Springer-Verlag, München, Heidelberg, New York 2018

/Brec2016/ Brecher, C. et al: LED-Vorsatzoptiken: Formen, Toleranzen und Anforderungen. In: Brecher, C.; Baum, C.; Meiers, B.; De Simone, D.; Krappig, R.: Kunststoffkomponenten für LED-Beleuchtungsanwendungen. Springer Fachmedien, Wiesbaden 2016

/Brun1982/ Brunner, W.; Junge, K.: Wissensspeicher Lasertechnik. VEB Fachbuchverlag, Leipzig 1982

/Brün2012/ Brüning, S.: Ultrakurzpuls-Laser zur dreidimensionalen Mikrostrukturierung von Druck- und Prägeformen. Dissertation, RWTH Aachen, 2012

/Bude2017/ Bude, J.; Carr, C.W.; Miller, P.E.; Parham, T.; Whitman, P.; Monticelli, M.; Raman, R.; Cross, D.; Welday, B.; Ravizza, F.; Suratwala, T.; Davis, J.; Fischer, M.; Hawley, R.; Lee, H.; Matthews, M.; Norton, M.; Nostrand, M.; VanBlarcom, D.; Sommer, S.: Particle damage sources for fused silica optics and their mitigation on high energy laser systems [online]. Optics Express, 2017, 25 (2017), (10), S. 11414–11435

/Bühl2021-1/ Bühler AG. Bereitstellung von Bildmaterialien für das Lehrbuch Optiktechnologie. Alzenau 2021

/Bühl2021-2/ Bühler AG: Leybold Optics IBS Serie. *https://www.buhlergroup.com/content/buhlergroup/global/de/products/leybold_optics_ibsseriesprecisionopticsvacuumcoater.html*. Abgerufen am 16.05.2021

/Bürk2001/ Bürkle, E.; Klotz, B.; Lichtinger, P.: Das Herstellen hochtransparenter optischer Formteile - eine neue Herausforderung: Durchblick im Spritzguss. Kunststoffe 11 (2001), S. 54–60

/bvbf2021/ Bundesverband Brandschutz-Fachbetrieb e.V.: Erhöhte Brandgefährdung und Zusatzmaßnahmen. *https://www.bvbf-brandschutz.de/brandschutz-unternehmen/asr-a2-2-massnahmen-gegen-braende/brandgefaehrdung/arbeitsstaettenregel-asr-a2-2-brandgefaehrdung*. Abgerufen am 16.05.2021

/Byst2005/ Bystronic Laser AG: *http://www.bystronic.com*. Abgerufen am 05.08.2005

/CAUK2007/ Christian-Albrechts-Universität zu Kiel: DFG-Schwerpunktprogramm Photonische Kristalle. *http://www.tf.uni-kiel.de/photonic_crystals/makeindex.html*. Abgerufen im April 2007

/chem2020/ LUMITOS AG: Glaskohlenstoff. *https://www.chemie.de/lexikon/Glaskohlenstoff.html* Glaskohlenstoff. Abgerufen am 28.12.2020

/Choi2013/ Choi, Y.-J.; Park, K.-H.; Hong, Y.-H.; Kim, K.-T.; Lee, S.-W.; Choi, H.-Z.: Effect of Ultrasonic Vibration in Grinding; Horn Design and Experiment. International Journal of Precision Engineering and Manufacturing, Vol. 14 (2013), No.11, S. 1873-1879

/Cook1990/ Cook, R.F.; Pharr, G.M.: Direct Observation and Analysis of Indentation Cracking in Glasses and Ceramics [online]. Journal of the American Ceramic Society, 73 (1190), 4, S. 787-817

/Corn2021/ Corning Inc.: Ultra-Low Expansion (ULE®) Glass. *https://www.corning.com/emea/de/products/advanced-optics/product-materials/semiconductor-laser-optic-components/ultra-low-expansion-glass.html*. Abgerufen am 27. 10. 2021

/Cutt2021/ Cutting Edge Coatings GmbH: Ion Beam Sputtering Deposition Systems. *https://cutting-edge-coatings.com/*. Abgerufen am 24. 05. 2021

/Dahm2004/ Dahms, S.; Basler, U.; Köhler, G.: Diffusionsschweißen – ein alternatives Fügeverfahren, Chancen und Grenzen für innovative Werkstoffverbunde. In: Tagungsband LÖT 2004, 7. Internationales Kolloquium Hart- und Hochtemperaturlöten und Diffusionsschweißen, 15.–17. 6. 2004, Aachen

/Dahm2006-1/ Dahms, S.; Basler, U.; Köhler, G.: DIFFUSION WELDING – AN ALTERNATIVE JOINING PROCEDURE, CHANCES AND LIMITATIONS FOR EXEMPLARY APPLICATIONS. 1. South-East European Welding Congress; Welding and Joining Technologies for a Sustainable Development and Environment, 24.–26th May 2006, Timisoara/Rumänien, Proceedings, Plenary Session and Section „Joining processes", S. 203–211

/Dahm2006-2/ Dahms, S.; Basler, U.; Köhler, G.: Substance-to-substance joining of crystals, glasses and glass ceramics, 15 TH International BALTIC CONFERENCE ENGINEERING MATERIALS & TRIBOLOGY BALTMATTRIB 2006, 5.–6. 10. 2006, Tallinn/Estland, In: Abstract S. 46

/Dahm2007/ Dahms, S.: Untersuchungen zum Diffusionsschweißen optischer Kristalle. Unveröffentlichter Untersuchungsbericht, IFW GmbH, Jena 2007

/dama2001/ dama technologies AG: Grundlagen der Bearbeitung mit Ultraschall. Produktinformationen 2001

/Dang2001/ Dangelmaier, W.: Fertigungsplanung. Springer-Verlag, Berlin, Heidelberg, New York 2001

/Delo2007-1/ DELO Industrie Klebstoffe GmbH & Co. KGaA: Bond it – Nachschlagewerk zur Klebetechnik. *https://www.delo.de/bondit-das-fachbuch-zur-klebtechnik*. Abgerufen im November 2007

/Delo2007-2/ DELO Industrie Klebstoffe GmbH & Co. KGaA: Norm 5: Werknorm, Klebetechnologien. Informationsbroschüre, Windach 2007

/DGUV2017/ Deutsche Gesetzliche Unfallversicherung e. V.: Reinigen von Werkstücken mit Reinigungsflüssigkeiten. DGUV-Information 209-088, August 2017

/Ding2014/ Ding, K.; Fu, Y.; Su, H.; Gong, X.; Wu, K.: Wear of diamond grinding wheel in ultrasonic vibration-assisted grinding of silicon carbide. International Journal Advance Manufacturing Technologie, Vol.71 (2014), S. 1929–1938

/Diop2021/ DIOPTIC GmbH. Bereitstellung von Bildmaterialien für das Buch Optiktechnologie. Weinheim 2021

/djev2020/ DJEVA Production SA: Produkt- und Verfahrensdokumentation. *https://www.djeva.com/*. Abgerufen am 15. 11. 2020

/Doet2019/ Doetz, M.: Ultrapräzisionszerspanung von Hartmetall mit monokristallinen Diamantwerkzeugen. Dissertation D82, RWTH Aachen University, 2019

/Döhr2019/ Döhring, S.; Wimmer, B.: Digitaler Zwilling. *https://muenchen.digital/blog/digitaler-zwilling-in-muenchen-ein-leuchtturmprojekt-auf-dem-weg-zur-digitalen-metropole/*. Abgerufen am 12. 05. 2019

/Dreh2019/ Dreher, A.: Entwicklung eines laserbasierten Verfahrens zum Tiefziehen von Flachglas. Masterarbeit, Ernst-Abbe-Hochschule Jena, 2019

/Dukw2020/ Dukwen, J.: Verschleiß der Umformwerkzeuge beim Präzisionsblankpressen von Quarzglas. Dissertation, RWTH Aachen, 2020

/Dupa2002/ Duparré, A.; Ferre-Borrull, J.; Gliech, S.; Notni, G.; Steinert, J.; Bennett, J. M.: Surface characterization techniques for determining the root-mean-square roughness and power spectral densities of optical components. Applied Optics, February, 2002

/Dusi2003/ Dusi, M.: Entwicklung und Erprobung eines plattformbasierten Aufbaukonzepts für eine miniaturisierte Strahlkollimationsoptik. Diplomarbeit, Jena, 2003

/Eber2006-1/ Eberhardt, G.: Lasertrennen in der Floatglaslinie. Lasertagung 2006, DVS-Band 241. Jena

/Eber2006-2/ Eberhardt, R.; et al.: Produktion von mikrooptischen Bauteilen und Systemen Status und Perspektiven. BMBF-Statusbericht, September 2006, Jena

/Edmu2020-1/ Edmund Optics Inc.: Off-Axis parabolische Metallspiegel. *https://www.edmundoptics.de/campaigns/off-axis-parabolic-metal-mirrors/*. Abgerufen am 17.02.2021

/Edmu2020-2/ Edmund Optics Inc.: Plankonvexe (PCX) Axikons in Besselstrahl-Güte. *https://www.edmundoptics.de/f/plano-convex-pcx-bessel-grade-axicons/39564/*. Abgerufen am 10.06.2021

/Edmu2020-3/ Edmund Optics Inc.: Plankonvexe (PCX) Axikons zur Ringerzeugung. *https://www.edmundoptics.de/f/plano-convex-pcx-ring-grade-axicons/39565/*. Abgerufen am 10.06.2021

/Edmu2020-4/ Edmund Optics Inc.: Toleranzen in der Optikfertigung. *https://www.edmundoptics.de/knowledge-center/application-notes/optics/understanding-optical-specifications/edmundoptics*. Abgerufen am 13.02.2021

/Ehrf2002/ Ehrfeld, W.: Handbuch der Mikrotechnik. Carl Hanser Verlag, München 2002

/Enge2020/ Engelhardt, D.: Untersuchung additiver Fertigungsmethoden auf Tauglichkeit zur Herstellung von Präzisionsbauteilen anhand des Digital Light Processing- und Vakuumguss-verfahrens. Bachlorarbeit, Ernst-Abbe-Hochschule Jena, 2020

/Esch2007/ Eschrisch, T.: Experimentelle Untersuchungen zum Einfluss der Kerbspannung beim Läppen. Projektarbeit, Ernst-Abbe-Hochschule Jena, 2007

/Etzo2016/ Etzold, F.; Kiefhaber, D.; Warken, A.F.; Würtz, P.; Hohn, J.; Asfour, J.-M.: A Novel Approach Towards Standardizing Surface Quality Inspection. Proc. of SPIE Vol. 10009 1000908-10, 2016. *http://proceedings.spiedigitallibrary.org/ on 07/06/2016*

/Exap2021/ EXAPT Systemtechnik GmbH: Digitaler Zwilling. *https://www.exapt.de/de/werkzeugverwaltung/der-digitale-zwilling*. Abgerufen am 06.01.2021

/Exit2003/ Exitec GmbH: Glasbearbeitung mit Kurzpulslasertechnik. Produktinformationen,- LASER2003 - Internationale Lasermesse, München, 2013

/Faeh2016/ Faehnle, O.: Process optimization in optical fabrication. SPIE Journal on Optical Engineering 0001; 55 (2016), 3:035106

/Faeh2018/ Faehnle, O.; Doetz, M.; Langenbach, E.; Dambon, O.: Dreiwaggonmethode zur Analyse von duktilen Schleifprozessen. SPIE-Konferenz „Optische Fertigung, Prüfung und Messtechnik VI“, Frankfurt, Mai 2018

/Fähn2003/ Fähnle, O.; Wons, T.; Meeder, M.: Politur und Formkorrektur optischer Bauelemente. In: Jahrbuch für Optik und Feinmechanik. Verlag Schiele & Schön, Berlin 2003

/Fähn2010/ Fähnle, O.; Mourad, S.; Hauser, K.; Meeder, M.: Detection and removal of spatial mid-frequencies in sub-aperture finishing. Optical Fabrication and Testing 2010, Jackson Hole, Wyoming/USA, 13.–17. June 2010

/Fähn2021/ Fähnle, O.: Optikfertigung. Vorlesungsskript, OST – Ostschweizer Fachhochschule, 2021

/Fehl2002/ Fehling, S.: Untersuchung technologischer Parameter zur Herstellung von binären und Grauwertstrukturen mittels Laserlithographie. Diplomarbeit, Fachhochschule Jena, 2002

/Feig2000/ Feigel, T.: Struktur und Eigenschaften von Schichtsystemen für den EUV-Spektralbereich. Dissertation, Friedrich-Schiller-Universität Jena, 2000

/Felz1993/ Feltz, A.: Amorphous Inorganic Materials and Glasses. VCH Verlagsgesellschaft, Weinheim, 1993

/Filh2013/ Filhaber, J.: LARGE OPTICS: Mid-spatial-frequency errors: the hidden culprit of poor optical performance. Laser FocusWorld, Aug. 13, 2013

/Fisc1999/ Fischer, V.; Matsuura, T.; Hirota, S.: Asphärische optische Oberflächen blankpressen. In: F&M 99 (6)

/Flow2002/ Flow Europe GmbH: Wasserstrahlabrasivschneiden. Anwenderdokumentation, 2002

/FlpM2021/ FLP Microfinishing GmbH. *https://www.flp-microfinishing.de/*. Abgerufen am 05. 04. 2021

/Forb2010/ Forbes, G.W.: Robust and fast computation for the polynomials of optics. In: Optics Express, Vol. 18, No. 13, June 2021

/Forb2015/ Forbes, G. W.: Never-ending struggles with mid-spatial frequencies. Proc. SPIE 9525, Optical Measurement Systems for Industrial Inspection IX, 95251B. 22. June 2015

/Fran2002/ Franz, K.: Ermittlung und Versuch der Optimierung von AFM-Rauigkeiten an polierten optischen Hochleistungsflächen. Diplomarbeit, FH Jena, 2002

/Fran2007/ Frank, S.: Justierdrehen – eine Montagetechnologie für die Hochleistungsoptik. Dissertation, TU Ilmenau, 2007

/Fran2021/ Frank, S.; Seiler, M.; Bliedtner; J.: Three-dimensional evaluation of subsurface damage in optical glasses with ground and polished surfaces using FF-OCT [online]. Applied Optics, 60 (2021) 8

/Frau2003/ Fraunhofer-Institut für Werkstoffmechanik: Jahresbericht. Freiburg 2003

/Fris1994/ Frisch, F.: GHnc – die revolutionäre Hartschicht. Sonderdruck „Der Augenoptiker“. 1994

/Frit2012/ Fritz, A.H.; Schulze, G.: Fertigungstechnik. VDI Verlag, Düsseldorf 2012

/Fröh2004/ Fröhlich, M.: Charakterisierung ausgewählter Eigenschaften optischer Funktionsflächen an ultrapräzisionsgedrehten Werkzeugeinsätzen in Abhängigkeit von technologischen Parametern. Diplomarbeit, Fachhochschule Jena, 2004

/Fröh2007/ Fröhlich, M.: Integration der C-Achse (Slow-Tool-Servo) in das Fertigungssortiment der Ultrapräzisionsbearbeitung sowie Charakterisierung ausgewählter Eigenschaften optischer Funktionsflächen. Masterarbeit, Fachhochschule Jena, 2007

/FUBe2006/ Freie Universität Berlin: Kunststoffe. http://www.chemie.fu-berlin.de/fb/fachdid/kunststoffe/index.html. Abgerufen im April 2006

/Gäbl2013/ Gäbler, J; Stenzel, O.; Wilbrandt, S.; Kaiser, N.: Optische in-situ Prozessverfolgung und -steuerung – Messung des Transmissions- und Reflexionsvermögens wachsender Schichten. WILEY-VCH Verlag GmbH & Co. KGaA, Weinheim 2013

/Gans2004/ Ganß, G.: Vakuumgießen von Prototypen und Kleinserien. Präsentation und Bereitstellung von Bildmaterialien für das Buch Lasermaterialbearbeitung. 2004

/Gaug2004/ Gaugel, T.; Kegeler, J.; Munz, G.: Miniaturized reconfigurable Micro-assembly System. International Precision Assembly Seminar, IPAS 2004

/Gebh2006/ Gebhardt, A.: Diamond machining of aspherical mirrors. Workshop Ultra precision manufacturing of Aspheres, Freeforms and Microstructures, May 16, 2006

/Gebh2013/ Gebhardt, A.: Generative Fertigungsverfahren – Additive Manufacturing und 3D Drucken für Prototyping-Tooling-Produktion. Carl Hanser Verlag, München 2013

/Geng2015/ Geng, D.; Zhang, D.; Xu, Y; He, F.; Liu, D.; Duan, Z.: Rotary ultrasonic elliptical machining for side milling of CFRP: Tool Performance and surface integrity. Ultrasonics 2015

/Gese1991/ Gesell, B.: Justierung rundoptischer sphärischer Bauelemente im infraroten Wellenlängenbereich. Wissenschaftliche Zeitschrift Technische Hochschule Ilmenau, 1991

/Giss2002/ Gissing, K.: Herstellung von Präzisionsformteilen durch Spritzprägen. Fachbeiträge Mechanik. In: Jahrbuch für Optik und Feinmechanik. Verlag Schiele & Schön, Berlin 2002

/Gloc2007/ Glockner, W.: Glastechnik – Flachglas. Band 3. Deutsches Museum, München 2007

/Göbn2007/ Pieplow & Brandt GmbH; Göbner, G.: Bereitstellung von Informationen und Bildmaterial für das Buch Optiktechnologie. Henstedt-Ulzburg 2007

/Goer2000/ Goersch, H.: Handbuch für Augenoptik. 4. Auflage, Carl Zeiss Jena GmbH, Oberkochen 2000

/Goli1991/ Golini, D.; Jacobs, S.: Physics of loose abrasive microgrinding. Appl. Opt. 30 (1991), S. 2761–2777.

/Gräf1989/ Gräfe, G.; Kuß, H.; Reichelt, G.: Feinoptiker, Teil 3: Technologie. VEB Verlag Technik, Berlin 1980 und 1989

/Grat2005/ Gratzke, A.: Projektarbeit im Masterstudiengang Laser- und Optotechnologien, Fachhochschule Jena, 2005

/Grew2013/ Grewe, A.; Hillenbrand, M.; Sinzinger, S: Hyperspektrales Abbildungssystem unter Verwendung verstimmbarer Alvarez-Lohmann Linsen. DGaO, Proceedings, 2013

/Gros2012/ Gross, H.; Dörband, B.; Müller, H.: Handbook of Optical Systems. Wiley-VHC GmbH & Co.KGaA, Weinheim 2012

/Gros2019/ Gross, H., Lippmann, U., Zhong, Y.: Optical Design with Zemax for PhD – Advanced. Friedrich-Schiller-Universität Jena 2019

/Grün1985/ Grünwald, F.: Fertigungsverfahren in der Gerätetechnik. Carl Hanser Verlag, München 1985

/Gudd2006/ Guddei, Y.; Bliedtner, J.; Kasch, S.; Müller, H.; Wächter, S.: Laserstrahllöten von OLED-Baugruppen. Lasertagung 2006, DVS-Band 241

/Günt1978/ Günther, W.-D.; Mehlhorn, H.; Wiesner, P.: Diffusionsschweißen. VEB Verlag Technik, Berlin 1978

/Guts2006/ Gutsche, M.: Mikrokomponenten – dreidimensionale Miniaturbauwerke. Vortrag WTT-CHost-Workshop, Dübendorf 6/2006

/Guye1999/ Guyenot, V.; Siebenhaar, C.: Centering of optical components by using stick-slip effect. Proceedings SPIE, Vol. 3739 (1999), S.404–410

/Hage2009/ Hagemann, M.: Messen kleiner Größen. *http://martin-hagemann.de/mkg/MkG_09.pdf.* Abgerufen am 14. 05. 2021

/Hage2021/ Hage, T. H.: PSD-Darstellungen an unterschiedlichen bearbeiteten optischen Flächen. Projektarbeit, Ernst-Abbe-Hochschule Jena, 2021

/Hama2002/ Hamann, J.: Charakterisierung von signifikanten Oberflächenparametern optischer Funktionsflächen von Kunststoffoptiken und optisch polierten bzw. gedrehten Werkzeugeinsätzen. Diplomarbeit, Fachhochschule Jena, 2002

/Hamb2001/ Hambücker, S.: Technologie der Politur sphärischer Optiken mit Hilfe der Synchrospeed-Kinematik. Dissertation, Berichte aus der Produktionstechnik, Shaker Verlag, Berlin 2001

/Hank1991/ Hanke, P.: Linsen und Spiegelsysteme exakt positionieren. Feinwerktechnik und Messtechnik, Band 99 (1991), Heft 1/2, S. 24–26

/Hart2004/ Hartmann, P.: Optische Materialien – Anforderungen und Stand. DGaO-Tagung, Proceedings, 2004

/Hart2007/ Hartmann, P.: Optisches Glas – Herstellung und Qualitätssicherung. Schott Designer Workshop, Jena, September 2007

/Hass2021/ Hassel, R.: Entwicklung und Umsetzung eines hybriden laserstrahlunterstützten Formgebungsverfahrens für 3D-Glaselemente. Masterarbeit, Ernst-Abbe-Hochschule Jena, 2021

/Hayn2007/ Haynes, R.: Tolerancing in Zemax. Opti 521: Zemax. Dokumentation. 2007

/Hech2011/ Hecht, K.; Bliedtner, J.; Haupt, C.; Rost, M.: Entwicklung eines neuartigen Verfahrens zum Laserstrahlpolieren von strukturierten Quarzglasoberflächen für den Einsatz von Spritzgussformen. Abschlussbericht ZIM-Projekt, Teilbericht der Fachhochschule Jena, 2011

/Hech2012/ Hecht, K.: Entwicklung eines Laserstrahlpolierverfahrens für Quarzglasoberflächen. Dissertation, TU Ilmenau, 2012

/Hech2018/ Hecht, E.; Lippert, K.: Optik. 7. Auflage, De Gruyter Studium, Berlin 2018

/Hed1989/ Hed, P.P.; Edwards, D.F.; Davis; J.: Sub-Surface Damage in Optical Materials: Origin, Measurement, and Removal. In: Sub-Surface Damage in Glass, 1989

/Henk2016/ Henkel, S.: Untersuchungen zum ultraschallunterstützten Schleifen anorganisch-nichtmetallischer Werkstoffe. Masterarbeit, Ernst-Abbe-Hochschule Jena, 2016

/Henk2018/ Henkel, S.: Optimierte Prozessketten zur Herstellung von funktionalen und monolithischen optischen Bauelementen. Abschlussbericht gefördert durch die EU im Programm EFRE und vom *TMWAT/TAB* mit dem Kennzeichen 2014 FE 9015, 2018

/Henk2020/ Henkel, S.: Präsentation im Projekt „InnoPoli" – Effiziente und innovative Polierverfahren für die Glättung von komplexen Oberflächengeometrien und Innenkonturen an sprödharten Komponenten. Projektlaufzeit: 01.01.2019 – 31.12.2020, gefördert durch: Bundesministerium für Wirtschaft und Energie aufgrund eines Beschlusses des Deutschen Bundestages. *https://www.ag-bliedtner.de/forschung/aktuelle-projekte*. Abgerufen am 15.04.2021

/Hera2007-1/ Heraeus Holding GmbH: Herstellprozesse von Quarzglas. *www.heraeus-quarzglas.com/hqs1/deu/hqt/hqt_home.nsf/pages/Integrated_Herstellung*. Abgerufen am 09.04.2007

/Hera2007-2/ Heraeus Holding GmbH. *http://heraeus-tenevo.com/de/produkte/rohre-lwl/prod-verfahren.html*. Abgerufen im April 2007

/Hera2020-1/ Heraeus Holding GmbH: Herstellung von natürlichem und synthetischem Quarzglas. *https://www.heraeus.com/de/hca/fused_silica_quartz_knowledge_base_1/production_process_1/makingoffusedsilica_hca.html*. Abgerufen am 09.12.2020

/Hera2020-2/ Heraeus Holding GmbH: Quarzglas Materialqualitäten. *www.heraeus.com/de/hca/fused_silica_quartz_knowledge_base_1/material_1/material_grades_hca.html*. Abgerufen am 20.12.2020

/Hera2021/ Heraeus Holding GmbH: Quarzglasrohre für die Herstellung von Spezialfasern. *https://www.heraeus.com/de/hca/products_hca/optical_fiber_1/tubes_fiber_1/tubes_fiber_production_hca.html*. Abgerufen am 02.01.2021

/Herb2001/ Herboth, A.: Untersuchungen zur Filtration von Poliersuspensionen in der Hochleistungsoptik. Diplomarbeit, Fachhochschule Jena, 2001

/Heri2006/ Hering, E.; Martin, R.: Photonik – Grundlagen, Technologie und Anwendung. Springer-Verlag, Berlin Heidelberg 2006

/Heri2017/ Hering, E.; Martin, R.: Optik für Ingenieure und Naturwissenschaftler. Carl Hanser Verlag, München 2017

/Hero2005/ Herold, V.; Weber, C.T.; Markworth, M.; Weiser, J: Aktive Werkzeuge zum chemisch-mechanischen Polieren. 50. Internationales Wissenschaftliches Kolloquium an der Technische Universität Ilmenau. Proceedings. 19.–23. September 2005

/Hess2003/ Hesselbach, J.; Raatz, A.; Wrege, J. et al.: mikroPro – Intersuchungen zum internationalen Stand der Mikroproduktionstechnik. wt Werkstatttechnik online, Jahrgang 93 (2003) 3

/Hild1990/ Hild, G. N.: Influence of schlieren on image quality of optical systems. Optik 86 (1990), S. 1–6

/Hilp2020/ Hilpert, E.: Additive Fertigung einer hypereutektischen Aluminium-Silizium Legierung zur Herstellung von Spiegelsubstraten. Dissertation, Friedrich-Schiller-Universität Jena, 2020

/Hofm2002/ Hofmann, J.: „Heat Molding"- Eine Technologie zum ungerichteten Fassen optischer Bauelemente in Kunststofffassungen. Dissertation, Technische Universität Ilmenau, 2002

/Hofm2004/ Hofmann, H.; Spindler, J.: Verfahren der Oberflächentechnik, Grundlagen – Vorbehandlung – Beschichtung – Oberflächenreaktionen – Prüfen. Fachbuchverlag Leipzig im Carl Hanser Verlag, Leipzig 2004

/Hofm2009/ Hofmann, A.: Quarzglas – Spezialglas, Band 4. Deutsches Museum, Rehmbrandt GmbH, München 2009

/Holl2001/ Hollinshead, N.; Hessler, T.: Galvanische Formeinsatzherstellung. Innovation, 6. Jahrgang, Nr. 17, 2/2001

/HT3D2019/ HT3D: Hybrides strahlbasiertes Formgebungsverfahren für ultraleichte 3D-Glasformelemente. Jena und Coswig: Projektlaufzeit: 01. 07. 2018 – 31. 10. 2020, gefördert durch: Bundesministerium für Wirtschaft und Energie aufgrund eines Beschlusses des Deutschen Bundestages. https://www.ag-bliedtner.de/forschung/aktuelle-projekte. Abgerufen am 15. 04. 2021 ZIM-Forschungsprojekt, FKZ: ZF4039612AG8. Ernst-Abbe-Hochschule Jena und Glamaco GmbH. 2019

/humb2006/ Humboldt Universität Berlin: Geschichtliches über Glas und Glastechnik. *http://www2.hu-berlin.de/glasblower/book1.jpg*. Abgerufen am 02. 05. 2006

/Hunt2003/ Hunt, B.: Keramik für integrierte Opto-Elektronik. *www.elektroniknet.de/topics/bauelemente/fachthemen72002702030/index.htm*. Abgerufen am 09. 07. 2003

/iffu2005/ Universität Stuttgart: Forschungsverbund Heißprägen. *www.iff.uni-stuttgart.de/forschung/mikrosystemtechnik/technologie/Heisspraegen*. Abgerufen im Februar 2005

/Ilis2007/ Ilis: Strainviewer und Gerätedokumentation, Firmensoftware und Dokumentation zur Spannungsdoppelbrechung. Erlangen 2007

/Illi1991/ Illig, H.-J.: ABC Glas. Deutscher Verlag für Grundstoffindustrie, Leipzig 1991

/Inno2018/ Innolite GmbH: Head up Display. *https://www.youtube-nocookie.com/embed/VzIQmV5A1kc?rel=0*. Abgerufen am 26. 10. 2021

/Inno2020/ InnoPoli – Effiziente und innovative Polierverfahren für die Glättung von komplexen Oberflächengeometrien und Innenkonturen an sprödharten Komponenten. Projektlaufzeit: 01. 01. 2019 – 31. 12. 2020, gefördert durch: Bundesministerium für Wirtschaft und Energie aufgrund eines Beschlusses des Deutschen Bundestages. *https://www.ag-bliedtner.de/forschung/aktuelle-projekte*. Abgerufen am 15. 04. 2021

/inno2021/ innolite GmbH: Ultra Sonic Machining. *https://innolite.de/de/ultra-sonic-machining-de/*. Abgerufen am 15. 05. 2021

/IOF2004/ Fraunhofer-Institut für Angewandte Optik und Feinmechanik IOF. *http://www.iof.fhg.de*, Abgerufen am 05. 08. 2004

/IOF2007/ Fraunhofer-Institut für Angewandte Optik und Feinmechanik IOF. *http://www.iof.fhg.de/departments/optical-coatings. Abgerufen im Juni 2007*

/IVAO2021/ International Virtual Aviation Organisation: Inertial Navigation Systems. *https://mediawiki.ivao.aero/index.php?title=Inertial_Navigation_Systems*. Abgerufen am 14. 04. 2021

/Jaco1996/ Jacobs, P.-F.: Stereolithography and other PR&M Technologies: from Rapid Prototyping to Rapid Tooling. American Society of Mechanical Engineers, New York 1996

/Jaco2002/ Jacobs, H.-J.; Dürr, H.: Entwicklung und Gestaltung von Fertigungsprozessen, Planung und Steuerung der spanenden Teilefertigung. Fachbuchverlag Leipzig im Carl Hanser Verlag, Leipzig 2002

/Jaro2019/ Jaroschek, C.: Spritzgießen für Praktiker. Carl Hanser Verlag, München, 2019

/Jaue2002/ Jauernig, U.: Untersuchung der Defektstruktur an polierten Oberflächen feinoptischer Bauelemente. Diplomarbeit, Fachhochschule Jena, 2002

/Jaue2007/ Jauernig, U.: Herstellung und Eigenschaften von diffraktiven Strukturen auf Lichtleitfasern. Masterarbeit, Fachhochschule Jena, 2007

/Jebs1959/ Jebsen-Marwedel, H.: Glastechnische Fabrikationsfehler. Springer Verlag, Berlin, Göttingen, Heidelberg 1959

/Jeda2004/ Jedamzik, R.; Hartmann, P.: Homogenität optischer Gläser. DGaO-Proceedings 2004

/Jena2006-1/ Jenafilm. Videoaufnahmen zum Spritzgießen für das Buch Optiktechnologie bei der JENOPTIK AG, Triptis 2006

/Jena2006-2/ Jenafilm. Videoaufnahmen zum Heißprägen für das Buch Optiktechnologie bei der ORAFOL Fresnel Optics GmbH, Apolda 2006

/Jena2007-1/ Jenafilm. Videoaufnahmen zur Faserherstellung für das Buch Optiktechnologie beim Institut für Photonische Technologien, Jena 2007

/Jena2007-2/ Jenafilm. Videoaufnahmen zur Präzisionsoptikbearbeitung für das Buch Optiktechnologie bei der Satisloh GmbH, Wetzlar 2007

/Jena2007-3/ Jenafilm. Videoaufnahmen zur Optikbearbeitung für das Buch Optiktechnologie bei der Schneider GmbH & Co. KG, Steffenberg 2007

/Jena2007-4/ Jenafilm. Videoaufnahmen zur Optikmontage für das Buch Optiktechnologie bei der Carl Zeiss Jena GmbH, Oberkochen 2007

/Jena2007-5/ Jenafilm. Videoaufnahmen zur Fertigung von Gleitsichtbrillengläsern für das Buch Optiktechnologie bei der Essilor GmbH, Freiburg 2007

/Jena2007-6/ Jenafilm. Videoaufnahmen zur Optikbearbeitung für das Buch Optiktechnologie bei der OptoTech Optikmaschinen GmbH, Wettenberg 2007

/Jeno2006-1/
/Jeno2006-2/ Jenoptik AG: Bereitstellung von Bild- und Filmmaterialien für das Buch Optiktechnologie. Jena 2006

/Jeno2021/ Jenoptik AG: Bereitstellung von Messergebnissen für das Lehrbuch Optiktechnologie. Jena 2021

/Joha2002/ Johannaber, F.; Michaeli, W.: Handbuch Spritzgießen. Carl Hanser Verlag, München, Wien 2002

/Juob2017/ JuoB – Entwicklung justierbarer multifunktionaler optischer Bauelemente zur Strahllenkung/-teilung und Strahlformung. Ernst-Abbe-Hochschule Jena und Micros Optics GmbH, Projektlaufzeit: 01.09.2017 – 31.08.2019. Gefördert durch: Bundesministerium für Wirtschaft und Energie aufgrund eines Beschlusses des Deutschen Bundestages. 2017. https://www.ag-bliedtner.de/forschung/aktuelle-projekte. Abgerufen am 15.04.2021

/Kais2000/ Kaiser, C.: Entwicklung eines magnetisch-induktiven Mikroventils nach dem AMANDA-Verfahren. Dissertation, Universität Karlsruhe, Forschungszentrum Karlsruhe, 2000

/Kais2003/ Kaiser, N.; Pulker, H. K. (Eds.): Optical Interference Coatings. Springer Series in Optical Sciences, Volume 88, 2003

/Kais2006/ Kaiser, N.: Beschichtungstechnik. Vorlesungsreihe im Masterstudiengang Laser- und Optotechnologien, Fachhochschule Jena, 2006

/Kalv2001/ Kalveram, S.: Abgeformte polymere Mikrostrukturen für die optische Informationstechnik. Dissertation, Universität Dortmund, 2001

/Karo2004/ Karow, Hank H.: Fabrication Methods for Precision Optics. Wiley-Interscience, A. John Wiley & Sons. Publications, Canada 2004

/Kasc2004/ Kasch, S; Müller, H.; Schundau, S.; Weigel, Y.: Löten von Glas mit Diodenlaser. DVS-Berichte Band 230. DVS-Verlag GmbH, Düsseldorf 2004

/Katt2007/ Katte, H.: Spannungsdoppelbrechende Untersuchungen für das Lehrbuch Optiktechnologie. Ilis, Erlangen, 2007

/Kein1995/ Keinel, G.; Röll, K.: Vakuumbeschichtung. Band 2.: Verfahren und Anlagen. VDI Verlag, Düsseldorf 1995

/Kell1999/ Keller, B.: Rapid Prototyping: Grundlagen zum selektiven Lasersintern von Polymerpulver. Shaker Verlag, Aachen 1999

/Kerb2020/ Kerber, A.; Bliedtner, J.: 3D-Druck von Hochleistungskeramik: Entwicklung, Herstellung und Eigenschaften von Filamenten und Bauteilen. EU-Vorhaben und TMWWDG/TAB Projekt Nr.: 2019 FE 9037. Merseburg: 7. Mitteldeutsches Forum Rapid Technologien. 2020

/Kief2005/ Kief, B.: NC/CNC Handbuch 2005/2006. Carl Hanser Verlag, München, Wien 2005

/Kleb1990/ Kleber, W.: Einführung in die Kristallographie. Verlag Technik, Berlin 1990

/Klei2015/ Klein, J.; Stern, M.; Franchin, G.; Kayser, M.; Inamura, C.; Dave, S.; Oxmann, M.: Additive Manufacturing of Optically Transparent Glass. 3D PRINTING AND ADDITIVE MANUFACTURING 2015, S. 92-105

/Kloc2002/ Klocke, F.; Bergs, T.; Demmer, A.; Breßler, B.; Pongs, G.: Präzisionsblankpressen optischer Gläser. In: Jahrbuch für Optik und Feinmechanik 2002. Schiele & Söhne, Berlin 2002

/Köhl2001/ Köhler, M.: Nanotechnologie. Wiley-VCH Verlag, Weinheim 2001

/Köni1990/ König, W.: Fertigungsverfahren. Bd. 1. VDI Verlag, Düsseldorf 1990

/Konj1974/ Konjushkow, G. V.; Kopylow, J. N.: Diffuzionnaja svarkav elektronike. Energija, Moskva, 1974

/Kräm1996/ Krämer, F.: Solubility of gases in glass melts. Berichte der Bunsengesellschaft für physikalische Chemie, Vol. 100 (1996), S. 1512–1514

/Krau1996/ Krause, W.: Fertigung in der Feinwerk- und Mikrotechnik. Carl Hanser Verlag, München 1996

/Krei2014/ Kreilkamp, H.: Nicht-isothermisches Blankpressen von Glasoptiken. Fraunhofer-Institut IPT, Workshop Replikative Fertigung von Glasoptiken, Aachen 2014

/Kröp2000/ Kröplin, P.: Entwicklung und Fertigung mechanisch geteilter Beugungsgitter bei Carl Zeiss Jena. In: Jenaer Jahrbuch zur Technik- und Industriegeschichte 2000. Jena 2000

/Kück2002/ Kück, H.: Herstellung von Siliziumscheiben. Institut für Zeitmesstechnik, Fein- und Mikrotechnik, Vortrag 2002

/Kugl2006/ Kugler GmbH: Produkt- und Anwenderinformationen. Salem 2006

/Kühl1998/ Kühlke, D.: Optik – Grundlagen und Anwendungen. Verlag Harri Deutsch, Thun, Frankfurt am Main 1998

/Kühn2006/ Kühn, W.: Digitale Fabrik. Carl Hanser Verlag, München 2006

/Kuna2021/ Kunath, S.; Steiner, S.; Schüler, H.: Robust Design Optimization of Opto-Thermo-Mechanical Systems. Dynardo: *https://www.dynardo.de/fileadmin/Material_Dynardo/bibliothek/Presse/Fachbeitraege/Dynardo_benchmark_july2017.pdf*. Abgerufen am 05.01.2021

/Lamb2007/ Lambda Research Corporation: Oslo – Professional Optical Design Software. Littleton/USA 2007

/Lase2021-1/ Laser Components Germany GmbH: IBS Coatings mit höchsten Zerstörschwellen. *https://www.lasercomponents.com/de/news/ibs-coatings-mit-hoechsten-zerstoerschwellen/*. Abgerufen am 10.05.2021

/Lase2021-2/ Laseroptik GmbH: Laseroptik-Coatings. *https://www.laseroptik.com/en/coating-guide/production-methods/ibs*. Abgerufen am 05.05.2021

/LaUm2018/ LaUmCo: Entwicklung und Umsetzung eines innovativen laserunterstützten Verfahrens zum flexiblen und partiellen Umformen von Freiform – Coverglasanwendungen. Jena, Coswig: ZIM-Verbundprojekt Ernst-Abbe-Hochschule Jena und Glamaco GmbH. 2018 Projektlaufzeit: 01.03.2016 – 28.02.2018, gefördert durch: Bundesministerium für Wirtschaft und Energie aufgrund eines Beschlusses des Deutschen Bundestages. https://www.ag-bliedtner.de/forschung/aktuelle-projekte. Abgerufen am 15.04.2021

/Lauw2010/ Lauwers, B.; Bleicher, F.; Ten Haaf, P.; Vanparys, M.; Bernreiter, J.; Jacobs, T.; Loenders, J.: Investigation of the Process-Material Interaction in Ultrasonic Assisted Grinding of ZrO2 based Ceramic Materials. Proceedings of 4th International Conference on High Performance Cutting. 2010

/Leic2001/ Leica Microsystems GmbH: How to Clean Microscope Optics. *https://www.leica-microsystems.com/science-lab/how-to-clean-microscope-optics/*. Abgerufen am 15.05.2021

/Lexi1999/ Lexikon der Optik. Spektrum Akademischer Verlag, Heidelberg, Berlin 1999

/Ligh2021/ LightFab GmbH: SLE with LightFab 3D Printer. *https://lightfab.de/files/Downloads/SLE_3D_printed_glass.pdf*. Abgerufen am 18.05.2021

/Lino2006/ Linos AG: Softwaretool WinLens. 2006

/Litf1997/ Litfin, G.: Technische Optik in der Praxis. Springer-Verlag, Berlin, Heidelberg, New York 1997, S. 71

/Litf2001/ Litfin, G. (Hrsg.): Technische Optik in der Praxis. Springer Verlag, Berlin, Heidelberg 2001

/Loal2020/ Loaldi, D.: Experimental Validation of Injection Molding Simulations of 3D Microparts and Microstructured Components Using Virtual Design of Experiments and Multi-Scale Modeling. micromachines 11 (2020), S. 614

/Loef2020/ Löffler-Mang, M.; Naumann, H.; Schröder, G.: Handbuch der Bauelemente der Optik. Grundlagen, Werkstoffe, Geräte, Messtechnik. 8., überarbeitete Auflage. Carl Hanser Verlag, München 2020

/Lohm1987-1/ Lohmeyer, S.; et al.: Werkstoff Glas I. Expert Verlag, Ehningen 1987

/Lohm1987-2/ Lohmeyer, S.; et al.: Werkstoff Glas II. Expert Verlag, Ehningen 1987

/Lohm2001/ Lohmeyer, S.; et al.: Werkstoff Glas III. Expert Verlag, Renningen 2001

/Look2006/ Look, A.: Grundlagen der Optik und Technologien in der Augenoptik. Masterarbeit, Fachhochschule Jena, 2006

/Look2010/ Look, A.; Bliedtner, J.: Grundlagen der Optik und Technologien in der Augenoptik. Jenaer Fachhochschulverlag, Jena 2010

/Lück2009/ Lück, A.: Innovative Fertigungsverfahren und effiziente Verfahrenskopplung für optische Anwendungen. Vortrag vom 16.09.2009, Firma Demag Sumitomo. Schwaig und Wiehe

/Lv2013/ Lv, D.; Huang, Y.; Tang, Y.; Wang, H.: Relationship between subsurface damage and surface roughness of glass BK7 in rotary ultrasonic machining and conventional grinding processes. Int. J. Adv. Manuf. Technol. Vol. 67 (2013), S. 613–622

/Mahr2020/ Mahr GmbH. Bereitstellung von Bildmaterialien für das Buch Optiktechnologie. Jena 2020

/Maks2009/ Maksoud, A.; Hassan, R.: GHOST IMAGE ANALYSIS FOR OPTICAL SYSTEMS. *http://hdl.handle.net/10150/195492*. Abgerufen am 15.02.2009

/Mang2020/ Mangold, M.: Unterschied Virtual Reality (VR) und Augmented Reality (AR). *https://magic-holo.com/unterschied-virtual-reality-vr-und-augmented-reality-ar/*. Abgerufen am 27.10.2021

/Mann2002/ Manns, P.: Prüfverfahren für Werkstoffe zur Formgebung von Glasschmelzen. Fraunhofer-Institut für Werkstoffmechanik IWM, Freiburg 2002

/Mann2005/ Manns, P.: Heißformgebung von optischen Komponenten aus anorganischen Gläsern. Vortrag, Fraunhofer Institut für Werkstoffmechanik IWM, Freiburg 2005

/Mari2000/ Marinescu, I. D.; Tönshoff, H. K.; Inasaki, I.: Handbook of ceramics grinding and polishing: properties, process, technology, tools and typology. Noyes Publications; William Andrew Pub, Park Ridge, N. J.: Norwich, N.Y 2000

/Mark2002/ Markscheffel, C.: Untersuchungen von dynamischen Einflussfaktoren bei Färbeprozessen an organischen Brillenlinsen. Diplomarbeit, Fachhochschule Jena, 2002

/Mats2003/ Matson, L: Lightweight Mirror Finishing with Magneto-Rheological Finishing (MRF). Technology Days in the Government Mirror Development and Related Technologies 16–18 September 2003, Huntsville, AL. QED Technologies, Inc., Rochester. US

/Matt2002/ Matthes, K.-J.; Richter, E.: Schweißtechnik, Schweißen von metallischen Konstruktionswerkstoffen. Fachbuchverlag Leipzig im Carl Hanser Verlag, Leipzig 2002

/Matt2003/ Matthes, K.-J., Riedel, F.: Fügetechnik, Überblick – Löten – Kleben – Fügen durch Umformen. Fachbuchverlag Leipzig im Carl Hanser Verlag, Leipzig 2003

/Maue2011/ Mauerhoff, D.: Superfeste Gläser – Geschichte einer vernichteten Technologie zur Herstellung von Trinkgläsern für Bier, Wein, Spirituosen und alkoholfreie Getränke. Pressglas-Korrespondenz 2011

/MCP2020/ MCP HEK GmbH: Produktinformationen Gießharze. Lübeck 2020

/Meed2005/ Meeder, M.; Messelink, W.; Faehnle, O.: Analysis of the ductile-brittle mode transition in loose abrasive grinding. SPIE conference on „Optical manufacturing and testing" Conference, San Diego/USA 2005

/Mehl1982/ Mehlhorn, H.: Theoretische Grundlagen des Diffusionsschweißens und Schlussfolgerungen für die Anwendung. In: Friedrich-Schiller-Universität Jena: Fügen von Glas, Keramik und Metall (1982), S. 6–16

/Merk1992/ Merker, J.: Untersuchungen zum Einfluss der Fügeflächenvorbereitung beim Diffusionsschweißen. Dissertation, TU Dresden, 1992

/Merk2015/ Merkle, R.: Aktuelles zur Instrumenten- und Endoskopaufbereitung rund um die ZSVA. Vortrag, 29.10.2015, Garmisch-Partenkirchen

/Meye2006/ Meyer Burger (Switzerland) AG: Produktinformationen zum Glastrennen und -sägen. Firmenprospekt, Thun 2006

/Micr2017/ Micros Optics GmbH: Bereitstellung von Bildmaterial und Schichtdesigninformationen zum Projekt JuoB – Entwicklung justierbarer multifunktionaler optischer Bauelemente zur Strahllenkung/-teilung und Strahlformung. Schmiedefeld 2017

/Mill2005/ Miller, P.; Suratwala, T. I.; Wong, L. A.; Feit, M. D.; Menapace, J. A.; Davis, Steele, R. A.: The distribution of subsurface damage in fused silica. P. A. Boulder Damage Symposium 2005

/mini2007/ *http://www.miniprod.de*. Abgerufen am 11.10.2007

/Mudr2018/ Mudrack, G.: Anpassung von vergrößernden Sehhilfen. Eschenbach, Nürnberg 2018

/Müll2002/ Müller, H; Bauch, U.; Bliedtner, J.; Petrich, A.; Wächter, S.: Das Trennen von silikatischen Werkstoffen mit Strahlverfahren; Laser- und Wasserstrahlbearbeitung. ICCT2002, Internationale Schneidtechnische Tagung. Proceedings, Hannover 2002

/Müll2005/ Müller, V.: Entwicklung und Erprobung einer Klebetechnologie für die Oberflächenmontage optischer Komponenten. Diplomarbeit, Fachhochschule Jena, 2005

/Müll2006/ Müller, H.: Laserbearbeitung von Glaswerkstoffen. Vorlesungsreihe im Masterstudiengang Laser- und Optotechnologien, Fachhochschule Jena, 2006

/Musg2019/ Musgraves, J. D.; Hu, J.; Calvez L.: Springer Handbook of Glass. Springer International Publishing, Cham 2019

/Nano2020/ Nanoscribe GmbH & Co. KG: Additive Manufacturing based on Two Photonen Polymerization. *https://www.nanoscribe.com/de/whitepaper*. Abgerufen am 12.12.2020

/Naum1987/ Naumann, H.; Schröder, G.: Bauelemente der Optik. Carl Hanser Verlag, München, Wien 1987

/Naum1992/ Naumann, H.; Schröder, G.: Taschenbuch der technischen Optik. 6. Auflage, Carl Hanser Verlag, München, Wien 1992

/Nels2010/ Nelson, J. Y.: The Cost of Tolerancing. Optimax Systems Inc., Ontario/Kanada 2010

/Nöll1982/ Nölle, G.: Technik der Glasherstellung. VEB Deutscher Verlag für Grundstoffindustrie, Leipzig 1982

/Nucl2021/ Nucleus Jena – Innovative Hochschulen: Pilotprojekt: „Funktionsintegrierte Optik". BMBF-Projekt. Förderkennzeichen: 03IHS107B. 2021: Laufzeit 01.01.2018 – 31.12.2020

/Ohar2021-1/ Ohara GmbH: Barrenglas. *https://www.ohara-gmbh.com/produkte/optisches-barrenglas.html*. Abgerufen 22.01.2021

/Ohar2021-2/ Ohara GmbH: Produkte. *https://www.ohara-gmbh.com/produkte.html*. Abgerufen am 20.12.2021

/Oppe2003/ Oppermann, H.: Aufbau- und Verbindungstechnik für Mikrosysteme. Vorlesungsskript, Fraunhofer IZM, Berlin 2003

/OpTec2021/ OpTec4.0 – Methodik und Plattform zur Auswahl und Kombination Optischer Technologien zur Fertigung hochgenauer Systeme unter den Gesichtspunkten von Industrie 4.0. EAH Jena, Hochschule Aalen und Hochschule Deggendorf. Gefördert durch: Gefördert durch: Bundesministerium für Bildung und Forschung aufgrund eines Beschlusses des deutschen Bundestages. Projektlaufzeit: 01.08.2017 – 31.12.2021

/Opto2004/ OptoTech Optikmaschinen GmbH: Handbuch „SM80 digital". Wettenberg 2004

/opto2007/ OptoTech Optikmaschinen GmbH. *http://www.optotech.de*. Abgerufen im Mai 2007

/Opto2007/ OptoTech Optikmaschinen GmbH: Bereitstellung von Bildmaterial für das Buch Optiktechnologien. Wettenberg 2007

/Opto2021/ OptoTech Optikmaschinen GmbH: Bereitstellung von Bildmaterial für das Buch Optiktechnologien. Wettenberg 2021

/Oraf2006/ ORAFOL Fresnel Optics GmbH. Zusammenstellung von Informationsmaterialien für das Buch Optiktechnologie. Apolda 2006

/Osme2007/ Osmer, J.; Weingärtner, S.; Riemer, O.; Brinksmeier, E.; Bliedtner. J.; Bürger, W.; Fröhlich, M.; Müller, W.: Diamond Machining of Free-Form Surfaces: A Comparison of Raster Milling and Slow Tool Servo Machining. Proceedings of the 7th International Conference european society for precision engineering and nanotechnology (euspen) Volume I – Volume II, May 20th – May 24th 2007, Bremen, S. 189 – 192

/Pand2021/ PanDao GmbH: From Optics to Fabrication. *https://pandao.ch/*. Abgerufen am 31.01.2021

/Park2014/ Park, K.-H. et al.: Understanding of Ultrasonic Assisted Machining with Diamond Grinding Tool. Modern Mechanical Engineering. Vol. 4 (2014), S. 1 – 7

/Patz1981/ Patzig, D., Klein, J., Chemisch verfestigtes Glas – neue Erzeugnisse einer neuen Technologie. Silikattechnik 32 (1981) 12, S. 360

/pcb2004/ *http://www.pcb-pool.com/ppde/info_manufacturingprocess.html*. Abgerufen im April 2004

/Pedr2002/ Pedrotti, F. L.; Pedrotti, L. S.; Bausch, W.; Schmidt, H.: Optik für Ingenieure. 2. Auflage, Springer-Verlag, Berlin, Heidelberg, New York 2002

/Petr2007/ OSTec, Petrik, M.; et al.: Oberflächentechnik im Internet. *www.schichttechnik.net*. Abgerufen 2007

/Petz1992/ Petzold, A.: Anorganisch-nichtmetallische Werkstoffe. Deutscher Verlag für Grundstoffindustrie, Leipzig 1992

/Pfae1997/ Pfaender, H. G.: Schott Glaslexikon. 5. Auflage, MVG-Verlag, Landsberg am Lech 1997

/Pfaf2006/ Pfaff, M.: Fertigungsverfahren optischer Komponenten. OTTI-Forum, Würzburg 2006

/Pfor1989/ Pforte, H.: Feinoptiker, Teil 1: Werkstoffe für Fein- und Brillenoptik. VEB Verlag Technik, Berlin 1989

/Pfor1993/ Pforte, H.: Der Optiker, Bd. 1: Theoretische Optik. Verlag Gehlen, Bad Homburg 1993

/Piot2002/ Piotter, V.; Hanemann, T.; Müller, K. et al.: Mikroabformungen in Kunststoffen. Forschungszentrum Karlsruhe, Nachrichten 34 (2002), S. 2–3

/Prec2005/ Precitech Inc.: Handbuch „Nanoform350“. Keene/USA 2005

/Prec2007/ Precitech Inc.: Bereitstellung von Bildmaterialien und Videos für das Buch Optiktechnologie. Keene/USA 2007

/Pres1922/ Preston, F.W.: The structure of abraded glass surfaces. Transactions of the Optical Society, 23 (1922) 141

/pros2005/ *http://www.processpecialties.com/sliconp.html*. Abgerufen im September 2005

/QED2021/ QED Technologies Inc: Bereitstellung von Bildmaterialien für das Buch Optiktechnologie. Rochester/USA 2021

/Rast2006/ RASTAL GmbH & Co. KG: Wissenswertes über Glas. In: Das Glas und mehr. Höhr-Grenzhausen 2006

/Raus2005/ Rauschenbach, B.: Ionenstrahl-gestützte Beschichtung und Bearbeitung. Vortrag, Leibnitz-Institut für Oberflächenmodifizierung, Leipzig 2005

/Reic1989/ Reichelt, G.; Gräfe, G.; Kuß, H.: Feinoptiker Teil 3, Technologie. 3. stark überarbeitete Auflage, VEB Verlag Technik, Berlin, Berlin 1989

/Reic1997/ Reichel, U.; Unger, S.; Rosemann, P.; Kirchhof, J.; Müller, H.-R.: Bartelt, H.: Seltenerd-dotierte Doppelkern-Lichtleitfasern auf Quarzglasbasis. Laser und Optoelektronik, 29 (1997) 4

/Renn2000/ Renno, D., Hübscher, M.: Glas – Werkstoffkunde. Deutscher Verlag für Grundstoffindustrie, Stuttgart 2000

/Rich2003/ Richtlinie 2002/95/EG des Europäischen Parlaments, Amtsblatt Nr. L 037 vom 13/02/2003, S. 19ff

/Rieg2006/ Riegger Diamantwerkzeuge GmbH. *http://www.riegger-diamant.de/grundlagen/diamantkorn.php*. Abgerufen im Juni 2006

/Riem2001/ Riemer, O.: Trennmechanismen und Oberflächenfeingestalt bei der Mikrozerspanung kristalliner und amorpher Werkstoffe. Dissertation, Universität Bremen, 2001. Forschungsbericht Band 7, Shaker Verlag, Aachen 2001

/Rohl2003/ Rohleder, J.: Einwirkung des Vakuumtempern auf die Haftung von Entspiegelungsschichten. Diplomarbeit, Fachhochschule Jena, 2003

/Rose2004/ Rosenkranz, S.: Charakterisierung ausgewählter Eigenschaften verschiedener spritzgegossener Bauteilsortimente mit optischen Funktionsflächen. Diplomarbeit, Fachhochschule Jena, 2004

/Rost2015/ Rost, M.; Bliedtner, J.; Henkel, S.; Berlet, K.; Jeuthe, M.: ULTRASONIC-Schleifbearbeitung von Advanced Materials. Ultraschallunterstütztes Schleifen – Höhere Produktivität und Bauteilqualität. SAUER/DMG MORI. Technologieseminar, Stipshausen am 16.10.2015

/Rübe2001/ Rübenach, O.: Schwingungsunterstützte Ultrapräzisionsbearbeitung optischer Gläser mit monokristallinen Diamantwerkzeugen. Berichte aus der Produktionstechnik. Shaker Verlag, Aachen 2001

/RWTH2021/ RWTH Aachen/Lehrstuhl für Lasertechnik LLT: Selektives laserinduziertes Ätzen. *https://www.llt.rwth-aachen.de/cms/LLT/Forschung/Grundlagen-Mikro-und-Nanostrukturierung/3D-Volumenstrukturierung/Kompetenzen/~gubx/Selektives-Laser-Aetzen/*. Abgerufen am 18.05.2021

/Sain2005/ SAINT-GOBAIN Diamantwerkzeuge GmbH & Co. KG: Winter-Diamant- und Bornitrid-Trennscheiben für harte kurzspanende Materialien. Firmeninformation, Norderstedt 2005

/Sain2006/ SAINT-GOBAIN Diamantwerkzeuge GmbH & Co. KG: Winter-Diamantwerkzeuge zur Bearbeitung feinoptischer, brillenoptischer und technischer Bauelemente. Firmenkatalog, Norderstedt 2006

/Sams2019/ Samsung AG: Forming Glass, Metal Frame – The Art of Craftsmanship in the Galaxy S6. *https://news.samsung.com/global/forming-glass-forging-metal-the-art-of-craftsmanship-in-the-galaxy-s6*. Abgerufen am 09.08.2019

/Sarh2015/ Sarhadi, A.; Hattel, J.; Hansen, H. N.: Three-Dimensional Modeling of Glass Lens Molding. Applied Glass Science 2015, S. 182–195

/Sati2007/ Satisloh AG. Bereitstellung von Bildmaterialien und Informationen für das Buch Optiktechnologie. Wetzlar 2007

/Sati2020/ Satisloh AG: Precision Optics – Software. *https://www.satisloh.com/precision-optics/software-1*. Abgerufen am 01.09.2020

/Scan2020/ SCANLAB GmbH. Bereitstellung von Bildmaterialien für das Buch Optiktechnologie. Puchheim 2020

/Scha1990/ Schaeffer, H. A.: Allgemeine Technologie des Glases. Institut für Werkstoffwissenschaften, Lehrstuhl III, Erlangen 1990

/Sche2000/ Scheller, T.: Untersuchungen zu automatisierten Montageprozessen hybrider mikrooptischer Systeme. Dissertation, Technische Universität Ilmenau, 2000

/Sche2014/ Scheibe, H.; Theska, R.: Approaches to Cost-effective Manufacturing of Precision Aspheres. Proceedings of 58th IWK Ilmenau, 2014

/Sche2016/ Scheibe, H.: Aktiv-adaptive Polierwerkzeuge zur Herstellung rotationssymmetrischer Asphären. Dissertation, TU Ilmenau, 2016

/Schi2019/ Schindler, C.: Formabtrag an mineralischen Gläsern mit ultrakurz gepulster Laserstrahlung. Dissertation, TU Ilmenau, 2019

/Schm2013/ Schmitz, C.: Analyse und Optimierung ionenbasierter Beschichtungsverfahren. Dissertation, Gottfried Wilhelm Leibnitz Universität Hannover, 2013

/Schn2001/ Schneider, C.; Stebani, J.; Maier, G.: Kunststoffe in der Mikrosystemtechnik. Innovation, 6 (2001) 2, Nr. 17

/Schn2006/ Schneider GmbH & Co. KG. Bereitstellung von Bildmaterialien für das Buch Optiktechnologie. Präsentationen, Steffenberg 2006

/schn2007/ Schneider GmbH & Co. KG. *http://www.schneider-om.com*. Abgerufen im Mai 2007

/Scho1988/ Scholze, H.: Glas – Natur, Struktur, Eigenschaften. Springer Verlag, Berlin, Heidelberg, New York 1988

/Scho2004/ Schott AG: Technical Information optics for devices. Mainz, März 2004

/Scho2006/ Schott AG. Bereitstellung von Informationen und Bildmaterial für das Buch Optiktechnologie. Mainz 2006

/Scho2007/ Schott AG. *http://schott.com//tubing/german/company/rohrglas/daten.html. Abgerufen im August 2007*

/Scho2012/ Schopf, C.; Rascher, R.; Sperber, P.: Vor- und Nachteile der Ultraschalltechnologie beim Schleifen von optischen Flächen. Forschungsbericht, Technische Hochschule Deggendorf, 2012

/Scho2016/ Schott AG: Zerodur-Glaskeramik. Produktinformationen, Mainz 2016

/Scho2020/ Schott AG. *https://www.schott.com/d/advanced_optics/47d79895-2965-472d-83ed-af9e48ac72c0/1.15/schott-optisches-glas-datenblatt-sammlung-german-may-2019.pdf*. Abgerufen am 21.01.2021

/Scho2021/ Schott AG: Optical Glass. Pocket Catalog, Mainz 2021

/Schr2002/ Schröder, G.: Technische Optik. Vogel Buchverlag, Würzburg 2002

/Schr2003/ Schreiber, P.; Höfer, B.; Dannberg, P.: Mikrooptik für die Faserkopplung von Hochleistungsdiodenlasern. Photonik (2003), Ausgabe 6

/Schrö2004/ Schrögelmann, M.: Diffusionsschweißen von Glaskeramiken und Borosilikatglas. Diplomarbeit Nr.: 39/04., 2004

/Schu2000/ Schulz U.; Schallenberg U. B.; Kaiser N.: Abrasion resistant antireflection coating for plastic. Proc. SPIE 4094 (2000), S. 100–106

/Schu2003/ Schubert I. et al.: Werkstoffe und Verfahren in der Optikfertigung. Schott-Zeiss-Bildungszentrum gGmbH, Jena 2003

/Schu2004/ Schulz, U.; Munzert, P.; Kaiser, N.: Vakuumbeschichtung von Kunststoffen für optische Anwendungen. Galvanotechnik 3/2004. Eugen G. Leuze Verlag, Bad Saulgau 2004

/Schu2014/ Schulz, K.: Präzisionsblankpressen von Hochleistungsoptiken. Fraunhofer-Institut IPT, Workshop Replikative Fertigung von Glasoptiken, Aachen 2014

/Schw1981/ Schweizer, W.; Kiesewetter, L.: Moderne Fertigungsverfahren der Feinwerktechnik. Springer-Verlag, Berlin, Heidelberg, New York 1981

/Schw2002-1/ Schwarz, O.; Ebeling, F.-W.: Kunststoffkunde. Vogel Buchverlag, Würzburg 2002

/Schw2002-2/ Schwarz, O.; Ebeling, F.-W.; Furth, B.: Kunststoffverarbeitung. Vogel Buchverlag, Würzburg 2002

/Schw2018-1/ Schwager, A.; Bliedtner, J.; Barz, A.: 3D Quarz – Entwicklung und wissenschaftliche Untersuchung einer Laser-Sintertechnologie zur additiven Fertigung von Quarzglas-Prototypen. BMWi-Abschlussbericht zum Förderprojekt VP2156321WO4. Ernst-Abbe-Hochschule Jena, 2018

/Schw2018-2/ Schwager, A.; Elies, O.; Bliedtner, J.; Just, D.: Hybridglas SLA – Verfahrens- und Technologieentwicklung zur additiven Fertigung strukturierter optischer Komponenten aus hochschmelzenden Gläsern mittels Hybrid-Stereolithographie. EU-Vorhaben und TMWWDG/TAB mit dem Kennzeichen 2018 VF 0034. 2018

/Schw2019/ Schwager, A. M.; Bruder, A.; Lasch, P.; Barz, A.; Bliedtner, J.; Dellith, J., Rädlein, E.: Selective Laser Sintering of Glass Powder. Conference Proceedings of PLI Conférences, 2019

/scin2017/ MMCD NEW MEDIA GmbH: Geheimnis der Bologneser Tränen gelüftet. Ungewöhnliches Verhalten der Glastropfen gab 400 Jahre lang Rätsel auf. scinnex-das Wissenschafts-magazin. *https://www.scinexx.de/news/technik/geheimnis-der-bologneser-traenen-gelueftet/#*. Abgerufen am 21.05.2021

/Seeh2002/ Seehawer, C.: Ultraschallreinigung. Präsentation, Hahn-Meitner-Institut, Berlin 2002

/Seid2003/ Seidel, W.: Werkstofftechnik. Carl Hanser Verlag, München, Wien 2003

/Shaf2007/ Shafrir, S. N.; Lambropoulos, J. C.; Jacobs S. D.: Subsurface damage and microstructure development in precision microground hard ceramics using magnetorheological finishing spots [online]. Applied Optics, 2007, 46 (2007) 22, S. 5500–5515

/Sidp2012/ Sidpara, A.; Jain, V.: Nano level finishing of single crystal silicon blank using MRF process. Tribol. Int. 47 (2012), S. 159–166

/Siem2005/ Siemens AG: Flachglasschneiden mit PC-basierter Sinumerik 840Di in Verbindung mit digitalen Antrieben. *http://www.automation.siemens.com*. Abgerufen im November 2005

/Sier2005/ Siercks, K.: Flexible automated assembly of micro-optical elements. Firmeninformation, Leica Geosystems AG, Heerbrugg 2005

/Sier2007/ Siercks, K.: TRIMO-SMD: Goals and Principle. Präsentation, Leica Geosystems AG, Heerbrugg 2007

/silt2005/ Produktinformationen. *http://www.siltronics.com*. Abgerufen im September 2005

/Sond2011/ Sondermann, M.: Mechanische Verbindungen zum Aufbau optischer Hochleistungs-systeme. Dissertation, Universitätsverlag Ilmenau, 2011

/Spau1975/ Spauszus, S.: Werkstoffkunde Glas. VEB Deutscher Verlag für Grundstoffindustrie, Leipzig 1975

/spek2020/ Spektrum: Alvarez-Linse. *https://www.spektrum.de/lexikon/optik/alvarez-linse/130*. Abgerufen am 12.12.2020

/Spur1980/ Spur, G.; Stöferle, T.: Handbuch der Fertigungstechnik. Band 3: Spanen. Carl Hanser Verlag, München 1980

/Stac2012/ Stachel, D.: Einschlüsse im Glas. Printausgabe. privat verlegt, Jena 2012

/Stau2000/ Staupendahl, G.; Schindler, K.: Grundlagen der Lasertechnik. Lehrbriefe, Friedrich-Schiller-Universität Jena, 2000

/Sten2011/ Stenzel, O.; Wilbrandt, S.; Held, M.; Kaiser, N.: Optisches Breitbandmonitoring im industriellen Beschichtungsumfeld. Energie und Umwelt, 2011

/ster2006/ G+J Medien GmbH/Stern: *http://view.stern.de/fc/keyword/Menschen%20bei%20der%20 Arbeit/*. Abgerufen am 03. 06. 2006

/Stri2004/ Stricker, M.: Evaluation materialspezifischer Bearbeitungsparameter für die Randbearbeitung organischer Brillengläser. Diplomarbeit, Fachhochschule Jena, Fachbereich Feinwerktechnik, 2004

/Stro2015/ Stroh, C.; Schwalb, F.: Reproduzierbare und deterministische Herstellung von Asphären. Vortrag zur Verabschiedung von Dr. V. Giggel, Satiloh, Optical Manufacturing Solutions, Jena 2015

/Sumi2020/ Sumitomo (SHI) Demag Plastics Machinery GmbH: Prägetechnologie. *https://www. sumitomo-shi-demag.eu/de/verfahren/praegetechnologie.html*. Abgerufen 15. 12. 2020

/Sura2015/ Suratwala, T. I.; Steele, W. A.; Wong, L. A.; Feit, M. D.; Miller, P.; Dylla-Spears, R.; Shen, N.; Desjardin, R.: Chemistry and Formation of the Beilby Layer During Polishing of Fused Silica Glass [online]. Journal of the American Ceramic Society, 98 (2015) 8, S. 2395 - 2402

/Sura2018/ Suratwala, T. I.: Materials science and technology of optical fabrication. John Wiley and Sons Inc., Hoboken/ USA 2018

/Sura2019/ Suratwala, T. I.; Steele, W. A.; Wong, L. A.; Tham, G. C.: Subsurface mechanical damage correlations after grinding of various optical materials [online]. Optical Engineering. 2019, 58 (2019) 09

/Sura2020-1/ Suratwala, T.; Steele, R.; Destino, J.; Wong, L.; Norton, M.; Laurence, T.; Aracne-Ruddle, C.; Miller, P.; Shen, N.; Feit, M.; Ray, N.; Carr, W.; Rivers, C.; Peters, V.; Jeppson, S.; Malone, D.; Greene, W.: Sapphire advanced mitigation process: wet etch to expose sub-surface damage and increase laser damage resistance and mechanical strength [online]. Applied Optics 59 (2020) 6, S. 1602 - 1610

/Sura2020-2/ Suratwala, T. I.; Steele, R. A.; Shen, N.; Ray, N.; Wong, L. A.; Miller, P.; Feit, M: Lateral cracks during sliding indentation on various optical materials [online]. Journal of the American Ceramic Society, 103 (2020), S. 1343 - 1357

/Sure2006/ Sure, T: Automatisierte Höchstpräzisions-Fertigungstechnologie für Mikrooptik-Baugruppen. Forschungsbericht. wt - Werkstatttechnik online, 96 (2006) H. S. 3

/SVMi2020/ Silicon Valley Microelectronics, Inc.: The Silicon Wafer Manufacturing Process. *https:// svmi.com/service/silicon-wafer-manufacturing-process/*. Abgerufen am 12. 12. 2020

/Swis2007/ Swissoptic AG: Flexible Fertigungszellen - Solutions in Optics. Produktinformationen, Heerbrugg/Schweiz 2007

/Tawa2008/ Tawakoli, T.; Azarhoushang, B.: Influence of ultrasonic vibrations on dry grinding of soft steel. International Journal of Machine Tools & Manufacture. Vol. 48 (2008), S. 158

/Tayl2005/ Taylor Hobson: Handbuch des Asphärenmessgerätes FormTalysurf PGI 1240. Produktinformation, Jena 2005

/Tayl2006/ Taylor Hobsen: Bereitstellung von Bildmaterialien für das Buch Optiktechnologie. Jena 2006

/Thie1978/ Thienel, P.; Kemper, W.; Schmidt, L.: Praktische Anwendungsbeispiele für die Nutzung von p-v-T-Diagrammen. Plastverarbeiter 29 (1978), S. 1735 - 1737

/Thom2020/ Thomae, M: DIN ISO 10110: Zeichnungsangaben und Toleranzen. Weiterbildungsveranstaltung am 14./15. 01. 2020. Photonics HUB, Jena

/Thön2002/ Thönes, H.: Ultraschall fräst Ultrahart. 6. Fertigungstechnisches Kolloquium an der FH Jena. Deckel Maho Gildemeister und Firma Sauer, Jena 2002

/Thor2021-1/ Thorlabs Inc.: Visible Air-Spaced Achromatic Doublets, AR Coated: 350–700 nm. *https://www.thorlabs.com/newgrouppage9.cfm?objectgroup_id=6083*. Abgerufen am 05.01.2021

/Thor2021-2/ Thorlabs Inc.: Axicons, UV Fused Silica. *https://www.thorlabs.com/newgrouppage9.cfm?objectgroup_id=4277*. Abgerufen am 10.06.2021

/Töns1983/ Tönshoff, H. K.; Brinksmeier, E.: Beeinflussung physikalischer Oberflächeneigenschaften spanende Bearbeitung. Oberflächentechnik – Vorträge des 2. SURTEC-Kongresses (1983), VDE Verlag GmbH, Berlin 1983, S. 273–284

/Trio2004/ Trioptics GmbH: Opti Centrik – Optik Ausrichten, Kitten und Kleben. Produktinformationen, Wedel 2004

/Trio2021/ Trioptics GmbH: Bereitstellung von Bildmaterialien für das Buch Optiktechnologie. Wedel 2021

/Trum2019-1/ TRUMPF GmbH + Co. KG: Erzeugung von EUV-Strahlung mittels CO2-Hochleistungslasersystem und Zinn. *https://www.trumpf.com/de_DE/loesungen/anwendungen/euv-lithografie/*. Abgerufen am 26.03.2019

/Trum2019-2/ TRUMPF GmbH + Co. KG: EUV-Lithografie. Dokumentensammlung, Ditzingen 2019

/Tysi2000/ Tysiak, W.: Einführung in die Fertigungswirtschaft. Carl Hanser Verlag, München, Wien 2000

/UCMA2006/ UCM AG: Ultraschallwaschanlagen für die Optikreinigung. Produktbeschreibung, Rheineck/Schweiz 2006

/UKPf2020/ UKPflex – UltraKurzgePulste Laserstrahlung zur flexiblen Fertigung maßgeschneiderter, optischer Komponenten für die individualisierte Produktion. Forschergruppenprojekt (FKZ: 2017 FGR 0075) der EAH Jena und der FSU Jena. 2020

/Ultr2007/ LT Ultra-Precision Technology GmbH: Meßprinzip eines Fizeau-Interferometers. Firmeninformation, Herdwangen-Schönach 2007

/Vars2010/ Varshneya, A. K.: Chemical Strengthening of Glass: Lessons Learned and Yet To Be Learned. International Journal of Applied Glass Science. Volume 1 (2010), Issue 2, S. 131–142

/VDMA2017/ Verband Deutscher Maschinen- und Anlagenbau e. V.: Technology Scout 2017 Technologien, Anwendungen und Hersteller. Arbeitsgemeinschaft Additive Manufacturing, 2017

/VIPO2020/ VIPO – Virtuelle Produkt- & Prozessoptimierung, Regionale Wachstumskerne 2019–2022, FKZ:03WKDE01D. Weimar, Erfurt, Jena: Bundesministerium für Bildung und Forschung aufgrund eines Beschlusses des deutschen Bundestages, 2020

/VisP2021/ VisPro – Visualisierung und Analyse von Multisignal-Produktionsdaten - Verbesserung von Werkzeugstandzeiten und Produktqualität am Beispiel eines Ultrapräzisionsschleifprozesses. EAH Jena. 2021. Gefördert durch: Thüringer Ministerium für Wirtschaft, Wissenschaft und Digitale Gesellschaft. Projektlaufzeit: 01.01.2020–31.12.2021

/Voge1992/ Vogel, W.: Glaschemie. Springer Verlag, Berlin, Heidelberg, New York 1992

/Vogt2007/ Vogt, H.: Schott AG – Aspherical Lenses and Diffractive Optical Elements (DOEs) made by Precision Glass Molding. Schott Designer Workshop, Jena, September 2007

/Vogt2017/ Vogt, C.: Systematische Optimierung von Schleifprozessen für sprödharte Werkstoffe. Dissertation TU Ilmenau. 2017

/Voig2002/ Voigt, I.: Sol-Gel-Beschichtung für optische Anwendungen. Hermsdorfer Institut für Technische Keramik e.V., OptoNet Workshop „Optische Schichten", Jena, 30.10.2002

/Völk2000/ Völklein, F.; Zetterer, T.: Einführung in die Mikrosystemtechnik. Verlag Vieweg, Braunschweig/Wiesbaden 2000

/Völk2006/ Völkel, R.; Zimmermann, M.: Homogenisierung von Laserstrahlen. Photonik (2006), Ausgabe 3

/Wark2017/ Warken, A. F.; Etzold, F.; Würtz, P.; Kiefhaber, D.; Asfour, J.-M.: Prüfung optischer Oberflächen – neu gedacht und auf Knopfdruck. DGaO-Proceedings 2017 – *http://www.dgao-proceedings.de*

/Wawr1977/ Wawrziniak, W.; Schütz, B.: Fertigungsverfahrenstechnik für Gerätetechniker. 5. Lehrbrief Spanende Formänderung von Glaswerkstoffen, Verlag Technik, Berlin 1977

/wcms2007/ TU Ilmenau: Forschungsprojekt Justierdrehen. *http://wcms1.rz.tu-ilmenau.de/fakm/?id=1632*. Abgerufen im Mai 2007

/Wend1999/ Wenda, A.; Beck, M.; Hüntrup, V. et al.: Möglichkeiten und Grenzen der Mikrozerspanung. Zeitschrift F & M, Jahrgang 107 (1999) Heft 11

/Wenr2010/ Wenrui, C.; Kim, D.-W.; Zhou, P.; Parks, R. E.; Burge, J. H.: Interferometer Calibration using the Random Ball Test. Optical Fabrication and Testing 2010, Jackson Hole/USA, 13–17 June 2010

/Wese2005/ Wesemann, W.: Wellenfrontkorrektion der Aberrationen höherer Ordnung mit Kontaktlinsen, Teil 1. KL-Optometrie, Köln 2005

/Witt2020/ WITTMANN Technology GmbH: MicroPower 15 t. *https://www.wittmann-group.com/de_at/micropower-15-t*. Abgerufen am 04.12.2020

/Witz1996/ Witzany, M.: Neue Trends bei Hartbeschichtungen von Kunststoffbrillengläsern und deren Weiterveredelung. DOZ 9/96 (1996); S. 38–41

/Wolt2007/ Peter Wolters GmbH: Läppen und Polieren auf Einscheiben-Läpp- und Poliermaschinen. Rendsburg 2007

/Wolt21/ Peter Wolters GmbH: Produkte und Technologien. *https://www.peter-wolters.de/*. Abgerufen am 05.04.2021

/Worg2003/ Worgull, M.; Heckele, M.; Schomburg, W. K.: Analyse des Mikro-Heißprägeverfahrens. Forschungszentrum Karlsruhe GmbH, Karlsruhe 2003

/Xiao2018/ Xiao, H.; Chen, Z.; Wang, H.; Wang, J.; Zhu, N.: Effect of grinding parameters on surface roughness and subsurface damage and their evaluation in fused silica [online]. Optics Express, 26 (2018) 4, S. 4638–4655

/Yang2014/ Yang, W.: FE-Simulation für Glaspressprozesse. Fraunhofer-Institut IPT, Workshop Replikative Fertigung von Glasoptiken, Aachen 2014

/Yany2009/ Yanyan, Y.; Bo, Z.; Junli, L.: Ultraprecision surface finishing of nano-ZrO2 ceramics using two-dimensional ultrasonic assisted grinding. International Journal Advance Manufaturing Technology Vol. 43 (2009), S. 462–467

/Zeis1926/ Carl Zeiss Jena GmbH: Herstellung von sphärischen und asphärischen Spiegeln. Dokumentationsschrift, Jenaer Zeiss Archiv, Jena 1926

/Zeis1968/ Carl Zeiss Jena GmbH: Schrift zur Fertigung von großformatigen Spiegeln. Interne Dokumentenreihe, Jena 1968

/Zeis2000/ Goersch, H.: Handbuch für Augenoptik. Herausgegeben von Carl Zeiss Marenoptik, Oberkochen 2000

/Zeis2004/ Carl Zeiss Jena GmbH: Bereitstellung von Bildmaterial für den Studiengang „Laser- und Optotechnologien" der Fachhochschule Jena, 2004

/Zeis2007-1/ Carl Zeiss Jena GmbH: Informationen zum Video „Optikmontage". Jena 2007

/Zeis2007-2/ Carl Zeiss Jena GmbH: Phototrope Materialien. *http://www.smz.zeiss.com* Abgerufen im Oktober 2007

/Zeis2021/ Carl Zeiss MicroImaging GmbH: The Clean Microscope. Recognizing dirt and removing it correctly. *https://hcbi.fas.harvard.edu/files/hcbidoug/files/50-1-0025_the_clean_microscope_e.pdf*. Abgerufen am 15.05.2021

/Zema2021/ ZEMAX LLC.: OpticStudio. Datenbank, Tripelspiegel. Kirkland/USA 2021

/Zeng2006/ Zeng, X.; Wu, F.; Xing, X.; Zhang, J.: Influence of Manufacture Error with Non-Circular Symmetry in an Axicon on the Bessel Beams Quality. Chinese Journal of Lasers, 2006

/Zhan2014/ Zhan, J.; Zhao, Y.: Study on Effect of Ultrasonic Vibration on Grinding Force and Surface Quality in Ultrasonic Assisted Micro End Grinding of Silica Glass. Research Article | Open Access. Volume 2014 | Article ID 418059 | *https://doi.org/10.1155/2014/418059*. 2014

/Zhan2019/ Zhang, K. Z.: Ultra-low-distortion optical system design based on tolerance sensitivity optimization. Optics Communications 437 (2019), S. 231–236

/Zhan2020/ Zhanga, P.; Dongb, Y. Z.; Choib, H. J.; Leec, C.-H.; Gao, Y.-S.: Reciprocating magnetorheological polishing method for borosilicate glass surface smoothness. Journal of Industrial and Engineering Chemistry. 84 (2020), S. 243–251

/Zhao2015/ Zhao, Q.; Guo, B.: Ultra-precision grinding of optical glasses using mono-layer nickel electroplated coarse-grained diamond wheels. Part 1: ELID assisted precision conditioning of grinding wheels. Precision Engineering Vol 39 (2015), S. 56–66

/Zhon2019/ Zhong, Y.; Shi, F.; Tian, Y.; Dai, Y.; Song, C.; Zhang, W.; Lin, Z.: Detailed near-surface nanoscale damage precursor measurement and characterization of fused silica optics assisted by ion beam etching [online]. Optics Express, 27(2019) 8, S. 10826–10838

/Zieg2006/ Ziegenhardt, G.: Störschichtanalyse an polierten optischen Siliziumoberflächen. Diplomarbeit, Fachhochschule Jena, 2006

DIN-Schriften

DIN 3140
DIN 6580
DIN 8580
DIN 8589 Teil 15
DIN 8593
DIN 58741
DIN 58926
DIN EN 971-1
DIN EN 2426
DIN EN ISO 1518
DIN EN ISO 2409
DIN EN ISO 4287
DIN EN ISO 9000
DIN EN ISO 9001
DIN ISO 6106
DIN ISO 7944
DIN ISO 9211-4-02
DIN ISO 10110 Teile 1–18
DIN ISO 12844
DIN ISO 14999-4

Richtlinien

VDI-Richtlinie 2860

Index

Symbole

A

M

S

·ieplow & Brandt GmbH

·s mittelständisches Familienunternehmen ·liefern und unterstützen wir weltweit seit ·ehr als 60 Jahren die optische- und ·asbearbeitende Industrie mit unseren ·odukten, speziell in den Kernbereichen :

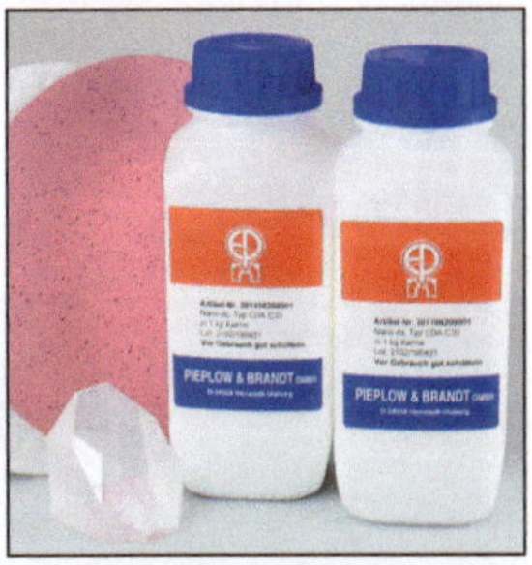

- Fein– und Präzisionsoptik
- Flachglasbearbeitung
- Elektronik– und Halbleiterindustrie
- Brillenglasindustrie
- Metall– und Keramikbearbeitung

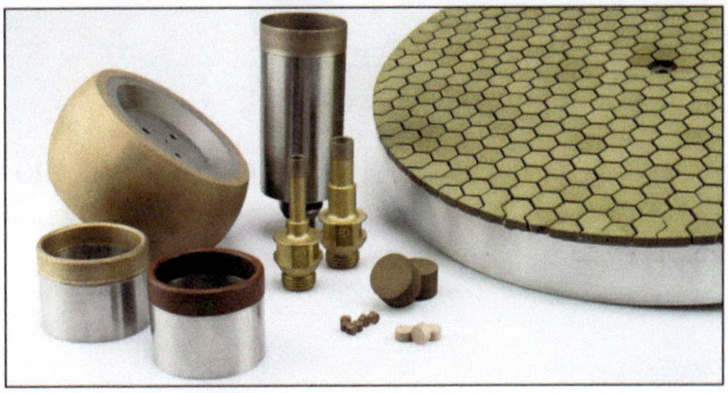

·ser Fokus liegt dabei auf einer engen ·sammenarbeit mit unseren Kunden, ·ssen Basis feste Ansprechpartner, kurze ·ege und eine persönliche Beratung sind.

·ser Verkaufsteam steht Ihnen bei allen ·agen rund um das Thema ·berflächenbearbeitung zur Verfügung.

·emeinsamen erarbeiten wir individuelle und ·timale Lösungen, um Ihre Prozesse zu ·terstützen und/oder zu optimieren.

·plow & Brandt GmbH
·benstücken 1

Telefon (0 41 93) 88 0 84 0
Fax (0 41 93) 88 0 84 20

E-Mail Info@Pieplow-Brandt.de
https://www.Pieplow-Brandt.de